🔶 한국산업인력공단 새 출제기준에 따른 **최신판!!**

# 산림기사
# 산업기사
## 필기시험문제

에듀크라운
국가자격시험문제전문출판
www.educrown.co.kr

최고의 적중률!! 최고의 합격률!!

크라운출판사
국가자격시험문제전문출판
http://www.crownbook.com

 이책을 발행하면서

우리나라는 6·25 전쟁과 일제의 산림자원 약탈로 인하여 산림자원이 황폐화되었습니다. 더욱이 산에 있는 나무를 땔감 등으로 채취하여 매년 산사태·홍수가 극심하였지만 1970년대부터 국가적으로 조림사업을 실시한 결과 세계적으로 보기드문 조림성공국가가 되었습니다. 그리고 더 나아가 1ha당 축적이 126m$^3$로 이제는 산림자원을 잘 관리하고 갱신하여 경제적 이익을 취해야 할 시대가 도래하였습니다. 이러한 시대에 발 맞추어 산림관련 기술자, 임업직 공무원, 목재 관련 사업 종사자들의 수요가 많아질 것입니다.

본 교재는 산림(산업)기사 기출문제를 철저히 분석하여 자주 출제되는 문제 위주로 내용을 수록하였으며, 이론적 내용 또한 깊이 있게 다루고 있습니다. 본 교재를 통하여 산림에 종사하는 모든 분들이 자신의 꿈을 이루기를 소망합니다.

이 책을 펴내기까지 수고해 주신 크라운 출판사 이상원 회장님과 기획편집부 임직원 여러분께 깊은 감사를 드리고, 우리나라 산림 발전을 위해 노력하시고, 헌신하신 많은 선배님들에게 진심으로 존경과 감사를 올립니다.

저자 드림

## 산림기사 출제기준(필기)

| 직무분야 | 농림어업 | 중직무분야 | 임업 | 자격종목 | 산림기사 | 적용기간 | 2016.1.1 ~ 2019.12.31 |
|---|---|---|---|---|---|---|---|
| 직무내용 | 산림과 관련한 기술이론 지식을 가지고 임업종묘, 산림조성, 산림공학, 산림보호, 임산물생산 분야 등 기술 업무의 설계 및 사업 실행 등의 직무 수행 ||||||||
| 필기검정방법 | 객관식 |  |  | 문제수 | 100 | 시험시간 | 2시간 30분 |

| 필기과목명 | 출제문제수 | 주요항목 | 세부항목 |
|---|---|---|---|
| 조림학 | 20 | 1. 산림일반 | 1. 국내·외 산림현황<br>2. 산림의 분류<br>3. 산림의 역사 |
| | | 2. 조림일반 | 1. 수목의 분류<br>2. 주요 조림 수종 |
| | | 3. 임목종자 | 1. 종자의 구조<br>2. 종자의 산지<br>3. 종자저장관리<br>4. 개화결실의 촉진<br>5. 종자의 품질<br>6. 종자의 발아촉진 |
| | | 4. 묘목생산 및 식재 | 1. 번식일반<br>2. 실생묘 양성<br>3. 무성번식묘 생산<br>4. 묘목의 품질검사 및 규격<br>5. 묘목의 식재<br>6. 용기묘 생산 |
| | | 5. 수목의 생리, 생태 | 1. 수목의 생장<br>2. 임목과 수분<br>3. 임목과 양분<br>4. 임목과 광선<br>5. 임목과 온도<br>6. 임목의 생장조절 물질<br>7. 임목의 물질대사<br>8. 산림생태계<br>9. 우리나라의 산림 기후대 |
| | | 6. 산림토양 | 1. 산림토양의 특성<br>2. 지위<br>3. 임지시비 방법 |

| 필기과목명 | 출제<br>문제수 | 주요항목 | 세부항목 |
|---|---|---|---|
| 조림학 | | 7. 숲가꾸기 | 1. 숲가꾸기 일반<br>2. 풀베기<br>3. 덩굴제거<br>4. 어린나무가꾸기<br>5. 가지치기<br>6. 솎아베기[간벌]<br>7. 천연림보육<br>8. 임분전환 |
| | | 8. 산림갱신 | 1. 갱신방법<br>2. 갱신 작업종 |
| 산림<br>보호학 | 20 | 1. 일반피해 | 1. 인위적인 피해<br>2. 기상 및 기후에 의한 피해<br>3. 동·식물에 의한 피해<br>4. 환경오염 피해 |
| | | 2. 수목병 | 1. 수목병 일반<br>2. 주요 수목병의 방제법 |
| | | 3. 산림해충 | 1. 산림해충의 일반<br>2. 산림해충의 피해<br>3. 주요 산림해충과 방제법 |
| | | 4. 농약 | 1. 농약 |
| 임업<br>경영학 | 20 | 1. 산림경영일반 | 1. 산림경영의 뜻과 산림경영의 주체<br>2. 우리나라 산림경영의 실태<br>3. 산림경영의 특성<br>4. 산림경영의 생산요소<br>5. 산림의 경영순환과 경영형태<br>6. 복합산림경영과 협업 |
| | | 2. 산림경영계획 이론 | 1. 산림경리의 의의와 내용<br>2. 산림경영의 목적과 지도원칙<br>3. 산림의 생산기간<br>4. 법정림<br>5. 산림생산<br>6. 산림의 수확조정 |

| 필기과목명 | 출제<br>문제수 | 주요항목 | 세부항목 |
|---|---|---|---|
| 임업<br>경영학 | | 3. 산림평가 | 1. 산림평가의 이론<br>2. 임지의 평가<br>3. 임목의 평가 |
| | | 4. 산림경영계산 | 1. 산림경영계산과 산림관리회계<br>2. 산림자산과 부채<br>3. 산림원가 관리<br>4. 산림경영의 분석<br>5. 손익분기점의 분석<br>6. 산림투자 결정 |
| | | 5. 산림측정 | 1. 직경의 측정<br>2. 수고의 측정<br>3. 연령의 측정<br>4. 생장량 측정<br>5. 벌채목의 재적측정<br>6. 수간석해<br>7. 임목재적<br>8. 임분재적 |
| | | 6. 산림경영계획 실제 | 1. 산림경영계획의 업무내용<br>2. 산림의 다목적 경영계획<br>3. 산림경영계획의 기법 |
| | | 7. 휴양관리 | 1. 산림휴양자원<br>2. 산림휴양시설의 조성 |
| 임도공학 | 20 | 1. 임도망 계획 | 1. 임도의 종류와 특성<br>2. 임도밀도와 산지 개발도<br>3. 기계 작업로망 배치<br>4. 도상 배치<br>5. 임도시설규정 |
| | | 2. 임도와 환경 | 1. 모암과 토질<br>2. 지형과 임도관계<br>3. 산림 기능과 임도관계<br>4. 생태와 임도관계 |
| | | 3. 임도의 구조 | 1. 노체구조<br>2. 종단구조<br>3. 횡단구조<br>4. 평면구조<br>5. 노면포장 |
| | | 4. 임도설계 | 1. 노선 선정계획<br>2. 영선, 중심선, 종, 횡단 측량<br>3. 설계도 작성<br>4. 공사 수량의 산출<br>5. 공사비 내역 작성 |

| 필기과목명 | 출제문제수 | 주요항목 | 세부항목 |
|---|---|---|---|
| 임도공학 | | 5. 임도시공 | 1. 노선 지장목 정리<br>2. 토공작업<br>3. 암석 천공 폭파<br>4. 배수 및 집수정 공사<br>5. 사면 안정 및 보호공사<br>6. 노면보호공사<br>7. 시공작업 관리기법 |
| | | 6. 임도 유지관리 및 안전관리 | 1. 임도의 붕괴와 침식<br>2. 유지관리 기술<br>3. 안전사고의 유형과 대책<br>4. 안전관리 |
| | | 7. 산림측량 | 1. 지형도 및 입지도 분석<br>2. 콤파스 및 평판측량<br>3. 고저측량<br>4. 항공사진 측량<br>5. 원격탐사 |
| | | 8. 임업기계 | 1. 임업기계 및 장비의 종류와 특성<br>2. 임업기계 일반<br>3. 인간공학<br>4. 작업계획과 관리<br>5. 산림수확 |
| 사방공학 | 20 | 1. 토양 침식 | 1. 모암과 토양수<br>2. 물의 순환과 강우 특성<br>3. 침식 발생의 역학적 특성<br>4. 붕괴의 유형과 발생원인 |
| | | 2. 비탈면 안정 녹화 | 1. 비탈면의 안정공법<br>2. 비탈면의 녹화공법<br>3. 비탈면 안정녹화재료 |
| | | 3. 야계사방공사 | 1. 유량, 유속과 침식관계<br>2. 야계사방구조물의 종류와 설계 시공<br>3. 토석류<br>4. 사방댐 |
| | | 4. 산지사방공사 | 1. 산지 황폐의 유형과 발생원인<br>2. 산사태의 발생, 기작 및 유형<br>3. 산지 사방구조물의 종류와 설계 시공 |
| | | 5. 특수지 사방공사 | 1. 산불 피해지 복원공사<br>2. 폐탄·폐석지의 복원공사<br>3. 등산로 정비공사<br>4. 해안사방공사 |

## 산림산업기사 출제기준(필기)

| 직무분야 | 농림어업 | 중직무분야 | 임업 | 자격종목 | 산림산업기사 | 적용기간 | 2016.1.1 ~ 2019.12.31 |
|---|---|---|---|---|---|---|---|
| 직무내용 | 산림과 관련한 기술이론 지식을 가지고 임업종묘, 산림조성, 산림공학, 산림보호, 임산물생산 분야 등 기술 업무의 설계 및 사업 실행 등의 직무 수행 ||||||||
| 필기검정방법 | 객관식 |  | 문제수 | 80 |  | 시험시간 | 2시간 ||

| 필기과목명 | 출제<br>문제수 | 주요항목 | 세부항목 ||
|---|---|---|---|---|
| 조림학 | 20 | 1. 산림일반 | 1. 국내·외 산림현황<br>2. 산림의 분류<br>3. 산림의 역사 ||
| | | 2. 조림일반 | 1. 수목의 분류<br>2. 주요 조림 수종 ||
| | | 3. 임목종자 | 1. 종자의 구조<br>3. 종자저장관리<br>5. 종자의 품질 | 2. 종자의 산지<br>4. 개화결실의 촉진<br>6. 종자의 발아촉진 |
| | | 4. 묘목생산 및 식재 | 1. 번식일반<br>3. 무성번식묘 생산<br>5. 묘목의 식재 | 2. 실생묘 양성<br>4. 묘목의 품질검사 및 규격<br>6. 용기묘 생산 |
| | | 5. 수목의 생리, 생태 | 1. 수목의 생장<br>3. 임목과 양분<br>5. 임목과 온도<br>7. 우리나라의 산림 기후대 | 2. 임목과 수분<br>4. 임목과 광선<br>6. 산림생태계 |
| | | 6. 산림토양 | 1. 산림토양의 특성<br>2. 지위<br>3. 임지시비 방법 ||
| | | 7. 숲가꾸기 | 1. 숲가꾸기 일반<br>2. 풀베기<br>3. 덩굴제거<br>4. 어린나무가꾸기<br>5. 가지치기<br>6. 솎아베기[간벌] ||
| | | 8. 산림갱신 | 1. 갱신방법<br>2. 갱신 작업종 ||

| 필기과목명 | 출제문제수 | 주요항목 | 세부항목 | |
|---|---|---|---|---|
| 산림보호학 | 20 | 1. 일반피해 | 1. 인위적인 피해 | 2. 기상 및 기후에 의한 피해 |
| | | | 3. 동·식물에 의한 피해 | 4. 환경오염 피해 |
| | | 2. 수목병 | 1. 수목병 일반 | 2. 주요 수목병의 방제법 |
| | | 3. 산림해충 | 1. 산림해충의 일반 | 2. 산림해충의 피해 |
| | | | 3. 주요 산림해충과 방제법 | |
| | | 4. 농약 | 1. 농약 | |
| 임업경영학 | 20 | 1. 산림경영일반 | 1. 산림경영의 뜻과 산림경영의 주체 | |
| | | | 2. 우리나라 산림경영의 실태 | 3. 산림경영의 특성 |
| | | | 4. 산림경영의 생산요소 | 5. 산림의 경영순환과 경영형태 |
| | | | 6. 복합산림경영과 협업 | |
| | | 2. 산림경영계획 이론 | 1. 산림경리의 의의와 내용 | 2. 산림경영의 목적과 지도원칙 |
| | | | 3. 산림의 생산기간 | 4. 법정림 |
| | | | 5. 산림생산 | 6. 산림의 수확조정 |
| | | 3. 산림평가 | 1. 산림평가의 이론 | 2. 임지의 평가 |
| | | | 3. 임목의 평가 | |
| | | 4. 산림경영계산 | 1. 산림경영계산과 산림관리회계 | 2. 산림자산과 부채 |
| | | | 3. 산림원가 관리 | 4. 산림경영의 분석 |
| | | | 5. 손익분기점의 분석 | |
| | | 5. 산림측정 | 1. 직경의 측정 | 2. 수고의 측정 |
| | | | 3. 연령의 측정 | 4. 생장량 측정 |
| | | | 5. 벌채목의 재적측정 | 6. 수간석해 |
| | | | 7. 임목재적 | 8. 임분재적 |
| | | 6. 산림경영계획 실제 | 1. 산림경영계획의 업무내용 | |
| 산림공학 | 20 | 1. 임도 | 1. 임도망 계획 | 2. 임도의 환경 |
| | | | 3. 임도의 구조 | 4. 임도설계 |
| | | | 5. 임도의 시공 | 6. 임도 유지관리 및 안전관리 |
| | | 2. 사방 | 1. 토양 침식 | 2. 비탈면 안정녹화 |
| | | | 3. 야계사방공사 | 4. 산지사방공사 |
| | | | 5. 특수지 사방공사 | |
| | | 3. 임업기계 | 1. 임업기계 및 장비의 종류와 특성 | |
| | | | 2. 임업기계일반 | 3. 인간공학 |
| | | | 4. 작업계획과 관리 | 5. 산림수확 |

산림기사 출제기준(필기) ········································ 4
산림산업기사 출제기준(필기) ·································· 8

## 제1편 조림학

제1장 임업일반 ········································ 14
제2장 수목일반 ········································ 21
제3장 수목의 생장 ···································· 30
제4장 묘목 관리 및 식재 ·························· 40
제5장 수목종자 ········································ 59
제6장 임지관리 ········································ 69
제7장 산림갱신 ········································ 76
제8장 산림무육(숲가꾸기) ························ 91

## 제2편 산림보호학

제1장 일반재해 ········································ 108
제2장 수병 ················································ 123
제3장 산림 해충 ······································· 136

## 제3편 산림경영학

제1장 산림평가 ········································ 156
제2장 임업경영의 종류 ···························· 166
제3장 산림경영계산 ································· 175
제4장 산림경영계획 이론 ························ 180
제5장 산림경영계획서 작성 ···················· 197
제6장 산림측정 ········································ 204
제7장 휴양학 ············································ 215

# 제4편 임도공학

| 제1장 | 임도일반 | 226 |
| 제2장 | 임도의 구조 | 234 |
| 제3장 | 임도밀도와 환경 | 241 |
| 제4장 | 임도측량 | 245 |
| 제5장 | 임도설계 | 254 |
| 제6장 | 임도시공 | 264 |
| 제7장 | 임도 유지관리 | 279 |

# 제5편 사방공학

| 제1장 | 사방공학일반 | 284 |
| 제2장 | 비탈면 녹화공법 | 290 |
| 제3장 | 산지 사방공사 | 295 |
| 제4장 | 야계 사방공사 | 316 |
| 제5장 | 특수 사방공사 | 327 |

# 제6편 임업기계

| 제1장 | 임업기계 | 336 |
| 제2장 | 시공장비의 종류 | 348 |

## 제7편 산림기사 기출문제

| | | | |
|---|---|---|---|
| 2011년 제1회 필기시험 | 354 | 2014년 제1회 필기시험 | 496 |
| 2011년 제2회 필기시험 | 371 | 2014년 제2회 필기시험 | 513 |
| 2011년 제3회 필기시험 | 388 | 2014년 제3회 필기시험 | 531 |
| 2012년 제1회 필기시험 | 404 | 2015년 제1회 필기시험 | 547 |
| 2012년 제2회 필기시험 | 419 | 2015년 제2회 필기시험 | 564 |
| 2012년 제3회 필기시험 | 434 | 2015년 제3회 필기시험 | 580 |
| 2013년 제1회 필기시험 | 450 | 2016년 제1회 필기시험 | 596 |
| 2013년 제2회 필기시험 | 466 | 2016년 제2회 필기시험 | 614 |
| 2013년 제3회 필기시험 | 482 | 2016년 제3회 필기시험 | 630 |

## 제8편 산림산업기사 기출문제

| | | | |
|---|---|---|---|
| 2011년 제1회 필기시험 | 648 | 2014년 제1회 필기시험 | 758 |
| 2011년 제2회 필기시험 | 660 | 2014년 제2회 필기시험 | 770 |
| 2011년 제3회 필기시험 | 673 | 2014년 제3회 필기시험 | 782 |
| 2012년 제1회 필기시험 | 685 | 2015년 제1회 필기시험 | 794 |
| 2012년 제2회 필기시험 | 696 | 2015년 제2회 필기시험 | 806 |
| 2012년 제3회 필기시험 | 708 | 2015년 제3회 필기시험 | 818 |
| 2013년 제1회 필기시험 | 720 | 2016년 제1회 필기시험 | 831 |
| 2013년 제2회 필기시험 | 733 | 2016년 제2회 필기시험 | 844 |
| 2013년 제3회 필기시험 | 745 | 2016년 제3회 필기시험 | 856 |

## 부록

### 산림기사 기출문제

| | |
|---|---|
| 2017년 제1회 필기시험 | 870 |
| 2017년 제2회 필기시험 | 886 |
| 2017년 제3회 필기시험 | 902 |

### 산림산업기사 기출문제

| | |
|---|---|
| 2017년 제1회 필기시험 | 918 |
| 2017년 제2회 필기시험 | 932 |
| 2017년 제3회 필기시험 | 944 |

# 제1편

# 조림학

# 제1장 임업일반

## 1 산림의 분류

### 1) 순림
① 한 가지 수종으로 구성된 산림을 말한다. 엄격한 의미에서 넓은 면적에는 있을 수 없으나, 보통 한 수종의 수관 점유면적이나 입목본수의 비율이 75% 이상인 임분을 순림으로 규정하고 있다.
② 순림의 형성 원인
  ㉠ 인공조림에 의한 경우
  ㉡ 기상이나 토양 조건이 특정 수종의 생존에만 극단적으로 유리한 경우
  ㉢ 산불 후에 양수의 순림이 나타나는 경우
  ㉣ 강한 음수 수종이 다른 나무에 피음을 주어 경쟁에서 이기는 경우
  ㉤ 종자가 다량의 양분을 축적하여 다른 수종의 유묘(어린묘)와의 경쟁에서 이기는 경우
③ 순림의 장점
  ㉠ 경제적 가치가 높은 수종으로 임분을 형성할 수가 있다.
  ㉡ 산림경영 및 갱신작업이 효율적이고 경제적으로 실행할 수 있다.
  ㉢ 벌기령이 비슷하여 개벌작업으로 갱신이 진행되므로 혼효림의 택벌작업보다 경제적이다.
  ㉣ 개별 작업을 하므로 수종 갱신이 혼효림보다 쉽다.
  ㉤ 한 가지 수종이 집단 분포하고 있어서 혼효림보다 경관이 아름다울 수 있다.

### 2) 혼효림
① 산림 내 분포하는 수종이 2가지 이상인 산림으로, 전형적인 혼효림은 생태학적으로 비슷한 구성 수종의 친밀혼효로 이루어진다.
② 혼효림의 장점
  ㉠ 여러 수종이 분포하고 있으므로 수종 육성상 심근성 수종과 천근성 수종이 자생하고 있을 시 바람에 의한 피해를 줄일 수 있다.
  ㉡ 여러 수종이 분포하고 있으므로 땅속 유기물을 더욱 효과적으로 분해하여, 무기양분의 순환이 더 잘 된다.
  ㉢ 활엽수의 경우 수관이 넓게 분포하여 공간 이동이 비효율적이나, 침엽수와 함께 자랄 시 토양의 공간 이용이 효과적이다.
  ㉣ 혼효림 내 기후상태의 변화 폭이 좁아진다.
  ㉤ 침엽수는 산불에 취약하지만, 대부분의 활엽수는 침엽수에 비해 산불에 강하므로 혼효림으

로 구성된 산림은 산불에 강하다.

### 3) 동령혼효림 조성 시 주의사항
① 가급적 음수와 양수를 혼효한다.
② 수종의 혼효가 지력을 소모하는 경우가 적어야 한다.
③ 생장속도와 반응이 비슷해야 한다.
④ 내음성이 비슷할 경우 생장이 느린 수종을 먼저 심는다.
⑤ 비슷한 윤벌기 내에 성숙하는 것이 바람직하다.
⑥ 단목혼효는 기술적·경제적으로 어려우므로 열상 또는 군상혼효가 바람직하다.
⑦ 간벌작업을 통하여 혼효의 비율을 적정 상태로 조절한다.

### 4) 동령림과 이령림
① 동령림
  ㉠ 같은 연령을 가지고 있는 산림을 말하지만 산림의 특성상 모든 임분이 같은 연령을 가지기는 불가능하므로 개체목의 수령범위가 평균 임령의 20% 이내일 때 동령림으로 간주한다.
  ㉡ 동령림의 장점
   • 조림 및 육림작업, 축적조사, 수확 등이 이령림에 비해 간단하다.
   • 침엽수를 목재생산림으로 관리 경영 시 이령림에 비하여 단위면적당 더 많은 목재를 생산할 수 있다.
   • 생산되는 원목의 질이 우량하며 규격이 고르다.
② 이령림
  ㉠ 한 임분을 구성하는 개체목들의 나이가 서로 다른 임분을 말한다.
  ㉡ 이령림의 장점
   • 지속적인 수입이 가능하여 소규모 임업경영에 적용할 수 있다.
   • 택벌작업으로 성숙목을 벌채하므로 개벌작업에 비하여 산림의 순회 시기가 빠르다. 따라서 순회 시마다 형질불량목, 고사목을 벌채하여 산림을 효율적으로 관리 경영할 수 있다.
   • 시장 여건에 따라 탄력적으로 벌채할 수 있다.
   • 이령림은 모수에 의한 천연갱신이 이루어지며, 모수에 의하여 치수가 보호받고 있으므로 동령림에 비하여 피해가 적다.

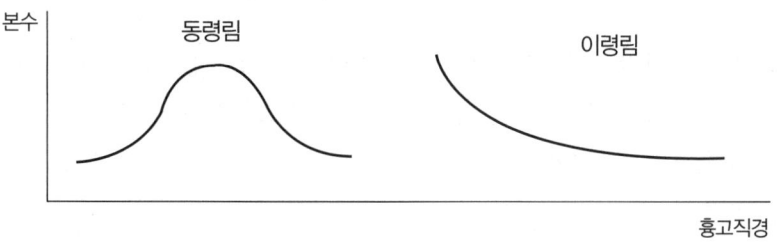

③ 동령림과 이령림의 차이

| 구분 | 동령림 | 이령림 |
|---|---|---|
| 임관 | 균일하고 얇은 임관층 | 불규칙하고 두터운 임관층 |
| 풍해 | 약함 | 강함 |
| 작은 나무 | 제거됨 | 무육작업을 통해 미래목으로 생장 |
| 갱신 | 짧은 기간 내에 이루어짐 | 윤벌기 전체에 걸쳐 이루어짐 |
| 지력 | 임지 노출로 불리함 | 모수에 의하여 지력이 보호됨 |
| 입지 정비 | 쉬움 | 어려움 |
| 위험성 | 산불 및 각종 피해요소에 위험 | 산불 및 병해충의 위험이 적음 |
| 임상 유기물 | 개벌작업으로 인하여 한번에 많은 임상유기물을 얻을 수 있음 | 택벌작업으로 지속적으로 얻을 수 있음 |

### 5) 교림과 왜림

① 교림
  ㉠ 임목이 주로 종자로 양성된 묘목으로 이루어지며 소나무, 잣나무, 낙엽송과 같이 키가 큰 목재를 가공해서 이용하고자 만든 숲을 말한다.

② 왜림
  ㉠ 움이나 맹아로 형성되며, 아까시나무, 오리나무, 싸리와 같이 줄기를 끊어서 연료재나 펄프용재 등을 생산하기 위해 조성하는 숲을 말한다.
  ㉡ 교림과 왜림이 동일 임지에 조성되었을 때를 중림이라 하며, 중림의 상층 임목은 교림작업, 하층은 왜림작업에 의하여 각각 갱신이 진행된다.
  ㉢ 일반적으로 침엽수종은 교림, 활엽수종은 왜림을 형성하는 경향이 있다.

### 6) 천연림과 인공림

① 천연림
  ㉠ 천연림은 자연의 힘만으로 이루어진 것으로 원시림과 천연림으로 구분한다. 군락구조를 수직적으로 볼 때 특유의 계층구조를 잘 나타내고 있다.
  ㉡ 원시림은 산림이 산불, 해충, 병해 등의 피해를 받은 적이 없는 산림을 말하며, 처녀림으로 불린다.
  ㉢ 천연림은 사람이 적극적으로 조림한 사실이 없으나 어느 정도 인위적인 간섭을 받아온 산림으로 자연림으로도 불리며 원시림만큼 그 본연의 모습을 유지하고 있지는 않다.

② 인공림 : 벌채, 산불 등의 원인으로 제거 또는 파괴된 전 임분의 적지에 인공 조림 또는 천연갱신의 방법으로 조성된 산림이다.

### 7) 경제림과 보안림

① 경제림 : 주로 목재·수피·잎·수지(가지) 등의 물질을 생산하기 위하여 경영되는 산림을 말

하며 우리가 경영하는 대부분의 산림이 이에 속한다.
② 보안림
　㉠ 산림에서 직접 물질적인 것을 얻는 데 목적을 두지 않고 비생산적인 간접적 이익에 주목적을 두는 산림을 말한다.
　㉡ 토석이나 토사의 유출 · 붕괴 방지(토석 방비 보안림), 생활환경의 보호 · 유지 및 증진(생활환경 보안림), 수원 효용(수원함양 보안림) 및 경관을 위해 조성한다.
③ 다용림 : 경제림과 보안림의 두 가지 목적을 모두 조성하고자 경영하는 산림으로, 용재를 생산하면서 목축 경영, 약초 생산, 휴양 경영 등 다방면으로 경영하는 산림을 말한다.

### 8) 침엽수와 활엽수
우리나라의 산림은 침엽수림 46%, 활엽수림 27%, 혼효림 27% 정도로 구성되어 있다.
① 침엽수 : 일반적으로 잎이 좁고 평형맥으로 배열되어 나자식물(겉씨식물)에 속하며, 줄기가 곧고 수간이 좁아 일정 면적에 많은 나무를 심을 수 있어 경제적으로 중요한 수종이다. 우리나라의 침엽수는 대부분 상록수이나 은행나무, 낙엽송, 낙우송 등은 낙엽수이다.
② 활엽수 : 일반적으로 잎이 넓고 그물 모양으로 배열되어 피자식물(속씨식물)에 속하며, 원줄기가 곧지 못하고 많은 가지가 나와 수관이 넓게 퍼져 일정 면적에 많은 나무를 심기 어려운 수종이다.

### 9) 국유림과 사유림
① 우리나라의 산림은 소유 구분에 따라 국가가 소유하는 국유림, 지방자치단체 및 그 밖의 공공단체가 소유하는 공유림, 국유림과 공유림을 제외한 그 밖의 사유림으로 구분할 수 있다.
② 우리나라의 산림은 국유림 23%, 공유림 7.6%, 사유림 69%로 구성되어 있다.

> **Check**
> 산림의 분류

| 구별 | 내용 |
| --- | --- |
| 생성원인 | 천연림, 인공림 |
| 취급법 | 교림, 왜림, 중림 |
| 수종 구성 | 순림, 혼효림 |
| 수령 구성 | 동령림, 이령림 |
| 경영 목적 | 경제림, 보안림, 다용림 |
| 소유주 | 국유림, 공유림, 사유림 |
| 수종과 그 특성 | 침엽수림과 활엽수림, 상록수림과 낙엽수림 |

## 2 산림대

### 1) 산림대의 정의

① 모든 수목은 자기의 특성에 맞는 환경조건에서 완전한 생장과 번식이 이루어지며, 기후가 달라짐에 따라 자연 발생하는 수종과 임상의 차이는 현저하게 달라진다.
② 주로 연평균 기온을 중심으로 수평적으로 지대를 구분하여 각 지대별 산림환경의 특성을 파악하고, 지대별로 어떤 수종들로 구성되어 있는지를 나타내는 산림의 분류방법을 뜻한다.
③ 산림대를 결정하는 가장 중요한 자연조건은 기후이며, 기온과 강수량이 일차적인 제한 요인이 된다. 특히 식물은 수분이 충분하면 5℃ 이상에서 성장하므로 온량지수로 식생의 수평적인 분포를 파악할 수 있다.
④ 우리나라의 수평적 산림대는 남쪽으로부터 난대림, 온대남부림, 온대중부림, 온대북부림, 한대림의 한계를 나타낸다.

> **Check**
> 온량지수
> 1. 월평균 기온이 5℃ 이상인 달에 대하여 월평균 기온과 5℃와의 차를 1년 동안 합한 값을 말한다.
> 2. 열대림 혹은 아열대림 : 180 이상
>    - 난대림 : 110 이상
>    - 온대남부림 : 100~110
>    - 온대 중부림 : 85~100
>    - 온대 북부림 : 55~85
>    - 냉대림 : 15~55
>    - 한대림 : 0~15
> 3. 한랭지수 : 월평균 기온이 5℃ 이하인 달에 대하여 5℃를 감한 수치를 1년 동안 합한 값을 말한다.
> 4. 일생육적 온도 : 일평균 기온이 5℃ 이상인 날에 대하여 5℃를 감한 수치를 1년 동안 합한 값을 말한다.

### 2) 수평적 산림대

산림대를 위도와 온량지수에 따라 열대림, 난대림, 온대림(남부, 중부, 북부), 냉대림, 한대림 등 수평적으로 구분한 것이다.

| 산림대 | 위도 | 연평균 기온 | 임상 | 특징 수종 |
|---|---|---|---|---|
| 난대림<br>(상록<br>활엽수) | 35° | 14℃ 이상 | 고유 수종인 상록활엽수림은 파괴되고 낙엽활엽수, 침활혼효림, 소나무림화된 곳이 많다. | 붉가시나무, 동백나무, 구실잣밤나무, 생달나무, 후박나무, 아왜나무, 녹나무, 가시나무, 돈나무, 감탕나무, 사철나무, 식나무, 해송, 삼나무, 편백 |
| 온대림<br>(낙엽<br>활엽수) | 5~14° | 5°~14℃ | 고유의 낙엽활엽수 임상은 거의 파괴되고 소나무림화된 곳이 많다. | 참나무류, 느티나무, 소나무, 물박달나무, 박달나무, 곰솔, 잣나무, 전나무 |
| 온대 남부 | 전남, 경북 이남<br>(해안 : 강릉 이남) | 12~14℃ | 소나무, 곰솔의 단순림과 서어나무, 단풍나무, 굴피나무 등의 혼효림이 많다. | 개비자나무, 곰솔, 윤노리나무, 팽나무, 좀피나무, 굴피나무, 단풍나무, 사철나무, 서어나무류, 대나무류 |

| 산림대 | 위도 | 연평균 기온 | 임상 | 특징 수종 |
|---|---|---|---|---|
| 온대 중부 | 경기, 강원, 황해도(해안:함남 중부, 평남 중부) | 10~12℃ | 소나무순림과 신갈나무, 때죽나무 등의 혼효림이 많다. | 때죽나무, 신갈나무, 향나무, 전나무, 물박달나무, 느티나무 |
| 온대 북부 | 온대 중부 이북 | 5~10℃ | 피나무, 박달나무, 신갈나무, 잣나무, 전나무, 혼효림과 소나무 순림이 많다. | 피나무류, 박달나무, 신갈나무, 사시나무, 자작나무, 개암나무, 전나무, 잣나무, 잎갈나무 |
| 한대림 (침엽수) | 평안남북도, 함경남북도의 고원 및 고산지대 | 5℃ 미만 | 고유의 침엽수림이 파괴되고 자작나무, 사시나무, 황철나무, 느릅나무 등의 활엽수 또는 침활혼효림이나 잎갈나무 순림이 많다. | 누운잣나무, 가문비나무, 주목, 전나무, 잣나무, 잎갈나무, 종비나무, 분비나무 |

## 3) 수직적 산림대

산림대를 해발고도에 따른 온도변화에 대응하여 수직적으로 구분한 것이다.

| 구분 | 한라산 | 지리산 | 백두산 |
|---|---|---|---|
| 난대림 | 600m 이하 | | |
| 온대림 | 600~1500m | 1300m 이하 | 700m 이하 |
| 한대림 | 1500m 이상 | 1300m 이상 | 700m 이상 |

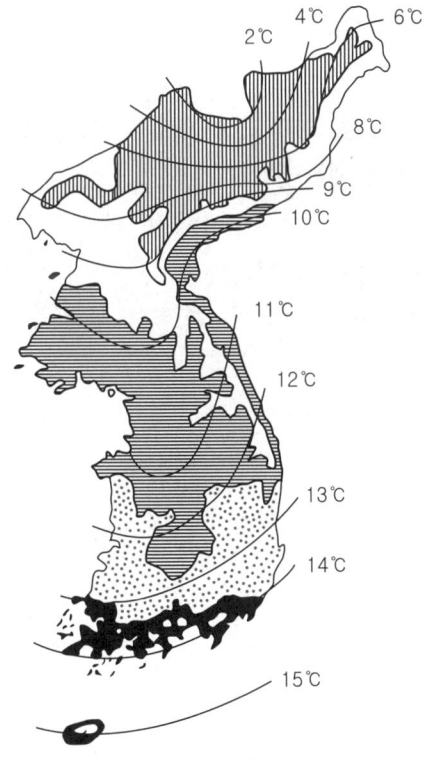

울릉도의 경우 대략 해발 600m를 경계로 식물분포가 현저하게 차이가 난다.

| 600m 이하 | 동백나무, 후박나무, 굴거리나무, 감탕나무, 사철나무, 식나무와 같은 상록활엽수가 잘 자란다. |
|---|---|
| 600m 이상 | 너도밤나무, 털고로쇠, 섬단풍나무, 섬피나무, 섬벚나무, 두메오리나무, 신갈나무와 같은 낙엽활엽수와 솔송나무, 섬잣나무와 같은 침엽수가 분포하며 상록활엽수가 나타나지 않는다. |

## 3 산림일반

### 1) FAO(Food and Agriculture Organization ; 국제연합 식량농업기구)의 정의
① FAO 통계 등에서는 폐쇄림과 소림을 합하여 산림이라 한다.
② 휴한림과 저목림은 기타 산림이다.

| 종류 | 내용 |
|---|---|
| 폐쇄림 | • 수관밀도가 지표의 20% 이상을 점유한다.<br>• 침엽수의 경우는 목재생산이 가능하고 수고가 7m 이상인 임지로서 초본층이 형성되지 않은 임지이다. |
| 소림 | • 수목이 지표의 10% 이상을 점유하지만 태양광선이 임상까지 진입하여 연속된 초본층이 형성된 임지이다. |
| 휴한림 | • 이동 경작 후에 방치되어 다시 수목에 의해 덮여질 것이라고 생각되는 임지이다. |
| 저목림 | • 지표의 10% 이상이 관목 등으로 덮여 있지만 수목의 높이는 성목이 되어서도 7m 정도밖에 되지 않는 임지이다. |

### 2) 산지관리법에 의한 산림의 정의
① 입목(立木)·죽(竹)이 집단적으로 생육(生育)하고 있는 토지
② 집단적으로 생육한 입목·죽이 일시 상실된 토지
③ 입목·죽의 집단적 생육에 사용하게 된 토지
④ 임도(林道), 작업로 등 산길
⑤ 가목부터 다목까지의 토지에 있는 암석지(巖石地) 및 소택지(沼澤地)

### 3) 임분의 개념
① 일정한 토지를 점유하는 수목의 집단으로서 수종적 구성, 영계 구성, 작업종, 생육상태가 대략 동일하고 주위에 있는 다른 수목의 집단과 구별이 될 때를 말한다.
② 산림과의 차이 : 산림은 나무가 모여서 서 있는 곳으로 해석이 되고 수종적, 면적적, 밀도적, 수령적 등 그 한계에는 제한성이 거의 없다. 그러나 임분은 수령상, 수종상, 밀도상 및 환경인 자로 보아 동질성을 나타내고 그것이 작업 단위로 이루어지고 있다.

# 제2장 수목일반

## 1 수목의 분류

### 1) 분류일반

수목은 종(種, Species)을 기본 단위로 하여 변종(變種, Variety), 품종 또는 영양계 등으로 나눈다.

| 종류 | 내용 |
| --- | --- |
| 종 | 생식작용을 통해서 유사한 개체가 계승될 수 있는 식물군이다. |
| 변종 | 한 종 안에서 어떤 특성을 달리하는 개체의 군으로 종자변이에 기인한다. |
| 품종 | • 어떤 종이나 변종에서 종자를 통해 그 특성의 상당량이 계승되는 것으로 임업상의 품종은 지리적 분포(기상, 토지의 차이)에 의한다.<br>• 재배식물이나 사육동물에서 분류학상 동일 종에 속하면서 형태적 또는 생리적으로 다른 많은 개체군 또는 계통이 분리 육성된 것이다.<br>• 오랫동안 재배 · 사육하는 동안에 생겨 났으며, 그것들을 분리하여 고정시키고, 목적에 따라 더 새로운 계통을 육성시킨 것은 인간의 노력의 결과이다.<br>• 새로운 품종을 육성하고 개량하는 것을 육종(育種)이라 하며 순계분리(純系分離) · 계통분리 · 교잡(交雜) · 돌연변이(突然變異)의 이용 등이 있다. |
| 영양계 | 접목, 삽목, 취목 등으로 한 개체가 증가했을 때 그 후대를 이루는 개체군이다. |

### 2) 수목의 형태에 따른 구분

① 교목 : 성숙한 단계에서 키가 10m 이상 되는 것으로, 뚜렷한 하나의 줄기를 가진 소나무 · 포플러 · 낙엽송 · 밤나무 · 오동나무 · 은행나무 등이 있다.

② 관목 : 성숙하였을 때 5~6m 정도 이하의 키에 여러 개의 줄기가 생겨 무더기꼴을 이루며, 싸리 · 무궁화 · 개나리 · 쥐똥나무 · 진달래 · 회양목 · 장미 등이 있다.

③ 겉씨식물(나자식물) : 침엽수
  ㉠ 암꽃의 구조에서 씨방이 없어 밑씨가 노출되어 평행한 잎맥을 보이며 관다발은 발달하나 도관이 없고 가도관이 있으며 체관에는 반세포가 없다.
  ㉡ 꽃잎 · 꽃받침이 없고 단성화이며 중복 수정을 하지 않는다.

> **Check**
>
> **가도관의 유형**
>
> 가도관의 측막은 부분적으로 두꺼워지면서 무늬를 만들며, 그 무늬에 따라 다음 그림과 같이 나누어진다.

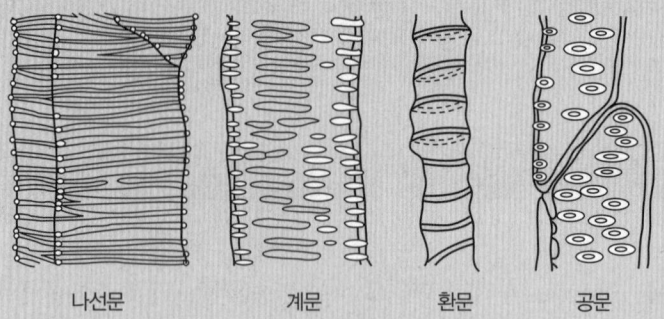

나선문　　계문　　환문　　공문

[식송의 가도관]

### 침엽수의 분류

| 소철목 | 소철과 | 소철 |
|---|---|---|
| 은행목 | 은행나무과 | 은행나무 |
| 구과목 | 낙우송과 | • 낙우송속 : 낙우송, 메타세쿼이아<br>• 삼나무속 : 삼나무 |
| | 소나무과 | • 소나무속<br>　- 소나무류 : 소나무, 해송, 리기다소나무<br>　- 잣나무류 : 잣나무, 눈잣나무, 백송<br>• 잎갈나무속 : 잎갈나무, 낙엽송<br>• 가문비나무속 : 가문비나무, 종비나무, 솔송나무<br>• 전나무속 : 전나무, 분비나무, 구상나무 |
| | 측백나무과 | • 측백속 : 측백, 눈측백나무<br>• 편백속 : 편백, 화백나무<br>• 향나무속 : 향나무, 눈향나무, 노간주나무 |
| 임상 유기물 | 주목과 | • 주목속 : 주목, 회솔나무<br>• 비자나무속 : 비자나무 |
| | 나한송과 | 나한송 |
| | 개미자나무과 | 개비자나무 |

④ 속씨식물(피자식물) - 활엽수

| 구분 | 내 용 |
|---|---|
| 쌍떡잎식물 | 배가 2개의 떡잎을 가지며 유관속은 원통형으로 나열된다. 잎맥은 그물맥이며, 뿌리는 주근이 발달된다. 관다발이 동심원 모양으로 규칙적으로 배열되어 있으며 물관과 체관 사이에 형성층이 있어서 부피생장을 한다. |
| 외떡잎식물 | 하나의 떡잎을 가지며 유관속은 흩어져 있다. 잎맥은 평형맥이고 뿌리는 주근이 없다. 관다발이 불규칙적으로 흩어져 배열되어 있으며 형성층이 없으므로 줄기가 굵어지지 않는다. |

  ㉠ 씨방이 발달했다.
  ㉡ 꽃잎과 꽃받침이 있는 양성화이다.
  ㉢ 중복 수정을 한다.
  ㉣ 개나리, 상수리나무, 매실나무, 사과나무, 단풍나무, 느티나무 등이 이에 속한다.
⑤ 상록수 : 일 년 내내 푸른 잎을 달고 있는 수목이다. 주목, 비자나무, 섬잣나무, 백송, 리기다소나무, 호랑가시나무, 사철나무, 동백나무 등이 있다.
⑥ 낙엽수 : 낙엽의 계절에 잎이 일제히 떨어지거나 고엽의 일부분이 붙어 있는 수목이다. 낙엽송, 낙우송, 상수리나무, 느릅나무 등이 있다.

### 3) 침엽수의 주요 수종
① 은행나무과 : 지구상에서 가장 오래된 수종의 하나로 낙엽교목이며 침엽수 중 유일하게 잎이 넓다.
② 소나무과 : 소나무류 중 소나무, 해송, 방크스소나무, 반송은 잎이 2장씩 뭉쳐 나고, 리기다소나무, 리기테다소나무, 테다소나무는 잎이 3장씩 뭉쳐 난다.
③ 잣나무류 : 소나무류에 비해 잎이 가늘고 부드럽다. 백송은 잎이 3장씩 뭉쳐 나고, 잣나무, 섬잣나무, 스트로브잣나무는 잎이 5장씩 뭉쳐 난다.

## 2 수목의 구조와 형태

**1) 수목** : 잎, 줄기, 뿌리의 영양기관과 꽃, 열매, 종자 등의 생식기관으로 이루어진 기본구조를 가지고 있다.

**2) 잎** : 기공은 수목의 잎이 대기와 직접 가스 교환을 하는 곳이다. 광합성을 하기 위해 탄산가스를 흡수하고 산소를 방출하는 동시에 증산작용을 수행한다.

**3) 줄기** : 잎과 가지가 무성한 부분인 수관을 지탱하고, 뿌리에서 흡수한 수분과 무기영양분을 위쪽으로 이동시킨다. 탄수화물을 아래 방향으로 운반하거나 저장하는 기능을 가지고 있다.

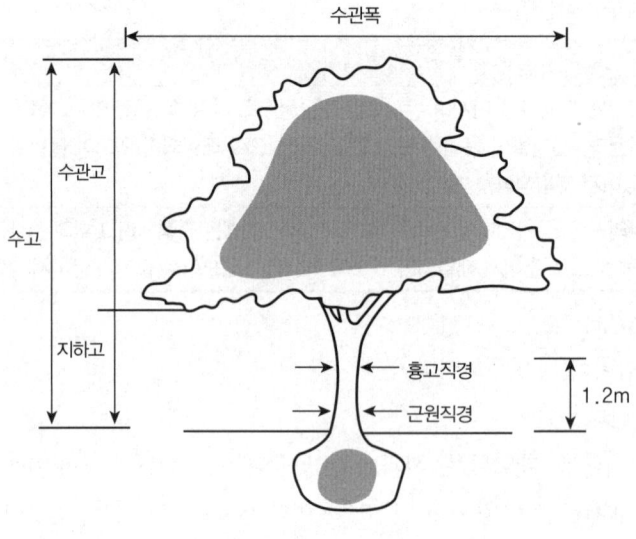

[조경수 모형]

| 종류 | 내용 |
|---|---|
| 형성층 | • 나무의 줄기와 뿌리의 지름을 굵게 만들어 주는 조직이다.<br>• 수피 바로 안쪽에 원통형으로 모든 가지를 둘러싸고 있다. |
| 심재 | • 줄기의 중심 부분으로 형성층이 오래 전에 생산한 목부조직이다.<br>• 세포가 죽은 후 기름, 껌, 송진, 타닌, 페놀 등의 물질이 축적되어 짙은 색깔을 나타낸다.<br>• 생리적 역할이 없고 나무를 지탱해 주는 역할을 한다. |
| 변재 | • 심재 바깥쪽에 비교적 옅은 색을 가진 부분이다.<br>• 형성층이 비교적 최근에 생산한 목부조직이다.<br>• 수분이 많으며, 뿌리로부터 수분을 위쪽으로 이동시키는 중요한 역할을 담당한다. 탄수화물을 저장하기도 한다. |
| 연륜<br>(나이테) | • 온대지방의 목본식물이 줄기의 횡단면상에 둥근테를 형성하는 것이다.<br>• 보통 1년에 하나의 테를 만든다.<br>• 봄철에 만들어진 춘재는 세포의 지름이 크고 세포벽이 얇으며, 여름과 가을에 만들어진 추재는 세포의 지름이 작고 세포벽이 두꺼워서 추재와 춘재 사이에 뚜렷한 경계선이 나타난다. |

### 4) 뿌리의 구조

① 장근 : 뻗어나가는 속도가 빨라 새로운 근계를 개척하며 직경생장을 하고 주근을 이루어 오래도록 살아 남는다.

② 단근 : 뻗어나가는 장근에 기원하여 천천히 자란다. 직경생장을 하지 않고 1~2년간 살다가 죽는다. 수분과 영양분을 흡수하며 토양미생물과 근류균을 형성하는 세근이 된다.

> **Check**
>
> **자연형의 일반적인 수종**
> - 원추형 : 낙우송, 삼나무, 전나무, 소나무, 독일가문비나무, 낙엽송, 주목
> - 우산형 : 편백, 화백, 금송, 반송, 층층나무, 왕벚나무, 매화나무
> - 구형 : 졸참나무, 가시나무, 녹나무, 화살나무, 회화나무, 생강나무
> - 난형 : 백합나무, 측백나무, 동백나무, 계수나무, 목련, 벽오동, 플라타너스

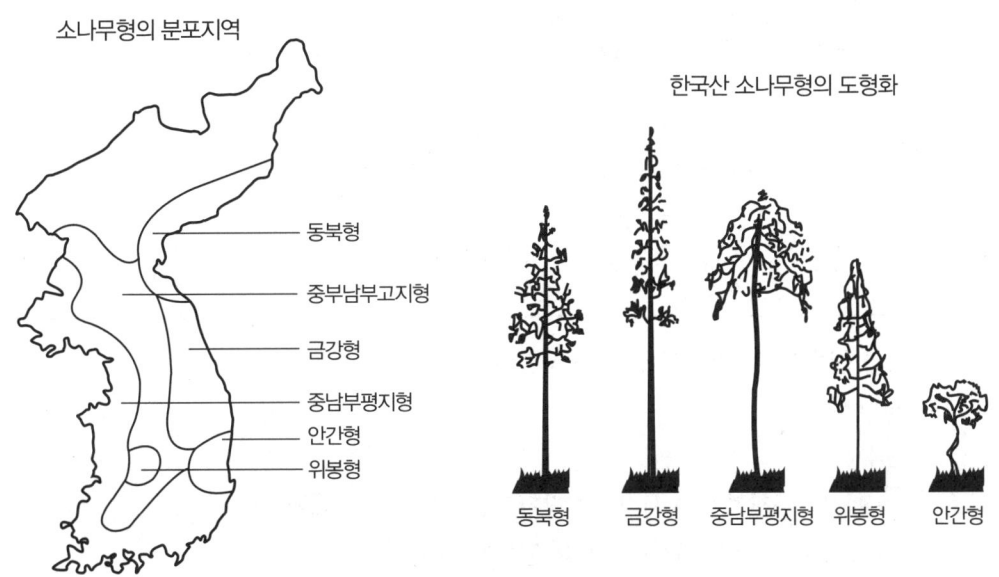

[자연수형의 일반적인 모양]

[우리나라 소나무형의 유형]

### 5) 수목의 형태

① 수관 : 한 나무의 살아있는 가지와 잎을 합쳐서 광합성을 하는 녹색 부분으로, 주로 가지의 생김새에 따라 수관의 모양이 결정된다.

② 수간 : 줄기가 똑바로 자란 것을 직간, 줄기에 자연적인 곡선이 나타나는 것을 곡간, 줄기가 옆으로 비스듬히 자란 것을 사간이라 한다.

> **Check**
>
> **유전성에 따른 수간형의 분류**
> - 직간 : 가문비나무, 전나무, 낙우송, 잣나무
> - 곡간 : 소나무류, 대부분의 활엽수

## 3 주요 조림수종

### 1) 조림 수종 선택 시 고려사항
① 입지 조건과 선택 수종의 생태적 특성의 부합 여부
② 선택 수종의 이용적 가치
③ 적용될 작업종과 그 수종의 생태적 특성과의 관련성
④ 선택된 수종이 식재될 입지에 미치는 영향
⑤ 조림 비용, 생장 속도, 내병충성
⑥ 지하고가 높고 조림의 실패율이 적은 것

### 2) 조림 수종 선택 원칙

| 종류 | 내용 |
| --- | --- |
| 경제성의 원칙 | • 재적수확량이 많을 것<br>• 재질이 우량해서 수요가 많을 것<br>• 그 수종의 경제적 가치가 높을 것 |
| 생물적 원칙 | • 병충해에 대해서 저항력이 강할 것<br>• 입지 조건에 적응될 수 있는 수종일 것 |
| 조림적 원칙 | • 조림이 용이할 것<br>• 수종의 생리 상태가 작업종에 알맞을 것<br>• 임지 보호 및 국토 보호에 도움이 될 것 |

### 3) 우리나라 산림청에서 제시하는 조림사업 구분
① 인공갱신
  ㉠ 식재조림 : 경제수 조림
   • 목적 : 용재 수종을 식재하여 장기적인 목재 수요에 대처
   • 대상지 : 경제림 육성단지 내의 벌채지, 수종갱신지
   • 식재 본수 : 기준 3000본/ha(소묘 : 5000/ha)
   • 주요 조림 수종 : 소나무, 낙엽송, 참나무류, 잣나무, 편백, 해송 등 78개 조림 권장 수종
   • ha당 식재 비용 : 287만 원
   • 식재 시기 : 봄철과 가을철에 식재할 수 있으나 가급적 봄철에 실시한다.
    - 온대남부 및 난대 : 2월 하순~3월 중순, 10월 하순~11월 중순
    - 온대중부 : 3월 중순~4월 상순, 10월 중순~11월 상순
    - 고산 및 온대북부 : 3월 하순~4월하순, 9월 하순~10월중순
  ㉡ 산림 피해지 복구 조림
   • 목적 : 산불 피해지 복원 및 조기 복구로 산림생태계의 안정화 및 경관 조성
   • 대상지 : 특별재난지역으로 선포된 대형산불 피해지, 30ha 이상 산불 피해 지역
   • 식재 본수 : 경제수 3000본/ha, 큰 나무 1500본/ha

- 주요 조림 수종 : 지역 주민의 의견을 수렴하여 산불복구조림계획에 반영된 수종(강원 양양지역의 경우 잣나무, 산벚나무 식재), 30m의 내화수림대(참나무류)를 교호로 30m 간격으로 조성한다.
- ha당 식재 비용 : 355~754만 원
- 식재 시기 : 봄철과 가을철에 실시할 수 있으나 가급적 봄철에 식재한다.
  - 온대남부 및 난대 : 2월 하순~3월 중순, 10월 하순~11월 중순
  - 온대중부 : 3월 중순~4월 상순, 10월 중순~11월 상순
  - 고산 및 온대북부 : 3월 하순~4월하순, 9월 하순~10월 중순

ⓒ 큰나무 공익 조림
- 목적 : 생활권, 관광지 주변 등 정주권 생활환경 개선
- 대상지 : 도시, 마을 관광, 사적지 주변
- 주요 조림 수종 : 느티나무, 은행나무, 단풍나무, 이팝나무, 백합나무 등 1.5m 내외 경관수종
- ha당 식재 비용 : 686~1,160만 원
- 식재 시기 : 봄철과 가을철에 실시할 수 있으나 가급적 봄철에 식재한다.
  - 온대남부 및 난대 : 2월 하순~3월 중순, 10월 하순~11월 중순
  - 온대중부 : 3월 중순~4월 상순, 10월 중순~11월 상순
  - 고산 및 온대북부 : 3월 하순~4월하순, 9월 하순~10월 중순

㉢ 수원함양 조림
- 목적 : 맑은 물 공급 등 산림의 녹색댐 기능 증진
- 대상지 : 5대강 유역 양안 5km 이내 산림 및 주요댐 구역
- 식재 본수 : 기준 5000본/ha
- ha당 식재 비용 : 408만 원
- 식재 시기 : 봄철과 가을철에 실시할 수 있으나 가급적 봄철에 식재한다.
  - 온대남부 및 난대 : 2월 하순~3월 중순, 10월 하순~11월 중순
  - 온대중부 : 3월 중순~4월 상순, 10월 중순~11월 상순
  - 고산 및 온대북부 : 3월 하순~4월하순, 9월 하순~10월 중순

㉣ 생태 보완(움싹) 조림
- 목적 : 자연 복원력을 최대한 이용하고 선택적 보완 식재로 저비용, 고효율의 갱신 도모
- 대상지 : 벌채지로 2~3년이 지나 보완 조림이 필요한 임지, 조림 실패지, 산불 자연 복원지
- 식재 본수 : 기준 500본/ha
- 식재 시기 : 봄철과 가을철에 실시할 수 있으나 가급적 봄철에 식재한다.
  - 온대남부 및 난대 : 2월 하순~3월 중순, 10월 하순~11월 중순
  - 온대중부 : 3월 중순~4월 상순, 10월 중순~11월 상순

- 고산 및 온대북부 : 3월 하순~4월 하순, 9월 하순~10월 중순
ⓑ 유휴토지 조림
- 목적 : 원래 산이었던 다락밭 등에 나무를 식재하여 농·산촌 소득 증대 및 생활환경 개선에 기여
- 대상지 : 유휴 토지, 한계 농지 2년 이상, 휴경지, 소유자가 산림으로 전환 요구한 토지
- 식재 본수 : 기준 800본/ha
- 주요 조림 수종 : 산지 과수, 특·약용 수종 및 78개 조림 권장 수종
- ha당 식재 비용 : 287만 원
- 식재 시기 : 봄철(3~4월), 가을(9~11월)

ⓢ 옹기묘 조림
- 목적 : 세근의 발달이 어려운 직근성 수종의 활착을 도모
- 대상지 : 산불 피해지 등 일반 조림이 어려운 지역
- 식재 본수 : 기준 3000본/ha
- 주요 조림 수종 : 소나무, 상수리나무
- ha당 식재 비용 : 322만 원
- 식재 시기 : 가을(9월~11월)

ⓞ 리기다 갱신 조림
- 목적 : 치산 녹화기에 식재한 리기다소나무림이 쇠퇴하고 있어 이를 경제수종으로 갱신 추진
- 대상지 : 리기다소나무림 벌채지
- 식재 본수 : 기준 3000본/ha, 택벌 2000본/ha
- 주요 조림 수종 : 소나무, 참나무류, 잣나무, 편백, 해송 등 78개 조림 권장 수종
- ha당 식재 비용 : 223~287만 원
- 식재 시기 : 봄철(3~4월), 가을(9~11월)

ⓧ 낙엽송 조림
- 목적 : 산업용재의 안정적 공급과 고급 용재 확보
- 대상지 : 경제림 육성 단지 내의 벌채지, 수종 갱신지
- 식재 본수 : 기준 2000본/ha
- ha당 식재 본수 : 222만 원
- 식재 시기 : 봄철(3~4월), 가을(9~11월)

ⓩ 백합나무 조림
- 목적 : 생육이 빠르고 밀원, 경관, 경제적 가치가 큰 백합나무 식재
- 대상지 : 토심이 깊고 습기가 많은 계곡, 산록부(동해피해 유의)에 식재
- 식재 본수 : 기준 1100본/ha

- 주요 조림 수종 : 백합나무
- ha당 식재 비용 : 189만 원
- 식재 시기 : 봄철(3~4월), 가을(9~11월)

② 파종 조림
  ㉠ 목적 : 식재 조림이 어려운 곳에 종자 파종을 통한 인공림 유도
  ㉡ 대상지 : 급경사 및 척박지 등에 식재 조림 시 활착이 어려운 지역
  ㉢ 파종량 : 종자 10000개/ha, 5000상(2개/상)
  ㉣ 주요 조림 수종 : 상수리나무, 가래, 밤나무 및 참나무류
  ㉤ ha당 파종비용 : 404만 원
  ㉥ 식재 시기 : 봄철(3~4월), 가을(10~11월)

③ 천연갱신
  ㉠ 천연하종갱신
    - 목적 : 모수로부터 종자를 낙하시켜 자연 발생 치수로 후계림을 조성
    - 대상지 : 종자의 결실주기가 짧고 종자 생산성이 양호한 수종의 수확 예정지
    - 식재 본수 : 자연 복원력 이용
    - 주요 조림 수종 : 소나무, 편백, 참나무류
    - 식재 시기 : 가을(11월~2월)

> **Check**
> 
> **우리나라 주요 조림 수종(78개 수종) 용도별 구분**
> 1. 용재 수종(23개) : 강송(소나무), 잣나무, 낙엽송, 가문비나무, 편백, 분비나무, 삼나무, 스트로브잣나무, 버지니아소나무, 참나무류, 자작나무, 음나무, 피나무, 노각나무, 서어나무, 거제수나무, 가시나무, 박달나무, 백합나무, 이태리포플러, 물푸레나무, 오동나무, 황철나무
> 2. 유실 수종(4개) : 밤나무, 호도나무, 대추나무, 감나무
> 3. 조경 수종(20개) : 은행나무, 느티나무, 복자기나무, 마가목, 벚나무, 층층나무, 매자나무, 화살나무, 당단풍, 산딸나무, 쪽동백, 이팝나무, 채진목, 때죽나무, 가죽나무, 낙우송, 회화나무, 칠엽수, 향나무, 꽝꽝나무
> 4. 특용 수종(10개) : 옻나무, 다릅나무, 쉬나무, 두충나무, 두릅나무, 단풍나무, 고로쇠나무, 음나무, 느릅나무, 동백나무
> 5. 내공해 수종(12개) : 산벚나무, 때죽나무, 사스레피나무, 오리나무, 참죽나무, 벽오동, 해송, 은행나무, 참나무류, 가죽나무, 가마귀쪽나무, 버즘나무
> 6. 내음 수종(5개) : 주목, 서어나무, 음나무, 녹나무, 전나무
> 7. 내화 수종(4개) : 황벽나무, 굴참나무, 아왜나무, 동백나무

#  제3장 수목의 생장

## 1 수목의 생장

나무의 생장은 크게 잎, 줄기, 뿌리가 자라서 개체의 크기가 커지는 영양생장과 꽃과 열매로 종자를 생산하거나 무성번식으로 다음 세대를 만드는 생식생장으로 구분할 수 있다.
- 생장 : 시간의 경과에 따라 식물체의 크기 증가한다.
- 발육 : 시간이 경과함에 따라 식물체가 완성되는 과정이다.
- 생육 : 생장은 식물체의 양적인 변화이며, 발육은 질적인 변화이다. 식물의 생육이라는 말은 생장과 발육을 포함한 개념이다.
  ※ 영양생장 : 종자의 발아 → 줄기, 잎의 증가 → 꽃눈 형성
  ※ 생식생장 : 꽃눈 형성 → 개화 → 결실

### 1) 수고생장

① 유한생장과 무한생장(정아의 역할에 따른 구분)
  ㉠ 무한생장 : 정아(꼭지눈)를 형성하지 않고 줄기가 자라다가 끝이 죽고, 맨위의 측아(곁눈)가 정아의 역할을 하여 이듬해 봄에 다시 줄기로 자라는 것을 말한다. 자작나무, 서어나무, 버드나무, 버즘나무, 아까시나무, 피나무, 느릅나무 등이 여기에 속한다.
  ㉡ 유한생장 : 정아가 뚜렷하며 한 가지당 1년에 1회 또는 2~3회 형성되면서 신장하는 것을 말한다. 소나무류, 가문비나무류, 참나무류 등이 여기에 속한다.

② 고정생장과 자유생장(생장주기에 따른 구분)
  ㉠ 고정생장 : 줄기의 생장이 전년도에 형성된 겨울눈에 이미 결정되어 있는 경우로 고정생장은 봄에만 키가 크고 그 이후에는 키가 자라지 않기 때문에 수고생장이 느리다. 적송, 잣나무, 가문비나무, 솔송나무, 너도밤나무, 참나무 등이 여기에 속한다.
  ㉡ 자유생장 : 전년도의 겨울눈 속에 봄에 자랄 새 가지의 원기가 만들어져 있다가 봄에 겨울눈이 크면서 새 가지가 나와 봄잎을 만들고, 곧이어 여름잎을 만들면서 가을까지 계속 새가지가 자라 올라오는 경우이다(재발성 개엽). 은행나무, 낙엽송, 향나무, 측백, 편백 등의 침엽수, 포플러, 자작나무, 플라타너스, 버드나무, 아까시나무 등의 활엽수, 그 밖의 사철나무, 회양목, 쥐똥나무와 같은 관목이 여기에 속한다.
    ※ 정아가 측아보다 뚜렷이 잘 자라는 현상을 정아우세라고 하며, 이러한 특징이 나타나는 수종은 대체로 뾰족한 원뿔모양의 수형을 가진다.

## 2) 비대생장

수목의 직경생장은 주로 수간, 줄기, 뿌리 부분의 목부와 사부 사이에 위치한 형성층의 활동에 의한 비대생장으로 이루어진다.

① 병층분열 : 물관세포(목부)와 체관세포(사부)를 생산하는 분열
② 수층분열 : 형성층의 세포수를 증가시키는 분열

> **Check**
>
> **눈의 종류**
>
> 1. 개념 : 눈은 아직 자라지 않은 어린 가지라고 할 수 있다.
> 2. 분류
>    - 정아 : 가지 끝의 한복판에 자리잡고 있는 눈으로 주지를 만든다.
>    - 측아 : 정아의 측면에 각도를 가지고 발달하여 주로 측지를 만든다.
>    - 액아 : 대와 잎 사이의 겨드랑이에 위치한 비교적 작은 눈으로 주로 새로운 잎을 만든다.
>    - 잠아 : 자라지 않고 계속 휴면 상태에 남아 있는 눈을 말한다.
>    - 부정아 : 잎, 뿌리 또는 줄기의 마디 사이 등 보통은 눈을 형성하지 않는 부분에 생기는 싹을 말한다.

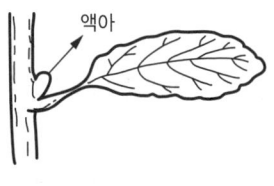

[액아]

## 3) 뿌리생장

수종의 뿌리 분포는 수종에 따라 형태가 독특하여 적송은 심근성, 낙엽송은 중간형, 자작나무는 천근성을 나타낸다.

## 4) 생식생장

| 종류 | 내용 |
|---|---|
| 자웅동주 | 한 그루에 암꽃과 수꽃이 함께 달리는 것으로 소나무, 밤나무, 자작나무, 삼나무 등이 있다. |
| 자웅이주 | 암꽃이 달리는 그루와 수꽃이 달리는 그루가 각각 따로 존재하는 것으로 버드나무, 은행나무, 소철, 호랑가시나무, 주목 등이 있다. |

# 2 임목과 수분

## 1) 토양수분의 표시

① 최대용수량(포화용수량) : 토양의 모든 공극에 물이 꽉찬 상태의 수분함량으로 pF값은 0이다.

② 최소용수량(포장용수량) : 최대용수량에서 중력수가 완전히 제거된 후 모세관에 의해서만 지니고 있는 수분함량이다. 식물에게 쓰일 수 있는 수분 범위의 최대수분함량으로 작물재배상 매우 중요하다. pF값은 1.7~2.7이다.
③ 위조점과 위조계수 : 토양 수분의 장력이 커서 식물이 흡수하지 못하고 영구히 시들어 버리는 점으로 이때의 수분함량을 위조계수라 한다(pF4.2, 15기압).

### 2) 유효수분과 무효수분
① 수목이 토양 중에서 흡수 이용하는 물을 말한다.
② 수목이 생장할 수 있는 토양의 유효수분은 포장용수량에서부터 영구위조점까지의 범위이며 pF2.7~4.2이다.

### 3) 토양수분의 분류
① 결합수 : 토양의 고체분자를 구성하는 물로 수목에 흡수되지 않으나 화합물의 성질에 영향을 준다.
② 흡습수 : 토양이 공기 중의 수분을 흡수하여 토양 알갱이의 표면에 응축시킨 수분으로 토양 알갱이와 매우 굳게 부착되어 수목의 근압으로 흡수 이용할 수 없다.
③ 모관수 : 작은 공극(모세관)의 모관력에 의하여 유지되는 수분이다.
④ 중력수 : 토양 공극을 모두 채우고 자체의 중력으로 이동되는 물이다.

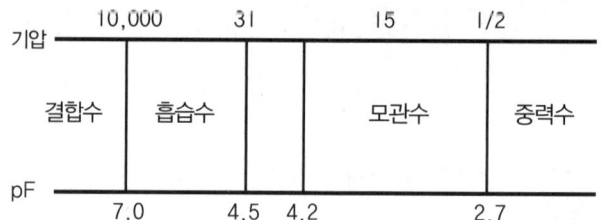

## 3 수분

### 1) 수분의 흡수과정
① 수분의 흡수 : 삼투압은 세포 내로 수분이 들어가는 압력이고, 막압은 세포 외로 수분을 배출하는 압력이다. 수분의 흡수는 삼투압과 막압의 차이에 의해 이루어지며, 이를 흡수압, 확산압차라고 한다.

### 2) 증산작용
① 수목 내의 수분이 기화하여 대기 중으로 배출되는 것을 말한다. 주로 잎의 기공에 의해 이루어진다.

② 광도는 강할수록, 습도는 낮을수록, 온도는 높을수록, 기공의 개폐가 빈번할수록, 기공이 크고 그 밀도가 높을수록, 어느 범위까지는 엽면적이 증가할수록 왕성하다.
③ 토양이 건조하면 뿌리의 수분 흡수력이 증가하여 증산작용이 억제되고 증산작용이 심하면 수목은 위조하여 고사한다.
④ 공기습도 : 공기가 다습하면 증산작용이 약해지고 뿌리의 수분흡수력이 감퇴하므로 필요 물질의 흡수 및 순환이 쇠퇴한다. 과습은 수목의 개화수정에 장애가 되고, 과도한 건조는 불필요한 증산을 크게 하여 가뭄의 피해를 유발한다.

### 3) 수목의 요수량 및 증산계수
① 요수량 : 물 1g을 생산하는 데 소요되는 수분량이다.
② 증산계수 : 건물 1g을 생산하는 데 소비된 증산량이다.

### 4) 수분 스트레스
① 초기위조점 : 토양의 수분함량이 감소함에 따라 작물의 지상부가 시들기 시작하는 함수상태이다. 식물 생육억제의 초기단계로 pF 3.9 정도이다.
② 일시적위조 : 초기위조가 더욱 진행된 상태이다. 세포는 팽압을 잃고 외관적으로 위조상태를 나타내지만 강우나 관수에 의해 쉽게 회복된다. 작물의 증산작용이 흡수작용보다 클 때 일어난다.
③ 영구위조점 : 토양이 초기위조점을 지나 수분이 계속 감소되면 작물의 뿌리는 수분흡수가 곤란해져 포화습도의 공기 중에 24시간 정도 두어도 회복될 수 없게 되는 상태의 토양 함수상태이며 pF값은 4.2 정도이다.

## 4 임목과 양분

### 1) 무기염류의 종류
① 필수원소(16종) : 필수원소는 그 원소가 결핍되면 생육을 완성할 수 없으며 다른 원소에서 대용될 수 없는 것으로, 다량원소(9종)와 미량원소(7종)의 합을 말한다.
② 다량원소(9종) : 단소(C), 수소(H), 산소(O), 질소(N), 황(S), 인(P), 칼륨(K), 마그네슘(Mg), 칼슘(Ca)
③ 미량원소(7종) : 철(Fe), 망간(Mn), 아연(Zn), 구리(Cu), 몰리브덴(Mo), 붕소(B), 염소(Cl)

### 2) 수분의 양분흡수
활엽수가 침엽수보다 더 많은 영양소를 요구한다.
① 무기양료의 요구량이 높은 수종 : 오동나무, 물푸레 나무, 미루나무, 느티나무, 전나무, 밤나무, 참나무

② 무기양료의 요구량이 낮은 수종 : 오리나무, 노간주나무, 소나무, 향나무, 아까시나무, 자작나무

### 3) 영양소의 역할 및 결핍증상
① 질소(N)
  ㉠ 결핍 증상 : 늙은 입에서 먼저 나타나며 생장이 불량하여 잎이 짧아지고 식물체가 작아진다. 잎은 전체가 황백화하며 결핍이 심해지면 잎 전체 또는 일부분이 괴사한다. 질산테, 암모니아테 형태로 식물이 흡수한다.
  ㉡ 과잉 증상 : 생장은 증대하나 잎은 짙은 녹색이 되고 마디에 긴 도장(가늘고 길어짐)현상이 나타난다.
② 인산(P)
  ㉠ 뿌리의 신장을 촉진하고 지하부의 발달을 조장하여 내한성 및 내건성을 크게 한다.
  ㉡ 결핍 증상 : 뿌리의 생육이 나빠 식물의 발육이 늦어지고, 잎이 말리고 농록색화되어 결국 고사한다. 특히 열매와 종자의 형성이 감소한다.
③ 칼륨(K)
  ㉠ 질소화합물의 합성 및 세포분열을 촉진한다.
  ㉡ 뿌리의 발달을 조장하고 개화결실을 촉진하며 병충해에 대한 저항력을 증대한다.
  ㉢ 양이온($K^+$)의 형태로 이용되며 광합성량 촉진 및 여러 생화학적 기능에 중요한 역할을 한다.
  ㉣ 노엽부터 증상이 나타나며 잎의 끝이나 둘레가 황화하고 갈색으로 변한다.
④ 칼슘(Ca)
  ㉠ 잎에 함유량이 많고 세포막의 구성성분이며 식물 체내에서 여러 조절적 역할을 한다.
  ㉡ 유독물질에 대해 중화작용을 하며 엽록소의 생성, 탄수화물의 이전, 체내 당의 생성과 이행에 관여한다.
  ㉢ 생장점 등 분열조직의 생장이 감퇴한다.
  ㉣ 어린 잎의 경우 크기가 작아진다. 잎의 괴사, 백화, 잎의 끝부분 고사현상 등이 나타난다.
⑤ 마그네슘(Mg)
  엽록소의 구성성분이며, 단백질의 생성 및 이전에도 관여한다. 결핍증상으로는 늙은 잎에서 먼저 황백화현상이 나타나며 어린 잎으로 확대된다.
⑥ 황(S) : 효소, 아미노산, 단백질의 구성성분으로 엽록소의 생성에 관여하며, 뿌리보다는 줄기의 성장에 더 큰 영향을 받는다.
⑦ 철(Fe) : 결핍되면 엽록소가 생성되지 않으며 주로 어린 잎에 황화현상이 나타난다.

⑧ 망간(Mn)
　㉠ 엽록소의 합성과 효소의 활동에 관여하고 철의 이용률이 증가한다.
　㉡ 결핍 증상 : 조직이 작고 세포벽이 두꺼워지며, 표피조직 사이가 오므라드는 현상이 나타난다. 엽록체에 가장 큰 영향을 미친다.
⑨ 붕소(B) : 식물의 생장점이나 형성층 같은 분열조직의 활동과 관계가 깊다.

> **Check**
> 잎과 관련 있는 무기염류
> • 늙은 잎 : 마그네슘, 질소, 칼륨
> • 어린 잎 : 철, 칼슘, 붕소

## 5 임목과 광선

### 1) 광합성과 호흡
① 보상점 : 광합성 속도와 호흡 속도가 같아서 외견상 광합성 속도가 0이 되는 광의 조도로서 음지 식물은 낮고, 양지식물은 높다.
② 광포화점 : 광의 조도가 보상점을 넘어서 커짐에 따라 광합성 속도도 증대하나 어느 한계에 이르면 조도가 더 증대되어도 광합성 속도는 증가하지 않는 상태를 광포화라고 하며 광포화가 개시되는 광의 조도를 광포화점이라 한다.

### 2) 광합성에 영향을 주는 인자
수종, 일변화, 계절적 변화, 광도, 양엽과 음엽, 내음성, 온도, 토양의 무기양분, 잎의 연령, 약제살포, 탄수화물의 축적 등이 있다.

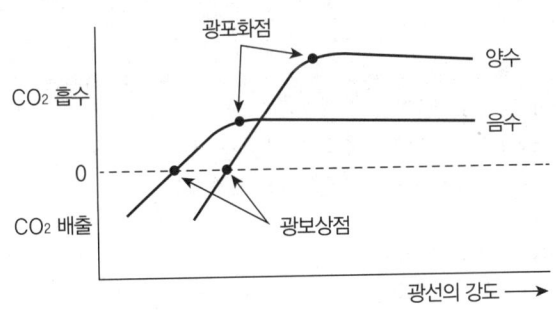

[광선의 광도에 따른 이산화탄소의 흡수 및 배출관계]

### 3) 탄수화물의 생성
광합성 작용에 의해 만들어진 탄수화물은 식물체의 필요에 따라 체관(사부)을 통하여 각 부분으로 이동되며 이동된 탄수화물은 식물의 생장, 호흡, 저장물질로 이용된다.

### 4) 광도별 생장 반응

식물은 빛을 많이 받아야 잘 자라는 수종이 있고, 반대로 빛을 너무 많이 받으면 즉, 광도가 클수록 고사하는 수종이 있다. 일반적으로 광도가 큰 수종이 양수이며, 광도가 적은 수종이 음수이다. 또한 빛의 길이 즉, 일장이 식물의 화아분화, 개화 등 발육에 미치는 현상을 일장효과 또는 광주성이라 한다.

> **Check**
>
> **광의 파장별 분류**
> - 자외선 : 400nm 이하
> - 가시광선 : 400~700nm
> - 적외선 : 700nm 이상

### 5) 내음성

① 다른 나무의 그늘과 같은 낮은 광조건과 심한 경쟁에서 발육 및 생장할 수 있는 상대적인 능력을 말한다.

② 내음성의 관계 요인

　㉠ 수령 : 수령이 많아짐에 따라 내음성이 감소한다.

　㉡ 토양수분과 양분 : 건조하거나 척박한 입지보다는 양분과 수분이 적당한 토양에서 내음성이 증가된다.

　㉢ 위도(온도) : 온도가 높을수록 수목이 요구하는 광량은 감소한다. 고위도 지방에서 자라는 수목은 광합성을 위하여 더 높은 광도를 요구하므로 일반적으로 내음성이 약하다.

　㉣ 종자의 크기 : 크고 무거운 종자를 가진 수종은 종자 내의 저장양분으로 1년 이상의 내음성을 지탱할 수 있다.

③ 내음성의 정도

| 종류 | 내용 |
|---|---|
| 음수 | • 광보상점과 광포화점이 양수보다 낮아 낮은 광조건에서도 광합성을 효율적으로 수행한다.<br>• 하층식생으로서 오랫동안 자랄 수 있다.<br>• 주위의 경재목이 제거되면 수고생장과 직경생장이 촉진된다.<br>• 아랫부분의 가지가 잘 떨어지지 않아 지하고가 낮다. |
| 양수 | • 광보상점과 광포화점이 높다.<br>• 아랫부분의 가지가 자연고사하거나 떨어지기 쉽다.<br>• 피압으로 인한 피해가 심하게 나타난다. |

> **Check**
>
> 각 수종별 내음성
> - 극음수 : 나한백, 사철나무, 굴거리나무, 회양목, 주목, 개비자나무
> - 음수 : 전나무, 가문비나무, 솔송나무, 너도밤나무, 서어나무류, 함박꽃나무, 칠엽수, 녹나무, 단풍나무류
> - 중용수 : 단풍나무
> - 양수 : 은행나무, 소나무류, 측백나무, 향나무, 낙우송, 밤나무, 오리나무, 버즘나무, 오동나무, 사시나무, 낙엽송
> - 극양수 : 방크스소나무, 왕솔나무, 잎갈나무, 연필향나무, 포플러, 버드나무, 자작나무

## 6 임목의 생장조절 물질

### 1) 옥신
① 세포의 신장촉진을 통하여 조직이나 기관의 생장을 조장한다.
② 정아에서 생성된 옥신이 정아의 생장을 촉진하고 아래로 확산하여 측아의 발달을 억제하는 정아우세 현상이 나타난다.
③ 옥신의 재배적 이용 : 발근 촉진, 접목에서의 활착 촉진, 가지의 굴곡 유도, 개화 촉진, 적화 및 적과·낙과 방지, 과실의 비대와 성숙 등의 효과가 있다.

### 2) 지베렐린
① 고등식물의 생장과 발육을 촉진시킨다.
② 종자의 휴면 타파 및 호광성 종자의 암발아(어두운 곳에서 발아) 유도, 화성(꽃이 피도록 조장하는 것)의 유도 및 촉진 효과가 있다.
③ 벼의 키다리병을 일으키는 곰팡이에서 처음 추출되었다.

### 3) 시토키닌
① 세포분열을 촉진하며, 식물 체내에서 충분히 생성된다.
② 작물의 내한성 촉진, 발아 촉진, 잎의 생장 촉진 효과가 있다.

### 4) ABA
① 대표적인 생장 억제 물질이다.
② 휴면을 유도하고 발아를 억제한다.

### 5) 에틸렌
① 과실의 성숙을 촉진한다.
② 발아 촉진, 정아우세 현상 타파, 성숙 촉진 등의 효과가 있다.

> **Check**
>
> 1. 알렐로패시(상호억제작용·타감작용)
>    ① 개념 : 어떤 생물이 스스로 생성하여 체외로 배출한 물질에 의해 다른 식물에 직·간접적으로 영향을 미치는 작용이다.
>    ② 어떤 개체군이 경쟁 상대에게 유해한 화학물질을 분비하는 경우에는 '항상'이라는 말을 사용하며 식물에 의한 화학적 억제 작용이다.
> 2. 피톤치드
>    ① 개념 : 그리스어로 식물을 의미하는 Phyton(= Plant)과 살균력을 의미하는 Cide(= Kill)를 합성한 말로 '식물이 분비하는 살균물질'이라는 뜻이다.
>       - 1930년 레닌그라드대학의 B.P. 토킨 교수가 양파, 소나무 등에서 냄새나는 물질이 아메바 등 원생동물과 장티푸스, 이질, 결핵균 등을 죽이는 사실을 발견하고 이런 현상을 일으키는 물질을 피톤치드라 명명한 뒤 사용되어 왔다.
>       - 수목들이 주위의 해충이나 미생물로부터 자기방어를 하기 위해 공기 중에 내뿜는 항균성 물질을 말한다. 주성분은 테르펜계통의 유기화합물이다.
>    ② 효과 : 항균, 소취, 진정, 스트레스 해소, 유해물질 정화, 알러지, 피부질환 개선, 면역기능 강화 등이 있다.
> 3. 비오톱
>    ① '비오스(Bios)'와 땅 또는 영역이라는 의미의 '토포스(Topos)'가 결합된 용어로 인간과 동식물 등 다양한 생물종의 공동 서식장소를 의미한다.
>    ② 가로수, 습지, 하천, 화단 등 도심에 존재하는 다양한 인공물이나 자연물로 지역 생태계 향상에 기여하는 작은 생물서식공간이며 도심 곳곳의 비오톱은 단절된 생태계를 연결하는 징검다리 역할을 한다.

## 7 산림 생태계

### 1) 물질순환

① 질소의 순환과 변동

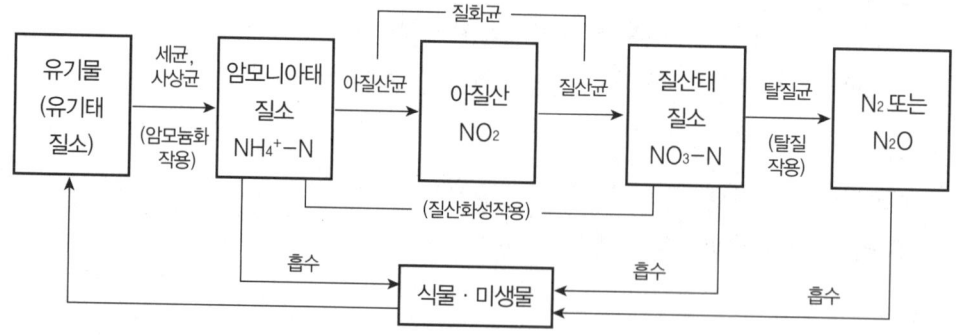

### 2) 생태계의 접근법 12원칙

① 생태계 경영의 목적은 사회적 선택의 문제이다.
② 생태계 경영은 가장 낮은 적절한 수준으로 분산되어야 한다.
③ 생태계 경영자는 주변 그리고 다른 생태계에 대해 고려해야 한다.

④ 생태계 경영으로부터 얻을 수 있는 잠재적 이익을 인식하면서 시장 왜곡의 완화, 지속 가능한 이용을 촉진할 수 있는 인센티브제도의 정돈, 비용과 편익의 내부화 등과 같은 경제적 맥락에서 생태계를 이해할 필요가 있다.
⑤ 생태계 접근의 핵심 사항 중의 하나는 생태계의 구조와 기능을 보전하는 것이다.
⑥ 생태계는 그 기능적인 한계 안에서 관리되어야 한다.
⑦ 생태계의 접근은 적절한 규모에 시행되어야 한다.
⑧ 생태계 경영목적을 장기적 차원에서 수집하여야 한다.
⑨ 생태계 경영에서는 변화가 불가피하다는 사실을 인식하여야 한다.
⑩ 생태계 접근은 생물 다양성 보전과 이용 간의 적절한 균형을 추구해야 한다.
⑪ 생태계 접근에는 과학적, 토착적, 지식과 혁신, 관습 등 관련정보를 고려해야 한다.
⑫ 생태계 접근은 사회의 모든 영역과 과학의 모든 학문 분야를 포함해야 한다.

## 8 산림천이

### 1) 천이의 종류
① 1차 천이 : 식물이 전혀 없는 곳에서부터 시작되는 천이로 첫 식물이 들어와 비교적 안정된 식생으로 변화하는 과정이다.
② 2차 천이 : 원래의 식생이 화재, 태풍, 병충해, 벌채 등과 같은 자연적·인위적 피해를 받은 다음 성숙된 식생으로 회복되는 과정이다.
③ 온대지역의 산림천이 : 이끼류 → 1~2년생 초본류 → 다년생 초본류 → 관목류 → 양수 교목류 → 음수 교목류
④ 식생과 생육환경의 상호작용을 거쳐 최종적으로 안정된 식생이 오랜 기간 동안 지속되는 상태를 극상이라 하며, 천이의 마지막 단계이다.

### 2) 산림천이의 진행에 따른 생태계 속성 변화
① 생태계의 총유기물량이나 바이오매스 증가, 성숙한 토양으로 변화한다.
② 초기 단순 산림군집에서 복잡하고 성숙한 산림군집으로 변화되어 종 다양성이 증대한다.
③ 산림군집 내 임목 등의 수고가 증가하고 수형이 커지며 군락의 수직계층분화가 발달한다.
④ 직선 먹이연쇄에서 망상먹이연쇄로 변화한다.
⑤ 영양염의 순환이 개방에서 폐쇄로 변화한다.
⑥ 총생산량과 총호흡량의 비가 1에 가까워진다.
⑦ 산림군집 내 미세기후는 점진적으로 군집 자체 내 성격에 의해 결정된다.
⑧ 최종 단계의 산림은 직선적인 변화가 거의 없는 수명이 긴 수종들에 의해 우점화되면서 안정된다. 이런 상태의 산림을 극상림이라 한다.

# 제4장 묘목 관리 및 식재

## 1 번식일반

### 1) 묘목의 번식과 관련한 일반사항
① 실생묘란 종자로 번식하여 얻은 묘목을 말한다.
② 식물의 번식방법에는 종자로 번식하는 종자번식(유성번식, 실생번식)과 종자가 아닌 식물체의 일부분을 이용하여 번식하는 영양번식(무성번식)이 있다.

### 2) 종자번식의 장점
① 번식방법이 쉽고 다수의 모를 생산할 수 있다.
② 품종개량을 목적으로 우량종의 개발이 가능하다.
③ 일반적으로 영양번식에 비해 발육이 왕성하고 수명이 길다.
④ 종자의 수송이 용이하며 원거리 이동이 안전하다.
⑤ 육묘비가 저렴하다.

### 3) 종자번식의 단점
① 육종된 품종에서는 변이가 일어나며 결과가 대부분 좋지 않다.
② 불임성 때문에 식물의 번식이 어렵다.
③ 목본류는 개화까지의 기간이 오래 걸리는 경우가 많다.

### 4) 영양번식의 장점
① 모체와 유전적으로 완전히 동일한 개체를 얻을 수 있다.
② 종자 번식이 불가능한 경우의 유일한 번식수단이다.
③ 초기 생장이 좋고 조기 결과의 효과가 있다.

### 5) 영양번식의 단점
① 바이러스에 감염되면 제거가 불가능하다.
② 종자번식에 비해 저장과 운반이 어렵다.
③ 종자번식에 비해 증식률이 낮다.

## 2 실생묘 양성

### 1) 묘포의 적지
① 묘목생산량에 필요한 충분한 면적을 확보할 수 있는 곳
② 교통과 관리가 편리하고 조림지와 가까우며 묘목 수급이 용이한 곳
③ 가급적 점토가 50% 미만인 양토나 식양토로서 토심이 30cm 이상인 곳
④ 침엽수의 경우 pH 5.0~5.5, 활엽수의 경우 pH 5.5~6.0의 토양이 적당하다.
⑤ 평탄한 곳보다 약간 경사진 곳이 관수나 배수가 용이하므로 침엽수는 1~2°, 기타는 3~5° 정도의 경사지를 선정한다.
⑥ 양묘사업의 기계화 및 생력화를 위하여 생산 묘목의 수급에 지장이 없도록 생산 주체별 묘포지를 집단화한다.

### 2) 묘포의 소요 면적
① 육묘용 포지는 생산묘의 종류, 생산 예정 본수, 생산 기간, 이식 횟수 등에 좌우된다.

| 종류 | 내용 |
| --- | --- |
| 포지 | 묘포의 핵심이자 묘목이 재배되는 곳으로, 휴한지, 보도 등도 포함된다. |
| 부속지 | 창고, 관리실, 작업실 등이 포함된다. |
| 제지 | 경사지에 묘포를 만들 때 계단상의 경사면이다. |

② 묘포의 용도별 소요 면적 비율 : 육묘 포지 60~70%, 관배수로 · 부대시설 · 방풍림 등 20%, 기타 퇴비장 · 묘포 경영을 위한 소요 면적 10% 등

## 3 종자 파종

### 1) 정지
① 토양의 이화학적 성질을 작물의 생육에 알맞은 상태로 조성하기 위하여 파종에 앞서 토양에 가하는 각종 기계적 작업을 말하며, 경운, 쇄토, 진압이 포함된다.
② 경운 : 토양을 갈아 일으켜 흙덩어리를 반전시키고 대강 부스러뜨리는 작업을 말한다.
③ 경운의 효과 : 토양의 이화학적 성질(물리, 화학적성질) 개선, 잡초 및 해충의 경감 등이 있다.
④ 쇄토 : 토양의 알맞은 입단 크기는 1~5mm 정도이다.
⑤ 진압 : 파종하고 복토 전후에 종자 위를 눌러 주는 작업이다.

## 2) 파종

① 파종 시기 : 종자가 발아되는 온도는 5~7℃이므로 춘파를 하거나 때로는 추파를 하기도 한다.

② $W = A \times S / D \times P \times G \times L$

　W : 파종할 종자의 양(g), A : 파종 면적, S : m²당 남길 묘목수, D : g당 종자입수,

　P : 순량률, G : 발아율, L : 득묘율(묘목 잔존율, 득묘율의 범위는 0.3~0.5)

③ 종자효율(E) = P×G

## 3) 파종방법

① 산파(흩어뿌림) : 묘상 전면에 종자를 고르게 뿌리는 방법으로 소나무류, 낙엽송, 오리나무류, 자작나무류 등과 같은 세립종자의 파종에 이용한다.

② 조파(줄뿌림) : 뿌림골을 만들고 종자를 줄지어 뿌리는 방법으로 발아력이 강하고 생장이 빠르며 해가림이 필요 없는 수종의 파종에 이용한다. 느티나무, 싸리나무, 옻나무, 아까시나무 등 보통종자의 파종에 많이 이용한다.

③ 상파 : 파종할 종자를 한 장소에 군상으로 모아서 뿌리는 방법이다.

④ 점파(점뿌림) : 일정한 간격을 두고 종자를 띄엄띄엄 뿌리는 방법으로 밤나무, 호두나무, 상수리나무, 은행나무와 같이 대립종자의 파종에 이용한다.

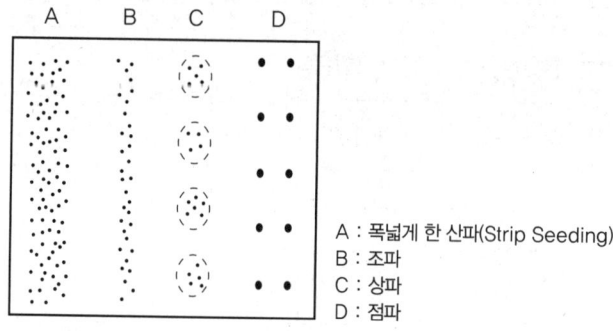

A : 폭넓게 한 산파(Strip Seeding)
B : 조파
C : 상파
D : 점파

[파종방법]

## 4) 복토

씨를 뿌린 후에 흙을 덮는 작업으로 복토의 두께는 종자 크기의 2~3배로 하며 소립종자는 체로 쳐서 덮는다.

## 5) 짚덮기

복토가 완료되는 대로 짚을 덮어 건조를 막아 땅을 습하게 하고, 표토와 종자의 이동 및 유실을 막는다.

## 4 판갈이 작업(상체)

묘목이 커지면서 생육공간을 넓혀 주기 위해서 묘목을 다른 묘상으로 옮기는 작업으로 흙이 녹아 수액이 유동되기 직전에 실시한다.

### 1) 판갈이의 목적
① 생육공간을 넓히고, 옮기는 묘상에 밑거름을 충분히 주어 생육을 돕는다.
② 웃자람(질소나 수분의 과다, 일조량의 부족 따위로 작물의 줄기나 가지가 보통 이상으로 길고 연하게 자라는 일)을 막고 잔뿌리와 곁뿌리의 발달을 촉진한다.
③ 규칙적인 묘목배열로 묘상관리의 기계화가 가능하다.

### 2) 판갈이의 밀도
묘목이 크고, 지엽이 옆으로 확장할수록, 땅이 비옥할수록, 음수보다 양수는 판갈이상에 거치할 때 소식한다.

### 3) 판갈이의 실행
① 판갈이의 형식
  ㉠ 상식 : 상을 만들어 정방형으로 심는 것으로 배수가 잘되기 때문에 점질토양에 알맞으며 후에 묘목의 굴취작업을 더 편리하게 할 수 있다.
  ㉡ 열식 : 상을 만들어 열로 심는 것으로 제초, 시비에 편리하고 작업이 더 능률적으로 이루어질 수 있다.
② 판갈이 방법
  ㉠ 밭갈이를 하고 미리 퇴비를 뿌려 흙과 혼합해 둔다.
  ㉡ 열식은 줄을 치고 이를 따라 심으면 되며, 상식은 파종상처럼 상을 만들어 준다.
  ㉢ 상체할 묘목의 뿌리를 일정한 길이로 끊어 준다.
  ㉣ 묘목은 크고 작은 것을 선별해서 비슷한 것끼리 모아서 판갈이를 한다.
  ㉤ 묘목은 건조하지 않도록 흙물처리를 한다.
  ㉥ 흙물처리는 포지의 한 곳에 깊이 50cm 가량의 구덩이를 파고 포토나 점토를 넣고 물을 부어 흙물을 만들고 여기에 다발로 된 묘목의 뿌리를 담가 흙물이 뿌리를 덮도록 한다.
  ㉦ 판갈이를 할 때 일정한 규격의 상체판을 이용하면 능률적으로 묘목을 일정한 간격으로 배치하여 심을 수 있다.

### 4) 상체상의 관리
① 상체한 후 건조에 따라 묘목의 고손이 오므로 상체 직후 관수를 하는 것이 바람직하다.
② 짚이나 낙엽, 목칩 등으로 상면을 덮어 수분 조절과 잡초 발생을 방지한다.
③ 제초는 파종상이나 상체상 모두에 중요한 포지 관리의 하나로서 노동력과 비용을 많이 요하는 작업이다.

## 5  묘목의 관리

1) **해가림** : 지면으로부터 증발을 조정하여 묘상의 건조와 지표온도의 상승을 방지하기 위해 인공적으로 광선을 차단하는 작업이다.

2) **제초** : 한해에 보통 6~8회 실시한다. 세립종자의 파종상에서는 발아 30일 이후에 사용하는 것이 좋다.

> **Check**
>
> **시마진(CAT)**
> 토양 내의 이동성이 약하고 표층 근처의 잡초에만 작용하여 뿌리가 깊이 들어간 묘목에는 해를 끼치지 않는 제초제이다. 어린 잡초 제거에 효과적이나 사질토양은 깊게 스며들어 묘목을 해칠 가능성이 있다.
>
> [시마진(CAT) 사용 요령]

3) **솎기** : 묘목이 밀생하면 웃자라고 통풍이 불량하여 연약해지므로 묘목의 간격을 일정하게 하여 건전한 생육을 할 수 있는 공간을 만들어 주는 작업이다.

4) **시비** : 질소, 인산, 칼륨의 비료 3요소와 석회, 고토, 망간, 규산 등을 토양에 보급한다. 단, 묘목이 웃자라지 않도록 질소질비료는 많이 주지 않는다.

| 시비방법 | 내용 |
| --- | --- |
| 기비 | 석회질 비료는 늦어도 파종 2주 전에 묘포지 전면에 살포하고 퇴비, 질소, 인산, 칼륨질 비료는 파종 직전에 시비한다. |
| 추비(추접-거름) | 추비는 묘근이 활착된 후 묘목의 생장을 촉진시키기 위해서 시비하는 것으로 분말이나 소립상 비료는 묘상 위에 골고루 뿌리고 잎줄기에 붙은 비료는 털어 준다. |
| 엽면시비 | 일시적으로 쇠약해진 묘목의 회복을 위하여 실시하는 시비방법으로 요소, 고토비료 등을 0.2~0.5% 살포한다. |

5) **단근** : 건강한 모를 생산하기 위해 묘목의 직근과 측근을 끊어 잔뿌리의 발달을 촉진시키는 작업으로 경비절감은 물론 활착률에도 이점이 있다. 단근묘가 이식묘에 비하여 T/R률이 낮고 활착률이 높은 우량한 묘목이 생산되며, 묘목을 대량 생산할 경우에도 경제적으로 유리하다.

## 6 접목

### 1) 접목의 의의
① 식물의 한 부분을 다른 식물에 삽입하여 조직 유착 후 생리적으로 새로운 개체를 만드는 방법이다. 뿌리가 있는 부분을 대목, 줄기와 가지가 될 지상부를 접수라고 한다.
② 대목과 접수의 형성층이 서로 밀착하도록 접하여 융합되는 것이 가장 중요하다.
③ 접수와 대목의 친화력 정도는 동종간 〉 동속이품종간 〉 동과이속간의 순이다.

### 2) 접목의 장점
① 클론의 보존이 가능하다.
② 개화결실을 촉진한다.
③ 종자결실이 되지 않는 수종의 번식법으로 유용하다.
④ 수세 조절 및 수형 변화가 가능하다.
⑤ 병충해가 적다.
⑥ 특수한 풍토에 심을 때 유용하다.

### 3) 접목의 단점
① 접목의 기술적 문제가 수반되므로 숙련공이 필요하다.
② 접수와 대목간의 생리관계를 알아야 한다.
③ 좋은 대목의 양성과 접수 보존 등 어려운 문제가 있다.
④ 일시에 많은 묘목을 얻을 수 없다.

### 4) 접목 유합에 미치는 인자
① 불화합성 : 상호 접목불화합성은 접목이 전혀 되지 않거나 접목률이 낮아서 접목이 되더라도 정상개체로 성장하지 못한다.
② 식물의 종류 : 식물의 종류에 따라서 접목이 어려운 것도 있고 잘되는 것도 있다.
③ 온도와 습도 : 접목 후에는 20~40℃의 온도가 유지되어야 캘러스조직의 발달에 유리하다.
④ 대목의 활력 : 접목할 때는 대목의 생리상태가 접목률에 큰 영향을 준다. 특히, 접목 시에는 대목이 왕성한 세포분열을 하고 있을 때가 좋다.

> **Check**
> **대목과 접수의 친화력이 떨어지는 수종에서 발생하는 현상**
> - 접목률이 낮거나 활착이 되지 않는다.
> - 유착이 되어도 1~2년 지나면 죽는다.
> - 수세가 현저하게 약하거나 일찍 낙엽이 진다.
> - 대목과 접수의 생장속도 차이가 심하다.

5) 대목의 준비

생육이 왕성하고 병충해 및 재해에 강한 묘목으로, 접목하고자 하는 수종의 1~3년생 실생묘를 사용한다.

6) 접수의 채취 및 저장

품종이 확실하고 병충해와 동해를 입지 않은 직경 1cm 정도의 발육이 왕성한 1년생 가지가 적합하다.

7) 접목의 시기

① 대부분 춘계 접목 수종은 일평균 기온이 15℃ 전후로 대목의 새눈이 나오고 본엽이 2개가 되었을 때가 적기이다.

② 일반적으로 접수는 휴면상태이고 대목은 활동을 개시한 직후가 접목의 시기이다.

8) 접목의 종류

① 절접 : 일반적으로 가장 널리 사용되는 방법이다. 대목은 지상 약 5~10cm 높이에서 절단하고, 절단면과 수직되게 수피가 평활한 곳을 택하여 목질부가 약간 들어가도록 하여 상단부에서 밑으로 쪼갠다.

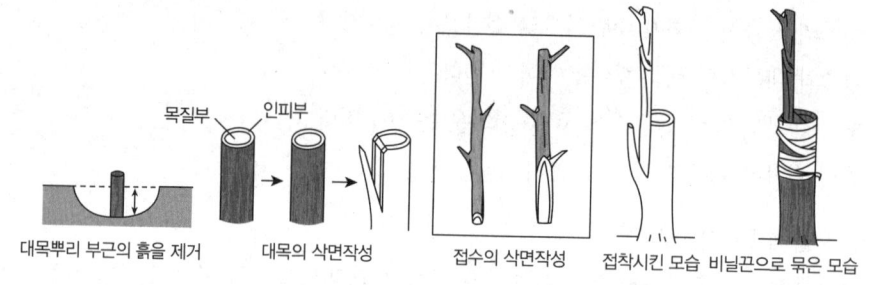

[감귤류에 대한 절접요령]

② 박접

㉠ 접수보다 대목이 굵을 때, 대목의 굵기는 3cm 이상인 경우에 이용된다. 일반적으로 저접보다 고접에 이용된다.

㉡ 대목의 상단부에서 접수굵기의 폭으로 2cm 길이가 되도록 양손으로 가볍게 수피를 젖힌 후 접수를 삽입한다.

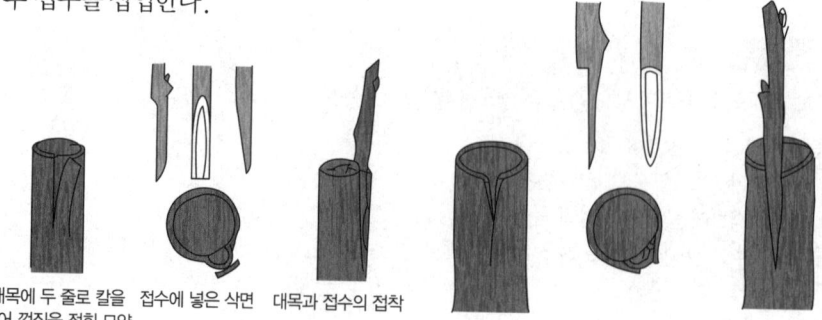

[박접법]

③ 복접
  ㉠ 대목의 중심을 지나지 않도록 비스듬히 2~4cm 정도의 칼집을 내고 접수를 삽입한다.
  ㉡ 활착이 되면 접붙인 부위의 위쪽 대목의 원줄기를 몇 차례 끊어 준다.

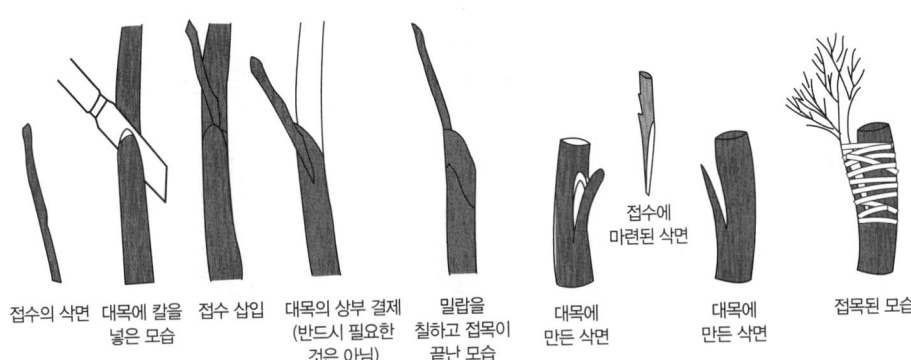

④ 할접
  ㉠ 대목을 절단면의 직경방향으로 쪼개고 쐐기모양으로 깎은 접수를 삽입한다. 대목이 굵고 접수가 가늘 때 사용한다.
  ㉡ 소나무류나 낙엽활엽수의 고접에 주로 사용된다.
  ㉢ 직경이 큰 나무는 활착이 잘 되지 않는다.

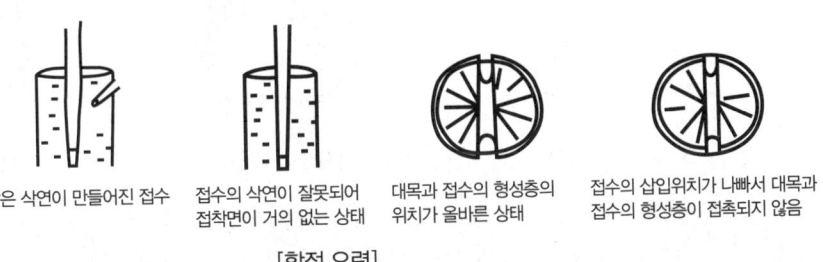

⑤ 아접 : 접수 대신 대목의 껍질을 벗기고 눈을 끼워 붙인다. 복숭아나무, 자두나무, 장미에 사용한다.

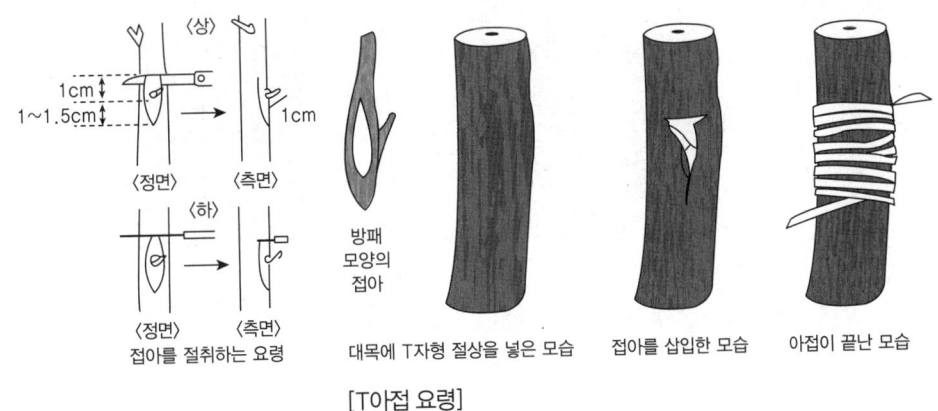

⑥ 설접
　㉠ 접수와 대목의 굵기가 비슷하며 조직이 유연하고 굵지 않을 때 적용한다.
　㉡ 대목을 뿌리로 하고 접수를 가지로 해서 설접한다.

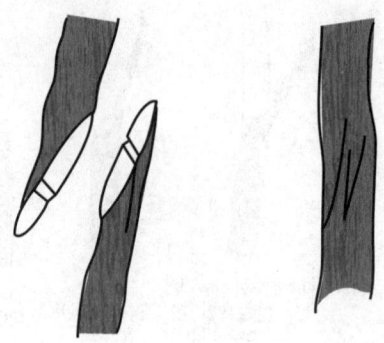

⑦ 기접 : 서로 독립적으로 자라고 있는 접수용 묘목과 대목용 묘목을 나란히 접근시킨다. 접목끈으로 접목 활착이 이루어진 다음에는 대목용 묘목의 상부 가지와 접수용 묘목의 하부줄기를 제거한다.

[단순 기접]　　　　　[설접식 기접]　　　　　[삽입식 기접]

⑧ 호접 : 접목 과정에서 대목의 상단부가 사전에 절단·제거되는 것이 기접과 다르다. 호접은 접수로 사용되는 나무의 밑둥이나 뿌리가 썩어 고사할 우려가 있을 때 이를 살리기 위한 접목방법이며, 접수로 하는 가지를 모수에 붙여 둔 채 실시한다.

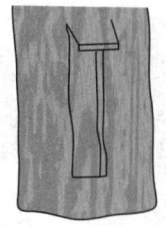 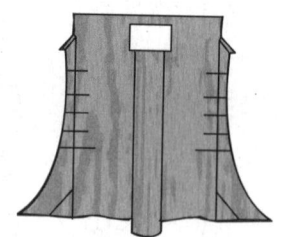

⑨ 교접 : 나무의 줄기가 상처를 받아 수분의 상승과 양료의 하강에 지장을 받았을 때 상처 부위를 건너서 회초리 같은 가지로 접목해서 생활력을 회복·유지시켜 주는 접목법이다.

## 9) 접목 후의 관리
접목 후에는 접목용 비닐테이프로 접목부를 가볍게 묶고 노출된 접수 부위는 접밀을 바른다.

> **Check**
> 
> 접밀
> 
> 접목 부위에 바르는 점성을 가진 물질로, 말라 죽기 쉬운 접수를 중심으로 대목에까지 외부로 증발되는 수분을 막아 접수의 활력을 유지하고 병균의 침입을 막는 역할을 한다. 접밀을 잘 발라야 하는 부위는 접수의 맨위쪽의 절단면과 대목과 접수가 연결되는 부위이다. 접밀은 송진, 파라핀, 밀랍, 돼지기름을 끓여 이용하였으나 근래에는 수목전정 후에 수분 증발 억제와 살균작용을 하는 '발코트'를 구입하여 이용하면 편리하다.

# 7 삽목

## 1) 삽목의 의의
① 뿌리, 줄기 등의 식물체 일부분을 분리한 후 발근시켜 하나의 독립된 개체를 만드는 것이다.
② 잘라서 번식에 이용하는 부분을 삽수라고 한다.

## 2) 삽목의 장점
① 모수의 특성을 그대로 이어 받는다.
② 결실이 불량한 수목의 번식에 적합하다.
③ 묘목의 양성기간이 단축된다.
④ 개화결실이 빠르고 병충해에 대한 저항력이 크다.

[삽목의 실행방법]

### 3) 삽목의 발근에 미치는 인자

① 모수의 유전성

② 삽목상의 온도 : 낮 21~27℃, 밤 15~21℃

　㉠ 겨울에 채취된 삽수는 비교적 발근능력이 높으나, 저온조건에서는 발근활동이 진행되지 않는다. 봄에 삽목했을 경우 삽수는 일정 시기까지 기다렸다가 발근 활동이 진행된다.

　㉡ 휴면지 삽목을 할 때는 발근에 알맞은 온도에 이르는 시기까지 삽수를 저온상태로 저장한다.

　㉢ 삽목상의 적온은 20~25℃이고 10℃에는 미약한 활동이 시작되나 15℃가 되면 대체로 발근활동이 가능하게 된다. 그러다 25℃를 넘어 30℃에 이르면 발근활동에 지장을 주고 삽수를 부패시키는 토양미생물의 활동이 왕성해진다.

③ 모수의 연령 : 나이가 어리고 영양적으로 충실할수록 발근율이 높다.

④ 삽목상의 습도 : 90% 이상의 습도를 유지하는 것이 필요하다. 삽수의 눈과 잎은 발근에는 이롭지만 수분증산으로 고사의 원인이 되므로 적당한 수분을 유지해서 잎과 눈의 증산을 억제하여 발근을 이롭게 한다.

⑤ 삽수의 생리적 요건

　㉠ 삽수 안에 함유되어 있는 탄수화물의 양이 많고 질소의 양이 적을 때 비교적 발근이 더 잘 되는 경향이 있다.

　㉡ 늙은 나무보다 어린 나무에서 삽수를 따면 발근이 더 잘 된다.

⑥ 삽수의 종류 및 위치

　㉠ 삽수는 일반적으로 주지보다 측지의 발근율이 높다.

　㉡ 삽수는 가지가 윗쪽에 있는 것보다 아래쪽에서 자란 가지가 발근율이 더 높다.

　㉢ 생식지를 가진 삽수보다 영양지를 가진 삽수가 발근율이 더 높다.

　㉣ 수관 상부보다 수관 하부에서 얻은 삽수가 발근이 더 높다.

⑦ 삽목상의 환경

삽수가 자라기 좋은 토양조건은 배수가 잘되어야 하며, 입단구조를 가지고 있는 토양으로 통풍성이 좋고, 무균인 토양이 좋다.

⑧ 광선조건

삽수는 햇빛에 의하여 쉽게 건조하여 고사되는 경우가 많다. 따라서 토양이 건조해지지 않도록 해가림이 필요하다.

4) 삽수의 채취
   ① 삽수는 일반적으로 생육개시 직전(중부지방 3월 상순)의 어린 나무에서 생장이 왕성한 1년생 가지를 채취하도록 한다.
   ② 채취한 삽수는 3~5℃, 습도 80%를 유지할 수 있는 저장고에 하단을 젖은 모래에 10cm 정도 묻어서 삽목 전까지 저장한다.
   ③ 삽목은 수액이 유동할 때(3월 하순~4월상순)에 실시하는 것이 좋으며 늦게 삽목하면 활착률이 불량하다.

5) 삽목의 발근 촉진 처리 방법
   ① 모체를 통하여 얻은 삽수는 세균에 의하여 오염될 확률이 높으므로 소독을 통하여 발근이 잘될 수 있도록 한다.
   ② 발근 촉진제인 IBA, IAA, NAA를 사용한다.
   ③ 당이나 비타민을 삽수에 처리하면 일반적으로 발근이 촉진된다.
   ④ 삽수는 건조로 고사될 위험이 많으므로 증산억제제 처리를 통하여 고사를 방지하면서 발근을 촉진한다.

6) 삽목발근이 잘 되는 수종
   포플러류, 버드나무류, 은행나무, 사철나무, 플라타너스, 개나리, 진달래, 주목, 측백나무, 화백, 향나무, 히말라야시다, 동백나무, 치자나무, 닥나무, 모과나무, 삼나무, 쥐똥나무, 무궁화 등

7) 삽목발근이 잘 되지 않는 수종
   소나무, 해송, 잣나무, 전나무, 섬잣나무, 참나무류, 가시나무류, 비파나무, 단풍나무, 옻나무, 오리나무, 감나무, 밤나무, 호두나무, 느티나무, 벚나무, 자귀나무, 복숭아나무, 사과나무 등

## 8 분주 및 취목

1) 분주
뿌리가 달려 있는 포기를 나누어 개체를 얻는 방법이다.

2) 취목(휘묻이)
살아있는 나무에서 가지 일부분의 껍질을 벗겨 땅속에 묻어 뿌리를 내리는 방법으로 삽목이 어려운 경우에 이용한다.

3) 주요 취목방법의 실행

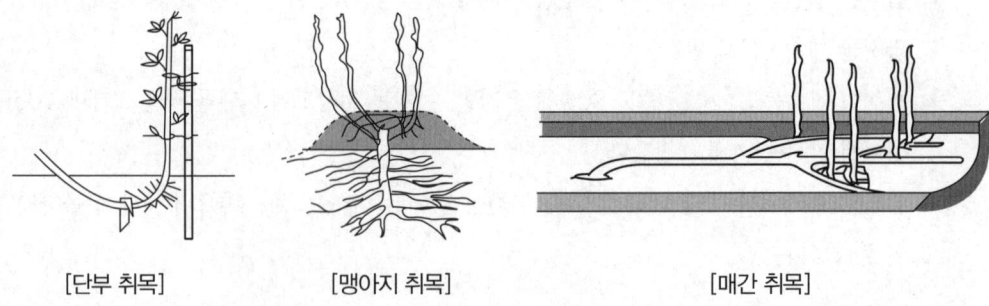

[단부 취목]　　　　　[맹아지 취목]　　　　　[매간 취목]

## 9 묘목의 품질검사 및 규격

### 1) 우량묘목의 조건
① 발육이 완전하고 조직이 충실해야 한다.
② 줄기가 곧고 굳어야 한다.
③ 줄기가 갈라지지 않고 근원경이 커야 한다.
④ 묘목의 가지가 균형있게 뻗고 정아가 완전해야 한다.
⑤ 뿌리가 짧고 세근이 발달하여야 한다.
⑥ 묘목의 지상부와 지하부가 균형 있어야 한다(다른 조건이 같다면 T/R률의 값이 적은 것).
⑦ 가을눈이 신장하거나 끝이 도장하지 않은 것이어야 한다.
⑧ 묘목의 수세가 왕성하고 수종 고유의 색채를 띠며 병충해 및 기타 피해를 받지 않은 것이어야 한다.
⑨ 조림지의 입지조건과 같은 환경에서 양묘된 것이어야 한다.

### 2) 실생묘의 묘령
① 1-0묘 : 처음 1은 파종상에서 지낸 연수이고, 뒤의 0은 판갈이상에서 지낸 연수이다. 따라서 1년생의 실생묘이다.
② 1-1묘 : 파종상에서 1년, 그 뒤 한 번 이식되어 1년을 지낸 2년생묘이다.
③ 2-0묘 : 이식이 된 사실이 없는 2년생묘이다.
④ 2-1묘 : 파종상에서 2년, 이식상에서 1년을 보낸 3년생묘이다.

### 3) 삽목묘의 묘령
① C 1/1 : 뿌리의 나이가 1년, 줄기의 나이가 1년인 삽목묘이다.
② C 1/2 : 뿌리의 나이가 2년, 줄기의 나이가 1년인 삽목묘이다.
③ C 2/3 : 뿌리의 나이가 3년, 줄기의 나이가 2년된 삽목묘이다.

## 4) 묘목의 이식방법

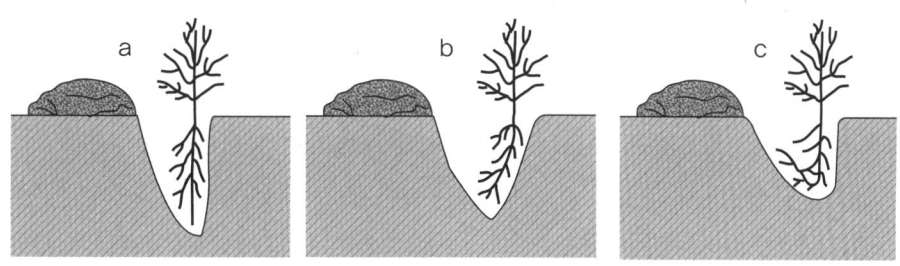

[묘목의 이식방법(a : 양호, b · c : 불량)]

## 5) 감정사항

① 묘목의 규격 : 조림용 묘목규격의 측정기준

| 종류 | 내용 |
|---|---|
| 간장 | • 뿌리와 줄기의 경계인 근원에서부터 원줄기의 꼭지눈까지의 길이 |
| 근장 | • 근원에서 가장 긴 뿌리까지의 길이 |
| 근원경 | • 근원의 지름 |
| T/R률 | • 지상부의 무게를 지하부의 무게로 나눈 값<br>• 일반적으로 3.0 정도가 우량한 묘목으로 평가받고 있다. |

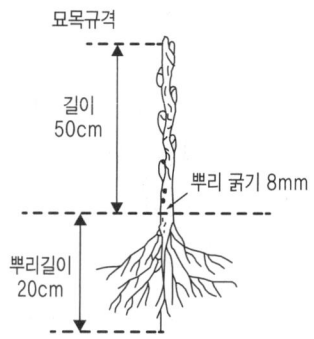

② 묘목의 검사

㉠ 묘목의 생산자가 묘목의 검사를 받고자 할 때는 생산된 묘목을 선별하여 수종별, 묘령별로 50,000본 단위로 모집단을 만들어야 한다.

㉡ 묘목의 검사결과 불합격묘가 5%를 초과하는 경우에는 그 모집단의 묘목 전량을 불합격묘로 판정하고 묘목재검사서를 불합격 받은 묘목생산자에게 통지한다.

> **Check**
>
> **T/R률**
> • 식물의 지하부 생장량에 대한 지상부 생장량의 비율을 말한다.
> • 토양 내에 수분이 많거나 일조 부족, 석회시용 부족 등의 경우에는 지상부에 비해 지하부의 생육이 나빠져 T/R률이 커진다.
> • 질소를 다량 시비하면 지상부의 질소집적이 많아지고 단백질의 합성이 왕성해지며 탄수화물이 적어져서 지하부로의 전류가 상대적으로 감소하여 뿌리의 생장이 억제되므로 T/R률이 커진다.
> • 식물의 T/R률은 대부분 1이며 재배환경이나 관리상태에 따라 차이가 있다.
> • 단근구의 T/R률은 2.84, 이식구의 T/R률은 3.63이다.

## 10 묘목의 식재

### 1) 묘목의 굴취

① 묘목은 보통 봄에 굴취하나, 낙엽수는 생장이 끝나고 낙엽이 완료된 후인 11~12월에 굴취한다.
② 굴취기는 예리한 것을 사용하여 가급적 깊이 파고 뿌리가 상하지 않도록 한다.
③ 묘목의 굴취는 바람이 없고 흐리며 서늘한 날이 좋으며 비바람이 심하거나 아침 이슬이 있는 날은 작업을 피하는 것이 좋다.

**◐ 곤포 및 속당 묘목본수표**

| 수 종 | 곤포당 | | 속 수 | 속당 본수 |
| --- | --- | --- | --- | --- |
| | 묘령 | 본수 | | |
| 낙엽송 | 2 | 500 | 25 | 20 |
| 느티나무 | 1 | 1500 | 75 | 20 |
| 상수리나무, 굴참나무, 신갈나무 | 1 | 1000 | 50 | 20 |
| 잣나무 | 2 | 2000 | 100 | 20 |
| | 3 | 1000 | 50 | 20 |
| | 4 | 500 | 25 | 20 |

### 2) 운반 및 가식

① 묘목의 끝이 가을에는 남쪽, 봄에는 북쪽으로 45° 경사지게 한다.
② 단기간 가식할 때는 다발째, 장기간 가식할 때는 결속된 다발을 풀어서 뿌리 사이에 흙이 충분히 들어가도록 하고 밟아 준다.
③ 비가 올 때나 비가 온 후에는 바로 가식하지 않는다.
④ 동해에 약한 수종은 움가식을 하며 낙엽 및 거적으로 피복하였다가 해빙이 되면 2~3회로 나누어 걷어낸다.
⑤ 가식지 주변에는 배수로를 설치한다.
⑥ 조림 예정지가 원거리에 있거나 해빙이 늦는 지역은 조림 예정지 부근에서 가식 및 월동시킨다.

> **Check**
>
> **움가식**
> - 주로 동해에 약한 수종에 사용하는 방법이다.
> - 배수가 잘되는 장소에 깊이 2m 내외의 움을 만들고 지붕 위에는 흙을 가볍게 얹어서 환기를 막으며, 환기를 위하여 양측에 환기구를 설치하고 그 속에 묘목을 저장한다.
> - 묘목의 매장은 움 양측 토벽에 뿌리가 닿게 나열하고 근부 공간에 깨끗한 세사를 메운다.
> - 움가식이 끝난 후에는 움의 상층에는 비닐을 덮고 그 위에 가마니 또는 거적을 덮어 보온 및 빗물이 들어가지 않도록 한다. 특히 묘목 수급 1개월 전부터는 낮에 피복 부분은 열어 주고 밤에는 덮어 주는 방법을 적용하여 묘목을 경화시킨다.

## 11 식재조림

| 종류 | 내용 |
|---|---|
| 경영목표 | 작은 나무를 조기에 대량 생산하는 경우 밀식한다. |
| 지리적 조건 | 도로망이 확충되어 있어 간벌재 등의 반출이 용이하고 조림비용이 적게 소요되는 지역은 밀식한다. |
| 토양의 비옥도 | 비옥도가 낮은 토양은 밀식하여 비옥도를 높인다. |
| 내음도 | 양수는 소식하고 음수는 밀식한다. |
| 나무의 종류 | 느티나무 등의 활엽수는 소식하고, 소나무 해송 등의 침엽수는 밀식한다. |

### 2) 밀식의 장·단점

| 장점 | 단점 |
|---|---|
| • 표토침식과 지표면의 건조방지로 개벌에 의한 지력 감퇴 경감<br>• 풀베기 작업회수 감소로 비용 절약<br>• 가지가 굵어지는 것을 방지하고 자연낙지 유도로 가지치기 비용 절감 및 마디가 적은 용재 생산<br>• 제벌·간벌 시 제거 대상목이 많으므로 최우량목을 잔존시켜 우량 임분 조성 | • 묘목대 및 조림비의 과다 요인<br>• 제벌 및 간벌이 지연될 경우 줄기가 가늘고 연약해져서 고사목 등의 발생 및 병해충 우려<br>• 임목의 직경생장이 완만하여 큰 나무 생산의 경우 수확기간이 길어짐 |

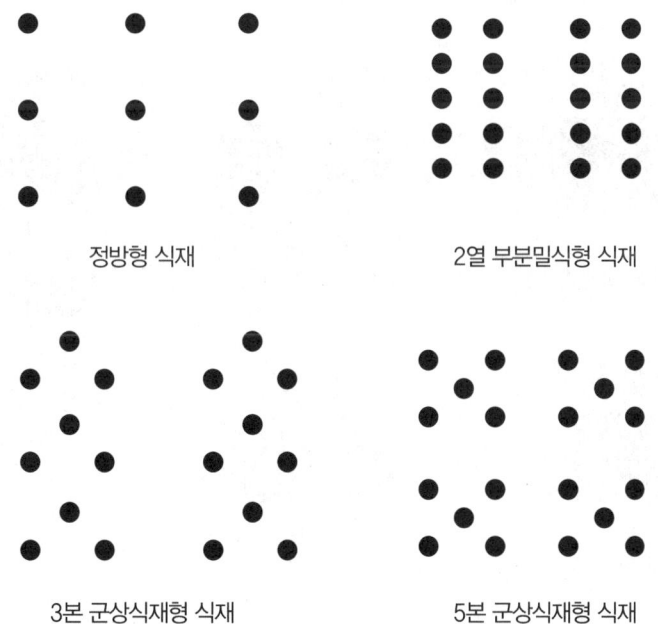

[조림 수종의 식재방법]

## 3) 식재

① 식재 본수 계산

㉠ 장방형 식재(N) = A / a×b

N : 식재할 묘목수, A : 조림지 면적, a : 묘목 사이의 거리, b : 줄 사이의 거리

㉡ 정방형 식재(N) = $\dfrac{A}{w^2}$

㉢ 정삼각형 식재(N) = $\dfrac{A}{w^2 \times 0.866}$

㉣ 이중정방형 식재(N) = $\dfrac{2 \times A}{w^2}$

A : 식재지 총면적, a : 묘목 1본의 점유 면적, N : 묘목의 총본수

② 식재방법

㉠ 겉흙과 속흙을 따로 모아놓고, 겉흙을 5~6cm 정도 넣는다.

㉡ 묘목의 뿌리를 펴서 곧게 세우고 겉흙부터 구덩이의 2/3가 되게 채운 후 묘목을 살짝 위로 잡아당기면서 밟는다.

㉢ 나머지 흙을 모아 주위 지면보다 약간 높게 정리한 후, 수분의 증발을 막기 위해 낙엽이나 풀 등으로 덮어 준다.

㉣ 건조하거나 바람이 강한 곳은 약산 깊게 심는다.

㉤ 비탈진 곳에 심을 때는 흙을 수평이 되게 덮는다.

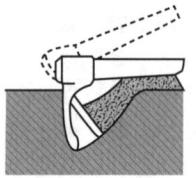

① 괭이로 파서 뒤로 젖히며 흙을 꺼낸다.

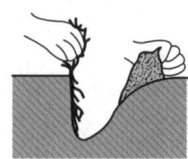

② 묘목을 알맞은 깊이로 넣고 곧게 세운다.

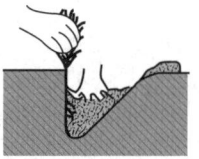

③ 파 낸 흙으로 구덩이 밑을 채우고 뿌리를 향해 다져 준다.

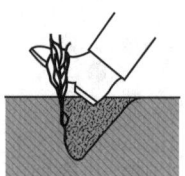

④ 흙으로 모두 채우고 신발 뒤꿈치로 다져 준다.

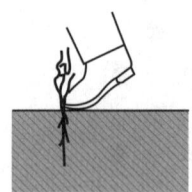

⑤ 묘목 주위를 발로 밟아서 단단하게 한다.

[식재 요령]

### 4) 보식

① 묘목 식재 후 활착되지 않는 곳에 다시 식재하는 것을 말한다.
② 묘목 식재 후 80% 이상 활착되지 않을 시 다시 식재하는 것이다.

> **Check**
> 파종조림의 대상지 및 수종
> - 발아가 잘 되는 수종
> - 식재 조림 시 활착률이 저조한 수종 및 식재 조림이 어려운 급경사지 등 특수지역의 산림
> - 소나무, 해송 등 침엽수종 또는 가래나무, 밤나무, 상수리나무, 굴참나무, 졸참나무 등 활엽수종

### 5) 특수 식재

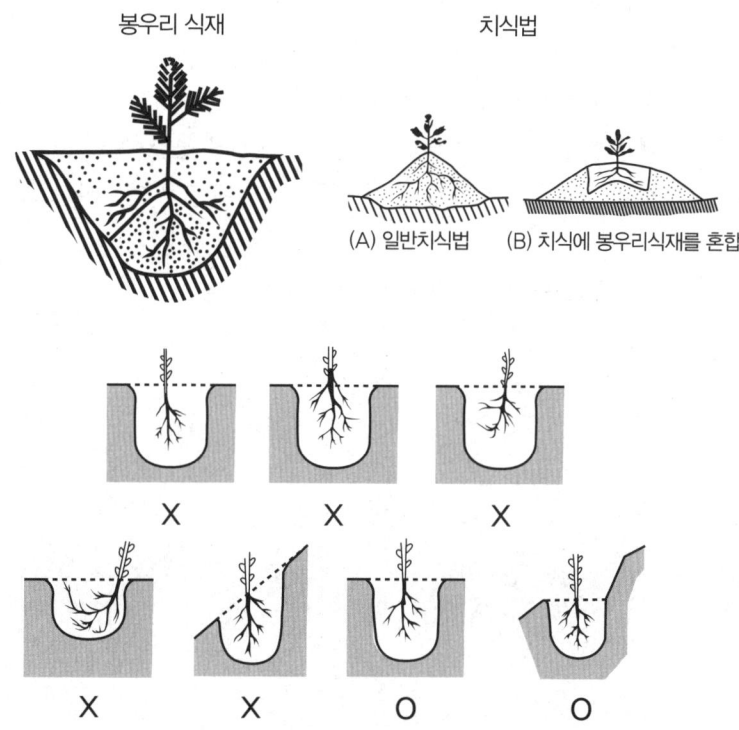

[부적절하게 식재된 묘목과 바르게 식재된 묘목]

### 6) 조림의 기능

① 임분구조의 조절
② 수종구성의 조절
③ 임분밀도의 조절
④ 생산성 향상
⑤ 산림에 대한 보육적 처리
⑥ 윤벌기의 조절
⑦ 환경의 보호

## 12 용기묘 생산

### 1) 용기묘
① 묘목을 특수한 용기(콘테이너) 내에서 키우는 것으로 포트묘라고도 한다. 겨울철을 제외하고는 연중 조림이 가능하며 활착률이 높다.
② 집약적으로 관리하기 때문에 일반 노지보다 빨리 자란다. 좁은 공간에서 뿌리가 자라므로 근계의 발육이 좋아 속성 양묘를 할 수 있다.

### 2) 용기묘의 장·단점
① 양묘 시 기후, 입지 등의 영향을 받지 않는다.
② 인력을 절감하고 묘목의 생산 기간을 단축할 수 있다.
③ 묘목 운반 시 건조·고사 등의 피해를 줄일 수 있다.
④ 식재 기간을 분산하여 노동력을 적절하게 사용할 수 있다.
⑤ 초기 생장이 빠른 수종은 용기묘 조림으로 활착과 생장을 높일 수 있다.
⑥ 초기 생장이 느린 침엽수류는 식재 후 잡초목의 관리에 많은 인력이 소요되는 등의 문제점이 있다.
⑦ 조림지에 대한 적응도가 낮아 조림에 실패할 우려가 있다.

# 제5장 수목종자

## 1 종자의 구조

### 1) 꽃의 구조와 종자 및 열매의 구조 관계
① 씨방(자방) → 열매
② 밑씨 → 종자
③ 주피 → 씨껍질
④ 주심 → 내종피(대부분 퇴화)
⑤ 극핵(2개) + 정핵 → 배젖(속씨식물)
⑥ 난핵 + 정핵 → 배

> **Check**
> 배유종자와 무배유종자
> 1. 배유종자 : 배와 배유의 두 부분으로 형성되며, 배유에는 양분이 저장되어 있다. 배는 잎, 생장점, 줄기, 뿌리, 등의 어린 조직이 모두 구비되어 있다.
> 2. 무배유종자 : 저장양분이 자엽에 저장되어 있고 배는 유아, 배축, 유근의 세 부분으로 형성되어 있다. 밤나무, 호두나무, 자작나무 등이 있다.

### 2) 종자의 생성
① 침엽수종(겉씨식물)은 하나의 정핵과 하나의 난핵이 수정하여 n의 배유를 형성한다. 활엽수종(속씨식물)은 제1정핵과 난핵이 수정하여 2n의 배가 되고, 제2정핵은 2개의 극핵과 유합하여 3n의 배유가 되는 중복 수정을 한다.
② 종자의 산지
   ㉠ 원칙적으로 종자는 조림 예정지 입지 및 기후 환경과 유사한 우량 임분에서 채종해야 한다.
   ㉡ 종자의 산지와 조림지 사이의 입지 조건 특히 기후 조건이 다를 경우 종자의 발아나 묘목의 활착이 불량하여 임목 생장이 늦어지거나 병해충에 대한 저항력이 약해진다.
   ㉢ 조림용 종자를 채취할 때는 종자 출처(종자를 구매한 장소)보다는 종자 산지(종자가 채취된 장소나 종자가 원래 생산되거나 생산되고 있는 지역이나 장소)에 유의해야 한다.
   ㉣ 종자의 산지는 조림 성과에 큰 영향을 미치므로 명확하게 표시해야 하며, 종자의 산지 구역은 산림용 종자가 생산된 지역으로 유전적 특성이나 생태적 조건의 유사성을 고려하여 구획된 지역을 말한다.

### 3) 종자의 채취

◐ 주요 수종의 종자 성숙기

| 월 | 수종 |
|---|---|
| 5 | 버드나무류, 미루나무, 양버들, 황철나무, 사시나무 |
| 6 | 비술나무, 벚나무, 시무나무, 떡느릅나무 |
| 7 | 벚나무, 회양목 |
| 8 | 스트로브잣나무, 향나무, 섬잣나무, 귀룽나무, 노간주나무 |
| 9 | 소나무, 낙엽송, 주목, 구상나무, 분비나무, 종비나무, 가문비나무, 향나무, 물참나무, 자작나무, 박달나무, 팽나무, 물푸레나무, 사스래나무, 밤나무, 신나무, 가래나무, 쉬나무, 호두나무, 졸참나무, 닥나무, 거제수나무, 삼지닥나무, 유동나무, 들메나무, 층층나무 |
| 10 | 소나무, 잣나무, 낙엽송, 리기다소나무, 해송, 구상나무, 삼나무, 편백나무, 전나무, 측백나무, 은행나무, 비자나무, 오동나무, 아까시나무, 졸참나무, 상수리나무, 굴참나무, 붉가시나무, 갈참나무, 당단풍나무, 고로쇠나무, 싸리나무, 가래나무, 느티나무, 밤나무, 황벽나무, 대추나무, 피나무, 멀구슬나무, 가중나무, 주엽나무, 옻나무, 오리나무, 서어나무, 층층나무, 두릅나무, 산닥나무 |
| 11 | 동백나무, 회화나무 |

## 2 종자의 조제

### 1) 종자의 건조

| 종류 | 내용 |
|---|---|
| 양광<br>건조법 | • 햇볕이 잘 드는 곳에 구과를 얇게 편 다음 하루에 2~3회씩 뒤집어 건조시키는 방법으로 단백질과 지방을 저장 양분으로 하는 작은 종자에 이용한다.<br>• 전나무, 회양목, 소나무류, 낙엽송류 등에 사용한다. |
| 반음<br>건조법 | • 햇볕에 약한 종자를 통풍이 잘되는 옥내에 얇게 펴서 건조하는 방법이다.<br>• 오리나무류, 포플러류, 편백, 밤나무, 참나무류 등에 사용한다. |
| 인공<br>건조법 | • 구과건조기를 이용하여 건조시키는 방법으로 종자의 양이 많을 때 이용한다.<br>• 함수량이 많은 생구과를 높은 온도로 급히 건조시키면 종자의 활력이 저하되거나 표면만 건조하고 구과가 벌어지지 않을 우려가 있으므로 보통 25℃에서 시작해서 40℃까지 온도를 유지하며 50℃ 이상으로 올리지 않는다. |

## 2) 종자의 탈종

건조가 끝난 구과에서 종자를 빼내는 작업으로 탈종법은 종자의 형태 특성에 따라 다르다.

| 종류 | 내용 |
|---|---|
| 건조봉타법 | • 막대기로 가볍게 두드려서 씨를 빼내는 방법이다.<br>• 아까시나무, 박태기나무, 오리나무 등에 사용한다. |
| 부숙마찰법 | • 일단 부숙시킨 후에 과실과 모래를 섞어서 마찰하여 과피를 분리하는 방법이다.<br>• 은행나무, 주목, 비자나무, 벚나무, 가래나무 등에 사용한다. |
| 도정법 | • 종피를 정미기에 넣어 깎아 내 납질을 제거하는 방법으로 발아를 촉진한다.<br>• 옻나무에 사용한다. |
| 구도법 | • 열매를 절구에 넣어 공이로 약하게 찧는 방법이다.<br>• 옻나무, 아까시나무 등에 사용한다. |

## 3) 종자의 정선

① 협착물인 쭉정이, 나무껍질, 나뭇잎, 모래 등을 제거하여 좋은 종자를 얻는 방법이다.

② 종자의 정선 방법

| 종류 | 내용 |
|---|---|
| 입선법 | • 굵은 종자나 열매를 눈으로 보고 손으로 알맹이를 선별하는 방법이다.<br>• 밤나무, 상수리나무, 칠엽수, 목련 등의 대립종자에 유효하다. |
| 풍선법 | • 날개 및 가벼운 과피, 쭉정이를 분리할 목적으로 선풍기 등의 바람을 이용하는 방법이다.<br>• 소나무류, 가문비나무류, 낙엽송류에 유효하다. |
| 사선법 | • 종자보다 크거나 작은 체를 이용하여 종자를 정선하는 방법으로 대부분 수종의 1차 선별 방법이다. |
| 액체선법 | • 수선법 : 깨끗한 물에 24시간 침수시켜 가라앉은 종자를 취하는 방법으로, 잣나무, 향나무, 주목, 도토리 등의 대립종자에 적용한다.<br>• 식염수선법 : 옻나무처럼 비중이 큰 종자의 선별에 이용되며 물 1L에 소금 280g을 넣은 비중 1.18의 액에서 선별한다. |

### Check

**주요 종자의 종자 수득률**

| 수종 | 수득률 | 수종 | 수득률 |
|---|---|---|---|
| 호두나무 | 52.0 | 박달나무 | 23.3 |
| 가래나무 | 50.9 | 전나무 | 19.2 |
| 은행나무 | 28.5 | 잣나무 | 12.5 |
| 자작나무 | 24.0 | 향나무 | 12.4 |

## 3 종자의 저장

### 1) 건조저장법
① 상온(실온)저장법 : 종자를 건조시켜 용기에 담아 0~10℃의 실온에서 보관하며 장기간의 저장에는 적당하지 않다.
② 밀봉(저온)저장법 : 진공상태로 밀봉시켜 저온(보통 4℃의 냉장고)에 저장하는 방법으로 수 년에서 길게는 수십 년까지 발아력을 유지할 수 있다. 함수율을 5~7% 이하로 유지한 종자를 밀봉용기에 실리카겔 등의 건조제와 종자의 활력억제제인 황화칼륨을 종자 무게의 10% 정도 함께 넣어 저장하면 큰 효과를 거둔다.

> **Check**
> 종자 건조제
> - 실리카겔, 나뭇재, 생석회, 산성백토, 유산 등
> - 실리카겔의 경우, 코발트염소를 처리하면 상대습도가 45% 정도로 높아졌을 때 청색에서 적색으로 변함

③ 밀봉(저온)저장법을 적용하는 경우
　㉠ 결실주기가 긴 수종의 종자 : 낙엽송은 5~7년마다 종자가 달라지므로 풍작해에 종자를 채취하여 장기간 저장한다.
　㉡ 상온저장으로 발아력을 쉽게 상실하는 종자에 적용한다.

### 2) 보습저장법
참나무류, 가시나무류, 가래나무, 목련 등은 건조에 의해 발아력을 쉽게 상실하므로 습도를 높게 유지시켜 저장해야 한다.
① 노천매장법 : 종자를 하루 동안 맑은 물에 담궜다가 종자의 1~3배 가량의 젖은 모래와 혼합하여 땅속에 묻어두는 방법이다. 두께 2~3cm의 판자로 깊이 30~40cm의 상자를 만들고 상자의 상하에 철망을 붙여 설치류의 피해를 예방하도록 한다.
② 보호저장법 : 모래와 종자를 섞어 저장하는 방법으로 은행나무, 밤나무, 도토리나무, 굴참나무 등 함수량이 많은 전분 종자를 추운 겨울 동안 동결 및 부패하지 않도록 저장하는 데 효과적이다.
③ 냉습적법 : 종자의 발아 촉진을 위한 후숙(後熟)에 중점을 둔 저장방법으로, 용기 안에 보습재료인 이끼, 토탄, 모래 등과 종자를 섞어서 3~5℃의 냉장고에 저장한다.

## 4 종자결실 풍·흉 예지

### 1) 자연적인 종자결실

| 매해 | 버드나무류, 포플러류, 오리나무류(버포오) |
|---|---|
| 격년 | 소나무류, 오동나무, 자작나무, 아까시 나무(소오작아) |
| 2~3년 주기 | 참나무류, 느티나무, 들메나무, 편백, 삼나무(참느들편하게삼다) |
| 3~4년 주기 | 전나무, 녹나무, 가문비나무(전녹가) |
| 5년 이상 | 너도밤나무, 낙엽송(너낙) |

### 2) 인공적인 조건

① 채종림 : 천연림이나 인공림에서 형질이 우수한 나무들이 많이 모여 있는 임분을 말하며, 전적으로 우량한 종자를 채집할 목적으로 지정한다.

② 채종원 : 우량한 조림용 종자를 계속 공급할 목적으로 채종림에서 선발된 수형목의 종자 또는 클론(같은 유전조성을 가진 개체 집단)에 의해 조성된 1세대 채종원으로 인위적인 수목의 집단이다.

## 5 개화결실의 촉진

### 1) 생리적 방법

① C/N율의 조절 : 환상박피나 단근, 접목 등의 방법으로 수목 지상부의 탄수화물 축적을 많게 하여 개화결실을 조장할 수 있다.

② 시비 : 비료의 3요소를 알맞게 주거나 시비 시기를 조절하여 화아 분화기에 시비하면 결실이 촉진된다. 질소보다는 인산과 칼륨을 더 많이 사용하는 것이 효과적이다.

> **Check**
>
> **C/N율**
> ① 탄소와 질소의 양으로 나눈 값으로, 식물 체내의 탄수화물(C)과 질소(N)의 비율로 식물의 생육, 화성, 결실을 지배하는 기본요인이다.
> ② C/N율이 높으면 화성을 유도하고 낮으면 영양 생장이 계속된다.
> ③ C/N율에 의하면 탄수화물의 축적에 의한 탄소와 지하에서 흡수한 질소의 비율을 가지고 식물의 개화, 결실과 관련하여 설명할 수 있는데, 탄소는 미생물의 영양원이고 질소는 미생물의 에너지원이 된다.
> ④ C/N율이 작물에 미치는 영향
>   • C/N율이 높을 경우
>     - 탄소의 양이 질소보다 많으므로 영양원이 많아져서 미생물 번식이 왕성해지는데, 이 미생물들은 토양 중에 있는 질소 및 유기질소화합물을 먹어 치우기 때문에 작물과 미생물간의 질소 쟁탈전이 일어난다. 결국 작물체에 일시적으로 질소 기아현상이 발생한다.
>     - 토양 중의 질소 손실은 없고 질소의 경제적 이용이 이루어진다.
>     - 영양생장이 다소 저하되고 착화가 많아지며 결실이 좋다. 채종림은 이러한 상태로 만들어 주는 것이 좋다.

> - C/N율이 낮은 경우
>   - 에너지원이 많고 영양원이 적으므로 일부 질소를 작물이 이용하지만 질소가 토양 중에 축적되어 용탈되는 경우가 많다.
>   - 영양 생장이 미약하고 착화도 적다. 잎에서의 탄수화물 생성이 불완전하며 피압하에서 자라는 임목에서 볼 수 있는 상태이다(뿌리에서 질소 공급은 잘되나 수관에서의 광합성 부족으로 탄소가 적은 상태이다).
>   - 보통 C/N율이 30보다 크면 질소 기아현상이 발생하고 15보다 작으면 유기물이 무기물화되어 질소를 효과적으로 이용할 수 있다.
>
> 환상박피
> - 수목 등에서 줄기나 가지의 껍질을 3~6mm 정도 둥글게 벗겨내는 것으로, 수목이 가지고 있는 영양물질 및 수분, 무기양분 등의 이동경로를 제한함으로써 잎에서 생산된 동화물질이 뿌리로 이동하는 것을 박피한 상층부에 축적시켜 수목의 개화결실을 도모한다.
> - 식물체에서 수분의 이동이 물관부에서 일어나는 것을 증명하기 위해 시행한 시험 또는 그 방법으로, 넓은 의미에서는 살아 있는 세포에서 일어나는 체관부수송을 선택적으로 저해하는 각종 방법을 말한다.
> - 줄기나 잎자루에 고온의 수증기를 불어 넣거나, 국부적으로 저온 처리하는 등의 방법을 사용한다.
> - 나무줄기에서 형성층의 바깥 부분을 환상으로 잘라 내고 물관부만을 남기면 뿌리에서 물의 상승을 방해하지 않아 잎이 시들지 않는다.

### 2) 화학적 방법

낙우송, 삼나무, 편백 등에 식물생장 호르몬인 지베렐린을 처리하면 화아분아가 촉진된다.

### 3) 물리적 방법

① 입지 조건 : 종자가 생산된 지역보다 따뜻하고 개방적인 곳에 채종원을 조성하면 종자의 결실이 촉진된다.
② 스트레스 : 건조, 상처주기 등의 스트레스를 주면 개화량이 많아지고 결실량이 증대된다.
③ 임분의 밀도 조절 : 임분의 입목밀도가 낮아지면 수목의 수관이 확장되어 햇빛을 많이 받아 결실량이 증대된다.

## 6 종자의 품질

### 1) 우량품종 종자의 조건

| 종류 | 내용 |
| --- | --- |
| 균일성 | 품종 안 모든 개체들의 특성이 균일해야만 재배, 이용상 편리하다. 특성이 균일하려면 모든 개체들의 유전질이 균일해야 한다. |
| 우수성 | 재배적 특성이 다른 품종들보다 우수해야 한다. |
| 영속성 | 균일하고 우수한 특성이 대대로 변하지 않고 유지되어야 한다. |

## 2) 종자의 퇴화

| 종류 | 내용 |
|---|---|
| 유전적 | 수목의 종류에 따라 다르나 이형유전자형의 분리, 자연교잡, 돌연변이, 이형종자의 기계적 혼입 등에 의해 발생한다. |
| 생리적 | 재배 환경과 조건 등의 불량에 따라 생리적으로 열세화하여 생산력과 품질이 저하되는 현상이다. |
| 병리적 | 종자로 전염하는 병해나 바이러스병 등으로 퇴화하는 것이다. |

## 3) 종자의 퇴화 방지 및 특성 유지 방법

| 종류 | 내용 |
|---|---|
| 영양번식 | 유전적 원인에 의해 퇴화가 방지된다. |
| 격리재배 | 자연교잡을 방지한다. |
| 종자의 저온저장 | 새 품종의 종자를 밀폐 냉장하여 해마다 종자증식의 기본 식물종자로 사용한다. |
| 종자갱신 | 체계적으로 퇴화를 방지하고 채종한 종자를 해마다 보급한다. |

# 7 종자의 종류

## 1) 크기에 의한 분류

| 종류 | 내용 |
|---|---|
| 대립종자 | 밤나무, 상수리나무, 호두나무, 은행나무 등 1리터당 1000립 이하의 잣보다 큰 종자 |
| 중립종자 | 잣나무, 물푸레나무, 백합나무, 피나무 등 1리터당 1000~3000립 정도인 잣과 비슷한 크기의 종자 |
| 소립종자 | 소나무, 전나무, 분비나무, 느티나무, 벚나무 등 1리터당 3000~100,000립 정도인 종자 |
| 세립종자 | 낙엽송, 자작나무, 삼나무, 편백 등 1리터당 10만 립 이상인 종자 |

## 2) 종자의 성분에 의한 분류

| 종류 | 내용 |
|---|---|
| 유지종자 | 동백나무, 비자나무 등과 같이 지방질이 많은 종자 |
| 단백질 종자 | 호두와 같이 단백질이 많은 종자 |
| 전분종자 | 밤, 도토리 등과 같이 탄수화물이 많은 종자 |

## 3) 발아력에 의한 분류

| 종류 | 내용 |
|---|---|
| 발아가 잘 되는 종자 | • 소나무, 자작나무, 낙엽송, 물갬나무 등<br>• 발아 촉진 처리를 하지 않아도 발아가 잘 되는 종자 |
| 발아가 잘 되지 않는 종자 | • 향나무, 잣나무, 주목, 옻나무, 복자기나무 등<br>• 발아 촉진 처리를 해야 발아되는 종자 |

## 8 순량률

순량률(%) = [순정종자량(g) / 작업시료량(g)] × 100

## 9 실중 및 용적량

### 1) 실중
종자의 충실도를 무게로 파악하는 기준으로 그램(g)을 단위로 표시한다.

### 2) 용적중
종자 1리터에 대한 무게를 그램(g) 단위로 나타낸 것이다.

## 10 발아율

발아율(%) = (발아한 종자수 / 발아 시험용 종자수) × 100

## 11 효율

효율(%) = (순량률 × 발아율) / 100

## 12 종자의 발아 촉진

### 1) 발아조건법
① 종피파상법 : 종피 휴면종자의 발아 촉진을 위하여 종피에 상처를 내는 방법이다.
② 침수처리법 : 1~2일, 또는 3~4일간 물에 담아 두었다가 파종하는 방법이다.
  ㉠ 냉수침지법 : 1~4일간 온도가 낮은 신선한 물에 침지한 후 파종하는 방법이다. 비교적 발아가 잘 되는 종자에 적용한다. 너무 오래 담가두지 말고, 정체된 물은 수시로 신선한 물로 교환해 준다. 낙엽송, 소나무류, 삼나무, 편백 등의 종자에 적용한다.
  ㉡ 온탕침지법 : 경제적이며 실행하기 쉬운 방법이다. 콩과수목의 경우, 대략 40~50℃의 온탕에 1~5일간 침지하거나 85~90℃의 열탕에 수 분 담갔다가 다시 냉수에 옮겨서 12시간 침지하면 종자의 흡수 팽창이 잘 이루어져서 발아가 촉진된다.
③ 황산처리법 : 종자를 황산에 일정 시간 처리하여 종피의 표면을 부식시킨 다음 물에 씻어서 파종하는 방법으로 탈납법이라고도 한다.
④ 노천매장법 : 종자의 발아 촉진과 저장을 동시에 할 수 있는 방법이다.

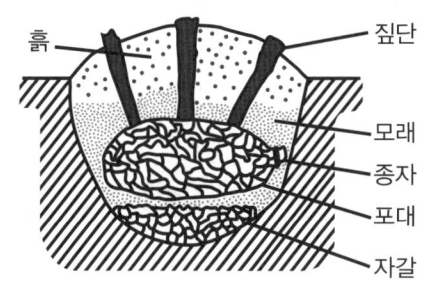

⑤ 층적법 : 습한 모래나 이끼를 종자와 엇바꾸어 층상으로 쌓아 올려 저온에 두는 방법으로, 배 휴면을 하는 종자에 효과적이다.
⑥ 변온처리법 : 늦여름이나 초가을에 성숙하는 종자를 자연의 기온을 참작하여 밤과 낮의 변온으로 관리하는 방법이다.
⑦ 화학약품처리법 : 지베렐린, 시토키닌, 에틸렌, 질산칼륨 등의 화학약품을 처리하는 방법이다.
⑧ 광처리법 : 종자에 광선을 조사하여 발아를 촉진시키는 방법으로 오렌지색~적색광이 유효하고 청색광은 휴면을 유도한다.

## 13 종자의 발아력 검정

### 1) 종자의 발아조건
수분, 산소, 온도, 광선

### 2) 종자의 발아과정
수분의 흡수 → 효소의 활성 → 배의 생장 개시 → 종피의 파열 → 유묘의 출아

### 3) 발아 검사 방법
① 항온 발아기에 의한 방법
② 환원법 : 무작위로 소정의 작업시료를 추출하여 맑은 물에 24시간 담가 둔다.
  ㉠ 매스로 종자의 종단을 절단한 후 테룰루산소다 또는 테트라졸륨 1%의 수용액에 여과지, 흡수지 또는 탈지면을 적셔 접시에 간다.
  ㉡ 테룰루산소다를 사용한 종자는 배가 흑색이나 암갈색일 때, 테드라졸륨을 사용한 종자는 배가 적색 또는 분홍색일 때 건전립(굳세고 온전한 종자)으로 본다.
  ㉢ 환원법은 휴면 종자, 수확 직후의 종자, 발아시험 기간이 긴 종자에 효과적이며, 피나무, 주목, 향나무, 목련, 잣나무, 전나무, 느티나무 등에 쓰인다.
③ 절단법 : 예리한 칼로 종자를 절단한 후 배와 배유의 발달상태를 육안 또는 입체현미경으로 관찰하여 종자의 발아력과 충실도를 판단한다.

④ X선 분석법 : 종자를 X선으로 촬영하면 내부의 기계적 상처, 해충 피해, 쭉정이 등을 확인할 수 있다.

## 14 발아세

발아세(%) = 가장 많이 발아한 날까지 발아한 종자수 / 발아시험용 종자수 × 100

◐ 발아세의 계산(해송의 종자 100립을 항온발아기에 2주간 발아함)

| 경과 일수 | 1 | 2 | 3 | 4 | 5 | 6 | 7 | 8 | 9 | 10 | 11 | 12 | 13 | 14 |
|---|---|---|---|---|---|---|---|---|---|---|---|---|---|---|
| 발아한 종자수 | 0 | 0 | 1 | 3 | 9 | 11 | 13 | 14 | 17 | 18 | 4 | 2 | 1 | 0 |

① 발아율 = (1+3+9+11+13+14+17+18+4+2+1)/100 × 100 = 93%
② 발아세 = (1+3+9+11+13+14+17+18)/100 × 100 = 86%

# 제6장 임지관리

## 1 산림과 산림토양

### 1) 암석의 종류
① 화성암 : 지각 내부의 마그마가 굳어서 이루어진 암석이다.
② 퇴적암 : 풍화물이 퇴적되어 굳어서 이루어진 암석이다.
③ 변성암 : 열이나 압력의 영향을 받아 새로운 성질을 가진 바위로 변한 암석이다.

◐ 변성암의 종류

| 종류 | 내용 |
|---|---|
| 화성암 | • 화강암 → 편마암<br>• 현무암 → 결정편암 |
| 퇴적암 | • 혈암 → 점판암 → 천매암, 결정편암<br>• 석회암 → 대리석, 사암 → 규암 |

### 2) 토양 내부 모식도

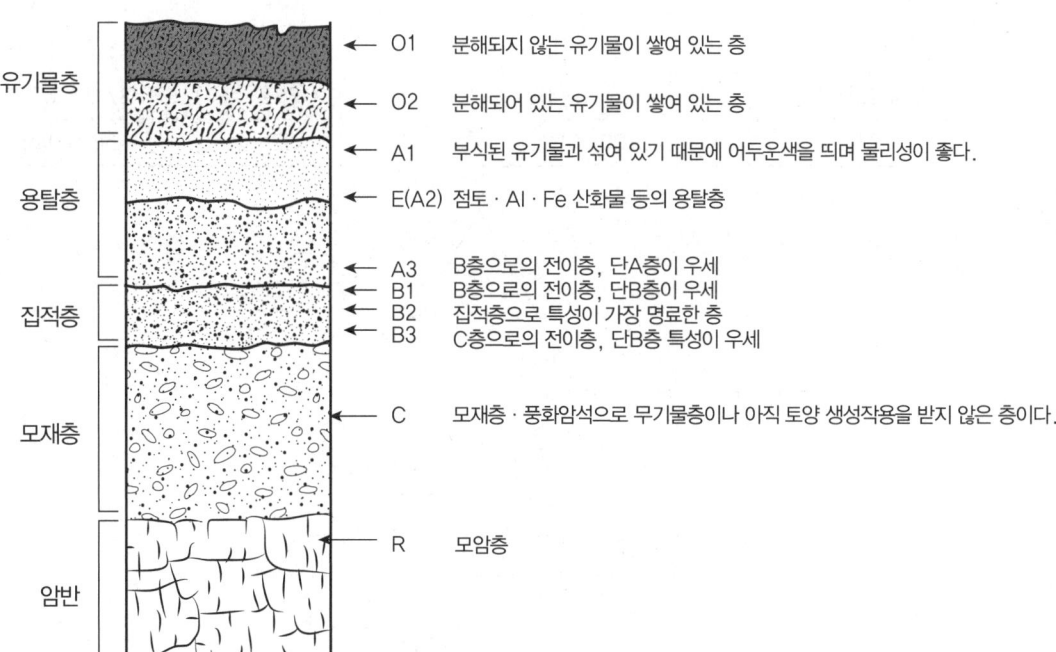

① O층은 A층위의 유기물 집적층이다.
　㉠ O1 : 분해되지 않은 유기물이 쌓여 있다.
　㉡ O2 : 유기물이 일부 분해되어 있다.
② A층(용탈층) : 토양의 표면이 되는 부분으로 많은 성분이 씻겨 내려간 토층이다. 식물의 썩은 부분이 모여 있어서 검은빛을 띤다.
　㉠ A1 : 짙은 암색이고 유기물과 광물질이 섞여 있다.
　㉡ A2 : 옅은 암색이고 용탈이 가장 심한 층이다.
　㉢ A3 : B층으로의 전이층이다.
③ B층(집적층) : A층으로부터 용탈된 물질이 쌓인 층이다.
　㉠ B1 : A층으로의 전이층이다.
　㉡ B2 : B층의 성질이 가장 뚜렷하고 집적이 가장 심한 층이다.
　㉢ B3 : C층으로의 전이층이다.
④ C층(모재층) : A층과 B층을 이루는 암석이 풍화된 그대로이거나 풍화 도중에 있는 모재층이다.
⑤ R층(모암층) : 잔적토의 모암층이며 풍화되지 않은 경질의 연속적 기반암층이다.

## 2 토양의 구조 · 공극 · 반응

### ● 토양입자의 분류

| 입자명칭 | 입경(알갱이의 지름, mm) |
|---|---|
| 자갈 | 2.0 이상 |
| 조사(거친 모래) | 2.0~0.2 |
| 세사(가는 모래) | 0.2~0.02 |
| 미사(고운 모래) | 0.02~0.002 |
| 점토 | 0.002 이하 |

### ● 진흙의 함량에 따른 분류

| 토양의 종류 | 진흙의 함량(%) |
|---|---|
| 사토 | 12.5 이하 |
| 사양토 | 12.5~25.0 |
| 양토 | 25.0~37.5 |
| 식양토 | 37.5~50.0 |
| 식토 | 50.0 이상 |

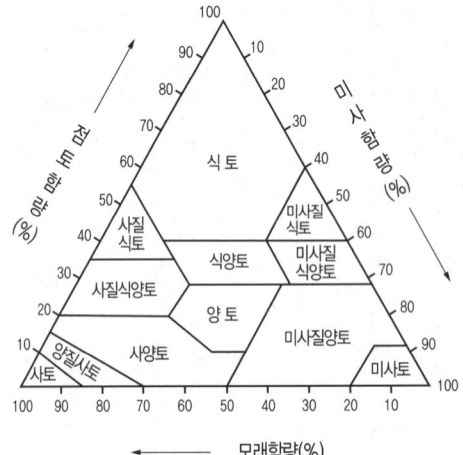

[토양구분 삼각도(미국농무성법)]

1) **토양의 구조**
   ① 단립구조(홀알구조) : 토양입자가 독립적으로 존재하는 것으로 대공극이 많고 소공극이 적으며 수분이나 비료의 보수력(물을 보호하는 능력)은 작다.
   ② 입단구조(떼알구조) : 토양의 여러 입자가 모여 단체를 만들고 이 단체가 다시 모여 입단을 만든 구조로서 공기가 잘 통하고 물을 알맞게 지닌다. 입단구조는 입체적인 배열상태를 이루고 있어 토양수의 이동, 보유 및 공기유통에 필요한 공극을 가지게 된다.

2) **토양의 공극**
   ① 토양공극은 토양을 구성하는 사이사이에 공기 또는 수분으로 채워질 수 있는 공간을 의미한다.
   ② 토양의 공극률(%) = (1−가비중/진비중)×100
   ③ 진비중 = 진밀도 = 알갱이밀도 = 입자밀도
   ④ 가비중 = 부피밀도 = 가밀도 = 총밀도 = 용적중 = 용적밀도

3) **토양의 반응**
   ① 염기포화도 = 치환성 염기량 / 양이온 치환용량×100

4) **토양의 반응**
   ① 대부분의 임목들은 중성에 가까운 pH5.5~6.5에서 잘 자라며, pH5.0 이하의 산림지역은 침엽수가 식재되는 것이 바람직하다.
   ② 강산성(pH3.8~5.4)에서 자라는 수종 : 소나무, 낙엽송, 리기다소나무, 곰솔, 가문비나무, 분비나무, 잣나무, 전나무, 편백, 밤나무, 상수리나무, 사방오리나무, 아까시나무, 싸리 등
   ③ 약산성 또는 중성(pH5.5~7.2)에서 자라는 수종 : 피나무, 단풍나무, 참나무, 삼나무, 느티나무, 느릅나무, 녹나무 등
   ④ 염기성(알칼리성)에서 잘 자라는 나무 : 호도나무류, 사시나무류, 서어나무류, 개암나무류, 백합나무, 너도밤나무류, 물푸레나무 등

## 3 산림토양의 산성화 원인

1) **산성물질의 첨가**
   공업화에 따른 대기 중의 산성물질이 증가하여 pH 3~4의 산성비가 내려 식물에 직접적으로 해를 끼치는 것으로 토양을 산성화시킨다.

2) **물의 용탈작용**
   토양 중의 토양 생물이나 식물뿌리의 호흡에 의하여 생성되는 이산화탄소도 토양수에 의해 용해되어 산성을 띠게 된다.

### 3) 시비
화학비료의 사용으로 인하여 산을 생성하게 되고 이로 인하여 산림토양에 산성화가 일어난다.

### 4) 식물유체의 분해
한랭습윤 기후 아래에서 식물유체의 분해속도가 느려지면 유기산이 생성, 집적되어 토양이 강산성을 띠게 된다. 이는 이탄토나 산림 유기물층에서 일어나며 포졸화의 원인이 된다.

### 5) 강우량
강우량이 많은 기후적인 요인에 의해 규산염의 분해 및 용탈이 일어나 산성화를 일으킨다.

### 6) 규소
규소를 많이 함유한 밝은 화산암과 모암인 화강암, 화강편암의 풍화로 산성화가 일어난다.

> **Check**
> **산성토양의 개량방법**
> 1. 석회 사용에 의한 반응교정 : 산성토양을 개량하기 위해서는 염기성물질을 첨가하여 중화시켜야 하는데, 흔히 석회석분말과 백운모분말을 사용한다. 입경이 작은 물질을 사용할 경우 산도교정작용은 신속하나 유실 및 용탈도 빠르므로 소량씩 자주 사용하는 것이 좋다.
> 2. 유기물의 사용 : 유기물은 간접적인 면에서 토양을 개량하는 데도 도움을 주며 유기물에 포함된 질소, 인, 칼리, 철, 망간, 붕소 등의 특수성분 공급으로 효과가 커진다.
> 3. 산성에 강한 작물재배 : 밭벼, 옥수수, 귀리 등을 재배하고 근균류를 이용하는 방법도 있다.

## 4 토양미생물

### 1) 세균
① 자급 영양세균과 타급 영양세균
  ㉠ 자급 영양세균 : 암모니아, 아질산, 유황, 철 등과 같은 무기물을 산화하여 에너지를 얻고, 이산화탄소를 환원해서 탄소를 얻는다.
  ㉡ 질산화성균, 황세균, 철세균
② 타급 영양세균 : 토양유기물을 산화하여 영양원이나 에너지원을 얻는다.
  ㉠ 단독 유리질소 고정세균 : 호기성세균, 혐기성세균
  ㉡ 공생 유리질소 고정세균 : 균근류
  ㉢ 암모니아 화성균(호기성세균, 혐기성세균)
  ㉣ 섬유소분해균(호기성세균, 혐기성세균)

### 2) 균근
식물에 의한 양분의 흡수는 식물의 작은 뿌리와 특정의 균류와의 공생 관계에 의해서 상당히 향상된다고 알려져 있는데 이러한 집합체를 균근이라고 한다. 즉, 뿌리와 균이 모여 형성된 공동체이다. 외생균근, 내생균근, 내외생균근이 있다.

### 3) 방사상균
단세포이면서 사상(실처럼 가는 형상)이어서 분류학상 세균과 사상균의 중간에 속한다.

### 4) 조류
엽록소를 가지고 토양표면에서 광합성을 하는 것과 못하는 것으로 구분하며 식물과 동물의 중간 성질을 가진 미생물이다.

> **Check**
> 토양미생물의 생육조건
> 1. 온도 : 최적온도는 27~28℃, 생육범위는 0~80℃이다.
> 2. 수분 : 최대용수량의 60~80%인 포장용수량 상태가 적당하다.
> 3. pH : 중성이 비교적 적당하나 사상균은 pH 4.0~5.0, 방사상균은 pH 7.0~7.5, 세균·원생동물은 pH 6.0~8.0이 적당하다.
> 4. 공기 : 질소($N_2$)는 영양원, 산소($O_2$)는 호흡, 이산화탄소($CO_2$)는 탄소에너지원으로 사용된다.
> 5. 유기물 : 미생물에 에너지와 영양을 공급한다.
> 6. 토양의 깊이 : 2~3 cm 깊이에 가장 많이 번식한다.

## 5 임지시비 방법

### 1) 임지시비의 방법
① 식혈시비 : 식재 구덩이 밑부분에 식재하는 방법으로 나무 크기에 따라 구덩이를 판 다음 비료를 바닥에 넣고 비료 해를 막기 위하여 바닥 흙을 3~5cm정도 덮은 다음 그 위에 묘목을 식재한다. 발근 직후 비료를 흡수하는 이점은 있으나 식재 구덩이를 크게 만들어야 하고 작업효율이 낮으며 비료 피해의 위험이 있다.

② 전면시비 : 수관의 밑을 가볍게 파고 전면에 시비한다.

③ 환상시비 : 식재 묘목 나무 둘레에 원형으로 구덩이를 파고 비료를 주는 방법이다. 식재 묘목에서 20~30cm 거리에 5cm 깊이 내외로(성목은 역지하부) 원형으로 골을 파고 비료를 넣은 다음 흙으로 덮는다.

④ 측방시비 : 묘목의 줄기를 중심으로 가장 긴 가지의 길이를 반지름으로 하는 원 둘레에 구멍을 파고 시비하는 방법이다. 식재한 다음 나무 주변 양쪽에 비료를 주며, 어린 나무(5년생 미만)는 가지 끝부분부터 수직으로 내린 곳에 약 5cm 내외 깊이로 땅을 파고(수간에서 20~30cm 거리) 일정한 간격으로 여러 개의 구멍에 비료를 고루 넣은 다음 흙으로 덮는다.

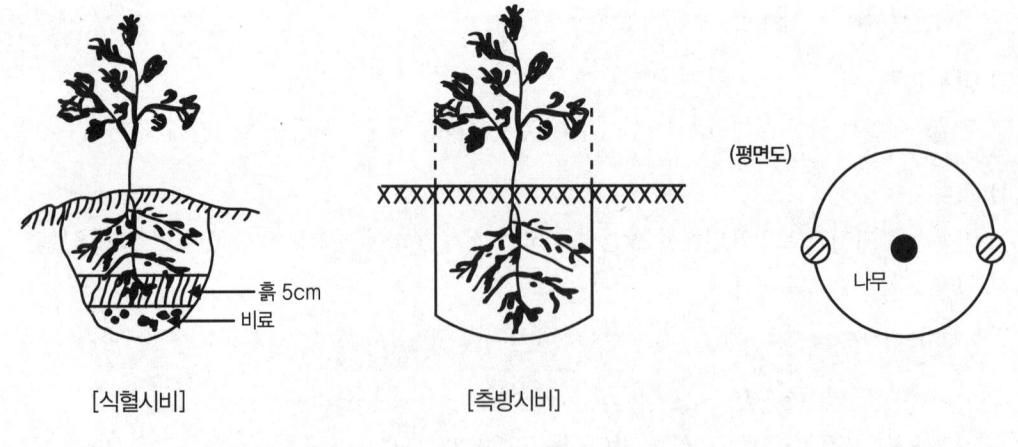

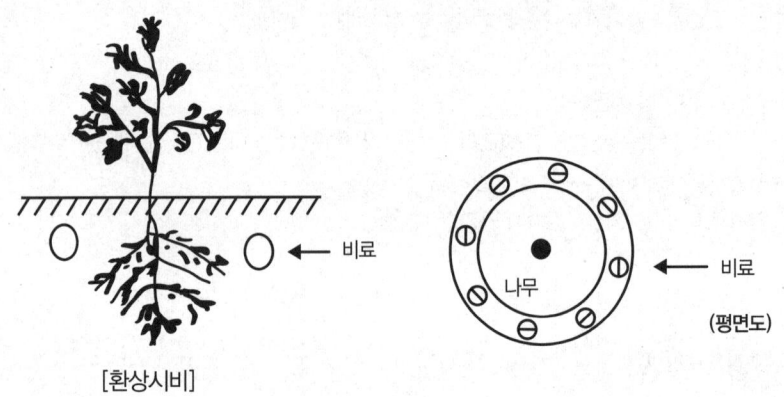

## 2) 임지시비 시 유의사항

① 비료입자가 임목의 뿌리에 직접 닿지 않도록 한다.

② 인분, 계분, 퇴비 등은 완전히 부숙된 것을 사용해야 한다.

③ 과다한 양을 시비하지 않는다.

④ 비가 올 때나 오기 직전 또는 강풍 시에는 시비하지 않는다.

⑤ 장마, 늦여름, 늦가을에는 가급적 시비하지 않는다.

⑥ 이슬이 없는 오전 10시부터 오후 5시 사이에 시비한다.

## 3) 시비량

① 흡수량과 흡수율을 알고 있는 경우

$$시비량(kg/ha) = \left(\frac{비료요소\ 흡수량 - 천연\ 공급량}{비료요소의\ 흡수율}\right) \times 100$$

② 시비 성분량을 실제 비료량으로 환산할 경우

$$시비량(kg/ha) = (시비\ 기준량/비료\ 성분량) \times 100$$

③ 실제 비료량을 성분량으로 환산할 경우

$$성분량(kg) = [비료량(kg) \times 비료성분량(\%)]/100$$

## 6 비료목

### 1) 비료목의 종류
① 콩과수목 : 아까시나무, 싸리나무류, 자귀나무, 칡
② 비콩과수목 : 소귀나무, 오리나무류, 보리수나무류

### 2) 비료목의 효과
① 낙엽을 통해 유기물을 공급한다.
② 비료목의 뿌리혹이 침엽수종의 균근 형성에 도움을 준다.
③ 뿌리혹은 죽은 후에 땅속의 질소성분이 된다.
④ 비료목의 잎이 떨어지면 침엽수종 잎의 분해를 도와 지력을 높인다.

# 제7장 산림갱신

## 1 산림작업종

### 1) 작업종의 의미
일반적 조림원칙에 따라 임분을 조성, 무육, 수확, 갱신하기 위한 조림기술적 개념(조림방식)을 말한다. 즉, 작업종은 산림을 생산하기 위한 기술적 경영방식이며 작업체계 또는 생산방식이라고 할 수 있다.

### 2) 작업종의 분류기준
① 임분의 기원
  ㉠ 교림 : 종자로써 양성된 실생묘나 삽목묘로 만들어진 숲을 말한다.
  ㉡ 왜림 : 줄기를 자른 그루에서 맹아가 생겨나 만들어진 숲을 말한다.

② 벌채종
  ㉠ 개벌 : 모든 나무가 일시에 벌채되고 새로운 임분이 대를 이을 때를 말한다.
  ㉡ 산벌 : 윤벌기에 비해서 짧은 갱신 기간 중에 몇 차례의 갱신벌채로서 전임목을 제거 및 이용하는 동시에 그곳에 새 임분을 출현시키는 방법을 말한다.
  ㉢ 택벌 : 일정 기간 내 모든 임목을 벌채하여 갱신면을 노출시키는 일이 없고 성숙목을 부분적으로 벌채하여 항상 일정한 임상이 계속 유지되는 것으로, 이령림형을 나타낸다.
  ㉣ 군상벌 : 임목들을 소군상, 군상, 단상 형태 등 불규칙적으로 벌채하는 방법으로 치수집단을 일시적, 전면적으로 보호한다.
  ㉤ 대상벌 : 좁은 쪽의 대상으로 모든 임목을 벌채하는 방법으로 치수집단을 일시적, 부분적으로 보호한다.

③ 벌구형
벌구는 벌채면을 말하는 것으로 택벌에서는 벌구의 개념이 없으나 개벌과 산벌에는 있다.
  ㉠ 대벌구 : 벌채면이 보통 5ha 이상인 대면적인 경우
  ㉡ 소벌구 : 벌채면이 5ha 이하인 소면적인 경우
    • 대상벌구 : 벌채면이 좁고 긴띠 모양의 벌구
    • 군상벌구 : 벌채면이 둥근 모양의 벌구

◑ **작업종의 분류표**

| 임분의 기원 | 벌채종 | 벌채의 크기의 모양 ||
|---|---|---|---|
| | | 대벌구 | 소벌구 |
| 교림 | 개벌 | 개벌작업 | 대상개벌작업 · 군상개벌작업 |
| | 산벌 | 산벌작업 | 대상산벌작업 · 군상산벌작업 |
| | 택벌 | 택벌작업 | 대상택벌작업 · 군상택벌작업 |
| 왜림 | 개벌 | 개벌 왜림작업 | |
| 중림 | 택벌 또는 개벌 | 중림작업 | |

## 2 갱신방법

### 1) 천연갱신

후계림을 성립시킴에 있어서 자연적으로 낙하되어 산포(흩어져 퍼지거나 흩어 퍼뜨림)된 종자가 발아하는 천연하종 또는 근주, 뿌리, 지하경 등에서 나오는 맹아의 발생을 촉진시키는 등 임목의 번식력과 재생력을 최대한 이용하여 새 임분을 성립시키는 것을 말한다. 보안림이나 휴양림 조성에 적합하다.

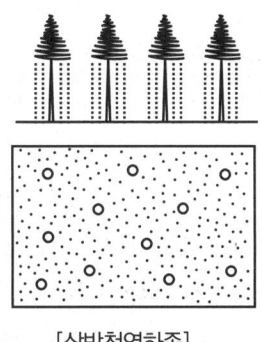
[상방천연하종]

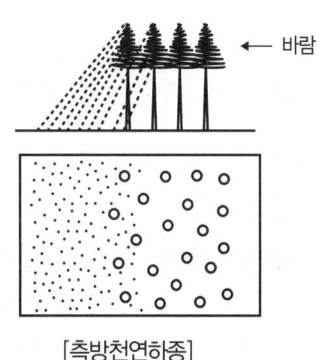
[측방천연하종]

### 2) 천연갱신의 장점

① 임지의 기후와 토질에 가장 적합한 수종이 생육되므로 인공 단순림에 비하여 각종 위해에 대한 저항력이 크다.
② 천연갱신지의 치수는 모수의 보호를 받아 안정된 생육환경을 제공받는다.
③ 모수가 되는 임목은 인공조림에서와 같은 품종 선정의 잘못으로 실패할 염려가 없다.
④ 임지가 나출(속의 것이 겉으로 드러남)되는 일이 드물며 적당한 수종이 발생하고 또 혼효하기 때문에 지력유지에 적합하다.

### 3) 천연갱신의 단점
① 벌채목의 선정이 곤란하며, 벌도, 조림, 집재, 운재 시에 치수를 손상하기 쉽다.
② 해마다 수확이 격변하는 등 수확의 규정이 불편하다.
③ 열등 수종이 증가하여 새 임분의 경제적 가치가 저하되기 쉽다.
④ 갱신의 시기가 불확실하고 갱신기간이 길어지기 쉽다.
⑤ 임분조성의 확실성이 결여되어 보완조림 등이 필요하기도 한다.

### 4) 갱신수종의 선정
① 결실량이 풍부하고 치수의 생육이 용이한 수종을 우선적으로 선택한다.
② 수종에 따른 지력요구도를 고려하면서 지력향상에 유리한 수종을 선택한다.
③ 풍해, 충해, 균해에 대한 저항력이 큰 수종을 선택한다.
④ 임목의 생장속도에 따라 경영목표를 설정한다.
⑤ 수요가 많은 재질의 수종을 선택한다.
⑥ 지역 시장에 알맞은 재종(갱목, 침목 등)을 생산한다.
⑦ 천연갱신이 가능한 수종
　㉠ 침엽수종 : 소나무, 곰솔, 리기다소나무, 잣나무, 전나무, 가문비나무 등
　㉡ 활엽수종 : 상수리나무, 그 밖의 참나무, 아까시나무, 오리나무 등

## 3 인공갱신

### 1) 인공갱신과 천연갱신의 비교
① 인공갱신은 주로 개벌로 시작되고, 천연갱신은 주로 비개벌로 갱신(맹아림 제외)된다.
② 개벌 적지를 재조림할 때, 무입목지를 조림할 때, 현존 수종을 갱신할 때, 향토수종 이외의 수종을 조림할 때 등의 경우 인공갱신만으로 후계림을 성립시킬 수 있다.
③ 인공갱신은 천연갱신에 비해 여러 가지 이익이 많지만 조림 실패의 위험, 조림 보육경비 등의 결점을 가지고 있다.

### 2) 인공갱신의 실패 원인
① 수종을 잘못 선택했을 때
② 품종 및 산지를 잘못 선택했을 때
③ 종자의 채취를 잘못 선택했을 때
④ 개벌적지에 동령순림을 조성했을 때 : 개벌은 임지 황폐, 토양의 이화학적 성질 악화 등을 초래하기 때문에 동령순림은 병충해, 화재, 한풍의 해 등으로 생장이 감퇴되기 쉽다.
⑤ 식수 조림 시 근계(뿌리)의 발육을 해쳤을 때 : 이식은 근계의 발육을 나쁘게 하여 수목의 생육을 해치며 심근성인 수종과 극도로 천근성인 수종에 한해서 그 해가 크다.

⑥ 식수 및 무육이 잘못되었을 때
⑦ 임분이 울폐되기까지 상당한 기간이 필요하다.

## 4 갱신작업종

### 1) 개벌작업의 의미
① 현존임분의 전체를 1회의 벌채로 제거하고 그 자리에 주로 인공식재나 파종 및 천연갱신에 의하여 후계림을 조성하는 방법이다. 후갱(나중에 갱신하는)작업에 속하며 우리나라에서 많이 실행된다.
② 개벌 후에 성립되는 임분은 모두 동령림을 형성한다. 형성된 임분은 대개 단순림이지만 두 가지 수종을 심으면 동령의 혼효림을 만들 수 있다.
③ 주로 양수에 적용되는 작업종으로, 현재의 수종을 다른 수종으로 갱신하고자 할 경우 작업이 용이하지만, 임지가 일시에 노출되어 각종 위해에 직면하게 된다. 또한 지형 및 지질 등 국소적인 환경을 다른 지역에서 적용하기 어려운 부분도 있다.

### 2) 후계림 조성
① 인공갱신에 의한 방법
　㉠ 임목을 벌채 이용한 후 인공조림하는 간단한 방법으로 파종조림보다 식수조림을 한다.
　㉡ 식재수종은 생태적 특징이 조림지의 입지조건과 잘 맞아야 한다.
　㉢ 개벌면은 잡초, 잡목 등이 나기 쉬워 갱신된 치수가 방해받을 수 있으므로 이에 대한 보호대책이 마련되어야 한다.
② 천연갱신에 의한 방법 : 모든 임지에 종자의 공급이 충분해야 하고 임지의 상태가 종자발아 및 치묘의 건전한 발육에 알맞아야 한다.

> **Check**
> **천연갱신에 의한 개벌작업에 사용되는 종자**
> 1. 개벌지역에 인접해 있는 임분의 종자가 산포하는 경우로 측방임분으로부터 종자가 떨어지는 방법에 의한 것
> 2. 성숙림의 벌채 시에 떨어지거나 구과가 붙은 가지를 임지 전면에 깔아 주어서 종자의 산포가 고르게 되는 경우
> 3. 토양부식 속에서 매장되었던 종자가 그 환경의 변화로써 발생 및 발육하여 갱신되는 경우
> 4. 주요 수종별 종자의 비산 거리
>    • 자작나무류, 느릅나무 : 모수 수고의 4~8배
>    • 소나무, 해송, 오리나무류 : 모수 수고의 3~5배
>    • 단풍나무류, 물푸레나무류 : 모수 수고의 2~3배

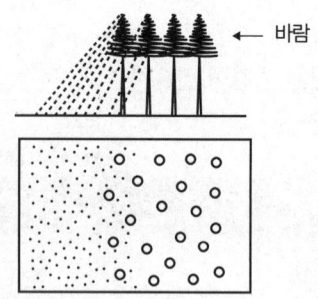

[측방천연하종으로 갱신되는 모습]

### 3) 개벌작업의 변법

① 교호 대상 개벌작업

  ㉠ 벌채 예정지를 띠 모양으로 구획하고 교대로 두 번 개벌하여 갱신을 끝내는 방법이다. 처음의 벌채가 끝나고 그곳의 갱신이 완료되려면 남아 있는 측방임분으로부터 종자가 떨어지거나 인공조림으로 갱신이 되기도 한다.

  ㉡ 1차 벌채와 2차 벌채의 간격은 5~10년이다. 갱신이 끝난 다음의 임분은 동령림이 된다.

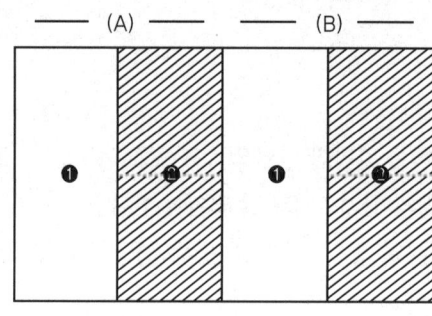

(A), (B)는 벌채 열구, ❶은 1차, ❷는 2차로 개벌되는 부분이다. 약 25m의 너비를 가진 띠가 이어지게 개벌된 것이다.

[교호 대상 개벌작업]

② 연속 대상 개벌작업 : 대상 개벌작업보다 띠의 수를 늘린 것으로 벌채와 동시에 이루어진다.

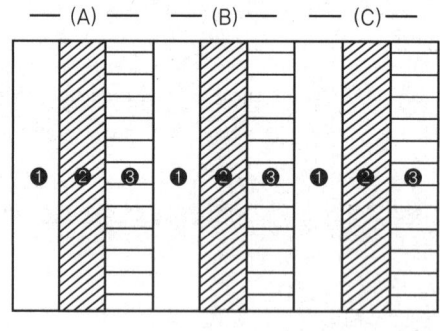

(A), (B), (C)는 벌채 열구, ❶은 1차, ❷는 2차, ❸은 3차로 개벌되는 부분이다.

[연속 대상 개벌작업]

③ 군상 개벌작업 : 임지의 기복이 심한 경우나 지세가 험한 임내에서는 규칙적인 대상개벌을 하기 어려우므로 산림 내에 군상으로 개벌지를 만들어 주위의 모수에서 하종시켜 갱신한다. 수

년 후 다시 주위의 이목을 군상으로 벌채하여 갱신지를 확장해 나가는 방법이다.

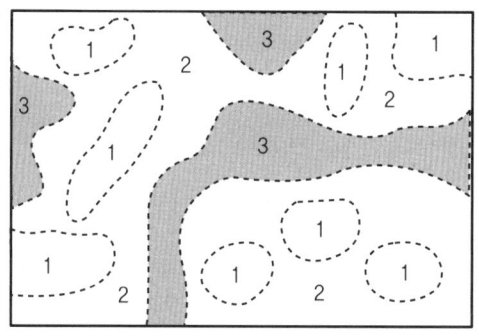

1은 최초의 개벌, 2는 1보다 몇 년 뒤에 개벌, 3은 2보다 몇 년 뒤에 개벌

• 군상지의 크기 : 0.03~0.1ha
• 갱신되는 면적을 4~5년 간격으로 개벌한다.

[군상 개벌작업]

### 4) 개벌작업의 장·단점

① 장점
  ㉠ 현재의 수종을 다른 수종으로 변경하고자 할 때 유용하다.
  ㉡ 성숙임분 및 과숙임분에 대한 가장 좋은 방법이다.
  ㉢ 작업이 간단하고 벌채목을 선정할 필요가 없다.
  ㉣ 비슷한 크기의 목재를 일시에 많이 수확하므로 경제적으로 유리하다.

② 단점
  ㉠ 임지를 황폐화하기 쉽고 지력을 저하시킨다.
  ㉡ 표토유실이 있다.
  ㉢ 잡초, 관목 등의 유해 식생이 번성한다.
  ㉣ 건조가 심하고 한해를 받기 쉽다.
  ㉤ 병충해 발생이 심하다.
  ㉥ 숲이 단조롭고 아름답지 못하다.
  ㉦ 천연갱신의 경우 갱신의 성과가 충분하지 못할 수 있다.

## 5 모수작업

### 1) 모수작업의 의미

① 성숙한 임분을 대상으로 벌채를 실시할 때 형질이 좋고 결실이 잘 되는 모수(어미나무)만을 남기고 그 외의 나무를 일시에 베어 내는 작업이다.
② 남겨질 모수는 산생(한 그루씩 흩어져 있음)시키거나, 군생(몇 그루씩 무더기로 남김)시켜 갱신에 필요한 종자를 공급하게 하고, 갱신이 끝나면 벌채한다.
③ 모수작업에 의해 나타나는 산림은 동령림(일제림)이며, 벌채되는 곳에 나타나는 나무의 나이 차이는 대개 10년 또는 20년이나 처음 벌채 후 상당한 기간 동안 외관상 복층림으로 보인다.

### 2) 작업방법
① 종자공급을 위해 남겨질 모수는 전 임목 본수의 2~3%, ha당 15~20본이다.
② 모수작업은 소나무, 해송과 같은 양수에 적용되며 종자나 열매가 작아 바람에 날려 멀리 전파될 수 있는 수종에 알맞다.

### 3) 모수작업의 장점
① 벌채작업이 한 지역에 집중되어 운반 및 비용이 절약되고 작업이 간편하다.
② 양수의 갱신에 적당하다.
③ 남겨질 모수의 종류를 조절하여 수종의 구성을 변화시킬 수 있다.
④ 갱신이 완료될 때까지 모수를 남겨두므로 실패를 줄일 수 있다.

### 4) 모수작업의 단점
① 임지가 노출되어 환경이 급변하기 때문에 갱신에 무리가 생길 수 있다.
② 잡초나 관목 등이 무성하고 표토의 보호가 완전하지 못하다.
③ 산벌이나 택벌작업보다 미관이 좋지 않다.
④ 종자가 가벼워 잘 날아갈 수 있는 수종에 적합하다.

### 5) 모수작업의 특성 및 취급방법
① 수확벌채 시 ha당 20본 내외의 모수를 남겨 놓고 천연하종갱신을 실행하는 아주 간단한 방법이며 특수한 작업송으로 취급한다.
② 잔존 모수가 개별작업지와 같고 나지상태 조건에서 생장이 빠른 양수의 천연하종갱신에만 적용이 가능하다.
③ 잔존할 모수 본수는 종자 결실량 및 비산거리, 결실횟수, 입지상태를 고려하되 ha당 15~20본 내외로 한다.
④ 벌채 후 5년 이내에 치수가 발생하지 않으면 인공식재로 조성하는 것이 합리적이다.

> **Check**
>
> **보잔목법의 이해**
> 1. 개념
>    생산기간 종료와 함께 천연하종갱신과 고급대경재 생산의 두 가지를 목적으로 노령목 중에서 가장 우수한 임목을 보잔목으로 잔존시키는 것(개벌지에서 모수는 종자낙하와 동시에 수확벌채를 할 수는 없고 대경재 생산을 위해 그대로 존치한다는 개념에서 접근)
> 2. 특성
>    - 풍치 무육적 의미에서 보잔목은 오랫동안 외관적인 문제가 있다.
>    - 갱신벌채 전에 발생된 신생 치수가 있는 임지에서 수고가 높은 보잔목은 천연하종의 효과가 없다.
>    - 고급 대경재(보잔목)가 적은 본수 때문에 등한시되고 침해될 수 있다.
>    - 지위가 낮은 빈약한 임지의 소나무의 경우 하층의 갱신치수는 생장이 느려 성과가 없다.

### 3. 취급방법
- 수확벌채 약 20년 전에 수고 길이의 간격을 갖는 우수한 나무가 ha당 50본 내외가 선발되도록 한 다음 선발된 보잔목에 지장을 주는 나무는 미리 제거한다.
- 수확벌채 시 보잔목의 가치손실과 후계림의 벌채피해 등이 예방되도록 대비한다.
- 참나무의 보잔목은 가지에 혹이 발생하거나 초두부가 고사되는 경우가 많으므로 소군상의 그룹으로 배치하여 점차적으로 수관을 소개시켜 주는 방법을 고려한다.

## 6 산벌작업

### 1) 산벌작업의 의미
① 산벌작업은 10~20년 정도의 비교적 짧은 갱신기간 중에 몇 차례의 갱신벌채로서 모든 나무를 벌채 및 이용하는 동시에 새 임분을 출현시키는 방법으로 윤벌기가 완료되기 이전에 갱신이 완료되는 작업이다.
② 산벌작업은 천연하종갱신이 가장 안전한 작업종으로, 갱신된 숲은 동령림으로 취급된다.

### 2) 작업방법
산벌작업에는 갱신준비를 위한 예비벌, 치수의 발생을 완성하는 하종벌, 치수의 발육을 촉진하는 후벌, 후벌의 마지막인 종벌 등이 있다. 산벌은 순차적으로 벌채가 진행되므로 순차벌이라고도 하며 하종벌부터 종벌까지의 기간을 갱신기간이라 한다.

① 예비벌 : 병충해목, 피압목, 수형 불량목, 상해목, 폭목 등 모수로서 부적합한 것을 선정하여 벌채한다.
② 하종벌
   ㉠ 예비벌 실시 3~5년 후 종자가 충분히 결실한 해에 벌채하여 지면에 종자를 다량 낙하시켜 일제히 발아시키기 위한 벌채작업이다. 솎아베기가 잘 된 곳은 바로 하종벌을 실시할 수 있다.
   ㉡ 수종에 따른 종자의 비산거리, 치수의 햇빛요구도 등과 임지의 입지조건을 고려하여 치수가 건전하게 생장하는 데 필요한 햇빛을 충분히 제공할 수 있도록 양수는 강하게 음수는 약하게 벌채한다.
③ 후벌 : 치수를 보호하기 위해 하종벌 때 남겨둔 모수를 치수의 생육 촉진을 위해 벌채하는 것이다.
④ 하종벌과 후벌의 차이
   ㉠ 하종벌 : 갱신치수가 없는 하종상에 모수로부터 종자를 공급하는 데 필요한 벌채로서 이때 벌채는 종자결실과 벌채목의 형질, 하종상의 상태 등이 고려되어야 한다.
   ㉡ 후벌 : 갱신치수의 보호, 발육촉진 등이 고려되어야 하므로 벌채 시 잔족목보다는 치수 생육관계에 치중되어야 하며, 하종벌의 종자결실이나 벌채목의 형질과는 거의 무관하다.

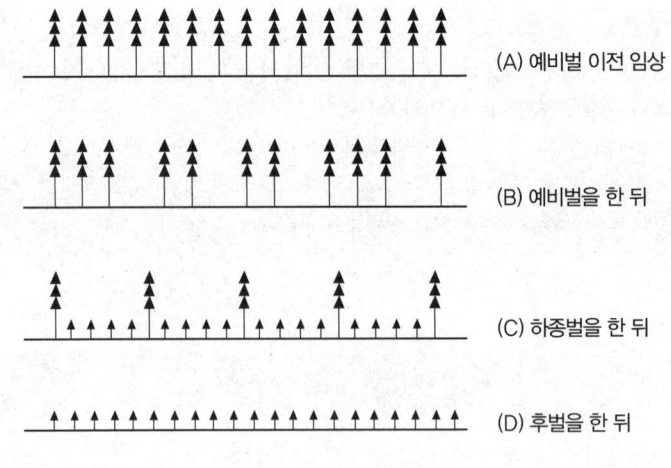

[산벌 작업의 순서]

### 3) 산벌작업의 장점
① 벌채방법이 개벌작업보다 복잡하지만 택벌작업보다 간단하다.
② 수령이 거의 비슷한 동령림이므로 굵기가 고르다.
③ 가지가 굵지 않고 마디가 작으며 줄기가 곧게 자란다.
④ 양수와 음수의 혼효를 조절할 수 있으며 갱신이 안전하다.
⑤ 임지의 생산력을 보호하고 아름답게 유지할 수 있다.
⑥ 성숙한 임목의 보호하에서 동령림이 갱신될 수 있는 유일한 방법이다.

### 4) 산벌작업의 단점
① 성목의 벌채가 분산되어 작업이 불편하고 비용이 많이 든다.
② 천연갱신으로만 진행될 때 오랜 시간에 걸쳐 갱신이 이루어진다.
③ 벌채면의 배치를 잘못하면 산목이 벌채될 때 어린 나무가 상하게 된다.
④ 후벌에서 벌채될 나무들은 바람의 피해를 받을 염려가 있다.

### 5) 산벌작업의 종류
① 대상산벌작업 : 산벌작업도 개벌작업과 마찬가지로 대상(띠)과 군상(그룹)으로 구역을 설정해서 벌채할 수 있다. 대상산벌작업의 경우 띠의 너비는 일정하지 않지만 보통 20~50m(상층목 평균수고의 1~3배)로 하는 것이 일반적이다. 띠의 너비를 좁게 잡으면 모두 벌채하는 데 걸리는 횟수는 늘어나지만 음수의 발생에 유리하게 된다.

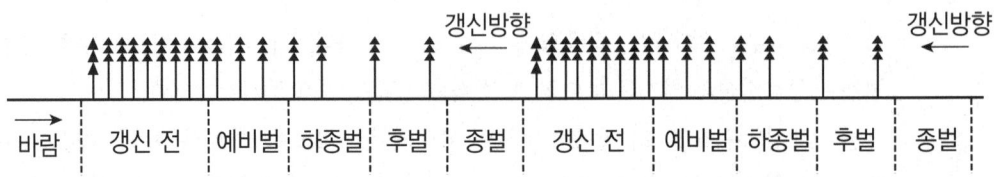

② 군상산벌작업 : 솎아베기나 어떤 피해를 받아 상층에 숲 틈이 열려 어린 나무가 다수 발생하면 그 지점을 중심으로 상층목을 벌채함으로써 어린 나무의 발육을 돕고 점차 외부로 산벌에 의한 갱신을 확대시켜 나가는 방법이다. 갱신이 인위적으로 진행되어 양수보다는 음수에 더 알맞지만 갱신면의 확대가 불규칙해서 작업의 실행과 관리가 어려운 단점이 있다.

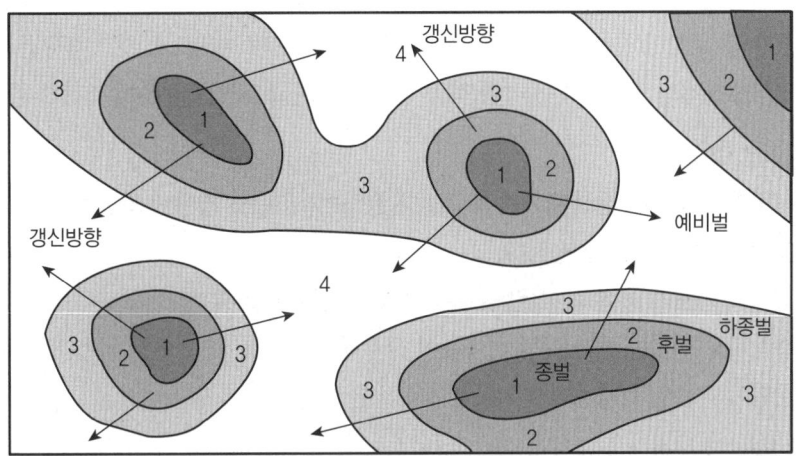

## 7 택벌작업

### 1) 택벌작업의 의미
① 벌기, 벌채량, 벌채방법 및 벌채구역의 제한이 없고 성숙한 일부 임목만을 국소적으로 골라 벌채하는 방법이다.
② 임목축적에 급격한 변화를 주지 않는 갱신방법으로 보안림, 풍치림, 국립공원 등 자연림에 가까운 숲에 적용된다.

### 2) 작업방법
① 택벌림의 전 구역을 몇 개의 벌채구로 구분하고 한 구역을 택벌하고 다시 처음 구역으로 되돌아 오는 순환택벌을 한다.
② 순환택벌 시 처음 구역으로 되돌아오는 데 소요되는 기간을 회귀년이라 한다. 회귀년이 길면 한 번에 벌채되는 재적은 증가하고 짧은 경우에는 감소한다. 회귀년의 길이는 보통 20~30년이다. (집약적 경영인 경우 10~15년)

〈단목택벌림〉
- 대경목이 많다.
- 대경목이 상층임관을 만들고 그 아래에 중경목, 소경목 등이 있어 전체적으로 수직적 울폐를 이룬다.
- 이상적인 전령림형이다.

〈군상택벌림〉
- 대경목이 적다.
- 대경목이 멀리 떨어져 있고 중경목, 소경목은 무더기로 모여있어 전체적으로 계단형을 이룬다.
- 군상구조의 균형적인 이령림형이다.

### 3) 택벌작업의 장점
① 임지가 항상 나무로 덮여 있어 지력유지와 국토보전적 가치가 크다.
② 상층목이 햇빛을 충분히 받아서 결실이 잘 된다.
③ 모수가 많아 치수의 보호효과가 크며, 특히 음수수종의 무거운 종자수종에 유리하다.
④ 면적이 좁은 산림에서 보속적 수확을 올리는 작업을 할 수 있다.
⑤ 공간 및 토양이 입체적으로 이용되어 생산력이 높으며 미적으로 가장 훌륭한 임형을 나타낸다.
⑥ 산림생태계의 안정을 유지하여 각종 위해를 줄여 주고 임목생육에 적절한 환경을 제공한다.

### 4) 택벌작업의 단점
① 개벌작업에 비해 갱신에 기술적 숙련을 요하며, 소규모 경영에 적합하다.
② 양수수종에 적용이 곤란하다.
③ 임목의 벌채가 어렵고, 어린 나무에 손상을 입히기 쉽다.
④ 벌채비용이 많이 든다. 즉, 성숙목이 산재해 있고 넓은 면적에서 적은 벌채를 하고, 또한 벌채 운반이 잔존임목 때문에 불편하다.
⑤ 재질은 동령림에서 생산된 것만 못하다.
⑥ 양수에 적용이 곤란하고 비옥한 토지가 아니면 성적이 불량하다.

## 8 왜림작업

### 1) 왜림작업의 의미
활엽수림에서 연료재 생산을 목적으로 비교적 짧은 벌기령으로 개벌하고 근주(움)로부터 나오는 맹아로 갱신하는 방법이다.

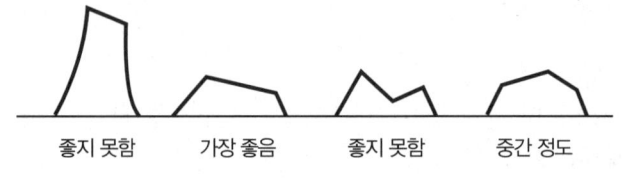

좋지 못함    가장 좋음    좋지 못함    중간 정도

[맹아를 위한 줄기베기]

### 2) 왜림작업의 장점
① 연료재나 소형재를 생산하고자 할 때 알맞은 방법으로 작업이 간편하고 갱신에 확실성이 있다.
② 벌기가 짧고 단위면적당 물질생산량이 많다.
③ 환경에 대한 저항력이 크다.

### 3) 왜림작업의 단점
① 벌기를 길게 한 용재생산의 목적이 아니다.
② 지력을 많이 소비하여 비효율적이다.

③ 발생 직후의 맹아는 연약하여 병충해의 침입을 받기 쉽다.

### 4) 왜림작업의 대상지
① 참나무류 임지로서 움싹을 이용하여 후계림을 조성할 수 있는 임지
② 톱밥, 펄프, 숯 등 소경재 생산을 목적으로 하는 산림

### 5) 왜림작업의 방법
① 벌채점인 그루터기의 높이는 가능한 낮게 하여 움싹이 지하부 또는 지표 근처에서 발생하도록 유도한다.
② 벌채면은 평활하고 약간 기울게 하여 물이 고이지 않도록 한다.
③ 벌근 주위는 움싹이 잘 발생할 수 있도록 정리한다.
④ 벌채는 생장휴지기인 11월 이후부터 이듬해 2월 이전까지 실시한다.
⑤ 대상지역의 면적이 5ha 이상일 경우 하나의 벌채구역은 5ha 이내로 하고, 각 벌채구역 사이에는 폭 20m 이상의 수림대를 남겨 준다.
⑥ 맹아갱신지의 보육까지 완료하여야 한다.

### 6) 맹아의 종류

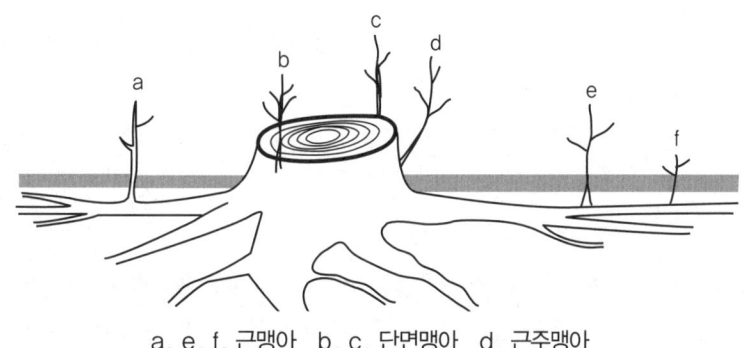

a, e, f. 근맹아  b, c. 단면맹아  d. 근주맹아
[맹아의 종류]

## 9 중림작업

### 1) 중림작업의 의미
① 한 구역 안에서 용재생산을 목적으로 하는 교림작업과 연료재 생산을 목적으로 하는 왜림작업을 동시에 실시하는 것이다.
② 임형은 상·하목의 두 층으로 이루어지며 일반적으로 상목은 실생묘로 육성하는 침엽수종, 하목은 맹아로 갱신하는 활엽수종으로 한다.
  ㉠ 상목 : 용재림 생산을 목적으로 하는 교림으로 택벌식으로 벌채된다.
  ㉡ 하목 : 연료재 생산을 목적으로 하는 왜림으로 윤벌기로 개벌된다.

### 2) 수종 선정

하목은 비교적 응달에 견디는 참나무류, 서어나무류, 단풍나무류 등으로 하고 상목은 양성의 나무로서 줄기에 부정아가 발생되지 않는 느티나무류, 소나무류, 전나무류, 낙엽송 등을 선택한다.

### 3) 중림작업의 장점

① 상목은 산재해 있으나 하목은 벌채된 뒤 쉽게 울폐하여 임지를 보호한다.
② 지력을 보호하는 힘이 왜림작업에 비해 크다.
③ 임업자본이 적어도 경영할 수 있는 농가경영림에 적당하다.
④ 용재와 땔감을 한 임지에서 생산할 수 있다.

### 4) 중림작업의 단점

① 경영에 기술과 숙련을 필요로 한다.
② 작업방법이 복잡하여 상목을 벌채할 때 다른 나무가 피해를 받는다.
③ 상목의 형질은 가지, 마디, 줄기의 모양 등에서 좋지 못한 경우가 생긴다.
④ 하목은 상목의 피압으로 맹아발생과 성장이 억제된다.

## 10 조림

### 1) 우리나라의 경제수종

| 구 분 | | 수 종 |
|---|---|---|
| 장기수 | 침엽수(10종) | 강송, 잣나무, 전나무, 낙엽송, 삼나무, 편백, 해송, 리기테다소나무, 스트로브잣나무, 버지니아소나무 |
| | 활엽수(5종) | 참나무류, 자작나무류, 물푸레나무, 느티나무, 루브라 참나무 |
| 속성수(5종) | | 이태리포플러(1호, 2호), 현사시나무(3호, 4호), 양황철나무, 수원포플러, 오동나무 |
| 유실수(2종) | | 밤나무, 호두나무 |

## 11 복층림의 조성

### 1) 복층림의 의미

일반적으로 2층 이상의 목본 임관층을 갖는 산림을 발달 정도에 따라 2단림, 3단림, 다단림, 연속층림(택벌림) 등으로 구분한다.

### 2) 복층림의 장점

① 단위면적당 생산량과 임목축적이 증대한다.
② 대경재 및 연륜폭이 균등하고 치밀한 고가치재 생산이 가능하다.
③ 벌기연장 및 경영의 안정을 기할 수 있다.

④ 조림작업의 생력화 및 노동력의 탄력적 배분이 가능하다.
⑤ 상층목의 보호효과 및 임지의 표토유실 방지, 보수기능의 증대로 재해에 대한 저항성이 증대된다.
⑥ 낙엽 등에 의한 원활한 물질순환과 표층토양의 유실방지로 지력을 유지할 수 있다.
⑦ 수원함양 및 풍치유지가 가능하다.

### 3) 복층림의 단점
① 지속적인 임지 내의 환경개선이라는 보육행위와 연관되므로 기술적인 수확행위를 반복하여 실시해야 한다.
② 비개벌시업으로 벌채 시 많은 설비비와 반출경비가 소요된다.
③ 수확벌채와 임외반출 시 하층목이 손상받을 우려가 있다.
④ 상층목 벌도 시 손상이 예상되는 하층목을 사전에 수확해야 하기 때문에 벌도에 의한 손상을 예방할 필요가 있다.
⑤ 단층림보다 기울어지거나 넘어가기 쉬워 무육에 많은 노력과 경비가 드는 경우가 있다.

### 4) 단목택벌에 의한 조성
① 대상지
   ㉠ 입지조건이 양호하고 집약적인 산림관리가 가능한 5영급 이상인 임지로 우량대경재 생산이 가능한 임지
   ㉡ ha당 침엽수림은 300본, 활엽수림은 200본 가량의 우량대경재를 최종 생산할 수 있는 임지
   ㉢ 공익기능 유지 및 입지 조건상 모두베기가 부적당한 임지
② 작업방법
   ㉠ 최종 수확본수가 ha당 200~300본 내외가 되도록 조절한다.
   ㉡ 상층목에서 2m 떨어진 공간에 1.8m 간격으로 수하식재한다.
   ㉢ 천연하종갱신이 가능한 임지는 갱신상을 조성하거나 움싹갱신, 수하식재와 병행할 수 있다.

### 5) 대상벌채에 의한 조성
① 대상지
   ㉠ 산림 병해충 피해지, 입목형질이 불량한 임지 중 임분전환 또는 수종갱신이 필요한 임지
   ㉡ 3영급 이상의 조림지, 형질이 불량한 활엽수림, 15년생 내외의 현사시나무 조림지
   ㉢ 인공림의 일반소경재와 천연재의 특용·소경재 생산임지
   ㉣ 공익기능 유지 및 입지 조건상 모두베기가 부적당한 임지
② 작업방법
   ㉠ 식재열을 기준으로하여 2~3열을 교호대상으로 벌채한다.
   ㉡ 잔존대로부터 2m 떨어진 벌채대 내에 1.8×1.8 간격으로 식재한다.
   ㉢ 식재목이 하층식생의 영향을 받지 않고 생장할 수 있는 시기에 잔존대 벌채한다.

㉣ 천연갱신이 가능한 임지는 갱신상 조성하거나 움싹갱신, 식재조림을 병행할 수 있다.

## 12 임연부의 조성·관리

### 1) 대상지
산림과 산림이 아닌 지역의 경계지점으로부터 산림지역 방향으로 30m 내외까지의 거리이며, 생태적 격리라고 판단되지 않는 5미터 미만의 임도 또는 시설물 등은 임연부에서 제외한다.

### 2) 작업방법
① 다양한 수종의 조성과 발생촉진을 통해 생태계의 종다양성과 시각적 다양성을 제고하고 보존해야할 생물의 서식지역은 서식환경을 보전 또는 개선한다.
② 가급적 산림이 아닌 지역으로부터 초본, 관목, 아교목, 교목순으로 계단형이 되도록 조성·관리한다.
③ 밀생임분은 약도의 솎아베기를 5년 내외의 간격으로 수회 실시하여 활력도 및 생태계 종 다양성과 시각적 다양성을 제고한다.
④ 임연부 내에서 발생하는 산물을 전량수집하여 활용하거나 산불, 산사태, 산림 병해충 등 산림재해의 우려가 없다고 판단될 경우 지면에 닿도록 잘라 부식을 촉진시킨다.
⑤ 임내 투시하여 감상할 수 있는 지역, 경관적으로 중요한 지역을 제외하고는 풍해 등 피해 예방을 위해 가지치기를 하지 않고 교목 수림대의 경우 입목밀도를 조절하여 풍해를 예방한다.

## 13 내화수림대의 조성·관리

### 1) 대상지
① 대형산불 피해지의 복구지역
② 대형산불의 피해가 있었거나 발생의 위험이 있는 침엽수림의 벌채 후 조림 또는 갱신지역
③ 대형산불의 피해가 있었거나 발생의 위험이 있는 침엽수림의 숲가꾸기 지역

### 2) 작업방법
① 내화수림대의 폭은 30m 내외로 한다.
② 조림작업을 할 경우에는 마을, 도로, 농경지의 인접산림에 참나무류 등 활엽수종을 중심으로 내화수림대를 조성한다.
③ 숲가꾸기 작업을 할 경우에는 마을, 도로, 농경지의 인접 산림에 솎아베기를 통해 침엽수, 활엽수 혼효림의 내화수림대로 전환한다.

# 제8장 산림무육(숲가꾸기)

## 1 산림무육(숲가꾸기) 일반

### 1) 숲가꾸기의 정의
① 임목의 재적생산 및 재질 향상을 목적으로 하는 임목무육과 이를 뒷받침하기 위한 지력유지 및 증진을 목적으로 하는 임지무육으로 나누어 생각할 수 있다.
  ㉠ 유령림의 무육 : 풀베기, 덩굴치기, 제벌(잡목 솎아내기)
  ㉡ 성숙림의 무육 : 가지치기, 솎아베기(간벌)
  ㉢ 임지의 무육 : 지피물 보존, 임지시비, 하목식재, 수평구 설치 등

### 2) 산림무육의 기능
① 위해방지기능 : 기후적, 생물적, 환경적인 모든 피해 가능성에 대한 예방적 수단으로서, 위해를 방지하는 것은 무육경비를 절감시킨다.
② 선목기능 : 산림의 인위적 도태인 육림적인 선목은 자연도태를 보충해 주고 산림수확과 임목 형질 구성에 큰 영향을 준다. 소극적(간접적) 도태와 적극적(직접적) 도태로 구분하여 단계적으로 실시한다.
③ 보육기능 : 선목 기능과 연계된 실질적 무육기능이다. 선목 작업 후 우량목을 보호하고 불량목을 제거하며 혼효조절, 임층구조 등 효과적인 환경을 조성해 주는 수단이다.

## 2 기능별 산림무육

1) **목재생산림 가꾸기** : 생태적 안정을 기반으로 국민경제 활동에 필요한 양질의 목재를 지속적·효율적으로 생산·공급하기 위한 산림이 목표이다.

2) **수원함양림 가꾸기** : 수자원 함양기능과 수질정화기능이 고도로 증진되는 산림으로, 다층혼효림이 목표이다.

3) **산지재해방지림 가꾸기** : 산사태, 토사유출에 강한 다층혼효림과 대형산불을 방지하기 위해 내화수림대가 포함된 혼효림, 그리고 병해충에 강하고 생태적으로 건강한 다층혼효림을 목표로 한다.

4) **자연환경보전림 가꾸기** : 보호할 가치가 있는 산림자원이 보전될 수 있는 산림으로 다층혼효림 또는 지정, 결정, 관리의 목적을 달성할 수 있는 산림이 목표이다.

5) **산림휴양림 가꾸기** : 다양한 휴양기능을 발휘할 수 있는 특색 있는 산림과 종 다양성이 풍부하고 경관이 다양한 산림으로, 지역적 특성에 적합한 다층림 또는 다층혼효림을 목표로 한다.
6) **생활환경보전림 가꾸기** : 도시와 생활권 주변의 경관 유지 등 쾌적한 환경을 제공하는 산림으로 생태적·경관적으로 다양한 다층혼효림과 방풍과 방음의 기능을 최대한 발휘할 수 있는 다층림, 계단식 다층림, 생태적으로 건강한 목재생산림을 목표로 한다.

## 3 풀베기

1) **물리적 풀베기** : 잡초목을 매년 1~2회 잘라 주는 작업을 말한다.
2) **풀베기의 시기** : 일반적으로 6월에 실시하고 연 2회 실시할 경우 6월과 8월이 바람직하고 9월 이후에는 하지 않는다.
3) **풀베기 대상지** : 어린 나무를 식재한 곳, 식재목의 크기가 작은 곳, 주위의 식생에 의하여 피압되기 쉬운 곳을 대상으로 한다.
4) **풀베기의 형식**
   ① 모두베기 : 조림지 전면의 잡초목을 베어 내는 방법이다. 임지가 비옥하거나 식재목이 광선을 많이 요구하는 소나무, 낙엽송, 강송, 삼나무, 편백 등의 주림 또는 갱신지에 적용한다. 모두베기는 줄베기와 둘레베기에 비해 토양침식 등 식재목과 토양에 가장 나쁜 영향을 주기도 한다.
   ② 줄베기 : 일반적으로 가장 많이 사용하며 조림목의 식재열을 따라 약 90~100cm 폭으로 잘라내므로 모두베기에 비하여 경비와 노력이 절약된다.
   ③ 둘레베기 : 조림목 주변을 반경 50cm 내외의 정방형 또는 원형으로 잘라내는 방법으로, 강한 음수이거나 군상식재지 등 바람과 한해에 대하여 조림목의 특별한 보호가 필요한 경우에 적용하는 방법이다.

   ● **모두베기** : 임지가 비옥하거나 식재목이 광선을 많이 요구할 때 사용

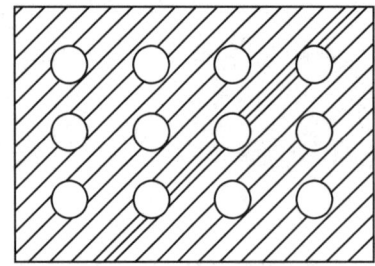

- **줄베기** : 어릴 때 그다지 많은 광선을 요구하지 않는 수종에 적합

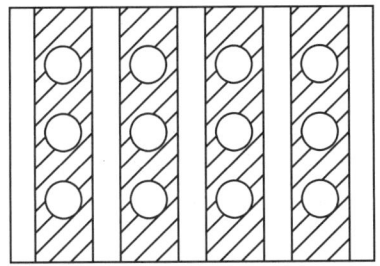

- **둘레베기** : 나무 주위의 둘레만 풀베기하는 방법으로 음수 수종에 적합

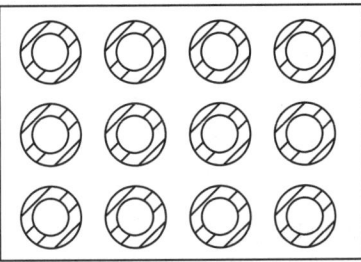

## 4 화학적 제초(제초제)

### 1) 헥사지논입제(솔솔입제)
① 대상지 : 침엽수 중 소나무, 해송, 리기다소나무, 리기테다소나무, 전나무 조림지와 식재 2년 차 이상 조림지에 실시하며, 낙엽송, 잣나무, 편백, 화백에는 약해가 있으므로 주의한다.
② 작업시기 : 조림시기인 3월 하순~4월 중순경 토양수분이 많을 때 실시한다.

### 2) 글라신액제
① 대상지 : 비선택성 경엽살포제이므로 헥사지논입제에 대하여 내약성을 갖지 않는 수종의 조림지에 적용한다. 약제 살포 시 약액이 조림목에 닿지 않도록 보호조치하면 모든 수종의 조림지에 적용할 수 있다.
② 작업시기 : 잡관목이 번무한 시기인 7~8월에 실시한다.
③ 작업방법 : 희석농도를 100배로 하여 ha당 6~8리터로 살포하되 흙탕물이나 너무 차가운 물을 사용하면 약효가 떨어지므로 상온의 깨끗한 물을 사용한다.

### 3) 기타 제초제
① 염소산염제 : 조릿대나 새 등을 제거하는 데 효과가 있는 비호르몬형, 비선택성의 제초제이다. 토양 표면이나 경엽(줄기와 잎)에 처리하며, 발화의 위험이 있다.
② 엠시피피액제 : 목본식물이나 칡, 광엽잡초를 제거하는 데 효과가 있는 호르몬형 제초제이다. 경엽에 처리한다.

③ 피클로람 : 칡 등의 덩굴성 식물을 제거하는 데 효과가 있는 호르몬형 제초제이다. 주두에 처리하며, 흡수이행성이 크다.
④ 시마진 : 광엽잡초를 제거하는 데 효과가 있는 선택성의 흡수이행성 제초제이다.
　㉠ 물에는 거의 용해되지 않고 보통 50%를 물에 타서 유탁액으로 사용한다.
　㉡ 지상부 초체에는 거의 흡수되지 않고 뿌리에 흡수되어 해를 나타낸다.
　㉢ 토양 중의 효력 지속기간이 길어 2개월 이상에 이른다.
　㉣ 땅속에서의 이동성이 약하여 토양처리를 하면 표층토양부터 발아하는 1~2년생초에 대한 살초력이 나타나며, 깊게 파종된 종자나 뿌리가 깊게 들어간 묘목에는 해가 없다.
⑤ 메틸브로마이드
　㉠ 냄새가 없는 액체로서 휘발성이 강하고 사람에게 대단히 유독하다.
　㉡ 토양처리 시 대부분의 잡초, 종자, 선충, 해충이 죽게 된다.
　㉢ 처리 후 10~14일간 통풍시켜 약 성분을 날려보낸 뒤에 작업을 하도록 한다.
⑥ 근사미
　㉠ 비호르몬형 이행성 제초제로서 일반명은 글라이포세이트이다.
　㉡ 식물체의 경엽에 처리된 약제가 서서히 뿌리로 옮겨 가서 살초효과를 낸다.
　㉢ 선택성이 없으며, 1년생 잡초는 4~10일, 다년생 잡초는 15~30일 사이 차차 황화현상을 나타내며 고사한다.
　㉣ 뿌린 후 6시간 이내에 비가 오면 약효가 떨어지고, 2시간 이내이면 다시 뿌려야 한다.
　㉤ 토양에 살포한 즉시 불활성화 되기 때문에 잡초가 발생하기 전의 토양처리나 효과 후에 발생하는 잡초의 억제효과는 기대할 수 없다.

## 5 덩굴제거

### 1) 덩굴제거의 적기
생장기인 5~9월 중 덩굴식물이 뿌리 속의 저장양분을 모두 소모한 7월경이 적당하다.

### 2) 물리적 덩굴제거
① 작업횟수는 대상지 덩굴의 종류와 양을 고려하여 2~3회 실시하며 인력으로 덩굴의 줄기를 제거하거나 뿌리를 굴취한다.
② 우리나라에서 수목에 가장 큰 피해를 주는 칡은 어릴 때 캐내는 것이 가장 효과적이지만 쉽지 않으므로 칡 채취기를 활용하여 뿌리를 채취한다.

### 3) 화학적 덩굴제거
① 작업 시 주의사항
　㉠ 약제가 빗물이나 관개수 등에 의해 흘러 조림목이나 다른 작물에 피해를 줄 수 있으므로 약

액을 땅에 흘리지 않도록 주의한다.
　ⓒ 약제 처리 후 24시간 이내에 강우가 예상될 경우 약제처리를 중지한다.
　ⓒ 디캄바액제는 30° 이상의 고온 시 증발에 의해 주변 식물에 약해를 일으킬 수도 있으므로 작업을 중지한다.
　② 사용한 처리도구는 잘 세척하여 보관하고 빈병은 반드시 회수하여 지정된 장소에서 처리한다.
　ⓜ 약액처리방법
　　• 할도법 : 칡의 생장이 왕성한 여름철에 덩굴줄기는 남겨둔 채로 근관부(뿌리의 윗부분)에 I자 또는 X자로 깊이 4~5cm의 상처를 내어 그 안에 약액을 붓고 그 위에 흙이나 낙엽을 덮는다.
　　• 얹어두는 법 : 상처를 내지 않고 근 주위의 단면에 약을 발라 주는 것으로, 일은 간단하나 효과는 할도법에 비하여 떨어진다. 칡의 발생량이 많을 때 사용하는 방법이다.
　　• 살포법 : 약제를 잎과 줄기에 살포하는 방법으로, 잎에 물기가 있을 때 처리해야 효과적이며 살포 후에 비가 오면 좋지 않다.
　　• 흡수법 : 칡의 몸안에 약제를 흡수시키는 것으로 근주의 수가 적을 때 이용한다. 염소산나트륨이 주로 사용된다.
② 디캄바액제(반벨) 처리 : 칡, 아까시나무, 콩 등과 콩과식물을 비롯한 광엽잡초에 적용한다.
③ 글라신액제 처리 : 일반적인 덩굴류에 적용할 수 있다.

## 6 어린나무가꾸기(제벌)

조림목이 임관을 형성한 후부터 솎아베기할 시기에 이르는 동안 주로 침입종을 제거하고 아울러 조림목 중에서 자람과 형질이 매우 나쁜 것을 베어주는 것을 말한다.

### 1) 작업목적
① 목표 수종을 원하지 않는 수종으로부터 보호하고 임목 상호간의 적정 생육환경을 조기에 확립한다.
② 경영목표상 임분구성목으로 부적당한 개체를 선별 및 제거하여 목표임분의 기초를 확립한다.
③ 각 임목들이 목표임분으로 입지를 빨리 지배할 수 있도록 양호한 조건을 제공한다.

### 2) 작업 대상지 및 시기
① 조림 후 5~10년이 되고 풀베기 작업이 끝난지 3~5년이 지나 조림목의 수관경쟁과 생육저해가 시작되는 곳으로, 조림지 구역 내 군상으로 발생한 우량 천연림도 보육대상지에 포함된다.
② 작업은 6~9월 사이에 실시하는 것이 원칙이나 늦어도 11월말까지는 완료한다.

### 3) 작업방법

제거대상목은 보육대상목의 생장에 지장을 주는 유해 수종, 덩굴류, 피해목, 생장·형질이 불량한 나무, 폭목을 대상으로 작업한다.

① 유해수종의 제거
② 임관 상층에 돌출된 초우세목의 관리
③ 급경사 임연부 보호 및 임연목 관리
④ 유해목 제거 및 밀생지 공간조절
⑤ 수종혼효 조절 및 수형교정

### 4) 각 수종별 제벌 시기

① 소나무, 낙엽송 : 7~8년
② 삼나무 : 10년
③ 가문비나무, 전나무 : 10~13년

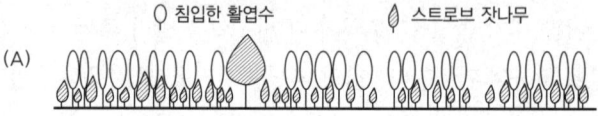

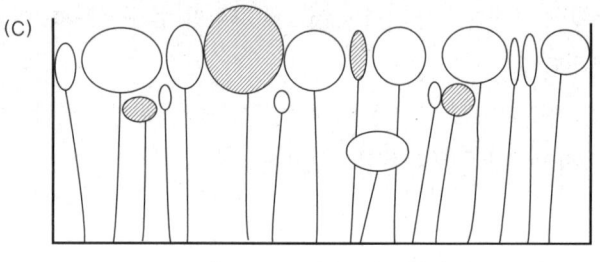

(A) 하위의 잣나무와 상위의 침입 수종
(B) 약제처리 후 침입수종과 폭목이 제벌된 것
(C) 무처리로서 40년이 경과한 뒤의 임분구조의 변화

[스트로브 잣나무의 임분에 대한 제벌]

## 7 가지치기

우량한 목재를 생산할 목적으로 가지의 일부분을 계획적으로 끊어 주는 것을 말한다.

### 1) 가지치기의 장점

① 마디 없는 간재를 얻을 수 있다.
② 신장생장을 촉진시킨다.
③ 나이테 폭의 넓이를 조절하여 수간의 완만도를 높인다.
④ 밑에 있는 나무에 수광량을 증가하여 성장을 촉진시킨다.
⑤ 임목 상호 간의 부분적 경쟁을 완화시킨다.
⑥ 산림화재의 위험성이 줄어든다.

### 2) 가지치기의 단점

① 노력과 비용이 소요된다.

② 가지를 지나치게 잘라 임목의 생산을 감퇴시킬 우려가 있다.
③ 부정아가 줄기에 나타나 해를 주는 경우가 있다.

### 3) 작업적기
① 비대생장이 시작되는 5월 이전에 하는 것이 좋다.
② 11월 이후부터 이듬해 3월까지가 가지치기의 적기이다.

### 4) 적용대상 수종
① 침엽수
  ㉠ 소나무, 잣나무, 낙엽송, 전나무, 해송, 삼나무, 편백 등 침엽수는 일반적으로 상처유합(병이 잘 낫고, 합해지는 것)이 잘 된다.
  ㉡ 가문비나무류는 상처가 썩을 위험이 있으므로 죽은 가지와 쇠약한 가지만을 잘라 준다.
② 활엽수
  ㉠ 일반적으로 상처의 유합이 잘 되지 않고 썩기 쉬워 직경 5cm 이상의 가지는 원칙적으로 자르지 않는다.
  ㉡ 참나무류(신갈나무 제외), 포플러나무류는 으뜸가지 이하의 가지만을 잘라 준다.
  ㉢ 단풍나무, 느릅나무, 벚나무, 물푸레나무 등은 상처유합이 잘 안되고 썩기 쉬우므로, 죽은 가지만 잘라주고, 밀식으로 자연낙지유도한다.

### 5) 작업방법
① 최종수확대상목(미래목)이 선정되기 전까지는 형질이 좋은 나무에 대해서, 선정되고 난 후에는 최종수확대상목(미래목)에 대해서만 가지치기를 한다.
② 어린나무가꾸기 작업대상목에 대한 가지치기와 수형교정은 가급적 전정가위로 실행하고 수고의 50%~60% 높이까지 가지를 제거한다.

### 6) 절단방법
① 절단면이 평활하게 가지치기톱을 사용하여 자르며 침엽수는 절단면이 줄기와 평행하도록 한다.
② 느티나무, 가시나무 등과 같은 활엽수는 굵은 가지를 절단함으로써 줄기에 상처가 날 위험이 있는 경우에는 가지 기부에 3~4cm 또는 10~12cm의 잔지를 남겨 생가지 부위를 절단하는 것이 바람직하다.

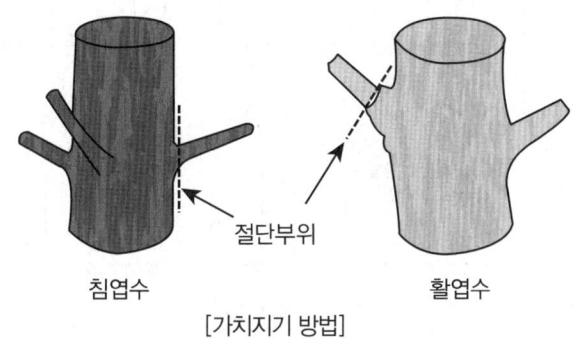

[가지치기 방법]

# 8 솎아베기(간벌)

## 1) 솎아베기의 정의
소경목단계에서 중경목단계까지의 임분을 목적에 맞게 만들어 주기 위한 모든 벌채적 조정행위이다.

## 2) 솎아베기의 필요성
① 수령과 생장이 증가됨에 따라 확장되는 일정한 생육공간에 대한 생육공간을 조절(밀도조절)한다.
② 임분구성에 부적당한 나무나 해로운 나무를 제거하여 임분의 가치를 증진시킨다.
③ 형질이 우수하고 생장이 왕성한 임분 구성목이 되도록 임분생장의 집중을 유도한다.
④ 혼효를 조절하여 임분목표의 안정화를 도모한다.
⑤ 임분의 수직적 구조개선으로 임분 안정화를 도모(하층식생 발생촉진, 하층림 유지)한다.
⑥ 임연부(숲 가장자리선, 숲 테두리선)를 보호하고 관리한다.
⑦ 천연갱신 및 보잔목을 준비한다.
⑧ 자연고사에 의한 손실을 방지하고 이용한다.

## 3) 솎아베기의 효과
① 임목의 생육을 촉진하고 재적과 형질 생장을 증가시킨다.
② 각종 위해를 감소시킨다.
③ 산림의 보호관리가 편리하다.
④ 지력을 증진시킨다.
⑤ 간벌재를 이용할 수 있다.
⑥ 결실이 촉진되고 천연갱신이 용이해진다.

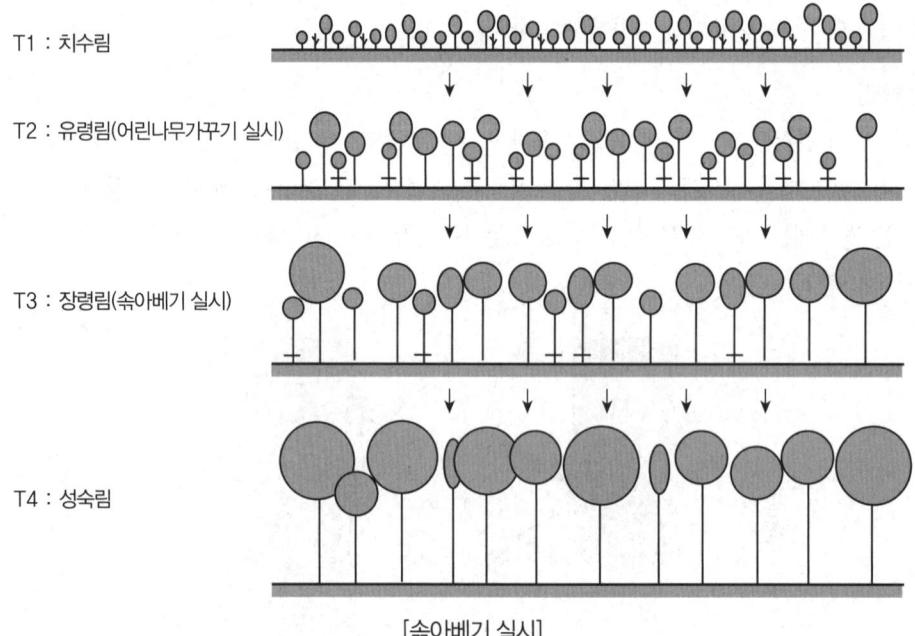

[솎아베기 실시]

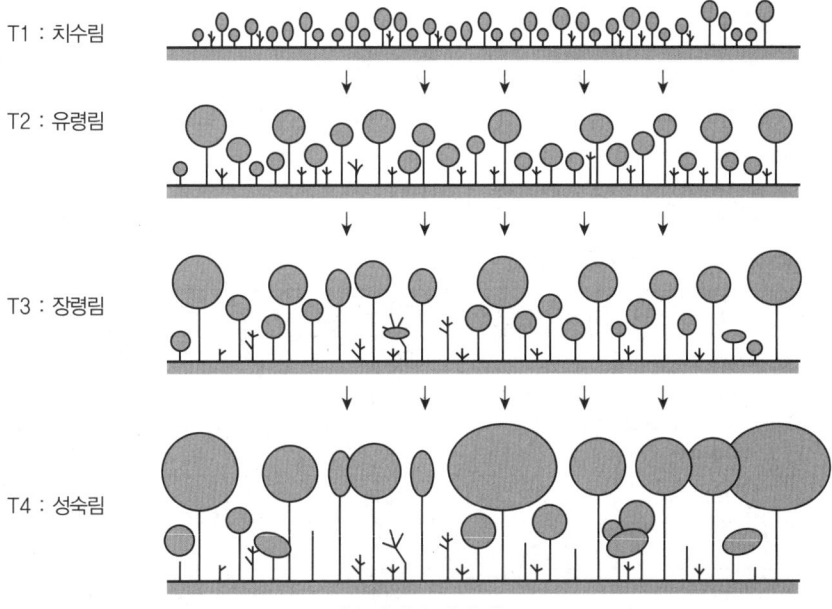

[숲아베기 미실시]

### 4) 숲아베기 대상지

① 양질의 목재를 다량으로 생산할 수 있는 산림(어린나무가꾸기 작업이 끝난 후 5년 가량 경과하고 최종 수확 10년 전까지의 산림)
② 나무가 과밀하여 광선이 숲 바닥까지 도달하지 못해 생물의 종 다양성이 낮은 산림
③ 침엽수림으로서 수원함양기능이 떨어지는 산림
④ 나무가 과밀하여 생태적 활력도(살아나는 능력)와 뿌리 발달이 부실해서 병충해, 산사태 피해가 우려되는 산림
⑤ 침엽수 단순림으로 산불 발생 시 대형화 될 우려가 있는 산림
⑥ 산사태, 산불, 병해충 등의 각종 재해를 입은 산림
⑦ 경관의 유지와 개선을 위해 밀도조절이 필요한 산림
⑧ 수종이 단순하고 수목의 형질이 비슷한 산림
⑨ 우세목의 평균수고가 10m 이상인 임분으로 15년생 이상인 산림
⑩ 어린나무가꾸기 등 숲가꾸기를 실행한 산림. 다만 숲가꾸기를 실행하지 않았더라도 상층 입목 간의 우열이 시작되는 임분은 실행 가능

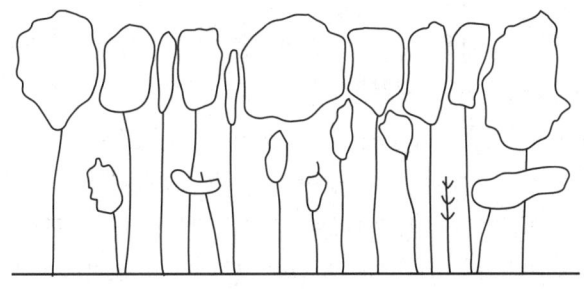

[관리되지 않았던 임분에 나타난 수관의 분화]

### 5) 솎아베기의 시기
① 산 가지치기를 수반하지 않을 경우에는 연중 실행이 가능하다.
② 산 가지치기를 수반하는 경우에는 11월 이후부터 이듬해 5월 이전까지 실행한다. 가지치기를 솎아베기, 어린나무가꾸기 작업과 별도의 사업으로 구분하여 추진할 경우 작업여건, 노동력 공급여건 등을 감안하여 연중 실행이 가능하다.

● 주요 침엽수종의 솎아베기 개시 임령

| 구분 | 식재밀도(본/ha) | 개시 임령 |
|---|---|---|
| 소나무 | 5000 | 15~20년 |
| 잣나무 | 3000 | 15~20년 |
| 낙엽송 | 3000 | 10~15년 |
| 삼나무 | 3500 | 15~20년 |
| 편백 | 4000 | 20~25년 |
| 가문비나무 | 4000 | 20~25년 |
| 전나무 | 4500 | 20~25년 |

## 9 수형급

### 1) 수형급의 의의
① 개개 수목의 높이(상대적 또는 절대적)에서의 비교위치, 수관의 확장상태, 수간의 우열 및 나무의 건부 등에 따라 우열의 계급을 정하는 것이다.
② 우량형질의 나무와 형질이 불량한 나무를 서로 판별하며 임목생육의 경쟁상태를 알아내는 근본이 된다.

### 2) 수형급의 구분
먼저 상층임관을 이루는 우세목과 하층임관을 이루는 열세목으로 구분하고 전자는 1, 2급목과 후자는 3~5급목으로 나눈다.

### 3) 우세목
① 1급목 : 수관의 발달이 이웃나무에 의해 방해된 적이 없고 또 확장되거나 기울어지지 않고 수관형태에 결함이 없는 나무이다.
② 2급목 : 수관의 발달이 이웃나무에 의해 방해를 받아 정상적이지 못하고 줄기에도 결함이 있는 나무로 다음의 다섯 가지로 구분한다.
  ㉠ 수관의 발달이 지나치게 왕성하고, 넓게 확장하거나 위로 솟아올라 수관이 편평한 것(폭목)
  ㉡ 수관의 발달이 지나치게 약하고 이웃한 나무 사이에 끼어서 줄기가 매우 세장한 것(개재목)
  ㉢ 이웃한 나무 사이에 끼어서 수관발달에 측압을 받아 자람이 편의된 것(편의목)
  ㉣ 줄기가 갈라지거나 굽는 등 수형에 결점이 있는 것. 또 모양이 불량한 것(곡차목)
  ㉤ 피해를 받은 나무(피해목)

## 4) 열세목

① 3급목 : 세력이 감소되고 자람이 지연되고 있으나 수관이 피압되지 않는 나무로서 상층임관을 형성할 가능성을 가진 나무(중간목, 중립목)

② 4급목 : 피압상태에 있으나 아직 생활수관을 가지고 있는 것(피압목)

③ 5급목 : 고사목, 도목(넘어진 나무), 피해목, 고쇠(굳어져서 쇠퇴함) 상태에 있는 나무

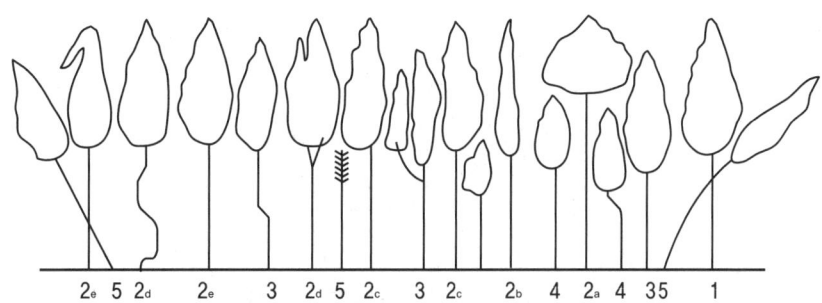

〈데라사키의 수형급 모식도〉

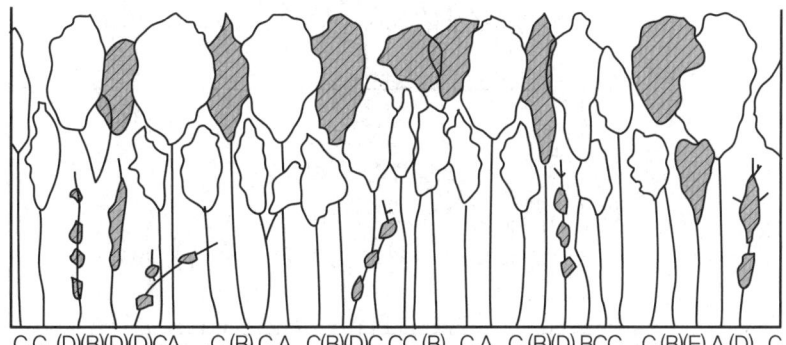

〈활엽수에 대한 수관급〉

A : 우세목으로 형질이 좋은 나무
B : 우세목으로서 형질에 결점이 있는 나무
C : 보통의 열세목
D : 수고가 C와 비슷하나 이미 초두가 고사하고 죽게 된 나무 또는 수형이 매우 불량한 나무
E : 수고에 관계없이 전염성의 병목 또는 도목(쓰러진 나무), 경사목, 고목(말라서 죽어 버린 나무) 등으로 임분 구성인자로 인정하기 어려운 나무

## 6) 솎아베기의 양식

① 정성적 간벌 : 수관급을 기준으로 양을 구체화하지 않고 솎아베기의 종류에 따라 행한다(데라사끼 간벌).

  ㉠ 하층간벌
  - A종간벌(약도간벌) : 4, 5급목 전부를 벌채하는 것으로 임분을 구성하는 주요 임목은 손을 대지 않는다. 임상을 깨끗이 정리하는 정도의 간벌에 불과하며 실질적인 간벌수단이라 할 수 없다.
  - B종간벌(중도간벌) : 4, 5급목 전부, 3급목의 일부, 2급목의 상당수를 솎아베기하는것

으로 3급목의 대부분과 2급목의 일부 및 1급목 전부를 남겨 둔다. 가장 널리 적용되는 방법으로 3급목의 경재완화에 목적이 있다.
- C종간벌(강도간벌) : 2, 4, 5급목의 전부, 3급목의 대부분을 벌채하고 1급목도 다른 1급목에 지장을 줄 수 있는 나무를 벌채하는 것으로 우량목이 많은 임내에서 적용하면 그 효과가 크다.

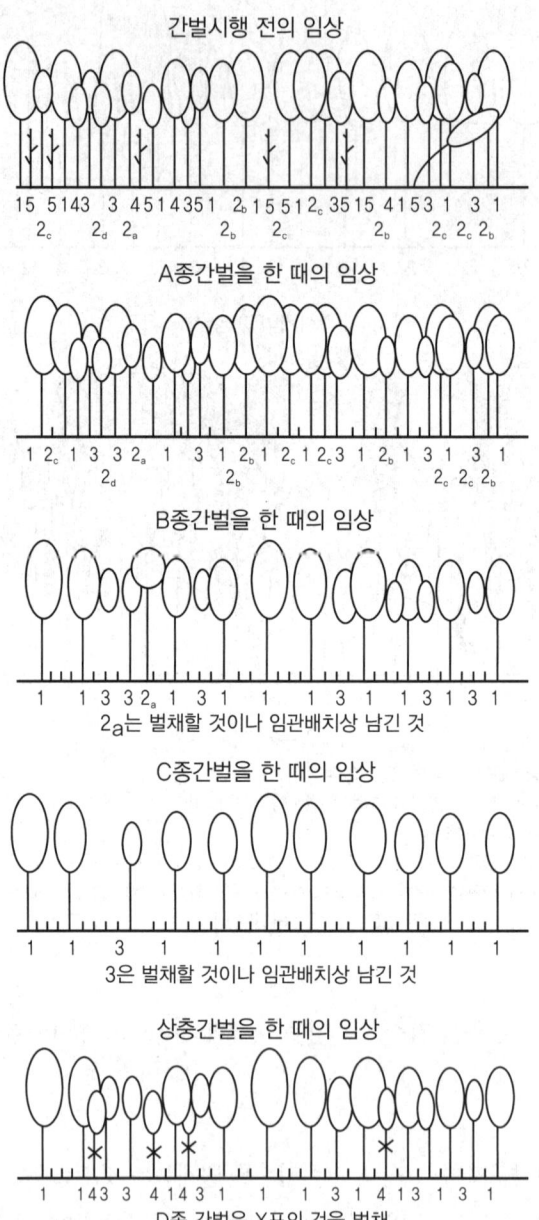

ⓒ 상층간벌
   - D종간벌 : 상층임관을 강하게 벌채하여 3급목을 남겨 수간과 임상이 직사광선을 받지 않도록 하는 것이다.
   - E종간벌 : 최하층의 4급목이 모두 남게 되는 것이다.
   - D, E종간벌은 임분을 구성하는 주된 수관급인 3, 4급목이 많아 이들 2, 5급목의 전부와 1급목 일부를 벌채하지 않으면 좋은 임상을 유지할 수 없다고 인정될 때 사용된다.
② Hawley의 솎아베기 방법
  ㉠ 택벌식간벌

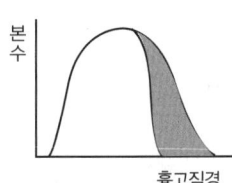

   - 우세목을 솎아베기하여 그 이하의 임관층 나무의 생육을 촉진시킨다.
   - 수익성이 없다고 생각되는 나무는 벌채대상목으로 하지 않는다.
   - 잔존될 하층목은 왕성하고 잘 발달한 수관을 가지고 있어야 하며, 소개에 따라 잘 반응할 가능성을 지니고 있어야 한다.

  ㉡ 기계적간벌

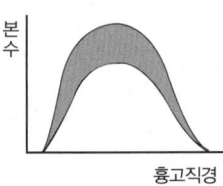

   - 수형급에 관계 없이 미리 정해진 임의의 간격에 따라 남겨 둘 임목을 제외하고 모두 벌채하는 방법이다.
   - 아직 수형급이 구분되지 않은 균일한 임목, 벌기까지 남겨둘 우세목이 필요 이상으로 많은 밀도가 높은 어린 임분에 적용된다.

  ㉢ 하층간벌

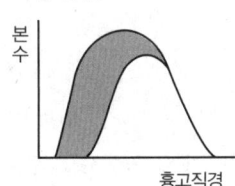

   - 나무의 높이가 낮은 나무를 먼저 벌채해 나가는 방법으로 점차적으로 수고가 높은 나무순으로 벌채하는 방법이다.
   - 하층간벌을 계속적으로 실시하다 보면 1급목과 2급목과 남아 있게 된다. 이 방법은 침엽수 단순림에 적용하면 알맞다.

  ㉣ 수관간벌(상층간벌)

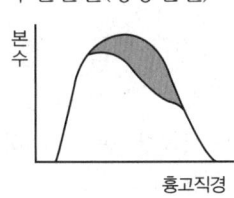

   - 우세목이 너무 많을 때 사용하는 간벌법으로, 상층임관을 구성하는 나무의 밀도를 줄여서 같은 층 나무의 생육을 촉진시킨다.
   - 2급목이 대부분 벌채가 되지만, 1급목에 지장을 주는 3급목, 4급목도 벌채 대상이 된다.

③ 정량적간벌 : 솎아베기의 실행기준을 간벌량에 두고 임목밀도를 조절해 나가는 간벌로서 수종별로 일정한 임령, 수고 또는 흉고직경에 따라 임목본수를 미리 정해 놓고 기계적으로 실행하는 방법이다.
  ㉠ 장점 : 솎아베기량과 최종 수확량, 생산재의 규격 등을 예측할 수 있고 임분을 체계적이고 계획적으로 관리할 수 있으며 공간을 최대한 적절하게 활용할 수 있다.
  ㉡ 단점 : 임목의 형질(모양과 성질)과 기능이 고려되지 않는다는 단점이 있으나 작업 시 잔존목에 대한 균일한 공간배치를 우선하되 형질 불량목 및 열세목, 피압목 등을 대상목으로 선정함으로써 이러한 단점을 보완할 수 있다.

### 7) 솎아베기 대상목 선정

① 솎아베기 후의 잔존본수가 결정되면 잔존목의 거리 간격을 계산한다.

$$\text{잔존목의 간격(m)} = \sqrt{\frac{10000\text{m}^2}{\text{ha당 간벌 후 잔본본수}}}$$

② 거리 간격을 감안하여 고사목 · 피해목 > 피압목 > 생장불량목 > 형질열등목 > 우량목 등 생장에 방해가 되는 임목순으로 제거목을 선정하여 목표하는 잔존본수가 가능하면 전면에 균일하게 분포되도록 대상목을 선정한다.

### 8) 간벌대상지

① 수종이 단순하고 수목의 형질이 비슷한 산림
② 우세목의 평균수고가 10m 이상인 임분으로 15년생 이상인 산림
③ 어린나무 가꾸기 등 숲가꾸기를 실행한 산림, 다만 숲가꾸기를 실행하지 않았더라도 상층 입목 간의 우열이 시작되는 임분은 실행이 가능하다.

### 9) 기타 우리나라에서 실행되는 솎아베기

① 도태간벌
  ㉠ 우량 대경재를 생산하기 위한 숲을 대상으로 미래목을 선발하여 우수한 나무의 자람을 촉진시키는 간벌방법이며, 상층간벌, 정성간벌에 속하지만 전통적 간벌과 구분되는 새로운 방법이다.
  ㉡ 도태간벌의 적용대상지는 미래목의 집약적 관리를 통해 우량 대경재를 생산할 수 있는 임분으로 한다. 지위는 중 이상으로 지력이 좋고, 우세목의 평균수고가 10m 이상이며, 임령이 15년생 이상인 숲이 좋다. 또한 어린나무가꾸기 사업을 시행한 숲이어야 하지만, 상층 임목간의 우열이 현저한 임분도 적용대상지이다.
  ㉢ 미래목의 수관생장을 억압하는 생장 경쟁목, 미래목, 수관과 줄기에 해를 입히는 나무, 피해목, 형질이 불량한 중용목 · 상층목, 폭목, 덩굴류를 제거대상목으로 한다.
  ㉣ 미래목과 중용목의 하층임관을 이루고 있는 보호목은 제거하지 않는다.
  ㉤ 칡, 머루, 다래, 담쟁이 등 미래목에 피해를 주거나 향후 피해가 예상되는 덩굴류는 제거한다.

② 도태간벌의 이론상 임목구분
　㉠ 미래목 : 수목사회적 위치, 건전성, 형질 등이 가장 우수한 나무로 선발된 최종 수확목으로 남겨지는 나무이다.
　㉡ 중용목 : 형질과 생육상태가 아직 미숙하여 미래목으로 선정되지 않은 임목으로 병충해 및 각종 피해를 받지 않은 나무 중에서 선발한다. 중용목은 생육이 계속해서 자라면 미래목으로 선발될 가능성이 높은 나무이다.
　㉢ 보호목(유용치수) : 임지를 피복시켜 주는 유용한 하층식생을 말하며 토양침식 방지 및 임지를 피복하여 토양의 생산능력을 높여 준다.
　㉣ 방해목 : 미래목 생장에 방해가 되는 나무이다.
　㉤ 경합목 : 미래목 생장에 경합이 되는 나무이다.
　㉥ 지장목 : 미래목 생장에 지장을 주는 나무이다.
③ 도태간벌의 적용대상지
　㉠ 미래목의 집약적 관리를 통하여 우량대경재 이상을 목표생산재로 하는 산림
　㉡ 조림 수종 외에 다른 수종이 많이 혼효되어 정량간벌이나 열식간벌이 어려운 산림
④ 미래목의 선정 관리
　㉠ 피압을 받지 않는 상층의 우세목으로 선정하되 폭목은 제외한다.
　㉡ 나무줄기가 곧고 갈라지지 않으며 병충해 등 물리적 피해가 없어야 한다.
　㉢ 미래목 선정 후 반경 5m 안에서는 미래목을 선정해서는 안되며, 미래목은 임지 전체에 고루 분포되어야 한다. 또한 활엽수는 ha당 200본, 침엽수는 ha당 200~400본을 미래목으로 선정한다.
　㉣ 미래목만 가지치기를 실행하며 산가지치기일 경우 11월부터 이듬 5월 이전까지 실행하여야 하나 작업여건, 노동력 공급 여건 등을 감안하면 작업시기의 조정이 가능하다.
　㉤ 가지치기는 반드시 톱을 사용하여 실행한다.
　㉥ 솎아베기 및 산물의 하산, 집재, 반출 등의 작업 시 미래목이 손상되지 않도록 주의한다.
　㉦ 미래목은 가슴높이에서 10cm의 폭으로 황색 수성페인트로 둘러서 표시한다.

## 10) 열식간벌
① 입목의 생장이 균일하여 입목간의 우열이 심하지 않은 임지
② 열식 인공조림지로서 입목밀도가 식재 본수의 70% 이상인 임지
③ 솎아베기를 실행하지 않은 유령임분
④ 잣나무나 낙엽송의 인공조림지로서 도태간벌과 정량간벌의 적용이 어려운 임지

## 10 천연림 보육

### 1) 치수림 단계
상층임관을 이루고 있는 임목의 평균수고가 2m 내외인 임분에서 제거대상 임목을 제거함으로써 형질우량목을 어릴 때부터 보호하여 임분의 질을 높이고 장차 미래목을 선정할 수 있는 기초를 만드는 보육작업 단계이다.

### 2) 유령림 단계
임목의 평균수고가 8m 이하의 임분으로 상층 임목간의 우열이 현저하게 나타나지 않은 천연 임분에서 형질 불량목을 제거해 주고, 우량목을 보호함으로써 임분의 질을 높이며 장차 간벌 단계 보육 시 미래목을 선정할 수 있는 기반을 조성하는 보육작업이다.

### 3) 간벌림 단계
임목의 평균수고가 10~12m 정도의 임분으로 상층 임목간 우열이 뚜렷한 천연임분에서 우세목 중 미래목을 선정하고 미래목 위주로 무육하는 도태간벌을 시작하는 단계이다.

## 11 환경림 조성

### 1) 산림의 공익적 기능
대기정화 기능, 수자원 보호 기능, 국토보전 기능, 기후완화 기능, 풍치보전 기능, 소음감소 기능

### 2) 환경림의 종류
① 도시림 : 가로수, 생활림
② 특별산림보호구역
③ 바이오순환림 : 기존 장벌기(40년 이상) 조림과는 달리 벌기령 15~25년에 목재를 수확하여 산업용재, MDF, 보드류, 바이오순환에너지 등의 원료로 활용하는 것을 목적으로 하는 시업 체계

# 제2편

# 산림보호학

# 제1장 일반재해

## 1 산림화재

### 1) 산불의 발생시기

우리나라에서 산불이 가장 많이 발생하는 시기는 3, 4, 5월로 전국적으로 4월 초순에 가장 많이 발생한다.

| 구분 | 입산자 실화 | 논·밭두렁 소각 | 담뱃불 실화 | 쓰레기 소각 | 기타 |
|---|---|---|---|---|---|
| 봄철 | 40% | 19% | 10% | 9% | 22% |
| 가을철 | 57% | 5% | 13% | 5% | 20% |

### 2) 산불의 종류

① 수관화 : 나무의 윗부분에 불이 붙어 연속해서 수관을 태워 나가는 불로, 우리나라에서 발생하는 대부분의 산불이 여기에 속한다. 산불 중에서 가장 큰 피해를 주며 발생하면 진화가 어렵다.

② 수간화 : 나무의 줄기가 연소하는 것으로 지표화에 의하거나 늙은 나무 또는 줄기의 속이 빈 곳에서 발생하며 흔히 발생하는 불은 아니나 자작나무류와 같이 불이 붙기 쉬운 나무가 타는 경우가 있으며, 불이 강해져서 다시 지표화나 수관화를 일으킬 수 있다.

③ 지표화 : 임야에 퇴적된 건초 등의 지피물이 연소하거나 등산객 등의 부주의로 발생하는 초기 단계의 불로 농·산촌지역에서 가장 많이 발생한다.

④ 지중화 : 한랭한 고산지대나 낙엽이 분해되지 못하고 깊게 쌓여 있는 고위도 지방 등에서 지하의 이탄질 또는 연소하기 쉬운 유기 퇴적물이 연소하는 불로 오랫동안 연소한다.

### 3) 산불 발생 요소

#### ● 수목의 내화력

| 구분 | 강한 수종 | 약한 수종 |
|---|---|---|
| 침엽수 | 은행나무, 낙엽송, 분비나무, 가문비나무, 개비자나무, 대왕송 | 소나무, 해송, 삼나무, 편백 |
| 상록활엽수 | 아왜나무, 굴거리나무, 후피향나무, 붓순, 황벽나무, 동백나무, 사철나무, 회양목 | 녹나무, 구실잣 밤나무 |
| 낙엽활엽수 | 굴참나무, 상수리나무, 고로쇠나무, 피나무, 고광나무, 가중나무, 참나무, 사시나무, 음나무 | 아까시나무, 벚나무, 능수버들, 벽오동나무, 참죽나무, 조릿대 |

① 수령
　　㉠ 20년생 이하의 유령림은 연소하기 쉽고 잡초가 많으며 수고가 낮아 산불이 발생할 경우 대부분 전소한다.
　　㉡ 노령림은 수관이 높게 달려 있어 지표화를 통해 수간화 그리고 수관화로 확장하기가 어렵다.
　　㉢ 어린나무는 수고도 낮고 수관이 노령목에 비해 낮게 분포되어 있으므로 대부분 전소하고, 노령목은 어린나무에 비해 피해가 적다.
② 작업종
　　㉠ 왜림은 대부분이 활엽수이므로 침엽수보다 연소하는 일이 없고 맹아력이 강해 피해가 적다.
　　㉡ 단순림과 동령림이 혼효림과 이령림보다 산불 위험성이 높으며, 혼효림은 단순림에 비하면 피해가 적다.
　　㉢ 택벌림에서는 산림의 울폐가 파괴되면 잡초의 침입과 건조로 인하여 화재가 일어날 위험이 많으며 특히 택벌 후 3~4년이 가장 위험하다.
　　㉣ 상목이 연소하기 쉬운 적송이나 삼나무일 경우에는 수관화를 일으켜 중림 전체에 피해가 크다.
③ 기후
　　㉠ 강우량 : 일반적으로 2~5월까지는 강우량이 적어 건조하므로 산불의 위험도가 크다.
　　㉡ 기온 : 밤에는 온도가 하강하면서 상대습도가 높아져 가연물이 습해지므로 산불이 점차 약화된다.
　　㉢ 바람 : 기상 인자 중에서 산불에 가장 중요한 영향을 미치며 산불 진화와 뒷불 정리에 모두 방해가 된다.

◉ 상대습도별 산불 발생 위험도

| 상대습도 | 산불 발생 위험도 |
|---|---|
| 60% 이상 | 산불이 잘 발생하지 않는다. |
| 50~60% | 산불이 발생하지만 진행이 잘 이루어지지 않는다. |
| 40~50% | 산불이 발생하기가 쉽고, 빨리 연소가 이루어진다. |
| 40% 이하 | 산불이 대단히 발생하기가 쉽고, 대부분 수관화로 발생되어 진화가 어렵다. |

④ 지황
　　㉠ 경사가 급해짐에 따라 산불의 진행속도는 복사열 및 대류열의 영향을 더욱 많이 받아 평지의 산불보다 신속히 진행된다.
　　㉡ 경사면이 향한 방향으로, 남향과 남서향은 북향보다 수광량이 많고 고온이며 상대습도가 낮아 가연물이 건조하여 산불의 발생이 많다.

◉ 산불위험지수 산출표

| Y | 10 | 11 | 12 | 13 | 14 | 15 | 16 |
|---|---|---|---|---|---|---|---|
| 위험지수 | 100 | 90 | 80 | 70 | 60 | 50 | 40 |

⑤ 수종
  ㉠ 침엽수는 줄기와 잎에 수지를 함유하여 타기 쉬워 활엽수에 비해 피해가 심하다.
  ㉡ 가문비나무, 분비나무, 전나무 등은 음수이므로 울폐된 임분을 형성하여 임내에 습기가 많고 잎도 비교적 타기 어려워서 산불위험도가 낮다.
  ㉢ 생엽은 항상 잎에 수분을 함유하고 있기 때문에 활엽수 중에서는 생엽을 가진 상록수가 낙엽이 지는 낙엽수에 비하여 산불에 강하다.
  ㉣ 낙엽활엽수 중에서 산불에 강한 수종은 상수리나무, 굴참나무, 고로쇠나무이다. 이 나무들은 수간에 코르크층을 가져서 수간화가 발생하기 어렵다.

### 4) 뒷불의 처리
① 모든 가지 및 그루터기, 고사목은 쓰러뜨린다.
② 방화선 부근에 불에 탄 뿌리가 없도록 확인한다.
③ 방화선 부근을 소화하여 불씨가 묻혀 있는 곳을 확인한다.
④ 다람쥐굴, 썩은 통나무, 그루터기, 높이 솟은 가지 등을 면밀히 점검한다.
⑤ 바람에 날린 불씨가 완전히 소화되었는지 재확인한다.
⑥ 방화선 부근에 타지 않고 남겨진 부스러기를 확인한다.
⑦ 진화 후 재발되지 않도록 감시조를 편성하여 불씨가 완전히 소멸될 때까지 뒷불을 감시한다.

◐ 산불경보

| 산불경보 구분 | 산림청장이 발령하는 산불경보의 발령기준 |
|---|---|
| 관심 | 산불 발생시기 등을 고려하여 산불예방에 관한 관심이 필요한 경우로서 주의 경보 발령기준에 미달되는 경우 |
| 주의 | 전국의 산림 중 산불위험지수가 51 이상인 지역이 70% 이상이거나 산불 발생의 위험이 높아질 것으로 예상되어 특별한 주의가 필요하다고 인정되는 경우 |
| 경계 | 전국의 산림 중 산불위험지수가 66 이상인 지역이 70% 이상이거나 발생한 산불이 대형 산불로 확산될 우려가 있어 특별한 경계가 필요하다고 인정되는 경우 |
| 심각 | 전국의 산림 중 산불위험지수가 86 이상인 지역이 70% 이상이거나 산불이 동시다발적으로 발생하고 대형 산불로 확산될 개연성이 높다고 인정되는 경우 |

### 5) 산불감시시설
① 방화선의 설치 : 화재의 위험이 있는 지역에 화재의 진전을 방지하기 위해 설치하는 것으로 산림구획선, 경계선, 도로, 능선, 암석지, 하천 등을 이용한다. 보통 10~20m 폭으로 임목과 잡초, 관목을 제거하여 만들며, 방화선에 의하여 구획되는 산림면적은 적어도 5ha 이상이 되도록 한다.
② 내화수림대 조성 : 방화선만으로 예방하기 어려울 뿐 아니라 폭이 넓은 방화선을 설치한다는 것은 임업경영상 불리하므로 방화선의 일부를 활엽수의 방화수로 심어 둔다. 상수리, 굴참나무, 고로쇠나무로 조성하며, 5ha 이상의 조성지를 대상으로 25~30m의 폭으로 조림면적의 10% 정도로 조성한다.

## 6) 방화선

① 설치방법
- ㉠ 산불 확산 및 진화를 위하여 띠 모양으로 숲을 제거한다.
- ㉡ 방화선과 불길 사이에 있는 연료를 제거하여 불이 번지지 않도록 안전띠를 만든다.
- ㉢ 자연적인 계곡이나 암반 또는 임도시설물과 연접하여 일정 폭, 간격으로 연소물을 제거한다.

② 방화선 배치기준
- ㉠ 방화선을 고정한다.
- ㉡ 천연 또는 기존의 장애물을 이용한다.
- ㉢ 가벼운 연료가 있는 곳에 설치하되 무거운 연료가 있는 곳은 우회한다.
- ㉣ 방화선은 가능한 직선이 되도록 한다.
- ㉤ 언덕 아래 또는 산봉우리 뒷편에 설치한다.

③ 방화선 폭
- ㉠ 연료, 지형, 불의 형태를 고려하여 판단하되, 우세 불길 높이의 약 1.5배가 되도록 하는 것이 일반적이다.
- ㉡ 불의 형태가 심각해질 것으로 예상되는 지역에서는 연료 높이의 2배 이상이 되도록 한다.
- ㉢ 방화선의 폭을 결정할 때는 연료물질, 경사, 날씨, 불의 부위, 연료의 크기, 냉각 가능성에 따라 다르게 설정한다.

> **Check**
> **산불보고 종합체계**
> 1. 사후관리 → 산불피해 정정보고 : 정밀한 조사 후 피해보고와 현격한 차이가 있을 때 보고일로부터 10일 이내 공문 보고
> 2. 완전진화 → 산불피해 상황보고 : 완전진화 후 정확히 보고, FAX 보고
> 3. 진화 → 산불진화 보고 : 뒷불 정리단계에서 유·무선으로 즉시 보고(진화 시간, 추정 면적, 발생 원인 등)
> 4. 발생 → 산불발생 보고 : 보고 접수 즉시 유·무선으로 즉시 보고(발생 시간, 장소)

## 7) 피해 산정액

피해율(%) = [피해면적(본수) / 조림면적(피해 전 현존본수)] × 100

## 8) 산림화재에 의한 피해

① 성숙임분에 의한 피해
- ㉠ 수십 년 동안의 투자와 노력에 대한 수익이 없어져 산주에게 막대한 손실을 끼치며 임업경영계획에 대폭적인 수정을 요하게 된다.
- ㉡ 산불의 피해를 받으면 피해 임분의 병해충에 대한 저항력이 약해져 다른 임분에 2차 피해를 줄 수 있다.

② 유령림 및 장령림에 대한 피해
- ㉠ 유령림은 피해를 받게 되면 갱신치수가 전멸하게 되어 재조림을 실시해야 한다.
- ㉡ 유령림이 피해를 받으면 인공조림이나 천연갱신을 하여 갱신지면을 정리한다.

ⓒ 장령림이 피해를 받으면 그간 투입된 투자와 노력에 대한 수익이 없어져 막대한 손실을 끼치며 임업경영계획에 대대적인 수정을 요하게 된다.
③ 토양에 대한 피해
㉠ 낙엽층이 소실되고, 부식층까지 타게 되어 토양의 이화학적 성질을 악화시킨다.
㉡ 부식질이 소실되면 지표보호물을 잃게 되어 지표류 하류가 늘고 투수성이 감소되어 토양의 이화학적성질이 악화되는 동시에 지하의 저수능이 감퇴되어 호우 시에는 일시적인 지표류 하수의 증가로 말미암아 홍수의 원인이 된다.
㉢ 산불 피해를 입은 토양은 피해를 받지 않은 토양보다 지표류 하류 하수량이 3~16배로 증대되어 물에 의한 침식이 격화된다.
㉣ 산불에 타고 남은 재에는 질소분이 이미 날아가 버리고 인산, 석회, 칼리 등 광물질 성분을 함유하고 있으나 빗물에 의하여 유실되므로 자주 산불피해를 받을 때에는 토양이 빨리 척박해진다.
④ 산림의 생산능력 감퇴
㉠ 용재 가치가 높은 수종은 산불에 약하므로 산불이 일어나면 이러한 가치 있는 나무가 먼저 타 죽고 가치가 낮은 수종들이 남아 있게 되어 임분의 질이 퇴화한다.
㉡ 산불이 자주 일어나면 교목 대신 산불에 강하나 경제적 가치가 훨씬 떨어지는 관목이 전성하게 된다.
⑤ 산림이 다목적 기능 감퇴 : 산불은 목재생신 피해 외에 다목적기능인 수원함양, 국토보전, 풍치보전, 휴양처 제공, 공해 방지, 야생동식물 번식 등의 기능을 감퇴·소멸시킨다.

9) 산림화재의 효용
① 조림지의 준비
㉠ 임지에 조부식층이 발달되어 천연하종이 불가능할 때 적당한 불을 넣어서 제거하여 천연하종을 가능하게 한다.
㉡ 관목과 잡초가 우거진 임지에 인공식재를 하려고 할 때 식재 직전에 불을 넣어 제거한다.
② 임지에 약한 불을 넣어 고열에 강한 주수종(내화 수종)은 살리고 잡수종을 제거하여 수목 간의 영양과 수분경쟁을 완화시킨다.
③ 병해충의 확산을 방지하고 중간기주를 제거한다.
④ 폐쇄구과에 대한 천연하종을 유종한다.
⑤ 야생목초의 양과 질을 개량한다.

10) 산림화재의 예방
① 교육과 계몽
② 법률과 규정에 의하는 방법
③ 예방에 관한 시설 : 산불감시시설
④ 순찰

⑤ 임내작업의 제한
⑥ 방화선 설치
⑦ 산림경영상 예방법
　㉠ 산불 발생이 쉬운 일제동령림은 피하고 이령림, 택벌림, 혼효림을 조성한다.
　㉡ 간벌 또는 가지치기를 하는 동시에 마른가지, 벌목의 초단부를 제거한다.

## 2 인위적인 가해와 대책

1) **도벌** : 「산림자원 조성 및 관리에 관한 법률」에서는 산림에서 그 산물(조림된 묘목을 포함)을 절취한 자를 7년 이하의 징역 또는 2천만 원 이하의 벌금에 처하며 그 미수범도 처벌한다.

2) **지피물의 채취** : 임지에서의 유일한 유기질 공급원인 낙엽 등의 지피물 채취는 생태계 파괴 및 임지의 황폐화를 초래한다.

3) **경계침해** : 경계침해의 예방을 위해서는 경계표를 반드시 설치하고 설치 시에는 인접산림 소유자와 공동으로 측량하여 표시하는 것이 타당하다.

## 3 기상적인 피해

1) **저온에 의한 피해**
① 상해
　㉠ 가을에서 초겨울 사이에 눈이 아직 성숙하지 않은 시기에 급강하한 기온에 의해 갈색으로 변하게 되는 것을 이른 서리해(조상, 早霜)라 한다.
　㉡ 나무가 이른 봄에 활동을 시작한 후 서리가 내려 새순이 말라 죽는 것을 늦서리(만상, 晩霜)의 피해라 한다.
　㉢ 상해의 정도
　　• 수종 : 유지함량이 낮고 전분함량이 높을수록 피해가 크다. 일반적으로 유지수가 전분수에 비하여 내한력이 강하다(유지수 : 당분을 유지분으로 전환, 전분수 : 당분을 전분으로 전환).
　　• 날씨 : 바람이 없고 맑은 날 새벽에 피해가 크다.
　　• 수령 : 유령목이 장령목에 비해 피해가 크다.
　　• 지형 : 낮은 계곡 부분, 파상 기복지형의 오목하게 들어간 곳, 완경사지의 미미한 융지의 피해가 크다.
　　• 방위 : 북면이 남면보다 피해가 크다.
　㉣ 묘포지의 상해예방
　　• 묘포에서는 주풍방향에 방풍림을 만들고 저온지는 배수가 잘 되도록 한다.

- 만상의 해를 받기 쉬운 수종은 가급적 파종을 늦게 실시한다.
- 묘상에 낙엽, 짚을 덮어 묘목의 상해를 방지한다.
- 추비는 가급적 속효성비료를 주는 동시에 늦가을까지 가지가 도장되지 않게 칼리비료를 준다.
- 지상 10m 정도의 높이에 송풍장치를 하여 인공적으로 상·하 공기가 섞이게 하여 온도를 높인다.

  ⑩ 조림지 상해의 예방
  - 내한성이 강한 조림수종을 선택한다.
  - 습지에 조림할 때에는 배수구와 두둑을 만들어 식재한다.
  - 상해에 약한 수종은 음지에 가식하여 발아를 늦춘 후 식재한다.
  - 상초를 제거하여 과도한 잡초를 방지한다.
  - 천연갱신을 하고 상층목의 보호를 받도록 한다.
  - 왜림의 벌채는 이른봄에 하도록 한다.
  - 조림용 종자와 묘목은 그 지방에 가까운 곳에서 구한다.

② 상렬
  ㉠ 추위로 인한 수액의 동결로 나무의 줄기 또는 나무 껍질이 냉각 및 수축하여 갈라지는 현상이다.
  ㉡ 봄에 갈라진 부분이 아물고 다시 겨울에 터지고 갈라지는 현상이 반복되어 그 부분이 두드러지게 비대생장하는 것을 상종이라 한다.
  ㉢ 상렬의 피해는 치수가 아닌 교목의 수간에서 주로 발생하며, 고립목이나 임연부에서 종종 발생한다.
  ㉣ 침엽수보다 활엽수에 더 많이 발생한다.
  ㉤ 방제
  - 수간이 주풍에 직접 노출되는 것을 피하고 북쪽의 임연에 추위에 저항성이 높은 수종으로 임의를 만들거나 음수를 심어 보호한다.
  - 습지에서는 배수하는 것이 효과적이다.

③ 서릿발(상주)
  ㉠ 지표면이 빙점 이하의 저온으로 냉각될 때 모관수가 얼고 이것이 반복되어 얼음기둥이 위로 점차 올라오게 되는 현상이다.
  ㉡ 상주는 수분을 많이 함유한 점토질 토양에서 자주 발생하며, 수분이 상대적으로 적은 사토나 사양토에서는 발생하지 않는다.
  ㉢ 방제
  - 묘포 피해지에서는 사질 또는 유기질토양을 섞어서 토질을 개량한다.
  - 묘포의 상면을 15cm 정도로 높여 다습을 막거나 묘포 사이에 짚, 낙엽, 왕겨 등을 두어 지면의 냉각을 막는다.

- 조림지에서는 상목으로 저온을 막고, 동남향에 대해서는 측면적을 보호하는 것이 효과적이다.

### 2) 고온에 의한 현상

① 열해 : 여름철의 태양 직사광선으로 지표면의 온도가 50℃까지 올라가는 경우 임목의 생장량이 저하되고 임목의 형성층이 파괴되어 고사하는 현상이다. 내음성이 강한 전나무, 가문비나무, 편백, 화백 등이 약하며 소나무, 곰솔, 측백나무 등은 강하다. 해가림을 하거나 저항성이 높은 수종으로 남서방향에 보호림대를 조성하여 방제한다.

② 피소 : 나무 줄기가 강렬한 태양 직사광선을 받았을 때 수피의 일부에 급격한 수분증발이 생겨 형성층이 고사하고 그 부분의 수피가 말라 죽는 현상이다. 울폐된 임상을 갑자기 파괴시키지 않고, 남서면 임연목의 지조를 보호하고 가로수 정원수 등은 해가림을 하거나 수간에 석회유, 점토 등을 칠하거나 짚, 새끼 등으로 감아서 보호하여 방제한다.

③ 가뭄해 : 기온이 높고 햇빛이 강한 여름철에 토양 수분이 결핍되어 일어나는 현상으로, 고온에 의한 피해는 아니며, 수분 부족으로 인해 원형질 분리현상을 일으켜 치사한다.

### 3) 눈에 의한 피해

① 눈 자체의 중량보다는 습윤한 접착력에 의한 해가 더 크다.
② 추운지방보다 약간 따뜻한 지방, 엄동기보다 이른 봄에 많이 발생한다.
③ 낙엽활엽수는 겨울에 잎이 떨어지므로 피해가 적고 침엽수는 수관에 쌓이는 눈의 양이 많고 뿌리가 얕아 피해가 크다.
④ 설해의 예방방법
  ㉠ 설해에 약한 수종의 동령단순림을 피한다.
  ㉡ 삼각식재나 장방형 식재의 방법을 적용한다.
  ㉢ 임목생장을 건전하게 하여 설상목으로 키운다.

> **Check**
>
> **설해의 종류**
> 1. 설절 : 줄기나 가지가 굽어 부러지는 피해
> 2. 설압 : 적설의 압력으로 줄기가 굽어지는 피해
> 3. 설도 : 경사지의 수목이 수관상의 적설로 넘어지거나 뿌리째 넘어가는 피해
> 4. 설할 : 설압으로 생긴 줄기가 굽어진 부위에서 산으로 향하는 장력과 산골짜기로 향하는 접착력의 불균형에 따라 찢어지는 피해
> 5. 설붕 : 적설이 경사면을 유동 낙하할 때 생기는 피해로 종자를 살포하거나 고산식물을 아래로 분포시키거나 낙엽 등의 쓰레기 등을 운반하여 비옥화시키는 경우

### 4) 바람에 의한 피해

① 주풍
  ㉠ 상풍이라고도 하며 10~14m/sec 정도로 한쪽으로만 부는 바람이다.

ⓒ 주풍은 임목의 생장량을 감소시키고 수형을 불량하게 한다. 풍속이 커짐에 따라 피해는 증가하고 생리적 장해를 일으켜 병리적 영향을 미친다.
　② 폭풍
　　㉠ 바람의 속도가 29m/sec 이상인 것으로 강우를 동반하기도 한다. 7~8월에 발생한다.
　　ⓒ 방풍림의 효과가 미치는 거리는 풍상에서 수고 5배, 풍하에서 15~20배 정도이다.

> **Check**
> 임목의 내풍성 정도
> 1. 바람에 강한 나무 : 소나무, 해송, 참나무, 느티나무류
> 2. 바람에 약한 나무 : 삼나무, 편백, 포플러, 사시나무, 자작나무, 수양버들

　③ 조풍 : 소금기를 타고 바다에서 불어오는 바람이며 염풍이라고도 한다. 잎 앞뒷면의 기공으로 침입하여 생리작용에 해를 끼치며 원형질 분리를 잘 일으킨다.

> **Check**
> 임목의 내염성 정도
> 1. 조풍에 강한 나무 : 해송, 향나무, 사철나무, 자귀나무, 팽나무, 돈나무
> 2. 조풍에 약한 나무 : 소나무, 삼나무, 전나무, 사과나무, 벚나무, 편백, 화백

## 4 동·식물에 의한 피해

### 1) 조류에 의한 피해
① 할미새, 참새 : 봄철 파종상에서 낙엽송, 가문비나무, 소나무 등의 소립종자를 식해하고 발아 후에도 피해를 주며 묘포지에 많다.
② 갈가마귀 : 단풍나무류의 종실이나 파종상의 종자 및 발아한 종자를 식해한다.
③ 딱따구리 : 줄기에 구멍을 뚫는다.
④ 백로, 왜가리 : 군집하여 임목을 고사시킨다.
⑤ 산까치, 박새 : 어린나무의 순에 피해를 준다.
⑥ 어치, 물까치, 동박새, 산비둘기 : 과실을 가해한다.

### 2) 포유류의 피해
① 산토끼 : 낙엽송, 삼나무, 편백, 소나무 등의 어린 싹이나 수피를 식해한다.
② 다람쥐 : 낙엽송, 참나무류, 기타 침엽수의 종자나 어린싹, 새잎을 식해하고 수피를 벗기며 이로운 조류를 쫓는다.
③ 두더지 : 땅속을 돌아다니면서 묘목을 쓰러뜨리고 뿌리를 다치게 한다.
④ 들쥐 : 번식력이 대단히 강하고 적송, 편백, 참나무, 단풍나무 등의 목질부 윤상을 식재하며 주로 야간에 활동한다.

## 5 일반적인 방제법

### 1) 보호수
① 명목 : 성현, 위인 또는 왕족이 심은 것이나 역사적인 고사나 전설이 있는 이름있는 나무
② 보목 : 역사적인 고사나 전설이 있는 보배로운 나무
③ 당산목 : 산기슭, 산정, 마을입구, 촌락 부근 등에 있는 나무로 제를 지내는 나무
④ 정자목 : 향교, 서당, 서원, 사정, 정자 등에 피서목이나 풍치목으로 심은 나무
⑤ 호안목 : 해안 또는 강 및 하천을 보호할 목적으로 심은 나무
⑥ 기형목 : 나무의 모양이 정상이 아닌 기괴한 형태의 관상 가치가 있는 나무
⑦ 풍치목 : 풍치, 방풍, 방호의 효과를 주는 나무

### 2) 보호수 지정 대상나무
① 「문화재 보호법」에 지정된 천연기념물 이외의 나무
② 수령 100년 이상의 노목, 거목, 희귀목으로 고사와 전설이 담긴 수목
③ 특별히 보호 또는 증식가치가 있는 수종은 수령에 관계 없이 지정 가능

### 3) 노거수목 치료
병이 발생한 수목의 치료방법에는 침투성약제의 도포, 주입, 또는 토양시비를 하여 뿌리로 흡수시키는 내과적 치료법과 병든 부분을 잘라 내고 채워 주는 외과적 치료법이 있다.

※ 내과적 치료법 : 마이코플라즈마에 의해 발생한 대추나무와 오동나무 빗자루병은 옥시테트라사이클린 수간주사가 효과가 있다.

> **Check**
>
> **충전에 사용되는 인공수지**
> 1. 에폭시 수지 : 강한 접착력, 내수성, 내약품성, 내구성, 기계적 강도가 우수하나 가격이 비싸고 동공충전 후 외부 노출 부분의 마무리작업이 어려우며 곧바로 경화되지 않는 결점이 있다.
> 2. 불포화 폴리에스테르 : 굴절 강도, 기계적 강도, 접착력, 내구성 등이 에폭시 수지보다 훨씬 떨어지며 갈라지거나 부러질 위험이 있으며 직사광선에 의하여 산화변질되는 단점이 있으나 가격면에서 저렴하여 경제적 이점이 있으며 경화속도가 빨라 작업공정이 빠르다.
> 3. 폴리우레탄 : 발포성 수지인 폴리우레탄은 강한 압력으로 늘어나면서 틈이나 작은 동공 속으로 들어가 스스로 동공부분을 완전히 메꾸어 주기 때문에 동공내부가 불규칙하고 요철이 심한 경우에 효과적이다.
> 4. 우레탄 고무 : 동공 속에서 경화된 후 마치 고무같은 형태가 되며 내후성, 내산화성, 기계적 강도, 내마모성, 내충격성 등이 우수하고 접착력도 강해 현재 개발되어 있는 동공충전물 중 가장 이상적이지만 고가인 것이 단점이다.

## 6 환경오염의 피해

### 1) 산성비의 개요
① 대기 중에 방출된 산성물질들이 강우와 함께 내리는 pH 5.6 이하의 비를 말한다.

② 원인물질은 이산화황이나 질소산화물이다.
  ㉠ 자연적 요인 : 육상 및 해상생물에 의한 방출과 산불, 지질운동, 번개, 대기 중의 먼지 등의 비생물적인 요인
  ㉡ 인위적 요인 : 공장, 가정 및 교통수단 등 인간생활로부터 기인되는 요인

### 2) 산성비의 피해
① 식물의 상피조직 피해로 인한 대기오염물질 및 가뭄에 대한 내성 감소, 잎으로부터의 양분 용탈량(벗겨짐) 증가, 광합성과 호흡 등 대사작용 교란, 식물의 방어조직 피해에 따른 내병성, 내충성 감소 등
② 침엽수의 잎의 황화, 생육 저해, 나무의 윗부분이 가늘어지는 현상, 나이테 폭의 감소의 피해
③ 산성비에 대한 민감도는 쌍떡잎 식물 〉 단자엽 식물 〉 침엽수 순이다.

### 3) 지구온난화
태양열이 지구에 투사하고 반사하는 과정에서 온실가스가 반사열의 일부를 흡수하는 온실효과로 인해 대기의 기온이 상승하는 현상이다.

> **Check**
>
> **교토의정서**
> 기후변화협약에 따른 온실가스 감축 목표에 관한 의정서로, 선진국의 온실가스 감축 목표치를 규정하였다.
>
> **교토메커니즘**
> 배출권거래제, 청정개발체제, 공동이행체제

### 4) 오존층 파괴 등에 의한 피해
① 오존층 : 오존층이란, 성층권에 퍼져 있는 오존 농도가 높은 대기의 층을 가리킨다. 지상에서 약 15km까지를 대류권, 약 50km까지를 성층권, 약 80km까지를 중간권, 약 500km까지를 열권이라 부른다.
② 오존층 파괴로 인한 피해 : 오존층을 파괴하는 대표적인 물질은 냉동기의 냉매나 스프레이 제품의 분무제로 사용되는 프레온가스로 오존층이 파괴되면 식물의 엽록소 감소, 광합성 작용의 억제, 식물의 성장부진, 산림의 고사, 농작물의 수확량 감소 등을 초래한다.

#### ◐ 오존경보 발령 기준과 행동요령

| 구분 | 발령기준 | 행동요령 |
| --- | --- | --- |
| 주의보 | 오염도 0.12ppm 이상 | 실외 운동 경기 및 노약자 활동자제, 자동차 사용 자제 및 대중교통 이용 |
| 경보 | 오염도 0.3ppm 이상 | 유치원, 학교의 실외 학습 제한, 발령지역 차량 우회 운행, 노약자 등 실외 활동 자제 |
| 중대 경보 | 오염도 0.5ppm 이상 | 노약자 등 불필요한 활동 중지, 발령지역 유치원, 학교 휴교 권고, 발령지역 차량 진입 억제 |

## 7 대기오염물질의 종류 및 피해 형태

### 1) 아황산가스($SO_2$)
① 대기오염의 가장 대표적인 유해가스이며 배출량도 많고 독성도 강하다.
② 광합성 속도가 크게 감소되고 경엽이 퇴색하며 잎의 가장자리가 황록화하거나 잎 전면이 퇴색 황화한다. 주로 잎에 피해가 잘 나타나며 활엽수는 엽맥간의 황화와 괴사를 일으킨다.

> **Check**
> 아황산가스에 대한 식물의 감수성
> 1. 온도 : 식물은 5℃ 이하에서 아황산가스에 대한 저항성이 높아진다.
> 2. 상대습도 : 높아짐에 따라 아황산가스에 대한 감수성이 높아진다.
> 3. 광도 : 암흑에서는 아황산가스에 대한 저항성이 매우 크다.
> 4. 영양원 : 영양분이 결핍된 곳에서 자란 식물의 감수성은 매우 높다.

### 2) 불화수소(HF)
① 독성이 매우 강하며 식물의 원형질과 엽록소 등을 분해하여 세포를 괴사시킨다.
② 세포막을 파괴하며, 산소의 작용을 저해하고 광합성을 억제한다.
③ 유엽이나 신엽에 피해가 심한 것이 특징이다. 엽선단이나 엽연부에서부터 마르고 검게 변하며 낙엽이 진다.
④ 기공이 열려 있는 낮이 밤보다 피해가 심하며, 상대습도가 70~80%일 때 가장 심하다.

### 3) 이산화질소($NO_2$)
① 대기 중에서 일산화질소의 산화에 의해서 발생한다.
② 휘발성 유기화합물과 반응하여 오존을 생성하는 전구물질의 역할을 한다.

### 4) 오존($O_3$)
① 대기 중에서 배출된 질소산화물과 휘발성 유기화합물 등이 자외선과 광화학 반응을 일으켜 생성된 2차 오염물질이다.
② 세포막과 소기관의 막의 기능을 마비시키며, 엽록체의 기능장애를 일으켜 광합성을 방해한다. 줄기에는 뿌리로 이동하는 탄수화물의 양이 감소한다.

### 5) PAN
① 질소산화물과 탄화수소류 등이 햇빛과 반응하여 생성된 2차 대기오염물질로, 잎 아랫면에 은빛 반점이 나타나고 괴사현상이 일어나 말라 죽는다.
② 세포막과 소기관의 막기능을 마비시키며, 황화물질을 가진 효소와 반응하여 기능을 정지시키고, 지방산의 합성을 방해하며 황을 함유한 화합물을 산화시킨다. 이로 인하여 탄수화물과 호르몬대사를 비정상적으로 만들고 광합성을 교란한다.

◐ 피해원인에 따른 대기 오염물질의 분류

| 화학적 형식 | 오염물질 |
|---|---|
| 산화작용 | 오존, PAN, 이산화질소, 염소 |
| 환원작용 | 아황산가스, 황화수소, 일산화탄소 |
| 산성 장해 | 불화수소, 염화수소, 황산가스 |
| 알칼리성 장해 | 암모니아 |

6) 대기오염의 감정
   ① 육안적 감정
      ㉠ 연해를 받은 나무는 나무의 끝부분부터 피해를 받아 수관의 하부로 내려온다.
      ㉡ 묵은 잎부터 순차적으로 떨어진다.
      ㉢ 대부분 회녹색 연반으로 시작하여 갈색 또는 적갈색으로 변한다.
      ㉣ 병해충 또는 기상적 피해와 식별하기 어려울 때가 있으므로 주의 깊게 관찰해야 한다.
      ㉤ 급성해와 만성해의 증상을 잘 비교해야 한다.
   ② 현미경적 감정법
      ㉠ 기공의 공변세포에 적갈색의 변화가 생긴다.
      ㉡ 나무의 피목이 갈색으로 변한다.
      ㉢ 도관부 주변에 수간석회의 결정을 형성한다.
      ㉣ 엽록체가 회색 또는 회백색으로 표백된다.
   ③ 지표식물을 이용한 감정법
      ㉠ 연해에 감수성이 높은 지표식물을 연해가 있는 곳에 심어 놓고 이들의 반응을 관찰한다.
      ㉡ 연해에 민감한 수종
         • 침엽수 : 낙엽송, 소나무, 리기다소나무, 전나무 등
         • 활엽수 : 밤나무, 느티나무, 사과나무, 배나무 등
         • 농작물 및 초본 : 메밀, 참깨, 담배, 개여귀, 나팔꽃, 이끼류 등
   ④ 화학적 분석법 : 연해를 받은 잎과 전혀 받지 않은 잎의 황함량을 분석하여 비교한다.
   ⑤ 대기분석법 : 아황산가스를 흡수하는 검지지를 임내 또는 임외에 설치하여 아황산가스의 함량을 조사한다.
   ⑥ 이학적 감정법(양광시험법) : 침엽수의 만성 피해를 입은 가지를 건강한 가지와 함께 절단하여 강렬한 햇볕에 쬐면 피해지는 하루만에 적갈색으로 변색되어 떨어진다.

7) 수목의 내연성
   ① 수종 : 일반적으로 침엽수가 활엽수보다 연해에 약하며 활엽수 중에서도 상록수는 강하다.
   ② 수령 : 유령림과 노령림이 연해에 약하며 20~30년생의 나무는 저항력이 크다.

③ 임상 : 교림이 가장 피해를 심하게 받으며, 중림, 왜림 순으로 안전하다.
④ 위치
  ㉠ 연원이 가까울수록 가스의 농도가 높아서 피해가 크다. 그러나 연원으로부터의 거리와 피해 정도와는 반드시 비례하지 않는다.
  ㉡ 지형에 따라서 큰 차이가 생기며, 연원으로부터 가까운 곳에서는 능선부보다 계곡부에 피해가 심하고 연원으로부터 먼곳에는 능선부의 피해가 심하다.
⑤ 토양상태
  ㉠ 토양이 좋은 곳에서 자라고 있는 임목들은 토양이 나쁜 곳에서 자라고 있는 임목에 비해 피해가 적다.
  ㉡ 아황산가스는 토양 중의 석회와 결합되어 석회량을 감소시키기 때문에 석회가 부족한 곳에서 연해가 크다.
⑥ 기후 : 기온이 높고 날씨가 맑은 때에 피해가 크다. 따라서 밤보다 낮, 겨울철보다 여름철에 피해가 크다.

◐ **주요 수종의 대기오염에 대한 내성**

| 구분 | 수종 |
|---|---|
| 내성이 약한 것 | 소나무, 전나무, 히말라야시다, 삼나무, 느티나무, 겹벚나무, 푸조나무, 팽나무, 느릅나무, 층층나무 |
| 내성이 중간 정도인 것 | 해송, 편백, 비자나무, 붉가시나무, 개나리, 후박나무, 아왜나무, 광나무, 버즘나무, 왕벚나무, 능수버들 |
| 내성이 약간 강한 것 | 녹나무, 감탕나무, 동백나무, 호랑가시나무, 꽝꽝나무, 식나무, 서향, 나무딸기, 남천, 당단풍나무, 검양옻나무 |
| 내성이 강한 것 | 가이쓰가향나무, 모밀잣밤나무, 돈나무, 사철나무, 은행나무, 소철, 종려, 협죽도, 팔손이, 유카, 졸참나무, 벽오동 |

**8) 연해의 방제**
① 법규적 방제 : 배출가스의 농도, 굴뚝 높이, 오염방지 시설의 설치 등 법적으로 규제
② 이화학적 방제법
  ㉠ 석회를 사용하여 연해물질을 흡수, 중화시킨다.
  ㉡ 화학적 제조방법을 바꾸어 유해가스의 농도를 높여서 반대로 이를 이용한다.
  ㉢ 화학적 제조방법을 바꾸어 유해가스가 생기지 않도록 한다.
  ㉣ 유리제조 시 황산염 대신 나트륨을 사용한다.
  ㉤ 고압전류에 의한 매연흡착장치를 연도에 설치하게 한다.
  ㉥ 연도에 공기 또는 무해가스를 보내어 희석시킨다.
  ㉦ 파이프장치로 유해가스를 계곡이나 해면으로 배출시킨다.

③ 임업적 방제법
  ㉠ 수종의 선택 : 연해에 강하고 맹아력이 큰 수종으로 조림한다.
  ㉡ 작업법의 선택 : 연해의 염려가 있는 곳에서는 숲을 교림보다는 중림 또는 왜림으로 가꾼다.
  ㉢ 갱신방법 : 한 번에 넓은 면적을 개벌하는 것을 피하고, 침엽수와 활엽수를 혼식한다.
  ㉣ 연해방비림의 조성
    • 내연성이 강하고, 여러 번 이식한 큰 묘목을 밀식한다.
    • 너비는 100m정도로 여러 층의 밀림을 조성한다.
④ 조림 후의 관리 : 토양관리에 힘써야 하며, 특히 석회질비료를 주어야 한다.

## 8 열대림의 파괴 및 영향

### 1) 열대림의 특징
열대림은 1ha당 보통 50종에서 100종이 넘을 정도로 수종구성이 다양하며 수관이 여러층으로 구성되어 있기 때문에 일조량을 효과적으로 이용하여 풍요로운 산림을 창출한다.

### 2) 열대림 파괴의 원인
원주민의 땔감 채취, 화전, 목축, 농지개발, 도로나 댐의 건설, 광물자원의 채굴 등이 있다.

# 제2장 수병

## 1 수병일반

### 1) 수병의 정의
수목이 병원균의 침해를 받아 정상적인 생리기능을 유지하지 못하고 수목 본래의 형태나 생리기능에 이상이 생기는 것이다. 건강한 식물대사의 흐름이 교란된 상태를 말한다.

### 2) 수병의 발생 원인
① 병원 : 식물에 병을 일으키는 요인을 말하며 생물적 병원과 비생물적 병원으로 구분할 수 있다.
② 병원체 : 병원 중 생물적 병원을 병원체라고 하며 균류, 세균, 파이토플라즈마, 바이러스 등이 있다.
③ 주인 : 수목의 병에 직접적으로 관여하는 요인이다.
④ 유인 : 주인의 활동을 도와서 발병을 촉진시키는 환경요인이다.
⑤ 소인 : 기주식물이 병원에 대해 침해당하기 쉬운 성질이다.

## 2 병원의 종류

### 1) 생물성 병원(전염성 · 기생성병)
① 진균에 의한 병이 가장 많고 그 다음이 세균 및 바이러스에 의한 것이다.
② 세균 : 구균, 간균, 나선균, 사상균이 있으며 세균에 의한 수병은 대부분 간균에 의한다.
③ 진균 : 실 모양의 균사가 발달된 것으로 사상균 또는 곰팡이라 부른다.
④ 선충 : 선형동물문에 속한다.
⑤ 바이러스 : 광학현미경으로 보아야만 관찰이 가능하다.
⑥ 마이코플라즈마 : 바이러스와 세균의 중간에 위치한 미생물로 원형 또는 타원형이다. 테트라사이클린 계의 항생물질로 치료가 가능하다. 유사한 미생물로 파이토플라즈마가 있다.

### 2) 비생물성 병원(전염성, 비기생성병)
① 토양조건
② 기상조건
③ 영양장해
④ 농사작업
⑤ 공업부산물
⑥ 식물의 대사산물

> **Check**
>
> 진균류에 의한 수병
>
> 1. 자낭균류에 의한 수병
>    분생포자로 이루어지는 무성생식(불안전세대)과 자낭포자로 이루어지는 유성생식(완전세대)으로 세대를 이루어 간다.
> 2. 담자균류에 의한 수병
>    유성포자인 담자포 외에 무성포자가 형성되는 것이 있다. 녹병균 중에는 녹병포자, 녹포자, 여름포자 등을 만들어 기주교대하는 것도 있다.
> 3. 불완전균에 의한 수병
>    불완전균은 진균의 종류로서 유격균사를 가지며 불완전 세대만이 알려져 있는 균이다.
> 4. 조균류(난균류)에 의한 수병
>    균사에 격벽이 없고, 무성포자인 유주포자를 생성한다.

## 3 병징과 표징

### 1) 병징

① 유조직병 : 병원 세균이 식물의 유조직에 침해하여 발병시킨다.
② 점무늬병 : 침입한 세균이 기공하강에서 증식하여 인접 유조직을 파괴하여 여러 모양의 점무늬를 이룬다.
③ 불마름병 : 식물 어느 기관의 일부 또는 전부가 말라 죽는다.
④ 무름병 : 식물 조직 및 기관의 부패현상은 무름병으로 나타난다.

### 2) 표징

① 기생성병의 병환부에 병원체 그 자체가 나타나서 병의 발생을 직접 표시하는 것으로 곰팡이, 균핵, 점질물, 이상 돌출물 등이 해당된다.
② 병원체가 침입하고 병이 어느 정도 진행된 후에 나타나므로 조기 진단에는 도움이 되지 않지만 병원체 그 자체가 나타나므로 병의 종류를 판단하는 데 중요하다.
③ 표징의 종류
  ㉠ 병원체의 영양기관 : 균사체, 균사속, 균사막, 근상균사속, 선상균사, 균핵, 자좌 등
  ㉡ 병원체의 번식기관 : 포자, 분생자병, 분생자퇴, 분생자좌, 포자퇴, 포자낭, 병자각, 자낭각, 자낭구, 자낭반, 세균점괴, 포자각, 버섯 등

## 4 수병의 발생

> **Check**
> 
> **병원균의 월동형태**
> 1. 균사 : 수목 내에 침입한 후 자실체를 형성하기까지 비교적 오랜 기간을 필요로 한다. 소나무혹병균, 잣나무털녹병 등이 이에 속한다.
> 2. 후막포자 : 균사세포가 후막화·비대화하며 단독 또는 집단화한다.
> 3. 균사덩이 : 후막포자와 마찬가지로 균사가 굵고 짧아지며 여러 개가 모여 다발을 이룬다.
> 4. 균핵 : 균사덩이가 더욱 발달하여 거의 일정한 형태가 된다.
> 5. 번식기관 : 담자균류의 다년생 경질버섯, 자낭균류, 자낭각, 자낭반 등은 번식기관의 형태로 월동한다.
> 6. 기타 : 분생포자가 내구형으로 되어 기주체에서 월동한다.

### 1) 병원균의 월동장소
① 기주체내 월동 : 소나무혹병균, 소나무잎녹병균, 벚나무 빗자루병, 삼나무 붉은마름병, 낙엽송 끝마름병균
② 기주체 표면 월동 : 흰가루병균, 그을음병균
③ 종자 월동 : 오리나무 갈색무늬병균, 묘목의 잘록병균
④ 기주 수목의 죽은 조직에서 월동 : 낙엽송 잎떨림병균, 느티나무 갈색무늬병균, 포플러류 점무늬병균, 밤나무 줄기마름병균, 오동나무 탄저병균 등
⑤ 토양 월동 : 뿌리썩이 선충류, 오동나무 빗자루병, 근두암 종병균, 자줏빛 날개무늬병균 등

### 2) 중간기주식물과 보균식물
① 이종기생균 : 녹병균과 같이 전혀 다른 두 종류의 식물을 옮겨가면서 생활하는 병원균
② 중간기주 : 두 종의 기주식물 중 경제적가치가 적은 쪽
③ 잣나무털녹병균 : 중간기주(송이풀류, 까치밥나무)

### 3) 병원균의 침입
① 각피로 침입 : 잎이나 줄기 등 식물체 표면의 각피나 뿌리의 표피를 병원체가 직접 뚫고 침입하는 것을 말한다. (뽕나무 자주빛날개무늬병균, 뽕나무뿌리썩음병균, 묘목의 잘록병균)
② 자연 개구부로 침입 : 식물체에 분포하는 자연개구부인 기공, 피목(가죽이나 눈), 수공 등으로 침입하는 것을 말하며, 기공으로 침입하는 것을 기공침입이라 한다. (삼나무붉은마름병균, 소나무잎떨림병균, 포플러줄기마름병균, 뽕나무줄기마름병균)
③ 상처를 통한 침입 : 여러 가지 원인으로 생긴 상처로 병원체가 침입한다. (모잘록병균, 밤나무 줄기마름병균, 포플러줄기마름병균, 근두암종병균, 낙엽속끝마름병균, 밤나무뿌리혹병, 뿌사리움 가지마름병균)

### 4) 병원균의 감염 및 병환
① 병원균의 감염

㉠ 감염 : 병원체가 수목에 침입하여 내부에 정착하고 수목으로부터 영양섭취가 이루어졌을 때를 말한다.
㉡ 발병 : 병원체가 기주체내로 확산되고 이에 반응하여 외관적으로 변색 또는 기형 등의 변화가 인식될 수 있을 정도가 되었을 때를 말한다.
㉢ 잠복기간 : 병원체가 침입한 후 증상이 나타날 때까지의 기간이다.

② 병에 대한 식물체의 대처
㉠ 감수성 : 식물이 어떤 병에 걸리기 쉬운 성질
㉡ 면역성 : 식물이 전혀 어떤 병에 걸리지 않는 것
㉢ 회피성 : 적극적 또는 소극적으로 식물 병원체의 활동기를 피하여 병에 걸리지 않는 성질
㉣ 내병성 : 감염되어도 기주가 실질적인 피해를 적게 받는 경우
㉤ 감수체 : 병에 걸릴수 있는 상태의 식물

③ 병환 : 어떤 병원체의 생식세포가 발아 또는 영양증식하여, 유성 또는 무성적인 증식에 의하여 같은 형의 생식세포를 만들 때까지의 과정으로, 기주식물에서 병원체에 의하여 발생하는 일련의 병의 진행 과정을 말한다.

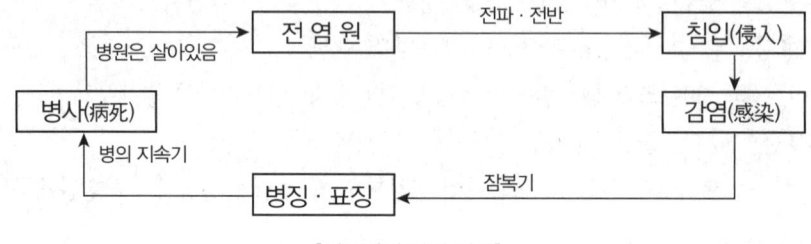

[식물병의 발병 경과]

> **Check**
> 
> **병원체의 동정에 관한 코흐(Koch)의 4원칙**
> 1. 병원체는 반드시 병환부에 존재한다.
> 2. 병원체는 배지 상에서 순수 배양되어야 한다.
> 3. 병원체를 순수 배양하여 접종하면 같은 병을 일으킨다.
> 4. 접종한 식물로부터 같은 병원체를 다시 분리할 수 있다.

## 5 수병의 예찰진단

### 1) 육안적 진단
식물의 잎·줄기·가지 등의 이상징후를 통하여 진단

### 2) 해부학적 진단
빛깔이나 모양의 변화로 분별할 수 없을 때

### 3) 이화학적 진단

물리적, 화학적으로 처리하여 진단

### 4) 병원적 진단
미생물 분리 → 배양 → 인공접종 → 재분리

### 5) 생물학적 진단
식물이 가지고 있는 독특한 성질을 이용

### 6) 진단 시 주의사항
① 병명의 결정만이 진단은 아니다. 병명을 알았다 하더라도 그 원인과 치료방법까지 자세하게 알아야 한다.
② 원인과 결과와의 관계가 중요하다. 하나의 원인으로 각기 다른 병징이 나타날 수 있고, 여러 원인으로 한 가지 병징이 나타날 수도 있다.
③ 가능한 현장에서 진단한다.
④ 전신 진단을 하여야 한다. 열매에 병징이 있다 하더라도 원인은 뿌리나 줄기에 있을 수도 있다.

## 6 수병의 전반

### 1) 전반
병원체가 병을 일으키기 위해 기주식물에 운반되는 것을 전반이라 한다.
① 병원균의 전반방법
  ㉠ 바람 : 잣나무 털녹병균, 밤나무줄기 마름병균, 밤나무 흰가루병균
  ㉡ 물 : 근두암종병균, 묘목의 잘록병균, 향나무 적성병
  ㉢ 토양 : 근두암종병균, 묘목의 잘록병균
  ㉣ 곤충 및 소동물 : 오동나무 빗자루병, 대추나무 빗자루병
  ㉤ 종자 : 오리나무 갈색무늬병균(종자의 표면 부착), 호두나무 갈색부패병균(종자의 조직 내 잠재)
  ㉥ 묘목 : 잣나무 털녹병균, 밤나무 근두암종병균, 포플러 모자이크병균

### 2) 주요 수종의 방제법
① 방제방법
  ㉠ 식물 검역 : 외국에서 수입하는 식물이나 농산물에 대해 엄중한 검사를 실시한다.
  ㉡ 전염원의 제거 : 병든 식물을 일찍 발견하여 제거하거나 병든 부위를 적절하게 제거한다.
  ㉢ 중간기주의 제거
    • 잣나무 털녹병균 : 송이풀과 까치밥나무
    • 소나무류 잎녹병균 : 황벽나무, 참취, 잔대
    • 소나무 혹병균 : 참나무
    • 배나무 적성병균 : 향나무

② 시비 : 질소, 인산, 칼륨을 적절히 시비한다.
③ 환경조건 : 토양의 습도를 조절한다.
⑪ 윤작 : 동일한 임지에서 동일한 수종을 연이어 재배하지 않고, 서로 다른 종류의 수종을 순차적으로 조합, 배열하는 방식이다.

> **Check**
> 
> 윤작에 의한 방제
> 1. 오리나무 갈색무늬병, 오동나무 탄저병 : 기주 범위가 좁고 기주식물이 없으면 오래 생존할 수 없어 1~2년의 짧은 윤작연한으로 방제가 가능하다.
> 2. 침엽수 모잘록병, 자줏빛날개무늬병, 흰비단병 : 기주 범위가 넓고 기주식물이 없어도 땅속에서 오래 생존 가능하여 3~4년의 짧은 윤작연한으로 방제가 불가능하다.

④ 병원균의 전반경로 검사
⑤ 임업적 방제 : 내병성 품종 육성, 활엽수와 침엽수의 혼효림조성, 보호수림대 설치, 제벌 및 간벌

## 7 각론

### 1) 바이러스에 의한 수병

① 포플러 모자이크병
  ㉠ 병징 : 다른 어떤 바이러스와도 같지 않은 새로운 바이러스이며 순화(純化)하여 전자현미경으로 관찰한 길이는 670mm정도이다.
  ㉡ 피해 : 바이러스에 감염된 잎은 경화되어 빗방울에도 쉽게 부스러져 탈락하며 Caroliniano rugoso 크론이 피해가 가장 심하고 재적감소율이 건전목에 비하여 50%에 달한다. 우리나라에서는 Populus deltoides의 도입 크론에서 1982년에 처음 발견되었다.
  ㉢ 방제법 : 예방하는 것이 우선이고 병든 나무는 발견 즉시 제거한다. 열처리(43~57℃)에 의한 바이러스의 제거가 육종가들에 의하여 때때로 사용되고 있다. 생장이 왕성한 식물의 생장점 분열조직으로부터 바이러스에 감염되지 않은 식물을 증식시킬 수 있다. 병든 나무는 증식용 모수로 사용해서는 안되며, 건전한 나무에서 접수 및 삽수를 채취하고 접목기구는 철저히 소독한다. 이 병이 발생한 포지에서는 양묘를 하지 않도록 하며 살선충제를 사용한다.

② 아카시나무의 모자이크병
  ㉠ 병징 : 아카시나무는 교목으로 재질이 단단하고 무늬도 아름다워 농기구재나 가구재로 사용되고 있다. 특히 꿀을 많이 생산할 수 있어 매년 수익을 얻을 수 있는 밀원 식물로 손꼽히고 있다. 그러나 아카시나무 모자이크병에 걸리면 초기에는 잎에 모자이크가 나타나며, 서서히 잎이 작아지면서 잎의 모양이 기형으로 변하게 된다.
  ㉡ 방제법 : 매개충인 진딧물을 살충제로 구제하고 병든 나무는 캐내어 소각한다.

### 2) 파이토플라즈마에 의한 수병
① 오동나무 빗자루병

㉠ 병징 : 감염된 나무의 병든 가지는 건전한 가지보다 일찍 시들기 시작하면서 잎도 조기에 낙엽이 되고 가지도 말라 떨어지게 된다. 새순에서 작은 잎이 밀생하여 마치 빗자루나 새집 둥우리와 같은 모습을 띤다.

㉡ 방제법
- 병이 발생하지 않은 지역에서 분근묘를 생산하거나, 실생유묘를 사용한다.
- 병든 나무는 즉시 소각하고 잘라 버린다.
- 옥시테트라사이클린 수용액을 수간에 주입한다.

㉢ 매개충은 담배장님노린재이다.

② 대추나무 빗자루병

㉠ 병징 : 발병 초기에는 대추나무 가지 일부분에서 증상이 나타나며, 심해지면 나무 전체에 빗자루 증상이 나타나게 된다.

㉡ 뿌리에 의한 전염 우려가 있어 밀식과 간작을 피한다.

㉢ 매개충은 마름무늬매미충이며 분주에 의한 전반이 발생한다.

㉣ 방제 : 병든 나무는 즉시 뽑아 버리고, 병든 가지, 줄기도 제거하여 소각한다.

③ 뽕나무 오갈병

㉠ 병징 : 감염 초기에는 위황증세를 나타내며, 병세가 진전됨에 따라서 생육이 억제되고, 가지의 마디 사이가 짧아진다. 황녹색과 암황색을 띠며, 잎맥의 분포도 작아지고 가지의 발육이 약해져 나무모양도 왜소해진다.

㉡ 마름무늬매미충과 접목에 의해 매개된다.

④ 붉나무 빗자루병

㉠ 병징 : 병든 나무는 잎이 작고, 줄기의 길이도 줄어들며, 나무가 전체적으로 작아진다.

㉡ 방제 : 병든 나무는 즉시 제거 후 소각하고, 매개충을 구제하고 새삼의 기생을 막는다.

㉢ 마름무늬 매미충과 기생식물인 새삼에 의해 매개 전염된다.

### 3) 세균에 의한 수병

① 단세포, 내생포자 및 포자로 고온건조, 적외선 등에 저항성이 크다.
② 유조직, 물관부, 분열조직을 가해한다.
③ 각피 침입을 할 수 없어 기공, 상처, 자연개구부로 침입한다.
④ 병든 식물체와 토양 중에 기생적으로 생존한다.
⑤ 수매전염에 의해 기주식물의 표면으로 옮겨진다.
⑥ 세균에 의한 수병 종류

㉠ 밤나무 뿌리혹병 : 보통 뿌리 부분에 혹이 생기며, 병든 부위가 비대하고 우유빛을 띠며 접목묘의 접목 부분에 많이 발생한다. 밤나무와 감나무가 잘 걸리며 건전묘만 식재하고 병든 나무는 제거하고 그 자리에 객토 후 생석회로 토양소독을 하거나 클로로피크린과 메틸브로마이드로 토양을 소독하여 방제한다.

ⓒ 밤나무의 눈마름병 : 4~7월에 새순, 잎 등의 피해부가 갈색에서 흑갈색으로 변하며 말라 죽는다. 잎에 많은 갈색 별점이 생기고 안으로 말린다. 병든 가지는 잘라 소각하고 새눈이 트기 전에 석회황합제를 1~2회 살포하여 방제한다.

### 4) 진균에 의한 수병

진균에는 조균류, 자낭균류, 담자균류, 불완전 균류 등이 있다.

① 조균류 : 격막이 없고 다수의 핵을 가지고 있는 균사체이다.

  ㉠ 모잘록병 : 모잘록병은 전세계적으로 15% 이상을 차지하며, 주로 어린 묘목에서 발생한다. 뿌리 또는 지제부에서 묘포상에서 군상으로 발생한다. 침엽수 중에서는 소나무류, 낙엽송, 전나무, 가문비나무, 활엽수 중에는 오동나무, 아까시나무, 자귀나무에 많이 발생한다.

- 도복형 : 어린 묘의 땅가 부분이 침해되기 때문에 이 부분이 갈색으로 변하고 잘록해져서 쓰러지며 썩어 없어진다.
- 수부형 : 땅위로 나온 묘목 윗부분이 썩어 죽는다.
- 지중부패형 : 땅속에서 종자가 발아하기 전 또는 발아하여 싹이 지표면에 나타나기 전에 병원균의 침해로 썩는다.
- 근부형 : 묘목이 어느 정도 자라 목화된 후 뿌리가 침해되어 암갈색으로 변하고 부패된다.
- 방제법
  - 약제에 의한 직접적인 방제
    ⓐ 모잘록병 같은 토양성 병은 한 번 발생하면 방제가 어렵기 때문에 미리 예방에 주의해야 한다. 약제 방재 시 종자를 지오람 수화제로 하루정도 침지하여 파종한다.
    ⓑ 파종 전에 다찌가렌 수화제를 1㎡ 당 3~5L 관주한다.
  - 환경 개선에 의한 간접적인 방제
    ⓐ 묘상이 과습하지 않도록 배수와 통풍에 주의하며, 햇볕이 잘 들도록 한다.
    ⓑ 파종량을 적게 하고, 너무 두껍지 않게 복토한다.
    ⓒ 질소질비료를 과용하지 말고, 인산질비료를 충분히 주어 묘목을 튼튼히 길러야 한다.
    ⓓ 병든 묘목은 발견 즉시 뽑아 태우며, 병이 심한 묘포지는 돌려짓기를 한다.
- 모잘록병의 병원균 종류

| 분류 | 학명 | 분류 | 학명 |
| --- | --- | --- | --- |
| 난균류 | Pythium debaryanum<br>P. irregulare<br>P. sylvaticium<br>P. ultimum<br>Phytophthora cactorum | 불완전균류 | Rhizoctonia solani<br>Fusarium acuminatum<br>F. graminearum<br>F. moniliforme<br>F. oxysporum<br>Cylindrocladium scoparium<br>Sclerotium bataticola |

  ㉡ 밤나무 잉크병 : 땅기부 근처의 줄기가 터지면서 유백색의 수액이 흘러나오고 시간이 지나면 흑색으로 변하는데, 이것이 잉크와 유사하여 지어진 병해이다. 일반적으로 봄부터 증상

이 나타나나 구분이 가는 병징들은 장마 후에 피해가 급격히 눈에 띤다. 주로 지제부와 가까운 밑둥지(줄기)에 발생하며, 수피의 균열부위나 피목에 검은색의 즙액이 흘러나와 지저분하게 보이며, 심하면 알코올 냄새나 역한 냄새가 난다.

병균은 땅속에서 월동하며 지표면에서 가까운 부분의 잔뿌리부터 침해한다. 나무를 제거·소각, 클로로피크린으로 토양소독, 배수주의, 저항성 품종 식재 등으로 방제한다.

② 자낭균류 : 자낭균, 자낭각, 자낭반
  ㉠ 벚나무 빗자루병
   - 가지의 일부가 팽대하여 혹 모양이 되며, 이 부근에서 가느다란 가지가 많이 나와 빗자루 모양이 된다.
   - 병든 나무를 방치하면 병환부가 증가하여 나무 전체에 잔가지가 총생하게 되고 꽃이 피지 않게 되며, 잎은 흑색으로 변하고 얼마 후 말라서 낙엽이 된다.
   - 병든 가지의 팽대 부분에서 균사형태로 월동하며 봄에 포자를 형성한다.
   - 발생 부위만 자르거나 소각은 잎이 피기 전 봄에 하며, 보르도액을 잎이 피기 전 휴면기간에 1~2회 살포하여 방제한다.
  ㉡ 수목의 흰가루병
   - 잎에 흰가루가 불규칙하게 군상으로 분포하며 미관이 좋지 않고 심하면 순의 생장이 위축되고, 꽃과 열매가 열리지 못한다.
   - 자낭균으로 자낭각를 형성하고, 무성으로 분생포자를 많이 만들어서 잎을 흰가루로 덮는다.
   - 병든 낙엽 위에 붙어 월동한다. 이듬해 봄에 자낭포자를 내어 1차 전염을 일으키고 2차 전염은 분생포자에 의해 가을까지 나타난다.
   - 낙엽을 소각하고 발병 초기부터 살균제를 예방위주로 살포하며, 봄에 새눈이 나오기 전에 석회황합제를 살포하여 방제한다.
  ㉢ 수목의 그을음병
   - 모든 식물에서 발생하며, 잎, 가지, 열매에 검은 그을음이 생긴다. 진딧물이나 깍지벌레 같은 흡즙성 곤충의 분비물인 감로에 그을음병균목의 검은색 곰팡이가 자란것이다. 자낭균에 의한 수목병, 흡즙성곤충방제, 탄소동화작용을 방제하는 외부 착생균이 대부분이다.
   - 살충제로 진딧물, 깍지벌레 등을 구제하여 방제한다.
  ㉣ 밤나무 줄기마름병
   - 발병 부위의 표피에 불규칙한 병반이 형성되며 약간 부풀어 오르고, 갈라진 수피를 벗기면 목질부에 약간 두툼한 균사가 부채꼴 모양으로 퍼져 있다.
   - 병원균은 자낭균으로, 균사 또는 포자형으로 월동한다.
   - 배수가 불량한 곳과 수세가 약한 경우에 피해가 심하므로 관리를 철저히 하고 가지치기, 인위적 상처 또는 초기에 병반이 발생할 시에는 병든 부위를 제거하고 도포제나 살균제 처리를 한다.
  ㉤ 소나무 잎떨림병

- 병든 나무는 급격히 말라 죽지는 않으나 다년간 피해를 받으면 생장이 뚜렷하게 떨어진다. 습윤한 조건에서 자낭포자를 방출할 수 있으면서 건조에 견딜 수 있는 특이한 구조의 자낭반과 자낭포자를 형성하기 때문에 춥고 습기가 많은 곳에서 피해가 심하다.
- 잎떨림병은 주로 15년생 이하 어린 나무의 수관하부에서 발생이 심하며, 강우가 많거나 가을에서 겨울 사이에 기온이 따뜻하면 이듬해에 피해가 심하게 발생할 수 있다.
- 병든 낙엽은 태우거나 묻는다. 어린 나무의 경우 풀깎기를 하며 수관하부를 가지치기하여 통풍을 좋게 한다.
- 조림지에 하목으로 활엽수를 식재하여 피해를 경감시킨다.

ⓑ 낙엽송 잎떨림병
- 7월 하순에 초기의 병징이 나타난다.
- 발병 초기에는 잎 표면에 작은 반점이 형성되다가 점차 확산되어 황록색으로 변하게 되고, 수관하부에서부터 적갈색을 나타낸다.
- 병원균의 자낭포자가 월동하고 있는 병든 낙엽을 모아 태우거나 묻는다.
- 병이 잘 발생하는 지역은 낙엽송 일제 조림을 피하고 활엽수와 혼효하여 혼효림을 조성한다.

ⓢ 낙엽송 끝마름병
- 당년에 자란 신소에만 발생하며 8~9월에 신소에서 수지가 나오고 퇴색, 수축, 가늘게 된다.
- 병든 가지에서 말숙한 자낭각의 형태로 월동하며 맨끝에만 잎이 있고 모두 떨어진다.

③ 담자균류 : 녹병균, 깜부기 병균
㉠ 잣나무 털녹병
- 중간기주는 송이풀과 까치밥나무이며 녹포자와 녹병포자를 형성한다. 중간기주에서 여름포자, 겨울포자, 담자포자를 형성하고 수피조직 내에서 균사의 형태적 월동이 이루어지며 4~5월 하순에 녹포자를 형성한다.
- 약제 방제는 거의 불가능하며 병든 나무는 제거·소각하고, 중간기주는 제거한다.

㉡ 소나무 잎녹병
- 병든 나무는 잎이 일찍 떨어져 생장에 손실을 주지만 급속히 말라 죽지는 않는다.
- 중간기주는 황벽나무, 참취, 잔대이며 여름포자, 겨울포자가 형성된다.
- 소나무에는 녹포자·녹병포자가 형성된다.
- 소나무와 중간기주에 기주교대하는 이종 기생균으로 소나무에 기생할 때에는 녹병포자와 녹포자를 형성하고, 중간기주에 기생할 때에는 여름포자와 겨울포자를 형성한다.
- 약제 방제는 어렵고 소나무 조림지 1km 이내에 있는 중간기주를 제거한다.

㉢ 향나무의 녹병(배나무의 붉은별무늬병)
- 4월경 향나무의 잎과 가지 사이에 갈색 혀 모양의 균체를 형성하며 배나무는 별모양이다.
- 향나무에 겨울포자, 배나무에서 녹병포자와 녹포자를 형성한다.
- 향나무 부근에는 모과나무, 배나무, 사과, 명자꽃 등 장미과 식물을 근접하여 식재하지 않도록 하며, 가능한 2km 이상 떨어지도록 심어야 한다.

- 4~7월에 향나무에는 만코지 수화제, 4-4식 보르도액을 살포하며, 배나무에는 4~6월까지 타티풀 수화제, 4-4식 보르도액을 10일 간격으로 살포한다.
  ② 소나무 혹병
  - 가지나 줄기에 혹이 생기며, 참나무류에 여름포자와 겨울포자가 형성되고 소생자의 침입만으로 1~2년 내에 혹이 생긴다.
  - 소나무 묘포에 중간기주인 참나무를 심지 않고 4-4식 보르도액을 살포하여 방제한다.
  ⑩ 포플러 잎녹병
  - 포플러의 잎 뒷면에 노란 가루덩이가 형성되며 조기 낙엽된다. 낙엽송 잎은 5~6월경 노란점을 띤다.
  - 포플러에서 여름포자·겨울포자의 소생자를 형성한다. 소생자는 낙엽송으로 날아가 기생하여 녹포자를 형성한다.
  - 포플러 묘포는 낙엽송 조림지에서 멀게 조림하여 방제한다.
④ 불완전 균류 : 무성세대에만 존재한다.
  ㉠ 오동나무 탄저병
  - 성목·묘목 모두와 실생묘에 큰 피해를 준다. 장마철에 특히 심하며 잎에 1mm 이하의 둥근 담갈색 반점이 생긴다. 묘목과 성목의 병든 가지·줄기·잎에서 균사형태로 월동한다.
  - 소각하거나 6월 상순부터 M-45 수화제를 살포하여 방제한다.
  ㉡ 오리나무 갈색무늬병 : 파종 직후 유묘기 때 모잘록병과 함께 발생하며, 6~8월의 장마철에 심하다.
  ㉢ 삼나무 붉은마름병 : 병환부 조직 내부에서 균사덩이로 월동한다.
  ㉣ 측백나무의 잎마름병 : 수목에 심각한 피해를 주지는 않지만 미관을 해치는 정도로 피해가 미미하다.

### 5) 선충에 의한 수병
① 침엽수 묘목의 뿌리썩이선충병
  ㉠ 삼나무, 편백, 소나무, 일본잎갈나무, 가문비나무 등에서 나타난다. 특히 삼나무 묘목의 피해가 크고 1mm 이하의 잔뿌리가 피해를 받는다.
  ㉡ 뿌리의 내부조직이 파괴된 후 병원균이 침입하고, 성충은 뿌리 내에서 알을 낳고 유충·성충은 주로 뿌리 조직 내를 이동하면서 양분을 섭취한다.
② 소나무의 시들음병 : 초여름에 잎 전체가 누렇게 변하면서 30~50일 내에 완전히 말라 죽는다.
③ 뿌리혹선충병
  ㉠ 밤·아카시나무·오동나무 등에서 나타난다.
  ㉡ 뿌리에 좁쌀에서 강낭콩 크기의 많은 혹이 생긴다.
  ㉢ 유충의 형태로 땅속에서 월동하거나 성충·알의 형태로 기주식물의 뿌리에서 월동한다.
  ㉣ 메틸브로마이드 살포, 전작에 주의, 침엽수와 윤작 등으로 방제한다.
  ※ 소나무재선충 : 매개충은 해송수염수레하늘소, 솔수염하늘소, 북방수염하늘소과에 속하는 여러 종류의 하늘소에 의해 전반된다. 하늘소가 소나무를 가해할 때 목질부로 들어가 증식되어 수분의 통도작용을 저해하며, 살충제 수미티온을 뿌려 매개충을 구제하여 방제한다.

## 병원의 종류

| 병원 | | 수목의 병명 |
|---|---|---|
| 바이러스 | | 포플러의 모자이크병, 아카시나무의 모자이크병 |
| 마이코플라즈마 | | 오동나무의 빗자루병, 대추나무의 빗자루병, 뽕나무의 오갈병, 밤나무의 누른 오갈병, 물푸레나무의 마름병 |
| 세균 | | 밤나무의 뿌리혹병, 잣나무의 눈마름병, 호두나무의 갈색썩음병, 포플러의 세균성 줄기마름병, 단풍나무의 점무늬병 |
| 선충 | | 침엽수 묘목의 뿌리썩이선충병, 소나무의 시들음병, 뿌리혹선충병 |
| 기생성 종자식물 | | 겨우살이, 새삼 |
| 진균 | 조균류 | 모잘록병, 밤나무의 잉크병, 소나무의 소엽병, 동백나무 시들음병 |
| | 자낭균류 | 수목의 흰가루병, 수목의 그을음병, 밤나무의 줄기마름병, 소나무의 잎떨림병, 낙엽송의 끝마름병, 침엽수 및 활엽수의 날개무늬병, 침엽수 및 활엽수의 흰비단병, 침엽수의 균핵병, 편백의 잎떨림병, 삼나무의 흑잎떨림병, 소나무의 피목 가지마름병, 소나무의 청변병, 낙엽송의 줄기마름병, 낙엽송의 암종병, 전나무의 잎떨림병, 전나무의 암종병, 벚나무 암종병, 벚나무의 구멍갈색무늬병, 참나무류의 시들음병, 느릅나무의 시들음병, 오동나무의 부란병, 포플러의 줄기마름병, 포플러의 잎마름병, 단풍나무의 검은무늬병 |
| | 담자균류 | 소나무의 잎녹병, 소나무의 혹병, 잣나무의 털녹병, 포플러의 잎녹병, 밤나무의 녹병, 수목의 뿌리썩음병, 침엽수및 활엽수의 자줏빛날개무늬병, 소나무 녹병, 잣나무 잎녹병, 낙엽송의 심재썩음병, 전나무 빗자루병, 가문비나무의 잎녹병, 가문비나무의 줄기썩음병, 자작나무이 잎녹병, 밤나무의 녹병, 오리나무류의 줄기마름병 |
| | 불완전균류 | 삼나무의 붉은마름병, 오동나무의 탄저병, 오리나무의 갈색무늬병 측백나무의 잎마름병, 침엽수 및 활엽수의 미립균핵병, 침엽수 및 활엽수의 잿빛곰팡이병, 소나무의 잎마름병, 소나무의 그을음잎마름병, 자작나무의 갈색무늬병, 느티나무의 갈색무늬병 |

### 6) 기생성 종자식물에 의한 수병

① 새삼 : 1년초로서 많은 목본식물에 기생하며, 마이코플라즈마 등이 전염에 영향을 준다.
② 오리나무 더부살이 : 뿌리에 기생한다.

## 8 주요 수병의 분류

| 구분 | 병명 | 병원균 | 기주(중간기주) | 매개충 |
|---|---|---|---|---|
| 묘포 병해 | 모잘록병 | 진균 | 소나무류, 낙엽송, 참나무류, 자작나무류, 가시나무류 | |
| | 뿌리썩이선충병 | 선충 | 소나무류, 낙엽송, 가문비나무, 삼나무, 편백, 화백, 벚나무 | |
| | 삼나무 붉은마름병 | 진균 | 삼나무, 낙우송 | |
| | 뿌리혹병 | 세균 | 밤나무, 감나무, 포플러류 | |
| | 오리나무 갈색무늬병 | 진균 | 오리나무류 | |

## ◐ 침엽수 병해

| 구분 | 병명 | 병원균 | 기주(중간기주) | 매개충 |
|---|---|---|---|---|
| 침엽수병해 | 소나무 재선충병 | 선충 | 소나무, 해송, 히말라야시다, 독일가문비, 젓나무, 분비나무, 낙엽송 | 솔수염하늘소 |
| | 소나무 피목 가지마름병 | 진균(자낭균) | 소나무, 해송, 잣나무 | |
| | 소나무 잎녹병 | 진균(담자균) | 소나무류(황벽, 참취, 잔대) | |
| | 소나무 혹병 | 진균(담자균) | 소나무, 해송, 졸참나무(참나무) | |
| | 소나무 잎떨림병 | 진균(자낭균) | 소나무류 | |
| | 리지나 뿌리썩음병 | 진균(자낭균) | 소나무류, 젓나무류, 낙엽송 | |
| | 잣나무 털녹병 | 진균(담자균) | 잣나무(송이풀, 까치밥나무) | |
| | 잣나무 잎떨림병 | 진균(자낭균) | 잣나무 | |
| | 낙엽송 가지끝마름병 | 진균(자낭균) | 낙엽송류 | |
| | 낙엽송 잎떨림병 | 진균(자낭균) | 낙엽송류 | |
| | 향나무 녹병 | 진균(담자균) | 배나무, 사과나무(향나무류) | |

## ◐ 활엽수 병해

| 구분 | 병명 | 병원균 | 기주(중간기주) | 매개충 |
|---|---|---|---|---|
| 활엽수병해 | 포플러 잎녹병 | 진균(담자균) | 포플러(낙엽송, 현호색, 줄꽃주머니) | |
| | 포플러 모자이크병 | 바이러스 | 포플러류 | |
| | 포플러 점무늬잎떨림병 | 진균(자낭균) | 이태리계 개량 포플러 | |
| | 밤나무 줄기마름병 | 진균(자낭균) | 밤나무, 참나무, 단풍나무 | |
| | 벚나무 빗자루병 | 진균(자낭균) | 벚나무류 | |
| | 호두나무 탄저병 | 진균(자낭균) | 호두나무 | |
| | 참나무 시들음병 | 진균 | 참나무류 : 신갈에서 가장 심함 | 광릉긴나무좀 |
| | 대추나무 빗자루병 | 파이토플라즈마 | 대추나무 | 마름무늬매미충 |
| | 오동나무 빗자루병 | 파이토플라즈마 | 오동나무류 | 담배장님노린재 |
| | 뽕나무 오갈병 | 파이토플라즈마 | 뽕나무 | 마름무늬매미충 |

## ◐ 공통 병해

| 구분 | 병명 | 병원균 | 기주(중간기주) | 매개충 |
|---|---|---|---|---|
| 공통병해 | 흰가루병 | 진균(자낭균) | 참나무류, 밤나무, 단풍나무류, 포플러류, 가중나무, 붉나무, 개암나무, 오리나무 | |
| | 그을음병 | 진균(자낭균) | 낙엽송, 소나무류, 주목, 버드나무, 동백나무, 후박나무, 식나무 | |
| | 아밀라리아 뿌리썩음병 | 진균(담자균) | 침엽수 및 활엽수 | |

#  제3장 산림 해충

## 1 산림해충의 일반

### 1) 곤충의 형태

① 외부형태

㉠ 피부
- 곤충의 피부는 표피, 진피 및 기저막으로 구성되어 있다.
  - 외표피 : 단백질과 지질로 구성된 매우 얇은 층으로 수분의 증발을 억제한다.
  - 원표피 : 성추 표피의 대부분을 차지하며 단백질과 키틴질로 구성된다.
- 진피는 표피를 이루는 단백질, 지질, 키틴화합물 등을 합성 및 분해하는 세포층으로, 표피는 여기에서 분비된 것이다.

㉡ 머리
- 머리에는 입틀, 겹눈, 홑눈, 촉각 등의 부속기가 있다.
- 구조상 큰 턱이 잘 발달하여 식물을 씹어 먹기에 알맞은 저작구와 부리가 바늘 모양으로 되어 있어 동식물체 조직에 구기를 찔러 넣고 빨아 먹기에 알맞은 흡수구로 구분한다.
  - 저작구형 : 메뚜기, 풍뎅이, 나비류의 유충 등
  - 흡수구형 : 찔러 빨아 먹는 형(진딧물, 멸구, 매미충류), 빨아 먹는 형(나비, 나방), 핥아 먹는 형(집파리), 씹고 핥아 먹는 형(꿀벌)

㉢ 가슴

㉣ 배
- 기문 : 배의 마디마다 한 쌍씩 있으며 이 기관을 통해 공기를 호흡한다.
- 항문, 외부생식기

② 내부형태

㉠ 소화계
- 소화관은 전장, 중장, 후장으로 나뉜다.
  - 전장 : 먹을 것을 임시 저장하며 기계적 소화가 일어난다.
  - 중장 : 소화, 흡수작용이 일어나며 위의 기능을 한다.
  - 후장 : 소화관의 맨 끝부분이다.
- 타액선 : 타액을 분비하는 곳이다.
- 말피기씨관 : 중장과 후장 사이에서 배설작용을 한다.

ⓒ 순환계
　　ⓒ 호흡계
　　　• 기문 : 기체가 출입하는 곳이다.
　　　• 기관 : 기체의 통로 역할을 하는 곳이다.
　　ⓒ 신경계
　　　• 중추신경계 : 뇌, 신경절, 신경색으로 구성된다.
　　　• 전장신경계 : 곤충의 교감신경계라 불리며 전장, 타액선, 대동맥, 입의 근육 등을 지배한다.
　　　• 말초신경계
　　　　- 운동신경 : 근육이나 분비샘 등의 반응기관 등에 자극을 전달한다.
　　　　- 감각신경 : 감각수용기들에서 중추신경절로 들어가는 신경이다.
　　ⓒ 생식계
　　ⓒ 근육계
　　ⓒ 감각기관
　　ⓒ 분비계
　　　• 외분비선 : 침샘, 악취선, 이마샘, 배끝마디샘, 페로몬
　　　• 내분비선 : 카디아카체, 알라타체, 환상선
　　ⓒ 특수조직

### 2) 해충의 종류

| 무시아강(원래 날개가 없음) | | 알톡토기, 일본낫발이, 좀붙이, 집게좀붙이, 좀, 돌좀 |
|---|---|---|
| 유시아강<br>(날개를 가지고 있지만 2차원으로 퇴화되어 없는 것도 있음) | 고시류<br>(날개를 접을 수 없음) | 하루살이, 잠자리 |
| | 신시<br>(날개를 접을 수 있음) 외시류(불완전변태) | 집게벌레, 바퀴, 사마귀, 메뚜기, 진딧물, 깍지벌레, 멸구, 매미충 |
| | 내시류(완전변태류) | 밤나무순혹벌, 소나무좀, 솔잎혹파리, 나비, 솔나무, 파리 |

### 3) 해충의 생태학적 분류

① 주요 해충 : 매년 만성적이고 지속적인 피해를 나타내는 해충이다(솔잎혹파리, 솔껍질 깍지벌레).
② 돌발 해충 : 주기적으로 대발생하거나 평소에는 별로 문제가 되지 않던 종류의 해충들과 밀도를 억제하고 있던 요인이 제거될 때 비정상적으로 대발생되는 경우이다(짚시벌레, 텐트나방 등).
③ 2차 해충 : 특정 해충의 방제로 곤충상이 파괴되면서 새로운 해충이 주요 해충으로 되는 경우로 응애, 진딧물, 깍지벌레류가 있다.
④ 비경제 해충 : 임목을 가해하기는 하나 그 피해가 경미한 해충이다.

## 2 해충의 생태

### 1) 곤충의 변태
알에서 부화한 유충은 성충과 형태가 다르며 이것이 여러 차례 탈피를 거듭한 후에 성충으로 변한다(변태).

**◐ 변태의 종류**

| 종류 | | 경과 | 예 |
|---|---|---|---|
| 완전변태 | | 알 → 유충 → 번데기 → 성충 | 나비목, 딱정벌레목 |
| 불완전 변태 | 반변태 | 알 → 유충 → 성충<br>(유충과 성충의 모양이 현저하게 다름) | 잠자리목 |
| | 점변태 | 알 → 유충(약충) → 성충<br>(유충과 성충의 모양이 비교적 가까움) | 메뚜기목, 총채벌레목, 노린재목 |
| | 무변태 | 부화 당시부터 성충의 모양과 비교적 같음 | 톡토기목 |

### 2) 곤충의 발육과정
① 부화 : 알 껍질을 깨트리고 밖으로 나오는 현상이다.
② 유충의 성장 : 알에서 부화된 것을 유충 또는 약충이라 하며 이것들은 다른 생물에서 영양을 섭취하여 성장한다.
③ 용화 : 충분히 자란 유충이 먹는 것을 중지하고 유충시대의 껍질을 벗고 번데기가 되는 과정이다.
④ 우화 : 번데기가 탈피하여 성충이 되는 현상이다.

### 3) 곤충의 습성
① 식물질을 먹는 것
  ㉠ 식식성 : 식물을 먹는 것(대부분의 해충)
  ㉡ 균식성 : 균류를 먹는 것(버섯벌레과, 버섯파리과)
  ㉢ 미식성 : 미생물을 먹는 것(파리의 구더기)
② 동물질을 먹는 것
  ㉠ 포식성 : 살아있는 곤충을 잡아먹는 것(됫박벌레류, 말벌류)
  ㉡ 기생성 : 다른 곤충에 기생생활을 하는 것(기생벌, 기생파리)
  ㉢ 육식성 : 다른 동물을 직접 먹는 것(물방개류, 물무당류)
  ㉣ 시식성 : 다른 동물의 시체를 먹는 것(송장벌레, 풍뎅이붙이과)
③ 주성
  ㉠ 주광성 : 빛에 유인되는 것으로 나비, 나방은 양성주광성, 구더기 바퀴류는 음성주광성을 가진다.
  ㉡ 주화성 : 화학물질에 유인되는 것으로 어떤 곤충은 특수한 식물에 알을 낳고, 어떤 유충은 특수한 식물만 먹는다. 호랑나비는 귤나무나 탱자나무에 알을 낳는다.

ⓒ 주수성 : 물에 유인되는 것으로 수서곤충에서 많이 볼 수 있다.
ⓔ 주촉성 : 다른 물건에 접촉하려는 주성으로 나방이나 딱정벌레 중에는 나무의 싹이나 틈에 서식하는 종류가 있다.
ⓜ 주류성 : 소금쟁이와 같이 물이 흘러오는 쪽을 향해서 운동하는 주성이다.
ⓗ 주풍성 : 잠자리, 나비는 바람이 불어오는 쪽을 향해서 날며(양성주풍성), 메뚜기는 바람을 타고 이동한다(음성주풍성).
ⓢ 주지성 : 어떤 진딧물은 머리 쪽이 땅을 향하여 앉고(양성주지성), 모기는 머리 쪽이 위를 향하여 앉는다(음성주지성).

## 3 산림해충의 피해

### 1) 해충의 발생예찰

① 통계학적 방법 : 다년간의 생물현상과 환경요소와의 상관관계를 이용하는 것으로 유효적산 온도가 많이 사용된다.
② 다른 생물현상과의 관계를 이용하는 방법 : 식물의 개화시기, 곤충의 발생시기와 해충의 관계 등을 이용하는 것이다.
③ 실험적 방법 : 해충의 휴면 타파시기나 생리적 상태를 조사하여 해충의 생리나 생태학적 현상을 실험적으로 예찰한다.
④ 개체군 동태학적 방법 : 개체군의 동태를 여러 가지 치사원인과 같이 조사 분석하여 해충의 밀도변동을 치사인자와의 관계에서 추정하는 것이다.

> **Check**
> 성페로몬 트랩을 이용한 발생예찰
> 성페로몬트랩은 같은 곤충 종간에 상대 성의 개체를 유인하기 위해 몸 외부로부터 분비하는 일종의 화학물질을 이용하는 것이다.

### 2) 예찰조사에 의한 피해의 추정

> **Check**
> 병해충발생예보
> 1. 예보 : 피해 발생이 예상될 경우
> 2. 주의보 : 일부 지역에서 피해가 발생되어 확산이 우려될 경우
> 3. 경보 : 여러 지역에서 피해가 발생되어 전국적인 확산이 우려될 경우

① 예찰조사 : 병해충의 발생 및 앞으로의 발생전망 등을 판단하기 위해 매년 고정조사구, 상습발생지 및 선단지 등을 대상으로 예찰조사를 실시한다.

② 예찰조사의 방법
　㉠ 해충조사 : 해충의 지역적 분포상황과 밀도를 조사하는 것이다.
　㉡ 축차조사 : 해충조사 시 정확한 밀도보다는 방제법을 판단할 때 사용되는 방법으로 산림해충의 조사에 이용되고 있다.
　㉢ 항공조사 : 해충의 발생과 피해를 평가할 때 항공기를 이용하는 방법으로 단시간 내에 넓은 면적을 조사할 수 있어 피해의 조기 발견이 가능하다.
③ 선단지조사 : 솔껍질깍지벌레 또는 소나무 재선충병이 침입하지 않은 지역에 대해 선단지 조사를 실시하여 확산 경로와 속도 등을 조사한다.
④ 우화상황조사 : 솔수염하늘소는 우화상황을 조사하여 방제 적기를 판단하며, 설치한 우화상에 소나무 재선충병 피해목을 조재하여 우화기 이전에 넣어 우화상황을 조사한다.
⑤ 해충의 밀도조사

## 4 해충 방제법

### 1) 해충의 방제원리
① 해충밀도의 분류
　㉠ 경제적 가해수준 : 경제적 피해가 나타나는 최저밀도로 해충에 의한 피해액과 방제비가 같은 수준의 밀도를 말한다.
　㉡ 경제적 피해 허용수준 : 경제적 가해수준에 달하는 것을 억제하기 위하여 직접 방제수단을 써야 하는 밀도수준을 말한다.
　㉢ 일반평형 밀도 : 일반적인 환경조건하에서의 평균밀도를 말한다.

### 2) 해충의 방제방법
① 기계적 방제법
　㉠ 포살 : 해충의 알, 유충, 성충 등을 직접 손이나 기구를 이용하여 잡는 방법으로 어스렝이나방, 짚시나방, 미국흰불나방 등은 난괴(알)를 채취하여 소각하고 하늘소들은 철사를 이용하여 찔러 죽인다.
　㉡ 유살 : 곤충의 특이한 행동습성을 이용하여 유인하여 죽이는 방법이다.
　　• 식이유살 : 해충이 좋아하는 먹이를 이용한다(왜콩풍뎅이).
　　• 잠복처유살 : 월동이나 용화를 위한 잠복처로 유인한다(솔나방유충).
　　• 번식처유살 : 통나무(나무좀, 하늘소, 바구미)나 입목(좀)을 이용한다.
　　• 등화(등불)유살 : 녹색, 황색, 백색의 순으로 효과적이며, 단파장 광선을 이용한 유아등(나방을 꾀는 등불)을 많이 이용한다.

ⓒ 차단 : 이동성 곤충에 이용하는 방제법으로 솔잎혹파리의 경우 피해 임지에 비닐을 피복하면 땅에서 우화하는 성충이 나무 위로 올라가는 것과 나무에서 떨어진 유충이 땅속으로 잠입하는 것을 차단할 수 있다.

② 물리적 방제법

ⓐ 온도 : 가루나무좀류, 나무좀류, 하늘소류, 바구미류 등은 고온(60℃ 이상) 또는 저온(-27℃ 이하)처리한다.

ⓑ 습도 : 나무좀류, 하늘소류, 바구미류 등은 목재를 물속에 담가 둔다(30일 이상).

ⓒ 방사선 : 방사선의 살충력을 직접 이용하는 방법과 해충을 불임화시켜 부정란을 낳게 하는 방법 등이 있다.

③ 임업적 방제법 : 내충성 품종을 선택하거나 간벌과 시비를 통해 방제한다.

④ 생물적 방제법

ⓐ 기생성 천적 : 맵시벌류, 기생벌, 기생파리 등이 있다. 맵시벌류는 천적으로 흔히 이용되며 송충알벌은 솔나방의 알에 기생한다. 솔잎혹파리먹좀벌과 혹파리살이먹좀벌, 혹파리등뿔먹좀벌, 혹파리반뿔먹좀벌은 솔잎혹파리의 방제에 이용된다.

ⓑ 포식성 천적 : 조류, 양서류, 파충류, 풀잠자리목, 딱정벌레목, 노린재목, 벌목 등에 속하는 포식성 곤충 및 거미, 응애류 등이 있다.

ⓒ 병원 미생물 : 미생물 농약인 BT는 대량증식으로 살충제와 마찬가지로 제제화, 상품화 되어 솔나방, 미국흰불나방 등의 방제에 활용되고 있다.

**Check**

**천적의 구비조건**
1. 해충의 밀도가 낮은 상태에서도 해충을 찾을 수 있는 수색력이 높아야 한다.
2. 성비가 작아야 한다.
3. 대상 해충에 밀접하게 적용되어 해충에 대한 밀도반응적 특성인 기주특이성을 보여야 한다.
4. 세대기간이 짧고 증식력이 높아야 한다.
5. 천적의 활동기와 해충의 활동기가 시간적으로 일치되어야 한다.
6. 시간적, 공간적으로 쉽고 신속하게 영향권을 확산할 수 있는 분산력이 높아야 한다.
7. 다루기 쉽고 대량 사육이 용이해야 한다.
8. 2차 기생봉(천적에 기생하는 곤충)이 없어야 한다.

⑤ 화학적 방제법

ⓐ 화학물질을 이용한 방제법으로 효과가 정확하고 빠르다. 저장이 가능하고, 사용이 간편하여 널리 사용되고 있다.

ⓑ 효과가 뛰어나지만 산림생태계에 미치는 부작용으로 그 적용에 심각한 위협을 받고 있다.

• 농약 : 살균제, 살충제, 살비제, 살선충제, 제초제 등

- 생리활성 물질 : 부작용이 적은 물질로 곤충의 행동, 발육 및 생리현상 등에 활성이 있는 물질
⑥ 항공방제
  ㉠ 비행고도 : 나무 초두부에서 10m 정도의 저공비행으로 방제한다.
  ㉡ 방제시간 : 오전 5시~12시 사이에 방제한다.
  ㉢ 풍속 : 지상 1.5m에서 초속 5m 이하인 경우에 방제한다.
  ㉣ 1일 비행횟수 : 1대당 25회 비행한다. 다만 1일 비행시간을 4.5시간으로 제한하고 이동을 포함할 경우 5시간 이내로 한다.
⑦ 병해충 종합관리(IPM) : 병해충을 방제하는 데 있어서 농약 사용을 최대한 줄이고 이용 가능한 방제방법을 적절히 조합하여 병해충의 밀도를 경제적 피해수준 이하로 낮추는 방제체계이다.
  ㉠ 생물적 방제 : 익충 및 거미 등 천적에 의한 방제
  ㉡ 성페로몬 이용 : 해충의 암컷이 교미를 위해 발산하는 성페로몬을 인공적으로 합성하여 수컷을 유인, 박멸
  ㉢ 수컷 불임화 : 해충의 수컷을 불임화
  ㉣ 미생물 이용 : 해충에 독성물질을 내는 박테리아인 BT를 이용
  ㉤ 농약대체 물질 이용 : 아인산
  ㉥ 재배적 방제 : 포장환경, 재배방법, 수확방법, 저장, 가공과정을 해충에 불리하도록 조절
  ㉦ 저항성 이용 : 해충에 대해 저항능력이 큰 품종을 육성 및 재배
  ㉧ 물리적 방제 : 온도 및 습도 등을 조절하여 해충 방제

## 5 주요 해충

1) 잎을 가해하는 해충
  ① 솔나방
    ㉠ 소나무류의 중요한 해충으로 유충은 잎을 톱니모양으로 갉아 먹지만 크면 잎을 모조리 먹는다.
    ㉡ 1년에 1회 발생하고 나무껍질이나 지피물 사이에서 월동한다. 성충은 7월 하순~8월 상순에 출현하며 산란수 600개이다.
    ㉢ 유충이나 번데기에는 고치벌, 맵시벌 등의 천적을 보호하고, 식이목 설치, BHC 1~2%나 말라티온유제 1000배액을 4~5월에 살포하여 방제한다.
  ② 집시나방
    ㉠ 세계적으로 분포하는 잡식성해충이다.
    ㉡ 1년 1회 발생하고 알로 나무줄기에서 월동하며 성충은 8월 상순에 출현한다. 산란수는 200~400개이다.

ⓒ 천적 보호, BHC 분제를 이용하나 독성으로 세빈이나 디프렉스 1000배 액을 이용하여 방제한다.

ⓔ 침엽수와 활엽수 모두를 가해한다.

③ 삼나무독나방

㉠ 삼나무·소나무·편백·히말라야 삼나무의 유령목과 장령목의 피해가 심하다.

㉡ 1년 1회 발생하며 알로 나무줄기에서 월동한다. 성충은 6~7월에 출현하며 알은 잎에 20~30개씩 낳는다.

㉢ 번데기·유충 포살, 발생이 심하면 BHC·세빈·수미티온 사용하며, 6~7월에 등화유살하여 방제한다.

④ 독나방

㉠ 1년에 1회 발생하는 활엽수를 가해하는 잡식성해충으로 1~2회 탈피한 유충으로 나무껍질 사이·지피물 밑에서 군서로 월동한다. 성충은 7월에 출현한다.

㉡ 난괴·군서유충 포살, 성충의 등화유살, 바이러스 병을 이용하는 방법 등으로 방제한다.

⑤ 어스렝이나방

㉠ 유충은 커서 잎을 먹는 양이 많고, 어린 것은 흑색이지만 자라면 황록색이 된다.

㉡ 1년 1회 발생하며 알로 나무껍질 사이에서 월동한다.

㉢ 수간에 붙어 있는 알 덩어리나 어린 유충을 포살하거나 천적(어스렝이알좀벌·송충알좀벌) 보호, BHC분제·디프렉스 1000배 액을 살포하는 형태로 방제한다.

⑥ 흰불나방

㉠ 활엽수를 가해하며 1년 2회 발생한다.

㉡ 나무껍질 사이·판자 틈·돌 밑·지피물 밑 등에서 번데기로 월동한다. 1회 성충은 5월 중순~6월에 출현한다.

㉢ 부화 직후의 유충은 군서하므로 포살, 용화할 때가 되면 땅으로 내려오므로 식이목을 설치하고 살충제로는 디프렉스(1000배액)를 이용하여 방제한다.

⑦ 버들재주나방

㉠ 미류나무, 버드나무, 참나무를 가해한다.

㉡ 1년에 2회 발생하며 1회 성충은 5월 하순~6월에 발생하며 2회 성충은 8월에 출현한다. 월동유충은 4월경에 나무에 올라가 잎을 먹는다.

㉢ 6월, 8월에 잎에 붙은 알이나 군서하는 부화유충을 따서 죽이거나 유충 발생 초기에 수미티온·디프렉스·DDVP 등을 뿌려 방제한다.

⑧ 텐트나방

㉠ 여러 활엽수를 가해하며 1년 1회 발생한다. 나방은 6월 중순에 나타나고 알로 월동한다.

㉡ 천적(새, 벌, 바이러스 병 등) 보호, 수미티온 50% 유제(1000배액) 살포로 방제한다.

⑨ 미류재주나방

㉠ 버드나무, 미류나무, 느티나무, 참나무를 가해한다.
㉡ 1년 2회 발생하며 1회 성충은 7월, 2회 성충은 9월에 나타나나 불규칙적이다. 알로 수간에서 월동한다.
㉢ 잎을 말아 그 속에서 가해하므로 잔효성이 긴 살충제를 뿌리거나 바이러스 병에 걸린 유충을 물에 타서 뿌려 방제한다.

⑩ 텐트불나방
㉠ 참나무, 갈참나무, 밤나무, 버드나무류를 가해한다.
㉡ 1년 1회 발생하며 2령의 유충으로 월동한다. 성충은 7월 상순에 출현하고 부화유충은 낮에 지피물 밑에 숨어 있다가 밤에 나와 잎을 먹는다.
㉢ 수간에 있는 천막 속에서 월동하는 유충을 죽이거나, 8월에 알 덩어리나 군서하는 유충을 잡아 죽여 방제한다.

⑪ 소나무거미줄잎벌
㉠ 소나무 및 소나무속의 침엽수를 가해한다.
㉡ 1년 1회 발생하며 땅속에서 번데기로 월동한다. 성충은 4월에 우화하여 솔잎에 산란한다.
㉢ 용화병균류·Bacillus속의 병균인 천적을 활용하거나 유충에는 BHC 1~3% 분제 살포, 우화 직전에 BHC 1~3% 분제를 피해림의 지면에 살포, 발생이 심하면 나무를 흔들어 유충을 떨어뜨려 잡아 죽여 방제한다.

⑫ 솔노랑잎벌
㉠ 1년 1회 발생하며 유충은 4월 중순~5월에 출현한다. 9월 상순에 용화하며 10월 중·하순에 성충으로 우화한다.
㉡ 방제는 BHC 분제를 ha당 30~50kg을 뿌려주거나 천적(맵시벌, 노린재류)을 이용한다.

⑬ 넓적다리잎벌
㉠ 오리나무류를 가해하고 1년 1회 발생하며 7월 중순~8월 중순에 출현한다.
㉡ BHC 분제를 ha당 50~100kg를 살포하거나 우화직전 분제를 지면에 살포 또는 훈연제를 이용하고 천적을 보호하여 방제한다.

⑭ 호두자루수염잎벌
㉠ 호두나무 잎을 가해한다. 1년 1회 발생하고 성충은 4월 하순~5월 상순에 우화하며 유충은 4회 탈피 후 땅속에서 월동한다.
㉡ 유충이 어릴 때 약제를 살포하여 방제한다.

⑮ 오리나무잎벌레
㉠ 성충, 유충 모두 오리나무 잎을 가해하며 1년 1회 발생한다. 암컷은 200~500개의 알을 낳는다.
㉡ 천적인 무당벌레나 유충기에는 BHC분제를 살포하여 방제한다.

⑯ 쌍엇줄잎벌레

㉠ 성충으로 9월 하순경부터 땅 위의 지피물 밑으로 들어가 월동하며 다음해 봄 5월경에 새로 나온 잎을 가해한다.
 ㉡ 성충에 BHC를 살포하여 방제한다.

### 2) 충영을 만드는 해충
① 솔잎혹파리
 ㉠ 유충이 적송·흑송 등의 두침엽의 접합부에 기생하여 혹을 만들어 피해를 준다. 1년 1회 발생하고 유충으로 땅속이나 충영 속에서 월동하며 6월 상순이 성충우화 최성기이다. 성숙 유충의 크기는 1.7~2.8mm이다.
 ㉡ 간벌·고립목의 경우 피해를 덜 입는다.
 ㉢ 성충 우화 시기(5~6월)에 ha당 30~50kg의 살충제 살포, 다이메크론 50% 유제를 흉고 직경 1cm당 0.3~0.7ml를 수간주사, 하기벌목(충영 속의 유충 제거), 천적(먹좀벌·거미류·개미·박새류) 보호, 비료주기 등의 방법으로 방제한다.

② 밤나무순혹벌
 ㉠ 밤나무 곁눈에 혹을 만들어 생장을 저해하며 밤이 결실을 못하게 한다. 유충상태로 동아(冬芽) 내에서 월동하고 우화 시기는 6월 하순~7월 상순이다.
 ㉡ 내충성 품종으로 개량하거나 충영을 채집·소각, 천적(상수리좀벌·노랑꼬리좀벌) 보호, 성충 우화 시기에 살충제를 살포하여 방제한다.

### 3) 분열조직을 가해하는 해충(식재성 해충류)
① 소나무좀
 ㉠ 1년 1회 발생하며 수피 속에서 월동한다.
 ㉡ 신성충의 우화는 6월 상순~7월, 유충은 형성층·가도관 부위를 가해하고 신성충은 신초를 가해한다. 유충은 2회 탈피하며 20일의 기간을 가진다.
 ㉢ 간벌, 식이목 설치, 뿌리에 살충제를 투입하는 등으로 방제한다.

② 애소나무좀
 ㉠ 소나무류의 인피부와 신초를 가해한다.
 ㉡ 소나무좀보다 피해가 심해 더 빨리 고사한다. 1년 1회 발생하며 성충으로 월동하는데, 기온이 15℃ 이상되면 월동처에서 나와 수간에 구멍을 뚫고 산란한다.
 ㉢ 방제는 소나무좀의 방법과 같다.

③ 왕소나무좀
 ㉠ 일본잎갈나무, 전나무, 적송 등의 인피부를 가해하고 1년 1~3회 발생하며 월동은 벌근의 수피하에서 한다.
 ㉡ 벌채목을 임내에 오래두지 않고 벌채 후 곧 박피하거나 벌목 처리하여 방제한다.

④ 소나무흰점바구미

㉠ 소나무류를 가해한다. 1년 1회 발생하고 성충은 4~6월에 우화하며 월동한다.
　　　㉡ 간벌로 불량목 제거, 쇠약목에 선택적으로 산란하므로 산란 후 박피하여 태워 방제한다.
　⑤ 점박이수염긴하늘소
　　　㉠ 가문비나무, 구상나무의 쇠약목 및 건전목을 모두 가해한다. 2년 1회 발생하며 성충은 6월 중순~9월 하순에 출현하나 최성기는 7월 하순~8월 하순이다. 산란수는 약 25개이다.
　　　㉡ 성충 포살, 유충이 심재부로 들어가기 전에 떡메나 망치로 식압부를 쳐서 죽여 방제하고 딱따구리를 비롯한 새 종류의 천적을 보호한다.
　⑥ 미끈이하늘소
　　　㉠ 유충이 참나무와 밤나무류 등을 가해한다.
　　　㉡ 15~30년생 건전목의 피해가 많으며 2년 1회 발생한다.
　　　㉢ 성충 포획, 유충 포살, 줄기에 석회황합제를 발라 방제한다.
　⑦ 측백하늘소
　　　㉠ 향나무, 편백나무, 측백나무를 가해한다. 성충은 3~4월에 출현하며 1년 1회 발생한다.
　　　㉡ 피해 가지나 수간을 10월~이듬해 2월까지 채취하여 태우거나 3월 중순~4월 중순에 BHC 2% 분제를 뿌려 산란을 막고 4월 상·하순에 침투성 유기인제를 뿌려 부화 직후의 유충을 죽이는 방법으로 방제한다.
　⑧ 알락박쥐나방
　　　㉠ 삼나무, 메타세쿼이어, 오동나무, 오리나무, 미루나무류, 호두나무, 참나무, 밤나무 수종을 가해한다. 2년 1회 발생하며 성충은 8월 하순~9월 하순에 출현한다.
　　　㉡ 산란수는 3000~5000개이다.
　　　㉢ 먹어 들어가는 구멍을 찾아 BHC 주입거나 유충이 기생하는 초본류를 제거하여 방제한다.
　⑨ 박쥐나방
　　　㉠ 버드나무, 미루나무, 단풍나무, 플라타너스, 밤나무, 참나무, 아카시나무, 오동나무 등의 지제부위(땅의 표면 위로 올라온 부위)를 가해한다. 1년에 1회 발생하며, 알로 월동한다.
　　　㉡ 나무의 수피와 목질부 표면을 환상으로 식해하며 거미줄을 토하여 식해 부위를 철해 놓는다.
　　　㉢ 방제는 알락박쥐나방과 같다.
　⑩ 소나무순명나방
　　　㉠ 1년 2회 발생하며 성충은 6월과 8~9월에 우화하며 성충은 새순, 1년생지, 2년생지, 새 솔방울에 산란하고 유충으로 월동한다.
　　　㉡ 피해목 제거와 천적(새·기생봉·경화균 등) 보호로 방제한다.

### 4) 종실을 가해하는 해충
　① 밤바구미
　　　㉠ 밤의 중요한 해충의 하나로서 1년 1회 발생하며 7~8월에 출현한다. 밤이 익을 때 유충도 성숙하여 땅에 떨어져 땅속에서 월동한다. 다음해 7월경 용화한다.

ⓒ 디프테렉스 4% 분제를 8월 하순부터 2~3회 수간에 살포하여 방제하며 밤을 수확하여 1kg당 CS₂(이황화탄소) 18ml로 훈증하면 살충효과가 크다.
② 밤나방
　　㉠ 밤을 가해한다. 1년 1회 발생하며 유충으로 고치 속에서 월동한다. 성충은 8월 하순~9월 상순에 출현한다.
　　ⓒ 수확 후 메틸브로마이드(Methylbromide)로 훈증한다.
③ 복숭아명나방
　　㉠ 유충이 과실류의 열매를 가해하며 1년 2회 발생한다(6월, 7월 하순~8월 상순).
　　ⓒ 성충발생기에 디프테렉스·폴리돌(Folidol) 유제를 살포하거나 6월과 8월 상순~9월 하순에 등화유살하여 방제한다.

### 5) 흡수성 해충

① 솔껍질깍지벌레
　　㉠ 해송과 적송을 가해한다. 한 번 정착하면 이동하지 않고 체액을 빨아 먹을 때 유충에서 독소가 나와 고사시킨다. 1년 1회 발생하며 수관하부의 가지부터 고사시킨다. 3~5월에 가장 많이 발생한다.
　　ⓒ 열세목을 간벌하고 우세목의 수세를 넓혀 해충 저항성을 높여 주거나 천적(무당벌레) 보호, 7~9월에 피해목 벌채 등의 방법으로 방제한다.
② 소나무 재선충
　　㉠ 매개충은 해송수염수레 하늘소이며, 침해를 받은 나무는 4~5월부터 부분적으로 수지분비가 감소하며, 감염 20일을 전후로 증산작용 정지 및 침엽 갈색으로 변한다.
　　ⓒ 여름부터 가을까지 피해가 급증(당년에 80% 고사)하며, 선충은 뿌리·줄기·가지의 모든 부위에서 침투한다. 표고 400m까지 심하며 700m 이상이면 피해가 없다.

◐ **소나무 재선충에 대한 수종별 저항성**

| 저항성 | 약 | 중 | 강 |
|---|---|---|---|
| | 소나무, 해송 | 스트로브스 소나무, 풍겐스 소나무 | 테다소나무, 리기테다소나무, 방크스소나무 |

### 6) 토양해충

① 거세미나방
　　㉠ 활엽수·침엽수의 유목을 가해한다. 각종 묘목의 뿌리·어린 줄기를 잘라 그 일부를 땅속으로 끌어들여 먹는다. 1년생 묘목에 피해가 심하며 1년 2~3회 발생한다(1화기 : 6~7월, 2화기 : 8~9월).
　　ⓒ 파종 혹은 식재 전에 토양살충제(Gox·세빈)를 살포 후 경운하거나 성충이 묘상의 잡초에 산란하므로 잡초 제거, 이른 아침에 피해 묘목의 지하부에 숨어 있는 유충을 살포하는 등으로 방제한다.

② 소나무순나방
- ㉠ 소나무의 신초 속을 가해하여 고사시킨다. 소나무 신초 속을 가해하는 심식충류 중 이 해충의 피해가 비교적 많으며 신초만을 가해한다. 피해를 받은 신초의 끝이 갈색으로 변하고 고사하며 구과를 가해하는 경우는 많지 않으며 신초의 줄기 속에 유충이 들어 있어 발견이 쉽다.
- ㉡ 유충의 체장은 10mm 내외이며 머리는 적갈색이고 몸은 밝은 오렌지색이다. 노숙유충은 등색이고 두부와 앞가슴, 배판은 담갈색이다.
- ㉢ 1년 1회 발생하며 주로 신초 속에서 번데기로 월동한다. 성충은 3~4월에 나타나 정아, 침엽, 엽초 등에 한 개씩 산란한다. 알은 20여일 후에 부화하여 눈 또는 신초 속을 파고 들어가 가해하며 8월까지 계속된다. 유충은 6월경이면 노숙하고 이때부터는 가해부위에 타원형의 고치를 만들고 몸을 움츠린 상태로 가을까지 있다가 번데기가 된다.
- ㉣ 피해 부위를 유충과 함께 채취하여 소각하는 것이 가장 효과적인 방제법이며 이른 봄 유충기, 성충발생기에 메프유제 등을 수관에 여러 번 살포한다. 약제 살포 시는 신초 상부에 집중적으로 살포한다.

### 해충의 월동 형태

| 월동형태 | 해충이름 |
|---|---|
| 알 | 솔노랑잎벌, 집시나방, 미류재주나방, 어스렝이나방, 박쥐나방, 텐트나방 |
| 번데기 | 흰불나방, 소나무거미줄잎벌, 소나무순나방, 아까시잎혹파리 |
| 성충 | 오리나무잎벌레, 쌍엇줄잎벌레, 소나무좀류, 버즘나무방패벌레 |

### 가해 부위 해충 정리

| | |
|---|---|
| 잎을 가해하는 해충 | 솔나방, 집시나방, 삼나무독나방, 어스렝이나방, 흰불나방, 버들재주나방, 미류재주나방, 텐트나방, 소나무거미줄잎벌, 솔노랑잎벌, 넓적다리잎벌, 호두자루수염잎벌, 오리나무잎벌레, 쌍엇줄잎벌레 |
| 종실가해해충 | 밤바구미, 밤나방 |
| 흡수성해충 | 솔껍질깍지벌레, 소나무재선충, 소나무좀벌레, 진딧물류, 진달래방패벌레, 뽕나무이 |
| 분열조직가해해충 | 소나무좀, 하늘소, 박쥐나방, 소나무순명나방 |
| 충영을 만드는 해충 | 솔잎혹파리, 밤나무순혹벌 |
| 천공성 해충 | 개오동명나방, 박쥐나방, 복숭아유리나방 |
| 종실 가해 해충 | 복숭아명나방, 밤바구미 |
| 뿌리 가해 해충 | 거세미나방, 나무좀, 풍뎅이류 |

◐ 주요 산림해충 정리

| 해충명 | 피해 수종 | 가해양식 | 발생 | 월동형태 | 특징 |
|---|---|---|---|---|---|
| 솔잎혹파리 | 소나무 | 잎 (충영성) | 1년 1회 | 유충 (지피물, 땅속) | 유충이 건조에 약함<br>천적은 먹좀벌 |
| 솔껍질 깍지벌레 | 해송 | 줄기 (흡즙성) | 1년 1회 | 후약충 | 부화 약충의 이동으로 확산 |
| 솔나방 | 소나무 | 잎 (식엽성) | 1년 1회 | 5령유충 (지피물, 나무껍질 사이) | 후식에 피해가 큼, 천적은 송충알좀벌(알), 고치벌, 맵시벌(유충, 번데기) |
| 소나무좀 | 소나무 | 분열조직 (천공성) | 1년 1회 | 성충 (지면근처의 수피) | 먹이나무로 성충 유인 |
| 복숭아 명나방 | 밤나무, 복숭아나무 | 종실 | 1년 2회 | 유충 (수피 사이 고치 속) | 제1회 유충 : 복숭아 가해<br>제2회 유충 : 밤과 감 가해 |
| 밤바구미 | 밤나무 | 눈 (충영성) | 1년 1회 | 노숙 유충 (땅속) | 피해를 입은 밤은 인화늄정제로 훈증 |
| 밤나무혹벌 | 밤나무 | 눈 (충영성) | 1년 1회 | 유충 (충영) | 암컷만으로 번식,<br>천적은 중국긴꼬리좀벌 |
| 잣나무 넓적잎벌 | 잣나무 | 잎 (식엽성) | 1년 1회 | 노숙 유충 (땅속) | 주로 20년생 이상 밀생임분에 발생 |
| 솔알락 명나방 | 잣나무 | 종실 | 1년 1회 | 노숙 유충(땅속), 어린 유충(구과) | 구과를 가해 |
| 미국 흰불나방 | 활엽수(가로수, 정원수) | 잎 (식엽성) | 1년 2회 | 번데기 | 잡식성, 제1화기보다 제2화기에 피해가 큼 |
| 오리나무 잎벌레 | 오리나무 | 잎 (식엽성) | 1년 1회 | 성충 (지피물 밑, 흙속) | 성충과 유충이 동시에 잎을 가해 |
| 버즘나무 방패벌레 | 버즘나무 | 잎 (흡즙성) | 1년 2회 | 성충 (수피 틈) | 약충이 잎 뒷면을 흡즙 |

## 6 농약

### 1) 농약의 종류
① 살균제
  ㉠ 보호살균제 : 병균이 식물체에 침입하기 전에 사용해서 예방적 효과를 거두기 위한 약제로서 보르도액, 석회황합제 등이 있다.
  ㉡ 직접살균제 : 식물에 침입되어 있는 병균에 직접 작용시켜 살균시키는 약제이며 시스테인, 디포라탄 등이 있다.
  ㉢ 종자소독제 : 종자에 약제를 침지하거나 약제의 분말을 묻혀서 살균시키는 약제이다. 베노람수화제 등이 있다.
  ㉣ 토양살균제 : 토양 중의 유해균을 살균시키기 위한 약제이다. 클로로피클린 등이 있다.

> **Check**
>
> **보르도액**
> 1. 살포액이 완전히 건조해서 막을 형성해야 하므로 비 오기 직전 또는 후에 살포하지 않는다. 약효의 지속성은 비가 내리지 않으면 약 2주일 정도 유지된다.
> 2. 예방이 목적이므로 발병 전에 사용하며, 대개 병징이 나타나기 전 2~7일에 살포한다.
> 3. 효력의 지속성이 큰 살균제로서 비교적 광범위한 병원균에 대하여 유효하다.

② 살충제
  ㉠ 소화중독제(독제) : 해충이 약제를 먹으면 중독을 일으켜 죽이는 약제이다. 씹어 먹는 입(저작구형)을 가진 나비류 유충, 메뚜기에 적당하다.
  ㉡ 접촉제 : 해충체에 직접 약제를 부착시켜 살해시키는 약제이며 깍지벌레, 진딧물, 멸구류에 적당하다.
  ㉢ 훈증제 : 약제를 가스 상태로 만들어 해충을 죽이는 약제이며 클로로피클린, 메틸브로마이드 등이 있다.
  ㉣ 침투성살충제 : 식물의 일부분에 처리하면 전체에 퍼져 즙액을 빨아먹는 흡즙성해충을 살해하는 약제로 수간주사(솔잎혹파리, 솔껍질 깍지벌레)로 투여한다.
  ㉤ 기피제 : 해충이 모이지 않도록 사용하는 약제로서 나프탈렌 등이 있다.
  ㉥ 불임제 : 정자나 난자의 생식력을 잃게 하는 약제이다.
  ㉦ 유인제 : 해충을 독성이 있는 먹이 등으로 유인하는 약제이며 성페로몬 등이 있다.
  ㉧ 보조제 : 살충제의 효과를 높이기 위해 사용하는 보조물질이다.
  ㉨ 식물생장 조정제 : 식물 생리기능의 증진·억제에 사용하며 옥신, 지베렐린 등이 있다.
③ 살비제 : 식물에 붙는 응애류를 죽이는 데 사용하는 약제이다.
④ 살선충제 : 식물의 지하부에 기생하는 선충류를 방제하는 데 사용하는 약제이다.
⑤ 농약
  ㉠ 유제 : 주제가 물에 녹지 않을 때 유기용매에 녹여 유화제를 첨가한 용액으로 물에 희석하여 사용한다.
  ㉡ 액제 : 주제를 물에 녹인 것이다.
  ㉢ 수화제 : 물에 녹지 않는 주제를 점토광물과 계면활성제 등을 혼합분쇄하여 제제화한 것이다.
  ㉣ 분제 : 유효성분을 고체증량제와 소량의 보조제를 혼합하여 분쇄한 분말이다.
  ㉤ 입제 : 유효성분을 고체증량제와 혼합분쇄하고 보조제를 가하여 입상으로 성형한 것이다.

## 2) 산림병해충 방제용 농약의 선정기준
① 살충, 살균율이 높아야 한다.
② 입목에 대한 약해가 적어야 한다.
③ 사람 또는 동물 등에 독성이 적어야 한다.
④ 경제성이 높아야 한다.
⑤ 사용이 간편해야 한다.
⑥ 대량 구입이 가능해야 한다.
⑦ 항공방제의 경우 전착(번개에 붙는 것)제가 포함되지 않아야 한다.

◐ 주요 산림해충 방제 약제

| 병해충명 | 작업종 | 약제명 | 실행시기 |
|---|---|---|---|
| 소나무재선충병 | 항공 약제 살포 | 메프유제 | 5~7월 |
| 리지나뿌리썩음병 | 지상 약제 살포 | 베노밀수화제 | 발생 직후 |
| 솔잎혹파리 | 나무주사 | 포스팜액제, 아세타미프리드액제 | 5~6월 |
| 솔껍질깍지벌레 | 나무주사 | 포스팜액제 | 12월 |
| 잣나무넓적잎벌 | 항공·지상 약제 살포 | 트리무론수화제, 클로르푸루아주론유제 | 4~10월 |
| 솔알락명나방 | | | |
| 솔나방 | | 트리무론수화제, 클로르푸루아주론 유제 | 연 2회 |
| 미국흰불나방 | | | |
| 오리나무잎벌레 | | 디프 수화제 | 5~10월 |

### 3) 농약의 사용형태

① 살포법 : 농약을 물과 섞은 용액
② 살분법 : 가루 농약
③ 연무법 : 농약이 극히 미세하게 공중에 떠서 작물에 부착하기 매우 용이한 방법
④ 훈증법 : 약제를 가스의 형태로 일정 시간 내에 접촉시키는 방법

> **Check**
>
> **농약의 희석법**
> 1. 희석할 물의 양 = 원액의 용량 × {(원액의 농도/희석할 농도) − 1}×원액의 비중
> 2. 소요약량 = 단위면적당 사용량 / 소요 희석 배수

### 4) 농약의 안전사용 기준

① 적용 대상 농작물에 한하여 사용할 것
② 적용 대상 병해충에 한하여 사용할 것
③ 사용 시기를 지켜 사용할 것
④ 적용 대상 농작물에 대한 재배기간 중 사용 가능 횟수 내에서 사용할 것

> **Check**
>
> **ADI의 설정**
> 장기간에 걸쳐 농약을 투여하여 실험동물에 아무런 영향을 미치지 않은 해당 농약의 최대 무작용 약량을 구한 후 이 값에 안전계수 1/100을 곱한 값이다.
>
> **최대잔류 허용량**
> (1일 섭취 허용량×국민 평균체중) / 해당 농약이 사용되는 식품의 1일 섭취량
>
> **최대무작용량(NOEL)**
> 일정한 양의 농약을 실험동물에 계속해서 장기간 섭취시킬 경우 어떠한 피해증상도 나타나지 않은 최대의 섭취량

## 7 야생 동 · 식물 보호

### ◐ CITES의 규정 내용과 주요 대상 동 · 식물

| 구분 | 부속서 I | 부속서 II | 부속서 III |
|---|---|---|---|
| 분류 기준 | 멸종위기에 처한 종 중에서 국제거래로 그 영향을 받거나 받을 수 있는 종 | 현재 멸종위기에 처해 있지는 않으나 국제거래를 엄격히 규제하지 아니하면 멸종위기에 처할 수 있는 종 | 협약당사국이 자기 나라 관할권 안에서의 과도한 이용 방지를 목적으로 국제거래를 규제하기 위해 다른 협약당사국의 협력이 필요하다고 판단하여 지정한 종 |
| 규제 내용 | 상업목적의 국제거래는 금지(학술연구 목적만 거래) | 상업, 학술, 연구목적의 국제거래 가능 | 상업, 학술, 연구 목적의 국제거래 가능 |
| 주요 대상종 | 호랑이, 고릴라, 밍크고래, 따오기 | 하마, 강거북, 황제전갈, 오엽인삼 등 | 바다코끼리(캐나다), 북방살모사(인도) |

※ 잡아먹는 포식종과 잡아먹히는 피식종의 일반적 관계
- 포식종의 밀도는 항상 피식종의 밀도보다 낮다.
- 포식종은 다양한 종을 포식한다.
- 피식종의 증식률은 포식종보다 높다.
- 피식종은 포식종보다 크기가 작지만 포식종이 작은 경우 대개 큰 피식종의 새끼를 포식한다.

※ 생태통로 : 도로, 댐, 수중보, 하구언 등으로 인하여 야생 동 · 식물의 서식지가 단절되거나 훼손 또는 파괴되는 것을 방지하고 야생동 · 식물의 이동 등 생태계의 연속성 유지를 위하여 설치하는 인공구조물, 식생 등의 생태적 공간이다.

### 1) 야생 동 · 식물 조사 및 관리

① 개체군 밀도조사
  ㉠ 전수조사법 : 조사구 내의 전체 밀도를 조사하는 방법이다.
  ㉡ 포획 : 재포획법
  ㉢ 선조사법 : 조사구 내에 임의의 경로를 선정하고 이 경로를 따라 이동하면서 관찰되는 동물을 조사하는 방법으로 좌우폭이 25m이다.
  ㉣ 정점조사법 : 조사구 내의 임의의 조사지점(정점)에 관찰되는 조류를 조사하는 방법이다.
  ㉤ 세력권도기법 : 도면에 조사구 내에서 번식하는 조류의 종, 위치 및 세력권을 그려 넣는 방법이다.
  ㉥ 울음소리 조사법 : 일정 면적 또는 일정 경로를 따라가면서 번식기 조류의 울음소리 지점 수를 파악하여 밀도를 추정하는 방법이다.
  ㉦ 분비물조사법
  ㉧ 흔적조사법

② 야생 동 · 식물 관리이론
  ㉠ 최소생존 개체군 : 일반적으로 하나의 생물종 개체군이 어떤 일정기간 동안 멸종의 위기에 처하지 않고 생존해 나갈 수 있는 가장 작은 개체군의 크기이다.

- ⓒ 핵심종 : 일정지역의 생태계에서 생태군집을 유지하는 데 결정적인 역할을 하는 종으로 코끼리, 해달, 수달 등이 있다.
- ⓒ 우산종 : 몸집이 큰 종이 필요로 하는 면적의 서식지를 보전하여 그 서식지에 함께 살고 있는 수가 많고 크기가 작은 다른 종들을 함께 보호하여 종 다양성을 유지시킨다는 이론으로 불곰, 호랑이, 퓨마, 고릴라 등이 있다.
- ⓔ 이동통로
- ⓜ 도서생물지리분포학 : 넓은 서식지는 좁은 서식지에 비해 종 다양성이 증가한다는 기초적인 이론으로 넓은 지역은 새로운 종의 유입이 원활하며 그들의 생물상이 멸종되기까지는 많은 시간이 걸린다는 의미이다.
- ⓗ 환경수용력 : 일정 지역에서 유지할 수 있는 동일 종의 개체수를 말한다.
- ⓢ 주변효과 : 둘 또는 그 이상의 서식지가 만나는 곳에서 일반적으로 더 많은 종을 관찰할 수 있거나 서식밀도가 높은 것이다.

③ 야생동물의 피해
- ⊙ 농작물 피해 : 멧돼지, 청설모
- ⓒ 과수 피해 : 까치, 참새
- ⓒ 조림목 등 어린 나무 피해 : 고라니, 멧돼지, 대륙밭쥐
- ⓔ 작물별 피해 : 과수 28%, 벼 20%, 채소류 13%, 호두 11%, 기타 28%
- ⓜ 동물별 피해 : 멧돼지 40%, 까치 27%, 청설모 12%, 고라니 8%, 오리류 6%, 꿩 3%, 기타 4%

2) 우리나라의 주요 협약 가입현황

| 협약명 | 가입일자(발효일자) | 목적 |
| --- | --- | --- |
| CITES협약 | 1993. 7. 9(1993. 10. 7) | 국제적 멸종위기 야생동식물의 불법 및 과도한 국제거래 규제 |
| CBD협약 | 1994.10. 3(1995. 1. 1) | 생물다양성 보전, 지속가능한 이용 및 생물자원 이익의 공평한 배분 |
| 람사협약 | 1997. 3. 28(1997. 7. 28) | 습지훼손 방지 및 이동물새류의 보호 |

# 제3편

# 산림경영학

# 제1장 산림평가

## 1 산림평가의 이론

### 1) 산림평가의 세부내용
① 산림평가란 산림을 구성하고 있는 임지, 임목, 부산물 등의 가치를 평가하는 작업이다.
② 산림평가의 대상인 임지는 면적이 광대하고 지형이 복잡하며, 지위와 지리도 매우 다양하다. 임목의 생산기간은 장기적이고, 그 기간 내에 일반 물가가 상승하고 또한 화폐가치의 변동이 심하기 때문에 산림을 평가하는 작업은 쉬운 일이 아니다.
③ 임지 : 위치, 지형, 지질, 면적 등의 자연요소와 지위, 지리별로 구분하여 평가한다.
④ 임목 : 수종, 용도, 임령 등으로 구분하여 평가한다.
⑤ 부산물 : 임지내의 토석, 광물, 동식물 등으로 구분하여 평가한다.
⑥ 시설 : 임도, 건물, 보호시설, 휴양시설 등으로 구분하여 평가한다.
⑦ 공익적 기능 : 보전적 기능, 환경보호 기능 등으로 구분하여 평가한다.

### 2) 산림평가의 관점에서 본 산림의 특성
① 평가는 생산량 및 가격변동 등의 장래예측이 어렵고 현재, 과거, 미래는 산림평가의 주요 인자가 된다.
② 일반 부동산의 평가방법에 비해 특이한 점이 많다.
③ 산림의 개발 이용에 따른 주변의 지가 상승 등은 산림평가를 불안정하게 하는 경우가 많다.
④ 수익예측의 어려움이 있다.
⑤ 산림은 생산 상품과는 달리 오랜 기간에 걸쳐 자연적으로 생산되므로 공장에서 나오는 제품과 달리 같은 형태와 재질을 갖지 않는다.
⑥ 임업대상지로서의 산림은 자연재해나 자연환경의 변화에 반응하므로 수익을 예측하기가 어렵고, 또한 산림 평가를 통한 적합한 예측방법도 확립되어 있지 않다.
⑦ 산림의 평가는 과거에는 임목위주로 평가하였으나, 최근에는 임지 야생동·식물, 수계, 모양, 지리적 조건 등 다면화된 평가가 필요하다.
⑧ 최근 토지 가격의 급상승, 레저산업의 전용, 자연보호 등 산림에 대한 가치관이 다양화되었으며 앞으로도 이러한 경향이 더욱 강화될 것이다.
⑨ 최근 산림의 매매가격은 보통 임업을 전문적으로 경영하기에 너무나 비싸다. 이러한 문제는 산림의 가격을 불안정하게 하여 평가를 어렵게 한다.

⑩ 최근 토지 가격의 급상승과 노임의 인상으로 인하여 산림자원을 대부하여 경영하는 임업인의 경우 벌기수입으로는 산림을 무육하는 비용을 얻기 힘들어 임업경영이 더욱 어려워지고 있다.

## 2 산림평가의 산림경영요소

### 1) 수익
① 주벌수입 : 성숙기에 도달한 임목의 갱신, 피해목 정리 및 영급배치의 정리, 임지를 다른 용도로 제공하기 위해 벌채할 때 등에 얻는 수익
② 간벌수입 : 조림 후 주벌수확을 얻을 때까지 무육상 필요에 의해 벌채한 임목의 수익

### 2) 비용
① 조림비용 : 식재비, 벌초비(풀베기+덩굴치기), 제벌비, 간벌비, 가지치기비
② 채취비용 : 주벌수확, 간벌수확 또는 부산물을 수확하고 제품화하여 운반하는 데 소요되는 일체의 경비
③ 경영자가 원목을 생산하는 경우에는 조사비, 벌목비, 조재비, 집재비, 운재비, 수송비, 판매비, 기업이윤, 위험부담금까지 채취비에 포함됨
④ 관리비와 지대 : 인건비, 물건비, 산림보호 및 구획보전비

## 3 임업이율

### 1) 임업이율의 특징
① 사물자본재 용역의 대가에 대한 현실이율이 아니고 평정이율을 적용할 수밖에 없다.
② 임업이율은 장기이율이며, 실질적이율이 아니라 명목적이율이다.
③ 임업이율은 대부이자가 아니고 자본이자이다.
  ㉠ 현실이율 : 사업 경영의 결과 실제로 얻은 이율
  ㉡ 평정이율 : 이자액의 결정, 사업의 수익도 판단 또는 자본가를 산정할 경우에 사용하는 이율
  ㉢ 경영이률 : 사업경영의 결과 실제로 획득한 수익률과 비교하여 수익성을 판단하는 데 사용하는 이율이다.
  ㉣ 실질적이율 : 이자의 전화횟수에 따라 실제로 거두어들일 수 있는 이자율. 여러 거시경제 변수들의 변동 방향을 결정한다. 실질이자율이 높을수록 투자량이 많아지며 낮으면 그 반대가 된다.
  ㉤ 명목적이율 : 물가상승률이 반영되기 전의 이자율을 지칭한다. 복리의 적용 없이 시작되는 이자율을 가리키는 것으로 표면적으로 드러나는 것을 말한다.

### 2) 임업이율이 낮아야 하는 이유
① 재적 및 금원수확의 증가와 산림재산의 가치등귀

② 산림소유의 안정성
③ 산림재산 및 임료수입의 유동성
④ 산림경영관리의 간편성
⑤ 생산 기간의 장기성
⑥ 문화의 진전에 따른 이율의 저하
⑦ 기호 및 간접적 이익의 관점에서 나타나는 산림소유에 대한 개인적 가치 평가

## 4 산림평가의 계산적 기초

### 1) 이자의 종류

① 단리법 : 최초의 원금에 대해서만 이자를 계산하는 방법

$$N = V(1 + nP)$$
$$V : 원금, P : 이율, n : 기간, N : 원리합계$$

② 복리법 : 일정 기간마다 이자를 원금에 가산하여 얻은 원리합계를 다음의 원금으로 또 차기의 원리합계를 구하는 방법을 되풀이하는 것

$$N = V(1 + P)^n$$

### 2) 복리산 공식 : 전가계산식과 후가계산식이 있다.

$$전가\ 계산식 : V = \frac{N}{(1 + P)^n},\ 후가계산식 : N = V(1 + P)^n$$

**문제 1** 현재의 임목축적이 300, 연생장률이 7%라고 할 때 15년 후의 축적은?

$N = V(1 + P)^n = 300 \times (1+0.07)^{15} = 300 \times 2.7590 = 827.70㎥$

**문제 2** 총 가격생장률이 5%일 때 30년 후에 4,000만 원의 주벌수입을 얻을 수 있는 산림의 현재가는?

$V = \dfrac{N}{(1 + P)^n} = 40,000,000 \times \dfrac{1}{(1 + 0.05)^{30}} = 40,000,000 \times 0.2313 = 9,252,000원$

### 3) 무한연년이자 : 매년 r씩 영구히 얻는 수입이자

$$K = \frac{r}{p} \quad p : 매년 수입, r : 이자$$

**문제 1** 매년 400만 원의 수입을 올리는 임지의 자본가는? (단 이율은 5%이다.)

$$K = \frac{r}{p} = \frac{4{,}000{,}000}{0.05} = 80{,}000{,}000원$$

4) **무한정기이자** : 현재로부터 n년마다 r씩 영구히 얻을 수 있는 이자

$$K = \frac{r}{(1 + 0.0p)^n - 1}$$

**문제1** 벌기 30년마다 2억 원의 수입을 올릴 수 있는 소나무의 현재가는 얼마인가?

$$K = \frac{r}{(1 + 0.0p)^n - 1} = \frac{200{,}000{,}000}{(1 + 0.05)^{30} - 1} = 60{,}200{,}000원$$

5) **유한연년이자** : 매년 말 r씩 n회 얻을 수 있는 이자의 후가합계

$$K = \frac{r[(1 + 0.0p)^n - 1]}{0.0p}$$

**문제1** 매년 연말에 산림관리비로 50만 원씩 30년 간 지불한다면 마지막 지불이 끝날 때의 후가합계는?
(단, 이율은 5%, $1.05^{30} = 4.3219$)

$$K = \frac{(1 + 0.0p)^n - 1}{0.0p} = \frac{500{,}000(1.05)^{30} - 1}{0.05} = 33{,}219{,}000원$$

6) **유한정기이자** : m년마다 r씩 n회 얻을 수 있는 후가합계

$$K = \frac{r(1 + 0.0p)^{mn} - 1}{(1 + 0.0p)^m - 1}$$

**문제1** 임도를 150만 원씩 들여서 3년마다 보수한다면 30년 동안에 10회를 보수하게 된다. 이때 임도보수비의 후가는? (이율 5%, $1.05^{30} = 4.3219$, $\frac{1}{(1.05)^3 - 1} = 6.3442$)

$$K = \frac{r(1 + 0.0p)^{mn} - 1}{(1 + 0.0p)^m - 1} = \frac{1{,}500{,}000(1.05)^{30} - 1}{(1.05)^3 - 1} = 31{,}612{,}197원$$

## 5 임지의 평가

### 1) 임지평가의 개요

| 종류 | 내용 |
| --- | --- |
| 원가방식 | • 원가법 : 가격시점에서 대상물건의 재조달원가에 감가수정을 하여 대상물건이 가지는 현재의 가격을 산정<br>• 비용가법 : 취득원가의 복리합계액에 의함 |

| | |
|---|---|
| 수익방식 | • 기망가법 : 대상물건이 장래 산출할 것으로 기대되는 순수익 또는 미래의 현금 흐름을 적정한 비율로 환원 또는 할인하여 가격시점에 있어서의 평가가격을 산정<br>• 환원가법 : 연년수입의 전가 합계에 의함 |
| 비교방식 | • 직접 비교법 : 거래 사례와 비교하여 대상 물건의 현황에 맞게 사정 보정 및 시점 수정 등을 가하여 가격을 산정<br>• 간접 비교법 : 임지를 개발지역으로 조성하여 매각하는 등의 가격 비교 |
| 절충방식 | • 위의 방식을 절충하여 산정 |

### 2) 원가방식에 의한 임지평가

① 비용가법

㉠ 유령임목의 평가 외에는 비용의 계산은 적용되지 않는다.

㉡ 임지구입비(A)와 임지개량비(M)를 함께 지출하고 현재까지 n년이 경과

$$B_k = (A + M)(1.0P)^n$$
A : 임지구입비, M : 임지개량비, n : 기간

㉢ N년 전에 임지를 구입(A)하고 m년 전에 임지를 개량(M)

$$B_k = A(1.0+p)^n + M(1.0+p)^m$$

㉣ n년 전에 임지를 구입(A)하고 그후 매년 임지개량비(M)와 관리비($v$)를 n년 간 투입

$$B_k = A(1.0+p)^n + \frac{(M+v)(1.0+p)^n - 1}{0.0p}$$

㉤ N년 전에 임지구입비(A)와 임지개량비(M)를 함께 지출하고 그후 현재까지 해마다 연말관리비($v$)를 지출하며 m년 때 수입(I)이 있을 경우

$$B_k = (A+M)(1.0+p)^n + \frac{v(1.0+p)^n - 1}{0.0p} - I(1.0+p)^{n-m}$$

② 임지비용가

㉠ 임지를 구입한 후 현재까지 들어간 일체 비용의 후가 합계에서 그동안 수입된 후가 합계를 빼는 것

㉡ 임지 비용가를 적용하는 경우
- 임지에 들어간 비용을 회수하려고 할 때
- 임지에 들어간 자본의 경제적 효과를 알고자 할 때
- 임지의 생산력을 몰라 매매가나 기망가 방법에 의한 평가가 곤란할 때

**문제 1** 100만 원으로 토지를 구입하고 즉시 토지개량비 10만 원을 투입하여 2년이 되었다. 2년 간 토지에서 얻은 수입이 20만 원이라고 하면 손익은 얼마인가? (이율 5%)

$$B_k = (A+M)(1.0P)^n = (1,000,000+100,000)(1.05)^2 = 1,212,750 \text{ 원}$$

이익이 200,000이므로 손해는 1,012,750원이다.

- n년 전에 임지를 구입(A)하고 m년 전에 임지를 개량(M)

$$B_k = A(1.0P)^n + M(1.0P)^m$$

**문제 2** 20년 전에 임지를 500만 원에 구입하고, 10년이 지난 후에 임지개량비로 100만 원을 사용하였을 때, 임지비용가를 계산하시오(이율은 6%).

$$B_k = A(1.0P)^n + M(1.0P)^m = 5,000,000(1.06)^{20} + 1,000,000(1.06)^{10} = 17,826,525 \text{원}$$

### 3) 수익방식에 의한 임지평가

기망가는 앞으로 얻을 수 있으리라고 기대되는 수익을 현재의 시점으로 할인한 평가액이다.

① 임지기망가

임지기망가(Bu)는 일제림에서 정해진 시업을 영구적으로 실시한다고 가정할 때, 그 임지에서 기대되는 순수익의 현재 가격(총수입의 현재 가격-총비용의 현재 가격)이다.

- 임지기망가 계산식(=토지기망가의 계산식)

$$B_u = \frac{A_u + D_a 1.0P^{u-a} + D_b 1.0P^{u-b} + \cdots - C 1.0P^u}{1.0P^u - 1} - \frac{v}{0.0p}(V)$$

**문제 1** 어떤 임지의 벌기가 40년, 조림비가 ha당 30,000원, 간벌수입은 20년일 때 10,000원, 30년일 때 700,000원을 거둘 수 있고 주벌수입은 7,000,000원을 올릴 수 있으며 관리비는 ha당 400원일 때 임지기망가는?(이율은 5%)

$$B_u = \frac{A_u + D_a 1.0P^{u-a} + D_b 1.0P^{u-b} + \cdots - C 1.0P^u}{1.0P^u - 1} - \frac{v}{0.0p}(V)$$

$$= \frac{7,000,000 + 10,000(1+0.05)^{40-20} + 700,000(1+0.05)^{40-30} - 30,000(1+0.05)^{40}}{(1+0.05)^{40} - 1} - \frac{400}{0.05}$$

$$= 1,317,156 - 8,000 = 1,309,156 \text{원}$$

② 임지기망가에 영향을 주는 계산인자

㉠ 주벌수확과 간벌수확은 공식에서 +로 되어 있으므로, 그 값이 클수록 커진다. 또 그 시기가 빠를수록 임지기망가는 커진다.

㉡ 조림비 및 관리비는 공식에서 -로 되어 있으므로 조림비와 관리비가 클수록 임지기망가는 작아진다.

㉢ 이율이 높을수록 임지기망가는 작아진다.

㉣ 벌기 : 일반적으로 벌기가 커지면 처음에는 임지기망가가 증가하다가 어느 시점에서 최대가 된 다음에 점차 작아진다.

③ 임지기망가의 최대치

임지기망가가 최대치에 도달하는 시기는 식의 구성 인자의 크기에 따라 다르다.

㉠ 주벌수확 : 주벌수확의 증가 속도가 빠를수록 최대치가 빨리 온다. 따라서 지위가 양호한 임지일수록 최대 시기가 빨리 나타난다. 즉 벌기가 짧아진다.

㉡ 간벌수확 : 간벌수확이 많을수록 최대 시기가 빠르다.

㉢ 간벌수확의 시기 : 간벌수확의 시기가 빠를수록 최대 시기도 빠르다.

㉣ 조림비 : 조림비가 많으면 많을수록 최대 시기가 늦어진다.

㉤ 관리비 : 관리비는 최대 시기와는 관련 없다.

㉥ 채취비 : 임지기망가식에는 나타나 있지 않지만 시장가격에서 채취비를 뺀 것이 주벌수확에 해당하므로 채취비가 많을수록 최대 시기가 늦어진다.

㉦ 이율 : 이율이 높을수록 최대 시기가 빨라진다.

④ 임지기망가 적용상의 문제점

㉠ 임지기망가는 작업방법을 영구히 계속해야 한다. 그러나 현실적으로 동일한 작업을 영구히 실시하는 것은 불가능하다.

㉡ 수익과 비용의 인자는 영구히 변하지 않는다는 것으로 가정하고 그 현재가를 사용하고 있다. 그러나 일반적으로 각 인자는 수시로 변동하기 때문에 임지기망가의 값은 평가시점에 따라 가변적이다.

㉢ 임업이율이 임지기망가에 미치는 영향은 크다. 그럼에도 이율의 값을 설정하는 방법이 정확하게 나와 있지 않아서 평정이 자의적이 되기 쉽다.

㉣ 어떤 임지를 임지기망가법으로 산정하면 마이너스 값을 나타내는 경우가 생겨 실제와 맞지 않다.

㉤ 이 평가법에서 비용으로 공제되는 것은 조림비, 관리비 및 그 이자뿐이다. 그러나 이 외에 육림비, 채취비, 인건비, 운송비 등 많은 비용이 발생하는 것이 현실이다.

> **Check**
> **수익환원법**
> 택벌림 또는 연년 보속생산을 하는 방법이며, 평가적용 이자식은 무한연년이자식을 사용한다.

### 4) 비교 방식에 의한 임지평가

평가하고자 하는 임지와 유사한 다른 임지의 매매 사례 가격과 비교하여 평가하는 방식이다. 임지의 실제 매매 사례 가격과 직접 비교하여 평가하는 방법을 직접비교법이라 하고, 임지가 대지 등으로 가공 조성된 후에 매매된 경우에는 그 매매가격에서 가공 조성에 소요된 비용을 공제하여 역산적으로 산출된 임지가와 비교하여 평정하는 방법을 간접사례 비교법이라고 한다.

① 매매가 : 산림, 임지, 임목이 실제 매매되고 있는 가격으로, 시가 또는 시장가격이라고 한다.

② 임지매매가 : 임지가 현실적으로 매매되는 시가를 말하며 평가하려는 임지와 조건이 비슷한 임지가 매매된 실례에 따라 평가한다.

$$B = B' \times \frac{S}{S'} \times \frac{L}{L'}$$

B : 평가할 임지의 단위면적당 가격
B′ : 인접 임지의 단위면적당 가격
S : 평가할 임지의 지위등급별 지수(혹은 일정 연도의 단위면적당 생산량)
S′ : 인접 임지의 지위등급별 지수(혹은 일정 연도의 단위면적당 생산량)
L : 평가할 임지의 지리 등급별지수(혹은 단위면적당 운반비)
L′ : 인접 임지의 지리 등급별지수(혹은 단위면적당 운반비)

③ 직접 사례 비교법
  ㉠ 대용법 : 과세표준가격 등의 비율로서 보정하는 방법

$$B = 매매사례가격 \times \frac{평가대상지의\ 과세표준액}{매매사례지의\ 과세표준액}$$

  ㉡ 입지법 : 입지를 비교하여 보정하는 방법

$$B = 매매사례가격 \times \frac{평가대상지의\ 입지지수}{매매사례지의\ 입지지수}$$

## 6 임목의 평가

### 1) 임목평가의 개요

일반적으로 유령림에는 임목비용가법, 벌기 미만의 장령림에는 임목기망가법과 수익환원법, 중령림에는 임목비용가법과 임목기망가 법의 중간적인 Glaser법, 벌기 이상의 임목에는 임목매매가가 적용되는 시장가역산법을 사용한다.

| 임목의 평가 | 임목 평가법 |
| --- | --- |
| 원가방식에 의한 임목평가 | 원가법, 비용가법 |
| 수익방식에 의한 임목평가 | 기망가법, 수익환원법 |
| 원가 수익 절충방식에 의한 임목평가 | 임지기망가 응용법, Glaser법 |
| 비교방식에 의한 임목평가 | 매매가법, 시장가역산법 |

### 2) 유령림의 임목평가

① 임목비용가법

임목원가라고도 하며 임목을 육성하는 데 들어간 일체의 경비 후가에서 그동안 수입의 후가를 공제한 가격이다.

$$H_{KM} = (B+V)(1.0P^m - 1) + C + 1.0P^m - \sum_a 1.0P^{m-a}$$

### 3) 벌기 미만의 장령림의 임목평가

① 임목기망가 : 현재 벌채되지 않은 임목을 앞으로 벌정연도에 벌채한다고 예정하고 그때 얻을 수 있다고 추정되는 순수확을 현재가로 환산한 것이다. 벌채할 때까지 얻을 수 있는 수입의 현재가 합계에서 그동안에 들어갈 경비의 현재가 합계를 공제한다.

② 수익환원법(택벌림의 경우) : 택벌림과 같이 연년수입이 있는 경우에 적용하는 방식으로, 1ha당 연간수입과 비용을 조사하여 견적한다. 벌채임분에서 영속적으로 기대되는 연간수익을 A, 예상 연간비용 중 식재비 또는 무육비를 C, 관리비를 $v$, 지대를 b, 실질 임업이율을 P라고 하면 이 임분의 임목축적 평가액 N은 다음과 같다.

$$N = \frac{A-C-v-b}{0.0P} = \frac{A-C}{0.0P} - (B+C)$$

### 4) 중령림의 임목평가

비용가법과 기망가법의 중간적 방법인 원가수익 절충방식을 적용하는 것이 좋다.

① Glaser법 : Glaser는 임목의 생장에 따른 단위면적당 가격의 변동은 임목재적과 임목가격 차라는 두 가지 요소의 변동과 관계가 깊다는 사실을 발견하였다. 이 방법은 평가상 가장 문제가 되는 이율을 사용하지 않아 주관성이 개입될 여지가 적고, 또 복리계산을 할 필요가 없어 계산이 간단하다. 그리고 원가 수익의 절충적인 성격을 띠고 있어 벌기 전의 중가 영급목의 평가에 적당하다.

$$A_m = (A_u - C_0) \times \frac{m^2}{u^2} + C_0$$

$A_m$ : m년 현재의 평가대상 임목가
$A_u$ : 적정(표준)벌기 때의 임목가격
$C_0$ : 초년도의 조림비(지존, 신식, 하예비)
$u$ : 적정(표준)벌기령
$m$ : 평가대상임목의 현재 연령

② Glaser 보정식 : 10년생까지의 투입된 비용의 후가합계를 임목비용가식에서 구한 후 임목가를 산정한다. 일반적으로 11년생 이상의 인공림에서의 임목평가에 적당하다.

$$A_m = (A_u - C_{10}) \times \frac{(m-10)^2}{(u-10)^2} + C_{10}$$

### 5) 벌기 이상의 임목평가

① 시장가 역산법 : 우리가 실제 목재를 이용하려고 벌채를 할 때 가장 많이 사용하는 계산방법으로, 임목매매가 적용되며 비교방식의 간접법에 해당된다.

$$\chi = f\left(\frac{A}{1+mp+r} - B\right)$$

X : 단위재적당 임목가, A : 단위 재적당 원목 시장가, B : 단위재적당 벌목비, 운반비, 기타 일체 비용, f : 조재율, m : 자본 회수 기간, p : 월 이율, r : 기업 이익율

**문제 1** 소나무 원목의 시장도매가격이 1㎥당 6,000원, 1㎥당 벌채운반비 등의 비용이 3,000원, 조재율 0.7, 투자자본의 월 이율이 2%, 자본 회수 기간이 4개월, 기업 이익율이 10%라고 할 때 1㎥당 원목가는?

$$f\left(\frac{A}{1+mp+r} - B\right) = 0.7\left(\frac{6000}{1+(4\times 0.02)+0.1} - 3000\right) = 1459원$$

## 7 산림 피해의 손해액 평정

### 1) 산림 피해 평정의 원칙
① 피해 보상은 물질적인 원상복구가 아니라 금전적으로 이루어진다.
② 피해 전후의 재산상의 가치는 그 손해액 판정의 척도로 될 수 있으나 파괴된 부분의 가치 자체가 직접적으로 피해액 평가의 척도가 될 수 없다.
③ 피해 산림과 유사한 내용을 가진 인접 산림이 가장 적절하고도 유용하게 활용될 수 있다면 이 산림을 기준으로 피해액을 평정하여야 한다.
④ 가치란 일반적으로 상업적이거나 실리적인 기초에서 평정되어야 한다.
⑤ 수입의 감소는 피해액 평정의 근거는 될 수 있으나, 이 손실액을 현재가치로 할인함으로써 자본가의 손실과 일치하게 된다.
⑥ 피해액 결정이 곤란할 때는 재해복구 비용을 평정 기준으로 삼을 수 있다.
⑦ 이윤의 발생이 이론적으로 확실하게 되면 이윤에 의한 피해액도 평정한다.
⑦ 1차에 의한 2차적인 피해가 확실하다면 2차적인 피해에 대해서도 보상해야 한다.

### 2) 피해 평정의 예
① 풍해 · 설해로 인한 피해액의 평정
② 병충해나 동물의 식해로 인한 유령임분의 손해액 평정
③ 산불의 손해액 평정
④ 임목이 벌채되었을 때의 손해액 평정

### 3) 병해충 등 : 임지기망가를 사용한 임목비용가

### 4) 산림화재
① 유령림 : 임목비용가
② 장령림 : 임목기망가(피해목의 매매가)
③ 벌기 전후 : 매매가

# 제2장 임업경영의 종류

## 1 산림경영의 뜻과 산림경영의 주체

### 1) 경영의 정의

산림경영이라 함은 정해진 목적을 달성하기 위하여 산림에서 노동과 자본재를 사용하여 조림, 벌채 및 기타 작업을 통해서 임산물을 생산하는 조직과 활동이라고 말할 수 있다.

> **Check**
>
> **지속 가능한 산림경영**
>
> 산림의 생태적 건전성과 산림자원의 장기적인 유지, 증진을 통하여 현재 세대뿐만 아니라 다양한 산림수요를 충족하게 할 수 있도록 산림을 보호하고 경영하는 것을 말한다.
>
> **지속 가능한 산림경영기준**
> 1. 생물 다양성 보전
> 2. 산림생태계의 생산력 유지
> 3. 산림생태계의 건강도와 활력도 유지
> 4. 토양 및 수자원의 보전과 유지
> 5. 지구 탄소순환에 대한 산림기여의 유지
> 6. 장기적이고 다각적인 사회, 경제적 편익의 유지 및 강화
> 7. 산림의 보전과 지속

### 2) 경영의 주체

| 경영의 주체 | 내용 | 면적(점유율) |
| --- | --- | --- |
| 국유림 | 국가가 소유하는 산림 | 1,543,000ha(24.3%) |
| 공유림 | 지방자치단체 및 그밖의 공공단체가 소유하는 산림 | 488,000ha(7.6%) |
| 사유림 | 국·공유림 외의 산림 | 4,338,000ha(68.1%) |

① 국유림
 ㉠ 요존 국유림 : 임업기술개발 및 학술연구를 위하여 보존할 필요가 있는 국유림, 사적·성지·기념물·유형문화재 보호, 생태계 보전 및 상수원 보호 등 공익상 보존할 필요가 있는 국유림이다. 대부, 매각, 교환, 양여 또는 사권의 설정이 금지되어 있다.
 ㉡ 불요존 국유림 : 요존 국유림 외의 국유림이다.
 ㉢ 약 24%를 차지한다.
② 공유림
 ㉠ 모범적인 산림경영을 실시하여 사유림 경영의 시범이 되고, 공공복지를 증진, 지방재정의 수입 확보를 목적으로 국유림을 무상 대여한 것이다.

ⓒ 공유림의 면적은 49만ha로서 7.6%를 차지한다.
③ 사유림 : 개인, 회사, 단체, 문중, 종교단체 등이 경영주체가 되며, 68%를 차지한다.

◐ 소유 규모에 따른 사유림 분류

| 분류 | 내용 |
| --- | --- |
| 5ha 미만<br>(농가임업) | 목재생산보다는 조상의 묘를 모시거나 농용재 등의 수목을 얻기 위해 보유한다.<br>평균 0.9ha 정도로 소유주는 176만 명에 이른다. |
| 5~30ha<br>(부업적 임업) | 부업적인 경영이며, 평균 규모는 10ha 정도이다.<br>전 소유자의 9%, 면적비율은 40%에 이른다. |
| 30~100ha<br>(겸업적 임업) | 농업, 축산업 등 1차산업과 같은 비중으로 다룰 수 있는 산림경영으로, 평균규모는 48ha 정도이다. 전 소유자의 0.6%, 면적 비율은 13%에 이른다. |
| 100ha 이상<br>(주업적 임업) | 임업을 독립된 경영체로 100ha 이상 경영하는 것으로 소유자의 0.1%, 면적 비율은 12.5%에 이른다. |

### 3) 산림경영의 기술적 특성
① 생산 기간이 길다.
② 산림은 재생산이 가능한 자원이다.
③ 자연조건에 지배되는 정도가 크다.
④ 수확 결정 시기가 확실하지 않다.
⑤ 수목은 기후나 지력에 대한 요구도가 낮다.
⑥ 수목은 생리기관이 튼튼하여 이를 보호·무육하는 데 노력이 적게 든다.
⑦ 임업에서는 이론적 또는 생장에 의한 생산량과 현실적 또는 벌채에 의한 생산량의 구별이 있다.

### 4) 기술적 특성에 관한 발전 및 개선책
① 산림경영의 협업화에 의한 경영면적의 적정화, 임산물 활용에 대한 용도 개발 및 기술 지도, 속성수 개발, 장기 저리자금 융자, 시업의 자율화 같은 정책이 마련되어야 한다.
② 농업이나 목축업과 같은 집약적인 경영을 할 수 없는 관청, 학교, 단체에서도 경영할 수 있으므로 이러한 여러 기관에서 일정한 산림을 가지고 경영하는 방법을 강구해야 한다.
③ 정부 차원에서 임업을 육성해야 한다.
④ 산림 기술자 배치에 의한 수확 조절 지도 및 산림경영계획 작성에 의한 사업시행이 선행되어야 한다.

### 5) 산림경영의 경제적 특성
① 임산물은 무게와 부피가 큰 재화이다.
② 자본회수가 장기간에 걸쳐 이루어진다.
③ 임업에서는 자본과 최종 생산물인 수확물이 구분되어 있지 않다.
④ 산림경영은 대규모 경영에 적합하다.

⑤ 육성적 임업과 채취적 임업이 있다.
　　㉠ 육성적 임업 : 자본을 들여 묘목을 심고 가꾸어서 벌채 수확하는 것
　　㉡ 채취적 임업 : 천연적으로 자란 나무를 벌채 수확하는 것
⑥ 임업노동은 계절적 제한을 크게 받지 않는다.
⑦ 생산과정이 극히 조방적이다.
　※ 조방적(粗放的)이라는 것은 넓은 경작지에 노동과 자본을 적게 투자하고 주로 자연력을 이용하는 작농하는 형태를 말하며, 반대말은 집약적(集約的)이다.
⑧ 임업은 공공적 이익이 크다.

### 6) 경제적 특성에 대한 발전 및 개선책
① 자본회수가 장기간에 걸쳐 이루어지므로 원활한 산림경영이 될 수 있도록 장기 저리자금의 융자 등 금융혜택과 경영지도가 있어야 한다.
② 임산물 가격의 대부분은 운반비이므로, 임도를 국가차원에서 설치해 주어야 한다.
③ 임업노동은 계절적 제약을 크게 받지 않으므로 가족의 노동력이 남을 때를 이용하여 나무를 심고 가꾸는 부업적 농용림 경영을 하면 농가소득을 높일 수 있다.

### 7) 산림경영의 생산요소
① 토지(임지), 노동, 자본
　㉠ 산림 노동
　　• 임업생산에 소요되는 단위면적당 노동은 농업에 비하여 적으므로 산림이 광대한 면적을 차지하고 있음에도 불구하고 국민에게 노동 기회를 많이 주지 못한다. 임업은 자본집약적인 산업인 반면에 노동조방적인 산업이라고 하는 이유이다.
　　• 농업 노동력을 벌채나 운반에 이용하려면 별도로 훈련을 시켜야 한다.
　　• 산림 노동의 능률향상 방안
　　　- 노동기구의 개량　　　- 작업의 능률화
　　　- 작업의 공동화　　　　- 노동배분의 합리화
　　　- 종사자 합숙소 운영　 - 작업로의 설치
　　　- 휴양, 의료 시설의 구비 - 산림작업단 구성

## 2 임지의 특성

1) 임지는 농지에 비하여 인간의 노동이 극히 적게 가해지며 집약적인 작업이 어렵다.
2) 임지는 산림노동이 이루어지는 곳이지만 임지 자체가 노동의 대상이 아니며 노동이 성립할 수 있도록하는 매개체의 역할을 한다.
3) 임지는 일반적으로 교통이 불편한 산악지로 구성되어 있고 그 면적이 광활하며 단위면적당 생산성이 농업에 비하여 낮다.

4) 임지는 수직적인 분포에 따라 생육환경이 크게 다르므로 여러 종류의 임목이 자란다.
5) 임지는 한랭한 곳이 많아 임업 이외의 사업에는 적당하지 않다.
6) 임지는 매매가 잘되지 않는 고정자본이므로 자본의 회수가 어렵다.
7) 임지는 소모되지 않으므로 유지비가 적게 든다.

## 3 자본재

### 1) 자본재의 종류
① 유동 자본재
   ㉠ 조림비 : 종자, 묘목, 비료, 정지·식재·풀베기 등의 비용
   ㉡ 관리비 : 감독자의 급료, 사업소의 사무비, 수선비, 공과잡비
   ㉢ 사업비 : 벌목, 운반, 제재 등에 요하는 임금 및 소모품비
② 고정 자본재
   ㉠ 일반 고정사업 자본 : 임지, 건물, 벌목기구, 기계 등
   ㉡ 운반장치 자본 : 임도, 차도, 차량, 삭도, 운하, 하천 등
   ㉢ 제재소설비 자본 : 육림자가 제재하여 판매하려 할 때 설치하는 제재설비

> **Check**
>
> **고정자본**
> 토지, 건물, 기계 등의 구입에 투자한 자본처럼 생산을 위하여 1년을 넘게 기업에 보유되는, 유통을 목적으로 하지 않는 자본이다. 제조공업에서의 설비, 장치, 기계 등이 이에 해당한다. 고정자본은 1회의 생산과정에서 그 사용가치적 기능이 모두 소진되는 것이 아니고, 몇 차례 또는 몇십 차례의 생산과정에서 고정적 기능을 한 다음 그 내구성에 한계가 미칠 때 비로소 기능을 잃게 된다. 이에 대하여 원료나 보조재료 등의 유동자본은 1회의 생산만으로도 그 사용가치가 모두 소모되고 이에 따라 그 존재양식도 변형되어 버린다. 이러한 자본을 유동자본이라고 한다.

### 2) 임목축적
① 자본재 중 산림경영의 기본이 되는 것은 노동 대상인 임목이며, 임목을 계속해서 목재를 생산하는 자본으로 볼 때 임목축적이라 한다.
② 임목축적은 임목이 벌채되기 전에는 고정자본재로, 벌채된 후에는 생산기능을 잃어버리기 때문에 유동자본재로 취급한다.
③ 임목축적은 연령이 많아짐에 따라 점점 커 가므로 벌기령이 긴 산림에 있어서는 임목축적이 차지하는 자본액이 거대하게 되며 축적가는 산림의 80% 이상을 점유하는 수가 많다. 따라서 임업을 자본집약적인 산업이라고도 한다.
   ※ 자본집약적인 산업 : 노동력에 비해 대량의 자본설비를 사용하는 산업

## 4 자본장비도

### 1) 자본장비도
경영의 총자본(고정자본+유동자본)을 경영에 종사하는 사람의 수로 나눈 값을 산림경영의 자본장비도라 한다.

### 2) 기본장비도
자본액에서 유동자본을 뺀 고정자산을 종사자 수로 나눈 것을 말한다.

$$\text{자본장비도} = \frac{K}{N} \quad \text{1인당 생산성} = \frac{Y}{N} \quad \text{자본효율} = \frac{Y}{K}$$

$$\frac{Y}{N} = \frac{K}{N} \times \frac{Y}{K}$$

K : 어떤 경영의 자본액, N : 경영에 종사하는 사람수, Y : 산림소득

## 5 산림의 경영 순환과 경영형태

### 1) 산림의 임령구조

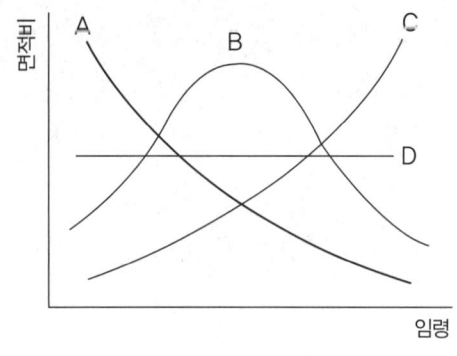

- A : 유령림이 많은 산림
- B : 장령림이 많은 산림
- C : 성숙림이 많은 산림
- D : 유령림, 장령림, 성숙림이 혼재한 산림

### ◐ 산림의 임령 구조별 특징

| 종류 | 특징 |
| --- | --- |
| A형 임령 | 투자는 많으나 수입은 적다. |
| B형 임령 | 일정한 기간이 지나면 많은 수입이 기대된다. |
| C형 임령 | 당분간은 수입이 가능하지만 계속적인 수입이 어렵다. |
| D형 임령 | 보속적인 수입이 가능한 이상적인 산림의 임령구조이다. |

## 2) 산림의 구조와 산림경영

우리나라 산림은 대부분 A형의 구조이므로 임업경영만으로는 경제적인 자립이 어렵기 때문에 수입에 다변화를 주어야 한다. 산림에 대한 투입과 산출을 좌우하는 산림구성의 기본은 산림면적과 임령이다.

① 수종 선택 시 주의사항
  ㉠ 여러 향토 수종 중에서 주요 수종을 선택한다.
  ㉡ 새로운 수종을 한 번에 대량으로 도입하지 않는다.
  ㉢ 조림기술과 임지의 환경조건에 적합한 수종을 선택한다.

② 산림경영의 방법
  ㉠ 산림면적 : 면적이 작을 때는 간단작업, 클 때는 보속작업을 한다.
  ㉡ 재정상태 : 재정이 어려울 때는 유실수와 속성수를 심어 벌기령을 짧게 하고, 재정이 좋을 때는 장기수를 심어 벌기령을 길게 한다.
  ㉢ 경영기술 : 경영기술이 부족할 때는 조방적인 경영에 적합한 수종을 선택하고 간단작업을 적용한다.
  ㉣ 경영목적 : 목적이 연료나 농용재 생산이면 여러 수종을 선택하여 벌기령을 짧게 하고, 원료재 생산이면 한 가지 수종을 밀식하여 모두베기 작업을 한다. 용재를 생산할 때는 택벌작업을 하고, 공익증대가 목적이면 벌기령을 길게 하고 택벌하며 침·활엽수를 혼식한다.

## 3) 산림경영의 형태

① 주업적 산림경영
  ㉠ 판매수입, 노력, 자금 투입면에서 개별경제에 대하여 큰 비중을 차지하고 경영되는 형태이다. 즉, 산림 부분이 생산경영의 중심을 차지하고 있는 경우 또는 독립된 조직을 가지고 산림을 경영하는 산림을 말하며, 일반적으로 전업적 산림경영이라고도 한다.
  ㉡ 우리나라의 주업적 산림경영의 형태는 국유림·공유림·회사림·종교재단림·독립가 등이다.
  ㉢ 주업적 산림경영의 전제 조건
    • 산림은 가능한 집단화되어야 한다.
    • 매년 큰 차이가 없는 임산물을 생산할 수 있는 산림 구조이어야 한다.
    • 산림관리 조직이 정비되어야 한다.
    • 생산과정을 분석하고 조직을 정비하는 등 경영순환의 합리화가 정착되어야 한다.
    • 주업적 산림경영의 형태
      – 식재 → 육림 → 벌채 → 원료 원목 공급
      – 식재 → 육림 → 임목 매각
      – 식재 → 육림 → 벌채 → 원목 매각

② 부차적 산림경영

부차적 산림경영은 다른 주업적인 생산경영을 하면서 그에 따른 토지, 자금 등 생산요소의 유효화를 막고 이용률을 높여 경영전체의 수익을 높이기 위해 임업을 부업 또는 겸업으로 경영하는 형태이다.

③ 종속적 산림경영

다른 산업에 원자재를 공급하기 위한 산림경영의 형태로 농업종속적 산림경영과 공업종속적 산림경영으로 구분할 수 있다.

- ㉠ 농업종속적 산림경영 : 영농용 자재 생산을 목적으로 산림을 경영하거나 표고 재배업자가 자기에게 필요한 버섯 나무를 생산하는 산림경영이다. 규모가 작고 경영주체성이 약하다.
- ㉡ 공업 종속적 산림경영 : 제지회사가 펄프 원료를 공급하기 위하여 산림을 경영하는 등 제지회사나 제재업자가 자기 수요의 원목을 공급하기 위하여 산림을 경영하는 것을 말한다.

### 4) 경영 조직상의 유의점

① 자연환경 : 자연적 환경조건에 적응하는 경영조직(수종, 벌채갱신 등)을 갖추어야 한다.
② 시장성 : 장기적인 면에서 임산물의 소비와 가격을 전망하여야 한다.
③ 집약성 : 노동집약적 경영과 자본집약적 경영에서 입지조건, 수종, 재정상황에 따라 선택하여야 한다.
④ 시간성 : 생장 기간에 따른 속성수, 유실수, 장기수를 선택할 것인지를 고려한다.
⑤ 거리성 : 부피가 크고 무거운 임목의 이동성을 고려한다.
⑥ 가격의 안정성 : 생장 기간이 긴 임목의 가격을 추정하는 일은 매우 어려우나 최근 연도의 가격을 조사하여 유리한 가격을 선택한다.

### 5) 산림계획과 산림경영조직

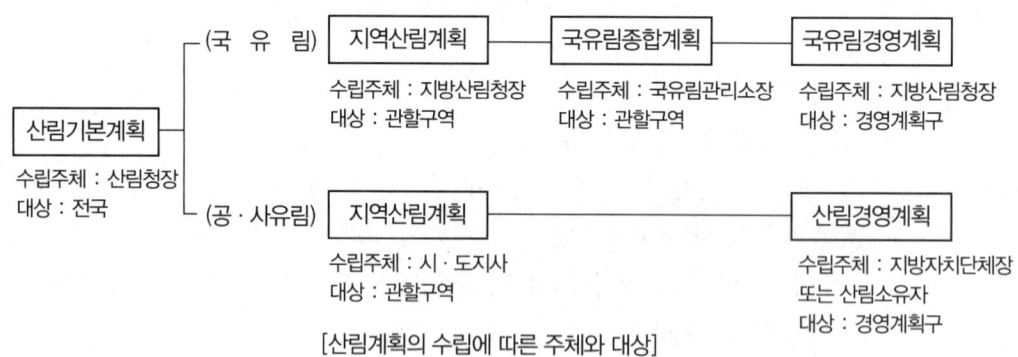

[산림계획의 수립에 따른 주체와 대상]

① 산림기본계획

산림청장은 장기전망을 기초로 하여 지속가능한 산림경영이 이루어지도록 전국의 산림을 대상으로 다음 각호의 사항이 포함된 산림기본계획을 수립·시행하여야 한다.

㉠ 산림시책의 기본목표 및 추진 방향
㉡ 산림자원의 조성 및 육성에 관한 사항
㉢ 산림의 보전 및 보호에 관한 사항
㉣ 산림의 공익기능 증진에 관한 사항
㉤ 산림재해의 예방 및 복구에 관한 사항
㉥ 임산물의 생산·가공·유통 및 수출에 관한 사항
㉦ 산림의 이용구분 및 이용계획에 관한 사항
㉧ 임도 등 산림경영기반의 조성 및 산림통합 관리권역의 설정 및 관리에 관한 사항

- 산림기본계획은 10년마다 수립하되, 산림의 상황 또는 경제사정의 현저한 변경 등의 사유가 있는 경우에는 이를 변경할 수 있다.
- 시·도의 산림기본 계획구, 지방산림청의 산림기본계획구

② 지역산림계획

㉠ 특별시장·광역시장·도지사 및 지방산림청장은 산림기본계획에 따라 관할 지역의 특수성을 고려하여 지역산림계획을 수립·시행하여야 한다.
㉡ 시·군·자치구의 지역 산림계획구, 지방산림청 국유림관리소의 지역산림계획구
㉢ 지역산림계획은 10년마다 수립하되, 산림의 상황 또는 경제사정에 현저한 변경 등의 사유가 있을 때는 이를 변경할 수 있다.

③ 산림경영계획

㉠ 지방자치단체의 장은 소유하고 있는 공유림별로 산림경영계획을 10년 단위로 수립하고, 그 계획에 따라 산림을 경영하여야 한다.
㉡ 지방자치단체의 장 이외의 공유림 소유자 또는 사유림 소유자는 향후 10년 간의 경영계획이 포함된 산림경영계획서를 작성하여 시장·군수·구청장에게 인가를 신청할 수 있다.

- 산림경영계획서는 산림 소유자가 직접 작성하거나 산림 기술자가 작성해야 한다.

## 6) 복합 산림경영과 협업

① 복합 산림경영

농가의 산림수익을 높일 수 있도록 다각적으로 생산하는 것을 말한다.

㉠ 혼농임업 : 임지의 일부 또는 수목 사이에 있는 임지를 이용하여 목초, 특용작물(약초, 인삼등), 산채 등을 재배하는 형태의 임업을 말한다.
㉡ 혼목임업 : 임목이 무성하기 전 일정 기간에 산림 내에 가축을 방목하여 임지의 산야초를 이용하는 형태의 임업이다.

- ⓒ 양봉임업 : 산림 내의 밀원식물을 이용하여 양봉을 하는 형태의 임업이다.
- ⓔ 부산물임업 : 버섯, 산채, 수액, 수피 등 산림의 부산물을 채취하거나 증식하여 농가소득을 증대시키는 형태의 임업이다.
- ⓜ 수예적임업 : 산림에서 간벌한 임목을 대묘로 굴취하여 도시의 환경미화목으로 이용하거나 꽃나무와 기타 관상수를 생산하여 중간수입을 올리는 형태의 임업이다.
- ⓑ 관광임업 : 산림 내에 휴양시설 등의 관광시설을 갖추어 관광객을 유치함으로써 수입을 올리는 형태의 임업이다.
- ⓢ 농지임업 : 농지의 주변이나 둑, 농지와 산지의 경계에 유실수, 특용수, 속성수 등을 식재하여 임업 수입의 조기화를 도모하는 방법

② 협업의 형태
- ⊙ 공동작업 : 노동력 부족으로 인해 농기계 작업 등에 공동 작업이 이루어진다.
- ⓛ 공동이용 : 개별 경영으로 구입하기 어려운 기계, 기구 등을 공동으로 구입하여 이용하는 것으로, 관리에 소홀하다는 문제점이 있다.
- ⓒ 공동관리 : 경영자가 충분한 경영기술을 갖추지 못하였을 때 조직의 힘을 빌어 공동으로 관리하는 것이다.
- ⓔ 협업경영 : 균등출자, 균등출역 및 균등분배를 이상으로 이루어지는 생산요소의 결합체로 이해한다.
  - 소유협업 : 소유권과 경영권을 협업조직에 이양하여 그 가치에 해당하는 지분권을 할당받아 공동경영을 하고, 그 지분권에 따라 배당받는 형태이다.
  - 완전협업 : 모든 시업, 생산, 판매, 기술 습득, 시설물 설치, 이용 등을 공동으로 실시하여 공동 경영하는 형태이다.
  - 부분협업 : 묘목생산, 식재작업, 육림작업, 목재 생산 등 산림경영 활동의 하나 또는 몇 개의 부분만을 공동으로 실시하는 형태로서 품앗이, 두레 등을 예로 들 수 있다.

# 제3장 산림경영계산

## 1 산림자산과 부채

1) **총재산(자산) = 타인자본 (부채) + 자기자본(자본)**
   ① 산림자산
      ㉠ 고정자산 : 임지, 건물, 구축물(임도, 삭도, 숯가마 등), 기계(산림용 큰 기계), 동물(산림에 사용되는 말 등)
      ㉡ 임목자산 : 임목축적
      ㉢ 유동자산 : 미처분 임산물(산림 생산물로서 처분되지 않은 것), 산림용 생산자재(묘목, 비료, 약재 등)
   ② 부채
   ③ 감가상각 : 자산의 유용성과 가치는 사용을 계속함에 따라 점차 소모되어 가는데, 이러한 가치의 감소를 감가라고 하고, 그 감가를 보상하는 것을 감가상각이라 한다.

2) **감가상각액의 계산법**
   ① 정액법 : 직선법이라고도 하며, 가장 간단하고 보편적인 감가 계산법이다.

   $$D = \frac{C-S}{N}$$

   C : 구입가격(고정자본재 평가액), N : 내용연수(자산 존속 기간),
   S : 폐물가격, D : 매년의 감가상각비

   ② 정률법

   $$r = 1 - \sqrt[n]{\frac{S}{C}}$$

   C : 구입가격(고정자본재 평가액), N : 내용연수(자산 존속 기간),
   S : 폐물가격, r : 상각률

   ③ 급수법

   $$D_a = \frac{2W(n+a+1)}{n(n+1)}$$

   $D_a$ : a년도의 감가상각비, W : 상각총액(C-S), n : 내용연수, a : 특정연도

④ 비례법 : 기계 등의 고정설비를 사용함에 있어 그 사용 정도에 따라 상각액을 결정하는 방법이다.

$$D = (C-S) \times \frac{W}{T \cdot W}$$

C : 구입가격(고정자본재 평가액), W : 각 연도의 작업시간수, S : 폐물가격,
T·W : 자산존속 기간 중 총작업시간수

### 3) 산림원가 관리

① 원가의 개념과 유형

경영에 있어서 급부(給付 : 공급하는 것)와 관련하여 파악한 경제적가치(재화와 용역)의 소비를 화폐 가치적으로 표현한 것이다. 원가의 분류방법 중에서 특히 중요한 것은 원가의 기록 목적을 위한 분류와 특수한 의사결정을 위한 분류이다.

② 원가의 기록을 위한 분류

㉠ 책임소재별 원가

㉡ 주문, 공정 및 제품별 원가

㉢ 제품과의 관련성에 따른 분류(직접비와 간접비)

㉣ 원가 형태에 따른 분류(변동비와 고정비)

㉤ 발생 시점에 따른 분류(실제원가와 예정원가)

③ 특수한 의사결정을 위한 분류

㉠ 현금지출원가 : 현재 보유하고 있는 자원을 사용할 때 발생하는 원가를 말하며 제품을 생산하기 위한 직접재료비나 직접노무비는 현금지출원가이다.

㉡ 매몰원가 : 과거에 이미 현금을 지불하였거나 부채가 발생한 원가를 말한다. 과거에 구입한 공장 건물의 원가나 그 건물의 감가상각비 등은 매몰원가에 속한다. 이러한 매몰원가는 이미 지출된 원가이므로 현재의 경영의사를 결정하는 데 영향을 끼치지 못하는 것이 일반적이다.

㉢ 기회원가 : 생산활동에 두 가지 이상의 용도가 있을 때 하나를 취하고 다른 것을 포기하여 잃게 되는 이익 또는 수익을 말한다. 예를 들어 어떤 임지는 육림용으로 사용할 수도 있고 목축용으로 사용할 수도 있다. 이때 임지를 육림용으로 사용하려면 목축용으로 사용함으로써 얻을 수 있는 수익을 포기해야 한다.

㉣ 한계원가 : 어떤 생산수준에서 생산량을 1단위 증가시키기 위해 필요한 비용으로, 생산량 전체의 평균적 비용이 아니다.

㉤ 증분원가 : 일정한 생산량의 변동에 따라 발생하는 원가의 증가 또는 감소를 말하며, 차액원가라고도 한다.

## 2 산림경영 분석

### 1) 산림경영 분석
일정 기간 동안의 산림경영 활동을 종합적으로 판단하여 차후의 산림경영 개선을 위한 자료를 얻기 위해 실시한다.

### 2) 성과 분석
산림경영 성과의 계산 방법은 다음과 같다.
① 산림(임업)소득 = 산림(임업)조수익 − 산림(임업)경영비
② 임가소득 = 산림소득 + 농업소득 + 기타 소득
③ 산림순수익 = 산림소득 − 가족노임추정액 = 산림조수익 − 산림경영비 − 가족노임추정액
④ 산림조수익 = 산림현금수입 + 임산물가계소비액 + 미처분 임산물 증감액 + 산림생산자재재고증감액 + 임목성장액
⑤ 산림경영비 = 산림현금지출 + 감가상각비 + 미처분 임산물재 고감소액 + 산림생산자재재고감소액 + 주임목감소액

### 3) 산림순수익
임업경영이 순수익의 최대치를 목표로 하는 자본가적 경영이 이루어졌을 때 얻을 수 있는 수익을 말한다.

① 산림의존도(%) = $\dfrac{\text{산림소득}}{\text{임가소득}} \times 100$

② 산림소득 가계충족률(%) = $\dfrac{\text{산림소득}}{\text{가계비}} \times 100$

③ 산림 소득율(%) = $\dfrac{\text{산림소득}}{\text{산림조수익}} \times 100$

④ 자본 수익률 = $\dfrac{\text{순수익}}{\text{자본}} \times 100$

### 4) 육림비 분석
① 육림비 : 임목의 생산활동에 필요한 총비용을 의미한다. 육림비 − 수입의 후가 = 임목원가
② 육림비의 구성 요소 : 노동비, 직접재료비, 공통재료비, 감가상각비, 지대, 이자

## 3 손익분기점의 분석

### 1) 손익분기점 분석을 위한 가정
① 제품의 판매가격은 판매량이 변동하여도 변화되지 않는다.

② 원가는 고정비와 변동비로 구분할 수 있다.
③ 제품 한 단위당 변동비는 항상 일정하다.
④ 고정비는 생산량의 증감에 관계없이 항상 일정하다.
⑤ 생산량과 판매량은 항상 같으며, 생산과 판매에 동시성이 있다.
⑥ 제품의 생산능률은 변함이 없다.

### 2) 손익분기점 공식

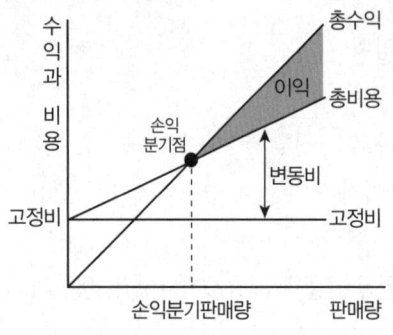

$$\chi = \frac{f}{p-b}$$

X : 판매량, f : 고정비용, p : 단위당 판매가격,
b : 단위당 가변비용(생산량을 늘리면 늘어나고 줄이면 줄어드는 생산량의 증감에 따라 변화하는 비용을 말한다. 원재료, 생산설비 이용 비용 등이 있다.)

> **문제 1** 묘목생산회사에서 작년에 고정비 30만 원, 변동비 7만 원을 소비하고, 단위당 판매가격이 15만 원이었다. 작년도의 손익분기점 가격은 얼마인가?
>
> $$\chi = \frac{f}{p-b} = \frac{300,000}{150,000-70,000} = 3.75개$$
>
> 손익분기점 가격 = 3.75개 × 150,000 = 562,500원

## 4 산림 투자효율 결정

### 1) 투자효율의 측정

① 순현재가치법(시간가치 고려) : 미래에 발생할 모든 현금흐름을 적절한 할인율로 할인하여 현재가치로 나타내어 장기투자를 결정하는 방법으로, 현금유입의 현재가에서 현금유출의 현재가를 뺀 것을 순현재가(NPW)라고 한다. 현재가가 0보다 큰 투자안을 투자할 가치가 있는 것으로 평가하며, 계산식은 다음과 같다.

$$NPW = \sum_{t=1}^{n} \frac{R_n - C_n}{1.0P^n}$$

Rn : 연차별 현금유입, Cn : 연차별 현금유출, n : 사업연수, P : 할인율

② 내부투자수익률법(시간가치 고려) : 투자에 의해 장래에 예상되는 현금유입의 현재가와 현금유출의 현재가를 같게 하는 할인율을 말하는데, 다음 식에서 P가 바로 IRR(내부투자수익율)이다. 투자로 인한 IRR과 기업에서 바라는 기대수익률을 비교하여 IRR이 크면 투자가치가 있는 것으로 판단하는데, 국제금융기관에서 널리 이용하고 있다.

$$NPW = \sum_{t=1}^{n} \frac{R_n}{1.0P^n} = \sum_{t=1}^{n} \frac{C_n}{1.0P^n}$$

Rn : 연차별 현금유입, Cn : 연차별 현금유출, n : 사업연수, P : 할인율(내부투자수익율)

③ 수익·비용률법(시간가치 고려) : 순현재가치법의 단점을 보완하기 위하여 사용한다. 투자비용의 현재가에 대하여 투자의 결과로 기대되는 현금유입의 현재가 비율을 나타내는데, B/C율이 1보다 크면 투자할 가치가 있는 사업으로 평가한다. 계산식은 다음과 같다.

$$B/C율 = \frac{\sum_{t=1}^{n} \frac{R_n}{1.0P^n}}{\sum_{t=1}^{n} \frac{C_n}{1.0P^n}}$$

Rn : 연차별 현금유입, Cn : 연차별 현금유출, n : 사업연수, P : 할인율(내부투자수익율)

④ 투자이익률법 또는 평균이익률법(시간가치 미고려) : 연평균 순수익과 연평균 투자액(감가상각비 제외)에 의해 계산하며, 투자대상의 평균이익율이 기업에서 내정한 이익률보다 높으면 그 투자안을 채택한다.

투자이익율 = 연평균 순수익 / 연평균 투자액

⑤ 회수기간법(시간가치 미고려) : 사업에 착수하여 투자에 소요된 모든 비용을 회수할 때 까지의 기간을 말한다. 연단위로 표시하며, 기업에서 설정한 회수 기간보다 짧으면 그 사업은 투자 가치가 있는 유리한 사업이라 판단한다.

자금 회수 기간 = 투자액 / 매년 현금유입액

## 2) 불확실성과 감응도분석

① 임업투자사업에는 그 종류가 어떤 것이든 불확실성이 따르는데, 이를 처리하는 실용적 방법에는 투자사업의 수익과 비용을 결정하는 주요 요인을 변화시켜서 여러 가지 다른 수준에 대한 NPW, B/C, IRR 등을 계산하여 이들이 얼마나 민감하게 변화하는지를 관찰한다. 이러한 일을 감응도분석이라고 한다.

② 임업투자에서 감응도분석의 고려대상
  ㉠ 생산물의 가격 및 노임 등의 가격요인
  ㉡ 생산량
  ㉢ 원료 및 원자재의 가격변화에 따른 사업비용의 변화
  ㉣ 사업 기간의 지연

# 제4장 산림경영계획 이론

## 1 산림경리의 의의와 내용

### 1) 산림경리의 의의
산림경영의 계획적 조직화에 관한 학문으로, 산림사업계획의 연구를 실천적 업무로 하는 응용과학이다.

### 2) 산림경리의 내용
① 산림측량 : 주위측량, 산림구획측량 및 시설측량으로 나뉘며 구획측량이 가장 중요하다.
② 산림구획 : 산림생산이용계획을 수립하기 위한 것으로, 영구적인 임반과 일시적인 소반으로 구획하여 그 위치와 형상 및 면적을 명확히 한다.
③ 산림조사 : 산림 각 부분의 사용별 면적이 결정되면 각 부분의 생산력에 관여한 자연적 요소를 조사하며, 장차 산림을 취급할 방침을 결정하는 중요한 자료가 된다.
④ 시업관계사항조사 : 산림에 대한 공익적 관계, 교통 및 판로, 인접 주민과의 관계 등을 조사한다.
⑤ 시업체계의 조직 : 장차 산림 취급의 일반적 방침을 정하여 체계적으로 만들고, 이를 기초로 하여 당면한 시업기에 대한 벌채, 조림 등의 구체적 예정 계획을 수립한다. 장래의 시업방침에 대한 기본적 요점은 조림 수종 선정, 작업종의 선정, 윤벌기 결정, 작업급 편성, 벌채 순서의 결정 등이 있다.
⑥ 수확규정 : 수확규정에 따르는 벌채량에 기초를 두고 현재의 임황을 참작하여 결정한다.
⑦ 조림계획 : 원래 벌채 예정지와 무입목지의 면적을 기초로 조림하여야 할 최소한의 실행량을 결정한다.
⑧ 시설계획 : 수확안·조림안이 작성되면 시업을 실행해 나가는 데 필요한 시설계획을 세운다. 운재설비 시설, 조림에 관한 시설, 산림보호에 관한 시설, 산림이용에 관한 시설, 국토보안에 관한 시설 등이 있다.
⑨ 시업조사 검정 : 정해진 시업기 동안에 예정과 실행을 수행할 필요가 있으면 소정의 절차를 거쳐 이를 수정하고, 한 시업기가 다 되면 과거의 시업 경험을 검정 분석하여 다시 새로운 경영안 작성의 자료를 마련한다.

## 2 산림경영의 목적과 지도원칙

### 1) 산림경영의 목적
임목의 최대량을 생산하면서 공익적, 복지적 기능을 발휘할 수 있는 다목적 경영이 강조되고 있다.

### 2) 산림경영의 지도 원칙
① 수익성의 원칙
  ㉠ 최대의 이익을 얻거나 또는 최대의 이윤을 남길수 있도록 산림을 경영하는 지도원칙이다.
  ㉡ 오늘날의 산림경영, 특히 사기업의 경우에 있어서 궁극적인 최고의 원칙이다.
② 경제성의 원칙
  ㉠ 최대의 경제 성과를 올리도록 생산·실행하는 원칙이다.
    • 최소의 비용을 가지고 최대의 효과를 나타낼 것
    • 한정된 자원을 가지고 최대의 이익을 나타낼 것
    • 한정된 자원을 가지고 비용을 최소로 줄일 것
  ㉡ 수익성의 원칙은 자본에 대한 수익인 자본효율(총소득/경영주의 자본액)을 나타내지만 경제성의 원칙은 단지 생산성과에 대하여 소비된 자본의 비율, 즉 비용 그 자체의 효과를 표시한 것으로, 수익성의 원칙 실현의 전제적·기초적 원칙이다.
③ 생산성의 원칙
  ㉠ 단위면적당 평균적으로 가장 많은 목재를 생산하자는 원칙으로 최대 목재 생산의 원칙과 같은 의미로 해석된다.
  ㉡ 생산성의 원칙을 구체적으로 달성하려면 임목의 평균 생장량이 최대인 시기, 즉 재적수확 최대의 벌기령을 선택한다.
④ 공공성의 원칙
  ㉠ 산림 또는 산림 생산의 사회적 의의를 더욱 발휘하고 인류생활의 복리를 더욱 증진할 수 있도록 산림을 경영하자는 원칙이다.
  ㉡ 산림경영은 국민이 소비하는 목재의 최대 생산에 목적을 두며, 국민 또는 지역 주민의 경제적 복지증진을 최대로 달성하도록 운영해야 한다는 원칙이다. 이 원칙은 모든 경영이 궁극적으로 목적으로 삼아야 할 최고 지도 원칙이다. 국민의 기대에 부응하도록 경영해야 한다.
⑤ 보속성의 원칙
  산림은 각종 기능과 그것에 수반하는 경영목적이 있다. 따라서 인류사회의 요구에 부응하여 산림이 가지는 기능을 영속적, 균등적, 항상적으로 활용해야 한다는 원칙으로 설명할 수 있다. 보속성의 개념은 크게 두 가지로 나누어 생각할 수 있다.
  ㉠ 광의의 보속성 : 임지가 항상 유용한 임목으로 피복되고 이것이 건전하게 자라도록 하는 산림 생산에 근거를 둔 개념(목재 생산의 보속성)이다.

ⓒ 협의의 보속성 : 산림에서 매년 거의 같은 양의 목재를 수확하는 것으로, 이는 목재 공급에 근거를 둔 개념(목재 공급의 보속성)이다.

※ 종래 산림경영에 있어서 보속성의 원칙은 여러 원칙 앞에 지배적이고 실질적인 원칙이었고 또 오늘날에도 실제로 이 원칙을 주축으로 하여 통일적으로 운영되고 있다고 볼 수 있다.

| 종류 | 내용 |
|---|---|
| 공공경제적 측면의 중요성 | • 인류생활에 필수품인 목재의 수요에 대하여 매년 균등하게 공급한다.<br>• 사회정책면에서 지방민에게 노동 기회를 주어 생활안정을 도모한다.<br>• 목재 관련 사업의 보호 및 발전에 기여한다.<br>• 국토 보안상 유리하다. |
| 사경제적 측면의 중요성 | • 재정 관리의 합리화를 기할 수 있다.<br>• 임산물을 시장에 공급하여 수익을 올릴 수 있다.<br>• 유리한 시장을 확보할 수 있다.<br>• 숙련된 산림 기술자를 확보할 수 있다.<br>• 물적 작업수단의 항상적 이용이 가능하다. |

⑥ 합자연성의 원칙
　㉠ 산림은 농업에 비하여 자연의 힘에 크게 지배되므로 자연법칙을 존중하여 산림을 경영하자는 원칙이며, 산림생산에 있어 전제적으로 받아들여야 할 원칙이다.
　㉡ 수익성, 공공성, 보속성의 원칙을 달성하기 위한 수단적이고 또 기초적인 지도원칙이다.

⑦ 환경 보전의 원칙
　㉠ 산림을 국토보안, 수원함양, 환경보전 등의 기능이 발휘되도록 경영하는 원칙으로, 합자연성의 원칙보다 더 넓은 의미로 이해할 수 있다.
　㉡ 산림경영은 임목생산을 통하여 사회의 경제적 복지에 공헌하는 동시에 임목생산 이외의 외부적 이익에도 충분히 대응해야 한다는 원칙이다.

## 3 산림의 생산 기간

### 1) 벌기령
임목이 산림경영 목적에 적합한 크기에 도달하는 데 걸릴 것이라고 생각되는 계획적인 연수 즉, 임목의 경제적 성숙기를 뜻한다.

### 2) 벌채령
임목이 실제로 벌채될 때의 연령으로 계획상 인위적 성숙기인 벌기령과 구별된다.
① 법정 벌기령 : 벌기령과 벌채령이 일치할 때의 벌기령
② 불법정 벌기령 : 벌기령과 벌채령이 불일치할 때의 벌기령

◐ 기준 벌기령

| 수종 | 국유림 | 공·사유림(기업경영림) |
|---|---|---|
| 소나무(춘양목 보호림 단지) | 60년(100년) | 40년(30) (100년) |
| 잣나무 | 60년 | 50년(40) |
| 리기다소나무 | 30년 | 25년(20) |
| 낙엽송 | 50년 | 30년(20) |
| 삼나무 | 50년 | 30년(30) |
| 편백 | 60년 | 40년(30) |
| 참나무류 | 60년 | 25년(20) |
| 포플러류 | 3년 | 3년 |
| 기타 활엽수 | 60년 | 40년(20) |

## 4 윤벌기와 회귀년

### 1) 윤벌기
한 작업급 내의 모든 임분을 일순벌하는 데 필요한 기간 즉, 최초에 벌채된 임분을 또 다시 벌채하기까지의 기간을 말한다.

### 2) 윤벌령
각 임분마다 지위가 다르기 때문에 개개임분의 벌기령에도 차이가 나는 것은 당연하지만 경영적 견지에서는 작업급의 임목은 이를 구성하고 있는 각 임분의 평균적 벌기령에서 성숙된다고 간주하는 수가 있다. 이때 각 작업급의 평균적 성숙기를 윤벌령이라고 한다.

윤벌기와 윤벌령이 일치될 때는 모든 임분이 벌채된 후 곧 갱신되는 경우이며, 벌채 후 한 구역에 완전히 새로운 임분이 형성되기까지 어느 일정한 기간이 걸린다면 윤벌기는 그 연수만큼 윤벌령보다 길어진다.

$$R = Ra + r$$
R : 윤벌기, Ra : 윤벌령, r : 갱신 기간

> **Check**
> **윤벌기와 벌기령의 차이점**
> - 윤벌기는 작업급에 성립하는 개념이지만, 벌기령은 임분 또는 수목에 있어서 성립하는 개념이다.
> - 윤벌기는 기간 개념이고, 벌기령은 연령의 개념이다.
> - 윤벌기는 작업급을 일순벌하는 데 필요로 하는 기간이며, 반드시 임목의 생산 기간과 일치하지 않는다. 벌기령은 임목 그 자체의 생산 기간을 나타내는 예상적 연령의 개념이다.

### 3) 회귀년

회귀년은 이령림의 임분에서 사용하는 개념이다. 이령림은 보통 택벌로 작업이 이루어지므로 산림을 몇 개의 구역으로 나누어 작업할 때 처음에 택벌된 벌구가 다시 택벌될 때까지의 기간을 회귀년이라 한다. 회귀년이 짧으면 단위면적당 벌채되는 재적은 적으나 비교적 많은 축적이 다음의 벌채를 위하여 임지에 보존되고, 회귀년이 길면 단위면적당 벌채되는 재적은 많으나 임지의 축적이 적어진다.

> **Check**
> 
> **짧은 회귀년의 유리한 점**
> - 빈번한 벌채는 임분을 끊임없이 성장시킨다.
> - 수종 구성상태의 개선, 임분 구조의 개선, 병충해에 대한 예방
> - 산림의 순시기회가 많아 고손목(선 채로 말라서 죽은 통나무)이 생겼을 경우 즉시 구제할 수 있다.
> - 평균적으로 좋은 재질의 목재를 생산할 수 있다.

### 4) 정리기(개량기)

불법정인 영급관계를 법정인 영급관계로 정리 및 개량하는 기간으로 개벌작업을 실시하려는 산림에 주로 적용한다.

### 5) 갱신기

예비벌을 시작하여 후벌을 끝낼 때까지의 기간을 말하며 작업 종에 따라 갱신수종이 완전하게 생육할 수 있을 때까지의 기간으로 정한다.

## 5 벌기령의 종류

### 1) 생리적 벌기령

산림을 영구적으로 가장 왕성하게 육성시키고자 유지하기 위한 시기를 벌기령으로 정하는 것으로 조림적 벌기령이라고도 한다.

※ 갱신 : 천연갱신을 할 경우 임목이 다량의 충실한 종자를 생산할 수 있을 때, 왜림의 경우에는 맹아력이 왕성한 때를 벌기령으로 정한다.

### 2) 공예적 벌기령

어떤 정해진 이용 목적에 가장 알맞다고 생각되는 크기와 형질을 가지게 될 시기 또는 어느 일정한 용도에 적합한 크기를 생산하는 데 필요한 연령을 벌기령으로 정하는 것이다. 펄프용재의 생산, 철도 침목, 전주(전깃줄이나 전봇줄 따위를 늘여매려고 세운 기둥)의 생산 등에 적용한다.

### 3) 재적수확 최대의 벌기령

매년 평균적으로 수확이 되는 목재의 생산량이 최대가 되도록 벌기령을 정하는 방법이다. 목재의 단위면적당 평균생산량 최대가 되려면 목재의 평균생산량이 최대가 되는 시점에서 벌채를 해야 한다. 이 방법대로 벌채가 되면 생산량이 최대가 되므로 산림경영의 지도 원칙 중 생산성의 법칙이 달성된다. 우리나라는 목재의 절대량이 부족하므로 임지에서 평균적으로 가장 많은 목재를 생산하는 재적수확 최대의 벌기령이 적용되고 있다.

> **Check**
> 
> 재적수확 최대의 벌기령의 특징
> - 적당한 수확표만 있으면 비교적 용이하게 벌기를 정할 수 있다.
> - 산림의 시업 방법에 변동이 없는 한 항상 일정한 연도가 벌기가 된다.
> - 이 벌기령은 평균 생장량이 최대의 시점으로 결정해야 하는데, 그 최대점 부근에서 연령의 변화에 따른 평균 생장량의 변화가 심하지 않아 그 시기를 조절하면 다른 벌기령의 목적에도 부합되게 할 수 있다.
> - 다른 벌기령보다 벌기가 심하게 짧아지는 경향이 있다.

### 4) 화폐수입 최대의 벌기령
- 일정한 면적에서 매년 평균적으로 최대의 화폐수입을 얻을 수 있도록 벌기령을 정하는 것이다.
- 수입만 합계하고 이자계산은 하지 않는 단점이 있다.
- 주벌수입과 간벌수입을 얻은 시점이 차이가 있으나 이들의 총액으로만 판단기준으로 삼는 것은 자본에서 이자가 생기는 자본주의의 경제상에서 합리적이지 못하다.

### 5) 산림순수입 최대의 벌기령
산림조수입에서 생산비를 공제한 연간수입이 최대가 되도록 벌기를 정하는 것으로, 이상적인 연년보속작업을 전제로 한다. 벌기령이 짧지 않아 대재 생산, 국토보전을 맡고 있는 국유림·보안림에 많이 적용되고 있다.

※ 산림조수입 : 산림경영에서 필요한 경비를 빼지 아니한 수입·산림조수입에서 경영비를 빼면 산림소득이 된다.

### 6) 토지순수입 최대의 벌기령
임지를 임목 생산에 이용하여 그 임지에서 영구히 순수입을 얻을 수 있다고 할 때 그 순수입을 현재의 가치로 환산한 것을 토지기망가(임지기망가)라고 한다.

임지에 대한 장래 기대되는 순수입의 자본가가 최대가 되는 시기 즉, 토지기망가가 최대가 되는 시기를 벌기령으로 정하는 것이다.

$$\text{토지기망가} = \frac{(A_u + Da1.0P^{u-a} + Da1.0P^{u-b} + \ldots - C1.0P^u)}{1.0P^u - 1} - V$$

Bu = U년일 때의 토지기망가, Au : 주벌수입, U : 윤벌기, P : 이율,
$Da1.0P^{u-a}$ : a년도 간벌수입의 U년 때의 후가, C : 조림비, V : 관리비

> **Check**
> 
> 토지기망가에 영향을 주는 계산인자
> - 주벌수확과 간벌수확은 공식에서 +로 되어 있으므로, 그 값이 클수록 커진다. 또 그 시기가 빠를수록 임지기망가는 커진다.
> - 조림비 및 관리비는 공식에서 -로 되어 있으므로 조림비와 관리비가 클수록 토지기망가는 작아진다.
> - 이율이 높을수록 토지기망가는 작아진다.
> - 벌기 : 일반적으로 벌기가 커지면 처음에는 토지기망가가 증가하다가 어느 시점에서는 최대가 된 다음에 점차 작아진다.

> **Check**
> 
> **토지기망가의 최대치**
> 토지기망가가 최대치에 도달하는 시기는 식의 구성 인자의 크기에 따라 다르다.
> - 주벌수확 : 주벌수확의 증가 속도가 빠를수록 최대치가 빨리 온다. 따라서 지위가 양호한 임지일수록 최대 시기가 빨리 나타나서 벌기가 짧아진다.
> - 간벌수확 : 간벌수확이 많을수록 최대 시기가 빠르다.
> - 간벌수확의 시기 : 간벌수확의 시기가 빠를수록 최대 시기도 빠르다.
> - 조림비 : 조림비가 많으면 많을수록 최대 시기가 늦어진다.
> - 관리비 : 관리비는 최대 시기와는 관련이 없다.
> - 채취비 : 토지기망가식에는 나타나 있지 않지만 시장가격에서 채취비를 뺀 것이 주벌수확에 해당되므로 채취비가 많을수록 최대 시기가 늦어진다.
> - 이율 : 이율이 높을수록 최대 시기가 빨라진다.

### 7) 수익률 최대의 벌기령

벌기순수익의 생산자본에 대한 비, 즉 이율이 최고가 되는 시기를 벌기령으로 정하는 방법이다.

#### ◐ 각 벌기령의 특징

| 벌기령 | 특징 |
|---|---|
| 생리적 벌기령 | 천연갱신에 적합하나 집약적 산림경영에 무의미 |
| 공예적 벌기령 | 특수한 용도에 적용되며 짧은 벌기령이 유리 |
| 재적수확 최대의 벌기령 | 단위면적당 가장 많은 가공용 목재 생산 가능 |
| 화폐수입 최대의 벌기령 | 우리나라와 같은 자본주의 경제에 적용하기 어려움 |
| 산림순수입 최대의 벌기령 | 벌기령이 가장 길며 보속의 안정성과 관계가 깊음 |
| 토지순수입 최대의 벌기령 | 이율에 따라 벌기령이 변하는 단점이 있음 |
| 수익률 최대의 벌기령 | 수익성의 원칙에 입각한 벌기령 |

## 6 법정림

### 1) 법정림의 개념

매년 지속적으로 목재를 수확할 때 목재 생산량이 줄어들지 않는 산림이나 그러한 조건을 가진 산림을 말한다.

### 2) 법정의 조건

① 임지가 최적의 상태로 유지 및 보전될 것
② 임목이 수종의 혼효 및 품종에 대해 환경적 · 경영적으로도 최적의 상태로 구성되고 있을 것
③ 임목의 갱신 및 보육이 환경에 적합하고 효과가 있도록 구성되고 있을 것
④ 산림의 전 생산과정에 있어 피해에 대한 보호 조직이 구비되어 있을 것
⑤ 교통 및 운반시설이 잘 정비되어 있을 것

## 3) 법정 상태

① 법정 영급 분배
  ㉠ 매년 거의 같은 목재 수확량을 거두려면 1년생부터 벌기까지의 임분이나 수목이 빠짐없이 동일한 면적을 차지하고 있어야 하는데, 이와 같이 각 영계가 동일한 면적을 차지하는 것을 법정 영계 분배라 한다.
  ㉡ 연속하는 몇 개의 영계를 합하여 영급을 만들어서 영급별로 동일한 면적을 차지하고 있으면 법정림의 첫 조건을 만족하는 것으로 간주하며, 이때의 영급을 법정 영급 분배라고 한다.
  ㉢ 공식

  $$a = \frac{F}{U},\ A = \frac{F}{U} \times n$$

  a : 법정 영계면적, F : 산림면적, U : 윤벌기, A : 법정 영급면적,
  n : 1영급에 포함된 영계 수

  **문제** 법정림의 산림 면적 3,600ha, 윤벌기 80년, 1영급이 20영계로 구성되어 있을 때 법정 영급 면적은?

  A = (3,600 / 80) × 20 = 900ha

② 법정 임분 배치
  각 임분의 위치적 상호관계가 경영 목적에 합당하도록 적절하게 배치되어 있는 것을 말한다.
  ㉠ 각 영계의 임분을 위치적으로 잘 배치한다는 것은 임목의 벌채·운반 및 산림을 보호하거나 갱신하는 데 대단히 중요하다.
  ㉡ 이상적인 임분의 배치
    • 성숙임분을 벌채 운반할 때 인접하고 있는 유령림에 피해를 주지 않도록 배치할 것
    • 성숙임분이 벌채된 후 인접 임분에서 폭풍·한풍 등의 피해를 주는 일이 없도록 할 것
    • 임분의 갱신에 지장이 없도록 할 것

③ 법정 생장량 : 법정림의 1년 간 생장량을 말한다.

④ 법정 축적 : 영급상태와 생장 상태가 법정일 때 보유할 작업급의 전체의 축적을 말한다.
  ㉠ 수확표에 의한 방법

  $$V_s = n(m_n + m_{2n} + \cdots + m_{u-n} + \frac{m_u}{2}) \times \frac{\text{산림 면적}(F)}{\text{윤벌기}(U)}$$

  ㉡ 벌기수확에 의한 방법

  $$V_f = \frac{U}{2} m_u \times \frac{\text{산림 면적}(F)}{\text{윤벌기}(U)}$$

문제 다음 수확표를 보고 법정축적을 구하시오. (산림면적 200ha, 윤벌기 50년)

| 구분 | 임령 | | | | |
|---|---|---|---|---|---|
| | 10 | 20 | 30 | 40 | 50 |
| 재적(㎥) | 25 | 40 | 120 | 250 | 450 |

- 수확표에 의한 방법 = 10(25+40+120+250+[450/2])×200/50 = 26,400 ㎥
- 벌기 수확에 의한 방법 = (50/2)450 × (200/50) = 45,000 ㎥

# 7 산림생산

## 1) 지위의 개념
임지의 생산능력을 말하며 토양, 기후, 지형, 생물 등 환경인자의 종합적 작용의 결과로서 정해진다.

## 2) 지위 사정의 목적
① 임지에서 어떤 수종을 심으면 잘 자랄 것인지를 결정하고, 또 어떤 작업종과 윤벌기를 채택할 것인지 등 시업의 지침으로 삼기 위해
② 영림 계획 수립 시 임지의 생산능력에 따른 수확 예정을 위해
③ 임지 매매 시 임지가를 정하기 위해

## 3) 지위 사정의 방법
① 지위지수에 의한 방법 : 지위지수란 어떤 나무에 있어서 몇 년생일 때에는 나무의 높이가 몇 m에 달할 수 있다는 식으로 임지의 생산능력을 구체적인 숫자로 나타낸 것이다. 지위지수 분류 곡선에 의한 방법, 지위지수 분류표에 의한 방법으로 산정한다.
② 환경인자에 의한 방법 : 무입목지, 치수지 등의 임지에 대한 지위 평가방법으로 환경 인자에 의한 지위지수 판정 기준표에 의거하여 각 인자에 해당하는 점수를 합계한 값이 조사 임지의 지위지수가 된다.
③ 지표 식물에 의한 방법 : 식물 중에는 비옥한 임지에서만 생육하는 것과 척박한 곳에서도 생육할 수 있는 것이 있으므로 이러한 사실을 이용하여 지위를 분류하는 방법이다.

◐ 오리나무 아카시나무 수확표

| 임령 | 지위지수 | | | | | |
|---|---|---|---|---|---|---|
| | 14 | | 16 | | 18 | |
| | 수고 | 재적 | 수고 | 재적 | 수고 | 재적 |
| 5 | 4.9 | 5 | 6.0 | 5 | 7.0 | 24 |
| 10 | 8.6 | 56 | 9.9 | 83 | 11.0 | 112 |
| 15 | 11.1 | 99 | 12.5 | 133 | 14.3 | 170 |
| 20 | 13.1 | 140 | 14.7 | 175 | 17.0 | 217 |
| 25 | 14.7 | 174 | 16.7 | 210 | 19.6 | 254 |

◐ 참나무 수확표

| 임령 | 지위지수 | | | | | | | | | |
|---|---|---|---|---|---|---|---|---|---|---|
| | 8 | | 10 | | 12 | | 14 | | 16 | |
| | 수고 | 재적 | 수고 | 재적 | 수고 | 재적 | 수고 | 재적 | 수고 | 재적 |
| 5 | 3.2 | 3 | 4 | 3 | 4.7 | 4 | 5.3 | 4 | 5.8 | 5 |
| 10 | 5.3 | 18 | 6.6 | 21 | 7.8 | 23 | 8.8 | 24 | 9.6 | 26 |
| 15 | 6.5 | 28 | 8.2 | 36 | 9.6 | 42 | 10.8 | 47 | 11.8 | 52 |
| 20 | 7.2 | 38 | 9.2 | 48 | 10.8 | 56 | 12.2 | 62 | 13.5 | 69 |
| 25 | 7.9 | 46 | 9.9 | 59 | 11.7 | 68 | 13.2 | 77 | 14.4 | 84 |
| 30 | 8.5 | 52 | 10.6 | 66 | 12.6 | 77 | 14.2 | 87 | 15.5 | 95 |
| 35 | 8.8 | 57 | 11.1 | 72 | 13.1 | 84 | 14.8 | 95 | 16.2 | 103 |
| 40 | 9.1 | 90 | 11.4 | 76 | 13.4 | 88 | 15.2 | 99 | 16.6 | 109 |
| 45 | 9.4 | 63 | 11.8 | 79 | 13.9 | 93 | 15.7 | 105 | 17.1 | 114 |
| 50 | 9.6 | 65 | 12.0 | 82 | 14.1 | 96 | 16.0 | 108 | 17.4 | 118 |

## 8 수확조정기법의 종류와 발달 과정

### 1) 구획윤벌법

① 가장 오래된 수확조정법이다.
② 전 산림면적을 윤벌기 연수와 같은 수의 벌구로 나누어 한 윤벌기를 거치는 가운데 매년 한 벌구씩 벌채 수확할 수 있도록 규정한 것이다.
③ 관련 인물 : Langen, Dettelt
④ 구획윤벌법의 종류
  ㉠ 단일구획윤벌법 : 전체 산림면적을 윤벌기로 나누어 매년 같은 면적을 벌채하는 방법(산림면적/윤벌기)이다.
  ㉡ 비례구획윤벌법 : 임지의 생산능력(지위)에 차이가 있을 때 수목의 생장량이 다르므로 매년 벌채되는 재적량이 달라진다. 따라서 임지의 생산능력에 따라서 개위면적을 산출하여 벌구면적을 조절하는 방법이다.

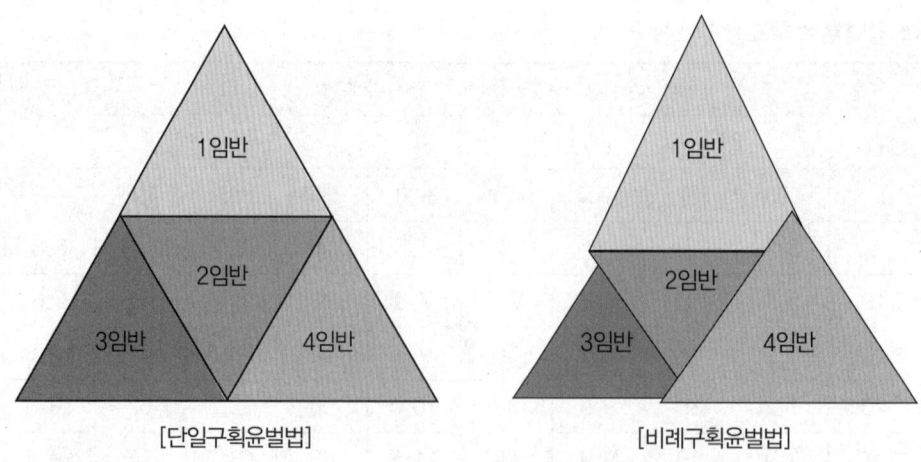

[단일구획윤벌법]    [비례구획윤벌법]

### 2) 재적배분법

① 작업 급내의 임목을 성목과 미성목으로 나누어 미성목이 성목이 되는 기간을 경리 기간으로 정하고 경리 기간의 생장량을 고려하여 재적수확을 균등히 하는 것을 말한다.

② Beckmann법

㉠ 성숙목을 지위에 따라 구분하여 경리 기간 내의 생장량을 구하고 이를 현재적과 합한 것을 총수확량으로 하여 표준 연벌량을 산출하는 방법이다.

㉡ 작업급의 모든 임목을 성목과 미성목으로 구분하고, 미성목이 성목이 되는 기간을 경리 기간으로 설정히는 방법으로 벡민은 싱목과 미싱목의 기준을 식경을 기순으로 설정한다.

㉢ 생장률 등급 = 1.0, 1.5, 2.0 … 등으로 구분하여 예정 기간 내의 생장량을 산출한다.

㉣ 표준연간벌채량

$$\text{표준연간벌채량} = \frac{\text{현재재적} + \text{추정생장량}}{\text{경리 기간(성목} \rightarrow \text{미성목)}}$$

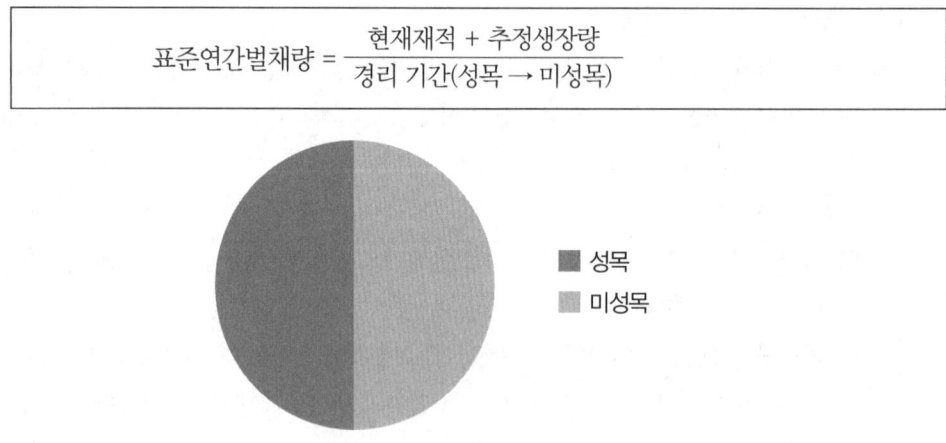

[직경]

③ Hufnagl법

㉠ 전 임분을 윤벌기 연수의 1/2 이상 되는 연령의 것과 이하의 것으로 나누어 전자는 윤벌기의 전반, 후자는 윤벌기의 후반에 수확할 수 있도록 한 것이다.

ⓒ 개별작업에 응용할 수 있도록 고안된 것이며, 산림의 영급분배가 거의 균등할 경우에 적용이 가능하다.
ⓒ 축적과 생장량을 측정해야 하므로 기술적인 면에서 복잡하고 재적수확의 보속도 불안정하다.
ⓔ 표준연간벌채량

$$표준연간벌채량(E) = \frac{V + (F \times Z \times \frac{u}{2} \times \frac{1}{2})}{\frac{u}{2}} = \frac{2V}{u} + \frac{FZ}{2}$$

E : 표준연간벌채량, F : u/2년 이상 연령의 임분전면적,
V : 전재적, Z : 1ha당 연년생장량

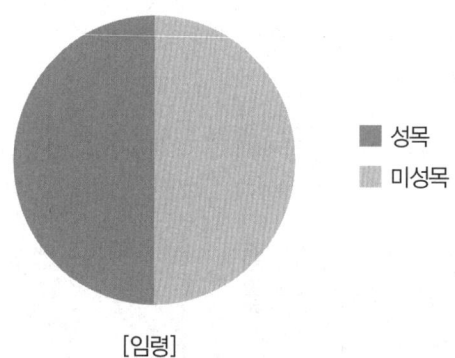

[임령]

### 3) 평분법

한 윤벌기를 몇 개의 분기로 나누고 분기마다 수확량을 같게 하려는 것으로 1975년 Hartig에 의해 재적평균법이 완성되었다.

① 면적평분법
   ㉠ 면적평분법은 면적을 동일하게 설정한다는 의미로, 재적수확을 동일하게 하는 재적평분법과 차이가 있다.
   ㉡ 산림면적을 윤벌기로 나누어서 표준 연간 벌채 면적을 산출하고 여기에 분기 연수를 곱한 것을 각 분기의 벌채 면적으로 하여 각 분기에 분배함으로써 보속을 도모하려는 방법이다.
   ㉢ 관련 인물 : Cotta
     • 작업급을 윤벌기로 나눈다.
     • 윤벌기는 10년 기간의 분기로 나눈다.
     • 임반을 설정한다(임령, 임목 상태, 장래 임분배치 고려).
     • 영급배치가 법정이 되도록 각 임반의 소속 분기를 정한다.
     • 임분배치상 뒤에 배정된 임분이 과숙되어 있으면 이를 제1분기에 다시 중복하여 배정하게 되는데, 이를 복벌(재벌)이라고 한다.

- 처음에 배정된 임분이 유령림일 경우에는 원래 배정된 분기에 수확하지 않고 다음 윤벌기까지 벌채를 연기하는데, 이를 경리기 외 편입이라고 한다.
- 표준연간벌채량

$$\text{표준연간벌채량} = \frac{\text{1분기 배정임반수확량(현재재적 + 분기 중앙년도까지의 생장량)}}{\text{분기 연속(10년)}}$$

② 재적평분법

한 윤벌기에 대하여 벌채안을 만들고 각 분기마다 벌채량을 균등하게 하여 재적수확의 보속을 도모하려는 방법이다.

③ 절충평분법

재적평분법의 재적수확의 보속과 면적평분법의 법정임분배치를 절충한 방법이다.
이러한 방법으로 동령림을 이령림으로 전환할 수 있다.

### 4) 법정축적법

산림 연간 벌채량의 기준을 연간 생장량에 두고 현실림과 정상적인 축적과의 차이에 의해 조절하는 방법이다.

> **Check**
> 현실축적 > 법정축적 = 생장량보다 많이 수확
> 현실축적 < 법정축적 = 생장량보다 적게 수확

① 교차법

㉠ Kamerrltaxe법

$$E = Z + \frac{V_a - V_n}{a}$$

Z : 전림, 작업급의 생장량, Va : 현실축적, Vn : 법정축적, a : 갱정기(벌기령)

㉡ Heyer 법

$$E = Z_w + \frac{V_a - V_n}{a}$$

Zw : 현실림의 실질 생장량 합계, Va : 현실축적, Vn : 법정축적, a : 갱정기(벌기령)

㉢ Gerhardt법

$$E = Z_w + \frac{Z_n + Z_w}{2} + \frac{V_a + V_n}{2}$$

E : 연간 표준 벌채량, Zw : 수확표상 현실 연년생장량, Zn : 수확표상의 법정 생장량, Va : 현실축적, Vn : 법정축적, a : 갱정기(벌기령)

ⓔ Karl법 : Kamerrltaxe법을 개조하여 만든 방법이다.
② 이용률법 : 생장량이 축적에 비례한다는 가정하에서 유도되고 있지만 임분의 생장은 유령 임분에서는 왕성하고 과숙임분에서는 왕성하지 못하므로 임분의 영급 상태가 불법정일 때는 적용할 수 없다.
  ㉠ Hundeshagen법

$$E = V_a \times \frac{E_n}{V_n}$$

E : 연간 표준 벌채량, Va : 현실축적, Vn : 법정축적, En : 법정 벌채량

  ㉡ Mentel법 : Hundeshagen법을 변형한 것으로, 현실축적을 윤벌기의 반으로 나눈 것을 벌채량으로 한다. 임분의 영급상태가 법정에 가깝지 않으면 적용하기가 곤란하다.

$$E = 현실축적 \times \frac{2}{윤벌기}$$

③ 수정계수법
  ㉠ Breymann법 : 수확조정에 임령을 사용하였고, 또한 그 실행이 간단하기 때문에 10년마다 검정하여 수정하면 개벌교림작업에 응용할 수 있으나 임령을 고려하지 않는 택벌작업에는 적용할 수 없다.
  ㉡ Schmldt법 : 현실생장량에 Va/Vn의 수정계수를 곱하여 수확량을 계산하는 방법이다. 법정축적이 유지되도록 하지만 Hundeshagen법과 같이 갱정 기간이 불분명하다.

$$E = Z_w \times \frac{V_a}{V_n}(이용률)$$

E : 연간 표준 벌채량, Va : 현실축적, Vn : 법정축적, Z : 현실 생장량

## 5) 영급법

산림의 연간생장량이 줄어 들지 않도록 법정림과 비교하여 재적수확량이 동일하게 하기 위하여 법정림의 소반과 현실림의 소반을 비교 분석한다. 이는 일정한 임령으로 영급을 만들어 현실림과 법정림의 영급관계를 비교하여 그 과부족을 조절하도록 벌채안을 만드는 것이다. 현실림과 법정림을 비교시 소반을 시업 단위로 한다는 점이 법정축적림과 다르다.

① 순수영급법
  ㉠ 개벌작업에 응용할수 있으나, 택벌작업에는 응용할 수 없다. 임분의 배치상태와 법정림의 영급상황을 비교 검토하여 수확은 노령림부터 실시하도록 유도한다.
    시업계획 기간은 10~20년으로 하며, 과거의 갱신·보육·수확량 등의 실적을 검토하여 시업안을 계속 편성하고 이것을 기준으로 하여 적정한 수확량을 결정한다.

        ⓒ 현실림의 영급별 면적조사 → 일정한 윤벌기의 법정영급면적과 비교 → 영급분배 비교표작성 → 1시업기의 표준 연벌채 면적산정
    ② 임분경제법
        경제적으로 가장 유리할 때 벌채를 이용하여 수확하기 때문에 산림이 훼손될 소지가 있다. 토지기망가를 계산하여 토지기망가가 가장 큰 벌기를 작업급의 윤벌기로 하고 10~20년을 1시업기로 하는 벌채안을 만들어서 수확하는 방법이다.
        • 제1시업기에 벌채할 임분
            - 시업상 벌채를 필요로 하는 임분
            - 성숙기에 도달한 임분
            - 벌채순서상 희생적 벌채를 해야 하는 임분
            - 성숙여부가 불분명한 임분
    ③ 등면적법
        ⓐ 순수영급법과 임분경제법의 결점을 보완
        ⓑ 영급법과 같이 1시업기를 경리 기간으로 하여 일정 기간마다 시업안을 검정하여 수정하고, 또한 지위, 지리, 화폐수확 등을 고려하여 벌채 장소를 선정하기 때문에 수확보속상 안전하다.
        ⓒ 모든 영급법은 개벌작업에 적합하기 때문에 택벌작업 또는 이와 유사한 작업을 실시하는 산림에는 적용하기 곤란하다.

### 6) 생장량법(생장량=수확량)
    ① Martin법
        ⓐ 생장량법의 한 가지로, 생장한 만큼 수확하여 산림의 재적이 줄어들지 않도록 하는 방법이다. 즉, 임분의 평균생장량 합계를 수확 예정량으로 한다.
        ⓑ 평균생장량 합계만 수확하므로 벌구를 나눌 필요도 없으며, 윤벌기가 필요 없다.
        ⓒ 벌구면적, 장소를 따로 지정할 필요가 없으므로 영급배치가 법정 상태인 개벌 작업림의 수확조정법으로 응용되고 있다.
        ⓓ 각 임분의 연년평균 생장량 합계 = 전림의 연년생장량 = 수확량
    ② 생장률법
        ⓐ 영급배치가 법정일 상태일 때 사용하는 수확방법으로, 연년생장량을 수확예정량으로 하는 방법이다.
        ⓑ 생장율 사정 : 표준지의 표준목을 수간석해하거나 생장추를 사용하여 추정한다.
        ⓒ 생장률법(E)

            $V_a \times p = z$
            Va : 현실축적, p : 생장율, z : 연년생장량

③ 조사법
  ㉠ 일정한 수식이나 특수한 규정이 따로 정해져 있는 것이 아니라 경험을 근거로 하여 실행하는 방법이다. 이 방법은 어디까지나 조림, 무육을 위주로 한다. 즉, 자연을 최대로 이용하여 산림생산을 어떻게 지속시킬 수 있을 것인가를 장기간에 걸쳐 경험적으로 파악하여 집약적인 임업경영을 실현하는 데 그 목적이 있다.
  ㉡ 문제점
    - 생장량의 조사에 많은 시간과 비용이 소요되고 기술을 필요로 한다.
    - 경영자는 경험에 의하여 실행하기 때문에 고도의 기술적 숙련을 요한다.
    - 현실림은 개벌에 의한 동령 일제림이 많으므로 적용 범위가 선택적이다.
    - 개벌작업을 제외한 모든 작업법에 응용할 수 있지만 현실적으로 거의 택벌림 작업에 적용되고 있다.

### 7) 현대적 수확조정기법

과거 수확기법은 목재의 총생산량을 증가시키기 위한 수확방법에 촛점이 맞추어져 있었다. 그러다 보니 산림자원이 고갈되고, 여러 가지 자연재해로부터 산림의 훼손을 줄이면서 지속가능한 목재 이용을 위한 수확법이 출현하였다. 그러나 최근에는 산림이 가지고 있는 여러 공익적 기능이 증대되어 목재의 이용뿐만이 아니라 다목적 경영이 대두가 되어 새로운 수확조정기법이 출현하게 되었다.

① 선형계획법 : 주어진 목표를 달성하기 위해 최적화하는 방법으로, 한정된 자원으로 목재 생산량을 최대화하거나, 생산비용을 최소화하여 목표에 최적화하는 방법이다.

> **Check**
> **선형계획 모형의 전제 조건**
> - 비례성 : 선형계획 모형의 작용성과 이용량은 항상 활동 수준에 비례하도록 요구된다.
> - 비부성 : 의사결정 변수는 어떠한 경우에도 음(-)의 값을 나타내서는 안된다.
> - 부가성 : 두 가지 이상의 활동이 동시에 고려되어야 한다면 전체 생산량은 개개 생산량의 합계와 일치해야 한다. 즉, 개개의 활동 사이에 어떠한 변환작용도 일어날 수 없다는 것을 의미한다.
> - 분할성 : 모든 생산물과 생산수단은 분할이 가능해야 한다. 즉, 의사결정변수가 정수는 물론 소수의 값도 가질 수 있다는 것을 의미한다.
> - 선형성 : 선형계획 모형에서는 모형을 정하는 모든 변수들의 관계가 수학적으로 선형함수, 즉 1차함수로 표시되어야 한다.
> - 제한성 : 선형계획 모형에서는 모형을 구성하는 활동의 수와 생산방법은 제한이 있어야 한다. 그래서 제한된 자원량이 선형 계획 모형에서 제약조건으로 표시되며, 목적함수가 취할 수 있는 의사 결정변수 값의 범위가 제한된다.
> - 확정성 : 선형계획 모형에서 사용되는 모든 매개변수(목적함수와 제약조건의 계수)들의 값이 확정적으로 일정한 값을 가져야 한다는 것을 의미한다. 이는 선형계획법에서 사용되는 문제의 상황이 변하지 않는 정적인 상태에 있다고 가정하기 때문이다.

② 정수계획법
   ㉠ 선형계획법은 목적함수가 분할성이 있어서 모든 생산물과 생산수단은 분할이 가능해야 하기 때문에 소수점 이하까지 나타낼 수 있다. 그러나, 산림작업 인원 수 같이 같은 정수로만 표시해야 하기 때문에 이와 같은 문제점을 해결하기 위해 정수계획법이 나왔다.
   ㉡ 정수계획법은 선형계획모형의 특성 중 분할성 대신에 정수 제약 조건을 갖는다는 점을 제외하면 일반 선형계획모형과 같다. 정수계획모형의 특성은 선형 목적함수, 선형 제약 조건식, 모형 변수들이 0 또는 양(+)의 정수(nonnegativity), 특정 변수에 대한 정수 제약조건 등 네 가지로 요약할 수 있다.
③ 목표계획법
   ㉠ 목표계획법의 기초개념은 불가능한 선형계획문제를 해결할 수 있는 수단으로 소개되었다.
   ㉡ 본질적으로 선형계획법의 확장된 형태라고도 할 수 있으며, 단일 목표나 다수의 목표를 가지는 의사결정에 매우 효과적인 방법이다.
   ㉢ 목표계획법에서는 선형계획법에서와 같이 목적함수를 직접적으로 최대화 또는 최소화하지 않고, 목표들 사이에 존재하는 편차를 주어진 제약조건하에서 최소화하는 기법이다. 이러한 특징 때문에 산림의 다목적 이용을 위한 경영계획 문제에 적용할 수 있는 방법이다.

> **Check**
>
> **수확조정법 정리**
> 구획윤벌법 → 재적배분법 → 평분법(재적평분법, 절충평분법) → 법정축적법 → 영급법 → 생장량법(조사법)
> ① 구획윤벌법 : 전 산림면적을 윤벌기 연수와 같은 수의 벌구(단순 구획윤벌법, 비례 구획윤벌법)로 나누어 매년 한 벌구씩 벌채하는 것이다.
> ② 재적배분법 : 작업 급내의 임목을 성목과 미성목으로 나누어 미성목이 성목이 되는 기간을 경리 기간으로 정하고 경리 기간의 생장량을 고려하여 재적수확을 균등하게 하는 것이다.
> ③ 평분법(HARTIG) : 윤벌기를 일정한 분기로 나누어 분기마다 수확량을 균등하게 하는 것이다.
>    ㉠ 재적평분법 : 한 윤벌기에 대하여 벌채안을 만들고, 각 분기마다 벌채량을 균등하게 하는 것이다.
>    ㉡ 면적평분법 : 장소적인 규제를 더 중시하여 각 분기의 벌채면적을 같게 하는 방법이다.
>    ㉢ 절충평분법 : 면적평분법의 법정 임분배치와 재적평분법의 재적 보속을 동시에 실현하고자 하는 것이다.
> ④ 법정축적법 : 산림 연간 벌채량의 기준을 연간 생장량에 두고 현실림과 정상적인 축적과의 차이에 의해 조절하는 방법이다.
> ⑤ 영급법 : 임분의 경제성을 높이고 법정 상태의 실현을 통한 수확의 보속을 위하여 임반 내 임분의 상태를 고려한 소반을 시업 단위로 하고 있다. 즉, 몇 개의 영계를 합한 영급을 편성한 다음 법정림의 영급과 대조하여 그 과부족을 조절할 수 있는 벌채안을 만드는 것이다.
> ⑥ 생장량법 : 수확조절기법이 면적이나 재적에 근거를 두어 수확량을 조절하는데 비해, 생장량법은 생장량이 곧 수확량이 되도록 하는 방법이다.

# 제5장 산림경영계획서 작성

## 1 산림경영계획의 업무내용

### 1) 산림경영 경영계획의 의의
① 국유림경영계획을 10년마다 수립·시행하고 있다.
② 산림경영계획구에 대한 종합적인 경영계획을 10년 단위로 작성한다.
③ 산림경영계획의 작업순서

예비조사(일반조사) → 산림측량과 산림구획 → 산림조사 → 산림사업의 내용 결정 → 부표와 도면 정리 → 수확 조절 → 조림계획 → 산림시설 계획 → 산림경영사업의 수지 계산 → 산림경영계획 설명서 작성 → 산림경영계획의 수정과 재편성

※ 산림측량의 종류 : 주위측량, 산림구획측량, 시설측량

### 2) 사유림 경영계획구
① 일반 경영계획구 : 사유림의 소유자가 자기 소유의 산림을 단독으로 경영하기 위한 경영계획구
② 협업 경영계획구 : 서로 인접한 사유림을 2인 이상의 산림 소유자가 협업으로 경영하기 위한 경영계획구
③ 기업 경영림계획구 : 기업 경영림을 소유한 자가 이를 경영하기 위한 경영계획구

### 3) 국유림경영계획
① 국유림경영계획 : 국유림경영계획을 10년마다 수립·시행 한다.
　㉠ 장기적 추진 과제 : 경영 형태·목표 임상·산림의 형태·생산 및 무육·공간 배치, 산림개발(임도 등) 방향을 설정하고 산림 수확과 관련한 영급 및 임분급, 벌기령에 관하여 기본 방향을 제시한다.
　㉡ 중기적 추진 과제 : 장기적 추진 과제에서 제시하는 기본적인 방향을 토대로 10년 간 실행하게 될 사업 내용에 대해 구체적으로 작성하되 단위사업 과제와 종합 과제로 구분하여 작성한다.
　　• 단위사업 과제 : 장기적으로 설정된 목표를 달성하기 위해 매 임·소반단위의 산림 상황 조사 결과(기능·입지 및 산림 상황)에 근거하여 향후 10년 간 계획 기간 동안 실행할 사업을 반영한다.
　　• 종합 과제 : 단위 사업 과제를 토대로 총사업계획·재정계획·노동력 수급 및 임업기계화계획으로 구분하여 작성한다.

② 국유림계획
- ㉠ 지역산림계획
  - 수립 주체 : 지방산림청장
  - 대상 : 관할 구역
- ㉡ 국유림종합계획
  - 수립 주체 : 국유림관리소장
  - 대상 : 관할 구역
- ㉢ 국유림경영계획
  - 수립 주체 : 지방산림청장
  - 대상 : 경영계획구

4) 일반조사(예비조사)

일반 조사는 산림경영계획을 수립하기 위한 기초 조사로서 소유자의 종류, 경영 목적, 경영에 대한 소유자의 희망, 산림에 부대(部隊)하는 조건 등 소유자에 관한 것과 산림의 지리적 위치, 지세 및 면적 경계, 기상 관계, 소유 규모 및 관리 경영의 연혁, 산림의 실태, 교통시설 및 임산물 시장 상황, 산간 주민의 실정 등 산림개황에 관한 조사가 있다.

5) 산림측량

① 주위측량 : 산림외 경계선을 명백히 하고 그 면적을 확정하기 위히여 경계를 따라 주위측량을 한다.
② 산림구획측량 : 주위측량이 끝난 후 산림구획계획이 수립되면 임반, 소반의 구획선 및 면적을 구하기 위하여 산림구획측량을 한다.
③ 시설측량 : 교통로 및 운반로 개설과 기타 산림경영에 필요한 건물을 설치하고자 할 때에는 설치 예정지에 대한 측량을 한다.

6) 산림구획

① 임반 : 산림의 위치표시, 시업기록의 편의 등을 고려하기 위한 고정적 구획이다.
  - ㉠ 구획 : 능선, 하천 등의 자연경계나 도로 등 고정적 시설을 따라 확정한다.
  - ㉡ 면적 : 100ha 내외로 구획한다.
  - ㉢ 번호 : 산림경영계획구 유역하류에서 시계방향으로 연속되게 아라비아 숫자로 표기하고, 신규 재산 취득 등의 사유로 보조 임반을 편성할 때에는 연접된 임반의 번호에 보조 번호를 부여한다(예 1-0 : 1임반, 1-1 : 1임반 1보조 임반).
② 소반 : 임반 내에서 그 상태 및 취급에 차이를 둔 부분으로서, 우리나라에서는 지종 구분이 상이할 때, 수종 및 작업종이 상이할 때, 입목지·미입목지 및 화전, 임령 및 지위의 차이가 현저할 경우 등은 소반으로 구분한다.
  - ㉠ 구획

지형지물 또는 유역경계를 달리하거나 시업상 취급을 다르게 할 구역은 소반을 달리 구획한다.
- 기능(생활환경 보전림, 자연환경 보전림, 수원 함양림, 산지재해 방지림, 자연휴양림, 목재 생산림)이 상이할 때
- 지종(법정 제한지, 일반 경영지 및 입목지·무입목지)이 상이할 때
- 임종(천, 인), 임상(침, 활, 혼), 작업종(개벌, 택벌, 모수작업 등)이 상이할 때
- 임령, 지위, 지리 또는 운반계통이 상이할 때

  ⓛ 면적 : 최소 1ha 이상으로 구획하되 부득이한 경우는 소수점 한 자리까지 기록할 수 있다.
  ⓒ 번호 : 임반 번호와 같은 방향으로 소반명을 1-1-1, 1-1-2, 1-1-3…과 같이 연속되게 부여하고, 보조 소반의 경우에는 연접된 소반의 번호에 1-1-1-1, 1-1-1-2, 1-1-1-3…으로 표기한다(예 1-0-1 : 1임반 1소반, 1-1-1 : 1임반 1보조 임반 1소반, 1-0-1-3 : 1임반 1소반 3보조 소반).

## 7) 산림조사
① 지황조사 : 해당 산림에서 임목의 생육에 영향을 미치는 지형적, 환경적 특성을 조사하는 것으로, 지종 구분, 방위, 경사도, 표고, 토성, 토심, 건습도, 지위, 지리, 하층 식생 등이 포함된다.
② 임황조사 : 임종, 임상, 수종, 혼효율, 임령, 영급, 수고, 경급, 소밀도, 축적 등이 있다.

## 8) 산림조사 야장 지황조사 기재요령
① 방위 : 동, 서, 남, 북, 남동, 남서, 북동, 북서
② 경사
  ㉠ 완경사지(완) : 경사 15° 미만
  ㉡ 경사지(경) : 경사 15~20° 미만
  ㉢ 급경사지(급) : 경사 20~25° 미만
  ㉣ 험준지(험) : 경사 25~30° 미만
  ㉤ 절험지(절) : 경사 30° 이상
③ 토성
  ㉠ 사토 : 흙을 손에 쥐었을 때 대부분 모래만으로 구성된 감이 있는 것(점토 함량 12.5% 이하)
  ㉡ 사양토 : 모래가 대략 1/3~2/3를 점하는 것(점토 함량 12.5~25%)
  ㉢ 양토 : 대략 1/3 미만의 모래를 함유하는 것(점토 함량 25~37.5%)
  ㉣ 식양토 : 점토가 1/3~2/3를 차지하고 점토 중에서 모래를 약간 촉감할 수 있는 것(점토 함량 37.5~50%)
  ㉤ 점토 : 점토가 대부분인 것(점토 함량 50% 이상)

④ 토심
   ㉠ 천 : 유효 토심 30cm 미만
   ㉡ 중 : 유효 토심 30~60cm 미만
   ㉢ 심 : 유효 토심 60cm 이상
⑤ 건습도 : 토양 중 습기를 감촉에 의해 다음과 같이 조사한다.
   ㉠ 습 : 손으로 꽉 쥐었을 때 손가락 사이에 물방울이 맺히는 정도
   ㉡ 약습 : 손으로 꽉 쥐었을 때 손가락 사이에 약간의 물기가 비친 정도
   ㉢ 적윤 : 손으로 꽉 쥐었을 때 손바닥 전체에 습기가 묻고 물에 대한 감촉이 뚜렷한 정도
   ㉣ 약건 : 손으로 꽉 쥐었을 때 손바닥에 습기가 약간 묻을 정도
   ㉤ 건조 : 손으로 꽉 쥐었을 때 수분에 대한 감촉이 거의 없음
⑥ 지리 : 10등급으로 임도 또는 도로까지의 거리를 100m 단위로 구분한다.
   ㉠ 1급지 : 100m 이하
   ㉡ 2급지 : 101~200m 이하
   ㉢ 3급지 : 201~300m 이하
   ㉣ 4급지 : 301~400m 이하
   ㉤ 5급지 : 401~500m 이하
   ㉥ 6급지 : 501~600m 이하
   ㉦ 7급지 : 601~700m 이하
   ㉧ 8급지 : 701~800m 이하
   ㉨ 9급지 : 801~900m 이하
   ㉩ 10급지 : 901m 이상
⑦ 지위 : 임지의 생산 능력을 판단하는 지표이며, 상·중·하로 구분한다.
   ㉠ 직접조사법 : 우세목의 수령과 수고를 측정하여 지위지수표에서 찾거나 임목자의 평가 프로그램에 의거하여 산정한다.
   ㉡ 간접조사법 : 산림 입지 조사의 자료를 활용한다.
   ㉢ 적용 기준 : 침엽수는 주수종을 기준하되, 활엽수는 참나무를 적용한다.

9) 산림조사 야장 임황조사 기재요령
   ① 임종
      ㉠ 천연림(천) : 산림이 천연적으로 조성된 임지
      ㉡ 인공림(인) : 산림이 인공적으로 조림된 임지
   ② 임상
      ㉠ 무입목지 : 임목도가 30% 이하인 임분
      ㉡ 입목지

- 침엽수림 : 침엽수가 75% 이상 점유
- 활엽수림 : 활엽수가 75% 이상 점유
- 혼효림 : 침엽수 또는 활엽수가 26~75% 미만 점유하고 있는 임분

③ 수종
  ㉠ 임분을 구성하고 있는 수종의 수종명을 기재
  ㉡ 가장 많이 점유하고 있는 수종부터 5개 정도 기재

④ 혼효율(수종점유율)
  수관점유 면적비율 또는 입목본수비율(재적)에 의하여 백분율로 산정한다.

⑤ 임령 : 임분 구성 입목의 평균 수령 분자로 하고, 최저-최고의 수령을 분모로 표기한다. (예 30/10~40)

⑥ 수고 : 임본 구성 입목의 평균 수고를 분자로 하고, 최저-최고 수고를 분모로 표기한다. (예 10/6~20)

⑦ 경급 : 임본 구성 입목의 평균 흉고직경을 분자로 하고, 최저-최고 흉고직경을 분모로 표기한다. (예 14/6~20)
  ㉠ 치수 : 흉고직경 6cm 미만의 임목이 50% 이상 생육하는 임분
  ㉡ 소경목 : 흉고직경 6~16cm 미만의 임목이 50% 이상 생육하는 임분
  ㉢ 중경목 : 흉고직경 18~28cm 미만의 임목이 50% 이상 생육하는 임분
  ㉣ 대경목 : 흉고직경 30cm 이상 임목이 생육하는 임분

⑧ 영급
  ㉠ Ⅰ영급 : 1~10년
  ㉡ Ⅱ영급 : 11~20년
  ㉢ Ⅲ영급 : 21~30년
  ㉣ Ⅳ영급 : 31~40년
  ㉤ Ⅴ영급 : 41~50년
  ㉥ Ⅵ영급 : 51~60년
  ㉦ Ⅶ영급 : 61~70년
  ㉧ Ⅷ영급 : 71~80년
  ㉨ Ⅸ영급 : 81~90년
  ㉩ Ⅹ영급 : 91~100년

⑨ 소밀도 : 조사면적에 대한 입목의 수관 면적이 차지하는 비율을 백분율로 표시한다.
  ㉠ 소 : 수관 밀도가 40% 이하인 임분
  ㉡ 중 : 수관밀도가 41~70%인 임분
  ㉢ 밀 : 수관밀도가 71% 이상인 임분

⑩ 하층식생 : 치수발생 상황과 산죽, 관목, 초본류의 종류 및 지면 피복을 표시한다.

⑪ 축적 : 소반 내 생육하고 있는 입목의 총 축척을 m² 단위로 기재한다.

### 10) 표준지 조사
① 표준지는 산림(소반) 내 평균 임상인 개소에서 선정하고, 1개 표준지 면적은 최소 0.04 ha (20m×20m, 10m×40m)로 한다.
② 가슴 높이 지름은 2cm 괄약으로 수종별로 측정하여 기록한다. 다만 6cm 미만은 측정하지 아니한다.
③ 수고는 직경급별로 평균 수고를 산출한다.
④ 표준지 내에서 측정된 입목의 평균 가슴 높이 지름과 평균 수고를 통하여 표준지 내 재적을 구한 후 이를 기준으로 전 재적을 산출한다.

### 11) 산림경영계획도
① 1:5,000 또는 1:6,000 지형도에 임·소반, 임상, 영급, 소밀도, 사업위치 등을 기재한다.
② 작성 년월일, 행정구역계, 임·소반계, 하천, 방위, 면적, 임상, 영급, 축적, 소밀도, 임도, 도로, 주벌, 간벌, 조림, 소생물권 등을 표시하되 추가할 사항은 작성자의 판단에 따른다.

### 12) 산림경영계획의 총괄
산림경영계획은 크게 예업, 본업, 후업으로 구분한다.
① 예업 : 일반 조사, 산림측량과 산림 구획, 산림조사, 부표와 도면 작성
② 본입 : 시입내용의 결정, 수확과 소림계획, 시설계획, 시업계획의 총괄
③ 후업 : 보수 및 조사 업무, 경영안의 재편과 검정

### 13) 산림경영계획의 운용
① 보수업무 : 산림 내외에서 생기는 각종 업무의 내용과 산림면적의 변화, 경영상의 여러 관계(산림 화재, 병해충 발생과 처리), 임분상태의 이동, 임업경제의 변화 등 변화사항을 기록한다.
② 조사업무 : 사업이 계획되로 집행되었는지를 조사하여 예정대로 되지 않으면 그 원인을 밝혀 정해진 시업 기간 동안에 예정 시업을 하도록 하는 업무이다.
수확과 조림에 대하여 임·소반별 조절부와 작업급 전체의 조절부를 작성하여 기록하고 조절한다.
③ 산림경영계획의 운용 과정 : 경영계획 → 연차계획 → 사업 예정 → 사업 실행 → 조사 업무

### 14) 산림경영계획의 변경
① 지역산림계획이 변경된 경우
② 산림경영계획구의 당초 시업계획량과 시업연도의 시업계획량에 20% 이상 차이가 생긴 경우
③ 천재지변이나 기타 이에 준하는 사태로 인하여 임상에 현저한 차이가 생긴 경우
④ 당초의 산림경영계획상 시업계획이 없는 곳에 시업하고자 하는 경우
⑤ 당초의 산림경영계획서상 시업연도의 변경이 필요한 경우

⑥ 정부 시책상 불가피하여 변경 또는 폐지의 명령을 받은 경우
⑦ 임도시설을 당초 계획한 임반이 아닌 다른 임반에 시설하고자 하는 경우
⑧ 지리적인 여건이나 임상의 변동으로 산림경영계획서상의 작업의 종류를 변경하고자 할 경우

## 2 선형 계획법

주어진 목적을 달성하기 위해서 이윤이나 비용 등 한정된 자원을 어떻게 해야 가장 유효적절하게 각종 용도에 배분할 수 있는지 등에 대해 최적 배치와 생산 계획상의 문제 등을 해결하기 위하여 개발된 수리적 기법으로, 생산, 수송, 인원배치 계획 외에도 기업의 생산 활동에 이용된다.

# 제6장 산림측정

## 1 직경의 측정

### 1) 직경측정의 도구
① 자
② 윤척
③ 직경테이프
④ 빌트모어스틱

> **Check**
> 직경측정의 방법
> ① 경사지에서는 윗쪽 경사면과 수간이 만나는 곳에서 수평 방향으로 측정한다.
> ② 수간이 흉고직경 이하에서 분지된 나무는 하나하나를 모두 측정한다.
> ③ 흉고 부위가 비정상적으로 분지된 나무는 팽배 또는 위축되거나 결함이 있을 경우에는 이로 인한 영향을 받지 않은 상·하단 최단거리 부위직경을 측정하고 이를 평균한다.

### 2) 빌트모어 스틱 측정방법
길이가 50cm 가량 되는 막대기에 눈금을 새겨서 사용하는 것으로, 자를 가슴 높이 부위의 줄기에 수평으로 대고 한눈으로 보아 왼쪽 눈금 0이 나무의 왼쪽 끝과 일치하게 한 후 자를 움직이지 말고 그 눈으로 나무의 오른쪽 끝과 일치하는 자 눈금을 읽으면 그 수치가 그 나무의 가슴 높이 지름이 된다.

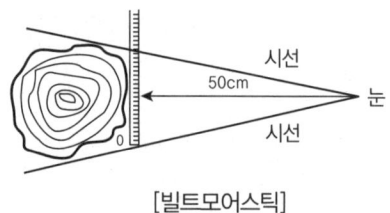

[빌트모어스틱]

## 2 수고의 측정

### 1) 측고기의 종류
와이제측고기, 아브 네이 핸드레블, 하가측고기, 부루메라이스측고기

### 2) 측고기 사용시 주의사항
① 측정할 나무의 근원부와 초두부가 잘 보이는 곳에서 측정한다.

② 측정할 위치가 너무 멀거나 가까우면 오차가 생길 수 있으니 가능한 나무 높이 정도 떨어진 곳에서 측정한다.
③ 경사지에서는 뿌리 근처보다 높은 곳에서 측정한다.
④ 경사지에서는 여러 방향에서 측정하여 그 값을 평균하고, 평탄한 곳이라도 2회 이상 측정하여 평균값을 구한다.

### 3) 정확도
① 경사지에서는 가능한 등고 위치에서 측정한다.
② 초두부와 근원부를 잘 볼 수 있는 곳에서 측정한다.
③ 입목까지의 수평거리는 가급적 수고와 같은 거리에서 측정한다.
④ 수평거리를 취할 수 없을 때는 사거리와 경사각을 측정해서 수평거리를 환산한다.

## 3 연령의 측정

### 1) 단목의 연령 측정방법
① 기록에 의한 방법, 나이테 수에 의한 방법, 생장추에 의한 방법
② 기타 측정기기(레지스토 그래프 측정기, 디지털 연륜 측정기)에 의한 방법 등이 있다.
③ 지절에 의한 방법, 흉고직경에 의한 방법

### 2) 임분의 연령 측정
① 본수령에 의한 이령림의 연령측정

$$A = \frac{n_1 a_1 + n_2 a_2 \cdots n_n a_n}{n_1 + n_2 \cdots n_n}$$

A : 평균령, $a_1$, $a_2$, $a_n$ : 연령, $n_1$, $n_2$, $n_n$ : 각 연령의 본수

② 재적령

$$A = \frac{V_1 + V_2 + \ldots V_n}{\frac{V_1}{a_1} + \frac{V_2}{a_2} + \ldots \frac{V_n}{a_n}}$$

③ 면적령

$$A = \frac{f_1 a_1 + f_2 a_2 + \ldots f_n a_n}{f_1 + f_2 + \ldots f_n}$$

# 4 생장량 측정

## 1) 생장량의 종류

① 연년생장량 : 1년 간의 생장량을 말한다.
② 총평균생장량 : 임목의 현재 총재적을 생육연수로 나눈 것이다.
③ 정기생장량 : 일정 기간 동안의 생장량이다.
④ 정기평균생장량 : 정기생장량을 정기연수로 나눈 것으로, 일정 기간 동안의 평균생장량이다.
⑤ 총생장량 : 임목이 발생하여 일정한 연령에 이르기까지의 총생산량을 말한다.
⑥ 진계생장량 : 삼림조사기간 동안 측정할 수 있는 크기로 생장한 새로운 임목들의 재적을 말한다.

◐ 평균생장량과 연년생장량의 관계

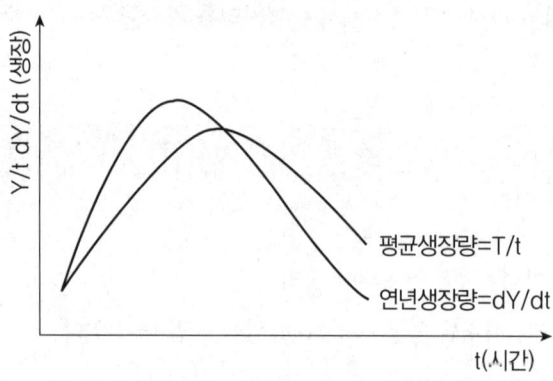

- 처음에는 연년생장량이 평균생장량보다 크다.
- 연년생장량은 평균생장량보다 빨리 극대점에 이른다.
- 평균생장량의 극대점에서 두 생장량의 크기는 같다.
- 평균생장량이 극대점에 이르기까지는 연년생장량이 항상 평균생장량보다 크다.
- 평균생장량이 극대점을 지난 후에는 연년생장량이 평균생장량보다 하위에 있다.
- 연년생장량이 극대점에 이르는 기간을 유령기, 이때부터 평균생장량이 극대점에 이르기까지를 장령기, 그 이후를 노령기라고 한다.

## 2) 생장률

① 단리산 공식

$$P = \frac{V-v}{n \cdot v} \times 100$$

P : 생장율(%), n : 기간, V : 현재의 재적, v : n년 전의 재적

② 복리산 공식

$$P = (\sqrt[n]{\frac{V}{v}} - 1) \times 100$$

n : 기간연수, V : 최후의 크기, v : 최초의 크기

③ 프레슬러 공식

$$P = \frac{V-v}{V-v} \times \frac{200}{n}$$

P : 생장율(%), n : 기간, V : 현재의 재적, v : n년 전의 재적

④ 슈나이더 공식

$$P = \frac{K}{n \cdot D}$$

P : 생장율(%), n : 수피 안쪽 1cm 안에 있는 나이테 수, D : 흉고지름,
K : 상수 (직경 30cm 이하-550, 직경 30cm 초과-500)

# 5 벌채목의 재적 측정

## 1) 벌채목의 재적 측정

① 단면적 측정

$$단면적\ (g) = \frac{\pi}{4} \times d^2 = 0.785 d^2$$

② 재적 측정

㉠ 후버식

$$V = r \times L = \frac{\pi}{4} \cdot d2 \cdot L = 0.785 d^2 \cdot L$$

d : 중앙 지름, L : 길이, r : 중앙 단면적

㉡ 스말리안식

$$V = \frac{\pi}{4} \times \frac{d_o^2 + d_n^2}{2} \times L = \frac{g_o + g_n}{2} \times L$$

$d_o$ : 원구 지름, $d_n$ : 말구 지름, L : 길이, $g_o$ : 원구 단면적, $g_n$ : 말구 단면적

㉢ 리케식

$$V = \frac{L}{6}(g_o + 4r + g_n)$$

$g_o$ : 원구 단면적, $g_n$ : 말구 단면적, L : 길이, r : 중앙 단면적

㉣ 4분주 공식 : 영국에서 주로 사용되며, 통나무의 중앙 둘레값을 이용한다.

$$V = (\frac{u}{4})^2 \times L$$

u : 중앙 둘레, L : 길이

ⓜ 브레스톤 공식

$$V = \frac{(d_o + d_n)^2}{2} \times \frac{\pi}{4} \times L \times \frac{1}{10000}$$

$d_o$ : 원구 지름, $d_n$ : 말구 지름, L : 길이

ⓑ 말구지름 제곱법

$$V = d_n^2 \times L , V = \frac{1}{12} \times d_n^2 \times L$$

$d_n$ : 말구 지름, L : 길이

ⓢ 산림청 목재 규격법
- 통나무 길이가 6m 미만일 때

$$V = d_{n2} \times L \times \frac{1}{10000}$$

$d_n$ : cm로 측정한 말구 지름, L : m로 측정한 길이

- 통나무 길이가 6m 이상일 때

$$V = (d_n + \frac{L'-4}{2})^2 \times L \times \frac{1}{10000}$$

$d_n$ : cm로 측정한 말구 지름, L : m로 측정한 길이,
L' : m 단위의 통나무 길이로 1 미만의 끝자리 숫자를 끊어 버린 수(ⓔ 7.6m → 7m)

ⓞ 구분 구적법 : 길이가 긴 벌채목의 재적을 구할 때 각 부분에 구적식을 적용하여 각 부분의 재적을 구한 다음 이것을 합하여 전체의 재적을 구하는 방법

**문제1** 중앙지름 40cm, 길이 5m인 통나무의 재적은? (후버식)

$V = r \times L = \frac{\pi}{4} \cdot d2 \cdot L = 0.785 d^2 \cdot L = 0.785 \times 0.4^2 \times 5 = 0.628 m^3$

**문제2** 원지름 50cm, 말구지름 45cm, 길이가 7m인 통나무의 재적은? (스말리안식)

$V = \frac{\pi}{4} \times \frac{d_o^2 + d_n^2}{2} \times L = \frac{g_o + g_n}{2} \times L = \frac{3.14}{4} \times \frac{0.5^2 + 0.45^2}{2} \times 7 = 1.243 m^3$

**문제3** 말구지름 40cm, 길이가 5m인 통나무의 재적은? (산림청법)

$V = d_n^2 \times L = 40^2 \times 5 \times \frac{1}{10000} = 0.8 m^3$

**문제4** 말구지름 50cm, 길이가 9.4m인 통나무의 재적은? (산림청법)

$V = (d_n + \frac{L'-4}{2})^2 \times L \times \frac{1}{10000} = (50 + \frac{9-4}{2})^2 \times 9.4 \times \frac{1}{10000} = 2.48 m^3$

## 6 수간석해

### 1) 수간석해의 목적

나무의 생장과정을 알고 생장 특성을 조사하기 위하여 수간을 해석하여 측정하는 것으로, 수간석해의 결과는 임분을 구성하고 있는 나무 중 표준이 될 만한 나무의 수간을 조사하여 과거의 생장량을 측정하고 임분생장량을 추정, 예측하는 자료로 사용된다.

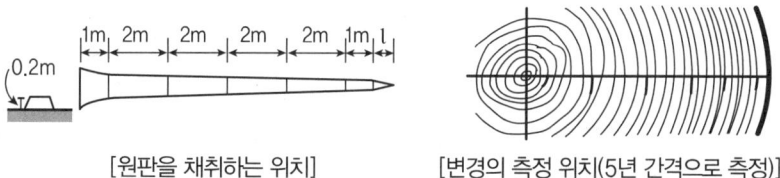

[원판을 채취하는 위치]    [변경의 측정 위치(5년 간격으로 측정)]

① 5, 10, 15, 20 … 30과 같이 5년 간격으로 측정하므로 직경은 30, 25와 같이 밖에서 안으로 향하여 측정한다. 즉, 30년은 원판 단면의 연륜수에서 1을 뺀 곳, 25년은 30년에서 5를 뺀 곳, 즉 30-(1+5)가 되는 곳을 찾아 이곳까지의 반경을 측정한다.

② 어떤 단면은 5년의 것, 또는 10년이 것이 나타나지 않을 때가 있는데, 이것은 임목의 성장관계 때문이므로 반경이 측정되면 아래와 같이 표를 만들어 측정치를 기록한다. 각 단면별로 만든다.

③ 아래 표처럼 반경측정치가 기록되면 평균반경 및 직경을 구한 다음, 각 연령에 대한 단면적을 계산하여 기록한다.

◗ 원판측정 기록의 예

| 구분 | | 반경방향(cm) | | | | 합계 (cm) | 평균반경 (cm) | 직경 (cm) | 단면적 (cm) |
|---|---|---|---|---|---|---|---|---|---|
| | | 1 | 2 | 3 | 4 | | | | |
| 연령 | 36(피촌) | 10.95 | 10.20 | 10.15 | 9.75 | 41.0 | 10.25 | 20.5 | 0.0330 |
| | 36 | 10.52 | 9.77 | 9.88 | 9.50 | 39.8 | 9.95 | 9.9 | 0.0311 |
| | 35 | 10.50 | 9.75 | 9.74 | 9.38 | 39.4 | 9.85 | 9.7 | 0.0305 |
| | 30 | 9.97 | 8.95 | 9.05 | 8.59 | 36.6 | 9.15 | 8.3 | 0.263 |
| | 25 | 9.02 | 8.03 | 7.95 | 7.65 | 32.6 | 8.15 | 6.3 | 0.0209 |
| | 20 | 7.85 | 6.57 | 6.47 | 6.88 | 27.8 | 6.95 | 3.9 | 0.0152 |
| | 15 | 5.05 | 4.53 | 4.16 | 4.88 | 18.3 | 4.65 | 9.3 | 0.0068 |
| | 10 | 2.20 | 1.82 | 1.82 | 2.16 | 8.0 | 2.00 | 4.0 | 0.0013 |
| | 5 | 0.35 | 0.27 | 0.29 | 0.45 | 1.4 | 0.35 | 0.7 | 0.0000 |
| | 심재 | 8.30 | 7.40 | 6.76 | 7.58 | 30.0 | 7.50 | 5.0 | 0.0177 |

## 2) 수간석해도 작성 방법

① 수고곡선법 : 각 단면에 나타난 연륜수를 임령에서 빼면 그 단면을 채취한 높이에 이르기까지 성장하는 데 소요된 연수가 얻어진다. 즉, 0.2m에서 단면의 연륜수가 34이고, 임령이 36년이라면 0.2m 성장하는 데 소요된 연수는 2년이고, 1.2m에서 단면의 연륜수가 29이면 1.2m까지 성장하는 데 36-29 즉, 7년이 소요된 것이다. 이와 같이 성장에 요한 연수를 구한 다음, 가로 축에 연수, 세로 축에 수고를 잡아 그래프로 그린 다음 5년, 10년에 대한 수고를 읽어 각 영급에 대한 수고를 측정하는 방법이다.

② 직선연장법 : 석해도에서 어떤 영급의 최후 단면의 값과 그 바로 앞의 단면의 값을 연결한 직선을 그대로 연장하여 간축과 만나게 하여 그 교점을 영급의 수고로 하는 방법이다. 이때 그 연장선이 다음 단면고보다 높아지는 경우에는 위로 올라 가지 않도록 단면고와 연결한다.

③ 평행선법 : 석해도에서 밖에 있는 영급의 선과 평행선을 그어 간축과 만나는 점을 그 영급의 수고로 하는 방법이다. 0.2m 이하 땅까지는 현장에서 지상 0.0m 되는 곳의 D.O.B(수피부직경)를 측정하여 이것을 기입하고, 0.2m 단면의 D.O.B와 연결한 후 각 영급의 것은 이 선과 평행선을 그어 결정한다. 0.0m 되는 곳의 D.O.B를 측정하지 않았을 때에는 0.2m 단면과 1.2m 단면을 연결한 선을 연장하여 결정한다.

## 7 임목재적

### 1) 형수법

임목의 재적을 측정하기 위해서는 수간의 형상과 원주와의 관계를 알아야 하는데 수간재적과 원주부피와의 비를 형수라고 한다.

$$V = g \times h \times f = \frac{\pi}{4} \times d^2 \times h \times f$$

g : 원구 단면적, h : 길이, f : 형수

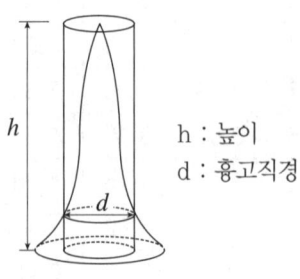

h : 높이
d : 흉고직경

[수간과 원주 간의 비교]

**문제 1** 흉고직경 40cm, 높이 20m, 형수 0.45인 임목의 재적은?

$$V = g \times h \times f = \frac{\pi}{4} \times d^2 \times h \times f = 0.785 \times 0.4^2 \times 0.45 \times 20 = 1.1304 m^3$$

## 2) 흉고형수의 결정법

① 원주의 체적과 수간재적의 비(수간재적/원주체적)를 흉고형수라 한다.
② 흉고형수는 우리나라에서는 0.45를 사용한다.
③ 흉고형수는 수고가 높아질수록, 직경이 커질수록 작아지는 경향이 있다.
④ 지위가 양호할수록 형수가 작다.
⑤ 수관밀도가 빽빽할수록 형수가 크다.

## 3) 형수의 종류

① 임목의 위치에 따른 형수의 종류
  ㉠ 정형수 : 수고 1/n 위치의 직경을 기준으로 하는 형수이다.
  ㉡ 절대형수 : 수고 최하부의 직경을 기준으로 하는 형수이다.
  ㉢ 흉고형수 : 가슴 높이 1.2m를 기준으로 하는 형수이다.
② 수목의 종류에 따른 형수의 분류
  ㉠ 단목형수 : 크기와 임목이 비슷한 임목의 형수를 각각 구한 후 그 값을 평균한 것으로, 일반적인 형수는 단목형수를 말하며 임목재적표를 만드는 데 사용한다.
  ㉡ 임분형수 : 임분의 재적을 구할 때 사용하는 형수로, 임분의 전체 재적을 그 임분의 흉고 단면적 합계에 평균 수고를 곱한 값으로 나눈 값이다.
③ 재적의 종류에 따른 형수 분류
  ㉠ 수간형수 : 수간만을 생각하여 만든 형수
  ㉡ 지조형수 : 지조만을 생각하여 만든 형수
  ㉢ 근주형수 : 근주만을 생각하여 만든 형수
  ㉣ 수목형수 : 수간, 근주, 지조 모두를 포함시켜 만든 형수

## 4) 약산법과 목측법

① 덴진법 : 임목의 재적을 측정할 때 나무의 높이를 측정해야 하지만 덴진법은 흉고직경만으로 재적을 측정할 수 있다.

$$V = \frac{d^2}{1,000} \quad \text{d : 흉고직경}$$

② 망고법 : 흉고직경의 1/2이 되는 직경을 가진 곳의 수고와 흉고직경에 의해 재적을 구하는 방법이다.

$$V = \frac{2}{3}g\left(H + \frac{m}{2}\right) \quad \text{H : 망고, m : 벌채점에서 흉고까지의 높이}$$

※ 망점 : 흉고직경의 1/2이 되는 직경을 가진 곳, 망고 : 벌채점에서 망점까지의 높이

③ 목측법 : 눈으로 임목재적을 측정하는 것을 말한다.

## 8 임분재적

### 1) 전림법
임분을 구성하는 모든 나무를 측정하는 방법으로, 수종, 수형 등의 인자를 정확히 파악할 수 있으나 비용과 노력이 많이 든다. 편백나무, 삼나무 등 가격이 비싼 나무는 전림법을 사용한다.
① 매목조사법 : 임분의 재적 측정에서 조사 대상 임분을 구성하고 있는 임목의 흉고직경만을 측정하는 것이다.
② 매목목측법 : 임목에 대해 일일이 목측으로 재적을 측정하는 방법이다.
③ 재적표를 이용하는 방법이 있다.
④ 항공사진을 이용하는 방법이 있다.

### 2) 표준목법
표준목을 선정하여 전림재적을 추정하는 방법으로, 전체 임분재적을 전체 그루수로 나눈 평균체적을 가지고 있다. 표준목은 직경, 수고, 형수 등이 그 임분의 평균값을 가지는 나무를 말한다.

### 3) 표준목법의 종류
① 단급법 : 전임분을 대상으로 표준목을 선정한다.

$$V = v \times n$$
v : 표준목의 재적, n : 전림의 그루 수

② 드라우드법 : 직경급을 대상으로 표준목을 선정한다.

$$V = \frac{N}{n} \times v$$
n : 표준목의 수, v : 표준목의 재적 합계, N : 전임분의 임목본수

③ 우리히법 : 전 임분을 각 지름별로 임목분수를 고려하여 각 계급의 본수를 같게 한 다음 각 계급에서 같은 수의 표준목을 선정하는 방법이다.

$$V = \frac{G}{g} \times v$$
v : 표준목의 재적 합계, g : 표준목의 흉고단면적합계, G : 임분의 흉고단면적합계)

④ 하르티히법 : 각 계급의 흉고단면적을 같게 한 것으로, 전 임분을 임목의 본수가 같은 몇 개의 계급으로 나누고 각 계급에서 같은 수의 표준목을 선정하는 방법이다. 정확한 결과를 얻을 수 있고, 계산법은 우리히법과 동일하다.

$$V = v \times \frac{K}{k}$$
v : 표준목의 재적 합계, k : 표준목의 흉고 단면적 합계, K : 전 임분의 흉고 단면적 합계

## 4) 표준목의 흉고직경 결정

① 흉고단면적법

$$g = \frac{\sum G}{n}, \quad g = \frac{\pi}{4} \times d^2, \quad d = 1.1284\sqrt{g}$$

$\sum G$ : 전 임목의 흉고 단면적 합계, n : 임목 본수

② 산술평균 지름법

$$g = \frac{\sum D}{n}$$

$\sum D$ : 전 임목의 흉고직경 합계, n : 임목 본수

## 5) 표본조사법

임분재적을 구하기 위해 통계학적 방법에 따라 표본을 추출하여 조사하는 방법이다.

① 임의추출법 : 표본을 추출하려는 모집단의 임분을 표본 단위와 같은 크기로 구분한 리스트에서 임의로 표본을 추출하는 방법이다.
② 계통적추출법 : 측정자가 추출 대상에 대해 일정한 계통을 정해 놓고 표본을 추출하는 방법이다.
③ 층화추출법 : 임분을 몇 개로 나누고 구분된 각 임분에서 표본을 추출하는 방법이다.
④ 부차추출법 : 임분을 몇 개로 나누고 그 안에서 몇 개를 추출한 다음 추출된 집단에서 다시 표본을 추출하는 방법이다.
⑤ 이중추출법 : 항공사진을 병용하는 표본조사에서 사용되는 방법으로, 항공조사와 지상조사를 병행하여 표본을 추출하는 방법이다.
⑥ 표본 추출 간격

$$d = \sqrt{\frac{A}{n}} \times 100$$

d : 표본점 추출 간격, A : 전 조사 대상 면적, n : 표본점 추출계수

**문제 1** 전 조사 대상 면적 200ha, 표본점 추출계수가 63개소일 때 표본점 m을 계산하시오.

$$d = \sqrt{\frac{A}{n}} \times 100 = \sqrt{\frac{200}{63}} \times 100 = 178m$$

⑦ 표본점의 수를 구하는 공식

$$N = \frac{4c^2 A}{e^2 A + 4ac^2}$$

N : 표본점의 수, c : 변이계수, A : 조사 면적, e : 추정 오차율, a : 표본점의 면적

## 7) 표준지법

임분안에서 일정한 면적의 임지를 선정하여 그 재적을 조사한 다음 면적 비율에 의해 전체 임분의 재적을 구하는 방법으로, 조사의 대상이 되는 임지를 표준지라고 한다.

① 표준지를 선정할 때 주의할 점
  ㉠ 표준지는 장방형 또는 정방형과 같이 면적 계산이 용이한 형상으로 한다.
  ㉡ 경사지에서는 산정상에서 산각의 띠 모양으로 표준지를 선정한다.
  ㉢ 표준 이상의 개소를 선정하지 말고 전체를 파악하여 임상이 고르게 포함되도록 한다.
  ㉣ 지위를 고려하여 한쪽으로 치우치지 않도록 한다.
  ㉤ 5ha 정도는 전림법으로, 그 이상일 때는 표준지법으로 한다.

② 각산정표준지법
   표준지 없이 임분재적을 측정하는 방법으로, 임분 내에서 어느 정점을 중심으로 하여 주위의 임목을 일정한 시각으로 시준하여 그 시각보다 크게 보이는 입목 본수를 세어 이 본수에 이 시각의 크기에 따른 정수를 곱해 단위면적당 임분의 흉고단면적의 합계를 구하는 방법이다.

$$V = G \times H \times F = k \times n \times H \times F$$
k : 단면적 계수, n : 임목 본수, H : 평균 수고, F : 임분 형수

# 제7장 휴양학

## 1 산림휴양자원

### 1) 산림휴양자원의 정의(기능)
① 아름다운 자연경관을 제공하고 야영, 산림욕 등의 휴양활동을 할 수 있는 장소를 제공한다.
② 국민의 보건휴양 및 자연풍경 조성과 지역주민의 소득 향상에 활용되는 산림 자원이다.
③ 자연교육의 장으로서의 역할을 한다.
④ 임목생산을 포함한 산림의 다목적 경영의 일환으로 공공과 민간에 의하여 개발될 수 있다.

### 2) 산림휴양자원의 유형과 기능
① 산림휴양자원의 유형 : 이용자 중심형, 자원중심형, 중간형
② 자원 특성에 따른 분류
   ㉠ 산악형 : 경관이 수려하고 임상이 울창한 산림으로 이루어진 지역(예 지리산, 설악산, 한라산 …)
   ㉡ 내륙수변형 : 내륙의 강, 하천, 호수, 댐 등의 입지를 배경으로 한 지역
   ㉢ 해안형 : 해안의 수려한 경관자원과 도서, 해수욕장의 입지를 배경으로 개발된 지역
   ㉣ 문화재 중심형 : 역사 · 문화적 가치를 지닌 지역
③ 개발 주체에 따른 분류
   ㉠ 국 · 공유림형 : 관리 운영의 주체가 국가나 공공단체
   ㉡ 사유림형 : 사유림의 소유자 또는 협업경영체가 관리 운영
④ 지역적 입지에 따른 분류 : 도시 근교형, 도시 · 산악의 중간형, 산간오지형

### 3) 산림휴양자원의 기능
① 야외 여가 기능 : 심리적 위안이나 재생으로 이끌며, 가족 구성원의 상호이해와 사회적 관계성을 발전시켜 사회적 통합에 기여한다.
② 지역 개발 기능 : 다양한 휴양문화 프로그램 개발로 지역 주민의 소득을 증대시킨다.
③ 산림 경영적 기능 : 목재 생산, 휴양객 유치, 부산물 생산 등 복합적 경영으로 산림경영의 경제성을 확보할 수 있다.
④ 교화적 기능 : 인간에게 사색 공간을 제공하여 정서를 풍부하게 한다.

### 5) 자연휴양림의 직접적인 효과
① 생물적 인자 : 생체에 직접적인 영향을 끼치는 해염 입자, 풍부한 자외선, 살균 작용, 색소 침착작용 등이 있다.

② 무생물적 인자 : 인간의 심리적 만족에 영향을 끼치는 인자로, 아름다운 자연환경, 투명한 하늘, 숲과 새들의 지저귐 등이 있다.

### 6) 자연휴양림의 간접적인 효과
인간의 물리적 환경과 밀접한 대응관계를 가짐으로써 인간 환경에 대하여 방호적 또는 보호적 기능을 수행하고, 부수적으로는 인간 생활의 건강과 안전에 기여하는 기능이다. 대기 정화 기능, 소음 방지 기능, 환경 보전 기능, 기상 완화 기능, 공해 완화 기능, 재해 방지 효용, 생활 환경 보전의 효용 등의 효과가 있다.

### 7) 산림휴양 및 환경 관련 법규
① 산림기본법 : 산림의 공익 기능 증진을 목적으로 한다.
  ㉠ 산림의 공익 기능 증진
  ㉡ 도시 지역 산림의 조성·관리
  ㉢ 수목원의 보호 및 육성
  ㉣ 산림휴양 공간 조성 및 산림문화의 창달
② 산림 문화·휴양에 관한 법률
  ㉠ 산림문화·휴양 : 산림과 인간의 상호작용으로 형성되는 총체적 생활양식과 산림 안에서 이루어지는 심신의 휴식과 치유
  ㉡ 자연휴양림 : 국민의 정서 함양·보건 휴양 및 산림 교육 등을 위하여 조성한 산림
  ㉢ 산림욕장 : 국민의 건강 증진을 위하여 산림 안에서 맑은 공기를 호흡하고 접촉하며 산책 및 체력단련 등을 할 수 있도록 조성한 산림
  ㉣ 치유의 숲 : 인체의 면역력을 높이고 건강을 증진시키기 위하여 향기, 경관 등 산림의 다양한 요소를 활용할 수 있도록 조성한 산림
  ㉤ 숲길 : 등산·트레킹·레저 스포츠, 탐방 또는 휴양·치유 등의 활동을 위하여 산림에 조성한 길
  ㉥ 산림문화 자산 : 산림 또는 산림과 관련되어 형성된 것으로서 생태적·경관적·정서적으로 보존할 가치가 큰 유형·무형의 자산
③ 임업 및 산촌 진흥 촉진에 관한 법률
④ 수목원 조성 및 진흥에 관한 법률
  ㉠ 수목원 전문관리인의 자격
  ㉡ 산림기사, 임업종묘기사, 식물보호기사, 조경기사, 종자기사, 시설원예기사
  ㉢ 산림산업기사, 임업종묘산업기사, 식물보호산업기사, 조경산업기사, 종자산업기사, 시설원예산업기사 자격을 가진 자로서 관련 분야에서 2년 이상 종사한 사람
⑤ 자연공원법 : 국립공원, 도립공원, 군립공원
⑥ 자연환경 보전법
⑦ 환경정책 기본법

### 8) 산림 문화·휴양기본 계획
기본계획에는 다음 각 호의 사항이 포함되어야 한다.

① 산림문화·휴양시책의 기본목표 및 추진방향
② 산림문화·휴양 여건 및 전망에 관한 사항
③ 산림문화·휴양 수요 및 공급에 관한 사항
④ 산림문화·휴양자원의 보전·이용·관리 및 확충 등에 관한 사항
⑤ 산림문화·휴양을 위한 시설 및 그 안전관리에 관한 사항
⑥ 산림문화·휴양정보망의 구축·운영에 관한 사항
⑦ 그 밖에 산림문화·휴양에 관련된 주요시책에 관한 사항

### 9) 산림문화·휴양 교육 프로그램
교육과정의 인증
① 교육프로그램
② 산림문화·휴양 교육 프로그램
③ 숲해설사 과정

## 2 산림휴양시설의 조성

### 1) 자연휴양림의 지정
① 경관이 수려한 산림
② 국민이 쉽게 이용할 수 있는 지역에 위치한 산림
③ 30ha 이상(국가 및 지방자치단체 외의 자가 조성하려는 경우에는 20ha 이상인 산림으로 적지평가 조사결과 자연휴양림조성의 적지로 평가된 산림)

◐ 자연휴양림 지정을 위한 타당성 평가 기준

| 항목 | 평가점수 | | | | |
|---|---|---|---|---|---|
| | 1점 | 2점 | 3점 | 4점 | 5점 |
| 1. 경관 | | | | | |
| ① 표고차 | 100m 미만 | 200m 미만 | 300m 미만 | 400m 미만 | 400m 이상 |
| ② 환경 파괴 정도 | 매우 심함 | 심한 편임 | 보통 | 건전함 | 매우 건전 |
| ③ 관망 지점 유무 | 1방향만 가능 | 2방향까지 가능 | 3방향까지 가능 | 3방향이 2곳 이상 가능 | 4방향 모두 가능 |
| ④ 불쾌 인자 | 불쾌인자 2 이상 | 불쾌인자 1 | 보통 | 아름다움 | 매우 아름다움 |
| ⑤ 독특성 | 폭포, 특징 바위, 沼(소)-늪, 동굴 | | | | |
| ⑥ 상층목 수령 | 10년 이내 | 20년 이내 | 30년 이내 | 40년 이내 | 40년 초과 |
| ⑦ 식물 다양성 | 단순 | 비교적 단순 | 보통 | 다양, 침환혼효 | 다양, 특산식생 |
| ⑧ 생육 상태(울폐도) | 매우 불량 | 불량 | 보통 | 양호 | 매우 양호 |
| ⑨ 야생동물의 종다양성 | 드묾 | 청취 또는 흔적 확인 | 시·청취 가능 | 종 다양성 높다 | 종 다양성 매우 높다 |

| 항목 | 평가점수 | | | | |
|---|---|---|---|---|---|
| | 1점 | 2점 | 3점 | 4점 | 5점 |
| 2. 위치 | | | | | |
| ① 비포장 도로거리 | 비포장도로 25km 이상 | 24km 내 | 16km 내 | 8km 내 | 4km 내 |
| ② 접근도로 폭 | 이륜차 이하 | 1차선 확장 가능 | 1차선 | 2차선 확장 가능 | 2차선 |
| ③ 인접도시와 거리지수 | 지수 5 이상 | 지수 4 이상 5 미만 | 지수 3 이상 4 미만 | 지수 2 이상 3 미만 | 지수 2 미만 |
| ④ 대중교통이용 편이성 | 없음 | – | 보통 | – | 높음 |
| 3. 수계 | | | | | |
| ① 주류장 | 주계곡 최장의 10% | 주계곡 최장의 20% | 주계곡 최장의 30% | 주계곡 최장의 40% | 주계곡 최장의 50% |
| ② 최대계류폭 | 2m 이하 | 3~4m | 5~6m | 7~8m | 9m 이상 |
| ③ 수질 | 매우 오염 | 약간 오염 | 보통 | 깨끗한 편임 | 매우 깨끗함 |
| ④ 수변 이용가능 (길이) | 주류장 길이의 20% 미만 | 주류장 길이의 20% 이상 | 주류장 길이의 50% 이상 | 주류장 길이의 70% 이상 | 주류장 길이의 80% 이상 |
| ⑤ 수변 이용가능 (평균폭) | 한쪽 폭 5m 이하 | 6~10m | 11~15m | 16~20m | 21m 이상 |
| ⑥ 수계 경관 | 매우 나쁨 | 나쁨 | 보통 | 양호 | 매우 양호 |
| ⑦ 유수 기간 | 3개월 | 4개월 | 6개월 | 8개월 | 12개월(상시) |
| 4. 휴양 유발 | | | | | |
| ① 연계 가능한 역사문화 자원 유무 | 1~2종 | – | 3~4종 | – | 5종 이상 |
| ② 휴양기회의 다양성 | 1~2종 | – | 3~4종 | – | 5종 이상 |
| ③ 개발전 이용수준 | 이용 전무 | – | 약간 이용 | – | 보통 이용 |
| 5. 개발 여건 | | | | | |
| ① 시설가능면적 (경사 15° 이하) | 지정대상산림 최소면적의 1% 미만 | 지정대상산림 최소면적의 2% 미만 | 지정대상산림 최소면적의 3% 미만 | 지정대상산림 최소면적의 5% 미만 | 지정대상산림 최소면적의 5% 이상 |
| ② 토지소유권 | 소유자 5인 이상 | 소유자 4인 | 소유자 3인 | 소유자 2인 | 소유자 1인 |
| ③ 토지이용 제한요인 | 매우 많음 | 많음 | 보통 | 없는 편 | 전혀 없음 |
| ④ 과거재해 빈번도 | 이용 전무 | – | 드뭄 | – | 없음 |
| ⑤ 예상 재해 위험도 | 이용 전무 | – | 보통 | – | 낮음 |
| ⑥ 예상개발비 (지형변형정도) | 필요 | – | 보통 | – | 없음 |
| ⑦ 주차장 확보 | 주차 공간 불가 | 매입 | 확보 가능 (소규모) | 확보 가능 (대규모) | 기존 주차장 활용 가능 |

### 2) 휴양림 평가점수에 의한 예정지 판정기준
총 150점 만점에 100점 이상이면 휴양림으로 지정할 수 있다.

> **Check**
> **자연휴양림의 휴식년제**
> 자연휴양림의 위치·면적·출입의 제한 또는 금지 기간, 그밖의 자연휴양림의 명칭, 휴식년제 실시의 목적, 대체 자연휴양림이용 안내, 위반에 따른 제재사항, 그 밖에 지방자치의 단체의 장 또는 국립자연휴양림관리소장이 필요하다고 인정하는 사항을 고시해야 한다.
> 휴식년제를 실시하는 자연휴양림에 출입하고자 하는 자는 산림청장 또는 지방자치단체장의 허가를 받아야 한다.

### 3) 자연휴양림시설의 종류
① 숙박시설 : 숲속의 집, 산림휴양관 등
② 편익시설 : 임도, 야영장, 오토 캠핑장, 야외 탁자, 데크 로드, 전망대, 야외 쉼터, 야외 공연장, 대피소, 주차장, 방문자 안내소, 임산물 판매장 및 매점과 「식품위생법」에 따른 휴게 음식점 및 일반 음식점 등
③ 위생시설 : 취사장, 오물처리장, 화장실, 음수대, 오수정화시설, 샤워장 등
④ 체험·교육시설 : 산책로, 탐방로, 등산로, 자연관찰원, 전시관, 천문대, 목공예실, 생태공예실, 산림공원, 숲속 교실, 숲속 수련장, 산림박물관, 교육 자료관, 곤충원, 식물원, 동물원, 세미나실, 산림 작업 체험장, 임업 체험 시설 등
⑤ 체육시설 : 철봉, 평행봉, 그네, 족구장, 민속 씨름장, 배드민턴장, 게이트볼장, 썰매장, 테니스장, 어린이 놀이터, 물놀이장, 산악 승마 시설, 운동장 등
⑥ 전기·통신시설 : 전기시설, 전화시설, 인터넷, 휴대전화 중계기, 방송 음향 시설 등
⑦ 안전시설 : 펜스, 화재 감시 카메라, 화재 경보기, 재해 경보기, 보안등, 사방댐 등

### 4) 자연휴양림 안에 설치할 수 있는 시설의 규모
① 산림의 형질 변경 면적은 10만$m^2$ 이하가 되어야 한다.
② 자연휴양림 시설 중 건축물이 차지하는 총 바닥 면적은 1만$m^2$ 이하가 되어야 한다.
③ 개별 건축물의 연면적은 900$m^2$ 이하로 하여야 한다. 다만 「식품위생법」에 따른 휴게 음식점 또는 일반 음식점의 연면적은 200$m^2$ 이하로 하여야 한다.
④ 건축물의 층수는 3층 이하가 되도록 한다.

## 3 산림휴양시설의 운영 및 관리

### 1) 자연휴양림의 운영·관리
① 자연휴양림은 조성자가 운영, 관리함을 원칙으로 한다.
② 관리 및 운영 위탁의 승인받은 경우는 위탁받은 자를 관리·운영자로 본다.

2) 자연휴양림의 관리 운영체계
   ① 민간 주도형 : 지역경제의 침체, 기반시설의 관리 부실, 개발 관리, 운영 재원의 영세성 등의 위험도 배제할 수 있는 방법을 고려하여 관리·운영한다.
   ② 지방자치단체 주도형 : 지방 주민의 자주성을 발휘하고 개발 이익을 지역으로 환원할 수 있지만 자금 조달 능력 부족으로 영리적 목적을 가질 수 있다.
   ③ 정부 주도형 : 행정의 효율성, 재원 확보의 합리성, 용이성 등의 장점이 있으나 관료주의의 획일적 운영 형태가 나타날 수 있다.
   ④ 지역주민 협의체를 구성하여 운영할 수 있다.

3) 자연휴양림을 관리·운영할 수 있는 자
   ① 「산림조합법」에 따른 산림조합 중앙회 또는 산림조합
   ② 「민법」에 따른 산림 문화·휴양을 목적으로 산림청장의 허가를 받아 설립된 비영리 법인
   ③ 「지방공기업법」에 따라 설립된 지방 공사 및 지방 공단
   ④ 독립가, 임업 후계자, 산림 기술자 또는 산림 분야의 공무원이었던 자로서 실무 경험이 각각 15년 이상인 자, 5인 이상으로 구성된 단체

4) 자연휴양림 입장료 면제자
   ① 국빈 및 그 수행원
   ② 외교사절단 및 그 수행원
   ③ 만 6세 이하 또는 65세 이상인 자
   ④ 공무수행을 위하여 출입하는 사람
   ⑤ 「장애인 복지법」에 따라 등록된 장애인
   ⑥ 독립 유공자와 그 유족, 국가 유공자와 그 유족, 5·18 민주 유공자와 그 유족, 참전 유공자, 특수 임무 수행자와 그 유족
   ⑦ 「국민기초생활 보장법」에 따른 수급자

> **Check**
> 다음에 해당하는 자는 산림청장 또는 지방자치단체장이 조성한 국유 또는 공유자연휴양림의 경우에 한해 입장료를 면제받을 수 있다.
> - 숲사랑 지도원
> - 푸른숲 선도원
> - 해당 자연휴양림 구역이 소재하는 읍·면·동에 거주하는 사람
> - 해당 자연휴양림 구역 안에 있는 사찰 등에 상시 출입하는 사람
> - 입장료의 면제가 필요하다고 산림청장이 고시하는 사람

5) 이용자 관리
   ① 직접적인 관리
      ㉠ 벌금, 과태료 등 직접적인 방법으로 행동에 영향을 준다.

ⓒ 입산 금지 자연 휴식년제와 같이 이용 범위를 한정하고, 시설 내의 이용 시간 제한, 참여 인원 수 제한, 취사 행위 금지 등의 방법으로 관리한다.

② 간접적인 관리 : 산책로·야영장의 정리, 주변 휴양 시설의 연계 개발, 지역별·계절별 차등 입장료 적용 등의 방법으로 관리한다.

### 6) 휴양 수요의 예측 및 공급

① 잠재수요 추정의 일반적인 예측 기법
  ㉠ 시계별 모델 : 현재까지의 현상에 대한 경향치를 미래 시점으로 확대하는 것이다.
  ㉡ 중력 모델 : 어느 도착지에 대한 어느 출발지의 교통량은 그 사이의 거리와 밀접한 관계가 있는 것으로, 다른 모델과 조합하여 사용하는 것이 바람직하다.
  ㉢ 기타 모델 : 요인 분석 모델, 개재(介在) 기회 모델, 추이확률(推移確率) 모델 등을 조합하여 예측기법을 구성한다.

② 휴양수요의 척도
  ㉠ 물리적 수용력 : 일정한 공간 내에 입장시킬 수 있는 최대 인원
  ㉡ 시설적 수용력 : 인공 구조물, 시설물의 최소 공간 규모로 허용 가능한 용량
  ㉢ 생태적 수용력 : 이용자의 영향을 지탱할 수 있는 자연생태계 능력의 한계
  ㉣ 사회·심리적 수용력 : 이용자의 시각에서 만족도 저하를 느끼지 않으면서 최대의 만족을 누릴 수 있는 정도의 이용자 수나 행위 정도

> **Check**
> 수요관련 각종 계산식
> - 지원시설 소요 면적 = 최대 시 이용 객수×1인당 소요 면적×이용률
> - 연간 관람 객수 = 최대 일 이용자 수×회전률×연간 이용일
> - 야영 수요 = 야영 참가인×야영 회수×평균 숙박 일수

## 4 서비스 관리

### 1) 4P(마케터 관점)와 4C(고객 관점)

① 4P : 상품(Product), 가격(Price), 유통(Place), 촉진(Promotion)
② 4C : 고객 가치(Customer value), 고객 측 비용(Cost to the customer), 편리성(Convenience), 의사 소통(Commuication)

## 5 자연휴양림의 수림공간 유형

### 1) 산개림 중심의 자연휴양림
식생밀도가 대단히 낮고, 독립된 단목이나 소수 그룹의 식재가 초지를 바탕으로 산개된 수림의 자연휴양림이다.

### 2) 소생림 중심의 자연휴양림
수관울폐도를 기준으로 할 때 산개림과 밀생림의 중간 형태이다. 산개림과 같이 인공적 관리를 기초로 하여 성립된 형태로서, 간벌 등의 인위적인 관리가 이루어져야 하는 임분 형태의 자연휴양림이다.

### 3) 밀생림 중심의 자연휴양림
교목층과 아교목층의 수관이 상호 중첩되어 거의 하늘을 뒤덮을 정도로 극히 폐쇄적인 수림형이다. 자연식생림이 주체가 되고, 연중을 통하여 거의 변화가 없는 수관에 의해 지배되는 공간의 자연휴양림이다.

### 4) 휴양림의 수림공간형성의 기본형 특성

| 구분 | 산개림 | 소생림 | 밀생림 |
|---|---|---|---|
| 수림피도(교목, 중목층) | 10~30% | 40~60% | 70~100% |
| 임상(초목층) | 지피 식생 | 억새, 조릿대, 야초 | 상대적으로 적음 |
| 관목(저목층) | 낮은 가지치기 | 선택적도입, 보전 | 주로 내음성 수종 |
| 레크리에이션 이용 밀도 | 높음 | 중간 | 낮음 |
| 레크리에이션 활동 자유도 | 높음 | 중간 | 낮음 |
| 공간적 기능 | 체류, 휴식 | 이동 및 산책 | 차폐 및 보전 |
| 보유 관리 | 지피 정리, 시비 및 관수 | 낮은 가지치기, 간벌, 낙엽 채취 및 환원 | 자연 상태에 의존 |
| 주요 수종 | 활엽수, 침엽수 | 낙엽활엽수 | 침엽, 활엽수 |

## 6 자연휴양림의 입지 조건

### 1) 수요측면
① 자연휴양림의 배후 도시 상황, 거주 인구, 기존시설 등의 사회 경제적 레크리에이션 수요에 대응되는 곳
② 다수 국민이 쉽게 접근 또는 이용할 수 있는 지역의 산림지
③ 교통기관, 도로망의 정비 및 관광시설 설치 계획을 가지고 있는 곳
④ 산림휴양적 이용과 목재 생산과의 합리적 조정을 도모할 수 있는 곳

### 2) 공급측면

① 자연경관이 아름답고 임상이 울창한 산림
② 산림휴양적 가치(등산, 하이킹, 피크닉, 피서, 온천, 자연탐승 등)을 갖는 곳
③ 풍치적 시업(풍치수의 조림, 육림 등)을 하여 산림휴양적 이용이 가능한 지역
④ 재해의 발생위험이 적은 지역
⑤ 주변에 소하천·호수 등의 입지와 식수원의 확보가 가능한곳

## 7 자연휴양림의 용도지구 설정

### 1) 풍치 보호지구
원칙적으로 벌채를 하지 않는 천연기념물 지정지, 보호림, 풍치 보안림 등이 이에 속한다.

### 2) 풍치 정비지구
현채 축적의 10% 내외로 택벌을 원칙적으로 하는 견본림, 전시림, 기념 조림지, 시설지 주변, 차도, 연안지대 등 이용 지점에서 바라본 대상 지점이다.

### 3) 시업 조정지구
풍치적인 배려와 목재 생산을 겸하는 지구로서, 보속적인 목재 생산을 위하여 법정림으로 유도되도록 산림시업을 실행한다.

# 제4편

# 임도공학

# 제1장 임도일반

## 1 임도의 종류와 특성

### 1) 기능에 따른 구분
① 간선임도 : 산원까지 접근하는 역할(도달임도), 농어촌 도로망과의 연결(연결임도), 유역 간의 연결을 통하여 지역 경제활동에 기여하는 공익적 기능 및 산림경영의 중추적인 역할을 한다.
② 지선임도 : 산림경영을 위한 조림, 육림, 수확 및 산림보호를 위한 병해충 방제를 목적으로 시설하는 임도이다.
③ 작업임도 : 임지 또는 운재도로부터 집재장, 부임도 또는 주임도까지 연결되는 일시적인 임도로, 기존의 작업로·운재로 등으로서 임도로 활용가치가 높다고 판단되는 지역에 설치한다.

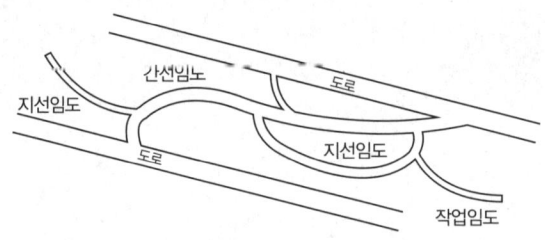

### 2) 이용도에 따른 구분
① 주임도 : 연중 자동차의 통행이 가능한 임도로서, 집재장 또는 부임도로부터 공도까지 연결되는 영구적인 임도이다.
② 부임도 : 기후 조건에 따라 자동차 주행에 제한을 받는 임도로, 집재장 또는 작업도로부터 주임도 또는 공도까지 연결되는 영구적인 임도이다.
③ 기계로 : 벌채한 목재와 운재를 위해 트랙터 등 기계의 주행이 가능하도록 임시로 개설된 도로이다.
④ 운재로 : 산림에서 생산된 임산물(토석 제외)을 운반하기 위하여 일시적으로 산림 내에 설치하는 통로이다.
⑤ 작업로 : 임산물의 생산·관리를 위해 산림 내에 설치하는 통로를 말하며, 임도 및 운재로 등은 제외한다. 벌채한 목재의 집재와 작업장 구획 등을 위하여 지표의 장애물과 지상물을 제거하고 인력 장비의 이동과 운반이 가능하도록 임시로 만든 작업길이다.

### 3) 설치 위치에 따른 구분

① 계곡 임도형

  ㉠ 산림 개발 시 처음 시설되는 임도의 형태이다.

  ㉡ 임지는 하부로부터 개발하므로 임지개발의 중추적인 역할을 한다.

  ㉢ 홍수로 인한 유실을 방지하기 위해 계곡 하부 약간 위의 사면에 설치하므로 양쪽사면을 개발할 수 있고, 임도 건설비를 절감할 수 있다.

  ㉣ 산록부 사면에 최대 홍수 수위보다 10m 높은 곳에 설치한다.

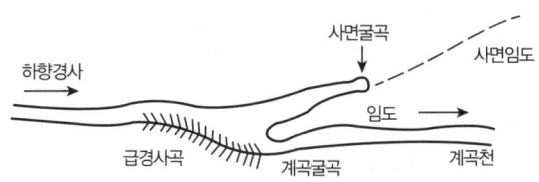

[급경사부에서의 계곡임도의 노선선정(사면굴곡)]

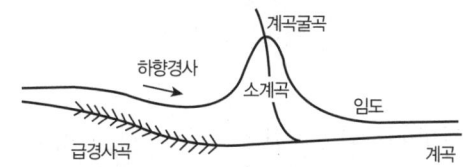

[급경사부에서의 계곡임도의 노선선정(소계곡횡단)]

② 산복(사면) 임도형

  ㉠ 계곡 임도에서 시작되어 산록부와 산복부에 설치하는 임도로 하부로부터 점차적으로 계획하여 진행한다.

  ㉡ 산지개발 효과와 집재작업 효율이 높으며 상향 집재 방식의 적용이 가능하다.

  ㉢ 개별적으로 계획된 임도는 임도개설비가 많이 들어 비경제적이므로 협동적으로 계획하는 것이 좋다. 임도는 함께 작업도는 개별적으로 하는 것이 효과적이다.

  ㉣ 배향곡선은 임도 이용률 저하 및 토사 유출 유발 등 임지 훼손의 원인이 되므로 동일한 사면에 1개 이상 설치하지 않는다.

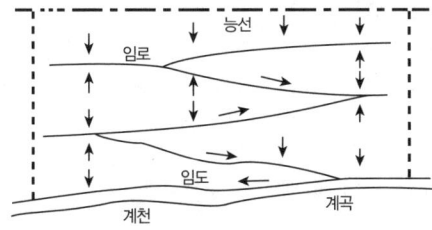

[사면밀도의 노선선정(지그재그방식 : 급경사지이고 긴비탈면에서 능선)]

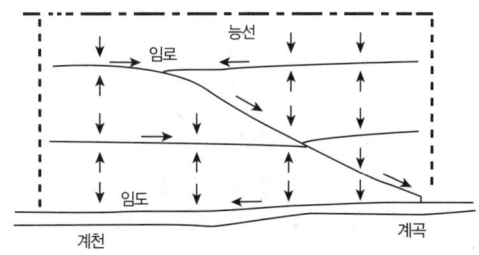

[사면밀도의 노선선정 (대각선방식 : 완경사지)]

③ 능선 임도형
　㉠ 축조 비용이 저렴하고 토사 유출이 적다.
　㉡ 가선집재와 같은 상향집재 시스템만 가능하다.
　㉢ 어골형 노망 배치 시 하향집재가 가능하다.
　㉣ 계곡으로 접근할 수 없거나 늪지인 지대에서 계획된다.

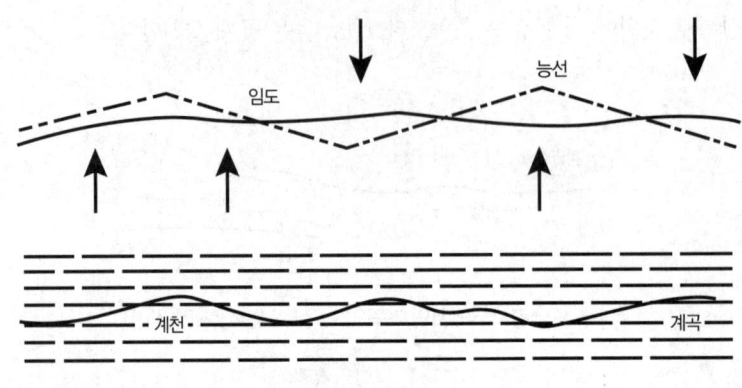

[능선임도의 배치]

④ 산정부 개발형(순환임도)
　㉠ 산정부의 안부에서부터 시작되는 순환식 노선으로서, 산정부의 숲을 개발하는 데 적당하다.
　㉡ 하향 및 상향 가선 집재가 가능하다.

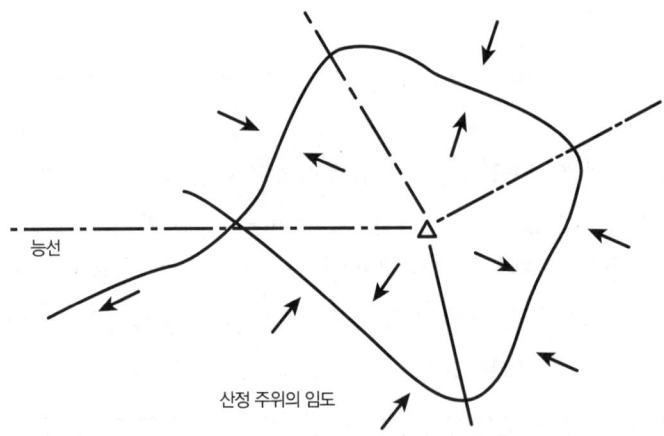

[산정부에 대한 순환식 노선선정]

⑤ 계곡분지 임도(순환임도)
　㉠ 사면의 길이가 길고 하부의 경사도가 급한 곳에 설치할 수 있다.
　㉡ 임도물매는 너무 급하지 않아야 한다.
　㉢ 수송 운반하는 데 용이하다.

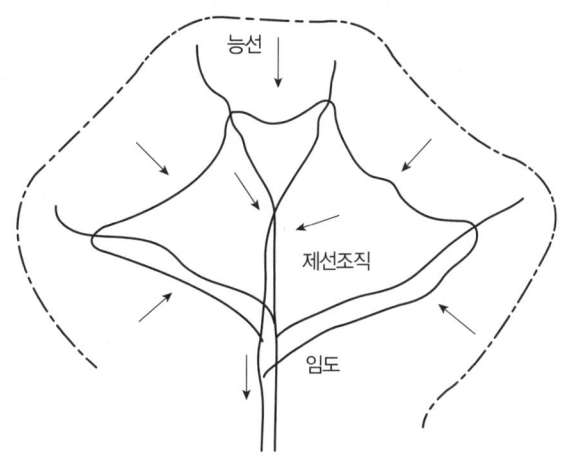

[계곡림에 대한 순환식 노선 선정]

⑥ 능선 너머에 있는 산림개발 임도 : 경제적으로 역구배 없이 계곡임도를 개발할 수 없는 산림은 트럭에 의하여 능선 너머 수송이 가능하도록 물매가 급하지 않게 임도를 개설한다.

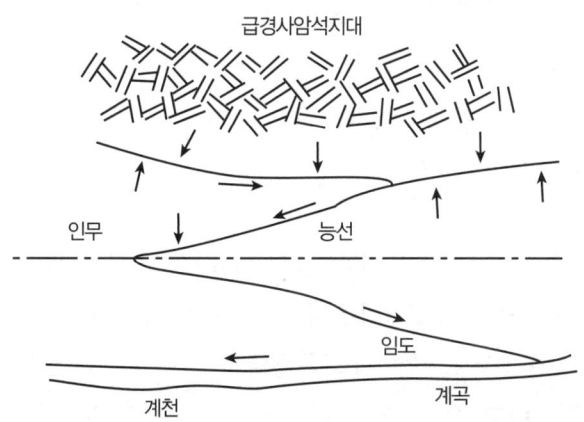

[능선 너머 벌출지역이 있는 경우의 노선 선정]

### 4) 규정에 따른 구분
① 1급 임도 : 유효 너비 4m 이상
② 2급 임도 : 유효 너비 3m 이상

> **Check**
>
> **국가별 임도밀도**
> - 한국 : 2.9m/ha
> - 일본 : 13m/ha
> - 독일 : 46m/ha
> - 캐나다 : 12.8m/ha

## 2 임도의 기능

### 1) 임업적 기능
① 수송기능 : 산촌 오지에 있는 지역 주민을 수송하거나, 임산물을 시장에 팔 수 있도록 수송하는 기능이다.
② 사업기능 : 산림경영을 위한 조림사업, 숲가꾸기 사업, 주벌 사업을 효율적으로 실행하기 위한 기능으로 작업생산성을 높이는 데 중요한 역할을 한다.
③ 도달기능 : 서로 다른 지점을 최단거리로 연결하면서 해당 지역에 도달할 수 있도록 하는 기능이다.

### 2) 공도적 기능
공도에 준한 일반교통을 목적으로 하는 기능이다.

## 3 임도밀도와 산지 개발도

### 1) 임도망 계획 시 고려사항
① 운재비가 적게 들고, 신속한 운반이 되도록 한다.
② 운반 도중 목재의 손실이 적도록 한다.
③ 운반량에 제한이 없도록 한다.
④ 원목시장과 관계자들의 출입을 고려하여 시장에서 단거리에 위치시키고, 인접된 경영계획구와 마을 사이를 연계하여 상호협력의 유지·관리가 편하도록 한다.
⑤ 일기 및 계절에 따른 용량에 제한이 없도록 한다.
⑥ 운재방법이 단일화되도록 한다.
⑦ 휴양 거점 지역을 통과하도록 배치한다.

### 2) 임도 노선 선정 시 통과하여야 할 유리한 지점
① 공사용 자재의 매장지와 산재지
② 안부
③ 여울목
④ 급경사지 내의 완경사지

### 3) 임도 노선 선정 시 불리한 지점
① 늪과 같은 습지
② 붕괴지
③ 산사태지와 같은 지반이 불안정한 산지사면

④ 암석지
⑤ 홍수 범람 지역
⑥ 소유경계

## 4 임도 노선의 선정 기준

### 1) 임도를 설치할 수 없는 지역
① 산지전용이 제한되는 지역
② 임도거리 10% 이상이 경사 35도 이상의 급경사지를 지나는 경우
③ 임도거리 10% 이상이 「도로법」에 의한 도로로부터 300m 이내인 지역을 지나게 되는 경우
④ 임도거리의 20% 이상이 화강암질 풍화토로 구성된 지역을 지나게 되는 경우
⑤ 임도거리의 30% 이상이 암반으로 구성된 지역
⑥ 도로법에 의한 도로 또는 농어촌도로 정비법에 의한 농도로 확정·고시된 노선과 중복되는 경우

### 2) 임도 대상지 우선 선정 기준
① 조림·육림·간벌·주벌 등 산림사업 대상지
② 산불예방, 병해충 방제 등 산림의 보호·관리를 위하여 필요한 임지
③ 산림휴양자원의 이용 또는 산촌 진흥을 위하여 필요한 임지
④ 농·산촌 마을의 연결을 위하여 필요한 임지
⑤ 기존 임도 간 연결, 임도와 도로 연결 및 순환임도 시설이 필요한 임지

### 3) 임도의 타당성 평가
① 필요성 : 산림경영, 산림보호 및 관리, 산림휴양자원이용, 농·산촌 마을 연결
② 적합성 : 경사도, 도로와의 인접성, 토질, 노출 암반
③ 환경성 : 멸종 위기 동·식물 서식지, 산사태 등 재해 취약지, 상수원 오염 등 주민 생활 저해 요인

### 4) 임도의 타당성 평가방법
① 임도의 타당성 평가는 산림·환경 또는 토목 등에 관한 전문지식이 있는 자 중에서 산림청장이 위촉하는 3인의 평가자가 합동으로 실시한다.
② 평가시기 : 타당성평가는 임도를 설치하고자 하는 해의 전년도 7월말까지 실시하여야 한다. 다만, 간선임도의 설치계획이 변경되는 경우에는 그 변경 전에 실시할 수 있다.
  ㉠ 평가자는 제1호의 규정에 의한 임도노선의 적합성에 타당하는지의 여부를 확인한 후 제2호의 규정에 따라 평가점수를 산출한다.
  ㉡ 평가자 3인의 평가점수를 평균하여 타당성 평가점수를 산출한다.

ⓒ "환경성"에 관한 평가항목 중 "불가"에 해당되는 항목이 없고, 타당성 평가점수가 "70점" 이상인 경우에 한하여 임도의 설치가 타당성이 있는 것으로 평가한다.
ⓔ 평가자의 자격요건 및 위촉방법, 그 밖에 타당성 평가에 관하여 필요한 사항은 산림청장이 정한다.

## 5 전국 임도 기본계획

산림청장은 임도의 효율적 설치 · 관리를 위하여 임도에 관한 기본 목표와 추진 방향, 임도의 설치 및 관리 현황, 임도의 이용 활성화에 관한 사항, 임도의 설치 및 관리에 소요되는 재원의 조달에 관한 사항, 임도의 효율적 설치 · 관리를 위해 전국 임도 기본계획을 10년 단위로 수립해야 한다.

### 1) 간선임도 설치계획

① 특별시장 · 광역시장 · 도지사 · 특별자치도지사 또는 지방산림청장은 전국 임도 기본계획에 따라 산림 관리 기반시설 중 임도의 효율적인 설치를 위해 간선 임도 설치계획을 5년 단위로 수립해야 한다.
  ⓐ 대면적 생산 임지에 우선적으로 계획한다.
  ⓑ 국 · 민유림 구분 없이 분수령을 경계로 하는 유역 전체 산림을 대상으로 계획하되, 유역 내 산림 면적이 많은 시 · 군 또는 국유림 관리소에서 계획한다.
  ⓒ 예정노선은 기설 간선임도와 장래에 추가로 설치할 노선을 고려하여 효율적이고 체계적으로 계획한다.
  ⓓ 예정 노선의 총 길이가 2km 미만이 되는 단거리 계획은 가급적 지양한다.
  ⓔ 다기능 임도(테마 임도 · 레포츠 임도)로 활용이 가능하도록 계획한다.

② 신설임도 계획 시의 판정지수
  ⓐ 임업효과지수
  ⓑ 투자경영지수
  ⓒ 경영기여지수
  ⓓ 교통효용지수

$$\text{교통효용지수} = \frac{\text{신규임도의 교통 발생량} \times \text{신규임도의 운행임도 연장 길이(km)}}{\text{신설경비}}$$

  ⓔ 수익성지수

## 6 도상 배치

### 1) 임도 노망 배치 방법

① **양각기분할법** : 가장 많이 이용하며, 컴퍼스를 이용한 방법이다. 지형도상의 등고선 간격(표고차)에서 일정한 종단물매에 대하여 등고선 간격의 거리를 구하고 그 등고선을 연결하여 노선을 결정한다.

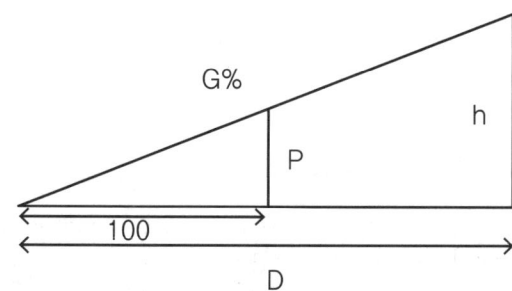

D:h = 100:p
D : 양각기 한 폭에 대한 실거리(m),
H : 등고선 간격(1/25,000인 경우 10m),
G : 물매(%)

※ 실거리(D) = 도상거리(d)×축척

**문제1** 1/25,000인 지형도(등고선 간격 10m)에서 양각기계획법으로 임도망을 편성하고자 한다. 종단물매를 7%로 계획할 때 실거리는 얼마인가?

실거리(D) = 100×h/p = 100×10/7 = 142.86m

② **자유배치법** : 지형도상에서 임도 노선의 시점과 종점을 결정하여 경험을 바탕으로 노선을 작성한 다음 임의적으로 각각의 구간별로 물매만을 계산하여 그 물매가 허용물매인지를 검토하는 방법이다.

③ **자동배치법** : 위 두 가지 노선 배치는 물매만을 위주로 하였으나 자동배치법은 물매를 고려하면서 여러 평가 인자를 이용하여 노선을 배치하는 방법이다.
※ 평가 인자는 임도 건설비, 유지관리비, 임지 보존, 토사 붕괴의 위험성, 평균 집재거리, 기준 작업지역 면적비, 이용 구역 면적 비율, 임도 개설 효과, 개발 지수 등이다.

○ 지형도 분석

| 축척 | 계곡선 | 주곡선 | 간곡선 | 조곡선 |
|---|---|---|---|---|
| 1/5,000 | 25m | 5m | 2.5m | 1.25m |
| 1/25,000 | 50m | 10m | 5m | 2.5m |
| 1/50,000 | 100m | 20m | 10m | 5m |

### 2) 물매(기울기)

① 각도 : 수평을 0°, 수직을 90°로 하여 그 사이를 90등분한 것이다.
② 1:n 또는 1/n : 높이 1에 대하여 수평거리를 n으로 나눈 것이다.
③ n% : 수평거리 100에 대한 n의 고저차를 갖는 백분율이다.
④ n‰(Per mill) : 수평거리 1000에 대한 n의 고저차를 갖는 천분율이다.
⑤ 비탈물매 : 수직 높이 1에 대한 수평거리의 비로서, 하할법 또는 할푼법이라 한다.

# 제2장 임도의 구조

## 1 임도의 구조

### 1) 임도의 구성

각 층은 노면에 가까울수록 큰 응력에 견디어야 하므로 노면, 기층, 표층의 순으로 더 좋은 재료를 사용하여 피복해야 한다.

① 노체 : 임도의 본체를 뜻하며 노체는 아래에서 부터 노상·노면·기층·표층으로 구성된다.
② 노상 : 노체의 최하층인 도로의 본체이다.
③ 노면 : 도로의 표면을 말한다.

| 노체의 구성 |
| --- |
| 表層(표층) |
| 基層(기층) |
| 路面(노면) |
| 路床(노상) |

### 2) 노면 재료의 특성(피복 재료에 따른 임도의 구분)

① 흙모랫길(토사도) : 교통량이 적은 곳에 축조하며, 시공비가 적게 드나 물로 인하여 파손되기 쉬우므로 배수에 특별히 주의하여야 한다.

② 자갈길(사리도) : 노상 위에 자갈을 깔고 점토나 토사를 덮은 다음 롤러로 진압한 도로이다.
  ㉠ 상치식 : 상추를 뒤집은 듯이 중앙부를 상당한 두께로 만들고 양끝은 두께를 갖지 않는 구조로, 일반적으로 임도에 널리 이용된다.
  ㉡ 상굴식 : 유효 폭을 굴취하여 그곳에 자갈을 깔고 다짐한 것으로, 자갈을 두세 차례 반복하여 깔고 결합제를 섞어서 다짐한 것이다.

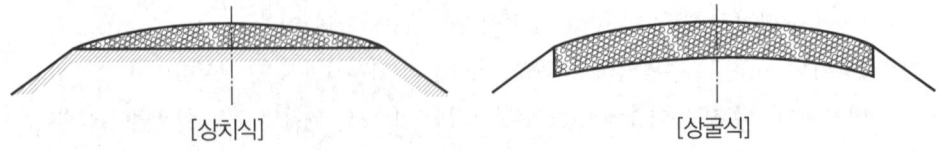

[상치식]    [상굴식]

[쇄석도]　　　　　　　　　　　　[자갈길]

③ 쇄석도(부순돌길, 머캐덤도) : 쇄석을 깔고 다져서 단단한 노면을 만든 것으로 무거운 물건을 운반하기에도 적당하며, 눈과 서리의 작용을 입지 않으므로 임도에서 가장 많이 사용한다.
　㉠ 텔퍼드식 : 노반의 하층에 큰 깬돌을 깔고 쇄석 재료를 입히는 방법으로, 지반이 연약한 곳에 효과적이다.
　㉡ 머캐덤식 : 쇄석 재료만을 깔고 다진 도로로서 자동차도로에 적용된다.

> **Check**
> 쇄석도 노면포장 종류
> • 교통체 머캐덤도 : 쇄석이 교통과 강우로 인하여 다져진 도로
> • 수체 머캐덤도 : 쇄석의 틈 사이에 물로 석분을 삼투시켜 롤러로 다져진 도로
> • 역청 머캐덤도 : 쇄석을 타르나 아스팔트로 결합시킨 도로
> • 시멘트 머캐덤도 : 쇄석을 시멘트로 결합시킨 도로

④ 통나무 및 섶길
　㉠ 통나무길 : 저습지대에 있어서 노면의 침하를 방지하기 위해 사용한다. 다량의 통나무가 사용되고 손모도 많으므로 특수한 곳에 부득이한 경우에 사용한다.
　㉡ 섶길 : 노상 위에 지름이 30cm 정도의 섶다발을 가로 방향으로 깔고 그 위에 노면을 만든다.

> **Check**
> 노상 지지력비
> CBR은 도로나 비행장의 가연성 포장을 설계하기 위해 포장을 지지하는 노상토의 강도, 압축성, 팽창, 수축 등을 파악할 목적으로 캘리포니아도로국에서 개발한 반경험적인 지수이다. CBR은 포장 두께의 설계, 노상·성토 등의 다짐도 관리, 성토 시 중장비의 통과 가능성 판정 등에 이용된다.

## 2 종단구조

### 1) 종단기울기

길 중심선의 수평면에 대한 기울기를 말하며, 토양 침식과 통행 차량에 의한 임도의 파손을 예방하기 위해 규정하고 있다.

① 종단기울기는 최소 2~3% 이상 되어야 한다.
② 종단기울기가 급하여 길이가 긴 구간의 노면에는 유수를 차단할 수 있는 배수시설을 설치한다.
③ 종단기울기는 보통 수평거리 100에 대한 수직거리로 나타낸다.

| 설계속도 | 종단기울기 | |
|---|---|---|
| (km/시간) | 일반 지형 | 특수 지형 |
| 40 | 7% 이하 | 10% 이하 |
| 30 | 8% 이하 | 12% 이하 |
| 20 | 9% 이하 | 14% 이하 |

④ 노선계획 시 종단기울기를 높게 하면 임도 우회율이 적어지므로 연장이 짧아져 임도 시설비는 감소하지만 자동차 통행에 지장을 주고, 강우 시 피해 증가로 유지관리비도 함께 증가한다.
⑤ 노선계획 시 종단기울기를 낮게 하면 임도 우회 우회율이 커지므로 연장 길이가 길어져 임도 시설비가 증가한다. 반면 자동차 통행의 안정성을 도모하고 유지관리비는 감소한다.
⑥ 적정 종단기울기 : 4~8%(토사도, 사리도에서 노면 배수, 노면 안정성 고려)
⑦ 최대 종단기울기 : 10%를 초과하지 않도록 한다.

### 2) 종단곡선

종단기울기의 차이가 심한 곳은 자동차 주행 시 충격을 받아 노면이 손상되므로 종단곡선을 설치하여 충격을 완화하고 가시거리를 확보하여 안전에 대한 효과를 높이다.

| 설계속도(km/시간) | 종단곡선의 반경(m) | 종단곡선의 길이(m) |
|---|---|---|
| 40 | 450 이상 | 40 이상 |
| 30 | 250 이상 | 30 이상 |
| 20 | 100 이상 | 20 이상 |

## 3 횡단구조

### 1) 횡단기울기

① 일반적으로 차도에서는 중앙부를 높게 하고 양쪽 길가 쪽을 낮게 하는 횡단기울기를 만들어야 하며, 포장을 하지 않는 노면은 3~5%, 포장을 한 노면은 1.5~2%로 한다.
② 노면 배수와 교통안전의 두 가지 측면을 고려한 것이다.

### 2) 외쪽기울기

① 차량이 곡선부를 통과하는 경우 원심력에 의해 바깥쪽으로 나가려는 힘이 생기므로 곡선부의 노면 바깥쪽을 안쪽보다 높게 하는 것을 말한다.
② 외쪽기울기는 8% 이하로 준다.

## 3) 합성기울기

종단기울기와 횡단기울기를 합성한 기울기이다. 간선 및 지선의 합성기울기는 12% 이하로 하며, 부득이한 경우 13~15%로 한다.

$$S = \sqrt{i^2 + j^2}$$

S : 합성기울기 (%), i : 횡단기울기, j : 종단기울기

### ◐ 임도의 종류별 설계속도

| 구분 | 설계속도(km/시간) |
|---|---|
| 간선임도 | 40~20 |
| 지선임도 | 30~20 |

## 4) 임도의 횡단면 구조

① 유효 너비(차도 너비) : 길어깨, 옆도랑의 너비를 제외한 임도의 유효 너비는 3m이다. 다만 배향곡선지의 경우에는 6m이다.
② 길어깨 : 길어깨 및 옆도랑의 너비는 0.5~1m이다.
③ 축조 한계 : 자동차의 안전한 주행을 위해 도로의 위쪽에 건축물을 설치할 수 없는 일정한 한계를 말한다.

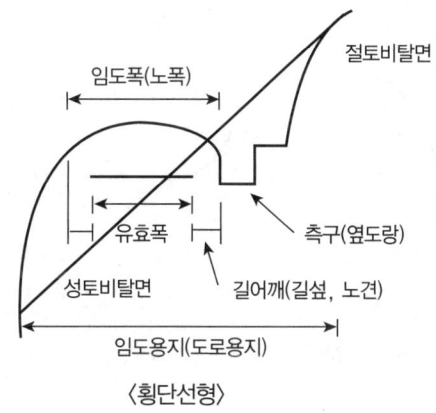

〈횡단선형〉

## 5) 대피소 및 차돌림 곳

① 대피소 설치 기준

| 구분 | 기준 |
|---|---|
| 간격 | 300m 이내 |
| 너비 | 5m 이상 |
| 유효 길이 | 15m 이상 |

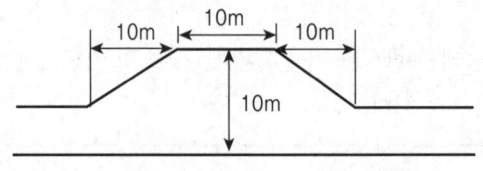

〈차돌림 곳의 위치〉

② 차돌림 곳의 너비 : 10m 이상

## 4 평면구조

### 1) 평면곡선의 종류
① 단곡선 : 중심이 1개이고 1개의 원호로 구성된 일정한 곡선으로, 가장 많이 이용된다.
② 복합곡선(복심곡선) : 반지름이 다른 두 단곡선이 같은 방향으로 연속되는 곡선이다.
③ 반대곡선(반향곡선) : 상반되는 방향의 곡선을 연속시킨 곡선으로, S-curve라고 하며 서로 맞물린 곳에 10m 이상의 직선부를 설치해야 한다.
④ 배향곡선(Hair Pin Curve)
　㉠ 단곡선, 복심곡선, 반향곡선이 혼합되어 헤어핀(Hair Pin) 모양을 하고 있다.
　㉡ 산복부에서 노선 길이를 연장하여 종단물매를 완화시킨다.
　㉢ 동일한 사면에서 우회할 목적으로 설치되면 교각이 108° 가까이 된다.
⑤ 완화 곡선 : 직선부에서 곡선부로 옮겨지는 곳에 사용한다.

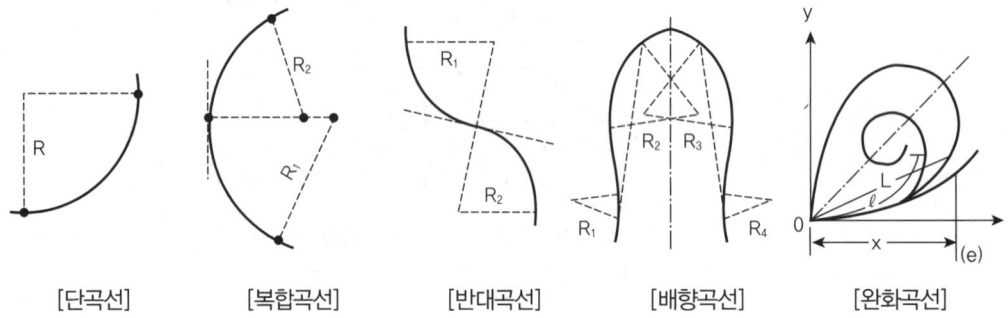

[단곡선]　　[복합곡선]　　[반대곡선]　　[배향곡선]　　[완화곡선]

### 2) 종단곡선
① 종단곡선의 길이

$$L = (i_1 - i_2) \times \frac{V^2}{360}$$

L : 종단곡선의 길이, $i_1 - i_2$ : 종단기울기 대수차의 절대치, V : 주행 속도,
360 : 불편함을 주지 않는 충격 변화율계

② 종단곡선반지름의 길이

$$R = \frac{100 \times L}{i_1 - i_2}$$

L : 종단곡선의 길이, $i_1 - i_2$ : 종단기울기 대수차의 절대치

③ 시거 : 차도 중심선상 1.2m 높이에서 당해 차선의 중심선상에 있는 높이 10cm인 물체의 정점을 볼 수 있는 거리를 말한다.

◐ 시거의 범위

| 설계속도(km/시간) | 안전 시거(m) |
|---|---|
| 40 | 40 이상 |
| 30 | 30 이상 |
| 20 | 20 이상 |

◐ 평면곡선과 종단곡선의 시거 범위

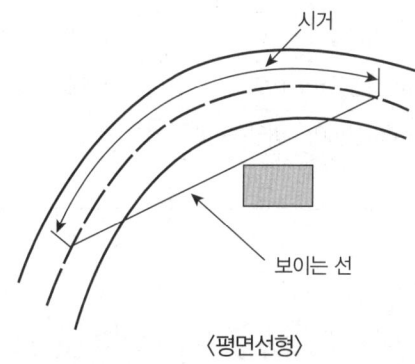

〈평면선형〉

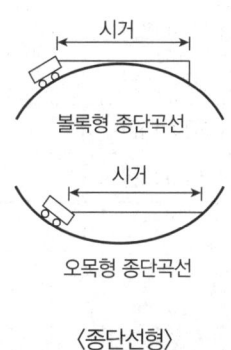

〈종단선형〉

3) 곡선반지름

| 설계속도 (km/h) | 최소곡선반지름(m) | |
|---|---|---|
| | 일반지형 | 특수지형 |
| 40 | 60 | 40 |
| 30 | 30 | 20 |
| 20 | 15 | 12 |

① 반출하는 목재의 길이에 따른 경우

$$R = \frac{L^2}{4 \times B}$$

R : 최소곡선반지름(m), L : 반출할 목재의 길이(m), B : 도로의 너비(m)

② 원심력과 타이어 마찰계수에 의한 경우

$$R = \frac{V^2}{127(f+i)}$$

R : 최소곡선반지름(m), f : 타이어의 마찰계수, i : 노면의 횡단물매(외쪽물매 0.15),
V : 설계속도(km/h)

### 4) 곡선부 확폭

차량이 곡선부를 통과할 때는 뒷바퀴는 앞바퀴보다 안쪽으로 기울어져 곡선부를 통과한다. 따라서 곡선부의 내각이 예각일 때는 곡선부의 안쪽으로 그만큼 더 확폭을 해야 한다.

$E = L^2/2R$

E : 너비넓힘의 크기(m), L : 자동차 앞바퀴에서 뒷바퀴까지의 길이, R : 곡선반지름

| 곡선반경 | 확대기준(m) | 곡선반경 | 확대기준(m) |
|---|---|---|---|
| 10m 이상 13m 미만 | 2.25 | 13m 이상 14m 미만 | 2.00 |
| 14m 이상 15m 미만 | 1.75 | 15m 이상 18m 미만 | 1.50 |
| 18m 이상 20m 미만 | 1.25 | 20m 이상 25m 미만 | 1.00 |
| 25m 이상 30m 미만 | 0.75 | 30m 이상 40m 미만 | 0.50 |
| 40m 이상 45m 미만 | 0.25 | | |

# 제3장 임도밀도와 환경

## 1 모암과 토질

### 1) 모암

암석은 오랫동안 비, 바람, 기온, 생물 등의 영향을 받아 그 조직이 변화 및 기계적으로 붕괴되어 미세한 입자가 되고 다시 화학적으로 분해되어 그 본질이 변하게 된다. 이와 같은 작용을 받아 생성된 물질을 모암이라고 한다.

① 화강암이 이룬 우리나라 토양의 특성
  ㉠ 규산분이 많고 염류(칼슘, 마그네슘, 망간, 칼륨 등)가 적다.
  ㉡ 배수와 통기가 잘된다.
  ㉢ 산성토양으로 되기 쉽다.
  ㉣ 양분과 수분을 지니는 힘이 약하다.
  ㉤ 토양이 유실되기 쉽다.

### 2) 토질

① 예비조사 : 토양도, 지질도, 기상상황
② 현지조사 : 현지 토양의 입도, 팽창성, 건조 등을 조사
③ 정밀조사 : 재료의 선정을 위한 토질시험

#### ◐ 토질 시험의 종류

| 종류 | 내용 |
| --- | --- |
| 탄성파검사 | 지하의 지질 상태시험 |
| 전기탐사 | 지하수 조사 |
| 관입시험 | 현장에 있는 흙의 단위 체적중량 시험과 흙의 강도 판정 |
| 베인시험 | 연한 점토 또는 실트의 전단강도 측정 |
| 평판재하시험 | 노상, 보조 기층의 지반계수(지지력 계수)측정과 시공관리 |
| 현장투수시험 | 관정 등을 이용하여 투수계수 측정 |

### 3) 흙의 특성
① 입경에 의한 분류

| 입자 명칭 | 입경(알갱이의 지름, mm) |
|---|---|
| 자갈 | 2.0 이상 |
| 조사(거친 모래) | 2.0~0.2 |
| 세사(가는 모래) | 0.2~0.02 |
| 미사(고운 모래-실트) | 0.02~0.002 |
| 점토 | 0.002 이하 |

② 통일분류법
  ㉠ 공학적 분류방법으로 2개의 문자조합으로 표시한다.

| 주기호 | 부기호 | 주기호 | 부기호 |
|---|---|---|---|
| G : 자갈 | W : 입도 양호 | C : 점토 | C : 소성지수 7 이상 |
| S : 모래 | P : 입도 불량 | O : 유기질토 | L : 압축성 낮음 |
| M : 실트 | M : 소성지수 4 이하 | PT : 이탄 | H : 압축성 높음 |

  ㉡ 균등계수 : 토양을 구성하는 굵은 입자, 가는 입자, 미립자의 입도 배분의 간단한 표시법으로, 체로 분류하여 60% 통과율을 나타내는 모래 입자 크기의 비로 나타낸다. 모래입자의 크기가 고르면 1에 가깝다.

$$\text{균등계수} = \frac{\text{통과중량 백분율 60\%에 대응하는 입경}}{\text{통과중량 백분율 10\%에 대응하는 입경}}$$

## 2 지형지수

산림의 지형조건(험준함·복잡함)을 개괄적으로 표시하는 지수로서 임지경사, 기복량(땅의 높낮이의 차), 곡밀도의 3가지 지형요소로부터 구할 수 있다.

## 3 산림기능과 임도관계

### 1) 산림기능별 임도밀도
① 해석적 방법(이론적 방법)
  ㉠ 기본 임도밀도 : 임도개설비와 작업자의 임내보행경비의 합계 경비인 총비용을 최소화하는 임도밀도를 구하는 것이다.

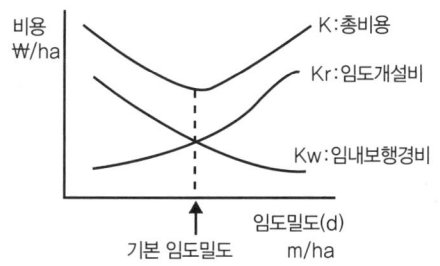 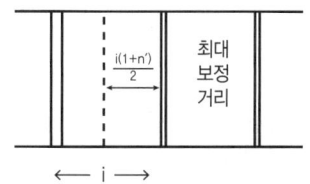

ⓒ 적정 임도밀도 : 임도개설비와 집재비의 합계인 총비용을 최소화하는 임도밀도를 구하는 것이다.

$$\text{적정임도밀도} = \sqrt{\frac{\text{생산 예정 재적} \times \text{집재비} \times \text{임도 우회계수} \times \text{집재 우회계수}}{\text{임도 개설비}}}$$

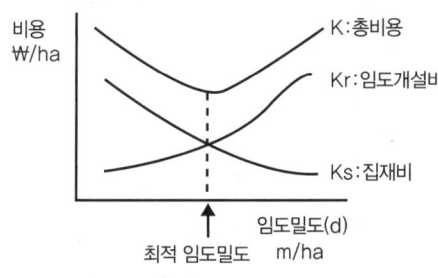 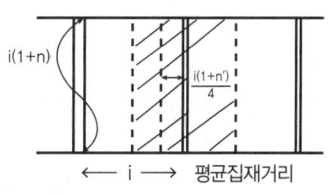

② 경험적 방법

㉠ 지선 임도밀도 : 임지 조건에 따라 집재 방법과 운재 시스템의 효율성을 계수로 정하고, 그 산림에 적용될 수 있는 집재 장비의 최대 집재거리로서 경험적인 임도밀도를 산출하는 방법이다.

㉡ 최적 임도간격 : 임도개설비와 집재비의 합계 경비인 총비용을 최소화하는 임도간격을 구하는 것이다.

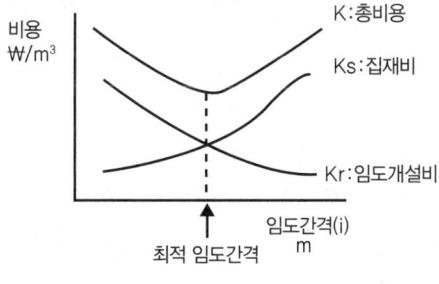 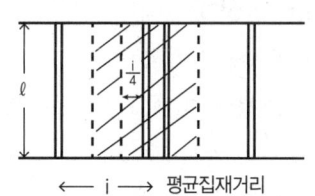

## 2) 지선 임도밀도

$$D = \frac{a}{s} \quad D : \text{지선 임도밀도(m/ha)},\ s : \text{평균 집재거리(km)},\ a : \text{임도 효율계수}$$

## 3) 지선 임도가격

$$\text{지선 임도 가격} = \frac{\text{지선임도개설비단가} \times \text{지선임도밀도}}{\text{수확재적}}$$

> **Check**
> **Matthews의 적정 임도밀도 이론**
> 생산원가관리 이론을 적용하여 임업 생산비 중에서 임도개설 연장의 증감에 따라 현격하게 변화되는 주벌의 집재 비용과 임도개설비의 합계를 가장 최소화시키는 이론으로, 임도 개설비+유지관리비+집재 비용의 합계가 최소가 되는 점의 임도밀도를 나타낸다.

## 4) 적정 임도밀도와 집재거리

① 적정 임도밀도에서 임도 간격의 산출

$$RS = \frac{10,000}{ORD} \quad RS : \text{임도 간격(m)}, \ ORD : \text{적정 임도 밀도(m/ha)}$$

② 적정 임도밀도에서 집재거리의 산출

$$SD = \frac{5,000}{ORD} \quad SD : \text{집재거리(m)}, \ ORD : \text{적정 임도 밀도(m/ha)}$$

③ 적정 임도밀도에서 평균 집재거리의 산출

$$ASD = \frac{2500}{ORD} \quad ASD : \text{평균 집재거리(m)}, \ ORD : \text{적정 임도 밀도(m/ha)}$$

## 4 생태와 임도관계

### 1) 생태통로의 설계

① 터널형 통로의 설계
  ㉠ 박스형 암거(대·중·소형 포유류) : 도로 건설을 위해 성토된 계곡부, 도로가 수로나 작은 도로와 입체 교차하거나 횡단거리가 짧고 서식지가 인접한 곳에 설치한다.
  ㉡ 파이프형 암거(중·소 포유류, 소형 동물) : 도로 건설을 위해 성토된 계곡부, 도로가 농수로나 개울을 통과하며 양쪽의 수위 차가 적은 경우에 설치한다.
② 육교형 통로의 설계(대·중·소형 포유류) : 도로의 양쪽 모두가 절토된 지역 또는 양쪽의 높이가 도로보다 높아 하부 통로 설치가 불가능한 지점에 설치한다.
③ 선형 통로의 설계 : 주로 하천, 수로 주변에 조성되며, 자연식생을 이용하여 도로나 철로, 하천 등 선형으로 이어진 단절지를 연속적으로 연결해야 하는 지역에 설치한다.

# 제4장 임도측량

## 1 지형도 및 입지도 분석

### 1) 지형도 분석

| 축척 | 계곡선 | 주곡선 | 간곡선 | 조곡선 |
|---|---|---|---|---|
| 1/5,000 | 25m | 5m | 2.5m | 1.25m |
| 1/25,000 | 50m | 10m | 5m | 2.5m |
| 1/50,000 | 100m | 20m | 10m | 5m |

### 2) 축척 계산과 도상면적 계산

실제거리 = 지도상의 거리×축척의 역수

### 3) 지형 경사도 계산

$$경사도(\%) = \frac{표고차}{구간거리(실제거리)} \times 100$$

### 4) 곡밀도 예측

① 산림의 지형조건을 개괄적으로 나타내는 지형지수는 임지경사, 기복량, 곡밀도의 3가지 지형 요소로부터 알 수 있다.

② 곡밀도(V)

$$V = \frac{n}{A} \quad V: 곡밀도(본/km^2), \ n: 대상 지역 내의 전체 계곡 수(본), \ A: 대상 총면적(km^2)$$

### 5) 거리측량

① 줄자측량

② 차량거리측정기

③ 스타디아측량 : 어떤 한 지점에 관측기기를 세우고 다른 임의의 목표지점에 세운 시거표척(視距標尺 : 일정 간격의 눈금이 기입되어 있는 측량작업용 긴 막대)을 시준(視準)하여 두 지점 사이의 상대적 위치를 결정하는 간접 측량 방법이며, 시거측량(視距測量)이라고도 한다. 작업이

간편하고 지형의 기복에 영향을 받지 않는다는 이점이 있어 높은 정확도를 필요로 하지 않거나 직접 측량이 곤란한 지역에서 주로 이용한다.

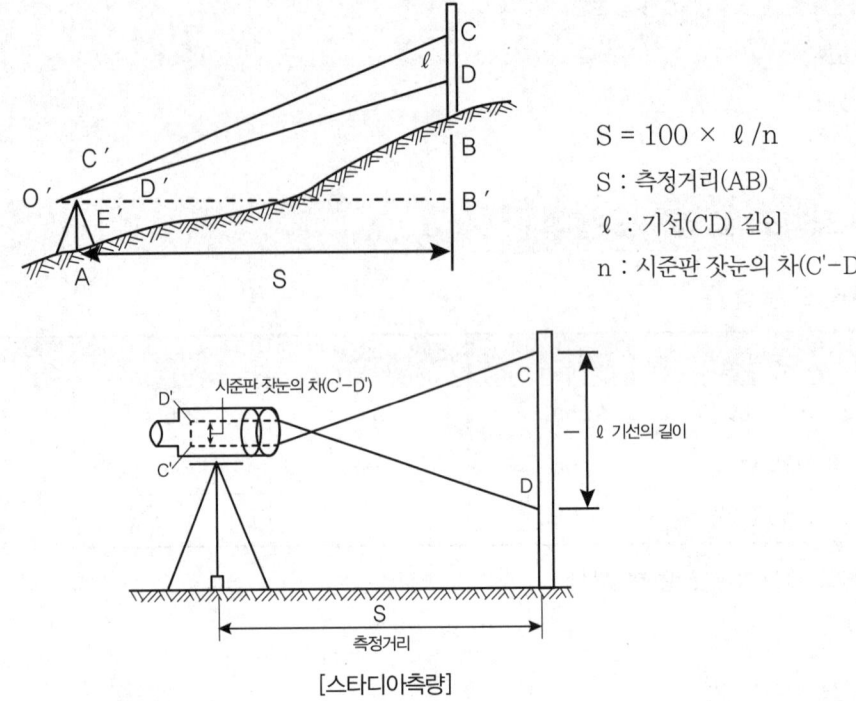

$S = 100 \times \ell / n$
S : 측정거리(AB)
$\ell$ : 기선(CD) 길이
n : 시준판 잣눈의 차(C'-D')

[스타디아측량]

### 6) 등고선
① 등고선은 도면 내 또는 밖에서 폐합하며 도중에 소실되지 않는다.
② 등고선이 도면 안에서 폐합되는 경우는 산정이나 요지(凹地)를 나타낸다.
③ 높이가 다른 등고선은 낭떠러지나 동굴을 제외하고는 교차하거나 합쳐지지 않는다.
④ 등고선은 급경사지에서는 간격이 좁고, 완경사지에서는 넓다.
⑤ 등고선의 곡선을 통과할 때에는 한쪽에 연하여 거슬러 올라가서 곡선을 직각방향으로 횡단한 다음 곡선 다른 쪽에 연하여 내려간다.
⑥ ― · · ― · · ― · · ―는 능선, ― ― ― ― ―는 계곡을 나타낸다.

## 2 컴퍼스측량과 평판측량

### 1) 컴퍼스측량
컴퍼스로 방위각 또는 방위를 측정하고, 테이프로 거리를 측정하여 각 측점의 평면상의 위치를 결정한다.
① 자침 : 어떠한 곳에서도 운동이 활발하고 자력이 충분하면 정상이다.
② 수준기 : 수준기의 기포를 중앙에 오게 한 후 수평으로 180° 회전시켜도 역시 기포가 중앙에 오면 정상이다.

③ 자침을 가지고 방위, 방위각을 측정하므로 정밀한 결과를 얻기가 곤란하다.
④ 국지 인력의 영향 때문에 철제 구조물이 많은 시가지 측량에는 적당치 않다.
⑤ 작업이 신속하고 손쉽게 측정할 수 있다.

> **Check**
> - 자오선 : 지구의 양극을 지나는 가상의 선으로, 진북선이라고도 한다. 평면측량에서는 각 점을 지나는 자오선을 평행선으로 다룬다.
> - 자침 편차 : 진북과 자북이 이루는 각을 말하며 그 편차는 북쪽으로 갈수록 커진다. 자침 편차는 끊임없이 변화하며 일변화, 연변화, 영년변화, 불규칙 변화 등이 있다.
> - 국지 인력 : 근처에 철제구조물, 철광석, 직류 전류 등이 있으면 자력선의 방향이 자북을 가리키지 않게 되는데, 이를 보정하려면 최초 발생한 측점의 방위각을 전 측점의 방위각에서 ±180°로 보정한다.

### 2) 컴퍼스측량 방법

① 도선법(전진법, Graphical Traversing) : 기점에서 차례로 방위와 거리를 측량하는 방법이다.
  ㉠ 점 A에 컴퍼스를 설치하여 정준하고 점 G를 후시하여 측선 AG의 방위(Sα7E) 또는 방위각과 거리를 측정한 후, 다시 점 B를 전시하여 측선 AB의 방위(Nα1E) 또는 방위각과 거리를 측정한다.
  ㉡ 컴퍼스를 점 B에 옮겨 정준한 후, 측선 BA를 후시하여 거리와 방위(Sα1W) 또는 방위각을 측정하고 점 C를 전시하여 BC 측선의 방위(Sα2E) 또는 방위각과 거리를 측정한다.
  ㉢ 컴퍼스를 점 C에 옮겨 후시와 전시를 계속하여 야장에 기록한다. 경사지의 측량에서는 고저각을 측정하여 사거리를 수평거리로 환산할 필요가 있으므로 야장 기입에 있어서 미리 해당란을 설정하여 두는 것이 좋으며, 야장의 비고란에는 측량 구역과 주요 지물에 대한 약도를 그려 두도록 한다.
  ㉣ 측량이 종료된 후 국지 인력 등에 오차가 있으면 수정하고 제도법에 의해 제도한다.

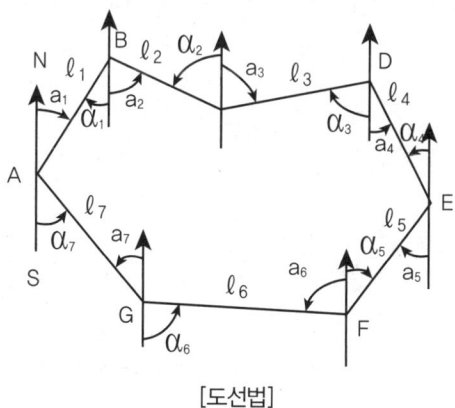

[도선법]

② 교차법(교회법) : 측선을 기선으로 하고, 측선상의 점에서 각 측점에 대한 방위를 측정한다.
  ㉠ 평판측량의 교차법과 같은 방법으로 아래 그림과 같이 측선 AB를 기선으로 하고, 점 A와 B에서 각 측점에 대한 방위를 측정한다.

ⓒ 측량 후 제도를 통하여 구한 교점이 각 측점의 평면적 위치가 된다.

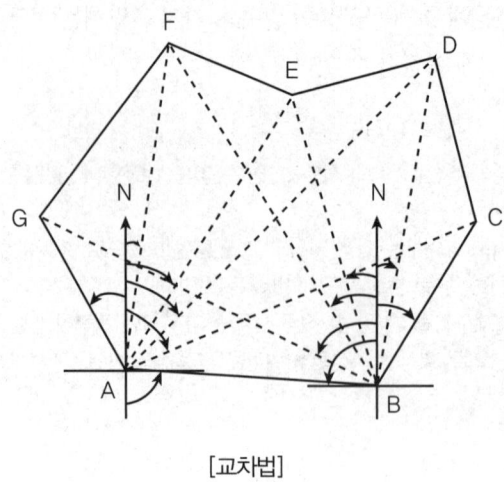

[교차법]

③ 방사법(사출법) : 컴퍼스를 각 점이 모두 보일 수 있는 위치에 설치하여 각 측점의 방위와 거리를 측정한다.
- 평판측량의 사출법과 같은 요령으로 아래 그림과 같이 컴퍼스를 각 점이 모두 보일 수 있는 적당한 위치에 설치하여 정준한 후 각 측점의 방위와 거리를 측정한다.

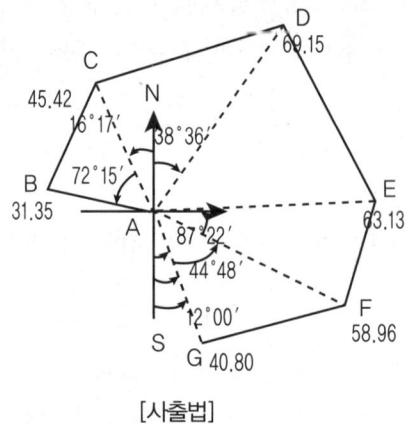

[사출법]

## 3 평판측량

평판측량은 평판을 고정하고 시준의를 사용하여 거리선, 방향선, 고저 등을 측정하여 현장에서 제도할 수 있는 측량법으로, 시간과 노력을 경감할 수 있어 실용적이다.

### 1) 평판측량의 3요소
정준(수평 맞추기), 구심·치심(중심 맞추기), 표정(평판을 일정한 방향으로 고정)이 있다.

## 2) 평판측량의 종류

① 방사법(사출법) : 장애물이 없고 비교적 좁은 지역에 적합하다.
② 교차법(교회법) : 넓은 지역에서의 세부 측량이나 소축척의 세부 측량에 적합하다.
③ 도선법(전진법) : 측량할 구역이 좁고 길거나 장애물이 있어서 교차법을 사용할 수 없는 경우, 넓은 완경사지에서 측점을 많이 설정해야 할 경우에 적합하다.

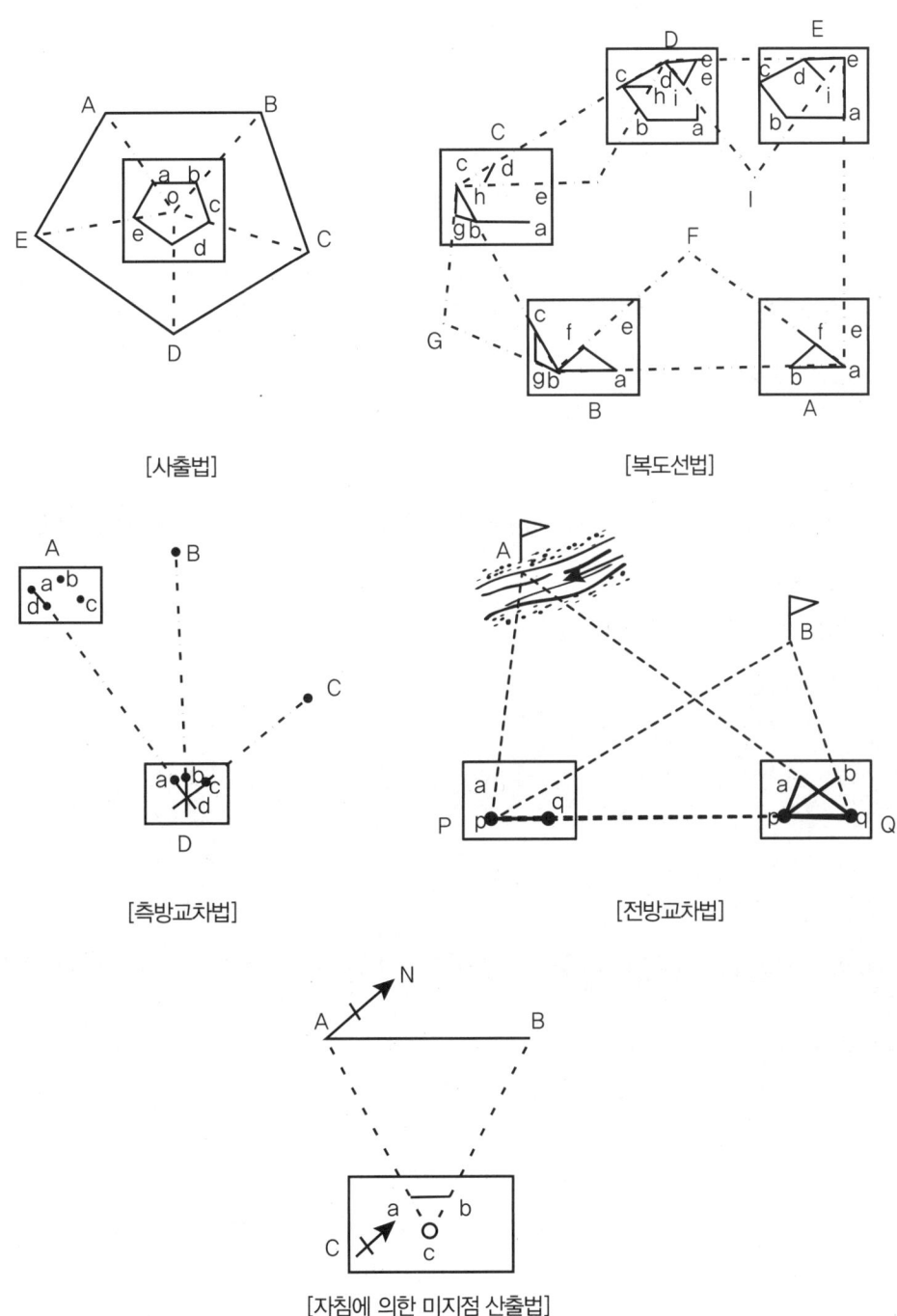

[사출법]　　　　　　　　　　　　　　　　[복도선법]

[측방교차법]　　　　　　　　　　　　　　[전방교차법]

[자침에 의한 미지점 산출법]

### 3) 평판측량의 장단점
① 현지에서 직접 결과를 제도하므로 결측 또는 재측의 위험이 없다.
② 측량의 과실 발견이 용이하여 즉시 수정이 가능하다.
③ 측량법이 간단하고 작업이 신속하다.
④ 측량용 기구가 간단하여 운반이 편리하다.
⑤ 건습에 의한 도판지의 신축으로 오차가 생기기 쉽다.
⑥ 외업에 많은 시간을 요한다.
⑦ 날씨가 나쁘면 작업 능률이 저하된다.
⑧ 다른 측량 방법에 비해 정밀도가 낮다.
⑨ 수량 산출 및 축척 변경이 곤란하다.

## 4 측량의 오차

### 1) 정오차(누차, 누적오차)
측량 후 오차 조정이 가능하다.

### 2) 우연오차(부정오차)
오차의 제거가 어렵고 계산으로 완전히 조정할 수 없는 오차로, 최소 제곱법을 사용한다.

### 3) 과실(착오)
측정자의 부주의에 의하여 발생하는 오차이다.

### 4) 평판측량의 오차
① 평판측량의 기계적 오차
② 도판의 경사에 의한 오차
③ 시준에 의한 오차
④ 제도에 의한 오차

## 5 응용 평판측량법

### 1) 시준의 스타디아법
시준의의 시준공과 잣눈을 이용하여 점간의 거리를 측량할 수 있다.

$$D = \frac{I}{N} \times 100 \quad D : 측정\ 거리(m),\ I : 기선\ 거리(m),\ n : 시준판\ 잣눈의\ 차(m)$$

### 2) 고저측량
① 수준점(B.M) : 기준면으로부터 표고를 정확히 측정하여 표시해 준 점이다.

② 후시(B.S) : 기지점에 세운 표척의 눈금을 읽는 것을 말한다.
③ 전시(F.S) : 표고를 알고자 하는 미지점의 표척 눈금을 읽는 것을 말한다.
④ 기계고(I.H) : 시준고라고도 하며, 망원경 시준선의 표고에 기계 높이를 더한 것(지반고+후시)을 말한다.
⑤ 이기점(T.P) : 전·후시를 동시에 읽는 측점이다.
⑥ 중간점(I.P) : 어느 한 점의 표고를 구하기 위해 전시만 읽는 점을 말한다.

## 6 항공사진측량

항공기 또는 비행선, 헬리콥터 등을 이용하여 공중에서 지상을 향하여 촬영한 사진을 이용한 측량방법이다. 항공사진을 이용하여 사진상의 점의 위치, 표고 등을 구하고 지형도 등을 작성한다.

> **Check**
> 판독요소
> • 침엽수는 어두운 색조, 활엽수는 밝은 색조를 띤다.
> • 유령목은 부드러운 색조, 성숙림은 거칠은 밀, 노령목은 불규칙한 조밀이다.

## 7 트래버스측량(折線測量: Traverse Survey)

다각측량(多角測量 : Polygonal Survey)이라고도 하며, 연속된 측선의 거리와 방향을 차례로 측정하는 측량이다. 각(角)의 측정은 트랜싯 또는 컴퍼스 등으로 하는 것이 보통이다. 측정결과에 대해서는 경위거(經緯距: Departure and Latitude)를 계산하고, 각 측점의 좌표를 결정하여 트래버스(折線: Traverse)를 그리고 면적을 계산한다.

### 1) 방위각(方位角 : Azimuth)법

방위각이란 N, S를 기준으로 N에서 시계방향으로 측각하는 것으로서, 측각방법은 다음과 같다.
① 점 A에 트랜싯을 설치하여 분도원의 0°와 버니어의 0을 일치시켜 상부 고정나사를 잠그고 자침을 늦추어 콤파스의 0°를 자침 끝에 맞추어 정지시키고 하부 고정나사를 잠근다.
② 상부 고정나사를 풀어 기계를 시계방향으로 수평회전시켜 점 B를 시준하고, 상부 고정나사를 잠그고 미동나사로 정준하여 AB의 방위각(67°)을 읽는다.
③ ②에서 측정한 방위각(67°)을 그대로 둔 채로 하부 고정나사를 풀고, 망원경을 반위하여 점 B에 옮겨 설치한다.
④ 점 A를 시준하여 하부 고정나사를 잠그고 망원경을 정위하여 점 B′ 방향으로 향하게 한 후 상부 고정나사를 풀고, 기계를 시계방향으로 회전하여 점 C를 시준한 후 상부 고정나사를 잠그고 BC의 방위각(90°)을 읽는다.

⑤ 이와 같이 계속하여 측정하여 출발점 A에 돌아와 AB의 방위각을 재측정하여 최초의 측정치와 동일하면 정상이다.
⑥ 만일 일치하지 않으면 오차가 발생한 것이므로 조정하거나 재측하여야 한다.

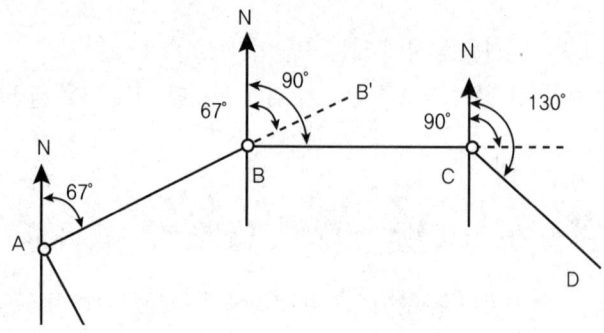

## 2) 편각법

편각(偏角 : Deflection Angle)은 그 선의 연장선과 인접되는 선이 이루는 각을 말하며, 시계 방향으로 측각한 것을 (+), 시계 반대 방향으로 측각한 것을 (-)로 표시한다. 이 방법은 주로 도로, 철도, 수도 등의 노선측량에 많이 사용된다. 편각법에 의한 트래버스측량의 야장 및 측각방법은 다음과 같다.

① 점 A에 트랜싯을 설치하고, 분도원 0°와 버니어 0을 일치시켜 상부 고정나사를 잠근 후 망원경을 반위하여 점 F를 후시하고 하부 고정나사를 잠근다.
② 망원경을 정위로 하고, 상부 고정나사를 푼 후 기계를 수평으로 회전시켜 점 B를 전시하여 상부 고정나사를 잠그고 각을 읽는다.
③ 이렇게 계속하며, 폐합 트래버스에서는 그 대수합이 360°가 되어야 한다. 편각법에 의한 트래버스측량에 있어서 첫 측점의 방위각은 실측하여 두는 것이 좋다(야장 정리 시에 방위각법으로 환산이 가능하기 때문임).

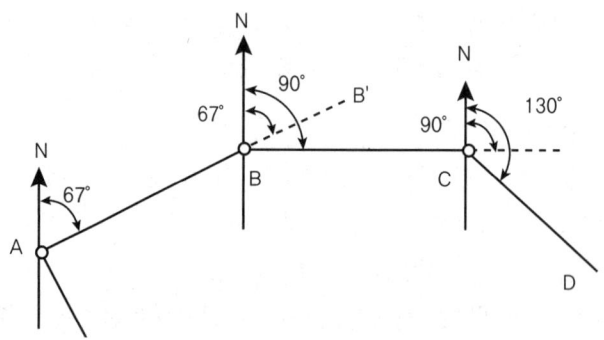

## 3) 내각법

서로 접하는 두 측선이 이루는 사이 각인 내각(內角: Interior Angle)을 측정하는 방법으로 측각방법은 다음과 같다.

① 점 A에 트랜싯을 설치하고 분도원의 0°와 버니어의 0을 일치시켜 상부 고정나사를 잠그고, 점 D를 후시하여 하부 고정나사를 잠근다.
② 상부 고정나사를 풀어 점 B를 전시하여 AB의 방위각 θ와 점 A의 내각(∠BAD)을 측정한다.

③ 점 B에 기계를 이동 설치하고 ①과 같은 방법으로 한다. 점 A를 후시하여 하부 고정나사를 잠근 후, 상부 고정나사를 풀고 점 C를 전시하고 점 B의 내각을 측정한다.
④ 이와 같이 계속 진행하며 n각형의 내각의 합은 $180° \times (n-2)$를 만족시켜야 한다.

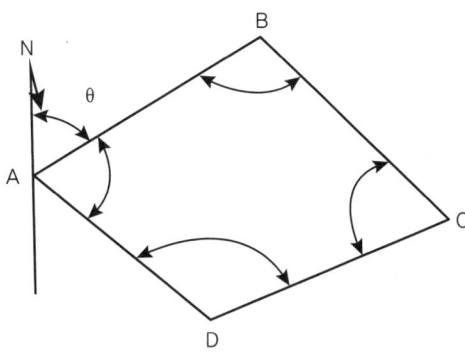

### 4) 측정각들의 상호 환산법

① 교각에서 방위각을 구하는 계산 : 교각의 측정은 진행방향의 좌측각을 측각하는 경우와 우측각을 측각하는 경우의 두 가지가 있다. 좌측각의 경우는 (+)로, 우측각의 경우는 (−)로 나타내며, 교각에서 방위각은 다음 식에 의하여 산출할 수 있다.

> 측선의 방위각 = 앞 측선의 방위각 + 180° ± 교각
> (산출 값이 360°보다 크면 그 각에서 360°를 빼고, 값이 0°보다 작으면 360°를 더한다.)

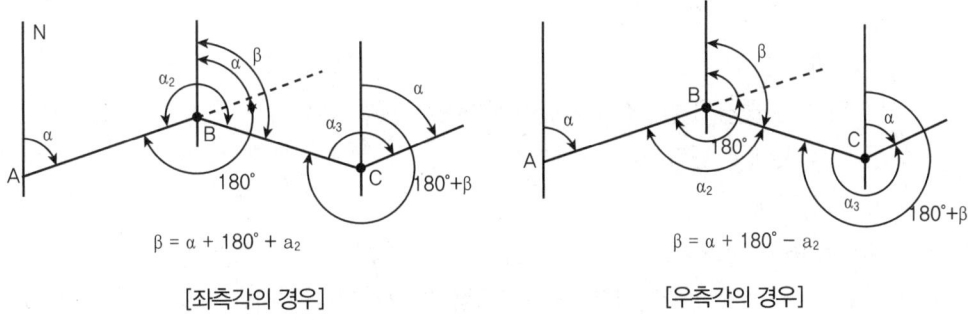

[좌측각의 경우]　　　　　　　　　　　[우측각의 경우]

② 방위각을 알고 방위를 구하는 계산방법

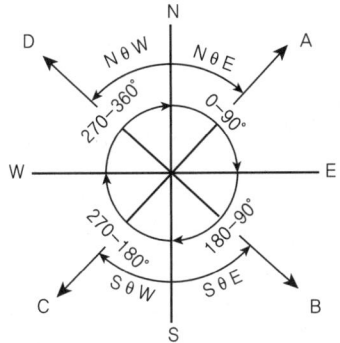

| 방위각 | 방위 |
|---|---|
| 0~90° | N (방위각) E |
| 90~180° | S (180°−방위각) E |
| 180~270° | S (방위각−180°) W |
| 270~360° | N (360°−방위각) W |

# 제5장 임도설계

## 1 노선 선정계획

### 1) 임도의 설계순서
예비조사 → 답사 → 예측 → 실측 → 설계도 작성 → 공사량 산출 → 설계서 작성

### 2) 예비조사
① 임도계획을 위한 기초 조사에서 이용한 도면과 지형을 분석한다.
② 지형, 임황, 임산물의 종류 및 수량, 임산물의 시장 및 시장 가격, 임산물의 생산비, 운반 방법 및 운임, 노무 관계, 토지 및 산림의 소유 관계, 경제효과 등을 조사한다.
③ 주요 통과지의 결정
   ㉠ 교량, 석축, 옹벽 등의 구조물 시설이 적은 곳으로 선정한다.
   ㉡ 건조하고 양지 바른 곳으로 선정한다.
   ㉢ 암석지, 연약 지반, 붕괴 지역은 피한다.
   ㉣ 너무 많은 흙깎기와 흙쌓기, 높고 긴 교량을 필요로 하는 곳은 가급적 우회한다.
④ 임도개설에 불리한 곳
   ㉠ 늪과 같은 습지
   ㉡ 붕괴지·산사태지와 같은 지반이 불안정한 산지 사면
   ㉢ 암석지, 홍수 범람지역
   ㉣ 소유 경계
⑤ 임도 개설에 유리한 곳
   안부, 여울목, 급경사지 내의 완경사지(집재장 시설지), 공사용 자재(골재, 석재) 등의 매장지와 산재지

### 3) 답사
지형도에서 검토한 노선의 적정 여부를 확인하기 위하여 직접 답사하여 예정선을 확정한다.

### 4) 예측 및 실측
① 예측 : 답사에 의해 확정한 예정선을 경사측정기, 방위측정기, 거리측정자 등으로 실측하여 예측도를 작성하는 것을 말한다.
② 실측 : 예측에 의한 노선을 현지에서 정밀측량하는 것을 말한다.
③ 실측은 평면측량, 종단측량, 횡단측량, 구조물측량으로 구분한다.

## 2 영선·중심선측량

### 1) 영선측량
① 영선을 기준으로 측량하는 경우로, 산악지에서 많이 이용한다.
② 임도에서 노면의 시공면과 산지의 경사면이 만나는 점을 영점이라 하고, 이 점을 연결한 노선의 종축을 영선이라 한다.
③ 영선은 경사면과 임도시공기면과의 교차선으로 노반에 나타나며, 임도 시공 시 절토작업과 성토작업의 경계선이 되기도 한다.
④ 경사측정기, 방위측정기(컴퍼스), 거리 측정자(줄자), 표적판 등이 필요하다.

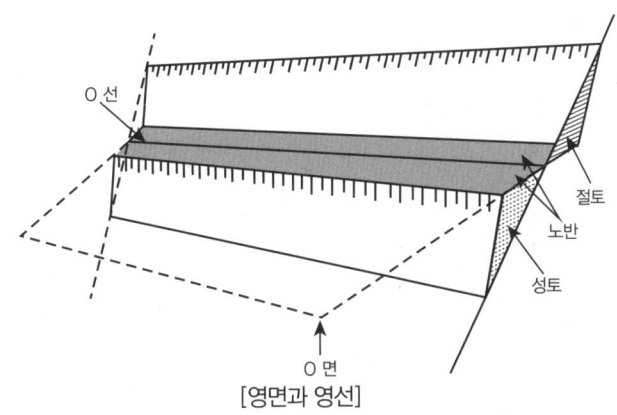

[영면과 영선]

### 2) 중심선측량
① 중심선을 기준으로 측량하는 경우로, 평탄지와 완경사지에서 많이 이용한다.
② 측점 간격은 20m로 말뚝을 설치하되, 지형상 종·횡단의 변화가 심한 지점, 구조물 설치 지점이 필요한 각 점에는 보조 말뚝을 설치한다.
③ 노폭의 1/2이 되는 지점을 측점별로 연결한 노선의 종축을 중심선이라 한다.

### 3) 영선측량과 중심선측량의 차이
① 중심선 : 노폭의 1/2이 되는 중심점을 연결한 노선의 종축이다.
② 영선 : 경사지에 설치하는 측점별로 노면의 시공면과 산지의 경사면이 만나는 지점을 영점이라 하고, 이 점을 연결한 노선의 종축을 말한다.
③ 영선은 절토작업과 성토작업의 경계선이 된다.
④ 중심선측량은 중심점을 기준으로 중심선을 따라 측정하고, 영선측량은 영점을 기준으로 영선을 따라 측정한다.
⑤ 중심선측량은 지반고 상태에서 측량하고, 종단면도상에서 계획선을 설정하며 계획고를 산출한 후 종단·횡단의 형상이 결정되지만 영선측량은 시공기면의 시공선을 따라 측량하므로 굴곡부를 제외하고는 계획고의 상태로 측량하며, 필요 시 지반고를 유추 산정하여 종단·횡단의 형상이 결정된다.

⑥ 지반 기울기가 급할수록 영선보다 중심선이 경사지의 안쪽에 위치하고, 45~55% 지형에서는 영선과 중심선이 거의 일치하다가 지반 기울기가 완만할수록 중심선이 영선보다 바깥쪽에 위치한다.
⑦ 지형에 따라 중심선측량은 파상(播床) 지형의 소능선과 소계곡으로 관통하여 진행되고 영선측량은 사형(蛇形 : 구불구불한 모양)으로 우회하여 진행되기도 한다.
⑧ 중심선측량은 평면측량에서 중심선을 설정한 후 종단·횡단측량을 실행하지만 영선측량은 종단측량에서 영선을 설정한 후 실행한다.

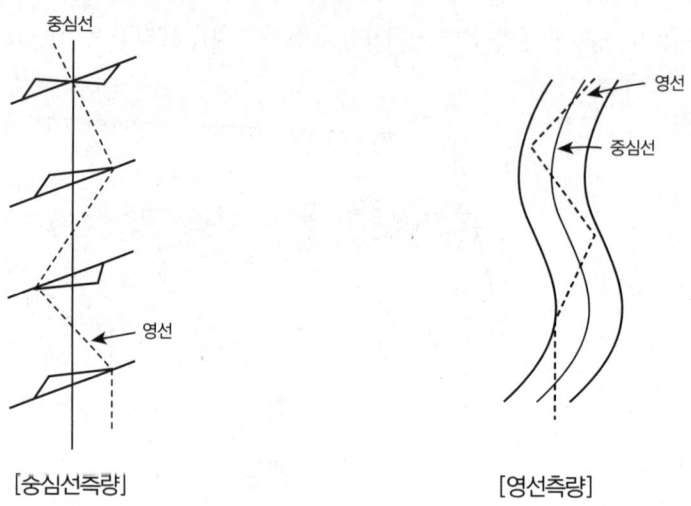

[중심선측량]　　　　　[영선측량]

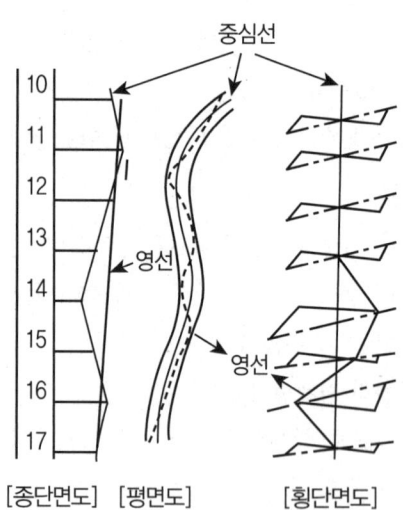

[종단면도] [평면도]　[횡단면도]

## 3 평면측량

① 노선의 시점을 기준으로 20m마다 측점말뚝을 박은 후 측점 번호를 기입한다.
② 교점말뚝 1의 중심점에 측각기구를 설치하여 시점을 시준한 후 교점 2를 반복 시준하여 교각을 구한다.
③ 변화가 심한 지점, 구조물 설치 지점, 곡선부의 주요 점 등에 보조말뚝을 설치하여 측점 번호를 부여한다.
④ 평면측량 시 교각에 대한 곡선의 곡선 시점, 곡선 중점, 곡선 종점 등의 곡선말뚝은 현지에서 설정한다.

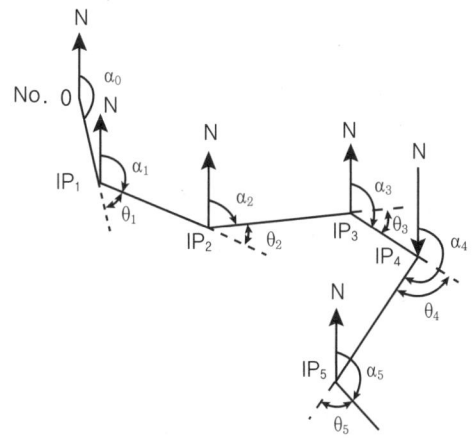

[노선의 방위각과 교각]

◐ 방위각에서 교각의 산출

| 교각점(IP) | 방위각(a°) | 교각(θ°) | 교각 산출식 |
|---|---|---|---|
| No. 0 | 167 | – | – |
| IP1 | 112 | 55 | 167°-112° |
| IP2 | 84 | 28 | 112°-84° |
| IP3 | 120 | 36 | 120°-84° |
| IP4 | 214 | 94 | 214°-120° |
| IP5 | 137 | 77 | 214°-137° |

## 4 종단측량

① 종단측량은 계획노선의 중심말뚝 및 보조말뚝에 따라 고저치를 측정하여 중심선의 고저기복의 상황을 밝히는 작업이다.
② 임도 및 산악지역을 측량할 때 지형의 변화가 심하고 장애물이 있어 중간점이 많아질 경우에는 곡선말뚝도 중간말뚝과 같이 측정하는 기고식 기입법이 많이 이용된다.
③ 각 측점마다 종단측량을 실행하여 지반고를 산출하고 종단면도를 작성한다.

④ 중심선측량이 완료되면 함척, 레벨, 경사측정기, 핸드레벨 등을 이용하여 종단측량을 실시하며, 기준 지반고는 가장 가까운 삼각점이나 보조 삼각점으로부터 측정하여 기점 부근의 교량이나 암반 등 변용되지 않는 지점에 수준점(B.M)을 설치한다.
⑤ 축척은 횡 1/1,000, 종 1/200으로 작성한다.

### ● 고저측량의 기고식 야장기입법(예)

| SP | BS | IH | FS | | GH | REMARKS |
|---|---|---|---|---|---|---|
| | | | TP | LP | | |
| BM NO.8 | 2.30 | 32.30 | | | 30.00 | BM No.8의 H=30.00m |
| 1 | | | | 3.20 | 29.10 | |
| 2 | | | | 2.50 | 28.90 | |
| 3 | 4.25 | 35.45 | 1.10 | | 31.20 | |
| 4 | | | | 2.30 | 33.15 | |
| 5 | | | | 2.10 | 33.35 | |
| 6 | | | 3.50 | | 31.95 | SP6은 BM No.8에 비하여 1.95m 높다. |
| SUM | 6.55 | | 4.60 | | | |

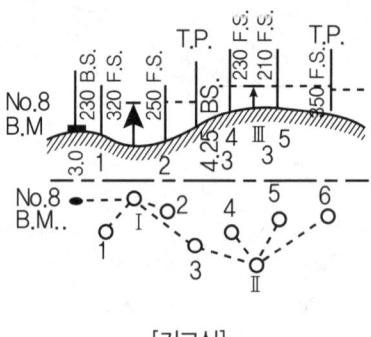

[기고식]

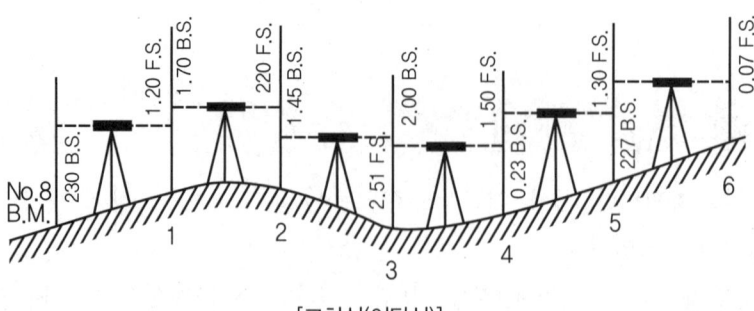

[고차식(이단식)]

> **Check**
>
> 종단측량 기고식 야장
> - 기준이 되는 기계고(I.H) = 그 점의 지반고 + 그 점의 후시
> - 각 점의 지반고(G.H) = 기준이 되는 기계고 − 구하고자 하는 각 점의 전시
> - 고저차 = 후시의 합계와 이기점 전시의 합계의 차

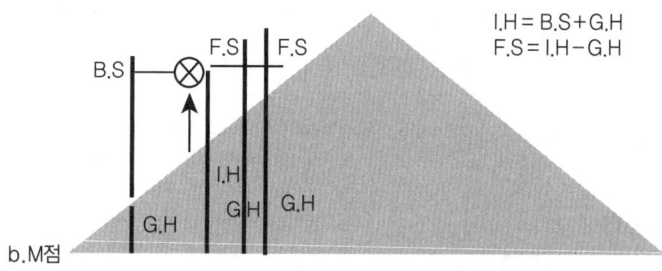

## 5 횡단측량

① 횡단측량은 중심말뚝마다 중심선과 직각 방향으로 지형의 고저 기복의 상태를 측량하는 것이다.

② 종단측량이 완료되면 경사측정기나 핸드레벨을 이용하여 각 측점마다 중심선의 직각 방향이 되도록 중심선 좌우의 지형에 대한 변화 상태 등 현지지형을 충분히 측정하여 설계도를 작성하고 공사수량 산출에 지장이 없도록 한다.

③ 노폭, 중심선, 종단면도의 지반고, 계획고 및 토성에 따른 안식각에 따라 각 측점별로 횡단면도를 작성한다.

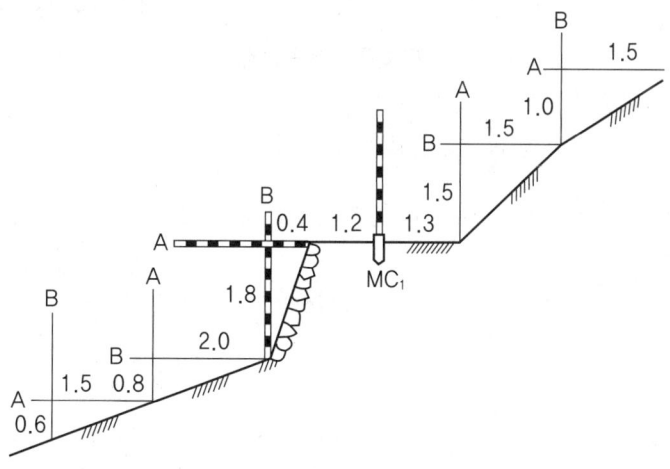

[폴에 의한 횡단측량]

## 6 곡선설정법

### 1) 곡선설정법

① 교각법

㉠ 가장 기본적인 방법이며, 곡선말뚝을 현장에 설정할 때 사용한다.

㉡ 임도와 같이 비교적 반지름이 작은 곡선을 설정할 때 사용한다.

㉢ 곡선 시점(BC), 곡선 중점(MC), 곡선 종점(EC)으로 곡선을 규정하는 방법이다.

㉣ 교각 = 어떤 측선의 방위각 - 하나 앞 측선의 방위각

> **Check**
>
> **교각법 관련 공식**
> - 내각 = $180° - \theta$
> - 접선 길이(TL) = $R \cdot \tan(\frac{\theta}{2})$
> - 외선 길이(ES) = $R \cdot [\sec(\frac{\theta}{2}) - 1]$
> - 곡선 길이(CL) = $\dfrac{2\pi R \theta}{360}$

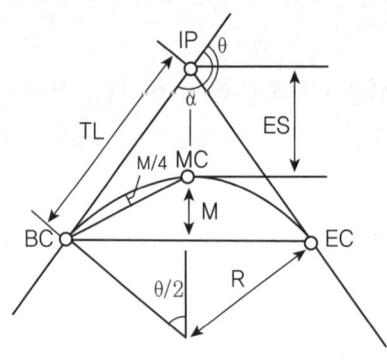

- BC(Beginning of Curve) : 곡선 시점
- TL(Tangent Length) : 접선 길이
- IP(Intersecting Point) : 교각점
- ES(External Secant) : 외선 길이
- MC(Middle of Curve) : 곡선 중점
- EC(End of Curve) : 곡선 종점

[교각법에 의한 곡선 설치]

② 편각법

㉠ 편각(접선과 현이 이루는 각)으로 거리를 측정하여 곡선상의 임의의 점을 얻는 매우 정밀한 방법이다.

㉡ 반경이 크거나 주요 지점의 곡선부 중심선은 편각법으로 설치한다.

㉢ 공식

$$\sin\alpha = \frac{S}{2R}$$

S : 현의 길이(m), R : 곡선반지름(m), α : 편각

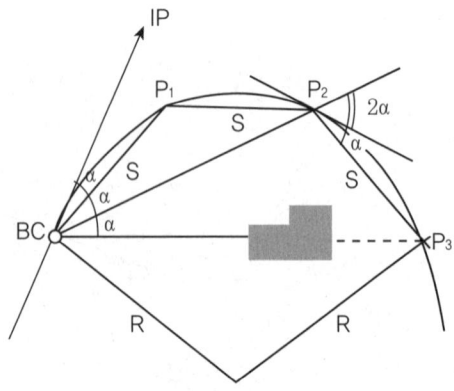

〈교각법에 의한 곡선 설치〉

③ 진출법 : 소정의 반지름과 적당한 현의 길이에 대한 X·Y 및 2Y의 값을 곡선표에서 구하여 곡선 위의 점을 설정한다.

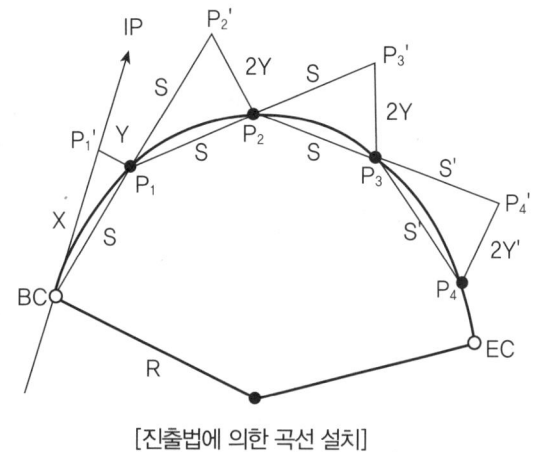

[진출법에 의한 곡선 설치]

# 7 설계도 작성

## 1) 임도의 설계도면

① 평면도

㉠ 평면도 상단에 축척 1:1,200으로 작성한다.

㉡ 평면도에는 임시 기표, 교각점, 측점번호 및 사유토지의 지번별 경계, 구조물, 지형지물 등을 도시하며, 곡선제원 등을 기입한다.

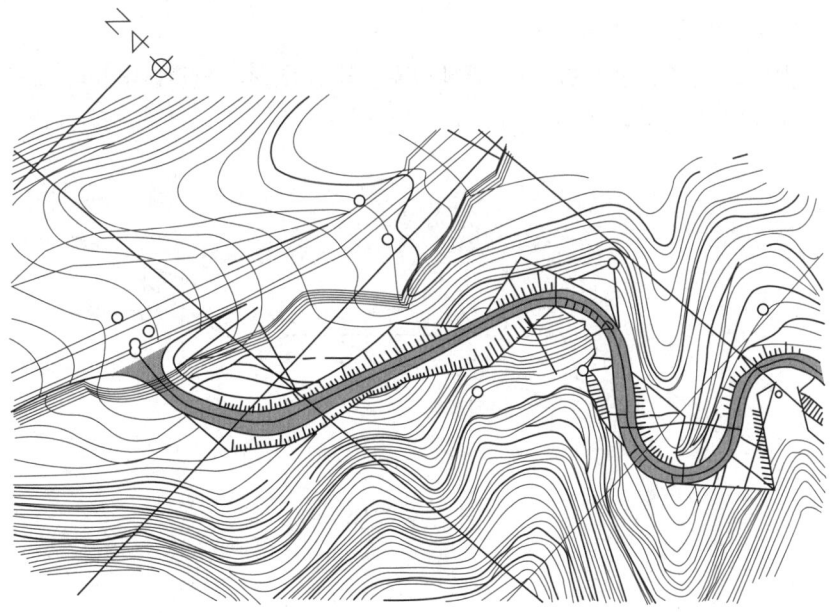

〈평면도 작성의 예〉

② 종단면도

　㉠ 횡 1:1,000, 종 1:200 축척으로 작성한다.

　㉡ 시공 계획고는 절토량과 성토량이 균형을 이루게 하되, 피해 방지, 경관 유지를 감안하여 결정한다.

　㉢ 곡선, 선측점, 구간 거리, 누가 거리, 지반 높이, 계획 높이, 절토고, 성토고, 기울기 등이 기록된다.

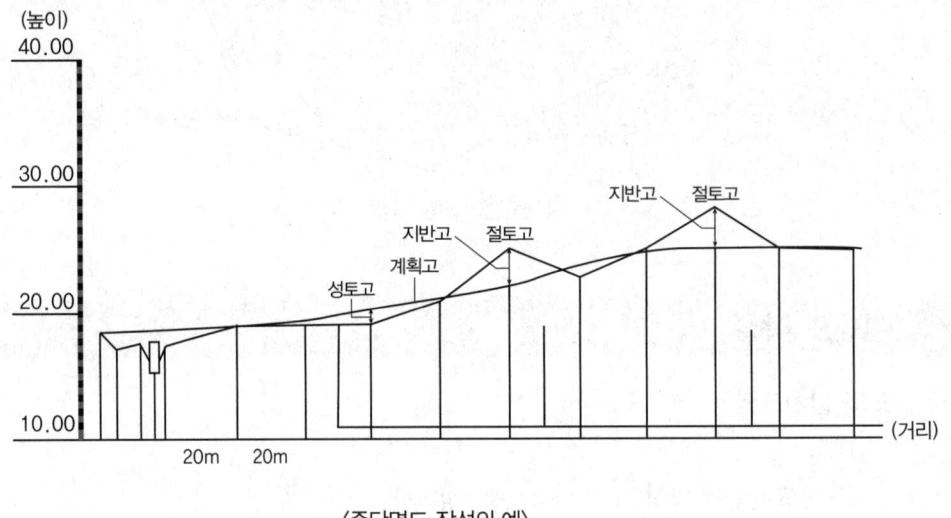

〈종단면도 작성의 예〉

③ 횡단면도

　㉠ 1:100 축척으로 작성한다.

　㉡ 단면적, 측구터 파기 단면적, 사면 보호공의 물량, 각 측점의 지반고, 계획고, 절토 단면적, 성토 단면적 등을 기입한다.

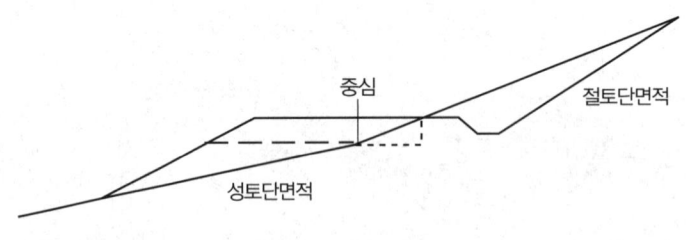

〈횡단면도 작성의 예〉

④ 실시설계
  ㉠ 임도의 실시설계는 임도를 설치하고자 하는 해의 전년도에 실시하는 것을 원칙으로 한다. 다만 산림 소유자의 동의가 지연되거나 부득이한 경우 사업 실행연도에 실시 및 설계가 가능하다.
  ㉡ 최대 홍수위보다 2배 이상 높은 위치에 시설한다.
  ㉢ 계류를 횡단하는 구간에는 세월교나 교량이 시공되도록 설계한다.
  ㉣ 배수관 유출부에는 콘크리트 수로, 찰쌓기 수로, 낙차공 등의 보호 공작물이 견고하게 설치되도록 설계한다.
  ㉤ 임도 설치로 인한 나무뿌리, 가지 등이 강우 시 유실되거나 경관을 저해하지 않도록 설계한다.
  ㉥ 임도 노선은 과도한 산림 훼손 방지 및 경관 유지를 위해서 산복부 이하로 통과하도록 설계한다.
  ㉦ 임도 상부에 토석·유목이 흘러내려와 배수구·암거 등의 막힘 우려가 있는 지역은 골막이, 소형 사방댐 등이 시공되도록 설계한다.

## 8 공사수량의 산출

### 1) 설계서 작성 방법
① 설계지침서
② 설계서 작성
③ 현장조사 실명제
④ 설계서 납품
⑤ 사업비

### 2) 예정 공정표
사업시행에 차질이 없도록 작성하며 작업의 난이도, 장비, 투입 인원, 기후 조건, 자재 구입 사항 등을 반영하여야 한다.

### 3) 공사 수량 산출
공종별로 공사비 계산의 기초가 되는 공사 수량은 공종별로 구한다. 공사 수량의 계산은 평균 단면적법에 의하여 각 측점마다 구한다.

# 제6장 임도시공

## 1 노선 지장목 정리

지장목은 벌채 시 방해가 되는 인접목 또는 임도나 집재가선 개설 시 계획 선상에 있는 수목 같은 작업 목적에 지장이 되는 수목을 총칭하는 말이다.

## 2 시공 장비의 종류

1) **굴착기계** : 파워 셔블, 드래그라인, 백호, 소평 백호 등이 있다.

2) **적재기계** : 트랙터 셔블, 셔블로더 등이 있다.

3) **운반기계** : 불도저, 스크레이퍼, 벨트 컨베이어 등이 있다.

4) **성지기계** : 모터 그레이더 등이 있다.

5) **전압기계** : 머캐덤 롤러, 탠덤 롤러, 탬핑 롤러, 로드 롤러, 타이어 롤러 등이 있다.

## 3 토공작업

절토(흙깎기), 성토(흙쌓기), 암석절개 공사를 토공작업이라고 한다.

1) **사면의 절취(절토)**
   ① 절토사면 기울기

   | 구분 | 기울기 |
   | --- | --- |
   | 암석지 | 1:0.3~1.2 |
   | 토사지역 | 1:0.8~1.5 |
   | 경암 | 1:0.3~0.8 |
   | 연암 | 1:0.5~1.2 |

   ② 영구 안정 비탈면이 수평면과 이루는 각을 안식각이라고 한다.
   ③ 노면형성을 위하여 절토한 토석은 이를 전량 반출·처리하여야 한다.

④ 옹벽·석축 등의 구조물을 설치하여 노면을 형성하려는 경우 절토·성토작업을 한다.
⑤ 절토사면의 길이가 긴 구간에는 절토사면 또는 절토사면의 경계 바깥쪽에 떼·돌 등을 이용한 배수로를 설치한다.
⑥ 절토·성토사면에서 용출수가 나오는 지역은 용출수의 처리를 위하여 배수시설을 설치하고, 절토·성토사면의 안정이 필요한 경우에는 하단부에 배수 기능이 포함된 안정 구조물로 추가 설치한다.

### 2) 성토방법

① 성토는 충분히 다진 후에 이를 반복 쌓아야 한다.
② 성토한 경사면의 기울기는 1:1.2~2.0의 범위 안에서 토질 및 용수 등의 지형요건을 종합적으로 고려하여 설정한다.
③ 성토면의 입목 벌채·표토 제거 : 성토 대상지에 있는 입목은 사면 다짐 등 노체형성에 장애가 되는 것이 명백한 경우 또는 흙에 많이 묻히게 되어 고사 위험이 있는 경우를 제외하고는 그대로 존치하며, 표토 등은 제거·정리한다.
④ 성토사면의 길이는 5m 이내로 한다. 다만, 5m 초과 시 옹벽, 석축 등의 구조물을 설치한다.
⑤ 일반적으로 흙쌓기는 시공 후에 시일이 경과하면 수축하여 용적이 감소되므로 흙쌓기의 높이는 5~10%를 더쌓기해야 한다.
⑥ 구조물 설치 : 임도 노선이 급경사지 또는 화강암질 풍화토 등의 연약지반을 통과하는 경우에는 옹벽·석축 등의 피해 방지시설을 설치한다.
⑦ 소단설치 : 절토·성토한 경사면의 붕괴 또는 밀려 내려갈 우려가 있는 지역에는 사면길이 2~3m마다 폭 50~100cm로 소단을 설치한다.
⑧ 사토장·토취장의 지정 : 임상이 양호한 지역은 설치하지 않는다.
⑨ 야생동물 이동 통로 : 야생동물의 이동을 위하여 필요한 곳은 설치한다.
⑩ 더쌓기의 표준

| 흙쌓기의 높이(m) | 더쌓기의 높이(%) | 흙쌓기의 높이(m) | 더쌓기의 높이(%) |
|---|---|---|---|
| 3까지 | 높이의 10 | 9~12까지 | 높이의 6 |
| 3~6까지 | 높이의 8 | 12 이상 | 높이의 5 |
| 6~9까지 | 높이의 7 | | |

㉠ 수평층 쌓기 : 흙을 운반하여 수평으로 쌓는 방법이다.

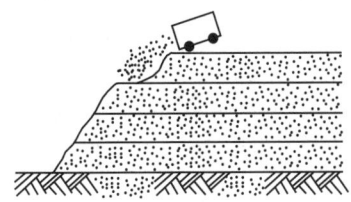

ⓒ 전방층 쌓기 : 도로 및 철도 등 낮은 성토 시 한 번에 필요한 높이까지 앞으로 쌓아가는 방법으로, 완성 후 침하가 크지만 공사 기간이 빠르다.

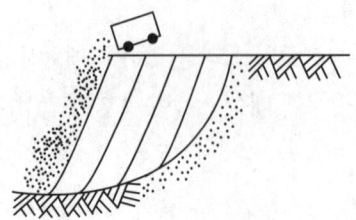

ⓒ 비계층 쌓기 : 비계로 가잔교를 만들어 그 위에 운반용 레일을 부설한 뒤 토운차의 흙을 아래로 내려보내는 공법으로, 대성토와 저수지 토공 시 활용한다.

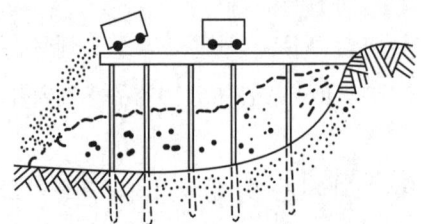

### 3) 다짐
① 최대 건조밀도의 90% 이상 다짐이 되도록 하며, 시험 다짐 시 최적의 다짐 상태인지 확인하기 위하여 현장시험을 실시한다.
② 1회 다짐 두께는 20~30cm로 하고 양질의 재료는 포장면에 가까운 윗층 부터 포설한다. 자갈의 최대치수는 20~30cm 정도로 한다.
③ 도로에서 다짐 정도는 흙의 종류에 따라 다르지만 90~100%를 필요로 한다.

### 4) 토적계산
① 양단면평균법

$$V = \frac{A_1 + A_2}{2} \times L$$

V : 토적(m³), A1+V2 = 양단의 단면적(m²), L : 양단 사이의 거리

② 중앙단면적법

$$V = A_m \times L = \frac{L}{8}(b_1 + b_2)(h_1 + h_2)$$

V : 토적(m³), b1+b2 = 양단의 너비(m),
h1+h2 = 양단의 높이(m), L : 양단 사이의 거리

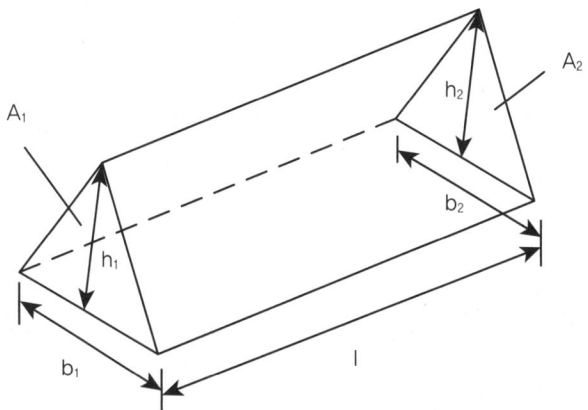

③ 점고법

㉠ 넓은 지역을 동일한 면적의 직(정)사각형 또는 직각 삼각형(가급적 1변의 길이가 20m 이하)으로 구획하고 각 꼭지점의 높이를 측정한다.

㉡ 각 구역을 사각(또는 직삼각)기둥으로 생각하여 각 구역의 면적과 평균높이를 구하는 방법으로 전체체적을 산출한다.

㉢ 아래 그림과 같이 각 꼭지점의 높이를 사용하는 회수에 따라 1번 사용($H_1$), 2번 사용($H_2$), 3번 사용($H_3$), 4번 사용($H_4$)으로 구분하여 다음 식에 의하여 산출한다.

- 구역체적(V) = $\dfrac{A(h_1 + h_2 + h_3 + h_4)}{4}$

- 전체체적(V) = $\dfrac{A(1\sum h_1 + 2\sum h_2 + 3\sum h_3 + 4\sum h_4)}{4}$

$1 \times \sum h_1$ : 1회 사용된 지반고의 합
$2 \times \sum h_2$ : 2회 사용된 지반고의 합
$3 \times \sum h_3$ : 3회 사용된 지반고의 합
$4 \times \sum h_4$ : 4회 사용된 지반고의 합

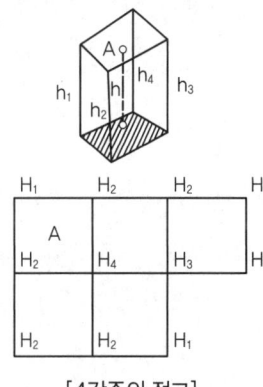

[4각주의 점고]

**문제 1** 다목적 시범단지 내 어느 부지를 아래 그림의 각 꼭지점에 나타낸 높이만큼 토지를 깎아 정지하고자 한다. 땅깎기할 토량과 시공면고를 구하시오. (단, 구역면적은 30m²이다.)

```
0.2m ──── 0.3 ──── 0.5 ──── 0.4
  │  A=30m²  │         │         │
0.5 ──── 0.3 ──── 0.4 ──── 0.2
  │         │         │         │
0.4 ──── 0.5 ──── 0.2 ──── 0.3
  │         │         │         │
0.3 ──── 0.5 ──── 0.1 ──── 0.3
  │         │         │         │
0.2 ──── 0.4 ──── 0.5 ──── 0.4
```

- 전체 체적(V) = $\frac{30}{4}$ × {(0.2+0.4+0.4+0.2)+2(0.5+0.4+0.3+0.3+0.5+0.4+0.5+0.2+ 0.3+0.3)+3(0)+4(0.3+0.5+0.5+0.4+0.2+0.1)}=7.5(1.2+2×3.7+0+4×2)=124.5m²
- 시공면고(H) = 토적 / 총면적 = $\frac{124.5}{12 \times 30}$ = 0.346m

## 4  배수 및 집수정 공사

집수정은 두 개 이상의 수원(水源)이나 못, 우물로부터 물을 모아 하류로 보내는 큰 우물을 말한다. 표면배수 시설, 지하 배수시설, 임도 인접지 배수시설 등이 있다.

① 경심 = 유적/윤변
② 유적 : 물의 흐름을 직각으로 자른 면
③ 윤변 : 물이 접촉하는 배수로 주변 길이

> **Check**
> 유출량의 산정
> Q = A · V
> Q : 배수유량(m³/sec), A : 유적(m²), V : 평균유속(m/sec)

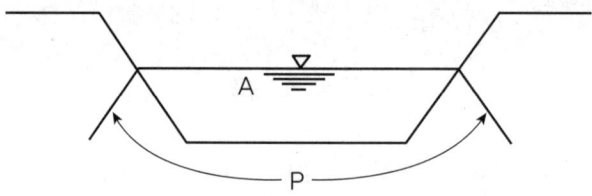

[배수로의 윤변(P)과 유적(A)]

## 5  배수시설 설계

### 1) 옆도랑
① 노면과 인접된 사면의 물의 배수를 위하여 임도의 종단 방향에 따라 설치하는 배수시설이다.
② 종단기울기는 최소 0.5% 이상 필요하며, 5% 이상이 되면 침식 예방을 위한 대책을 강구해야 한다.
③ 깊이는 30cm 내외이고 넓이는 0.5~1m 정도이다.
④ 암석이 집단적으로 분포된 곳과 능선 부분, 절토사면의 길이가 길어지는 구간은 L자형을 설치한다.

⑤ 동물의 이동이 용이하도록 설치한다.
⑥ 종단기울기가 급하여 침식우려가 있는 옆도랑에는 중간에 유수를 완화할 수 있는 완화시설을 설치해야 한다.

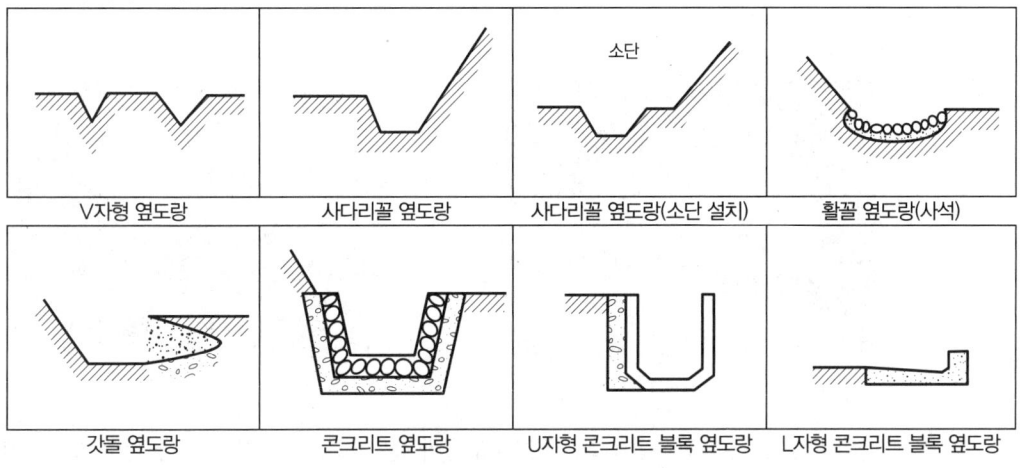

[옆도랑의 단면 모양]

⑦ 횡단배수구와 옆도랑 배치

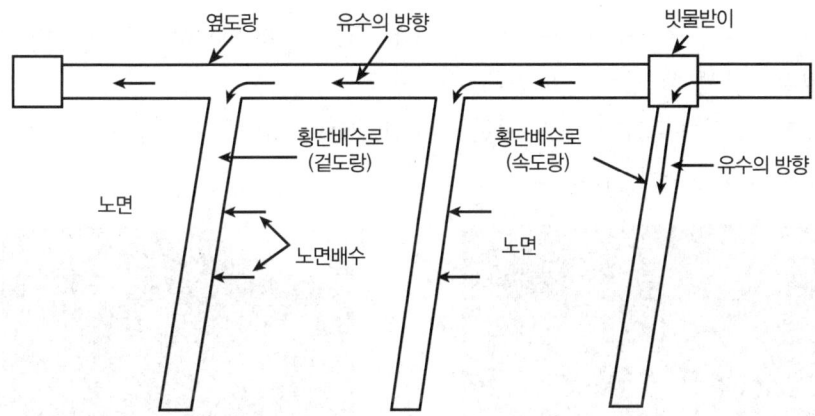

⑧ 횡단배수구 설치 장소
  ㉠ 물이 흐르는 아랫방향의 종단기울기 변이점
  ㉡ 구조물의 앞이나 뒤
  ㉢ 외쪽물매로 인해 옆도랑이 역류하는 곳
  ㉣ 흙이 부족하여 속도랑으로 부적당한 곳
  ㉤ 체류수가 있는 곳

## 2) 배수구

① 배수구는 옆도랑의 물과 계곡의 물을 횡단으로 배수시키는 시설물로, 속도랑(암거)과 겉도랑(명거)으로 구분한다.

㉠ 속도랑 : 철근 콘크리트관, 파형철판관, 파형FRP관 등 원통관이 주로 사용되며, 매설 깊이는 보통 배수관의 지름 이상이 되도록 한다.
㉡ 겉도랑 : 말구가 약 10cm 내외의 중경목 통나무 2개를 꺽쇠와 말뚝으로 고정시키며, 폭은 통나무 하나 크기 정도로 한다.

[겉도랑]

[속도랑]

② 배수구의 통수 단면은 100년 빈도 확률 강우량과 홍수 도달 시간을 이용한 합리식으로 계산된 최대 홍수 유출량의 1.2배 이상으로 설계한다.
③ 기본적으로 100m 내외의 간격으로 설치하며, 그 지름은 1,000mm 이상으로 한다. 현지 여건상 800mm 이상으로 설치할 수도 있다.
④ 외압 강도가 원심력 철근 콘크리트관 이상으로 인정된 제품을 기준으로, 시공 단비 및 시공 난이도를 비교하여 경제적인 것으로 선정한다.
⑤ 종단기울기가 급하고 길이가 긴 구간에는 노면으로 흐르는 유수를 차단할 수 있도록 임도를 횡단하는 노출형 횡단수로를 설치한다.

[콘크리트 수로]

[L형 수로]

### 3) 소형 사방댐 · 물넘이 포장의 설치
계류상부에서 물과 함께 토석 · 유목이 흘러내려와 교량, 암거 또는 배수구를 막을 우려가 있는 경우에는 계류 상부의 토석과 유목을 동시에 차단하는 기능을 가진 복합형 사방댐을 설치한다.

### 4) 세월시설
평소에는 유량이 적지만 비가 오면 유량이 급격히 증가하는 지역에 설치하는 호상의 배수로로, 상류로부터 자갈 등의 유동물질이 많고 노면이 암석으로 된 교통량이 적은 곳에 적합하다. 가급적

호의 길이를 같게 하고 수로면에 돌붙임, 찰붙임 또는 콘크리트를 타설하여 차량의 통행이 가능하도록 한다.

> **Check**
> 세월시설 설치장소
> - 선상지, 벼랑 등을 횡단할 때
> - 황폐계류를 횡단할 때
> - 계상물매가 급하여 노면 상부로부터 유입하는 형태가 될 때
> - 평시에는 유수가 없고 홍수 시에만 물이 많이 흐르는 계곡

## 6 사면 안정 및 보호공사

### 1) 구조물에 의한 사면보호

① 돌쌓기와 돌붙이공

㉠ 찰쌓기 : 돌을 쌓아 올릴 때 뒤채움에 콘크리트, 줄눈에 모르타르를 사용하며 뒷면의 배수는 시공 면적 2~3m²마다 직경 3~4cm의 관을 박아 물빼기 구멍을 만든다. 메쌓기보다 견고하고 높게 시공할 수 있으며, 기울기는 1:0.2, 뒷채움 콘크리트 두께는 50cm 이상으로 한다.

㉡ 메쌓기 : 돌을 쌓아올릴 때 뒤채움이나 줄눈에 모르타르를 사용하지 않는 것으로, 돌 틈으로 배수되기 때문에 견고도가 낮아 쌓는 높이에 제한을 받는다. 기울기는 1:0.3이다.

㉢ 돌붙이기공 : 비탈면의 기울기가 1:1보다 완만한 경우를 말한다.

㉣ 켜쌓기 : 돌면의 높이를 같게 하여 가로줄눈이 일직선이 되도록 하며 마름돌이 주로 사용된다.

㉤ 골쌓기 : 사방 공작물의 돌 쌓기에 이용되며, 견치돌이나 막깬돌을 사용하여 마름모꼴 대각선으로 쌓는다.

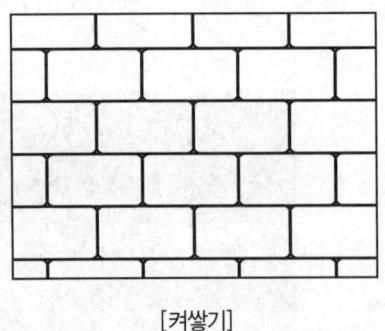
[켜쌓기]

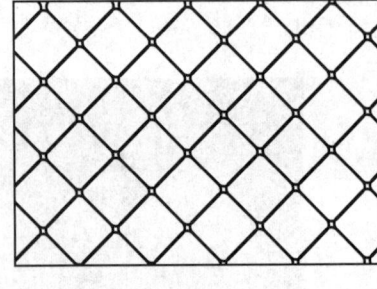
[골쌓기]

> **Check**
> 
> 돌의 종류
> - 견치돌 : 돌을 뜰 때 앞면, 길이, 뒷면, 접촉부 및 허리치기의 치수를 특별한 규격에 맞도록 지정하여 깨낸 석재로, 가장 많이 사용한다.
> - 호박돌 : 호박 모양의 둥글 넓적한 자연 석재로, 안정성이 낮아 강도가 요구되지 않는 비탈면의 안정을 위해 사용한다.
> - 갓돌 : 돌쌓기벽의 가장 위에 실리는 돌이다. 석축의 보호와 외관상 매우 중요하며 큰 돌을 사용한다.
> - 귀돌 : 돌쌓기벽의 모서리각에 사용되는 돌로, 모서리돌이라고도 한다.

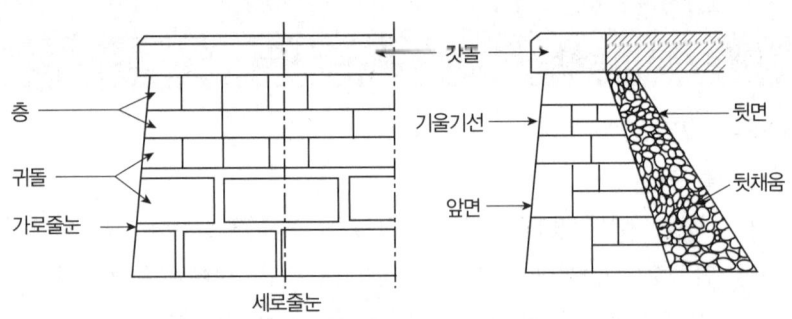
[귀돌과 갓돌]

② 옹벽공법 : 옹벽은 사면의 기울기가 흙의 안식각보다 클 경우에 토압에 저항하여 흙의 붕괴를 방지하기 위하여 시설하는 구조물로, 콘크리트 옹벽과 철근 콘크리트 옹벽을 가장 많이 사용하고 있다.

　㉠ 중력식 옹벽 : 콘크리트 옹벽 중에서 가장 많이 사용하며, 기초 지반이 좋거나 높이가 낮은 경우에 경제적이다.

　㉡ T자형·L자형 옹벽 : 지반이 연약한 곳에서는 L자형보다는 T자형을 선택하는 것이 유리하다.

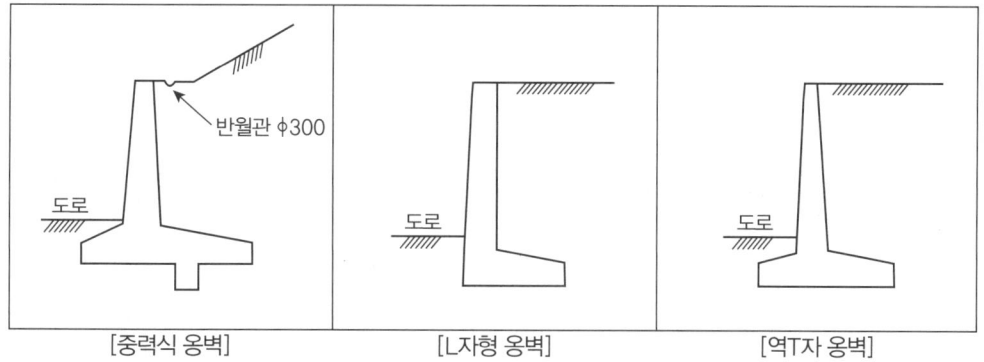

[중력식 옹벽]   [L자형 옹벽]   [역T자 옹벽]

ⓒ 옹벽의 안정조건
- 활동에 대한 안정 : 저항력의 총합이 원칙적으로 수평외력의 총합 이상으로 되어야 한다.
- 전도에 대한 안정 : 합력작용선이 제저의 중앙 1/3보다 하류 측을 통과하면 댐 몸체의 상류측에 장력이 생기므로 합력작용선이 제저의 1/3을 통과하도록 한다.
- 제체의 파괴에 대한 안정 : 제체에서의 최대 압축력은 그 허용압축을 초과하지 않아야 한다.
- 기초지반의 지지력에 대한 안정 : 제저에 발생하는 최대압축응력이 지반의 허용압축강도보다 작으면 지반은 안전하다.

③ 비탈 흙막이공법 : 비탈면의 안정을 유지하기 위해 비탈에 설치하는 각종 공작물의 총칭으로 돌, 콘크리트 벽, 콘크리트 블록, 콘크리트 벽, 콘크리트 틀, 돌망태, 통나무, 바자 등을 이용한다.

[전석 돌흙막이]

[마대 흙막이]

[깬잡석 흙막이]

[산비탈 돌쌓기]

㉠ 돌망태공 : 돌망태는 신축 변형되므로 내부의 토사가 유실되어도 붕괴가 일어나지 않기 때문에 매우 효과적이다.

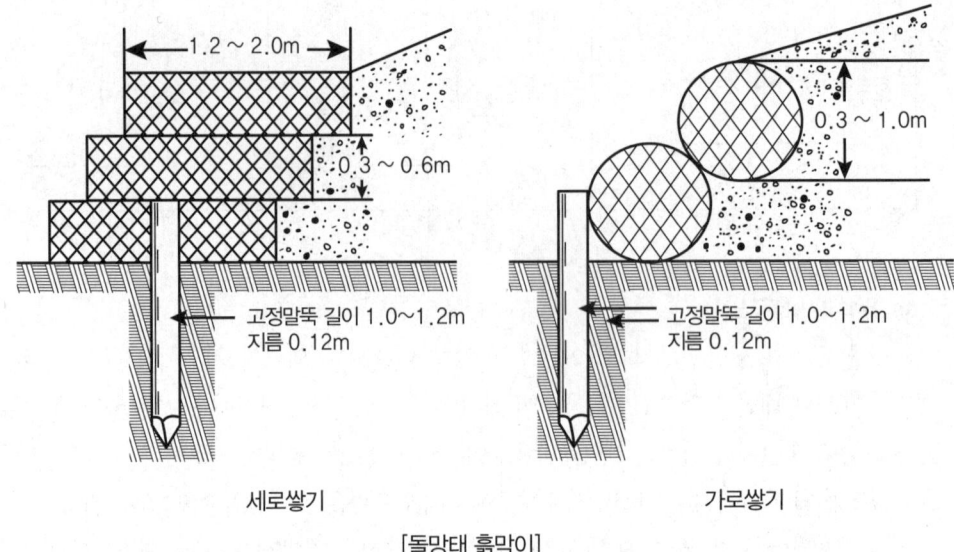

[돌망태 흙막이]

㉡ 바자 얽기 : 산지비탈 또는 계단 위에 목책형 또는 편책형 바자를 설치하여 표토의 유실 방지와 식재 묘목의 생육에 양호한 환경 조건을 조성을 위한 비탈 안정공법이다.

④ 비탈 힘줄박기공법 및 격자틀붙이기공법
  ㉠ 비탈 힘줄박기공법 : 비탈면에 거푸집을 설치하고 콘크리트를 타설하여 뼈대(힘줄)를 만든 다음 그 틀 안에 떼나 작은 돌 등으로 채우는 공법이다.
  ㉡ 비탈 격자틀붙이기공법 : 비탈면에 콘크리트 블록이나 플라스틱제 또는 금속제품 등을 사용하여 격자상으로 조립하고, 그 골조에 의하여 비탈면을 눌러서 안정시키는 공법으로 프리 캐스트 공법, 비탈 틀공법이라고도 한다.

⑤ 콘크리트 뿜어붙이기 공법 : 비탈에 용수가 없고 풍화낙석이 우려되는 바위, 전석, 조약돌 등이 섞인 사면 등에 콘크리트나 시멘트 모르타르를 뿜어 붙이는 공법으로 녹화 및 안정공법이 불가능한 경우 비탈면의 풍화방지를 목적으로 한다.

## 2) 식물에 의한 사면보호

① 비탈 선떼붙이기 : 비탈면을 안정 녹화하기 위해 다듬기공사 후 등고선 방향으로 단 끊기를 하고 그 앞면에 떼를 붙인다. 수평계단 1m당 떼의 사용매수에 따라 1~9급으로 구분하며, 선떼붙이기 공작물은 대부분 3~5단으로 연속적으로 시공한다.

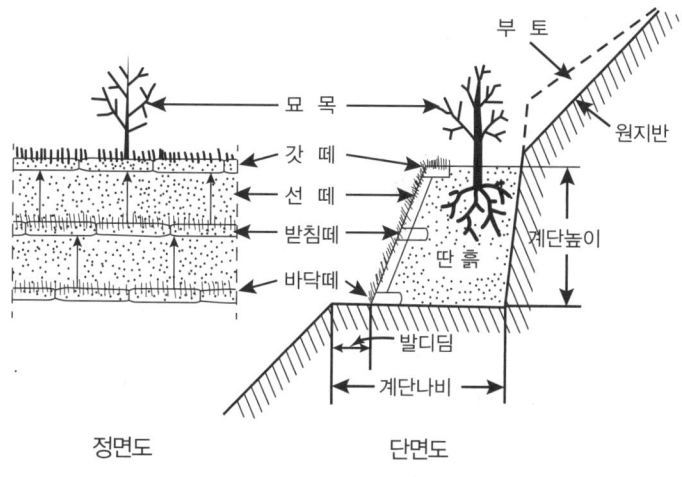

[선떼붙이기 공작물(4급)의 시공구조 및 떼의 명칭]

② 떼다지기공
  ㉠ 줄떼공 : 주로 성토면에 사용하며, 수직높이 20~30 cm간격으로 반떼를 수평으로 붙인다.

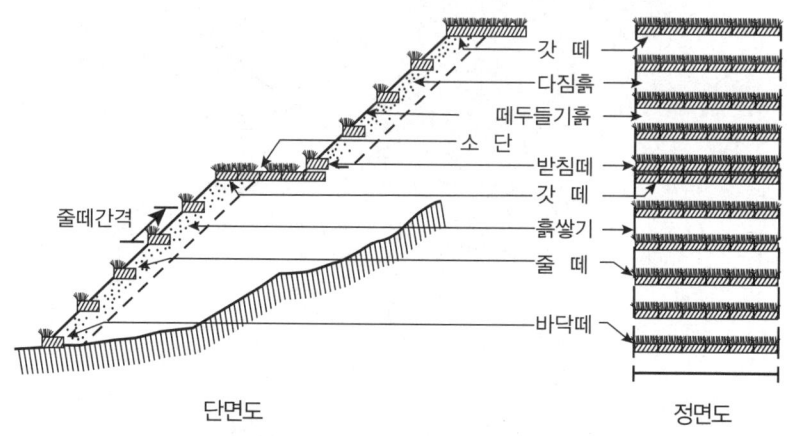

[비탈 줄떼다지기 공작물의 시공구조 및 떼의 명칭]

ⓒ 평떼공 : 주로 절취면에 사용하며 떼(30cm×20cm)를 비탈면 전체에 떼붙임한다.

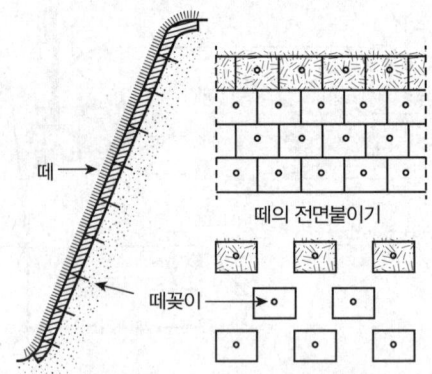

[비탈 평떼다지기공법]

ⓒ 식생공 : 흙, 퇴비, 비료 등의 혼합체와 소량의 물을 섞어 볏짚에 발라 식생판을 만들어 꽂이로 사면에 붙인다.

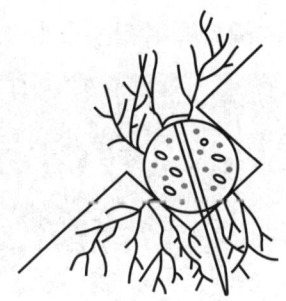

ⓔ 식수공 : 사면에 울타리를 만들고 그 위에 묘목을 심거나, 사면에 식혈을 파서 흙과 비료를 넣고 식수한다.

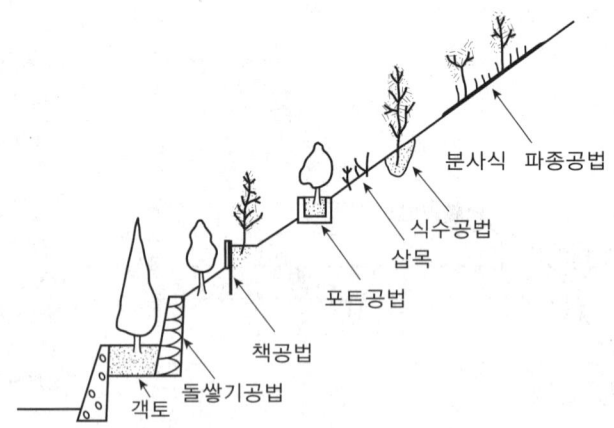

[토사 비탈의 안정 및 녹화공법의 모델]

ⓜ 파종공 : 사면녹화에 적합하며 종자, 비료, 안정제, 양생제, 흙 등을 혼합하여 압력으로 뿜어 붙인다.

## 7 사면의 배수

① 비탈돌림수로 : 비탈면 보호를 위해 비탈면의 최상부에 설치한다.
② 돌수로 : 석재로 건축한 배수시설로, 시공비가 많이 들어 특별히 큰 강도를 요구하거나 돌의 경관을 필요로 할 경우에 시공한다.
③ 콘크리트 수로 : 모양과 크기를 임의로 조절하여 시공할 수 있다.
④ 떼수로 : 비탈면 경사가 비교적 작고 유량이 적으며 떼의 경관을 필요로 하는 곳에 시공한다.
⑤ 속도랑 배수구 : 호우 시 지하수 분출로 인한 비탈면의 붕괴가 우려되는 지대에 시공한다.

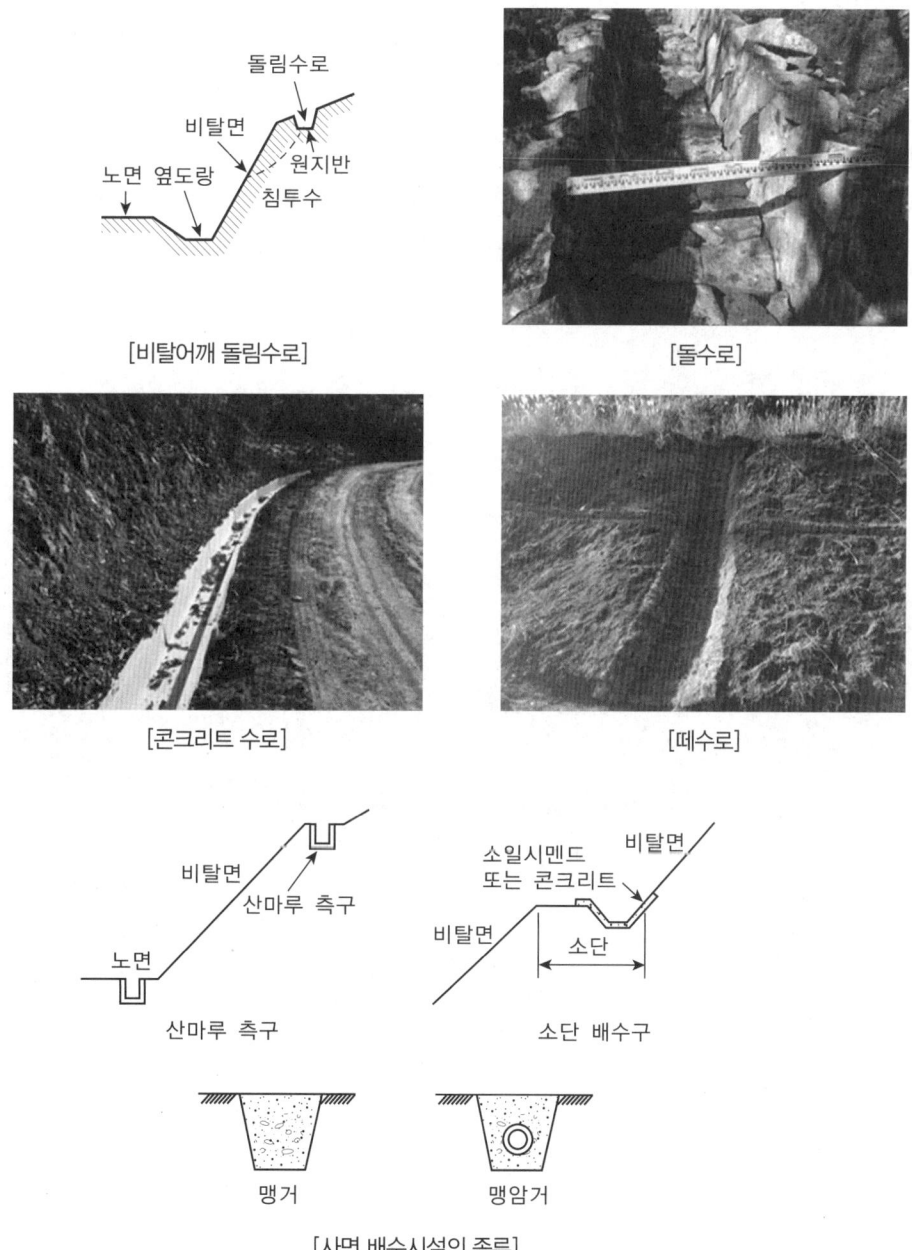

[사면 배수시설의 종류]

## 8 교량, 암거

### 1) 교량 설치 장소
① 교량은 지반이 견고하고 복잡하지 않는 곳
② 하상의 변동이 적고 하천의 폭이 협소한 곳
③ 하천이 가급적 직선인 곳
④ 교량을 하천 수면보다 상당히 높게 할 수 있는 곳

### 2) 사하중
교상의 시설 및 첨가물, 바닥판. 바닥틀의 무게, 주항 또는 주 트러스트의 무게 등 교량 자체의 무게를 말한다.

### 3) 활하중
사하중에 실리는 차량, 보행자 등에 의한 교통하중을 말한다. 그 무게 산정은 사하중 위에서 실제로 움직여지고 있는 DB-18하중(총중량 32.45톤) 이상의 무게에 따른다.

# 제7장 임도 유지관리

## 1 임도의 붕괴와 침식

### 1) 사면 붕괴의 원인
① 직접적인 원인
  ㉠ 자연적인 요인 : 강우, 강설, 바람, 지진, 파도
  ㉡ 인위적인 요인 : 토목공사(댐, 도로, 터널, 채석), 저수지 수위변동, 폐석, 폐광지
② 간접적인 원인
  ㉠ 지질적인 요인 : 단층, 파쇄대, 절리, 층리, 연암 분포, 저수지 유무
  ㉡ 지형적 요인 : 급경사지, 남쪽사면, 해안, 하천 등 침식을 받기 쉬운 곳, 지하수가 집중되어 있는 곳

### 2) 사면 붕괴의 유형
① 사면붕괴의 3요소
  ㉠ 붕괴 평균 경사각
  ㉡ 붕괴 면적
  ㉢ 붕괴 평균 깊이
② 원형 활동면에 의한 도로사면의 파괴
  ㉠ 사면 선단 파괴
  ㉡ 사면 내 파괴
  ㉢ 사면 저부(낮은 부분) 파괴

## 2 임도 유지 관리 기술

### 1) 임도 피해의 원인
① 임도는 보통 경사지에 건설하여 항상 재해 발생에 대한 위험을 안고 있으므로 결함이 있을 때는 즉시 보수공사를 실시해야 한다.
② 임도 시공 후 보통 3~4년 동안은 호우 때 토사유실이 자주 발생하므로 계속적인 관찰과 점검이 필요하다.
③ 시공 요인 외의 원인 : 주행 차량, 폭우와 눈에 의한 물 등의 영향을 받는다.

④ 시공 기술 불량 : 시공 시 가지, 줄기, 뿌리 등이 노체에 포함되는 경우, 급경사지와 배수시설의 불안정 등에 의해 피해를 입을 수 있다.

### 2) 임도의 유지보수
① 노면의 보호 : 약화된 노체의 지지력을 보강하며, 노면이 습할 때나 호우가 내린 후에는 차량의 통행을 제한한다.
② 배수로의 유지 : 강우 전에 빗물받이를 점검하고 나뭇가지나 낙엽 등으로 막혀 있는 암거의 입구 등을 수시로 치운다. 노면보다 높은 길어깨는 깎아 내고 다지며, 옆도랑에 쌓인 토사를 신속히 제거하여 물의 흐름을 원활하게 한다.
③ 보수공사의 기계화 : 임도의 유지 및 보수작업을 기계화한다.
④ 재해예방 : 임도의 수명이 연장될 수 있도록 안전운행을 위협하는 지역을 사전에 점검하여 예방대책을 강구한다.
⑤ 임도의 유지보수계획은 예산, 임도현황, 기상자료 등의 기초자료 검토 → 유지보수계획의 수립 → 공종별 장기계획 수립 → 단기계획(월간 · 주간계획) 작성의 순으로 수립한다.

### 3) 국유 임도의 평가
① 산림청장, 시 · 도지사 또는 지방산림청장은 매년 임도 평가를 실시해야 한다.
② 평가의 종류 : 중앙평가는 산림청에서 지방산림청을 대상으로 평가하고, 지방평가는 지방산림청에서 국유림관리소를 대상으로 평가한다.
③ 평가 횟수 : 매년 1회 실시한다.
④ 평가 대상지 선정 : 전년도 설치(시행)한 신설 임도 및 구조 개량 사업지를 각각 표본 추출한다. 중앙평가 대상지는 지방산림청별로 각각 1개 노선을 선정하고, 지방평가 대상지는 국유림관리소별로 각각 1개 노선을 선정한다.

## 3 임도 구조 개량사업

### 1) 대상지
① 주요 산업시설 · 가옥 · 농경지 등에 대한 재해예방이 필요한 지역, 사양토(마사토) 지역, 급경사지를 성토한 지역
② 배수관의 크기 확대 또는 증설이 필요한 지역
③ 절토 · 성토면의 안정각 유지 등 보강이 필요한 지역
④ 기타 노면의 보호, 노면의 무너짐 방지 등의 조치가 필요한 지역
⑤ 인근 도로에서 보이는 지역, 절토 · 성토면이 녹화 · 피복되지 않아 피해 발생 우려가 있는 지역은 녹화공사

### 2) 임도 구조 개량사업 실행
① 구조 개량사업은 노선 완결 원칙으로 실행한다.

② 구조물을 설치하거나 파종·녹화공종을 반영하고자 할 때에는 현지 여건에 부합되도록 경제적이고 효과가 높은 공종으로 시공한다.
③ 사업을 실행하기 전에 산림 소유자에게 사업의 내용을 통지하여 민원이 발생되지 않도록 한다.

## 4 안전사고의 유형과 대책

### 1) 안전사고 발생의 요인
① 유전과 환경의 영향 : 선천적인 소질과 후천적인 환경에 따른다.
② 심신의 결함 : 개인적인 성격의 결함이며, 흥분, 신경질 및 무모함, 성실성 및 사려성 부족과 관련이 있다.
③ 불안전한 행동 : 주의력 산만, 지시에 대한 이해 부족, 지식의 결여, 숙련도의 부족, 신체적 부적합성, 사고를 일으키기 쉬운 기계의 구조 등으로 일으킨다.
④ 불안정한 상태 : 기계나 장비 등이 부적당하게 장치되어 있는 상태, 결함을 포함하는 장비, 위험성이 있는 장비, 불안전한 기계설계 등이 있다.

### 2) 사고 발생의 원인
① 관리적 원인
　㉠ 기술적 원인 : 건물·기계장치의 불량, 구조재의 부적합, 생산방법의 부적당, 점검·정비·보존 등의 불량
　㉡ 교육적 원인 : 안전지식 부족, 안전수칙 불이행, 경험·훈련의 부족, 작업 방법·유해 작업에 대한 교육 부족
　㉢ 작업 관리상 원인 : 안전관리 조직 및 안전수칙의 미제정, 작업 준비 불충분, 인원 배치 및 작업 지시의 부적당
② 직접 원인
　㉠ 인적 요인 : 위험 장소 접근, 안전장치 기능 제거, 복장·보호구 및 기계·기구의 잘못 사용, 운전 중인 기계 장치의 손질, 불안전한 속도 조작, 불안전한 상태 방치 및 자세·동작, 감독·연락 미비
　㉡ 물적 요인 : 물질 자체의 결함, 안전 방호장치 및 복장·보호구의 결함, 배치·작업 장소 및 작업 환경의 결함, 생산 공정의 결함
③ 가해물질에 의한 원인
　㉠ 동력기계 : 원동기 및 동력전달장치
　㉡ 운반기계 : 이송장치 및 운반레일, 수송차량
　㉢ 작업장비 : 기계톱, 칼날이 있는 도구와 예불기
　㉣ 경사지·위험한 작업대상 : 미끄러짐, 돌구름, 벌목, 집재, 임도
　㉤ 동·식물 및 기후 : 독충, 독사, 벌, 폭설, 강풍 등

# 제5편

# 사방공학

# 제1장 사방공학일반

## 1 사방사업

### 1) 사방사업의 정의
황폐지를 복구하거나 산지의 붕괴, 토석, 나무 등의 유출 또는 모래의 날림 등을 방지 또는 예방하기 위하여 공작물을 설치하거나 식물을 파종·식재하는 사업 또는 이에 부수되는 경관의 조성이나 수원의 함양을 위한 사업을 말한다.

### 2) 사방사업의 구분
① 산지 사방사업 : 산지에 대하여 시행하는 사방사업을 말한다.
  ㉠ 산사태 예방사업 : 산사태의 발생을 방지하기 위하여 시행한다.
  ㉡ 산사태 복구사업 : 산사태가 발생한 지역을 복구하기 위하여 시행한다.
  ㉢ 산지 보전사업 : 산지의 붕괴, 침식 또는 토석의 유출을 방지하기 위하여 시행한다.
  ㉣ 산지 복원사업 : 자연적, 인위적인 원인으로 훼손된 산지를 복원하기 위하여 시행한다.
② 해안 사방사업 : 해안의 모래언덕 등 해안과 연접한 지역에 대하여 시행하는 사방사업을 말한다.
  ㉠ 해안 방재림 조성사업 : 해일, 풍랑, 모래날림, 염분 등에 의한 피해를 감소시키기 위하여 시행한다.
  ㉡ 해안침식 방지사업 : 파도 등에 의한 해안침식을 방지하거나 복구하기 위하여 시행한다.
③ 야계 사방사업 : 산지의 계곡, 산지에 접속된 시내 또는 하천에 대하여 시행하는 사방사업을 말한다.
  ㉠ 계류 보전사업 : 계류의 유속을 줄이고 침식을 방지하기 위하여 시행한다.
  ㉡ 계류 복원사업 : 자연적, 인위적인 원인으로 훼손된 계류를 복원하기 위하여 시행한다.
  ㉢ 사방댐 설치사업 : 계류의 물매를 완화시켜 침식을 방지하고 상류에서 내려오는 토석, 나무 등을 차단하며, 수원 함양을 위하여 계류를 횡단하여 소규모 댐을 설치하는 사방사업이다.
  ※ 산림청장은 사방사업을 계획적·체계적으로 추진하기 위하여 5년마다 사방사업 기본계획을 수립·시행하여야 한다.

### 3) 사방사업의 효과
재해 방지, 수원 함양, 생활환경 보전(대기정화, 기상 완화, 방음, 방풍, 방조 등) 등의 효과가 있다.
  ① 직접적인 효과

　　　　㉠ 산지침식 및 토사유출 방지
　　　　㉡ 산복붕괴 방지
　　　　㉢ 홍수조절 및 수원 함양
　　　　㉣ 하상 물매 완화 및 계류 보전
　　　　㉤ 비사(무너지는 모래)의 고정
　　　　㉥ 경지 매몰 방지
　　② 간접적인 효과
　　　　㉠ 하천 공작물의 보호
　　　　㉡ 각종 용수의 보전
　　　　㉢ 자연환경의 보전
　　　　㉣ 경지 및 택지의 조성
　　　　㉤ 정책적 시행

## 2  물의 순환과 강우 특성

### 1) 수류
수면에 경사가 있을 때 중력에 의해 물의 입자가 연속적으로 움직이는 상태를 말한다.
① 정류 : 유적·유속·흐름의 방향이 시간에 따라 변화하지 않는다(일반 하천).
② 등류 : 수류의 어느 단면이나 유적·유속·흐름의 방향이 같은 하천을 말한다.
③ 부등류 : 수류의 단면에 따라 유적·유속·흐름의 방향이 변화하는 하천을 말한다.
④ 부정류 : 유적·유속·흐름의 방향이 시간에 따라 변화한다(홍수 하천).

### 2) 저류와 강우차단
① 저류 : 어떤 공간에 물이 존재하는 현상 또는 그 물의 양을 말한다.
② 강우차단
　　㉠ 수관에 의한 강수차단
　　㉡ 하층식생에 의한 강수차단
　　㉢ 임상물에 의한 강수차단
　　㉣ 임분에 의한 강수차단

### 3) 유속과 유량
① 유속(V) : 물 흐름의 속도(m/s)
② 유적(A) : 물 흐름을 직각으로 자른 횡단면적(m²)
③ 유량(Q) : 단위 시간에 유적을 통과하는 물의 용량
④ 윤변 : 배수로의 횡단면에서 물과 접촉하는 배수로 주변 길이

⑤ 경심 : 유적을 윤변으로 나눈 것
⑥ 평균 유속 공식
　㉠ Chezy 공식

$$V = c\sqrt{RI} \quad c : 유속계수, \ R : 경심, \ I : 수로의 기울기(\%)$$

　㉡ Manning 공식

$$V = \frac{1}{n} \cdot R^{\frac{2}{3}} \times I^{\frac{1}{2}}$$

n : 유로 조도계수[0.030(보통 하천), 0.055(황폐 계천)],
P : 윤변, A : 유로의 횡단면적, V : 평균 유속(m/s)

⑦ 임계유속 : 층류에서 난류로 변화할 때의 유속 즉, 계상에서 침식을 일으키지 않는 최대유속

### 4) 시우량법

유역 면적에 의한 최대 시우량을 구하는 공식은 다음과 같다.

$$Q = K \frac{\frac{a \times m}{1000}}{60 \times 60}$$

Q : 1초 동안의 유량 (m³/s), a : 유역면적(m²), m : 최대 시우량(mm/h), K : 유거계수

### 5) 합리식법

① 유역면적의 단위가 ha일 때

$$Q = \frac{1}{360}CIA = 0.002778CIA$$

C : 유거계수, I : 강우 강도(mm/h), A : 유역 면적(ha)

② 유역면적의 단위가 km²일 때

$$Q = 0.2778CIA$$

C : 유거계수, I : 강우 강도(mm/h), A : 유역 면적(km²)

### 6) 산림의 물수지 계산

① 강우량

$$강우량(P) = RO + E + T$$

RO : 증발량, E : 증산량, T : 유출량

② 유역의 평균 강수량

㉠ 산술평균법(강우 분포가 균일할 때)

$$Pm = \frac{(p_1 + p_2 + p_3 \dots + p_n)}{N}$$

Pm : 평균 강수량, p1+p2+p3 : 관측 지점별 강수량 합계, N : 관측지 점수

㉡ Thissen법 (강우 분포가 불균일할 때)

$$p_m = A_1P_1 + A_2P_2 + \dots + A_nP_n \,/\, A_1 + A_2 + \dots + A_n$$

Pm : 평균 강수량, An : 관측 지점의 면적 합계, P : 관측 지점별 강수량 합계

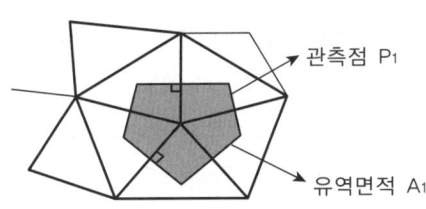

$$\text{가중치} = \frac{A_1P_1 + A_2P_2 + \cdots}{A_1 + A_2 + A_3 \cdots}$$

$$= \frac{\sum_{A=1}^{n} A_nP_n}{\sum_{A=1}^{n} A_n}$$

㉢ 등우선법 : 어떤 지역 혹은 유역의 평균 강우량을 등우선을 이용하여 추정하는 방법이다.

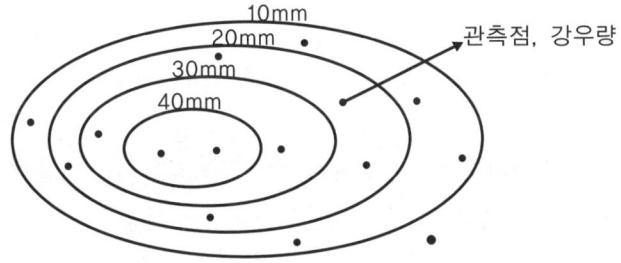

## 3  침식 발생의 역학적 특성

### 1) 침식 종류

① 수식 : 우수(빗물침식), 하천침식, 지중침식, 바다침식

② 중력침식 : 붕괴형 침식, 지활형 침식, 유동형 침식, 사태형 침식

③ 풍식 : 내륙사구 침식, 해안사구 침식

### 2) 물 침식

① 우수침식(강우침식)

㉠ 빗방울 침식(우격 · 타격침식) : 빗방울이 땅 표면의 토양 입자를 타격하여 분산 및 비산시

키는 침식현상의 가장 초기단계이다.
- ⓒ 면상침식 : 침식의 초기 유형으로, 토양 표면 전반이 얇게 유실되는 침식이다.
- ⓒ 누구침식 : 침식의 중기 유형으로, 토양 표면에 잔 도랑이 불규칙하게 생기면서 깎이는 현상이 발생한다.
- ⓔ 구곡침식 : 침식이 가장 심할 때 생기는 유형으로 도랑이 커지면서 표토뿐만 아니라 심토까지도 심하게 깎이는 현상이 발생한다.
- ⓜ 야계침식(계천 · 계간침식) : 자연 계천이나 하천에 의한 침식이다.

② 하천침식
- ⓐ 가로침식 : 계천의 양안이 세굴된다.
- ⓑ 세로침식 : 하천의 바닥이 세굴된다.

③ 지중침식
- ⓐ 용출침식(지반 세굴) : 수위 차에 의한 침투 수압으로 하류 측 지반에 물이 용출된다.
- ⓑ 지중 세굴(Piping) : 지하수가 땅속을 투과할 때 그 통로에 있는 흙을 침식하는데, 이와 같이 물의 통로를 만들고 그곳으로부터 내부의 흙이 세굴되어 파이프 모양으로 구멍이 뚫리면 그 구멍에 따라서 흐름이 강해져 점차 구멍을 크게 만들어 간다.

## 4 침식 붕괴의 유형과 발생 원인

### 1) 침식 붕괴의 유형

① 붕괴형침식 : 급경사지 또는 흙비탈면에 깊은 토층이 강우 때문에 물로 포화되어 응집력을 잃어 무너져 내린다.
- ⓐ 산사태 : 호우로 산정의 가까운 부분에서 어느 정도의 부피를 가진 흙층이 물로 포화 팽창되어 사면 계곡으로 연속적으로 길게 붕괴되는 지층의 현상이다.
- ⓑ 산붕 : 산사태와 같은 원인으로 발생하나 그 규모가 작고 산허리 이하인 산록부에서 많이 발생한다.
- ⓒ 붕락 : 전단면을 따라 퇴적물 집합체가 사면 아래로 움직이는 현상을 말하며, 붕락된 지표층에는 주름이 잡힌다.
- ⓓ 포락 : 비탈면 끝을 흐르는 계천의 가로침식에 의해 무너지는 침식을 말한다.

② 지활형침식 : 산복 비탈층이 지하수 등에 기인하여 땅속의 전단저항이나 점착력이 약한 부분에 따라 상층부의 지리가 서서히 아래 비탈면을 향해 중력 작용으로 미끄러져 이동하는 현상이다.

③ 유동형침식 : 산붕 · 산사태 시 붕괴 작용으로 무너진 토사 또는 계상에 퇴적된 토사석력이 계천에 밀려 내려 물과 섞여 유동하는 형태이다. 물이 고형물을 유하시키는 것이 아니라 고형물이 자중에 의하여 물을 통해 미끄러져 이동한다.

④ 동상침식 : 산복비탈면이나 절 · 성토 비탈면에서 지표층이 얼었다 녹았다 하는 동결 · 융해 작

용에 의해서 발생하며, 우리나라는 중부 이북지방에서 이른 봄철에 발생한다.

## 2) 침식의 원인
① 기상요인 : 강우, 강설, 바람, 기온의 변화 등에 의해 일어난다.
② 지형요인 : 비탈면의 경사가 급할수록, 길이가 증대될수록 커진다.
③ 지질·토양요인 : 점토질 입자가 많거나 모래 입자가 과도하게 많은 산림 토양은 내침식성이 약해서 침식이 잘 일어난다.
④ 식생요인 : 산지에 지피식생 및 임목이 없으면 강우 및 지표 유거수에 의해 침식이 쉽게 발생한다.
⑤ 산지 관리요인 : 도로 건설, 군사 시설, 토석 채취 등 부적절한 산림 훼손과 등산 인구의 증가로 산림이 침식된다.

## 3) 침식의 대책
① 유거수 속도조절을 위한 경작법
  ㉠ 등고선 재배
    • 등고선을 따라 경사면에 이랑을 만들어 재배한다.
    • 유거수 속도 완화, 침식 억제 효과가 있다.
    • 이랑 자체가 저수 역할을 담당한다.
    • 경사도 15% 이하인 지역에 적합하다.
  ㉡ 초생대 대상 재배
    • 경사면에 등고선을 따라 일정 간격으로 초생대를 만든다.
    • 물의 유거수로 인한 토양의 유실을 감소시킨다.
    • 초생대 사이에 작물을 재배한다.
    • 경사도가 15~25%인 곳에 적합하다.
  ㉢ 배수로 설치 재배
    • 경사면에 등고선을 따라 일정 간격으로 배수구를 만든다.
    • 물의 유거 및 토양의 유실을 감소시킨다.
    • 배수로 사이에 작물을 재배한다.
    • 경사도가 15~25%인 곳에 적합하다.
② 내식성 작물(토양 보전 작물)의 조건
  ㉠ 키가 작고 잎이 짧아야 한다.
  ㉡ 지면 가까이에 줄기와 잎이 무성해야 하고, 긴 잔뿌리가 많아야 한다.
  ㉢ 김매기(작물의 생장을 방해하는 쓸데없는 풀을 없애고 작물 포기 사이의 흙을 부드럽게 해주는 일)가 필요 없고 수확한 후 유기물을 많이 남겨야 한다.

# 제2장 비탈면 녹화공법

## 1 인공 비탈면의 침식붕괴 원인

### 1) 자연적 원인
강우, 지형, 지질, 토질, 지하수, 지진 등에 의해 발생한다.

### 2) 인위적 요인
흙깎기, 흙쌓기, 댐, 임도 등에 의해 발생한다.

### 3) 강우
우리나라는 다우지역에 속하여 비탈면 재해의 발생에 가장 중요한 원인으로 작용하고 있다.

### 4) 침식
초기에는 작은 규모이나 갈수록 연쇄적으로 발전하여 대규모 파괴로 발전경향을 보인다.

### 5) 지질
비탈면 붕괴는 암반층의 불연속적인 면에서 많이 발생하는데, 화성암에 비하여 퇴적암과 변성암에는 불연속적인 면이 많아 붕괴의 위험이 커진다.

### 6) 지형
지형은 강우 시 유출수와 침투수의 집수와 배수에 영향을 주기 때문에 비탈면의 연결 붕괴와 관련이 깊다.

### 7) 흙깎기와 흙쌓기
자연에 대한 인간의 활동 증가는 궁극적으로 지반 내응력의 변화를 초래하여 비탈면을 불안정하게 하는 요인이 된다.

### 8) 수위 변화
댐, 호수, 저수지의 제방, 강가 등의 갑작스런 수위 변화는 비탈면 붕괴에 영향을 끼친다.

## 2 비탈면의 안정공법

### 1) 기반 재료에 따른 안정각
① 안식각 : 안정된 비탈면이 수평면과 이루는 각도를 말한다.

② 안정률 : 활동 붕괴를 일으키려는 작용에 대하여 저항하려는 작용의 비를 말한다.

### 2) 비탈면 안정공법
① 비탈면 보강공법
- ㉠ 비탈다듬기공법 : 불규칙한 사면 또는 사면의 불안정한 토석층을 완화하여 안정된 비탈면을 조성할 목적으로 시공한다.
- ㉡ 철근삽입공법 : 천공 후 땅속에 강관을 삽입하고 시멘트를 주입한다.
- ㉢ 록볼트공법 : 록볼트로 암반을 연결시켜 고정한다.
- ㉣ 록앵커공법 : 앵커의 인장력으로 암반 블록의 전단 저항력을 증가시켜 암반을 안정화시킨다.
- ㉤ 소일네일링공법 : 천공 후 철근이나 록볼트 삽입하여 시멘트로 고정한다.
- ㉥ 옹벽공벽 : 옹벽구조물을 설치하여 비탈면을 안정시킨다.
- ㉦ 다웰바공법 : 암반에 다웰바를 설치하여 비탈면을 안정시킨다.

② 비탈면 지반 개량공법
- ㉠ 주입공법 : 시멘트나 약액을 주입하여 강화하는 공법이다.
- ㉡ 이온 교환공법 : 흙의 공학적 성질을 변경하여 비탈면의 안정을 꾀하는 방법이다. 염화칼슘을 비탈면 상부에 뿌려 칼슘이온을 흡착시키는 방법으로 실시한다.
- ㉢ 전기화학적 공법 : 전기화학적으로 흙을 개량하여 비탈면의 안정을 꾀하는 공법이다.
- ㉣ 시멘트 안정 처리공법 : 흙에 시멘트재료를 첨가하여 혼합한 다음 고화시켜서 사면의 안정을 도모한다.
- ㉤ 석회 안정처리공법 : 점성토에 소석회나 생석회를 가하여 이온 교환작용, 화학적 결합작용에 따라 그 토성을 개량한다.
- ㉥ 소결공법 : 가열에 의해 토성을 개량하는 공법이다.

## 3 비탈면의 녹화공법

### 1) 절개지 비탈면
① 모래층 비탈면 : 물의 침식에 약하여 유실될 염려가 있으므로 표층 객토작업 후 분사식 파종공법으로 파종 후 거적덮기, 피복망 덮기로 보호한다.
② 사질토 비탈면 : 침식에 약하므로 식생공법을 도입하여 묘목을 심거나 분사식 파종공법으로 녹화한다.
③ 자갈이 많은 비탈면 : 강우로 인한 유실과 요철이 생기기 쉬워 객토 후 분사식 파종공법으로 녹화하며, 콘크리트 블록 격자붙이기공법이 효과적이다.
④ 점질성 흙 비탈면 : 표면침식에 약하므로 전면적 평떼붙이기와 부분 객토 식생공법을 병용한다.
⑤ 경암 비탈면 : 풍화낙석 위험이 적으므로 암반 원형을 노출시키거나 낙석저지책 또는 낙석방지망 덮기로 시공 후 덩굴식물로 피복한다.

⑥ 연암 비탈면 : 객토를 두껍게 한 후 수평방향으로 작은 골을 파서 흙을 채우고 콘크리트 블록 격자를 붙인다.

### 2) 흙쌓기 비탈면의 안정과 녹화
① 모래층 비탈면 : 피복토를 객토한 후 식생 녹화공법으로 보호한다.
② 사질토 비탈면 : 객토 후 식생녹화공법을 도입하고, 표면침식 방지에 주의하며 호우 시 임시로 비닐을 덮는다.
③ 점성토 비탈면 : 객토하지 않고 식생녹화공법을 채용한다.
④ 자갈이 많은 비탈면 : 객토와 콘크리트 블록 격자붙이기공법을 병행하여 식생공법을 채용한다.
⑤ 큰 비탈면 : 특별히 큰 비탈면에는 소단 설치 후 격자틀붙이기와 힘줄박이공법을 병행한다.
⑥ 용수 비탈면 : 돌망태, 암거, 물빼기 배수구 설치공법으로 한다.

### 3) 큰 비탈면의 경관조성
① 길이가 길고 면적이 넓은 급한 기울기에는 높이 5~7m마다 소단을 설치하여 분할한다.
② 비탈면에 따라 사다리 설치, 어깨돌림수로 및 비탈면수로를 적절히 배치하여 사후 관리에 쓰일 수 있도록 하며, 비탈어깨는 둥글게 라운딩한다.
③ 비탈면에는 식재한 수목이 넘어진다 하여도 위험성이 없도록 해야 한다. 흙깎기 비탈면에서는 사면의 상단부, 흙쌓기 비탈면에서는 사면의 하단부에 식재하며, 비탈면에는 교목이나 대묘를 가급적 식재하지 않는다.
④ 비탈면 밑에는 낮은 옹벽을 설치하고, 덩굴식물이나 소관목을 심어 녹화한다.
⑤ 비탈면 기울기는 관목 1:2, 교목 1:3 정도로 완만하게 시공한다.
⑥ 콘크리트 공작물은 덩굴식물로 피복·녹화한다.

## 4 녹화 조경공법의 종류

### 1) 식생공법
① 파종공법 : 초본종자의 발생 대기 본수는 4,000~5,000본/$m^2$이며, 총발생 대기 본수의 5% 이하가 되지 않도록 파종량을 산출한다.
② 식재공법 : 생장력이 왕성한 여러 수종으로 혼효림을 조성하고, 하층에 초본류를 식재하여 비탈면을 안정도가 높은 복층림으로 유도한다.

### 2) 격자틀붙이기공법
① 사면의 표층 토사 붕괴, 침식 및 세굴, 표층 암반의 풍화, 낙석 등을 방지하기 위해 주로 시멘트 콘크리트 재료를 이용해 격자상으로 사면을 구획한다.
② 격자틀 내부에 큰 힘을 필요로 하는 곳은 콘크리트, 경관상 문제가 있는 곳은 조약돌이나 호박돌을 넣고 콘크리트로 채운다. 용수가 스며 나오는 곳은 자갈로 채우며, 토사로 구성된 비탈면

은 떼로 채우는 것이 가장 좋은 경관을 조성하는 방법이다.

### 3) 뿜어붙이기공법
① 분체상 혹은 입상의 재료를 압축공기로 암반 비탈면에 직접 분사하는 공법으로, 비탈면의 풍화와 낙석 방지를 예방한다.
② 시멘트 모르타르 뿜어붙이기, 특수 콘크리트 뿜어붙이기, 종자 뿜어붙이기 등의 종류가 있다.

### 4) 힘줄박이공법
① 직접 거푸집을 설치하여 콘크리트를 쳐 비탈면의 안정을 위한 뼈대인 힘줄을 만들고, 흙이나 돌로 채워 녹화한다.
② 비탈면의 토질이 복잡한 곳, 마사토로 구성되어 취급이 곤란한 곳, 지하수가 용출되거나 누수에 의한 침식이 심한 곳에 사각형 틀모양, 삼각형 틀모양, 계단상 수평띠 모양으로 시공한다.
③ 시공작업이 용이하지 않고 시공 기간이 길어 격자틀공법에 비하여 능률적이지 못하다.

### 5) 낙석방지공법
① 암반 비탈면에서 풍화의 진행, 강우, 암반의 동결·융해, 침식, 발파 등에 의해 낙석의 위험이 있다고 판단되는 곳 중에서 인명이나 재산에 피해를 유발할 가능성이 있는 비탈면에 실시한다.
② 낙석 방지공 : 코팅한 철선 또는 합성섬유로 짠 망을 비탈면에 덮어 준다.
③ 낙석 방지책(울타리)공 : 낙석이 도로로 유입되는 것을 차단하는 울타리를 설치한다.
④ 낙석 방지 옹벽공 : 낙석이 도로에 떨어지는 것을 방지하기 위해 도로의 가장자리에 설치하는 것으로, 비탈면 사이에 공간을 두어 낙석이 어느 정도 퇴적될 수 있는 구조로 시행한다.

### 6) 돌망태공법
① 일정 규격의 직사각형 아연도금 철망상자 속에 돌채움을 한 돌망태를 벽돌과 같이 쌓아 올려 벽체를 형성하는 공법이다. 배수성이 양호하기 때문에 설계 시 수압의 작용을 고려할 필요가 없다. 또한 신축 변형되어 보강성 및 유연성이 좋고 투수성 및 방음성도 뛰어나다.
② 채움재로는 하천석재, 깬 잡석, 현장에서 생산되는 부순돌을 사용한다.
③ 자원의 재활용이 가능하고 주변 환경의 미관을 고려한 시공이 가능하다는 장점이 있으나 수직고가 10m 이상으로 비탈면이 너무 크고 길어서 작용토압이 많이 작용하는 구간에는 적절하지 않다.

### 7) 차폐수벽 공법
주로 암석을 채굴하고 깎아낸 암반 비탈이나 채석장 또는 절개지 비탈 등 도로 또는 주택 등지에서 직접 보이지 않도록 암반 비탈의 앞쪽에 나무를 2~3열로 식재하여 수벽을 조성하는 공법이다.

## 5 비탈면 안정재료

### 1) 코어네트
① 코코넛 열매에서 추출한 섬유질을 5mm로 메시한 제품으로, 코코넛 섬유질 매트로 비탈면을 피복한 후 씨앗과 혼합된 사질토를 뿜어 표면을 보호한다.
② 비탈면의 유실을 방지하고 잔디나 식물이 정착할 수 있게 하는 역할을 하며, 가격이 저렴하여 사면녹화공법에서 많이 사용한다.

### 2) 주트넷
황마를 주원료로 한 천연섬유로 보온·보습성이 있어 한발과 냉해로부터 식물의 발아·생장, 우천 시 절·성토 비탈면의 세굴·유실·침식을 보호한다.

### 3) 론생볏짚
볏짚을 이용하여 여름철의 고온, 겨울철의 한랭, 장마철의 유토 등을 방지한다. 가뭄 시 보습 효과가 있으며, 식생의 발아 및 발육 촉진을 기대할 수 있다.

### 4) 다기능 필터
① 97~98%의 공극률을 가진 부드러운 필터 구조의 부직포를 주체로 제작하며, 시공이 간단하다.
② 토양 유실 방지, 바람, 동결, 가뭄 등과 같은 다양한 환경의 영향을 완화하여 토양이나 식생환경 보호에 효과적이다.
③ 각종 배양자재나 지역 고유의 균근균을 조합하여 설치하면, 초본류에서 목본류까지 자연형의 안정된 식생을 다양하게 유도할 수 있다.

# 제3장 산지 사방공사

## 1 산지황폐지

### 1) 산지황폐지의 유형과 대책

| 황폐지 유형 | | 내 용 |
|---|---|---|
| 척악 임지 | 정의 | 산지 비탈면이 여러 해 동안의 표면침식과 토양 유실로 인하여 산림 토양의 비옥도가 심히 쇠퇴한 척박한 상태의 산지로서, 속히 임지비배(임지에 비료를 사용하는 일) 기술이 도입되어야 할 곳 |
| | 대책 | 비료목 식재, 등고선구의 설치, 비탈면 덮기 및 시비 |
| 임간 나지 | 정의 | 비교적 키가 큰 임목들이 외견상 엉성한 숲을 이루고 있지만, 지표면에 지피식물이나 유기물이 적고 때로는 면상, 누구 또는 구곡침식까지 발생되고 있으므로 입목이 제거되거나 산림 병해충의 피해로 고사하게 되어 곧 초기 황폐지나 황폐 이행지 형태로 급 전진되는 황폐지 |
| | 대책 | 내음성 초류 파식, 지피식물의 조성, 누구막이 및 구곡막이 설치 |
| 초기 황폐지 | 정의 | 척악임지나 임간나지 형태에서 더욱 악화되어 산지의 침식이나 토양 상태로 보아 외견상으로도 분명히 황폐지라고 인식할 수 있는 상태 |
| | 대책 | 비료목 식재, 사방수 밀식, 비탈면 씨 흩어뿌리기 또는 줄뿌리기 |
| 황폐 이행지 | 정의 | 초기 황폐지가 복구되지 않아 점점 더 급속히 악화되어 가까운 장래에 민둥산이나 붕괴지가 될 위험성이 있는 단계 |
| | 대책 | 집약적 파식작업, 산복 선떼붙이기, 산복 돌쌓기, 막논돌 수로 내기, 떼수로 내기, 돌 구곡막이, 떼·돌 누구막이, 싸리 및 잡초 혼합 파종 |
| 민둥산 | 정의 | 황폐 이행지가 진행되어 누구와 구곡의 발달이 현저해져 산지 전체로 보면 심한 침식지 또는 나지가 되는데, 이와 같이 표면침식에 의한 면적이 비교적 넓은 나지 상태의 산지 |
| | 대책 | 피복공법과 밀파식, 집약적인 산복사방과 계간 사방공사 |
| 특수 황폐지 | 정의 | 각종 침식 및 황폐 단계가 복합적으로 작용하여 발생된 산지의 황폐도가 대단히 격심한 황폐지 |
| | 대책 | 특수 사방 시공법 등 적용 |

### 2) 붕괴지
① 무너진 땅으로 일시에 발생되는 산사태, 암석 낙하, 슬럼프 등과 같이 중력에 의하여 빠른 속도로 흘러내리는 형상에 의해 절개단면을 노출하고 다량의 토석류가 하부에 퇴적된 지역이다.
② 붕괴의 3요소
  ㉠ 붕괴 평균 경사각
  ㉡ 붕괴 면적
  ㉢ 붕괴 평균 깊이

### 3) 밀린땅
땅밀림침식에 의해 사면의 암석이 서서히 아래로 이동하는 느린 속도의 황폐지이다.

### 4) 훼손지
인위적으로 토지의 형질에 변화를 가져온 땅깎이 비탈면, 흙쌓기 비탈면, 채석장 및 채광지 등이 이에 속한다.

## 2 산지황폐의 발생 원인

### 1) 자연적 원인
① 지질 : 우리나라 토양의 대부분이 풍화가 용이한 화강암과 화상변마암으로 구성되고 있고 경사가 급하다.
② 강우 : 6~8월 사이에 전 강우량의 60%가 내리며 7~8월의 집중호우로 토사유출과 산사태가 많이 발생한다.
③ 기온 : 계절과 주·야간의 온도차가 커서 소해, 동해 및 바람에 의한 임분의 피해가 심하다.
④ 병충해 : 소나무 재선충병 등 각종 병해충으로 산림이 황폐화된다.
⑤ 기타 재해 : 연해, 조풍, 설해 등으로 산림이 파괴된다.

### 2) 인위적인 원인
① 산불 : 피해 면적이 점차 증가되어 산림이 황폐화됨
② 산림훼손 : 도로 건설, 골프장 건설, 토석 채취, 연료 채취로 인한 도벌 및 남벌, 낙엽 및 근주 채취 등의 부적절한 행위 등으로 훼손된다.

### 3) 산사태 위험지 판정 기준표
경사도, 모암, 산림 상태, 경사 길이, 경사 위치, 사면형, 토심, 산지의 상태 등의 항목으로 산사태 위험지를 판정한다.

● 산사태와 땅밀림

| 구분 | 산사태 및 산붕 | 땅밀림 |
|---|---|---|
| 지질 | 관계가 적음 | 특정 지질이나 지질구조에서 많이 발생 |
| 토질 | 사질토에서 많이 발생 | 점성토가 미끄럼면 |
| 지형 | 20° 이상의 급경사지 | 5~20°의 완경사지 |
| 활동 상황 | 돌발성 | 계속성 · 지속성 |
| 이동 속도 | 굉장히 빠름 | 느림(0.01~10mm/일) |
| 흙덩이 | 토괴 교란 | 원형 보전 |
| 유인 | 강우 · 강우강도 영향 | 지하수 |
| 규모 | 작음 | 큼(1~100ha) |
| 징조 | 돌발적으로 발생 | 발생 전 균열, 함몰, 융기, 지하수의 변동 등이 발생 |

## 3 산사태의 발생 원인

① 집중호우 : 강우에 의하여 간극수압의 급격한 상승, 표면우수에 의한 침식, 흙의 포화로 인한 단위 체적당 중량 증가 등의 원인에 의하여 산지 사면이 붕괴하려는 힘이 커지는 반면, 내부 마찰각이 감소하고 흙의 전단강도가 약화됨으로써 산사태가 발생한다.
② 지형 : 사면 경사도와 경사형, 하천이나 계안에서 산지의 사면하부가 침식될 때에도 산사태가 잘 발생된다.
③ 지질 : 지질의 암석학적 요인보다는 국소적인 구조적 요인이 산사태 발생에 더욱 영향을 준다.
④ 인위적 원인 : 임도 건설, 토석 채취 등 인간의 간섭으로 산사태가 발생할 수 있다.

## 4 산사태의 유형

### 1) 발생위치에 따라
① 산복붕괴 : 지표면 또는 토양 단면상의 불연속이 원인이 되어 산복부에서 발생한다.
② 계안붕괴 : 계류의 종횡침식 작용에 의하여 계안에서 발생한다.
③ 와지붕괴 : 집수가 원인이 되어 산복과 계안 사이의 토심이 비교적 깊은 웅덩이에서 발생한다.

### 2) 평면형에 따라
① 수지상 : 지형이 복잡하고 유수가 모여드는 하강 및 평형사면의 산복유로에서 발생한다.
② 패각상 : 경사가 짧고 급한 사면, 경사가 길고 변곡점이 있는 사면에서 발생한다.
③ 선상 : 지형이 단순하며 유로가 좁고 경사가 긴 하강사면이나 평형사면의 유로변이에서 발생한다.

④ 판상 : 표토 밑의 단단한 암반층이나 불침투성 모재층이 있는 지역에서 발생한다.

### 3) 산사태의 예방
① 집중호우로 산사태의 발생이 예상되는 급경사지 및 계곡 주위, 모래로 표토층이 형성되어 있는 곳에 대한 배수로를 정비한다.
② 지반의 갈라짐과 같은 산사태의 전조가 보일 때는 주민들을 대피시킨다.
③ 순찰 시에 지표에 갈라진 틈, 사면하부의 배부름 현상, 나무 등 지표식물의 기울어짐, 파이핑 현상으로 사면 표면에 발생하는 구멍, 소하천의 부유물 증가나 수량 감소, 갑작스런 유출량 증감 등을 유심히 관찰하면 산사태 발생을 미리 예방할 수 있다.

## 5 사방공사의 재료

### 1) 목재
① 사방공사에서 목재의 사용량은 극히 적은 편이며 구조물보다는 가설물이나 임시 보조재료로 쓰인다.
② 통나무 : 사방댐, 구곡막이, 바닥막이, 기슭막이, 바자얽기 및 각종 말뚝용으로 사용한다.

### 2) 석재
① 계간공사 : 사방댐, 구곡막이, 바닥막이, 기슭막이, 수제 등에 사용한다.
② 산복공사 : 땅속 흙막이, 산복수로, 흙막이, 누구막이 등에 사용한다.

### 3) 사방공사에 사용되는 석재
① 마름돌
  ㉠ 채석장에서 떼어낸 돌을 소요 수치에 따라 대체로 긴 면에서 직사각형 육면체가 되도록 각 면을 다듬은 석재이다.
  ㉡ 석재 중 가장 고급이며 일정한 규격으로 다듬어진 것으로, 미관을 요하는 돌쌓기공사에 메쌓기로 이용된다.
  ㉢ 가로 30cm, 세로 30cm, 길이 50~60cm 정도이다.
② 견치돌
  ㉠ 견고도가 요구되는 사방공사 특히, 규모가 큰 돌댐이나 옹벽공사에 사용되는 돌로, 돌을 뜰 때 치수를 특별한 규격에 맞도록 지정하여 깬돌이다.
  ㉡ 앞면은 25cm×25cm~40cm×40cm이고, 뒷면의 길이는 35~60cm이다.
  ㉢ 하나의 무게는 70~100kg이다.

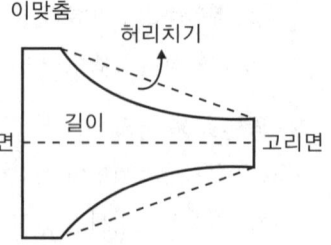

③ 막깬돌
  ㉠ 견치돌과 같이 엄격한 규격치수에 따르지 않으나 면의 모양이 직사격형에 가깝다.

ⓒ 막깬돌은 경제적이어서 사방공사에 많이 사용하며, 반드시 찰쌓기공법으로 시공한다.
　　ⓒ 하나의 무게는 60kg이다.

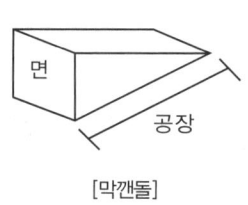
[막깬돌]

④ 전석 : 계천 바닥에 있는 돌로, 하나의 무게는 100kg 이상이다. 보통 찰쌓기와 메쌓기, 콘크리트 포석용으로 이용된다.

⑤ 호박돌
　ⓒ 지름이 20~30cm 정도되는 호박 모양의 둥글고 긴 천연석재로, 기초공사나 기초 바닥용으로 사용된다.
　ⓒ 강도를 요구하지 않는 비탈면의 안정을 위한 낮은 돌쌓기에 사용되기도 하나 안전성이 낮아 붕괴의 위험성이 높다.
⑥ 잡석 : 산복이나 계천에 산재하고 모양이 일정하지 않다. 작은 전석 중에서 막깬돌 비슷한 돌을 잡석으로 사용하기도 한다.
⑦ 뒷채움돌 : 메쌓기의 뒷부분을 채우기 위하여 사용되며, 작은 돌이나 깬 돌을 사용한다.
⑧ 굄돌 : 돌쌓기 시공을 할 때 석재가 좌우 또는 상하로 움직이지 못하도록 괴어 주는 역할을 한다.
⑨ 금기돌 : 접촉부가 맞지 않아서 힘을 받지 못하는 불안정한 돌을 말한다.

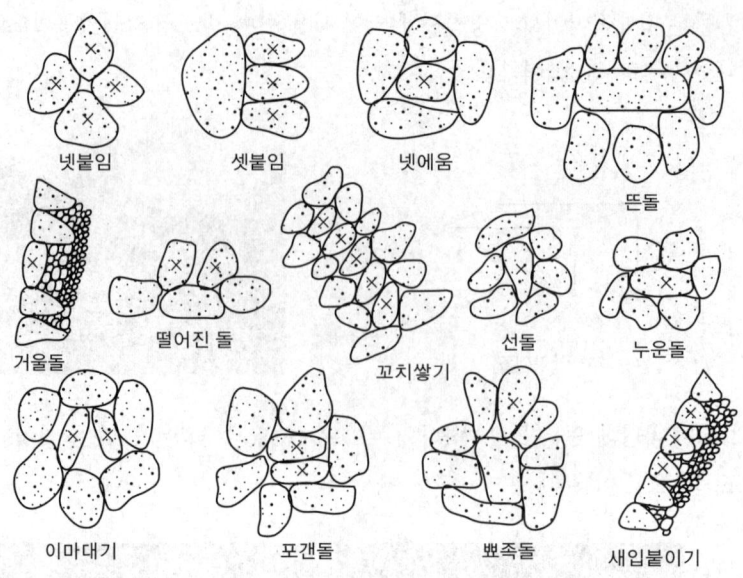

[잘못된 돌쌓기]

### 4) 골재

콘크리트 · 모르타르를 만들 때 시멘트와 물을 혼합하는 모래, 자갈, 부순 자갈 및 이와 비슷한 재료를 모두 골재라고 한다.

① 골재의 크기에 따른 구분
   ㉠ 잔골재 : 체규격 5mm체에서 중량비로 85% 이상 통과하는 골재
   ㉡ 굵은골재 : 체규격 5mm체에서 중량비로 85% 이상 남는 골재

② 공극률
   ㉠ 잔골재 : 30~45%
   ㉡ 굵은골재 : 35~45%

③ 비중에 의한 구분
   ㉠ 경량골재 : 비중 2.50 이하
   ㉡ 보통골재 : 비중 2.50~2.65 이하
   ㉢ 중량골재 : 비중 2.70 이상

④ 무게에 의한 구분
   ㉠ 잔골재 : 1,450~1,700 kg/m$^3$
   ㉡ 굵은골재 : 1,550~1,850 kg/m$^3$
   ㉢ 혼합골재 : 1,760~2,000 kg/m$^3$

### 5) 시멘트

① 주원료는 석회석, 점토, 슬래그이다.

② 비중 : 보통 3.10~3.15이고, 단위 무게는 1500kg/m³이다.
③ 분말도 : 분말도가 높을수록 수화작용이 빨라 초기 강도가 높고 강도 증진도 빠르나 수축률이 커지고 내구성이 약해지기 쉽다.
④ 풍화 : 저장 중에 공기와 접촉하면 수분을 흡수하여 경미한 수화작용을 일으키거나 이산화탄소를 흡수하여 응결이 늦어지거나 강도가 저하된다.
⑤ 시멘트의 보관 방법
　㉠ 창고의 바닥 높이는 지면에서 30cm 이상으로 한다.
　㉡ 지붕은 비가 새지 않는 구조로 하고, 벽이나 천장은 기밀하게 한다.
　㉢ 창고 주위는 배수 도랑을 두고 우수의 침입을 방지한다.
　㉣ 출입구는 채광창 이외의 환기창은 두지 않는다.
　㉤ 반입구와 반출구를 따로 두어 먼저 쌓은 것부터 사용하도록 한다.
　㉥ 시멘트 쌓기의 높이는 13포 이내로 하고 장기간 쌓아두는 것은 7포 이내로 한다.
　㉦ 시멘트의 보관은 1m³당 30~35포대 정도로 한다.
⑥ 시멘트의 종류와 특성
　㉠ 보통 포틀랜드시멘트 : 시멘트 생산량의 80% 이상을 차지한다.
　㉡ 조강 포틀랜드시멘트 : 급경성을 가지며, 단기에 높은 강도를 낸다. 수밀성이 좋아 겨울이나 수중공사에 적합하다.
　㉢ 중용열 포틀랜드시멘트 : 보통 포틀랜드시멘트와 조강 포틀랜드시멘트의 중간 성질을 가진 시멘트로 댐이나 터널공사에 적합하다.
　㉣ 백색 포틀랜드시멘트 : 건축물의 도장, 인조대리석 가공품, 채광용으로 적합하다.
　㉤ 고로시멘트 : 해수나 하수 등에 의한 내식성이 커서 수리구조물이나 기름의 작용을 받는 구조물, 오수로 구축에 적합하다.
　㉥ 실리카시멘트 : 동결·융해작용에 대한 저항성이 적고 화학적 저항성이 커서 특수목적에 이용된다.
　㉦ 플라이애쉬 시멘트 : 실리카시멘트와 유사하며, 후기 강도가 높다.
⑦ 시멘트의 혼화재료
　㉠ 사용량이 많아 부피가 콘크리트 배합계산에 관계되는 혼화재

| 종류 | 내용 |
| --- | --- |
| 포졸란 | 콘크리트의 수밀성, 내구성, 강도 등을 높이고 수화열을 저하시킨다.<br>응결 경화는 느리지만 장기 강도는 증가한다. |
| 플라이애쉬 | 혼합량이 증가하면 응결 시간이 길어져서 조기강도는 낮으나 수화열이 감소되므로 장기강도가 커지고 수밀성이 커지며 단위 수량도 줄일 수 있다. |

ⓒ 사용량이 적어 콘크리트 배합계산에서 무시되는 혼화재

| 종류 | 내용 |
|---|---|
| AE제 | 기포를 균등하게 분포하여 콘크리트의 작업 능률이 향상되므로 내구성, 수밀성 증진, 겨울철 동해 저항성 증진의 역할을 한다. |
| 응결경화촉진제 | 수화열 발생으로 수화반응을 촉진하여 조기에 강도를 낸다(염화칼슘). |
| 지연제 | 수화반응을 지연시켜 응결 시간을 길게 할 목적으로 사용한다. |
| 방수제 | 콘크리트의 흡수성과 투수성을 감소시키고 방수성을 증가시킨다. |

### 6) 콘크리트

① 콘크리트는 시멘트+모래+자갈을 골고루 섞어 물로 개어 굳힌다.

② 콘크리트의 장점

　㉠ 크기나 모양에 제한을 받지 않고 구조물을 만들 수 있다.
　㉡ 압축강도가 다른 재료에 비해 비교적 크고 필요로 하는 임의의 강도를 자유롭게 얻을 수 있다.
　㉢ 내화성, 차음성, 내구성, 내진성 등이 양호하다.
　㉣ 비교적 값이 싸고 유지비가 거의 들지 않는다.
　㉤ 역학적인 결점은 다른 재료를 사용하여 보충 또는 개선이 가능하다.

③ 콘크리트의 단점

　㉠ 무겁고 건조수축성이 있어 균열이 생기기 쉽다.
　㉡ 압축강도에 비해 인장강도와 휨강도가 약하다.
　㉢ 재생이 어렵고 개수나 철거 시 파괴가 곤란하다.
　㉣ 경화하는 데 시간이 걸리기 때문에 시공일수가 길다.

④ 콘크리트의 배합비

　㉠ 보통 콘크리트 배합비 : 1:3:6
　㉡ 철근 콘크리트 배합비 : 1:2:4

⑤ 워커빌리티 : 반죽 질기에 의한 작업의 난이도 및 재료 분리에 저항하는 정도를 말하며, 굳지 않은 콘크리트의 품질을 판정하는 필수 조건이다.

⑥ 양생 : 콘크리트에 충분한 습도와 적당한 온도를 주어 유해한 응력을 가하지 않는 것을 말한다.

　㉠ 양생의 효과는 7일 정도면 나타나며, 20℃ 정도로 28일이 지나면 충분한 강도를 가진다.
　㉡ 보통 콘크리트는 7일, 조강 포틀랜드시멘트는 3일이 습윤 양생 기간이다.

⑦ 물-시멘트비 : (단위 수량/단위 시멘트량)×100

## 6 사방공사의 식생재료

1) 초목류
    ① 재래 초종
        ㉠ 새류 : 새, 솔새, 개솔새, 잔디, 참억새, 기름새
        ㉡ 콩과식물 : 비수리, 칡, 차풀, 매듭풀
    ② 도입 초종 : 붉은겨이삭, 다년생 호밀풀, 왕포아풀, 켄터키 개미털, 능수귀염풀, 큰조아재비, 오리새

2) 목본류
    ① 교목 및 관목 : 리기다소나무, 해송, 물오리나무, 아까시나무, 회양목, 병꽃나무, 싸리류, 족제비싸리, 졸참나무, 눈향나무
    ② 덩굴식물 : 담쟁이 덩굴, 칡, 줄사철나무, 마삭줄, 인동덩굴

3) 떼
    ① 산비탈의 안정과 녹화를 위한 선떼붙이기, 성토 비탈면의 줄떼다지기 등과 떼단쌓기·평떼붙이기·떼수로공사에 사용된다.
    ② 크기에 따라 대형떼(40cm×25cm×3cm)와 소형떼(33cm×20cm×3cm)로 구분한다.
        ㉠ 턴떼 : 떼를 뜬 후에 흙을 털어버린 떼
        ㉡ 흙떼 : 흙이 붙어있는 떼
        ㉢ 뜬떼 : 온떼라 하여 평떼붙이기에 이용한다. 이를 반으로 나누면 반떼라하여 줄떼붙이기 등에 이용한다.
    ③ 떼 대용 제품
        ㉠ 식생반 : 유기질 토양, 비료, 토양 개량제, 종자 등을 섞어 만들며, 녹화가 빠르고 종자의 배합이 자유로워 자연생 떼 대용으로 많이 쓰인다.
        ㉡ 식생자루 : 망으로 된 자루에 비료, 미량요소, 종자, 토양 등을 섞어 종자의 유실을 방지하고 생장발육을 조장한다.
        ㉢ 식생대 : 종자, 비료를 장착한 피복재료로, 가볍고 취급이 간편하지만 침식이 발생하기 쉬워서 토양이 풍부하고 완만한 사면에 제한적으로 적용한다. 급경사지의 경질토 및 사력지에는 부적합하다.
        ㉣ 식생매트 : 종자, 비료, 보수재, 토양 개량재, 비료 주머니 또는 인공 객토를 장착한 매트 모양의 피복재료로, 사면 전면에 앵커 등으로 고정한다.

### 7 사방 기초공사

① 얕은 기초(직접 기초) : 견고한 지반 위에 기초 콘크리트를 직접 시공하고 이 기초 콘크리트에 하중이 작용하도록 한 기초이다.
  ㉠ 확대기초 : 상부구조의 하중을 확대하여 직접 지반에 전달하는 기초
  ㉡ 전면기초 : 확대기초만으로 지반의 지지력이 불충분할 때 전체의 기둥 하중을 하나의 기초 슬래브로 지지하는 형태의 기초로서, 부등침하의 영향이 적고 큰 침하에도 적응할 수 있다.
② 깊은 기초 : 상부의 토층이 연약해서 말뚝, 피어 등으로 깊은 곳에 있는 지지층에 하중을 전달하는 기초이다.

### 8 산지 사방공사의 설계 및 시공 기준

#### 1) 산복공사
① 불안정한 황폐사면은 비탈다듬기로 정리하고, 경사가 급한 곳은 단을 설치하며, 불안정한 토사(뜬흙)는 땅속 흙막이·누구막이·골막이 등으로 고정시킨다.
② 수로는 기울기와 사면 길이 등을 감안하여 떼·돌·콘크리트 등으로 시공하고, 수로의 기울기·방향이 변환되는 지점에는 누구막이를 시공한다.
③ 용출수가 있는 곳은 배수공이나 집수정을 설치하여 지하수를 안전하게 유출시킨다.

#### 2) 산지 사방공사 공종 구분
① 기초공사
  ㉠ 비탈다듬기
  ㉡ 단끊기
  ㉢ 땅속 흙막이 : 돌, 돌망태, 바자, 콘크리트, 콘크리트블록, 흙땅속 흙막이
  ㉣ 누구막이 : 떼, 돌, 돌망태, 콘크리트블록, 통나무
  ㉤ 산비탈수로내기 : 떼, 돌, 콘크리트, 콘크리트블록
  ㉥ 흙막이 : 바자, 통나무, 돌, 돌망태, 콘크리트, 폐타이어
  ㉦ 골막이 : 돌, 흙, 바자, 돌망태, 통나무, 콘크리트블록
② 녹화공사
  ㉠ 선떼붙이기
  ㉡ 단쌓기 : 돌, 떼, 짚망, 흙포대
  ㉢ 조공 : 떼, 돌, 새, 섶, 인공떼
  ㉣ 줄떼다지기 : 줄떼심기, 붙이기, 줄떼다지기
  ㉤ 평떼붙이기
  ㉥ 등고선구공법
  ㉦ 비탈덮기 : 짚, 섶, 거적, 망덮기

ⓞ 새심기
ⓩ 씨뿌리기 : 줄 · 점 · 흩어뿌리기, 항공 파종
ⓩ 바자얽기

## 9 산지 사방공사의 기초공사

### 1) 비탈다듬기

① 불규칙한 사면 또는 사면의 불안정한 토석층을 완화하여 안정된 비탈면을 조성할 목적으로 경사가 심한 비탈면은 일정한 경사도를 유지하도록 땅깎이하고 깊은 곳은 메우는 공사이다.
② 기복이 심한 산복비탈 또는 흙깎이 · 흙쌓기 비탈면, 암반 절개 비탈면에 시공한다.
③ 시공 요령
  ㉠ 사면 기울기가 급한 지역은 선떼붙이기나 산비탈 돌쌓기로 한다.
  ㉡ 수정 기울기는 대체로 최대 35° 전후로 한다.
  ㉢ 부토가 많은 지역은 속도랑 공사 및 땅속 흙막이공사를 먼저 시공한 후 비탈다듬기 공사를 한다.
  ㉣ 토양 퇴적층이 3m 이상일 때는 땅속 흙막이를 설계한다.
  ㉤ 붕괴면 주변의 상부는 충분히 끊어 내도록 설계한다.
  ㉥ 비탈다듬기공사 후에는 뜬 흙이 비탈에 안착할 때까지 일정 기간은 비바람에 노출되어야 하며, 그 후에는 다른 공종을 시공한다.

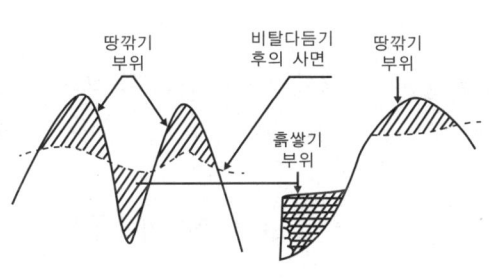 

[비탈다듬기]

### 2) 단끊기(계단끊기)

비탈면의 토사유출을 방지하고, 식생 도입에 필요한 기반을 조성할 수 있도록 하기 위한 작업이다. 단끊기를 실시한 후에는 통상 선떼붙이기나 조공, 흙막이 및 파종공사를 병행한다.
① 비탈다듬기공사를 실시한 사면에 수평단을 끊고 초 · 목본류를 파식하여 황폐된 나지에 식생을 조성하려는 기초공사이다.
② 비탈다듬기 공사가 끝난 비탈사면에 시공한다.

③ 시공 요령
  ㉠ 수평으로 실시하며 단폭은 일반적으로 50~70cm이다.
  ㉡ 비탈면의 기울기가 급할 때에는 계단폭을 좁게 하여 상하 계단 간의 비탈면 기울기를 완만하게 한다.
  ㉢ 단끊기에 의하여 생산되는 절취 토사의 이동은 최소한으로 한다.
  ㉣ 상부에서 하부로 향하여 시공하며 단상에는 가급적 원래의 표토를 존치하도록 한다.

### 3) 산비탈 흙막이

흙이 무너지거나 흘러내림을 막는 공작물로서 사면 기울기의 완화, 표면 유하수의 분산 및 수로공사의 기초 등을 목적으로 구축하는 다기능적인 비탈안정공종이다.

① 콘크리트, 돌, 돌망태, 콘크리트판, 흙포대, 통나무 등 많은 종류의 재료를 사용할 수 있다.
② 돌흙막이 높이는 원칙적으로 찰쌓기는 3.0m 이하, 메쌓기는 2.0m 이하로 하여 기울기는 1:0.3으로 한다.

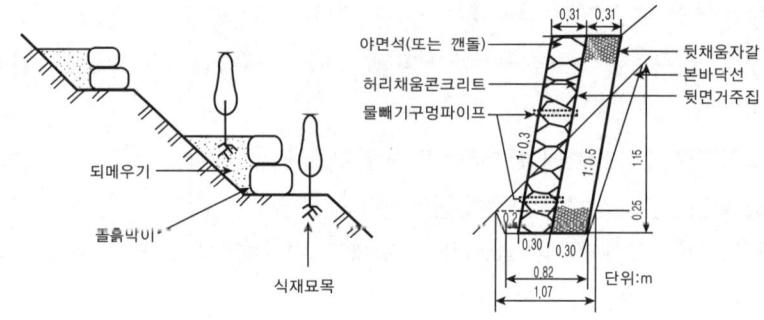

[돌(야면석) 흙막이]

### 4) 땅속 흙막이

땅속 흙막이는 비탈다듬기와 단끊기 등으로 생산된 뜬 흙을 산비탈의 계곡부에 투입하여 유실을 방지하는 한편 산각의 고정을 기하고자 축설하는 공법이다. 돌, 바자, 흙, 돌망태, 블록, 콘크리트 등의 재료를 사용한다.

① 시공장소는 비탈다듬기 토사가 깊이 퇴적한 지역으로 기초가 단단한 지역이다.
② 시공 요령
  ㉠ 상부의 토압에 충분히 견딜 수 있는 구조물이 되도록 안정된 기반 위에 설치하며, 바닥파기를 충분히 하고 높이의 2/3 이상 묻히도록 한다.
  ㉡ 상류를 향하여 직각으로 축설하며 돌쌓기의 비탈은 1:0.3, 흙땅속 흙막이의 비탈은 1:1.0~1.3으로 한다.
  ㉢ 현지에 산재된 석재를 충분히 활용하고 큰 돌은 밑으로 놓아 축설한다.
  ㉣ 유치토사가 진흙인 경우에는 돌, 콘크리트 또는 블록, 유치토사가 사질 또는 건조한 지역에서는 석재, 기타 자재 취득이 곤란한 경우는 흙땅속 흙막이를 하고 심벽을 넣는다.

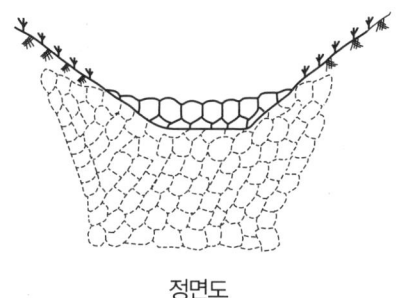 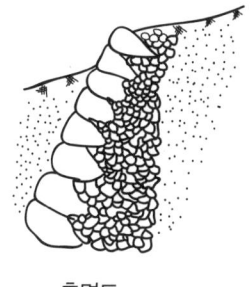

| 정면도 | 측면도 |

[돌땅속 흙막이]

### 5) 누구막이

강우 및 유수에 의한 비탈침식의 진행으로 발생하는 누구침식을 방지하기 위해 누구를 횡단하여 구축하는 비탈수로 보전공법이다.

① 돌, 떼, 돌망태, 바자, 통나무, 콘크리트 등의 재료를 사용한다.
② 누구침식이 발달된 곳, 비탈다듬기 및 단끊기 후 생기는 토사가 유치되는 곳, 뜬 흙이 1m 이상 퇴적한 곳, 수로(누구)의 경사가 급하여 사력 유출이 많은 지역에 시공한다.
③ 시공 요령
　㉠ 떼 누구막이는 용수가 없고 토양 구조가 양호한 지역에 시공한다.
　㉡ 무너진 땅의 산복에는 규모가 큰 콘크리트 누구막이를 설치하는 것이 효과적이다.
　㉢ 시공방법은 땅속 흙막이나 골막이에 준하지만 규모는 사면적 $3m^2$ 이내로 하며 높이는 선떼붙이기 하부와 수평이 되도록 설치한다. 계간이나 수로상의 부토처리를 감안하여 대략 60cm 내외로 하며, 돌 누구막이 비탈은 1:0.3으로 한다.

### 6) 산비탈수로내기

빗물에 의한 비탈면 침식을 방지하고 시공 공작물이 파괴되지 않도록 일정한 장소에 유수를 모아 배수시키는 공작물이다.

① 산비탈수로(산복수로)의 목적
　㉠ 강우 또는 용수 등의 유수에 의한 사면침식의 방지
　㉡ 침투에 의한 흙의 전단강도 저하나 간극수압의 증대 방지
　㉢ 비탈면 유수의 안전한 배수와 속도랑에 의하여 집수된 지중수의 지표 도출 및 안전한 배수
　㉣ 붕괴비탈면의 자연유로 고정
② 시공 장소
　㉠ 산복사방지 내에 용수가 있는 곳
　㉡ 산복사방지 주변부에 지표수가 집중되어 유하하는 곳
　㉢ 산복면이 요지형을 이루어 지표수가 집중되는 곳
　㉣ 산복의 지질이 지표수의 침식에 약한 곳
　㉤ 속도랑에 의하여 배수된 물을 지표수로 유하시키는 곳

③ 떼, 돌, 돌망태, 콘크리트, 블록 판 등의 재료를 사용한다.
④ 시공 요령
   ㉠ 수로의 기울기가 가급적이면 상부에서 하부에 이르기까지 일정하게 계획한다.
   ㉡ 수로는 가급적 직선적으로 축설해야 하며 부득이 방향을 바꿀 경우에는 반드시 외측을 높게 하여 물이 넘치는 것을 방지한다.
   ㉢ 돌붙임수로는 경사가 급하고 유량이 많은 산복수로나 산사태지 등에 설치하는 것으로, 경사도와 입지조건에 따라 찰쌓기와 메쌓기로 시공한다.
   ㉣ 막논돌수로는 집수구역이 협소하고 경사가 완만한 곳에 설치한다.
⑤ 산비탈수로내기의 종류
   ㉠ 찰붙임 돌수로 : 뒷붙임을 할 때 뒷부분에 콘크리트를 채우고 축설하는 것으로, 메붙임 수로로는 위험한 경우에 시공한다.
   ㉡ 메붙임 돌수로 : 막깬돌, 잡석, 호박돌 등을 붙여 축설하며, 유량이 적고 기울기가 비교적 급한 산복에 이용된다.
   ㉢ 콘크리트 수로 : 찰붙임 돌수로에 비하여 유속이 빠르고 수량이 많은 지역에 설치하며, 단면은 일반적으로 사다리꼴 모양이다. 측벽의 앞물매는 1:0.3~0.5, 뒷물매는 수직 또는 1:0.1로 한다.
   ㉣ 파식수로내기 : 비용을 절감하기 위해서 집수 유역이 협소한 완경사지 간 이수로공으로서, 움푹 늘어간 곳에 아까시나무를 식재하고 생장이 빠른 잡초류를 혼파하여 장마기 이전까지 완전 녹화한다. 파식종으로는 참싸리, 족제비싸리, 비수리, 억새 등을 사용한다.

[찰쌓기 돌수로]

[떼수로]

[콘크리트 수로]

[메쌓기 돌수로]

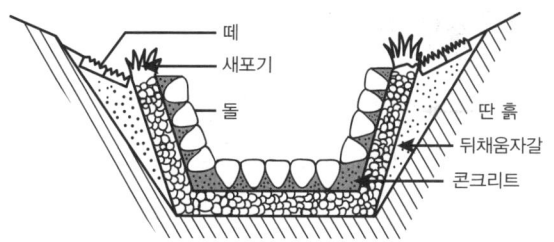

[찰붙임 돌수로내기의 시공 구조도]

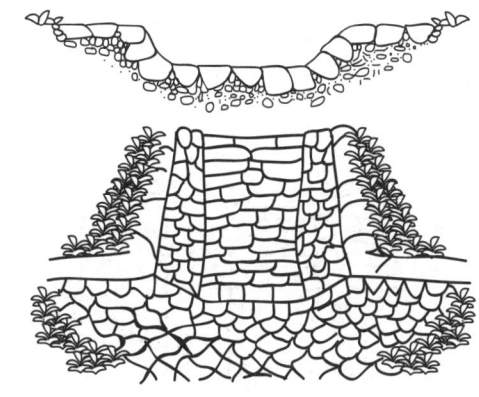

〈메붙임 돌수로내기의 시공 구조도〉

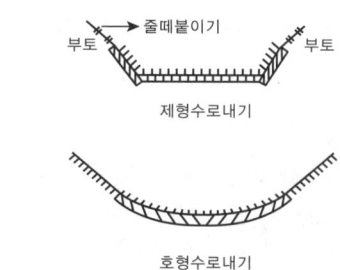

[떼붙임 돌수로내기의 시공 구조도]

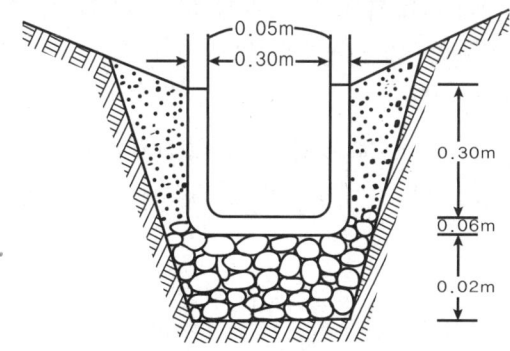

[콘크리트 블록(U자관) 수로내기의 시공 구조도]

## 10 산지 사방공사의 녹화공사

녹화공사는 비탈면에 식생을 도입하여 지표를 피복하고, 근계의 긴박효과에 의하여 비탈면을 안정시키기 위해 실시한다. 식생의 생육기반을 조성·개선하는 녹화기초공사와 식재공사로 분류된다.

### 1) 바자얽기
① 산지 사면의 토사 유치와 붕괴 방지 및 식생 조성을 목적으로 비탈면 또는 계단상에 바자를 설치하고 뒤쪽에 흙을 채워 식생을 조성하는 공작물이다.
② 떼 채취가 곤란하고 떼붙임으로 실효를 거둘 수 없는 지역, 토압이 적고 식생의 도입이 용이하며 토양조건이 양호한 지역으로, 사용재료를 쉽게 얻을 수 있는 지역에서 시공한다.

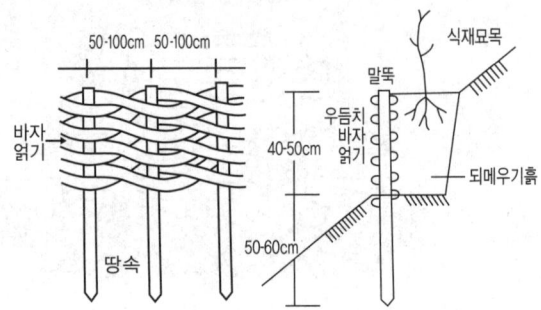

### 2) 선떼붙이기
① 비탈다듬기에서 생산된 부토를 고정하고 식생을 조성하기 위한 파식상을 설치하는 데 필요한 기본 공작물로서, 산복비탈면에 계단을 끊고 계단 전면에 떼를 쌓거나 붙인 후 그 뒤쪽에 흙으로 채우고 묘목을 심는다.
② 수평계단에 의해서 지표 유하수를 분산하여 침식 방지와 수토 보전을 도모하며, 떼붙이기의 사용매수에 따라 1~9급으로 구분한다.
③ 시공 요령
　㉠ 직고 1~2m의 간격으로 단을 끊는데, 계단폭은 50~70cm, 발디딤은 10~20cm, 천단폭(마루너비)은 40cm를 기준으로 하며 떼붙이기 기울기는 1:0.2~0.3으로 한다.
　㉡ 단끊기는 등고선 방향으로 실시하며 산상부에서 시작하여 하부로 내려오면서 한 계단씩 차례로 끊어 내린다.
　㉢ 선떼가 갓떼, 받침떼, 바닥떼 등과 잘 밀착되어야 하며 마루는 항상 수평을 유지하고 토사의 침하율을 감안하여 5cm 정도 흙을 돋우어 주는 것이 좋다.

ⓔ 선떼붙이기의 급수별 사용 매수

| 떼 크기 구분 | 길이 40cm, 폭 20cm | |
|---|---|---|
| | 단면상 매수 | 연장 1m당 매수 |
| 1급 | 5.0 | 12.50 |
| 2급 | 4.5 | 11.25 |
| 3급 | 4.0 | 10.00 |
| 4급 | 3.5 | 8.75 |
| 5급 | 3.0 | 7.50 |
| 6급 | 2.5 | 6.25 |
| 7급 | 2.0 | 5.00 |
| 8급 | 1.5 | 3.75 |
| 9급 | 1.0 | 2.50 |
| 1m당 떼 사용 매수 | 단면상 떼 매수×2.5매/m | |

ⓜ 선떼붙이기의 높이는 경사와 입지조건에 따라 다르지만 일반적으로 6~7급을 많이 시공한다.

ⓗ 떼는 도입 후 5~6년이 경과하면 자생초류의 착생으로 인해 고사하고, 단상 및 단간에 밀식 식재한 리기다소나무와 물오리나무와 같은 사방수종의 묘목이 성장하게 된다.

ⓢ 표토의 이동 방지와 강수 차단을 주목적으로 할 때에는 5급 이상으로 하고, 사방지 식재 및 파종을 목적으로 할 때에는 6급 이하로 시공한다. 계단폭은 산복비탈면의 경사도가 비교적 완만하고 토질이 부드러운 곳은 70cm로 하고, 경사가 급하고 토질이 단단한 곳은 50cm로 시공한다.

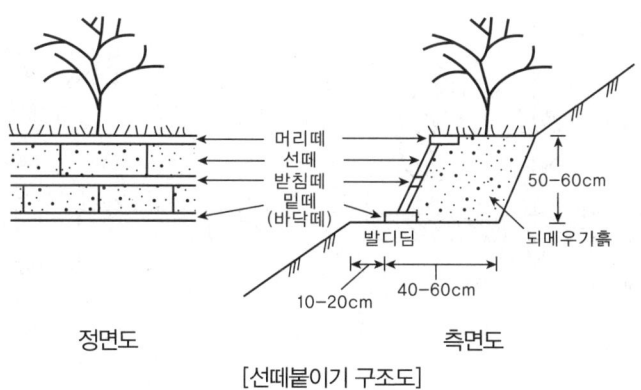

[선떼붙이기 구조도]

## 3) 줄떼다지기

① 비탈면을 일정한 기울기로 유지하며 보호 및 녹화하기 위하여 사면에 20~30cm 간격으로 반떼를 수평으로 식재하는 공법이다. 줄떼다지기, 줄떼붙이기, 줄떼심기 등으로 구분된다.

② 경사가 급한 성토 비탈면 : 줄떼다지기

③ 절취 비탈면 : 줄떼붙이기

④ 평탄지 : 줄떼심기

### 4) 평떼붙이기

① 전 면적에 걸쳐 흙이 털어지지 않은 평떼(흙떼)를 붙이거나 심어서 비탈을 일시에 녹화하는 방법이다.
② 시공 장소는 경사 45° 이하의 비교적 토양이 비옥한 산지사면이 적합하다.

### 5) 단쌓기

① 경사가 급한 지역에서 비탈다듬기 공사나 단끊기 공사로 생산된 토사가 많은 사면을 조기에 안정·녹화하기 위하여 높이와 너비가 일정한 계단을 연속적으로 붙여 구축하는 방법으로, 사용재료에 따라 떼, 돌, 짚망, 흙포대, 합성재 단쌓기 등이 있다.
② 시공장소 : 급경사지의 부토가 많은 사면이 적합하다.

### 6) 조공

① 황폐사면에 나무와 풀을 파식하기 위해 산복비탈면에 수평으로 계단을 끊고 앞면에는 떼, 새포기, 잡석 등으로 낮게 쌓아 계단을 보호하며 뒷면에는 흙을 채워 파식상을 조성한 후 파식하는 방법이다.
② 사용재료에 따라 떼, 돌, 새, 싸리, 통나무, 섶과 그밖에 식생반, 식생자루, 식생대, 식생구멍 및 식생매트 덮기와 같은 인공녹화자재를 이용한 조공법이 있다.
③ 시공 장소는 비교적 완경사지의 녹화대상지가 적합하다.
④ 경사기 원만한 산복비탈면이나 붕괴지 비탈면을 유하하는 우수를 분산시켜 지표침식을 방지하고, 식생을 조기에 도입하기 위해 생육환경을 정비하는 것을 목적으로 한다.

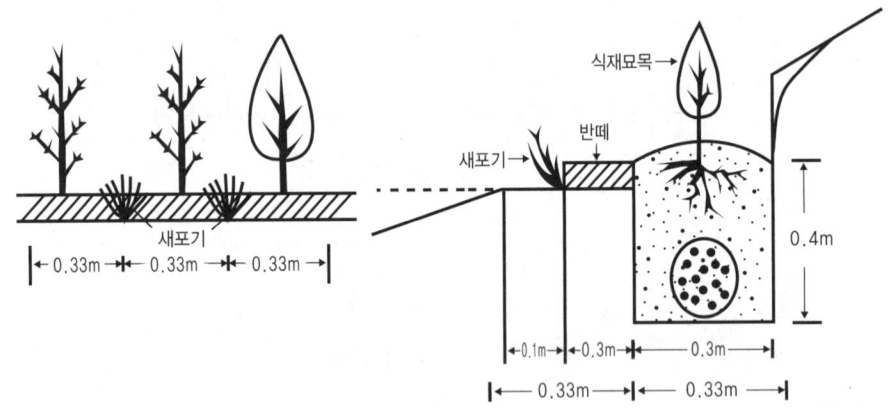

[떼조공 시공 구조도]

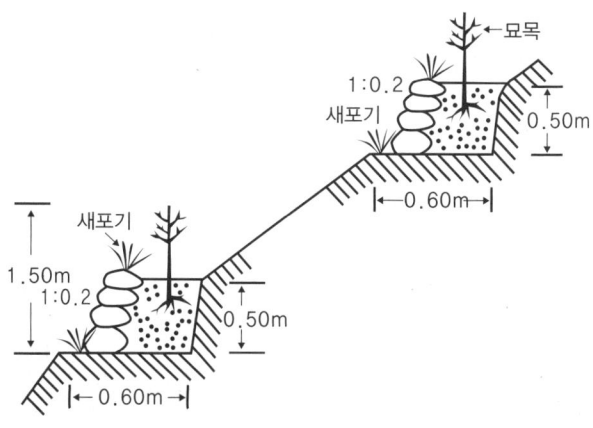

[돌조공 시공 구조도]

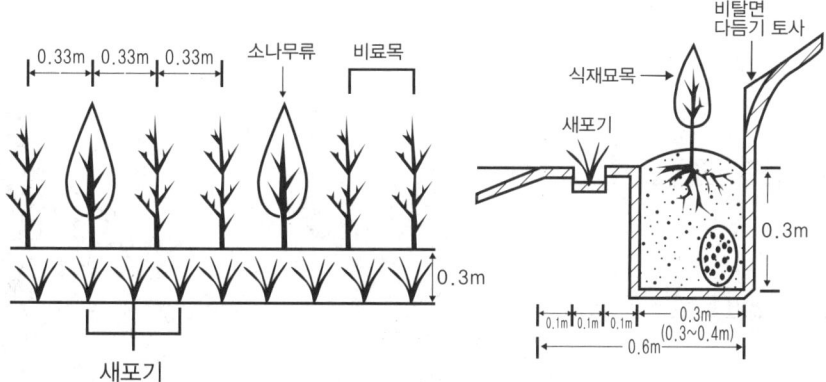

[새조공 시공 구조도]

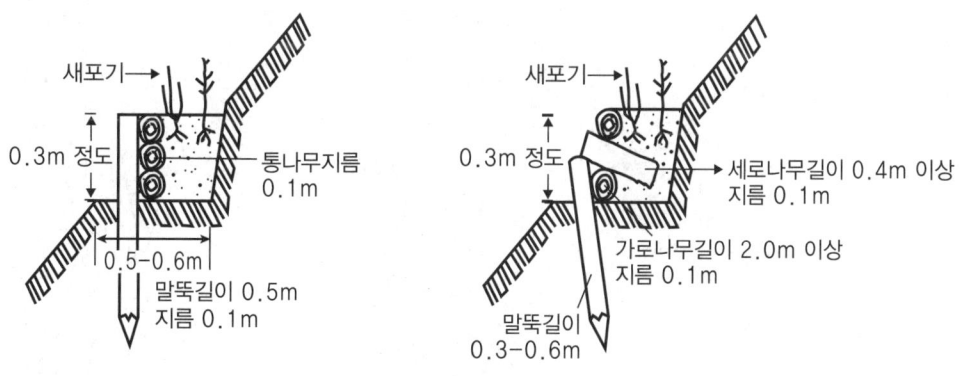

[통나무조공 시공 구조도]

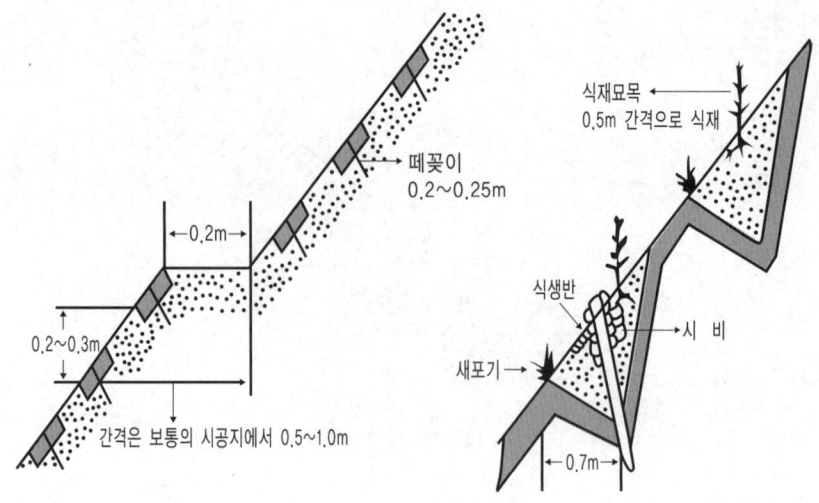

[식생반공 시공 구조도]

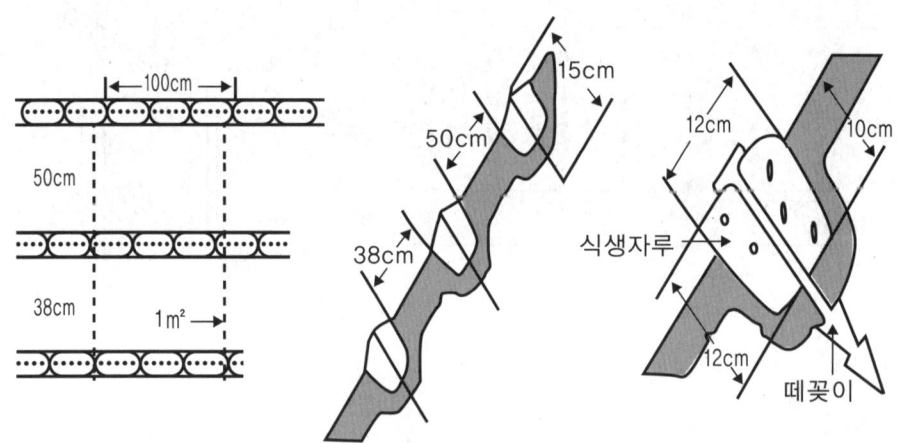

[식생자루 시공 구조도]

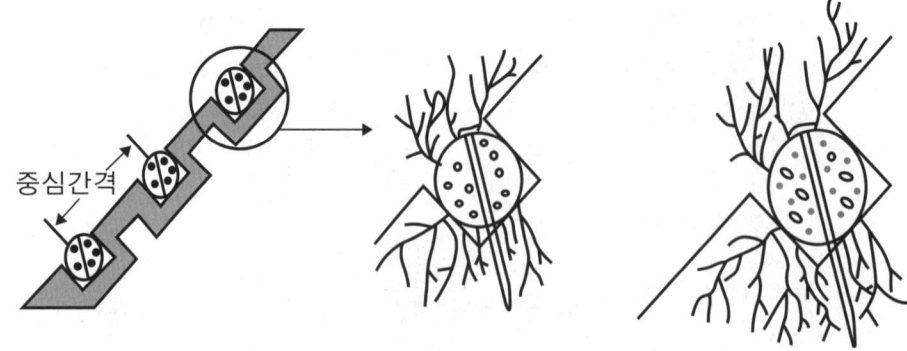

[식생대공 시공 구조도]

## 7) 비탈덮기

① 계단 사이와 급경사 사면을 피복하여 강수에 의한 표토의 유출방지와 식생의 조성·녹화를 위해 시공하며 재료에 따라서 짚, 거적, 섶, 망, 합성재덮기 등이 있다.

② 시공 장소는 물과 서릿발 등에 의하여 사면 침식이 우려되는 급경사면 또는 하부가 노출된 급경사면으로, 종자 유실이 우려되는 사면이 적합하다.

## 8) 등고선 구공법

산복 비탈면에 등고선 방향으로 수평구를 설치하여 표면유출에 따른 이수기능의 감소를 저지하고, 토양침식과 토사 이동을 저지하여 식물의 생육에 필요한 수분을 공급하는 공법이다.

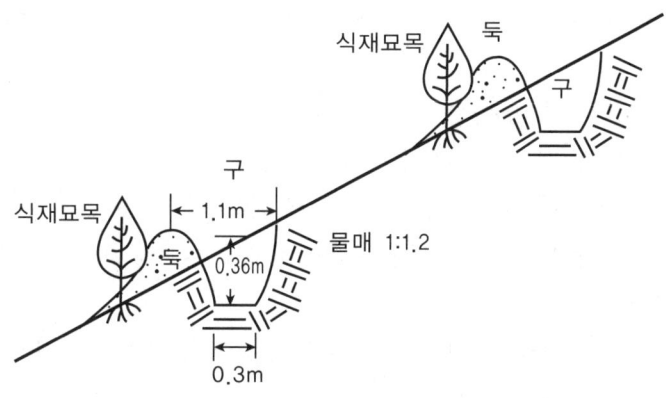

# 제4장 야계 사방공사

## 1 계천 사방공작물의 종류와 기능

① 사방댐 : 황폐 계류상에서 종횡침식으로 인한 돌, 자갈, 모래, 흙 등과 같은 침식 및 붕괴 물질을 억제하여 산사태로 인한 토석류 피해를 저지하기 위하여 계류를 횡단하여 설치하는 공작물이다.
② 구곡막이 : 구곡의 침식을 방지하기 위한 계간 사방공작물로서 계류의 물매를 수정하여 유속을 완화시켜 계상을 보호하고, 산각을 고정하며, 운반 토사를 촉진하기 위하여 구곡이나 구곡과 같은 다른 황폐계곡에 축설하는 일종의 작은 댐이다.
③ 바닥막이 : 황폐계류나 야계의 바닥침식을 방지하고 현재의 바닥을 유지하기 위하여 계류를 횡단하여 축설한다.
④ 기슭막이 : 계안의 횡침식을 방지하고 산복공작물의 기초 및 산복붕괴의 직접적인 방지 등을 목적으로 계안을 따라 실시한다.
⑤ 수제 : 한쪽 또는 양쪽 계안으로부터 유심을 향하여 적당한 길이와 방향으로 돌출한 공작물로서 주로 유심의 방향을 변경시키기 위하여 시공한다.
⑥ 계간수로 : 주로 모래 및 퇴적지 또는 구불구불한 계간수로의 흐름을 방지하고 종횡침식을 방지하여 유로의 확정과 함께 하도의 안정을 도모하기 위하여 시공한다.

## 2 사방댐

### 1) 사방댐의 정의
돌, 자갈, 모래 등의 침식 및 붕괴 물질을 억제하여 산사태로 인한 토석류 피해를 방지하기 위해 설치한다.
① 산지와 하류지역의 보전을 위해 상류지역의 계상이 고정되지 않는 황폐계류에 시공 설치한다.
② 최근에는 산불 진화 취수용, 농업용수 공급원 등으로 활용할 수 있도록 시공하며, 그 규모도 폭 50m까지 커지고 있다.
③ 사방댐의 기능
  ㉠ 계상의 물매를 완화하고 종횡침식을 방지
  ㉡ 산각의 고정과 산복붕괴 방지

ⓒ 계상에서 퇴적한 불안정한 토사의 유출억제와 조절
ⓓ 산불 진화용수 및 야생동물의 음용수 공급
ⓔ 계류 생태계 보전

④ 사방댐의 종류 : 콘크리트 사방댐, 전석 사방댐, 돌사방댐, 철강재틀 사방댐, 스크린 댐, 슬릿트 댐 등이 있다.

[전석 사방댐]

[버트리스 사방댐]

[콘크리트 사방댐]

[목재 사방댐]

※ 수원 저수지, 수원 계류의 취수시설지로 유입되는 탁수, 산간소 계류 주변의 산업시설, 휴양시설 등지에서 배출되는 오폐수의 수질을 정화하기 위해 설치하는 사방댐에는 강제틀 댐, 스크린 댐, 슬릿트 댐 등이 있다.

⑤ 사방댐의 부위별 명칭

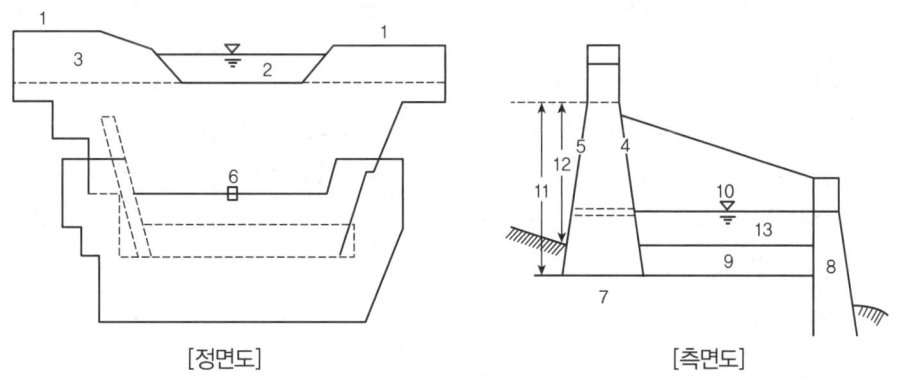

[정면도]   [측면도]

1 : 댐 둑마루  2 : 방수로  3 : 댐 둑어깨  4 : 반수면  5 : 대수면  6 : 물빼기 구멍  7 : 댐 둑 밑
8 : 앞댐  9 : 물받이  10 : 측벽  11 : 댐 높이  12 : 댐 유효높이  13 : 물방석(Water Cushion)

## 2) 사방댐의 설계 요인

① 위치
  ㉠ 계상 및 양안에 암반이 존재해야 한다.
  ㉡ 상류부가 넓고 댐자리가 좁은 곳이어야 한다.
  ㉢ 지계의 합류점 부근에서 댐을 계획할 때에는 일반적으로 합류부의 하류부에 설치한다.
  ㉣ 계단상 댐을 설치할 때 추정퇴사선과 구계상 만나는 지점이 위치하도록 한다.

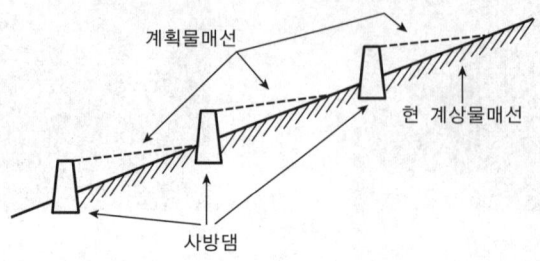

[저댐군의 배치]

② 방향
  ㉠ 유심선에 직각으로 설정한 선을 댐의 방향으로 설정한다.
  ㉡ 곡선부에 계획하는 경우에는 방수로의 중심선에서 유심선의 접선에 직각으로 설정한다.

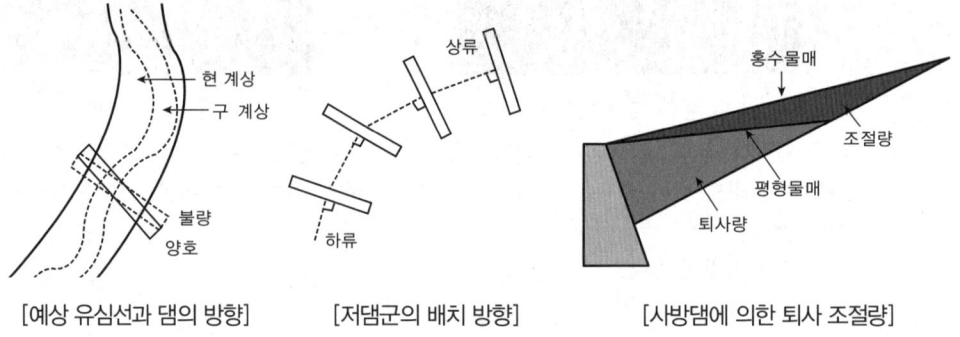

[예상 유심선과 댐의 방향]　　[저댐군의 배치 방향]　　[사방댐에 의한 퇴사 조절량]

③ 높이의 결정
  ㉠ 시공 목적, 지반의 상황, 계획 기울기, 시공 지점의 상태 등을 고려하여 결정한다.
  ㉡ 규모가 큰 붕괴지에서는 비교적 높게 하며, 계안붕괴지에서는 낮게 한다.
  ㉢ 토석류 방지용 댐은 충분한 여유를 갖는 높이로 하고 저사 목적일 때는 가급적 낮게 한다.

④ 반수면 기울기
  ㉠ 6m 미만인 댐에서는 1:0.3을 표준으로 한다.
  ㉡ 6m 이상인 댐에서는 1:0.2를 표준으로 한다.
  ※ 대수면 기울기는 직각이거나 1:0.1~0.2로 한다.

⑤ 방수로
  ㉠ 댐의 유지면에서 매우 중요하며 크기는 집수 면적, 강수량, 산림의 상태, 산복의 경사 등에 의해 결정한다.

ⓒ 일반적으로 사다리꼴을 많이 이용하며 방수로의 양옆 기울기는 1:1 즉, 45°를 표준으로 한다.

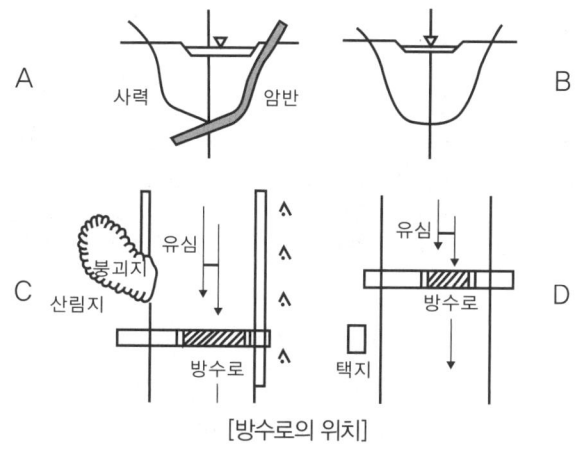

[방수로의 위치]

⑥ 물빼기 구명
    ㉠ 여러 개를 설치할 때는 하단의 물빼기 구명은 계상선 또는 댐 높이의 1/3 지점에 설치한다.
    ㉡ 상부에 설치하는 물빼기 구명은 여러 개를 수평으로 배치하도록 한다.

⑦ 중력댐의 안정 조건
    ㉠ 활동에 대한 안정 : 저항력의 총합은 원칙적으로 수평외력의 총합 이상이 되어야 한다.
    ㉡ 전도에 대한 안정 : 합력 작용선이 제저의 중앙 1/3 보다 하류 측을 통과하면 댐 몸체의 상류측에 장력이 생기므로 합력 작용선이 제저의 1/3을 통과하도록 한다.
    ㉢ 제체의 파괴에 대한 안정 : 제체에서의 최대 압축력은 그 허용압축을 초과하지 않아야 한다.

[전도에 대한 안정]

    ㉣ 기초지반의 지지력에 대한 안정 : 제저에 발생하는 최대압축응력이 지반의 허용압축강도보다 작으면 지반은 안전하다.

⑧ 물받침 : 방수에서 떨어지는 유수에 의해 댐의 앞 부분이 파이는 것을 방지하기 위해 설치하며, 물받이의 길이는 6m 미만의 보통댐에서는 물 높이의 2배, 이보다 높을 때는 1.5배 정도로 한다.

⑨ 물방석(Water Cushion)
    ㉠ 낙수의 충격을 완화하기 위해 본댐과 앞댐 사이에 설치하는 것으로, 잘 파괴되므로 견고하게 시공해야 한다.

ⓒ 최근에는 이 물방석이 여름에 어린이들을 위한 놀이터 기능을 하기도 한다.

⑩ 설계순서

지형 및 지질조사 → 측량 및 위치 선정 → 댐 방향과 높이 결정 → 댐 형식 및 계획 기울기(구배) 결정 → 방수로 및 기타 부분의 설계 → 콘크리트 배합 설계 → 댐 단면 및 물빼기 구멍의 설계 → 물받이 부위의 보호공법 여부 및 설계 → 가배수로 및 물받이 공법 설계 → 부대공사 설계 → 설계서 작성

## 3 골막이(구곡막이)

### 1) 골막이의 정의

침식성 구곡의 유속을 완화하여 종·횡침식을 방지하고, 수세를 줄여 산각을 고정하며 토사유출 및 사면붕괴를 방지하기 위해 시공하는 공작물이다.

### 2) 골막이의 종류

사용재료에 따라 돌, 흙, 떼, 바자, 돌망태, 콘크리트 블록, 통나무, PNC판 골막이로 나눈다.

① 돌골막이

  ㉠ 석재를 구하기 쉬운 곳이나 침식이 활성적이고 토사의 유하량이 많은 곳에 적합하다. 규모는 4~5m, 높이 2m 정도이고 방수로를 따로 만들 필요 없이 중앙부를 약간 낮게 한다.

  ㉡ 돌쌓기 기울기는 대체로 1:0.3으로 한다.

  ㉢ 반수면은 견치돌, 막깬돌로 쌓고 댐마루 높이의 1/2에 해당하는 뒤채움 자갈을 넣는다.

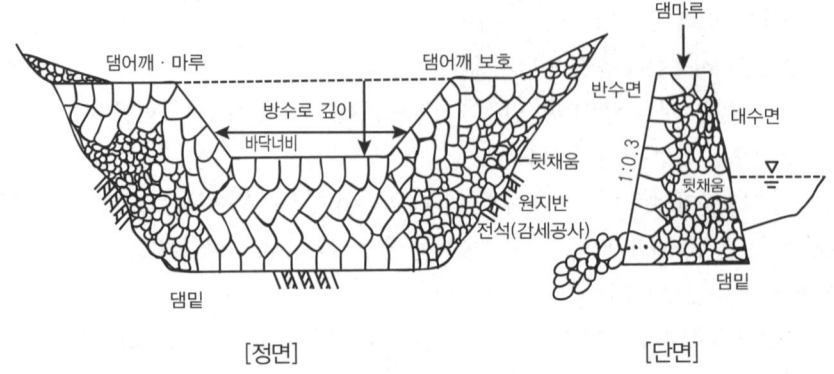

[돌골막이]  [돌골막이]

② 흙골막이 : 흙으로 골막이를 축설하고 댐마루의 반수면에 떼를 입혀 제체를 보호한다. 흙쌓기 비탈면의 표준 기울기는 대수면과 반수면에서 같이 1:1.5보다 완만하게 한다.

③ 바자골막이 : 통나무로 말뚝을 박고 버들, 사시나무, 기타 맹아력이 강한 지조를 엮어 만든다. 토심이 깊고 암반 노출이 없는 습한 곳에 축설한다.

④ 통나무골막이 : 횡목을 3.6m 간격으로 터파기 장소에 상·하 두 줄로 놓고 그 위에 종목을 60~70cm 간격으로 놓은 후 결속선으로 단단히 묶고 공간을 자갈이나 돌흙으로 채워 만든다.

## 4 바닥막이

### 1) 바닥막이의 정의

① 황폐계류나 야계바닥의 종침식 및 바닥에 퇴적된 불안정한 토사 석력(강이나 바다의 바닥에서 오랫동안 갈리고 물에 씻겨 반질반질하게 된 잔돌)의 유실 방지와 계류를 안정적으로 보전하기 위하여 시공한다.

② 계류바닥에 암반이 노출된 지점, 계류바닥이 침식으로 저하될 위험이 큰 지점, 계상이 낮아질 곳이나 지류가 합류되는 지점의 바로 아랫부분, 난류 발생지역 등에 시공한다.

### 2) 바닥막이의 종류

시공종류에 따라 돌바닥막이, 콘크리트 바닥막이, 돌망태 바닥막이 등이 있으나 돌 바닥막이가 가장 많이 사용된다.

[돌바닥막이]

## 5 기슭막이

### 1) 기슭막이의 정의
① 황폐계류에 의한 계안 및 야계의 횡침식을 방지하고 산각의 안정을 도모하기 위하여 계류의 흐름 방향에 따라 축설한다.
② 높은 수위의 계류흐름에 의한 계안 침식을 막기 위한 것으로, 옹벽과 유사하다.
③ 공작물의 기초부분이 세굴되지 않도록 깊이 파서 묻으며, 둑마루를 수평으로 유지하여 기슭막이의 뒷부분에 침식이 발생되지 않도록 한다.
④ 축석의 기울기는 1:0.3~0.5로 하고 물빼기구멍을 배치하여 뒷면으로부터 수압에 의해 붕괴되지 않도록 한다.

### 2) 기슭막이의 종류
돌, 콘크리트, 콘크리트 블록, 돌망태, 바자, 폐타이어, 통나무 기슭막이 등이 있다.

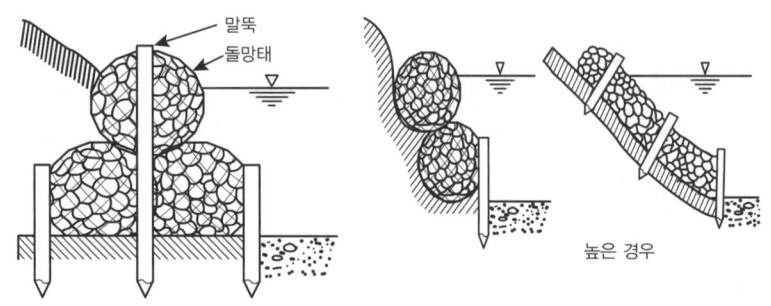

[돌망태 기슭막이]

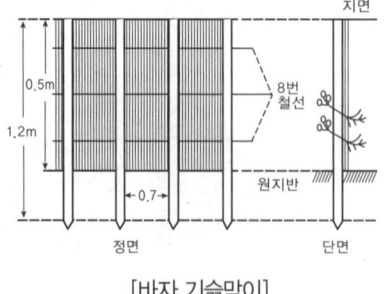

[바자 기슭막이]

[돌기슭막이(찰쌓기)]

## 6  수제

### 1) 수제의 정의
① 계류의 유속과 흐름방향을 변경시켜 계안의 침식과 기슭막이 공작물의 세굴을 방지하기 위해 둑이나 계안으로부터 돌출하여 설치하는 계간 사방공작물이다.
② 간격은 수제 길이의 1.5~2.0배가 적당하다. 길이는 가능한 짧은 것을 많이 설치하는 것이 효과적이며, 계폭의 10% 이내가 적당하다.
③ 수제의 높이는 유수의 저항, 전석, 하상의 변화 및 높이, 수제 근부의 높이 등을 고려하여 결정한다.

### 2) 수제의 종류
돌출각도에 따라 상향수제, 하향수제, 직각수제로 나눈다.
① 상향수제 : 수제 사이의 사력토사 퇴적이 하향수제나 직각수제에 비해 많고 두부의 세굴작용이 가장 강하다.
② 하향수제 : 수제 사이의 사력토사 퇴적이 직각수제보다 적고 두부의 세굴 작용이 가장 약하다.
③ 직각수제 : 수세 사이의 중앙에 토사의 퇴적이 생기고 두부의 세굴작용이 비교적 약하다.

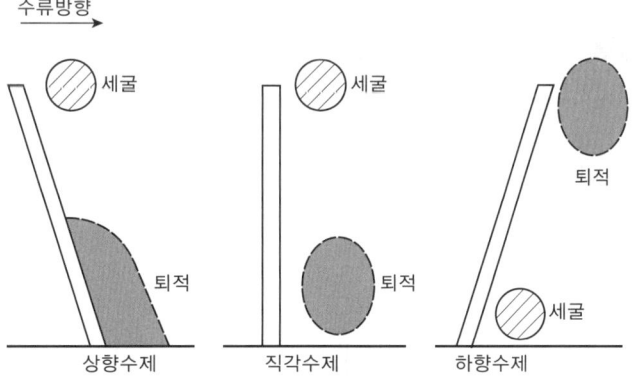

[수제의 방향에 따른 세굴 및 퇴사작용]

### 3) 수제의 구조

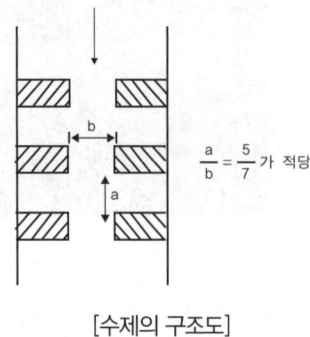

[수제의 구조도]

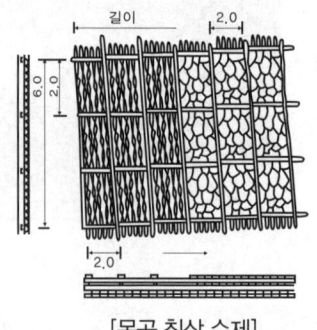

[목공 침상 수제]

## 7 계간수로

① 수로 변경공사(물줄기 바로잡기공사) : 농경지에 접한 산기슭의 구불구불한 유로를 홍수 시에 물 흐름이 원활하도록 교정 시행하는 것을 말한다.
② 수로 정리공사(냇바닥 치우기공사) : 유로에 산재한 돌이나 암석 등을 제거하거나 파인 곳을 메워 유로의 흐름을 원활하게 하는 것이다. 일반적으로 계간 수로공사는 수로 변경공사와 수로 정리공사가 동시에 진행된다.
③ 호안공사 : 수로 변경공사 시 깎고 쌓은 양안을 돌이나 콘크리트 블록 또는 돌망태로 보호하는 공사이다.
④ 사석공사 : 호안공사의 밑막이, 댐 물받이 하류의 세굴방지를 위하여 잡석을 깔아 놓는 공사이다.

## 8 모래막이

① 유출 토사량이 많은 상류지역이나 호우 등에 따른 과도한 토사유출에 의한 재해예방의 목적으로 유로의 일부를 확대하여 토사류를 저류하기 위해 설치한다.
② 토사반출을 고려하여 선상지대에 시공하며, 모래막이의 용량은 강우량, 유역면적, 지형, 지질, 황폐 정도 등에 따라 결정된다.
③ 유로의 일부를 확대하고 그 상·하류에 바닥막이 공작물을 설치하여 토사를 저류시키는 공법으로 시공한다.

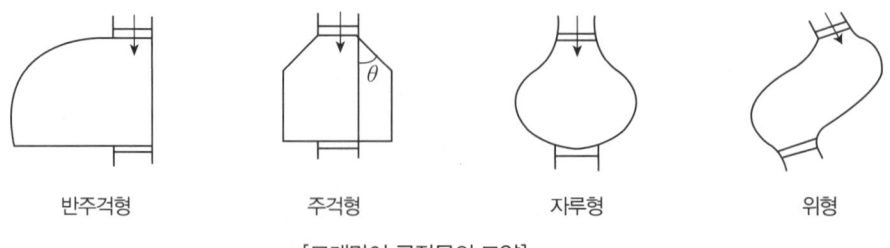

[모래막이 공작물의 모양]

## 9 야계사방

### 1) 야계사방의 정의
① 야계 : 황폐계류가 계곡 밖에서 농경지 등과 접속된 침식성이 높은 자연계천을 말한다.
② 야계사방 : 황폐계류의 계상 및 계안에 공작물을 설치하여 계천의 종·횡침식을 방지하고 산각을 고정하여 계류의 안전유출을 기하는 것이다.

### 2) 황폐계류의 유역구분
① 황폐계류 : 평상시에는 유량이 적으나 비가 많이 오면 계천이 범람하여 도로 및 농경지가 유실되고 계상침식에 의한 토석류 등으로 계상 자체가 황폐화되는 것을 말한다.
② 황폐계류의 특성
  ㉠ 유로의 연장이 비교적 짧고 계상의 물매가 급하다.
  ㉡ 유량은 강우나 융설 등에 의해 급격히 증가하거나 감소한다.
  ㉢ 유수는 계안과 계상을 침식하고 사력을 생산하여 하류부에 유출한다.
  ㉣ 호우가 끝나면 유량이 격감되고 사력의 이동도 중지된다.
③ 황폐계류의 유역 구분

| 유역구분 | 위치 및 특성 | 공작물 |
|---|---|---|
| 토사생산구역 | • 최상류부<br>• 토사 생산 왕성<br>• 계상기울기가 현저히 저하 | 횡공작물 설치 |
| 토사유과구역 | • 생산된 토사를 이동시키는 구역<br>• 침식 및 퇴적이 적음<br>• 협곡을 이룸 | 종공작물 중심 |
| 토사퇴적구역 | • 최하류<br>• 계상의 기울기가 완만<br>• 계폭이 넓음 | 모래막이, 수로내기 |

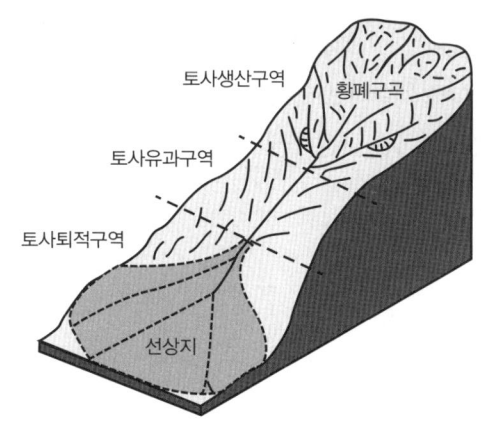

### 3) 야계의 구분

① 유역의 크기에 따른 구분
   ㉠ 소야계 : 유역 면적 10~20ha
   ㉡ 중야계 : 유역 면적 20~100ha
   ㉢ 대야계 : 유역 면적 100ha 이상 1,000ha 내외

② 지류의 유무에 의한 분류
   ㉠ 단일야계 : 지류가 없는 야계
   ㉡ 복합야계 : 지류가 2개 이상인 야계
   ㉢ 야계적 하천 : 계류바닥의 기울기가 대개 6% 정도인 야계

### 4) 야계사방의 설계 및 시공

① 계천 바닥의 기울기 조정 : 황폐계천의 기울기는 불규칙하고 급하므로 계천 바닥을 침식하지 않는 최대 기울기인 보정기울기로 조정해야 한다.
② 보정기울기는 안정 구배라고도 하며 자갈의 모양, 크기, 유수의 밀도, 지형적 기복 상태에 따라 달라진다.
③ 보정기울기는 대략 3% 내외이며, 현 계천 바닥 기울기의 1/2~1/3 정도로 결정한다.

### 5) 계간 사방공작물의 설계 및 시공

① 계간 사방공작물의 계획 : 규모는 되도록 작고 효과는 크며 자연친화적인 시공법을 적용할 수 있도록 한다.
② 계류바닥의 기울기를 완화하고 계류의 침식을 방지하려는 곳에 사방댐 또는 바닥막이를 연속적으로 배치한다.
③ 산기슭을 고정하고 붕괴를 방지하려는 곳에 사방댐으로 계류 바닥을 높여 산기슭을 고정하거나 산기슭에 붙여서 기슭막이를 공사로 고정한다.
④ 황폐유역에 유출되는 토사 자갈의 저류를 목적으로 하는 곳은 다소 높은 댐을 건설하되 기초는 단단한 암반이고 댐 위쪽에 넓은 저사지를 가지는 장소를 택한다.
⑤ 모래, 자갈 퇴적지의 난류방지 및 계류바닥의 고정을 목적으로 하는 곳은 기슭막이와 수제로 난류를 조정하고 바닥막이를 계단식으로 배치한다.
⑥ 계류바닥의 유지를 목적으로 하는 곳은 바닥막이공사를 계단식으로 배치 시공한다.

# 제5장 특수 사방공사

## 1 산불 피해지 복원공사

### 1) 대형 산불
① 1건의 산불로서 피해 면적의 규모가 30ha 이상으로 확산된 산불 또는 24시간 이상 지속되고 화선의 길이, 화세, 연소물질의 양 등을 고려하여 진화가 어려울 것으로 판단되는 산불을 말한다.
② 발생 원인
  ㉠ 입산자 실화 : 등산객의 담뱃불, 모닥불, 취사행위 등
  ㉡ 논 밭두렁 태우기, 농산 폐기물 태우기, 쓰레기 태우기 등
  ㉢ 담뱃불 실화 : 행인, 차량 등의 담뱃불 투기에 의한 발화
  ㉣ 성묘객 실화 : 묘지 주변에서 성묘객의 부주의에 의한 실화
  ㉤ 어린이 불장난 : 어린이들의 쥐불놀이 모닥불에 의한 실화 등

### 2) 복원 대책
① 산림 피해지 복구 원칙
  ㉠ 자연복원과 인공복원을 조화롭게 병행하며, 입지 환경을 고려하여 생태적 시업을 적용한다.
  ㉡ 복구 방향에 주민 의사를 최대한 반영한다.
  ㉢ 피해지 대부분이 주거지에 인접할 경우 환경 훼손을 최소화한다.
  ㉣ 주민의 소득 증대를 위하여 산림에서의 소득원을 개발한다.
  ㉤ 농업지대로서 저수지가 많을 경우 수자원 보호를 위한 시업을 적용한다.
  ㉥ 급경사지에 대한 토사 유출 방지로 안전을 도모하고 지형을 보전한다.
② 조림적 복구 대책
  ㉠ 산불 피해는 소나무림이 활엽수림보다 크고, 자연복원력은 반대로 활엽수림이 소나무림보다 우수하며 자연복원지가 인공조림지보다 종 다양성, 토양 보호 등의 측면에서 우수하다.
  ㉡ 인공조림의 경우에는 산불피해 직후에 산불 피해목 및 움싹 등을 제거하고 조림하면 토사 유월이 심한 것으로 나타났으며, 자연복원력이 없는 경우에는 종자 직파 및 보완 식재를 한다.
  ㉢ 주요 지역에 산불 피해를 최소화하기 위한 방화선을 설치하고, 대단지 조림지나 산불 발생 시 대규모 피해가 우려되는 지역에는 상수리나무, 굴참나무 또는 고로쇠나무 등 내화수종으로 방화수림대를 조성한다.

③ 사후 관리
　㉠ 산불 피해 지역의 항구적인 토사 유출 방지를 위해서는 사방댐 설치가 필수적이며, 재 유출 방지를 위해 필터공법이 병행되어야 한다.
　㉡ 토양침식에 의해 많은 양의 토사 및 양분이 유출됨으로써 피해 지역 자체의 황폐화를 초래할 수 있는 지역과 경사가 극심하여 산사태와 토양 침식이 심할 것으로 예상되는 지역에는 사방공사를 시행한다.
　㉢ 번식력이 뛰어난 초본류를 우선적으로 식재하며, 자연적인 복구가 바람직한 지역은 맹아의 생장을 방해하지 않는 범위에서 토사 유출을 방지할 수 있도록 흙막이공사 등을 실시하는 것이 바람직하다.
　㉣ 산불 진화와 각종 산림사업에 물을 공급하기 위하여 사방댐과 연계하여 담수시설을 설치한다.

## 2 폐탄 · 폐석지의 복원공사

### 1) 원인
① 폐탄 폐석지는 채광 및 채석(석재 채취) 등의 작업이 종료되어 인위적으로 토지의 형질 변화를 가져온 곳으로, 이곳을 식생녹화공사에 적합하도록 정리하고 붕괴 방지를 위한 사면의 안정공사를 실시한다.
② 폐탄 · 폐석지는 pH가 낮은 강산성 토양으로, 식물의 생장에 필요한 영양소가 부족하고 유해한 중금속 함량이 높으며 낮은 보습력으로 인하여 식물의 물질 생산 능력이 매우 저조하다.
③ 가급적 자연 친화적이고 경관적인 식생으로 훼손된 폐탄 · 폐석지를 빠른 시일 내에 복원하여야 한다.

### 2) 복원 대책
① 폐탄 · 폐석지에 대하여 비탈다듬기공사와 산물처리장 부지 정리공사를 실시한 후 안정녹화공사를 위한 공사 일정계획, 공정계획 등을 수립해야 한다.
② 안정녹화공사를 가능하게 하기 위하여 인접지 사이에 있는 보전구역이 붕괴되지 않도록 비탈면다듬기공사와 흙막이공사를 실시한다.
③ 잔벽면의 붕괴를 방지하기 위하여 암석의 풍화 정도와 암석 불연속면(균열부 등)의 방향 등에 따라 적당한 기울기가 유지되도록 사면을 다듬는다.

### 3) 시공 및 적용
① 복구 준비 조치공사 : 비탈다듬기공사와 잔벽소단 설치공사를 한다.
② 안정녹화공사 : 돌림수로의 흙막이 공사로 사면을 안정시키고 새 심기, 씨 뿌리기와 나무 심기 등으로 녹화한다. 폐광지의 오염물질을 흡수 · 고정하는 정화 능력이 높은 박달나무 등의 향토 수종을 선발 육성한다.

③ 낙상 및 붕괴 예방을 위하여 위해 방지시설(철책) 및 산비탈 돌쌓기를 설치한다.
④ 산물처리장 및 퇴적장구역 : 평탄 부분은 객토한 후 파식에 의하여 녹화시키며, 퇴적장의 불안정한 사면은 수로내기, 축대벽(옹벽), 흙막이공사 등으로 안정시킨다.
⑤ 진입로 등 기타 구역 : 완경사지로 계곡부의 붕괴 우려가 있는 곳은 계간부에 기슭막이, 골막이 등을 시공하여 계상과 산각을 고정하고 그 밖의 사면에는 새심기, 줄 씨 뿌리기와 나무 심기로 녹화한다.

### 4) 사후관리

① 석재, 콘크리트 공작물 등은 시공 직후 효과를 볼 수 있으나 파종, 식생 공사는 상당한 시일이 경과된 후 효과를 볼 수 있으므로 철저한 유지 관리계획이 필요하다.
② 공작물에 대하여는 점검표를 작성하여 주기적으로 점검하고, 특히 호우기에는 집중 점검을 실시하여야 한다.
③ 점검 시 공작물이나 식재 수목 등에 이상이 발견되거나 호우 등으로 훼손이나 파괴가 우려될 때는 즉시 보수하고 전체가 유실·파괴되지 않도록 초기에 보수하여야 한다.
④ 식재지의 병해충 방제 및 무육에 세심한 관리를 고려한다.

## 3 해안사방

### 1) 해안사방의 의의

해안사방은 해안지역대에 불어오는 바람에 의해 모래날림 현상, 조풍, 해수에 의한 피해를 방지하고, 이를 보호하기 위한 사구조정 공법과 사지조림 공법으로 나누어서 설명할 수 있다. 사구조성 공법은 인공적으로 앞모래 언덕을 만들어 모래의 이동을 막고, 사지조림 공법은 뒤쪽의 모래 언덕을 정리하여 해안림을 조성하는 데 목적이 있다.

### 2) 해안사방의 분류

① 해안 방재림 조성사업 : 해일, 풍랑, 모래 날림, 염분, 쓰나미 등에 의한 피해를 감소시키기 위하여 시행한다.
② 해안침식 방지사업 : 파도 등에 의한 해안침식을 방지하거나 복구하기 위하여 시행한다.

### 3) 모래언덕의 구분

① 치올린 모래언덕 : 바다에 있는 파도에 의하여 모래언덕이 형성된 것으로, 바다로부터 가장 가까운 곳에 위치해 있다.
② 설상사구 : 치올린 모래언덕에 쌓인 모래는 바닷바람에 의하여 계속 이동하는데, 장애물로 인해 그 앞뒤로 혀 모양으로 형성된 모래언덕이다.
③ 반월사구 : 설상사구의 모래가 바닷바람을 따라 지속적으로 이동하여 형성된 반달모양의 모래언덕이다.

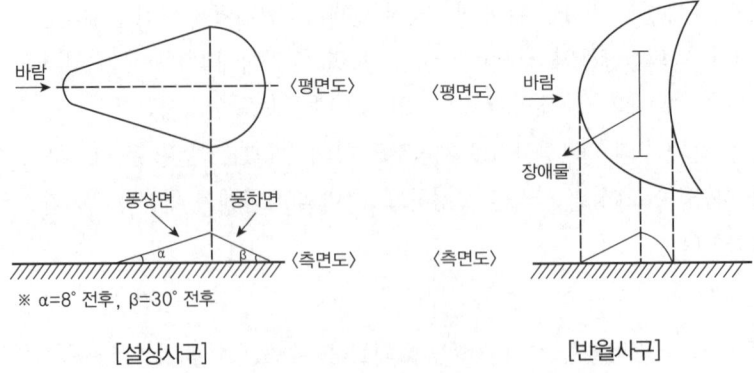

[설상사구]        [반월사구]

## 4 시공공법의 종류

### 1) 사구조성공법
① 퇴사울세우기
    ㉠ 퇴사울 : 바다 쪽에서 불어오는 바람에 의해 날리는 모래를 억류하고자 퇴적시켜서 사구를 조성하는 공작물을 말한다.
    ㉡ 퇴사울타리공법
       • 말뚝용 재료 : 곰솔, 소나무, 낙엽송, 삼나무 또는 잡목
       • 발의 재료 : 섶, 갈대, 대나무, 억새류 등    • 높이 : 1.0m
    ㉢ 퇴사울타리는 통풍성은 있어도 굴요성은 없는 것이 좋으며, 통풍 비율은 보통 1:1로 한다.

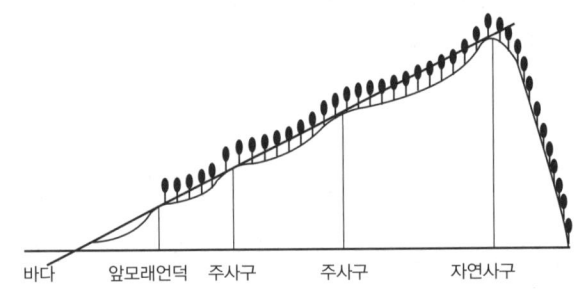

[앞모래언덕과 주사구의 배치]

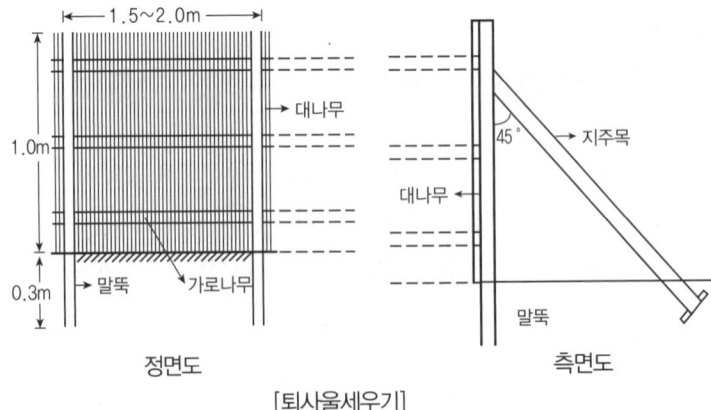

[퇴사울세우기]

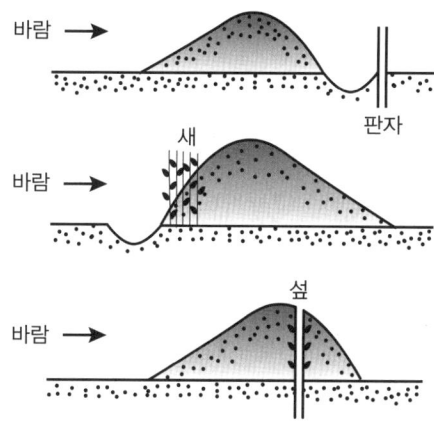

[퇴사울타리의 재료별 퇴사 모양]

② 구정바자얽기
ㄱ. 퇴사울타리공법에 의하여 공작물이 세워지더라도 바닷바람에 의해 무너질 염려가 있는곳에 바자를 매설하여 무너지지 않도록 하는 구조물이다.
ㄴ. 시공
- 위치 : 바닷바람에 의하여 무너질 우려가 있는 장소
- 발의 재료 : 바자, 통나무, 판자류, 초두부, 가시 등 조풍에 내구성이 있는 재료
- 높이 : 일반적으로 바자의 높이는 40~60cm로 하여 대부분 매설하도록 한다.

③ 인공성토공사 : 퇴사울타리에 의하여 사구를 조정할 수 없는 장소이거나, 긴급히 모래언덕을 쌓아야 할 장소에 실시한다.

## 2) 모래덮기

① 모래의 표면을 갈대, 거적, 새, 섶, 짚으로 피복하여 식생에 의하여 녹화될 때까지 날림을 방지하기 위한 공법이다. 퇴사울타리와 접사울타리가 설치된 곳에 시공한다.

② 소나무섶 모래덮기공법, 갈대 모래덮기공법, 사초심기공법(다발심기, 줄 심기, 망 심기) 등이 있다.

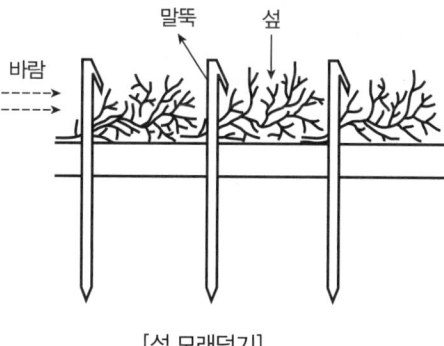

[섶 모래덮기]

## 3) 파도막이

모래언덕이 형성된 곳에 파도에 의한 침식을 방지하기 위해 설치한 공작물로서, 파도막이 바자얽기, 파도막이 울창얽기, 파도막이 돌망태 쌓기 등이 있다.

### 4) 사지조림공법

① 정사울세우기

㉠ 퇴사울세우기가 전방의 모래를 고정할 목적이라면 정사울세우기는 후방의 모래를 고정하면서 식생의 생육에 알맞은 환경을 제공하기 위한 공법이다. 모래날림을 방지하기 위한 모래덮기 공법과 사초심기 공법을 병행하여 실시한다.

㉡ 높이 및 크기 : 일반적으로 유효 높이는 1.0~1.2m로 구획하고 아랫쪽에 20cm 정도 모래 땅에 박아 빗물 등이 땅속으로 침투되도록 해야 한다.

㉢ 시공효과를 가장 크게 하기 위해서는 정사각형이나 직사각형으로 구획한다.

㉣ 섶세우기, 짚세우기, 갈대세우기 공법 등이 있다.

㉤ 구획의 크기는 한 변의 길이가 7~15m인 정사각형이나 직사각형으로 하는 것이 일반적이다.

㉥ 정사울타리 설치 후 내부에 ha당 10,000본을 식재한다.

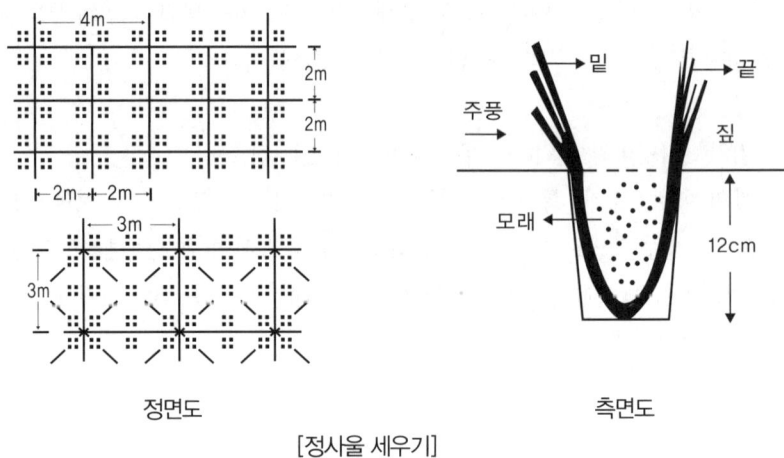

[정사울 세우기]

② 나무심기

㉠ 해안사구에 나무를 심기 위해서는 미리 모래덮기나 사초심기를 통하여 식물이 생육할 수 있는 환경을 조성할 필요가 있다. 또한 해안지역에 적합한 수종을 식재하여 조기에 해안림을 조성하는 것이 중요하다.

㉡ 수종의 구비조건
- 병충해게 강할 것
- 생활환경이나 풍치의 보전, 창출에 적합할 것
- 온도의 급격한 변화에도 잘 견딜 것
- 양분, 수분에 대한 요구량이 적을 것
- 모래날림, 조풍, 한풍 등의 피해에 잘 견딜 것
- 바람에 대한 저항력이 강할 것
- 울폐력이 좋고 낙엽, 낙지 등에 의하여 지력을 증진시킬 것

㉢ 대표 수종 : 곰솔, 소나무, 섬향나무, 노간주나무, 사시나무, 떡갈나무, 해당화, 아까시나무, 보리수나무, 자귀나무, 보리장나무, 싸리나무, 순비기나무, 팽나무 등이 있다.

㉣ 식재방법 : 산지사방보다 대묘를 사용하며, 객토는 부식토와 같은 비옥한 흙을 사용한다. 또한 수분의 증발이나 토양양료를 공급하기 위해서 짚, 녹비, 퇴비, 울타리 재료의 남은 부

수물을 함께 넣는다.
ⓜ 식재본수 : 해당지역의 수종, 지역, 기상조건 등을 고려하여 결정해야 하지만 일반적으로 10,000본/ha을 조림한다.

> **Check**
>
> **식재방법**
>
> 다발심기(把植, Bundle Planting), 줄심기(列植, Row Planting), 망심기(網植, Net Planting) 등이 있다.
> - 다발심기 : 사초를 4~8포기씩 모아 한 다발로 만들고, 30~50cm 간격으로 심는다. 묶음 모양을 둥글게 할 경우 둥근다발심기(丸把植)라 하고 편평하게 할 경우 넓적다발심기(平把植)라 한다.
> - 줄심기 : 1~2주씩 1열로 주(株)간 거리 4~5cm, 열간 거리 30~40cm로 심는데, 줄심기의 줄 방향은 주풍방향에 직각으로 한다.
> - 망심기 : 사초를 마치 바둑판의 눈금같이 종횡으로 줄심기하여 모래의 이동을 방지하도록 배치한다. 망구획 크기는 2m×2m로 하는데, 때로는 사이심기(間植)라 하여 망심기 내부에도 사초를 심는다. 일반적으로 바람받이 쪽에는 망심기를 하며, 바람의지 쪽에는 줄심기를 한다.

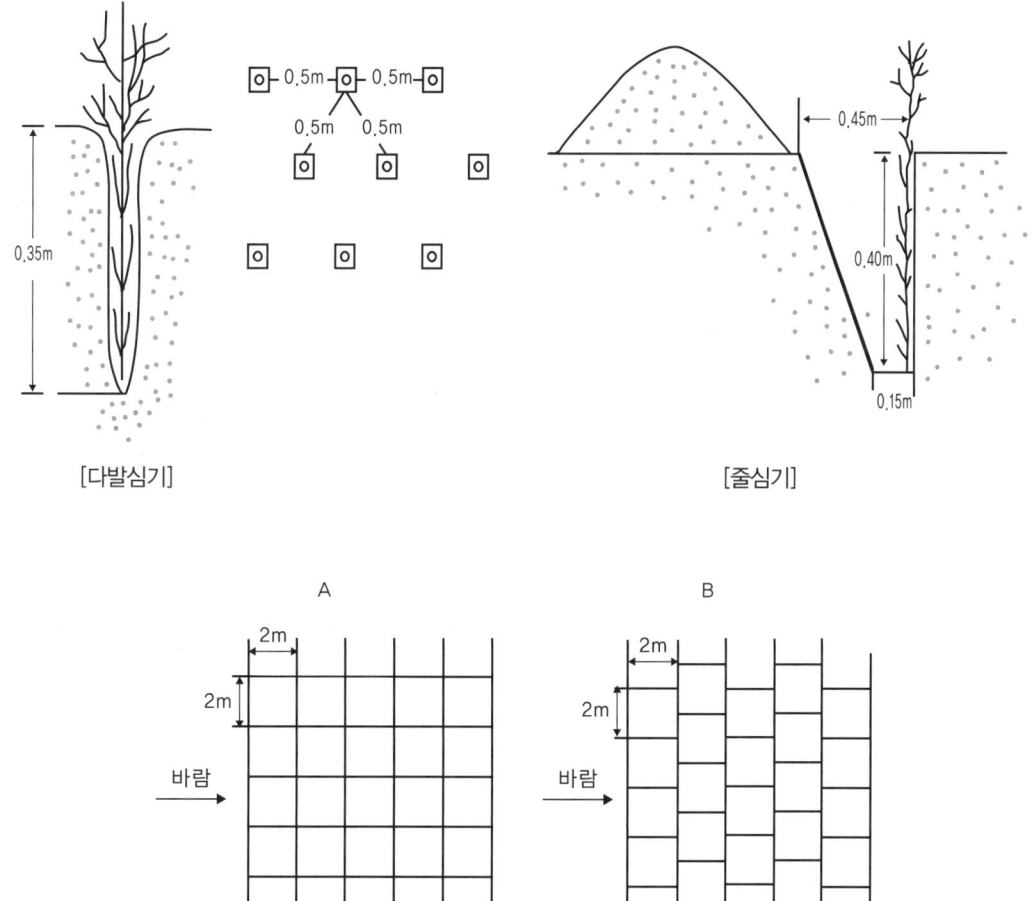

[다발심기]   [줄심기]

[망심기]

# 제6편

# 임업기계

# 제1장 임업기계

## 1 임업기계 일반

### 1) 임업기계화의 목적
① 노동 생산성 향상 : 노동투입량과 생산량의 비율로 정의되며, 농촌 노동력 감소와 고령화 등 산림작업 가용인력 확보난에 대한 대처방안이다.
② 생산비용의 절감 : 임업의 경영수익성을 확보하고 최소의 경비로 최대의 수익을 창출하는 것을 목표로 한다.
③ 중노동으로부터 해방 : 육체노동 감소로 노동조건을 질적 향상시킨다.
④ 임목수확작업에 있어 계획생산이 가능하다.
⑤ 지형 조건을 극복한다.
⑥ 생산속도의 증가와 상품가치의 향상을 도모한다.

### 2) 임업기계화의 효과
① 작업 능률의 향상
  ㉠ 기계톱 : 인력벌채에 비해 9~12배의 효율이 있다.
  ㉡ 트랙터 부착형 윈치나 가선계 집재기계 : 인력집재에 비해 3~5배의 작업 시간을 단축할 수 있다.
② 작업원의 노동 부담을 경감할 수 있다.

### 3) 기계화 벌목의 장점
① 원목의 손상이 적다.
② 인력을 줄일 수 있어서 경제적이다.
③ 동일 기계로 조재작업 또는 집재작업을 동시에 수행함으로써 장비의 이용률과 함께 작업생산성을 높일 수 있다.

### 4) 목재 생산방법에 따른 분류
① 전목 생산방법 : 임분 내에서 벌도목을 스키더, 타워야더 등으로 전목 집재한 후 임도변 또는 토장에서 가지 자르기, 통나무 자르기를 하는 작업형태이다. 프로세서 등 고성능 임업기계를 이용하여 소요인력을 가장 최소화(펠러 번쳐, 타워야더 작업시스템)한다.
② 전간 생산방식 : 임분 내에서 벌도와 가지 자르기만을 실시한 벌도목을 트랙터, 스키더, 타워야더 등을 이용하여 임도변이나 토장까지 집재하여 원목을 생산하는 방식이다.

③ 단목 생산방식 : 임분 내에서 벌도, 가지 자르기, 통나무 자르기 등 조재작업을 실시한 일정 규격의 원목으로 임목을 생산하는 방식으로, 주로 인력작업에 많이 활용한다.

### 5) 기계화 시공의 장단점
① 장점
- ㉠ 규모가 큰 공사를 효율적으로 시공하여 공사 기간을 단축할 수 있다.
- ㉡ 절·성토, 흙나르기, 흙다지기 등을 쉽게 처리할 수 있다.
- ㉢ 공사비를 절감하는 동시에 시공 능률이 증가한다.
- ㉣ 인력으로 어려운 공사도 기계 시공으로 무난히 완공할 수 있다.

② 단점
- ㉠ 기계의 구입 및 설비비가 비싸다.
- ㉡ 동력 연료, 기계부품, 수리비 등의 비용이 든다.
- ㉢ 숙련된 운전사 및 정비원이 필요하다.
- ㉣ 소규모 공사에는 인력보다 경비가 많이 든다.
- ㉤ 소음, 진동 등의 공해가 발생한다.

## 2 임업기계의 종류

### 1) 체인톱
조림예정지에서부터 임목의 벌채작업 등 산림작업에 널리 사용되는 휴대용 기계로서 소형에서 대형까지 그 종류도 매우 다양하다. 다이아프램식 기화기를 사용하여 좌·우, 상·하 기울기의 변화에도 시동이 정지되지 않는다. 엔진은 1분에 약 6000~9000회까지 고속회전하고 톱 체인도 초당 약 15m의 속도로 안내판 주위를 회전한다. 체인톱의 총 사용수명은 1,500시간 내외이다.

① 체인톱의 구조
- ㉠ 원동기부 : 엔진의 본체 즉, 실린더, 실린더 헤드, 피스톤, 피스톤 핀, 연접봉, 크랭크축, 크랭크 케이스, 머플러, 기화기, 연료탱크, 냉각용 팬을 겸한 플라이휠, 마그네트로부터 점화되는 점화장치, 시동장치 외에 쏘체인에 체인오일을 급유하기 위한 급유장치, 오일탱크, 목재 절단 시에 이용하는 스파이크, 체인톱을 움켜쥐고 조작·휴대 보행을 위한 핸들 등으로 구성된다.
- ㉡ 동력전달부 : 엔진의 동력을 톱 체인에 전달하는 부분으로 다이렉트 드라이브형은 원심클러치와 스프라킷으로 구성되며, 기어 드라이브형은 원심클러치, 감속장치 및 스프라킷으로 구성된다.
- ㉢ 톱날부 : 목재를 절단하는 부분으로 톱 체인, 안내판, 톱 체인 장렬조절 장치, 체인커버 등으로 구성된다.

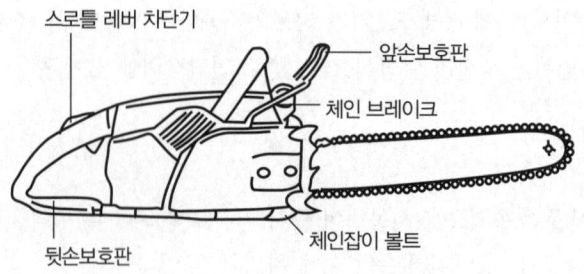

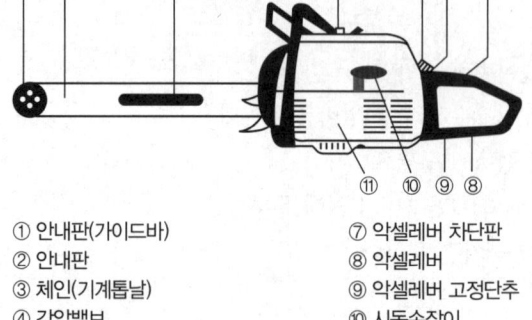

① 안내판(가이드바)
② 안내판
③ 체인(기계톱날)
④ 감압밸브
⑤ 전원스위치
⑥ 초크밸브
⑦ 악셀레버 차단판
⑧ 악셀레버
⑨ 악셀레버 고정단추
⑩ 시동손잡이
⑪ 시동뭉치

[체인톱의 주요 명칭]

◐ 연마각도에 따른 체인톱 톱날의 명칭

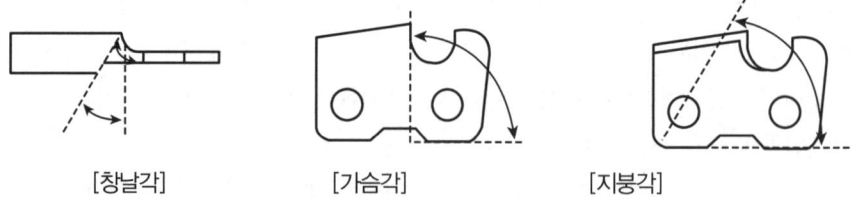

[창날각]     [가슴각]     [지붕각]

④ 체인톱 날의 종류별 연마 각도

|  | 대패형 톱날 | 반끌형 톱날 | 끌형 톱날 |
| --- | --- | --- | --- |
| 창날각 | 35° | 35° | 30° |
| 가슴각 | 90° | 85° | 80° |
| 지붕각 | 60° | 60° | 60° |
| 연마방법 | 수평 | 수평에서 10° 상향 | 수평에서 10° 상향 |

● **기계톱의 톱날구조**

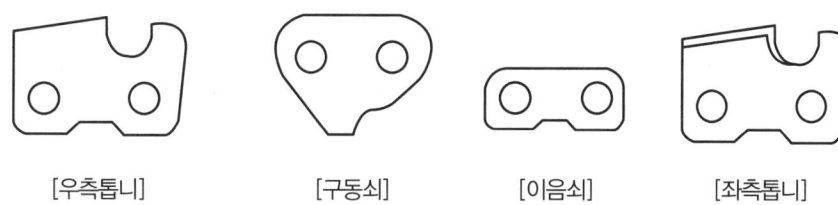

[우측톱니]      [구동쇠]      [이음쇠]      [좌측톱니]

② 체인톱의 안전장치
    ㉠ 핸드 가더 : 작업 중 가지와 체인톱의 튕김에 의한 손과 신체의 위험을 방지하는 장치이다.
    ㉡ 체인 캐처 : 체인의 관리가 제대로 되지 않으면 체인이 사용 도중 튀어나오거나 끊어질 수 있다. 이때 체인이 뒤로 튕겨나오는 것을 방지하는 장치이다.
    ㉢ 체인 브레이크 : 이동 중이거나 작업을 잠시 중단할 때 핸드 가더를 앞으로 밀게 되면 체인이 회전하지 않으며, 체인톱의 튕김에 손과 신체의 위험을 방지하는 장치이다.
    ㉣ 스로틀 레버 차단판(안전 레버) : 스로틀 레버 차단판을 정확히 잡지 않으면 스로틀레버가 작동하지 않도록 하는 안전장치이다.
    ㉤ 뒷손보호판 : 오른손 보호장치이다.
    ㉥ 정지 스위치 : 엔진을 신속히 정지시킬 수 있는 장치이다.

> **Check**
>
> **벌목 후 생기는 바버체어(Baberchair) 현상과 그 원인**
> 1. 바버체어 : 벌목 시 수간의 수직방향으로 갈라진 임목을 말하며, 임목의 밑둥이 제대로 절단되지 않고 쪼개지는 현상이다.
> 2. 원인 : 불충분한 수구작업에 기인되어 발생한다.
>
>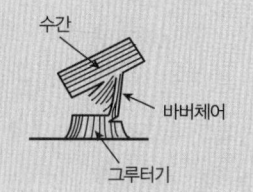

③ 체인톱의 구비조건
    ㉠ 중량이 가볍고 소형이며 취급이 용이할 것
    ㉡ 견고하고 가동률이 높으며 절삭능력이 좋을 것
    ㉢ 소음과 진동이 적고 내구성이 높을 것
    ㉣ 벌근의 높이를 되도록 낮게 절단할 수 있을 것
    ㉤ 연료소비, 수리유지비 등 경비가 적게 들어갈 것
    ㉥ 부품 공급이 용이하고 가격이 저렴할 것

④ 체인톱 작업 시 주의사항
    ㉠ 체인톱을 이용한 작업은 연속 2시간 이내에서 한다.
    ㉡ 이동 시에는 반드시 엔진을 정지한다.
    ㉢ 안내판의 끝부분으로 작업하는 것은 피한다.
    ㉣ 절단작업 중 안내판이 끼일 경우 엔진을 정지시킨 후 안전하게 처리한다.
    ㉤ 안전복, 안전장갑 등 보호장구를 철저히 갖추고 작업한다.
    ㉥ 작업 중 항상 정확한 자세와 발디딤을 유지한다.

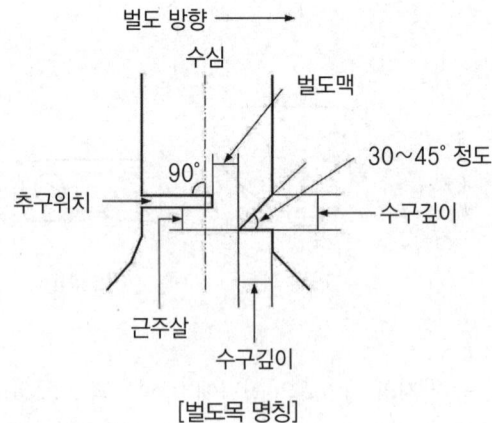

[벌도목 명칭]

⑤ 장비관리 요령
   ㉠ 일상점검(작업 전 점검)
      • 체인톱 외부, 연료 주입구, 소음기, 스프라킷 주변, 안내판 등의 오물 제거, 안내판 손질
      • 나사류의 느슨함, 외관상태 점검·수리, 에어필터 청소, 휘발유와 오일의 혼합
   ㉡ 정기점검
      • 실린더 냉각핀의 이물질 제거 및 손상유무 확인
      • 연료필터 및 오일필터를 휘발유로 세척, 점화 부분, 기계 몸체

## 2) 트랙터집재와 가선집재의 특성
① 트랙터집재
   ㉠ 장점 : 기동성과 작업생산성이 높고 작업이 단순하며 비용이 저렴하다.
   ㉡ 단점 : 환경에 대한 피해가 크고 완경사지만 가능하며 높은 임도밀도가 요구된다.
② 가선집재
   ㉠ 장점 : 입목 및 목재의 피해가 적고 낮은 임도밀도 지역과 급경사지에서도 작업이 가능하다.
   ㉡ 단점 : 기동성이 떨어지고 장비가 고가이며 숙련된 기술 및 세밀한 작업계획이 필요하다. 장비의 설치 및 철거시간이 필요하고 작업생산성이 낮다.

## 3) 야더집재기
원동기를 구비하고 와이어 가선과 이것을 저장하고 구동하는 드럼이 장착된 가공선 집재기계로 반송기와 각종 삭장방식을 이용한다. 다양한 가선집재방법을 활용할 수 있어 임목집재작업에 사용되는 가공선 집재기계의 대표적인 임업기계로 쓰인다.

① 특징
   ㉠ 드럼이 하나인 모토케이블에서 3개인 엔드리스 타일러 방식까지 다양하다.
   ㉡ 급경사지 임목수확작업에서 집재면적이 넓고 대경재의 목재생산에 사용한다.
   ㉢ 가선설치와 철거에 많은 시간이 걸리고 고도의 기술과 경험이 요구된다.
   ㉣ 작업 중 임지나 반출대장 목재의 손상이 적고, 급경사지 또는 계곡이 깊은 지형의 임지에서도 유용하게 사용할 수 있다.

⑩ 현장에 많은 와이어로프를 설치함으로써 가설에 비교적 많은 노력이 필요하고, 사용 및 가설과 철거에 있어서도 숙련도와 경험이 필요하다는 단점이 있다.

## 3 와이어로프

### 1) 와이어로프의 종류 및 특징

① 와이어로프는 가선집재와 운재삭도를 위한 가장 기본이 되는 장비로, 여러 종류가 있으므로 사용하는 용도에 알맞는 것을 선택해야 한다.
② 소정의 인장강도를 가진 와이어를 몇 개에서 몇 십 개까지 꼬아 합쳐 스트랜드를 만들고 다시 스트랜드를 심줄을 중심으로 몇 개 꼬아 합친 구조이다.
③ 꼬임의 방향에 따라 보통꼬임과 랑꼬임으로 구분한다.

| 보통꼬임 | 랑꼬임 |
| --- | --- |
| • 스트랜드의 꼬임방향과 스트랜드를 구성하는 와이어의 꼬임방향이 역방향이다.<br>• 킹크가 생기기 어렵고 취급이 용이하다.<br>• 집재가선의 되돌림줄, 짐당김줄 등 일반 작업줄에 적당하나 쉽게 마모된다. | • 스트랜드의 꼬임 방향과 스트랜드를 구성하는 와이어의 꼬임 방향이 같은 방향이다.<br>• 킹크가 생기기 쉬우나 마모와 피로에 대해 강하며 가공본줄에 사용한다. |

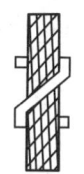   

보통 Z꼬임    보통 S꼬임    랑Z꼬임    랑S꼬임

[와이어로프의 종류]

### 2) 와이어로프의 구성 기호

① 구성 : 스트랜드의 본수×1개의 스트랜드를 구성하는 와이어의 개수
② 기호 : 와이어로프 표면의 처리상태 / 꼬임방법, 와이어로프의 지름, 와이어의 인장강도 등으로 표시

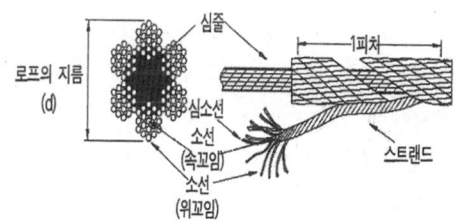

③ 스트랜드 수 6개, 와이어 개수 19개, 로프 지름 20mm, 컴퍼지션 유도장, 랑Z꼬임, 인장강도는 A종일 때 와이어로프의 구성기호는 '6×19 · C/L · 20mm · A종'과 같이 표시한다.

### 3) 와이어로프의 취급

① 와이어로프의 엉킴과 부분적 마모를 방지하기 위해 항상 틀에 감아 보관 및 운반한다.
② 산화작용을 방지하기 위해 유제품으로 표면처리가 되었으나 물과의 접촉을 삼가며 지면에 접촉되지 않도록 유의한다.

### 4) 와이어로프의 폐기 기준
① 와이어로프의 1피치 사이에 와이어가 끊어진 비율이 10% 이상인 것
② 지름이 7% 이상 감소된 것
③ 심하게 킹크 부식된 것

### 5) 와이어로프의 용도별 안전계수
① 가공본줄 : 2.7 이상
② 예인줄, 작업줄, 띠쇠줄, 버팀줄 : 4.0 이상
③ 짐달림줄, 호이스트줄 : 6.0 이상
④ 와이어로프의 안전계수 = $\dfrac{\text{와이어로프의 절단하중(kg)}}{\text{와이어로프에 걸리는 최대장력(kg)}}$

## 4 반송기

### 1) 반송기의 용도
목재를 적재하여 운반하며 가공본줄 위를 주행하는 반송기의 시브도르래는 본줄의 마모를 방지하기 위해 지름이 큰 것을 사용하는 것이 좋다. 일반적으로 시브도르래는 2개 또는 4개의 반송기가 사용되며 이때 지름은 각각 가공본줄 지름의 6배, 4배인 것이 좋다.

### 2) 반송기의 종류
① 보통반송기
② 슬랙풀 반송기
③ 계류형 반송기
④ 자주식 반송기

## 5 도르래

### 1) 도르래의 종류
① 삼각도르래 : 머리(앞)기둥과 꼬리(뒷)기둥에 장착되어 본줄의 지지를 감당하는 것으로서 보통 2개의 시브도르래를 가진 바깥쪽에 삼각형의 측판이 부착되어 있다.
② 쥠도르래 : 본줄의 적당한 삭장과 사용조건의 변화에 따른 삭장의 조절을 위하여 쥠줄과 조합하여 사용한다. 본줄 쪽의 것을 움직도르래(동골차), 앵커 쪽의 것을 고정도르래(정골차)라고 하며, 쥠도르래는 이들로 구성된 복도르래(복골차)이다.
③ 짐달림도르래 : 반송기에 매달려서 화물의 승강에 이용되는 도르래이다. 하부에 자유로이 선회하는 짐달림고리가 부착되어 있으며 필요에 따라 평형추를 장착한다.

④ 안내도르래 : 임지의 임내를 광범위하게 순회하는 작업줄의 안내에 이용되는 도르래이다. 띠쇠줄과 등지어 입목과 근주에 장착된다.

## 2) 도르래의 설치

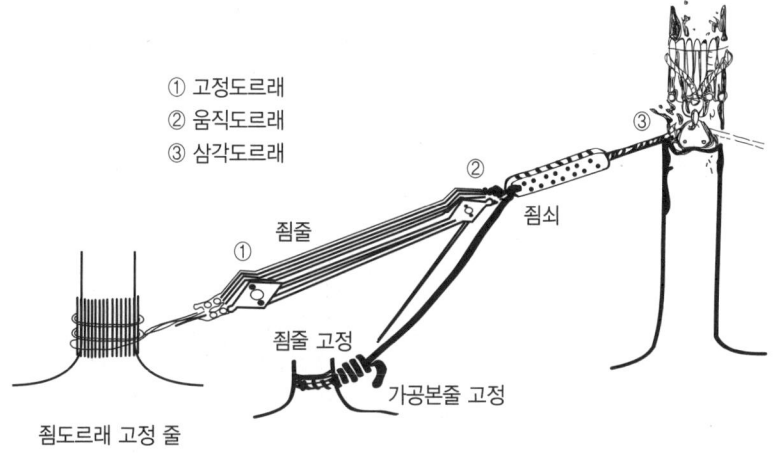

① 고정도르래
② 움직도르래
③ 삼각도르래

# 6 가선집재시스템

## 1) 가선집재시스템의 종류 및 특성

① 타일러식 : 짐을 메달아 올려서 머리(앞) 기둥 부근으로 이동하기 위한 짐올림줄과 반송기를 집재장소까지 반송하기 위한 되돌림줄로 구성된다. 짐달림도르래를 짐올림줄보다 무겁게 하여 지상에 내려지도록 하기 위해 짐달림도르래에 추를 달아놓을 필요가 있다.

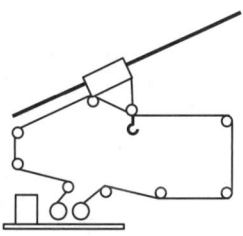

- 2드럼식
- 짐달림도르래 필요
- 가로집재 가능
- 잔존목 피해 큼

② 엔드리스 타일러식 : 타일러시스템과 비슷한 특징을 지니고 있지만, 주로 산위에서 아래로 나무를 내릴 때의 내림집재방법에 이용된다.

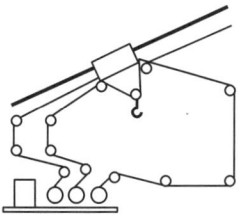

- 3드럼식
- 짐달림도르래 필요
- 가로집재 가능
- 완경사지 작업 가능

③ 폴링블록식 : 짐올림줄이 짐당김줄의 역할을 겸하는 특징을 가지고 있다. 주로 수평집재 또는 완경사의 내림집재방법에 사용된다.

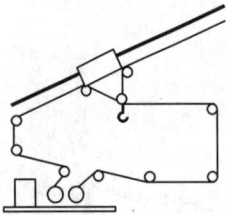

- 2드럼식
- 짐달림도르래 필요
- 다지간 작업 가능
- 구조 단순
- 가로집재 가능

④ 호이스트 캐리지식

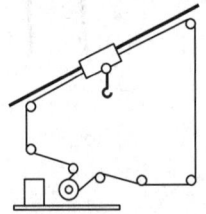

- 2개의 순환줄 필요
- 전용반송기 필요
- 가로집재 가능
- 사용 가능 기종이 다양

⑤ 스너빙식 : 중부 유럽 여러 나라에서 널리 사용되는 삭장방식으로, 아주 간단하게 삭장이 되어 급경사지에서 이용된다.

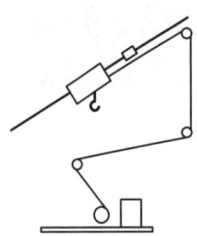

- 1드럼식
- 특수한 반송기 필요
- 구조 단순
- Stopper 필요

⑥ 슬래그 라인식

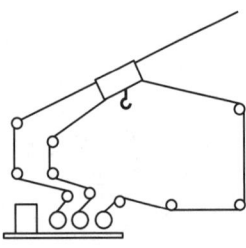

- 2드럼식
- Live 가공본줄

⑦ 하이리드식

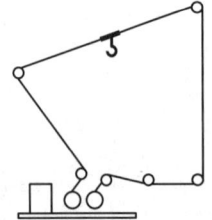

- 2드럼식
- 반송기 불필요
- 설치 및 작업 편리
- 작업속도가 빠름

⑧ 런닝스카이라인식

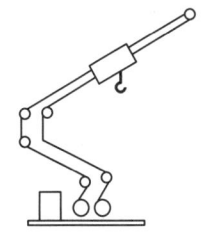

- 2드럼식
- 짐되돌림줄이 가공본줄 역할을 함
- 가로집재 가능

⑨ 단선순환식

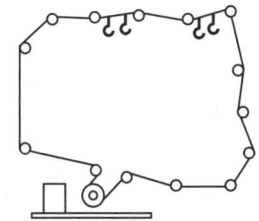

- 1드럼식
- 단선순환줄 이용
- 반송기 불필요
- 편단지 내 작업 가능

### 2) 가선집재 시스템에서 가공본줄 설치 예정지 노선 선정요령

① 준비작업 : 도상계획에 따라 사업지의 벌도, 반출계획 등을 고려하고, 항공사진 및 기본도를 충분히 활용한 집재간선의 배치를 합리적으로 실시한다.

② 답사 : 도면 및 기초자료를 근거로 정리하며 집재작업 예정지의 지형을 고려하여 집재기의 위치와 지주 및 임지저목장의 위치와 규모 등을 조사한다. 가선방식, 지주의 수종, 수고 및 흉고직경 등 기타 필요한 사항을 조사한다.

③ 집재선의 측량 : 트랜싯이나 휴대용 컴퍼스 등을 이용하여 지간 거리, 지간 경사각, 고저차, 장애물, 중간지지대, 기타 사항 등을 조사하고, 상황에 따라서 항공사진이나 기본도를 사용하여 예정선을 계획할 수 있으나 반드시 실측하여 지표면의 종단경사 및 중간지지대의 위치를 선정한다.

## 7 고성능 임업기계

다공정 임업기계 또는 다공정 임목수확기계라 하며 벌도, 가지 자르기, 통나무 자르기, 집재작업 등 임목수확작업의 단위 작업 중 한 가지 이상을 하나의 공정으로 일관되게 수행하는 대형차량계 또는 차량형 가선계 임업기계이다.

① 임목수확기계 : 펠러 번쳐, 프로세서, 하베스터, 포워더
② 가선계 다공정 임업기계 : 타워집재기
③ 기타 : 펠러 스키더, 펠러 딜림버

### 1) 고성능 임업기계의 종류

① 펠러 번쳐(Feller Bencher)
  ㉠ 디스크톱 방식, 체인톱 방식, 타이어식, 크롤러식이 있다.

ⓛ 펠러 번쳐와 트리 펠러는 모두 임목을 벌도하는 기계이나 트리 펠러는 단순히 벌도만 할 수 있고 펠러 번쳐는 벌목뿐만 아니라 임목을 붙잡을 수 있는 장치를 구비하고 있어서 벌도되는 나무를 집재작업이 용이하도록 모아쌓기할 수 있다.
ⓒ 차체가 기울어져도 벌도장치를 임목에 수직되게 하기 위하여 전후 좌우로 기울일 수 있는 틸팅 기능이 있고, 직경 50~60cm까지 절단이 가능하다.
ⓔ 어큐레이터(Accumulator) : 펠러 번쳐의 헤드 부분에서 벌도한 나무를 지면에 내려놓기 전에 잡을 수 있고, 벌도한 나무를 잡은 채로 다른 임목을 벌도할 수 있다.

② 하베스터(Harvester) : 벌도, 가지치기, 자르기, 집재 등을 모두 할 수 있는 대표적인 다공정 기계이다.
  ㉠ 체인톱이나 펠러 번쳐 등에 의해 벌도된 전목을 스키더나 타워 야더로 토장이나 임도에 집재한 후 집재목의 전목에 대해 가지를 제거하는 가지훑기, 집재목의 길이를 측정하는 조재목 마름질, 통나무 자르기 등 일련의 조재작업을 한 공정으로 수행하여 한 곳에 모아 쌓는 장비이다.
  ㉡ 프로세서와 달리 벌도기능을 가진다.
  ㉢ 임내에서 직접, 벌목, 조재를 하는 장비이므로 반드시 조재된 원목을 임내로부터 임지 저목장까지 운반할 수 있는 포워더 등의 장비와 조합해서 사용한다.

③ 포워더(Forwarder)
  ㉠ 하베스터에 의해 벌도된 원목을 차체에 탑재된 그래플로 상차하여 집재로나 경사지의 임내에서 임도변의 토장까지 집재·운반하는 기계이다.
  ㉡ 차체 최저 지상고가 높아 그루터기와 같은 장애물이 있거나 지형이 균일하지 않은 곳에서도 주행할 수 있는 주행성능과 6~15m³의 원목을 적재·운반할 수 있다.

④ 타워 야더(Tower Yarder)
  ㉠ 인공 철기둥과 가선집재장치를 트럭, 트랙터, 임내차 등에 탑재하여 주로 급경사지의 집재작업에 적용하는 이동식 차량형 집재기계로 가선의 설치, 철수, 이동이 용이하다.
  ㉡ 런닝 스카이라인 삭장방식과 전자식 인터로크를 채택하여 가설 및 철거가 용이하며, 최대 집재거리 300m까지 가선을 설치하여 상·하향 집재가 가능하다.

⑤ 트리 펠러(Tree Feller) : 임목의 벌목만 할 수 있는 임업장비로 현재는 거의 사용하지 않고 있다.
⑥ 프로세서 : 가지훑기, 집재목의 길이를 측정하는 조재목 마름질, 통나무 자르기 등 일련의 조재작업을 한 공정으로 수행한다.

## 2) 고성능 임업기계의 제약점
① 지형의 영향을 많이 받기 때문에 주행성이 좋은 기본장비에 탑재되어야 한다.
② 급경사지에서는 사용이 제한되며 임상이 균일한 임지 내에서만 작업이 가능하다.
③ 6개월 이상의 숙련도가 높은 작업원을 확보해야 한다.
④ 기계 고장 시 신속한 수리가 어려우므로 수리 가능한 인력 및 조직 확보가 필요하다.
⑤ 가격이 고가이므로 경제적인 운용을 위해 치밀한 사전작업계획이 작성되어야 한다.

◑ 임업기계별 작업 가능한 단위작업 구분

| 단위작업 | 트리 펠러 | 펠러 번처 | 하베스터 | 프로세서 |
|---|---|---|---|---|
| 벌목 | ○ | ○ | ○ | × |
| 지타 | × | × | ○ | ○ |
| 측정 | × | × | ○ | ○ |
| 절단 | × | × | ○ | ○ |
| 쌓기 | × | ○ | ○ | ○ |
| 소집재 | × | ○ | ○ | ○ |

## 8 집 · 운재 작업

### 1) 집재작업의 종류

① 인력에 의한 집재 : 목재 운반용 집재나 지게를 이용하며 중력을 이용한 굴리기, 던지기 등의 집재, 1.2~1.8m로 중간 직경 내외 원목 집제에 해당하며 작업능률이 낮다.

② 축력에 의한 집재 : 기계작업이 곤란하거나 경제성이 없는 지역에서의 집재로, 임도나 작업로 개설이 불필요하다.

③ 중력에 의한 집재 : 활로에 의한 집재(토수라, 목수라, 판자수라, 플라스틱수라), 와이어로프에 의한 집재 등의 방법을 사용한다.

④ 트랙터 집재

### 2) 집재가 끝난 임목의 부적절한 운재로 인해 발생하는 문제점

① 작업 간 안전사고 유발
② 작업시간 및 운반비용 증가
③ 생산재 손상에 따른 상품가치 하락
④ 생산재 낙하로 인한 주변 입목 손상 우려
⑤ 추가적인 임지 훼손 발생 우려

### 3) 임지저목장 설치

임지저목장은 집재목을 임도나 작업로를 이용하여 목재 집하장이나 제재소 등으로 운반하기 위하여 일정 장소로 운반 집재하는 곳을 말하며, 기본 설치 요령은 다음과 같다.

① 간벌작업은 임지저목장이 설치될 장소에서부터 실시한다.
② 작업로와 임도의 연결점 부근에 위치시킨다.
③ 곡선부, 협곡점, 언덕 부위, 습한 곳 등과 장비의 이동에 지장이 없는 곳에 설치한다.
④ 쌓기의 방향은 운재방향에 따른다.
⑤ 집적용량은 운반차량 용량의 최소한 반 정도 크기로 한다.

# 제2장 시공장비의 종류

## 1 굴착기계

### 1) 파워 셔블(Power Shovel)
디퍼(Dipper)를 아래에서 위로 조작하며, 기계가 위치한 지면보다 높은 곳을 굴착하는 데 적합하다.

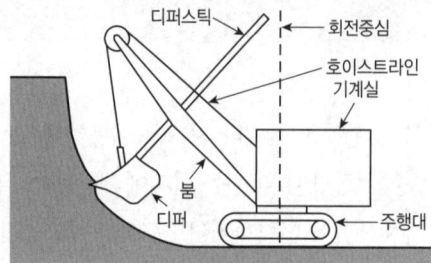

### 2) 드래그라인(Dragline)
긴 붐(Boom)과 로프를 이용해 반경이 크고 먼 곳까지 굴착한다. 하천이나 연약한 지반처럼 굴착 목적지에 접근하지 못하는 경우의 작업에 사용할 수 있으며, 수중 굴착에도 적합하다. 토질은 너무 단단한 것은 부적합하며, 덤프 트럭 등으로의 적재는 숙련을 필요로 한다.

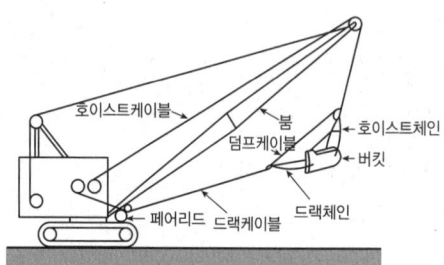

### 3) 백호(Back Hoe)
기계가 설치된 지반보다 낮은 곳을 굴착하는 데 적합하며, 수중 굴착도 가능하여 도랑이나 수로, 빌딩의 기초 굴착 등에 사용한다. 드래그셔블(Drag Shovel)이라고도 한다.

> $Q = 3600 \times q \times K \times F \times E / Cm$
> Q : 시간당 작업량, q : 디퍼용량, K : 디퍼계수(0.9), F : 토량환산계수,
> E : 작업효율(0.65), Cm : 1회 사이클 시간

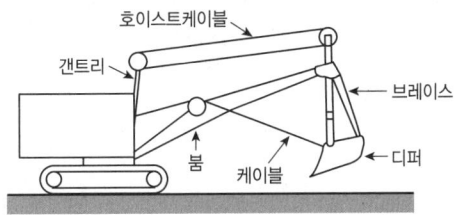

### 4) 소형 백호
지반보다 낮은 곳을 굴착하는 데 적합하며, 디퍼가 작아 옆도랑 작업 시 유용하다.

### 5) 록 브레이커(Rock Breaker)
소량의 암석인 경우 사용하며, 다른 기계에 비하여 경제적으로 유리하다.

### 6) 착암기(Rockdrill)
암석을 굴착한다.

### 7) 리퍼(Reaper)
도저나 트랙터의 뒤쪽 끝에 설치되어 굳은 지면, 나무 뿌리, 암석 등을 파헤치는 데 이용한다.

## 2 적재기계

### 1) 트랙터 셔블(Tractor shovel)
① 트랙터 앞면에 버킷을 장착한 적재기계로, 타이어 바퀴식과 크롤러 바퀴식이 있다.
② 크롤러 바퀴식은 트랙터에서 타이어 바퀴식에 비하여 중심이 낮아 경사지에서의 작업성과 등판력이 우수하고 회전반지름이 작다. 또한 견인력이 크고 접지면적이 커서 연약 지반, 험한 지형에서도 주행성이 양호하며 임지 작업도에 대한 피해가 적다.

### 2) 셔블 로더(Shovel Loader)
흙이나 목재 등을 셔블로 퍼 올려서 목적지까지 운반하여 배출하는 적재기이다.

## 3 운반기계

### 1) 불도저(Bulldozer)
예민비가 높은 점성토 지반에 많이 이용하며, 특히 습지 도저가 효과적이다.

### 2) 스크레이퍼(Scraper)
날을 사용하여 땅이나 노반을 긁고, 그 파편을 통에 담아 처리하는 기계이다.

### 3) 벨트 컨베이어(Belt Conveyor)
벨트를 활차에 의해 순환시켜 벨트에 얹은 물품을 주로 수평으로 운반하는 연속 운반 장치이다.

## 4 정지기계

### 1) 모터 그레이더(Motor Grader)
정지작업에 주로 사용되는 장비로 일명 표면장비라고도 한다. 정지장치를 가진 자주식의 것을 말하며 땅 고르기, 배수파기, 파이프 묻기, 경사면 절삭, 제설작업 등 여러 작업에 사용된다

## 5 전압기계

### 1) 머캐덤 롤러(Macadam Roller)
3륜 형식으로 쇄석, 자갈 등의 전압에 사용한다.

### 2) 탠덤 롤러(Tandem Roller)
2륜 형식으로 주로 머캐덤 롤러의 작업 후 마무리 다짐 또는 아스팔트 포장의 마무리에 사용한다.

### 3) 탬핑 롤러(Tamping Roller)
철륜 표면에 다수의 돌기를 붙여 접지압을 증가시킨 것으로, 깊은 다짐이나 고함수비 지반, 점성토 지반에 적합하며, 두터운 성토 전압작업에 이용한다. 돌기형태에 따라 Sheeps Foot Roller, Grid Roller, Tapper Foot Roller, Turn Foot Roller로 구분한다.

### 4) 로드 롤러(Road roller)
모든 흙에 사용이 가능하다. 전압효과를 증가시키기 위해서 블라스트(Ballast)를 설치하기도 한다.

### 5) 타이어 롤러(Tire roller)
접지압을 공기압으로 조절하여 접지압이 크면 깊은 다짐을 하고 접지압이 작으면 표면다짐을 한다. 기층이나 노반의 표면다짐, 사질토나 사질 점성토의 다짐 등 도로 토공에 많이 이용된다.

## 6 기타 임업기계

### 1) 굴삭기(Excavator)
주행차대에 상부 선회체를 설치하고 굴삭용 버킷을 장착한 것으로서, 다른 용도의 작업장치를 부착하여 사용할 수 있는 것도 이에 속하며, 규격은 작업 가능 상태의 중량(t)으로 표시한다. 무한궤도 또는 타이어식이 있다.

### 2) 로더(Loader)
① 무한궤도 또는 타이어식으로 적재장치를 가진 자체 중량 2톤 이상인 것을 말한다.
② 트랙터 전면에 버킷을 장착한 것이 이 기종의 표준형이며 연속식 적입기류와 백호부 로더 및 특수 로더도 이에 속한다. 규격은 표준 버킷의 산적용량($m^3$)으로 표시한다[예 $3.0m^2$(산적용량)].

③ 셔블 트럭 또는 페이 로더(Pay Loader)라고도 한다. 퍼올림, 들어올림, 배출 시의 셔블의 전도는 유압으로 하며, 동력으로는 내연기관이 사용되는 경우가 많다.
④ 셔블의 용량은 0.5~1m³이며, 역, 공장, 부두 등에서 낱개로 된 물건의 적재작업에 사용된다. 주행방식에 따라 크롤러형과 휠형으로 구분하기도 한다.

### 3) 기중기(Crane)

무거운 물건을 들어올리거나 수평으로 옮기는 기계이다. 오직 수직으로만 들어올리는 호이스트(감아 올리는 장치), 승객용 승강기와 곡물·석탄 등 산적물을 연속적으로 들어올리거나 이동시키는 컨베이어로 구별된다. 19세기초 증기기관·내연기관·전동기가 도입된 이후 기중기가 널리 사용되었다.

① 무한궤도 또는 타이어식으로 강재의 지주 및 선회장치를 가진 것이다. 다만, 궤도(레일)식인 것을 제외한다.
② 주행차대에 상부 선회체를 설치하여 붐 및 훅, 드래그 라인, 클램셀 또는 버킷 등의 작업장치를 장착한 것이 이에 속하며, 규격은 들어올림능력(t)과 그때의 작업반경(m)으로 한다(예 100t/3m).

### 4) 노상안정기(Road Stabilizer)

노상에서 전진하며 토사를 파쇄 또는 혼합하며, 유재 살포작업도 가능한 장비로, 혼합 폭과 깊이를 유지할 수 있는 성능을 갖고 있다. 유제탱크, 가열장치, 로터, 푸드, 압송펌프 등으로 구성된다. 유제탱크의 용량은 탱크 안에 저장할 수 있는 유제의 유효용량으로 표시되며 가열장치는 유제탱크 안의 아스팔트 등을 보온하기 위하여 버너 등으로 가열하는 장치이다. 유제를 밀어 보내는 펌프의 용량은 단위 시간당 토출량으로 표시한다.

#### ◐ 작업별 적정 기계의 종류

| 작업 | 기계 |
|---|---|
| 벌개 | 불도저, 레이크도저 |
| 굴착 | 파워 셔블, 백호, 크램셀, 트랙터 셔블, 불도저, 리퍼, 브레이커 |
| 싣기 | 셔블계 구착기(파워 셔블, 백호, 크램셀), 트랙터 셔블, 벨트콘베이어, 기타 연속식 적입기 |
| 굴착·싣기 | 셔블계 굴착기, 트랙터 셔블, 준설선 |
| 굴착·운반 | 불도저, 스크레이프 도저, 스크레이퍼, 트랙터 셔블, 준설선 |
| 운반 | 불도저, 덤프트럭, 벨트 컨베이어, 지게차와 토운차, 가공소도 |
| 땅 끝 손질 | 불도저, 모터 그레이더, 스크레이퍼 |
| 함수비 조절 | 스태비라이저, 프라우, 모터 그레이더, 살수차 |
| 다지기 | 로더 롤러, 타이어 롤러, 탬핑 롤러, 전동 롤러 콤팩터, 래머, 불도저 |
| 정지 | 모터 그레이더, 불도저 |
| 도랑 파기 | 트랜처, 백호 |

# 제7편

# 산림기사 기출문제

# 국가기술자격 필기시험문제

2011년 제1회 필기시험

| 자격종목 | 종목코드 | 시험시간 | 형별 |
|---|---|---|---|
| 산림기사 | 7632 | 1시간 | |

### 제1과목 : 조림학

**1** 주로 접목에 의한 번식방법을 이용하는 수종은?
① 오동나무
② 무화과
③ 개나리
④ 복숭아나무

**2** 소나무류(Hard Pine)와 잣나무류(Soft Pine)의 식별에 대한 설명으로 잘못된 것은?
① 잣나무류는 잎이 3~5개이고 소나무류는 2~3개다.
② 잣나무류의 실편(實片)은 끝이 얇고 가시가 없으며, 소나무류는 실편은 끝이 두껍고 가시가 있다.
③ 잣나무류는 가지에 침엽이 달렸던 자리가 도드라졌고 소나무류는 밋밋하다.
④ 잣나무류의 유관속은 1개이고 소나무류는 2개다.

**해설**
잣나무류는 가지에 침엽이 달렸던 자리가 밋밋하고 소나무류는 뾰족하다.
• 실편 : 구과의 모양
• 유관속 : 특수한 양분의 통로를 위한 조직

**3** 수분부족으로 스트레스를 받은 수목의 일반적인 현상이 아닌 것은?
① 생화학적인 반응을 감소시켜 효소의 활동을 둔화시킨다.
② 체내의 수분이 부족하여 팽압이 감소한다.
③ 춘재의 비율이 추재의 비율보다 일반적으로 더 많아진다.
④ Abscisic Acid를 생산하기 시작해서 기공의 크기에 영향을 준다.

**해설**
수분이 부족하면 생장이 둔화되므로 일반적으로 춘재의 비율이 작아진다.

**4** 봄에 종자를 뿌려도 그 해 중으로 싹이 트지 못하고 그 다음 해에 나오는 종자의 발아휴면성과 관계가 가장 먼 것은?
① 이중휴면성
② 종피불투수성
③ 종자의 지나친 성숙
④ 생장억제물질의 존재

**해설**
종자의 지나친 성숙은 종자의 발아촉진형상이다.

**5** 다음 수종의 종자들 중에서 발아력 검정에 소요되는 기간이 가장 짧은 것은?
① 주목
② 사시나무
③ 전나무
④ 느티나무

**해설**
주목-28일, 사시나무-14일, 전나무-42일, 느티나무-42일
• 발아가 잘되는 종자 : 소나무, 낙엽송, 자작나무, 물갬나무
• 발아가 잘되지 않는 종자 : 잣나무, 향나무, 주목, 옻나무, 복자기나무

**정답** 1.④ 2.③ 3.③ 4.③ 5.②

**6** 소나무 종자의 용적중이 500g/L, 실중이 10g 순량률이 90%, 발아율이 90%일 경우에 이 종자의 효율은?

① 81%
② 90%
③ 51%
④ 100%

**해설**
효율 = $\frac{90 \times 90}{100}$ = 81%

**7** 유령림 비배의 시비법 중 식재 전에 시비하는 방법은?

① 표층시비
② 측방시비
③ 식혈(植穴)토양하부시비
④ 원주상 또는 반원주상 시비

**해설**
나무를 심기 전에 구덩이의 하부에 시비를 먼저하는 방법은 식혈토양하부시비이다. 식물의 뿌리가 부식될 우려가 있다.

**8** 산림갱신과 관련된 용어 설명으로 옳은 것은?

① 소나무처럼 가벼운 종자는 성숙한 뒤 바람에 날려 떨어지는데 이것을 상방천연하종이라고 한다.
② 벌구는 일시 또는 일정 기간 안에 갱신하고자 하는 구역을 말한다.
③ 임형은 벌채방식과 목적에 따라 개벌림, 산벌림, 택벌림으로 구분된다.
④ 산벌은 주벌과 간벌의 구별 없이 3번의 벌채로 수행되기 때문에 3벌(伐)이라는 별명을 갖고 있다.

**해설**
임형은 나무의 종류나 성장조건, 동식물의 분포에 따라 나눈 산림의 유형이다.

**9** 묘목의 연령표시법 중 실생묘 표시법의 설명으로 틀린 것은?

① 1-0묘 : 판갈이를 하지 않은 1년이 경과한 실생묘목
② 1-1묘 : 파종상에서 1년, 판갈이하여 1년이 경과된 만 2년생 묘목
③ 1/2묘 : 뿌리는 2년, 줄기는 1년 된 묘, 1년생 실생묘를 대절하여 1년이 경과된 묘목
④ 2-1-1묘 : 파종상에서 2년 판갈이하여 1년, 다시 판갈이하여 1년을 지낸 만 4년생 묘목

**해설 실생묘의 묘령**
• 1-0묘 : 처음 1은 파종상에서 지낸 연수이고, 뒤의 0은 판갈이상에서 지낸 연수이다. 따라서 1년생의 실생묘이다.
• 1-1묘 : 파종상에서 1년, 그 뒤 한 번 이식되어 1년을 지낸 2년생 묘목이다.
• 2-0묘 : 이식이 된 사실이 없는 2년생묘이다.
• 2-1묘 : 파종상에서 2년, 이식상에서 1년을 보낸 3년생 묘목이다.

**10** 아래 그림은 융육(隆肉)이 발달한 가지의 모식도이다. 활엽수를 가지치기를 할 때 가장 양호한 절단 위치는?

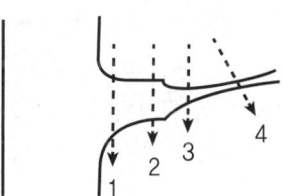

① 1
② 2
③ 3
④ 4

**해설**
활엽수는 지융부를 남기고 가지치기를 해야 한다.

정답  6.①  7.③  8.②  9.③  10.③

**11** 산림의 종류 중에서 순림의 장점이 아닌 것은?

① 경제적으로 유리한 수종만으로 임분을 구성할 수 있다.
② 산림작업과 경영이 간편하여 경제적으로 수행될 수 있다.
③ 임목의 벌채비용과 시장성이 유리하다.
④ 유기물의 분해가 빨라져 무기양료의 순환이 더 잘된다.

**해설**
순림의 장점
- 가장 유리한 수종만으로 임분을 형성할 수가 있다.
- 산림작업과 경영이 간편하고 경제적으로 수행될 수 있다.
- 임목의 벌채비용과 시장성이 유리해진다.
- 바라는 수종으로 쉽게 임분을 조성할 수 있다.
- 경관상으로 더 아름다울 수 있다.

**12** 임분전환을 위한 갱신수단의 설명으로 틀린 것은?

① 신규조림-현재까지 타용도의 무임목지로 있는 나지에 처음으로 실시하는 인공식재
② 재조림-개벌적지 또는 산지에서 최후의 종벌 후 나지에 대한 인공식재
③ 사전조림-임분의 시간적, 공간적 배열을 고려한 후 계림을 인공식재
④ 보식-인공갱신에서 조림목의 본수가 60% 이상 활착되지 못했을 경우 조림지를 완벽하게 보완하기 위해서 하는 인공식재

**해설**
- 보식 : 조림목의 본수가 80% 미만 활착되지 못하였을 때 실시한다.
- 재조림 : 조림목의 본수가 50% 미만 활착되지 못하였을 때 실시한다.

**13** 수목 호르몬인 지베렐린에 대한 설명으로 틀린 것은?

① 벼의 키다리병을 일으키는 곰팡이에서 처음 추출된 호르몬이다.
② 거의 모든 지베렐린은 알칼리성을 띤다.
③ 줄기의 신장을 촉진한다.
④ 개화 및 결실을 돕는 역할을 한다.

**해설**
지베렐린은 산성을 띤다.

**14** 간벌의 효과가 아닌 것은?

① 목재의 형질 향상
② 임목의 초살도(梢殺度)의 증가
③ 임분의 유전적 형질 향상
④ 산불의 위험성 감소

**해설** 간벌의 효과
- 생육공간 조절 : 수령과 생장이 증가됨에 따라 확장되는 일정한 생육공간에 대한 조절(밀도 조절)을 한다.
- 생장 조절 : 임분 구성에 부적당한 나무 또는 해로운 나무를 제거하여 임분의 가치를 증진시킨다.
- 형질이 우수하고 생장이 왕성한 임분 구성목이 되도록 임분 생장이 집중되도록 한다.
- 혼효조절로 임분목표의 안정화를 도모한다.
- 임분의 수직적 구조개선으로 임분 안정화(하층식생 발생촉진, 하층림 유지)를 도모한다.
- 임연부(숲 가장자리선, 숲 테두리선)를 보호 및 관리한다.
- 천연갱신 및 보잔목을 준비한다.
- 자연고사에 의한 손실을 방지한다.

**15** 보통 군상개벌작업에서 한 벌채구역의 크기는 얼마인가?

① 0.01~0.02ha
② 0.03~0.1ha
③ 0.5~1ha
④ 2~3ha

정답 11.④ 12.④ 13.② 14.② 15.②

**16** 묘목작업 가운데 밭갈이, 쇄토, 작상 작업의 효과가 아닌 것은?

① 토양의 통기성을 증가시켜 준다.
② 토양의 풍화작용을 지연시켜 준다.
③ 잡초발생을 억제한다.
④ 유용 토양미생물이 증가한다.

**해설** 정지
토양의 이화학적 성질을 작물의 생육에 알맞은 상태로 조성하기 위하여 파종에 앞서 토양에 가하는 각종 기계적 작업을 정지라 하며, 경운, 쇄토, 진압이 포함된다.
• 경운 : 토양을 갈아 일으켜 흙덩어리를 반전시키고 대강 부스러뜨리는 작업을 말한다.
• 경운의 효과 : 토양의 이화학적 성질(물리·화학적 성질) 개선, 잡초 및 해충의 경감 등의 효과가 있다.
• 쇄토 : 갈아 일으킨 흙덩이를 곱게 부수고 지면을 평평하게 고르는 작업으로 토양의 알맞은 입단 크기는 1~5mm 정도이다.
• 진압 : 파종하고 복토하기 전이나 후에 종자위를 눌러 주는 작업을 말한다.

**17** 간벌에 대한 설명으로 틀린 것은?

① 간벌은 원칙적으로 인공조림된 동령림분에 적용되는 조림기술로 확립되었다.
② 간벌은 크게 정성간벌과 정량간벌로 구분한다.
③ 정성간벌은 임목본수와 현존량으로 결정한다.
④ 지위가 상이면 활엽수종의 간벌 개시기는 20~30년이다.

**해설**
정량간벌은 임목의 본수와 현존량을 결정하여 수확량을 예측할 수 있다.

**18** 종자를 파종하고 흙덮기를 할 때 대개 종자지름의 몇 배 정도로 덮는가?

① 0.3~0.5배  ② 3~4배
③ 6~7배  ④ 9~10배

**19** 화학적 풍화작용으로서 땅이 회색 또는 담색으로 되는 경향이 있으며 습한 유기물이 쌓인 곳에서 주로 일어나는 작용은?

① 환원작용
② 산화작용
③ 가수분해
④ 탄산염화

**해설**
환원작용은 물체가 산소를 잃거나 물질이 전자를 얻는 즉, 음이온을 얻게 될 때 일어난다. 토양환원작용은 산소공급이 부족한 저습지나 물에 잠겨 있는 곳 또는 유기물을 함유하고 있는 곳에서 일어난다.

**20** 강산성인 묘포토양의 pH 값을 높이는 데 가장 효과적인 방법은?

① 질소 비료의 공급
② 탄산석회의 공급
③ 인산 비료의 공급
④ 칼륨 비료의 공급

**해설** 탄산석회
석회질 비료의 주성분이며, 산성토양을 개선하는 동시에 식물이나 과일에 칼슘성분을 제공해 주는 역할을 하기도 한다. 생석회라고 부르는 산화칼슘도 토질개선에 이용되기도 한다.

---

제2과목 : 산림보호학

**21** 산불진화 방법 중 맞불(Back Firing)을 놓는 위치로 가장 적당한 곳은?

① 화미(火尾) 방향
② 산화 진행 방향
③ 산화발생 예상 지역
④ 측면화(側面火) 방향

---

정답 16.② 17.③ 18.② 19.① 20.② 21.②

**22** 산불의 소화약제(消化藥劑)로서 이용되지 않는 것은?

① 제1인산암모늄(MAP)
② 보르도액
③ 제2인산암모늄(DAP)
④ Forexpan

**해설**
- 보르도액 : 살균제 농약으로 석회보르도액이라고 한다. 19세기 말경 프랑스 남부 보르도 시를 중심으로 한 포도재배지에서 황산구리와 석회의 혼합물이 포도 노균병에 효과가 있는 것을 발견한 이래 현재까지도 과수나 화훼작물의 보호살균제로 널리 사용되고 있다. 다른 농약과 달리 농가에서 직접 제조하여 사용해야 하는 특징이 있다.
- 인산암모늄 : 공중진화용에 주로 사용하는 약제이다.
- 소화약제 : 연소물을 냉각, 질식 또는 이 두 효과의 중복에 의하여 불을 끌 수 있는 물을 포함한 제반 소화약제를 말한다.

**23** 불리한 환경에 따른 곤충의 활동정지(Quiescence)와 휴면(Diapause)에 대한 설명으로 옳은 것은?

① 일장(日長)은 휴면으로의 진입여부 결정에 중요한 요소는 아니다.
② 활동정지는 환경조건이 호전되면 곧 발육이 재개된다.
③ 의무적휴면의 예는 미국흰불나방에서 찾아볼 수 있다.
④ 기회적휴면은 1년에 한 세대만 발생하는 곤충이 갖는다.

**24** 소나무잎에 충영을 형성하여 피해를 주는 솔잎혹파리의 방제방법으로 볼 수 없는 것은?

① 박새, 진박새, 쇠박새, 쑥새 등 조류를 보호한다.
② 포스파미돈 액제로 수간에 나무주사를 한다.
③ 솔잎혹파리먹좀벌을 이식하여 천적 기생률을 높인다.
④ 피해가 극심한 지역에 동수화제(銅水和劑)를 살포하여 구제효과를 높인다.

**해설** 솔잎혹파리
- 유충이 적송·흑송 등의 두침엽의 접합부에 기생하여 혹을 만들어 피해를 준다. 1년 1회 발생하며, 유충으로 땅속 또는 충영 속에서 월동한다. 6월 상순이 성충의 우화 최성기이며, 성숙 유충의 크기는 1.7~2.8mm이다.
- 성충 우화 시기(5~6월)에 ha당 30~50kg의 살충제를 살포하고, 다이메크론 50% 유제를 흉고직경 1cm당 0.3~0.7ml 정도로 수간주사를 실시한다. 또한 하기벌목(충영 속의 유충 제거), 간벌(고립목의 경우 피해를 덜 입음), 천적(먹좀벌·거미류·개미·박새류) 보호, 비료 주기 등의 방법으로 방제한다.

**25** 미국흰불나방의 생태에 관하여 잘못 설명한 것은?

① 원산지가 캐나다로, 우리나라에서는 미군 주둔지 근처에서 처음 발견되었다.
② 유충기에 피해를 주며, 잡식성이어서 거의 모든 활엽수의 잎을 가해한다.
③ 3령기까지의 유충은 군서생활을 하며, 4령기와 5령기 유충은 흩어져 가해한다.
④ 유아 등을 설치하여 포살하는 것도 권장할 수 있는 방제법의 하나이다.

**해설** 미국흰불나방
- 활엽수를 가해하며 1년 2회 발생한다.
- 나무껍질 사이·판자 틈·돌 밑·지피물 밑 등에서 번데기로 월동. 1회 성충은 5월 중순~6월에 출현한다.
- 방제법은 부화 직후의 유충은 군서하므로 포살, 용화할 때가 되면 땅으로 내려오므로 식이목을 설치한다.
- 살충제로는 디프테렉스(1000배액)가 효과적이다.

**26** 항상 규칙적으로 풍속 10~15m/s 정도로 부는 바람을 말하며 피해는 만성적으로 눈에 잘 띄지 않으나, 임목의 생장을 감소시키고, 수형을 불량하게 하는 임업상의 피해를 주는 풍해의 종류는?

정답 22.② 23.② 24.④ 25.③ 26.②

① 폭풍(暴風) ② 주풍(主風)
③ 염풍(鹽風) ④ 육풍(陸風)

**해설** 주풍
- 상풍이라고도 하며 10~14m/sec 정도로 한쪽으로만 부는 바람을 말한다.
- 임목의 생장량을 감소시키고 수형을 불량하게 한다. 풍속이 커질수록 피해가 증가하고 생리적 장해를 일으켜 병리적 영향을 미친다.

**27** 최근 우리나라 중부지방을 위주로 참나무류에 발생하는 시들음병의 매개충으로 밝혀진 해충은?

① 오리나무좀 ② 광릉긴나무좀
③ 가루나무좀 ④ 소나무좀

**해설** 광릉긴나무좀
- 졸참나무, 갈참나무, 상수리나무, 서어나무 등에서 서식한다.
- 수세가 약한 나무나 잘라 놓은 나무의 목질부를 가해한다.
- 심재 속으로 파먹어 들어가기 때문에 목재의 질을 약하게 한다.
- 피해를 입은 부위에서 성충으로 월동하며, 성충은 5~6월에 모갱을 통하여 밖으로 달아나 새로운 숙주 식물의 심재부를 파먹은 후 산란한다.
- 유충은 분지공을 만들면서 암브로시아균을 먹으며 성장한다.

**28** 임지를 황폐화시키며 산림생태계의 균형을 깨뜨리는 직접적인 원인은?

① 겨우살이 ② 산림곤충
③ 낙엽채취 ④ 상주(霜柱)

**29** 수목병의 표징이 아닌 것은?

① 떡갈나무 흰가루병의 포자
② 밤나무 줄기마름병의 줄기마름
③ 소나무 리지나 뿌리썩음병의 자실체
④ 잣나무 피목가지마름병의 자낭반

**해설** 표징
- 기생성병의 병환부에 병원체 그 자체가 나타나서 병의 발생을 직접표시하는 것으로 곰팡이, 균핵, 점질물, 이상 돌출물 등이 이에 속한다.
- 표징은 병원체가 침입하고 병이 어느 정도 진행된 후에 나타나므로 조기 진단에는 도움이 못 되지만 병원체 그 자체가 나타나고 빛깔, 모양, 크기 등이 대체로 일정하여 병의 종류를 판단하는 데 극히 중요하다.
- 표징의 종류
  - 병원체의 영양기관 : 균사체, 균사속, 균사막, 근상균사속, 선상균사, 균핵, 자좌 등
  - 병원체의 번식기관 : 포자, 분생자병, 분생자퇴, 분생자좌, 포자퇴, 포자낭, 병자각, 자낭각, 자낭구, 자낭반, 세균점괴, 포자각, 버섯 등

**30** 녹병균에 대한 설명으로 틀린 것은?

① 녹병균은 인공배양이 용이하다.
② 녹병균의 포자는 비산 이동이 용이하다.
③ 녹병균은 살아있는 식물에만 기생한다.
④ 녹병균에는 기주교대하는 것이 다수 있다.

**31** 야생동물의 분포도 작성을 위한 서식정보 수집방법에 해당되지 않는 것은?

① 포획조사 ② 육안조사
③ 청문·설문조사 ④ 지형조사

**32** 배설물을 종실 밖으로 배출하지 않아 외견상으로 피해식별이 어려운 해충은?

① 밤바구미 ② 복숭아명나방
③ 솔알락명나방 ④ 도토리거위벌레

**해설** 밤바구미
- 밤의 주요 해충의 하나이며 1년 1회 발생한다.
- 7~8월에 출현하며, 밤이 익을 때 유충도 성숙하여 땅에 떨어져 땅속에서 월동한다. 다음 해 7월경에 용화한다.
- 디프테렉스 4% 분제를 8월 하순부터 2~3회 수간에 살포하여 방제한다.
- 밤을 수확하여 1kg당 $CS_2$(이황화탄소) 18ml로 훈증하면 살충효과가 크다.

**정답** 27.② 28.③ 29.② 30.① 31.④ 32.①

**33** 다음 〈보기〉에서 설명하는 산림 해충은?

〈보기〉
정착한 1령 약충은 여름에 긴 휴면을 가진 후 10월경에 생장하기 시작하고, 11월경에 탈피하여 2령 약충이 된다. 2령 약충은 생장이 활발한 11월~이듬해 3월에 수목피해를 가장 많이 주고, 수컷은 3월 상순 전후에 탈피하여 3령 약충이 된다.

① 솔껍질깍지벌레
② 소나무솜벌레
③ 이세리아깍지벌레
④ 소나무가루깍지벌레

해설 ⚘ 솔껍질깍지벌레
• 해송·적송을 가해한다.
• 한 번 정착하면 이동하지 않고, 체액을 빨아 먹을 때 유충에서 독소가 나와 고사시킨다.
• 1년 1회, 3~5월에 가장 많이 발생한다.
• 수관하부의 가지부터 고사한다.
• 열세목을 간벌하고 우세목의 수세를 넓혀 해충 저항성을 높이거나 천적(무당벌레)으로 보호한다. 7~9월에 피해목을 벌채하는 것도 방제의 한 방법이다.

**34** 나무좀, 하늘소, 바구미 등과 같은 천공성해충을 방제하는 데 다음 중 가장 적합한 방법은?

① 경운법
② 훈증법
③ 온도처리법
④ 번식장소 유살법

해설 ⚘
번식처유살에는 통나무(나무좀, 하늘소, 바구미)나 입목(좀)을 이용한다.

**35** 오동나무 빗자루병의 전염경로로 가장 적당한 것은?

① 토양전염
② 종자전염
③ 공기전염
④ 충매전염

해설 ⚘ 오동나무 빗자루병
• 병든 나무에 연약한 잔가지가 많이 발생하여 빗자루 모양을 띤다.
• 병든 나무의 분근에 의한 전염이며, 종자와 토양은 전염되지 않는다.
• 7월 상순에 병든 나무를 소각하거나 9월 하순에 살충제로 매개충을 구제하거나 무병목, 실생묘를 식재하여 방제한다.
• 옥시테트라사이클린계의 항생물질로 구제가 가능하다.
• 매개충은 담배장님노린재이다.

**36** 수목에 병을 일으키는 생물적 병원이 아닌 것은?

① PAN
② 바이러스
③ 선충
④ 파이토플라즈마

**37** 다음 중 육묘에 있어서 기주의 저항성을 약화시키는 요인에 해당되지 않는 것은?

① 밀식
② 가지치기
③ 일조 부족
④ 묘의 웃자람

**38** 밤나무 줄기마름병균 등 자낭균류는 자낭포자와 분생포자(병포자)를 형성한다. 그림과 같은 포자의 명칭은?

① 자좌(子座)
② 자낭각
③ 병자각
④ 자낭반

정답 33.① 34.④ 35.④ 36.① 37.② 38.② 39.④

**39** 산불의 발생형태 중 비화(Spot Fire)하기 쉽고, 한 번 일어나면 진화가 힘들어 큰 손실을 가져오는 것은?

① 지중화(地中火)
② 지표화(地表火)
③ 수간화(樹幹火)
④ 수관화(樹冠火)

해설 ⓟ 산불의 종류
- 수관화 : 나무의 윗부분에 불이 붙어 연속해서 수관을 태워나가는 불로, 우리나라에서 발생하는 대부분의 산불이 여기에 속한다. 산불 중에서 가장 큰 피해를 주며 한 번 발생하면 진화가 어렵다.
- 수간화 : 나무의 줄기가 연소하는 것으로 지표화에 의하거나 늙은 나무 또는 줄기의 속이 빈 곳에서 발생한다. 흔히 발생하는 불은 아니나 자작나무류와 같이 불이 붙기 쉬운 나무가 타는 경우가 있으며, 불이 강해져서 다시 지표화나 수관화를 일으킬 수 있다.
- 지표화 : 임야에 퇴적된 건초 등의 지피물이 연소하거나 등산객 등의 부주의로 발생하는 초기단계의 불로 가장 흔하게 일어난다.
- 지중화 : 한랭한 고산지대나 낙엽이 분해되지 못하고 깊게 쌓여 있는 고위도 지방 등에서 지하의 이탄질 또는 연소하기 쉬운 유기 퇴적물이 연소하는 불로 한 번 붙으면 오랫동안 연소한다.

**40** 상륜(霜輪)의 설명으로 맞는 것은?

① 조상(早霜)의 피해로 인하여 일시 생장이 중지되었을 적에 생긴다.
② 만상의 피해로 수목의 생장이 한때 중지되었을 때 생기는 일종의 위연륜을 말한다.
③ 지형적으로 볼 때 습기가 많은 낮은 지대, 곡간, 소택지 등 배수가 불량한 곳에 상륜의 피해가 많다.
④ 한겨울 수액이 저온으로 인하여 얼면서 그 부피가 증가하여 수간의 바깥부분이 수선방향으로 갈라지는 현상이다.

### 제3과목 : 임업경영학

**41** 말구직경이 14cm, 재장이 8.5m인 국산재의 재적을 말구직경자승법에 의해 구하면 약 얼마인가?

① $0.135m^3$
② $0.218m^3$
③ $0.315m^3$
④ $0.423m^3$

해설 ⓟ 말구직경자승법
$$\left(14+\frac{8-4}{2}\right)^2 \times 8.5 \times \frac{1}{10,000} = 0.218m^3$$

**42** 임목의 평가방법을 분류해 놓은 것 중 연결이 틀린 것은?

① 원가방식 - 비용가법
② 수익방식 - Glaser법
③ 비교방식 - 시장가역산법
④ 원가수익절충방식 - 임지기망가법응용법

해설 ⓟ 임목평가의 개요
일반적으로 유령림에는 임목비용가법, 벌기 미만의 장령림에는 임목기망가법과 수익환원법, 중령림에는 임목비용가법과 임목기망가법의 중간적인 Glaser법, 벌기 이상의 임목에는 임목매매가 적용되는 시장가역산법을 사용한다.

**43** 임지기망가(林地期望價)에 크게 영향을 주는 계산인자가 아닌 것은?

① 주벌 및 간벌수확
② 조림비 및 관리비
③ 이율
④ 채취비 및 운반비

해설 ⓟ
**임지기망가에 영향을 주는 계산 인자**
- 주벌수확과 간벌수확은 공식에서 +로 되어 있으므로 그 값이 클수록 커진다. 또 그 시기가 빠를수록 커진다.
- 조림비 및 관리비는 공식에서 -로 되어있으므로 조림비와 관리비가 클수록 작아진다.
- 이율이 높을수록 작아진다.
- 일반적으로 벌기가 커지면 처음에는 증가하다가 어느 시점에서 최대가 된 다음에 점차 작아진다.

정답 40. ② 41. ② 42. ② 43. ④

**44** 산림관리협회(FSC)인증 산림에서 생산된 목재를 사용하여 가공한 제품을 인증하는 제도는?

① 산림 환경경영시스템 인증
② 산림경영 인증
③ 가공·유통과정의 관리인증(COC)
④ 함량비율 표시제 인증

해설 ❀ 산림인증(FM)과 가공, 유통·인증(COC)이 있다.

**45** 환경해설을 바르게 설명한 것은?

① 특성있는 장소에만 설치하는 교육프로그램이다.
② 환경파괴를 방지하기 위한 안내 표지판의 일종이다.
③ 어린이 및 청소년의 자연교육을 위한 교화 시설물이다.
④ 이용객의 교육적 욕구를 충족시키기 위한 프로그램이다.

**46** 임목자산의 성장성을 판단할 때 지표로 이용되는 성장의 내부보유율(%) 계산식을 바르게 표시한 것은?

① $\dfrac{\text{연도내 성장액}-\text{연도내 매각액}}{\text{연도내 매각액}} \times 100$

② $\dfrac{\text{연도내 성장액}-\text{연도내 매각액}}{\text{연도내 성장액}} \times 100$

③ $\dfrac{\text{연도초 성장액}-\text{연도초 매각액}}{\text{연도초 매각액}} \times 100$

④ $\dfrac{\text{연도초 성장액}-\text{연도초 매각액}}{\text{연도초 성장액}} \times 100$

**47** 흉고높이에서 생장추를 이용하여 반경 1cm 내의 연륜수 5를 얻었다. 흉고직경이 32cm, 상수 k=500일 때 슈나이더(Schneider)식을 이용하여 재적 생장율을 계산하면?

① 2.5%
② 3.1%
③ 3.6%
④ 4.0%

해설 ❀ 슈나이더공식
$\dfrac{500}{5 \times 32} = 3.125\%$

**48** 산림평가의 입장에서 본 산림의 특수성과 가장 거리가 먼 것은?

① 산림은 자연적으로 장기간에 걸쳐 생산된 것이므로 동형동질인 것은 없다.
② 임업의 대상지로서의 산림은 수익을 예측하기가 몹시 어렵고, 적합한 예측방법도 확립되어 있지 않다.
③ 산림평가에 있어서 과거의 문제는 중요한 평가인자로 고려하지 않는다.
④ 최근의 토지가격의 급상승과 레저산업에의 전용 등 산림에 대한 가치관이 다양화되어가고 있다.

해설 ❀ 산림의 특수성
- 평가는 생산량 및 가격변동 등의 장래예측이 어렵고 현재, 과거, 미래는 산림평가의 주요 인자가 된다.
- 수익예측에 어려움이 있다.
- 다른 생산상품과는 달리 자연적으로 장기간에 걸쳐 생산된 것이므로 동형동질인 것은 없다.
- 임업대상지로서의 산림은 수익을 예측하기가 어렵고, 또 적합한 예측방법도 확립되어 있지 않다.
- 최근에는 토지 가격의 급상승, 레저산업의 전용, 자연보호 등 산림에 대한 가치관이 다양화되었으며 장래에도 이러한 경향이 더욱 강화될 것이다.
- 최근 산림의 이용구분조사가 실시되었음에도 불구하고 매매가격은 보통 임업으로서의 이용 가격을 상회하는 것이 일반적이다. 이러한 문제는 산림의 가격을 불안정하게 하여 평가를 어렵게 만든다.
- 토지 가격과 노임의 급상승 현상은 인공림에서 벌기수입과 육성비용과의 균형을 유지할 수 없게 하여 임업이율이 마이너스가 되게 하는 경향이 생겼다.

정답 44.③　45.④　46.②　47.②　48.③

**49** 어느 일정한 용도에 적합한 크기를 생산하는 데 필요한 연령을 기준으로 하여 결정되는 벌기령은 어느 것인가?

① 자연적 벌기령
② 공예적 벌기령
③ 재적수확최대의 벌기령
④ 산림순수익 최대의 벌기령

> **해설** 공예적 벌기령
> • 어떤 정해진 이용 목적에 가장 알맞다고 생각되는 크기와 형질을 가지게 될 시기 또는 어느 일정한 용도에 적합한 크기를 생산하는 데 필요한 연령을 말한다.
> • 펄프용재의 생산, 철도 침목, 전주(전깃줄이나 전봇줄 따위를 늘여 매려고 세운 기둥)의 생산 등에 이용된다.

**50** 산림조사면적이 1ha, 표본점 크기는 10m×10m, 오차율은 5%, 그리고 변이계수가 40일 때 최소한 몇 개의 표본점을 필요로 하는가? (단, 자유도(t)의 값은 2로 계산한다.)

① 72  ② 75
③ 80  ④ 81

> **해설**
> $N = \dfrac{4c^2A}{e^2A+4ac^2} = \dfrac{4\times(40)^2\times10{,}000}{5^2\times10{,}000+4\times100\times40^2} = 72$
> N : 표본점의 수, c : 변이계수, A : 조사면적, e : 추정오차율, a : 표본점의 면적

**51** 효과적인 휴양자원 관리를 위해서는 휴양지역의 속성 즉, 그 지역의 특성을 아는 것이 중요하다고 한다. 그 이유에 가장 합당한 것은?

① 다른 자원의 이용에 대한 경쟁력과 갈등을 규명하는데 기초정보를 제공한다.
② 야외 휴양지는 많은 위험요소를 가지고 있어 이를 사전에 예방할 수 있다.
③ 야외활동을 통하여 이용객의 욕구를 충족시킬 수 있는 서비스 개발이 가능하다.
④ 현재의 수준을 파악하여 더욱 서비스의 질을 높은 수준으로 개선하는 계기가 된다.

**52** 임목의 평균생장량(Y/t)과 연년생장량(dY/dt)를 나타내는 곡선 그래프의 설명이 잘못된 것은?

① 초기에는 연년생장량이 크다.
② 연년생장량의 극대점이 평균생장량의 극대점보다 빨리 온다.
③ 연년생장량의 극대점에서 평균생장량은 일치한다.
④ 평균생장량의 극대점에서 연년생장량은 일치한다.

> **해설** 평균생장량과 연년생장량의 관계
> • 처음에는 연년생장량이 평균생장량보다 크다.
> • 연년생장량은 평균생장량보다 빨리 극대점에 이른다.
> • 평균생장량의 극대점에서 두 생장량의 크기는 같다.
> • 평균생장량이 극대점에 이르기까지는 연년생장량이 항상 평균생장량보다 크다.
> • 평균생장량이 극대점을 지난 후에는 연년생장량이 평균생장량보다 하위에 있다.
> • 연년생장량이 극대점에 이르는 기간을 유령기, 이때부터 평균생장량이 극대점에 이르기까지를 장령기, 그 이후를 노령기라고 한다.

**53** 국유림경영의 목표 중 다섯 가지의 주목표에 속하지 않는 것은?

① 경영수지 개선
② 임산물 생산기능
③ 고용기능
④ 산림생태계의 보호 및 다양한 산림기능의 최적 발휘

> **해설**
> 국유림 경영목표에는 휴양 및 문화기능, 보호기능 등이 있다.

**54** 임목의 성장량 측정에서 현실성장량의 분류에 속하지 않는 것은?

① 연년성장량  ② 정기성장량
③ 벌기성장량  ④ 벌기평균성장량

> **해설**
> 벌기평균성장량은 실질성장량이 아니라 평균적인 성장량이다.

정답 49.② 50.① 51.① 52.③ 53.④ 54.④

**55** 임업소득의 계산방법 중에서 자본에 귀속하는 소득을 계산하면? (단, 임업소득은 10,000,000원, 지대는 1,000,000원, 가족노임추정액은 5,000,000원, 자본이자는 50,000원이다.)

① 3,500,000원  ② 4,000,000원
③ 4,500,000원  ④ 10,500,000원

**해설**
임업소득-지대-노임
=10,000,000원-1,000,000원-5,000,000원
=4,000,000원

**56** 휴양자원의 이용과 그에 따라 휴양자원이 받는 영향의 관계에서 이용초기에는 휴양자원이 받는 영향이 크지만 이용이 많아질수록 그 영향의 정도가 점차 낮아진다는 의미에 해당하는 것은?

① 이용량을 더욱 확대해야 한다는 의미이다.
② 앞으로 규제를 더욱 강화해야 한다는 의미이다.
③ 더 이상 이용객을 수용해서는 아니 됨을 의미한다.
④ 더 이상의 규제가 필요 없음을 의미한다.

**해설**
자율적으로 운영되므로 더 이상 규제가 필요 없음을 의미한다.

**57** 임가(林家)의 소비경제가 임업에 의하여 지탱되는 정도를 나타낸 것은?

① 임업순수익
② 임업의존도
③ 임업소득률
④ 임업소득가계충족률

**58** 평가하려는 임목과 비슷한 조건과 성질을 가지는 임목의 실제의 거래 시세로서 가격을 결정하는 임목 평가방법은?

① 임목비용가  ② 임목기망가
③ 법정축적가  ④ 임목매매가

**59** 소나무림의 벌기가 60년, 이율이 5%일 때, 수입의 전가합계가 24,219,650원, 지출의 전가합계가 16,888,350원이라면, 임지기망가는 약 얼마인가?

① 393,200원
② 414,600원
③ 68,471,400원
④ 136,942,800원

**해설**
임지기망가=무한정기 수입의 전가합계-무한정기 비용의 전가합계
$= \dfrac{24,219,650 - 16,888,350}{1.05^{60}-1} = 414,600$원

**60** 우리나라 산림소유 구분 중 가장 많은 면적 비율을 차지하는 산림은?

① 공유림
② 사유림
③ 요존국유림
④ 불요존국유림

**해설**
국유림 : 23%, 공유림 : 7.6%, 사유림 : 69.4%

### 제4과목 : 임도공학

**61** 다음 중 산지에서 임도의 기능을 완성하기 위하여 교량을 설치할 때 적합하지 않은 지점은?

① 지질이 견고하고 복잡하지 않은 곳
② 하상(河床)의 변동이 적고 하천의 폭이 협소한 곳
③ 계류의 방향이 바뀌는 굴곡진 곳
④ 교량면을 하천 수면보다 상당히 높게 할 수 있는 곳

**정답** 55.② 56.④ 57.④ 58.④ 59.② 60.② 61.③

**해설** 교량 설치 장소
- 지반이 견고하고 복잡하지 않는 곳
- 하상의 변동이 적고 하천의 폭이 협소한 곳
- 하천이 가급적 직선인 곳
- 교량을 하천수면보다 상당히 높게 할 수 있는 곳

**62** 임도 횡단배수구 설치 장소로 적당하지 않은 곳은?

① 구조물 위치의 전·후
② 노면이 암석으로 되어 있는 곳
③ 유하(流下)방향의 종단물매 변이점
④ 외쪽물매로 인한 옆 도랑울이 역류하는 곳

**해설**
횡단배수구 설치 장소
- 물이 흐르는 아랫방향의 종단기울기 변이점
- 구조물의 앞이나 뒤
- 외쪽물매로 인해 옆도랑이 역류하는 곳
- 흙이 부족하여 속도랑으로 부적당한 곳
- 체류수가 있는 곳

**63** 곡선설치법에서 교각법에 의해 곡선을 설치할 때, 곡선제원이 교각이 32°15′, 곡선반지름이 200m일 경우 접선장은 얼마인가?

① 57.84m
② 65.23m
③ 75.35m
④ 82.54m

**해설**
접선길이 = $200 \times \tan\left(\dfrac{32°15'}{2}\right) = 57.84m$

**64** 일반적으로 철선돌망태를 제작할 때 사용하는 아연 도금철선의 종류는?

① 6~7번 선
② 8~10번 선
③ 11~12번 선
④ 13~14번 선

**65** 산림관리기반시설의 설계 및 시설기준에서 간선임도의 설계속도는 얼마인가?

① 40~30km/h
② 40~20km/h
③ 30~20km/h
④ 20~10km/h

**해설** 임도의 설계속도(시설 기준)
- 간선임도 : 40~20km/h
- 지선임도 : 30~20km/h

**66** 임도의 노체와 노상을 구축하는 내용으로 가장 알맞은 것은?

① 노체는 자동차의 하중을 직접적으로 받지 아니하므로 재료에 구애받을 필요가 없다.
② 각 층의 강도는 노면에 가까울수록 큰 응력에 견디어야 하므로 상층부로 시공할수록 양질의 재료를 사용하여야 한다.
③ 노상은 노체의 최하층으로 차량의 하중을 직접 받지는 않지만 상질의 재료를 사용하여야 한다.
④ 임도의 기층은 노면 위에 시설하는 자갈, 쇄석, 콘크리트 포장면을 말한다.

**67** 양각기계획법을 이용하여 1/25,000의 지형도에서 임도의 종단물매 5%의 노선을 긋고자 할 때, 지형도상에서의 양각기 1폭(수평거리)은 얼마인가? (단, 등고선의 고저차는 10m이다.)

① 6mm
② 7mm
③ 8mm
④ 9mm

**해설** 양각기계획법

$\dfrac{10}{수평거리} \times 100 = 5\%$

수평거리 = $\dfrac{1,000}{5} = 200m$

∴ 양각비 폭 = $\dfrac{200,000mm}{25,000} = 8mm$

**정답** 62. ② 63. ① 64. ② 65. ② 66. ② 67. ③

**68** 임도 시공 시 흙깎기 공사의 내용과 거리가 먼 것은?

① 근주지름 30cm 이상의 입목은 기계톱으로 벌채한다.
② 암석의 굴착 시 경암은 불도저에 부착된 리퍼로 굴착하는 것이 유리하다.
③ 흙깎기공사를 시공할 때에는 현장에 적당한 간격으로 흙일겨냥틀을 설치한다.
④ 완성된 임도의 양부(良否)는 시공 시 흙의 수분상태와 지하수 위치에 의해 좌우되므로 함수비가 높을 때는 함수비를 저하시킬 필요가 있다.

**69** 수확한 임목을 공장에서 하지 않고 임내에서 박피(剝皮)하는 이유와 거리가 먼 것은?

① 신속한 건조
② 운재작업의 용이
③ 병충해 피해방지
④ 고성능 기계화로 생산원가의 절감

**70** 종단 측량 시 지반고(地盤高)가 시점 10m, 종점 50m이고 수평거리가 1,000m일 때, 종단기울기(%)는 얼마인가?

① 4%   ② 5%
③ 6%   ④ 7%

해설
종단기울기 = $\frac{40}{1,000} \times 100 = 4\%$

**71** 설계속도 30km/시간, 외쪽물매 5%, 타이어의 마찰 계수 0.15일 때의 곡선반지름은 약 얼마인가?

① 27m   ② 32m
③ 33m   ④ 35m

해설 **최소곡선반지름**
종단기울기 = $\frac{30^2}{127(0.05+0.15)} = 35.43m$

**72** 다음의 고저 측량을 설명한 것 중에서 틀린 것은?

① 전시(F.S)와 후시(B.S)가 모두 있는 측점을 이기점 (T.P)이라 한다.
② 기계고(I.H)는 지반고(G.H)+후시(B.S)이다.
③ 기점과 최종점의 고저차는 후시의 합계+이기점의 전시의 합계이다.
④ 지반고(G.H)는 기계고(I.H)-전시(F.S)이다.

해설
기점과 최종점의 고저차는 후시의 합계-이기점의 전시의 합계이다.

**73** 다음 중 암석의 굴착 시 리퍼작업(Ripping)이 곤란한 것은?

① 사암, 혈암
② 혈암, 점판암
③ 안산암, 화강암
④ 점판암, 사암

**74** 다음의 평판 측량법 중 방사법(사출법)을 설명하고 있는 것은?

① 장애물이 많은 경우에 사용된다.
② 평판을 측점마다 옮겨서 측량한다.
③ 한 곳에서 주위를 넓게 측정할 수 있다.
④ 구역이 좁고 교차법을 사용할 수 없는 경우에 사용한다.

해설 **평판 측량의 종류**
• 방사법(사출법) : 장애물이 없고 비교적 좁은 지역에 적합하다.
• 교차법(교회법) : 넓은 지역에서 세부 측량이나 소축척의 세부 측량에 적합하다.
• 전진법(도선법) : 측량할 구역이 좁고 길거나 장애물이 있어서 교차법을 사용할 수 없는 경우 또는 넓은 완경사지에서 측점을 많이 설정하지 않으면 안 될 경우에 적합하다.

**75** 계단의 뒷부분에 되메우기를 하며, 되메우기 부분에 묘목을 심고 나출된 비탈면을 안정 녹화하는 공법은?

① 평떼붙이기공법
② 식생자주공법
③ 비탈선떼붙이기공법
④ 줄떼다지기공법

**해설** 선떼붙이기
- 비탈다듬기에서 생산된 부토를 고정하고 식생을 조성하기 위한 파식상을 설치하는 데 필요한 기본 공작물이다.
- 산복비탈면에 계단을 끊고 계단 전면에 떼를 쌓거나 붙인 후 그 뒤쪽에 흙으로 채우고 묘목을 심는다.
- 수평계단에 의해서 지표 유하수를 분산하여 침식 방지와 수토 보전을 도모하며, 떼붙이기의 사용매수에 따라 1~9급으로 구분한다.

**76** 다음 중 임도의 성토사면에 있어서 붕괴가 일어날 가능성이 적은 경우는?

① 공극수압이 감소될 때
② 함수량의 증가
③ 토양의 점착력이 약해질 때
④ 동결 및 융해가 반복될 때

**77** 산림관리기반시설의 설계 및 시설기준에 의거 절토·성토한 경사면이 붕괴 또는 밀려 내려갈 우려가 있는 지역에는 사면길이 2~3m마다 소단을 설치할 수 있는데, 이때 소단의 폭은 얼마인가?

① 0.1~0.5m
② 0.5~1.0m
③ 1.5~2.5m
④ 2.5~3.5m

**해설**
산림관리기반시설의 설계 및 시설기준에 의거하여 절토·성토사면의 붕괴 또는 밀려 내려갈 우려가 있는 지역에는 사면길이 2~3m마다 0.5~1m의 소단을 설치할 수 있다.

**78** 집재가선에 사용되는 도르래 중 반송기에 매달려서 화물의 승강에 이용되는 도르래는 어느 것인가?

① 삼각도르래
② 죔도르래
③ 짐달림도르래
④ 안내도르래

**79** 트래버스 측량(다각 측량)에서 위거와 경거의 관계가 〈그림〉과 같을 때 측선 AB의 위거(LAB)를 계산하기 위한 식은? (단, NS는 자오선, EW는 위선, θ는 방위각이다.)

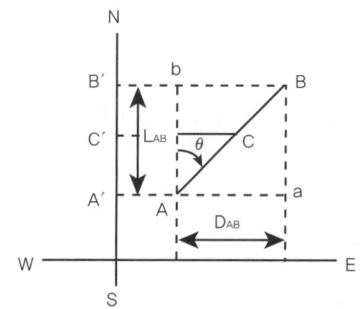

① ABsinθ
② ABcosθ
③ ABsecθ
④ ABcotθ

**80** 교각법에 의한 곡선 설치 시 가장 주요한 인자를 묶은 것으로 옳은 것은?

① 방위각, 교각, 내각
② 성토고, 절취고, 계획고
③ 경사각, 사거리, 수직거리
④ 곡선시점, 곡선중점, 곡선종점

---

### 제5과목 : 사방공학

**81** 앞 모래언덕 육지 쪽에 후방 모래를 고정하여 그 표면을 안정시키고, 식재목이 잘 생육할 수 있는 환경 조성을 위해 실시하는 공법은?

① 구정바자얽기
② 모래덮기공법
③ 퇴사울타리공법
④ 정사울세우기공법

**정답** 75.③  76.①  77.②  78.③  79.②  80.④  81.④

해설 ● 정사울세우기
- 주로 전사구의 육지 쪽에 후방 모래를 고정하여 그 표면에 전면적인 모래의 안정을 도모하고 식재목이 잘 생육할 수 있도록 환경을 조성할 목적으로 모래덮기와 사초심기를 병행하여 시공한다.
- 시공효과를 가장 크게 하기 위해서는 정사각형이나 직사각형으로 구획한다.
- 섶세우기, 짚세우기, 갈대세우기공법 등이 있다.
- 높이는 1.0~1.2m가 표준이며, 모래에 20cm 정도 묻어야 한다.
- 구획의 크기는 한 변의 길이가 7~15m인 정사각형이나 직사각형으로 하는 것이 일반적이다.
- 정사울타리설치 후 내부에 ha당 10,000본을 식재한다.

**82** 다음 중에서 붕괴형 산사태에 해당하지 않는 것은?
① 산붕  ② 붕락
③ 땅밀림  ④ 포락

해설 ●
땅밀림산사태는 지활형침식으로 점질토의 흙에서 많이 발생한다.

**83** 중력댐의 안정조건 중에서 수평분력의 총합과 수직 분력의 총합, 제저와 기초지반과의 마찰계수를 고려하여 계산하는 안정조건은 무엇인가?
① 전도에 대한 안정
② 활동에 대한 안정
③ 제체의 파괴에 대한 안정
④ 기초지반의 지지력에 대한 안정

해설 ● 중력댐의 안정조건
- 활동에 대한 안정 : 저항력의 총합이 원칙적으로 수평외력의 총합 이상으로 되어야 한다.
- 전도에 대한 안정 : 합력작용선이 제저의 중앙 1/3보다 하류 측을 통과하면 댐 몸체의 상류측에 장력이 생기므로 합력작용선이 제저의 1/3을 통과하도록 한다.
- 제체의 파괴에 대한 안정 : 제체에서의 최대 압축력이 그 허용압축을 초과하지 않아야 한다.

- 기초지반의 지지력에 대한 안정 : 제저에 발생하는 최대압축응력이 지반의 허용압축강도보다 작으면 지반은 안전하다.

**84** 자연식생이 발달된 산림으로 현대화된 도시에 둘러싸여 환경피해는 입고 있으나 대체적으로 산림생태계가 유지되는 식물집단은?
① 재배식물집단  ② 자생식물군집
③ 도시형 식물군집  ④ 농촌형 식물군집

**85** 채광지(Mining Area)를 복구하기 위해 사용되는 공법이 아닌 것은?
① 기초옹벽식 돌쌓기
② 편책공법
③ 파종공법
④ 사초(砂草)심기공법

해설 ●
사초심기공법는 모래에 풀을 심는 공법이다.

**86** 식생공법을 적용할 때 유의사항이 아닌 것은?
① 빠르고 확실한 식물피복을 완성하기 위하여 식물이 생육할 수 있는 기반을 확보한다.
② 환경에 적합한 식물을 선택하고, 경관을 고려하여 사용한다.
③ 수분을 확보하고 양분을 보급하며, 토양침식방지공법을 사용한다.
④ 녹화기초공법은 비용상의 문제로 고려하지 않아도 무방하다.

**87** Q=CIA로 나타내는 최대홍수량의 방법은? (단, 여기서 Q는 유역출구에서의 최대홍수유량, C는 배수유역의 특성에 따라 결정되는 유출계수, I는 강우강도, A는 유역면적이다.)
① 시우량법  ② 홍수위흔적법
③ 유출량법  ④ 합리식법

정답 82.③ 83.② 84.② 85.④ 86.④ 87.④

**88** 돌쌓기 공작물 중 화강암 견치돌쌓기의 허용강도는? (단, 단위는 ton/m²이다.)
① 165~220  ② 229~275
③ 275~330  ④ 350~450

**89** 요사방지의 유형분류와 거리가 먼 것은?
① 황폐산지  ② 붕괴지
③ 산사태지  ④ 훼손지

**90** 암석 산지나 암벽 녹화용으로 사용되는 사방식재 수종으로 적합하지 못한 것은?
① 병꽃나무  ② 노간주나무
③ 눈향나무  ④ 상수리나무

**해설**
교목인 상수리나무는 암석지에 적당하지 않다.

**91** 황폐지를 진행상태 및 정도에 따라 구분할 경우 초기 황폐지 단계를 설명한 것은?
① 산지 비탈면이 여러 해 동안의 표면침식과 토양유실로 토양의 비옥도가 떨어진 임지
② 외관상으로 황폐지로 보이지 않지만, 임지 내에서 이미 침식상태가 진행 중인 임지
③ 산지의 임상이나 산지의 표면침식으로 외견상 분명히 황폐지라 인식할 수 있는 상태의 임지
④ 지표면의 침식이 현저하여 방치하면 가까운 장래에 민둥산이 될 가능성이 높은 임지

**해설** 초기 황폐지
척악임지나 임간나지는 그 안에서 이미 침식이 진행되는 형태이나 이것이 더욱 악화되면 산지의 침식이나 토양상태로 보아 외견상으로도 분명히 황폐지라고 인식할 수 있는 상태를 말한다.

**92** 일반적인 모래막이 공작물의 형상이 아닌 것은?
① 주걱형  ② 위형
③ 침상형  ④ 자루형

**해설**
모래막이 공작물 형상에는 반주걱형, 주걱형, 자루형, 위형 등이 있다.

**93** 비탈파종녹화를 위한 파종량 산출식으로 옳은 것은? (단, W는 파종중량(g/m²), S는 평균입수(입/g), B는 발아율(%), C는 발생기대본수(본/m²), P는 순량률(%)이다.)
① $W = \dfrac{B}{S \times P \times C} \times 100$
② $W = \dfrac{P}{S \times B \times C} \times 100$
③ $W = \dfrac{C}{P \times B \times C} \times 100$
④ $W = \dfrac{B}{P \times B \times S} \times 100$

**94** 해안과 일반적인 주풍(主風)방향의 설명 중 틀린 것은?
① 모래언덕은 주풍과 밀접한 관계가 있다.
② 해안지방에서의 주풍은 대부분 바다에서 육지를 향해 분다.
③ 주풍방향과 해안선의 각도가 직각일 경우에 주풍이 파도와 모래에 미치는 영향은 가장 적다.
④ 바람은 파도와 연안류를 일으키며, 파도로 육지에 밀려온 모래를 이동시키는 원동력이 된다.

**95** 비탈 파종녹화공종공법에 해당하는 것은?
① 약액주입공법  ② 종자분사파종공법
③ 비탈 지오웨브공법  ④ 비탈 바자얽기공법

**해설**
종자분사파종공법은 시드스프레이라고 하는데, 비탈면에 흙, 종자, 비료를 섞어 고압으로 뿜어붙이는 공법이다.

**96** 계상에서 유수의 소류력이 최소로 되고 안정물매가 최대로 되는 기울기를 무엇이라고 하는가?
① 평형기울기  ② 편류기울기
③ 보정기울기  ④ 홍수기울기

**정답** 88.③ 89.③ 90.④ 91.③ 92.③ 93.④ 94.③ 95.② 96.②

**해설**
유수에서 소류력이 최대이면 평형물매, 최소이고 안정 물매가 최대이면 편류물매라고 한다.

**97** 석재를 사용하여 구축물을 만들 때 비탈물매가 1:1보다 완만한 경우에 사용되는 것은?
① 찰쌓기　② 돌붙임
③ 골쌓기　④ 메쌓기

**해설**
1:1보다 완만하면 돌붙임, 1:1보다 급하면 돌쌓기라고 한다.

**98** 계간사방계획 중에서 재해가 발생했을 때 하류의 가옥과 경지 등을 복구하기 위한 계획은?
① 경상계획　② 예방계획
③ 응급계획　④ 민생계획

**99** 배수로의 횡단면에서 윤변이 10m, 유적이 15m²일 때 경심은 몇 m인가? (단, 이때 수면의 너비가 매우 넓어 윤변과 수면의 너비가 같다고 본다.)
① 0.5m　② 1.0m
③ 1.5m　④ 2.0m

**해설**
경심 = $\dfrac{유적}{윤변} = \dfrac{15}{10} = 1.5m$

**100** 양단면적이 각각 10m², 20m²이고, 양단면적간의 거리가 20m인 비탈면의 토사량을 평균단면적법에 의해 구하면?
① 300m³　② 400m³
③ 500m³　④ 600m³

**해설**
평균단면적법
$\dfrac{10+20}{2} \times 20 = 300m^3$

**정답** 97. ② 98. ③ 99. ③ 100. ①

# 국가기술자격 필기시험문제

2011년 제2회 필기시험

| 자격종목 및 등급(선택분야) | 종목코드 | 시험시간 | 형별 | 수험번호 | 성명 |
|---|---|---|---|---|---|
| 산림기사 | 1564 | 2시간 30분 | | | |

## 제1과목 : 조림학

**1** 기계적인 결실촉진 방법과 가장 거리가 먼 것은?

① 환상박피(環狀剝皮)
② 전지(剪枝)
③ 삽목(插木)
④ 단근처리(斷根處理)

**해설**
전지는 식물의 겉모양을 고르게 하고, 웃자람을 막으며 과실나무의 생산을 늘리기 위하여 곁가지를 자르고 다듬는 일을 말한다.

**2** 다음 수종 중 종자 발아시험에 있어 조사 일수가 가장 많이 걸리는 수종은?

① 소나무, 해송  ② 편백, 화백
③ 느티나무, 옻나무  ④ 오리나무, 삼나무

**3** 토양의 양이온치환능력을 M.E.(Milliequivalent : Meq)의 단위로 나타낼 때, 원자량이 40이고 원자가가 2인 칼슘(Ca)의 양이온 치환능력 1M.E.의 양은 몇 g인가?

① 0.02g  ② 0.04g
③ 0.4g  ④ 0.8g

**해설**
양이온 치환능력=2/100=0.02g

**4** 종자의 품질을 알아보기 위해 순정종자의 무게를 측정한 결과 종자시료 100g 중에서 순정종자는 50g이었다. 또한 임의로 160개의 순정종자만을 골라 발아를 시켜보았더니 80개가 발아하였다. 이러한 종자의 효율은?

① 25%  ② 50%
③ 75%  ④ 80%

**해설**
효율 = $\dfrac{\text{순량률} \times \text{발아율}}{100}$ = 50×50/100 = 25%

**5** 다음 중 묘목 가식의 적지로 가장 좋은 곳은?

① 부식토
② 습지
③ 배수가 양호한 사질양토
④ 유기질 비료가 많은 땅

**해설**
묘목의 가식은 습기가 많고 유기질 비료가 많은 곳이 적당하다.

**6** 식재조림에 따른 묘목 선정 시 주의할 내용으로 틀린 것은?

① 묘목의 동아가 자라지 않고 단단하여야 하며 흰색의 세근이 4~5mm 이상 자라지 않은 상태여야 한다.
② 묘목은 약간 건조한 상태에서 저장하여야 한다.
③ 냄새를 맡아보아서 악취가 나는 묘목은 조림대상에서 제외한다.
④ 묘목의 뿌리나 줄기를 손톱이나 칼로 약간 벗겨보면 습기가 있고 백색으로 윤기가 돌아야 한다.

**정답** 1.③  2.③  3.①  4.①  5.③  6.②

**7** 전나무의 속명으로 맞는 것은?

① Juniperus   ② Pinus
③ Populs      ④ Abies

**해설**
- Juniperus : 향나무
- Pinus : 소나무
- Populs : 포플러
- Abies : 전나무

**8** 다음 갱신법에 관한 설명으로 맞는 것은?

① 소벌구의 모양은 일반적으로 원형이다.
② 소벌구는 측방성숙임분의 영향을 받는다.
③ 산벌은 임목을 한꺼번에 벌채하는 것이다.
④ 모수는 갱신될 임지에 식재나무를 공급하기 위한 묘목이다.

**해설**
소벌구는 일반적으로 사각형이며, 산벌은 임목을 순차적으로 벌채한다. 모수는 갱신될 임지에 종자를 공급하기 위한 묘목이다.

**9** 활엽수인 경우 잡목 솎아베기의 효과를 높일 수 있는 적합한 작업 시기는?

① 3~5월    ② 6~8월
③ 9~10월   ④ 12~2월

**10** 다음 접목에 대하여 기술된 내용 중 바르게 설명하고 있는 것은?

① 접목을 하면 대목과 접수의 유전형질이 동일해진다.
② 바이러스는 접목된 부위를 통해 이동할 수 없다.
③ 전이성불화합성(전이성불화합성)은 중간 대목을 사용하여 극복할 수 있다.
④ 접목 활착을 위해서는 대목과 접수의 형성층을 최대한 가깝게 밀착시키는 것이 중요하다.

**해설** 접목
- 식물의 한 부분을 다른 식물에 삽입하여 그 조직이 유착되어 생리적으로 새로운 개체를 만드는 것을 말한다.
- 뿌리가 있는 부분을 대목, 장차 자라서 줄기와 가지가 될 지상부를 접수라고한다.
- 접수와 대목의 형성층이 서로 밀착하도록 접하여 캘러스 조직이 생기고 서로 융합되는 것이 가장 중요하며 접수와 대목의 친화력은 동종간 > 동속이품종간 > 동과이속간의 순으로 크다.

**11** 모수의 조건에 대한 설명으로 맞는 것은?

① 열세목 가운데서 고른다.
② 유전적 형질과는 무방하다.
③ 풍도에 저항력이 높아야 한다.
④ 종자를 적게 생산하는 개체를 남긴다.

**해설** 모수의 조건
모수는 상층임관을 형성하는 우세목 중에서 선정하며, 종자를 많이 생산하는 개체로서 유전적으로 우월한 수종 및 병충해에 해를 입지 않는 개체 중 선별한다.

**12** 덩굴치기에 대한 설명으로 잘못된 것은?

① 덩굴식물에 의한 피해는 수관피복형과 수관압박형이 있다.
② 덩굴식물은 울폐된 산림지역에 많다.
③ 덩굴치기의 시기는 7월경이 좋다.
④ 칡은 무성생식으로도 잘 번식한다.

**해설**
덩굴식물은 대부분 양수이기 때문에 울폐된 지역에서는 적다.

**13** 다음 중 결핍증상이 오래된 잎에서부터 시작되고 줄기가 가늘고 잎이 작아지며 잎 전체가 황록색이 되게 하는 원소는?

① 질소    ② 철
③ 칼륨    ④ 칼슘

**해설** 질소(N)
- 질산태, 암모니아태 형태로 흡수한다.

**정답** 7.④  8.②  9.②  10.④  11.③  12.②  13.①

- 결핍증상 : 늙은 잎에서 먼저 나타나며 생장이 불량하여 잎이 짧아지고, 식물체가 작아진다. 잎은 전체가 황백화하며 결핍이 심해지면 잎 전체 또는 잎의 한 부분이 고사한다.
- 과잉증상 : 생장은 증대하나 잎은 짙은 녹색이 되고 마디가 긴 도장(가늘고 길어짐)현상이 나타난다.

## 14 묘목 양성 시 해가림을 해 주어야 할 수종은?

① 은행나무, 밤나무
② 벚나무, 아까시나무
③ 잣나무, 전나무
④ 소나무, 주목

**해설**
전나무, 가문비나무, 솔송나무, 너도밤나무, 서어나무, 함박꽃나무, 칠엽수, 녹나무, 단풍나무, 잣나무 등은 음수이므로 해가림을 해 주어야 한다.

## 15 침엽수 채종림에 적합한 나무의 조건이 아닌 것은?

① 가지가 굵어야 한다.
② 자연 낙지가 잘되어야 한다.
③ 줄기가 곧아야 한다.
④ 지하고가 높아야 한다.

**해설**
채종림은 천연림이나 인공림에서 형질이 우수한 나무들이 많이 모여 있는 임분을 말하며 전적으로 우량한 종자를 채집할 목적으로 지정한다.

## 16 수목의 측아(側芽) 발달을 억제하여 정아우세를 유지시켜 주는 호르몬은?

① 옥신(Auxin)
② 지베렐린(Gibberellin)
③ 사이토키닌(Cytokinin)
④ 아브시스산(Abscisic Acid)

**해설 옥신**
- 세포의 신장촉진을 통하여 조직이나 기관의 생장을 조장한다.
- 정아에서 생성된 옥신이 정아의 생장을 촉진하고 아래로 확산하여 측아의 발달을 억제하는 정아우세 현상이 나타난다.
- 옥신의 재배적 이용 : 발근촉진, 접목에서의 활착촉진, 가지의 굴곡유도, 개화촉진, 적화 및 적과, 낙과방지, 과실의 비대와 성숙 등을 위해 이용한다.

## 17 간벌의 효과와 거리가 먼 것은?

① 벌기 수확이 양적, 질적으로 높아진다.
② 생산될 목재의 형질이 향상된다.
③ 조기에 간벌 수확이 얻어진다.
④ 수고생장을 촉진하여 연륜폭이 좁아진다.

**해설 간벌의 효과**
- 생육공간 조절 : 수령과 생장이 증가됨에 따라 확장되는 일정한 생육공간에 대한 조절(밀도 조절)을 한다.
- 생장 조절 : 임분 구성에 부적당한 나무 또는 해로운 나무를 제거하여 임분의 가치를 증진시킨다.
- 형질이 우수하고 생장이 왕성한 임분 구성목이 되도록 임분 생장이 집중되도록 한다.
- 혼효조절로 임분목표의 안정화를 도모한다.
- 임분의 수직적 구조개선으로 임분 안정화(하층식생 발생촉진, 하층림 유지)를 도모한다.
- 임연부(숲 가장자리선, 숲 테두리선)를 보호 및 관리한다.
- 천연경신 및 보잔목을 준비한다.
- 자연고사에 의한 손실을 방지한다.

## 18 간이 산림토양조사에 의하여 적수를 선정할 때 사용하지 않는 인자는?

① 토색   ② 토심
③ 지형   ④ 토성

## 19 폐광지의 임지를 보호하기 위해 비료목을 심으려고 할 때 어느 수종을 선택하면 좋은가?

① 소나무, 해송
② 잣나무, 전나무
③ 족제비싸리, 은백양
④ 아까시나무, 오리나무류

**해설 비료목의 종류**
- 콩과 수목 : 아까시나무, 싸리나무류, 자귀나무, 칡 등
- 비콩과 수목 : 소귀나무, 오리나무류, 보리수나무류 등

**정답** 14. ③  15. ①  16. ①  17. ④  18. ①  19. ④

**20** 용재 생산을 위한 대규모 경제림 조성을 기본 목표로 했던 국가산림사업 시기는?

① 제1차 치산녹화 10개년계획(1973~1978)
② 제2차 치산녹화 10개년계획(1979~1987)
③ 제3차 국가산림계획(1988~1997)
④ 제4차 산림기본계획(1998~2007)

> **해설**
> - 1차 치산녹화 10개년계획 : 단기간 내에 황폐된 산지를 녹화한다는 목표로 진행되었다.
> - 4차 산림기본계획 : 산림을 21세기 선진국 위상에 걸맞는 미래, 생산, 생명자원으로 육성하여 지속적으로 관리함으로써 인간과 자연의 공생, 개발과 보전의 조화, 경제와 환경의 통합이념 실현 등을 목표로 진행되었다.

### 제2과목 : 산림보호학

**21** 낙엽송 잎떨림병의 병징이 가장 뚜렷하게 나타나는 시기는?

① 3월   ② 5월
③ 9월   ④ 12월

**22** 보르도액을 반복하여 사용하면 어떤 성분이 토양에 축적되어 수목에 독성을 나타낼 수 있는가?

① 철   ② 붕소
③ 망간   ④ 구리

**23** 다음의 병해 중 바람이 많이 부는 산림지역에서 피해가 급격히 늘어나는 것은?

① 소나무 혹병
② 낙엽송 가지끝마름병
③ 느티나무 갈색무늬병
④ 뿌리혹병(根頭癌腫病)

> **해설** 낙엽송 끝마름병
> - 당년에 자란 신소에만 발생한다.
> - 8~9월경 신소에서 수지가 나오고 퇴색, 수축, 가늘어진다.
> - 병든 가지에서 말숙한 자낭각의 형태로 월동하며 맨끝에만 잎이 있고 모두 떨어진다.

**24** 진딧물이나 깍지벌레 등이 기생하는 나무에서 흔히 관찰되는 수목병은?

① 빗자루병   ② 그을음병
③ 흰가루병   ④ 줄기마름병

> **해설**
> **수목의 그을음병**
> - 잎, 줄기, 가지 등에 그을음이 생긴 듯한 모양을 띤다.
> - 보통 진딧물·깍지벌레 등이 기생한 후 분비물 위에서 번식하며, 그을음의 물질은 균사·포자 등의 덩어리이다.
> - 자낭균에 의한 수목병, 흡즙성곤충방제, 탄소동화작용을 방제하는 외부 착생균이 대부분이다.
> - 살충제로 진딧물, 깍지벌레 등을 구제하여 방제한다.

**25** 소나무 재선충병의 매개충인 솔수염하늘소의 성충 우화시기는?

① 1~3월   ② 3~5월
③ 5~8월   ④ 9~10월

**26** 다음 중 기주범위가 가장 넓은 다범성 병균은?

① 잎마름병균
② 아밀라리아 뿌리썩음병균
③ 녹병균
④ 버즘나무 탄저병균

> **해설** 윤작에 의한 방제
> - 오리나무 갈색무늬병, 오동나무 탄저병 : 기주범위가 좁고 기주식물이 없으면 오래 생존할 수 없어 1~2년의 짧은 윤작연한으로 방제가 가능하다.
> - 침엽수 모잘록병, 자줏빛날개무늬병, 흰비단병, 아밀라리아 뿌리썩음 병균 : 기주 범위가 넓고 기주식물이 없어도 땅속에서 오래 생존 가능하여 3~4년의 짧은 윤작연한으로 방제가 불가능하다.

**정답** 20.② 21.③ 22.④ 23.② 24.② 25.③ 26.②

**27** 볕데기(Sun Scorch)가 잘 일어나지 않는 경우는?

① 서남향이나 서향에 있는 수목
② 산림울폐가 갑자기 깨어졌을 때
③ 수피가 평활하고 코르크층이 발달되지 않는 수종
④ 정자나무같이 수간 하부까지 지엽이 번성한 고립목

**해설** 볕데기는 수피가 얇은 교목, 관목, 그밖의 식물들이 햇빛에 노출된 부위에 걸리는 병리 현상을 말한다.

**28** 각종 해충의 생물적 방제에 이용되는 것이 아닌 것은?

① 기생곤충
② 훈증제
③ 포식곤충
④ 병원미생물

**29** 임업해충 중 충영을 만들고 그 속에서 기주를 가해하는 해충은?

① 텐트나방
② 솔잎혹파리
③ 오리나무잎벌레
④ 미국흰불나방

**해설** 솔잎혹파리
- 유충이 적송·흑송 등의 두침엽의 접합부에 기생하여 혹을 만들어 피해를 준다. 1년 1회 발생하며, 유충으로 땅속 또는 충영 속에서 월동한다. 6월 상순이 성충의 우화 최성기이며, 성숙 유충의 크기는 1.7~2.8mm이다.
- 성충 우화 시기(5~6월)에 ha당 30~50kg의 살충제를 살포하고, 다이메크론 50% 유제를 흉고직경 1cm당 0.3~0.7ml 정도로 수간주사를 실시한다. 또한 하기벌목(충영 속의 유충 제거), 간벌(고립목의 경우 피해를 덜 입음), 천적(먹좀벌·거미류·개미·박새류) 보호, 비료 주기 등의 방법으로 방제한다.

**30** 유효성분이 물에 녹지 않으므로 유기용매에 유효 성분을 녹여 만드는 농약은?

① 유제(乳劑)
② 액제(液劑)
③ 수용제(水溶劑)
④ 수화제(水和劑)

**해설** 농약
- 유제 : 주제가 물에 녹지 않을 때 유기용매에 녹여 유화제를 첨가한 용액으로 물에 희석하여 사용한다.
- 액제 : 주제를 물에 녹여 사용한다.
- 수화제 : 물에 녹지 않는 주제를 점토광물과 계면활성제 등을 혼합분쇄하여 제제화한 것이다.
- 분제 : 유효성분을 고체증량제와 소량의 보조제를 혼합하여 분쇄한 분말이다.
- 입제 : 유효성분을 고체증량제와 혼합분쇄하고 보조제를 가하여 입상으로 성형한 것을 말한다.

**31** 다음 중에서 대추나무 빗자루병의 방제에 가장 적합한 약제는?

① 페니실린
② 석유유황합제
③ 석회보르도액
④ 옥시테트라사이클린

**해설** 대추나무 빗자루병
- 가는 가지와 황록색의 아주 작은 잎의 밀생 및 빗자루 모양이며, 전신성병이다. 병든 나무의 분수를 통해 차례로 전염된다.
- 땅속에서는 뿌리에 의한 전염 우려가 있어 밀식과 간작을 피한다.
- 매개충은 마름무늬매미충이며, 분주에 의한 전반이 나타난다.
- 옥시테트라사이클린으로 방제한다.

**32** 녹병균은 5가지 포자형태를 가진다. 여름포자 형태가 없는 녹병은?

① 잣나무 털녹병
② 향나무 녹병
③ 전나무 잎녹병
④ 포플러 잎녹병

**정답** 27. ④  28. ②  29. ②  30. ①  31. ④  32. ②

**33** 연해(煙害)의 방제법으로 가장 옳은 것은?

① 공해업소의 굴뚝 높이는 10m 이상이면 된다.
② 질소를 사용하여 연해 물질을 흡수 중화시킨다.
③ 연해의 염려가 있는 곳은 숲을 교림(喬林)으로 한다.
④ 토양관리에 힘쓰며, 특히 석회질비료를 주어야 한다.

**34** 야생동물의 피해를 감소하기 위해 곤충이나 지렁이 등을 구제하여야 하는 포유류는?

① 곰  ② 멧돼지
③ 사슴  ④ 두더지

해설 ❀ 포유류에 의한 피해
- 산토끼 : 낙엽송, 삼나무, 편백, 소나무 등의 어린 싹이나 수피를 식해한다.
- 다람쥐 : 낙엽송, 참나무류, 기타 침엽수의 종자나 어린싹, 새잎을 식해하고 수피를 벗기며 이로운 조류를 쫒는다.
- 두더지 : 땅속을 돌아다니면서 묘목을 쓰러뜨리고 뿌리를 다치게 한다.
- 들쥐 : 번식력이 대단히 강하고 적송, 편백, 참나무, 단풍나무 등의 목질부 윤상으로 식재하며 주로 야간에 활동한다. 산토끼와 더불어 수목에 가장 큰 피해를 준다.

**35** 종자전염을 하는 수목병은?

① 소나무 혹병
② 포플러 모자이크병
③ 낙엽송 잎떨림병
④ 오리나무 갈색무늬병

해설 ❀
종자전염을 하는 병원체에는 오리나무 갈색무늬병, 호두나무 갈색부패병균 등이 있다.

**36** 잣나무 털녹병균이 기주교대를 하는 식물은 무엇인가?

① 매발톱  ② 애기똥풀
③ 송이풀  ④ 참나무류

해설 ❀ 중간기주의 제거
- 잣나무 털녹병균 : 송이풀과 까치밥나무
- 소나무류 잎녹병균 : 황벽나무, 참취, 잔대
- 소나무 혹병균 : 참나무
- 배나무 적성병균 : 향나무

**37** 다음 중 산림화재 시 내화력(耐火力)이 가장 약한 수종으로 묶인 것은?

① 소나무, 녹나무  ② 화백, 아왜나무
③ 사철나무, 회양목  ④ 은행나무, 대왕송

해설 ❀ 수목의 내화력

| 구분 | 강한 수종 | 약한 수종 |
|---|---|---|
| 침엽수 | 은행나무, 낙엽송, 분비나무, 가문비나무, 개비자나무, 대왕송 | 소나무, 해송, 삼나무, 편백 |
| 상록활엽수 | 아왜나무, 굴거리나무, 후피향나무, 붓순, 황벽나무, 동백나무, 사철나무, 회양목 | 녹나무, 구실잣밤나무 |
| 낙엽활엽수 | 굴참나무, 상수리나무, 고로쇠나무, 피나무, 고광나무, 가중나무, 참나무, 사시나무, 음나무 | 아까시나무, 벚나무, 능수버들, 벽오동나무, 참죽나무, 조릿대 |

**38** 겨울포자가 발아해서 형성되는 포자명은?

① 녹포자  ② 여름포자
③ 녹병포자  ④ 담자포자

**39** 수간 천공성 산림 해충에 해당하지 않는 것은?

① 소나무좀  ② 북방수염하늘소
③ 박쥐나방  ④ 미국흰불나방

해설 ❀ 미국흰불나방
- 활엽수를 가해하며 1년 2회 발생한다.
- 나무껍질 사이·판자 틈·돌 밑·지피물 밑 등에서 번데기로 월동. 1회 성충은 5월 중순~6월에 출현한다.
- 방제법은 부화 직후의 유충은 군서하므로 포살, 용화할 때가 되면 땅으로 내려오므로 식이목을 설치한다.
- 살충제로는 디프테렉스(1000배액)가 효과적이다.

정답 33.④ 34.④ 35.④ 36.③ 37.① 38.④ 39.④

**40** 대부분의 식물병원 세균이 가지는 균의 형태는?

① 구형(球形)  ② 간상형(桿狀形)
③ 콤마형  ④ 나선형(螺旋形)

### 제3과목 : 임업경영학

**41** 환경임업의 일환인 야생동물의 보육에 대한 설명으로 틀린 것은?

① 동기(冬期)에 사료급여를 실시한다.
② 야생동물 서식밀도는 최고로 유지한다.
③ 임간초지(林間草地)를 조성해야 한다.
④ 서식지는 열매 맺는 수종이 많으며, 혼효림이 좋다.

**해설**
야생동물의 수를 적절히 유지해야 생태계가 파괴되지 않는다.

**42** 형수를 사용해서 입목의 재적을 구하는 방법을 형수법(Form Factor Method)이라고 하는데, 비교원주의 직경 위치를 최하단부에 정해서 구한 형수를 무엇이라 하는가?

① 단목형수  ② 흉고형수
③ 절대형수  ④ 정형수

**해설** 형수의 종류

| 종류 | 내용 |
|---|---|
| 정형수 | 수고 1/n 위치의 직경을 기준으로 하는 형수 |
| 절대형수 | 수고 최하부의 직경을 기준으로 하는 형수 |
| 흉고형수 | 가슴높이 1.2m를 기준으로 하는 형수 |
| 단목형수 | 크기와 임목이 비슷한 임목의 형수를 각각 구한 후 그 값을 평균한 것으로, 일반적인 형수는 단목형수를 말하며 임목재적표를 만드는 데 사용한다. |
| 임분형수 | 임분의 재적을 구할 때 사용하는 형수로, 임분의 전체 재적을 그 임분의 흉고단면적 합계에 평균수고를 곱한 값으로 나눈값이다. |

**43** 법정축적법의 일종인 Kameraltaxe법에 의하여 수확조정을 하고자 할 때 표준연벌채량의 계산인자가 아닌 것은?

① 현실축적
② 갱정기
③ 경리기외 편입기간
④ 법정축적

**해설**
Kameraltaxe법
- $E = Z + \dfrac{V_a - V_n}{a}$
- E=연간 표준 벌채량
- Z=전림 · 작업급의 생장량
- $V_a$=현실축적
- $V_n$=법정축적
- a=갱정기(벌기령)

**44** 자연휴양림의 입지조건을 수요와 공급 측면으로 구분할 때 다음 중 수요측면에서의 자연휴양림 입지조건이 아닌 것은?

① 다수 국민이 쉽게 접근 또는 이용할 수 있는 지역의 산림
② 배후도시 상황 · 거주 인구 · 기존 시설 등의 사회경제적 레크리에이션(Recreation) 수요에 대응되는 곳
③ 해당 산림의 자연휴양림적 이용과 목재생산과의 합리적 조정을 도모할 수 있는 곳
④ 해당 산림 상태와 각종 시설과의 조화를 도모하면서 풍치적 시업을 하여 자연휴양적 이용이 가능한 지역

**해설** 수요측면에서의 자연휴양림 입지조건
- 자연휴양림의 배후도시 상황, 거주 인구, 기존 시설 등의 사회 경제적 레크리에이션 수요에 대응되는 곳이어야 한다.
- 다수 국민이 쉽게 접근 또는 이용할 수 있는 지역의 산림지여야 한다.
- 교통기관, 도로망의 정비 및 관광시설 설치 계획을 갖고 있는 곳이어야 한다.
- 자연휴양적 이용과 목재생산과의 합리적 조정을 도모할 수 있는 곳이어야 한다.

**정답** 40.② 41.② 42.③ 43.③ 44.④

**45** 다음 중 시장가역산법으로 임목가를 평정할 때 필요치 않은 인자는?

① 집재비
② 운반비
③ 조림 및 육림비
④ 벌목조재비

**해설** 시장가역산법

$$X = f\left(\frac{A}{1+mp+r} - B\right)$$

X : 단위 재적당 임목가, A : 단위 재적당 원목 시장가, B : 단위재적당 벌목비, 운반비, 기타일체비용, f : 조재율, m : 자본회수기간, p : 월이율, r : 기업이익율

**46** 대학학술림에서는 임도개설을 위하여 3,000만 원을 투자하여 포크레인을 구입하였는데 이 포크레인의 수명은 5년이고 폐기 이후의 잔존가치는 없다고 한다. 이 투자에 의하여 5년 동안 해마다 720만 원의 순이익을 얻을 수 있다면 이 사업의 투자이익률은 몇 %인가? (단, 감가상각비 계산은 정액법을 적용한다.)

① 36%   ② 48%
③ 64%   ④ 72%

**해설**

- 감가상각비 = $\frac{30,000,000-0}{5}$ = 6,000,000원

- 투자이익률 = $\frac{평균순이익}{평균투자액} \times 100$

  = $\frac{7,200,000}{15,000,000} \times 100$ = 48%

| 구분 | 0년 | 1년 | 2년 | 3년 | 4년 | 5년 |
|---|---|---|---|---|---|---|
| 구입(만 원) | 3,000 | 3,000 | 3,000 | 3,000 | 3,000 | 3,000 |
| 상각(만 원) | 0 | 600 | 1,200 | 1,800 | 2,400 | 3,000 |
| 가치(만 원) | 3,000 | 2,400 | 1,800 | 1,200 | 6,00 | 0 |
| 평균투자액 | (3,000+2,400+1,800+1,200+600)/6 =1,500만 원 ||||||

**47** 임업 이율은 보통 이율보다 낮게 책정해야 한다고 주장한 대표적인 학자 Endress가 그 이유로 제시한 임업경영의 특성에 포함되지 않는 것은?

① 산림소유의 안정성
② 산림수입의 고소득성
③ 산림관리경영의 간편성
④ 문화발전에 따른 이율의 저하

**해설**
임업이율이 낮아야 하는 이유
- 재적 및 금원수확의 증가와 산림재산의 가치 등귀
- 산림소유의 안정성
- 산림재산 및 임료수입의 유동성
- 산림경영관리의 간편성
- 생산기간의 장기성
- 문화의 진전에 따른 이율의 저하
- 기호 및 간접적 이익의 관점에서 나타나는 산림소유에 대한 개인적 가치 평가

**48** 국유림경영계획을 작성할 때 위치도에 표시되지 않는 것은?

① 영급
② 임상
③ 임도
④ 미사업지

**49** 농업이나 축산 또는 기타 사업을 하면서 여력을 이용하여 임업을 경영하는 형태는?

① 농가임업
② 부업적임업
③ 겸업적임업
④ 주업적임업

**정답** 45.③  46.②  47.②  48.④  49.②

**해설** 사유림 분류

| 구분 | 내용 |
|---|---|
| 5ha 미만 (농가임업) | 목재생산보다는 조상의 묘를 모시거나 농용재 등의 수목을 얻기 위해 보유하고 있으면 평균 0.9ha 정도로 소유주는 176만 명에 이른다. |
| 5~30ha (부업적임업) | 농업과 더불어 부업적인 경영으로 평균 규모는 10ha 정도로 전 소유자의 9%, 면적비율은 40%에 이른다. |
| 30~100ha (겸업적임업) | 농업, 축산업 등 1차산업과 같은 비중으로 다룰 수 있는 산림경영으로 평균규모는 48ha 정도로 전 소유자의 0.6%, 면적 비율은 13%에 이른다. |
| 100ha 이상 (주업적임업) | 임업을 독립된 경영체로 100ha 이상 경영하는 것으로 소유자의 0.1%, 면적 비율은 12.5%에 이른다. |

**50** 경영자가 관리회계에서 다루는 문제 중 예정된 원가와 실제로 발생한 원가 사이에 어떠한 차이가 있으며 그 원인이 무엇인가 등을 검토하는 것을 무엇이라 하는가?

① 원가통제  ② 원가계산
③ 업적평가  ④ 계획수립

**51** 단면적 상수(BAF)가 4인 릴라스코프(Relascope)를 사용하여 8개소를 측정한 결과, 측정된 임목의 본수는 총 64본이었다. 임분의 평균수고는 12m, 임분 형수는 0.50인 이 임분의 ha당 단면적합계는 몇 m²인가?

① 32m²  ② 48m²
③ 64m²  ④ 96m²

**해설**
단위면적당 흉고단면적 합계=(임목본수×상수)/개소
=64×4/8=32m²

**52** 흉고직경 20cm, 수고 10m인 입목의 재적이 약 0.14m³로 계산되었다. 재적계산에 적용된 형수는 약 얼마인가?

① 0.30  ② 0.40
③ 0.45  ④ 0.55

**해설**

형수 = $\dfrac{0.14}{0.785 \times 0.2^2 \times 10}$ = 0.45

**53** 임업경영의 특성 중 임업의 경제적 특성에 해당되지 않는 것은?

① 임목은 무겁고 부피가 크기 때문에 운반비가 많이 든다.
② 삼림은 임산물을 생산할 뿐만 아니라 공익적 기능이 크므로 경영에 있어 제약성이 따르기 때문에 임업 경영에 지장을 주는 경우가 있다.
③ 임업의 생산요소인 노동·자본·임지의 활용상태가 간단하다.
④ 삼림은 면적이 넓을 뿐만 아니라 지형이 험하여 인력으로 생육환경을 조절한다는 것은 대단히 어렵다.

**해설** 산림경영의 경제적 특성

- 임산물은 무게와 부피가 큰 재화이다.
- 자본회수에 걸리는 시간이 길다.
- 임업에서는 자본과 최종 생산물인 수확물이 구분되어 있지 않다.
- 산림경영은 대규모 경영에 적합하다.
- 임업에는 육성적 임업과 채취적 임업이 있다.
  - 육성적 임업 : 자본을 들여 묘목을 심고 가꾸어서 벌채 수확하는 것을 말한다.
  - 채취적 임업 : 천연적으로 자란 나무를 벌채 수확하는 것을 말한다.
- 임업노동은 계절적 제약을 크게 받지 않는다.
- 임업생산과정은 극히 조방적이다.
  - 조방적(粗放的) : 넓은 경작지에 노동과 자본을 적게 투자하고 주로 자연력을 이용하는 작농하는 형태를 말하며, 반대말은 집약적(集約的)이다.
- 임업은 공공적 이익이 크다.

**정답** 50.① 51.① 52.③ 53.④

**54** 휴양자원의 이용량과 그 영향을 바르게 설명한 것은?

① 휴양자원이 받는 영향은 이용 초기에는 적지만 이용량이 많아져도 그 영향의 정도가 더욱 적어진다.
② 휴양자원이 받는 영향은 이용 초기에는 적지만 이용량이 많아질수록 그 영향의 정도가 커진다.
③ 휴양자원이 받는 영향은 이용 초기에는 크지만 이용량이 많아질수록 그 영향의 정도가 적어진다.
④ 휴양자원이 받는 영향은 이용 초기에는 크지만 이용량이 많아져도 그 영향의 정도가 커진다.

**55** 임지를 취득한 후 조림 등 임목 육성에 알맞은 상태로 개량하는 데 소요되는 모든 비용의 후가에서 그동안 수입의 후가를 공제한 가격을 무엇이라 하는가?

① 임지기망가   ② 임지비용가
③ 임목기망가   ④ 임지매매가

**해설** 임지비용가
- 임지를 구입한 후 현재까지 들어간 일체 비용의 후가 합계에서 그동안 수입된 후가 합계를 공제한 것을 말한다.
- 임지비용가를 적용하는 경우
  - 임지에 들어간 비용을 회수하려고 할 때
  - 임지에 들어간 자본의 경제적 효과를 알고자 할 때
  - 임지의 생산력을 몰라 매매가나 기망가 방법에 의한 평가가 곤란할 때

**56** 적정 휴양수용력의 정의로서 가장 적합한 것은?

① 관리자에게 최대의 이익을 가져다 주는 수용력
② 이용자에게 최대의 편익을 가져다 주는 수용력
③ 물리적 환경의 질을 저하시키지 않는 수용력
④ 물리적 환경과 이용자의 질을 저하시키지 않고 특정 기간 동안 휴양자원이 수용할 수 있는 수용력

**해설** 휴양 수요의 척도

| 종류 | 내용 |
| --- | --- |
| 물리적 수용력 | 일정한 공간 내에 입장시킬 수 있는 최대 인원 |
| 시설적 수용력 | 인공구조물, 시설물의 최소공간 규모로 허용 가능한 용량 |
| 생태적 수용력 | 이용자의 영향을 지탱할 수 있는 자연생태계 능력의 한계 |
| 사회·심리적 수용력 | 이용자의 시각에서 만족도의 저하를 느끼지 않으면서 최대의 만족을 누릴 수 있는 이용자 수나 행위 정도 |

**57** 휴양림의 수용력 관리기법 중 직접기법의 수단에 해당하는 것은?

① 요금부과   ② 정보제공
③ 물리적 변형   ④ 규정의 부과

**해설** 휴양림 이용자 관리
- 직접적 관리
  - 벌금, 과태료 등 직접적인 방법으로 행동에 영향을 준다.
  - 입산금지, 자연 휴식년제와 같이 이용 범위를 한정하거나 시설 내의 이용 시간 제한, 참여 인원 수 제한, 취사 행위 금지 등의 방법을 사용한다.
- 간접적 관리
  - 산책로, 야영장의 정리, 주변 휴양 시설의 연계 개발, 지역별·계절별 차등 입장료의 적용 등의 방법이 있다.

**58** Glaser식에 대한 설명으로 옳은 것은?

① 중령급 임목에 적용한다.
② 이율을 사용하므로 주관성이 개입된다.
③ 복리계산을 하기 때문에 복잡하다.
④ 벌기가 지난 임목의 가치 측정에 적당한 방법이다.

**해설** 중령림의 임목평가
- 비용가법과 기망가법의 중간적 방법인 원가수익 절충

**정답** 54. ③  55. ②  56. ④  57. ④  58. ①

방식을 적용하는 것이 좋다.
- Glaser 식 : Glaser는 임목의 생장에 따른 단위 면적당 가격의 변동은 임목재적과 임목가격 차라는 두 가지 요소의 변동과 관계가 깊다는 사실을 발견하였다. 이 방법은 평가상 가장 문제가 되는 이율을 사용하지 않아 주관성이 개입될 여지가 적고, 또 복리계산을 할 필요가 없어 계산이 간단하다. 또한 원가 수익의 절충적인 성격을 띠고 있어 벌기 전의 중간 영급목의 평가에 적당하다.

$$A_m = (A_u - C_0) \times \frac{m^2}{u^2} + C_0$$

$A_m$ = m년 현재의 평가 대상 임목가
$A_u$ = 적정 벌기령 u년에서의 주벌 수익(m년 현재의 시가)
$C_0$ = 초년도의 조림비(지존, 신식, 하예비)
$u^2$ = 평가 시점
$m^2$ = 표준 벌기령

**59** 정적임분생장모델의 가장 간단한 형태에 해당하는 것은?

① 산림조사부
② 확률밀도함수
③ 수확표
④ 누적밀도함수

**60** 임업자산의 유형과 그 구성요소의 연결이 틀린 것은?

① 유동자산 - 비료
② 유동자산 - 현금
③ 임목자산 - 산림축적
④ 고정자산 - 묘목

**해설** 임업경영 자산
- 고정자산 : 임지, 건물, 구축물(임도, 삭도, 숯가마 등), 기계(산림용 큰 기계), 동물(산림에 사용되는 말) 등
- 임목자산 : 임목 축적
- 유동자산 : 미처분 임산물(산림생산물로서 처분되지 않은 것), 산림용 생산자재(묘목, 비료, 약재 등)

## 제4과목 : 임도공학

**61** 임지는 하부로부터 개발해야 하므로 임지개발의 중추적인 역할을 담당하는 산악지대 임도노선형은 무엇인가?

① 사면임도
② 능선임도
③ 산복임도
④ 계곡임도

**해설** 계곡임도
홍수로 인한 유실을 방지하며, 계곡 하단부에 설치하지 않고 산록부 사면에 최대 홍수 수위보다 10m 높은 곳에 설치한다.

**62** 평판 측량에서 측량지역의 내부 또는 외부에 한 점을 정하고 주위 넓은 방향으로 측선 방위와 길이를 관측하여 측량하는 방법은?

① 교회법
② 전진법
③ 방사법
④ 절선법

**해설** 평판측량의 종류
- 방사법(사출법) : 장애물이 없고 비교적 좁은 지역에 적합하다.
- 교차법(교회법) : 넓은 지역에서 세부 측량이나 소축척의 세부 측량에 적합하다.
- 전진법(도선법) : 측량할 구역이 좁고 길거나 장애물이 있어서 교차법을 사용할 수 없는 경우 또는 넓은 완경사지에서 측점을 많이 설정하지 않으면 안 될 경우에 적합하다.

**63** 목재의 재질과 노동사정을 고려할 때 가장 적합한 벌목 시기는 언제인가?

① 가을
② 겨울
③ 여름
④ 봄

**해설**
노동력을 고려할 때는 농업노동력의 가장 많은 휴가기인 겨울철이 적당한다.

**64** 암석을 폭파하기 위한 천공에 사용하는 착암기가 아닌 것은?

① 리퍼
② 왜건드릴
③ 잭해머
④ 크롤러드릴

해설
리퍼는 연암을 굴착하기 위한 장비이다.

**65** 다음 중 임도설계의 업무순서로 맞는 것은?
① 예비조사 → 예측 → 답사 → 실측 → 설계도 작성 → 공사 수량 산출 → 설계서 작성
② 예비조사 → 답사 → 예측 → 실측 → 공사 수량 산출 → 설계도 작성 → 설계서 작성
③ 예비조사 → 답사 → 예측 → 실측 → 설계도 작성 → 공사 수량 산출 → 설계서 작성
④ 답사 → 예비조사 → 예측 → 실측 → 공사 수량 산출 → 설계도 작성 → 설계서 작성

**66** 컴퍼스측량을 할 때 관측하지 않아도 되는 것은?
① 거리   ② 방위
③ 방위각  ④ 표고

**67** 다음 중 연암 또는 단단한 지반의 굴착에 적당한 산림토목 공사용 기계는?
① 리퍼 불도저(Ripper Bulldozer)
② 머캐덤 롤러(Macadam Roller)
③ 모터 그레이더(Motor Grader)
④ 로더(Loader)

**68** 어떤 측점에서부터 차례로 측량을 하여 최후에 다시 출발한 측점으로 되돌아오는 측량방법으로 소규모의 단독적인 측량 때 많이 이용되는 트래버스 방법은?
① 폐합 트래버스
② 결합 트래버스
③ 개방 트래버스
④ 다각형 트래버스

**69** 노선 측량의 결과 교각이 120°인 교각점에 곡선반지름 30m인 단곡선을 설치하고자 한다. 이 교각점에 설치될 곡선의 길이는 약 몇 m인가?
① 15.7m   ② 31.4m
③ 62.8m   ④ 94.2m

해설
곡선길이 = $\dfrac{2 \times 3.14 \times 30 \times 120}{360}$ = 62.8m

**70** 산림기반시설의 설계 및 시설기준에서 정하고 있는 배수 구조물의 통수단면 설계내용으로 맞는 것은?
① 50년 빈도 확률강우량에 의한 최대 홍수 유출량의 1.2배
② 70년 빈도 확률강우량에 의한 최대 홍수 유출량의 1.5배
③ 100년 빈도 확률강우량에 의한 최대 홍수 유출량의 1.2배
④ 100년 빈도 확률강우량에 의한 최대 홍수 유출량의 1.5배

**71** 임도 및 일반도로 시공 시 일반적으로 사용되지 않는 장비는 어느 것인가?
① 불도저      ② 굴착기
③ 모터 그레이더  ④ 기중기

**72** 중경목을 벌도하려고 할 때 중경목의 추구요령이 잘 표현된 그림은 어느 것인가?

**73** 임도교량 작업 시 주재료인 콘크리트의 물 함량을 아주 높게 하여 작업을 용이하게 하려고 할 때 어떠한 문제점이 발생하는가?

① 시멘트량이 줄어든다.
② 콘크리트 강도가 낮아진다.
③ 배합이 골고루 되지 않는다.
④ 작업비가 높아진다.

**74** 임도 시공 시 현장감독관이 현장에 비치하고 기록·관리하여야 하는 것이 아닌 것은?

① 재료시험표  ② 반입재료검사부
③ 자재수불부  ④ 작업일지

**75** 강우에 의한 토양침식의 발달과정으로 옳은 것은?

① 우격침식 → 면상침식 → 누구침식 → 구곡침식
② 우격침식 → 누구침식 → 면상침식 → 구곡침식
③ 우격침식 → 구곡침식 → 누구침식 → 면상침식
④ 우격침식 → 누구침식 → 구곡침식 → 면상침식

**76** 설계속도가 30km/h, 가로 미끄럼에 대한 노면과 타이어의 마찰계수가 0.15, 노면의 횡단물매가 5%일 경우 곡선반지름은 약 몇 m인가? (단, 소수점 이하는 생략한다.)

① 25m  ② 30m
③ 35m  ④ 40m

**[해설]**
최소곡선반지름 $= \dfrac{30^2}{127(0.15+0.05)} = 35m$

**77** 다음 그림에서 OA의 방위는 N60°E이고, OB의 방위는 S75°W이다. 이때 ∠AOB는 얼마인가?

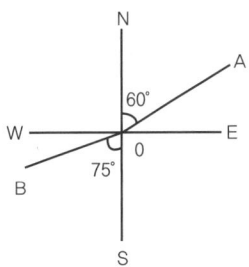

① 105°  ② 135°
③ 165°  ④ 195°

**[해설]**
30°+90°+75°=195°

**78** 횡단기울기의 기준에 대한 설명으로 맞는 것은?

① 비포장 노면의 경우 3~5%, 포장 노면의 경우 2~3%
② 비포장 노면의 경우 2~3%, 포장 노면의 경우 1~2%
③ 비포장 노면의 경우 3~5%, 포장 노면의 경우 1.5~2%
④ 비포장 노면의 경우 2~3%, 포장 노면의 경우 1.5~2%

**[해설] 횡단기울기**
- 일반적으로 차도는 중앙부를 높게 하고 양쪽 길가 쪽을 낮게 하는 횡단기울기를 만들어야 하며, 포장을 하지 않은 노면은 3~5%, 포장을 한 노면은 1.5~2% 로 한다.
- 노면 배수와 교통안전의 두 가지 측면을 고려한 것이다.

**79** 임도의 기능에 대한 설명 중 바람직하지 않은 것은?

① 임도는 전통적 기능인 목재수송 전용도로로서의 기능을 담당해야 한다.
② 자연휴양림 조성과 관련하여 임도는 휴양림 도로로서의 기능도 담당해야 한다.
③ 농산촌 지역 개발과 관련하여 농촌마을의 연결기능도 가질 수 있어야 한다.

**정답** 73.② 74.④ 75.① 76.③ 77.④ 78.③ 79.①

④ 임도는 산림이 가진 다목적 기능을 더욱 잘 발휘할 수 있도록 설계되어야 한다.

**해설** **임도의 기능**
- 임업적 기능
  - 수송기능 : 산림과 시장, 마을 등을 연결하여 임산물과 인적자원을 수송한다.
  - 사업기능 : 산림사업을 효율적으로 실행하기 위한 기능으로, 산림경영과 작업의 능률 향상에 중요한 역할을 한다.
  - 도달기능 : 공도에서 산림을 연결하는 노선이 지니고 있는 기능을 말한다.
- 공도적 기능 : 공도에 준한 일반교통을 목적으로 하는 기능이다.

**80** 임도의 합성물매는 12%로 설정하고, 외쪽물매를 6%로 적용한다면 종단물매는 약 몇 %가 적당한가?

① 8 %
② 10 %
③ 12 %
④ 14%

**해설**
합성물매 = $\sqrt{횡단물매^2 + 종단물매^2}$
종단물매 = $\sqrt{144 - 36} = 10.3\%$

---

### 제5과목 : 사방공학

**81** 토양침식 형태 중에서 중력침식과 거리가 먼 것은?

① 붕괴형 침식
② 지활형 침식
③ 우수 침식
④ 사태형 침식

**해설** **침식의 종류**
- 수식 : 우수(빗물) 침식, 하천 침식, 지중 침식, 바다 침식 등
- 중력 침식 : 붕괴형 침식, 지활형 침식, 유동형 침식, 사태형 침식 등
- 풍식 : 내륙사구 침식, 해안사구 침식 등

**82** 야계 현황을 조사한 결과 조도계수는 0.05, 통수단 면적이 3m², 윤변이 1.5m, 수로 물매가 2%일 때 Manning의 평균유속공식을 이용하여 유량을 계산하면 약 몇 m³/s인가?

① 4.49
② 0.49
③ 13.47
④ 1.35

**해설** **Manning 공식**
$V = \frac{1}{n} \cdot R^{\frac{2}{3}} \times I^{\frac{1}{2}}$
$= \frac{1}{0.05} \cdot 2^{\frac{2}{3}} \times 0.02^{\frac{1}{2}} = 4.49 \text{m/s}$
∴ 유량 = 4.49×3 = 13.47
V : 평균유속(m/s), n : 유로조도계수[0.030(보통 하천),0.055(황폐 계천)], P : 윤변, A : 유로의 횡단 면적

**83** 돌쌓기기슭막이공법의 돌쌓기 표준 물매는?

① 찰쌓기 1:0.3, 메쌓기 1:0.5
② 찰쌓기 1:1.3, 메쌓기 1:0.5
③ 찰쌓기 1:0.3, 메쌓기 1:1.5
④ 찰쌓기 1:1.3, 메쌓기 1:1.5

**84** 찰쌓기 공사에서 지름 약 3cm의 PVC 파이프로 물빼기 구멍을 설치하는 데 1개당 적합한 돌쌓기 면적은 몇 m²인가?

① 0.5~1m²
② 2~3m²
③ 5~7m²
④ 10~13m²

**85** 황폐 계천의 사방공작물 중 횡(橫)공작물이 아닌 것은?

① 사방댐
② 골막이(구곡막이)
③ 낮은 바닥막이
④ 둑쌓기

**86** 일반묘 및 포트묘 식재공법에서 식재수종의 선정 시 갖추어야 할 조건 중 직접적인 사항이 아닌 것은?

정답 80.② 81.③ 82.③ 83.① 84.② 85.④ 86.①

① 미관이 좋은 수종
② 토양개량효과가 기대되는 수종
③ 생장력이 왕성하여 잘 번무하는 수종
④ 뿌리의 뻗음이 좋고 토양의 긴박능력이 큰 수종

**87** 벌목과 집적만을 수행하는 다목적 임목수확 기계는?

① 프로세서
② 하베스터
③ 펠러번쳐
④ 스키더

> **해설**
> 펠러벤처는 벌목과 벌목한 목재를 잡을 수 있는 장비가 있어 소집재를 할 수 있는 장비이다.

**88** 다음 그림의 와이어로프의 구성으로 알맞은 것은?

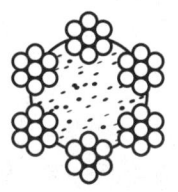

① 6본선 7꼬임 중심섬유
② 7본선 6꼬임 중심섬유
③ 14본선 3꼬임 중심섬유
④ 3본선 14꼬임 중심섬유

**89** 주로 땅깎기 비탈에 흙이 떨어지지 않은 반떼를 수평방향으로 줄로 붙여서 활착 녹화시키는 공법은?

① 줄떼다지기공법
② 줄떼붙이기공법
③ 줄떼심기공법
④ 줄떼뿌리기공법

> **해설**
> • 절토사면 : 줄떼붙이기
> • 성토사면 : 줄떼다지기
> • 평지 : 줄떼심기

**90** 황폐지 중에서 초기 황폐지 단계에서 복구되지 않으면 점점 더 급속히 악화되어 가까운 장래에 민둥산이나 붕괴지가 될 위험성이 있는 상태를 무엇이라 하는가?

① 척암임지
② 임간나지
③ 황폐이행지
④ 특수황폐지

> **해설**
> 황폐이행지
> 초기 황폐지 단계에서 복구되지 않으면 점점 급속히 악화되어 가까운 장래에 민둥산이나 붕괴지로 될 위험성이 있는 단계를 말한다.

**91** 정사울타리를 설치할 때 표준높이는 몇 m인가?

① 1~2m
② 2~3m
③ 3~4m
④ 4~5m

> **해설**
> 정사울세우기
> • 주로 전사구의 육지 쪽에 후방 모래를 고정하여 그 표면에 전면적인 모래의 안정을 도모하고 식재목이 잘 생육할 수 있도록 환경을 조성할 목적으로 모래덮기와 사초심기를 병행하여 시공한다.
> • 시공효과를 가장 크게 하기 위해서는 정사각형이나 직사각형으로 구획한다.
> • 섶세우기, 짚세우기, 갈대세우기공법 등이 있다.
> • 높이는 1.0~1.2m가 표준이며, 모래에 20cm 정도 묻어야 한다.
> • 구획의 크기는 한 변의 길이가 7~15m인 정사각형이나 직사각형으로 하는 것이 일반적이다.
> • 정사울타리 설치 후 내부에 ha당 10,000본을 식재한다.

**92** 중력댐의 안정에 대한 설명으로 틀린 것은?

① 제저에 발생하는 최대압축응력은 지반의 허용압축강도보다 작아야 안전하다.

**정답** 87.③ 88.② 89.② 90.③ 91.① 92.③

② 합력의 작용선이 제저(堤底)의 중앙 1/3 범위 내에 있어야 전도되지 않는다.
③ 제저에 발생하는 최대압축력 및 인장응력은 허용압축 및 인장강도를 초과하여야 안전하다.
④ 수평분력의 총합과 수직분력의 총합의 비가 제저와 기초 지반 사이의 마찰계수보다 적으면 활동하지 않는다.

**해설** 중력댐의 안정조건
- 활동에 대한 안정 : 저항력의 총합이 원칙적으로 수평외력의 총합 이상으로 되어야 한다.
- 전도에 대한 안정 : 합력작용선이 제저의 중앙 1/3보다 하류 측을 통과하면 댐 몸체의 상류측에 장력이 생기므로 합력작용선이 제저의 1/3을 통과하도록 한다.
- 제체의 파괴에 대한 안정 : 제체에서의 최대 압축력은 그 허용압축을 초과하지 않아야 한다.
- 기초지반의 지지력에 대한 안정 : 제저에 발생하는 최대압축응력이 지반의 허용압축강도보다 작으면 지반은 안전하다.

**93** 도시림 생태계 복원에서 식생 복원을 위하여 자생 수종의 생태적 특성을 토대로 훼손지 복구 또는 복원에만 국한해야 할 지역은?
① 자연식생녹지
② 인공조림녹지
③ 도시시설녹지
④ 반자연식생녹지

**94** 콘크리트블록 또는 FRP같은 경량 블록으로 처리하기 곤란한 붕괴위험 비탈에 직접 거푸집을 설치하고 콘크리트 치기를 하여 비탈안정을 위한 틀을 만들어 내부를 작은 돌이나 흙으로 채워 녹화하는 비탈안정공법을 무엇이라 하는가?
① 비탈 격자틀붙이기공법
② 비탈 힘줄박기공법
③ 비탈 블록붙이기공법
④ 비탈 지오웨브공법

**95** 견고를 요하는 돌쌓기공사에 특히 메쌓기공법에 사용될 수 있도록 특별한 규격으로 다듬은 석재는?
① 견치돌
② 막깬돌
③ 야면석
④ 호박돌

**해설** 견치돌
견고도가 요구되는 사방공사 특히, 규모가 큰 돌담이나 옹벽동사에 사용되는 돌로 돌을 뜰 때 치수를 특별한 규격에 맞도록 지정하여 깬돌이다. 앞면은 25cm×25cm~40cm×40cm이고, 뒷길이는 35~60cm이다. 1개의 무게는 70~100kg이다.

**96** 등산로 훼손에 영향을 미치는 인위적 요인에 해당하는 것은?
① 기상
② 이용행태
③ 지형
④ 식생

**97** 산비탈면에서 붕괴에 관여하는 주요 요인과 거리가 먼 것은?
① 지형
② 지질
③ 중력
④ 임상

**해설**
- 자연적 원인 : 강우, 지형, 지질, 토질, 지하수, 지진 등
- 인위적 요인 : 흙깎기, 흙쌓기, 댐, 임도 등

**98** 돌쌓기 공종의 시공요령을 바르게 설명한 것은?
① 메쌓기를 할 때는 물빼기 구멍을 반드시 설치하여야 한다.
② 돌쌓기의 비탈이 1:1 이상일 때 돌쌓기라 한다.
③ 메쌓기를 할 경우에는 뒷채움 자갈을 채우지 않아도 된다.
④ 토압이 증가될 염려가 있는 장소는 찰쌓기를 한다.

정답 93.① 94.② 95.① 96.② 97.③ 98.④

**99** 토양수의 형태적 분류에서 토양입자에 매우 큰 분자 인력에 의하여 얇은 층으로 흡착되어 있는 물은?

① 결합수  ② 흡습수
③ 모관수  ④ 중력수

**해설** 토양수분의 분류
- 결합수 : 토양의 고체분자를 구성하는 물로 수목에 흡수되지 않으나 화합물의 성질에 영향을 준다. pF7 이상
- 흡습수 : 토양이 공기 중의 수분을 흡수하여 토양알갱이의 표면에 응축시킨 수분으로 토양알갱이와 매우 굳게 부착되어 수목의 근압으로 흡수하여 이용할 수 없다. pF4.5~7.0 이상
- 모관수 : 작은 공극(모세관)의 모관력에 의하여 유지되는 수분이다. pF2.7~4.2
- 중력수 : 토양공극을 모두 채우고 자체의 중력으로 이동되는 물을 말한다. pF2.7 이하

**100** 훼손된 등산로를 복구할 때 고려 사항이 아닌 것은?

① 보행자 접근 동선 및 보행 동선의 조정
② 체계적인 안내 시스템에 의한 명확한 동선의 설정
③ 훼손된 산림의 순찰 및 정비
④ 동선 주연부에 대한 획일적인 식생 유도

**정답** 99. ② 100. ④

# 국가기술자격 필기시험문제

2011년 제3회 필기시험

| 자격종목 및 등급(선택분야) | 종목코드 | 시험시간 | 형별 |
|---|---|---|---|
| 산림기사 | 1564 | 2시간 30분 | A |

## 제1과목 : 조림학

**1** 목부 조직의 횡단면이 그림과 같은 형태를 보이는 수종은?

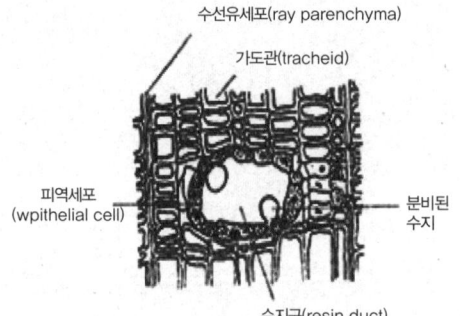

① 소나무  ② 신갈나무
③ 아까시나무  ④ 층층나무

**해설**
신갈나무, 아까시나무, 층층나무는 활엽수 도관을 통해 물과 양분을 이동하지만 소나무는 침엽수로서 가도관을 통해 물과 양분을 이동시킨다.

**2** 조림지의 풀베기 작업에 대한 설명으로 옳은 것은?

① 모두베기는 음수를 조림한 지역에서 실시한다.
② 풀베기 작업의 시기는 9월이 적기이다.
③ 전나무 조림지에 대한 풀베기 작업은 조림 후 2년 이내에 종료하는 것이 바람직하다.
④ 한풍해가 심하게 우려되는 조림지에서의 풀베기 작업은 둘레베기 방법을 적용하는 것이 바람직하다.

**해설**
풀베기의 형식
• 모두베기 : 조림지 전면의 잡초목을 베어 내는 방법으로, 임지가 비옥하거나 식재목이 광선을 많이 요구하는 소나무, 낙엽송, 강송, 삼나무, 편백 등의 조림 또는 갱신지에 적용한다. 줄베기와 둘레베기에 비해 토양침식 등 식재목과 토양에 가장 나쁜 영향을 주기도 한다.
• 줄베기 : 가장 많이 사용하며 조림목의 식재열을 따라 약 90~100cm 폭으로 잘라내므로 모두베기에 비하여 경비와 노력이 절약된다.
• 둘레베기 : 조림목 주변을 반경 50cm 내외의 정방형 또는 원형으로 잘라내는 방법으로, 강한 음수이거나 군상식재지 등 바람과 한해에 대하여 조림목의 특별한 보호가 필요한 경우에 적용하는 방법이다.

**3** 미생물의 활동이 대단히 왕성하고 양료의 이용률이 높으며 부식의 형성이 쉽게 되는 토양의 pH 범위는?

① pH3.4 이하  ② pH5.0~5.5
③ pH6.5~7.0  ④ pH8.0~8.5

**해설**
미생물의 활동이 활발한 pH의 범위는 중성에 가까운 pH6.5~7.0의 범위이다. 일반적으로 침엽수는 pH5.0~5.5, 활엽수는 pH5.5~6.0이 적당하다.

**4** 난대 수종으로 일반적으로 온대 중부 이북에서 조림하기 어려운 수종은?

① 잣나무  ② 전나무
③ 물푸레나무  ④ 붉가시나무

**정답** 1.① 2.④ 3.③ 4.④

> **해설** 난대림수종
붉가시나무, 동백나무, 구실잣밤나무, 생달나무, 후박나무, 아왜나무, 녹나무, 가시나무, 돈나무, 감탕나무, 사철나무, 식나무, 해송, 삼나무, 편백 등이 있다.

**5** 묘포에서 실생묘 양성을 위하여 일반 품질의 소나무 종자를 파종할 때 1m²당 파종량의 범위는?

① 5~10g  ② 10~15g
③ 20~30g  ④ 40~50g

**6** 임목밀도에 대한 설명으로 옳은 것은?

① 밀도가 높을수록 총생산량 중 가지가 차지하는 비율이 높아진다.
② 밀도는 직경생장보다 수고생장에 큰 영향을 주지만 단목의 재적생장은 같다.
③ 밀도가 높을수록 단목의 생활력은 약해지나 임분의 안정성은 높아진다.
④ 밀도가 높으면 직경은 작지만 완만재가 되고, 밀도가 낮으면 직경은 크지만 초살형이 된다.

> **해설** 밀식의 장단점
> • 장점
> – 표토침식과 지표면의 건조방지로 개벌에 의한 지력감퇴 경감
> – 풀베기 작업횟수 감소로 비용 절약
> – 가지가 굵어지는 것을 방지하고 자연낙지의 유도로 가지치기 비용절감 및 마디가 적은 용재 생산
> – 제벌, 간벌 시 제거 대상목이 많으므로 최우량목을 잔존시켜 우량 임분 조성
> • 단점
> – 묘목대 및 조림비의 과다 요인
> – 제벌 및 간벌이 지연될 경우 줄기가 가늘고 연약해져서 고사목 등의 발생 및 병해충 우려
> – 임목의 직경생장이 완만하여 큰나무 생산의 경우 수확기간이 늦어짐

**7** 점토가 미사나 모래의 함량보다 상대적으로 많은 식토의 특성을 잘못 설명한 것은?

① 식토는 일반적으로 사토에 비하여 양이온치환용량(C.E.C)이 높다.
② 식토는 사토에 비하여 보습력이 높다.
③ 토양수분함량이 낮아질 때 식토는 거북 등처럼 갈라지나 사토는 그렇지 않다.
④ 식토는 일반적으로 사토보다 식물의 뿌리발달에 좋다.

> **해설**
식물의 발달에 가장 좋은 토양은 식양토이다.

**8** 꽃의 구조와 열매의 구조 사이의 관계를 연결한 것 중 옳지 않은 것은?

① 배주 → 종자
② 주심 → 내종피
③ 난핵 → 배유
④ 자방 → 열매

> **해설** 꽃의 구조와 종자 및 열매의 구조 관계
> • 씨방(자방) → 열매
> • 밑씨 → 종자
> • 주피 → 씨껍질
> • 주심 → 내종피(대부분 퇴화)
> • 극핵(2개)+정핵 → 배젖(속씨식물)
> • 난핵+정핵 → 배

**9** 임목의 직경분포가 다음 그림과 같이 정규분포를 나타내는 것은?

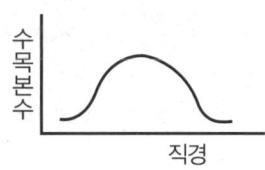

① 보잔목 임형의 직경분포
② 택벌림의 직경분포
③ 이령림의 직경분포
④ 동령림의 직경분포

**정답** 5. ③  6. ④  7. ④  8. ③  9. ④

**10** 다음 중 삽목 발근이 가장 잘되는 수종은?
① 느티나무   ② 상수리나무
③ 속나무     ④ 버드나무

**해설**
삽목 발근이 용이한 수종에는 포플러류, 버드나무류, 은행나무, 사철나무, 플라타너스, 개나리, 진달래, 주목, 측백나무, 화백, 향나무, 히말라야시다, 동백나무, 치자나무, 닥나무, 모과나무, 삼나무, 쥐똥나무, 무궁화 등이 있다.

**11** 수목의 체내 이동이 어려워 생장점이나 어린 잎 등 세포분열이 일어나는 곳에서 결핍증상이 잘 나타나는 무기양료 만으로 나열되어 있는 것은?
① 질소, 칼슘, 칼륨
② 칼슘, 철, 붕소
③ 철, 마간, 마그네슘
④ 구리, 마그네슘, 질소

**해설**
- 늙은 잎 : 마그네슘, 질소, 칼륨 등
- 어린 잎 : 철, 칼슘, 붕소 등

**12** 밤나무 접목묘를 묘간거리 4m, 열간거리 5m로 식재하고자 한다. 1ha에 소요될 묘목의 본수는? (단, 수량 할증을 25% 고려한다.)
① 400주   ② 500주
③ 625주   ④ 1000주

**해설** 장방형식재
$N = \dfrac{A}{a \times b} = \dfrac{10,000}{4 \times 5} \times 1.25 = 625$본
N : 식재할 묘목수, A : 조림지 면적,
a : 묘목 사이의 거리, b : 줄 사이의 거리

**13** 침엽수 인공림의 수형목 지정기준 중 옳지 않은 것은?
① 상층 임관에 속할 것
② 지하고가 낮을 것
③ 밑가지들이 말라서 떨어지기 쉽고 그 상처가 잘 아물 것
④ 주위 정상목 10본의 평균보다 수고 5%, 직경 20% 이상 클 것

**해설**
수형목의 재질과 형질이 좋은 임목은 지하고가 높아야 한다.

**14** 종자의 활력 검정방법이 아닌 것은?
① 절단법       ② 환원법
③ X선분석법   ④ 양건법

**해설**
양건법은 종실을 햇빛에 쪼여 건조시키므로서 종자가 자연이탈 되도록 하는 종자 탈곡법의 하나이다.

**15** 수목은 토양의 무기양료가 부족하면 여러 가지 생리반응이 나타난다. 부족했을 때 잎의 황화현상(Chlorosis)을 일으키는 무기양료가 아닌 것은?
① N    ② Mg
③ Fe   ④ Cl

**해설**
- 늙은 잎 : 마그네슘, 질소, 칼륨 등
- 어린 잎 : 철, 칼슘, 붕소 등

**16** 비료목에 대한 설명으로 옳은 것은?
① 비료목을 식재할 경우에는 인위적인 시비를 하지 않아야 한다.
② 균근균이 공생하는 수종은 비료목이 될 수 없다.
③ 비료목은 항상 주임목(主林木)을 식재하기 이전에 먼저 식재되어야 한다.
④ 싸리류나 아까시나무 등과 같은 콩과식물은 질소고정균이 공생하기 때문에 비료목으로 적합하다.

**해설**
- 비료목의 종류
  - 콩과수목 : 아까시나무, 싸리나무류, 자귀나무, 칡 등

**정답** 10.④  11.②  12.③  13.②  14.④  15.④  16.④

- 비콩과수목 : 소귀나무, 오리나무류, 보리수나무류 등
- 비료목의 효과
  - 낙엽을 통해 유기물을 공급한다.
  - 비료목의 뿌리혹이 침엽수종의 균근 형성에 도움을 준다.
  - 뿌리혹은 죽은 후에 땅속의 질소성분이 된다.
  - 비료목의 잎이 떨어지면 침엽수종 잎의 분해를 도와 지력을 높인다.

**17** 택벌작업의 장점을 옳게 설명한 것은?

① 양수 수종의 갱신에 적당하다.
② 임목벌채가 쉬워 치수에 손상을 주지 않는다.
③ 일시벌채량이 많아 경제상 효율적이다.
④ 소면적 임지에 보속생산을 하는 데 가장 알맞은 방법이다

해설 **택벌작업의 장점**
- 임지가 항상 나무로 덮여 있어 지력 유지와 국토 보전적 가치가 크다.
- 상층목이 햇빛을 충분히 받아서 결실이 잘된다.
- 모수가 많아 치수의 보호효과가 크며, 특히 음수수종의 무거운 종자수종에 유리하다.
- 면적이 좁은 산림에서 보속적 수확을 올리는 작업을 할 수 있다.
- 공간 및 토양이 입체적으로 이용되어 생산력이 높으며 미적으로 가장 훌륭한 임형을 나타낸다.
- 산림생태계의 안정을 유지하여 각종 위해를 줄여 주고 임목생육에 적절한 환경을 제공한다.

**18** 작업종과 후계림의 산림형태가 옳게 연결된 것은?

① 개벌작업-이령림
② 산벌작업-일제림
③ 택벌작업-동령림
④ 저림작업-용재생산림

해설 **일제림**
- 동일한 수종의 수관층이 거의 같은 높이로 되어 있는 산림이다.
- 단층림, 단순림이라고도 한다.

- 임령, 임목의 크기에 따라 유령림, 장령림, 고령림으로 나눌 수 있다.
- 복층림의 대응용어로서, 동령림과 뜻이 비슷하다.

**19** 개화 당연에 종자가 결실하는 수종으로 묶어진 것은?

① 소나무, 회양목
② 상수리나무, 해송
③ 떡갈나무, 오동나무
④ 잣나무, 버드나무

해설 **자연적인 종자결실**

| 결실주기 | 종류 |
|---|---|
| 매해 | 버드나무류, 포플러류, 오리나무류 |
| 격년 | 소나무류, 오동나무, 자작나무, 아까시나무 |
| 2~3년 | 참나무류, 느티나무, 들메나무, 편백, 삼나무 |
| 3~4년 | 전나무, 녹나무, 가문비나무 |
| 5년 이상 | 너도밤나무, 낙엽송 |

**20** 우리나라는 산림 자원의 조성에 어려움이 많다. 다음 중 산림 자원 조성의 문제점에 해당되지 않는 것은?

① 봄철에 기후가 건조하다.
② 경사가 급해서 숲의 흙이 안정되기 어렵다.
③ 천연림이 발달되어 있다.
④ 여름철 폭우는 산악 지대의 흙을 침식시킨다.

제2과목 : 산림보호학

**21** 천연보호림을 지정·해제할 수 있는 사람이 아닌 것은?

① 지방산림처장   ② 광역시장
③ 도지사        ④ 군수

정답 17. ④  18. ②  19. ③  20. ③  21. ④

**22** 대추나무 빗자루병의 병원은?

① 바이러스   ② 세균
③ 균류       ④ 파이토플라즈마

**해설**
파이토플라즈마는 대추나무 빗자루병, 오동나무 빗자루병, 뽕나무 오갈병 등의 병원이다.

**23** 다음 중 기주교대를 하지 않는 병원균은?

① 소나무 잎떨림병균
② 배나무 붉은별무늬병균
③ 잣나무 털녹병균
④ 소나무 혹병균

**해설**
**중간기주의 제거**
- 잣나무 털녹병균 : 송이풀과 까치밥나무
- 소나무류 잎녹병균 : 황벽나무, 참취, 잔대
- 소나무 혹병균 : 참나무
- 배나무 적성병균 : 향나무

**24** 솔수염하늘소의 설명 중 맞지 않은 것은?

① 소나무재선충을 전파한다.
② 유충으로 월동한다.
③ 성충의 우화시기는 5월 하순~7월 상순이다.
④ 남부지방에서는 연 2회 발생한다.

**해설**
솔수염하늘소는 연1회 발생하며, 소나무재선충의 매개충 역할을 한다.

**25** 다음 중 우리나라에서 발생하기 힘든 산불 형태는?

① 지중화(地中火)   ② 지표화(地表火)
③ 수간화(樹幹火)   ④ 수관화(樹冠火)

**해설**
지중화는 한랭한 고산지대나 낙엽이 분해되지 못하고 깊게 쌓여 있는 고위도 지방 등에서 지하의 이탄질 또는 연소하기 쉬운 유기 퇴적물이 연소하는 불로, 한 번 붙으면 오랫동안 연소한다.

**26** 최근 우리나라 소나무와 잣나무에 피해를 주는 소나무 재선충병의 매개충으로 짝지어진 것은?

① 알락하늘소, 광릉긴나무좀
② 솔수염하늘소, 북방수염하늘소
③ 솔수염하늘소, 털두꺼비하늘소
④ 알락하늘소, 북방수염하늘소

**27** 다음 중 병환부에 표징이 나타나지 않는 병원체는?

① 불완전균
② 자낭균
③ 담자균
④ 바이러스

**해설** **표징**
- 기생성병의 병환부에 병원체 그 자체가 나타나서 병의 발생을 직접표시하는 것으로 곰팡이, 균핵, 점질물, 이상 돌출물 등이 이에 속한다.
- 표징은 병원체가 침입하고 병이 어느 정도 진행된 후에 나타나므로 조기 진단에는 도움이 못 되지만 병원체 그 자체가 나타나고 빛깔, 모양, 크기 등이 대체로 일정하여 병의 종류를 판단하는 데 극히 중요하다.

**28** 소나무 시들음병을 일으키는 소나무재선충이 나무와 나무 사이를 이동하는 경로는?

① 종자견염   ② 매개충
③ 바람       ④ 토양전염

**29** 우리나라에 서식하고 있는 포유류 중 천연기념물이 아닌 것은?

① 수달       ② 물범
③ 호랑이     ④ 하늘다람쥐

**해설** **천연기념물(포유류)**
우리나라의 천연기념물 중 포유류는 59호 진도 진돗개, 308호 경산 삽살개, 367호 제주 제주마, 216호 사향노루, 217호 산양, 328호 하늘다람쥐, 329호 반달가슴곰, 330호 수달, 331호 물범이다.

**정답** 22.④ 23.① 24.④ 25.① 26.② 27.④ 28.② 29.③

**30** 임분구성을 통해 풍부한 야생동물군집을 형성하기 위한 방법에 해당하지 않는 것은?

① 택벌시업
② 혼효림의 복층화
③ 침엽수 인공림 내의 활엽수 도입
④ 혼효림의 순림유도 작업

**해설**
혼효림을 순림으로 하면 한 가지 수종으로만 되어 생물다양성이 약화된다.

**31** 해충에 대한 설명 중 맞는 것은?

① 솔나방은 소나무를 주로 가해하지만 활엽수도 가해하는 잡식성 해충에 속한다.
② 소나무재선충을 매개하는 곤충은 솔수염하늘소, 울도하늘소 등이 알려져 있다.
③ 솔잎혹파리는 충영을 형성하는 해충이나 밤나무순혹벌은 충영을 만들지 않는다.
④ 미국흰불나방은 1958년에 침입한 해충으로, 잎을 가해한다.

**해설** 미국흰불나방
- 1년 2회 발생하며, 번데기로 월동한다.
- 식엽성해충이다.
- 잡식성이며, 주로 활엽수인 가로수나 정원수 등 160여 수종에 피해를 입힌다. 1958년에 처음으로 발생하였다.

**32** 수목 뿌리혹병(Crown Gall) 세균의 침입장소로 가장 거리가 먼 것은?

① 지하부의 접목 부위
② 삽목의 하단부
③ 뿌리의 절단면
④ 뿌리의 기공

**해설**
뿌리혹병은 세균으로, 중간기주는 밤나무, 감나무, 포플러류이다.

**33** 천적에 대한 피해가 가장 적은 살충제는?

① 침투성 살충제
② 소화 중독제
③ 접촉제
④ 훈증제

**해설**
침투성 살충제는 직접 식물체 몸안에 약액을 주입하므로 천적에 의한 피해가 가장 적다.

**34** 송이풀과 까치밥나무류를 중간기주로 하는 수목병은?

① 잣나무 털녹병
② 소나무 시들음병
③ 그을음병
④ 붉은별무늬병

**해설** 중간기주의 제거
- 잣나무 털녹병균 : 송이풀과 까치밥나무
- 소나무류 잎녹병균 : 황벽나무, 참취, 잔대
- 소나무 혹병균 : 참나무
- 배나무 적성병균 : 향나무

**35** 밤나무 줄기마름병의 방제 방법과 가장 거리가 먼 것은?

① 동해 및 상해에 주의한다.
② 줄기에 침해하는 해충을 구제한다.
③ 중간기주 식물을 제거한다.
④ 저항성 품종을 심는다.

**해설** 밤나무줄기 마름병
- 주로 가을에 나뭇가지나 줄기에 발병한다.
- 감염 부위는 껍질이 적갈색이 되고 함몰된다.
- 습하면 갈색의 포자를 형성하므로 시들어 말라 죽는다.

**36** 암컷만으로 단성생식을 하는 대표적인 해충은?

① 솔잎혹파리   ② 밤나무혹벌
③ 소나무좀     ④ 솔나방

**정답** 30. ④  31. ④  32. ④  33. ①  34. ①  35. ③  36. ②

해설 ✿ 밤나무혹벌
- 피해 수종 : 밤나무
- 가해 양식 : 눈(충영성)
- 발생 : 1년 1회
- 월동 형태 : 유충(충영)
- 특징 : 암컷만으로 번식
- 천적 : 중국긴꼬리좀벌

**37** 모잘록병에 대한 설명 중 잘못 설명된 것은?
① 묘상의 배수를 철저히 하여 과습을 피하고 통기성을 좋게 하는 것이 좋은 방제법 중의 하나이다.
② 묘목이 성장하여 목질화가 진행된 여름 이후에 뿌리가 갈색으로 변하여 부패하는 것은 근부형이다.
③ 이 병은 침엽수 중에서 소나무류, 낙엽송, 가문비나무 등의 묘목에 많이 발생한다.
④ 이 병의 예방을 위해서는 파종량을 많게 하며, 질소질비료를 많이 주는 것이 좋다.

해설 ✿ 모잘록병의 방제
- 묘상이 과습하지 않도록 배수와 통풍에 주의하며, 햇볕이 잘 들도록 한다.
- 채종량을 적게 하고, 너무 두껍지 않도록 복토한다.
- 질소질 비료를 과용하지 말고, 인산질비료를 충분히 주어 묘목을 튼튼히 길러야 한다

**38** 다음 중에서 기주를 교대하며 발생하는 병이 아닌 것은?
① 삼나무 붉은마름병
② 향나무녹병
③ 소나무 혹병
④ 포플러 잎녹병

해설 ✿ 중간기주의 제거
- 잣나무 털녹병균 : 송이풀과 까치밥나무
- 소나무류 잎녹병균 : 황벽나무, 참취, 잔대
- 소나무 혹병균 : 참나무
- 배나무 적성병균 : 향나무

**39** 다음 중 우리나라에 분포하지 않는 겨우살이 종류는?
① 붉은겨우살이    ② 참나무겨우살이
③ 소나무겨우살이  ④ 동백나무겨우살이

**40** 씹는 입틀을 가진 해충류의 방제에 주로 사용되는 살충제는?
① 기피제      ② 제충제
③ 소화중독제  ④ 훈증제

제3과목 : 임업경영학

**41** 재적 0.6m³인 통나무 2본의 가격보다 재적 1m³인 통나무 한 본의 가격이 훨씬 높다. 그 이유를 가장 잘 나타낸 것은?
① 재적생장    ② 등귀생장
③ 가치생장    ④ 형질생장

해설 ✿ 등귀생장
화폐가치의 하락으로 임목가격이 상승되거나 화폐가치가 높아짐으로써 임목가격이 하락되는 등 화폐가치의 등귀에 따른 임목 가격의 변동을 말한다.

**42** 미국의 목재재적 단위인 보드푸트(b.f)란?
① 폭, 길이 각각 1푸트, 두께 1인치의 재적
② 폭, 길이 각각 1인치, 두께 1푸트의 재적
③ 폭 1인치, 길이와 두께 각각 1푸트의 재적
④ 길이 1인치, 폭과 두께 각각 1푸트의 재적

**43** 여가의 특성이 아닌 것은?
① 자유시간
② 자유 및 내적 만족 강조
③ 개인 목적 우세
④ 재생, 사회 편익 강조

정답 37.④  38.①  39.③  40.③  41.④  42.①  43.④

**44** 휴양을 보는 관점의 설명 중 매슬로우(Maslow)의 인간동기와 가장 관련이 깊은 것은?

① 욕구충족으로서의 휴양
② 여가시간으로서의 휴양
③ 개인적, 사회적 가치로서의 휴양
④ 재창조로서의 휴양

**해설**
매슬로우의 욕구
- 1단계 : 생리적 욕구
- 2단계 : 안전의 욕구
- 3단계 : 소속감 그리고 애정의 욕구
- 4단계 : 존경의 욕구
- 5단계 : 인지적 욕구
- 6단계 : 심미적욕구
- 7단계 : 자아실현의 욕구

**45** 재적수확최대의 벌기령과 밀접한 관계가 있는 것은?

① 정기생장량
② 총평균생장량
③ 연년생장량
④ 정기평균생장량

**해설**
재적수확최대의 벌기령
- 단위면적당 매년 평균적으로 수확되는 목재생산량이 최대가 되는 연령을 벌기령으로 정하는 것으로, 벌기평균생장량이 최대인 때를 벌기령으로 정하는 방법이다.
- 우리나라는 목재의 절대량이 부족하므로 임지에서 평균적으로 가장 많은 목재를 생산하는 재적수확최대의 벌기령이 적용되고 있다.

**46** 관리회계에서 다루고 있는 문제 중에서 가장 기본적인 문제는 실제로 발생한 원가를 집계하는 일인데 일반적으로 여러 경영 목적을 위하여 실제원가를 결정하는 과정을 무엇이라 하는가?

① 표준원가
② 원가표준
③ 원가계산
④ 원가차이

**47** 소나무림 40년생의 임목 재적 100m³를 매각하려고 한다. 소나무 임목 이용율은 70%로, 1m³당 평균원목시장가격은 60,000원, 조재비는 10,000원, 집재·운재비가 20,000원이고 이율이 4%, 자본회수 기간이 4개월일 때 소나무림의 임목가는 얼마인가?

① 약 156만 원
② 약 154만 원
③ 약 152만 원
④ 약 150만 원

**해설**
시장가역산법
$0.7 \times 100 \times \left( \dfrac{6,000}{1+4\times 0.04} - 3,000 \right) = 1,520,689$원

**48** 산림가격 형성에 미치는 요인을 개별적요인과 지역적요인으로 구분한다면, 지역적요인(외적요인)에 포함할 수 있는 것은?

① 지위
② 노동력 확보의 용이성
③ 임종
④ 혼효율

**49** 임업경영비를 바르게 표현한 것은?

① 임업조수익-임업경영비
② 임업현금지출+감가상각액+미처분 임산물재고감소액+임업생산 자재재고감소액+주임목감소액
③ 임업현금수입+임산물가계소비액+미처분임산물증감액+임업생산 자재재고증감액+임목성장액
④ 임업소득-(자본이자+가족노임추정액)

**해설**
산림경영 성과의 계산 방법
- 산림(임업)소득=산림(임업)조수익-산림(임업)경영비
- 임가소득=산림소득+농업소득+기타소득
- 산림순수익=산림소득-가족노임추정액=산림조수익-산림경영비-가족노임추정액
- 산림조수익=산림현금수입+임산물가계소비액+미처분임산물증감액+산림생산자재재고증감액+임목성장액

정답 44.① 45.② 46.③ 47.③ 48.② 49.②

- 산림경영비=산림현금지출+감가상각비+미처분임산물 재고감소액+산림생산자재재고감소액+주임목감소액

**50** 말구직경 24cm, 원구직경 34cm, 재장이 4m인 통나무의 재적을 스말리안(Smalian)식에 의하여 구하면 얼마인가?

① 0.272m³  ② 0.292m³
③ 0.302m³  ④ 0.252m³

**해설**
스말리안식
$$\frac{3.14}{4} \times \frac{0.24^2+0.34^2}{2} \times 4 = 0.2719 m^3$$

**51** 대학 학술림 관리소 건물의 장부원가가 5,000만 원이고, 폐기할 때의 잔존가치가 1,000만 원으로 예상되며 그 내용연수가 50년이라고 할 때 이 건물의 연간 감가상비를 정액법에 의해 계산하면 얼마인가?

① 70만 원  ② 80만 원
③ 90만 원  ④ 100만 원

**해설**
감가상각비 = $\frac{5,000-1,000}{50}$ = 80만 원

**52** 임상조사에서 활엽수림이 되는 것은?

① 침엽수가 50% 이상인 산림
② 활엽수가 50% 이상인 산림
③ 침엽수가 75% 이상인 산림
④ 활엽수가 75% 이상인 산림

**해설**
임상
- 무입목지 : 임목도가 30% 이하인 임분
- 입목지
  - 침엽수림 : 침엽수가 75% 이상 점유
  - 활엽수림 : 활엽수가 75% 이상 점유
  - 혼효림 : 침엽수 또는 활엽수가 26~75% 미만 점유하고 있는 임분

**53** 휴양계획을 하는 과정에 있어서는 이용자 및 자원에 대한 양적 척도가 아닌 것은?

① 접근성  ② 입장객수
③ 회전율  ④ 동시체재율

**54** 지속 가능한 산림의 4가지 견해 중에서 "자연이 무엇을 하든지 간에 인간이 무엇인가를 하는 것보다 낫다."라고 하는 자연주의적 가치체계를 채택하는 견해는?

① 목재 보속 수확 견해
② 다목적 이용-보속 수확 견해
③ 자연적으로 기능하는 산림생태계 견해
④ 지속 가능한 인간-산림생태계 견해

**55** 휴양림 방문자의 이용밀도를 조절하고 이들의 안전과 질서를 유지하기 위한 다음의 관리수단 중에서 직접기법에 해당하는 것은?

① 산책로, 주차장 등을 변경하여 설치한다.
② 이용 빈도가 적은 지역을 알리기 위한 안내방송을 설치한다.
③ 지역별, 계절별로 요금을 차등 부과한다.
④ 특정지역의 허용 인원수나 체재시간을 제한한다.

**해설** 휴양림 이용자 관리
- 직접적 관리
  - 벌금, 과태료 등 직접적인 방법으로 행동에 영향을 준다.
  - 입산금지, 자연 휴식년제와 같이 이용 범위를 한정하거나 시설 내의 이용 시간 제한, 참여 인원 수 제한, 취사 행위 금지 등의 방법을 사용한다.
- 간접적 관리
  - 산책로, 야영장의 정리, 주변 휴양 시설의 연계 개발, 지역별, 계절별 차등 입장료의 적용 등의 방법이 있다.

**56** 산림분야에서는 FGIS사업이 시행되고 있으며 이에 따라 산림관련 각종 전산 주제도가 마련되고 있다. 이러한 주제도는 자료구축 분야, 자료관리 분야 그리고 자료분석 분야로 나뉘어 활용되고 있는데, 다음 중 자료분석 분야에 해당하는 주제도가 아닌 것은?

정답 50.① 51.② 52.④ 53.① 54.③ 55.④

① 산사태위험도
② 임상도
③ 산불위험도
④ 산림기능구분도

**해설** FGIS사업
- 자료구축분야 : gis의 공간 및 속성자료를 수치형태로 입력, 저장하는 기능
- 자료관리분야 : 다양하고 방대한 양의 데이터 베이스를 관리하는 기능
- 자료분석분야 : 각종 모델링과 다양한 모니터링에 이르기까지 다양한 분석이 가능

**57** 임목생산에 들어간 경비의 원리합계인 육림비를 적게 하는 방법이 아닌 것은?

① 작은 통나무의 판로를 개척한다.
② 임목생장을 촉진하는 기술도입을 한다.
③ 간벌을 하여 부수입을 올린다.
④ 노동력을 육림 초기에 대량 투입한다.

**58** 다음 휴양지 수용능력의 종류 중 시설 수용력을 설명한 것으로 성격이 다른 것은?

① 화장실, 주차장의 이용자 수
② 방문객/관리 요원의 비
③ 시설을 이용할 때 기다리는 시간
④ 특정지역의 이용자 수

**해설**
휴양 수요의 척도

| 종류 | 내용 |
|---|---|
| 물리적 수용력 | 일정한 공간 내에 입장시킬 수 있는 최대 인원 |
| 시설적 수용력 | 인공구조물, 시설물의 최소공간 규모 허용 가능한 용량 |
| 생태적 수용력 | 이용자의 영향을 지탱할 수 있는 자연생태계 능력의 한계 |
| 사회·심리적 수용력 | 이용자의 시각에서 만족도의 저하를 느끼지 않으면서 최대의 만족을 누릴 수 있는 이용자 수나 행위 정도 |

**59** 어떤 임목의 흉고단면적이 $0.3m^2$, 수고가 20m일 때 형수법에 의해 이 임목의 재적을 구하면? (단, 형수는 0.5이다.)

① $3m^3$   ② $6m^3$
③ $10m^3$  ④ $12m^3$

**해설**
$0.3 \times 20 \times 0.5 = 3m^3$

**60** 산림경영계획에서 1-0-1-3으로 표시된 산림구획이 의미하는 것은?

① 1경영계획구 1임반 3소반
② 3경영계획구 1임반 1소반
③ 1임반 1소반 3보조소반
④ 3임반 1보조임반 1보조소반

### 제4과목 : 임도공학

**61** 절토면의 길이가 길어서 침식이나 붕괴의 위험이 있는 곳에 시설하는 배수구는?

① 돌림수로   ② 세월교
③ 옆도랑     ④ 암거

**해설**
비탈돌림수로는 비탈면의 보호를 위해 비탈면의 최상부에 설치한다.

**62** 축척 1/600도면 1매의 면적이 $10,000m^2$이다. 만약 축척을 1/1,000로 했다면 이 도면 1매의 면적은 얼마인가?

① 약 $26,778m^2$
② 약 $27,778m^2$
③ 약 $28,778m^2$
④ 약 $29,778m^2$

**해설**
$600^2 : 10,000 = 1,000^2 : x$
$x = \dfrac{1,000^2 \cdot 10,000}{600^2} = 27,778$

**정답** 56.② 57.④ 58.④ 59.① 60.③ 61.① 62.②

63. 수준 측량에 있어서 종·횡단수준 측량과 같이 중간점이 많은 경우에 편리한 야장기입법은?

① 고차식 기입법
② 2단식 기입법
③ 기고식 기입법
④ 승강식 기입법

64. 항공사진 측량이 다른 측량에 비한 장점으로 옳지 않은 것은?

① 넓은 지역을 신속히 측량할 수 있다.
② 정밀도가 같으며 개인적인 차가 작다.
③ 넓은 지역일수록 측량 경비는 경감된다.
④ 촬영이 일기에 지배되지 않는다.

> **해설**
> 항공 측량은 날씨의 영향을 많이 받는다.

65. 임도의 평면 선형설치에 있어서 사용하지 않는 곡선은?

① 단곡선
② 배향곡선
③ 반향곡선
④ 포물선곡선

> **해설**
> 평면선형의 곡선에는 단곡선, 복합곡선, 반향곡선, 배향곡선이 있다.

66. 다음 중 산림토목 공사용 기계에서 암석 굴착에 적합한 기계는?

① 스크레이퍼 도저(Scraper Dozer)
② 리퍼 불도저(Ripper Bulldozer)
③ 로더(Loader)
④ 머캐덤 롤러(Macadam Roller)

> **해설**
> 리퍼 불도저는 연암을 굴착하는 장비이다.

67. 일반적으로 소형 야더집재기에 대한 성능제원으로 틀린 것은?

① 출력 15kW 미만
② 와이어로프 견인력 150~1000kg
③ 기관의 상용드럼(회전수 3000rpm) 3~6kg·m
④ 드럼의 감기용량(지름 10mm 강선) 1000m 이상

68. 일반적으로 흙깎기 비탈의 표준비탈면물매가 작은 것에서 큰 것으로 옳게 배열된 것은?

① 연암 → 경암 → 사질토 → 점질토
② 경암 → 연암 → 사질토 → 점질토
③ 경암 → 사질토 → 점질토 → 연암
④ 사질토 → 점질토 → 경암 → 연암

> **해설** 절토사면 기울기
>
> | 구분 | 기울기 |
> |---|---|
> | 암석지 | 1:0.3~1.2 |
> | 토사지역 | 1:0.8~1.5 |
> | 경암 | 1:0.3~0.8 |
> | 연암 | 1:0.5~1.2 |

69. 임도에 있어서 대피소(待避所)의 주된 설치 목적은?

① 차량이 쉬었다 가기 위해서
② 공중 공습을 피하기 위해서
③ 차량이 서로 비켜가기 위해서
④ 차량이 짐을 싣고 내리기 위해서

70. 임도망 계획을 위한 주요조사 항목에 대한 설명으로 틀린 것은?

① 계획노선을 이용하게 될 이용구역을 결정한다.
② 이용구역과 관련된 지역에서 생산되는 임산물의 상황을 조사한다.
③ 계획노선에 대해서는 노선선정에 관련된 임도구분, 노선명, 너비 등을 조사한다.
④ 이용구역 내의 산림에 대해서는 자연환경보전의 조건에 대해서 조사한다.

**정답** 63.③ 64.④ 65.④ 66.② 67.④ 68.② 69.③ 70.②

**해설**
세부조사
- 임산물 수요의 상황 및 관련된 시장의 특성을 조사한다.
- 각종 계획의 사업내용을 조사한다.
- 경제효과를 조사한다.

**71** 산림관리기반시설의 설계 및 시설기준에 따른 설계속도 20km/시간 임도의 최소곡선반지름은 얼마인가? (단, 일반 지형에 한한다.)

① 8m ② 10m
③ 15m ④ 18m

**해설**
최소곡선반지름의 기준

| 설계속도 (km/h) | 최소곡선반지름(m) | |
|---|---|---|
| | 일반 지형 | 특수 지형 |
| 40 | 60 | 40 |
| 30 | 30 | 20 |
| 20 | 15 | 12 |

**72** 레벨을 이용한 고저 측량 결과의 계산 시, 기고식야장법에 의한 지반고를 구하는 방법은?

① 기계고−전시 ② 기계고+전시
③ 기계고−후시 ④ 기계고+후시

**해설**
- 지반고=기계고−전시
- 기계고=지반고+후시

**73** 임도측량방법에서 영선에 관한 설명으로 틀린 것은?

① 경사면과 임도시공기면과의 교차선이다.
② 노폭의 1/2 되는 점을 연결한 선이다.
③ 임도시공 시 절토와 성토작업의 기준선이 된다.
④ 종단 측량을 먼저 실시하여 영선을 정한 후 평면, 횡단측량을 한다.

**해설**
영선 측량
- 영선을 기준으로 측량하는 경우로 산악지에서 많이 이용한다.
- 임도에서 노면의 시공면과 산지의 경사면이 만나는 점을 영점이라 하고, 이 점을 연결한 노선의 종축을 영선이라 한다.
- 영선은 경사면과 임도시공기면과의 교차선으로 노반에 나타나며, 임도시공 시 절토작업과 성토작업의 경계선이 되기도 한다.
- 경사측정기, 방위 측정기(컴퍼스), 거리 측정자(줄자), 표적판 등이 필요하다.

**74** 측점간격 20m로 중심말뚝을 설치하되 지형 변화가 심한 지점에는 보조 말뚝을 설치하는 것을 무슨 측량이라고 하는가?

① 종단 측량 ② 횡단 측량
③ 중심선 측량 ④ 현황 측량

**해설**
중심선 측량
- 중심선을 기준으로 측량하는 경우로서 평탄지와 완경사지에서 많이 이용하고 있다.
- 측점 간격은 20m로 말뚝 설치하되, 지형상 종·횡단의 변화가 심한 지점, 구조물 설치지점이 필요한 각 점에는 보조 말뚝을 설치한다.
- 노폭의 1/2이 되는 지점을 측점별로 연결한 노선의 종축을 중심선이라 한다.

**75** 다음 중 실제의 토적보다 약간 많은 값이 나오지만 일반적으로 도로와 철도의 토적계산에 널리 이용하는 것은?

① 양단면적평균법
② 중앙단면적법
③ 주상체 공식
④ 직사각형기둥법

**해설** 양단면적평균법
$$V = \frac{A_1 + A_2}{2} \times \ell$$
V : 토적($m^3$), $A_1 + A_2$ : 양단의 단면적($m^2$),
$\ell$ : 양단 사이의 거리

**정답** 71. ③  72. ①  73. ②  74. ③  75. ①

**76** 어느 사유림 소유자의 산지에 적정임도밀도가 80m/ha 계획되었다면 이 임지의 적정지선 임도 간격은 얼마인가? (단, 임도우회율은 고려하지 않는다.)

① 125m  ② 250m
③ 400m  ④ 500m

**해설**

임도간격 = $\dfrac{10,000}{임도밀도}$ = $\dfrac{10,000}{80}$ = 125m

**77** 임도 노면의 땅고르기를 위해 사용하기 좋은 기계는?

① 모터 그레이더  ② 트랙터
③ 굴착기  ④ 집재기

**해설**

정지기계에는 모터 그레이더, 불도저 등이 있다.

**78** 보통 콘크리트의 단위 무게는 대체적으로 얼마인가?

① 1500~1800kg/m³
② 2200~2300kg/m³
③ 2500~2800kg/m³
④ 2800~3000kg/m³

**79** 다음 중 임도의 횡단면도에 대한 설명으로 틀린 것은?

① 축척은 1/1000로 작성한다.
② 횡단기입의 순서는 좌측하단에서 상단방향으로 한다.
③ 절토부분은 토사·암반으로 구분하되, 암반부분은 추정선으로 기입한다.
④ 구조물은 별도로 표시한다.

**해설** 횡단면도
- 1:100축척으로 작성한다.
- 단면적, 측구터파기단면적, 사면보호공의 물량, 각 측점의 단면마다 지반고, 계획고, 절토단면적, 성토단면적을 기입한다.

**80** 축척 1/25000의 지형도상에서 종단물매 5%의 임도노선을 선정하려고 한다. 두 지점 간의 수평거리는 250m이다. 이때 두 지점의 표고차는?

① 10.5m  ② 11.5m
③ 12.5m  ④ 13.5m

**해설**

$\dfrac{표고차}{250} \times 100 = 5\%$  ∴ 표고차 = 12.5m

---

제5과목 : 사방공학

**81** 폭 10m, 높이 5m인 직사각형 단면의 야계수로에 수심 2m, 평균유속 3m/sec로 유출이 일어나고 있다. 이때의 유량은?

① 60m³/sec
② 150m³/sec
③ 160m³/sec
④ 200m³/sec

**해설**

유량 = 유적×유속 = (10×2)×3 = 60m³/sec

**82** 암석산지나 노출된 암벽의 녹화용 방법으로 사용되는 새집공법(소상공; 巢箱工)에 사용하기에 가장 부적합한 수종은?

① 병꽃나무  ② 눈향나무
③ 굴참나무  ④ 담쟁이덩굴

**해설**

새집공법은 암반비탈사면에 적용하는 공법으로 관목을 사용하여 녹화한다.

**83** 메쌓기 사방댐의 경제적 높이 한계로 가장 적합한 것은?

① 1.0m  ② 2.0m
③ 3.0m  ④ 4.0m

---

**정답** 76.① 77.① 78.② 79.① 80.③ 81.① 82.③ 83.④

**84** 붕괴위험비탈에 직접 거푸집을 설치하고 콘크리트치기를 하여 비탈안정을 위한 틀을 만드는 공법은?

① 비탈블록붙이기공법
② 비탈힘줄박기공법
③ 비탈지오에이브공법
④ 콘크리트뿜어붙이기공법

**해설**
**힘줄박기공법**
- 직접 거푸집을 설치하여 콘크리트를 쳐 비탈면의 안정을 위한 뼈대인 힘줄을 만들고, 흙이나 돌로 채워 녹화한다.
- 비탈면의 토질이 복잡한 곳, 마사토로 구성되어 취급이 곤란한 곳, 지하수가 용출하거나 누수에 의한 침식이 심한 곳 등에 시공한다.
- 시공방법에는 사각형 틀모양, 삼각형 틀모양, 계단상 수평띠 모양 등이 있다.
- 시공작업이 어렵고 기간이 길어 격자틀공법에 비하여 능률적이지 못하다.

**85** 사방(砂防)댐의 설치 주목적이 아닌 것은?

① 계상(溪床)물매의 완화
② 종횡(縱橫)침식의 방지
③ 수자원 확보
④ 산각고정 및 산복붕괴의 방지

**해설**
수자원확보는 사방댐의 간접적인 기능으로, 야생동물의 음용수 제공이나 산불 발생 시 산불 진화용으로 사용되기도 한다.

**86** 하베스터의 단위작업과 거리가 먼 것은?

① 벌도  ② 가지자르기
③ 집재  ④ 통나무자르기

**해설**
하베스터로는 집재작업을 할 수 없다.

**87** 임목 수확장비 중 펠러번처에 의한 작업이 불가능한 것은?

① 지타기능
② 쌓기기능
③ 집재기능
④ 벌목기능

**해설**
펠러벤처는 벌목, 소집재, 쌓기 등의 기능을 할 수 있는 다공정 임목 수확장비로서 가지치기 기능은 없다.

**88** 해안의 모래언덕 발달순서로 옳은 것은?

① 치올린 모래언덕 → 설상사구 → 반월사구
② 반월사구 → 설상사구 → 치올린 모래언덕
③ 설상사구 → 반월사구 → 치올린 모래언덕
④ 반월사구 → 치올린 모래언덕 → 설상사구

**89** 선떼붙이기공법에 대한 설명으로 틀린 것은?

① 1m당 떼의 사용 매수에 따라 1~9급으로 나뉜다.
② 떼붙이기 비탈경사는 대체로 1:0.5~1:0.7 정도가 적당하다.
③ 1급 선떼붙이기에 가까울수록 고급공법이다.
④ 발디딤의 넓이는 0~30°의 비탈에서는 40cm를 기준으로 한다.

**해설**
**선떼붙이기 시공요령**
- 직고 1~2m의 간격으로 단을 끊는데, 계단폭은 50~70cm, 발디딤은 10~20cm, 천단폭(마루너비)은 40cm를 기준으로 하며 떼붙이기 기울기는 1:0.2~0.3으로 한다.
- 단끊기는 등고선 방향으로 실시하며 산상부에서 시작하여 하부로 내려오면서 한 계단씩 차례로 끊어 내린다.
- 선떼붙이기를 할 때 기술적으로 가장 중요한 일은 떼를 붙이는 일로 선떼가 갓떼, 받침떼, 바닥떼 등과 잘 밀착되어야 하며 마루는 항상 수평을 유지하고 토사

정답 84.② 85.③ 86.③ 87.① 88.① 89.④

의 침하율을 감안하여 5cm 정도 흙을 돋우어 주는 것이 좋다.
- 선떼붙이기의 급수별 1m당 떼 사용 매수는 다음과 같다.
  - 1급 : 12.5매
  - 3급 : 10매
  - 5급 : 7.5매
  - 6급 : 6.25매
  - 8급 : 3.75매
- 높이는 경사와 입지조건에 따라 다르지만 일반적으로 6~7급을 많이 시공한다.
- 떼는 도입 후 5~6년이 경과하면 자생초류의 착생으로 인해 고사하고, 단상 및 단간에 밀식 식재한 리기다소나무와 물오리나무와 같은 사방수종의 묘목이 성장하게 된다.
- 표토의 이동 방지와 강수 차단을 주목적으로 할 때에는 5급 이상으로 하고, 사방지 식재 및 파종을 목적으로 할 때에는 6급 이하로 시공한다.
- 계단폭은 산복비탈면의 경사도가 비교적 완만하고 토질이 부드러운 곳은 70cm로 하고, 경사가 급하고 토질이 단단한 곳은 50cm로 시공한다.

**90** 산비탈 사방공사에서 산비탈 기초공종에 속하지 않는 것은?

① 비탈다듬기
② 비탈흙막이
③ 수로내기
④ 비탈덮기

**해설**
비탈덮기는 녹화공사이다.

**91** 산지비탈면에 수평으로 연속적인 계단을 만들고 떼를 세워 붙이는 선떼붙이기를 시공하려고 한다. 선떼붙이기 시공표준에서 떼사용 매수(매수/m)가 옳게 짝지어진 것은? (단, 1m를 기준으로 떼 크기는 40cm×25cm이다.)

① 1급 : 3.75매수/m
② 3급 : 6.25매수/m
③ 5급 : 7.5매수/m
④ 8급 : 12.5매수/m

**해설** 선떼붙이기 각 급수의 구분

| 떼 크기 | 길이 40cm, 폭 20cm | |
|---|---|---|
| 구분 | 단면상 매수 | 연장 1m당 매수 |
| 1급 | 5.0 | 12.50 |
| 2급 | 4.5 | 11.25 |
| 3급 | 4.0 | 10.00 |
| 4급 | 3.5 | 8.75 |
| 5급 | 3.0 | 7.50 |
| 6급 | 2.5 | 6.25 |
| 7급 | 2.0 | 5.00 |
| 8급 | 1.5 | 3.75 |
| 9급 | 1.0 | 2.50 |
| 1m당 떼 사용 매수 | 단면상 떼 매수×2.5매/m | |

**92** 요사방지(생태복원 대상지)를 유형별로 분류할 때 황폐지의 초기 단계는?

① 척악임지
② 산복붕괴지
③ 땅밀림
④ 민둥산

**해설** 초기 황폐지
척악임지나 임간나지는 그 안에서 이미 침식이 진행되는 형태이나 이것이 더욱 악화되면 산지의 침식이나 토양상태로 보아 외견상으로도 분명히 황폐지라고 인식할 수 있는 상태를 말한다.

**93** 비탈면 녹화공법 중에서 초류식재 녹화공법에 속하는 것은?

① 줄떼공법
② 종자분사파종공법
③ 볏짚 거적덮기공법
④ 네트종자분사파종공법

**해설**
줄떼공법은 온떼를 반으로 자른 것으로, 줄떼의 간격은 20~30cm가 적당하다.

**94** 황폐지 및 훼손지의 복구용 수종으로 짝지은 것은?

① 싸리나무류-은행나무
② 아까시나무-구상나무
③ 물오리나무류-리기다소나무
④ 상수리나무-종비나무

**정답** 90.④ 91.③ 92.① 93.① 94.③

**95** 체인톱날의 연마에서 톱이 심하게 튀거나 부하가 걸리며, 안내판 작용이 어려운 경우는?

① 측면날의 각도가 다른 톱니
② 톱날의 길이가 다른 톱니
③ 높이가 다른 깊이 제한부
④ 연마각이 다른 톱니

**96** 비교적 긴 구간에 종침식이 발생하는 개소에 침식방지 계획을 수립하고자 할 때 잘못된 것은?

① 연속적인 낮은 사방댐군에 비해 높이가 높은 사방댐 하나의 축조 비용이 더 많이 든다.
② 유지관리비 측면에서 높이가 높은 사방댐의 비용이 낮은 사방댐 군보다 더 많이 소요된다.
③ 통상적으로 낮은 사방댐 군에 비해 높이가 높은 사방댐의 공사기간이 더 적게 소요된다.
④ 암반이 노출되고 횡단면이 좁은 지점에서는 높이가 높은 사방댐을 설치하는 것이 더 유리할 수 있다.

**97** 바다쪽에서 불어오는 해풍에 의해 날리는 모래를 억류하고 퇴적시키기 위한 인공사구 조성공법은?

① 비탈덮기
② 떼붙이기
③ 퇴사울세우기
④ 목책세우기

> **해설** 퇴사울세우기
> • 퇴사울 : 바다 쪽에서 불어오는 바람에 의해 날리는 모래를 억류하고자 퇴적시켜서 사구를 조성하는 목적의 공작물을 말한다.
> • 퇴사울타리공법
>   – 말뚝용 재료 : 곰솔, 소나무, 낙엽송, 삼나무 또는 잡목
>   – 발의 재료 : 섶, 갈대, 대나무, 억새류 등
>   – 높이 : 1.0m

**98** 사방댐에 대한 설명에 해당하지 않는 것은?

① 사방댐은 토사력을 주로 저사(貯砂)한다.
② 가장 많이 이용되는 것은 중력식 콘크리트 사방댐이다.
③ 사방댐은 계상물매를 완화하여 계류의 침식을 방지한다.
④ 한 개의 높은 사방댐의 대용으로 낮은 사방댐을 연속적으로 만들 수 없다.

> **해설** 경사가 급하고 물의양의 많은 곳은 사방댐을 연속적으로 만드는 저댐군 사방댐공법을 사용한다.

**99** 폐광지, 채석장 등의 훼손지를 처리하는 방법으로 옳은 것은?

① 훼손지를 경제림으로 조성한다.
② 훼손지 주변을 나지로 변하게 한다.
③ 콘크리트를 살포 후 도색한다.
④ 속성수로서 차폐식재를 한다.

> **해설** 훼손지는 차폐식재하여 보이지 않도록 한다.

**100** 비탈붕괴·산사태의 소인에서 지질적 요인에 속하지 않는 것은?

① 절리의 존재
② 단층·파쇄대의 존재
③ 붕적토의 분포
④ 급경사지

> **해설**
> • 절리 : 암석 중에 발달하는 균열로서 양쪽암체가 변위되어 있지 않는 것 즉, 장력이나 비틀림에 의해 암석의 물리적인 연속성을 단절하는 열주 혹은 분할선을 말한다.
> • 붕적토 : 사면상의 잔류토나 중력에 의하여 서서히 밀려 내려가거나 갑자기 붕괴되어 산기슭에 퇴적된 것을 말한다.
> • 파쇄대 : 지층이 습곡 또는 단층을 받았을 때 암석이 눌려 찌부러져 만들어진다. 연약한 점토나 바위조각으로 되어 있는 경우가 많고 다량의 용수로 번거롭게 되는 등의 사고가 많다.

**정답** 95. ②  96. ③  97. ③  98. ④  99. ④  100. ④

# 국가기술자격 필기시험문제

| 2012년 제1회 필기시험 | | | | 수험번호 | 성명 |
|---|---|---|---|---|---|
| 자격종목 및 등급(선택분야)<br>**산림기사** | 종목코드<br>1564 | 시험시간<br>2시간 30분 | 형별<br>A | | |

## 제1과목 : 조림학

**1** 우리나라 조림 수종 중 도입 수종은?

① 잎갈나무　② 잣나무
③ 소나무　　④ 사방오리나무

**해설**
사방오리나무의 원산지는 일본이다.

**2** 산림기후대에 대한 설명으로 옳은 것은?

① 우리나라의 남한 지역에는 한대림이 전혀 없다.
② 난대림의 주요 특징 수종으로 가시나무를 들 수 있다.
③ 지중해 연안 지역의 산림은 우리나라 온대 북부의 산림 구성과 유사하다.
④ 열대림은 넓은 지역에 걸쳐 단일 수종으로 단순림을 구성할 때가 많다.

**해설 난대수종**
아왜나무, 후박나무, 구실잣밤나무, 해송, 붉가시나무, 녹나무, 돈나무, 편백, 생달나무, 감탕나무, 사철나무, 삼나무, 가시나무, 식나무, 동백나무 등이 있다.

**3** 다음 수종 중에서 토양수분 요구도가 가장 높은 수종은?

① 편백　　② 신갈나무
③ 삼나무　④ 소나무

**해설 수분요구도**
• 수분요구도가 높은 수종은 대부분 활엽수이다.
• 상수리나무, 포플러, 버드나무, 들메나무, 백합나무(혹은 튜립나무)가 대표적이며, 산계곡부나 물가에서 자란다.
• 참나무(상수리나무, 굴참나무)는 척박한 토양에서는 잘 자라지 못한다.
• 수분요구도가 낮은 수종은 주로 산등성이에서 자라며, 소나무가 대표적이다. 소나무는 척박한 토양에서 잘 자란다.
• 오리나무, 아까시나무는 질소고정을 하기 때문에 척박한 땅에서 제일 잘 견딘다.
• 침엽수 중에서는 낙엽송(잎갈나무)이 수분요구도가 높다.

**4** 산림 갱신법의 종류를 분류하는 데 그 기준이 되지 못하는 것은?

① 임분조성의 기원　② 벌채종
③ 벌구의 크기　　　④ 방위

**5** 조림용 묘목의 규격의 최소기준으로 바른 것은?

① 낙엽송 1-1묘 : 간장 35cm 이상, 근원직경 6mm 이상
② 잣나무 2-1묘 : 간장 25cm 이상, 근원직경 6mm 이상
③ 리기다소나무 1-1묘 : 간장 40cm 이상, 근원직경 7mm 이상
④ 은행나무 2-0묘 : 간장 60cm 이상, 근원직경 7mm 이상

**해설**
• 잣나무 2-1묘 : 간장 16cm 이상, 근원직경 4.5mm 이상
• 리기다소나무 1-1묘 : 간장 25cm 이상, 근원직경 6mm 이상
• 은행나무 2-0묘 : 간장 30cm 이상, 근원직경 7mm 이상

**정답** 1. ④　2. ②　3. ③　4. ④　5. ①

**6** 총광합성량을 A, 호흡량을 R, 물질 순생산량을 N이라고 할 때, 이들 간의 관계식을 바르게 나타낸 것은?

① A + R = N
② A + N = R
③ R × A = N
④ A − R = N

**7** 간벌의 목적에 대한 설명으로 옳은 것은?

① 최종 생산될 목재의 형질을 개선한다.
② 자연낙지를 유도하여 지하고를 높인다.
③ 잔족목의 수고생장을 크게 촉진한다.
④ 줄기에 발생하는 부정아를 감소시킨다.

> **해설** 간벌의 효과
> • 생육공간 조절 : 수령과 생장이 증가됨에 따라 확장되는 일정한 생육공간에 대한 조절(밀도 조절)을 한다.
> • 생장 조절 : 임분 구성에 부적당한 나무 또는 해로운 나무를 제거하여 임분의 가치를 증진시킨다.
> • 형질이 우수하고 생장이 왕성한 임분 구성목이 되도록 임분 생장이 집중되도록 한다.
> • 혼효조절로 임분목표의 안정화를 도모한다.
> • 임분의 수직적 구조개선으로 임분 안정화(하층식생 발생촉진, 하층림 유지)를 도모한다.
> • 임연부(숲 가장자리선, 숲 테두리선)를 보호 및 관리한다.
> • 천연경신 및 보잔목을 준비한다.
> • 자연고사에 의한 손실을 방지한다.

**8** 가지치기의 효과가 아닌 것은?

① 옹이 없는 무절재 생산
② 줄기 하부의 직경생장 촉진
③ 줄기의 완만도 조절
④ 하층목의 보호 및 생존경쟁의 완화

> **해설** 가지치기의 장점
> • 마디 없는 간재를 얻을 수 있다.
> • 신장생장을 촉진시킨다.
> • 나이테 폭의 넓이를 조절하여 수간의 완만도를 높인다.
> • 밑에 있는 나무에 수광량을 증가하여 성장을 촉진시킨다.
> • 임목 상호 간의 부분적 경쟁을 완화시킨다.
> • 산림화재의 위험성이 줄어든다.

**9** 식재밀도에 대한 설명 중 밀식의 장점이 아닌 것은?

① 밀식 임분은 줄기는 가늘지만 근계발달이 좋아 풍해 및 설해 등을 입지 않는다.
② 수관의 물폐가 빨리 와서 표토의 침식과 건조를 방지하여 개벌에 의한 지력의 감퇴를 줄일 수 있다.
③ 제벌 및 간벌에 있어서 선목의 여유가 있으므로 우량 임분으로 유도할 수 있다.
④ 간벌수입이 기대된다.

> **해설** 밀식의 장점
> • 표토침식과 지표면의 건조방지로 개벌에 의한 지력감퇴 경감
> • 풀베기 작업횟수 감소로 비용 절약
> • 가지가 굵어지는 것을 방지하고 자연낙지의 유도로 가지치기 비용절감 및 마디가 적은 용재 생산
> • 제벌, 간벌 시 제거 대상목이 많으므로 최우량목을 잔존시켜 우량 임분 조성

**10** 일반적으로 수목의 기관 중 인산의 함량이 가장 많은 기관은?

① 줄기
② 가지
③ 뿌리
④ 잎

> **해설** 인산(P)
> • 뿌리의 신장을 촉진하고 지하부의 발달을 조장하여 내한성 및 내건성을 크게 한다. 인산의 함량은 잎이 가장 많다.
> • 결핍 증상 : 뿌리의 생육이 나빠져서 식물의 발육이 늦어진다. 또한 잎이 말리고 농록색화되며 결국 고사한다. 특히 열매와 종자의 형성이 감소한다.

**11** 종자의 생리적 휴면을 유지시키는 호르몬은?

① 옥신(Auxin)
② 지베렐린(Gibberellin)
③ 사이토키닌(Cytokinin)
④ 아브시스산(Abscisic Acid)

**12** 종자의 품질을 나타내는 기준인 순량율이 50%, 실중이 60g, 발아율이 90%라고 할 때, 종자의 효율은?

① 27%  ② 30%
③ 45%  ④ 54%

> **해설**
> 효율 = $\dfrac{50 \times 90}{100}$ = 45%

**13** 개화한 다음해 가을에 종자가 성숙하는 수종은?

① 떡갈나무  ② 상수리나무
③ 신갈나무  ④ 졸참나무

**14** 버드나무류나 사시나무류의 경우 종자채취 후 바로 파종(채파)하는 이유는?

① 종자의 크기가 작기 때문
② 배유가 작은 종자로 수명이 짧기 때문
③ 종자가 바람에 잘 흩어지기 때문
④ 종자의 발아력이 높기 때문

**15** 파종상에 짚덮기를 하는 이유로 옳지 않은 것은?

① 약제살포의 효과를 증대시킨다.
② 파종상의 습도를 높여 발아를 촉진시킨다.
③ 잡초발생을 억제한다.
④ 빗물로 인한 흙과 종자의 유실을 막는다.

> **해설** 비탈덮기
> • 계단 사이와 급경사 사면을 피복하여 강수에 의한 표토의 유출 방지와 식생의 조성 및 녹화를 위해 시공한다.
> • 재료에 따라 짚, 거적, 섶, 망, 합성재덮기 등으로 나눈다.

**16** 산불 시 가장 잃기 쉬운 양분으로 산불이 난 지역의 조림 시 부족하기 쉬운 토양 양분은?

① 질소  ② 인산
③ 칼륨  ④ 칼슘

**17** 윤벌기가 완료되기 전에 갱신이 완료되는 전갱작업에 해당되는 것은?

① 모수작업  ② 개벌작업
③ 산벌작업  ④ 택벌작업

> **해설** 전갱작업
> 성숙한 나무를 일부 베고 그 자리에 나무를 심어 어린 나무가 어느 정도 자랐을 때 남아 있는 다 자란 나무를 베어 갱신(更新)을 마치는 것을 말한다.

**18** 발아할 때 자엽이 땅속에 남아 있는 자엽지하위발아 수종으로 짝지어진 것은?

① 소나무, 잣나무
② 밤나무, 호두나무
③ 단풍나무, 싸리나무
④ 물푸레나무, 해송

**19** 조림지의 풀베기 작업에 대하여 바르게 설명하고 있는 것은?

① 둘레베기는 소요 노동력을 크게 증가시킨다.
② 호두나무를 소식한 조림지는 모두베기를 하여 임지 하부를 깨끗이 정리한다.
③ 낙엽송 조림지의 풀베기 작업은 식재 후 3~4년간 계속하는 것이 보통이다.
④ 줄베기 작업은 묘목을 식재한 줄과 줄사이에 자라는 풀과 잡목 및 관목을 제거하는 작업이다.

> **해설** 풀베기의 형식
> • 모두베기 : 조림지 전면의 잡초목을 베어 내는 방법으로, 임지가 비옥하거나 식재목이 광선을 많이 요구하는 소나무, 낙엽송, 강송, 삼나무, 편백 등의 조림 또는 갱신지에 적용한다. 줄베기와 둘레베기에 비해 토양침식 등 식재목과 토양에 가장 나쁜 영향을 주기도 한다.
> • 줄베기 : 가장 많이 사용하며 조림목의 식재열을 따라 약 90~100cm 폭으로 잘라내므로 모두베기에 비하

**정답** 12. ③  13. ②  14. ②  15. ①  16. ①  17. ③  18. ②  19. ③

여 경비와 노력이 절약된다.
- 둘레베기 : 조림목 주변을 반경 50cm 내외의 정방형 또는 원형으로 잘라내는 방법으로, 강한 음수이거나 군상식재지 등 바람과 한해에 대하여 조림목의 특별한 보호가 필요한 경우에 적용하는 방법이다.

**20** 토양의 무기양료에 대한 요구도가 낮은 수종으로 짝지어진 것은?

① 아까시나무, 느티나무
② 리기다소나무, 오동나무
③ 오리나무, 노간주나무
④ 낙엽송, 느릅나무

**해설**
무기양료에 대한 요구량이 많은 수종에는 오동나무, 물푸레나무, 미루나무, 느티나무, 전나무, 밤나무, 참나무 등이 있다. 오리나무와 노간주나무는 무기양료에 대한 요구량이 낮다.

### 제 2과목 : 산림보호학

**21** 다음 중 Septoria류에 의한 병을 잘못 설명한 것은?

① 주로 잎에 작은 점무늬를 형성한다.
② 자작나무갈색점무늬병(갈반병)을 예로 들 수 있다.
③ 병원균은 병든 잎에서 월동하여 1차 전염원이 된다.
④ 병원균의 분생포자는 주로 곤충에 의해 전반된다.

**해설** Septoria
식물의 잎, 줄기, 이삭 등에 반점을 만드는 불완전균에 속하는 병원진균의 일종이다.

**22** 밤나무 뿌리혹병(根頭腫病)균의 주요 침입부위는?

① 상처
② 잎
③ 기공
④ 피목

**해설** 상처를 통한 침입
- 여러 가지 원인으로 생긴 상처로 병원체가 침입한다.
- 모잘록병균, 밤나무 줄기마름병균, 포플러 줄기마름병균, 근두암종병균, 낙엽속 끝마름병균, 밤나무 뿌리혹병 등이 있다.

**23** 수병의 예방방법 중 묘포지에서 2~3년 간 윤작을 함으로써 피해를 크게 경감시킬 수 있는 병은?

① 침엽수의 모잘록병
② 흰비단병
③ 자줏빛날개무늬병
④ 오동나무 탄저병

**해설** 윤작에 의한 방제
- 오리나무 갈색무늬병, 오동나무 탄저병 : 기주범위가 좁고 기주식물이 없으면 오래 생존할 수 없어 1~2년의 짧은 윤작연한으로 방제가 가능하다.
- 침엽수 모잘록병, 자줏빛날개무늬병, 흰비단병 : 기주 범위가 넓고 기주식물이 없어도 땅속에서 오래 생존 가능하여 3~4년의 짧은 윤작연한으로는 방제가 불가능하다.

**24** 약제를 식물체의 뿌리, 줄기, 잎 등에서 흡수시켜 식물 체내의 전체에 약제가 분포되게 하여 해충이 섭식하였을 경우에 약효가 발휘되는 살충제의 종류는?

① 침투성 살충제   ② 접촉성 살충제
③ 소화중독성 살충제 ④ 유인성 살충제

**해설** 침투성 살충제
식물의 일부분에 처리하면 전체에 퍼져 즙액을 빨아 먹는 흡즙성해충을 살해하는 약제로, 솔잎혹파리, 솔껍질깍지벌레 등에 효과가 있다.

**25** 하늘소 중에서 똥을 밖으로 배출하지 않아 발견하기 어려운 해충은?

① 알락하늘소   ② 뽕나무하늘소
③ 향나무하늘소 ④ 솔수염하늘소

**정답** 20.③ 21.④ 22.① 23.④ 24.① 25.③

**해설** 향나무하늘소
- 향·편백·측백나무를 가해한다.
- 성충은 3~4월에 출현하며, 1년 1회 발생한다.
- 피해 가지나 수간을 10월~이듬 해 2월까지 채취하여 태우거나, 3월 중순~4월 중순에 BHC 2% 분제를 뿌려 산란을 막거나 4월 상·하순에 침투성 유기인제를 뿌려 부화 직후의 유충을 죽여 방제한다.

**26** 미국흰불나방은 북아메리카가 원산지이다. 우리나라에 최초로 피해를 나타낸 시기는?

① 1948년 전후　② 1958년 전후
③ 1968년 전후　④ 1978년 전후

**해설** 미국흰불나방
- 1년 2회 발생하며, 번데기로 월동한다.
- 식엽성해충이다.
- 잡식성이며, 주로 활엽수인 가로수나 정원수 등 160여 수종에 피해를 입힌다. 1958년에 처음으로 발생하였다.

**27** 성비(Sex Ratio)가 0.65인 곤충이 있다고 할 때 암·수 전체 개체 수가 200마리라면 암컷은 몇 마리인가?

① 65마리　② 70마리
③ 100마리　④ 130마리

**해설**
200×0.65 = 130마리

**28** 다음 중 파이토플라즈마에 의한 질병이 아닌 것은?

① 벚나무 빗자루병
② 오동나무 빗자루병
③ 대추나무 빗자루병
④ 뽕나무 오갈병

**해설**
파이토플라즈마는 대추나무 빗자루병, 오동나무 빗자루병, 뽕나무 오갈병 등의 병원이다.

**29** 수목의 그을음병에 대한 설명 중 바르지 않은 것은?

① 자낭균에 의한 수목병이다.
② 흡즙성 곤충을 방제하면 된다.
③ 탄소동화작용을 방해하는 외부착생균이 대부분을 차지한다.
④ 질소질 비료를 충분히 준다.

**해설** 수목의 그을음병
- 잎, 줄기, 가지 등에 그을음이 생긴 듯한 모양을 띤다.
- 보통 진딧물·깍지벌레 등이 기생한 후 분비물 위에서 번식하며, 그을음의 물질은 균사·포자 등의 덩어리이다.
- 자낭균에 의한 수목병, 흡즙성곤충방제, 탄소동화작용을 방제하는 외부 착생균이 대부분이다.
- 살충제로 진딧물, 깍지벌레 등을 구제하여 방제한다.

**30** 산림해충의 화학적 방제 시 살충제의 과다한 사용에 대한 문제점으로 볼 수 없는 것은?

① 약제저항성의 유발
② 효과가 느리지만 정확
③ 생태계의 단순화
④ 환경에 대한 부작용

**해설**
화학적 방제 시 효과는 빠르지만 생태계에 악영향을 미치게 된다.

**31** 조수(鳥獸)에 의한 산림 피해를 설명한 것 중 잘못된 것은?

① 조류의 산림에 대한 관계는 매우 복잡하여 익해(益害)를 구별하기가 어렵지만 대개 유익한 것이 많다.
② 조류를 보호하는 데는 법률에 의한 보호와 인위적 수단에 의한 증식이 있다.
③ 산림의 피해는 소형동물보다는 몸집이 큰 대형동물에 의한 피해가 많다.
④ 수류(獸類)의 피해는 4계절 중 먹이가 부족한 겨울에 가장 많다.

**정답** 26.② 27.④ 28.① 29.④ 30.② 31.③

**해설** 조류에 의한 피해
- 할미새, 참새 : 봄철 파종상에서 낙엽송, 가문비나무, 소나무 등의 소립종자를 식해하고 발아 후에도 씨껍질이 벗겨지지 않는 동안 피해를 주며 묘포지에 많다.
- 갈까마귀 : 수풀 내에서 단풍나무류의 종실이나 파종상의 종자 및 발아한 종자를 식해한다.
- 딱따구리 : 줄기에 구멍을 뚫는다.
- 백로, 왜가리 : 군집하여 임목을 고사시킨다.
- 산까치, 박새 : 어린나무의 순에 피해를 준다.
- 어치, 물까치, 동박새, 산비둘기 : 과실을 가해한다.

**32** 다음 중 오동나무 빗자루병의 매개충인 담배장님노린재의 구제 시기는?
① 2월~3월  ② 4월~6월
③ 7월~9월  ④ 10월~11월

**해설** 오동나무 빗자루병
- 병든 나무에 연약한 잔가지가 많이 발생하여 빗자루 모양을 띤다.
- 병든 나무의 분근에 의한 전염이며, 종자와 토양은 전염되지 않는다.
- 7월 상순에 병든 나무를 소각하거나 9월 하순에 살충제로 매개충구제무병목, 실생묘를 식재하여 방제한다.
- 옥시테트라사이클린계의 항생물질로 구제가 가능하다.
- 매개충 : 담배장님노린재

**33** 다음 중 수동(樹洞)형 영소조류에 속하지 않는 것은?
① 백로류  ② 박새류
③ 딱따구리류  ④ 부엉이류

**해설** 수동은 나무줄기에 구멍을 뚫는 것을 말한다.

**34** 다음 산불의 발생 원인 가운데 가장 발생 비율이 높은 것은?
① 성묘객의 실화  ② 논, 밭두렁 소각
③ 어린이 불장난  ④ 자연발생

**해설**
산불의 주요 원인

| 구분 | 봄철 | 가을철 |
|---|---|---|
| 입산자 실화 | 40% | 57% |
| 논, 밭두렁 소각 | 19% | 5% |
| 담뱃불 실화 | 10% | 13% |
| 쓰레기 소각 | 9% | 5% |
| 기타 | 22% | 20% |

**35** 모잘록병(Dampoing-off)의 발병 환경으로 옳은 것은?
① 토양의 물리적 성질과 발병과는 전혀 상관관계가 없다.
② 질소질 비료를 충분히 준 묘목은 발병률이 낮다.
③ 소나무류 묘목의 모잘록병은 겨울철에 발생이 심하다.
④ 토양이 너무 과습하지 않게 배수관리를 잘해주는 것도 발병률을 낮출 수 있는 방제방법이다.

**해설** 모잘록병의 방제
- 묘상이 과습하지 않도록 배수와 통풍에 주의하며, 햇볕이 잘 들도록 한다.
- 채종량을 적게 하고, 너무 두껍지 않도록 복토한다.
- 질소질 비료를 과용하지 말고, 인산질비료를 충분히 주어 묘목을 튼튼히 길러야 한다

**36** 측백나무 검은돌기잎마름병에 대한 설명이다. 틀린 것은?
① 가을에 발생하는 낙엽성 병해이다.
② 주로 수관하부의 잎이 떨어져서 엉성한 모습으로 된다.
③ 통풍이 나쁠 때 많이 발생한다.
④ 잎의 기공조선상(氣孔條線上)에 병원체의 자실체가 나타난다.

**해설**
측백나무 검은돌기잎마름병은 6~8월에 발병한다.

**정답** 32. ③  33. ①  34. ②  35. ④  36. ①

**37** 수병의 발생에 관여하는 3대 요소가 아닌 것은?
① 병원체
② 기주식물
③ 기생식물
④ 환경

**38** 다음 중 2차 해충에 속하는 것은?
① 소나무좀
② 오리나무잎벌레
③ 흰불나방
④ 밤나무혹벌

> **해설** 2차 해충
> 특정 해충의 방제로 곤충상이 파괴되면서 새로운 해충이 주요 해충이 되는 경우로, 소나무좀, 응애, 진딧물, 깍지벌레류가 있다.

**39** 여름포자세대(夏胞子世代)를 가지고 있지 않는 병원균은?
① 잣나무 털녹병균
② 포플러 잎녹병균
③ 향나무 녹병균
④ 소나무 혹병균

> **해설** 향나무의 녹병(배나무의 붉은별무늬병)
> • 4월경 향나무의 잎과 가지 사이에 갈색 혀 모양(배나무는 별모양)의 균체를 형성한다.
> • 향나무에 겨울포자, 배나무에서 녹병포자와 녹포자를 형성한다.
> • 향나무 근처 2km 이내에 배나무를 심지 않거나 4-4식 보르도액, 4월 중순 아이카 보르도액을 살포하여 방제한다.

**40** 밤나무혹벌의 월동형태는?
① 알   ② 유충
③ 성충   ④ 번데기

> **해설**
> 밤나무혹벌은 유충의 형태로 충영 속에서 월동한다.

---

**제 3 과목 : 임업경영학**

**41** 임분밀도의 척도로 사용하지 않는 것은?
① 흉고단면적
② 단위면적당 임목본수
③ 수관경쟁인자
④ 토양의 등급

**42** 투자효율의 결정방법 중 화폐의 시간적 가치를 고려하여 투자효율을 분석하는 방법이 아닌 것은?
① 순현재가치법
② 회수기간법
③ 수익·비용률법
④ 내부투자수익률법

> **해설**
> 투자이익률법, 회수기간법은 시간의 가치를 고려하지 않는다.

**43** 산림을 국유림, 공유림, 사유림의 3가지로 구분할 때 공유림의 경영목적에 해당하지 않는 것은?
① 공공복지 증진
② 지방재정 수입의 확보
③ 사유림 경영의 시범
④ 재산유지 및 묘지 확보

**44** 산림이 가지고 있는 기능 중에서 제1차 기능 혹은 직접 기능이 아닌 것은?
① 목재 생산
② 부산물 생산
③ 산림 휴양
④ 산림의 경제적 기능

**45** 다음 임업경영의 분석에 대한 공식으로 옳지 않은 것은?

---

정답 37.③ 38.① 39.③ 40.② 41.④ 42.② 43.④ 44.③ 45.③

① 임업의존도(%)=(임업소득/임가소득)×100
② 임업소득 가계충족율(%)=(임업소득/가계비)×100
③ 임업소득률(%)=(임업소득/임업자본)×100
④ 자본수익률(%)=(순수익/자본)×100

**해설**
임업소득률(%)=(임업소득/임업조수익)×100

**46** 다음 중에서 야영지의 자원조건으로 가장 적절하지 못한 곳은?
① 음용수로 적합한 물이 존재할 것
② 경사가 완만한 하천변 토지
③ 배수가 잘되는 장소
④ 통풍이 잘되면서 수목에 의해 적당한 그늘이 진 곳

**47** 산림조사 방법 중에서 전수조사 방법에 포함되는 것은?
① 단순임의 추출법   ② 매목조사법
③ 층화추출법       ④ 계통적 추출법

**해설** 매목조사법
임분의 재적 측정에서 조사 대상 임분을 구성하고 있는 임목의 흉고직경만을 측정하는 것이다.

**48** 복합적 임업경영의 형태 중에서 임목이 울폐되기 전 일정 기간 동안 산림 내에 가축을 방목하여 임지의 야생초를 이용하게 하는 방법은?
① 농지임업         ② 부산물임업
③ 수예적임업       ④ 혼목임업

**해설** 혼목임업
임목이 무성하기 전의 일정 기간 동안 산림 내에 가축을 방목하여 임지의 산야초를 이용하는 형태의 임업이다.

**49** 육림비에 대한 설명으로 틀린 것은?
① 일반적으로 육림비 중 가장 많은 비중을 차지하는 것은 이자이다.
② 육림비를 절감할 수 있는 최선의 방법은 노동비를 절약하는 것이다.
③ 육림비 중 고정재비에는 종자, 묘목, 거름, 농약 등이 포함된다.
④ 육림비는 노동비, 직접재료비, 공동재료비, 지대, 감가상각비, 이자 등으로 구성된다.

**해설**
육림비 중 유동자본재에는 종자, 묘목, 거름, 농약 등이 있다.

**50** 휴양림의 화장실 최소 이용객수가 800명, 최대 이용객수가 8,000명, 이용률이 1/80, 그리고 단위면적이 3.3m²일 경우에 화장실의 소요 공간규모는?
① 50m²
② 130m²
③ 270m²
④ 330m²

**해설**
화장실 공간규모 = $8,000 \times 3.3 \times \frac{1}{80} = 330m^2$

**수요 관련 각종 계산식**
- 지원시설 소요 면적 = 최대시 이용객수×1인당 소요면적×이용률
- 연간 관람객 수 = 최대 일이용자 수×회전률×연간 이용일
- 야영 수요 = 야영 참가인×야영 횟수×평균 숙박일수

**51** 개별원가계산 방법의 설명으로 옳은 것은?
① 공정별 원가계산방법이라고도 한다.
② 제품의 원가를 개개의 제품단위별로 직접 계산하는 방법이다.
③ 같은 종류와 규격의 제품이 연속적으로 생산되는 경우에 사용한다.
④ 생산된 제품의 전체원가를 총생산량으로 나누어서 단위 원가를 산출한다.

**정답** 46. ② 47. ② 48. ④ 49. ③ 50. ④ 51. ②

**52** 다음 휴양자원에 대한 설명 중 틀린 것은?
① 휴양자원은 동적·기능적이어야 한다.
② 휴양자원은 물리적일뿐 아니라 사회적 요구에 부합하여야 한다.
③ 휴양자원은 생물·물리학적 자원으로 인공적인 환경요소는 배제된다.
④ 휴양자원의 소유패턴은 사적·상업적으로부터 공공소유와 관리에 이르는 다양한 패턴이다.

**53** 휴양림 내 놀이시설이 그 사용자에게 주는 가치 중 가장 거리가 먼 것은?
① 사회적 가치
② 정서적 가치
③ 생리적 가치
④ 예술적 가치

**54** 수간석해(樹幹析解)를 통해 총 재적을 구할 때 합산하지 않아도 되는 것은?
① 근주재적
② 결정간재적
③ 지조재적
④ 초단부재적

> 해설
> 총 재적을 구할 때 지조(가지)에 대한 재적은 합산하지 않는다.

**55** 휴양림을 조성하는 데 고려할 특성 중 가장 중요성이 낮은 것은?
① 기능성  ② 입지성
③ 경관자원특성  ④ 오락성

> 해설 자연휴양림의 지정
> • 경관이 수려한 산림
> • 국민이 쉽게 이용할 수 있는 지역에 위치한 산림
> • 30ha 이상(국가 및 지방자치단체 외의 자가 조성하려는 경우에는 20ha 이상인 산림으로 적지평가 조사결과 자연휴양림조성의 적지로 평가된 산림

**56** 임지평가 방법에 대한 설명으로 맞지 않은 것은?
① 환원가법은 연년수입의 후가합계에 의한다.
② 기망가법은 장래에 기대되는 수입의 전가합계에 의한다.
③ 비용가법은 취득원가의 복리합계액에 의한다.
④ 원가방법은 재조달원가의 단순합계액에 의한다.

> 해설
> 환원가법은 연년수입의 전가합계에 따른다.

**57** 다음 중 활동중심형 휴양 형태는?
① 원생지 휴양활동
② 운동경기 관람 활동
③ 야영 활동
④ 등산 활동

**58** 다음 지역 중에서 지방자치단체의 장, 지방산림청장, 국립자연휴양림관리소장이 「산림문화·휴양에 관한 법률」에 의거하여 선발한 등산안내인을 활동하게 할 수 있는 지역으로 가장 적절하지 않은 곳은?
① 자연휴양림에 속한 등산로
② 산림욕장에 속한 등산로
③ 산림욕장 인근의 등산로
④ 수목원

**59** 10년생의 산림면적이 200ha, 20년생의 산림면적이 350ha, 40년생의 산림면적이 450ha일 때 이 산림의 면적령을 구하면?
① 17년  ② 27년
③ 37년  ④ 47년

> 해설
> 면적령 = $\dfrac{(10\times200)+(20\times350)+(40\times450)}{200+350+450}$
> = 27년

**정답** 52.③ 53.④ 54.③ 55.④ 56.① 57.② 58.④ 59.②

**60** 통나무의 수피를 제외한 말구의 최소직경이 16cm이고, 최소직경에 대한 직각의 직경이 24cm일 때 우리나라 검척법에 의한 이 통나무의 말구직경은?

① 16cm　　② 17cm
③ 18cm　　④ 20cm

## 제4과목 : 임도공학

**61** 성토사면의 안정을 도모하기 위하여 사면 끝에 설치하는 공작물이 아닌 것은?

① 옹벽　　② 돌기슭막이
③ 견치석쌓기　　④ 줄떼공

**[해설]** 줄떼공은 주로 성토면에 사용하며 수직 높이 20~30cm 간격으로 반떼를 수평으로 붙여 시공한다.

**62** 가장 일반적으로 이용되는 다각측량의 각 관측방법으로 임도곡선 설정 시 현지에서 측점을 설치하는 곡선설정 방법은?

① 교각법　　② 편각법
③ 진출법　　④ 방위각법

**63** 임도의 설계기준에 대한 설명으로 잘못된 것은?

① 평면도는 축척 1/1200으로 한다.
② 평면도에는 임시기표, 교각점, 측점번호, 사유토지의 경계, 구조물의 위치 및 규격 등을 기입한다.
③ 횡단면도의 축척은 1/1000로 한다.
④ 횡단기입의 순서는 좌측하단에서 상단방향으로 한다.

**[해설]** 횡단면도의 축척은 1/100로 한다.

**64** 다음 중 바퀴식 트랙터와 비교한 크롤러식 트랙터에 대해 바르게 설명한 것은?

① 접지압이 크다.
② 가격 및 유지비가 낮다.
③ 완경사지에서 많이 사용한다.
④ 주행속도가 낮다.

**[해설]** 크롤러 바퀴식의 장점
- 중심이 낮아 경사지에서의 작업성과 등판력이 우수하며, 회전반지름이 작다.
- 견인력이 크고 접지 면적이 커서 연약 지반, 험한 지형에서도 주행성이 양호하며 임지 작업도에 대한 피해가 적다.

**65** 우리나라의 자침편차 중 옳은 것은?

① 동편차 : 5°~7°
② 서편차 : 5°~7°
③ 서편차 : 1°~3°
④ 동편차 : 1°~3°

**66** 1/50000 지형도에서 양각기 계획법으로 임도망을 편성하고자 한다. 종단물매를 5%로 계획할 때 도상거리는 얼마인가? (단, 등고선 간격은 20m이다.)

① 4mm　　② 6mm
③ 8mm　　④ 10mm

**[해설]** 양각기 분할법

$$5\% = \frac{20}{수평거리} \times 100$$

$$수평거리 = \frac{2,000}{5} = 400m$$

$$\therefore 수평거리 = \frac{400m}{50,000} = 0.008m = 8mm$$

**67** 다음 중 (　　)안에 해당되는 것은?

산림관리 기반시설의 설계 및 시설기준에 따르면 배수구의 통수단면은 (　　)년 빈도 확률 강우량과 홍수도달 시간을 이용한 합리식으로 계산된 최대홍수 유출량의 (　　)배 이상으로 설계·설치한다.

**정답** 60.③　61.④　62.①　63.③　64.④　65.②　66.③　67.③

① 70, 0.8　② 90, 1.0
③ 100, 1.2　④ 120, 1.5

**68** 다음 중 사면붕괴 및 사면침식 등 비탈면의 유지 관리를 위한 표면유수 유입방지용 배수 시설은?

① 맹거　② 종배수구
③ 횡배수구　④ 산마루 측구

**해설**
산마루 측구(비탈 돌림수로)는 비탈면의 보호를 위해 비탈면의 최상부에 설치한다.

**69** Matthews 이론에 따라 적정임도밀도를 산출할 때 고려하는 요인이 아닌 것은?

① 횡단물매　② 집재비
③ 임도우회계수　④ 생산예정재적

**해설** 적정 임도밀도
- 임도개설비와 집재비의 합계로, 총비용을 최소화하는 임도밀도를 구하는 것이다.
- 적정 임도밀도 = $\sqrt{\dfrac{생산예정재적 \times 집재비 \times 임도우회계수 \times 집재우회계수}{임도개설비}}$

**70** 임도시공 시 굴착된 흙을 운반할 때 도로너비 2.5m 정도 이상에서 운반거리 60m를 초과하는 경우에 적합한 장비는?

① 트레일러(Trailer)
② 불도저(Bulldozer)
③ 덤프트럭(Dump truck)
④ 모터 그레이더(Moter grader)

**71** 다음 중 수준측량 시 발생하는 정오차에 포함되지 않는 것은?

① 지구의 곡률에 의한 오차(구차)
② 온도변화에 의한 표척의 신축
③ 기포관의 둔감
④ 광선의 굴절(기차)

**72** 다음 중 전압(轉壓)기계가 아닌 것은?

① 탠덤 롤러
② 타이어 롤러
③ 진동 롤러
④ 모터 그레이더

**해설**
모터 그레이더는 정지기계이다.

**73** 우리나라 임도관련 규정에 제시된 절토사면의 기울기 설계기준은?

① 경암 1:0.3~0.8,
　토사지역 1:0.8~1.5
② 경암 1:0.5~0.8,
　토사지역 1:0.8~1.5
③ 암석지 1:0.6~1.2,
　토사지역 1:0.3~0.8
④ 암석지 1:0.8~1.5,
　토사지역 1:0.3~0.8

**해설** 절토사면 기울기
- 암석지 : 1:0.3~1.2
- 토사지역 : 1:0.8~1.5
- 경암 : 1:0.3~0.8
- 연암 : 1:0.5~1.2

**74** 임도시공용 기계의 운전관리 및 안전대책에 관한 내용 중 틀린 것은?

① 기계의 계획 및 관리 전반에 대한 관련 법규를 충분히 이해할 필요가 있다.
② 작업능률을 높이고 시공단가 절감을 위한 우수한 오퍼레이터를 확보 운용해야 한다.
③ 기계의 윤활관리(潤滑管理)는 예방정비와는 무관한 작업이다.
④ 오퍼레이터는 연속하여 중작업(重作業)에 종사하기 때문에 충분하고 적절한 인간관계 및 관리가 필요하다.

정답　68.④　69.①　70.③　71.③　72.④　73.①　74.③

**75** 경사지 임도의 횡단선형을 구성하는 요소가 아닌 것은?

① 차도너비  ② 노반
③ 길어깨  ④ 옆도랑

**해설** 임도의 횡단선형

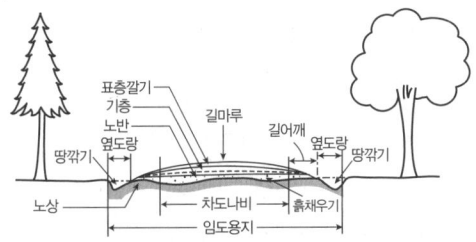

**76** 모르타르 뿜어붙이기공법에서 건조·수축으로 인한 균열을 방지하는 방법이 아닌 것은?

① 물·시멘트의 비율을 적게 한다.
② 응결완화제를 사용한다.
③ 뿜는 두께를 증가시킨다.
④ 사용하는 시멘트의 양을 적게 한다.

**77** 임도 설계 시 주행속도 40km/시간, 오름물매 4%, 내림물매 2%일 때 종곡선의 길이는?

① 약 6.8m  ② 약 7.9m
③ 약 8.9m  ④ 약 9.9m

**해설**
종단곡선 길이 = $(4-2) \times 40 \times \dfrac{40}{360} = 8.9m$

**78** 임도 안전점검을 위해 비탈면상 두 점 A, B를 실측하니 50m이었고, 두 점의 수평거리를 계산하니 40m이었다. B점의 높이는 얼마인가? (단, A점의 표고는 0m이다.)

① 10m  ② 25m
③ 30m  ④ 35m

**해설**
$50^2 = 40^2 + x$ ∴ $x = 30m$

**79** 임도의 횡단선형에 대한 설명으로 틀린 것은?

① 임도의 너비는 유효너비와 도로어깨 및 옆도랑의 너비를 합한 것이다.
② 길어깨는 유효너비의 양측에 설치한다.
③ 길어깨는 도로의 유지, 고장차와 통행인의 대피 및 도로 표시를 설치하는 데 이용된다.
④ 임도의 횡단경사는 포장한 노면의 경우에는 1.5~2%가 적당하다.

**해설**
임도의 너비 = 절토사면+옆도랑+길어깨+유효너비+성토사면

**80** 임도의 종단물매와 관련성이 가장 적은 요인은 어느 것인가?

① 곡선반지름  ② 설계속도
③ 안전시거  ④ 우회율

---

### 제5과목 : 사방공학

**81** 해풍에 의한 비사를 억류하고 퇴적시켜서 모래언덕을 조성할 목적으로 시공하는 것은?

① 퇴사울세우기  ② 정사울세우기
③ 모래막이  ④ 모래덮기

**해설** 퇴사울세우기
퇴사울 : 바다 쪽에서 불어오는 바람에 의해 날리는 모래를 억류하고자 퇴적시켜서 사구를 조성하는 목적의 공작물을 말한다.

**82** 보수력이 높은 토양은 임도노면의 토양으로 적합하지 않다. 아래 토양 중 일정 기압의 힘으로 보유되는 수분함량이 가장 높은 토양은?

① 식토  ② 미사토
③ 양토  ④ 사질토

**해설** 토양의 수분함량
• 사토 : 흙을 손에 쥐었을 때 대부분 모래만으로 구성된 감이 있는 것(점토 함량 12.5% 이하)

**정답** 75.② 76.② 77.③ 78.③ 79.① 80.① 81.① 82.①

- 사양토 : 모래가 대략 1/3~2/3를 점하는 것(점토 함량 12.6 %~25 %)
- 양토 : 대략 1/3 미만의 모래를 함유하는 것(점토 함량 26%~37.5%)
- 식양토 : 점토가 1/3~2/3를 차지하고 점토 중에서 모래를 약간 촉감할 수 있는 것(점토 함량 37.6%~50%)
- 점토 : 점토가 대부분인 것(점토 함량 51% 이상)

**83** 뒷길이가 35cm인 견치석을 쌓는다면 m²당 몇 개가 필요한가? (단, 치수가 25cm(25×25)이다.)

① 13개  ② 16개
③ 20개  ④ 24개

**해설**

$\dfrac{1m}{0.25^2} = 16$개

**84** 비탈면 안정토목공법에 해당하는 것은?

① 비탈 힘줄박기 공법
② 종자 분사 파종 공법
③ 거적덮기 공법
④ 종비토뿜어붙이기 공법

**85** 다음 중 휴양활동으로 인한 임지피해에 대한 설명으로서 잘못된 것은?

① 휴양이용에 따른 가시적이고 부정적인 영향은 토양답압이다.
② 답압은 토양공극을 감소시켜 공기를 차단하므로 토양수분이 일탈하지 못하도록 하며 임지를 습윤하게 유지할 수 있는 장점이 있다.
③ 답압을 통해 많은 공극이 제거되어 토양은 입단구조가 깨지게 된다.
④ 답압된 토양 속으로는 물이 침투되지 않아 유거수가 증가하여 표면침식이 증가한다.

**86** 다음 중 사방댐을 직선부에 계획할 때 올바른 방향은?

① 유심선에 직각
② 유심선에 평형
③ 유심선의 절선에 직각
④ 유심선의 절선에 평행

**해설** 사방댐 배치방향

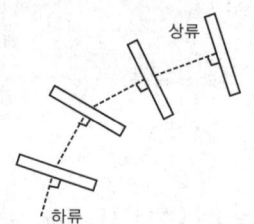

**87** 사방댐의 주요 기능으로 가장 거리가 먼 것은?

① 계상물매를 완화하고 종침식을 방지
② 산각을 고정하여 사면 붕괴를 방지
③ 계상에 퇴적한 불안정한 토사의 유동을 방지
④ 물을 가두어 물놀이장이나 수원지로 이용

**해설** 사방댐의 기능
- 계상의 물매를 완화하고 종횡침식을 방지한다.
- 산각의 고정과 산복 붕괴를 방지한다.
- 계상에서 퇴적한 불안정한 토사의 유출을 억제하거나 조절한다.
- 산불 진화용수 및 야생동물의 음용수를 공급한다.
- 계류생태계를 보전한다.

**88** 평균유속(V)과 임계유속(Vg)이 같을 경우에 대한 설명으로 옳은 것은?

① 계상에 침식이 가장 많이 일어난다.
② 유수의 속도가 가장 높다.
③ 유수가 사력(砂礫)으로 포화된 상태이다.
④ 계수에 아무런 영향을 미치지 않는다.

**해설** 임계유속
층류에서 난류로 변화할 때의 유속 즉, 계상에서 침식을 일으키지 않는 경우의 최대 유속을 말한다.

정답 83.② 84.① 85.② 86.① 87.④ 88.③

**89** 다음 중 조도계수가 가장 큰 수로는?

① 시멘트 바닥수로
② 야면석수로
③ 흙수로
④ 큰 자갈과 수초가 많은 불량한 수로

**해설** 조도계수
- 매닝의 평균 유속 공식
- $Vm = \dfrac{1}{n} \cdot R^{\frac{2}{3}} \times I^{\frac{1}{2}}$

  Vm : 평균 유속, R : 경심, I : 동수 구배 또는 수면 구배, n : 조도계수
- 수로의 상태별 조도계수
  - 시멘트 바닥 수로 : 0.06
  - 야면석수로 : 0.46
  - 흙수로 : 1.30
  - 큰 자갈과 수초가 많은 불량한 수로 : 1.75

**90** 다음 중 산사태의 발생요인 중 내적 요인에 해당 하는 것은?

① 토질  ② 강우
③ 지진  ④ 벌목

**91** 재래 초본류(향토식물)와 외래 초본류를 혼파 할 때 다음 중 재래 초본류에 해당하는 것은?

① 우산잔디  ② 나도김의털
③ 갈풀      ④ 비수리

**해설** 재래초종
- 새류 : 새, 솔새, 개솔새, 잔디, 참억새, 기름새
- 콩과식물 : 비수리, 칡, 차풀, 매듭풀

**92** 유역면적 1ha, 최대 시우량 100mm/hr일 때 시우량법에 의한 계획지점에서의 최대홍 수유량은? (단, 유거계수(K)는 0.7로 한다.)

① 0.166㎥/s  ② 0.194㎥/s
③ 1.17㎥/s   ④ 1.94㎥/s

**해설**
최대홍수유량 = 0.002778×100×1×0.7 = 0.194㎥/s

**93** 비탈녹화공법에 사용되는 외래초종의 특성으로 틀린 것은?

① 초기발아가 우수하다.
② 여름철 병해충에 강하다.
③ 고온에 약하다.
④ 주변 식생과 이질적이다.

**해설**
외래초종은 여름철 병충해에 약하다.

**94** 설상사구에 대한 설명이 아닌 것은?

① 바람의 힘이 약화된 곳에서 형성된다.
② 혀 모양의 형태로 모래가 쌓인 것을 말한다.
③ 치올린 언덕의 모래가 비산하여 내륙으로 이동되면서 형성된다.
④ 모래가 정선부에 퇴적하여 얕은 모래 둑을 형성한다.

**해설** 설상사구
바다로부터 불어오는 바람은 치올린 언덕의 모래를 비산하여 내륙으로 이동시키는데 이때 방해물이 있으면 방해물 뒤편에 합류하여 혀 모양의 모래언덕이 된다.

**95** 절토사면의 토질별 적용공법으로 가장 적합하게 연결된 것은?

① 모래층 비탈면 – 부분 객토 식생공법
② 점질성 비탈면 – 분사파종공법
③ 경암 비탈면 – 낙석 방지막 덮기 공법
④ 사질토 비탈면 – 새집붙이기공법

**해설** 절개지 비탈면
- 모래층 비탈면 : 물의 침식에 약하여 유실될 염려가 있으므로 표층 객토작업 후 분사식 파종공법으로 파종 후 거적덮기, 피복망 덮기로 보호한다.
- 사질토 비탈면 : 침식에 약하므로 식생공법을 도입하여 묘목을 심거나 분사식 파종공법으로 녹화한다.
- 자갈이 많은 비탈면 : 강우로 인한 유실과 요철이 생기기 쉬워 객토 후 분사식 파종공법으로 녹화한다. 콘크리트 블록 격자 붙이기공법이 효과적이다.
- 점질성 흙 비탈면 : 표면침식에 약하므로 전면적 평떼 붙이기와 부분객토 식생공법을 병용한다.
- 경암 비탈면 : 풍화 낙석위험이 적으므로 암반원형을

정답 89.④ 90.① 91.④ 92.② 93.② 94.④ 95.③

노출시키거나 낙석저지책 또는 낙석방지망 덮기로 시공 후 덩굴식물로 피복한다.
• 연암 비탈면 : 객토를 두껍게 한 후 수평방향으로 작은 골을 파서 흙을 채우고 콘크리트 블록격자를 붙인다.

**96** 강우 시의 침투능에 대한 설명으로 틀린 것은?
① 초지보다 산림지의 침투능이 크다.
② 나지보다 벌채적지의 침투능이 더 크다.
③ 강우시간이 지속됨에 따라 점점 더 커진다.
④ 토양이 건조해 있는 강우초기에 더 크다.

**97** 해안사방에서 사초(砂草)심기공법의 사초 식재방법이 아닌 것은?
① 점심기
② 줄심기
③ 망심기
④ 다발심기

**98** 임목수확작업시스템 중 전목재생산방식 (Full-tree Harvesting Method)의 설명으로 맞지 않는 것은?
① 임분 내에 벌도된 임목을 가지가 붙은 채 스키더나 케이블 크레인으로 끌어낸다.
② 끌어낸 임목은 임도변이나 토장에서 가지치기와 통나무 자르기를 하며 이때 하베스터를 이용하는 것이 가장 효과적이다.
③ 벌도대상 임분 밖에서 가지치기, 초두부 제거 등이 이루어져 임내 양료의 순환에 악영향을 끼친다.
④ 임목규격이 크면 대형장비가 필요하다.

**해설**
전목생산방식(전목집재)
임분 내에서 벌도목을 스키더, 타워야더 등으로 집재한 후 임도변 또는 토장에서 가지 자르기, 통나무 자르기를 하는 작업형태로, 고성능 임업기계를 이용하여 소요 인력을 가장 최소화한다.

**99** 다음 수로 중 기울기가 완만하고 수량이 적으며 토사유속이 적은 곳에 설치하는 수로는?
① 떼붙임수로
② 돌붙임수로
③ 메붙임수로
④ 콘크리트수로

**해설**
떼수로는 비탈면 경사가 비교적 완만하고 유량이 적으며 떼의 경관을 필요로 하는 곳에 시공한다.

**100** 다음 중 정사울세우기를 가장 잘 설명한 것은?
① 비탈면 경사를 정렬하기 위하여 볏짚, 보리짚, 갈대섶, 억새류 등을 설치한 것
② 산지비탈면에 1급에서 9급까지 선떼붙이기한 것
③ 해안지역의 모래를 안정하여 식재목을 조성한 것
④ 암벽 비탈면의 침식방지를 위한 울타리를 설치한 것

**해설**
정사울세우기
• 주로 전사구의 육지 쪽에 후방 모래를 고정하여 그 표면에 전면적인 모래의 안정을 도모하고 식재목이 잘 생육할 수 있도록 환경을 조성할 목적으로 모래덮기와 사초심기를 병행하여 시공한다.
• 시공효과를 가장 크게 하기 위해서는 정사각형이나 직사각형으로 구획한다.
• 섶세우기, 짚세우기, 갈대세우기공법 등이 있다.
• 높이는 1.0~1.2m가 표준이며, 모래에 20cm 정도 묻어야 한다.
• 구획의 크기는 한 변의 길이가 7~15m인 정사각형이나 직사각형으로 하는 것이 일반적이다.
• 정사울타리 설치 후 내부에 ha당 10,000본을 식재한다.

**정답** 96.③ 97.① 98.② 99.① 100.③

# 국가기술자격 필기시험문제

2012년 제2회 필기시험

| 자격종목 및 등급(선택분야) | 종목코드 | 시험시간 | 형별 |
|---|---|---|---|
| 산림기사 | 1564 | 2시간 30분 | A |

---

### 제1과목 : 조림학

**1** 다음은 수목 체내에서 일어나는 탄수화물의 계절적인 변화에 대한 설명이다. 다음 중에서 바르게 설명하고 있는 것은?

① 낙엽수는 가을에 줄기 체내의 탄수화물 농도가 최저로 떨어진다.
② 낙엽수는 겨울철에 줄기 내 전분의 함량이 증가하고 환원당의 함량이 감소된다.
③ 상록수의 경우에 체내 탄수화물 함량의 계절적인 변화는 낙엽수에 비하여 상대적으로 적은 편이다.
④ 재발성 개엽(Recurrently Flushing) 수종은 줄기생장이 이루어질 때마다 탄수화물이 증가한 다음 다시 감소한다.

**해설** 낙엽수는 가을에 줄기 체내의 탄수화물 농도가 최고가 되지만 전분의 함량이 줄어든다.

**2** 우리나라 소나무의 형질개량을 위해 가장 많이 사용되어 왔던 육종방법은?

① 교잡육종법　② 도입육종법
③ 조직배양법　④ 선발육종법

**해설** 선발육종법
표현형에 따라 우수목과 우수 집단을 선발하고 그들의 유전적 우수성을 개량된 종자로 생산·공급하는 것이다.

**3** 묘포에서의 시비에 관한 설명 중 잘못된 것은?

① 비료의 종류와 양은 지역의 실정을 고려하여 정한다.
② 묘목은 생장시기에 따라 요구하는 양분의 종류가 다르므로 이를 고려하여야 한다.
③ 기비는 속효성 비료로 추비는 퇴비와 무기질 비료를 사용하는 것이 좋다.
④ 토양미생물의 번식을 도와 토양의 이학적 성질을 개선할 수 있다.

**해설** 속효성 비료
물에 잘 녹아 작물이 쉽게 흡수할 수 있는 양분의 형태로, 가용화되기 쉬운 성질을 가진 비료를 말한다. 황산암모늄, 과인산석회, 황산칼륨 등이 이에 속한다.

**4** 토양생물에 관한 설명으로 옳은 것은?

① 방사상균은 산성토양에 저항력이 높다.
② 식물의 뿌리는 토양구조 발달을 억제한다.
③ 토양 균류는 종자 파종되어 생장 중인 임목의 뿌리를 감염시켜 여러 가지 병원균으로부터 뿌리의 보호기능을 할 수 없도록 한다.
④ 대부분 토양동물은 공간적인 조건이나 광조건이 양호한 낙엽층이나 부식층에 서식한다.

**5** 파종상에서 1년, 판갈이 상에서 1년된 2년생 실생 묘목의 연령을 맞게 표시한 것은?

① 1-1묘　② 1-2묘
③ 1-1-2묘　④ 2-1묘

**해설** 실생묘의 묘령
• 1-0묘 : 처음 1은 파종상에서 지낸 연수이고, 뒤의 0은 판갈이상에서 지낸 연수이다. 따라서 1년생의 실생묘이다.

---

**정답** 1.③　2.④　3.③　4.④　5.①

- 1-1묘 : 파종상에서 1년, 그 뒤 한 번 이식되어 1년을 지낸 2년생 묘목이다.
- 2-0묘 : 이식이 된 사실이 없는 2년생묘이다.
- 2-1묘 : 파종상에서 2년, 이식상에서 1년을 보낸 3년생 묘목이다.

**6** 다음은 동일수종, 동일연령 그리고 같은 임지에 있어서 밀도만을 다르게 할 때 임목의 형질과 생산량에 나타나는 현상을 설명한 것이다. 틀린 것은?

① 줄기의 평균흉고직경은 밀도가 높을수록 작게 된다.
② 수간형은 고밀도일수록 완만하게 된다.
③ 단위 면적당 간재적은 밀도가 높아질수록 작아진다.
④ 고밀도일수록 연륜폭은 좁아진다.

**해설** 밀식의 장단점

- 장점
  - 표토침식과 지표면의 건조방지로 개벌에 의한 지력감퇴 경감
  - 풀베기 작업횟수 감소로 비용 절약
  - 가지가 굵어지는 것을 방지하고 자연낙지의 유도로 가지치기 비용절감 및 마디가 적은 용재 생산
  - 제벌, 간벌 시 제거 대상목이 많으므로 최우량목을 잔존시켜 우량 임분 조성
- 단점
  - 묘목대 및 조림비의 과다 요인
  - 제벌 및 간벌이 지연될 경우 줄기가 가늘고 연약해져서 고사목 등의 발생 및 병해충 우려
  - 임목의 직경생장이 완만하여 큰나무 생산의 경우 수확기간이 늦어짐

**7** 개화결실 주기성이 가장 짧은 수종은?

① 소나무    ② 전나무
③ 낙엽송    ④ 구주소나무

**해설** 주기성
생물이 일정한 시간 간격으로 반복하며 구조, 기능, 활동 등을 변화시키는 성질을 말한다.
- 조석주기성, 일주기성, 월주기성, 연주기성 등 환경의 주기적 변화에 동조하고 있는 성질 대부분은 생물시계에 의해 지배받고 있다.
- 개체, 개체군, 군집, 생태계의 각 단계에 각각 특유의 양상을 나타내며, 각종 주기 활동이나 주기적 천이로서 나타난다.
- 섬모, 심근세포의 율동성 등과 같이 독자적인 주기성을 갖는 것도 있다.

**8** 다음 그림 중 사선을 친 부분은 나무가 벌채된 것이다. 이러한 갱신 벌채를 받았다면 이 임분에 대해서 어떠한 삼림작업법이 적용되고 있는가?

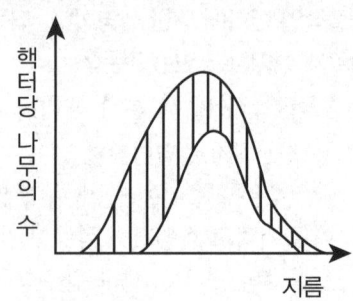

① 모수작업
② 보잔목작업
③ 중림작업(하목개벌)
④ 산벌작업(하종벌)

**9** 순림과 혼효림의 구성에 관한 기술 중 옳지 않은 것은?

① 따뜻한 지방에는 혼효림이 많다.
② 특수한 토지조건은 순림을 조성시킨다.
③ 지력이 빈약할수록 혼효가 어렵고 순림 형성이 비교적 잘된다.
④ 양수는 음수보다 순림형성이 쉽다.

**해설**
양수는 시간이 지남에 따라서 음수수종으로 갱신이 되므로 순림형성이 어렵다.

**10** 생태형의 개념에 관련되는 것은?

① 녹나무    ② 반송
③ 강송      ④ 낙엽송

정답  6.③  7.①  8.④  9.④  10.③

> **해설** 생태형
> 같은 종의 생물이 다른 환경에서 나서 자라기 때문에, 각각의 환경조건에 적응하여 달라진 형질이 유전적으로 이어져서 생긴 형을 말한다.

**11** 40년생 잣나무 조림지에서 간벌을 실시하였다. 실선 부분이 간벌에 의해 제거된 부분이라고 할 때, 하층 간벌에 의한 입목 본수와 흉고직경 분포를 나타낸 것은?

①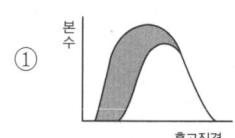

②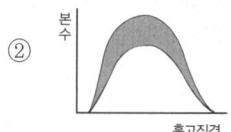

③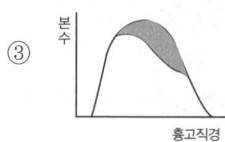

④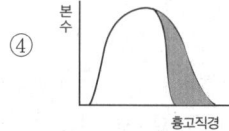

**12** 종자발아촉진방법이 아닌 것은?
① 황산처리법  ② 테트라졸륨처리
③ 침수처리  ④ 파종시기의 변경

> **해설**
> 테트라졸륨처리는 종자의 발아검사를 할 때 쓰는 방법이다.

**13** 다음은 수목종자의 발아촉진 방법과 해당 수종을 연결한 것이다. 적합하지 않은 것은?
① 침수처리법 – 삼나무
② 황산처리법 – 옻나무
③ 기계적방법 – 소나무
④ 노천매장법 – 잣나무

> **해설**
> 노천매장법은 낙엽송, 소나무류, 삼나무, 편백 등의 수종에 효과가 있다.

**14** 아래 그림은 무슨 접목을 하는 방법을 나타내고 있는가?

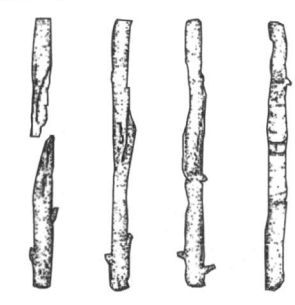

① 절접  ② 박접
③ 아접  ④ 설접

**15** 잣나무에 관한 기술 중 틀린 것은?
① 종자에 달린 날개는 퇴화되어 있다.
② 한 엽속에 침엽이 5개이다.
③ 잎은 세모가 지고 이면에 흰 기공선이 있다.
④ 엽 횡단면상에 수지구가 5개 이상 있다.

> **해설**
> • 수지 : 소나무나 전나무 등의 나무에서 분비하는 점도가 높은 액체
> • 수지구 : 수지의 저장 또는 이동을 하는 곳

**16** 숲 가꾸기를 할 때 미래목의 선정요건으로 맞지 않는 것은?
① 미래목간의 간격은 최소한 2m 정도로 한다.
② 헥타르당 선정본수는 수종과 경영목표에 따라서 다르지만 최고 400본 정도로 한다.
③ 임연부 임목은 가급적 미래목에서 제외한다.
④ 맹아갱신(움갈이) 임분에서의 미래목은 가급적 실생묘로 한다.

정답  11. ①  12. ②  13. ③  14. ④  15. ④  16. ①

**해설**
미래목의 간격은 5m 이상으로 한다.

**17** 균근의 특징이나 기능 등에 대하여 바르게 설명하고 있는 내용은?
① 공중질소를 고정하는 기능을 지닌다.
② 인산 등을 포함하여 무기양료의 흡수를 촉진한다.
③ 송이버섯은 소나무와 관계가 있는 대표적인 내생균근이다.
④ 소나무나 전나무에 잘 기생하는 내생균근은 균사망(Hartig Net)을 잘 형성한다.

**해설**
송이버섯은 대표적인 외생균이다.

**18** 다음 중 수목의 광합성과 관련한 설명으로 바르게 기술하고 있는 것은?
① 우리나라에 자라는 대부분의 활엽수는 C-4식물군에 속한다.
② 엽록체 내에서 광에너지를 이용한 광반응이 일어나는 곳은 스트로마(Stroma)이다.
③ 수목 한 개체 내에서는 양엽이나 음엽에 상관없이 광보상점이나 광포화점이 동일하다.
④ 수목은 동일 개체에서도 내음성이 수령이나 생육조건 등에 따라서 변화를 보일 수 있다.

**해설**
엽록체 내에서 광에너지를 이용한 음반응이 일어나는 곳은 스트로마(Stroma)이다. 수목의 양엽은 음엽보다 광보상점과 광포화점이 높다.

**19** 향토 품종의 우월한 점은 무엇인가?
① 생육환경에 잘 적응하고 있다.
② 외래품종보다 생장이 우량하다.
③ 생장이 빠르다.
④ 병충해의 저항이 작다.

**20** 산림 벌채 후 임지에 남기는 대형 벌채 잔여물에 대해서는 존치와 제거에 대한 의견이 분분하다. 대형 벌채 잔존물을 남겼을 때 기대되는 효과가 아닌 것은?
① 장기적인 토양 양분 공급
② 계류의 영양 농도 조절
③ 내화수림대 역할
④ 야생동물의 서식처 제공

**해설**
벌채 잔존물은 봄철의 건조한 산림에 불이 났을 때 대형 산불로 번질 수 있는 요인이 된다.

### 제 2 과목 : 산림보호학

**21** 다음 중 염풍(鹽風)에 강한 수종이 아닌 것은?
① 자귀나무   ② 배나무
③ 향나무     ④ 돈나무

**해설** 임목의 내염성 정도
- 조풍에 강한 나무 : 해송, 향나무, 사철나무, 자귀나무, 팽나무, 돈나무 등
- 조풍에 약한 나무 : 소나무, 삼나무, 전나무, 사과나무, 벚나무, 편백, 화백 등

**22** 우리나라 산림에 피해를 주는 산림병해충 중 외래 침입병 해충으로만 짝지어진 것은?
① 아까시잎혹파리, 솔잎혹파리, 소나무재선충병
② 버즘나무방패벌레, 솔나방, 솔껍질깍지벌레
③ 잣나무넓적잎벌, 솔수염하늘소, 솔잎혹파리
④ 미국흰불나방, 버즘나무방패벌레, 밤나무혹벌

**정답** 17.② 18.④ 19.① 20.③ 21.② 22.①

**23** 다음 중 흡즙성해충이 아닌 것은?

① 도토리거위벌레
② 버즘나무방패벌레
③ 솔껍질깍지벌레
④ 느티나무벼룩바구미

**해설**
흡즙성해충에는 솔껍질깍지벌레, 소나무재선충, 소나무좀벌레, 진딧물류, 진달래방패벌레 등이 있다. 도토리거위벌레는 종실을 가해한다.

**24** 상주의 방제방법을 기술한 것 중 옳지 않은 것은?

① 천연적 지피물을 보존한다.
② 가을철 파종 시에는 복토를 다소 얇게 한다.
③ 피해가 예상되는 곳에서는 파종조림을 피하고 식재 조림을 한다.
④ 피해가 예상되는 곳에서는 토양에 탄분이나 모래를 혼입한다.

**해설**
**상주의 방제**
- 묘포 피해지는 사질 또는 유기질 토양을 섞어서 토질을 개량한다.
- 묘포의 상면을 15cm 정도로 높여 다습을 막고, 묘포 사이에 짚, 낙엽, 왕겨 등을 두어 지면의 냉각을 막는다.
- 조림지에서는 상목으로 저온을 막고, 동남향에 대해서는 측면적을 보호하는 것이 효과적이다.

**25** 삼나무 붉은마름병의 월동 상태로 옳은 것은?

① 땅속에서 포자상태로 월동한다.
② 병환부의 조직 내부에서 균사덩이 형태로 월동한다.
③ 가지 또는 잎에서 포자상태로 월동한다.
④ 초본류에서 포자상태로 월동한다.

**해설**
삼나무 붉은마름병은 병환부 조직 내부에서 균사덩이로 월동한다.

**26** 병원체의 전반방법 중 토양에 의해 전반되는 병원체는?

① 밤나무의 줄기마름병균
② 향나무의 적성병균
③ 오동나무의 빗자루병 병원체
④ 묘목의 모잘록병

**해설**
**병원균의 전반 방법**
- 바람 : 잣나무 털녹병균, 밤나무 줄기마름병균, 밤나무 흰가루병균 등
- 물 : 근두암종병균, 묘목의 잘록병균, 향나무 적성병 등
- 토양 : 근두암종병균, 묘목의 잘록병균 등
- 곤충 및 소동물 : 오동나무 빗자루병, 대추나무 빗자루병 등
- 종자 : 오리나무 갈색무늬병균(종자의 표면 부착), 호두나무 갈색부패병균(종자의 조직 내 잠재) 등
- 묘목 : 잣나무 털녹병균, 밤나무 근두암종병균, 포플러 모자이크병균 등

**27** 다음 중 솔잎혹파리의 기생성 천적이 아닌 것은?

① 솔잎혹파리먹좀벌
② 혹파리원뿔먹좀벌
③ 혹파리살이먹좀벌
④ 혹파리등뿔먹좀벌

**해설**
**솔잎혹파리의 기생성 천적**
- 맵시벌류, 기생벌, 기생파리 등이 있다.
- 맵시벌류는 천적으로 흔히 이용되며 송충알벌은 솔나방의 알에 기생한다.
- 솔잎혹파리먹좀벌과 혹파리살이먹좀벌, 혹파리등뿔먹좀벌, 혹파리반뿔먹좀벌은 솔잎혹파리의 방제에 이용된다.

**28** 호두나무잎벌레에 대한 설명으로 옳은 것은?

① 년 2회 발생하며, 알로 월동한다.
② 년 2회 발생하며, 유충으로 월동한다.
③ 년 1회 발생하며, 성충으로 월동한다.
④ 년 1회 발생하며, 유충으로 월동한다.

정답 23.① 24.② 25.② 26.④ 27.② 28.③

해설 🌱 호두나무잎벌레
- 1년 1회 발생하며 유충으로 월동한다.
- 유충과 성충이 모두 잎을 가해한다.
- 암컷으로만 번식하며 천적은 중국긴꼬리좀벌이다.

**29** 다음 중 성충과 유충(幼蟲)이 동시에 잎을 가해하는 것은?

① 솔잎혹파리  ② 복숭아명나방
③ 박쥐나방   ④ 오리나무잎벌레

해설 🌱
오리나무잎벌레
- 성충과 유충 모두 오리나무 잎을 가해하며 1년 1회 발생한다.
- 암컷만으로 번식하며 200~500개의 알을 낳는다.
- 천적인 무당벌레나 유충기에는 BHC분제를 살포하여 방제한다.

**30** 다음 중 잣나무 털녹병 방제법에 해당되지 않는 것은?

① 중간기주의 박멸  ② 보르도액 살포
③ 혼효림 조성    ④ 저항성 품종 육성

해설 🌱
잣나무 털녹병
- 중간기주는 송이풀과 까치밥나무이다.
- 녹포자와 녹병포자를 형성하며, 중간기주에서 여름포자·겨울포자의 소생자를 형성한다.
- 수피조직 내에서 균사의 형태적 월동이 이루어지며, 4~5월 하순에 녹포자를 형성한다.
- 약제방제는 거의 불가능하며, 병든 나무는 제거·소각하고, 중간기주는 제거한다.

**31** 다음 중 밤나무 종실을 가해하는 해충은?

① 복숭아명나방
② 복숭아심식나방
③ 솔알락명나방
④ 백송애기잎말이나방

해설 🌱
밤나무의 종실을 가해하는 해충에는 밤바구미, 밤나방, 솔알락명나방 등이 있다.

**32** 겨울철에 제설을 위하여 사용되는 해빙염(Deicing Salt)에 관하여 잘못 설명한 것은?

① 염화칼슘이나 염화나트륨이 주로 사용된다.
② 흔히 수목의 잎에는 괴사성 반점(점무늬)이 나타난다.
③ 장기적으로는 수목의 쇠락(Decline)으로 이어진다.
④ 일반적으로 상록수가 낙엽수보다 더 큰 피해를 입는다.

**33** 다음 중 천적 등 방제대상이 아닌 곤충류에 가장 피해를 주기 쉬운 농약은?

① 지속성 접촉제
② 훈증제
③ 전착제
④ 침투성 살충제

**34** 다음 식물 중 잣나무 털녹병의 겨울포자(冬胞子)를 형성하는 식물은?

① 잣나무   ② 참취
③ 황벽나무  ④ 송이풀

해설 🌱
잣나무 털녹병
- 중간기주는 송이풀과 까치밥나무이다.
- 녹포자와 녹병포자를 형성하며, 중간기주에서 여름포자·겨울포자의 소생자를 형성한다.
- 수피조직 내에서 균사의 형태적 월동이 이루어지며, 4~5월 하순에 녹포자를 형성한다.
- 약제방제는 거의 불가능하며, 병든 나무는 제거·소각하고, 중간기주는 제거한다.

**35** 다음 수목병 중에서 세균에 의한 것은?

① 소나무 혹병   ② 낙엽송 끝마름병
③ 잣나무 털녹병  ④ 밤나무 뿌리혹병

해설 🌱 세균성 병원
뿌리혹병, 참나무의 눈마름병, 호두나무의 갈색썩음병, 포플러의 세균성 줄기마름병, 단풍나무의 점무늬병 등

정답 29.④  30.③  31.①  32.②  33.①  34.④  35.④

**36** 서로 다른 환경유형이 인접한 공간으로 인접한 양쪽 환경유형을 다른 목적으로 이용하는 동물들에게 중요한 미세 서식지로 제공되는 공간은?

① 임연부　　② 피난처
③ 세력권　　④ 행동권

**37** 다음 포유류 중 현재 우리나라의 천연기념물이 아닌 것은?

① 수달　　② 산양
③ 하늘다람쥐　　④ 호랑이

**38** 잣송이를 가해하여 수확을 감소시키는 중요한 해충이며, 구과속의 가해부위에 벌레똥을 채워놓고 외부로도 똥을 배출하여 구과표면에 붙여 놓으며 신초에도 피해를 주는 해충은?

① 소나무좀
② 솔알락명나방
③ 솔박각시나방
④ 솔수염하늘소

해설 **솔알락명나방**
- 피해 수종 : 잣나무
- 가해 양식 : 종실
- 발생 : 1년 1회
- 월동 형태 : 노숙 유충(땅속), 어린 유충(구과)
- 특징 : 구과를 가해

**39** 세균이 식물에 침입할 수 있는 자연개구부에 해당하지 않는 것은?

① 기공　　② 피목
③ 밀선　　④ 체관

**40** 파이토플라즈마에 의한 수목병의 전염방법에 속하지 않는 것은?

① 접목전염　　② 즙액전염
③ 매개충전염　　④ 새삼전염

제 3 과목 : 임업경영학

**41** 임반·소반의 구획선 및 면적을 명백히 하기 위하여 실시하는 측량으로 가장 적합한 것은?

① 주위측량　　② 시설측량
③ 산림구획측량　　④ 산림고저측량

해설
산림경영계획구를 통해서 주위측량이 끝난 다음에는 산림구획으로 임반과 소반을 구획해야 한다.

**42** 재적 측정이 가능하고 목재로서 이용가치가 높은 임목은 시장역산가식에 의하여 평가할 수 있다. 아래식은 시장역산가를 나타내는 관계식이다. 여기서 b는 무엇인가? (단, x는 임목단가, a는 이용율(조재율), f는 생산원목의 최기시장에서의 판매단가, lr은 자본회수 기간을 나타낸다.)

$$x = f\left(\frac{a}{1+lr} - b\right)$$

① 이용율　　② 임목시가
③ 단위 생산비　　④ 임목가격

**43** 자연휴양림의 입지선정 조건으로 거리가 먼 것은?

① 수원이 풍부한 곳
② 경관이 수려하고 임상이 울창한 곳
③ 생물의 종이 풍부하고 개발이 제한되어 있는 곳
④ 개발이 가능하고 각종 여건이 용이하며 접근성이 좋은 곳

**44** 목편의 총중량이 4t, 그 중에서 무게가 20kg인 표본을 선정하여 측용기로 측정한 결과 재적이 30ℓ이었다. 이 목편의 총재적은 얼마인가? (단, 수온이 4℃일 때 물 1kg은 1ℓ이며, 1ℓ = 1/1,000m³이다.)

정답　36.①　37.④　38.②　39.④　40.②　41.③　42.③　43.③　44.①

① 6m³  ② 200m³
③ 600m³  ④ 6000m³

**해설**
총재적 = $\frac{30}{20} \times 0.001 \times 4,000 = 6m^3$

**45** 손익분기점분석에 따른 총비용을 E = f + bX 로 계산할 때 이 식에서 X가 뜻하는 것은? (단, 식에서 E는 총비용, f는 고정비, b는 단위당 변동비이다.)

① 판매량  ② 변동비
③ 고정비  ④ 총수익

**해설**
손익분기점 공식

$X = \frac{f}{P-b}$

X : 판매량, f : 고정비용, P : 단위당 판매가격, b : 단위당 변동비

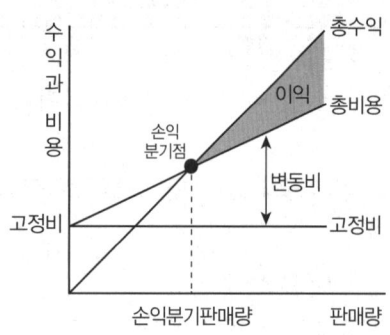

**46** 중앙 직경이 10cm, 재장이 10m인 통나무의 재적을 Huber식으로 계산하면?

① 0.0785m³
② 0.0975m³
③ 0.1050m³
④ 0.1230m³

**해설**
후버식 = $0.785 \times 0.1^2 \times 10 = 0.0785m^3$

**47** 우리나라에서 임지의 생산력을 수치로 나타낸 지위지수(Site Index)는 무엇을 기준으로 작성하는가?

① 우세목의 수고
② 우세목의 흉고직경
③ 우세목의 재적
④ 우세목의 수관폭

**48** 법정연간벌채량을 NAC, 법정생장량을 In, 벌기평균생장량을 MAI, 윤벌기를 R, 벌기임분의 재적을 Vr로 표시할 때 이 4가지 사항의 관계를 바르게 나타낸 것은?

① NAC = ln = MAI ÷ R = Vr
② NAC = ln = MAI + R = Vr
③ NAC = ln = MAI × R = Vr
④ NAC = ln = MAI − R = Vr

**해설** **생장량의 종류**
- 연년생장량 : 1년간의 생장량을 말한다.
- 총평균생장량 : 임목의 현재 총재적을 생육연수로 나눈 것을 말한다.
- 정기생장량 : 일정 기간 동안의 생장량이다.
- 정기평균생장량 : 정기생장량을 정기연수로 나눈 것으로 일정 기간 동안의 평균생장량이다.
- 총생장량 : 임목이 발생하여 일정한 연령에 이르기까지의 총생산량을 말한다.

**49** 자연휴양림의 공익적 효용을 직접효과와 간접효과로 구분할 때 간접효과에 해당되는 것은?

① 대기정화기능  ② 건강증진효과
③ 정서함양효과  ④ 레크리에이션효과

**50** 산림경영계획 수립을 위한 임상조사에서 입목지를 활엽수림으로 구분하는 기준은?

① 활엽수가 50% 이상인 산림
② 활엽수가 60% 이상인 산림
③ 활엽수가 70% 이상인 산림
④ 활엽수가 75% 이상인 산림

**정답** 45.① 46.① 47.① 48.③ 49.① 50.④

**해설** 임상
- 무입목지 : 임목도가 30% 이하인 임분
- 입목지
  - 침엽수림 : 침엽수가 75% 이상 점유
  - 활엽수림 : 활엽수가 75% 이상 점유
  - 혼효림 : 침엽수 또는 활엽수가 26~75% 미만 점유하고 있는 임분

**51** 산림청장 또는 시 · 도지사가 산림문화 휴양기본 계획 및 지역계획을 수립하거나 이를 변경하고자 할 때에 실시해야 하는 기초조사 내용은?

① 산림문화 · 휴양정보망의 구축 · 운영실태
② 산림문화 · 휴양자원의 보전 · 이용 · 관리 및 확충방안
③ 산림문화 · 휴양자원의 현황과 주변지역의 토지이용실태
④ 산림문화 · 휴양을 위한 시설 및 안전관리에 관한 사항

**52** 연간 임산품생산과 관련된 고정비가 2,000,000원이고, 변동비가 5,000원이다. 임산품의 판매단가가 6,000원일 경우에 손익분기점에 해당하는 임산품의 생산량을 계산하면?

① 400개  ② 500개
③ 1000개  ④ 2000개

**해설**
손익분기점 판매량 = $\dfrac{2,000,000}{60,000-50,000}$ = 2,000개

**53** 다음 중 N의 임업자산 계산 등식으로 맞는 것은? (단, 총재산(자산)을 A, 타인자본(부채)을 P, 자기자본(자본)을 K라 한다.)

① K = A − P  ② K = P − A
③ K = A + P  ④ K = A ÷ P

**54** 자연휴양림의 수림 공간 형성 특성 중 레크리에이션 활동 공간으로써 부적합하나 교육적 · 학습적 활동이 가능한 수림형은?

① 열개림형  ② 소생림형
③ 산개림형  ④ 밀생림형

**해설** 밀생림 중심의 자연휴양림
교목층과 아교목층의 수관이 상호 중첩되어 거의 하늘을 뒤덮을 정도의 극히 폐쇄적인 수림형으로 자연식생림이 주체가 되고, 연중을 통하여 거의 변화 없는 수관에 의해 지배되는 공간의 자연휴양림이다.

**55** 임목의 평가방법에 대한 분류방식으로 옳지 않은 것은?

① 원가방식 – 비용가법
② 수익방식 – 기망가법
③ 원가수익절충방식 – 임지기망가법응용법
④ 비교방식 – Glaser법

**해설** 임목평가의 개요
일반적으로 유령림에는 임목비용가법, 벌기 미만의 장령림에는 임목기망가법과 수익환원법, 중령림에는 임목비용가법과 임목기망가법의 중간적인 Glaser법, 벌기 이상의 임목에는 임목매매가 적용되는 시장가역산법을 사용한다.

**56** 다음 임지기망가(Bu)에 대한 설명 중 틀린 것은?

① 지위가 양호한 임지일수록 Burk 최대가 되는 시기가 늦어진다.
② 조림비가 클수록 Burk 최대가 되는 시기가 늦어진다.
③ 이율이 낮을수록 최대가 되는 시기가 늦어진다.
④ 간벌 수익이 클수록 Bu의 최대값이 빨리 온다.

**해설** 임지기망가에 영향을 주는 계산 인자
- 주벌수확과 간벌수확은 공식에서 +로 되어 있으므로 그 값이 클수록 커진다. 또 그 시기가 빠를수록 커진다.
- 조림비 및 관리비는 공식에서 −로 되어있으므로 조림비와 관리비가 클수록 작아진다.

**정답** 51. ③  52. ④  53. ①  54. ④  55. ④  56. ①

- 이율이 높을수록 작아진다.
- 일반적으로 벌기가 커지면 처음에는 증가하다가 어느 시점에서 최대가 된 다음에 점차 작아진다.

**57** 임업소득에 작용하는 생산요소에 포함되지 않는 것은?

① 보속성   ② 임지
③ 자본     ④ 노동

**해설**
임업소득의 생산요소는 노동, 임지, 자본이다.

**58** 사유림의 경영에 있어 공동산림사업(협업경영)을 권장하는 것이 바람직한 경영형태는?

① 농가 임업   ② 부업적 임업
③ 겸업적 임업  ④ 주업적 임업

**해설** 농가임업경영
목재생산보다는 조상의 묘를 모시거나 농용재 등의 수목을 얻기 위해 보유하고 있으며, 평균 0.9ha 정도로 소유주는 176만 명에 이른다.

**59** 임업경영의 생산요소 중 생산수단에 속하는 것은?

① 노동, 자본재   ② 노동, 임지
③ 임지, 자본재   ④ 노동, 임도

**60** 표준목법 중에서 전임목의 몇 개의 계급(Grade)으로 나누고 각 계급의 흉고단면적을 동일하게 하여 임분의 재적을 추정하는 방법은?

① 단급법    ② Draudt법
③ Urich법   ④ Hartig법

**해설** 하르티히법
전임목을 몇 개의 계급으로 나누고 각 계급의 흉고단면적을 동일하게 하여 임분의 재적을 추정하는 방법이다.
- $V = v \times \dfrac{K}{k}$

v : 표준목의 재적 합계, k : 표준목의 흉고단면적 합계, K : 전 임분의 흉고단면적 합계

### 제 4 과목 : 임도공학

**61** 임도의 곡선반경이 13m 이상~14m 미만인 경우 곡선부에 증가시켜야 하는 폭의 너비(확대기준)는 몇 m 이상이어야 하는가?

① 1.0m   ② 2.0m
③ 3.0m   ④ 4.0m

**해설**
곡선부 확폭

| 곡선반경 | 확대기준(m) | 곡선반경 | 확대기준(m) |
|---|---|---|---|
| 10m 이상~13m 미만 | 2.25 | 13m 이상~14m 미만 | 2.00 |
| 14m 이상~15m 미만 | 1.75 | 15m 이상~18m 미만 | 1.50 |
| 18m 이상~20m 미만 | 1.25 | 20m 이상~25m 미만 | 1.00 |
| 25m 이상~30m 미만 | 0.75 | 30m 이상~40m 미만 | 0.50 |
| 40m 이상~45m 미만 | 0.25 | | |

**62** 임도 노면의 유지·보수 내용 중에서 틀린 것은?

① 노면보다 높은 길어깨는 깎아내어 노면과 같이 평탄하게 처리한다.
② 노면고르기는 노면이 건조한 상태보다 어느 정도 습윤한 상태에서 실시한다.
③ 노체의 지지력이 약화될 때 자갈이나 쇄석 등을 깐다.
④ 노체의 지지력이 약화되었을 경우 기층 및 표층의 재료를 고체해서는 안된다.

**63** 다음 중 임도의 설계속도와 가장 관련이 없는 것은 어느 것인가?

① 노폭
② 차폭
③ 물매
④ 곡선반지름

**정답** 57.① 58.① 59.③ 60.④ 61.② 62.④ 63.②

**64** 평판으로 세부측량을 실시할 때 측량지역에 장애물이 적고 넓게 시준할 경우에 가장 능률적인 방법은?

① 방사법  ② 전진법
③ 도선법  ④ 교회법

**해설**
방사법(사출법)은 컴퍼스를 각 점이 모두 보일 수 있는 위치에 설치하여 각 측점의 방위와 거리를 측정하는 방법이다.

**65** 법률상 규정한 우리나라의 간선임도·지선임도의 유효너비는 몇 m를 기준으로 하는가?

① 2.5  ② 3
③ 3.5  ④ 4

**66** 지형도 상에서 임도 노선을 측설하고자 한다. 지형도의 등고선 간격이 5m이고, 두 등고선과 교차하는 지점의 임도 종단 물매를 10%로 할 때 수평거리는 얼마나 되겠는가?

① 5m  ② 10m
③ 50m  ④ 100m

**해설** 양각기분할법

$10\% = \dfrac{5}{수평거리} \times 100$

∴ 수평거리 = 50m

**67** 일반적인 토사로 구성된 절개지 비탈면에 비탈격자틀붙이기공법을 채용하고자 한다. 경관을 우선적으로 고려했을 때 격자를 내부에 적용할 가장 적합한 방법은?

① 자갈채우기  ② 콘크리트채우기
③ 떼채우기  ④ 객토채우기

**68** 다음 중 땅밀림지대 또는 지반이 연약한 곳에 시공하기에 가장 적합한 비탈흙막이공법은?

① 비탈콘크리트블록흙막이공법
② 비탈콘크리트의목흙막이공법
③ 비탈돌망태흙막이공법
④ 비탈통나무쌓기흙막이공법

**해설**
**돌망태공법**
일정 규격의 직사각형 아연도금 철망상자 속에 돌채움을 한 돌망태를 벽돌 쌓는 방법으로 쌓아 올려 벽체를 형성하는 공법이다. 배수성이 양호하기 때문에 설계 시 수압의 작용을 고려할 필요가 없으며, 신축 변형되어 보강성 및 유연성이 좋고 투수성 및 방음성도 뛰어나다.

**69** 트래버스 측량성과 계산과정에서 합위거, 합경거를 구하는 가장 큰 이유는 무엇인가?

① 오차를 정확히 파악할 수 있다.
② 제도를 정확히 하기 위함이다.
③ 폐차를 정확히 구하기 위함이다.
④ 폐비를 정확히 구하기 위함이다.

**70** 집재가선을 설치할 때, 본줄을 설치하기 위한 지주에서 집재기 쪽의 지주를 무엇이라 하는가?

① 머리기둥  ② 꼬리기둥
③ 안내기둥  ④ 받침기둥

**71** 임도 개설 시 흙깎기(땅깎기) 작업에 대한 설명으로 옳지 않은 것은?

① 시공현장의 함수비를 저하시킬 때에는 트랜치(Trench)를 파서 지하수위를 내리는 방법이 유효하다.
② 흙쌓기와 흙쌓기공사를 시공할 때는 현장에 적당한 간격으로 흙일겨냥틀(Leading Frame)을 설치해야 한다.
③ 일반적으로 임도에서 흙깎기비탈의 물매는 보통토사는 0.3, 암석은 0.8을 표준으로 한다.
④ 흙깎기토량이 많은 임도개설공사의 경우에는 사토(捨土)할 장소에 대해서도 주의해야 한다.

**정답** 64.① 65.② 66.③ 67.③ 68.③ 69.② 70.① 71.③

해설 ❂ 절토사면 기울기

| 구분 | 기울기 |
|---|---|
| 암석지 | 1:0.3~1.2 |
| 토사지역 | 1:0.8~1.5 |
| 경암 | 1:0.3~0.8 |
| 연암 | 1:0.5~1.2 |

**72** 임도망 배치의 효율성 정도를 나타내는 개발지수에 대한 설명으로 틀린 것은?

① 개발지수의 산출식은 (평균집재거리×임도밀도)/2500이다.
② 균일하게 임도가 배치되었을 때 개발지수는 1.0이다.
③ 개발지수가 1보다 크면 클수록 임도배치 효율이 크다.
④ 노선이 중첩되면 될수록 임도배치 효율성은 낮아진다.

**73** 다음 중 임도의 공사원가 산출 시 순공사비에 속하지 않는 것은?

① 일반관리비
② 재료비
③ 노무비
④ 경비

**74** 성토사면에 있어서 소단에 대한 설명으로 가장 적합하지 않은 것은?

① 성토의 안정성을 높인다.
② 소단의 폭은 3~4m가 좋다.
③ 유지보수작업을 할 때 작업원의 발판으로 이용한다.
④ 사면에서 흘러내리는 사면침식을 줄인다.

해설 ❂
절토·성토한 경사면 붕괴 또는 밀려내려갈 우려가 있는 지역에는 사면길이 2~3m마다 폭 50~100cm로 소단을 설치한다.

**75** 임도 시설 시 곡선부 안쪽에 절토부가 있을 경우 시야가 가려지므로 층따기를 하여야 한다. 곡선의 내각이 50°, 곡선반지름이 45m일 때 안쪽 층따기의 거리는 얼마로 하여야 하는가? (단, cos 25° = 0.096, cos50° = 0.642이다.)

① 3.4m  ② 4.2m
③ 4.6m  ④ 5.1m

해설 ❂

층따기 거리 = $45 \times (1-\cos\frac{50}{2})$ = 4.2m

**76** 다음 중 종단물매의 산출에 따른 설명으로 가장 올바른 내용은?

① 종단물매는 시공 후 임도의 개·보수를 통하여 손쉽게 변경할 수 있다.
② 종단물매는 완만한 것이 좋기 때문에 0%를 유지하는 것이 좋다.
③ 종단물매를 높게 하면 임도우회율을 낮출 수 있다.
④ 종단물매의 계획은 설계차량의 규격과 관계가 없다.

**77** 다음 지형의 표시방법 중 자연적 도법에 해당하는 것은?

① 영선법  ② 단채법
③ 점고법  ④ 등고선법

**78** 트래버스 측량을 실시한 바 폐합된 지역의 측량시 장애물로 인하여 측선 CD의 방위각 및 거리를 측정하지 못하였다. 측량결과가 아래의 표와 같을 경우 빈칸 측선 CD의 Ⓐ, Ⓑ, Ⓒ, Ⓓ에 적당한 값을 산출하면? (단, 위·경거 오차는 없는 것으로 한다.)

정답 72.③ 73.① 74.② 75.② 76.③ 77.① 78.②

| 측정 | 방위각(°) | 거리(m) | 위거(m) N(+) | 위거(m) S(-) | 경거(m) E(+) | 경거(m) W(-) |
|---|---|---|---|---|---|---|
| A B | 50° | 10 | 6.43 | | 7.66 | |
| B C | 150° | 5 | | 4.33 | 2.50 | 4.33 |
| C D | Ⓐ | Ⓑ | | Ⓒ | | Ⓓ |
| D A | 300° | 7 | 3.5 | | | 6.5 |

① Ⓐ 36.2°, Ⓑ 7.94m, Ⓒ 3.6m, Ⓓ 5.2m
② Ⓐ 216.2°, Ⓑ 6.94m, Ⓒ 5.6m, Ⓓ 4.1m
③ Ⓐ 245.2°, Ⓑ 10.94m, Ⓒ 7.0m, Ⓓ 5.3m
④ Ⓐ 301.2°, Ⓑ 11.94m, Ⓒ 5.6m, Ⓓ 5.4m

**79** 간선임도 · 지선임도의 시설규정에서 정하고 있는 성토한 경사면의 기울기 범위는?
① 1:1.2~2.0
② 1:0.3~0.8
③ 1:2.0~2.5
④ 1:0.5~1.0

**해설**
**성토**
• 충분히 다진 후에 이를 반복 쌓아야 한다.
• 성토한 경사면의 기울기는 1:1.2~2.0의 범위 안에서 토질 및 용수 등의 지형요건을 종합적으로 고려하여 기울기를 설정한다.

**80** 다음 기계톱의 구조 중에서 동력전달부에 속하지 않는 것은?
① 크랭크축
② 원심클러치
③ 안내판
④ 스프라킷

**해설**
**기계톱의 동력전달부**
엔진의 동력을 톱 체인에 전달하는 부분으로 다이렉트 드라이브형에서는 원심 클러치와 스프라킷, 기어 드라이브형에서는 원심 클러치, 감속 장치, 스프라킷으로 구성된다.

## 제 5 과목 : 사방공학

**81** 증발산 중에서 식생으로 피복된 지면으로부터의 증발량과 증산량만을 특히 무엇이라 하는가?
① 증산률
② 소비수량
③ 증발산률
④ 증발기회

**82** 흙댐에 관한 설명 중 잘못된 것은?
① 흙댐의 포화수선은 댐 밑 외부에 있어야 댐이 안정하고, 심벽은 포화수선을 위로 올려주는 역할을 한다.
② 유역면적이 비교적 좁고 유량과 유송토사가 적지만 계폭이 비교적 넓은 경우에 건설한다.
③ 댐의 안전을 위해 심벽을 넣는데 심벽 재료로서 사질토나 점질토를 사용한다.
④ 일반적으로 흙댐 마루의 너비는 2~5m 정도로 한다.

**83** 돌을 쌓아 올릴 때 뒷채움에 콘크리트를 사용하고, 줄눈에 모르타르를 사용하는 돌쌓기는 무엇인가?
① 메쌓기
② 찰쌓기
③ 막쌓기
④ 잡석쌓기

**84** 다음의 사방공종 중에서 지하수 처리공법에 속하는 것은?
① 집수정 공법
② 돌림수로 내기
③ 침투수 방지공법
④ 주입공사

**85** 특수 비탈면 안정공법 중에서 앵커박기공법은 주로 어디에 사용되는가?
① 비탈 보호나 완만한 경사로 성토를 할 곳
② 급경사의 대규모 암반비탈에 암석이 노출되어 녹화 공사가 불가능한 곳

**정답** 79.① 80.① 81.② 82.① 83.② 84.① 85.④

③ 비탈의 암질이 복잡하고 마사토로 구성되어 취급이 곤란하고 지하수가 용출하는 곳
④ 비탈 경사가 현저하게 급한 곳에서 토압이 큰 곳이나 비탈 틀공법 혹은 흙막이공사 등을 계획하는 곳

**86** 산지계류의 곡선부에 설치하는 사방댐의 제체 방향은 유심선과 어느 각도를 이루도록 계획하는 것이 가장 안전한가?

① 45도　　② 60도
③ 90도　　④ 180도

**87** 해안사구 중에서 해안으로부터 가장 멀리 떨어져 조성되어 있는 사구는?

① 앞모래언덕　　② 주사구
③ 자연사구　　④ 후사구

**88** 등산로 이용자의 편의도모 및 환경훼손적인 이용 형태를 규제하기 위해서 고려해야 될 사항과 거리가 먼 것은?

① 경사도에 따라 다양한 바닥시설을 한다.
② 통행량에 따라 등산로 폭을 다양하게 조정한다.
③ 이용규제를 위하여 다양한 경계울타리를 설치한다.
④ 자연발생적 등산로는 먼저 식생을 복원하고 지형을 복구한다.

**89** 비탈 돌쌓기공법의 설명으로 틀린 것은?

① 비탈 물매가 1:1보다 완만한 경우는 돌붙이기라 한다.
② 찰쌓기공법에는 2~3m²마다 물빼기 구멍을 설치한다.
③ 돌쌓기의 물매는 일반적으로 메쌓기의 경우 1:0.3이다.
④ 돌쌓기는 일곱 에움 이상 아홉 에움 이하가 되도록 한다.

**90** 일반적으로 환경보전림의 기능이라고 볼 수 없는 것은?

① 대기, 수질, 악취를 저감하는 환경정화 기능
② 소음, 진동의 완충, 방재 등 안정성 유지 기능
③ 시·도지역 조수의 보호, 번식 등 야생동물보호기능
④ 도시개발에 따른 도시확산 및 연담(Conurbation)현상 완화기능

**91** 댐의 방수로 크기를 결정하기 위한 최대홍수량 산정방법 중 합리식(Ramser's Rational Formula)의 공식은? (단, 식에서 Q : 유역 출구에서의 최대홍수유량, C : 배수 유역의 특성에 따라 결정되는 유출계수, V : 유속, I : 강우 강도, A : 유역면적을 나타낸다.)

① $Q = CVA$　　② $Q = \frac{1}{4}VA$
③ $Q = \frac{VI}{C}$　　④ $Q = CIA$

**92** 바닥막이공작물의 위치선정 지점으로 적합하지 않은 것은?

① 분지합류지점(分支合流地点)의 하류
② 종·횡침식의 하류
③ 계상 굴곡부의 하류
④ 계상이 안정된 지점

**93** 중력침식의 한 형태인 붕락(Slumping)에 대하여 가장 바르게 설명한 것은?

① 붕락은 일반적으로 붕괴되어 온 토괴의 대부분이 그 비탈면의 끝이나 산각부에

남아 있다.
② 붕락은 그 발생부위에 반드시 유수가 관계하고 있다.
③ 붕락은 비탈면 끝을 흐르는 계천의 가로 침식으로 무너지는 현상이다.
④ 붕락은 누구침식이 더욱 발달하여 규모가 깊고 넓게 확대된 침식형태이다.

**94** 막깬돌, 잡석, 호박돌 등을 붙여 축설하며 유량이 적고 기울기가 비교적 급한 산복에 이용되는 수로는 무엇인가?
① 찰붙임돌수로
② 메붙임돌수로
③ 콘크리트수로
④ 떼붙임수로

**95** 다음 중 구곡막이에 대한 설명 중에서 잘못된 것은?
① 수로를 별도로 축설하지 않고, 중앙부를 낮게 한다.
② 반수면은 토사를 채우고, 대수면은 떼를 입힌다.
③ 계상이 낮아질 위험성이 있는 곳에 설치한다.
④ 사방댐보다 규모가 작다.

**96** 다음 중 비탈면 안정공법이 아닌 것은?
① 힘줄박기 공법
② 새심기 공법
③ 격자틀붙이기 공법
④ 돌쌓기 공법

**97** 다음 중 높이 10m에 1:0.3 물매일 때 수평 거리는?
① 30cm
② 3.0m
③ 103cm
④ 3.3m

**98** 불량한 돌쌓기 공사 시에 나타나는 금기들이 아닌 것은?
① 뜬돌
② 거울돌
③ 포갠돌
④ 굄돌

**99** 토양침식 형태를 물침식과 중력침식으로 분류할 때 중력침식에 해당되지 않는 것은?
① 붕괴형침식
② 지활형침식
③ 유동형침식
④ 지중침식

**100** 해안사방지의 조림용 수종이 구비해야 할 조건과 거리가 먼 것은?
① 바람에 대한 저항력이 클 것
② 양분과 수분에 대한 요구가 많을 것
③ 온도의 급격한 변화에도 잘 견디어 낼 것
④ 조풍(潮風)의 피해에도 잘 견디어 낼 것

정답  94. ②  95. ②  96. ②  97. ②  98. ④  99. ④  100. ②

# 국가기술자격 필기시험문제

2012년 제3회 필기시험

| 자격종목 및 등급(선택분야) | 종목코드 | 시험시간 | 형별 |
|---|---|---|---|
| 산림기사 | 1564 | 2시간 30분 | B |

## 제1과목 : 조림학

**1** 다음 중 암수가 다른 그루인 수종은?

① Cryptomeria japonica
② Alnus japonica
③ Pinus densiflora
④ Ilex cornuta

**해설** 자웅이주
암꽃이 달리는 그루와 수꽃이 달리는 그루가 각각 따로 존재하는 것으로 버드나무, 은행나무, 소철, 호랑가시나무, 주목 등이 있다.
• Cryptomeria japonica (삼나무)
• Alnus japonica(오리나무)
• Pinus densiflora(소나무)
• Ilex cornuta(호랑가시나무)

**2** 한 식물의 성분이 환경공간에 들어가서 다른 생물의 생육에 영향을 끼치는 현상은?

① 이래(Migration)
② 경쟁(Competition)
③ 천이(Succession)
④ 타감작용(Allelopathy)

**해설**
식물에 의한 화학적 억제를 타감작용 또는 상호억제작용(알렐로패시)이라고 한다.

**3** 다음의 치환성염기 중 토양콜로이드에 치환·흡착하는 힘이 가장 큰 것은?

① Ca$^{++}$    ② Mg$^{++}$
③ KP$^+$    ④ Na$^+$

**해설** 토양콜로이드
토양입자 중에서 전자현미경으로 보아야 볼 수 있는 가장 미세한 입자를 말한다. 대부분 음전하를 띄고 있으므로 양이온과 치환·흡착하며, Ca$^{++}$가 가장 많다.

**4** 토양의 무기양료에 대한 요구도가 높은 수종의 순서로 옳은 것은?

① 낙우송 〉 잣나무 〉 소나무
② 낙우송 〉 소나무 〉 잣나무
③ 잣나무 〉 낙우송 〉 소나무
④ 잣나무 〉 소나무 〉 낙우송

**5** 순림에 관한 특징 설명으로 옳은 것은?

① 입지(立地)를 완전하게 이용할 수 있다.
② 경제적으로 가치있는 나무를 대량생산할 수 있다.
③ 숲의 구성이 단조로워서 병충해, 풍해의 저항력이 강하다
④ 침엽수로만 형성된 순림에서는 임지의 약화가 초래되는 일이 없다.

**해설** 순림의 장점
• 가장 유리한 수종만으로 임분을 형성할 수가 있다.
• 산림작업과 경영이 간편하고 경제적으로 수행될 수 있다.
• 임목의 벌채비용과 시장성이 유리해진다.
• 바라는 수종으로 쉽게 임분을 조성할 수 있다.
• 경관상으로 더 아름다울 수 있다.

**6** 산벌작업법에 대한 설명으로 틀린 것은?

① 후계림은 동령림이 된다.

**정답** 1.④  2.④  3.①  4.①  5.②  6.③

② 예비벌의 벌채 대상목은 주로 중용목과 피압목이다.
③ 하종벌은 2~3회 나누어 실시한다.
④ 윤벌기간을 단축시킬 수 있다.

**해설** 하종벌
- 예비벌을 실시 3~5년 후에 종자가 충분히 결실한 해에 종자가 완전히 성숙된 후 벌채하여 지면에 종자를 다량 낙하시켜 일제히 발아시키기 위한 벌채작업으로 간벌이 잘된 곳은 바로 하종벌을 실시할 수 있다.
- 벌채량은 수종에 따른 종자의 비산거리, 치수의 햇빛 요구도 등과 임지의 입지조건을 고려하여 치수가 건전하게 생장하는 데 필요한 햇빛을 충분히 제공할 수 있도록 양수는 강하게 음수는 약간 약하게 벌채하는 것이 적당하다.

**7** 우리나라 천연소나무림의 생태적 지역형으로 줄기가 곧고 수관이 가늘며 지하고가 높은 소나무형?

① 중남부평지형  ② 금강형
③ 위봉형  ④ 안강형

**해설** 우리나라 소나무 유형

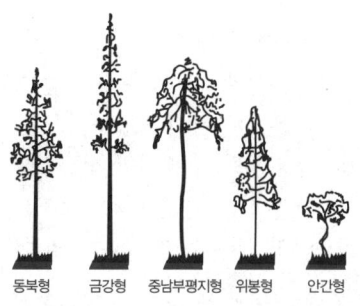

동북형  금강형  중남부평지형  위봉형  안강형

**8** 임분에서 성숙한 임목만을 국소적으로 추출, 벌채하고 그 곳의 갱신이 이루어지게 하는 갱신법으로, 다양한 영급과 경급의 수목이 임분에서 혼생하도록 하는 작업방법은?

① 군상개벌  ② 보잔모수법
③ 산벌  ④ 택벌

**9** 삽목 발근에 관여하는 인자의 설명 중 맞는 것은?

① 삽수 안에 탄수화물의 양이 적고 질소의 양이 많을 때 발근이 잘된다.
② 연령이 어린 가지가 발근이 잘되는 경향을 보여준다.
③ 모든 수목은 발근이 거의 잘되므로 발근촉진제는 사실 필요가 없다.
④ 비가 온 후에 삽목상에 물이 고인 상태에서 즉시 삽목을 하면 토양수분이 충분하므로 좋다.

**해설**
모수는 나이가 어리고 영양적으로 충실할수록 발근율이 높다.

**10** 대체적으로 우리나라 온대 남부지역의 적합한 식재시기는?

① 2월 하순부터  ② 3월 하순부터
③ 4월 중순부터  ④ 5월 상순부터

**11** 생가지치기를 할 경우 절단부위가 썩을 위험성이 큰 수종으로 짝지어진 것은?

① 소나무, 버드나무
② 편백, 자작나무
③ 낙엽송, 벚나무
④ 단풍나무, 물푸레나무

**해설**
생가지치기의 적용대상 수종
- 침엽수
  - 소나무, 잣나무, 낙엽송, 전나무, 해송, 삼나무, 편백 등 침엽수는 일반적으로 상처유합(병이 잘 낫고, 합해지는 것)이 잘된다.
  - 가문비나무류는 상처가 썩을 위험이 있으므로 죽은 가지와 쇠약한 가지만을 잘라 준다.
- 활엽수
  - 일반적으로 상처의 유합이 잘되지 않고 썩기 쉽기 때문에 직경 5cm 이상의 가지는 원칙적으로 자르지 않는다.
  - 참나무류(신갈나무 제외), 포플러나무류는 으뜸가지 이하의 가지만을 잘라 준다.

정답 7.② 8.④ 9.② 10.① 11.④

**12** 종자 발아를 위해 후숙이 필요한 수종은?

① 버드나무   ② 느릅나무
③ 졸참나무   ④ 주목

해설
후숙은 종자가 성숙하여 휴면을 거쳐 발아할 수 있게 되기까지의 일련의 생리적인 변화로, 미숙한 배가 휴면기를 거친 후 생리적으로 완숙하여 발아 준비를 완료하는 일을 말한다.

**13** 솎아베기의 목적으로 바르지 않은 것은?

① 생육공간의 조절
② 임분 수직구조의 단일화
③ 임분형질 개선
④ 임분구성의 조절

해설 간벌의 효과
- 생육공간 조절 : 수령과 생장이 증가됨에 따라 확장되는 일정한 생육공간에 대한 조절(밀도 조절)을 한다.
- 생장 조절 : 임분 구성에 부적당한 나무 또는 해로운 나무를 제거하여 임분의 가치를 증진시킨다.
- 형질이 우수하고 생장이 왕성한 임분 구성목이 되도록 임분 생장이 집중되도록 한다.
- 혼효조절로 임분목표의 안정화를 도모한다.
- 임분의 수직적 구조개선으로 임분 안정화(하층식생 발생촉진, 하층림 유지)를 도모한다.
- 임연부(숲 가장자리선, 숲 테두리선)를 보호 및 관리한다.
- 천연갱신 및 보잔목을 준비한다.
- 자연고사에 의한 손실을 방지한다.

**14** 복층림 조성의 장점이 아닌 것은?

① 임목의 수확 기간이 길어져서 대경목 생산이 가능하다.
② 생장이 균일하여 연륜폭이 균등하고 치밀한 목재를 생산할 수 있다.
③ 개벌사업으로 벌채 시 많은 설비비와 반출경비가 절약된다.
④ 풍치 유지상 유리하다.

해설 복층림의 장점
- 단위면적당 생산량과 임목축적이 증대한다.
- 대경재 및 연륜폭이 균등하고 치밀한 고가치재 생산이 가능하다.

- 벌기 연장 및 경영의 안정을 기할 수 있다.
- 조림작업의 생력화 및 노동력의 탄력적 배분이 가능하다.
- 상층목의 보호효과 및 임지의 표토 유실 방지, 보수 기능의 증대로 재해에 대한 저항성이 증대된다.
- 낙엽 등에 의한 원활한 물질순환과 표층 토양의 유실 방지로 지력을 유지할 수 있다.
- 수원 함양 및 풍치 유지가 가능하다.

**15** 다음 중에서 난대수종으로만 짝지어진 것으로 맞는 것은?

① 해송, 전나무, 상수리나무, 후박나무
② 밤나무, 느티나무, 잣나무, 아왜나무
③ 녹나무, 황칠나무, 후박나무, 감탕나무
④ 녹나무, 대나무, 감탕나무, 자작나무

해설 난대수종
아왜나무, 후박나무, 구실잣밤나무, 해송, 붉가시나무, 녹나무, 돈나무, 편백, 생달나무, 감탕나무, 사철나무, 삼나무, 가시나무, 식나무, 동백나무 등이 있다.

**16** 삽목상의 환경조건에 대한 설명으로 바르지 않은 것은?

① 삽목한 다음 해가림을 하여 건조를 막는다.
② 무균상태이고 보수력이 높으며 토익성이 좋은 삽목상이 필요하다.
③ 대부분의 수종에서 삽목상의 적합한 온도는 10~15℃이다.
④ 잎의 증산을 억제하기 위하여 분무번식을 할 수 있다.

해설
분무는 액체를 미립자 상태로 대기에 뿜어 내는 것을 말하며, 삽목상의 적온은 20~25℃이다.

**17** 수목생장에서 측아(側芽)의 발달을 억제하는 정아우세 현상에 관여하는 호르몬은?

① 옥신(Auxin)
② 지베렐린(GA)
③ 사이토키닌(Cytokinin)
④ 아브시스산(ABA)

정답 12.④ 13.② 14.③ 15.③ 16.③ 17.①

**해설** 옥신
- 세포의 신장촉진을 통하여 조직이나 기관의 생장을 조장한다.
- 정아에서 생성된 옥신이 정아의 생장을 촉진하고 아래로 확산하여 측아의 발달을 억제하는 정아우세 현상이 나타난다.
- 옥신의 재배적 이용 : 발근촉진, 접목에서의 활착촉진, 가지의 굴곡유도, 개화촉진, 적화 및 적과, 낙과방지, 과실의 비대와 성숙 등을 위해 이용한다.

**18** 종자를 파종하기 한 달쯤 전에 노천매장을 하여 발아를 촉진시키는 수종은?
① 소나무  ② 들메나무
③ 팽나무  ④ 백합나무

**해설**
노천매장법은 낙엽송, 소나무류, 삼나무, 편백 등의 저장종자에 효과가 있다.

**19** 다음 수종 중 낙엽침엽수인 것은?
① 해송  ② 낙우송
③ 버즘나무  ④ 삼나무

**해설**
- 해송 : 상록침엽수
- 버즘나무 : 낙엽활엽수
- 삼나무 : 상록침엽수

**20** 종자가 발아를 시작하는 첫 과정은?
① 수분의 흡수  ② 활발한 호흡작용
③ 저장물질의 분해  ④ 유근(幼根)의 생장

**해설** 종자의 발아과정
수분의 흡수 → 효소의 활성 → 배의 생장 개시 → 종피의 파열 → 유묘의 출아

제 2 과목 : 산림보호학

**21** 수목의 그을음병(Sooty Mold)에 관하여 잘못 설명한 것은?
① 그을음병균은 수목의 잎에 기생하여 양분을 달취한다.
② 진딧물이나 깍지벌레가 번성하면 그을음병이 발생한다.
③ 그을음병은 대부분 잎의 앞면에 발생한다.
④ 물을 자주 뿌려주면 그을음병을 상당히 줄일 수 있다.

**해설**
수목의 그을음병은 수목의 줄기, 수간에 기생하여 양분을 흡수한다.

**22** 다음 해충 중 날개를 편 길이가 가장 큰 것은?
① 미국흰불나방  ② 솔나방
③ 매미나방  ④ 텐트나방

**23** 다음 중에서 표징에 속하지 않는 것은?
① 포자  ② 썩음
③ 균사체  ④ 버섯

**해설** 표징의 종류
- 병원체의 영양기관 : 균사체, 균사속, 균사막, 근상균사속, 선상균사, 균핵, 자좌 등
- 병원체의 번식기관 : 포자, 분생자병, 분생자퇴, 분생자좌, 포자퇴, 포자낭, 병자각, 자낭각, 자낭구, 자낭반, 세균점괴, 포자각, 버섯 등

**24** 다음 이종기생성 녹병균의 수목병 중 기주식물과 중간기주식물과의 관계가 잘못 짝지어진 것은?
① 소나무 혹병 : 소나무 – 졸참나무
② 잣나무 털녹병 : 잣나무 – 송이풀
③ 소나무 잎녹병 : 소나무 – 황벽나무
④ 소나무 줄기녹병 : 소나무 – 참취

**해설**
중간기주의 제거
- 잣나무 털녹병균 : 송이풀과 까치밥나무
- 소나무류 잎녹병균 : 황벽나무, 참취, 잔대
- 소나무 혹병균 : 참나무
- 배나무 적성병균 : 향나무

**정답** 18. ① 19. ② 20. ① 21. ① 22. ② 23. ② 24. ④

**25** 다음 유해가스 중 배출량의 증가에 따른 온실효과의 주요인으로 작용하여 임목에 가장 큰 피해를 주는 것은?

① 아황산가스  ② 염화수소
③ 불화수소  ④ 과린산가스

해설 🌱 아황산가스($SO_2$)
- 대기오염의 가장 대표적인 유해가스이며 배출량도 많고 독성도 강하다.
- 광합성 속도가 크게 감소되고 경엽이 퇴색하며, 잎의 가장자리가 황록화되거나 잎 전면이 퇴색 황화한다.
- 주로 잎에 피해가 잘 나타나며 활엽수는 엽맥간의 황화와 괴사를 일으킨다.

**26** 다음 중 천적관계로 서로 맞지 않는 것은?

① 버들재주나방 - 산누에살이납작맵시벌
② 미국흰불나방 - 나방살이납작맵시벌
③ 천막벌레나방 - 독나방살이고치벌
④ 솔잎혹파리 - 아세리아깍지벌레

해설 🌱
솔잎혹파리의 천적에는 솔잎혹파리먹좀벌과 혹파리살이먹좀벌, 혹파리등뿔먹좀벌, 혹파리반뿔먹좀벌이 있다.

**27** Rhizoctonioa solani에 의해 발생하는 모잘록병에 관한 설명 중 옳지 않은 것은?

① 습한 곳과 건조한 곳 모두에서 발생한다.
② 균사가 뿌리에 직접 침입한다.
③ 지제부 줄기가 감염된 후 아래의 뿌리로 병이 진전한다.
④ 토양 중에서는 유성세대가 쉽게 발생한다.

해설 🌱 모잘록병의 방제
- 묘상이 과습하지 않도록 배수와 통풍에 주의하며, 햇볕이 잘 들도록 한다.
- 채종량을 적게 하고, 너무 두껍지 않도록 복토한다.
- 질소질 비료를 과용하지 말고, 인산질비료를 충분히 주어 묘목을 튼튼히 길러야 한다.

**28** 다음 살충제 중 기피제에 속하는 것은?

① 나프탈렌  ② 알킬화제
③ 벤젠  ④ 포스파미돈 액제

해설 🌱
해충이 작물에 접근하는 것을 방지하는 기피제에는 크레오소트, 나프탈렌 등이 있다.

**29** 열사(熱死)의 피해를 가장 적게 받는 수종은?

① 곰솔, 측백나무
② 소나무, 화백
③ 편백, 전나무
④ 가문비나무, 솔송나무

**30** 임분구성을 통해 풍부한 야생동물군집을 형성하기 위한 방법에 해당하지 않는 것은?

① 순림 조성  ② 다층림 조성
③ 천연림 조성  ④ 장령, 노령림 조성

**31** 농약의 효력을 충분히 발휘하도록 하기 위하여 첨가하는 물질을 일컫는 용어는?

① 훈증제  ② 보조제
③ 유인제  ④ 기피제

해설 🌱
보조제는 살충제의 효과를 높이기 위해 사용하는 보조 물질이다.

**32** 겨울포자퇴로부터 소생자가 날아가 발병되는 질병은?

① 밤나무 잎마름병
② 배나무 붉은별무늬병
③ 사과나무 탄저병
④ 배롱나무 흰가루병

해설 🌱 향나무의 녹병(배나무의 붉은별무늬병)
- 4월경 향나무의 잎과 가지 사이에 갈색 혀 모양(배나무는 별모양)의 균체를 형성한다.
- 향나무에 겨울포자, 배나무에서 녹병포자와 녹포자를 형성한다.
- 향나무 근처 2km 이내에 배나무를 심지 않거나 4-4식 보르도액, 4월 중순 아이카 보르도액을 살포하여 방제한다.

정답 25.① 26.④ 27.④ 28.① 29.① 30.① 31.② 32.②

**33** 국내 산림병해충 중 2000년대(2000~2009)에 걸쳐 피해 면적이 가장 많은 해충은?

① 솔껍질깍지벌레  ② 미국흰불나방
③ 소나무재선충병  ④ 솔잎혹파리

**해설** 솔잎혹파리
- 유충이 적송·흑송 등의 두침엽의 접합부에 기생하여 혹을 만들어 피해를 준다. 1년 1회 발생하며, 유충으로 땅속 또는 충영 속에서 월동한다. 6월 상순이 성충의 우화 최성기이며, 성숙 유충의 크기는 1.7~2.8mm이다.
- 성충 우화 시기(5~6월)에 ha당 30~50kg의 살충제를 살포하고, 다이메크론 50% 유제를 흉고직경 1cm당 0.3~0.7ml 정도로 수간주사를 실시한다. 또한 하기벌목(충영 속의 유충 제거), 간벌(고립목의 경우 피해를 덜 입음), 천적(먹좀벌·거미류·개미·박새류) 보호, 비료 주기 등의 방법으로 방제한다.

**34** 소나무 잎떨림병균이 월동하는 곳은?

① 땅위에 떨어진 병든 잎
② 중간기주의 잎
③ 소나무 뿌리와 줄기
④ 주변의 잡초

**해설** 소나무 잎떨림병
- 7~8에 발병하며 묘목과 성목에 모두 피해를 준다.
- 4~5월경에 피해가 급진적이며, 9월경에는 녹색침엽이 없을 정도로 누렇게 변한다.
- 병든 잎에서 자낭포자의 형태로 월동한다.
- 5월 하순에 4-4식 보르도액이나 캡탄제 살포하여 방제한다.
- 조림지에 하목으로 낙엽수 식재하면 피해를 줄일 수 있다.

**35** 식엽성 해충이 아닌 것은?

① 대벌레  ② 소나무순나방
③ 미국흰불나방  ④ 참나무재주나방

**36** 병균이 종자의 표면에 부착해서 전반(傳搬)되는 것은?

① 오리나무 갈색무늬병균
② 잣나무 털녹병균
③ 밤나무 줄기마름병균
④ 근두암종병균(뿌리혹병균)

**해설**
종자를 통해 전반하는 병원균에는 오리나무 갈색무늬병균(종자의 표면 부착), 호두나무 갈색부패병균(종자의 조직 내 잠재) 등이 있다.

**37** 일반적인 조건에서 밤나무혹벌의 연중 발생 세대수는?

① 년 1회 발생  ② 년 2회 발생
③ 년 3회 발생  ④ 년 4회 발생

**해설** 밤나무혹벌
- 피해 수종 : 밤나무
- 가해 양식 : 눈(충영성)
- 발생 : 1년 1회
- 월동 형태 : 유충(충영)
- 특징 : 암컷만으로 번식
- 천적 : 중국긴꼬리좀벌

**38** 소나무좀은 유충과 성충이 모두 소나무에 피해를 가하는데, 신성충이 주로 가해하는 곳은?

① 소나무 잎  ② 소나무 뿌리
③ 수간 밑부분  ④ 소나무 새가지

**해설** 소나무좀
- 1년 1회 발생하며 수피 속에서 월동한다.
- 신성충의 우화는 6월 상순~7월이다.
- 유충은 형성층·가도관 부위, 신성충은 신초를 가해한다. 2회 탈피하며 20일의 기간을 가진다.
- 간벌, 식이목 설치, 뿌리에 살충제를 투입하여 방제한다.

**39** 환경부가 지정한 멸종위기 동물에 속하지 않는 것은?

① 물개
② 사향노루
③ 반달가슴곰
④ 표범

**정답** 33. ④  34. ①  35. ②  36. ①  37. ①  38. ④  39. ①

**40** 포플러 잎녹병의 잠복기간은?

① 4일~6일  ② 4주~6주
③ 4개월~6개월  ④ 4년~6년

**해설** 포플러 잎녹병
- 포플러의 잎 뒷면에 노란 가루덩이가 형성되며, 조기 낙엽, 낙엽송 잎은 5~6월경 노란점이 발생한다.
- 포플러에서 여름포자·겨울포자의 소생자를 형성하고, 소생자는 낙엽송으로 날아가 기생하여 녹포자를 형성한다.
- 포플러 묘포는 낙엽송 조림지에서 멀리 떨어뜨려 방제한다.

## 제 3과목 : 임업경영학

**41** 전체 산림면적이 500ha이고, 표준지 면적이 0.04ha이다. 변이계수 60%, 허용오차 15%를 적용할 경우 임분재적을 추정하기 위한 표본점의 수를 계산하면?

① 13개  ② 22개
③ 64개  ④ 88개

**해설**
$$표본점의 수 = \frac{4 \times 0.6^2 \times 500}{(0.15^2 \times 500) + (4 \times 0.04 \times 0.6)} = 64개$$

**42** 임분연령의 측정에서 이령림의 평균령(Average Age)을 가장 잘 설명한 것은?

① 표본목을 선정한 다음 그 연령을 측정하여 평균한 임령
② 이령임분이 가지는 재적(材積)과 같은 재적을 가지는 동령림의 임령
③ 각 연령별 임목본수를 조사한 다음 이의 산술평균에 의해 산출된 임령
④ 각 연령별 단면적을 조사한 다음 이의 산술평균에 의해 산출된 임령

**43** 자연휴양림 안에 시설을 설치할 때 그 기준에 틀린 내용은?

① 임업체험시설은 경사가 완만한 지역에 설치하여야 하며 체험활동에 필요한 기본 장비 등을 갖춘다.
② 야영장은 산사태 등의 위험이 없고, 일조량이 많은 지역에 설치하되, 바깥의 조망이 가능하도록 한다.
③ 식수는 먹는 물 수질기준에 적합하게 한다.
④ 자연관찰원은 다양한 수종을 관찰할 수 있도록 한다.

**해설**
숙박시설은 산사태 등의 위험이 없고, 일조량이 많은 지역에 설치하되, 바깥의 조망이 가능하도록 한다.

**44** 산림환경자원으로서 야생동물의 서식밀도는 어떻게 표시하는가?

① 10ha당의 마릿수(봄철)
② 10ha당의 마릿수(여름철)
③ 100ha당의 마릿수(봄철)
④ 100ha당의 마릿수(여름철)

**45** 임가소득에 대한 설명으로 틀린 것은?

① 임업외 소득도 임가소득에 포함된다.
② 임업소득도 임가소득에 포함된다.
③ 임업소득과 기타소득의 합에서 농업소득을 빼면 임가소득이 된다.
④ 임가소득지표는 생산자원의 소유형태가 서로 다른 임가 사이의 임업경영성과를 직접 비교할 수 없다.

**해설**
임가소득 = 산림소득 + 농업소득 + 기타소득

**46** 자연휴양림에 산책로·탐방로·등산로 등의 체험·교육시설을 설치할 때 불가피한 경우를 제외한 숲길의 폭 기준은?

① 1미터 이하
② 1미터 50센티미터 이하

정답  40.①  41.③  42.②  43.②  44.④  45.③  46.②

③ 2미터 이하
④ 2미터 50센티미터 이하

**47** 아래 〈보기〉의 숲길 중 '트레킹길' 종류에 속하는 것은?

| 〈보기〉 | |
|---|---|
| ㄱ. 레저스포츠길 | ㄴ. 둘레길 |
| ㄷ. 트레일 | ㄹ. 탐방로 |

① ㄱ, ㄴ  ② ㄴ, ㄷ
③ ㄷ, ㄹ  ④ ㄱ, ㄹ

**해설**
숲길에는 등산로, 트레킹길(둘레길, 트레일), 레저스포츠길, 탐방로, 휴양 등이 있다.

**48** 우리나라 산림조합은 어떤 기업의 형태인가?
① 단독사기업  ② 집단사기업
③ 공기업  ④ 공사협동기업

**49** 이령림의 경영에서 요구되는 결정인자에 포함되지 않는 것은?
① 윤벌기  ② 임분구조
③ 잔존임목축적수준  ④ 지속가능성 과정

**해설**
윤벌기는 동령림에서 이용하는 결정인자이다.

**50** 입목의 직경을 측정하는 데 사용하는 기구가 아닌 것은?
① 직경테이프(Diameter Tape)
② 아브네이레블(Abney Hand Level)
③ 빌티모아스틱(Biltimore Stick)
④ 윤척(Caliper)

**해설**
아브네이레블은 수고 측정 기구이다.

**51** 투자에 의해 장래에 예상되는 현금유입과 유출의 현재가를 동일하게 하는 할인율로서 투자효율을 결정하는 방법은?
① 수익·비용비법  ② 회수기간법
③ 순현재가치법  ④ 내부수익률법

**해설**
**내부투자수익률법(IRR, 시간가치 고려함)**
투자에 의해 장래에 예상되는 현금유입의 현재가와 현금유출의 현재가를 같게 하는 할인율을 말한다. 투자로 인한 내부투자수익률법과 기업에서 바라는 기대수익률을 비교하여 내부투자수익률법이 클 때 투자가치가 있다고 판단하며, 국제 금융기관에서 널리 이용하고 있다.

**52** 지황조사 항목 중 토양의 점토함유량이 20%인 경우 토양형은?
① 사토(사)  ② 식양토(사양)
③ 양토(양)  ④ 식양토(식양)

**해설 토양의 수분함량**
• 사토 : 흙을 손에 쥐었을 때 대부분 모래만으로 구성된 감이 있는 것(점토 함량 12.5% 이하)
• 사양토 : 모래가 대략 1/3~2/3를 점하는 것(점토 함량 12.6%~25%)
• 양토 : 대략 1/3 미만의 모래를 함유하는 것(점토 함량 26%~37.5%)
• 식양토 : 점토가 1/3~2/3를 차지하고 점토 중에서 모래를 약간 촉감할 수 있는 것(점토 함량 37.6%~50%)
• 점토 : 점토가 대부분인 것(점토 함량 51% 이상)

**53** 휴양림 방문자의 이용밀도를 조절하고 안전과 질서를 유지하는 관리기법 중 직접기법에 해당하지 않는 것은?
① 활동제한  ② 지역규제
③ 차등요금 부과  ④ 사용규제

**해설 휴양림 이용자 관리**
• 직접적 관리
  – 벌금, 과태료 등 직접적인 방법으로 행동에 영향을 준다.
  – 입산금지 자연 휴식년제와 같이 이용 범위를 한정하거나 시설 내의 이용 시간 제한, 참여 인원 수 제한, 취사 행위 금지 등의 방법을 사용한다.

**정답** 47. ② 48. ② 49. ① 50. ② 51. ④ 52. ② 53. ③

• 간접적 관리
  – 산책로, 야영장의 정리, 주변 휴양 시설의 연계 개발, 지역별, 계절별 차등 입장료의 적용 등의 방법이 있다.

**54** 다음 중 '산림문화·휴양에 관한 법률'에 의거하여 자연휴양림에 대한 설명으로 맞는 것은?

① 국가 및 지방자치단체 외의 자가 자연휴양림을 조성하려는 경우 10헥타르 이상의 산림이어야 한다.
② 산림문화·휴양 기본계획은 5년마다 수립·검토하여야 한다.
③ "자연휴양림"이라 함은 국민의 정서함양·보건휴양 및 산림교육과 동시에 경제림 조성을 위하여 조성한 산림을 말한다.
④ 광역시장·도지사는 지역산림문화·휴양계획을 10년마다 수립·시행하여야 한다.

**해설**
① 국가 및 지방자치단체 외의 자는 20ha 이상의 산림이어야 한다.
② 산림문화·휴양 기본계획은 10년마다 수립·시행해야 한다.
③ 자연휴양림과 경제적 조림은 관계가 없다.

**55** 어떤 산림기계의 취득원가가 5,000,000원, 잔존가치가 500,000원이고, 그 내용연수가 50년이라고 할 때, 이 기계의 연간 감가상각비를 정액법으로 구하면?

① 90,000원  ② 100,000원
③ 500,000원  ④ 1,100,000원

**해설**
정액법 = $\frac{5,000,000-500,000}{50}$ = 90,000원

**56** 다음 보기 중 임업경영비를 바르게 표현한 것은?

① 임업소득-가족임금추정액
② 임업현금지출+감가상각액+미처분 임산물재고감소액+임업생산 자재재고감소액+주임목감소액
③ 임업현금수입+임산물가계소비액+미처분임산물증감액+임업생산 자재재고증감액+임목성장액
④ 임업소득 – (자본이자+가족노임추정액)

**57** 임지기망가가 최대치에 도달하는 시기는 구성인자의 크기에 따라 다른데, 이에 관한 설명으로 옳은 것은?

① 이율이 낮을수록 빨리 나타난다.
② 간벌수확이 적을수록 빨리 나타난다.
③ 채취비가 많을수록 빨리 나타난다.
④ 주벌수확의 증가속도가 빠를수록 빨리 나타난다.

**해설** 임지기망가의 최대치
임지기망가가 최대치에 도달하는 시기는 식의 구성인자의 크기에 따라 다르다.
• 주벌수확 : 주벌수확의 증가속도가 빠를수록 최대치가 빨리온다. 따라서 지위가 양호한 임지일수록 최대시기가 빨리 나타나서 벌기가 짧아진다.
• 간벌수확 : 간벌수확이 많을수록 최대시기가 빠르다.
• 간벌수확의 시기 : 간벌수확의 시기가 빠를수록 최대시기도 빠르다.
• 조림비 : 조림비가 많을수록 최대시기가 늦어진다.
• 관리비 : 최대시기와는 관련이 없다.
• 채취비 : 임지기망가식에는 나타나 있지 않지만 시장가격에서 채취비를 뺀 것이 주벌수확에 해당하므로 채취비가 많을수록 최대시기가 늦어진다.
• 이율 : 이율이 높을수록 최대시기가 빨라진다.

**58** 소나무 원목의 1m³당 시장 가격이 300,000원, 1m³당 생산비용이 100,000원, 조재율 70%, 투하 자본의 회수기간이 5개월, 자본의 월이율이 4%, 기업이익률이 30%라고 할 때, 1m³당 임목가는? (단, 시장가역산법을 적용하여 계산한다.)

정답 54.④  55.①  56.②  57.④  58.②

① 55,000원    ② 70,000원
③ 95,000원    ④ 125,400원

**해설** 시장가역산법

$X = f\left(\dfrac{A}{1+mp+r} - B\right)$

$= 0.7\left(\dfrac{300,000}{1+(0.04\times5)+0.3} - 100,000\right) = 70,000원$

X : 단위 재적당 임목가, A : 단위 재적당 원목 시장가,
B : 단위재적당 벌목비, 운반비, 기타일체비용, f : 조재율, m : 자본회수기간, p : 월이율, r : 기업이익율

**59** 손익분기점분석에 관한 내용으로 틀린 것은?

① 손익분기점은 한계수익과 한계비용이 같아지는 매출액수준이다.
② 원가, 조업도, 이익의 관계를 분석하는 것이다.
③ 제품 한 단위당 변동비는 생산량에 따라 증가한다는 가정 하에 분석한다.
④ 제품의 생산능률은 변함이 없다는 가정 하에 분석한다.

**해설** 손익분기점 분석을 위한 가정
- 제품의 판매가격은 판매량이 변동하여도 변하지 않는다.
- 원가는 고정비와 변동비로 구분할 수 있다.
- 제품 한 단위당 변동비는 항상 일정하다.
- 고정비는 생산량의 증감에 관계 없이 항상 일정하다.
- 생산량과 판매량은 항상 같으며, 생산과 판매에 동시성이 있다.
- 제품의 생산능률은 변함이 없다.

**60** 산림평가의 정의로 가장 적합한 것은?

① 산림피해의 손실액과 보상액 산정
② 산림을 구성하는 임지 · 임목 · 부산물 등의 경제적 가치를 평가
③ 산림을 분할 또는 병합할 때의 가격산정
④ 재산목록 또는 대차대조표를 작성할 때의 재산가치 결정

### 제 4 과목 : 임도공학

**61** 쇄석의 틈 사이에 석분을 물로 침투시켜 롤러로 다져진 도로는?

① 교통체머캐덤도    ② 수체머캐덤도
③ 역청머캐덤도    ④ 시멘트머캐덤도

**해설** 쇄석도 노면포장의 종류
- 교통체 머캐덤도 : 쇄석이 교통과 강우로 인하여 다져진 도로
- 수체 머캐덤도 : 쇄석의 틈 사이에 석분을 물로 삼투시켜 롤러로 다진 도로
- 역청 머캐덤도 : 쇄석을 타르나 아스팔트로 결합시킨 도로
- 시멘트 머캐덤도 : 쇄석을 시멘트로 결합시킨 도로

**62** 임도의 종단선형을 구성하는 요소는?

① 종단곡선    ② 배향곡선
③ 단곡선    ④ 완화곡선

**63** 「산림자원의 조성 및 관리에 관한법률 시행규칙」에서 정한 임도시설이 불가능한 지역이 아닌 곳은?

① 산지관리법에서 정한 산지전용 제한 지역
② 도로 또는 농로로 지정 · 고시된 노선과 중복되는 지역
③ 임도 예정노선 20% 이상이 화강암질풍화토인 지역
④ 임도 예정노선 10% 이상이 암반인 지역

**해설** 임도를 설치할 수 없는 지역
- 산지전용이 제한되는 지역
- 임도 거리의 10% 이상이 경사 35° 이상의 급경사지를 지나는 경우
- 임도 거리의 10% 이상이 「도로법」에 의한 도로로부터 300m 이내인 지역을 지나게 되는 경우
- 임도 거리의 20% 이상이 화강암질 풍화토로 구성된 지역을 지나게 되는 경우
- 임도 거리의 30% 이상이 암반으로 구성된 지역
- 「도로법」에 의한 도로 또는 「농어촌도로 정비법」에 의한 농도로 확정 · 고시된 노선과 중복되는 경우

**정답** 59.③   60.②   61.②   62.①   63.④

**64** 트래버스측량의 면적계산 시에 횡거란 무엇인가?

① 측선의 한쪽 끝에서 남북 자오선에 내린 수선의 길이
② 측선의 중점에서 남북 자오선에 내린 수선의 길이
③ 측선의 한쪽 끝에서 동서선에 내린 수선의 길이
④ 측선의 중점에서 동서선에 내린 수선의 길이

해설 횡거

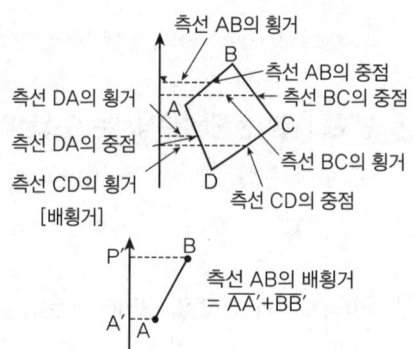

**65** 다음 중 괄호 안에 들어갈 단어의 조합 순서로 적합한 것은?

> 임도노선 배치계획은 ( )에서 결정되어진 임도연장을 목표로 하여 ( )을(를) 포함한 신설노선의 배치를 결정하는 과정이고, 이 경우도 ( )와(과) 같이 임업의 시업인자 및 ( )등이 감안되어야 한다.

① 임도밀도계획-기설임도-임도밀도계획-지형인자
② 기설임도-임도밀도계획-기설임도-지형인자
③ 임도계획-기설임도-임도계획-지형인자
④ 기설임도-임도계획-기설임도-지형인자

**66** 다음 중 벌목 및 조재용 기계가 아닌 것은?

① 트리펠러
② 프로세서
③ 하베스터
④ 포워더

**67** AB의 두 점간의 거리는 100m이며, 경사(물매)는 10%이다 이때, AB 두 점간의 표고차는?

① 5m   ② 10m
③ 15m  ④ 20m

해설

양각기분할법 = $\dfrac{높이}{100} \times 100$

∴ 높이 = 10m

**68** 다음 중 우리나라 간선임도의 설계속도 기준은?

① 50~40km/시간
② 40~20km/시간
③ 30~20km/시간
④ 20~10km/시간

해설

임도의 설계속도(시설 기준)
· 간선임도 : 40~20km/h
· 지선임도 : 30~20km/h

**69** 임도 총연장이 2km이고 산림면적이 100ha이며 산림이 평지라고 가정한다면 임도간격은?

① 500m
② 400m
③ 300m
④ 250m

해설

임도간격 = $\dfrac{10,000}{임도밀도} = \dfrac{10,000}{\frac{2,000}{100}} = 500m$

정답  64.②  65.①  66.④  67.②  68.②  69.①

**70** 임도설계 시 현장에서 측정한 야장을 토대로 횡단면도를 작성하고자 한다. 임도시설규정에서는 KSF1001 토목제도 통칙에 따라 작성하고 있는데, 이때 횡단면도상에 표기하지 않아도 되는 것은?

① 지장목 제거
② 사면보호공, 측구터파기 단면적
③ 지반고, 계획고, 절토고, 성토고
④ 곡선제원, 교각점

**해설**
곡선제원과 교각점은 평면도상에 위치한다.

**71** 다음 설명 중에서 등고선의 주요한 성질이 아닌 것은?

① 지표면의 경사가 일정하면 등고선 간격은 같고 평행하다
② 등고선은 분기하거나 또는 다른 등고선과 교차하지 않는다.
③ 등고선은 도중에 소실되지 않으며 폐합된다.
④ 등고선은 최대 경사선에 직각이고 분수선과 직각으로 만난다.

**해설** 등고선
- 등고선은 도면 내 또는 밖에서 폐합하며 도중에 소실되지 않는다.
- 등고선이 도면 안에서 폐합되는 경우는 산정이나 凹地(요지)를 나타낸다.
- 높이가 다른 등고선은 낭떠러지나 동굴을 제외하고는 교차하거나 합쳐지지 않는다.
- 등고선은 급경사지에서는 간격이 좁고, 완경사지에서는 넓다.
- 등고선의 곡선을 통과할 때에는 한쪽에 연하여 거슬러 올라가서 곡선을 직각방향으로 횡단한 다음 곡선 다른 쪽에 연하여 내려간다.
- – · – · – · – · 은 능선, – – – – – 은 계곡을 나타낸다.

**72** 임도 시공장비의 기계경비 산출 시 기계손료에 포함되지 않는 항목은?

① 상각비
② 정비비
③ 유류비
④ 관리비

**73** 다음 중 장마기가 지난 후 옆도랑과 빗물받이의 토사를 제거하기 위한 가장 적합한 작업기계는?

① 진동 롤러
② 모터 그레이더
③ 소형 불도저
④ 소형 백호

**해설**
백호는 기계가 서 있는 지면보다 낮은 곳, 굳은 지반, 옆도랑 등에 적합하다.

**74** 임도의 곡선설정법에 이용되는 방법이 아닌 것은?

① 사출법
② 진출법
③ 교각법
④ 편각법

**75** 우리나라 임도관련 규정상 내각이 몇 도(°) 이상인 곳에서는 곡선설치를 생략할 수 있는가?

① 45° 이상
② 90° 이상
③ 125° 이상
④ 155° 이상

**76** 임도노선의 측량방법에서 노면의 시공면과 산지의 경사면이 만나는 점을 연결한 노선의 종축은?

① 영선
② 중심선
③ 지반선
④ 지형선

**해설** 영선 측량
- 영선을 기준으로 측량하는 경우로 산악지에서 많이 이용한다.
- 임도에서 노면의 시공면과 산지의 경사면이 만나는 점을 영점이라 하고, 이 점을 연결한 노선의 종축을 영선이라 한다.
- 영선은 경사면과 임도시공기면과의 교차선으로 노반에 나타나며, 임도 시공 시 절토작업과 성토작업의 경계선이 되기도 한다.
- 경사측정기, 방위 측정기(컴퍼스), 거리 측정자(줄자), 표적판 등이 필요하다.

**정답** 70.④ 71.④ 72.③ 73.④ 74.① 75.④ 76.①

**77** 다음은 임도의 평면선형과 종단선형을 각각 나타낸 그림이다. 아래 그림에서 시거를 바르게 표현한 것은?

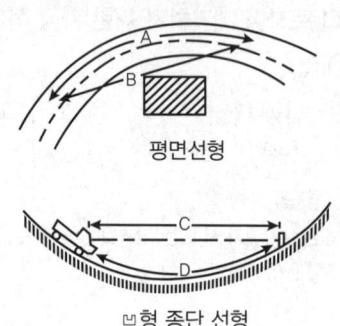

① A, C
② A, D
③ B, C
④ B, D

**78** 임도의 비탈 녹화방법의 종류와 시공법에 대한 설명이 잘못된 것은?

① 떼단쌓기(段積立芝工) – 떼단높이 27~30cm를 바탈면 계단 위에 연속적으로 (5단 이하) 쌓아 퇴적토사의 비탈면을 피복시킨다.
② 평떼붙이기 – 비탈면 다듬기(1:1)를 한 후 평떼(30×30cm)의 온떼를 붙이기한 후 떼의 미끄럼 방지를 위하여 떼꽂이막대(25cm)를 꽂아두는 공법이다.
③ 띠떼심기 – 비탈면 다듬기(1:0.7)를 한 후 수평으로 깊이 6cm의 골을 30cm 간격으로 파고난 후 떼를 골속에 삽입하고 다지기하는 방법이다.
④ 새심기 – 직접 수목의 유묘 또는 성묘나 대묘 등을 식재하여 비탈면의 녹화를 도모하는 공법이다.

**해설**
직접 수목의 유묘 또는 성묘나 대묘 등을 식재하여 비탈면의 녹화를 도모하는 공법은 식수공법이다.

**79** 다음 중 콘크리트에 대한 사항으로 올바르지 않은 것은?

① 거푸집 내면의 막음널에 이탈제로서 광유를 바르거나 비눗물을 바르기도 한다. 동결할 우려가 없을 때에는 물로 충분히 적신다.
② 운반한 콘크리트는 즉시 쳐야 한다. 특별한 경우라도 온난 건조할 시는 1시간, 적온 습윤할 시는 2시간 이내에 치기를 끝내야 한다.
③ 일반적으로 1.5m 이상의 높이에서 콘크리트를 떨어뜨려서는 안 된다.
④ 기둥, 교각, 벽 등에는 콘크리트를 쳐 올라감에 따라 뜬 물이 생기므로 묽은 반죽으로 하는 것이 좋다.

**80** 임도의 시공 후 개수나 보수에 의한 구조변경이 어려워 가장 중요하게 고려되어야 하는 것은?

① 측구
② 노폭
③ 종단물매
④ 곡선반지름

**해설** 종단기울기
- 길 중심선의 수평면에 대한 기울기를 말하며 토양침식과 통행차량에 의한 임도의 파손을 예방하기 위해 규정하고 있다.
- 최소 2~3% 이상 되어야 한다.
- 종단기울기가 급하여 길이가 긴 구간의 노면에는 유수를 차단할 수 있는 배수시설을 설치한다.
- 보통 수평거리 100에 대한 수직거리로 나타낸다.

정답 77.① 78.④ 79.④ 80.③

## 제5과목 : 사방공학

**81** 지하로 침투하지 못한 빗물이 지표유출수를 형성하여 흐르면서 토사를 움직이게 하는 힘을 무엇이라 하는가?

① 수직응력  ② 소류력
③ 유송력  ④ 운반력

**82** 다음 산복비탈면에서 비탈다듬기공사를 설계할 때 유의해야 할 점은?

① 산복비탈면의 수정기울기는 종단면도를 작성하여 결정한다.
② 수정기울기는 지질·면적·공법 등에 따라 차이를 두되 대체로 45° 전후로 한다.
③ 퇴적층 두께가 3m 이상일 때에는 땅속흙막이 공작물을 설계한다.
④ 기울기가 급한 장소에서는 산비탈돌쌓기로 조정한다.

해설
수정기울기는 지질·면적·공법 등에 따라 차이를 두되 대체로 35° 전후로 한다.

**83** 흙댐을 시공하려고 할 때 흙댐의 높이를 2~5m 정도로 계획하려고 한다. 이때 반수면 및 대수면 기울기로 가장 적합한 것은?

① 반수면 1:2.0, 대수면 1:1~2.0
② 반수면 1:1.5, 대수면 1:1~1.5
③ 반수면 1:1.0, 대수면 0.8~1.5
④ 반수면 1:0.5, 대수면 0.5~1.2

**84** 황폐계류의 유역을 구분할 때, 상류로부터 하류까지의 순서가 옳은 것은?

① 토사생산구역 → 토사퇴적구역 → 토사유과구역
② 토사퇴적구역 → 토사생산구역 → 토사유과구역
③ 토사유과구역 → 토사생산구역 → 토사퇴적구역
④ 토사생산구역 → 토사유과구역 → 토사퇴적구역

**85** 산지사방공사의 정지공사에서 비탈다듬기공사를 실시하기 전에 시공해야하는 공사는 무엇인가?

① 속도랑공사 및 단끊기공사
② 속도랑공사 및 땅속흙막이공사
③ 속도랑공사 및 수로내기공사
④ 땅속흙막이공사 및 단끊기공사

**86** 사방댐에서 대수면이란?

① 댐의 천단부분  ② 댐의 하류측 사면
③ 댐의 상류측 사면  ④ 방수로 부분

해설 사방댐의 정면도와 단면도

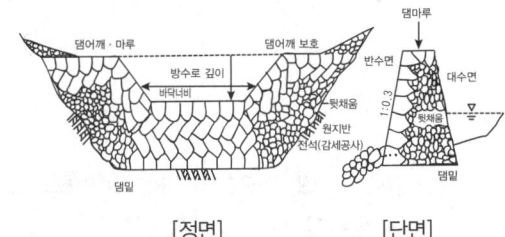

[정면]   [단면]

**87** 비탈면에 경관식재를 추진할 때 고려해야 할 사항을 바르게 설명한 것은?

① 인공재료에 의한 시공보다 비탈면기울기를 급하게 한다.
② 관목으로 비탈면 식재를 추진할 경우 사면경사는 1:1보다 완만해야 한다.
③ 비탈면에 전면 떼붙이기 후 잔디깎기기계를 사용해 관리하려면 사면경사는 1:2보다 완만해야 한다.
④ 경관식재에서는 안전을 위해 비탈면에 교목식재나 대묘 이식을 하지 않는 것이 원칙이다.

정답 81.② 82.② 83.① 84.④ 85.② 86.③ 87.④

**해설**
비탈면의 경관식재 시 관목은 1:2, 교목은 1:3보다 완만해야 한다.

**88** 산비탈 수로 해당 유역의 유거계수(K)가 1.0이고 최대시우량이 100mm/h, 유역면적이 3.6ha이었다면, 수로가 통과시켜야 할 유량(m³/s)은?

① 1.0m³/s  ② 5.0m³/s
③ 10.0m³/s  ④ 15.0m³/s

**해설**
유량 = 0.002778×1×100×3.6 = 1.0m³/s

**89** 주성분이 석영(30%), 장석(65%), 운모 또는 각섬석 등을 갖는 산성 심성암으로서, 좋은 축석용 석재인 사방공사용 마름돌, 견치돌을 생산할 수 있으며, 우리나라에 널리 분포하는 암석은?

① 석회암  ② 현무암
③ 결정암  ④ 화강암

**90** 산지 침식의 분류에서 물에 의한 침식에 속하지 않는 것은?

① 우수침식  ② 하천침식
③ 동상침식  ④ 지중침식

**해설** 동상침식
산복비탈면이나 절·성토 비탈면에서 지표층이 얼었다 녹았다 하는 동결·융해 작용에 의해서 발생한다. 우리나라는 주로 중부 이북에서 이른 봄철에 볼 수 있다.

**91** 일반적으로 비탈 돌쌓기 공종 중 메쌓기의 표준 물매는 어떻게 구성되는가?

① 1:0.1  ② 1:0.2
③ 1:0.3  ④ 1:0.4

**해설**
표준 물매는 메쌓기는 1:0.3, 찰쌓기는 1:0.20이다.

**92** 대체적으로 견치돌(四角石)의 크기에서 뒷길이는 앞면 길이의 얼마로 하는가?

① 1.5배 이상  ② 1/5이상
③ 1/3 정도  ④ 1/10정도

**해설** 견치돌
견고도가 요구되는 사방공사 특히, 규모가 큰 돌댐이나 옹벽동사에 사용되는 돌로 돌을 뜰 때 치수를 특별한 규격에 맞도록 지정하여 깬돌이다. 앞면은 25cm×25cm~40cm×40cm이고, 뒷길이는 35~60cm이다. 1개의 무게는 70~100kg이다.

**93** 훼손지 복원공법에서 생태계 복원공법의 특징과 거리가 먼 것은?

① 2~3년간의 현지조사 및 자료수집(기상, 토양, 식물, 이용 형태 등)
② 이용자 편의 및 규제와 함께 수립
③ 국지적 환경 요인별로 5~10년간 현지 복원실험 실시
④ 초기에는 작은 규모, 후기에는 큰 규모로 단계적 시행

**94** 비탈파종공법에서 한 종류의 발생기대본수는 총 발생기대본수의 몇 % 이하가 되지 않도록 파종량을 산정해야 하는가?

① 10%  ② 20%
③ 30%  ④ 40%

**해설** 식생공법
• 파종공법 : 초본종자의 발생 대기본수는 4,000~5,000본/m², 총 발생대기본수의 5% 이하가 되지 않도록 파종량을 산출한다.
• 식재공법 : 생장력이 왕성한 여러 수종으로 혼효림을 조성하고, 하층에 초본류를 식재하여 비탈면을 안정도가 높은 복층림으로 유도한다.

**95** 폐탄광지역 사방공사의 주요사항이 아닌 것은?

① 차폐식재를 하여 좋은 경관을 만든다.
② 사면붕괴 방지를 위해 사면 안정각을 유

**정답** 88.① 89.④ 90.③ 91.③ 92.① 93.③ 94.① 95.④

지한다.
③ 광미 및 폐석탄을 제거하고 복토를 하여 식재한다.
④ 경제림을 단기적으로 조성한다.

**해설** 폐탄광지 시공 및 적용
- 복구준비 조치공사 : 비탈다듬기공사와 잔벽소단 설치공사를 한다.
- 안정·녹화공사 : 돌림수로의 흙막이공사로 사면을 안정시키고 새심기, 씨뿌리기와 나무심기 등으로 녹화한다. 폐광지의 오염물질을 흡수, 고정하는 정화능력이 높은 박달나무 등의 향토수종을 선발 육성한다.
- 낙상 및 붕괴예방 : 위해 방지시설(철책) 및 산비탈 돌쌓기를 설치한다.
- 산물처리장 및 퇴적자구역 : 평탄부분은 객토한 후 파식에 의하여 녹화시키며 퇴적장의 불안정한 사면은 수로내기, 축대벽(옹벽), 흙막이공사 등으로 안정시킨다.
- 진입로 등 기타 구역 : 완경사지로 계곡부의 붕괴 우려지에는 계간부에 기슭막이, 골막이 등을 시공하여 계상과 산각을 고정하고 그 밖의 사면에는 새심기, 줄 씨뿌리기와 나무심기로 녹화한다.

**96** 비탈붕괴·산사태 발생의 인위적인 요인은?
① 동결융해　　② 지진
③ 강우, 적설　④ 수목의 벌채

**해설**
비탈붕괴·산사태 발생의 인위적인 요인
- 산불 : 피해 면적이 점차 증가되어 산림이 황폐된다.
- 산림 훼손 : 도로건설, 골프장건설, 토석채취, 연료채취로 인한 도벌 및 남벌, 낙엽 및 근주 채취 등의 부적절한 산림 훼손

**97** 다음에서 산복사방공사의 시공방침이 아닌 것은?
① 표토 침식 방지　② 양안 침식 방지
③ 부괴 확대 방지　④ 산사태 위험 방지

**해설**
양안 침식 방지는 야계 사방공사에서 사방댐, 기슭막이 등의 역할에 해당한다.

**98** 다음 비탈면녹화공법 주 형식이 다른 하나는?
① 선떼붙이기 공법　② 새심기 공법
③ 평떼심기공법　　 ④ 점파공법

**99** 비탈면안정공법으로 비교적 붕괴위험이 많은 비탈에 거푸집을 설치하고 콘크리트치기를 하여 비탈안정을 위한틀(뼈대)을 만들어 그 안에 작은 돌이나 흙으로 채우고 녹화를 꾀하는 공법은?
① 비탈 격자틀붙이기
② 비탈 힘줄박기
③ 비탈 블록 붙이기
④ 비탈 콘크리트 뿜어붙이기

**100** 정사울세우기 공법의 시공요령으로 알맞지 않은 것은?
① 울타리의 방향은 주풍방향에 직각이 되게 한다.
② 울타리의 높이는 보통 1.0~1.2m 정도로 한다.
③ 울타리의 간격은 보통 7~15m로 한다.
④ 울타리가 풍압에 견딜 수 있도록 하단부를 약 10cm 정도 모래 속에 묻어야 한다.

**해설** 정사울세우기
- 주로 전사구의 육지 쪽에 후방 모래를 고정하여 그 표면에 전면적인 모래의 안정을 도모하고 식재목이 잘 생육할 수 있도록 환경을 조성할 목적으로 모래덮기와 사초심기를 병행하여 시공한다.
- 시공효과를 가장 크게 하기 위해서는 정사각형이나 직사각형으로 구획한다.
- 섶세우기, 짚세우기, 갈대세우기공법 등이 있다.
- 높이는 1.0~1.2m가 표준이며, 모래에 20cm 정도 묻어야 한다.
- 구획의 크기는 한 변의 길이가 7~15m인 정사각형이나 직사각형으로 하는 것이 일반적이다.
- 정사울타리설치 후 내부에 ha당 10,000본을 식재한다.

**정답** 96. ④　97. ②　98. ④　99. ②　100. ④

# 국가기술자격 필기시험문제

2013년 제1회 필기시험

| 자격종목 및 등급(선택분야) | 종목코드 | 시험시간 | 형별 |
|---|---|---|---|
| **산림기사** | 1564 | 2시간 30분 | B |

수험번호 / 성명

## 제1과목 : 조림학

**1** 잡목림 3ha를 개발하고 이 곳에 1~3년생 잣나무를 2m×3m 장방형으로 조림하고자 한다. 필요한 묘목수는?

① 3,000주　② 4,000주
③ 5,000주　④ 6,000주

**해설**
장방형식재
$N = \dfrac{A}{a \times b} = \dfrac{30,000}{2 \times 3} = 5,000$본
N : 식재할 묘목수, A : 조림지 면적,
a : 묘목 사이의 거리, b : 줄 사이의 거리

**2** 성숙한 종자가 발아하기에 적합한 환경에서도 발아하지 못하고 휴면상태에 있는 원인에 해당하지 않는 것은?

① 배휴면　② 종피휴면
③ 생리적휴면　④ 이차휴면

**3** 조림수종을 선택하는 요건 중 틀린 것은?

① 성장속도가 빠르고 재적생장량이 높은 것
② 위해에 대하여 저항력이 강한 것
③ 가지가 굵고 길며, 줄기가 곧은 것
④ 산물의 이용 가치가 높고 수요량이 많은 것

**해설**
조림수종 선택 시 고려사항
• 입지조건과 선택수종의 생태적 특성의 부합여부
• 선택수종의 이용적 가치
• 적용될 작업종과 그 수종의 생태적 특성과의 관련성
• 선택된 수종이 식재될 입지에 미치는 영향
• 조림비용, 생장속도, 내 병충성
• 지하고가 높고 조림의 실패율이 적은 것

**4** 수종과 연령 및 입지를 동일하게 하고 밀도만을 다르게 했을 때 임목의 형질과 생산량에 나타나는 현상으로 옳은 것은?

① 지하고는 고밀도일수록 낮아진다.
② 상층목의 평균수고는 임목밀도에 따라 크게 다르다.
③ 단목의 평균간재적은 고밀도일수록 커진다.
④ 고밀도일수록 연륜폭은 좁아진다.

**해설**
밀식의 장단점
• 장점
 - 표토침식과 지표면의 건조방지로 개벌에 의한 지력감퇴 경감
 - 풀베기 작업횟수 감소로 비용 절약
 - 가지가 굵어지는 것을 방지하고 자연낙지의 유도로 가지치기 비용절감 및 마디가 적은 용재 생산
 - 제벌, 간벌 시 제거 대상목이 많으므로 최우량목을 잔존시켜 우량 임분 조성
• 단점
 - 묘목대 및 조림비의 과다 요인
 - 제벌 및 간벌이 지연될 경우 줄기가 가늘고 연약해져서 고사목 등의 발생 및 병해충 우려
 - 임목의 직경생장이 완만하여 큰나무 생산의 경우 수확기간이 늦어짐

**5** 모수림작업에서 단풍나무류의 1ha당 적정한 잔존본수는?

① 10본 내외
② 15~50본 정도

**정답** 1.③ 2.④ 3.③ 4.④ 5.②

③ 50~100본 정도
④ 100본 이상

> **해설**
> 잔존할 모수 본수는 종자결실량 및 비산거리, 결실횟수, 입지상태를 고려하되 ha당 30본 내외로 한다.

**6** 순림(純林)의 장점이 아닌 것은?

① 간벌 등 작업이 용이하다.
② 경관상으로 더 아름다울 수 있다
③ 조림이 경제적으로 될 수 있다.
④ 병충해에 강하다.

> **해설**
> 순림의 장점
> • 가장 유리한 수종만으로 임분을 형성할 수가 있다.
> • 산림작업과 경영이 간편하고 경제적으로 수행될 수 있다.
> • 임목의 벌채비용과 시장성이 유리해진다.
> • 바라는 수종으로 쉽게 임분을 조성할 수 있다.
> • 경관상으로 더 아름다울 수 있다.

**7** 식물 체내 여러 가지 중요한 기능을 나타내는 무기양료에서 건전한 잎의 건중(乾重)에 포함된 다량원소가 아닌 것은?

① 철　　　　　② 질소
③ 마그네슘　　④ 황

> **해설**
> • 다량원소(9종) : C, H, O, N, S, P, K, Mg(마그네슘), Ca(칼슘)
> • 미량원소(7종) : 철(Fe), 망간(Mn), 아연(Zn), 구리(Cu), 몰리브덴(Mo), 붕소, (B), 염소(Cl)

**8** 다음 접목 방법 중 소나무류에서 주로 실시하는 것은?

① 절접　　　　② 할접
③ 박접　　　　④ 아접

> **해설**
> 할접은 대목을 절단면의 직경방향을 쪼개고 쐐기모양을 깎은 접수를 삽입하는 방법으로 대목이 비교적 굵고 접수가 가늘 때 적용된다.

**9** 학명에 대한 설명 중에서 틀린 것은?

① 사용하는 언어는 라틴어이거나 라틴어화하여 사용해야 한다.
② 종소명은 소문자로 한다.
③ 속명과 명명자 이름은 모두 대문자로 쓴다.
④ 물품표기는 명명자 다음에 온다.

> **해설**
> 물품표기는 명명자 앞에 온다.
> 속명 > 종명 > 명명자

**10** 온도가 식물에 끼치는 영향에 대한 설명으로 틀린 것은?

① 많은 식물의 경우 광합성에 대한 최적온도는 최적호흡에 대한 최적온도보다 높다.
② 산간에서 흐르는 찬물로 관개를 하면 위조가 올 수 있다.
③ 환경의 제한으로 받게 되는 휴면을 다발휴면이라 한다.
④ 월평균온도에 있어서 5℃ 이상의 값을 적산한 값을 온량지수라 한다.

> **해설**
> 광합성과 온도와의 관계
> 온도가 높거나 낮다고 좋은 것이 아니라 적당한 온도일 때 광합성이 가장 잘 된다. 온도가 적당해야 광합성에 참여하는 효소가 제대로 작용할 수 있기 때문이다.

**11** 파종상실면적 500m², 묘목잔존본수 100본/m², 1g당 종자 평균입수 60립, 순량률 0.90, 실험실 발아율 0.90, 묘목잔존율을 0.4로 가정할 때의 파종량은?

① 25.7kg
② 28.2kg
③ 28.7kg
④ 29.2kg

> **해설**
> 파종량 $= \dfrac{500 \times 1{,}000}{60 \times 0.9 \times 0.9 \times 0.4} = 25{,}720g = 25.7kg$

**정답** 6.④　7.①　8.②　9.④　10.①　11.①

**12** 가지치기의 주 효과가 아닌 것은?

① 지엽이 부식되어 토양비옥도를 높인다.
② 무절 완만재를 생산한다.
③ 직경 생장을 증대한다.
④ 산림의 여러 가지 해를 예방한다.

**해설**
가지치기의 장점
- 마디 없는 간재를 얻을 수 있다.
- 신장생장을 촉진시킨다.
- 나이테 폭의 넓이를 조절하여 수간의 완만도를 높인다.
- 밑에 있는 나무에 수광량을 증가하여 성장을 촉진시킨다.
- 임목 상호 간의 부분적 경쟁을 완화시킨다.
- 산림화재의 위험성이 줄어든다.

**13** 임지의 지위지수(Site Index)를 평가하는 방법에 대하여 바르게 기술하고 있는 것은?

① 특정 임령에서 그 임분의 우세목의 수고로 지위지수를 결정한다.
② 특정 임령에서 그 임분의 우세목의 재적으로 지위지수를 결정한다.
③ 특정 임령에서 그 임분을 구성하는 우세목과 열세목의 평균직경으로 지위지수를 결정한다.
④ 특정 임령에서 그 임분의 전체 축적으로 지위지수를 결정한다.

**14** 채파(採播)에 대한 설명으로 맞는 것은?

① 상면에 균일한 간격으로 1~3립씩 파종하는 방법
② 발아력이 강하고 생장이 빠르며 해가림이 필요 없는 수종에 파종하는 방법
③ 묘상 전면에 종자를 고르게 흩어 뿌리는 방법
④ 종자의 발아력이 상실되지 않도록 채종 즉시 파종하는 방법

**15** 암석이 토양을 구성하는 작은 입자로 분해된 후에 하천의 물에 의해 운반되어 다른 곳으로 옮겨 쌓여서 형성된 토양은?

① 잔적토  ② 붕적토
③ 마사토  ④ 충적토

**해설**
- 잔적토 : 암속의 풍화산물 중 물에 용해된 부분이 씻겨 내려가고 남아 있는 부분이 그 장소 혹은 그 부근에 퇴적된 것이다.
- 붕적토 : 급류의 작용으로 굵은 퇴적물이 사면의 비탈 끝부분에 퇴적하여 이동하지 않고 있는 흙이다.
- 마사토 : 화강암이 풍화되어 생성된 흙으로 화강토로도 불린다.
- 충적토 : 하천이나 바람으로 운반되어 저지대에 퇴적한 토양을 말하며 운적토의 일종이다.

**16** 우리나라 한대림에서 관찰할 수 없는 수종은?

① 가문비나무  ② 주목
③ 단풍나무  ④ 잎갈나무

**해설** 한대림의 특징 수종
가문비나무, 분비나무, 잎갈나무, 잣나무, 전나무, 종비나무, 누운잣나무, 주목 등

**17** 다음 중 풀베기 작업을 낫을 이용하여 실시할 경우에 제거 대상 식물의 생리적인 측면을 고려한 작업의 적기는?

① 3월 초순  ② 11월 하순
③ 7월  ④ 9월 이후

**해설**
풀베기의 시기
일반적으로 6월에 실시하고 연 2회 실시할 경우 6월과 8월이 바람직하고 9월 이후에는 하지 않는다.

**18** 종자의 활력 시험 중 종자 내 산화 효소가 살아있는지의 여부를 시약의 발색반응으로 검사하는 방법은 무엇인가?

① 종자발아시험  ② 테트라졸륨시험
③ 배추출시험  ④ X선 사진법

**정답** 12.① 13.① 14.④ 15.④ 16.③ 17.③ 18.②

해설
테트루산소다를 사용한 종자는 배가 흑색이나 암갈색일 때, 테드라졸륨을 사용한 종자는 배가 적색 또는 분홍색일 때 건전립(굳세고 온전한 종자)으로 본다.

**19** 회양목 종자 채취시기로 가장 적합한 시기는?

① 3월 중순
② 5월 중순
③ 7월 중순
④ 9월 중순

해설
회양목과 벚나무는 7월이 적당하다.

**20** 수종간 접목의 친화력(親和力)이 식물계통상 가장 가까운 것은?

① 이속간(異屬間)
② 이과간(異科間)
③ 동속이종간(同屬異種間)
④ 동종이품종간(同種異品種間)

해설
**접목**
접수와 대목의 형성층이 서로 밀착하도록 접하여 캘러스 조직이 생기고 서로 융합되는 것이 가장 중요하며, 접수와 대목의 친화력은 동종간 > 동속이품종간 > 동과이속간의 순으로 크다.

### 제2과목 : 산림보호학

**21** 산림 해충 중 천공성해충이 아닌 것은?

① 솔나방
② 박쥐나방
③ 버들바구미
④ 알락하늘소

해설
솔나방은 식엽성해충이다.

**22** 솔노랑잎벌의 월동 형태로 맞는 것은?

① 성충
② 번데기
③ 유충
④ 알

해설 **해충의 월동 형태**
- 번데기 : 소나무거미줄잎벌래, 솔수염하늘소, 미국흰불나방
- 알 : 솔노랑잎벌
- 성충 : 소나무좀, 오리나무잎벌레

**23** 밤나무의 종실을 가해하여 많은 피해를 주는 해충은?

① 버들재주나방
② 어스렝이나방
③ 소나무순영나방
④ 복숭아명나방

해설
성숙한 복숭아명나방의 유충이 밤송이를 파먹어 들어가면서 똥과 즙액을 배출한다.

**24** 소나무 잎떨림병의 방제방법으로 틀린 것은?

① 종자소독을 철저히 한다.
② 조림에서는 여러 종류의 활엽수를 하목(下木)으로 식재하면 피해가 경감된다.
③ 나무를 건강하게 키우도록 주의한다.
④ 캡탄제를 살포한다.

해설
종자소독을 철저히하는 것은 모잘록병에 대한 설명이다.

**25** 수목의 그을음병에 대한 방제로 틀린 것은?

① 통풍과 채광을 높인다.
② 흡즙성 곤충을 방제한다.
③ 그을음이 있는 잎은 적당한 세제로 닦는다.
④ 질소질 비료를 충분히 준다.

해설
**수목의 그을음병**
- 잎, 줄기, 가지 등에 그을음이 생긴 듯한 모양을 띤다.
- 보통 진딧물·깍지벌레 등이 기생한 후 분비물 위에서 번식하며, 그을음의 물질은 균사·포자 등의 덩어리이다.
- 자낭균에 의한 수목병, 흡즙성곤충방제, 탄소동화작용을 방제하는 외부 착생균이 대부분이다.
- 살충제로 진딧물, 깍지벌레 등을 구제하여 방제한다.

정답 19.③ 20.④ 21.① 22.④ 23.④ 24.① 25.④

**26** 산림 화제 중 지표에 쌓여 있는 낙엽과 지피물, 지상관목 등이 불에 타는 화재는?

① 지중화　② 지표화
③ 수관화　④ 수간화

> **해설**
> 지표화는 임야에 퇴적된 건초 등의 지피물이 연소하거나 등산객 등의 부주의로 발생하는 초기단계의 불로 가장 흔하게 일어난다.

**27** 솔잎혹파리의 생활사에 관한 설명으로 맞는 것은?

① 1년에 1회 발생하며 알로 충영 속에서 월동한다.
② 1년에 2회 발생하며 지피물 속에서 성충으로 월동한다.
③ 1년에 2회 발생하며 성충으로 충영 속에서 월동한다.
④ 1년에 1회 발생하며 유충으로 땅속 또는 충영 속에서 월동한다.

> **해설**
> **솔잎혹파리**
> • 유충이 적송·흑송 등의 두침엽의 접합부에 기생하여 혹을 만들어 피해를 준다. 1년 1회 발생하며, 유충으로 땅속 또는 충영 속에서 월동한다. 6월 상순이 성충의 우화 최성기이며, 성숙 유충의 크기는 1.7~2.8mm이다.
> • 성충 우화 시기(5~6월)에 ha당 30~50kg의 살충제를 살포하고, 다이메크론 50% 유제를 흉고직경 1cm당 0.3~0.7ml 정도로 수간주사를 실시한다. 또한 하기벌목(충영 속의 유충 제거), 간벌(고립목의 경우 피해를 덜 입음), 천적(먹좀벌·거미류·개미·박새류) 보호, 비료 주기 등의 방법으로 방제한다.

**28** 내화력(耐火力)이 강한 수종이 아닌 것은?

① 은행나무
② 고로쇠나무
③ 동백나무
④ 소나무

> **해설**
> **수목의 내화력**
>
> | 구분 | 강한 수종 | 약한 수종 |
> |---|---|---|
> | 침엽수 | 은행나무, 낙엽송, 분비나무, 가문비나무, 개비자나무, 대왕송 | 소나무, 해송, 삼나무, 편백 |
> | 상록 활엽수 | 아왜나무, 굴거리나무, 후피향나무, 붓순, 황벽나무, 동백나무, 사철나무, 회양목 | 녹나무, 구실잣밤나무 |
> | 낙엽 활엽수 | 굴참나무, 상수리나무, 고로쇠나무, 피나무, 고광나무, 가중나무, 참나무, 사시나무, 음나무 | 아까시나무, 벚나무, 능수버들, 벽오동나무, 참죽나무, 조릿대 |

**29** 수목에 도달하는 병원체의 침입 중 자연개구부(Natural Openings)를 통한 침입이 아닌 것은?

① 각피　② 기공
③ 수공　④ 피목

> **해설**
> **자연개구부를 통한 침입**
> • 식물체에 분포하는 자연개구부인 기공, 피목, 수공 등으로 침입하는 것을 말하며 기공으로 침입하는 것을 기공침입이라고 한다.
> • 삼나무 붉은마름병균, 소나무 잎떨림병균, 포플러 줄기마름병균, 뽕나무 줄기마름병균 등이 있다.

**30** 전나무 잎녹병의 병원균의 녹포자가 날아가 기생할 수 있는 중간기주는?

① 작약　② 뱀고사리
③ 모란　④ 현호색

**31** 대추나무 빗자루병의 병원균은?

① Bacteria　② Phytoplasma
③ Fungi　④ Nematode

> **해설**
> 파이토플라즈마(Phytoplasma)는 대추나무빗자루병, 오동나무 빗자루병, 뽕나무 오갈병 등의 병원이다.

**정답** 26.② 27.④ 28.④ 29.① 30.② 31.②

**32** 우리나라에서 서식하고 있는 포유류 중 천연기념물이 아닌 것은?

① 수달　　　② 늑대
③ 물범　　　④ 산양

**해설** 천연기념물(포유류)
우리나라의 천연기념물 중 포유류는 59호 진도 진돗개, 308호 경산 삽살개, 367호 제주 제주마, 216호 사향노루, 217호 산양, 328호 하늘다람쥐, 329호 반달가슴곰, 330호 수달, 331호 물범이다.

**33** 한상(寒傷)에 대한 설명으로 맞는 것은?

① 찬서리에 의하여 일어나는 임목 피해
② 찬바람에 의하여 나무 조직이 어는 임목 피해
③ 0℃ 이상의 낮은 기온으로 일어나는 임목 피해
④ 기온이 0℃ 이하로 내려가야 일어나는 임목 피해

**34** 다음 중 밤나무혹벌의 천적은?

① 알좀벌　　　② 먹좀벌
③ 수중다리무늬벌　　　④ 남색긴꼬리좀벌

**해설** 밤나무혹벌
- 피해 수종 : 밤나무
- 가해 양식 : 눈(충영성)
- 발생 : 1년 1회
- 월동 형태 : 유충(충영)
- 특징 : 암컷만으로 번식
- 천적 : 중국긴꼬리좀벌, 남색긴꼬리좀벌

**35** 육림작업의 의한 방제 중 임지무육에 의한 작업방법으로 맞는 것은?

① 위생간벌, 가지치기, 풀베기 등을 한다.
② 항구, 공항 및 국제 우편국에서 종자, 생목, 삽수, 목재에 검사를 한다.
③ 약제를 수간에 주사한다.
④ 토양소독, 종자소독을 실시한다.

**해설** 임업적방제법
- 수종의 선택 : 연해에 강하고 맹아력이 큰 수종으로 조림한다.
- 작업법의 선택 : 연해의 염려가 있는 곳에서는 숲을 교림으로 하지 말고, 중림 또는 왜림으로 가꾼다.
- 갱신방법 : 한 번에 넓은 면적을 개벌하는 것을 피하고, 침엽수와 활엽수를 혼식한다.
- 연해방비림의 조성
  - 내연성이 강하고, 여러 번 이식한 큰 묘목을 밀식한다.
  - 너비는 100m 정도로 여러 층의 밀림을 조성한다.

**36** 수목에 피해를 주는 수병 중 자낭균에 의한 것은?

① 벚나무 빗자루병
② 뽕나무 오갈병
③ 잣나무 털녹병
④ 삼나무 붉은마름병

**해설**
자낭균에 의한 수병에는 수목의 흰가루병, 수목의 그을음병, 밤나무 줄기마름병, 소나무 잎떨림병, 낙엽송 잎떨림병, 낙엽송 끝마름병 등이 있다.

**37** 곤충의 외표피(外表皮)와 관련이 없는 것은?

① 시멘트층
② 왁스층
③ 단백질성 외표피
④ 기저막

**해설**
외표피는 단백질과 지질로 구성된 매우 얇은 층으로, 수분의 증발을 억제한다.

**38** 다음 중 가해식물의 종류가 가장 많은 것은?

① 미국흰불나방
② 솔나방
③ 천막벌레나방
④ 솔잎혹파리

**정답** 32. ② 33. ③ 34. ④ 35. ① 36. ① 37. ④ 38. ①

**39** 곤충의 외분비물질로 특히 개척자가 새로운 기주를 찾았다고 동족을 불러 들이는데 사용되는 종내 통신 물질로 나무종류에서 발달되어 있는 물질은?

① 경보 페로몬
② 집합 페로몬
③ 길잡이 페로몬
④ 성 페로몬

**해설**
**성 페로몬트랩**
같은 곤충 종간에 상대 성의 개체를 유인하기 위해 몸 외부로부터 분비하는 일종의 화학물질을 이용하는 것을 말한다.

**40** 수목의 뿌리를 통해서 감염되지 않는 것은?

① 침엽수 모잘록병
② 뿌리썩이선충
③ 소나무 재선충병
④ 뿌리혹병

**해설**
소나무 재선충은 솔수염하늘소에 의해서 매개된다.

---

### 제3과목 : 임업경영학

**41** 산림에 대한 인식을 단순히 경제적인 역할에만 한정하지 않고, 사회적, 경제적, 생태적, 문화 및 정신적 역할로 인식하여 산림을 경영하고자 하는 것을 무엇이라 하는가?

① 보속수확 산림경영
② 지속 가능한 산림경영
③ 다목적이용 산림경영
④ 다자원적 산림경영

**해설** **지속 가능한 산림경영의 정의**
- 생물 다양성 보전
- 산림생태계의 생산력 유지
- 산림생태계의 건강도와 활력도 유지 및 증진
- 산림 내 토양 및 수자원의 보전 및 유지
- 지구 탄소순환에 대한 산림의 기여
- 산림의 사회·경제적 편익 제공
- 지속 가능한 산림경영을 위한 제도적·경제적 체계 수립

**42** 임업투자 결정과정의 순서로 올바른 것은?

① 현금흐름 추정 → 투자사업의 경제성 평가 → 투자사업 모색 → 투자사업 수행 → 투자사업 재평가
② 현금흐름 추정 → 투자사업 모색 → 투자사업의 경제성 평가 → 투자사업 수행 → 투자사업 재평가
③ 투자사업 모색 → 현금흐름 추정 → 투자사업의 경제성 평가 → 투자사업 수행 → 투자사업 재평가
④ 투자사업 모색 → 현금흐름 추정 → 투자사업의 경제성 평가 → 투자사업 재평가 → 투자사업 수행

**43** 산림투자에 있어서 미래상황의 불확실성을 투자분석에 포함시켜 경제성분석지표가 어느 정도 민감하게 변화되는가를 예측하는 것은?

① 내부수익율법
② 감응도분석
③ 순현재가치법
④ 회수기간법

**해설** **감응도분석**
임업투자사업의 불확실성을 투자사업의 수익과 비용을 결정하는 주요 요인을 변화시켜서 여러 가지 다른 수준에 대한 NPW, B/C, IRR 등을 계산하여 이들이 얼마나 민감하게 변화하는지를 관찰하는 것을 말한다.

**44** 임업이율 중 일반 물가 등귀율을 내포하고 있는 것은?

① 자본 이자
② 평정 이율
③ 장기적 이율
④ 명목적 이율

**해설**
- 평정 이율 : 이자액의 결정, 사업의 수익도 판단 또는 자본가를 산정할 경우에 사용하는 이율

**정답** 39.② 40.③ 41.② 42.③ 43.② 44.④

- 경영 이율 : 사업경영의 결과 실제로 획득한 수익률과 비교하여 수익성을 판단하는 데 사용하는 이율
- 실질적 이율 : 이자의 전화횟수에 따라 실제로 거두어 들일 수 있는 이율
- 명목적 이율 : 이자의 전화가 1년에 여러 번 있을 때 연이율은 명목에 불과하므로 명목적 이율이라고 하며, 국채, 공채, 사채 등의 이율이 이에 해당한다.

**45** 현실적인 임업경영의 목적에 의한 경영형태 중 주업적임업경영은 노동 및 자금의 투입과 판매수입 면에서 개별경제에 대하여 차지하는 비중이 크다. 다음 중에서 기계화된 임업경영의 형태로 큰 회사의 산업비림에서 볼 수 있는 유형은?

① 식재 → 육림 → 임목매각
② 식재 → 육림 → 벌채 → 원목 매각
③ 식재 → 육림 → 벌채 → 표고 생산, 제재, 제탄
④ 식재 → 육림 → 벌채 → 원료, 원목공급 (제지)

**해설**
산업비림은 연료비림, 펄프산업비림, 탄광갱목비림 등 어떤 생산목적을 위해서 그 지배하에 두는 삼림을 말한다.

**46** 임업자본 중 유동자본으로 맞는 것은?

① 묘목  ② 벌목기구
③ 기계  ④ 임도

**해설** 유동자본재
- 조림비 : 종자, 묘목, 비료, 정지·식재·풀베기 등의 비용
- 관리비 : 감독자의 급료, 사업소의 사무비, 수선비, 공과잡비 등의 비용
- 사업비 : 벌목, 운반, 제재 등에 요하는 임금 및 소모품비 등

**47** 취득원가 2,000만 원, 잔존가치 80만 원인 목재운반용 트럭이 있다. 이 트럭의 총 운행 가능거리가 15만km이고 실제 운행거리가 4만km이면, 생산량 비례법에 의한 총 감가상각액은?

① 3,120,000원
② 4,120,000원
③ 5,120,000원
④ 6,120,000원

**해설**
감가상각비=(20,000,000−800,000)× $\dfrac{40,000}{15,000}$
= 5,120,000원

**48** 자연휴양림 조성의 목적이 아닌 것은?

① 임산물의 생산
② 훼손된 산림의 복구
③ 자연생태계를 유지, 보전
④ 레크리에이션적 가치의 창출 및 활용

**49** 동령림(同齡林)의 임분구조는 전형적으로 어떤 형태로 나타나는가?

① 역J자 형태
② J자 형태
③ W자 형태
④ 정규분포 형태

**해설**

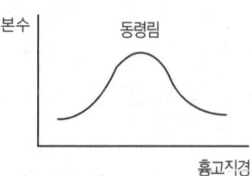

**50** 산림생장 및 수확예측모델의 구성인자가 아닌 것은?

① 기상예측  ② 생장예측
③ 고사예측  ④ 진계생장예측

**해설**
진계생장은 성장 측정 중에 자라서 측정 가능하게 되는 생장량을 말한다.

**51** 산림의 경계선을 명백히 하고 그 면적을 확정하기 위해 실시하는 측량은?

① 주위 측량　② 시설 측량
③ 세부 측량　④ 산림구획 측량

> 해설　산림 측량
> • 주위 측량 : 산림의 경계선을 명백히 하고 그 면적을 확정하기 위하여 경계를 따라 주위 측량을 한다.
> • 산림구획 측량 : 주위 측량이 끝난 후 산림구획계획이 수립되면 임반, 소반의 구획선 및 면적을 구하기 위하여 산림구획 측량을 한다.
> • 시설 측량 : 교통로 및 운반로 개설과 기타 산림경영에 필요한 건물을 설치하고자 할 때에는 설치예정지에 대한 측량을 한다.

**52** 국유림경영계획에서는 산림을 크게 6가지 기능으로 구분하여 관리하고 있다. 다음 중 생태, 문화 및 학술적으로 보호할 가치가 있는 자연 및 산림을 보호, 보전하기 위한 산림의 기능을 무엇이라 하는가?

① 자연환경보전 기능
② 생활환경보전 기능
③ 수원 함양 기능
④ 산지재해 방지 기능

> 해설　산림의 기능
> 생활환경보전림, 자연환경보전림, 수원함양림, 산지재해방지림, 산림휴양림, 목재생산림 등

**53** 이령림 경영시스템에서 산림수확조절 방법에서 요구되고 있는 결정인자는?

① 벌기령　② 회귀년
③ 이용간벌　④ 윤벌기

> 해설
> 택벌림을 몇 개의 구역으로 나누어 작업하는 벌구식 택벌 작업에서 일단 택벌된 벌구가 또 다시 택벌될 때까지의 기간을 회귀년이라 하며 작업 구역은 회귀년마다 택벌이 되풀이된다.

**54** 마케팅의 구성 요소 중 야외휴양에 있어서 이용객에게 제공될 휴양 기회에 해당하는 요소는?

① 가격　② 판촉
③ 분배　④ 상품

**55** 산림구획 시 임반의 면적은 현지 여건상 불가피한 경우를 제외하고 가능한 한 얼마를 기준으로 구획하는가?

① 50ha 내외　② 100ha 내외
③ 300ha 내외　④ 500ha 내외

> 해설　산림구획
> • 임반 : 산림의 위치 표시, 시업기록의 편의 등을 고려하기 위한 고정적 구획이다.
> • 구획 : 능선, 하천, 도로 등 자연경계나 고정적 시설을 따라 확정한다.
> • 면적 : 100ha 내외로 구획한다.

**56** 시장가역산법에 의한 임목가의 결정과 관련이 없는 것은?

① 원목시장가　② 벌채운반비
③ 조림무육관리비　④ 기업이익율

> 해설　시장가역산법
> $X = f\left(\dfrac{A}{1+mp+r} - B\right)$
> X : 단위 재적당 임목가, A : 단위 재적당 원목 시장가, B : 단위재적당 벌목비, 운반비, 기타일체비용, f : 조재율, m : 자본회수기간, p : 월이율, r : 기업이익율

**57** 임목수관의 지상투영면적의 백분율로 나타내는 임분밀도의 척도는?

① 상대밀도　② 임분밀도지수
③ 상대공간지수　④ 수관경쟁인자

**58** 자본장비도와 자본효율의 개념을 임업에 도입할 때 자본장비도에 해당되는 것은?

① 임목축적　② 생장률
③ 소득　④ 노동

정답　51.①　52.①　53.②　54.④　55.②　56.③　57.④　58.①

**59** 유령림에서 장령림에 이르는 중간영급(中間 슈級)의 임목을 평가하는 방법으로 가장 적합한 것은?

① 임목비용가법
② 임목기망가법
③ 글라제르(Glaser)법
④ 임목매매가법

**해설** 임목평가의 개요
일반적으로 유령림에는 임목 비용가법, 벌기 미만의 장령림에는 임목 기망가법과 수익환원법, 중령림에는 임목비용가법과 임목기망가법의 중간적인 Glaser법, 벌기 이상의 임목에는 임목매매가가 적용되는 시장가역산법을 사용한다.

**60** 자연휴양림 안에 설치할 수 있는 시설의 규모로서 임도, 순환로, 산책로, 숲체험코스 및 등산로의 면적을 제외하고 산림의 형질을 변경할 수 있는 허용면적은?

① 10만 제곱미터 이하
② 20만 제곱미터 이하
③ 30만 제곱미터 이하
④ 50만 제곱미터 이하

**해설** 자연휴양림 안에 설치할 수 있는 시설의 규모
- 산림의 형질변경 면적은 10만m² 이하여야 한다.
- 자연휴양림 시설 중 건축물이 차지하는 총 바닥면적은 1만m² 이하여야 한다.
- 개별 건축물의 연면적은 900m² 이하여야 한다. 다만 「식품위생법」에 따른 휴게음식점 또는 일반음식점의 연면적은 200m² 이하여야 한다.
- 건축물의 층수는 3층 이하가 되도록 한다.

### 제4과목 : 임도공학

**61** 임도에 횡단배수구를 설치할 때 검토해야 할 사항으로 틀린 것은?

① 유역의 강우강도
② 임도의 종단물매
③ 노상의 토질
④ 돌림수로의 상태

**62** 차도에 있어서 설계속도를 20km/h로 설계할 때 시거는 몇 m 이상 확보해야 하는가?

① 40m
② 30m
③ 20m
④ 10m

**해설**
설계속도와 안전시거

| 설계속도(km/시간) | 안전시거(m) |
|---|---|
| 40 | 40 이상 |
| 30 | 30 이상 |
| 30 | 20 이상 |

**63** 임도망 계획 시 고려사항으로 틀린 것은?

① 운재비가 적게 들도록 한다.
② 신속한 운반이 되도록 한다.
③ 운재 방법이 다양화 되도록 한다.
④ 산림풍치의 보전과 등산, 관광 등의 편익도 고려한다.

**해설**
임도망 계획 시 고려사항
- 운재비가 적게 들고, 신속한 운반이 되도록 한다.
- 운반 도중 목재의 손실이 적도록 한다.
- 운반량에 제한이 없도록 한다.
- 원목시장과 관계자들의 출입을 고려하여 시장에서 단거리에 위치시키고, 인접된 경영계획구와 마을 사이를 연계하여 상호협력 및 유지관리가 편하도록 한다.
- 일기 및 계절에 따른 용량의 제한이 없도록 한다.
- 운재방법이 단일화 되도록 한다.
- 휴양 거점 지역을 통과하도록 배치한다.

**64** 임도 시공용 기계 중 주로 도로시공의 정지작업에 사용되는 것은?

① 탬핑롤러
② 모터 그레이더
③ 스크레이퍼
④ 파워셔블

**해설**
정지작업에는 모터 그레이더, 불도저 등을 이용한다.

**정답** 59. ③  60. ①  61. ④  62. ③  63. ③  64. ②

**65** 환경보전을 고려한 경제적이고 효율적인 임도를 개설하기 위하여 적정한 노선을 선택하고자 임도노선 흐름도를 작성하려고 한다. 노선 흐름도의 작성 순서로서 가장 적절히 나열된 것은?

① 지형도 → 현지측정 → 노선선정 → 예정선의 기입 → 개략설계
② 지형도 → 예정선의 기입 → 노선선정 → 현지측정 → 개략설계
③ 지형도 → 예정선의 기입 → 현지측정 → 노선선정 → 개략설계
④ 지형도 → 개략설계 → 노선선정 → 현지측정 → 예정선의 기입

**해설** 임도의 설계순서
예비조사 → 답사 → 예측 → 실측 → 설계서 작성 → 공사량 산출 → 설계도 작성

**66** 와이어로프의 용도별 안전계수 중 가공본줄의 안전계수는?

① 2.7 이상      ② 4.0 이상
③ 4.7 이상      ④ 5.0 이상

**해설** 와이어로프 용도별 안전계수
• 가공본줄 : 2.7 이상
• 예인줄, 작업줄, 띠쇠줄, 버팀줄 : 4.0 이상
• 짐달림줄, 호이스트줄 : 6.0 이상

**67** 다음 유량계산식에서 m이 의미하는 것은?

$$유량(Q) = K \times \frac{a \times \frac{m}{100}}{60 \times 60}$$

① 유역면적($m^2$)
② 최대 시우량(mm/h)
③ 유출계수
④ 평균유속(m/s)

**해설** 유역 면적에 의한 최대 시우량
• Q : 1초 동안의 유량($m^3$/s)
• a : 유역면적($m^2$)
• m : 최대 시우량(mm/h)
• K : 유거계수

**68** 임도에서 흙깎기 비탈면 돌림수로에 대해 바르게 설명한 것은?

① 강우 시 비탈면의 지하수 분출로 인한 비탈면 보호를 위해 설치한다.
② 비탈면어깨부위와 원래 자연비탈면의 경계부위의 적당한 곳에 설치한다.
③ 속도랑과 겉도랑을 함께 설치한다.
④ 홍수 시 출수를 유하시키기 위해 콘크리트로 포장한다.

**해설**
비탈돌림수로는 비탈면의 보호를 위해 비탈면의 최상부에 설치한다.

**69** 블레이드면의 방향이 진행방향의 중심선에 대하여 20~30°의 경사가 진 도저의 종류는?

① 트리불도저      ② 스트레이트도저
③ 앵글도저        ④ 틸트도저

**해설**
앵글도저는 배토판이 지반면에 대해 좌우로 움직일 수 있으며 중심선에 대하여 경사져 있다.

**70** 임도의 교각법에 의한 곡선 설치 시 각 기호가 나타낸 설명으로 맞는 것은?

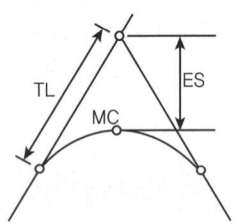

① TL : 외선길이, MC : 곡선중심,
   ES : 곡선길이
② TL : 접선길이, MC : 곡선중심,
   ES : 외선길이

③ TL : 곡선길이, MC : 곡선시점,
ES : 접선길이
④ TL : 곡선길이, MC : 곡선반지름,
ES : 외선길이

**71** 합성물매가 10%이고, 외쪽물매가 6%인 지역의 종단물매는 얼마인가?

① 7%  ② 8%
③ 9%  ④ 10%

해설
6% = $\sqrt{6^2 + 종단물매^2}$
∴ 종단물매 = 8%

**72** 임업토목용 골재 중 잔골재의 일반적인 단위무게는?

① 1450~1700kg/m³
② 1550~1850kg/m³
③ 1760~2000kg/m³
④ 1900~2150kg/m³

해설
- 굵은 골재의 단위무게 : 1,550~1,850kg/m³
- 잔골재와 굵은골재의 혼합 : 1,760~2,000kg/m³

**73** 우리나라 임도관련 규정상에서 설계속도 40(km/시간)으로 건설된 간선임도 종단곡선의 길이(미터)에 대한 기준은?

① 50m 이상
② 40m 이상
③ 30m 이상
④ 20m 이상

해설 간선임도

| 설계속도 (km/h) | 종단곡선의 반경(m) | 종단곡선의 길이(m) |
|---|---|---|
| 40 | 450 이상 | 40 이상 |
| 30 | 250 이상 | 50 이상 |
| 20 | 100 이상 | 20 이상 |

**74** 임도 시공 시 흙쌓기공사 중 흙의 압축 또는 수축을 고려할 때, 흙쌓기의 높이를 9~12m로 한다면 더쌓기의 높이는 얼마로 하는 것이 바람직한가?

① 흙쌓기높이의 10%
② 흙쌓기높이의 8%
③ 흙쌓기높이의 6%
④ 흙쌓기높이의 4%

해설
흙쌓기와 더쌓기의 높이

| 흙쌓기의 높이(m) | 더쌓기의 높이(%) | 흙쌓기의 높이(m) | 더쌓기의 높이(%) |
|---|---|---|---|
| 3까지 | 높이의 10 | 9~12까지 | 높이의 6 |
| 3~6까지 | 높이의 8 | 12 이상 | 높이의 6 |
| 6~9까지 | 높이의 7 | | |

**75** 반출할 목재의 길이가 20m인 전간목을 너비가 4m인 도로에서 트레일러로 운반할 때 최소곡선반지름은 몇 m로 하여야 하는가?

① 20m  ② 25m
③ 30m  ④ 35m

해설
최소곡선반지름 = $\dfrac{20^2}{4 \times 4}$ = 25m

**76** 측구(콘크리트관)에 흐르는 유적(流積)이 0.35m²이고, 측구를 흐르는 물의 평균 유속이 4m/s일 때 유량을 구하면?

① 1.4m³/s  ② 2.0m³/s
③ 2.8m³/s  ④ 3.5m³/s

해설
Q=AV=0.35×4=1.4m³/s

**77** 노선의 전체 길이가 3km인 다각 측량을 실시하였더니, 폐합비가 1/5000이었다. 폐합오차는 몇 cm인가?

정답  71.②  72.①  73.②  74.③  75.②  76.①  77.④

① 0.06cm   ② 0.6cm
③ 6cm      ④ 60cm

**해설**
폐합오차=노선길이×폐합비
$=300,000 \text{cm} \times \dfrac{1}{5,000} = 60\text{cm}$

**78** 설계작업을 하면서 적절한 곳에 횡단배수구를 설치하려고 한다. 횡단배수구의 설치 장소로 적당하지 않은 것은?

① 유하(流下)방향으로 종단물매의 변이점
② 구조물(構造物)의 중간
③ 흙이 부족하여 속도랑으로서는 부적당한 곳
④ 외쪽물매 때문에 옆도랑물이 역류(逆流)하는 곳

**해설** 횡단배수구 설치 장소
• 물이 흐르는 아랫방향의 종단기울기 변이점
• 구조물의 앞이나 뒤
• 외쪽물매로 인해 옆도랑이 역류하는 곳
• 흙이 부족하여 속도랑으로 부적당한 곳
• 체류수가 있는 곳

**79** 줄떼다지기공법에서 비탈 전체를 일정한 물매로 유지하며, 비탈을 보호 녹화하기 위하여 수직높이 몇 cm 간격으로 반떼를 수평으로 붙이는가?

① 20~30cm   ② 30~40cm
③ 40~60cm   ④ 60~80cm

**해설** 줄떼다지기공법
비탈면을 일정한 기울기로 유지하며 보호 및 녹화하기 위하여 사면에 20~30cm 간격으로 반떼를 수평으로 식재하는 공법으로 줄떼다지기, 줄떼붙이기, 줄떼심기 등으로 구분된다.

**80** 도로 양쪽으로부터 임목이 집재되고 도로 양쪽의 면적이 거의 같다고 가정할 때 평균 집재거리는 임도간격의 몇 분의 1에 해당되는가?

① 1/2   ② 1/3
③ 1/4   ④ 1/5

**해설** 적정 임도밀도와 집재거리
임도간격=1/2 집재거리=1/4 평균집재거리

---

**제5과목 : 사방공학**

**81** 비교적 척박하고 건조한 지역에서 잘 자라며, 맹아에 의한 갱신이 잘 이루어지는 사방녹화용 주요 목본식물은?

① 리기다소나무   ② 물오리나무
③ 아까시나무     ④ 곰솔(해송)

**82** 토양침식 및 유실에서 유출 토사량의 추정방법으로 틀린 것은?

① 만능토양유실량식에 의한 방법
② 부유사량 측정에 의한 방법
③ 하천퇴적량 측정에 의한 방법
④ 총유실량과 유사운송비 계산에 의한 방법

**83** 유량이 40m³/sec이고, 평균유속이 5m/sec이며, 수로횡단면의 형상 및 크기가 일정할 때 수로횡단면적은?

① 5m²   ② 6m²
③ 7m²   ④ 8m²

**해설**
유량=유속×유적
40=5×유적
∴ 유적=8m²

**84** 토지로부터 가벼운 흙입자나 유기물 등 가용양료를 탈취함으로써 토양 비옥도와 생산성 유지에 지대한 손실을 가져다주는 침식 형태는?

① 우격침식   ② 면상침식
③ 세굴침식   ④ 누구침식

**정답** 78.② 79.① 80.③ 81.③ 82.③ 83.④ 84.②

**해설** 우수침식(강우침식)

- 빗방울침식(우격·타격침식) : 빗방울이 땅 표면의 토양입자를 타격하여 분산 및 비산시키는 침식현상의 가장 초기단계이다.
- 면상침식 : 침식의 초기 유형으로 토양 표면 전반이 얇게 유실되는 침식이다.
- 누구침식 : 침식의 중기 유형으로 토양 표면에 잔 도랑이 불규칙하게 생기면서 깎이는 현상이다.
- 구곡침식 : 침식이 가장 심할 때 생기는 유형으로 도랑이 커지면서 표토뿐만 아니라 심토까지도 심하게 깎이는 현상이다.
- 야계침식(계천·계간침식) : 자연계천이나 하천에 의한 침식이다.

**85** 붕괴형 산사태에 대한 설명으로 맞는 것은?

① 파쇄대 또는 온천지대에서 많이 발생한다.
② 속도는 완만해서 토괴는 교란되지 않고 원형을 유지한다.
③ 이동면적 1ha 이하가 많고, 깊이도 수 m 이하가 많다.
④ 활재(滑材)가 있는 경우가 많고, 지하수가 유인되는 경우가 많다.

**해설**
산사태와 산붕, 땅밀림의 특징

| 구분 | 산사태 및 산붕 | 땅밀림 |
|---|---|---|
| 지질 | 관계가 적음 | 특정 지질·지질구조에서 많이 발생 |
| 토질 | 사질토 | 점성토가 미끄러운 면 |
| 지형 | 20도 이상의 급경사지 | 5~20도의 완경사지 |
| 활동상황 | 돌발성 | 계속성, 지속성 |
| 이동속도 | 굉장히 빠름 | 느림 (0.01~10mm/일) |
| 흙덩이 | 토괴 교란 | 원형 보전 |
| 유인 | 강우·강우강도 | 지하수 |
| 규모 | 작음 | 큼(1~100ha) |
| 징조 | 돌발적으로 발생 | 발생 전 균열, 함몰, 융기, 지하수의 변동 등이 발생 |

**86** 다음 설명에 해당하는 것은?

> 시멘트는 저장 중에 공기 중의 수분을 흡수하여 경미한 수화작용을 일으키고, 그 결과 생긴 수산화칼륨이 공기 중의 이산화탄소와 결합하여 탄산칼륨을 만든다.

① 풍화(Aeration)
② 경화(Hardening)
③ 양생(Curing)
④ 소성(Plaslicity)

**해설**
풍화는 저장 중에 공기와 접촉하면 수분을 흡수하여 경미한 수화작용을 일으키거나 이산화탄소를 흡수하여 응결이 늦어지거나 강도가 저하되는 현상이다.

**87** 경심(涇深)에 대한 설명으로 틀린 것은?

① 물과 접촉하는 수로 주변의 길이를 말한다.
② 유적(流績)을 윤변(潤邊)으로 나눈 것을 말한다.
③ 동수(動水)반지름이라고 한다.
④ 특히 개수로에서는 수리평균심(水理平均深)이라 한다.

**해설**
물과 접촉하는 수로 주변의 길이는 윤변에 해당한다.

**88** 물에 의한 침식의 종류에 해당하지 않는 것은?

① 침강침식
② 지중침식
③ 하천침식
④ 우수침식

**해설**
물에 의한 침식에는 우수(빗물)침식, 하천침식, 지중침식, 바다침식 등이 있다.

**89** 다음 중 수제(水制)의 높이를 결정할 때 고려되어야 할 사항으로 가장 거리가 먼 것은?

① 유수의 저항
② 유수의 전석
③ 하상의 변화
④ 하상의 크기

**정답** 85.③ 86.① 87.① 88.① 89.④

**해설**
수제의 높이는 유수의 저항, 전석, 하상의 변화 및 높이, 수제 근부의 높이 등을 고려하여 결정한다.

**90** 토양 중 화합물의 한 성분으로 토양을 100~110℃로 가열해도 분리되지 않는 결정수는?

① 중력수  ② 모관수
③ 결합수  ④ 흡습수

**해설**
**토양수분의 분류**
- 결합수 : 토양의 고체분자를 구성하는 물로 수목에 흡수되지 않으나 화합물의 성질에 영향을 준다. pF7 이상
- 흡습수 : 토양이 공기 중의 수분을 흡수하여 토양알갱이의 표면에 응축시킨 수분으로 토양알갱이와 매우 굳게 부착되어 수목의 근압으로 흡수하여 이용할 수 없다. pF4.5~7.0 이상
- 모관수 : 작은 공극(모세관)의 모관력에 의하여 유지되는 수분이다. pF2.7~4.2
- 중력수 : 토양공극을 모두 채우고 자체의 중력으로 이동되는 물을 말한다. pF2.7 이하

**91** 우리나라 3대 사방녹화수종에 해당되지 않는 것은?

① 해송
② 참싸리
③ 리기다소나무
④ 졸참나무

**92** 해안사방의 사구조성공법에 해당하지 않는 것은?

① 퇴사울세우기
② 정사울세우기
③ 모래덮기
④ 파도막이

**해설** **퇴사울세우기**
- 퇴사울 : 바다 쪽에서 불어오는 바람에 의해 날리는 모래를 억류하고자 퇴적시켜서 사구를 조성하는 목적의 공작물을 말한다.
- 퇴사울타리공법
  - 말뚝용 재료 : 곰솔, 소나무, 낙엽송, 삼나무 또는 잡목
  - 발의 재료 : 섶, 갈대, 대나무, 억새류 등
  - 높이 : 1.0m

**93** 사방댐의 방수로 크기를 결정할 때 직접적으로 관계가 없는 것은?

① 암반상황  ② 집수면적
③ 황폐상황  ④ 강수량

**해설**
**방수로**
- 댐의 유지면에서 매우 중요하며 크기는 집수면적, 강수량, 산림의 상태, 산복의 경사 등에 의해 결정한다.
- 일반적으로 사다리꼴을 많이 이용하며 방수로의 양옆 기울기는 1:1 즉 45°를 표준으로 한다.

**94** 비탈면에 나무를 심을 때, 고려할 사항으로 틀린 것은?

① 식재한 수목이 만일 넘어진다 하여도 위험성이 없도록 해야 한다.
② 흙쌓기 비탈면에서는 비탈면의 하단부에 식재하는 것이 좋다.
③ 비탈면에는 대묘이식(大苗移植)을 하지 않는 것이 좋다.
④ 일반적으로 비탈면에 관목(灌木)을 심기 위해서는 비탈면을 1:3보다 완만하게 해야 한다.

**해설**
일반적으로 비탈면에 관목(灌木)을 심기 위해서는 비탈면을 1:2보다 완만하게 해야 한다.

**95** 야계사방공사 현장의 가장 일반적인 곡선의 설정법은?

① 교각법  ② 편각법
③ 진출법  ④ (1/4)법

**정답** 90.③ 91.③ 92.② 93.① 94.④ 95.④

**96** 산사태 및 산붕에 대한 일반적인 설명으로 틀린 것은?

① 주로 사질토에서 많이 발생한다.
② 20도 이상의 급경사지에서 많이 발생한다.
③ 강우 특히 강우강도에 영향을 받는다.
④ 징후의 발생이 많고 서서히 활락(滑落)한다.

**해설**

산사태와 산붕, 땅밀림의 특징

| 구분 | 산사태 및 산붕 | 땅밀림 |
|---|---|---|
| 지질 | 관계가 적음 | 특정 지질·지질구조에서 많이 발생 |
| 토질 | 사질토 | 점성토가 미끄러운 면 |
| 지형 | 20도 이상의 급경사지 | 5~20도의 완경사지 |
| 활동상황 | 돌발성 | 계속성, 지속성 |
| 이동속도 | 굉장히 빠름 | 느림 (0.01~10mm/일) |
| 흙덩이 | 토괴 교란 | 원형 보전 |
| 유인 | 강우·강우강도 | 지하수 |
| 규모 | 작음 | 큼(1~100ha) |
| 징조 | 돌발적으로 발생 | 발생 전 균열, 함몰, 융기, 지하수의 변동 등이 발생 |

**97** 콘크리트의 응결경화촉진제로 많이 사용하는 혼화제는?

① 염화칼슘    ② 석회
③ 규조토      ④ 규산백토

**해설**

응결경화촉진제
수화열 발생으로 수화반응을 촉진하여 조기에 강도를 내며, 염화칼슘이 이에 해당한다.

**98** 콘크리트블록과 같은 가벼운 블록으로 비탈면을 처리하기 곤란한 지역에서 거푸집을 설치하고 콘크리트치기를 하여 비탈안정을 위한 틀을 만드는 비탈안정공법은?

① 비탈힘줄박기공법
② 비탈블록붙이기공법
③ 비탈격자틀붙이기공법
④ 비탈지오웨브공법

**99** 비탈다듬기나 단끊기 공사로 생긴 토사의 활동(滑動)을 방지하기 위하여 설치하는 공작물은?

① 산복돌망태흙막이
② 땅속흙막이공작물
③ 산복바자얽기
④ 떼단쌓기

**해설**

땅속흙막이는 비탈다듬기와 단끊기 등으로 생산된 뜬 흙을 산비탈의 계곡부에 투입하여 유실을 방지하는 한편 산각의 고정을 기하고자 축설하는 공법이다.

**100** 황폐 계류 유역을 구분하는데 포함되지 않는 것은?

① 토사 생산 구역
② 토사 퇴적 구역
④ 토사 유과 구역
④ 토사 가름 구역

**정답** 96. ④  97. ①  98. ①  99. ②  100. ④

# 국가기술자격 필기시험문제

2013년 제2회 필기시험

| 자격종목 및 등급(선택분야) | 종목코드 | 시험시간 | 형별 | 수험번호 | 성명 |
|---|---|---|---|---|---|
| 산림기사 | 1564 | 2시간 30분 | | | |

## 제1과목 : 조림학

**1** 제벌의 실행에 관한 설명 중 옳은 것은?

① 생육 휴면기인 겨울철이 적정시기이다.
② 낙엽송은 식재 후 15년 정도가 적정시기이다.
③ 일반적으로 사관간의 경쟁이 시작되고 조림목의 생육이 저해되는 시점이 적정시기이다.
④ 침입수종 제거가 목적으로 조림목은 원칙적으로 제거하지 않는다.

**해설 ❀ 제벌**
- 조림 후 5~10년이 되고 풀베기 작업이 끝난 지 3~5년이 지나 조림목의 수관경쟁과 생육저해가 시작되는 곳으로 조림지 구역 내 군상(무리군, 형상상)으로 발생한 우량 천연림도 보육대상지에 포함된다.
- 작업은 6~9월 사이에 실시하는 것을 원칙으로 하되 늦어도 11월말까지 완료한다.

**2** 파종상에서 2년, 그 뒤 상체상에서 1년을 지낸 3년생 묘목을 가장 잘 표현한 것은?

① 2-1묘    ② 1-2묘
③ 1/2묘    ④ 2-1-1묘

**해설 ❀ 실생묘의 묘령**
- 1-0묘 : 처음 1은 파종상에서 지낸 연수이고, 뒤의 0은 판갈이상에서 지낸 연수이다. 따라서 1년생의 실생묘이다.
- 1-1묘 : 파종상에서 1년, 그 뒤 한 번 이식되어 1년을 지낸 2년생 묘목이다.
- 2-0묘 : 이식이 된 사실이 없는 2년생묘이다.
- 2-1묘 : 파종상에서 2년, 이식상에서 1년을 보낸 3년생 묘목이다.

**3** 다음 수목 중 자웅이주가 아닌 것은?

① 소나무    ② 은행나무
③ 꽝꽝나무    ④ 호랑가시나무

**해설 ❀ 생식 생장**
- 자웅동주 : 한그루에 암꽃과 수꽃이 함께 달리는 것으로 소나무, 밤나무, 자작나무, 삼나무 등이 있다.
- 자웅이주 : 암꽃이 달리는 그루와 수꽃이 달리는 그루가 각각 따로 존재하는 것으로 버드나무, 은행나무, 소철, 호랑가시나무, 주목 등이 있다.

**4** 생가지치기를 피해야 하는 수종으로 적합하지 않은 것은?

① 벚나무류    ② 단풍나무류
③ 느릅나무류    ④ 참나무류

**해설 ❀ 활엽수의 가지치기**
- 참나무류(신갈나무 제외), 포플러나무류는 으뜸가지 이하의 가지만을 잘라 준다.
- 일반적으로 상처의 유합이 잘되지 않고 썩기 쉽기 때문에 직경 5cm 이상의 가지는 원칙적으로 자르지 않는다.
- 단풍나무, 느릅나무, 벚나무, 물푸레나무 등은 상처 유합이 잘되지 않고 썩기 쉬우므로, 죽은 가지만 잘라 주고, 밀식으로 자연 낙지를 유도한다.

**5** 우수우상복엽이며 소엽은 긴 타원형이고 가장자리에 파상톱니가 있고 가끔 가시가 줄기에 발달하는 콩과의 교목성 식물은?

① 아까시나무    ② 다릅나무
③ 회화나무    ④ 주엽나무

**해설 ❀ 우수우상복엽**
작은 잎이 줄기 양쪽에 줄지어 붙어 전체적으로 마치 깃

**정답** 1.③  2.①  3.①  4.④  5.④

털을 연상케 하는 잎을 우상복엽(깃꼴겹잎)이라고 하는데, 이때 작은잎의 개수가 짝수일 때를 말한다.

**6** 지위가 중(中)인 일반 활엽수림의 간벌 개시 연령으로 옳은 것은?

① 10~20년  ② 20~30년
③ 30~40년  ④ 40~50년

**7** 파종 1개월 정도 전에 노천매장 하여 발아촉진에 도움이 되는 수종은?

① 소나무  ② 잣나무
③ 느티나무  ④ 은행나무

**해설**
노천매장법은 낙엽송, 소나무류, 삼나무, 편백 등의 저장종자에 효과가 있다.

**8** 삽목 발근이 용이한 수종만으로 나열된 것은?

① 감나무, 자작나무
② 꽝꽝나무, 동백나무
③ 백합나무, 사시나무
④ 두릅나무, 산초나무

**해설**
삽목 발근이 용이한 수종에는 포플러류, 버드나무류, 은행나무, 사철나무, 플라타너스, 개나리, 진달래, 주목, 측백나무, 화백, 향나무, 히말라야시다, 동백나무, 치자나무, 닥나무, 모과나무, 삼나무, 쥐똥나무, 무궁화, 꽝꽝나무 등이 있다.

**9** 다음 중 지리산에서 낙엽분해에 소요되는 기간이 가장 짧은 수종은?

① 일본잎갈나무
② 전나무
③ 서어나무
④ 졸참나무

**10** 산림이나 묘포장 토양의 토양산도에 대하여 바르게 기술하고 있는 것은?

① pH4.0~4.7인 토양은 망간, 알루미늄이 다량 용해되어 나무의 생육에 이롭다.
② pH6.6~7.3인 토양에서는 미생물의 활동이 왕성하고 양료의 이용이 높으며, 부식의 형성이 쉽게 진전된다.
③ 묘포토양으로서는 pH6.5 이상이 되어야 좋다.
④ pH7.4~8.0의 토양산도는 침엽수종의 생육에 유리하다.

**해설**
묘포토양은 pH5.5~6.5, 침엽수의 토양산도는 pH5.0~5.5가 적당하다.

**11** 판갈이(상체) 밀도에 대한 설명 중 옳은 것은?

① 묘목이 클수록 밀식한다.
② 양수는 음수보다 밀식한다.
③ 땅이 비옥할수록 소식한다.
④ 잎과 가지가 확장하는 것은 밀식한다.

**해설**
판갈이의 밀도는 묘목이 클수록, 지엽이 옆으로 확장할수록, 양수는 음수보다, 땅이 비옥할수록, 판갈이상에 거치할 때 소식한다.

**12** 다음 중 입지의 종류가 아닌 것은?

① 자연적 입지
② 경제적 입지
③ 정책적 입지
④ 행정적 입지

**해설**
입지는 인간이 경제 활동을 하기 위하여 선택하는 장소를 말하는 것으로, 경제 활동의 종류에 따라 각기 다르게 결정된다.
경제 활동의 입지를 결정하는 요인으로는 지형·기후 등의 자연적 요인, 수익성·지가·임대료 등의 경제적 요인, 소비자 연령층·소득 수준 등의 문화적 요인, 도로와의 접근성과 주차 공간 등의 교통 요인, 소비 형태·입지 결정자의 정서 등과 같은 심리적 요인, 국가 및 지방자치단체의 정책적 요인에 따른 정책적 요인 등이 있다.

**정답** 6. ③  7. ①  8. ②  9. ③  10. ②  11. ③  12. ④

**13** 숲을 구성하고 있는 나무 중에서 성숙목을 국소적으로 선택해서 일부 벌채하고, 이와 동시에 불량한 어린 나무도 제거해서 갱신이 이루어지도록 하는 것은?

① 택벌작업　② 왜림작업
③ 죽림작업　④ 개벌작업

**14** 은행나무 등의 겉씨식물이 출현하기 시작한 지질시대는?

① 선캄브리아대　② 고생대
③ 중생대　④ 신생대

> **해설**
> 신생대는 약 7천만 년 전까지이며, 포유류가 번성하고, 히말라야산맥과 알프스산맥이 형성된 시기이다.

**15** 수목 호르몬인 지베렐린에 대한 설명으로 틀린 것은?

① 벼의 키다리병을 일으키는 곰팡이에서 처음 추출된 호르몬이다.
② 거의 모든 지베렐린은 알카리성을 띤다.
③ 줄기의 신장을 촉진한다.
④ 개화 및 결실을 돕는 역할을 한다.

> **해설 지베렐린**
> • 식물 체내에서 생합성이 되어 모든 기관에 널리 분포하며 특히 미숙종자에 많이 함유되어 있다.
> • 종자의 휴면타파 및 호광성 종자의 암발아(어두운 곳에서 발아) 유도, 화성(꽃이 피도록 조장하는 것)의 유도 및 촉진 기능이 있다.
> • 벼의 키다리병을 일으키는 곰팡이에서 처음 추출되었다.

**16** 갱신의 방법에서 인공조림에 의한 방법이 아닌 것은?

① 파종 조림　② 식수 조림
③ 삽목 조림　④ 맹아 갱신

> **해설 왜림작업**
> 활엽수림에서 연료재 생산을 목적으로 비교적 짧은 벌기령으로 개벌하고 근주(움)로부터 나오는 맹아로 갱신하는 방법이다.

**17** 다음 중 묘목의 광보상점이 가장 낮은 수종은?

① 미송
② 굴참나무
③ 설탕단풍나무
④ 스트로브잣나무

> **해설**
> 설탕단풍나무(Acer saccharum)
> • 북아메리카 원산인 낙엽교목으로 잎은 어긋난다.
> • 손바닥 모양의 원형으로 3~5갈래이다.
> • 끝이 뾰족하고, 밑이 심장형이며 양 면에 털이 없다.
> • 꽃은 잡성화로 가지 끝에 산방꽃차례로 달린다.
> • 화축은 아주 짧고, 꽃자루는 길며, 황록색으로 꽃잎은 없다.
> • 열매는 시과이며 원산지에서는 수액에서 설탕을 빼고 있으나, 한국에서 심는 것은 당량이 저하되어 경제 가치가 별로 없다.
> • 캐나다의 국기에 들어 있다

**18** 다음 중 수목종자의 표준품질기준에서 효율이 가장 높은 수종은?

① 주목
② 잣나무
③ 소나무
④ 은행나무

> **해설**
> 소나무(81.6%) 〉 은행나무(65.8%) 〉 잣나무(63%) 〉 주목(52.9%)

**19** 장령림의 시비에 대한 설명으로 올바른 것은?

① 항공시비에서는 가루 형태의 비료보다 굵은 입자 형태의 비료를 살포하는 것이 좋다.
② 임지 시비의 시기는 노동력을 동원하기 쉬운 늦여름이나 초가을이 적기이다.
③ 임지 시비는 묘목을 식재한 이듬해의 가을에 1회 시비하는 것만으로 충분하다.
④ 뿌리가 땅속 깊이 뻗어있기 때문에 구덩이를 깊이 파고 시비해야 한다.

**정답** 13.① 14.③ 15.② 16.④ 17.③ 18.③ 19.①

**해설**
**임지 시비의 방법**
- 식혈시비 : 뿌리 주위에 구덩이를 파서 시비한다.
- 전면시비 : 수관의 밑을 가볍게 파고 전면에 시비한다.
- 환상시비 : 구덩이를 파지 않고 원 둘레 전체에 홈을 파서 고루 시비한다.
- 측방시비 : 묘목의 줄기를 중심으로 가장 긴 가지의 길이를 반지름으로 하는 원 둘레에 구멍을 파고 시비한다.

**20** 가을에 종자가 모수로부터 떨어질 때 미성숙한 배의 형태로 떨어지는 수종은?
① 층층나무
② 은행나무
③ 싸리나무
④ 상수리나무

### 제2과목 : 산림보호학

**21** 잣나무 털녹병의 중간기주에 발생하는 포자 형태가 아닌 것은?
① 여름포자
② 녹포자
③ 겨울포자
④ 담자포자

**해설**
잣나무 털녹병은 중간기주에서 여름포자, 겨울포자, 담자포자를 형성한다.

**22** 수목의 그을음병을 방제하는 데 가장 적합한 것은?
① 흡즙성곤충을 방제한다.
② 해가림시설을 설치한다.
③ 방풍시설을 설치한다.
④ 중간기주를 제거한다.

**해설** **수목의 그을음병**
- 잎, 줄기, 가지 등에 그을음이 생긴 듯한 모양을 띤다.
- 보통 진딧물·깍지벌레 등이 기생한 후 분비물 위에서 번식하며, 그을음의 물질은 균사·포자 등의 덩어리이다.
- 자낭균에 의한 수목병, 흡즙성곤충방제, 탄소동화작용을 방제하는 외부 착생균이 대부분이다.
- 살충제로 진딧물, 깍지벌레 등을 구제하여 방제한다.

**23** 수목의 잎을 가해하는 곤충이 아닌 것은?
① 대벌레
② 솔나방
③ 참나무재주나방
④ 박쥐나방

**해설** **박쥐나방**
- 버드나무, 미류나무, 단풍나무, 플라타너스나무, 밤나무, 참나무, 아카시나무, 오동나무 등을 가해하며, 1년에 1회 발생한다.
- 알 형태로 월동한다.
- 방제는 알락박쥐나방과 같다.
- 수목의 지제 부위(땅의 표면 위에 올라온 부위)를 가해한다.
- 나무의 수피와 목질부 표면을 환상으로 식해하며 거미줄을 토하여 식해 부위를 철해 놓는다.

**24** 파이토플라즈마에 의한 수목병이 아닌 것은?
① 대추나무 빗자루병
② 오동나무 빗자루병
③ 벚나무 빗자루병
④ 붉나무 빗자루병

**해설**
파이토플라즈마는 대추나무빗자루명, 오동나무 빗자루병, 뽕나무 오갈병 등의 병원이다.

**25** 모잘록병균의 중요한 월동 장소는?
① 토양
② 수피사이
③ 중간기주
④ 병든 나무의 가지

**해설** **모잘록병**
- 토양 서식 병원균에 의하여 당년생 어린묘의 뿌리 또는 땅가부분의 줄기가 침해되어 말라 죽는 병이다.
- 침엽수 중에서는 소나무류, 낙엽송, 전나무, 가문비나무 등, 활엽수 중에는 오동나무, 아까시나무, 자귀나무에 많이 발생한다.
- 밤바구미, 잣나무넓적잎벌 등과 같이 토양에서 월동한다.

**정답** 20.② 21.② 22.① 23.④ 24.③ 25.①

**26** 솔잎혹파리 성숙유충의 크기는?
① 0.5mm~1.0mm
② 1.0mm~1.5mm
③ 1.7mm~2.8mm
④ 3.5mm 내외이다.

> **해설** 솔잎혹파리
> • 유충이 적송·흑송 등의 두침엽의 접합부에 기생하여 혹을 만들어 피해를 준다. 1년 1회 발생하며, 유충으로 땅속 또는 충영 속에서 월동한다. 6월 상순이 성충의 우화 최성기이며, 성숙 유충의 크기는 1.7~2.8mm이다.
> • 성충 우화 시기(5~6월)에 ha당 30~50kg의 살충제를 살포하고, 다이메크론 50% 유제를 흉고직경 1cm당 0.3~0.7ml 정도로 수간주사를 실시한다. 또한 하기벌목(충영 속의 유충 제거), 간벌(고립목의 경우 피해를 덜 입음), 천적(먹좀벌·거미류·개미·박새류) 보호, 비료 주기 등의 방법으로 방제한다.

**27** 불리한 환경에 따른 곤충의 활동정지(Quiescence)와 휴면(Diapause)에 대한 설명으로 옳은 것은?
① 일장은 휴면으로의 진입여부 결정에 중요한 요소는 아니다.
② 활동정지는 환경조건이 호전되면 곧 발육이 재개된다.
③ 의무적 휴면의 예는 미국흰불나방에서 찾아볼 수 있다.
④ 기회적 휴면은 1년에 한 세대만 발생하는 곤충이 갖는다.

> **해설**
> 의무적 휴면은 매 세대 휴면에 들어가는 것을 의미한다.

**28** 다음 중 생엽의 발화 온도가 가장 높은 수종은?
① 피나무
② 뽕나무
③ 은행나무
④ 네군도단풍나무

**29** 나무병은 다음 중 어느 병원체에 의하여 가장 많이 발생하는가?
① 바이러스
② 박테리아(세균)
③ 곰팡이(진균)
④ 파이토플라즈마

> **해설**
> 나무병은 생물성 병원 중 진균에 의한 병이 가장 많고 그 다음이 세균 및 바이러스에 의한 것이다.

**30** 다음 중 나무좀, 하늘소, 바구미 등과 같은 천공성해충을 방제하는 데 가장 적합한 방법은?
① 경운법
② 훈증법
③ 온도처리법
④ 번식장소 유살법

> **해설**
> 번식처 유살은 통나무(나무좀, 하늘소, 바구미)나 입목(좀)을 이용한다.

**31** 다음 침엽수 중 내화력이 가장 강한 수종은?
① 삼나무
② 편백
③ 해송
④ 가문비나무

> **해설**
> 수목의 내화력

| 구분 | 강한 수종 | 약한 수종 |
|---|---|---|
| 침엽수 | 은행나무, 낙엽송, 분비나무, 가문비나무, 개비자나무, 대왕송 | 소나무, 해송, 삼나무, 편백 |
| 상록 활엽수 | 아왜나무, 굴거리나무, 후피향나무, 붓순, 황벽나무, 동백나무, 사철나무, 회양목 | 녹나무, 구실잣밤나무 |
| 낙엽 활엽수 | 굴참나무, 상수리나무, 고로쇠나무, 피나무, 고광나무, 가중나무, 참나무, 사시나무, 음나무 | 아까시나무, 벚나무, 능수버들, 벽오동나무, 참죽나무, 조릿대 |

**32** 임연부(Forest Edge)에 대한 설명으로 틀린 것은?
① 햇빛이 잘 들기 때문에 종자와 과실의 생산량이 많다.

**정답** 26.③ 27.② 28.④ 29.③ 30.④ 31.④ 32.④

② 산림과 다른 환경유형이 인접하는 곳을 임연부라 한다.
③ 고라니나 노루는 임연부 환경을 선호한다.
④ 임연부의 무성한 관목으로 인해 둥지를 만들기 어렵다.

**33** 농약의 독성을 표시하는 단위에서 LD50이란?
① 50% 치사에 필요한 농약의 침투 속도
② 50% 치사에 필요한 농약의 종류
③ 50% 치사에 필요한 농약의 양
④ 50% 치사에 필요한 시간

**34** 참나무 시들음병에 대한 설명으로 틀린 것은?
① 매개충은 광릉긴나무좀이다.
② 피해목은 초가을 모든 잎이 낙엽된다.
③ 피해목의 변재부는 병원균에 의하여 변색된다.
④ 매개충의 암컷 등판에는 곰팡이를 넣는 균낭이 있다.

해설
참나무 시들음병은 진균으로서 신갈나무에서 가장 심하게 나타난다. 매개충은 광릉긴나무좀이다.

**35** 다음 중 물에 타서 사용하는 약제가 아닌 것은?
① 액제  ② 분제
③ 유제  ④ 수화제

해설
분제는 유효성분을 고체증량제와 소량의 보조제를 혼합하여 분쇄한 분말이다.

**36** 주로 묘포의 종자를 가해하는 조류로만 짝지어진 것은?
① 백로, 왜가리   ② 박새, 딱따구리
③ 참새, 할미새   ④ 어치, 동박새

해설
할미새와 참새는 봄철 파종상에서 낙엽송, 가문비나무, 소나무 등의 소립종자를 식해하고 발아 후에도 씨껍질이 벗겨지지 않는 동안 피해를 주며 묘포지에 많다.

**37** 대추나무 빗자루병의 내과요법으로 많이 이용되고 있는 약제는?
① 베노밀(Benomyl)수화제
② 스트렙토마이신(Streptomycin)수화제
③ 아진포스메틸(AzinpHos-methil)수화제
④ 옥시테트라사이클린(Oxytetracycline)수화제

해설 대추나무 빗자루병
• 가는 가지와 황녹색의 아주 작은 잎의 밀생 및 빗자루모양이며, 전신성병 병든 나무의 분수를 통해 차례로 전염된다.
• 땅속에서는 뿌리에 의한 전염 우려가 있어 밀식과 간작을 피한다.
• 매개충은 마름무늬매미충이며, 분주에 의한 전반이 나타난다.
• 옥시테트라사이클린으로 방제한다.

**38** 미국흰불나방의 월동 형태로 가장 적합한 것은?
① 알      ② 성충
③ 번데기   ④ 유충

해설 미국흰불나방
• 활엽수를 가해하며 1년 2회 발생한다.
• 나무껍질 사이·판자 틈·돌 밑·지피물 밑 등에서 번데기로 월동. 1회 성충은 5월 중순~6월에 출현한다.
• 방제법은 부화 직후의 유충은 군서하므로 포살, 용화할 때가 되면 땅으로 내려오므로 식이목을 설치한다.
• 살충제로는 디프테렉스(1000배액)가 효과적이다.

**39** 대추나무 빗자루병에 대한 설명으로 틀린 것은?
① 감염 시 꽃봉오리가 잎으로 변한다.
② 대추나무 흉고 직경 10~15cm 기준으로 항생제를 1회 5g/1ℓ을 수간주입 한다.
③ 매개충은 마름무늬매미충이다.
④ 병든 가지와 줄기는 제거하여 소각처리한다.

정답  33.③  34.②  35.②  36.③  37.④  38.③  39.②

**해설**
대추나무 흉고 직경 10~15cm 기준으로 항생제를 1회 10g/1ℓ을 수간주입 해야 한다

**40** 포스팜 50% 액제 50cc를 포스팜 농도 0.5%로 희석하려고 할 경우 요구되는 물의 양은? (단, 원액의 비중은 1이다.)
① 4,500cc  ② 4,950cc
② 5,500cc  ④ 6,000cc

**해설**
희석할 물의 양 = $50 \times \left(\frac{50}{0.5} - 1\right) \times 1 = 4,950cc$

### 제3과목 : 임업경영학

**41** 임목의 흉고직경(DBH)을 측정하기 위해 사용되는 여러 가지 기구가 있다. 다음 중 나무의 둘레를 측정하여 직접 직경을 구할 수 있도록 고안된 기구는?
① 윤척(Caliper)
② 직경테이프(Diameter Tape)
③ 빌티모아 스틱(Biltmire Stick)
④ 슈피겔 렐라스코프(Spiegel Relascope)

**해설**
직경테이프는 원 둘레를 측정할 수 있으며, 휴대가 간편하다.

**42** 임업원가 관리에 있어서 원가의 유형은 사용 목적에 따라 여러 가지로 분류할 수 있다. 다음 중 기회원가에 대한 설명으로 옳은 것은?
① 특정 부문의 제품 또는 공정별로 쉽게 알아낼 수 있는 원가를 말한다.
② 제품의 생산수준에 따라 비례적으로 변동하는 원가를 말한다.
③ 제품의 생산수준이 변하여도 총액이 고정되어 있는 원가를 말한다.
④ 여러 가지 생산 활동 방안 중에서 어느 한 가지를 선택함으로써 다른 방안을 선택할 수 없게 되어 포기한 수익을 말한다.

**43** 산림을 비축적 자산의 하나로 보유하는 산림의 경영형태는?
① 종속적 임업경영  ② 부차적 임업경영
③ 주업적 임업경영  ④ 가업적 임업경영

**44** 통나무의 중앙단면적이 0.25m²이고 길이가 15m라고 할 때 이 통나무의 재적을 후버(Huber)식에 의해 구하면 얼마인가?
① 2.25m³  ② 2.75m³
③ 3.25m³  ④ 3.75m³

**해설**
후버식 = $0.25 \times 15 = 3.75m^3$

**45** 다음 중 자산, 부채, 자본의 관계를 잘 나타낸 것은?
① 자산=자본-부채  ② 자산=자본+부채
③ 자산=부채-자본  ④ 자산=자본/부채

**해설**
자산은 자본과 부채의 합계이다.

**46** 다음 그림과 같은 4가지 형태의 산림의 구조 중 속성수 도입 및 복합임업경영(혼농임업 등)도입이 필요한 산림구조는?

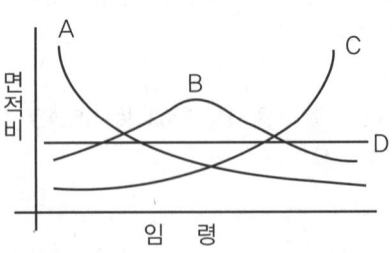

① A형 산림구조  ② B형 산림구조
③ C형 산림구조  ④ D형 산림구조

**정답** 40.② 41.② 42.④ 43.② 44.④ 45.② 46.①

해설
- A : 유령림이 많은 산림
- B : 장령림이 많은 산림
- C : 성숙림이 많은 산림
- D : 유령림, 장령림, 성숙림이 혼재한 산림

**47** 임지의 평가에서 똑같은 산림경영패턴이 영구히 반복된다는 것을 가정한 평가법은?

① 임지비용가법  ② 임지기망가법
③ 임지예상가법  ④ 임지매매가법

해설
- 임지를 임목생산에 이용하여 그 임지에서 영구히 순수입을 얻을 수 있다고 할 때 그 순수입을 현재의 가치로 환산한 것을 토지기망가라고 한다.
- 임지에 대한 장래 기대되는 순수입의 자본가가 최대가 되는 시기 즉, 토지기망가가 최대가 되는 시기를 벌기령으로 정하는 것이다.

**48** 임업투자계획의 경제성을 평가하는 방법이 아닌 것은?

① 순현재가치의 방법
② 편익비용비의 방법
③ 수확표에 의한 방법
④ 내부수익률의 방법

**49** 임업소득의 계산방법 중 옳은 것은?

① 가족노동에 귀속하는 소득=임업소득-(지대+자본이자)
② 경영관리에 귀속하는 소득=임업소득-(지대+자본이자)
③ 임지에귀속하는소득=임업소득-(지대+가족노임추정액)
④ 자본에 귀속하는 소득=임업순수익-(지대+자본이자)

해설 **산림경영 성과의 계산 방법**
- 산림(임업)소득=산림(임업)조수익-산림(임업)경영비
- 임가소득=산림소득+농업소득+기타소득
- 산림순수익=산림소득-가족노임추정액=산림조수익-산림경영비-가족노임추정액
- 산림조수익=산림현금수입+임산물가계소비액+미처분임산물증감액+산림생산자재재고증감액+임목성장액
- 산림경영비=산림현금지출+감가상각비+미처분임산물재고감소액+산림생산자재재고감소액+주임목감소액

**50** 매년 말에 풀베기 작업을 통해 1,000,000원의 수입을 얻을 수 있는 임지가 있다면 이 임지의 자본가는 얼마인가? (단, 이자율은 8%이다.)

① 925,926원
② 1,250,000원
③ 12,500,000원
④ 80,000원

해설
무한연년이자 = $\dfrac{1,000,000}{0.08}$ = 12,500,000원

**51** 산림의 생산력 발전 단계 중 노동생산성이 작업노동과 관리노동으로 분리 취급된 단계는?

① 자연자원 보존의 단계
② 자본장비 확충의 단계
③ 자연력 의존의 단계
④ 자연력 통제의 단계

**52** 다음 임업자본 중 유동자본에 해당하지 않는 것은?

① 관리비
② 조림비
③ 임금
④ 차량

해설 **고정자본재**
- 일반 고정사업 자본 : 임지, 건물, 벌목기구, 기계 등
- 운반장치 자본 : 임도, 차도, 차량, 삭도, 운하, 하천 등
- 제재소설비 자본 : 육림자가 제재하여 판매하려 할 때 설치하는 제재설비

**정답** 47. ②  48. ③  49. ①  50. ③  51. ④  52. ④

**53** 수확을 위한 벌채는 입목의 평균수령이 기준 벌기령 이상에 해당하는 임지에서 실행하는데 다음 중 수확을 위한 벌채 실행방법이 아닌 것은 무엇인가?

① 솎아베기
② 골라베기
③ 왜림작업
④ 모수작업

**54** 우리나라 국유림의 경영계획구 명칭은 보통의 경우 어떻게 부여하는가?

① 행정구역상 시, 군 단위 명칭
② 행정구역상 읍, 면 단위 명칭
③ 행정구역상 리, 마을 단위 명칭
④ 해당 지방산림청의 명칭

**55** 효과적인 휴양자원 관리를 위해서는 휴양지역의 속성, 즉 그 지역의 특성을 아는 것이 중요하다고 한다. 그 이유에 가장 합당한 것은?

① 다른 자원의 이용에 대한 경쟁력과 갈등을 규명하는 데 기초정보를 제공한다.
② 야외 휴양지는 많은 위험요소를 가지고 있어 이를 사전에 예방할 수 있다.
③ 야외활동을 통하여 이용객의 욕구를 충족시킬 수 있는 서비스 개발이 가능하다.
④ 현재의 수준을 파악하여 서비스의 질을 더욱 높은 수준으로 개선하는 계기가 된다.

**56** 산림문화 · 휴양에 관한 법률에 따라 자연휴양림 지정을 위한 타당성평가 기준으로 틀린 것은?

① 경관 : 표고차, 임목, 수령, 식물 다양성 및 생육 상태 등이 적정할 것
② 위치 : 접근도로 현황 및 인접도시와의 거리 등에 비추어 그 접근성이 용이할 것
③ 수계 : 계류 길이, 계류 폭, 수질 및 유수기간 등이 적정할 것
④ 휴양요소 : 유용적 · 문화적 유산, 산림문화자산 및 특산물 등이 다양할 것

해설 ❓ 휴양유발
유용적 · 문화적 유산, 산림문화자산 및 특산물 등이 다양해야 한다.

**57** 산림문화 · 휴양에 관한 법률에 따라 자연휴양림시설에서 〈보기〉와 같은 설치기준에 해당하는 것은?

〈보기〉
• 산사태 등의 위험이 없을 것
• 일조량이 많은 지역에 배치하되, 바깥의 조망이 가능하도록 할 것

① 편익시설   ② 숙박시설
③ 위생시설   ④ 안전시설

**58** 휴양지는 생태적 수용, 물리적 수용, 시설적 수용, 사회적 수용으로 분류된다. 그중 생태적 수용력에서 중요시되는 영향 인자는?

① 시설의 점유율
② 특정 동 · 식물의 관찰 개체 수
③ 이용자 수
④ 이용자간 인간관계

해설 ❓
생태적 수용력은 이용자의 영향을 지탱할 수 있는 자연 생태계 능력의 한계를 말한다.

**59** 어떤 임목의 흉고단면적이 $0.1m^2$, 수고가 14m일 때 형수법에 의해 이 임목의 재적을 구하면? (단, 형수는 0.4이다.)

① $0.14m^3$   ② $0.56m^3$
③ $1.4m^3$    ④ $5.6m^3$

해설 ❓
$0.1 \times 14 \times 0.4 = 0.56m^2$

정답  53.①  54.①  55.①  56.④  57.②  58.②  59.②

**60** 매년 800,000원씩 조림비를 5년간 지불한다면 마지막 지불이 끝났을 때의 유한연년수입의 후가합계식을 이용하여 후가를 계산하면 약 얼마인가? (단, 이율은 5%이고, $1.05^5=1.2763$을 적용한다.)

① 4,420,800원
② 4,410,000원
③ 5,526,000원
④ 5,700,000원

**해설**
유한연년이자는 매년말 r씩 n회 얻을 수 있는 이자의 후가합계를 말한다.

유한연년이자 $= \dfrac{800,000[(1.05)^5-1]}{0.05} = 4,420,800$원

---

### 제4과목 : 임도공학

**61** 임업토목시공 작업별 적용기종 중 제근을 주로 하는 기종은?

① Backhoe
② Tractor-shovel
③ Rake Dozer
④ Road Roller

**62** 옹벽의 안정 정도를 계산 검토해야 하는 조건이 아닌 것은?

① 전도에 대한 안정
② 활동에 대한 안정
③ 침하에 대한 안정
④ 외부응력에 대한 안정

**해설** 옹벽의 안정조건
- 활동에 대한 안정 : 저항력의 총합이 원칙적으로 수평외력의 총합 이상으로 되어야 한다.
- 전도에 대한 안정 : 합력 작용선이 제체의 중앙 1/3보다 하류 측을 통과하면 댐 몸체의 상류측에 장력이 생기므로 합력작용선이 제체의 1/3을 통과하도록 한다.
- 내부응력에 대한 안정 : 제체에서의 최대 압축력은 그 허용압축을 초과하지 않아야 한다.
- 침하에 대한 안정 : 제저에 발생하는 최대압축응력이 지반의 허용압축강도보다 작으면 지반은 안전하다.

**63** 축척이 1:25000의 지형도에서 도상거리가 8cm일 때 지상거리는 몇 km인가?

① 2      ② 3
③ 4      ④ 5

**해설**
25000×8cm=200,000cm=2km

**64** 지형도 1:25000에서 주곡선의 간격은?

① 5m
② 10m
③ 15m
④ 20m

**해설** 지형도의 축척

| 축척 | 1/5,000 | 1/25,000 | 1/50,000 |
|---|---|---|---|
| 계곡선 | 25m | 50m | 100m |
| 주곡선 | 5m | 10m | 20m |
| 간곡선 | 2.5m | 5m | 10m |
| 조곡선 | 1.25m | 2.5m | 5m |

**65** 토목작업 시 깎아낸 흙이 부족할 때에는 다른 곳에서 파 와야 된다. 이렇게 필요한 흙을 채취하는 곳을 무엇이라 하는가?

① 취토장      ② 사토장
③ 집재장      ④ 토장

**해설**
- 사토장 : 토목공사를 할 때 산을 깎거나 터널공사를 하게 되면 발생되는 토사 및 돌을 임시 야적한 후에 필요한 성토부지에 매립할 때 사용하는 임시 야적장이다.
- 취토장 : 흙을 채취하는 곳이다.
- 집재장 : 채벌장에서 벤 통나무를 쌓아 모아두는 곳이다.
- 토장 : 집재장. 목재를 반출하여 가공할 때까지 일시적으로 집적·저장하는 장소. 반출단계에 의하여 산원, 역, 공장 등이 이에 해당된다.

**정답** 60. ① 61. ③ 62. ④ 63. ① 64. ② 65. ①

**66** 임도의 종단물매가 4%, 횡단물매가 3%일 때의 합성물매는?

① 3%  ② 5%
③ 7%  ④ 9%

**해설**
합성물매 = $\sqrt{종단물매^2 + 횡단물매^2}$
= $\sqrt{4^2 + 3^2}$ = 5%

**67** 임도노면 포장공사의 방법에는 여러 가지가 있으나 부순 돌을 재료로 하여 표층을 부설한 길을 쇄석도 또는 머캐덤도라고도 한다. 다음 중 머캐덤도의 설명으로 틀린 것은?

① 교통체 머캐덤도-쇄석이 교통과 강우로 인하여 다져진 도로
② 수체 머캐덤도-쇄석의 틈 사이에 모래 및 마사를 삼투시켜 롤러로 다져진 도로
③ 역청 머캐덤도-쇄석을 타르나 아스팔트로 결합 시킨도로
④ 시멘트 머캐덤도-쇄석을 시멘트로 결합 시킨 도로

**해설**
수체 머캐덤도는 쇄석의 틈 사이 석분을 물로 삼투시켜 롤러로 다져진 도로를 말한다.

**68** 임도 구조와 구성요소에 대한 연결이 잘못된 것은?

① 시거-노체길
② 길어깨-횡단선형
③ 최급 물매-종단선형
④ 최소곡선반지름-평면선형

**해설**
시거는 횡단선형이다.

**69** 토양이 흩어진 후에는 수축하기 때문에 흙쌓기 후에는 얼마간의 더쌓기를 실시한다. 흙쌓기의 높이가 3m라면 더쌓기의 높이 기준은?

① 흙쌓기 높이의 10%
② 흙쌓기 높이의 20%
③ 흙쌓기 높이의 25%
④ 흙쌓기 높이의 30%

**해설** 흙쌓기와 더쌓기의 높이

| 흙쌓기의 높이(m) | 더쌓기의 높이(%) | 흙쌓기의 높이(m) | 더쌓기의 높이(%) |
|---|---|---|---|
| 3까지 | 높이의 10 | 9~12까지 | 높이의 6 |
| 3~6까지 | 높이의 8 | 12 이상 | 높이의 6 |
| 6~9까지 | 높이의 7 | | |

**70** 임도망 계획 시 고려해야 할 사항으로 틀린 것은?

① 신속한 운반이 되도록 한다.
② 운재비가 적게 들도록 한다.
③ 운반량에 제한을 두도록 한다.
④ 일기 및 계절에 따른 운재능력의 제한이 없도록 한다.

**해설**
임도망 계획 시 고려사항
• 운재비가 적게 들고, 신속한 운반이 되도록 한다.
• 운반 도중 목재의 손실이 적도록 한다.
• 운반량에 제한이 없도록 한다.
• 원목시장과 관계자들의 출입을 고려하여 시장에서 단거리에 위치시키고, 인접된 경영계획구와 마을 사이를 연계하여 상호협력 및 유지관리가 편하도록 한다.
• 일기 및 계절에 따른 용량의 제한이 없도록 한다.
• 운재방법이 단일화 되도록 한다.
• 휴양 거점 지역을 통과하도록 배치한다.

**71** 임도의 횡단선형 중 임도의 너비로 맞는 것은?

① 차도너비
② 차도너비+길어깨너비
③ 차도너비+길어깨너비+옆도랑
④ 차도너비+길어깨너비+옆도랑+성토의 비탈면

**정답** 66. ② 67. ② 68. ① 69. ① 70. ③ 71. ②

**72** 평판 측량에 있어 평판 설치의 3요소가 아닌 것은?

① 치심  ② 시준
③ 표정  ④ 정치

**해설** 평판 측량의 3요소
- 정준 : 수평 맞추기
- 구심 · 치심 : 중심 맞추기
- 표정 : 평판을 일정한 방향으로 고정

**73** 임도에서 콘크리트옹벽의 제작 과정을 순서대로 바르게 나열한 것은?

| ㄱ. 양생 | ㄴ. 콘크리트 치기 |
| ㄷ. 콘크리트 다지기 | ㄹ. 콘크리트 비비기 |

① ㄹ → ㄴ → ㄷ → ㄱ
② ㄱ → ㄷ → ㄴ → ㄹ
③ ㄱ → ㄴ → ㄷ → ㄹ
④ ㄴ → ㄷ → ㄹ → ㄱ

**74** 임의의 등고선과 교차되는 두 점을 지나는 임도의 노선물매가 10%이고, 등고선 간격이 5m일 때 두 점 간의 수평거리는?

① 5m  ② 50m
③ 10m  ④ 100m

**해설**
노선물매(10%) = $\dfrac{5}{\text{수평거리}} \times 100$

∴ 수평거리 = 50m

**75** 임도망 계획 시 고려하지 않아도 되는 사항은?

① 신속한 운재와 비용을 줄인다.
② 임목 벌채량을 적게 한다.
③ 운반량의 탄력성이 있도록 한다.
④ 목재운반에 일관성이 있어야 한다.

**해설** 임도망 계획 시 고려사항
- 운재비가 적게 들고, 신속한 운반이 되도록 한다.
- 운반 도중 목재의 손실이 적도록 한다.
- 운반량에 제한이 없도록 한다.
- 원목시장과 관계자들의 출입을 고려하여 시장에서 단거리에 위치시키고, 인접된 경영계획구와 마을 사이를 연계하여 상호협력 및 유지관리가 편하도록 한다.
- 일기 및 계절에 따른 용량의 제한이 없도록 한다.
- 운재방법이 단일화 되도록 한다.
- 휴양 거점 지역을 통과하도록 배치한다.

**76** 다음 중 임도교량의 활하중에 속하는 것은?

① 주보의 무게
② 통행하는 트럭의 무게
③ 바닥 틀의 무게
④ 교상의 시설물

**해설**
활하중
- 사하중에 실리는 차량, 보행자 등에 의한 교통하중을 말한다.
- 무게 산정 기준은 DB-18하중(총중량 32.45톤) 이상의 무게에 따른다.

**77** 통일 분류법에 의한 모래는 흙 입자 지름이 몇 mm의 범위인가?

① 0.005~0.42mm
② 0.075~4.75mm
③ 0.42~2mm
④ 2~4mm

**78** 1/25000 지형도상에서 산정표고가 250m, 산 밑의 표고가 50m인 사면의 경사는? (단, 산정부터 산 밑까지 지형도상의 수평거리는 6cm임)

① 약 10.3%
② 약 12.3%
③ 약 13.3%
④ 약 16.3%

**해설**
경사도 = $\dfrac{\text{높이}}{\text{수평거리}} \times 100 = \dfrac{200}{1,500} \times 100 = 13.3\%$

**정답** 72.② 73.① 74.② 75.② 76.② 77.② 78.③

**79** 저습지대에서 노면의 침하를 방지하기 위하여 사용하는 것은?
① 토사도
② 사리도
③ 섶길
④ 쇄석도

**80** 임도시설의 물매를 표현하는 방법으로 틀린 것은?
① 각도 : 수평은 0°, 수직은 90°로 하여 그 사이를 90 등분한 것
② 1/n : 높이 1에 대하여 수평거리 n으로 나눈 것
③ n% : 수평거리 100에 대한 n의 고저차를 갖는 백분율
④ 비탈물매 : 수평거리 100에 대한 수직높이의 비

> 해설 ✿ 물매
> • 각도 : 수평을 0°, 수직을 90°로 하여 그 사이를 90 등분한 것
> • 1 : n 또는 1/n : 높이 1에 대하여 수평거리를 n으로 나눈 것
> • n% : 수평거리 100에 대한 n의 고저차를 갖는 백분율
> • n‰(per mill) : 수평거리 1000에 대한 n의 고저차를 갖는 천분율
> • 비탈물매 : 수직높이 1에 대한 수평거리의 비로서 하할법 또는 할푼법이라 한다.

---

### 제5과목 : 사방공학

**81** 비탈면 녹화조경공법의 목적이 아닌 것은?
① 경관미의 조속한 회복
② 조림을 위한 지존작업
③ 도로 외부로부터의 교통장애요인의 저지
④ 인위적으로 훼손된 비탈면을 빠르고 안전하게 피복하여 침식 및 붕괴현상의 방지

**82** 식생공법에 관한 설명으로 틀린 것은?
① 인위적으로 발생된 비탈면을 식물로 피복녹화하는 방법을 말한다.
② 토양침식을 방지하며, 지표면의 온도를 완화 · 조절한다.
③ 식물체에 의한 표토의 토립자에 대한 동상붕락의 현상이 증가한다.
④ 녹화에 의한 경관조성효과를 목적으로 시공한다.

**83** 침식과정의 메커니즘에서 가장 초기상태의 침식은?
① 구곡침식     ② 누구침식
③ 면상침식     ④ 우격침식

> 해설 ✿
> 빗방울침식(우격 · 타격침식)은 빗방울이 땅 표면의 토양 입자를 타격하여 분산 및 비산시키는 침식현상의 가장 초기단계이다.

**84** 산복사방에서 돌흙막이공을 계획할 때 최대 높이는 원칙적으로 얼마까지로 할 수 있는가?
① 찰쌓기 2.5m 이하, 메쌓기 1.5m 이하
② 찰쌓기 3.0m 이하, 메쌓기 2.0m 이하
③ 찰쌓기 3.5m 이하, 메쌓기 2.5m 이하
④ 찰쌓기 4.0m 이하, 메쌓기 3.0m 이하

> 해설 ✿
> • 돌흙막이 높이는 원칙적으로 찰쌓기는 3.0m 이하, 메쌓기는 2.0m 이하로 하여 기울기는 1:0.3으로 한다.
> • 산비탈 붕괴지에 시공되는 콘크리트 흙막이 높이는 4m 이하로 한다.

**85** 해안 모래언덕 사방공사의 주요 공종이 아닌 것은?
① 둑쌓기
② 구정바자얽기
③ 정사울세우기
④ 모래덮기

정답  79.③  80.④  81.②  82.③  83.④  84.②  85.①

해설
둑쌓기는 야계사방에 해당한다.

**86** 선떼붙이기공법에 대한 설명으로 틀린 것은?
① 1m당 떼의 사용 매수에 따라 1~9급으로 구분한다.
② 선떼붙이기 중 경제적으로 또는 효과적으로 널리 채용하는 것이 1~3급이다.
③ 1급 선떼붙이기에 가까울수록 고급공법이다.
④ 발디딤은 선떼붙이기 작업의 편의를 도모하고, 바닥떼의 활착이 용이하게 하기 위한 것이다.

해설
선떼붙이기의 높이는 경사와 입지조건에 따라 다르지만 일반적으로 6~7급을 많이 시공한다.

**87** 돌골막이 시공 시 돌쌓기의 표준 기울기로 맞는 것은?
① 1:0.1   ② 1:0.2
③ 1:0.3   ④ 1:0.4

**88** 계상에서 석력의 교대는 있어도 세굴과 침전이 평형을 유지하여 종단형상에 변화를 일으키지 않는 기울기는?
① 평형기울기   ② 안정기울기
③ 사면기울기   ④ 편류기울기

**89** 파종에 의하여 비탈면에 응급으로 식생을 도입하고자 하는 경우 외래 초본류를 주로 하고 여기에 재래 초본류를 첨가하는 이유를 잘못 설명한 것은?
① 외래 초본류는 일반적으로 발아가 빠르고, 조기에 지표의 피복효과가 기대되기 때문이다.
② 외래 초본류는 종자의 구득이 일반적으로 용이하기 때문이다.
③ 외래 초본류는 엽량과 뿌리가 많으므로 지표와 지중에 유기물질을 집적하여 토양의 성질을 개선해 주기 때문이다.
④ 외래 초본류는 생육이 왕성하여 뿌리의 자람이 좋고, 토양의 긴박력이 작기 때문이다.

해설
외래 초본류는 토양의 긴박력이 크다.

**90** 파종녹화공법에서 파종량(W)을 구하는 식으로 옳은 것은? (단, S=평균입수. P=순도, B=발아율, C=발생대기본수이다.)
① $W = C \times S \times P \times B \times 100$
② $W = \dfrac{C}{S \times P \times B} \times 100$
③ $W = \dfrac{C}{S \times P} \times B \times 100$
④ $W = \dfrac{C}{S \times B} \times P \times 100$

**91** 산지사방공사에서 6급 선떼붙이기 1m를 시공하는 데 필요한 떼(길이 40cm, 너비 25cm, 흙 두께 5cm) 사용 매수는?
① 12.50매   ② 7.50매
③ 6.25매    ④ 2.50매

해설 선떼붙이기 각 급수의 구분

| 떼 크기 | 길이 40cm, 폭 20cm ||
|---|---|---|
| 구분 | 단면상 매수 | 연장 1m당 매수 |
| 1급 | 5.0 | 12.50 |
| 2급 | 4.5 | 11.25 |
| 3급 | 4.0 | 10.00 |
| 4급 | 3.5 | 8.75 |
| 5급 | 3.0 | 7.50 |
| 6급 | 2.5 | 6.25 |
| 7급 | 2.0 | 5.00 |
| 8급 | 1.5 | 3.75 |
| 9급 | 1.0 | 2.50 |
| 1m당 떼 사용 매수 | 단면상 떼 매수×2.5매/m ||

정답 86.② 87.③ 88.② 89.④ 90.② 91.③

**92** 평균유속을 V(m/s), 유로 단면적을 A(m²)라고 할 때 유량(Q)은?

① $Q = \dfrac{V}{A}$
② $Q = VA$
③ $Q = \dfrac{V}{2A}$
④ $Q = \dfrac{2A}{V}$

**93** 해풍에 의해 날리는 모래를 억류하고 퇴적시켜 인공사구를 조성하기 위해 사용하는 사방공법은?

① 비탈덮기
② 떼붙이기
③ 퇴사울세우기
④ 목책세우기

**해설**
퇴사울은 바다 쪽에서 불어오는 바람에 의해 날리는 모래를 억류하고자 퇴적시켜서 사구를 조성하는 목적의 공작물을 말한다.

**94** 절토사면 중 토질이 모래층인 사면에 대한 설명으로 옳지 않은 것은?

① 절토공사 직후에는 단단한 편이나 건조하면 푸석푸석해지고 붕락되기 쉽다.
② 침식에 대단히 약하여 식생이 착근하기 전에 유실될 가능성이 높다.
③ 토양유실을 방지할 목적으로, 보통 흙으로 전면적 객토를 해주어야 한다.
④ 적용공법은 새집붙이기공법이 가장 적절하다.

**해설**
모래층 비탈면은 물의 침식에 약하여 유실될 염려가 있으므로 표층 객토작업 후 분사식 파종공법으로 파종하여 거적덮기, 피복망 덮기로 보호한다.

**95** 토사유과구역에 대한 설명으로 맞지 않는 것은?

① 토사생산구역에 접속된 구역이다.
② 침식이나 퇴적이 비교적 적다.
③ 보통 선상지를 형성한다.
④ 중립지대 또는 무작용지대 등으로 불린다.

**96** 다음 중 사방댐의 위치 선정으로 맞는 것은?

① 댐은 계상 및 양안에 암반이 존재해야 하며, 사력층 위에는 사방댐을 계획하면 안 된다.
② 지계의 합류점 부근에서 댐을 계획할 때는 일반적으로 합류점의 직 상류부에 위치를 선정한다.
③ 계단상으로 댐을 계획할 때는 첫 번째 댐의 추정 퇴사선이 구계상기울기를 자르는 점에 상류댐의 계획위치가 오도록 한다.
④ 유출토사 억지 목적의 댐은 퇴적지 하류에서 댐 상류부의 계상 물매가 완만하고 계폭이 좁은 지점에 계획한다.

**해설**
사방댐의 시공장소
- 계상의 양안에 암반이 있는 지역
- 상류부가 넓고 댐자리가 좁은 곳
- 지계의 합류점 부근에서 댐을 계획할 때에는 일반적으로 합류부의 하류부에 시공
- 계단상 댐을 설치할 때 첫 번째 댐의 추정 퇴사선이 구계상 물매를 자르는 점에 상류댐이 위치하도록 시공

**97** 계류의 유속과 방향을 조절할 수 있도록 둑이나 계안으로부터 돌출되게 설치하는 계간 공작물은?

① 구곡막이
② 기슭막이
③ 수제
④ 옹벽

**해설**
수제
- 계류의 유속과 흐름 방향을 변경시켜 계안의 침식과 기슭막이 공작물의 세굴을 방지하기 위해 둑이나 계안으로부터 돌출하여 설치하는 계간 사방공작물이다.
- 수제의 간격은 수제 길이의 1.5~2.0배가 적당하다.
- 수제의 길이는 가능한 짧은 것을 많이 설치하는 것이 효과적이고, 계폭의 10% 이내가 적당하다.
- 수제의 높이는 유수의 저항, 전석, 하상의 변화 및 높이, 수제 근부의 높이 등을 고려하여 결정한다.

정답 92.② 93.③ 94.④ 95.③ 96.③ 97.③

**98** 비탈면 녹화공종에서 초식공법으로만 나열될 것은?

① 힘줄박기공법, 새심기공법
② 줄떼심기공법, 평떼공법
③ 격자틀붙이기공법, 선떼붙이기공법
④ 돌망태쌓기공법, 바자얽기공법

**99** 화성암은 화학적으로 어떤 성분함량에 따라 산성암, 중성암, 염기성암으로 구분되는가?

① $Al_2O_3$
② $SiO_2$
③ $Fe_2O_3$
④ $K_2O$

**100** 해안과 일반적인 주풍방향의 설명 중 틀린 것은?

① 모래언덕은 주풍과 밀접한 관계가 있다.
② 해안지방에서의 주풍은 대부분 바다에서 육지를 향해 분다.
③ 주풍방향과 해안선의 각도가 직각일 경우에 주풍이 파도와 모래에 미치는 영향은 가장 적다.
④ 바람은 파도와 연안류를 일으키며, 파도로 육지에 밀려온 모래를 이동시키는 원동력이 된다.

**해설** 주풍
• 상풍이라고도 하며 10~14m/sec 정도로 한쪽으로만 부는 바람을 말한다.
• 임목의 생장량을 감소시키고 수형을 불량하게 한다. 풍속이 커질수록 피해가 증가하고 생리적 장해를 일으켜 병리적 영향을 미친다.

정답 98. ② 99. ② 100. ③

# 국가기술자격 필기시험문제

2013년 제3회 필기시험

| 자격종목 및 등급(선택분야) | 종목코드 | 시험시간 | 형별 |
|---|---|---|---|
| 산림기사 | 1564 | 2시간 30분 | A |

## 제1과목 : 조림학

**1** 토양을 형성하는 암석 중 수성암에 속하는 것은?
① 섬록암  ② 편마암
③ 안산암  ④ 혈암

**해설** 수성암
지표면의 암석이 풍화 작용으로 분해, 이동되어 쌓이는 퇴적 작용으로 생긴 암석을 말한다. 기계적 퇴적 작용을 거친 사암, 화학적 퇴적 작용을 거친 처트, 화학적 침전을 거친 암염, 생화학적 퇴적 작용을 거친 석회암, 유기적 퇴적을 거친 석탄 등이 있다.

**2** 수목의 내음성과 여기에 영향을 미치는 인자와의 관계 설명으로 틀린 것은?
① 토양 수분조건이 좋아지면 내음성이 강해진다.
② 양료가 풍부하면 내음성이 강해진다.
③ 온도가 높을수록 수목이 요구하는 광량은 줄어든다.
④ 산 높이의 증가에 따라 그 수종의 광선요구량이 감소한다.

**해설** 내음성에 영향을 미치는 인자
• 수령 : 수령이 많아짐에 따라 내음성이 감소한다.
• 토양수분과 양분 : 건조하거나 척박한 입지보다는 양분과 수분이 적당한 토양에서 내음성이 증가된다.
• 위도(온도) : 온도가 높을수록 수목이 요구하는 광량은 감소한다. 고위도 지방에 자라는 수목은 광합성을 위하여 더 높은 광도를 요구하므로 일반적으로 내음성이 약하다.
• 종자의 크기 : 크고 무거운 종자를 가진 수종은 종자 내의 저장양분으로 1년 이상의 내음성을 지탱할 수 있다.

**3** 풀베기용 제초제에 대하여 바르게 설명한 것은?
① 염소산염제는 선택성이며 이행형 제초제이다.
② 피클로람(Picloram) · K는 호르몬형으로 흡수이행성이 큰 제초제이다.
③ 시마진(Simazine)은 비선택성이며 접촉형 제초제이다.
④ 헥사지논(Hexazinone)은 비선택성 제초제로 소나무에 약해가 심하다.

**해설**
염소산염제(비선택성), 시마진(선택성), 헥사지논(비선택성)은 제체제로서 소나무에는 피해가 거의 없다.

**4** 간접적 지위평가법에 해당되지 않는 것은?
① 구간법
② 지표식물에 의한 접근
③ 지위지수
④ 점밀도법

**해설**
점밀도법은 직접적인 방법이다.

**5** 대량원소로 분류되면서 엽록소의 구성 성분이 무기양료는?
① 칼슘(Ca)  ② 칼륨(K)
③ 마그네슘(Mg)  ④ 유황(S)

**해설** 마그네슘(Mg)
• 엽록소의 구성 성분이며, 단백질의 생성 및 이전에도 관여한다.
• 결핍이 되면 늙은 잎에서 먼저 황백화 현상이 나타나며 어린 잎으로 확대된다.

**정답** 1.④  2.④  3.②  4.④  5.③

**6** 밤이나 도토리 등과 함수량이 많은 전분(澱粉)종자를 추운 겨울 동안 동결하지 않고 동시에 부패하지 않도록 저장하는 방법은?

① 노천매장법
② 보호저장법
③ 상온저장법
④ 저온저장법

**해설**
**노천매장법**
- 종자를 하루 동안 맑은 물에 담궜다가 종자의 1~3배 가량의 젖은 모래와 혼합하여 땅속에 묻어두는 방법으로, 저장과 동시에 발아를 촉진시키는 효과가 있다.
- 낙엽송, 소나무류, 삼나무, 편백 등의 저장종자에 효과가 있다.
- 2~3cm 두께의 판자로 깊이 30~40cm의 상자를 만들고 상자의 상하는 철망을 붙여 설치류의 피해를 예방하도록 한다.

**7** 전나무의 속명으로 맞는 것은?

① Juniperus
② Pinus
③ Populus
④ Abies

**해설**
- Juniperus : 향나무
- Pinus : 소나무
- Populus : 포플러

**8** 삼림 작업종 분류의 기준이 아닌 것은?

① 임분의 기원
② 벌구의 크기와 형태
③ 벌채종
④ 갱신 임분의 수종

**해설**
**작업종의 분류 기준**
임분의 기원, 벌채종, 벌채의 크기와 모양

**9** 소나무류(Hard Pine)와 잣나무류(Soft Pine)의 식별에 대한 설명으로 잘못된 것은?

① 잣나무류는 잎이 3~5개이고 소나무류는 2~3개이다.
② 잣나무류의 실편(實片)은 끝이 얇고 가시가 없으며, 소나무류는 실편은 끝이 두껍고 가시가 있다.
③ 잣나무류는 가지에 침엽이 달렸던 자리가 도드라졌고 소나무류는 밋밋하다.
④ 잣나무류의 유관속은 1개이고 소나무류는 2개이다.

**해설**
잣나무류는 가지에 침엽이 달렸던 자리가 도드라졌고 소나무류는 뾰족하다.

**10** 낙엽송·소나무류·삼나무·편백 등의 저장종자에 효과가 있는 종자발아촉진법은?

① 냉수처리법
② 고온처리법
③ 종피의 기계적 가상
④ 황산처리법

**해설**
**노천매장법**
- 종자를 하루 동안 맑은 물에 담궜다가 종자의 1~3배 가량의 젖은 모래와 혼합하여 땅속에 묻어두는 방법으로, 저장과 동시에 발아를 촉진시키는 효과가 있다.
- 낙엽송, 소나무류, 삼나무, 편백 등의 저장종자에 효과가 있다.
- 2~3cm 두께의 판자로 깊이 30~40cm의 상자를 만들고 상자의 상하는 철망을 붙여 설치류의 피해를 예방하도록 한다.

**11** 묘목 식재 시 시비할 경우 본당 질소성분의 시비 기준량(g/본)이 가장 높은 수종은?

① 낙엽송
② 소나무
③ 잣나무
④ 해송

**해설**
**시비 기준량**
- 낙엽송 : 7.4g/본
- 소나무 : 1.8g/본
- 잣나무 : 3.7g/본
- 해송 : 1.8g/본

**정답** 6.② 7.④ 8.④ 9.③ 10.① 11.①

**12** 토양단면에서 부식이 바로 위에 있는 층보다 적고 갈색 또는 황갈색을 띠며 가용성 염기류가 많고 비교적 견밀한 특징을 구비한 토양층은?

① 유기물층
② 용탈층
③ 집적층
④ 모재

해설 **B층(집적층)**
토양단면에서 용탈층과 대조되어 구별할 수 있는 층위를 말하며 A층(용탈층)으로부터 용탈된 물질이 쌓인 층이다. 토층 속을 이동하는 물에 의해 가용성성분이 분해되어, 표층에서 하층으로 이동한 칼슘·마그네슘 등의 탄산염과 황산염이 하층에 침전되어 집적층을 형성한다.
- B1 : A층으로의 전이층이다.
- B2 : B층의 성질이 가장 뚜렷하고 집적이 가장 심한 층이다.
- B3 : C층으로의 전이층이다.

**13** 산벌(傘伐)작업 방법에 속하는 것은?

① 균형벌
② 단벌
③ 윤벌
④ 하종벌

해설
산벌작업에는 갱신준비를 위한 예비벌, 치수의 발생을 완성하는 하종벌, 치수의 발육을 촉진하는 후벌, 후벌의 마지막인 종벌 등이 있다. 산벌은 순차적으로 벌채가 진행되므로 순차벌이라고도 하며 하종벌부터 종벌까지의 기간을 갱신기간이라한다.

**14** 덩굴치기에 대한 설명으로 잘못된 것은?

① 덩굴식물에 의한 피해는 수관피복형과 수관압박형이 있다.
② 덩굴식물은 울폐된 산림지역에 많다.
③ 덩굴치기의 시기는 7월경이 좋다.
④ 칡은 무성생식으로도 잘 번식한다.

해설
덩굴제거의 적기는 생장기인 5~9월 중 덩굴식물이 뿌리 속의 저장양분을 모두 소모한 7월경이 적당하다.

**15** 건조탈출식물의 특성으로 틀린 것은?

① 뿌리/지상부 비율이 작다.
② 왜소하다.
③ 생활사가 짧다.
④ 우기 동안 개화 결실을 완성한다.

해설
지상부/뿌리의 비율이 작다.

**16** 유령림 비배의 시비법 중 식재 전에 시비하는 방법은?

① 표층시비
② 측방시비
③ 식혈(植穴)토양하부시비
④ 원주상 또는 반원주상 시비

해설 **식혈토양하부시비**
식재구덩이 밑 부분에 시비하는 방법으로 나무크기에 따라 구덩이를 판 다음 비료를 바닥에 넣고 비료 해를 막기 위하여 바닥 흙을 3~5cm 정도 덮은 다음 그 위에 묘목을 식재한다. 발근 직후 비료를 흡수하는 이점은 있으나 식재구덩이를 크게 만들어야 하고 작업효율이 낮으며, 비료피해의 위험이 있다.

**17** 묘목 양성과정 가운데 상체작업이란 무엇인가?

① 파종상에서 기른 1~2년생 실생묘를 산지식재에 알맞게 하기 위해서 다른 묘상에 옮겨 심는 작업
② 묘목이 자라는 토양을 어느 정도 밭갈이 해주는 작업
③ 묘목 생장을 돕기 위해서 비료를 주는 작업
④ 잡초의 발생을 막기 위해서 하는 작업

**18** 침엽수 채종림에 적합한 나무의 조건이 아닌 것은?

① 가지가 굵어야 한다.
② 자연 낙지가 잘되어야 한다.
③ 줄기가 곧아야 한다.
④ 지하고가 높아야 한다.

**정답** 12. ③  13. ④  14. ②  15. ①  16. ③  17. ①  18. ①

**해설** 채종림
우량목 접목 클론(Clone)을 혼식하여 클론 채종림을 조성하는 것이 가장 보편적인 방법이지만, 우량목의 종자를 채취하여 양성한 실생묘로 조성한 실생 채종림과 이미 조성되어 있는 우량한 용재림을 지정하여 종자를 공급하게 되는 잠정(暫定) 채종림 등이 있다. 산림법 제49조에서는 산림청장은 우량한 조림용 종자를 채취하기 위해 필요한 때는 산림·수목을 채종림 또는 수형목(秀型木)으로 지정·고시할 수 있도록 규정하고 있다

**19** 평균 흉고직경이 20cm인 임분을 간벌할 때 잔존본수를 가장 많이 남겨두는 것은?

① 소나무
② 낙엽송
③ 삼나무
④ 편백

**20** 식재 후 첫 번째 제벌이 실시되는 수종별 임령이 옳은 것은?

① 소나무 7~8년
② 낙엽송 10년
③ 삼나무 13~15년
④ 가문비나무 20~25년

**해설** 첫 번째 제벌 임령
• 소나무 : 7~8년
• 낙엽송 : 7~8년
• 삼나무 : 10년
• 가문비나무, 전나무 : 13~15년

### 제2과목 : 산림보호학

**21** 진균(眞菌)의 영양기관에 해당되지 않는 것은?

① 균사
② 균핵
③ 발아관
④ 자낭각

**해설**
자낭각은 번식기관이다.

**22** 버즘나무 탄저병에 대한 설명으로 틀린 것은?

① 잎맥을 중심으로 갈색반점이 불규칙한 모양으로 생긴다.
② 봄비가 잦은 해에 피해가 심하다.
③ 병든 낙엽은 모아서 태우거나 땅속에 묻는다.
④ 어린 잎만 부분적으로 말라 죽는다.

**해설**
어린 잎과 가지까지 피해를 입는다.

**23** 다음 해충 중 충영형성해충이 아닌 것은?

① 밤나무혹벌
② 솔노랑잎벌
③ 아까시잎혹파리
④ 솔잎혹파리

**24** 유효성분이 물에 녹지 않으므로 유기용매에 유효성분을 녹여 만드는 농약은?

① 유제(乳劑)
② 액제(液劑)
③ 수용제(水溶劑)
④ 수화제(水和劑)

**해설**
유제는 주제가 물에 녹지 않을 때 유기용매에 녹여 유화제를 첨가한 용액으로, 물에 희석하여 사용한다.

**25** 약제를 식물체의 뿌리, 줄기, 잎 등에 흡수시켜 깍지벌레와 같은 흡즙성곤충을 죽게 하는 살충제는?

① 기피제
② 유인제
③ 소화중독제
④ 침투성살충제

**해설**
**침투성 살충제**
식물의 일부분에 처리하면 전체에 퍼져 즙액을 빨아 먹는 흡즙성해충을 살해하는 약제로, 솔잎혹파리, 솔껍질깍지벌레 등에 효과가 있다.

**26** 수목의 질병을 예방하기 위한 위생무육에 해당되지 않는 것은?

① 예초
② 가지치기
③ 제벌
④ 개벌

**정답** 19.④ 20.① 21.④ 22.④ 23.② 24.① 25.④ 26.④

**27** 야생동물의 피해를 감소하기 위해 곤충이나 지렁이 등을 구제하여야 하는 포유류는?

① 곰
② 멧돼지
③ 사슴
④ 두더지

**28** 다음 중 내화력이 강한 수종이 아닌 것은?

① 소나무
② 피나무
③ 가중나무
④ 은행나무

해설 **수목의 내화력**

| 구분 | 강한 수종 | 약한 수종 |
|---|---|---|
| 침엽수 | 은행나무, 낙엽송, 분비나무, 가문비나무, 개비자나무, 대왕송 | 소나무, 해송, 삼나무, 편백 |
| 상록 활엽수 | 아왜나무, 굴거리나무, 후피향나무, 붓순, 황벽나무, 동백나무, 사철나무, 회양목 | 녹나무, 구실잣밤나무 |
| 낙엽 활엽수 | 굴참나무, 상수리나무, 고로쇠나무, 피나무, 고광나무, 가중나무, 참나무, 사시나무, 음나무 | 아까시나무, 벚나무, 능수버들, 벽오동나무, 참죽나무, 조릿대 |

**29** 다음 모잘록병 병원균 중 불완전 균류는?

① Pythium debaryanum
② Phytophthora cactorum
③ Rhizoctonia solani
④ P.Ultimum

**30** 주로 토양에 의하여 전반(傳搬)되는 병원체는?

① 밤나무 줄기마름병균
② 오동나무 빗자루병
③ 오리나무 갈색무늬병균
④ 묘목의 잘록병균

해설 **병원균의 전반 방법**
- 바람 : 잣나무 털녹병균, 밤나무 줄기마름병균, 밤나무 흰가루병균 등
- 물 : 근두암종병균, 묘목의 잘록병균, 향나무 적성병 등
- 토양 : 근두암종병균, 묘목의 잘록병균 등
- 곤충 및 소동물 : 오동나무 빗자루병, 대추나무 빗자루병 등
- 종자 : 오리나무 갈색무늬병균(종자의 표면 부착), 호두나무 갈색부패병균(종자의 조직 내 잠재) 등
- 묘목 : 잣나무 털녹병균, 밤나무 근두암종병균, 포플러 모자이크병균 등

**31** 다음 중 파이토플라즈마에 의한 수병은?

① 감나무 시들음병
② 벚나무 빗자루병
③ 낙엽송 잎떨림병
④ 뽕나무 오갈병

해설
파이토플라즈마는 대추나무 빗자루병, 오동나무 빗자루병, 뽕나무 오갈병 등의 병원이다.

**32** 소나무재선충의 매개충은?

① 소나무깍지벌레
② 솔수염하늘소
③ 소나무좀
④ 참나무하늘소

해설
소나무재선충의 매개충에는 북방수염하늘소, 솔수염하늘소 등이 있다.

**33** 다음 균류 중 균사에 격벽이 없고, 무성포자인 유주포자를 생성하는 특징이 있는 것은?

① 난균류
② 자낭균류
③ 담자균류
④ 불완전균류

**34** 대추나무 빗자루병의 발병 원인은?

① 바이러스
② 파이토플라즈마
③ 선충
④ 진균

**35** 마름무늬매미충에 의해 전염되는 수목병이 아닌 것은?

① 대추나무 빗자루병
② 뽕나무 오갈병
③ 오동나무 빗자루병
④ 붉나무 빗자루병

정답 27.④ 28.① 29.③ 30.④ 31.④ 32.② 33.① 34.② 35.③

**36** 호두나무잎벌레의 생태에 대한 설명으로 맞는 것은?

① 1년에 1회 발생되며, 성충으로 월동한다.
② 1년에 2회 발생되며, 번데기로 월동한다.
③ 1년에 1회 발생되며, 알로 월동한다.
④ 1년에 1회 발생되며, 번데기로 월동한다.

**37** 버즘나무방패벌레의 월동 형태는?

① 알   ② 성충
③ 번데기   ④ 유충

**해설**
버즘나무방패벌레는 성충의 형태로 수피 틈으로 월동하며, 약충이 잎의 뒷면을 흡즙한다. 1년 2회 발생한다.

**38** 밤나무혹벌 성충의 체장은?

① 2.0~2.5mm   ② 2.5~3.0mm
③ 3.0~3.5mm   ④ 3.5~4.0mm

**해설** 밤나무혹벌
- 밤나무 겨울눈에 혹을 만들어 생장을 저해하고, 밤이 결실을 못하게 한다.
- 유충상태로 동아(冬芽) 내에서 월동하며, 우화시기는 6월 하순~7월 상순이다.
- 성충의 길이는 3mm 내외이며, 체장의 길이는 2.5~3mm이다.

**39** 배설물을 종실 밖으로 배출하지 않아 외견상으로 피해식별이 어려운 해충은?

① 밤바구미
② 복숭아명나방
③ 솔알락명나방
④ 도토리거위벌레

**해설** 밤바구미
- 밤의 주요 해충의 하나로 1년 1회, 7~8월에 출현한다.
- 밤이 익을 때 유충도 성숙하여 땅에 떨어져 땅속에서 월동하여 이듬해 7월경 용화한다.
- 배설물을 종실 밖으로 배출하지 않아 피해 식별이 어렵다.

**40** 한해(旱害; Drought Injury)에 대한 설명으로 틀린 것은?

① 토양의 수분부족으로 인해 나무의 끝이 말라 죽거나 생장이 감소하는 현상을 말한다.
② 오리나무, 들메나무 등 습생식물은 한해에 강하다.
③ 한해의 피해는 주로 천근성 수종을 토심이 얕은 남향사면 경사지에 심었을 때 피해가 크다.
④ 조림지에서는 지피물을 보존시켜 지표의 고온화와 토양의 건조를 완화시켜 한해를 예방한다.

**해설**
오리나무, 들메나무 등 습생식물은 한해에 약하다.

### 제3과목 : 임업경영학

**41** 국유림경영의 주목표가 아닌 것은?

① 보호기능   ② 임산물 생산기능
③ 휴양 및 문화기능   ④ 지속성 및 경제성

**42** 다음 수확조정기법 중 생장량법에 속하지 않는 것은?

① 생장율법   ② 조사법
③ Beckmann법   ④ Martin법

**해설**
Beckmann법은 재적배분법이다.

**43** 면적평분법(面積平分法)의 설명과 관련이 없는 것은?

① 복벌(複伐)
② 분구(分區)
③ 재벌(再伐)
④ 택벌작업에 응용할 수 없다.

**정답** 36.① 37.② 38.② 39.① 40.② 41.④ 42.③ 43.②

해설 면접평분법
- 재적수확의 균등보다는 장소적인 규제를 더 중요시하여 각 분기의 벌채면적을 같게 하는 특징이 있다.
- 산림면적을 윤벌기로 나누어서 표준연간벌채면적을 산출하고, 여기에 분기연수를 곱한 것을 각 분기의 벌채면적으로 하여 분배하므로써 보속을 도모하는 방법이다.

**44** 아래와 같은 수확표가 있다. 수확표에 의한 방법으로 법정축적을 계산하면 얼마인가? (단, 산림면적 100ha, 윤벌기 50년)

| 구분 | 임령 | | | | |
|---|---|---|---|---|---|
| | 10 | 20 | 30 | 40 | 50 |
| 재적(m³) | 20 | 175 | 360 | 520 | 630 |

① 31,500m³  ② 27,800m³
③ 26,800m³  ④ 25,800m³

해설
법정축적 $= 10\left(20+175+360+520+\dfrac{630}{2}\right) \times \dfrac{100}{50}$
$= 27,800\text{m}^3$

**45** 산림가격 형성에 영향을 미치는 요인을 개별적 요인과 지역적 요인으로 구분할 경우 지역적 요인(외적 요인)에 포함되는 것은?

① 임상   ② 토양상태
③ 영급   ④ 하층식생

해설 산림가격 형성의 요인
- 개별적 요인 : 임상, 영급, 하층식생 등
- 지역적 요인 : 토양상태 등

**46** 해마다 연말에 간벌 수입으로 100만 원씩 수입이 되는 임분을 가지고 있을 때, 이 임분의 자본가는 얼마인가? (단, 이율은 4%이다.)

① 15,000,000원   ② 20,000,000원
③ 25,000,000원   ④ 30,000,000원

해설
무한연년이자 $= \dfrac{1,000,000}{0.04} = 25,000,000$원

**47** 자연휴양림으로 지정된 산림에 휴양시설의 설치 및 숲 가꾸기 등을 하고자 할 때에는 농림축산식품부령으로 정하는 바에 따라 휴양시설 및 숲가꾸기 등의 조성계획을 작성하여 누구에게 승인을 받는가?

① 대통령
② 농림축산식품부장관
③ 산림청장
④ 시·도지사

**48** 임분 밀도의 척도에 해당하지 않는 것은?

① 지위 지수
② 1ha당 본수
③ 임분 밀도지수
④ 상대 공간지수

**49** 산림문화·휴양에 관한 법률에 규정된 자연휴양림 지정 타당성 평가기준으로 틀린 것은?

① 경관      ② 수계
③ 이용자 만족도   ④ 휴양요소

해설
자연휴양림 타당성 평가기준에는 경관, 수계, 휴양요소, 위치, 면적 등이 포함된다.

**50** 임업이율은 보통이율보다 낮게 평정되고 있다. 그 이유로서 타당치 않은 것은?

① 산림소유의 안전성
② 임료(賃料)수입의 유동성
③ 산림투자의 불확실성
④ 생산기간의 장기성

해설 임업이율이 낮아야 하는 이유
- 재적 및 금원수확의 증가와 산림재산의 가치 등귀
- 산림소유의 안정성
- 산림재산 및 임료수입의 유동성
- 산림경영관리의 간편성
- 생산기간의 장기성
- 문화의 진전에 따른 이율의 저하

정답 44.② 45.② 46.③ 47.④ 48.① 49.③ 50.③

• 기호 및 간접적 이익의 관점에서 나타나는 산림소유에 대한 개인적 가치 평가

**51** 자연휴양림과 도시공원녹지와의 비교 시 가장 큰 차이점은?

① 공공주체
② 정서함양
③ 임업의 생산활동
④ 레크레이션 이용

**52** 농업이나 축산 또는 기타 사업을 하면서 여력을 이용하여 임업을 경영하는 형태는?

① 농가임업
② 부업적임업
③ 겸업적임업
④ 주업적임업

> 해설
> 농업과 더불어 부업적인 경영의 평균 규모는 10ha 정도로, 전 소유자의 9%, 면적비율은 40%에 이른다.

**53** 임목의 성장량 측정에서 현실성장량의 분류에 속하지 않는 것은?

① 연년성장량
② 정기성장량
③ 벌기성장량
④ 벌기평균성장량

**54** 다음 임업경영자산 중 유동자산으로 볼 수 없는 것은?

① 임업용 생산 자재
② 미처분 임산물
③ 임업생산용 기계
④ 현금

> 해설
> **임업경영 자산**
> • 고정자산 : 임지, 건물, 구축물(임도, 삭도, 숯가마 등), 기계(산림용 큰 기계), 동물(산림에 사용되는 말) 등
> • 임목자산 : 임목 축적
> • 유동자산 : 미처분 임산물(산림생산물로서 처분되지 않은 것), 산림용 생산자재(묘목, 비료, 약재 등)

**55** 감가상각비용에 대한 설명으로 틀린 것은?

① 고정자산에 감가원인은 물리적 원인과 기능적 원인으로 나눌 수 있다.
② 새로운 발명이나 기술진보에 따른 사용가치의 감가는 감가상각비로 처리하지 않는다.
③ 시장변화 및 제조방법 등의 변경으로 인하여 사용할 수 없게 된 경우에도 감가상각비로 처리한다.
④ 감가상각비는 시간의 경과에 따른 부패, 부식 등에 의한 가치의 감소를 포함한다.

**56** 임업소득이 5,000,000원이고 임가소득이 10,000,000원일 때 임업의존도는 몇 %인가?

① 0.5%
② 5%
③ 50%
④ 200%

> 해설
> 산림의존도 = $\dfrac{\text{산림소득}}{\text{임가소득}} \times 100 = \dfrac{5,000,000}{10,000,000} \times 100$
> = 50%

**57** 산림청장은 관계중앙행정기관의 장과 협의하여 전국의 산림을 대상으로 산림문화·휴양기본계획을 수립하여야 하는데 몇 년마다 시행하는가?

① 매년마다
② 5년마다
③ 10년마다
④ 20년마다

**58** 법정축적법에 일종인 Kameraltaxe법에 의하여 수확조정을 하고자 할 때 표준연벌채량의 계산인자가 아닌 것은?

① 현실축적
② 갱정기
③ 경리기와 편입기간
④ 법정축적

정답 51.③ 52.② 53.④ 54.③ 55.② 56.③ 57.③ 58.③

**59** 휴양림 방문자의 이용밀도를 조절하고 이들의 안전과 질서를 유지하기 위한 관리기법 중에서 직접기법에 해당하는 것은?

① 접근도로·산책로·주차장 등의 선형 변경 및 신설
② 이용 빈도가 적은 지역을 알리는 안내판·방송·교육 실시
③ 지역별·계절별 차등요금 부과
④ 특정 시간 또는 기간에 특정 지역의 사용 금지

> **해설** 휴양림 이용자 관리
> • 직접적 관리
>   – 벌금, 과태료 등 직접적인 방법으로 행동에 영향을 준다.
>   – 입산금지, 자연 휴식년제와 같이 이용 범위를 한정하거나 시설 내의 이용 시간 제한, 참여 인원 수 제한, 취사 행위 금지 등의 방법을 사용한다.
> • 간접적 관리
>   – 산책로, 야영장의 정리, 주변 휴양 시설의 연계 개발, 지역별, 계절별 차등 입장료의 적용 등의 방법이 있다.

**60** 산림의 이용구분에 따른 보전산지(保全山地) 중 공익용 산지가 아닌 것은?

① 요존국유림
② 보안림
③ 자연휴양림의 산지
④ 산림유전자원보호림

> **해설** 요존국유림
> • 임업기술개발 및 학술연구를 위하여 보존할 필요가 있는 국유림
> • 사적, 성지, 기념물, 유형문화재의 보호, 생태계 보전 및 상수원 보호 등 공익상 보존할 필요가 있는 국유림
> • 대부, 매각, 교환, 양여 또는 사권의 설정이 금지되어 있는 국유림

### 제4과목 : 임도공학

**61** 지반조사에 이용되는 것이 아닌 것은?

① 오거 보링(Auger Boring)
② 관입(貫入) 시험
③ 케이슨공법
④ 파이프 때려박기

> **해설** 케이슨공법은 지하 건축물을 지상에서 만들고 건축물의 하부를 굴착하여 침하시키는 것으로, 지하와 지상공사가 동시에 이루어진다.

**62** 다음 중 임도설계 시 곡선설정법이 아닌 것은?

① 교각법        ② 편각법
③ 진출법        ④ 교회법

**63** 경사면과 임도 시공기면과의 교차선으로 임도 시공 시 절토와 성토작업을 구분하는 경계선은?

① 중심선
② 시공선
③ 곡선시점
④ 영선

> **해설** 영선
> • 임도에서 노면의 시공면과 산지의 경사면이 만나는 점을 영점이라 하고, 이 점을 연결한 노선의 종축을 영선이라 한다.
> • 경사면 과임도시공 기면과의 교차선으로 노반에 나타나며 임도 시공 시 절토작업과 성토작업의 경계선이 되기도 한다

**64** 임도 시공 시 흙깎이 공사의 내용과 거리가 먼 것은?

① 근주지름 30cm 이상의 입목은 기계톱으로 벌채한다.
② 암석의 굴착 시 경암은 불도저에 부착된 리퍼로 굴착하는 것이 유리하다.
③ 흙깎기공사를 시공할 때에는 현장에 적당한 간격으로 흙일겨냥틀을 설치한다.

**정답** 59.④  60.①  61.③  62.④  63.④  64.②

④ 완성된 임도의 양부(良否)는 시공 시 흙의 수분상태와 지하수 위치에 의해 좌우되므로 함수비가 높을 때는 함수비를 저하시킬 필요가 있다.

> 해설
> 리퍼는 연암굴착 시 사용하는 장비이다.

**65** 임도개설공사에 임하여 동일공사 내에서 각종 세부공사의 시공에 대한 우선순위의 결정이나 또는 가설재료·가설도로·기계도구와 작업인부 등의 배치계획과 작업계획을 세우는 것을 무엇이라 하는가?

① 시공계획　　② 공정계획
③ 공간적계획　④ 시간적계획

**66** 자침편차가 변화하는 주된 내용이 아닌 것은?

① 일변화(Diurnal Variation)
② 규칙변화(Regular Variation)
③ 주기변화(Periodic Variation)
④ 연변화(Annual Variation)

> 해설 자침편차
> • 진북과 자북이 이루는 각을 말하며 그 편차는 북쪽으로 갈수록 커진다.
> • 끊임없이 변화하며 일변화, 연변화, 영연변화, 불규칙 변화 등이 있다.

**67** 콘크리트 뿜어붙이기공법에서 사용되는 굵은 골재의 최대 입경으로 적합한 것은?

① 15mm 이하　② 20mm 이하
③ 25mm 이하　④ 30mm 이하

> 해설 골재의 구분

| 종류 | 내용 |
|---|---|
| 잔골재 | 체규격 5mm체에서 중량비로 85% 이상 통과하는 골재 |
| 굵은골재 | 체규격 5mm체에서 중량비로 85% 이상 남는 골재. 최대 입경은 10~15mm |

**68** 임도 시공 시 현장감독관이 현장에 비치하고 기록·관리하여야 하는 것으로 틀린 것은?

① 재료시험표　② 반입재료검사부
③ 자재수불부　④ 작업일지

**69** 일반 지형에서 설계속도가 20km/시간일 때 임도에서 사용할 수 있는 최소곡선반지름의 기준은?

① 15m　② 20m
③ 25m　④ 30m

> 해설 최소곡선반지름의 기준

| 설계속도 (km/h) | 최소곡선반지름(m) | |
|---|---|---|
| | 일반 지형 | 특수 지형 |
| 40 | 60 | 40 |
| 30 | 30 | 20 |
| 20 | 15 | 12 |

**70** 돌쌓기에서 돌의 가장 긴 면이 벽면에 직각일 때 벽면에 나타난 돌의 면을 무엇이라 하는가?

① 뒷길이면　② 너비면
③ 길이면　　④ 줄눈

**71** 임도 종단면도는 종단측량 결과에 의거 수평축척과 수직축척을 표시하여 제도하는데 옳은 축척은?

① 수평축척은 1:1000, 수직축척은 1:200
② 수평축척은 1:200, 수직축척은 1:1200
③ 수평축척은 1:1000, 수직축척은 1:100
④ 수평축척은 1:100, 수직축척은 1:1000

**72** 임도의 주된 역할 및 효용으로 볼 수 없는 것은?

① 지역진흥
② 산림생태계 보전 및 미적 경관의 증진
③ 임업·임산업의 진흥
④ 산림의 공익적 기능의 고도 발휘

정답　65.①　66.②　67.①　68.④　69.①　70.②　71.①　72.②

해설
임도의 기능
• 임업적 기능
  - 수송기능 : 산림과 시장, 마을 등을 연결하여 임산물과 인적자원을 수송한다.
  - 사업기능 : 산림사업을 효율적으로 실행하기 위한 기능으로, 산림경영과 작업의 능률 향상에 중요한 역할을 한다.
  - 도달기능 : 공도에서 산림을 연결하는 노선이 지니고 있는 기능을 말한다.
• 공도적 기능 : 공도에 준한 일반교통을 목적으로 하는 기능이다.

**73** 다음 중 고저 측량에 대한 설명으로 틀린 것은?
① 전시(F.S)와 후시(B.S)가 모두 있는 측점을 이기점(T.P)이라 한다.
② 기계고(I.H)는 지반고(G.H)+후시(B.S)이다.
③ 기점과 최종점의 고저차는 후시의 합계+이기점의 전시의 합계이다.
④ 지반고(G.H)는 기계고(I.H)-전시(F.S)이다.

해설
기점과 최종점의 고저차는 후시의 합계-이기점의 전시의 합계이다.

**74** 다음 중 임도 설계 업무의 순서로 옳은 것은?
① 예측 → 예비조사 → 답사 → 실측 → 설계서 작성
② 예비조사 → 답사 → 예측 → 실측 → 설계서 작성
③ 예비조사 → 예측 → 답사 → 실측 → 설계서 작성
④ 답사 → 예비조사 → 예측 → 실측 → 설계서 작성

**75** 노선의 진행 방향을 향하여 측점을 중심으로 좌측, 우측으로 나누어 지형의 고저기복을 측정한 측량은?
① 평면 측량  ② 종단 측량
③ 횡단 측량  ④ 곡선 측량

해설
횡단 측량은 중심말뚝마다 중심선과 직각 방향으로 지형의 고저 기복의 상태를 측량하는 것이다.

**76** 토질시험 시 입경가적곡선에서 유효입경은 가적통과율의 몇 %에 해당하는가?
① 10%  ② 20%
③ 60%  ④ 100%

해설 입경가적곡선
어떤 일정한 양의 흙에 포함되는 흙입자의 입경을 가로축에 대수 눈금으로, 그 입경을 통과하는 중량 백분율을 세로축에 보통 눈금으로 표시되는 곡선을 말한다.

**77** 임도의 평면선형과 관련이 없는 것은?
① 주행속도
② 교통차량의 안전성
③ 운재능력
④ 노면배수

**78** 임도망 계획 시 고려할 사항이 아닌 것은?
① 운반비가 적게 들도록 한다.
② 목재의 손실이 적도록 한다.
③ 신속한 운반이 되도록 한다.
④ 운재방법이 이원화되도록 한다.

해설
임도망 계획 시 고려사항
• 운재비가 적게 들고, 신속한 운반이 되도록 한다.
• 운반 도중 목재의 손실이 적도록 한다.
• 운반량에 제한이 없도록 한다.
• 원목시장과 관계자들의 출입을 고려하여 시장에서 단거리에 위치시키고, 인접된 경영계획구와 마을 사이를 연계하여 상호협력 및 유지관리가 편하도록 한다.
• 일기 및 계절에 따른 용량의 제한이 없도록 한다.
• 운재방법이 단일화 되도록 한다.
• 휴양 거점 지역을 통과하도록 배치한다.

정답 73.③  74.②  75.③  76.①  77.④  78.④

**79** 산림의 단위 면적당 임도연장(m/ha)으로 나타내는 것은?

① 산림개발도
② 임도효율요인
③ 임도밀도
④ 평균집재거리

**80** 우리나라 산림관리 기반시설의 설계 및 시설기준에서 정한 간선임도·지선임도의 대피소 설치 기준으로 맞는 것은?

① 유효길이 10m 이상
② 유효길이 15m 이상
③ 유효길이 20m 이상
④ 유효길이 25m 이상

**해설**
대피소 설치 기준

| 구분 | 기준 |
| --- | --- |
| 간격 | 300m 이내 |
| 너비 | 5m 이상 |
| 유효길이 | 15m 이상 |

### 제5과목 : 사방공학

**81** 도시림 생태계 복원에서 식생 복원을 위하여 자생수종의 생태적 특성을 토대로 훼손지 복구 또는 복원에만 국한해야 할 지역은?

① 자연식생녹지
② 인공조림녹지
③ 도시시설녹지
④ 반자연식생녹지

**82** 사방댐과 골막이 모두 축설하는 것은?

① 앞 댐          ② 방수로
③ 대수면       ④ 반수면

**83** 산림토목공사에서 사용하는 골재를 비중에 따라 분류할 경우 중량골재는 비중이 어느 정도이어야 하는가?

① 2.50 이하     ② 2.60 이상
③ 2.70 이상     ④ 2.80 이하

**해설**
비중에 의한 골재의 구분
• 경량골재 : 비중 2.50 이하
• 보통골재 : 비중 2.50~2.65 이하
• 중량골재 : 비중 2.70 이상

**84** 황폐계류유역에 해당하지 않는 것은?

① 토사억제구역
② 토사생산구역
③ 토사유과구역
④ 토사퇴적구역

**85** 앞 모래언덕 육지 쪽에 후방 모래를 고정하여 그 표면을 안정시키고, 식재목이 잘 생육할 수 있는 환경 조성을 위해 실시하는 공법은?

① 구정바자얽기
② 모래덮기공법
③ 퇴사울타리공법
④ 정사울세우기공법

**해설** 정사울세우기
• 주로 전사구의 육지 쪽에 후방 모래를 고정하여 그 표면에 전면적인 모래의 안정을 도모하고 식재목이 잘 생육할 수 있도록 환경을 조성할 목적으로 모래덮기와 사초심기를 병행하여 시공한다.
• 시공효과를 가장 크게 하기 위해서는 정사각형이나 직사각형으로 구획한다.
• 섶세우기, 짚세우기, 갈대세우기공법 등이 있다.
• 높이는 1.0~1.2m가 표준이며, 모래에 20cm 정도 묻어야 한다.
• 구획의 크기는 한 변의 길이가 7~15m인 정사각형이나 직사각형으로 하는 것이 일반적이다.
• 정사울타리설치 후 내부에 ha당 10,000본을 식재한다.

**정답** 79.③  80.②  81.①  82.④  83.③  84.①  85.④

**86** 사방댐의 설계요인을 틀리게 설명한 것은?
① 댐의 위치는 계상에 암반이 존재해야만 설치할 수 있다.
② 계획계상물매는 현 계상물매의 1/2~2/3 정도가 실용적인 것으로 알려져 있다.
③ 단독의 높은 댐과 연속된 낮은 댐군의 선택은 그 지역의 토사생산의 특성과 시공 및 유지의 난이도를 충분히 검토하여 결정한다.
④ 종·횡침식이 일어나는 구간이 긴 구간에서는 원칙적으로 계단상 댐을 계획한다.

**해설**
사방댐의 위치는 계상에 암반이 존재하는 곳에 설치하는 것이 좋다. 그러나 암반이 존재해야만 설치할 수 있는 것은 아니다.

**87** 침투능을 측정하는 침투계의 종류가 아닌 것은?
① 관수형 침투계   ② 살수형 침투계
③ 매립형 침투계   ④ 유수형 침투계

**88** 산비탈의 붕괴지에 시공되는 콘크리트벽흙막이의 높이는 몇 m 이하로 하는 것이 좋은가?
① 4m   ② 5m
③ 6m   ④ 7m

**해설**
• 돌흙막이 높이는 원칙적으로 찰쌓기는 3.0m 이하, 메쌓기는 2.0m 이하로 하여 기울기는 1:0.3으로 한다.
• 산비탈 붕괴지에 시공되는 콘크리트 흙막이 높이는 4m 이하로 한다.

**89** 다음 산림토목용 석재 중 압축강도가 가장 큰 석재는?
① 석회암   ② 화강암
③ 사암     ④ 안산암

**90** 콘크리트를 쳐서 수화작용이 충분히 계속되도록 보존하는 것을 무엇이라고 하는가?
① 풍화   ② 배합
③ 경화   ④ 양생

**해설**
양생은 콘크리트에 충분한 습도와 적당한 온도를 주어 유해한 응력을 가하지 않는 것으로, 효과는 7일 후에 나타나고 28일이 지나면 충분한 강도를 나타낸다.

**91** 비탈면의 안정해석방법에 이용하는 안전율은 흙의 무엇을 현재의 전단응력으로 나눈 값인가?
① 함수비     ② 함수율
③ 전단강도   ④ 인장강도

**해설**
안전율=전단강도/전단응력

**92** 특수비탈면녹화공법만을 나열한 것은?
① 잔디줄기살포법, 네트잔디공법, 식생매트공법
② 잔디줄기쉬트공법, 식생대공법, 비탈면 지오웨이브공법
③ 식생반공법, 식생자루공법, SF녹화공법
④ 식생구멍공법, 종자분사파종공법, 앵커박기공법

**93** 본댐의 유효고가 H(m)이고 월류수심이 t(m)일 때, 본댐과 앞댐과의 간격 L(m)을 구하는 식은? (단, 높은 댐의 경우이다.)
① $L \geq 1.5(H-t)$   ② $L \geq 2.0(H-t)$
③ $L \geq 1.5(H+t)$   ④ $L \geq 2.0(H+t)$

**94** 산복사방에서 비탈다듬기로 생긴 토사의 활동을 방지하기 위해 설치하는 것은?
① 누구막이         ② 선떼붙이기
③ 땅속흙막이공작물  ④ 사방댐

**해설**
땅속흙막이는 비탈다듬기와 단끊기 등으로 생산된 뜬 흙을 산비탈의 계곡부에 투입하여 유실을 방지하는 한편 산각의 고정을 기하고자 축설하는 공법이다.

**정답** 86.① 87.③ 88.① 89.② 90.④ 91.③ 92.① 93.③ 94.③

**95** 중력댐의 안정조건으로 거리가 먼 것은?

① 전도에 대한 안정
② 활동에 대한 안정
③ 홍수에 대한 안정
④ 기초지반의 지지력에 대한 안정

**해설**
**중력댐의 안정조건**
- 활동에 대한 안정 : 저항력의 총합이 원칙적으로 수평 외력의 총합 이상으로 되어야 한다.
- 전도에 대한 안정 : 합력작용선이 제저의 중앙 1/3 보다 하류 측을 통과하면 댐 몸체의 상류측에 장력이 생기므로 합력작용선이 제저의 1/3을 통과하도록 한다.
- 제체의 파괴에 대한 안정 : 제체에서의 최대 압축력은 그 허용압축을 초과하지 않아야 한다.
- 기초지반의 지지력에 대한 안정 : 제저에 발생하는 최대압축응력이 지반의 허용압축강도보다 작으면 지반은 안전하다.

**96** 계간사방공사에 이용되는 기본적인 사방공종이 아닌 것은?

① 사방댐
② 바닥막이
③ 기슭막이
④ 흙막이

**해설**
**사방사업의 구분**
- 산지사방사업 : 산지에 대하여 시행하는 사방사업
- 해안사방사업 : 해안 모래언덕 등 해안과 연접한 지역에 대하여 시행하는 사방사업
- 야계사방사업 : 산지의 계곡, 산지에 접속된 시내 또는 하천에 대하여 시행하는 사방사업

**97** 황폐지를 진행상태 및 정도에 따라 구분할 경우 초기 황폐지 단계를 설명한 것은?

① 산지 비탈면이 여러 해 동안의 표면침식과 토양유실로 토양의 비옥도가 떨어진 임지
② 외관상으로 황폐지로 보이지 않지만, 임지 내에서 이미 침식상태가 진행 중인 임지
③ 산지의 임상이나 산지의 표면침식으로 외견상 분명히 황폐지라 인식할 수 있는 상태의 임지
④ 지표면의 침식이 현저하여 방치하면 가까운 장래에 민둥산이 될 가능성이 높은 임지

**98** 계간사방 공사에서 일반적인 돌골막이의 돌쌓기 기울기는 얼마를 표준으로 하는가?

① 1:0.1
② 1:0.3
③ 1:0.5
④ 1:0.7

**99** 자연식생이 발달된 산림으로 현대화된 도시에 둘러싸여 환경피해는 입고 있으나 대체적으로 산림생태계가 유지되는 식물집단은?

① 재배식물집단
② 자생식물군집
③ 도시형 식물군집
④ 농촌형 식물군집

**100** 낙석방지망덮기공법에 대한 설명으로 틀린 것은?

① 주로 아연을 도금한 철사망 또는 합성섬유로 짠 망을 사용하여 비탈면에서 낙석이 도로 등지에 튀어 내리지 않게 한다.
② 일반적인 철사망눈의 크기는 15~20cm 정도이며, 합성섬유망은 강도가 약하므로 철사망을 사용한다.
③ 시공방법은 비탈면에 망을 깐 후, 가로세로 양쪽방향으로 와이어로프로 망을 잡아끌어서 그 끝부분을 앵커에 고정시킨다.
④ 사용되는 와이어로프의 간격은 가로와 세로 모두 4~5m로 한다.

**정답** 95.③ 96.④ 97.③ 98.② 99.② 100.②

## 국가기술자격 필기시험문제

2014년 제1회 필기시험

| 자격종목 및 등급(선택분야) | 종목코드 | 시험시간 | 형별 |
|---|---|---|---|
| 산림기사 | 1564 | 2시간 30분 | B |

### 제1과목 : 조림학

**1** 피자식물에서는 개화를 억제하나 나자식물의 경우는 개화에 긍정적으로 작용하는 것은?

① GA
② IBA
③ IAA
④ NAA

**2** 숲의 종류를 구분하는 데 있어 작업종 또는 생성 기원에 따른 것으로 옳지 않은 것은?

① 교림
② 순림
③ 왜림
④ 중림

**해설**

작업종 분류표

| 임분의 기원 | 벌채종 | 벌채의 크기의 모양 | |
|---|---|---|---|
| | | 대벌구 | 소벌구 |
| 교림 | 개벌 | 개벌작업 | 대상개벌작업·군상개벌작업 |
| | 산벌 | 산벌작업 | 대상산벌작업·군상산벌작업 |
| | 택벌 | 택벌작업 | 대상택벌작업·군상택벌작업 |
| 왜림 | 개벌 | 개벌 왜림 작업 | |
| 중림 | 택벌, 개벌 | 중림작업 | |

**3** 수목과 건조한 환경에 대한 설명으로 옳지 않은 것은?

① 일반적으로 내건성 수목은 얕고 넓은 근계를 형성한다.
② 내건성이란 건조한 환경에 견딜 수 있는 능력을 말한다.
③ 내건성 수종은 주로 소나무, 은행나무, 상수리나무 등이 있다.
④ 건조한 지역에서 자라는 수목은 각피층이 두껍고, 증산량이 낮은 경엽을 가지고 있다.

**해설**
일반적으로 수목은 두껍고 좁은 근계(땅속으로 뻗은 뿌리의 갈래)를 형성한다.

**4** Quercus속에 속하지 않는 수종은?

① 밤나무
② 신갈나무
③ 상수리나무
④ 종가시나무

**해설**
- 밤나무 : Castanea crenata var. dulcis
- 신갈나무 : Quercus mongolica
- 상수리나무 : Quercus acutissima
- 종가시나무 : Quercus glauca thunb. ex murray

**5** 개화 결실의 주기성이 가장 짧은 수종으로만 짝지어진 것은?

① 느릅나무, 낙우송
② 전나무, 신갈나무
③ 단풍나무, 자작나무
④ 소나무, 일본잎갈나무

**정답** 1.① 2.② 3.① 4.① 5.③

> **해설**
> **종자결실 주기**
>
> | 결실주기 | 종류 |
> |---|---|
> | 매해 | 버드나무류, 포플러류, 오리나무류 |
> | 격년 | 소나무류, 오동나무, 자작나무, 아까시나무 |
> | 2~3년 | 참나무류, 느티나무, 들메나무, 편백, 삼나무 |
> | 3~4년 | 전나무, 녹나무, 가문비나무 |
> | 5년 이상 | 너도밤나무, 낙엽송 |

**6** 수목의 증산작용에 대한 설명으로 옳지 않은 것은?

① 잎의 온도를 낮추어 준다.
② 무기염의 흡수와 이동을 촉진시키는 역할을 한다.
③ 증산작용을 할 수 없는 100%의 상대습도에서는 식물이 자라지 못한다.
④ 식물의 표면으로부터 물이 수증기의 형태로 방출되는 것을 의미한다.

> **해설**
> 테라리움 상태는 증산작용을 할 수 없는 100%의 상대습도에서 식물이 자라지 못하는 것을 말한다.

**7** 비료의 농도가 너무 높아 묘목이 말라 죽는 경우에서 토양과 묘목의 수분포텐셜(Ψ)의 관계로 옳은 것은?

① Ψ토양 > Ψ묘목
② Ψ토양 = Ψ묘목
③ Ψ토양 < Ψ묘목
④ Ψ토양 ∝ Ψ묘목

**8** 임업종자에 대한 설명으로 옳지 않은 것은?

① 종자산지(Provenance)는 미국의 동부지역이다.
② 발아율이 80%이고, 순량률이 70%인 종자의 효율은 56%이다.
③ 옻나무나 아까시나무에 적용할 수 있는 종자의 탈종법은 부숙마찰법이다.
④ 강원도에서 얻어진 리기다소나무의 도토리는 밀폐시켜 저장하면 활력이 저하된다.

> **해설**
> **종자의 탈종법**
>
> | 구분 | 내용 |
> |---|---|
> | 도정법 | • 종피를 정미기에 넣어 깎아내 납질을 제거하는 방법으로 발아를 촉진한다.<br>• 옻나무 |
> | 구도법 | • 열매를 절구에 넣어 공이로 약하게 찧는 방법이다.<br>• 옻나무, 아까시나무 |

**9** 개화-결실 과정에서 화기의 구조와 종자 또는 열매의 상호 관계를 올바르게 연결한 것은?

① 자방-종자
② 배주-열매
③ 주피-종피
④ 난핵-배유

> **해설**
> • 자방-열매
> • 배주-종자
> • 난핵+정핵-배

**10** 다음은 어떤 수종에 대한 지위지수곡선으로서 25년생을 기준 연령으로 한 것이다. 35년생으로 우세목의 평균 수고가 16m라면 지위지수의 추정치는?

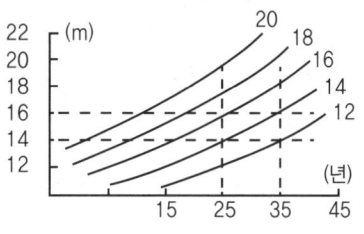

① 12
② 14
③ 16
④ 18

**정답** 6.③ 7.③ 8.③ 9.③ 10.②

**11** 제벌에 대해 바르게 설명하고 있는 내용은?
① 중간 수입을 주목적으로 하는 벌채작업이다.
② 작업의 효율성을 고려하여 겨울철에 실시하는 것이 원칙이다.
③ 윤벌기 내에 가지치기와 병행하여 단 1회만 실시하는 것이 원칙이다.
④ 조림목에 있어서 불량목을 제거하여 임목의 생장과 형질을 향상시키는 작업이다.

**해설**
제벌(어린나무 가꾸기)은 조림목이 임관을 형성한 후부터 솎아베기할 시기에 이르는 동안 주로 침입종을 제거하고 아울러 조림목 중에서 자람과 형질이 매우 나쁜 것을 베어 주는 것을 말한다.

**12** 도태간벌에서 미래목 선정 시 고려사항이 아닌 것은?
① 수령
② 수목사회적 위치
③ 형질
④ 생육상태의 건전성

**해설**
**도태간벌**
• 최고의 가치생장을 위해 자질이 있는 우수한 나무를 항상 집중적으로 선발 탐색하여 조절해 주는 것으로, 심하게 경쟁되는 나무는 제거시키고 우수한 나무의 생장이 발달되도록 촉진시킨다.
• 벌채 시기를 장기간으로 하고 미래목을 선정한 후, 대상 나무를 방해하는 나무를 솎아낸다.
• 미래목의 수관생장을 억압하는 생장 경쟁목, 미래목, 수관과 줄기에 해를 입히는 나무, 피해목, 형질이 불량한 중용목·상층목, 폭목, 덩굴류를 제거 대상목으로 한다.
• 미래목과 중용목의 하층임관을 이루고 있는 보호목은 제거하지 않는다.
• 칡, 머루, 다래, 담쟁이 등 미래목에 피해를 주거나 향후 피해가 예상되는 덩굴류는 제거한다.

**13** 소나무 중에서 줄기가 곧고, 수관이 가늘고 좁으며 지하고가 높은 특성을 보이는 지역형은?
① 안강형
② 위봉형
③ 금강형
④ 중남부평지형

**해설**
우리나라의 소나무 유형

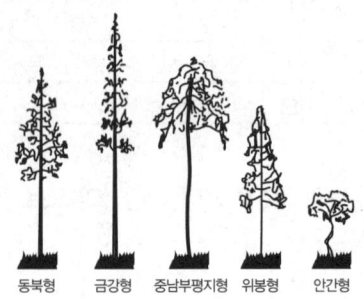
동북형  금강형  중남부평지형  위봉형  안강형

**14** 모수작업에 의한 갱신이 상대적으로 유리한 수종은?
① 소나무
② 잣나무
③ 호두나무
④ 상수리나무

**해설**
모수작업은 소나무, 해송과 같은 양수에 적용되며, 종자나 열매가 작아 바람에 날려 멀리 전파될 수 있는 수종에 알맞다.

**15** 잎의 밑모양이 이저(耳底)인 수종은?
① 갈참나무
② 졸참나무
③ 신갈나무
④ 상수리나무

**16** 차가운 물에 침수 처리하여 발아촉진하는 종자의 수종은?
① 옻나무
② 삼나무
③ 주엽나무
④ 아까시나무

**정답** 11.④  12.①  13.③  14.①  15.③  16.②

해설 ❂ 노천매장법
- 종자를 하루 동안 맑은 물에 담궜다가 종자의 1~3배 가량의 젖은 모래와 혼합하여 땅속에 묻어두는 방법으로, 저장과 동시에 발아를 촉진시키는 효과가 있다.
- 낙엽송, 소나무류, 삼나무, 편백 등의 저장종자에 효과가 있다.

**17** 다음 조건으로 파종량을 계산하면 약 몇 kg 인가? (단, 파종상 면적 500m², 순량률 90%, 발아율 60%, 실중 500g, 남겨둘 묘목 본수 400/m², 묘목잔존율 80%)

① 131kg
② 231kg
③ 331kg
④ 431kg

해설 ❂

파종량 = $\dfrac{500 \times 400}{2 \times 0.9 \times 0.6 \times 0.8}$ = 231,481g = 231kg

**18** 접목을 할 때 접수와 대목 수종(접수-대목)이 옳지 않은 것은?

① 소나무-곰솔
② 밤나무-밤나무
③ 호두나무-가래나무
④ 은행나무-비자나무

해설 ❂
은행나무와 비자나무는 일반적으로 접목을 하지 않는다.

**19** 천연림보육에 대한 설명으로 옳지 않은 것은?

① 하층임분은 특별한 이유가 없는 한 그대로 둔다.
② 미래목은 장차 미래에 효용가치가 실생목보다 맹아목을 우선적으로 고려하여 선정하는 것이 좋다.
③ 세력이 너무 왕성한 보호목은 가지를 제거하여 그 세력을 줄이고 미래목의 생장에 영향이 없도록 한다.
④ 상층목의 생육공간을 확보해 주기 위하여 수관경쟁을 하고 있는 불량형질목과 가치가 낮은 임목은 제거한다.

해설 ❂
미래목은 수목사회적 위치, 건전성, 형질 등이 가장 우수한 나무로 선발된 최종 수확목으로 남겨지는 나무를 말한다.

**20** 묘포 조성 작업의 순서로 옳은 것은?

① 밭갈이 → 쇄토 → 작상
② 밭갈이 → 작상 → 쇄토
③ 작상 → 밭갈이 → 쇄토
④ 작상 → 쇄토 → 밭갈이

해설 ❂ 정지
토양의 이화학적 성질을 작물의 생육에 알맞은 상태로 조성하기 위하여 파종에 앞서 토양에 가하는 각종 기계적 작업을 정지라 하며, 경운, 쇄토, 진압이 포함된다.
- 경운 : 토양을 갈아 일으켜 흙덩어리를 반전시키고 대강 부스러뜨리는 작업을 말한다.
- 경운의 효과 : 토양의 이화학적 성질(물리·화학적 성질) 개선, 잡초 및 해충의 경감 등의 효과가 있다.
- 쇄토 : 갈아 일으킨 흙덩이를 곱게 부수고 지면을 평평하게 고르는 작업으로 토양의 알맞은 입단 크기는 1~5mm 정도이다.
- 진압 : 파종하고 복토하기 전이나 후에 종자위를 눌러 주는 작업을 말한다.

제2과목 : 산림보호학

**21** 모닥불 자리나 산불 발생지에서 많이 발생하는 수병으로 옳은 것은?

① 모잘록병
② 뿌리혹병
③ 피목 가지마름병
④ 리지나 뿌리썩음병

정답 17. ② 18. ④ 19. ② 20. ① 21. ④

## 22 녹병균의 포자형으로 옳지 않은 것은?
① 겨울포자  ② 여름포자
③ 분생포자  ④ 담자포자

**해설** 잣나무 털녹병
- 중간기주는 송이풀과 까치밥나무이다.
- 녹포자와 녹병포자를 형성하며, 중간기주에서 여름포자 · 겨울포자의 소생자를 형성한다.
- 수피조직 내에서 균사의 형태적 월동이 이루어지며, 4~5월 하순에 녹포자를 형성한다.
- 약제방제는 거의 불가능하며, 병든 나무는 제거 · 소각하고, 중간기주는 제거한다.

## 23 보르도액에 대한 설명으로 옳지 않은 것은?
① 보호살균제이다.
② 황산동액에 석회유를 부어서 조제한다.
③ 1차 전염 일주일 전에 살포하면 효과적이다.
④ 수목의 흰가루병, 토양전염성 병원균에는 효과가 없다.

**해설**
보르도액은 물, 유산동, 생석회를 혼합하여 조제한다.

## 24 병원체가 지니고 있는 병원성에 대한 설명으로 옳지 않은 것은?
① 흰가루병균과 녹병균은 절대기생체이다.
② 바이러스나 파이토플라즈마는 부생체이다.
③ 식물조직의 죽은 유기물을 영양원으로 하여 살아가는 것을 부생체라 한다.
④ 인공배양이 불가능하며 살아있는 기주조직 내에서만 증식하는 것을 절대기생체라 한다.

**해설**
바이러스나 파이토플라즈마는 절대기생체이다.

## 25 솔잎혹파리에 대한 설명으로 옳지 않은 것은?
① 유충형태로 토양에서 월동한다.
② 일본에서 최초로 발견된 해충이다.
③ 침엽기부에 혹을 만들고 피해를 준다.
④ 성충은 5월 하순과 8월 중순 2회 발생한다.

**해설**
솔잎혹파리
- 유충이 적송 · 흑송 등의 두침엽의 접합부에 기생하여 혹을 만들어 피해를 준다. 1년 1회 발생하며, 유충으로 땅속 또는 충영 속에서 월동한다. 6월 상순이 성충의 우화 최성기이며, 성숙 유충의 크기는 1.7~2.8mm이다.
- 성충 우화 시기(5~6월)에 ha당 30~50kg의 살충제를 살포하고, 다이메크론 50% 유제를 흉고직경 1cm당 0.3~0.7ml 정도로 수간주사를 실시한다. 또한 하기벌목(충영 속의 유충 제거), 간벌(고립목의 경우 피해를 덜 입음), 천적(먹좀벌 · 거미류 · 개미 · 박새류) 보호, 비료 주기 등의 방법으로 방제한다.

## 26 뿌리혹병에 대한 설명으로 옳은 것은?
① 세균병으로 활엽수류를 주로 침해한다.
② 세균병으로 침엽수류를 주로 침해한다.
③ 바이러스로 활엽수류를 주로 침해한다.
④ 바이러스로 침엽수류를 주로 침해한다.

**해설**
세균성 병원
뿌리혹병, 잣나무의 눈마름병, 호두나무의 갈색썩음병, 포플러의 세균성 줄기마름병, 단풍나무의 점무늬병 등

## 27 유충시기에 군서하지 않는 해충은?
① 매미나방  ② 텐트나방
③ 미국흰불나방  ④ 어스렝이나방

**해설**
집시나방(매미나방)
- 세계적으로 분포하는 잡식성 해충이다.
- 침엽수와 활엽수 모두를 가해한다.
- 1년 1회, 8월 상순에 발생한다.
- 나무줄기에서 알로 월동하며 산란수는 200~400개이다.
- 천적을 보호하거나, BHC 분제를 이용하여 방제하다 독성으로 세빈이나 디프렉스 1000배 액을 이용하여 방제한다.

**정답** 22. ③  23. ②  24. ②  25. ④  26. ①  27. ①

**28** 다음 중 곤충의 피부구조에서 가장 바깥에 위치하는 조직은?
① 기저막
② 내원표피
③ 외원표피
④ 진피세포

**29** 내염성 수종으로 옳지 않은 것은?
① 곰솔
② 향나무
③ 전나무
④ 사철나무

> 해설
> 임목의 내염성 정도
> • 조풍에 강한 나무 : 해송, 향나무, 사철나무, 자귀나무, 팽나무, 돈나무 등
> • 조풍에 약한 나무 : 소나무, 삼나무, 전나무, 사과나무, 벚나무, 편백, 화백 등

**30** 일반적으로 액체보다 가루약을 주입하며 살균제나 살충제보다 영양제 및 미량원소를 주입하는 데 가장 좋은 수간주사 방법은?
① 중력식
② 흡수식
③ 삽입식
④ 미세압력식

**31** 청설모의 생태에 관한 설명으로 옳지 않은 것은?
① 숲 내의 땅속에 집을 짓고 산다.
② 4~6월에 3~4마리의 새끼를 낳는다.
③ 먹이는 잣, 밤, 호두, 도토리 등이다.
④ 땅을 파고 먹이를 저장하는 습성이 있다.

> 해설
> 청설모는 나무 위에 집을 짓고 산다.

**32** 수목에 충영을 형성하는 해충으로 옳은 것은?
① 텐트나방
② 밤나무혹벌
③ 솔수염하늘소
④ 느티나무벼룩바구미

> 해설
> 밤나무혹벌(밤나무순혹벌), 솔잎혹파리는 충영을 형성하는 해충이다.

**33** 담자균류에 의한 수목병으로 옳지 않은 것은?
① 소나무 혹병
② 전나무 잎녹병
③ 잣나무 털녹병
④ 낙엽송 잎떨림병

> 해설
> 낙엽송 잎떨림병은 진균(자낭균)에 의한 수목병이다.

**34** 미국흰불나방은 1년에 몇 회 우화하는가?
① 1회
② 2회
③ 4회
④ 6회

> 해설
> 미국흰불나방
> • 활엽수를 가해하며 1년 2회 발생한다.
> • 나무껍질 사이·판자 틈·돌 밑·지피물 밑 등에서 번데기로 월동. 1회 성충은 5월 중순~6월에 출현한다.
> • 방제법은 부화 직후의 유충은 군서하므로 포살, 용화할 때가 되면 땅으로 내려오므로 식이목을 설치한다.
> • 살충제로는 디프테렉스(1000배액)가 효과적이다.

**35** 졸참나무를 중간기주로 하는 수병은?
① 소나무 혹병
② 소나무 잎녹병
③ 잣나무 털녹병
④ 배나무 붉은별무늬병

> 해설
> 소나무 혹병의 중간기주는 소나무, 해송, 졸참나무 등이다.

**36** 산림곤충 표본조사법 중 곤충의 음성 주지성(높은 곳으로 기어가는 습성)을 이용한 방법은?
① 미끼 트랩
② 수반 트랩
③ 페로몬 트랩
④ 말레이즈 트랩

**37** 유충과 성충이 모두 나무의 잎을 가해하는 해충은?
① 솔나방
② 잣나무넓적잎벌레
③ 어스렝이나방
④ 오리나무잎벌레

**정답** 28. ③  29. ③  30. ③  31. ①  32. ②  33. ④  34. ②  35. ①  36. ④  37. ④

해설 🌿
**오리나무잎벌레**
- 성충과 유충 모두 오리나무 잎을 가해하며 1년 1회 발생한다.
- 암컷만으로 번식하며 200~500개의 알을 낳는다.
- 천적인 무당벌레나 유충기에는 BHC분제를 살포하여 방제한다.

**38** 온실효과를 발생하는 주요 가스로 옳지 않은 것은?

① 메탄 　　　② 산소
③ 수증기 　　④ 아산화질소

**39** 〈보기〉에서 설명하는 산림 해충은?

〈보기〉
정착한 1령 약충은 여름에 긴 휴면을 가진 후 10월경에 생장하기 시작하고, 11월경에 탈피하여 2령 약충이 된다. 2령 약충은 생장이 활발한 11월~이듬해 3월에 수목피해를 가장 많이 주고, 수컷은 3월 상순 전후에 탈피하여 3령 약충이 된다.

① 솔껍질깍지벌레　② 호두나무잎벌레
③ 참나무재주나방　④ 도토리거위벌레

해설 🌿 **솔껍질깍지벌레**
- 해송·적송을 가해한다.
- 한 번 정착하면 이동하지 않고, 체액을 빨아 먹을 때 유충에서 독소가 나와 고사시킨다.
- 1년 1회, 3~5월에 가장 많이 발생한다.
- 수관하부의 가지부터 고사한다.
- 열세목을 간벌하고 우세목의 수세를 넓혀 해충 저항성을 높이거나 천적(무당벌레)으로 보호한다. 7~9월에 피해목을 벌채하는 것도 방제의 한 방법이다.

**40** 야생동물의 서식에 필수 구성요소로 옳지 않은 것은?

① 물 　　　② 먹이
③ 온도 　　④ 은신처

## 제3과목 : 임업경영학

**41** 임업경영의 지도원칙 중에서 자연보호와 보건휴양을 중요시하는 것은?

① 생산성의 원칙　② 보속성의 원칙
③ 수익성의 원칙　④ 환경보전의 원칙

해설 🌿 **환경보전의 원칙**
- 국토보안의 원칙 또는 환경양호의 원칙, 산림미의 원칙이라고 불리며 산림경영은 국토보안, 수원함양, 자연보호 등의 기능을 충분히 발휘할 수 있도록 운영하여야 한다는 원칙이다.
- 산림경영은 임목생산을 통하여 사회의 경제적 복지에 공헌하는 동시에 임목생산 이외의 외부적 이익에도 충분히 대응해야 한다는 원칙이다.

**42** 임업원가관리에서 원가에 대한 설명으로 옳지 않은 것은?

① 제품의 생산수준에 따라 비례하는 원가를 변동원가라 한다.
② 특정 제품의 생산만을 위해서 발생한 원가를 직접원가라 한다.
③ 과거에 이미 현금을 지불하였거나 부채가 발생한 원가를 매물원가라 한다.
④ 어떤 생산수준에서 제품의 여러 단위를 더 생산할 때 추가로 발생하는 원가를 한계원가라 한다.

해설 🌿
증분원가는 어떤 생산수준에서 제품의 여러 단위를 더 생산할 때 추가로 발생하는 원가이다.

**43** 임업의 기술적 특성으로 옳지 않은 것은?

① 임업생산이 집약적이다.
② 생산기간이 대단히 길다.
③ 임목의 성숙기가 일정하지 않다.
④ 자연조건의 영향을 많이 받는다.

해설 🌿 **산림경영의 기술적 특성**
- 장기간에 걸쳐 생산된다.
- 재생산이 가능한 자원이다.

정답　38. ②　39. ①　40. ③　41. ④　42. ④　43. ①

- 자연조건에 지배되는 정도가 크다.
- 수확결정 시기가 확실하지 않다.
- 수목은 기후나 지력에 대한 요구도가 낮다.
- 수목은 생리기관이 튼튼하여 이를 보호 무육하는 데 노력이 적게 든다.
- 임업에서는 이론적 또는 생장에 의한 생산량과 현실적 또는 벌채에 의한 생산량의 구별이 있다.

**44** 미처분 임산물은 임업경영 자산 중 어디에 속하는가?

① 부채  ② 임목자산
③ 유동자산  ④ 고정자산

해설 **임업경영 자산**
- 고정자산 : 임지, 건물, 구축물(임도, 삭도, 숯가마 등), 기계(산림용 큰 기계), 동물(산림에 사용되는 말) 등
- 임목자산 : 임목 축적
- 유동자산 : 미처분 임산물(산림생산물로서 처분되지 않은 것), 산림용 생산자재(묘목, 비료, 약재 등)

**45** 대학 학술림에서 임도 개설을 위하여 3,000만 원을 투자하여 굴삭기를 구입하였는데 이 굴삭기의 수명은 5년이고, 폐기 이후의 잔존가치는 없다고 한다. 이 투자에 의하여 5년 동안 해마다 720만 원의 순이익을 얻을 수 있다면 이 사업의 투자이익률은 몇 %인가?

① 36%  ② 48%
③ 64%  ④ 72%

해설
- 감가상각비 = $\dfrac{30,000,000-0}{5}$ = 6,000,000원
- 투자이익률 = $\dfrac{평균순이익}{평균투자액} \times 100$

= $\dfrac{7,200,000}{15,000,000} \times 100$ = 48%

| 구분 | 0년 | 1년 | 2년 | 3년 | 4년 | 5년 |
|---|---|---|---|---|---|---|
| 구입<br>(만 원) | 3,000 | 3,000 | 3,000 | 3,000 | 3,000 | 3,000 |
| 상각<br>(만 원) | 0 | 600 | 1,200 | 1,800 | 2,400 | 3,000 |
| 가치<br>(만 원) | 3,000 | 2,400 | 1,800 | 1,200 | 6,00 | 0 |

| 평균<br>투자액 | (3,000+2,400+1,800+1,200+600)/6<br>=1,500만 원 |
|---|---|

**46** 휴양림 마케팅 전략에서 판매촉진 방법 중 가장 효과가 느린 것은?

① 광고  ② 특별판매 촉진
③ 개인적인 접촉  ④ 신문 등에 기사화

**47** 앞으로도 수년간 수확이 정기적으로 예상되는 밤나무 임분의 평가는 어떤 방법으로 이루어져야 하는가?

① 대용법  ② 입지법
③ 기망가법  ④ 임지비용가

해설
기망가는 앞으로 얻을 수 있으리라고 기대되는 수익을 현재의 시점으로 할인한 평가액이다.

**48** 산림수확조절법 중에서 윤벌기를 계산인자로 사용할 필요가 없는 것은?

① 조사법  ② Mantel법
③ 임분경제법  ④ 재적평분법

해설 **조사법**
일정한 수식이나 특수한 규정이 따로 정해져 있는 것이 아니라 경험을 근거로 하여 실행하는 것이다. 이 방법은 어디까지나 조림, 무육을 위주로 한다. 즉, 산림을 자연을 최대로 이용하여 어떻게 산림생산을 지속시킬 수 있을지를 장기간에 걸쳐 경험적으로 파악하여 집약적인 임업경영을 실현하는 데 그 목적이 있다.

**49** 산림경영계획의 운용과정을 순서대로 바르게 나타낸 것은?

① 경영계획-연차계획-사업실행-사업예정-조사업무
② 경영계획-연차계획-사업예정-사업실행-조사업무
③ 경영계획-연차계획-사업예정-조사업무-사업실행

정답 44.③ 45.② 46.③ 47.③ 48.① 49.②

④ 경영계획-연차계획-조사업무-사업예정-사업실행

**50** 일반적으로 국내 산림소유 구분 중 면적 비율이 가장 높은 것은?

① 공유림
② 사유림
③ 요존국유림
④ 불요존국유림

> **해설**
> 산림의 면적 비율
> • 사유림 : 68.4%
> • 국유림 : 24%
> • 공유림 : 7.6%

**51** 산림지리정보시스템의 구성 요소인 벡터 자료와 래스터 자료의 특성에 대한 설명으로 옳지 않은 것은?

① 래스터 자료는 연산이 빠르다.
② 벡터 자료는 섬세한 묘사가 가능하다.
③ 래스터 자료는 선이나 점의 표현이 부정확하다.
④ 벡터 자료는 화소 단위의 자료와 연계성이 높다.

> **해설**
> 벡터 자료는 지도와 유사한 자료이며, 래스터 자료는 격자화 되고 일반적인 현실세계이다.

**52** 흉고직경 26cm, 수고 20m인 잣나무의 재적을 형수법으로 계산하면 얼마인가? (단, 형수는 0.4544이다.)

① 약 $0.121m^3$
② 약 $0.482m^3$
③ 약 $0.642m^3$
④ 약 $0.964m^3$

> **해설**
> 형수법 = $\frac{3.14}{4} \times (0.26)^2 ≒ 0.482m^3$

**53** 순토측고기를 사용하여 임목의 수고를 측정할 때 올바른 측정계산법은?

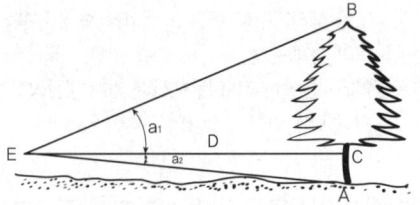

① $(\tan a_1 + \tan a_2) \times D$
② $(\tan a_1 + \tan a_2) \times D \times 100$
③ $(\cos a_1 + \cos a_2) \times D$
④ $(\tan a_1 + \tan a_2) \times D \times 100$

**54** 밀생림 중심의 자연휴양림의 관리방법으로 옳은 것은?

① 여름철 산책공간은 교목림으로 육성한다.
② 출입제한 등의 이용규제가 없어도 높은 자연성을 유지할 수 있다.
③ 이용밀도가 가장 높은 공간이므로 답압에 의한 영향을 고려해야 한다.
④ 인위적 관리를 통해 수목은 적게 하고 잔디 및 초지가 주가 되도록 한다.

> **해설** 휴양림의 수림공간형성의 기본형 특성
>
> | 구분 | 산개림 | 소생림 | 밀생림 |
> |---|---|---|---|
> | 수림피도<br>(교목,<br>중목층) | 10~30% | 40~60% | 70~100% |
> | 임상<br>(초목층) | 지피식생 | 억새, 조릿대, 야초 | 상대적으로 적음 |
> | 관목<br>(저목층) | 낮은 가지치기 | 선택적 도입, 보전 | 주로 내음성 수종 |
> | 레크리에이션<br>이용 밀도 | 높음 | 중간 | 낮음 |
> | 레크리에이션<br>활동 자유도 | 높음 | 중간 | 낮음 |
> | 공간적 기능 | 체류, 휴식 | 이동 및 산책 | 차폐 및 보전 |
> | 보유 관리 | 지피정리,<br>시비 및 관수 | 낮은 가지치기, 간벌, 낙엽 채취 및 환원 | 자연상태에 의존 |
> | 주요 수종 | 활엽수,<br>침엽수 | 낙엽활엽수 | 침엽, 활엽수 |

정답 50.② 51.④ 52.② 53.① 54.①

**55** 중간 영림의 임목 평가에 적용하는 Glaser 식에 대한 설명으로 옳은 것은?

① 임목매매가법과 임목비용가법을 절충한 식이다.
② 임목매매가법과 임목기망가법을 절충한 식이다.
③ 임목비용가법과 임목기망가법을 절충한 식이다.
④ 예상이익을 현재가치로 환산하여 임목의 가치를 구하는 방법이다.

> **해설**
> 일반적으로 유령림에는 임목비용가법, 벌기 미만의 장령림에는 임목기망가법과 수익환원법, 중령림에는 임목비용가법과 임목기망가법의 중간적인 Glaser법, 벌기 이상의 임목에는 임목매매가가 적용되는 시장가역산법을 사용한다.

**56** 사유림의 경영주체가 아닌 것은?

① 회사
② 개인
③ 종교단체
④ 지방자치단체

> **해설**
> 지방자치단체는 공유림의 경영주체이다.

**57** 내용연수가 50년인 대학 학술림 관리소 건물의 장부원가는 5,000만 원이고, 폐기할 때의 잔존가치가 1,000만 원인 경우 정액법에 의한 이 건물의 연간 감가상각비는?

① 60만 원
② 80만 원
③ 100만 원
④ 120만 원

> **해설**
> 감가상각비 = $\dfrac{50,000,000 - 10,000,000}{50}$ = 80만 원

**58** 산림경영계획에서 1-2-3-1로 표시된 산림 구획이 의미하는 것은?

① 1 임반 2 보조임반 3 소반 1 보조소반
② 1 임반 2 소반 3 보조임반 1 보조소반
③ 1 경영계획구 2 임반 3 소반 1 보조소반
④ 1 경영계획구 2 임반 3 보조임반 1 소반

**59** 임목의 연년생장량과 평균생장량간의 관계를 바르게 설명한 것은?

① 초기에는 연년생장량이 평균생장량보다 작다.
② 연년생장량이 평균생장량보다 최대점에 늦게 도달한다.
③ 평균생장량이 최대가 될 때 연년생장량과 평균생장량은 같게 된다.
④ 평균생장량이 최대점에 이르기까지는 연년생장량이 평균생장량보다 항상 작다.

> **해설**
> **연년생장량과 평균생장량의 관계**
> • 처음에는 연년생장량이 평균생장량보다 크다.
> • 연년생장량은 평균생장량보다 빨리 극대점에 이른다.
> • 평균생장량의 극대점에서 두 생장량의 크기는 같다.
> • 평균생장량이 극대점에 이르기까지는 연년생장량이 항상 평균생장량보다 크다.
> • 평균생장량이 극대점을 지난 후에는 연년생장량이 평균생장량보다 하위에 있다.
> • 연년생장량이 극대점에 이르는 기간을 유령기, 이때부터 평균생장량의 극대점까지를 장령기, 그 이후를 노령기라 할 수 있다.

**60** 다음 중 휴양의 특성과 가장 거리가 먼 것은?

① 자유로운 선택이어야 한다.
② 노동과 관련이 없어야 한다.
③ 학습의 효과가 있어야 한다.
④ 재충전의 편익이 있어야 한다.

**정답** 55. ③ 56. ④ 57. ② 58. ① 59. ③ 60. ③

## 제4과목 : 임도공학

**61** 어떤 산림에 임도를 설계하고자 할 때 가장 먼저 해야 할 사항으로 옳은 것은?

① 예측
② 답사
③ 예비조사
④ 설계서 작성

**해설**
임도의 설계순서
예비조사 → 답사 → 예측 → 실측 → 설계도 작성 → 공사량 산출 → 설계서 작성

**62** A점의 좌표가 (203.08, 203.15)이고, 측선 AB의 길이가 125m일 때, B점의 좌표는? (단, 단위는 m, 측선 AB의 방위는 S35°36′01″E이다.)

① (101.44, 275.92)
② (304.72, 275.92)
③ (101.44, 130.38)
④ (304.72, 130.38)

**해설**

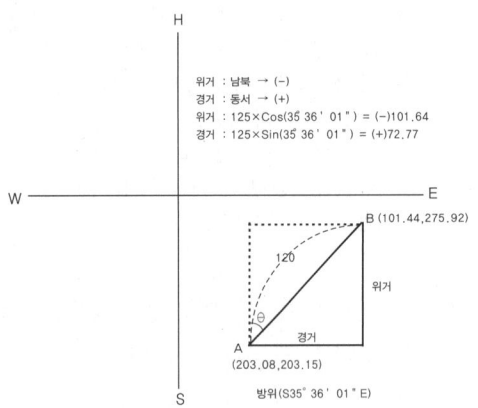

위거 : 남북 → (−)
경거 : 동서 → (+)
위거 : 125×Cos(35°36′01″) = (−)101.64
경거 : 125×Sin(35°36′01″) = (+)72.77

**63** 임도 보수 관리 책임자는 임도노면 및 시설물을 연간 몇 회 이상 점검하도록 되어 있는가?

① 1회 이상
② 2회 이상
③ 3회 이상
④ 4회 이상

**64** 임도설계에서 실시하는 측량방법으로 옳지 않은 것은?

① 예측은 선정된 노선을 현지에 설정하여 정밀측량을 실시하는 것이다.
② 종단 측량은 레벨과 표척을 사용하여 중심선의 고저기복을 측량하는 작업이다.
③ 횡단 측량은 중심말뚝마다 중심선과 직각방향으로 지형의 고저기복 상태를 측정한다.
④ 평면 측량은 교각점에서는 교각을 따라 곡선을 설정하고 곡선시종점 등의 곡선말뚝을 현지에 설정한다.

**해설**
답사에 의해 확정한 예정선을 경사측정기, 방위측정기, 거리측정자 등으로 실측하여 예측도를 작성하는 것이 예측이다.

**65** 임도상에 설치하는 대피소 유효길이의 규정 값으로 옳은 것은?

① 5m 이상
② 10m 이상
③ 15m 이상
④ 20m 이상

**해설** 대피소 설치 기준

| 구분 | 기준 |
| --- | --- |
| 간격 | 300m 이내 |
| 너비 | 5m 이상 |
| 유효길이 | 15m 이상 |

**66** 아래 그림에서 경사도의 표식과 물매값으로 옳은 것은?

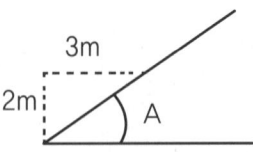

① 2:3과 67%
② 2:3과 150
③ 3회 이상
④ 4회 이상

**정답** 61.③ 62.① 63.② 64.① 65.③ 66.①

**67** 고저 측량의 기고식 야장기입법에서 지반고를 구하는 식으로 옳은 것은?

① 기계고(I.H)+후시(B.S)
② 기계고(I.H)−후시(B.S)
③ 기계고(I.H)−전시(F.S)
④ 기계고(I.H)+전시(F.S)

**해설**
기계고=후시+지반고

**68** 길어깨 및 옆도랑의 최소너비 기준으로 옳은 것은?

① 20cm    ② 30cm
③ 40cm    ④ 50cm

**해설**
임도의 횡단면 구조
- 유효너비(차도너비) : 길어깨, 옆도랑의 너비를 제외한 임도의 유효너비는 3m이다. 다만 배향곡선지의 경우에는 6m이다.
- 길어깨 : 길어깨 및 옆도랑의 너비는 0.5~1m이다.
- 축조한계 : 자동차의 안전주행을 위해 도로의 위쪽에 건축물을 설치할 수 없는 일정한 한계를 말한다.

**69** 예산내역서에 대한 설명으로 옳은 것은?

① 공정별로 집계표를 작성하고 누계하여 적용한다.
② 당해 공사의 목적, 기준, 시공 후 기여도 등을 상세히 기록한다.
③ 일반적인 과업지시사항과 공사목적 및 현지의 입지 조건 등을 수록한다.
④ 공정별 수량계산서에 의한 공종별 수량과 단가산출서에 의한 공종별 단가를 곱하여 작성한다.

**70** 임도작업 시 토목기계 사용의 장점으로 옳지 않은 것은?

① 기계 구입비, 유지비가 저렴하다.
② 규모가 큰 공사라도 공사기간을 단축할 수 있다.
③ 인력으로 곤란한 공사라도 무난히 완공할 수 있다.
④ 공사비를 절감할 수 있고 시공효율을 높일 수 있다.

**해설**
토목기계 사용의 장점
- 규모가 큰 공사를 효율적으로 시공하여 공사기간을 단축한다.
- 절·성토, 흙나르기, 흙다지기 등을 쉽게 처리할 수 있다.
- 공사비는 절감하고, 시공 능률은 증가한다.
- 인력으로 어려운 공사도 기계시공으로 무난히 완공할 수 있다.

**71** 평면곡선에서 중심각은 60°, 곡선반지름이 20m일 때 안전시거는 약 얼마인가?

① 18m    ② 21m
③ 28m    ④ 31m

**해설**
시거=0.01745×60×20=21m

**72** 임도 노면 시공방법으로 머캐덤(Macadam)이라고도 불리는 것은?

① 사리도    ② 토사도
③ 쇄석도    ④ 통나무길

**해설**
쇄석도(머캐덤도)는 부순 돌끼리 서로 물려 죄는 힘과 결합력에 의하여 단단한 노면을 만드는 것으로, 임도에서 가장 많이 사용한다.

**73** 노체의 기본구조를 깊은 순서대로 나열한 것으로 옳은 것은?

① 노상 → 노반 → 기층 → 표층
② 노상 → 기층 → 노반 → 표층
③ 노상 → 기층 → 표층 → 노반
④ 노상 → 표층 → 기층 → 노반

**정답** 67.③  68.④  69.④  70.①  71.②  72.③  73.①

해설 노체의 구성

| 구성 |
|---|
| 표층(表層) |
| 기층(基層) |
| 노면(路面) |
| 노상(路床) |

**74** 다음 중 가선집재의 장점이 아닌 것은?

① 임지와 입목의 피해가 적다.
② 지형조건의 영향을 덜 받는다.
③ 낮은 임도밀도에서도 작업이 가능하다.
④ 장비의 가격이 저렴하고, 숙련된 기술을 요하지 않는다.

해설 가선집재의 장단점
• 장점 : 입목 및 목재의 피해가 적고, 낮은 임도밀도 지역과 급경사지에서도 작업이 가능하다.
• 단점 : 기동성이 떨어지고 장비 구입비가 많이 든다. 숙련된 기술 및 세밀한 작업계획, 장비의 설치 및 철거시간이 필요하고, 작업생산성이 낮다.

**75** 가공본줄을 이용한 가선집재방식으로 옳지 않은 것은?

① 스너빙식
② 폴링블록식
③ 호이스티캐리지식
④ 런닝스카이라인식

해설 가공본줄을 이용한 가선집재방식
• 타일러식 : 짐을 메달아 올려서 머리(앞) 기둥 부근으로 이동하기 위한 짐올림줄과 반송기를 집재장소까지 반송하기 위한 되돌림줄로 구성된다. 이 방법은 짐달림 도르래를 짐올림줄보다 무겁게 하여 지상에 내려지도록 하기 위해 짐달림 도르래에 추를 달아 놓아야 한다.
• 엔들리스타일러식 : 타일러식과 비슷한 특징을 지니고 있지만, 주로 산위에서 아래로 나무를 내릴 때의 내림집재 방법에 이용된다.
• 폴링블록식 : 짐올림줄이 짐당김줄의 역할을 겸하는 특징을 가지고 있다. 주로 수평집재 또는 완경사의 내림집재방법에 사용된다.

• 엔들리스식 : 폴링블록식의 두 작업줄을 하나의 순환줄로 하여 엔들리스 드럼에 감아 반송기를 이동시킨다. 능선을 넘을 수 있으며, 장거리 집재의 삭장으로도 적당하다.
• 스너빙식 : 중부 유럽 여러 나라에서 널리 사용되는 삭장방식으로 아주 간단하게 삭장이 되어 급경사지에서 이용된다.

**76** 모터 그레이더를 사용 목적에 의하여 분류한 것으로 가장 옳은 것은?

① 전압기계  ② 굴착기계
③ 운반기계  ④ 정지기계

해설 모터 그레이더와 불도저는 정지기계이다.

**77** 축척 1/500 도면 1매의 면적이 10,000m² 이다. 만약 그 도면의 축척을 1/1000으로 했다면 이 도면 1매의 면적은 얼마인가?

① 20,000m²  ② 40,000m²
③ 80,000m²  ④ 10,000m²

**78** 임도 설계 시 구분되는 암(岩)의 종류로 옳지 않은 것은?

① 경암  ② 연암
③ 준경암  ④ 최강암

**79** 임도의 시공사면에 석축용 벽을 설치할 때 석재의 종류와 시공방법에 대한 설명으로 옳지 않은 것은?

① 견치돌은 메쌓기와 찰쌓기에 모두 이용 가능하다.
② 막깬돌은 반드시 메쌓기용으로 시공해야 튼튼하다.
③ 야면석은 자연석으로 무게 약 100kg 정도로 찰쌓기와 메쌓기에 사용된다.
④ 마름돌은 고급석재이므로 미관을 요하는 경우의 메쌓기나 찰쌓기로 이용된다.

정답 74.④ 75.④ 76.④ 77.② 78.④ 79.②

**해설**
막깬돌은 견치돌과 같이 엄격한 규격치수에 의하지 않으나 면의 모양이 직사각형에 가깝고 하나의 무게는 60kg이다. 막깬돌은 경제적이어서 사방공사에 많이 사용하며 반드시 찰쌓기공법으로 시공한다.

**80** 다음의 산림토목 시공용 기계 중 주로 굴착작업에 사용되는 기계는?
① 래머  ② 탬핑 롤러
③ 파워셔블  ④ 모터 그레이더

**해설**
굴착기계에는 파워셔블, 드래그 라인, 백호, 클램셜 등이 있다.

### 제5과목 : 사방공학

**81** 녹화파종공법을 시행할 때 파종량의 산출에 대하여 바르게 설명한 것은?
① 파종량의 결정은 발아율과 비례관계에 있다.
② 파종량의 결정은 순량률과 비례관계에 있다.
③ 파종량의 결정은 평균입수와 비례관계에 있다.
④ 파종량의 결정은 발생기대본수와 비례관계에 있다.

**해설** 파종량
$$W = \frac{A \times S}{D \times P \times G \times L}$$
W : 파종량(g), A : 파종면적, S : m²당 남길 묘목수, D : g당 종자입수, P : 순량률, G : 발아율, L : 득묘율(묘목잔존율, 득묘율의 범위는 0.3~0.5)
※ E(종자효율)=P×G

**82** 계간수로의 횡단면산정법에서 가장 유리한 사다리꼴 횡단면일 경우 다음 중 옳은 것은? (단, 수로의 밑너비 b, 깊이 t, 측사각 ø)

① b=t tan ø /2  ② b=2t tan ø /2
③ b=t tan ø  ④ b=2t tan ø

**83** 붕괴 현황조사에서 중요시하는 붕괴의 3요소에 해당되지 않는 것은?
① 붕괴 위치
② 붕괴 면적
③ 붕괴 평균 깊이
④ 붕괴 평균 경사각

**84** 지표면 유출현상이 계속적으로 일어나 소규모의 물줄기에 의한 흐름 때문에 생기는 토사 이동현상으로 옳은 것은?
① 구곡침식  ② 면상침식
③ 우적침식  ④ 누구침식

**해설** 우수침식(강우침식)
- 빗방울침식(우격·타격침식) : 빗방울이 땅 표면의 토양입자를 타격하여 분산 및 비산시키는 침식현상의 가장 초기단계이다.
- 면상침식 : 침식의 초기 유형으로 토양 표면 전반이 얇게 유실되는 침식이다.
- 누구침식 : 침식의 중기 유형으로 토양 표면에 잔 도랑이 불규칙하게 생기면서 깎이는 현상이다.
- 구곡침식 : 침식이 가장 심할 때 생기는 유형으로 도랑이 커지면서 표토뿐만 아니라 심토까지도 심하게 깎이는 현상이다.
- 야계침식(계천·계간침식) : 자연계천이나 하천에 의한 침식이다.

**85** 폐탄광지 복구를 위한 공법으로 부적합한 것은?
① 바자얽기  ② 돌조공법
③ 산비탈돌쌓기  ④ 기슭막이공법

**해설** 폐탄광지 시공 및 적용
- 복구준비 조치공사 : 비탈다듬기공사와 잔벽소단 설치공사를 한다.
- 안정·녹화공사 : 돌림수로의 흙막이공사로 사면을 안정시키고 새뿌리기, 씨뿌리기와 나무심기 등으로 녹화한다. 폐광지의 오염물질을 흡수, 고정하는 정화능력이 높은 박달나무 등의 향토수종을 선발 육성한다.

**정답** 80.③ 81.④ 82.② 83.① 84.④ 85.④

- 낙상 및 붕괴예방 : 위해 방지시설(철책) 및 산비탈 돌쌓기를 설치한다.
- 산물처리장 및 퇴적자구역 : 평탄부분은 객토한 후 파식에 의하여 녹화시키며 퇴적장의 불안정한 사면은 수로내기, 축대벽(옹벽), 흙막이공사 등으로 안정시킨다.
- 진입로 등 기타 구역 : 완경사지로 계곡부의 붕괴 우려지에는 계간부에 기슭막이, 골막이 등을 시공하여 계상과 산각을 고정하고 그 밖의 사면에는 새심기, 줄 씨뿌리기와 나무심기로 녹화한다.

**86** 비탈면 안정 평가를 위해 안전율을 계산하는 방법으로 옳은 것은?

① 비탈의 활동면에 대한 흙의 압축응력을 현재의 전단강도로 나눈 값
② 비탈의 활동면에 대한 흙의 전단응력을 현재의 전단강도로 나눈 값
③ 비탈의 활동면에 대해 흙의 압축강도를 현재의 압축응력으로 나눈 값
④ 비탈의 활면에 대한 흙의 전단강도를 현재의 전단응력으로 나눈 값

**87** 유연면적이 10,000m²이고, 최대시우량이 150mm/hr일 때 임상이 좋은 산림지역에서의 유량은 약 얼마인가? (단, 유거계수는 0.35 이다.)

① 0.146m³/sec
② 1.458m³/sec
③ 14.58m³/sec
④ 145.8m³/sec

**해설**
유량=0.002778×150×0.35×1=0.146m³/sec

**88** 암석을 깎아낸 암반 비탈면에 3열로 수목을 식재하여 차폐효과를 얻고자 할 때 가장 적당한 방법은?

① 중앙에 침엽수를 1열로 식재하고, 그 앞뒤에 활엽교목, 관목을 식재한다.
② 중앙에 활엽교목을 1열로 식재하고, 그 앞뒤에 침엽수, 관목을 식재한다.
③ 중앙에 관목을 2열로 열식하고, 그 앞뒤에 교목을 식재한다.
④ 중앙에 관목을 2열로 열식하고, 그 앞뒤에 관목을 식재한다.

**89** 다음 중 산비탈 기초사방공사가 아닌 것은?

① 배수로
② 흙막이
③ 떼단쌓기
④ 비탈다듬기

**해설**
산비탈 사방공사
- 기초공사
  - 비탈다듬기
  - 단끊기
  - 땅속흙막이 : 돌, 돌망태, 바자, 콘크리트, 콘크리트블록, 흙땅속흙막이
  - 누구막이 : 떼, 돌, 돌망태, 콘크리트블록, 통나무
  - 산비탈수로내기 : 떼, 돌, 콘크리트, 콘크리트블록
  - 흙막이 : 바자, 통나무, 돌, 돌망태, 콘크리트, 페타이어
  - 골막이 : 돌, 흙, 바자, 돌망태, 통나무, 콘크리트블록
- 녹화공사
  - 선떼붙이기
  - 단쌓기 : 돌, 떼, 짚망, 흙포대
  - 조공 : 떼, 돌, 새, 섶, 인공떼
  - 줄떼다지기 : 줄떼심기, 붙이기, 줄떼다지기
  - 평떼붙이기
  - 등고선구공법
  - 비탈덮기 : 짚, 섶, 거적, 망덮기
  - 새심기
  - 씨뿌리기 : 줄·점·흩어뿌리기, 항공파종

**90** 중력댐의 안정조건으로 옳지 않은 것은?

① 전도에 대한 안정
② 퇴적에 대한 안정
③ 자체 파괴에 대한 안정
④ 기초지반 지지력에 대한 안정

**정답** 86.④ 87.① 88.② 89.③ 90.②

**해설**
중력댐의 안정조건
- 활동에 대한 안정 : 저항력의 총합이 원칙적으로 수평외력의 총합 이상으로 되어야 한다.
- 전도에 대한 안정 : 합력작용선이 제저의 중앙 1/3 보다 하류 측을 통과하면 댐 몸체의 상류측에 장력이 생기므로 합력작용선이 제저의 1/3을 통과하도록 한다.
- 제체의 파괴에 대한 안정 : 제체에서의 최대 압축력은 그 허용압축을 초과하지 않아야 한다.
- 기초지반의 지지력에 대한 안정 : 제저에 발생하는 최대압축응력이 지반의 허용압축강도보다 작으면 지반은 안전하다.

**91** 해안사방의 기본 공종에 대한 설명으로 옳지 않은 것은?

① 사지조림공법에는 정사울세우기, 식수공법 등이 있다.
② 사구조성공법에는 퇴사울세우기, 모래덮기, 파도막이 등의 공법이 있다.
③ 정사울세우기는 주로 전사구의 바다쪽의 모래를 고정하기 위해 실시하는 공법이다.
④ 퇴사울세우기는 바다쪽에서 불어오는 바람에 의하여 날리는 모래를 억류하고 퇴적시키는공법이다.

**해설** 정사울세우기
- 주로 전사구의 육지 쪽에 후방 모래를 고정하여 그 표면에 전면적인 모래의 안정을 도모하고 식재목이 잘 생육할 수 있도록 환경을 조성할 목적으로 모래덮기와 사초심기를 병행하여 시공한다.
- 시공효과를 가장 크게 하기 위해서는 정사각형이나 직사각형으로 구획한다.
- 섶세우기, 짚세우기, 갈대세우기공법 등이 있다.
- 높이는 1.0~1.2m가 표준이며, 모래에 20cm 정도 묻어야 한다.
- 구획의 크기는 한 변의 길이가 7~15m인 정사각형이나 직사각형으로 하는 것이 일반적이다.
- 정사울타리설치 후 내부에 ha당 10,000본을 식재한다.

**92** 돌골막이의 축설 요령에 대한 설명으로 틀린 것은?

① 쌓기 비탈물매는 1:0.3으로 한다.
② 길이 4~5m, 높이 2m 이내로 축설한다.
③ 사방댐과는 달리 대수측만을 설치한다.
④ 축설방향은 상류의 유심에 대하여 직각이 되도록 한다.

**해설**
돌골막이는 반수면만 축설한다.

**93** 선떼붙이기에서 발디딤의 설치 목적으로 옳지 않은 것은?

① 작업용 흙을 쌓아 놓기 위해
② 공작물의 파괴를 방지하기 위해
③ 바닥떼의 활착을 조장하기 위해
④ 작업자들이 밟고 서서 작업하기 위해

**94** 등산로 및 주변 환경 훼손 상태에 따른 관리대책으로 옳지 않은 것은?

① 등산로에 경미한 물리적 변화가 발생한 경우 현 이용 수준이 유지될 수 있도록 한다.
② 등산로의 표토층 훼손이 시작되면 등산객의 순환코스 이용을 유도하여 훼손 확산을 방지한다.
③ 등산로의 토양침식이 발생하여 지피식생이 고사하는 경우 식생복구작업을 실시한다.
④ 등산로 황폐화가 가속되어 수목의 뿌리가 노출된 경우 나지에 표토 흙을 채워 자연회복 되도록 한다.

**95** 붕괴형 침식 중에서 그 발생 부위가 반드시 계천의 유수와 밀접한 관계가 있는 것은?

① 산붕    ② 포락
③ 붕락    ④ 산사태

**정답** 91.③  92.③  93.①  94.④  95.②

해설
포락은 비탈면 끝을 흐르는 계천의 가로침식에 의해 무너지는 침식을 말한다.

**96** 운반 경비가 저렴하고 짧은 기간 내에 시공이 가능한 사방댐으로 가장 적절한 것은?

① 흙댐
② 강제댐
③ 철근 콘크리트댐
④ 중력식 콘크리트댐

해설
수원저수지, 수원계류의 취수시설지로 유입되는 탁수, 산간 소계류 주변의 산업시설, 휴양시설 등지에서 배출되는 오폐수의 수질을 정화하기 위해 설치하는 사방댐에는 강제틀댐, 스크린댐, 슬릿댐 등이 있다.

**97** 사방댐에서 안전시공을 위해 고려해야 할 외력은?

① 풍력
② 유속
③ 수압
④ 물받이 면적

**98** 조공시공 방법으로 비교적 완경사지의 비탈면에 수평으로 계단을 만들 때 계단간 수직높이와 너비로 옳은 것은?

① 1.0~1.5m, 50~60cm
② 1.0~1.5m, 40~50cm
③ 2.0~2.5m, 50~60cm
④ 2.0~2.5m, 40~50cm

해설 조공
- 황폐사면에 나무와 풀을 파식하기 위해 산복비탈면에 수평으로 계단을 끊고 앞면에는 떼, 새포기, 잡석 등으로 낮게 쌓아 계단을 보호하며 뒷면에는 흙을 채워 파식상을 조성한 후 파식하는 방법이다.
- 시공장소는 비교적 완경사지의 녹화대상지가 적합하다.
- 계단상 수직높이는 1~1.5m, 계단너비는 5~60cm이다.

**99** 해안의 모래언덕 발달순서로 옳은 것은?

① 치올린 모래언덕 → 반월사구 → 설상사구
② 반월사구 → 설상사구 → 치올린 모래언덕
③ 치올린 모래언덕 → 설상사구 → 반월사구
④ 반월사구 → 치올린 모래언덕 → 설상사구

**100** 산림환경보전공사용 토목재료의 특성에 대한 설명으로 옳지 않은 것은?

① 내구성이 커야 한다.
② 변형이 적어야 한다.
③ 내수성이 낮아야 한다.
④ 내마모성이 커야 한다.

정답 96.② 97.③ 98.① 99.③ 100.③

# 국가기술자격 필기시험문제

| 2014년 제2회 필기시험 | | | | 수험번호 | 성명 |
|---|---|---|---|---|---|
| 자격종목 및 등급(선택분야) **산림기사** | 종목코드 1564 | 시험시간 2시간 30분 | 형별 A | | |

## 제1과목 : 조림학

**1** 낙엽, 낙지 등에 의한 임지피복에 대한 설명으로 옳지 않은 것은?

① 강우에 의한 표토의 침식과 유실을 막는다.
② 임지피복이 잘된 지역일수록 모수림 작업의 성공 확률이 높다
③ 토양에 유기물을 공급하여 양료를 증가시켜 수목의 생장을 돕는다
④ 토양 수분의 증발을 막고 표토의 온도를 조절하여 토양미생물을 보호한다.

**해설**
모수작업
임지피복이 잘된 지역일수록 종자가 떨어져서 발아할 확률이 낮아지므로 모수작업의 성공 확률이 낮다.

**2** 종자의 정선에서 수선법을 주로 사용하는 수종은?

① 소나무, 밤나무, 향나무
② 잣나무, 향나무, 상수리나무
③ 밤나무, 호두나무, 상수리나무
④ 일본잎갈나무, 소나무, 비자나무

**해설**
종자의 정선방법

| 구분 | 내용 |
|---|---|
| 입선법 | • 굵은 종자나 열매를 눈으로 보고 손으로 알맹이를 선별하는 방법이다.<br>• 밤나무, 상수리나무, 칠엽수, 목련 등의 대립종자에 유효하다. |
| 풍선법 | • 날개 및 가벼운 과피, 쭉정이를 분리할 목적으로 선풍기 등의 바람을 이용하는 방법이다.<br>• 소나무류, 가문비나무류, 낙엽송류에 유효하다. |
| 사선법 | • 종자보다 크거나 작은 체를 이용하여 종자를 정선하는 방법이다.<br>• 대부분 수종의 1차 선별방법으로 이용된다. |
| 액체선법 | • 수선법 : 깨끗한 물에 24시간 침수시켜 가라앉은 종자를 취하는 방법이다.<br>  – 잣나무, 향나무, 주목, 도토리 등의 대립종자에 적용한다.<br>• 식염수선법 : 옻나무처럼 비중이 큰 종자의 선별에 이용되며 물 1L에 소금 280g을 넣은 비중 1.18의 액에서 선별한다. |

**3** 묘목 잎의 엽록소 형성에 미치는 영향이 가장 작은 영양소는?

① B    ② N
③ Fe   ④ Mg

**해설**
붕소(B)
• 식물의 생장점이나 형성층 같은 분열조직의 활동과 관계가 깊다.
• 어린 잎의 가장자리가 갈색으로 변한다.
※ 잎과 관련있는 무기염류
  – 늙은 잎 : 마그네슘, 질소, 칼륨 등
  – 어린 잎 : 철, 칼슘, 붕소 등

**4** 무성번식에 대한 설명으로 옳지 않은 것은?

① 실생묘에 비해 대량 생산이 쉽다.
② 모수의 특성을 그대로 이어 받는다.
③ 결실이 불량한 수목의 번식에 적합하다.
④ 생장이 빠르고 묘목 양성기간이 단축된다.

**정답** 1.② 2.② 3.① 4.①

해설 ✿ 무성번식의 장단점

• 장점
  - 모체와 유전적으로 완전히 동일한 개체를 얻을 수 있다.
  - 종자번식이 불가능한 경우 유일한 번식수단이다.
  - 초기 생장이 좋고 효과가 조기에 나타난다.
• 단점
  - 바이러스에 감염되면 제거가 불가능하다.
  - 종자번식 식물에 비해 저장과 운반이 어렵다.
  - 종자번식에 비해 증식률이 낮다.

**5** 광합성에 대한 설명으로 가장 옳은 것은?

① 토양의 수분포텐셜과는 무관하다.
② 양수는 음수에 비하여 광보상점이 낮다.
③ 양엽이 음엽에 비하여 광포화점이 높다.
④ 녹색 파장영역의 빛이 광합성에 효율적이다.

해설 ✿ 광합성과 호흡

• 보상점 : 광합성속도와 호흡속도가 같아서 외견상 광합성 속도가 0이 되는 광의 조도로서 음지 식물은 보상점이 낮고, 양지식물은 보상점이 높다.
• 광포화점 : 광의 조도가 보상점을 넘어서 커짐에 따라 광합성 속도도 증대하나 어느 한계에 이르면 조도가 증대되어도 광합성 속도는 증가하지 않는 상태를 말한다. 광포화가 개시되는 광의 조도를 광포화점이라 한다.
• 광합성에 영향을 주는 인자 : 수종, 일변화, 계절적 변화, 광도, 양엽과 음엽, 내음성, 온도, 토양의 무기양분, 잎의 연령, 약제살포, 탄수화물의 축적 등이 있다.

**6** 이태리포플러와 유연관계가 가장 가까운 것은?

① 왕버들　　② 미루나무
③ 황철나무　　④ 은수원사시나무

해설 ✿

• 이태리포플러 : 쌍떡잎식물 버드나무목 버드나무과의 낙엽교목
• 미루나무 : 버드나무과에 속하는 낙엽활엽교목
• 왕버들 : 버드나무과에 속하는 낙엽활엽교목으로 학명은 Salix glandulosa SEEM이다.

**7** 수목의 뿌리 부근 토양에서 볼 수 있는 토양미생물 중 유기물의 존재를 필요로 하지 않는 것은?

① Aerobacter　　② Azotobacter
③ Clostridium　　④ Nitrosomonas

해설 ✿

니트로소모나스(Nitrosomonas)
• 아질산균의 1속(屬)이다.
• 타원형 또는 단간균이며, 1~2개의 아극편모가 있다.
• 그람음성이며 편성의 화학독립영양세균으로 암모니아를 아질산으로 산화하며 동시에 탄산고정을 한다.
• 편성호기성균이며 담수, 해양, 토양 등에 널리 분포한다.
• 지금까지 1종(N. europaea)만이 기재되어 있다.

**8** 중림작업에 대한 설명으로 옳은 것은?

① 교림작업과 왜림작업의 혼합림 작업이다.
② 교림작업과 죽림작업의 혼합림 작업이다.
③ 교림작업과 순림작업의 혼합림 작업이다.
④ 교림작업과 치수림작업의 혼합림 작업이다.

해설 ✿

중림작업
• 한 구역 안에서 용재 생산을 목적으로 하는 교림작업과 연료재 생산을 목적으로하는 왜림작업을 동시에 실시하는 것을 말한다.
• 임형은 상·하목의 두 층으로 이루어지며 일반적으로 상목은 실생묘로 육성하는 침엽수종, 하목은 맹아로 갱신하는 활엽수종으로 한다.
  - 상목 : 용재림 생산을 목적으로 하는 교림으로 택벌식으로 벌채된다.
  - 하목 : 연료재 생산을 목적으로 하는 왜림으로 윤벌기로 개벌된다.

**9** 열대우림에 대한 설명으로 옳지 않은 것은?

① 동식물의 종다양성이 높다.
② 낙엽의 분해가 빨라서 1차생산성이 낮다.
③ 연중 비가 내리는 열대우림에는 상록활엽수가 우점한다.

정답　5. ③　6. ②　7. ④　8. ①　9. ②

④ 토양은 화학적 풍화가 빠르고 수용성물질의 용탈이 심하다.

> **해설**
> **열대림의 특징**
> - 1ha당 보통 50~100종이 넘을 정도로 수종 구성이 다양하며 수관이 여러 층으로 구성되어 있기 때문에 일조량을 효과적으로 이용하여 풍요로운 산림을 창출한다.
> - 상록활엽수 우점, 토양은 화학적 풍화가 빠르고, 수용성물질의 용탈이 심하다.
> - 동식물의 종다양성이 높다.
> - 낙엽의 분해가 빨라서 1차 생산성이 높다.

**10** 다음 중 토양수분에 대한 요구도가 가장 낮은 수종은?

① 신갈나무
② 자작나무
③ 버드나무
④ 들메나무

> **해설** **토양수분의 표시**
> - 최대용수량(포화용수량) : 토양의 모든 공극에 물이 꽉찬 상태의 수분함량 pF(Potential Force)값은 0 이다.
> - 포장용수량(최소용수량) : 최대용수량에서 중력수가 완전히 제거된 후 모세관에 의해서만 지니고 있는 수분함량을 말한다. 식물에게 이용될 수 있는 수분 범위의 최대수분함량으로, 작물재배상 매우 중요하다. pF값은 1.7~2.7이다.
> - 위조점과 위조계수 : 토양수분의 장력이 커서 식물이 흡수하지 못하고 영구히 시들어 버리는 점을 말한다. 이때의 수분함량을 위조계수라 한다. pF값은 4.2, 15기압이다.

**11** 덩굴제거 방법으로 옳지 않은 것은?

① 줄기를 제거하거나 뿌리를 굴취한다.
② 약제주입기로 글라신액제를 대상 덩굴에 주입하여 고사시킨다.
③ 디캄바액제는 비선택성 제초제로 일반적인 덩굴류에 적용한다.
④ 주로 칡, 다래, 머루 같은 덩굴류가 무성한 지역을 대상으로 한다.

> **해설**
> 디캄바액제는 호르몬용 이행성의 선택성 제초제로서 화본과 식물(벼, 보리, 잔디 등)은 내약성이 강하나 광엽잡초 특히 콩과식물(칡, 아까시나무, 콩 등)에 대한 고살 효과가 아주 높다

**12** 묘포 파종상에서 산파의 경우 파종량을 구하는 식으로 옳은 것은? (단, A=파종상의 면적 ($m^2$))

> - L=득표율(묘목의 잔존율(%))
> - P=순량률(%)
> - G=발아율(%)
> - S=남겨둘 묘목 본수(본/$m^2$)
> - C=kg 당 종자 수

① $W = \dfrac{A \times S}{P \times G \times L} \times C$

② $W = \dfrac{A \times S}{P \times G \times L} \times \dfrac{1}{C}$

③ $W = \dfrac{A \times S}{P \times G \times L} \times C^2$

④ $W = \dfrac{A \times S}{P \times G \times L} \times \sqrt{C}$

> **해설** **파종량**
> - 파종시기 : 종자가 발아되는 온도가 5~7℃이므로 춘파를 하거나 때로는 추파를 하기도 한다.
> - $W = \dfrac{A \times S}{D \times P \times G \times L}$
> W : 파종량(g), A : 파종면적, S : $m^2$당 남길 묘목수, D : g당 종자입수, P : 순량률, G : 발아율, L : 득묘율(묘목잔존율, 득묘율의 범위는 0.3~0.5)
> ※ E(종자효율)=P×G

**13** 토양의 화학적 풍화작용으로 회색 또는 담색으로 되는 경향이 있으며, 습한 유기물이 쌓인 곳에서 주로 일어나는 작용은?

① 탄산염화
② 수화작용
③ 가수분해
④ 환원작용

**정답** 10. ① 11. ③ 12. ② 13. ④

> **해설**
> 산화작용은 산소를 얻는 것을 말하고, 환원작용은 산소를 잃어버리는 것을 말한다. 바꾸어 말하면 산화작용은 음이온을 잃어버리는 것이며, 환원작용은 음이온을 얻는 작용이다.

**14** 음이온의 형태로 수목의 뿌리로부터 흡수되는 것은?

① K  ② Ca
③ $NH_4$  ④ $SO_4$

**15** 조림목이 간벌기에 도달할 때까지 쓸모없는 침입목이나 성장 및 형질이 불량한 나무를 제거하기 위해 실시하는 작업으로 옳은 것은?

① 개벌  ② 산벌
③ 제벌  ④ 택벌

> **해설**
> 제벌은 조림목이 임관을 형성한 후부터 솎아베기할 시기에 이르는 동안 주로 침입수종을 제거하고 아울러 조림목 중에서 자람과 형질이 매우 나쁜 것을 베어 주는 것을 말한다.

**16** 학명이 Pinus densiflora for multicaulis 인 수목은?

① 반송  ② 곰솔
③ 잣나무  ④ 일본잎갈나무

> **해설**
> • 곰솔 : Pinus thunbergii PARL
> • 잣나무 : Pinus koraiensis
> • 일본잎갈나무 : Larix leptolepis

**17** 다음 수목의 종자 중 저장 수명이 가장 긴 것은?

① 삼나무  ② 굴참나무
③ 버드나무  ④ 아까시나무

> **해설** 종자의 수명
>
> | 종류 | 수명 | 수종 |
> | --- | --- | --- |
> | 단명종자 | 1~2년 | 참나무류, 삼나무 등 |
> | 상명종자 | 2~3년 | 벼, 쌀보리, 목화 등 |
> | 장명종자 | 4~5년 | 콩과류 |

**18** 가지치기에 대한 설명으로 옳은 것은?

① 벚나무는 절단면이 잘 유합된다.
② 지름 5cm 이상의 가지를 잘라낸다.
③ 형질이 좋은 나무에서 우선적으로 실시한다.
④ 살아있는 가지를 치는 시기는 봄부터 여름까지가 좋다.

> **해설**
> 가지치기는 우량한 목재를 생산할 목적으로 가지의 일부분을 계획적으로 끊어주는 것을 말한다.

**19** 지하자엽형으로 발아하는 수종으로만 짝지어진 것은?

① 개암나무, 양버즘나무
② 단풍나무, 물푸레나무
③ 버즘나무, 아까시나무
④ 호두나무, 상수리나무

> **해설**
> 지하자엽형 수종에는 호두나무, 상수리나무, 밤나무, 개암나무 등이 있다.

**20** 산림토양의 표토에서 많이 나타나고 유기물이 풍부하고 보수성과 통기성이 좋아서 수목의 생장에 가장 적합한 토양 구조는?

① 판상(Platy) 구조
② 벽상(Blocky) 구조
③ 입상(Granular) 구조
④ 주상(Prismatic) 구조

> **해설** 토양의 구조
> • 단립 구조(홑알구조) : 토양 입자가 독립적으로 존재하는 것으로, 대공극이 많고 소공극이 적으며 수분이나 비료의 보수력(물을 보호하는 능력)은 작다.
> • 입상 구조(떼알구조) : 토양의 여러 입자가 모여 단체를 만들고 이 단체가 다시 모여 입단을 만든 구조로서, 공기가 잘 통하고 물을 알맞게 지닌다. 입체적인 배열상태를 이루고 있어 토양수의 이동, 보유 및 공기 유통에 필요한 공극을 가지게 된다.

**정답** 14.④ 15.③ 16.① 17.④ 18.③ 19.④ 20.③

## 제2과목 : 산림보호학

**21** 설해(雪害)를 예방하는 방법이 아닌 것은?

① 설해에 약한 수종의 동령단순림을 피한다.
② 삼각식재나 장방형식재의 방법을 적용한다.
③ 햇빛을 차단하여 낮 동안 온도상승을 낮춘다.
④ 임목생장을 건전하게 하여 설상목으로 키운다.

**해설** 설해
눈 자체의 중량보다는 습윤한 접착력에 의한 해가 더 크다.
- 설절 : 줄기나 가지가 굽어 부러지는 피해
- 설압 : 적설의 압력으로 줄기가 굽어지는 피해
- 설도 : 경사지의 수목이 수관상의 적설로 넘어지거나 뿌리째 넘어가는 피해
- 설할 : 설압으로 생긴 줄기가 굽어진 부위에서 산으로 향하는 장력과 산골짜기로 향하는 접착력의 불균형에 따라 찢어지는 피해
- 설붕 : 적설이 경사면을 유동 낙하할 때 생기는 피해로 종자를 살포하거나 고산 식물을 아래로 분포시키거나 낙엽 등의 쓰레기 등을 운반하여 비옥화시키는 경우

**22** 한해(寒害 ; Drought Injury)의 피해 특징으로 옳은 것은?

① 보통 52~54℃의 고온에서 원형질이 생명력을 잃는 현상
② 수피 부분에 수분 증발이 발생하면서 수피조직이 말라 죽는 현상
③ 묘목이나 치수의 근부 형성층 조직이 피해 받아 고사하는 현상
④ 토양의 수분 부족으로 나무의 끝이 말라 죽거나 생장이 감소하는 현상

**23** 잣나무 털녹병의 중간기주는?

① 송이풀
② 향나무
③ 신갈나무
④ 매발톱나무

**해설** 중간기주의 제거
- 잣나무 털녹병균 : 송이풀과 까치밥나무
- 소나무류 잎녹병균 : 황벽나무, 참취, 잔대
- 소나무 혹병균 : 참나무
- 배나무 적성병균 : 향나무

**24** 솔잎혹파리 및 솔껍질깍지벌레 구제를 위하여 수간주사에 사용되는 살충제는?

① 포스파미돈 액제
② 테부코나졸 액제
③ 페니트로티온 수화제
④ 디플루벤주론 수화제

**해설**

| 병해충명 | 작업종 | 약제명 | 실행 시기 |
|---|---|---|---|
| 소나무 재선충병 | 항공 약제 살포 | 메프유제 | 5~7월 |
| 리지나 뿌리썩음병 | 지상 약제 살포 | 베노밀 수화제 | 발생 직후 |
| 솔잎혹파리 | 나무 주사 | 포스파미돈 액제, 아세타미프리드 액제 | 5~6월 |

**25** 야생동물의 서식지 구성요소가 아닌 것은?

① 물
② 공간
③ 먹이
④ 천적

**26** 우리나라 소나무에 피해를 주는 소나무 재선충병의 매개충은?

① 알락하늘소
② 미끈이하늘소
③ 솔수염하늘소
④ 남방수염하늘소

**해설**
소나무재선충의 매개충은 솔수염하늘소, 북방수염하늘소 등이다.

**정답** 21. ③  22. ④  23. ①  24. ①  25. ④  26. ③

**27** 산림 해충의 임업적방제법에 속하지 않는 것은?

① 내충성 품종으로 조림하여 피해 최소화
② 혼효림 조성하여 생태계의 안정성 증가
③ 천적을 이용하여 유용식물 피해 규모 경감
④ 임목밀도를 조절하여 건전한 임목으로 육성

해설 **임업적방제법**
- 수종의 선택 : 연해에 강하고 맹아력이 큰 수종으로 조림한다.
- 작업법의 선택 : 연해의 염려가 있는 곳에서는 숲을 교림으로 하지 말고, 중림 또는 왜림으로 가꾼다.
- 갱신방법 : 한 번에 넓은 면적을 개벌하는 것을 피하고, 침엽수와 활엽수를 혼식한다.
- 연해방비림의 조성
  - 내연성이 강하고, 여러 번 이식한 큰 묘목을 밀식한다.
  - 너비는 100m 정도로 여러 층의 밀림을 조성한다.

**28** 다음 중 선충의 분류학상 위치는?

① 선형동물문   ② 강장동물문
③ 편형동물문   ④ 윤형동물문

해설
- 강장동물 : 무척추 다세포동물로서 아직 기관의 세분화가 덜 된 하등동물이다(해파리 등).
- 선형동물 : 식물에 기생하는 것은 농작물의 해충으로서 문제가 된다. 토양 속에 서식하는 것은 스푼 하나의 흙에 수백 마리나 될 정도로 개체수가 많다. 동물에 기생하는 종은 비교적 대형이지만, 식물에 기생하는 것이나 토양 속에 서식하는 것은 1mm도 되지 않는 미소한 것이 대부분이다.

**29** 산림 해충 중 국외로부터 국내에 침임한 해충이 아닌 것은?

① 솔나방       ② 솔잎혹파리
③ 미국흰불나방  ④ 버즘나무방패벌레

해설
- 솔잎혹파리 : 일본
- 미국흰불나방, 버즘나무방패벌레 : 미국

**30** 다음 중 성충으로 월동하는 해충으로만 나열된 것은?

① 솔나방, 복숭아명나방
② 소나무좀, 미국흰불나방
③ 솔나방, 버즘나무방패벌레
④ 버즘나무방패벌레, 복숭아명나방

해설 **해충의 월동 형태**
- 알 : 솔노랑잎벌, 집시나방, 미류재주나방, 어스렝이나방, 박쥐나방, 텐트나방 등
- 번데기 : 미국흰불나방, 소나무거미줄잎벌, 소나무순나방, 아까시잎혹파리 등
- 성충 : 오리나무잎벌레, 쌍엇줄잎벌레, 소나무좀류, 버즘나무방패벌레 등

**31** 병의 발생 원인이 진딧물이나 깍지벌레류와 밀접한 관계를 가지고 있는 것은?

① 흰가루병      ② 그을음병
③ 점무늬병      ④ 잎떨림병

해설 **수목의 그을음병**
- 잎, 줄기, 가지 등에 그을음이 생긴 듯한 모양을 띤다.
- 보통 진딧물·깍지벌레 등이 기생한 후 분비물 위에서 번식하며, 그을음의 물질은 균사·포자 등의 덩어리이다.
- 자낭균에 의한 수목병, 흡즙성곤충방제, 탄소동화작용을 방제하는 외부 착생균이 대부분이다.
- 살충제로 진딧물, 깍지벌레 등을 구제하여 방제한다.

**32** 녹병의 방제방법으로 틀린 것은?

① 병든 나무 소각
② 중간기주 제거
③ 보르도액 살포
④ 주로 수화제 살포

**33** 파이토플라즈마에 의한 수병으로 옳지 않은 것은?

① 붉나무 빗자루병

정답 27.③ 28.① 29.① 30.정답없음 31.② 32.④ 33.②

② 벚나무 빗자루병
③ 대추나무 빗자루병
④ 오동나무 빗자루병

**해설**
벚나무 빗자루병은 자낭균류에 의한 수병이다.

**34** 흰가루병이 발생한 잎은 흰가루를 뿌려 놓은 듯한 증상이 나타난다. 이때 병원균의 포자 형태로 옳은 것은?

① 난포자
② 자낭포자
③ 접합포자
④ 분생포자

**해설** 수목의 흰가루병
- 일정한 반점이 생기지 않고 병반이 불규칙하다. 유아나 신소가 기형을 받으면 위축 기형이 일어난다.
- 병환부에 나타난 흰가루는 병원균의 균사 분생자병 및 분생포자 등이며 이것은 분생자세대의 표징이다.
- 병든 낙엽 위에 붙어 월동하여 이듬해 봄에 자낭포자를 내어 1차전염을 일으키고 2차전염은 분생포자에 의해 가을까지 이어진다.
- 가을에 병든 낙엽과 가지를 소각하고, 봄에 새눈 나오기 전에 석회황합제를 살포하여 방제한다.

**35** 오리나무잎벌레의 월동 형태와 장소는?

① 알로 지피물 밑에서
② 성충으로 땅속에서
③ 번데기로 수피 사이에서
④ 유충으로 나뭇잎 아래에서

**해설** 오리나무잎벌레
- 성충과 유충 모두 오리나무 잎을 가해하며 1년 1회 발생한다.
- 암컷만으로 번식하며 200~500개의 알을 낳는다.
- 천적인 무당벌레나 유충기에는 BHC분제를 살포하여 방제한다.
- 성충으로 지피물 밑이나 땅속에서 월동한다.

**36** 아까시잎혹파리에 대한 설명으로 옳지 않은 것은?

① 1년에 5~6회 발생한다.
② 원산지는 북아메리카이다.
③ 땅속에서 성충으로 월동한다.
④ 주로 흰가루병과 그을음병을 동반한다.

**해설** 해충의 월동 형태
- 알 : 솔노랑잎벌, 집시나방, 미류재주나방, 어스렝이나방, 박쥐나방, 텐트나방 등
- 번데기 : 미국흰불나방, 소나무거미줄잎벌, 소나무순나방, 아까시잎혹파리 등
- 성충 : 오리나무잎벌레, 쌍엇줄잎벌레, 소나무좀류, 버즘나무방패벌레 등

**37** 곤충의 소화기관 중 입에서 가까운 것부터 나열한 것으로 옳은 것은?

① 전위-인두-전소장-위맹낭
② 전위-인두-위맹낭-전소장
③ 인두-전위-전소장-위맹낭
④ 인두-전위-위맹낭-전소장

**해설**
곤충의 소화기관은 인두-전위-위맹낭-전소장의 순서이다.

**38** 밤나무 줄기마름병의 방제 방법으로 옳지 않은 것은?

① 내병성 품종을 식재한다.
② 질소질 비료를 많이 준다.
③ 동해 및 볕데기를 막고 상처가 나지 않게 한다.
④ 천공성해충류의 피해가 없도록 살충제를 살포한다.

**39** 온도가 높은 여름에 비교적 건조한 토양에서 피해가 큰 모잘록병균으로 옳은 것은?

① Fusarium균
② Cercospora균
③ MicrospHaera균
④ Cylindrocladium균

**정답** 34. ④  35. ②  36. ③  37. ④  38. ②  39. ①

**해설**
Fusarium균에 의한 모잘록병은 건조한 토양에서 잘 발생한다.

**40** 액상의 농약을 제조할 때 주제를 녹이기 위하여 사용하는 물질을 무엇이라 하는가?
① 용제
② 유제
③ 유화제
④ 증량제

**해설** 농약
- 유제 : 주제가 물에 녹지 않을 때 유기용매에 녹여 유화제를 첨가한 용액으로 물에 희석하여 사용한다.
- 액제 : 주제를 물에 녹여 사용한다.
- 수화제 : 물에 녹지 않는 주제를 점토광물과 계면활성제 등을 혼합분쇄하여 제제화한 것이다.
- 분제 : 유효성분을 고체증량제와 소량의 보조제를 혼합하여 분쇄한 분말이다.
- 입제 : 유효성분을 고체증량제와 혼합분쇄하고 보조제를 가하여 입상으로 성형한 것을 말한다.

### 제3과목 : 임업경영학

**41** 재적이 0.5m³인 통나무 2개 가격의 합보다 재적 1m³인 통나무 1개의 가격이 훨씬 높다. 그 이유를 가장 잘 나타낸 것은?
① 형질생장
② 가치생장
③ 등귀생장
④ 재적생장

**해설**
- 형질생장 : 목재의 질이 양호해짐에 따른 목재 가격의 증가
- 등귀생장 : 목재의 수급이나 화폐가치의 변동으로 인한 목재 가격의 증가

**42** 임업 협업경영의 원칙으로 옳지 않은 것은?
① 공동출역
② 공동출자
③ 균등관리
④ 균등분배

**해설** 협업의 형태
- 공동작업 : 노동력 부족에 의한 농기계 작업 등에 이루어진다.
- 공동이용 : 개별 경영으로 구입하기 어려운 기계·기구 등을 공동으로 구입하여 이용하는 것으로 관리 소홀의 문제점이 있다.
- 공동관리 : 경영자가 충분한 경영기술을 갖추지 못하였을 때 조직의 힘을 빌려 공동으로 관리하는 것이다.
- 협업경영 : 균등출자, 균등출역 및 균등 분배를 이상으로 이루어지는 생산요소의 결합체로 이해한다.

**43** 산림에서 임목을 벌채하여 제재목을 생산할 때 부수적으로 톱밥이 생산되는데, 이러한 두 가지 생산물의 관계를 무엇이하고 하는가?
① 결합생산
② 경합생산
③ 보완생산
④ 보합생산

**해설** 결합생산
한 생산 과정에서 두 가지 물건 이상이 생산되는 일을 말한다.

**44** 임업자산의 유형과 구성요소의 연결로 옳지 않은 것은?
① 유동자산-비료
② 유동자산-현금
③ 고정자산-묘목
④ 임목자산-산림축적

**해설** 임업경영 자산
- 고정자산 : 임지, 건물, 구축물(임도, 삭도, 숯가마 등), 기계(산림용 큰 기계), 동물(산림에 사용되는 말) 등
- 임목자산 : 임목 축적
- 유동자산 : 미처분 임산물(산림생산물로서 처분되지 않은 것), 산림용 생산자재(묘목, 비료, 약재 등)

**45** 소나무림 40년생(지위지수 10)의 현실 축적이 280m³, 임분 수확표에서의 ha당 축적이 250m³, 연간 생장량이 10m³인 경우 Hundeshagen 이용율법으로 계산한 연간 벌채량은 얼마인가?
① 8.2m³
② 8.9m³
③ 11.2m³
④ 11.5m³

**정답** 40.① 41.① 42.③ 43.① 44.③ 45.③

> **해설**
>
> 훈데스하겐법 = $280 \times \dfrac{10}{250} = 11.2m^3$

**46** 어떤 산림의 ha당 축적이 2000년은 150m³, 2010년은 220m³일 때 단리에 의한 성장률은?

① 3.5%  ② 3.7%
③ 4.5%  ④ 4.7%

> **해설**
>
> 단리산공식 = $\dfrac{220-150}{10 \times 150} \times 100 = 4.7\%$

**47** 감가상각비의 계산방법 중 정액법에 의한 것은?

① $\dfrac{취득원가 - 잔존가치}{추정내용연수}$

② (취득원가 - 잔존가치) × 감가율

③ 실제작업시간 × $\dfrac{취득원가 - 잔존가치}{추정총작업시간}$

④ (취득원가 - 감가상각비누계액) × 감가율

**48** 임업경영의 생산성 원칙을 달성하기 위하여 어떤 종류의 생장량이 최대인 시기를 벌기로 결정해야 하는가?

① 총생장량  ② 연년생장량
③ 한계생장량  ④ 평균생장량

> **해설** 생산성의 원칙
>
> - 단위면적당 평균적으로 가장 많은 목재를 생산하자는 원칙으로 최대 목재생산의 원칙과 같은 의미로 해석된다.
> - 구체적으로 달성하려면 벌기령을 임목의 평균생장량이 최대 시기, 즉 재적수확최대의 벌기령을 선택한다.

**49** 임업의 특성 중에 입지조건이 중요시되는 이유와 가장 밀접한 관계가 있는 것은?

① 임업생산은 노동집약적이다.
② 육성임업과 채취임업이 병존한다.
③ 임업노동은 계절적 제약을 크게 받지 않는다.
④ 원목가격의 구성요소 중 운반비가 차지하는 비중이 높다.

> **해설** 임지의 특성
>
> - 농지에 비하여 인간의 노동이 극히 적게 들며 집약적인 작업이 어렵다.
> - 산림노동이 이루어지는 곳이지만 임지 자체가 노동의 대상이 아니며 노동이 성립할 수 있도록 하는 매개체의 역할을 한다.
> - 일반적으로 교통이 불편한 산악지로 구성되어 있고 그 면적이 광활하며 단위면적당 생산성이 농업에 비하여 낮다.
> - 수직적인 분포에 따라 생육환경이 크게 다르므로 여러 종류의 임목이 자란다.
> - 한랭한 곳이 많아 임업 이외의 다른 사업에는 적당하지 않다.
> - 매매가 잘 되지 않는 고정자본이므로 자본의 회수가 어렵다.
> - 소모되지 않으므로 유지비가 적게 든다.

**50** 말구직경 20cm, 원구직경 24cm, 재장이 2m인 통나무의 재적을 스말리안(Smalian)식에 의해 구한 것은? (단, 소수 넷째자리에서 반올림할 것)

① 0.024m³
② 0.077m³
③ 0.098m³
④ 0.182m³

> **해설** 스말리안식
>
> $\dfrac{3.14}{4} = \dfrac{0.2^2 + 0.24^2}{2} \times 2 = 0.077m^3$

**51** 휴양자원에 대한 설명으로 옳지 않은 것은?

① 사회적 요구에 부합하여야 한다.
② 인공적 환경요소로 정의할 수 있다
③ 이용자중심형, 자원중심형 등으로 구분한다.
④ 개인의 소유는 불가하여 국가가 공공기관 소유이다

**정답** 46.④  47.①  48.④  49.④  50.②  51.④

**52** 수확표 상의 흉고단면적에 대한 실제 흉고단면적의 비율을 나타내는 것은?
① 소밀도  ② 입목도
③ 상대밀도  ④ 상대공간지수

**53** 임업이율의 성격으로 옳은 것은?
① 실질이율  ② 평정이율
③ 대부이율  ④ 현실이율

> **해설** 임업이율의 특징
> - 사물자본재 용역의 대가에 대한 현실이율이 아니라 평정이율을 적용할 수밖에 없다.
> - 장기이율이며, 실질적 이율이 아닌 명목적 이율이다.
> - 대부이자가 아니라 자본이자이다.

**54** 임업소득에 대한 설명으로 옳지 않은 것은?
① 임업소득은 조림지 면적의 크기에 비례하여 증대된다.
② 임업조수익 중에서 임업소득이 차지하는 비율을 임업의존도라 한다.
③ 임업소득가계충족율은 임가의 소비경제가 임업에 의하여 지탱되는 정도를 나타낸다.
④ 임업순수익은 임업경영이 순수익의 최대를 목표로 하는 자본가적 경영이 이루어졌을 때 얻을 수 있는 수익이다.

> **해설**
> **산림순수익**
> 임업경영이 순수익의 최대치를 목표로 하는 자본가적 경영이 이루어졌을때 얻을 수 있는 수익
> - 산림의존도(%) = $\frac{산림소득}{임가소득} \times 100$
> - 산림소득 가계충족률(%) = $\frac{산림소득}{가계비} \times 100$
> - 산림 소득율(%) = $\frac{산림소득}{산림조수익} \times 100$
> - 자본 수익률 = $\frac{순수익}{자본} \times 100$

**55** 수간석해를 통하여 계산할 수 없는 것은?
① 근주재적  ② 지조재적
③ 소단부재적  ④ 결정간재적

> **해설** 수간석해의 목적
> 나무의 생장과정을 알고 생장 특성을 조사하기 위하여 수간을 해석하여 측정하는 것으로, 수간석해의 결과는 임분을 구성하고 있는 나무 중 표준이 될만한 나무의 수간을 조사하여 과거의 생장량을 측정하고 임분 생장량을 추정·예측하는 자료로 사용된다.

**56** 임목 평가 방법에 대한 설명으로 옳은 것은?
① 유령림은 임목기망가에 의하여 평정한다.
② 장령림은 임목비용가에 의하여 평정한다.
③ 벌기 이상의 성숙림은 시장가역산법에 의하여 평정한다
④ 식재 직후의 임분은 원가수익절충법에 의하여 평정한다.

> **해설** 임목평가의 개요
> 일반적으로 유령림에는 임목 비용가법, 벌기 미만의 장령림에는 임목 기망가법과 수익환원법, 중령림에는 임목비용가법과 임목기망가법의 중간인 Glaser법, 벌기 이상의 임목에는 임목매매가가 적용되는 시장가역산법을 사용한다

**57** 숲해설의 주제를 선택할 때 바람직하지 않은 것은?
① 가능한 전문성이 높은 주제를 선택한다.
② 흥미를 유발할 수 있는 주제를 선택한다.
③ 청중의 특성과 연관되어 있는 주제를 선택한다.
④ 청중에게 유익한 경험을 줄 수 있는 주제를 선택한다.

**58** 국유림경영계획 수립에 있어 경영목표의 우선순위를 결정할 때 목표들이 상충하는 경우 가장 우선하는 것은?

정답 52.② 53.② 54.② 55.② 56.③ 57.① 58.①

① 산림보호 기능
② 경영수지 개선
③ 고용증진 효과
④ 휴양장소 제공

**59** 다음 중 "산림자원의 조성 및 관리에 관한 법률"에 정의된 산림의 기능으로 옳지 않은 것은?

① 수원함양림
② 산림휴양림
③ 자연환경보전림
④ 환경생활보전림

> **해설**
> 산림의 기능
> 생활환경보전림, 자연환경보전림, 수원함양림, 산지재해방지림, 산림휴양림, 목재생산림

**60** 원가계산을 위한 원가비교 방법으로 옳지 않은 것은?

① 기간비교
② 상호비교
③ 수익비용비교
④ 표준실제비교

> **해설**
> 수익비용비교는 수익비용비율이라고도 하며 투자안의 선택에 쓰이는 기준이다. 투자안의 현금유입의 현재가치를 현금유출의 현재가치로 나눈 비율을 말한다.

### 제4과목 : 임도공학

**61** 임도 설계 시 각 측점의 단면적마다 절토고, 성토고 및 단면적의 물량을 기입하는 설계도는?

① 평면도
② 종단면도
③ 횡단면도
④ 구조물도

> **해설**
> 횡단면도
> • 1:100축척으로 작성한다.
> • 단면적, 측구터파기단면적, 사면보호공의 물량, 각 측점의 단면마다 지반고, 계획고, 절토단면적, 성토단면적을 기입한다.

**62** 실제 지상의 두 점간 거리가 100m인 지점이 지도상에서 4mm로 나타났다면 이 지도의 축적은 얼마인가?

① 1/1,000
② 1/2,500
③ 1/25,000
④ 1/50,000

> **해설**
> 실제거리=지도상의 거리×축척의 역수
> 100,000mm=4mm×25,000
> ∴ 1/25,000

**63** 수준 측량에 있어서 측점6의 지반고(m)는 얼마인가?

| 측점 | 후시(m) | 전시 | | 지반고 |
| --- | --- | --- | --- | --- |
| | | TP | IP | |
| BM | 2191 | | | 10,000 |
| 1 | | | 2507 | |
| 2 | | | 2325 | |
| 3 | 3019 | 1496 | | |
| 4 | | | 2513 | |
| 5 | 1752 | 2811 | | |
| 6 | | | 3817 | |

① 8838
② 8932
③ 9684
④ 9933

> **해설**
> 이기점에서는 기계고+후시−전시를 해서 이기점에서의 기계고 값을 구한다.
> BM 점의 기계고는 2191+10,000 = 12191
> 3BM 점의 기계고는 12191+3019−1496 = 23655
> 5BM 점의 기계고는 13714+1752−2811 = 12655
> 지반고는 기계고−전시이므로,
> 12655−3817 = 8838

**64** 롤러의 표면에 돌기를 부착한 것으로 점착성이 큰 점성토나 풍화연암 다짐에 적합하며, 다짐 유효 깊이가 큰 장점을 가진 임업기계는?

① 탠덤롤러
② 탬핑롤러
③ 타이어롤러
④ 머캐덤롤러

**정답** 59.④ 60.③ 61.③ 62.③ 63.① 64.②

해설 ✿ 다지기 방식

| 종류 | 내용 |
|---|---|
| 상치식 | 중앙부는 상당한 두께로 만들고 양끝은 두께를 갖지 않는 구조로, 일반적으로 임도에 널리 이용된다. |
| 상굴식 | 유효폭을 굴착하여 그곳에 자갈을 깔고 다짐한 것으로, 자갈을 두세 차례 반복하여 깔고 결합제를 섞어서 다짐한다. |

**65** 임도의 설계에서 종단면도를 작성할 때 횡, 종의 축적은 얼마로 해야 하는가?

① 횡 : 1/1,200, 종 : 1/120
② 횡 : 1/1,000, 종 : 1/200
③ 횡 : 1/1,000, 종 : 1/100
④ 횡 : 1/1,200, 종 : 1/150

해설 ✿
평면도는 1/1,200, 횡단면도는 1:100이다.

**66** 옹벽의 안정성 검토 사항으로 옳지 않은 것은?

① 다짐
② 전도
③ 활동
④ 침하

해설 ✿ 옹벽의 안정조건
- 활동에 대한 안정 : 저항력의 총합이 원칙적으로 수평 외력의 총합 이상으로 되어야 한다.
- 전도에 대한 안정 : 합력 작용선이 제체의 중앙 1/3보다 하류 측을 통과하면 댐 몸체의 상류측에 장력이 생기므로 합력작용선이 제체의 1/3을 통과하도록 한다.
- 내부응력에 대한 안정 : 제체에서의 최대 압축력은 그 허용압축을 초과하지 않아야 한다.
- 침하에 대한 안정 : 제저에 발생하는 최대압축응력이 지반의 허용압축강도보다 작으면 지반은 안전하다.

**67** 산림기반시설의 설계 및 시설기준에 따른 교량 및 암거에 대한 설명으로 다음 (    )안에 알맞은 것은?

교량 및 암거의 활화중은 사하중에 실리는 차량, 보행자 등에 따른 교통하중을 말하며, 그 무게산정은 사하중 위에서 실제로 움직여지고 있는 (    ) 하중 이상의 무게에 따른다.

① DB-10
② DB-12
③ DB-18
④ DB-20

해설 ✿ 활하중
- 사하중에 실리는 차량, 보행자 등에 의한 교통하중을 말한다.
- 무게 산정 기준은 DB-18하중(총중량 32.45톤) 이상의 무게에 따른다.

**68** 사리도(자갈길, Gravel Road)의 유지관리에 대한 설명으로 옳지 않은 것은?

① 방진처리에 염화칼슘은 사용하지 않는다.
② 노면의 제초나 예불은 1년에 한 번 이상 한다.
③ 횡단배수구의 물매는 5~6%를 유지하도록 한다.
④ 가능한한 비가 온 후 습윤한 상태에서 노면 정지 작업을 실시한다

해설 ✿
자갈길(사리도)은 노상 위에 자갈을 깔고 점토나 토사를 덮은 다음 롤러로 진압시킨 도로이다.

**69** 산림관리 기반시설의 설계 및 시설기준에서 암거, 배수관 등 유수가 통과하는 배수 구조물 등의 통수 단면은 최대홍수유량 단면적에 비해 어느 정도 되어야 한다고 규정하고 있는가?

① 1.0배 이상
② 1.2배 이상
③ 1.5배 이상
④ 1.7배 이상

해설 ✿ 배수구
- 옆도랑의 물과 계곡의 물을 횡단으로 배수시키는 시설물로 속도랑(암거)과 겉도랑(명거)으로 구분한다.
- 통수 단면은 100년 빈도확률강우량과 홍수 도달시간을 이용한 합리식으로 계산된 최대홍수유출량의 1.2배 이상으로 설계한다.

**70** 일반적으로 돌쌓기의 표준물매는 찰쌓기 구조물의 경우에 얼마로 하는가?

① 1:0.2
② 1:0.3
③ 1:0.5
④ 1:1

> 해설
> • 찰쌓기 : 돌을 쌓아 올릴 때 뒷채움에 콘크리트를, 줄눈에 모르타르를 사용하며 뒷면의 배수 시공 면적 2m²마다 직경 3~4cm의 관을 박아 물빼기 구멍을 만든다. 메쌓기보다 견고하고 높게 시공할 수 있다. 기울기 1:0.2, 뒷채움 콘크리트 두께는 50cm 이상으로 한다.
> • 메쌓기 : 돌을 쌓아 올릴 때 뒷채움이나 줄눈에 모르타르를 사용하지 않고 쌓는 것으로, 돌틈으로 배수되기 때문에 견고도가 낮아 쌓는 높이에 제한을 받는다. 기울기는 1:0.30이다.

**71** 반출할 목재의 길이가 15m, 임도의 노폭이 3m일 때 이 목재를 운반할 수 있는 최소곡선반지름은 약 얼마인가? (단, 차량의 운반 속도는 매우 느리다고 가정한다.)

① 12.3m     ② 14.1m
③ 18.8m     ④ 20.1m

> 해설
> 최소곡선반지름 $= \dfrac{15^2}{4 \times 3} = 18.8m$

**72** 컴퍼스측량으로 AB측선의 방위각을 측정하니 50°였다. 역방위각을 구하면 얼마인가?

① 25°     ② 140°
③ 230°    ④ 320°

> 해설 역방위각 계산법
> • 방위각이 180° 이상일 때=방위각-180°
> • 방위각이 180° 미만일 때=방위각+180°

**73** 임도계획의 순서로 가장 적합한 것은?

① 임도밀도계획-임도노선배치계획-임도노선선정
② 임도노선배치계획-임도노선선정-임도밀도계획
③ 임도밀도계획-임도노선선정-임도노선배치계획
④ 임도노선선정-임도노선배치계획-임도밀도계획

**74** 임도의 종단물매에 대한 설명으로 옳지 않은 것은?

① 최소 물매는 3% 이상으로 설치하는 것이 좋다.
② 종단물매를 높게 하면 임도우회율이 적어진다.
③ 임도 설계 시 종단물매 변경은 전 노선을 조정하여 재시공하는 의미를 갖는다.
④ 보통 자동차에서는 설계속도의 90% 이상 정도로 오를 수 있도록 설정한다.

> 해설 종단기울기(경사)
> • 길 중심선의 수평면에 대한 기울기를 말하며 토양침식과 통행차량에 의한 임도의 파손을 예방하기 위해 규정하고 있다.
> • 최소 2~3% 이상 되어야 한다.
> • 종단기울기가 급하여 길이가 긴 구간의 노면에는 유수를 차단할 수 있는 배수시설을 설치한다.
> • 보통 수평거리 100에 대한 수직거리로 나타낸다.

**75** 임도공사에서 절개지 비탈면에 격자틀붙이기 공법을 사용하고자 한다. 용수가 있는 곳에서의 격자틀 내부 처리 방법으로 가장 적절한 것은?

① 흙 채움         ② 작은 돌 채움
③ 떼붙이기 채움   ④ 콘크리트 채움

> 해설
> 격자틀 내부에 큰 힘을 필요로 하는 곳은 콘크리트로, 경관상 문제가 있는 곳은 조약돌이나 호박돌을 넣고 콘크리트로 채운다. 용수가 스며 나오는 곳은 자갈, 토사로 구성된 비탈면은 떼로 채우는 것이 가장 좋은 경관을 조성할 수 있는 방법이다.

정답 70.① 71.③ 72.③ 73.① 74.④ 75.②

**76** 흙의 입도분포의 좋고 나쁨을 나타내는 균등계수의 산출식으로 옳은 것은? (단 : 통과중량 백분율 X에 대응하는 입경은 DX라 한다.)

① D50÷D20   ② D10÷D60
③ D20÷D50   ④ D60÷D10

<해설> 균등계수
- 토양을 구성하는 굵은 입자, 가는 입자, 미립자의 입도 배분의 간단한 표시법으로, 체로 분류하여 60% 통과율을 나타내는 모래 입자 크기의 비로 나타낸다.
- 균등계수 = $\dfrac{\text{통과중량 백분율 60\%에 대응하는 입경}}{\text{통과중량 백분율 10\%에 대응하는 입경}}$

**77** 체인톱의 초크(Choke) 사용방법에 대하여 옳은 것은?

① 초크는 항상 열어 둔다.
② 초크는 항상 닫아 둔다.
③ 시동이 되면 초크를 닫는다.
④ 시동하고자 할 때에는 초크를 닫는다.

<해설> 초크는 공급되는 공기의 부압을 상승하여 연료를 농후하게 공급하는 장치이다. 시동하고자 할 때에는 초크를 닫고 워밍업을 한 후 초크를 열고 시동을 건다.

**78** 임도의 노체를 구성하는 기본적인 구조가 아닌 것은?

① 노상   ② 기층
③ 표층   ④ 노층

<해설> 노체의 구성

| 구성 |
|---|
| 표층(表層) |
| 기층(基層) |
| 노면(路面) |
| 노상(路床) |

**79** 급경사지에서 노선거리를 연장하여 물매를 완화할 목적으로 설치하는 평면선형에서의 곡선은?

① 완화곡선
② 복심곡선
③ 배향곡선
④ 반향곡선

<해설> 배향곡선(Hair Pin Curve)
단곡선, 복심곡선, 반향곡선이 혼합되어 Hair Pin 모양으로 된 것으로, 산복부에서 노선 길이를 연장하여 종단물매를 완화시킨다. 동일한 사면에서 우회할 목적으로 설치되며 교각이 108° 가까이 된다.

**80** 임도의 설계순서로 맞는 것은?

① 예비조사-예측-답사-실측-설계서 작성
② 예측-예비조사-답사-실측-설계서 작성
③ 예측-답사-예비조사-실측-설계서 작성
④ 예비조사-답사-예측-실측-설계서 작성

### 제5과목 : 사방공학

**81** 빗물에 의한 침식의 발생 순서로 올바른 것은?

① 우경침식-면상침식-구곡침식-누구침식
② 우격침식-구곡침식-면상침식-누구침식
③ 우격침식-누구침식-면상침식-구곡침식
④ 우격침식-면상침식-누구침식-구곡침식

<해설> 우수침식(강우침식)
- 빗방울침식(우격·타격침식) : 빗방울이 땅 표면의 토양입자를 타격하여 분산 및 비산시키는 침식현상의 가장 초기단계이다.
- 면상침식 : 침식의 초기 유형으로 토양 표면 전반이 얇게 유실되는 침식이다.
- 누구침식 : 침식의 중기 유형으로 토양 표면에 잔 도랑이 불규칙하게 생기면서 깎이는 현상이다.
- 구곡침식 : 침식이 가장 심할 때 생기는 유형으로 도랑이 커지면서 표토뿐만 아니라 심토까지도 심하게 깎이는 현상이다.
- 야계침식(계천·계간침식) : 자연계천이나 하천에 의한 침식이다.

정답 76.④ 77.④ 78.④ 79.③ 80.④ 81.④

**82** 황폐된 산림의 면적이 50ha이고, 최대시우량 45mm/hr, 유거계수 0.8이면 최대시우량법에서 유량($m^3$/sec)은 얼마인가?

① 5　　② 10
③ 15　　④ 20

**해설**
유량=0.002778×0.8×45×50=5$m^3$/sec

**83** 채광지 복구공법으로 가장 부적당한 것은?

① 파종공법
② 편책공법
③ 모래덮기공법
④ 기초옹벽식 돌쌓기

**해설**
모래덮기공법은 해안사방공사에서 적용하는 공법이다.

**84** 다음 중 물받이가 필요하지 않는 공작물은?

① 골막이
② 흙막이
③ 사방댐
④ 바닥막이

**85** 해안사방에서 사초심기공법에 관한 설명으로 옳지 않은 것은?

① 망구획크기는 1m×1m 구획으로 내부에도 사이심기를 한다.
② 식재사초는 모래의 퇴적으로 잘 말라 죽지 않는 수종으로 선택한다.
③ 다발심기는 사초 4~8포기를 한다발로 만들어 30~50cm 간격으로 심는다.
④ 줄심기는 1~2주를 1열로 하여 주간거리 4~5cm, 열간거리 30~40cm가 되도록 심는다.

**해설**
해안사방에서 망구획은 2m×2m 크기로 구획한다.

**86** 수로 뒷부분 공극에 콘크리트를 축설하여 집수량이 많아 침식위험이 높은 산비탈에 적용하는 수로는?

① 바자수로
② 떼붙임수로
③ 메붙임수로
④ 찰붙임수로

**해설**
수로의 종류

| 종류 | 내용 |
| --- | --- |
| 찰붙임 돌수로 | 뒷붙임을 할 때 뒷부분에 콘크리트를 채우고 축석하는 것으로, 경사가 급하고 유량이 많을 때 사용한다. |
| 메붙임 돌수로 | 막깬돌, 잡석, 호박돌 등을 붙여 축설하며 유량이 적고 기울기가 비교적 급한 산복에 이용된다. |
| 콘크리트 수로 | 찰붙임 돌수로에 비하여 유속이 빠르고 수량이 많은 지역에 설치한다. 단면은 일반적으로 사다리꼴 모양이며, 측벽의 앞물매는 1:0.3~0.5, 뒷물매는 수직 또는 1:0.1로 한다. |
| 파식수로 내기 | 비용을 절감하기 위해서 집수유역이 협소한 완경사지간 이수로공으로서, 움푹 들어간 곳에 아까시나무를 식재하고 생장이 빠른 잡초류를 혼파하여 장마기 이전까지 완전 녹화한다. 파식종으로는 참싸리, 족제비 싸리, 비수리, 억새 등이 있다. |

**87** 돌골막이의 돌쌓기를 실시할 때 길이는 일반적으로 얼마인가?

① 0~1m　　② 2~3m
③ 4~5m　　④ 6~7m

**해설** 돌골막이
- 석재를 구하기 쉬운 곳이나 침식이 활성적이고 토사의 유하량이 많은 곳에 적합하다. 규모는 4~5m, 높이 2m 정도이고 방수로를 따로 만들 필요 없이 중앙부를 약간 낮게 한다.
- 돌쌓기 기울기는 대체로 1:0.3으로 한다.
- 반수면은 견치돌, 막깬돌로 쌓고 댐마루 높이의 1/2에 해당하는 뒷채움 자갈을 넣는다.

**정답** 82.① 83.③ 84.② 85.① 86.④ 87.③

**88** 골막이(구곡막이)에 대한 설명으로 틀린 것은?

① 시공목적은 사방댐과 유사하다.
② 반수측만 축설하고 대수측은 채우기한다.
③ 골막이의 양쪽 귀는 견고한 지반까지 파내야 한다.
④ 사방댐에 비해 계류상에서 시공위치는 약간의 차이가 있다.

**해설**
골막이는 침식성 구곡의 유속을 완화하여 종·횡침식을 방지하고, 수세를 줄여 산각을 고정하고, 토사유출 및 사면붕괴를 방지하기 위해 시공하는 공작물이다.

**89** 다음 중에서 훼손지 및 비탈면의 녹화공법에 사용 되는 수종으로 적합하지 않은 것은?

① 은행나무
② 오리나무
③ 싸리나무류
④ 아까시나무

**해설** 교목 및 관목
리기다소나무, 해송, 물오리나무, 아까시나무, 회양목, 병꽃나무, 싸리류, 족제비싸리, 졸참나무, 눈향나무, 아까시나무 등

**90** 설상사구에 대한 설명으로 옳은 것은?

① 주로 파도막이 뒤에 형성되는 모래 언덕이다.
② 모래가 정선부에 퇴적하여 얕은 모래 둑을 형성한다.
③ 혀 모양의 형태로 모래가 쌓인 후 반달 모양으로 형태가 바뀐 것이다.
④ 치올린 언덕의 모래가 비산하여 내륙으로 이동하면서 진로상 수목이나 사초가 있을 때 형성된다.

**해설**
설상사구
바다로부터 불어오는 바람은 치올린 언덕의 모래를 비산하여 내륙으로 이동시키는데 이때 방해물이 있으면 방해물 뒤편에 합류하여 혀 모양의 모래언덕이 된다.

**91** 선떼붙이기공법은 1급부터 9급까지 구분하는데 그 기준은 무엇인가?

① 수직단면적 1m²당 떼의 사용 매수
② 수직단길이 1m당 떼의 사용 매수
③ 수평단면적 1m²당 떼의 사용 매수
④ 수평단길이 1m당 떼의 사용 매수

**해설**
선떼붙이기 각 급수의 구분

| 떼 크기 | 길이 40cm, 폭 20cm | |
|---|---|---|
| 구분 | 단면상 매수 | 연장 1m당 매수 |
| 1급 | 5.0 | 12.50 |
| 2급 | 4.5 | 11.25 |
| 3급 | 4.0 | 10.00 |
| 4급 | 3.5 | 8.75 |
| 5급 | 3.0 | 7.50 |
| 6급 | 2.5 | 6.25 |
| 7급 | 2.0 | 5.00 |
| 8급 | 1.5 | 3.75 |
| 9급 | 1.0 | 2.50 |
| 1m당 떼 사용 매수 | 단면상 떼 매수×2.5매/m | |

**92** 산지 수로공에서 수로의 경사가 30°, 경심이 1.0m, 유속계수가 0.5였을 때, Chezy의 평균유속 공식에 의한 유속은 약 얼마인가?

① 0.10m/s
② 0.21m/s
③ 0.27m/s
④ 0.38m/s

**해설** Chezy공식
$V = c\sqrt{RI}$
$= 0.5 \times \sqrt{1.0 \times 30°(약 58\%)} = 0.38 m/s$
c : 유속계수, R : 경심, I : 수로의 기울기(%)

**93** 견치돌을 다듬을 때 접촉부(이맞춤) 너비는 일반적으로 앞면의 길이를 기준으로 얼마 이상으로 하는가?

① 1.5배 이상
② 1/5 이상
③ 1/3 이상
④ 1/10 이상

**정답** 88.③ 89.① 90.④ 91.④ 92.④ 93.②

**해설** 견치돌

견고도가 요구되는 사방공사 특히, 규모가 큰 돌댐이나 옹벽공사에 사용되는 돌로 돌을 뜰 때 치수를 특별한 규격에 맞도록 지정하여 깬돌이다. 앞면은 25cm×25cm~40cm×40cm이고, 뒷길이는 35~60cm이다. 1개의 무게는 70~100kg이다.

**94** 시멘트에 대한 설명으로 옳지 않은 것은?

① 시멘트를 제조할 때 석고를 넣으면 급결성이 된다.
② 조기에 강도를 내기 위하여 염화칼슘을 쓰기도 한다
③ 시멘트는 분말도가 높을수록 내구성이 약해지기 쉬우므로 주의해야 한다.
④ 일반적으로 포틀랜드시멘트는 수경성이고 강도가 크며 비중은 대체로 3.05~3.15이다.

**해설**
시멘트를 제조할 때는 급결성을 방지하기 위해 석고를 넣는다.

**95** 강우 시의 침투능에 대한 설명으로 틀린 것은?

① 나지보다 경작지의 침투능이 더 크다.
② 초지보다 산림지의 침투능이 더 크다.
③ 침엽수림이 활엽수림보다 침투능이 더 크다.
④ 시간이 지속되면 점점 작아지다가 일정한 값이 된다.

**96** 비탈면 안전녹화공법에서 경관적 처리로 가장 부적절한 것은?

① 사초심기, 사지식수공법 등이 있다.
② 콘크리트블럭이나 옹벽은 덩굴식물을 심어 은폐한다.
③ 경관조성을 목적으로 수목 식재 시에는 비탈면 기울기를 완화시킨다.
④ 큰 비탈의 경우에는 비탈면의 길이 7m 정도마다 또는 적소에 소단을 설치하여 분할한다.

**해설**
사초심기, 사지식수공법은 해안사방에 대한 내용이다.

**97** 비탈면의 토질이 대단히 혼효성으로 복잡하거나, 마사토로 구성되어 취약하거나, 지하수의 용출·누수에 의한 침식이 심한 곳에 적용하면 좋은 공법으로 현장에서 직접 거푸집을 설치하여 콘크리트치기하는 공법은?

① 숏크리트공법
② 힘줄박기공법
③ 격자틀붙이기공법
④ 콘크리트블록쌓기공법

**해설** 힘줄박기공법
- 직접 거푸집을 설치하여 콘크리트를 쳐 비탈면의 안정을 위한 뼈대인 힘줄을 만들고, 흙이나 돌로 채워 녹화한다.
- 비탈면의 토질이 복잡한 곳, 마사토로 구성되어 취급이 곤란한 곳, 지하수가 용출하거나 누수에 의한 침식이 심한 곳 등에 시공한다.
- 시공방법에는 사각형 틀모양, 삼각형 틀모양, 계단상 수평띠 모양 등이 있다.
- 시공작업이 어렵고 기간이 길어 격자틀공법에 비하여 능률적이지 못하다.

**98** 사방용 수종의 일반적인 특성으로 옳지 않은 것은?

① 뿌리의 자람이 좋을 것
② 가급적인 양수 수종일 것
③ 척악지의 조건에 적응성이 강할 것
④ 생장력이 왕성하며 쉽게 번무할 것

**해설** 수종의 구비 조건
- 양분과 수분에 대한 요구가 적을 것
- 온도의 급격한 변화에도 잘 견디어 낼 것
- 비사, 한해, 조해 등의 피해에도 잘 견딜 것
- 울폐력이 좋고 낙엽, 낙지 등에 의하여 지력을 증진시킬 수 있는 것

**정답** 94.① 95.③ 96.① 97.② 98.②

**99** 산사태 및 산붕과 비교한 땅밀림 침식의 설명으로 옳지 않은 것은?

① 침식의 규모가 1~100ha로 넓은 편이다.
② 5~20° 이상의 완경사지에서 발생한다.
③ 주로 사질토로 된 곳에서 많이 발생한다.
④ 침식의 이동속도가 10m/day 이하로 일반적으로 느리다.

해설 **산사태와 산붕, 땅밀림의 특징**

| 구분 | 산사태 및 산붕 | 땅밀림 |
|---|---|---|
| 지질 | 관계가 적음 | 특정 지질 · 지질구조에서 많이 발생 |
| 토질 | 사질토 | 점성토가 미끄러운 면 |
| 지형 | 20도 이상의 급경사지 | 5~20도의 완경사지 |
| 활동상황 | 돌발성 | 계속성, 지속성 |
| 이동속도 | 굉장히 빠름 | 느림 (0.01~10mm/일) |
| 흙덩이 | 토괴 교란 | 원형 보전 |
| 유인 | 강우 · 강우강도 | 지하수 |
| 규모 | 작음 | 큼(1~100ha) |
| 징조 | 돌발적으로 발생 | 발생 전 균열, 함몰, 융기, 지하수의 변동 등이 발생 |

**100** 정사울세우기를 가장 잘 설명한 것은?

① 볏짚, 보리짚, 갈대, 섶, 억새류 등을 설치한 것
② 해안지역의 모래를 안정하여 식재목을 조성한 것
③ 모래날림 많은 경우 인공모래 언덕 조성을 위한 것
④ 암벽 비탈면의 침식방지를 위한 울타리를 설치한 것

해설 **정사울세우기**
- 주로 전사구의 육지 쪽에 후방 모래를 고정하여 그 표면에 전면적인 모래의 안정을 도모하고 식재목이 잘 생육할 수 있도록 환경을 조성할 목적으로 모래덮기와 사초심기를 병행하여 시공한다.
- 시공효과를 가장 크게 하기 위해서는 정사각형이나 직사각형으로 구획한다.
- 섶세우기, 짚세우기, 갈대세우기공법 등이 있다.
- 높이는 1.0~1.2m가 표준이며, 모래에 20cm 정도 묻어야 한다.
- 구획의 크기는 한 변의 길이가 7~15m인 정사각형이나 직사각형으로 하는 것이 일반적이다.
- 정사울타리설치 후 내부에 ha당 10,000본을 식재한다.

정답 99. ③ 100. ②

# 국가기술자격 필기시험문제

| 2014년 제3회 필기시험 | | | | 수험번호 | 성명 |
|---|---|---|---|---|---|
| 자격종목 및 등급(선택분야) **산림기사** | 종목코드 1564 | 시험시간 2시간 30분 | 형별 A | | |

## 제1과목 : 조림학

**1** Mollor의 항속림 사상의 강조 내용으로 옳은 것은?

① 갱신은 인공갱신을 원칙으로 한다.
② 정해진 윤벌기에 군상목택벌을 원칙으로 한다.
③ 개벌을 금하고 해마다 간벌형식의 벌채를 반복한다.
④ 벌채목의 선정은 산벌작업의 선정기준에 준해서 한다.

**해설**
항속림은 산림을 생물 유기체로 간주하여 자연친화적인 항속을 도모하는 산림을 의미하며, 뮬러 교수가 제창한 항속림사상은 임지, 임목, 지중동물, 관목, 지피식생 등 모든 산림 유기체의 생명력이 총체적으로 연결되어 있으므로 이들 유기체가 항속(계속)될 수 있도록 산림을 경영해야 한다는 것이다.
따라서 항속림시업은 산림 유기체에 급격한 변화를 가져오는 개벌작업 등은 배제하고 이령림으로 혼효된 산림을 요구하고 있다.
시업 방법으로 택벌림, 이단림, 복층림, 산벌림 등을 고려할 수 있으나, 이들 시업이 산림 유기체의 건전성이 유지되면서 산림축적과 생장량의 양적 증가와 목재의 질적 증진을 가져올 수 있는 합자연적인 항속림시업이 되어야 한다.

**2** 종자의 발아휴면성과 관계가 없는 것은?

① 이중 휴면성
② 종피불투수성
③ 종자의 지나친 성숙
④ 생장억제물질의 존재

**해설** 종자의 휴면
일반적으로 이중 휴면성, 종피불투수성, 생장억제물질의 존재, 생육환경 등이 휴면과 관련이 깊다.

**3** 토양에서 부식(Humus)의 기능에 대한 설명으로 옳지 않은 것은?

① 염기치환용량을 증대시킨다.
② 토양의 완충능을 증대시킨다.
③ 토립을 연결시켜 안정한 입단구조를 형성한다.
④ 토양을 갈색 또는 암색으로 변화시키며 토양온도를 낮춘다.

**4** 다음 중 내음성이 가장 강한 수종은?

① 주목
② 향나무
③ 사시나무
④ 물푸레나무

**해설**
**수종별 내음성**
- 극음수 : 나한백, 사철나무, 굴거리나무, 회양목, 주목, 개비자나무
- 음수 : 전나무, 가문비나무, 솔송나무, 너도밤나무, 서어나무류, 함박꽃나무, 칠엽수, 녹나무, 단풍나무류
- 중용수 : 잣나무, 편백, 느릅나무, 참나무, 은단풍, 목련, 동백, 물푸레, 산초
- 양수 : 은행나무, 소나무류, 측백나무, 향나무, 낙우송, 밤나무, 오리나무, 버즘나무, 오동나무, 사시나무, 낙엽송
- 극양수 : 방크스소나무, 왕솔나무, 잎갈나무, 연필향나무, 포플러, 버드나무, 자작나무

**정답** 1.③ 2.③ 3.④ 4.①

**5** 풀베기 작업에 대한 설명으로 옳지 않은 것은?

① 일반적으로 5~7월에 실시한다.
② 연 2회 실시하는 경우에 8월에 추가로 실시할 수 있다.
③ 군상식재지 등 조림목의 특별한 보호가 필요한 경우 줄베기를 실시한다.
④ 한해 및 풍해의 위험성이 있는 지역에서는 9월 이후에 실시하는 것이 좋다.

**해설**
풀베기는 일반적으로 6월에 실시하고 연 2회 실시할 경우 6월과 8월이 바람직하고 9월 이후에는 하지 않는다.

**6** 다음 중 모수작업의 일종인 것은?

① 중림작업
② 두목작업
③ 보잔목작업
④ 대상초벌작업

**해설** 보잔목법
- 생산기간 종료와 함께 천연하종갱신과 고급대경재의 목적으로 노령목 중에서 보잔목으로 잔존시키는 것을 말한다.
- 개벌지에서 모수는 종자낙하와 동시에 수확벌채를 할 수는 없고 대경재 생산을 위해 그대로 존치한다는 개념에서 접근한다.

**7** 다음 중 개화시기가 가장 늦는 수종은?

① 주목
② 은행나무
③ 구상나무
④ 개잎갈나무

**해설**
- 개잎갈나무 : 10월
- 주목 : 4월
- 은행나무 : 5월
- 구상나무 : 6월

**8** 겉씨식물의 특징에 대한 설명으로 옳지 않은 것은?

① 배주가 심피에 싸여 있다.
② 배유의 염색체는 반수체(n)이다.
③ 꽃잎, 꽃받침, 수술, 암술이 없다.
④ 수체내의 수분이동은 헛물관(가도관)을 통하여 이루어진다.

**해설** 겉씨식물(나자식물) : 침엽수
- 암꽃의 구조에서 씨방이 없어 밑씨가 노출되어 평행한 잎맥을 보인다. 관다발은 발달하나 도관 대신 가도관이 있으며 체관에는 반세포가 없다.
- 꽃잎·꽃받침이 없고 단성화이며 중복수정을 하지 않는다.

**9** 솎아베기(간벌)의 효과로 거리가 먼 것은?

① 간벌수확을 얻을 수 있다.
② 생산될 목재의 형질이 향상된다.
③ 옹이가 없는 완만재로 목재가치가 높아진다.
④ 임목의 건전성을 향상시켜 병충해에 대한 저항력을 높이다.

**해설**
옹이를 없애거나 완만재를 얻기 위해서는 밀식을 하거나 가지치기를 해야 한다.

**10** 소나무 종자의 용적중이 500g/L 실중이 10g, 순량률이 90%, 발아율이 50%일 때 이 종자의 효율은?

① 45%
② 50%
③ 85%
④ 90%

**해설**
$$효율(\%) = \frac{순량률 \times 발아율}{100} = \frac{90 \times 50}{100} = 45\%$$

**11** 잣나무를 폭 5m, 열 5m 간격으로 5ha에 정방형으로 조림하고자 할 때 필요한 묘목의 본수는?

① 200본
② 1,000본
③ 2,000본
④ 10,000본

**해설** 정방형식재
$$N = \frac{A}{W^2} = \frac{50,000}{5 \times 5} = 2,000본$$

**정답** 5.④ 6.③ 7.④ 8.① 9.③ 10.① 11.③

**12** 용기(Container)육묘에 대한 설명으로 옳지 않은 것은?

① 포트대의 높이는 지면에서 60~80cm 정도 위치가 좋다.
② 물주기를 할 때 지하수나 수돗물을 자주 주는 것이 필요하다.
③ 포트대 아래는 공기순환이 잘 되도록 하여 뿌리의 썩음이 없도록 주의해야 한다.
④ 포트대를 설치하는 이유 중 하나는 포트 밖으로 나온 뿌리가 땅속으로 뻗지 않도록 하기 위해서이다.

> **해설**
> 용기묘는 집약적으로 관리하기 때문에 묘목이 일반 노지보다 빨리 자란다. 또한 좁은 공간에서 뿌리가 자라므로 근계의 발육이 좋아 전체 수종을 대상으로 속성양묘를 할 수 있다.

**13** 화성암 중 땅속 깊은 곳에서 생성되고 입상조직을 나타내며 양료의 함량이 비교적 적은 산성암류는?

① 사암   ② 화강암
③ 현무암   ④ 편마암

> **해설**
> 화강암은 용암이 분출하지 않고 땅속에서 천천히 식어서 만들어진 암석이다.

**14** 생가지치기를 하는 경우 절단면이 썩을 위험이 가장 큰 수종은?

① 사시나무   ② 단풍나무
③ 소나무   ④ 삼나무

> **해설**
> **활엽수의 가지치기**
> • 참나무류(신갈나무 제외), 포플러나무류는 으뜸가지 이하의 가지만을 잘라 준다.
> • 일반적으로 상처의 유합이 잘되지 않고 썩기 쉽기 때문에 직경 5cm 이상의 가지는 원칙적으로 자르지 않는다.
> • 단풍나무, 느릅나무, 벚나무, 물푸레나무 등은 상처유합이 잘되지 않고 썩기 쉬우므로, 죽은 가지만 잘라주고, 밀식으로 자연 낙지를 유도한다.

**15** 묘목의 뿌리가 천근성이기 때문에 단근작업을 생략해도 되는 수종은?

① 곰솔
② 소나무
③ 굴참나무
④ 느티나무

**16** 광합성 색소인 카로테노이드(Carotenoids)에 관한 설명으로 옳지 않은 것은?

① 식물에서 노란색, 오렌지색, 적색들을 나타내는 색소이다.
② 광도가 높을 경우 광산화작용에 의한 엽록소의 파괴를 방지한다.
③ 엽록소를 보조하여 햇빛을 흡수함으로써 광합성 시 보조색소 역할을 한다.
④ 식물 체내에 있는 색소 중에서 광질에 반응을 나타내며, 광주기 현상과 관련된다.

**17** 아래 설명에 해당하는 것은?

> • 엽록소를 구성하고 효소의 활동에 관계하며, 식물 체내에서의 이동은 용이한 편이다.
> • 이것은 종자와 잎에 비교적 많고 뿌리에는 비교적 적다.
> • 이것이 결핍되면 인산의 이용이 감소한다.

① Mg   ② Ca
③ N   ④ K

> **해설**
> **마그네슘(Mg)**
> • 엽록소의 구성 성분이며, 단백질의 생성 및 이전에도 관여한다.
> • 결핍이 되면 늙은 잎에서 먼저 황백화 현상이 나타나며 어린 잎으로 확대된다.

**정답** 12. ②   13. ②   14. ②   15. ④   16. ④   17. ①

**18** 다음 공식은 종자 m²당 파종량을 산정하기 위한 공식이다. A×S를 옳게 설명한 것은?

$$W = \frac{A \times S}{D \times P \times G \times L}$$

① 순량률과 발아세를 곱한값이다.
② 발아율과 파종면적을 곱한 값이다.
③ 종자입수에 파종면적을 곱한값이다.
④ 파종면적에 m²당 묘목의 잔존본수를 곱한값이다.

**해설** 파종량

$$W = \frac{A \times S}{D \times P \times G \times L}$$

W : 파종량(g), A : 파종면적, S : m²당 남길 묘목수, D : g당 종자입수, P : 순량률, G : 발아율, L : 득묘율(묘목잔존율, 득묘율의 범위는 0.3~0.5)
※ E(종자효율)=P×G

**19** 장미과에 속하는 수종이 아닌 것은?
① 조팝나무  ② 자귀나무
③ 벚나무    ④ 마가목

**해설** 자귀나무
- 계 : 식물계(Plantae)
- 문 : 피자식물문(Angiospermae)
- 강 : 쌍떡잎식물강(Dicotyledoneae)
- 과 : 콩과

**20** 건조에 의해 생활력을 쉽게 잃게 되는 종자를 저장하는 데 가장 적합한 방법은?
① 노천매장법
② 실내창고 저장법
③ 저온밀봉 저장법
④ 저온 건조제 사용 저장법

**해설** 노천매장법
- 종자를 하루 동안 맑은 물에 담갔다가 종자의 1~3배 가량의 젖은 모래와 혼합하여 땅속에 묻어두는 방법으로, 저장과 동시에 발아를 촉진시키는 효과가 있다.
- 낙엽송, 소나무류, 삼나무, 편백 등의 저장종자에 효과가 있다.

- 2~3cm 두께의 판자로 깊이 30~40cm의 상자를 만들고 상자의 상하는 철망을 붙여 설치류의 피해를 예방하도록 한다.

### 제2과목 : 산림보호학

**21** 산불에 의한 토양피해 양상이 아닌 것은?
① 토양 공극률감소
② 유효 광물질 유수
③ 지하 저수기능 증가
④ 호우 시 일시적인 지표 유하수 증가

**해설** 산불로 인해 지표면이 물에 의한 유실이 커져 지하 저수기능이 감소한다.

**22** 아까시잎혹파리의 월동 형태로 옳은 것은?
① 알        ② 유충
③ 성충      ④ 번데기

**해설** 해충의 월동 형태
- 알 : 솔노랑잎벌, 집시나방, 미류재주나방, 어스렝이나방, 박쥐나방, 텐트나방 등
- 번데기 : 미국흰불나방, 소나무거미줄잎벌, 소나무순나방, 아까시잎혹파리 등
- 성충 : 오리나무잎벌레, 쌍엇줄잎벌레, 소나무좀류, 버즘나무방패벌레 등

**23** 잣나무 털녹병의 중간기주에 발생하는 포자 형태가 아닌 것은?
① 녹포자    ② 담자포자
③ 겨울포자  ④ 여름포자

**해설** 잣나무 털녹병
- 중간기주는 송이풀과 까치밥나무이다.
- 녹포자와 녹병포자를 형성하며, 중간기주에서 여름포자·겨울포자의 소생자를 형성한다.
- 수피조직 내에서 균사의 형태적 월동이 이루어지며, 4~5월 하순에 녹포자를 형성한다.
- 약제방제는 거의 불가능하며, 병든 나무는 제거·소각하고, 중간기주는 제거한다.

**정답** 18.④  19.②  20.①  21.③  22.④  23.①

**24** 밤나무혹벌에 대한 설명으로 옳지 않은 것은?

① 충영형성해충이다.
② 유충으로 월동한다.
③ 1년에 2회 발생한다.
④ 천적으로는 중국긴꼬리좀벌 등이 있다.

> **해설** 밤나무혹벌
> - 피해 수종 : 밤나무
> - 가해 양식 : 눈(충영성)
> - 발생 : 1년 1회
> - 월동 형태 : 유충(충영)
> - 특징 : 암컷만으로 번식
> - 천적 : 중국긴꼬리좀벌

**25** 포식기생충이 다른 포식기생충에 기생하는 형태를 무엇이라 하는가?

① 중기생
② 다포식기생
③ 내부포식기생
④ 제1차포식기생

**26** 아황산가스의 식물 체내 유입은 주로 어느 것을 통하는가?

① 기공   ② 통도조직
③ 해면조직   ④ 책상조직

> **해설**
> 아황산가스($SO_2$)
> - 대기오염의 가장 대표적인 유해가스이며 배출량도 많고 독성도 강하다.
> - 기공을 통해 식물 체내에 유입된다.
> - 광합성 속도가 크게 감소되고 경엽이 퇴색하며, 잎의 가장자리가 황록화되거나 잎 전면이 퇴색 황화한다.
> - 주로 잎에 피해가 잘 나타나며 활엽수는 엽맥간의 황화와 괴사를 일으킨다.

**27** 벚나무 빗자루병의 병원체는 다음 중 어느 균류에 해당되는가?

① 조균류   ② 자낭균류
③ 담자균류   ④ 불완전균류

> **해설** 자낭균류인 병원체
> 벚나무 빗자루병, 수목의 흰가루병, 수목의 그을음병, 밤나무 줄기마름병, 소나무 잎떨림병, 낙엽송 잎떨림병, 낙엽송 끝마름병

**28** 토양의 결빙과 해동이 반복되면서 묘목의 뿌리가 지상부로 뽑혀 올라오지만, 땅이 녹은 이후 뿌리가 지표면 아래로 내려가지 못해 결국 말라 죽게 되는 수목피해를 무엇이라고 하는가?

① 상렬   ② 열공
③ 동상   ④ 상주

> **해설** 서릿발(상주)
> - 지표면이 빙점 이하의 저온으로 냉각될 때 모관수가 얼고 이것이 반복되어 얼음기둥이 위로 점차 올라오게 되는 현상이다.
> - 점토질 토양에서 잘 생기며 수분이 아주 적으면 잘 생기지 않는다.

**29** 산불이 발생한 지역에서 많이 발생할 것으로 예측되는 병은?

① 모잘록병
② 자줏빛날개무늬병
③ 리지나 뿌리썩음병
④ 아밀라리아 뿌리썩음병

> **해설**
> 산불이 발생한 지역에는 리지나 뿌리썩음병이 많이 발생한다.

**30** 세균에 의한 수목병으로 옳은 것은?

① 소나무 잎녹병
② 밤나무 뿌리혹병
③ 포플러 모자이크병
④ 오동나무 빗자루병

> **해설**
> 세균에 의한 수목병에는 밤나무 뿌리혹병, 밤나무 눈마름병 등이 있다.

**정답** 24. ③  25. ①  26. ①  27. ②  28. ④  29. ③  30. ②

**31** 녹병의 기주교대 식물로 올바르게 짝지어진 것은?

① 소나무와 향나무
② 소나무와 송이풀
③ 잣나무와 배나무
④ 일본잎갈나무와 포플러류

**32** 소나무 재선충병에 대한 설명으로 옳지 않은 것은?

① 매개충은 솔수염하늘소이다.
② 감염된 수목은 빠르면 수주 내에 고사한다.
③ 매개충이 소나무류의 수목을 식해할 때 침입한다.
④ 우리나라에서 소나무재선충에 의한 피해는 부산의 금정산에서 처음 발견되었다.

**해설** 🌱
**소나무재선충**
- 매개충은 해송수염수레하늘소, 솔수염하늘소, 북방수염하늘소과에 속하는 여러종류의 하늘소 등이다.
- 하늘소가 소나무를 가해할 때 목질부로 들어가 증식되어 수분의 통도작용을 저해한다.
- 살충제인 수미티온을 뿌려 매개충을 구제한다.

**33** 밤바구미에 관한 설명으로 옳지 않은 것은?

① 경제적 피해 수종은 주로 밤나무이다.
② 땅속에서 유충의 형태로 월동한 후 번데기가 된다.
③ 밤껍질 밖으로 배설물을 방출하므로 쉽게 알 수 있다.
④ 유충이 밤이나 도토리의 과육을 식해하여 피해를 준다.

**해설** 🌱 **밤바구미**
- 밤의 주요 해충의 하나이며 1년 1회 발생한다.
- 7~8월에 출현하며, 밤이 익을 때 유충도 성숙하여 땅에 떨어져 땅속에서 월동한다. 다음 해 7월경에 용화한다.
- 디프테렉스 4% 분제를 8월 하순부터 2~3회 수간에 살포하여 방제한다.

- 밤을 수확하여 1kg당 $CS_2$(이황화탄소) 18ml로 훈증하면 살충효과가 크다.

**34** 수목의 자연개구부를 통해 감염하는 병원균은?

① 낙엽송 끝마름병균
② 소나무 잎떨림병균
③ 오동나무 빗자루병
④ 밤나무 줄기마름병균

**해설** 🌱
**소나무 잎떨림병**
- 7~8월에 발병하며 묘목과 성목에 모두 피해를 준다.
- 4~5월경에 피해가 급진적이며, 9월경에는 녹색침엽이 없을 정도로 누렇게 변한다.
- 병든 잎에서 자낭포자의 형태로 월동한다.
- 5월 하순에 4-4식 보르도액이나 캡탄제를 살포하여 방제한다.
- 조림지에 하목으로 낙엽수를 식재하면 피해를 줄일 수 있다.

**35** 모잘록병 방제를 위한 설명으로 옳지 않은 것은?

① 질소질 비료를 많이 준다.
② 병든 묘목은 발견 즉시 뽑아 태운다.
③ 병이 심한 묘포지는 돌려짓기를 한다.
④ 묘상이 과습하지 않도록 배수와 통풍에 주의한다.

**해설** 🌱
**모잘록병의 방제**
- 묘상이 과습하지 않도록 배수와 통풍에 주의하며, 햇볕이 잘 들도록 한다.
- 채종량을 적게 하고, 너무 두껍지 않도록 복토한다.
- 질소질 비료를 과용하지 말고, 인산질비료를 충분히 주어 묘목을 튼튼히 길러야 한다.

**36** 약제 살포 시 천적에 대한 피해가 가장 적은 살충제는?

① 훈증제
② 접촉제
③ 소화 중독제
④ 침투성 살충제

**정답** 31. ④  32. 정답없음  33. ③  34. ②  35. ①  36. ④

**37** 서로 다른 환경유형이 인접한 공간으로, 인접한 양쪽 환경유형을 다른 목적으로 이용하는 동물들에게 중요한 미세서식지로 제공되는 공간은?

① 피난처　　② 임연부
③ 세력권　　④ 행동권

**38** 흰가루병에 걸린 병환부 위에 가을철에 나타나는 표징으로 흑색의 알갱이가 보이는데, 이것은 무엇인가?

① 포자각　　② 자낭구
③ 병자각　　④ 분생자병

> **해설**
> 자낭각은 자낭각의 각이 공과 같이 완전히 막혀 있는 것을 말하며, 흰가루병균목에 속하는 곰팡이는 자낭구를 형성한다.

**39** 어린 유충은 초본의 줄기 속을 식해하지만 성장한 후 나무로 이동하여 수피와 목질부를 가해하는 해충은?

① 솔나방　　② 매미나방
③ 박쥐나방　　④ 미국흰불나방

> **해설**
> **박쥐나방**
> • 버드나무, 미류나무, 단풍나무, 플라타너스나무, 밤나무, 참나무, 아카시나무, 오동나무 등을 가해하며, 1년에 1회 발생한다.
> • 알 형태로 월동한다.
> • 방제는 알락박쥐나방과 같다.
> • 수목의 지제 부위(땅의 표면 위에 올라온 부위)를 가해한다.
> • 나무의 수피와 목질부 표면을 환상으로 식해하며 거미줄을 토하여 식해 부위를 철해 놓는다.

**40** 7월 하순 이후 참나무류의 종실이 달린 가지가 땅에 많이 떨어져 있다면 이것은 어떤 해충의 피해인가?

① 왕거위벌레
② 도토리바구미
③ 밤나무재주나방
④ 도토리거위벌레

---
### 제3과목 : 임업경영학
---

**41** 유동 자본재에 속하는 것은?

① 임도　　② 기계
③ 묘목　　④ 저목장

> **해설**
> **유동자본재**
> • 조림비 : 종자, 묘목, 비료, 정지·식재·풀베기 등의 비용
> • 관리비 : 감독자의 급료, 사업소의 사무비, 수선비, 공과잡비 등의 비용
> • 사업비 : 벌목, 운반, 제재 등에 요하는 임금 및 소모품비 등

**42** 투자 효율측정 중에서 현재가가 0보다 크면 투자할 가치가 있는 것으로 평가하는 것은?

① 회수기간법　　② 수익비용률법
③ 투자이익률법　　④ 순현재가치법

> **해설**
> **순현재가치법(시간가치 고려함)**
> 미래에 발생할 모든 현금흐름을 적절한 할인율로 할인하여 현재가치로 나타내며 장기투자를 결정하는 방법으로, 현금유입의 현재가에서 현금유출의 현재가를 뺀 것을 순현재가(NPW)라고 한다. 현재가가 0보다 큰 투자안을 투자할 가치가 있는 것으로 평가한다.

**43** 임지기망가 적용상의 문제점에 대한 설명으로 틀린 것은?

① 플러스의 값만 발생되어 실제와 맞지 않는다.
② 수익과 비용인자는 평가시점에 따라 가변적이다.

---
정답　37. ②　38. ②　39. ③　40. ④　41. ③　42. ④　43. ①

③ 동일한 작업을 영구히 계속하는 것은 비현실적이다.
④ 임업이율의 대소가 임지기망가에 미치는 영향이 크다.

**해설** 임지기망가는 실제 적용 시 마이너스 값이 나올 수도 있으므로 문제점이 발생할 수 있다.

**44** 산림경영의 지도원칙에 대한 설명으로 옳지 않은 것은?
① 수익성 원칙은 최대의 이익 또는 이윤을 얻을 수 있도록 하는 것이다.
② 합자연성 원칙은 산림수확을 연년 균등하게 영구히 존속할 수 있도록 하는 것이다.
③ 경제성 원칙은 합목적성의 원칙이라고도 하며 수익성 실현의 전제로 간주 될 수 있다.
④ 생산성 원칙은 벌기평균재적생장량이 최대가 되는 벌기령을 택함으로써 실현될 수 있다.

**해설** 합자연성 원칙
- 산림은 농업에 비하여 자연의 힘에 크게 지배되므로 자연법칙을 존중하여 산림을 경영하자는 것으로, 산림생산에 있어 전제적으로 받아들여야 할 원칙이다.
- 수익성, 공공성, 보속성의 원칙을 달성하기 위한 수단적이고 기초적인 지도원칙이다.

**45** 임목의 평균생장량이 최대가 될 때를 벌기령으로 정한 것은?
① 재적수확최대의 벌기령
② 화폐수익 최대의 벌기령
③ 토지순수익 최대의 벌기령
④ 산림순수익 최대의 벌기령

**해설** 재적수확최대의 벌기령
- 단위면적당 매년 평균적으로 수확되는 목재생산량이 최대가 되는 연령을 벌기령으로 정하는 것으로, 벌기평균생장량이 최대인 때를 벌기령으로 정하는 방법이다.
- 우리나라는 목재의 절대량이 부족하므로 임지에서 평균적으로 가장 많은 목재를 생산하는 재적수확최대의 벌기령이 적용되고 있다.

**46** 임분밀도를 나타내는 척도로 옳지 않은 것은?
① 재적   ② 입목도
③ 지위지수   ④ 상대공간지수

**해설** 지위지수
- 어떤 나무에 있어서 몇 년 생일 때에는 나무의 높이가 몇 m에 달할 수 있다는 식으로 임지의 생산능력을 구체적인 숫자로 나타낸 것이다.
- 지위지수 분류곡선에 의한 방법, 지위지수 분류표에 의한 방법 등으로 산정한다.

**47** 면적당 임목의 현존량 측정 시 가장 먼저 할 일은?
① 조사목 선정
② 조사구역 설정
③ 조사목의 중량측정
④ 임분의 현존량 추정

**48** 산림휴양림의 조성 및 관리에 대한 설명으로 옳지 않은 것은?
① 방풍 및 방음형으로 관리할 수 있다.
② 공간이용지역과 자연유지지역으로 구분한다.
③ 관리목표는 다양한 휴양기능을 발휘할 수 있는 특색있는 산림조성이다.
④ 법령에 의한 자연휴양림 및 휴양기능 증진을 위해 관리가 필요한 산림을 대상으로 한다.

**49** 취득원가가 40만 원, 폐기 시 잔존가치가 4만 원인 체인톱의 총사용가능시간은 8만 시간, 실제 작업시간이 4천 시간일 때 작업시간 비례법으로 계산한 시간당 총 감가상각비는?
① 14,000원   ② 16,000원
③ 18,000원   ④ 20,000원

**정답** 44.② 45.① 46.③ 47.② 48.① 49.③

해설 ⓘ 작업시간비례법

=(취득원가−잔존가치)×$\frac{각\ 연도의\ 작업시간수}{자산존속\ 기간\ 중\ 총작업시간수}$

=(400,000−40,000)×$\frac{4,000}{80,000}$ = 18,000원

**50** 산림경영계획 수립을 위한 임상조사에서 입목지를 활엽수림으로 구분하는 기준은?

① 활엽수가 60% 이상인 임분
② 활엽수가 65% 이상인 임분
③ 활엽수가 70% 이상인 임분
④ 활엽수가 75% 이상인 임분

해설 ⓘ 임상
- 무입목지: 임목도가 30% 이하인 임분
- 입목지
  − 침엽수림: 침엽수가 75% 이상 점유
  − 활엽수림: 활엽수가 75% 이상 점유
  − 혼효림: 침엽수 또는 활엽수가 26~75% 미만 점유하고 있는 임분

**51** 임업조수익 구성요소에 해당하는 것은?

① 감가상각액
② 임업현금지출
③ 미처분임산물증감액
④ 임업생산자재 재고 감소액

해설 ⓘ
임업조수익=산림현금수입+임산물가계소비액+미처분임산물증감액+산림생산자재 재고 증감액+임목성장액

**52** 손익분기점의 분석을 위한 가정에 대한 설명으로 옳지 않은 것은?

① 제품 한 단위당 변동비는 항상 일정하다.
② 총비용은 고정비와 변동비로 구분할 수 있다.
③ 제품의 판매가격은 판매량이 변동되어도 변화되지 않는다.
④ 생산량과 판매량은 항상 다르며 생산과 판매에 보완성이 있다.

해설 ⓘ
생산량과 판매량은 항상 같으며 생산과 판매에 동시성이 있다.

**53** 유형고정자산의 감가 중에서 기능적 감가원인에 해당되지 않는 것은?

① 부적응에 의한 감가
② 진부화에 의한 감가
③ 경제적 요인에 의한 감가
④ 마찰 및 부식에 의한 감가

**54** 다음과 같은 조건을 가진 통나무의 재적을 Huber식에 의해 계산하면 얼마인가? (단, 소수 넷째자리에서 반올림할 것)

〈조건〉
재장 : 5m     원구 직경 : 23cm
중앙 직경 : 20cm     말구 직경 : 18cm

① 0.084$m^3$
② 0.157$m^3$
③ 0.160$m^3$
④ 0.251$m^3$

해설 ⓘ
0.785×0.2²×5=0.157$m^3$

**55** 산림경영계획수립을 위한 지황조사 표기 내용으로 틀린 것은?

① 지리 6급지−601~700m
② 토심 중−유효토심 30~60cm
③ 급경사지(급)−경사도 20~25도 미만
④ 소밀도 중−수관밀도가 41~70%인 임분

해설 ⓘ 급지
- 1급지: 100m 이하
- 2급지: 101~200m 이하
- 3급지: 201~300m 이하
- 4급지: 301~400m 이하
- 5급지: 401~500m 이하
- 6급지: 501~600m 이하
- 7급지: 601~700m 이하
- 8급지: 701~800m 이하
- 9급지: 801~900m 이하
- 10급지: 901m 이상

정답 50.④  51.③  52.④  53.④  54.②  55.①

**56** 흉고형수에 대한 설명으로 옳은 것은?
① 지위가 양호할수록 형수가 크다.
② 흉고직경이 작아질수록 형수가 작다.
③ 수고가 작은 나무일수록 형수가 작다.
④ 지하고가 높고 수관의 양이 적은 나무가 형수가 크다.

**해설** 흉고형수
- 원주의 체적과 수간재적의 비(수간재적/원주체적)를 말한다.
- 우리나라에서는 0.45를 사용한다.
- 수고가 높아질수록, 직경이 커질수록 작아지는 경향이 있다.
- 지위가 양호할수록 형수가 작다.
- 수관밀도가 빽빽할수록 형수가 크다.

**57** 현산림축적이 1000m³이고 생장률이 연 3%일 때 10년 후 산림축적을 단리법 계산에 의해 구하면 얼마인가?
① 1,270m³      ② 1,300m³
③ 1,344m³      ④ 1,453m³

**해설**
N=V(1+nP)=1000[1+(10×0.03)]=1,300m³

**58** 소나무 임분의 평균생장량이 5m³, ha당 현실축적과 법정축적이 각각 85m³, 120m³이다. 조정계수가 0.7이고, 갱정기가 20년이라고 할 때 후버식으로 ha당 표준벌채량은?
① 1.75m³      ② 2.45m³
③ 3.50m³      ④ 5.25m³

**해설**
$(5 \times 0.7) + \dfrac{85-120}{20} = 1.75m^3$
※ 후버식이 아니라 카메랄탁세법이다.

**59** 임지기망가의 최대치에 영향을 미치는 주요 인자가 아닌 것은?
① 이율              ② 운반비
③ 주벌 및 간벌수확  ④ 조림비 및 관리비

**해설** 임지기망가의 최대치
임지기망가가 최대치에 도달하는 시기는 식의 구성인자의 크기에 따라 다르다.
- 주벌수확 : 주벌수확의 증가속도가 빠를수록 최대치가 빨리온다. 따라서 지위가 양호한 임지일수록 최대시기가 빨리 나타나서 벌기가 짧아진다.
- 간벌수확 : 간벌수확이 많을수록 최대시기가 빠르다.
- 간벌수확의 시기 : 간벌수확의 시기가 빠를수록 최대시기도 빠르다.
- 조림비 : 조림비가 많을수록 최대시기가 늦어진다.
- 관리비 : 최대시기와는 관련이 없다.
- 채취비 : 임지기망가식에는 나타나 있지 않지만 시장가격에서 채취비를 뺀 것이 주벌수확에 해당하므로 채취비가 많을수록 최대시기가 늦어진다.
- 이율 : 이율이 높을수록 최대시기가 빨라진다.

**60** 자연휴양림의 수림공간 형성 특성 중 레크리에이션 활동공간으로써 자유도가 가장 높은 구역은?
① 열개림형      ② 소생림형
③ 산개림형      ④ 밀생림형

**해설** 휴양림의 수림공간형성의 기본형 특성

| 구분 | 산개림 | 소생림 | 밀생림 |
|---|---|---|---|
| 수림피도 (교목, 중목층) | 10~30% | 40~60% | 70~100% |
| 임상 (초목층) | 지피식생 | 억새, 조릿대, 야초 | 상대적으로 적음 |
| 관목 (저목층) | 낮은 가지치기 | 선택적 도입, 보전 | 주로 내음성 수종 |
| 레크리에이션 이용 밀도 | 높음 | 중간 | 낮음 |
| 레크리에이션 활동 자유도 | 높음 | 중간 | 낮음 |
| 공간적 기능 | 체류, 휴식 | 이동 및 산책 | 차폐 및 보전 |
| 보유 관리 | 지피정리, 시비 및 관수 | 낮은 가지치기, 간벌, 낙엽 채취 및 환원 | 자연상태에 의존 |
| 주요 수종 | 활엽수, 침엽수 | 낙엽활엽수 | 침엽, 활엽수 |

## 제4과목 : 산림공학

**61** 다음은 임도설계 업무요소를 나타낸 것이다. 순서에 알맞게 나열한 것은?

> A : 답사, B : 설계서 작성, C : 예비조사,
> D : 예측, E : 공사 수량 산출, F : 실측,
> G : 설계도 작성

① C → A → F → E → D → G → B
② C → A → F → D → E → G → B
③ C → A → D → G → F → E → B
④ C → A → D → F → G → E → B

**해설** 임도의 설계 순서
예비조사 → 답사 → 예측 → 실측 → 설계도 작성 → 공사량산출 → 설계서 작성

**62** 아래 그림에서 각 불도저의 명칭이 바르게 나열된 것은?

① A : 스트레이트도저, B : 앵글도저, C : 버킷도저
② A : 버킷도저, B : 앵글도저, C : 스트레이트도저
③ A : 스트레이트도저, B : 버킷도저, C : 트리도저
④ A : 스트레이트도저, B : 레이크도저, C : 트리도저

**63** 임도설치 시 다져진 사질토 지반의 절취토에서 5m 이하 높이에 적용하는 표준 비탈기울기로 옳은 것은?

① 1:0.4~0.6
② 1:0.6~0.8
③ 1:0.8~1.0
④ 1:1.0~1.2

**64** 산림 토목공사용 기계로 옳지 않은 것은?

① 식혈기
② 전압기
③ 착암기
④ 정지기

**해설** 식혈기
조림작업을 할 때 조림목을 심을 구덩이를 파는 기계로서, 소형 공랭식 2사이클 가솔린 엔진을 사용한다.

**65** 임도 규정상 임도의 횡단면도를 설계할 때 사용하는 축척으로 옳은 것은?

① 1:50
② 1:100
③ 1:200
④ 1:1000

**66** 체인톱 작업 중 체인이 끊어지거나 안내판에서 벗겨질 경우 작동하는 안전장치로 옳은 것은?

① 핸드가드
② 체인잡이
③ 체인브레이크
④ 안전스로틀레버

**해설** 체인잡이(체인캐처)
벌목작업 시 체인톱의 장력이 너무 세거나 체인톱과 임목의 마찰력이 너무 크게 발생하면 체인이 끊어지게 되는데, 이때 체인을 잡아주는 장치이다.

**67** 임도의 합성물매는 15%로 설정하고, 외쪽물매를 5%로 적용한다면 종단물매는 약 몇 %로 이하가 적당한가?

① 8%
② 10%
③ 12%
④ 14%

**해설**
합성물매 = $\sqrt{종단물매^2 + 횡단물매^2}$
$15 = \sqrt{5^2 + x^2}$
∴ $x ≒ 14\%$

정답  61.④  62.①  63.③  64.①  65.②  66.②  67.④

**68** 체인톱을 이용한 작업 시 엔진이 돌지 않는 현상이 발생할 때 예상되는 원인으로 옳지 않은 것은?

① 에어필터가 더럽혀져 있다.
② 연료 내 오일 혼합량이 적다.
③ 기화기의 조절이 잘못되어 있다.
④ 점화코일과 단류장치에 결함이 있다.

**해설**
체인톱 오일 혼합 시 휘발유와 오일은 25:1로 하여야 한다.

**69** 임도에서 노면과 차량의 마찰계수가 0.15, 노면의 횡단물매는 5%, 설계속도가 20km/h일대의 곡선반지름은?

① 약 4m   ② 약 8m
③ 약 16m  ④ 약 20m

**해설**
최소곡선반지름 = $\dfrac{20^2}{127(0.15+0.05)}$ = 15.74m

**70** 1/50000 지형도상에서 면적이 40cm²일 때 실제 면적으로 옳은 것은?

① 0.1km²   ② 1km²
③ 10km²    ④ 100km²

**71** 콘크리트 포장 시공에서 보조기층의 기능으로 옳지 않은 것은?

① 노상의 지지력이 증대한다.
② 동상의 영향을 최소화 한다.
③ 노상이나 차단층의 손상을 방지한다.
④ 줄눈, 균열, 슬래브 단부에서 펌핑현상이 증대된다.

**해설** 보조기층
• 입상재료 또는 토사 안정처리 등으로 구성되어 상부층에서 전달된 교통하중을 지지하며, 노상으로 더 넓게 분포시켜 노상강도가 이하가 되도록 한다.
• 포장층 내 배수기능을 담당한다.
• 펌핑현상은 보조기층이나 노상의 흙이 우수의 침입과 교통하중의 반복에 의해 이토화되면서 줄눈이나 균열에서 노면으로 뿜어나오는 현상이다.

**72** 임도망계획에서 임도망 특성지표에 관한 설명으로 옳지 않은 것은?

① 임도간격은 m로서 나타내는 임도간의 평균거리이다.
② 임도밀도는 ha당의 m로서 표시되는 단위면적당의 평균도로 길이이다.
③ 개발률은 개발된 부분의 전산림면적 혹은 전시업면적에 대한 비율(%)로서 표시한다.
④ 평균집재거리는 산림 내의 각각의 산지집재장에서부터 임도상의 집재장까지의 실제거리의 합계이다.

**73** 임도의 유지관리를 위한 설명으로 옳은 것은?

① 빗물받이는 주로 절토 비탈면위에 설치한다.
② 옆도랑에 쌓인 토사는 답압하여 길어깨로 사용한다.
③ 평시에 유량이 많은 지역에는 세월시설을 설치하여 관리한다.
④ 종단물매와 절취면의 토질에 따라 50~200m간격으로 횡단배수구를 설치한다.

**74** 종단면도에 기록되는 사항 중 옳지 않은 것은?

① 측점
② 단면적
③ 성토고
④ 누가거리

**해설**
단면적은 횡단면도에 포함되는 내용이다.

정답 68.② 69.③ 70.③ 71.④ 72.④ 73.④ 74.②

**75** 임도설치 및 관리 등에 관한 규정에서 정의된 임도의 종류로서 옳지 않은 것은?

① 사유임도  ② 국유임도
③ 공설임도  ④ 테마임도

**76** 지형지수 산출인자로 옳지 않은 것은?

① 식생  ② 곡밀도
③ 기복량  ④ 산복경사

**77** 임도시공 시 흙쌓기 공사에서 보통 토양의 수축 내지 침하량을 고려한 성토 높이가 3m 이하일 때 더쌓기는 높이의 몇 %가 가장 적절한가?

① 5%  ② 7%
③ 8%  ④ 10%

**해설** 흙쌓기와 더쌓기의 높이

| 흙쌓기의 높이(m) | 더쌓기의 높이(%) | 흙쌓기의 높이(m) | 더쌓기의 높이(%) |
|---|---|---|---|
| 3까지 | 높이의 10 | 9~12까지 | 높이의 6 |
| 3~6까지 | 높이의 8 | 12 이상 | 높이의 6 |
| 6~9까지 | 높이의 7 | | |

**78** 최적임도밀도 산출방법으로 옳지 않은 것은?

① 여러 개의 임도망 대안을 비교하여 최적안 선정
② 임도유지비 또는 임지손실비를 포함하여 선정
③ 목재생산을 위한 시설로 집재비만을 고려하여 산정
④ 집재소요비용과 임도개설비용의 합을 최소화하여 산정

**해설** 임도망은 경제적, 사회적, 기술적인 요인을 고려하여 산정해야 한다. 특정 지표만을 기준으로 하여 산정하면 여러 가지 문제점이 발생할 수 있다.

**79** 임도 실시 설계 시 수행하는 측량작업으로 옳지 않은 것은?

① 면적 측량  ② 종단 측량
③ 횡단 측량  ④ 중심선 측량

**80** 트래버스 측량에서 폐합다각형을 편각법으로 측정할 때, 편각의 총합은?

① 180°  ② 270°
③ 360°  ④ 540°

---

### 제5과목 : 사방공학

**81** 우리나라에서 녹화용으로 식재되고 있는 주요 사방조림 수종과 거리가 먼 것은?

① 잣나무
② 아까시나무
③ 산오리나무
④ 리기다소나무

**해설** 우리나라 주요 사방수종

리기다소나무, 해송, 물오리나무, 아까시나무, 산오리나무, 회양목, 병꽃나무, 싸리류, 졸참나무, 눈향나무 등이 있다.

**82** 정사울타리를 설치할 때 표준높이로 옳은 것은?

① 0.5~0.7m
② 1.0~1.2m
③ 2.0~2.2m
④ 2.5~2.7m

**해설** 정사울세우기

- 주로 전사구의 육지 쪽에 후방 모래를 고정하여 그 표면에 전면적인 모래의 안정을 도모하고 식재목이 잘 생육할 수 있도록 환경을 조성할 목적으로 모래덮기와 사초심기를 병행하여 시공한다.
- 시공효과를 가장 크게 하기 위해서는 정사각형이나 직사각형으로 구획한다.

---

**정답** 75.① 76.① 77.④ 78.③ 79.① 80.③ 81.① 82.②

- 섶세우기, 짚세우기, 갈대세우기공법 등이 있다.
- 높이는 1.0~1.2m가 표준이며, 모래에 20cm 정도 묻어야 한다.
- 구획의 크기는 한 변의 길이가 7~15m인 정사각형이나 직사각형으로 하는 것이 일반적이다.
- 정사울타리설치 후 내부에 ha당 10,000본을 식재한다.

**83** 암석산지나 노출된 암벽의 녹화용공법(새집공법)으로 주로 사용되는 수종이 아닌 것은?
① 회양목 ② 개나리
③ 버드나무 ④ 노간주나무

**84** 계간사방공사의 시공목적으로 옳지 않은 것은?
① 유송토사 억제 및 조정
② 계류의 수질정화와 산사태 대비
③ 산각의 고정과 산복의 붕괴방지
④ 계상물매를 완화하여 계류의 침식방지

**85** 해안사방 조림용으로 일반적으로 사용되지 않는 수종은?
① 사시나무 ② 자귀나무
③ 느티나무 ④ 아까시나무

해설 **해안사방 조림용 수종**
곰솔, 소나무, 섬향나무, 노간주나무, 사시나무, 떡갈나무, 해당화, 아까시나무, 보리수나무, 자귀나무, 보리장나무, 싸리, 순비기나무, 팽나무 등

**86** 휴양활동에서 발생되는 답압은 임지에 대한 피해를 준다. 답압으로 인한 임지피해에 대한 설명으로 옳지 않은 것은?
① 답압이 지속되면 토양의 낙엽층이 손실된다.
② 답압은 휴양활동이 많은 곳에서 많이 발생한다.
③ 답압을 통해 많은 공극이 제거되고 토양입자가 서로 완화되어 토양유실의 원인이 된다.
④ 답압된 토양 속으로는 물이 침투가 어려워 유거수가 증가하여 표면침식이 증가한다.

해설 답압은 토양유실을 막아 준다.

**87** 수제의 간격은 일반적으로 수제 길이의 몇 배로 하는가?
① 0.25~0.50 ② 0.50~1.25
③ 1.25~4.50 ④ 4.50~8.25

해설 **수제**
- 계류의 유속과 흐름 방향을 변경시켜 계안의 침식과 기슭막이 공작물의 세굴을 방지하기 위해 둑이나 계안으로부터 돌출하여 설치하는 계간 사방공작물이다.
- 수제의 간격은 수제 길이의 1.5~2.0배가 적당하다.
- 수제의 길이는 가능한 짧은 것을 많이 설치하는 것이 효과적이고, 계폭의 10% 이내가 적당하다.
- 수제의 높이는 유수의 저항, 전석, 하상의 변화 및 높이, 수제 근부의 높이 등을 고려하여 결정한다.

**88** 자연산지비탈면의 붕괴현상에 관한 설명으로 옳지 않은 것은?
① 토층 속에 앞면이 소량 혼합된 경우 주로 발생한다.
② 풍화토층과 하부기반의 경계가 명확할수록 많이 발생한다.
③ 화강암계통에서 풍화된 사질토와 역질토에서 많이 발생한다.
④ 풍화토층에 점토가 결핍되면 응집력이 약화되어 많이 발생한다.

**89** 콘크리트를 비빌 때 첨가하는 재료로 시멘트를 절약하고 콘크리트의 성질을 개선하는 것으로 사용량이 비교적 많은 것은 무엇인가?
① 석고
② 혼화재
③ 탄산나트륨
④ 경화촉진재

정답 83.③ 84.② 85.③ 86.③ 87.③ 88.① 89.②

**해설**
**혼화재의 종류**
- 포졸란 : 콘크리트의 수밀성, 내구성, 강도 등을 높이고 수화열을 저하시킨다. 응결경화는 느리지만 장기 강도는 증가한다.
- 플라이애쉬 : 혼합량이 증가하면 응결시간이 길어져서 조기 강도는 낮으나 수화열이 감소되므로 장기 강도와 수밀성이 커지며, 단위수량도 줄일 수 있다.

**90** 다음 중 침식의 성질이 다른 것은?
① 가속침식 ② 자연침식
③ 정상침식 ④ 지질학적침식

**해설**
가속침식은 자연침식, 지질침식, 정상침식과 달리 인간의 활동인 토지 이용의 결과로 비, 바람의 작용을 직접 받게 되어 침식이 급속히 진행되는 것을 말한다.

**91** 계간 사방의 공법으로 짝지어진 것은?
① 흙막이, 바닥막이
② 기슭막이, 누구막이
③ 누구막이, 흙막이
④ 바닥막이, 기슭막이

**92** 유역면적이 30ha이고 최대 시우량이 60mm/h인 유역을 대상으로 시우량법에 의한 최대홍수량($m^3/s$)은? (단, 유거계수는 0.8이다.)
① 0.4 ② 1.4
③ 2.0 ④ 4.0

**해설**
$0.002778 \times 60 \times 30 \times 0.8 = 4.0 m^3/s$

**93** 땅깎이 비탈면의 안정과 녹화를 위한 적용공법에 관한 설명으로 옳지 않은 것은?
① 경암 비탈면은 풍화·낙석 우려가 많으므로 부분 객토 식생공법이 적절하다.
② 점질성비탈면은 표면침식에 약하고 동상·붕락이 많으므로 떼붙이기공법이 적절하다.
③ 자갈이 많은 비탈면은 모래가 유실 후 요철면이 생기기 쉬우므로 떼붙이기보다 분사파종공법이 좋다.
④ 모래층 비탈면은 절토공사 직후에는 단단한 편이나 건조해지면 붕락되기 쉬우므로 전면적 객토를 요한다.

**해설**
경암 비탈면은 풍화낙석위험이 적으므로 암반원형을 노출시키거나 낙석저지책 또는 낙석방지망 덮기로 시공 후 덩굴식물로 피복한다.

**94** 황폐계천 사방공작물 중 토사퇴적구역에 주로 시공하는 것은?
① 사방댐 ② 식생공법
③ 모래막이 ④ 바자얽기

**해설**
모래막이는 유출 토사량이 많은 상류지역이나 호우 등에 따른 과도한 토사유출에 의한 재해예방의 목적으로 유로의 일부를 확대하여 토사류를 저류하기 위해 설치한다.

**95** 해안사방의 기본공종 중에서 사구(모래언덕) 조성을 위한 공법으로 옳지 않은 것은?
① 파도막이 ② 모래덮기공법
③ 퇴사울타리공법 ④ 정사울세우기공법

**해설 정사울세우기**
- 주로 전사구의 육지 쪽에 후방 모래를 고정하여 그 표면에 전면적인 모래의 안정을 도모하고 식재목이 잘 생육할 수 있도록 환경을 조성할 목적으로 모래덮기와 사초심기를 병행하여 시공한다.
- 시공효과를 가장 크게 하기 위해서는 정사각형이나 직사각형으로 구획한다.
- 섶세우기, 짚세우기, 갈대세우기공법 등이 있다.
- 높이는 1.0~1.2m가 표준이며, 모래에 20cm 정도 묻어야 한다.
- 구획의 크기는 한 변의 길이가 7~15m인 정사각형이나 직사각형으로 하는 것이 일반적이다.
- 정사울타리설치 후 내부에 ha당 10,000본을 식재한다.

**정답** 90.① 91.④ 92.④ 93.① 94.③ 95.④

**96** 산사태와 비교하였을 때 땅밀림에 대한 설명으로 옳지 않은 것은?

① 이동속도가 빠르다.
② 지하수의 영향이 있다.
③ 완경사면에서 주로 발생한다.
④ 주로 점성토가 미끄럼면으로 활동한다.

> 해설 ● 산사태와 산붕, 땅밀림의 특징

| 구분 | 산사태 및 산붕 | 땅밀림 |
|---|---|---|
| 지질 | 관계가 적음 | 특정 지질·지질구조에서 많이 발생 |
| 토질 | 사질토 | 점성토가 미끄러운 면 |
| 지형 | 20도 이상의 급경사지 | 5~20도의 완경사지 |
| 활동상황 | 돌발성 | 계속성, 지속성 |
| 이동속도 | 굉장히 빠름 | 느림 (0.01~10mm/일) |
| 흙덩이 | 토괴 교란 | 원형 보전 |
| 유인 | 강우·강우강도 | 지하수 |
| 규모 | 작음 | 큼(1~100ha) |
| 징조 | 돌발적으로 발생 | 발생 전 균열, 함몰, 융기, 지하수의 변동 등이 발생 |

**97** 다음 중 비탈면녹화공법에 해당하지 않는 것은?

① 조공  ② 사초심기
③ 비탈덮기  ④ 선떼붙이기

> 해설 ●
> 사초심기는 해안사방공법이다.

**98** 침식이 심하고 경사가 급하며 상수(常水)가 있는 산비탈의 수로에 적합한 공법은?

① 바자수로
② 돌붙임수로
③ 메쌓기수로
④ 떼붙임수로

**99** 유수의 교란성에 의한 상향하는 속도 성분에 의하여 유로 단면상에서 운반되는 토사로 옳은 것은?

① 소류사
② 전동사
③ 도동사
④ 부유사

> 해설 ●
> 부유사는 하천 또는 해안에서 물의 흐름이나 파랑에 의하여 저면으로부터 부상하여 수중에서 이동되는 토사이다.

**100** 사방사업 대상지로 옳지 않은 것은?

① 임도가 미개설되어 접근이 어려운 지역
② 산불 등으로 산지의 피복이 훼손된 지역
③ 황폐가 예상되는 산지와 계천으로서 복구 공사가 필요한 지역
④ 해일 및 풍랑 등 재해예방을 위해 해안림 조성이 필요한 지역

정답  96.①  97.②  98.②  99.④  100.①

# 국가기술자격 필기시험문제

| 2015년 제1회 필기시험 | | | | 수험번호 | 성명 |
|---|---|---|---|---|---|
| 자격종목 및 등급(선택분야)<br>**산림기사** | 종목코드<br>1564 | 시험시간<br>2시간 30분 | 형별<br>A | | |

## 제1과목 : 조림학

**1** 우리나라 소나무의 형질개량을 위해 주로 사용된 육종방법은?

① 교잡육종법　② 도입육종법
③ 조직배양법　④ 선발육종법

**해설** 선발육종법
야생종이나 재래 품종에서 실용적으로 가치 있는 형질을 가려내어 유전적으로 고정하여 경제적 가치가 있는 새 품종을 만들어 내는 품종 개량법이다.

**2** 다음 조건에서 1m²당 파종량은?

- 실제 파종하여야 할 상면적 10m²
- 가을에 m²당 남겨질 소나무 1년생 묘목의 수 1000본
- 1g당의 종자의 평균입수 100립
- 순량율 90%, 발아율 90%, 득묘율 20%

① 약 42g　② 약 52g
③ 약 62g　④ 약 72g

**해설**
$$\frac{1000}{0.9 \times 0.9 \times 0.2 \times 100} = 61.72g$$

**3** 다음 중 내음성이 강한 수종은?

① Pinus koraiensis Siebold & Zucc
② Prunus yedoensis Matsum
③ Chamaecypar is obtusa Endl
④ Cephalotaxus koreana Nakai

**해설**
① 잣나무, ② 왕벚나무, ③ 편백나무, ④ 개비자나무

- 극음수 : 나한백, 사철나무, 굴거리나무, 회양목, 주목, 개비자나무
- 음수 : 전나무, 가문비나무, 솔송나무, 너도밤나무, 서어나무류, 함박꽃나무, 칠엽수, 녹나무, 단풍나무류

**4** 토양층위를 0, A, B, C, R층으로 구분했을 때 빗물이 아래로 침전하면서 부식질, 점토, 철분, 알루미늄 성분 등을 용탈하여 내려가다가 집적해 놓은 토양층은?

① O층　② A층
③ B층　④ C층

**해설** B층
A층으로부터 용탈된 물질이 쌓인층으로, 집적층이라고도 한다.

**5** 종자를 구성하고 있는 배가 미성숙배라서 후숙이 필요한 수종은?

① 소나무　② 잣나무
③ 사시나무　④ 은행나무

**해설**
주목, 향나무, 들메나무, 은행나무는 종자가 미성숙이므로 후숙과정을 거치지 않으면 발아하지 않는다.

**6** 다음 보기 수종의 종자를 건조할 때 주로 사용하는 방법은?

〈보기〉
Chamaecypar is pisifera Endl
Populus deltoides March

① 인공건조법　② 양광건조법
③ 반음건조법　④ 자연건조법

**정답** 1.④　2.③　3.④　4.③　5.④　6.③

해설
Chamaecypar is pisifera Endl(측백나무)
Populus deltoides March(미루나무)
• 반음 건조법 : 햇볕에 약한 종자를 통풍이 잘되는 옥내에 얇게 펴서 건조하는 방법이다. 오리나무류, 포플러류, 편백, 밤나무, 참나무류, 측백나무, 미루나무 등에 적합하다.

**7** 다음 무기영양소 중 수목 내 이동이 상대적으로 어려운 원소는?

① 황, 철
② 칼륨, 구리
③ 칼슘, 붕소
④ 질소, 마그네슘

해설
• 이동이 어려운 원소 : 칼슘, 붕소, 철
• 이동이 쉬운 원소 : 질소, 인, 칼륨, 마그네슘

**8** 시비량 산출공식($M = \frac{A-B}{C}$) 중 C의 내용은?

① 비료의 흡수율
② 비료의 성분비
③ 비료 요소의 천연 공급량
④ 묘목이 필요로 하는 비료의 요소량

해설
시비량 = $\frac{비료요소흡수량-천연공급량}{비료요소의 흡수율} \times 100$

**9** 개별작업의 장점에 대한 설명으로 옳지 않은 것은?

① 음수 갱신에 유리하다.
② 벌목, 조재, 집재가 편리하고 비용이 적게 든다.
③ 작업의 실행이 빠르고 높은 수준의 기술이 필요하지 않다.
④ 현재의 수종을 다른 수종으로 바꾸고자 할 때 가장 쉬운 방법이다.

해설 개별작업의 장점
• 현재의 수종을 다른 수종으로 변경하고자 할 때 적합한 방법이다.
• 성숙임분 및 과숙임분에 대해서 가장 좋은 방법이다.
• 작업이 간단하고 벌채목을 선정할 필요가 없다.
• 비슷한 크기의 목재를 일시에 많이 수확하므로 경제적으로 유리하다.
• 양수수종의 갱신에 유리하다.

**10** 같은 임지에 있어서 수종과 연령은 같고 밀도만을 다르게 할 때, 임목의 형질과 생산량에 나타나는 현상에 대한 설명으로 옳지 않은 것은?

① 밀도가 높을수록 연륜폭은 좁아진다.
② 밀도가 높을수록 지하고는 낮아진다.
③ 밀도가 높을수록 수간형은 완만해진다.
④ 밀도가 높을수록 평균흉고직경은 작아진다.

해설
밀도가 높을수록 지하로 햇빛이 들어가지 않기 때문에 하층에 있는 가지가 자연낙지된다. 따라서 지하고는 높아진다.

**11** 소나무류 접목 방법으로 주로 사용하는 것은?

① 절접  ② 할접
③ 설접  ④ 아접

해설 할접
• 대목을 절단면의 직경방향으로 쪼개고 쐐기모양으로 깎은 접수를 삽입하는 방법으로, 대목이 비교적 굵고 접수가 가늘 때 적용된다.
• 소나무류나 낙엽활엽수의 고접에 흔히 사용되며 직경이 큰 나무는 활착이 불량하다.

**12** 다음 중 가지치기의 시행시기로 가장 적합한 것은?

① 겨울철
② 해빙기 이후
③ 이른 가을철
④ 봄에서 여름 사이

정답 7.③ 8.① 9.① 10.② 11.② 12.①

> **해설**
> 11월 이후부터 이듬해 2월까지가 가지치기의 적기이다.

**13** 접목의 장점으로 옳지 않은 것은?

① 클론보존
② 대목효과
③ 개화, 결실의 촉진
④ 과간 접목 가능

> **해설** 접목의 장점
> - 모수의 특성 계승 등 클론의 보존이 가능하다.
> - 개화결실을 촉진한다.
> - 종자결실이 되지 않는 수종의 번식법으로 알맞다.
> - 수세를 조절하고 수형을 변화시킬 수 있다.
> - 병충해를 적게 하며, 특수한 풍토에 심고자 할 때 유리하다.

**14** 열매의 형태가 삭과에 해당하는 수종은?

① Camellia japnica L
② Acer palmatum THUNB
③ Quercus acutissima CARRUTH
④ Ulmus davidiana var. japonica NAKAI

> **해설**
> 삭과란 열매가 익어 껍질이 갈라지면서 씨앗이 외부로 노출되는 것을 말한다.
> ① 동백나무, ② 단풍나무, ③ 상수리나무, ④ 느릅나무

**15** 종자발아 촉진 방법으로 옳지 않은 것은?

① 환원처리법
② 침수처리법
③ 황산처리법
④ 고저온처리법

> **해설**
> 환원법은 휴면종자, 수확 직후의 종자, 발아시험 기간이 긴 종자에 효과적인 방법이다. 피나무, 주목, 향나무, 목련, 잣나무, 전나무, 느티나무 등에 적용한다.

**16** 참나무류 줄기에서 수액상승 속도가 다른 수종에 비해 빠른 이유는?

① 뿌리가 심근성이기 때문이다.
② 도관의 지름이 크기 때문이다.
③ 심재가 잘 형성되기 때문이다.
④ 잎의 앞면과 뒷면에 모두 기공이 있기 때문이다.

**17** 종자의 배(Embryo) 형성에 대한 설명으로 옳은 것은?

① 극핵과 정핵이 만나서 형성된다.
② 난핵과 정핵이 만나서 형성된다.
③ 난핵과 조세포가 만나서 이루어진다.
④ 정핵과 조세포가 만나서 이루어진다.

> **해설**
> 꽃의 구조와 종자 및 열매의 구조 관계
> - 씨방(자방) → 열매
> - 밑씨 → 종자
> - 주피 → 씨껍질
> - 주심 → 내종피(대부분 퇴화)
> - 극핵(2개)+정핵 → 배젖(속씨식물)
> - 난핵+정핵 → 배

**18** 종자가 발아할 때 자엽이 땅속에 남아있는 수종으로 짝지어진 것은?

① 소나무, 잣나무
② 전나무, 칠엽수
③ 밤나무, 호두나무
④ 상수리나무, 물푸레나무

> **해설** 무배유 종자
> - 저장양분이 자엽에 저장되어 있고 배는 유아, 배축, 유근의 세 부분으로 형성되어 있다.
> - 성숙단계에 있어서 배유를 함유하고 있지 않은 종자, 배만 있고 따로 배유가 없으며 자엽부가 매우 살쪄 그 속에 많은 양분을 저장하고 있는 종자에는 밤나무, 호두나무, 자작나무, 콩, 버드나무 등이 있다.

**정답** 13. ④  14. ①  15. ①  16. ②  17. ②  18. ③

**19** 산림작업종에 대한 설명으로 옳은 것은?

① 산림작업종은 크게 풀베기, 가지치기, 제벌, 간벌 등으로 구분한다.
② 산림작업 중 간벌작업을 이용해 효과적으로 산림을 갱신시킬 수 있다.
③ 산림작업종은 하나의 작업기술 체계로 매년 최대 목재 생산을 목적으로 한다.
④ 산림작업의 분류 기준은 임분의 기원, 벌구의 크기와 형태, 벌채종이다.

**20** 굵은 가지를 생가지치기하면 부후 위험성이 높은 수종으로만 짝지어진 것은?

① 편백, 물푸레나무
② 느릅나무, 물푸레나무
③ 느릅나무, 일본잎갈나무
④ 자작나무, 일본잎갈나무

> **해설** 생가지치기의 적용대상 수종
> • 활엽수
>  – 일반적으로 상처의 유합이 잘되지 않고 썩기 쉽기 때문에 직경 5cm 이상의 가지는 원칙적으로 자르지 않는다.
>  – 참나무류(신갈나무 제외), 포플러나무류는 으뜸가지 이하의 가지만을 잘라 준다.
>  – 단풍나무, 느릅나무, 벚나무, 물푸레나무 등은 상처 유합이 잘 되지 않고 썩기 쉬우므로, 죽은 가지만 잘라 주고, 밀식으로 자연낙지를 유도한다.

### 제2과목 : 산림보호학

**21** 곤충분류로서 유리나방과, 명나방과, 솔나방과를 포함하는 목(目)은?

① Blattaria
② Hemiptera
③ Plecoptera
④ Lepidoptera

> **해설**
> ① 바퀴목, ② 반시류(노린재), ③ 강도래, ④ 나방

**22** 다음 중 목질부를 천공하여 피해를 주는 것은?

① 솔나방　　② 미끈이하늘소
③ 미국흰불나방　④ 잣나무넓적잎벌

> **해설** 미끈이하늘소
> • 유충이 목질부를 천공하여 피해를 준다.
> • 피해는 15~30년생 건전목에 많으며 2년에 1회 발생한다.
> • 성충 포획, 물리적 방법으로 유충 포살, 줄기에 석회황합제를 발라 주어 방제한다.

**23** 지표를 배회하는 성질을 가진 곤충 채집 방법으로 효과적인 것은?

① 유아등(Light Trap)
② 수반 트랩(Water Trap)
③ 핏폴 트랩(Pitfall Trap)
④ 말레이즈 트랩(Malaise Trap)

> **해설**
> 핏폴 트랩은 땅속에 플라스틱 컵 등을 묻어서 곤충이 빠지면 채집하는 방법이다.

**24** 낙엽송 잎떨림병에 대한 설명으로 옳지 않은 것은?

① 자낭균에 의한 병해이다.
② 병징은 3월에 가장 뚜렷하다.
③ 4-4식 보르도액을 살포하여 방제할 수 있다.
④ 피해 수목은 수관 하부에서부터 적갈색을 나타낸다.

> **해설** 낙엽송 잎떨림병
> • 7월 하순에 초기의 병징이 나타난다.
> • 피해 수목은 수관 하부에서부터 적갈색을 나타낸다.
> • 미세한 갈색 소반점이 황녹색으로 변색된다.
> • 병이 잘 발생하는 지역에서 낙엽송 단순일제 조림을 피하고 대상 혼효하여 방제한다.

**정답** 19.④ 20.② 21.④ 22.② 23.③ 24.②

**25** 곤충의 일반적인 형태 설명으로 옳지 않은 것은?

① 소화관은 전장, 중장, 후장으로 나뉜다.
② 앞날개는 앞가슴에 뒷날개는 뒷가슴에 부착되어 있다.
③ 가슴은 앞가슴, 가운데가슴, 뒷가슴으로 구성되어 있다.
④ 다리 마디는 밑마디, 도래마디, 넓적마디, 종아리마디, 발마디로 구성되어 있다.

**해설**
곤충은 머리, 가슴, 배의 세 부분으로 나뉘고, 가슴에는 2쌍의 날개와 다리가 3쌍이 부착되어 있다.

**26** 종실을 가해하는 해충으로만 짝지어진 것은?

① 과실파리, 깍지벌레류, 진딧물류
② 애기잎말이나방, 거세미류, 풍뎅이류
③ 솔알락명나방, 밤바구미, 미국흰불나방
④ 밤바구미, 도토리거위벌레, 복숭아명나방

**해설**
밤바구미, 밤나방, 복숭아명나방, 도토리거위벌레 등은 종실을 가해하는 해충이다.

**27** 녹병균의 겨울포자가 발아한 모습이다. 다음 그림 중 "A"는 어떤 포자인가?

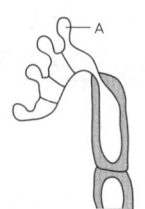

① 녹포자   ② 담자포자
③ 여름포자   ④ 자낭포자

**28** 자기나라에 없던 새로운 병원체가 다른 나라로부터 들어와 피해를 준 사례로 1900년경 동양에서 미국으로 수입한 묘목에 묻어 들어간 병해로 밤나무에 크게 피해를 준 것은?

① 밤나무 잎떨림병
② 밤나무 눈마름병
③ 밤나무 줄기마름병
④ 밤나무 붉은마름병

**해설** 밤나무 줄기마름병
- 나뭇가지와 줄기를 침해한다.
- 병환부의 수지는 처음에는 적갈색으로 변하고 약간 움푹해지며 6~7월경에 수피를 뚫고 등황색의 소립이 밀생한다.
- 자낭각과 병자각이 병환부의 자질 안에 생기고 균사, 포자형으로 월동한다.

**29** 박쥐나방에 대한 설명으로 옳지 않은 것은?

① 어린 유충은 초본의 줄기 속을 식해한다.
② 성충은 박쥐처럼 저녁에 활발히 활동한다.
③ 1년 또는 2년에 1회 발생하며 알로 월동한다.
④ 성충은 나무에 구멍을 뚫어 알을 산란한다.

**해설** 박쥐나방
- 버드나무, 미류나무, 단풍나무, 플라타너스나무, 밤나무, 참나무, 아카시나무, 오동나무 등을 가해하며, 1년에 1회 발생한다.
- 알 형태로 월동한다.
- 방제는 알락박쥐나방과 같다.
- 수목의 지제 부위(땅의 표면 위에 올라온 부위)를 가해한다.
- 나무의 수피와 목질부 표면을 환상으로 식해하며 거미줄을 토하여 식해 부위를 철해 놓는다.

**30** 만상(晚霜)의 피해에 대한 설명으로 옳은 것은?

① 가을에 이상 기온으로 조기에 잎이 변색되는 피해
② 이른 봄에 수목생장이 개시되기 전 치수가 고사하는 피해
③ 이른 봄에 수목생장이 개시된 후 급격한 온도 저하로 어린 지엽이 입는 피해
④ 늦가을에 식물생육이 완전히 휴면되기 전에 급격한 온도 저하로 오래된 지엽이 입는 피해

**정답** 25.② 26.④ 27.② 28.③ 29.④ 30.③

**해설** 서리해
- 조상 : 가을에서 초겨울 사이에 눈이 아직 성숙하지 않은 시기에 급강한 기온에 의해 갈색으로 변하게 되는 것을 말한다.
- 만상 : 나무가 이른 봄에 활동을 시작한 후 서리가 내려 새순이 말라죽는 것을 말한다.

**31** 1년에 1회 발생하며 현재 암컷만이 알려져 단성생식을 하는 해충으로 옳은 것은?

① 밤나무혹벌
② 넓적다리잎벌
③ 노랑애나무좀
④ 오리나무잎벌레

**해설**
밤나무혹벌은 암컷만으로 번식하며 천적은 중국긴꼬리좀벌이다.

**32** 살충효과를 조사하고자 한다. 대조구의 생충율이 98.3%이고, 약제 처리구의 생충율이 88.3%이었다면 처리구의 보정살충율은 몇 %인가?

① 10.17%
② 10.56%
③ 10.94%
④ 11.33%

**해설**

$$\text{보조살충율} = \frac{\text{대조구 생충율} - \text{약제처리구 생충율}}{\text{비료요소 흡수율}} \times 100$$

$$= \frac{98.3 - 88.3}{98.3} \times 100$$

$$= 0.101729 \times 100 = 약 10.17$$

**33** 파이토플라스마(Phytoplasma)는 다음 중 어느 것에 감수성이 있는가?

① Benlate
② Tetracycline
③ Penicillin
④ Streptomycin

**34** 수목의 뿌리혹병(Crown Gall)세균이 침입하는 장소로 가장 거리가 먼 것은?

① 새순
② 삽목 하단부
③ 뿌리의 절단면
④ 지상부 접목부위

**해설** 뿌리혹병
- 보통 뿌리 부분에 혹이 생기며, 병든 부위가 비대하고 우윳빛을 띠며 주로 접목묘의 접목 부분에 많이 발생한다.
- 삽목의 하단부, 뿌리의 절단면, 지상부 접목 부위로 침입한다.
- 밤나무와 감나무에 잘 걸린다.
- 건전묘만 식재, 병든 나무는 제거하고 그 자리에 객토 후 생석회로 토양소독을 하거나 클로로 피크린과 메틸 브로마이드로 토양소독을 하여 방제한다.

**35** 야생동물의 분포도 작성을 위한 서식정보 수집방법에 해당되지 않는 것은?

① 지형조사
② 육안조사
③ 포획조사
④ 설문조사

**36** 다음은 염풍(Salt Wind)에 의한 수목피해 설명이다. ( ) 안에 들어갈 수치로 가장 적절한 것은?

> 일반적으로 식물은 염분이 ( )% 이상의 농도일 경우에는 대부분의 생육을 방해하고, 염화나트륨은 토양 내에 세균의 생육을 불가능하게 하여 유기물질의 분해를 방해한다.

① 0.5
② 1.0
③ 1.5
④ 2.0

**37** 난균류에 속하는 균들의 무성포자 형성기관에 해당하는 것은?

① 균핵
② 담자기
③ 자낭자좌
④ 유주포자낭

**해설**
난균류는 균사에 격벽이 없고 무성포자인 유주포자를 생성한다.

**정답** 31.① 32.① 33.② 34.① 35.① 36.① 37.④

**38** 다음 중 병환부에 표징이 가장 잘 나타나는 병은?

① 소나무 시들음병
② 오동나무 빗자루병
③ 떡갈나무 흰가루병
④ 포플러 모자이크병

**39** 석회보르도액은 다음 중 어느 것에 해당되는가?

① 토양살균제
② 직접살균제
③ 보호살균제
④ 침투성살균제

> 해설 ☺ **보호살균제**
> 예방적 효과를 거두기 위해 병균이 식물체에 침입하기 전에 사용하며, 보르도액, 석회황합제 등이 있다.

**40** 소나무좀에 대한 설명으로 옳지 않은 것은?

① 암컷 성충은 수피를 뚫고 갱도를 만들면서 가해한다.
② 1년에 1회 발생하지만 봄과 여름 두 번에 걸쳐 가해한다.
③ 먹이나무를 설치하여 월동성충이 산란하게 한 후 소각한다.
④ 주로 쇠약목, 이식목, 병해충 피해목에 기생하지만 벌채목에는 기생하지 않는다.

> 해설 ☺ **소나무좀**
> • 1년 1회 발생하며 수피 속에서 월동한다.
> • 신성충의 우화는 6월 상순~7월이다.
> • 유충은 형성층·가도관 부위, 신성충은 신초를 가해한다. 2회 탈피하며 20일의 기간을 가진다.
> • 간벌, 식이목 설치, 뿌리에 살충제를 투입하여 방제한다.

### 제3과목 : 임업경영학

**41** 임령에 대한 연년생장량의 설명으로 옳은 것은?

① 벌기에 도달했을 때의 생장량
② 총생장량을 임령으로 나눈 양
③ 일정한 기간 내에 평균적으로 생장한 양
④ 임령이 1년 증가함에 따라 추가적으로 증가하는 수확량

**42** 산림휴양림의 공간이용지역 관리에 관한 설명으로 옳지 않은 것은?

① 기계적 솎아베기 금지
② 덩굴제거는 필요한 경우 인력으로 제거
③ 작업시기는 방문객이 적은 시기에 실시
④ 가급적 목재생산량의 우량대경재에 준하여 관리

> 해설 ☺ **산림휴양림 공간지역관리방법**
> • 생태적활력도를 높이기 위해 솎아베기 등 숲가꾸기를 실시한다.
> • 희귀식물, 노령목, 괴목, 노령고사목 등은 보존한다. 다만 산림병해충의 전염 및 확산의 우려가 있을 경우에는 제거할 수 있다.
> • 사방지, 송진채취림 등 과거의 특별산림사업지는 보존한다.
> • 덩굴 제거는 필요할 경우 인력으로 제거한다.
> • 살초목제는 사용을 금지한다.
> • 살충제, 화학비료의 대량 사용을 금지한다.
> • 작업은 방문객이 적은 시기에 실시한다.
> • 열식간벌 등 기계적 솎아베기를 금지하며, 가급적 약도의 솎아베기를 실시한다.

**43** 벌기령과 벌채령에 대한 설명으로 옳지 않은 것은?

① 벌채령은 임목이 실제로 벌채되는 임령을 의미한다.
② 벌기령과 벌채령이 일치할 때를 법정벌채령이라 한다.

정답 38.③ 39.③ 40.④ 41.④ 42.④ 43.②

③ 대부분의 임분은 영림계획상의 벌기령과 벌채령이 일치한다.
④ 벌기령은 임목이 성숙기에 도달하는 계획상의 연수를 의미한다.

해설
벌기령과 벌채령이 일치할 때를 법정벌기령이라고 한다.

**44** 산림경영의 지도원칙으로 옳지 않은 것은?
① 수익성의 원칙
② 공공성의 원칙
③ 기회비용의 원칙
④ 합자연성의 원칙

해설
산림경영의 지도원칙에는 수익성의 원칙, 경제성의 원칙, 생산성의 원칙, 공공성의 원칙, 보속성의 원칙, 합자연성의 원칙, 환경보전의 원칙 등이 있다.

**45** 현재 기준연도에서 벌채 예정연도까지의 임목기망가식에 대한 설명으로 옳은 것은?
① 주벌 및 간벌수확 전가합계 - 지대 및 관리비 전가합계
② 주벌 및 간벌수확 후가합계 - 지대 및 관리비 후가합계
③ 주벌 및 간벌수확 전가합계 - 지대 및 관리비 후가합계
④ 주벌 및 간벌수확 후가합계 - 지대 및 관리비 전가합계

해설
임목기망가는 현재 벌채되지 않은 임목을 앞으로 벌정연도에 벌채한다고 예정하고 그때 얻을 수 있다고 추정되는 순수확의 현재가를 의미한다. 따라서 벌채할 때까지 얻을 수 있는 수입(주벌, 간벌 포함)의 현재가(전가) 합계에서 그동안에 들어갈 경비(지대, 관리비 등)의 현재가(전가) 합계를 공제한 것이다.

**46** 다음은 매년말 r씩 n회 취득할 수 있는 이자의 전가합계를 구하는 식이다. A에 대한 설명으로 옳은 것은?

$$K = \frac{r}{0.0P} \times \frac{1.0P^n - 1}{\frac{1.0P^n}{A}}$$

① 감채계수
② 연금후가계수
③ 연금불현가계수
④ 최대자본회수계수

해설
$\frac{r}{0.0P}$는 자본가 또는 환원가라고 하며,

$\frac{1.0P^n - 1}{1.0P^n}$는 연금후가계수 또는 연금불현가계수라고 한다.

**47** 자연휴양림에 휴식년제를 실시할 경우 고시하는 사항으로 옳지 않은 것은?
① 휴식년제 실시의 목적
② 휴식년제를 실시하는 자연휴양림의 명칭
③ 대체 자연휴양림의 이용안내 및 위반에 따른 제재사항
④ 그 밖에 지방자치단체의 장 또는 국유림 관리소장이 필요하다고 인정하는 사항

해설
자연휴양림의 위치·면적·출입의 제한 또는 금지기간 그밖의 자연휴양림의 명칭, 휴식년제 실시의 목적, 대체 자연휴양림 이용 안내, 위반에 따른 제재 사항, 그 밖에 지방자치단체의 장 또는 국립자연휴양림관리소장이 필요하다고 인정하는 사항을 고시하여야 한다.

**48** 산림관리협회(FSC)는 "산림관리에 관한 FSC의 원칙과 규준"을 기초로 하여 평가·인정·모니터링을 하고 있다. FSC의 원칙이 아닌 것은?
① 조림
② 원주민의 권리
③ 지구의 탄소순환
④ 지역사회와의 관계와 노동자의 권리

해설 **FSC원칙과 규준**
- 법률과 FSC원칙의 준수
- 보유권, 사용권 및 책무
- 원주민의 권리

정답 44.③ 45.① 46.③ 47.④ 48.③

- 지역사회와의 관계와 노동자의 권리
- 산림에서 얻은 편익
- 환경에서의 영향
- 관리계획
- 모니터링과 평가
- 보호가치가 높은 산림의 보존
- 조림

**49** 벌기가 20년인 활엽수 맹아림의 임목가는 40만 원이다. 마르티나이트(Martineit) 식으로 계산한 15년생의 임목가는?

① 112,500원  ② 150,000원
③ 225,000원  ④ 300,000원

**해설**

마르티나이트식 = $\dfrac{영급^2}{벌기령^2} \times 임목가$

= $\dfrac{15^2}{20^2} \times 400,000 = 225,000$원

**50** 손익분기점 분석을 위한 가정에 대한 설명으로 옳지 않은 것은?

① 제품의 생산능률은 변화한다.
② 제품 한 단위당 변동비는 항상 일정하다.
③ 고정비는 생산량의 증감에 관계없이 항상 일정하다.
④ 제품의 판매가격은 판매량이 변동하여도 변화되지 않는다.

**해설**

**손익분기점 분석을 위한 가정**
- 제품의 판매가격은 판매량이 변동하여도 변하지 않는다.
- 원가는 고정비와 변동비로 구분할 수 있다.
- 제품 한 단위당 변동비는 항상 일정하다.
- 고정비는 생산량의 증감에 관계 없이 항상 일정하다.
- 생산량과 판매량은 항상 같으며, 생산과 판매에 동시성이 있다.
- 제품의 생산능률은 변함이 없다.

**51** 임업투자의 경제성 평가방법 중에서 순현재가치를 영(0)으로 하는 할인율로 평가하는 것은?

① 회수기간법
② 내부수익률법
③ 순현재가치법
④ 수익비용비법

**해설**

**내부투자수익률법(IRR, 시간가치 고려함)**
투자에 의해 장래에 예상되는 현금유입의 현재가와 현금유출의 현재가를 같게 하는 즉, 순현재가치를 0으로 하는 할인율을 말한다. 투자로 인한 내부투자수익률법과 기업에서 바라는 기대수익률을 비교하여 내부투자수익률법이 클 때 투자가치가 있다고 판단하며, 국제 금융기관에서 널리 이용하고 있다.

**52** Glaser식에 대한 설명으로 옳은 것은?

① 복리계산을 하기 때문에 복잡하다.
② 이율을 사용하므로 주관성이 개입된다.
③ 비용가법과 기망가법의 중간적 방법이다.
④ 벌기가 지난 임목의 가치 측정에 적당한 방법이다.

**해설**

Glaser법은 중령림의 임목평가 시 사용하는 방법으로 어린나무에 평가방법인 비용가법과 장령림의 평가방법인 기망가법의 중간적인 방법이다.

**53** 어느 임업 법인체의 임목벌채권 취득원가가 8000만 원이고 잔존가치는 3000만 원이라고 한다. 총벌채 예정량은 10만m³이고 당기 벌채량은 2000m³이라고 하면 당기 총 감가상각비는?

① 1,000,000원
② 2,000,000원
③ 3,000,000원
④ 4,000,000원

**해설**

감가상각법
= $(80,000,000 - 30,000,000) \times \dfrac{2,000}{100,000}$

= 1,000,000원

**정답** 49. ③  50. ①  51. ②  52. ③  53. ①

**54** 자연휴양림의 입지조건을 수요와 공급 측면으로 구분할 때 수요측면에서의 자연휴양림 입지조건이 아닌 것은?

① 다수 국민이 쉽게 접근 또는 이용할 수 있는 지역의 산림지
② 해당산림의 자연휴양림적 이용과 목재생산과의 합리적 조정을 도모할 수 있는 곳
③ 배후 도시상황·거주인구·기존시설 등의 사회경제적 레크리에이션(Recreation) 수요에 대응되는 곳
④ 해당 산림 형태와 각종 시설과의 조화를 도모하면서 풍치적 사업을 하여 자연휴양적 이용이 가능한 지역

**해설** 수요측면에서의 자연휴양림 입지조건
- 자연휴양림의 배후도시 상황, 거주 인구, 기존 시설 등의 사회 경제적 레크리에이션 수요에 대응되는 곳이어야 한다.
- 다수 국민이 쉽게 접근 또는 이용할 수 있는 지역의 산림지여야 한다.
- 교통기관, 도로망의 정비 및 관광시설 설치 계획을 갖고 있는 곳이어야 한다.
- 자연휴양적 이용과 목재생산과의 합리적 조정을 도모할 수 있는 곳이어야 한다.

**55** 재장이 4.2m이고 말구직경이 30cm인 국산재 원목의 재적을 말구직경자승법으로 계산하면? (단, 소수 셋째자리에서 반올림할 것)

① 0.09m³   ② 0.38m³
③ 0.50m³   ④ 0.67m³

**해설**
$$\frac{30 \times 30 \times 4.2 \times 1}{10,000} = 0.38 m^3$$

**56** 보속작업에 있어서 하나의 작업급에 속하는 모든 임분을 일순 벌하는 데 소요되는 기간은?

① 윤벌령   ② 윤벌기
③ 벌기령   ④ 벌채령

**해설** 윤벌기
한 작업급 내의 모든 임분을 일순벌하는 데 필요한 기간, 즉 최초에 벌채된 임분을 다시 벌채하기까지 필요한 기간을 말한다.

**57** 임업경영의 총자본을 종사하는 사람의 수로 나눈 값으로 종사자 1인당 자본액을 의미하는 것은?

① 자본장비도
② 자본보유율
③ 자본수익률
④ 자본회수계수

**해설**
- 자본장비도 : 경영의 총자본(고정자본+유동자본)을 경영에 종사하는 사람의 수로 나눈 값
- 기본장비도 : 자본액에서 유동자본을 뺀 고정자산을 종사자 수로 나눈 값

**58** 어떤 산림의 기말재적이 2,000,000m³이고 10년의 생장 초기 재적이 500,000m³일 때 프레슬러(Pressler)식에 의한 연년생장률은?

① 12%
② 15%
③ 24%
④ 30%

**해설**
프레슬러 공식 = $\frac{2,000,000-500,000}{2,000,000+500,000} \times \frac{200}{10} = 12\%$

**59** 생산물의 가격이 고정되어 있을 때 일정한 수입을 얻게 되는 생산물의 조합을 무엇이라고 하는가?

① 확장경로
② 등수입곡선
③ 등비용곡선
④ 결합생산경로

**정답** 54.④  55.②  56.②  57.①  58.①  59.②

**60** 국가산림자원조사에서 적용되는 산림의 정의로 옳지 않은 것은?

① 최소 폭이 30m 이상
② 최소 면적 0.5ha 이상
③ 산림으로 회복될 가능성이 있는 미립목지 또는 죽림도 포함
④ 수고가 최소한 10m까지 자랄 수 있는 임목의 수관밀도 30% 이상

**해설** 국가 산림자원조사
- 최소면적이 0.5ha 이상이어야 한다.
- 수고가 최소한 5m까지 자랄 수 있는 임목의 수관밀도가 10% 이상이고, 토지 최소폭이 30m 이상이어야 한다.
- 인위적 또는 자연적 요인에 의해 일시적으로 나무가 제거되었지만 산림으로 회복될 것으로 예상되는 미립목지와 죽림을 포함한다(단 건물부지, 도로, 철도부지 등 반영구적으로 산림 이외의 목적으로 사용되는 토지에 대해서는 위에서 정한 기준치를 적용하지 아니한다).

### 제4과목 : 임도공학

**61** 임도의 유지 및 보수에 대한 설명으로 옳지 않은 것은?

① 노체의 지지력이 약화되었을 경우 기층 및 표층의 재료를 교체하지 않는다.
② 노면 고르기는 노면이 건조한 상태보다 어느 정도 습윤한 상태에서 실시한다.
③ 유토, 지조와 낙엽 등에 의하여 배수구의 유수단면적이 적어지므로 수시로 제거한다.
④ 결빙된 노면은 마찰저항이 증대되는 모래, 부순돌, 석탄재, 염화칼슘 등을 뿌린다.

**해설** 노면의 보호
약화된 노체의 지지력을 보강하기 위해서 기층 및 표층의 재료를 추가하거나 교체하며 노면이 습할 때나 호우가 내린 후에는 차량의 통행을 제한한다.

**62** 트래버스측량에 의한 면적계산에서 사용되는 배횡거에 대한 설명으로 옳지 않은 것은?

① 횡거의 2배를 배횡거라 한다.
② 최초 측선의 배횡거는 그 측선의 위거와 같다.
③ 마지막 측선의 배횡거는 그 측선의 경거와 같다.
④ 임의의 측선의 배횡거는 앞 측선의 배횡거 및 경거와 그 측선의 대수합이다.

**해설** 배횡거
- 첫측선의 배횡거 : 그 측선의 경거와 같다.
- 임의 측선의 배횡거 : 전측선의 배횡거 + 전측선의 경거 + 그 측선의 경거
- 마지막 측선의 배횡거 : 그 측선의 경거와 같으나 단 부호는 반대이다.

**63** 하베스터와 포워더를 이용한 작업시스템의 목재생산방법은?

① 전목생산방법   ② 전간생산방법
③ 단목생산방법   ④ 전간목생산방법

**해설** 단목생산방식
임분 내에서 벌도, 가지 자르기, 통나무 자르기 등 조재작업을 실시하여 일정 규격의 원목으로 임목을 생산하는 방식으로, 주로 인력작업에 많이 활용한다.

**64** 다음 그림과 같은 지형의 남쪽에서 북쪽을 향하여 임도를 설치하려 할 때 임도의 효율을 가장 높일 수 있는 통과 지점으로 적합한 곳은?

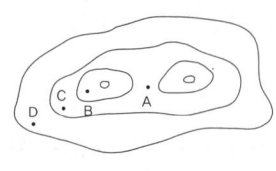

① A   ② B
③ C   ④ D

**해설**
지형도에서 남에서 북으로 임도를 설치할 때 집재 및 운반, 이동을 고려하여 산정부를 통과해야 효율이 가장 높아진다.

**정답** 60.④ 61.① 62.② 63.③ 64.①

**65** 굴삭기(유압식 백호)의 시간당 작업량 산출공식에서 쓰이지 않은 것은?

① 작업효율
② 버킷계수
③ 버킷면적
④ 토량환산계수

**해설** 백호의 시간당 작업량

$$\frac{3600 \times \text{시간당 작업량} \times \text{토량환산계수} \times \text{작업효율} \times \text{디퍼계수}}{1회 사이클 시간}$$

**66** 임도의 종단기울기 선정 시 다음 표에 들어갈 수치는?

| 설계속도 (km/h) | 종단기울기(순기울기, %) | |
|---|---|---|
| | 일반지형 | 특수지형 |
| 40 | 7 | (나) |
| 30 | 8 | (다) |
| 20 | (가) | 14 |

① 가 : 10, 나 : 12, 다 : 13
② 가 : 10, 나 : 10, 다 : 12
③ 가 : 9, 나 : 12, 다 : 13
④ 가 : 9, 나 : 10, 다 : 12

**67** 임도개설 시 흙을 다지는 목적과 관계가 가장 먼 것은?

① 압축성의 감소
② 지지력의 증대
③ 흡수력의 감소
④ 투수성의 증대

**해설** 흙을 다지면 압축성, 지지력은 증가하지만 흡수력과 투수력은 감소한다.

**68** 평시에는 유량이 적지만 강우 시에 유량이 급격히 증가하는 지역 등과 같은 곳에 설치하는 곳은?

① 세월교
② 속도랑
③ 빗물받이
④ 횡단배수관

**해설** 세월시설
- 평소에는 유량이 적지만 비가 오면 유량이 급격히 증가하는 지역에 설치하는 호상의 배수로이다.
- 상류로부터 자갈 등의 유동물질이 많고 노면이 암석으로 된 교통량이 적은 곳에 적합하다.
- 가능한 한 호의 길이를 같게 하고 수로면에 돌붙임콘크리트(찰붙임) 또는 콘크리트를 타설하여 차량의 통행이 가능하도록 설치한다.

**69** 수평각 측정에서 폐합된 5각형 외각의 합은 얼마인가?

① 360도
② 540도
③ 720도
④ 1260도

**70** 쇄석의 틈 사이로 석분을 물로 침투시켜 롤러로 다져진 도로는?

① 역청머캐덤도
② 수체머캐덤도
③ 교통체머캐덤도
④ 시멘트머캐덤도

**해설** 쇄석도 노면포장
- 교통체머캐덤도 : 쇄석이 교통과 강우로 인하여 다져진 도로
- 수체머캐덤도 : 쇄석의 틈사이 석분을 물로 삼투시켜 롤러로 다져진 도로
- 역청머캐덤도 : 쇄석을 타르나 아스팔트로 결합시킨 도로
- 시멘트머캐덤도 : 쇄석을 시멘트로 결합시킨 도로

**71** 임도타당성평가 항목이 아닌 것은?

① 산림경영상 활용도
② 노선대상지의 식생
③ 농산촌마을연결 활용도
④ 멸종위기 동·식물 서식지 유무

**해설** 임도의 타당성평가
- 필요성 : 산림경영, 산림보호 및 관리, 산림휴양자원이용, 농산촌마을 연결
- 적합성 : 경사도, 도로와의 인접성, 토질, 노출 암반
- 환경성 : 멸종위기 동·식물 서식지, 산사태 등 재해취약지, 상수원 오염 등 주민생활 저해 요인

**정답** 65. ③  66. ④  67. ④  68. ①  69. ④  70. ②  71. ②

**72** 산림관리기반시설의 설계 및 시설기준상의 "평면도" 작성 시 표시하지 않아도 되는 것은?

① 교각점　　② 곡선제원
③ 지적선　　④ 구조물

> **해설**
> 평면도에는 임시기표·교각점·측점번호 및 사유토지의 지번별 경계·구조물·지형지물 등을 도시하며, 곡선제원 등을 기입한다.

**73** 토공작업에 적합한 기계 연결로 옳지 않은 것은?

① 굴착 – 파워 셔블, 백호
② 벌근제거 – 트랜처, 불도저
③ 정지 – 불도저, 모터 그레이더
④ 운반 – 덤프트럭, 벨트 컨베이어

> **해설**
> 벌근제거에는 레이크 도저를 이용한다.

**74** 임도개설과 같이 폭이 좁고 길이가 상대적으로 긴 구간에서 발생되는 토량을 산출하기 위하여 사용되는 토적계산으로 적합하지 않은 것은?

① 주상체공식
② 중앙단면적법
③ 양단면적평균법
④ 직사각형기둥법

**75** 평지림에 시설된 임도의 중앙점에서 양측 길섶(길어깨)으로 3%의 횡단경사를 주고자 한다. 임도폭이 4m일 경우 양측 길섶은 임도 중앙점보다 얼마가 낮아져야 하는가?

① 1cm　　② 3cm
③ 6cm　　④ 9cm

> **해설**
> $\dfrac{높이}{2} \times 100 = 3\%$
> ∴ 높이 = 0.06m = 6cm

**76** 임도의 비탈면 기울기를 나타내는 방법에 대한 설명으로 옳은 것은?

① 비탈어깨와 비탈밑 사이의 수직높이 1에 대하여 수평거리가 n일 때 1:n으로 표기한다
② 비탈어깨와 비탈밑 사이의 수평거리 1에 대하여 수직높이가 n일 때 1:n으로 표기한다.
③ 비탈어깨와 비탈밑 사이의 수평거리 100에 대하여 수직높이가 n일 때 1:n으로 표기한다.
④ 비탈어깨와 비탈밑 사이의 수직높이 100에 대하여 수평거리가 n일 때 1:n으로 표기한다.

> **해설**
> 임도에서는 비탈물매를 사용하는데, 비탈물매는 수직높이 1에 대한 수평거리의 비로서 하할법 또는 할푼법이라 한다.

**77** 롤러 표면에서 돌기를 부착한 것으로 점착성이 큰 점성토 다짐에 적합하며 다짐 유효깊이가 큰 장비는?

① 탠덤롤러
② 탬핑롤러
③ 타이어롤러
④ 머캐덤롤러

**78** 평판측량에서 구심(치심)에 허용되는 편심거리는 무엇에 의해서 결정되는가?

① 축척
② 측점의 수
③ 자침의 길이
④ 방향선의 길이

> **해설**
> 평판측량에서 구심·치심은 평판의 중심을 맞추는 작업으로 구심에 허용되는 편심거리는 축적에 의해서 결정된다.

**정답**　72. ③　73. ②　74. ④　75. ③　76. ①　77. ②　78. ①

**79** 컴퍼스측량에서 시준선의 기준방향은?

① S.W   ② E.W
③ N.E   ④ N.S

**80** 1:25000 지형도상에서 산정표고 485.35m, 산밑표고 234.54m, 산정으로부터 산 밑까지의 도상 수평거리가 5cm일 때 사면의 경사는 약 얼마인가?

① 10%   ② 15%
③ 20%   ④ 25%

해설
사면의 경사 = $\frac{485.35 - 234.54}{1250} \times 100 = 20\%$

### 제5과목 : 사방공학

**81** 바닥막이공사에 관한 설명으로 옳지 않은 것은?

① 높이는 사방댐보다 낮게, 골막이보다 높게 설치한다.
② 방수로의 폭은 계천폭과 같게 하거나 다소 좁게 한다.
③ 연속적인 바닥막이 공사로 계상 기울기를 완화시킨다.
④ 계상의 종침식을 방지하는 경우에는 낮은 바닥막이를 계획한다.

해설
바닥막이 공작물은 종침식을 방지하기 위해 설치하는 구조물로 계상의 기울기를 완만하게 하기 위해 시공한다. 보통 사방댐보다 낮은 위치에 설치하며 따라서 높이도 사방댐보다 낮게, 골막이도 낮게 설치한다.

**82** 산지사방공사의 단끊기에 대한 설명으로 옳지 않은 것은?

① 단끊기에 의한 절취토사의 이동은 최소로 한다.
② 단끊기를 시공할 때는 하부로부터 상부로 시공한다.
③ 단 간격의 수직높이는 비탈의 경사에 따라 다르게 한다.
④ 비탈의 경사가 급할 때에는 단의 너비를 좁게 하여 상, 하 단간의 비탈경사가 완만하게 한다.

해설
단끊기 공사의 단폭은 보통 50~70cm이며, 상부로부터 하부로 향하여 시공한다. 단상에는 가급적 원래의 표토를 존치하도록 한다.

**83** 사방사업에서 주로 사용되는 평균유속의 산정식이 아닌 것은? (단, V : 유속, C : 유속계수, R : 경심, I : 수로기울기, α, β, n : 조도계수)

① $V = \sqrt{\dfrac{1}{\alpha+\beta/R}} \cdot \sqrt{RI}$

② $V = C\sqrt{RI}$

③ $V = \sqrt{\dfrac{87}{1+n/\sqrt{R}}} \cdot \sqrt{RI}$

④ $V = \sqrt{\dfrac{\alpha}{1+\beta/\sqrt{R}}}$

**84** 사방사업이 필요한 지역의 유형분류에서 황폐지에 해당되지 않는 것은?

① 민둥산   ② 밀린 땅
③ 임간나지   ④ 척악임지

해설 황폐지 순서
척악임지 → 임간나지 → 초기황폐지 · 황폐이행지 → 민둥산 → 특수황폐지

**85** 비탈면에 콘크리트 블록을 조립하여 그 안에 작은 돌이나 흙으로 채우고 녹화하는 공법은?

① 비탈 힘줄박기
② 비탈 격자틀붙이기
③ 비탈 콘크리트 블록쌓기
④ 비탈 콘크리트 뿜어붙이기

정답  79.④  80.③  81.①  82.②  83.④  84.②  85.②

> **해설** 격자틀붙이기공법
- 사면의 표층 토사붕괴, 침식 및 세굴, 표층암반의 풍화, 낙석 등을 방지하기 위해 주로 시멘트 콘크리트 재료에서 격자상으로 사면을 구획한다.
- 격자틀 내부에 큰 힘을 필요로 하는 곳은 콘크리트, 경관상 문제가 있는 곳은 조약돌이나 호박돌을 넣고 콘크리트로 채운다.
- 용수가 스며 나오는 곳은 자갈로 채우며, 토사로 구성된 비탈면은 떼로 채워 가장 좋은 경관을 조성한다.

**86** 직접적으로 계상의 종침식을 방지하는 계간 사방 공작물이 아닌 것은?
① 사방댐   ② 골막이
③ 바닥막이   ④ 기슭막이

> **해설**
기슭막이는 횡침식을 방지하는 공작물이다.

**87** 콘크리트 비빔 시에 결합시기를 촉진하고 동절기 콘크리트 공사수행을 위하여 사용하는 혼화재료는?
① 점토
② 인산염
③ 염화칼슘
④ 플라이애쉬

> **해설**
염화칼슘은 수화열 발생으로 수화반응을 촉진하여 조기에 강도를 내는 혼화재로 보통 겨울철에 사용한다.

**88** 식재목의 생육환경 조성을 위하여 후방에 풍속을 약화시키고 모래의 이동을 막는 목적으로 시공하는 것은?
① 모래덮기
② 퇴사울세우기
③ 사지식수공법
④ 정사울세우기

> **해설**
정사울세우기는 후방모래를 고정함과 동시에 사지에 식수를 하여 모래가 날리는 것을 방지하기 위한 공법이다.

**89** 내음성, 내한성이 커서 한랭지에 혼파하기 좋은 사면녹화용 도입초본은?
① 능수귀염풀(Weeping love grass)
② 우산잔디(Bermuda grass)
③ 오리새(Orchard grass)
④ 큰조아재비(Timothy)

> **해설** 도입초본
붉은 겨이삭, 다년생 호밀풀, 왕포아풀, 켄터키 개미털, 능수귀염풀, 큰조아재비, 오리새 등이 있다.

**90** 중력식 사방댐의 제체의 자중(G) 및 모든 외력 P의 합력(R)의 작용선은 체제의 하류 끝에서 중앙까지를 지난다고 볼 때, 전도에 대해서 안전하려면 어느 위치를 지나야 하는가?
① 제저 중앙의 1/5 이내
② 제저 중앙의 1/4 이내
③ 제저 중앙의 1/3 이내
④ 제저 중앙의 1/2 이내

> **해설**
중력댐에서 전도에 대한 안정은 제저의 1/3 이내, 즉 핵내를 통과해야만 전복되지 않는다.

**91** 비탈면 돌쌓기 공종 중 메쌓기의 표준기울기로 옳은 것은?
① 1:0.1
② 1:0.2
③ 1:0.3
④ 1:0.4

**92** 산비탈수로의 집수면적이 3.6ha, 유거계수(K)가 1.0이고 최대시우량이 500mm/h이면, 수로의 설계유량($m^3/s$)은?
① 1.0   ② 5.0
③ 10.0   ④ 15.0

> **해설**
유량 = $0.002778 \times 1 \times 500 \times 3.6 = 5 m^3/s$

**정답** 86.④  87.③  88.④  89.③  90.③  91.③  92.②

**93** 사면혼파공법의 일반적인 시공요령으로 옳지 않은 것은?

① 부토사는 하부에 흙막이 공작물을 시공하여 처리한다.
② 비탈면에는 수평으로 작은 골을 파서 종자 유실을 방지한다.
③ 비탈다듬기 공사를 하고 견지반을 노출시키지 않도록 한다.
④ 비탈면에는 수직높이 60cm 정도, 너비 20~30cm의 수평계단을 설치한다.

해설
사면혼파공법은 입목 생립이 곤란한 민둥산 등지에 식생 연속의 법칙에 따라 초본류의 식생을 성립시키는 방법으로 비탈다듬기 공사는 포함되지 않는다.

**94** 계류의 바닥폭이 5m, 양안의 경사각이 모두 45도이고 높이가 1.2m일 때의 계류 횡단면적($m^2$)은?

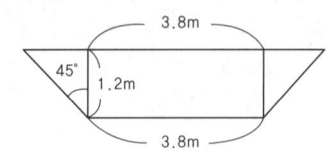

① 6.0
② 6.8
③ 7.4
④ 8.0

해설
횡단면적 = 5×1.2 = 6.0

**95** 폐탄광지의 복구녹화에 대한 설명으로 옳지 않은 것은?

① 경제림을 단기적으로 조성한다.
② 차폐식재하여 좋은 경관을 만든다.
③ 폐석탄 등을 제거하고 복토하여 식재한다.
④ 사면붕괴 방지를 위해 사면 안정각을 유지한다.

해설
사면붕괴의 방지를 위한 사면 안정각을 유지하는 내용은 폐탄광지의 복구 기초공사에 대한 내용이다.

**96** 중력식 콘크리트 사방댐의 구조에 포함되지 않는 것은?

① 물받이
② 양수장
③ 방수로
④ 댐둑어깨

**97** 선떼붙이기 공법은 수평계단 1m당 떼의 사용매수에 따라 1급에서 9급까지로 구분하는데 이때 1등급 증가할 때마다 떼의 사용매수는 얼마씩 차이가 나는가? (단, 떼의 크기는 길이 40m, 너비는 25m이다.)

① 1급에 1.25매씩 감소
② 1급에 2.50매씩 증가
③ 1급에 1.25매씩 증가
④ 1급에 2.50매씩 감소

해설 선떼붙이기 각 급수의 구분

| 떼 크기 | 길이 40cm, 폭 20cm | |
|---|---|---|
| 구분 | 단면상 매수 | 연장 1m당 매수 |
| 1급 | 5.0 | 12.50 |
| 2급 | 4.5 | 11.25 |
| 3급 | 4.0 | 10.00 |
| 4급 | 3.5 | 8.75 |
| 5급 | 3.0 | 7.50 |
| 6급 | 2.5 | 6.25 |
| 7급 | 2.0 | 5.00 |
| 8급 | 1.5 | 3.75 |
| 9급 | 1.0 | 2.50 |
| 1m당 떼 사용 매수 | 단면상 떼 매수×2.5매/m | |

**98** 발생기대본수가 3000본/$m^2$, 평균입도 1000립/g인 종자가 순량율이 50%, 발아율이 80%라면 1ha의 면적을 파종하기 위해 구입해야 할 종자량은?

① 55kg
② 75kg
③ 550kg
④ 750kg

정답 93.③ 94.①, ③ 95.① 96.② 97.① 98.②

**해설**

파종중량 = 발생기대본수 / (평균입수×순량율×발아율)

= 3000 / (1000×0.5×0.8) = 7.5g/m²

1ha당의 면적에 대한 파종량을 구하였으므로,
1:7.5 = 10000×75000g = 75kg

**99** 평균유속을 구하는 매닝공식에서 n은 무엇인가?

① 조도계수
② 유출계수
③ 점성계수
④ 마찰계수

**해설** Manning 공식

$V = \dfrac{1}{n} \cdot R^{\frac{2}{3}} \times I^{\frac{1}{2}}$

$= \dfrac{1}{0.05} \cdot 2^{\frac{2}{3}} \times 0.02^{\frac{1}{2}} = 4.49 \text{m/s}$

∴ 유량 = 4.49×3 = 13.47

V : 평균유속(m/s), n : 유로조도계수[0.030(보통 하천), 0.055(황폐 계천)], P : 윤변, A : 유로의 횡단 면적

**100** 누구침식이 점점 더 그 규모가 더 커져서 보다 깊고 넓은 골을 형성하는 왕성한 침식형태는?

① 하천침식
② 우격침식
③ 면상침식
④ 구곡침식

**해설** 우수침식(강우침식)

- 빗방울침식(우격·타격침식) : 빗방울이 땅 표면의 토양입자를 타격하여 분산 및 비산시키는 침식현상의 가장 초기단계이다.
- 면상침식 : 침식의 초기 유형으로 토양 표면 전반이 얇게 유실되는 침식이다.
- 누구침식 : 침식의 중기 유형으로 토양 표면에 잔 도랑이 불규칙하게 생기면서 깎이는 현상이다.
- 구곡침식 : 침식이 가장 심할 때 생기는 유형으로 도랑이 커지면서 표토뿐만 아니라 심토까지도 심하게 깎이는 현상이다.
- 야계침식(계천·계간침식) : 자연계천이나 하천에 의한 침식이다.

**정답** 99. ① 100. ④

# 국가기술자격 필기시험문제

| 2015년 제2회 필기시험 | | | | 수험번호 | 성명 |
|---|---|---|---|---|---|
| 자격종목 및 등급(선택분야)<br>**산림기사** | 종목코드<br>1564 | 시험시간<br>2시간 30분 | 형별 | | |

### 제1과목 : 조림학

**1** 밀식에 대한 설명으로 옳지 않은 것은?
① 간벌수입이 기대된다
② 밀식한 임분은 줄기가 굵고 근계가 발달하여 풍해·설해 등 위해에 강하다
③ 제벌 및 간벌에 있어서 선목의 여유가 있어서 우량임분으로 유도할 수 있다
④ 수관의 울폐가 빨리 와서 표토의 침식과 건조를 방지하여 개벌에 의한 지력의 감퇴를 줄인다.

**해설**
밀식은 과도한 임분으로 인하여 줄기가 가늘어지고, 근계의 발달의 약해진다. 그러나 밀식으로 인하여 풍해, 설해등 위해에는 강하다.

**2** 버드나무류 및 사시나무류의 파종상을 제작하려고 한다. 가장 적합한 형태는?
① 저상     ② 고상
③ 평상     ④ 준고상

**해설**

• 고상
 - 묘상의 높이를 10~15cm 정도로 하고 묘상의 윗부분에 1cm 정도 눈을 가진 체로 쳐서 흙을 얇게 덮은 다음 롤러로 진압
 - 이식묘상을 만들 때에는 높이만 규정대로 만들고 흙을 체로 치고 롤러로 다지기는 것은 생략(소나무, 낙엽송, 분비나무, 전나무의 파종상)
• 평상
 - 상 윗부분의 높이가 보도면과 같도록 평탄하게 설치
 - 표토 높이가 7cm 정도를 눈금 1cm 체로 쳐서 흙을 덮은 다음 상면을 진압한 후 판자로 다져서 상면이 평탄하도록 한 다음 파종(오리나무류)
• 저상
 - 상면을 보도면보다 약 7~10cm 낮게 묘상을 만드는 것
 - 오리나무 묘상 만들기에 준함

**3** 파종상 실면적 500m², m²당 묘목잔존본수 600본, 1g당 종자평균입수 60립, 순량율 0.9, 발아율 0.9, 묘목 잔존율 0.3인 경우 파종량은?
① 약 1kg     ② 약 11kg
③ 약 21kg    ④ 약 31kg

**해설**
$$파종량 = \frac{500 \times 600}{60 \times 0.9 \times 0.9 \times 0.3} = 20,576g$$
∴ 파종량 = 약 21kg

**4** 토양수의 종류 중 pF4.2~5.5에 해당하여 식물의 이용이 불가능한 것은?
① 팽윤수     ② 흡습수
③ 중력수     ④ 모세관수

**해설** 팽윤수(膨潤水)
• 토양 입자의 표면 가까이에 있는 모세관수이다.
• 토양 입자에 포함되어 있는 팽윤성 물질이 수화될 때 보유되는 물. pF 4.2~5.5에 상당하고 식물의 이용이 불가능하다.

**정답**  1.②  2.①  3.③  4.①

## 5 다음 학명에 대한 설명으로 옳지 않은 것은?

⟨Pinus sensiflora for. multicaulis UYEKI⟩

① Pinus는 속명을 나타낸다.
② densiflora는 종명을 나타낸다
③ for. multicaulis는 변종을 나타낸다.
④ UYEKI는 명명자의 이름을 나타낸다.

**해설**
- 이명법 : 속명 + 종명 + 명명자
- 속명은 명사이고 첫글자는 대문자이다.
- 종소명은 형용사이며 첫글자는 소문자이다.

## 6 다음 중 음수 갱신에 가장 불리한 작업법은?

① 산벌작업
② 택벌작업
③ 이단림작업
④ 모수림작업

**해설**
모수림작업은 양수의 갱신에 적당하며, 모수로 인하여 치수림의 생육에 부적당하다.

## 7 다음 중 수목종자 순량율 품질기준이 가장 높은 것은?

① 잣나무
② 굴참나무
③ 박달나무
④ 가문비 나무

**해설** 각 수종별 순량율
- 잣나무 : 93%
- 굴참나무 : 75%
- 박달나무 : 76%
- 가문비나무 : 78%

## 8 식재밀도에 영향을 미치는 인자에 대한 설명으로 옳지 않은 것은?

① 비옥한 토양일수록 소식한다.
② 양수는 소식하고 음수는 밀식한다.
③ 줄기가 자유롭게 굽는 수종은 소식한다.
④ 소경재 생산이 목표일 경우에는 밀식한다.

**해설**
식재밀도에 영향을 미치는 인자는 경영목표, 지리적 조건, 토양의 비옥도, 내음도, 나무의 종류로서 일반적으로 활엽수는 소식하고, 침엽수는 밀식하지만 줄기의 형태에 따른 구분은 식재밀도에 영향을 주지 않는다.

## 9 나자식물의 수정과정에서 나타나는 특징으로 옳지 않은 것은?

① 나자식물의 수정과정에서 특이한 것은 부계세포질유전이다.
② 수정과정에서 난세포의 소기관이 소멸되어 웅성배우체의 세포질 유전이 이루어진다.
③ 개화상태에서 암꽃의 배주는 난모세포를 형성하는 단계에 머물러 있으며 아직 난자를 형성하지 않고 있다.
④ 한 개의 정핵은 난자와 결합하여 배를 만들고 다른 정핵은 2개의 극핵과 결합하여 배를 만드는 중복수정을 한다.

**해설**
나자식물은 침엽수를 말하는 것으로, 침엽수는 중복수정을 하지 않는다.

## 10 균근에 대한 설명으로 옳은 것은?

① 산성토양에서 질소 배출을 촉진한다.
② 인산 등을 포함하여 무기양료의 흡수를 촉진한다.
③ 송이버섯은 소나무와 관계가 있는 대표적인 내생균근이다.
④ 외생균근은 균사가 기주식물의 세포 안으로 들어가 자란다.

**해설** 균근
식물의 어린 뿌리가 토양 중에 있는 곰팡이과 공생관계에 있는 형태로, 토양 중에 있는 인산의 흡수를 촉진시켜주며, 산성토양에서 암모늄테 질소를 흡수할 수 있도록 해 준다. 버섯류는 대표적인 외생균류로, 균사가 기주식물의 세포 밖에서 자란다.

---

**정답** 5. ③  6. ④  7. ①  8. ③  9. ④  10. ②

**11** 종자발아 과정에서 휴면의 원인이 아닌 것은?

① 이중휴면성
② 사이토키닌 처리
③ 종피의 불투수성
④ 종피의 기계적 작용

해설
종자 휴면의 원인은 이중휴면성, 종피의 불투수성, 기계적 작용 등이며 사이토키닌은 개화결실을 촉진시킨다.

**12** 왜림작업의 적용이 가장 용이한 수종은?

① 전나무
② 잣나무
③ 일본잎갈나무
④ 리기다소나무

해설
리기다소나무는 맹아에 의해 자랄 수 있기 때문에 왜림작업이 가능하다.

**13** 꽃의 구조가 열매가 되어 생성되는 구조 관계를 연결한 것으로 옳지 않은 것은?

① 난핵 → 배유
② 배주 → 종자
③ 자방 → 열매
④ 주심 → 내종피

해설
난핵은 정핵과 결합하여 배를 형성한다.

**14** 일반적으로 수목의 광합성에 유효한 광파장 영역은?

① 200nm 이하
② 200~350nm
③ 400~700nm
④ 750nm 이상

해설
수목은 가시광선의 영역인 400~700nm의 파장에서 광합성을 수행한다. 자외선은 400nm 이하이며, 적외선은 700nm 이상이다.

**15** 풀베기 작업을 두 번 하고자 할 때 첫 번째 작업시기로 가장 적당한 것은?

① 1~3월   ② 3~5월
③ 5~7월   ④ 7~9월

해설
풀베기는 보통 6월에 실시하지만 2번 작업 시 6월과 8월에 실시한다.

**16** 수목종자의 발아를 촉진시키는 데 가장 효과적으로 사용될 수 있는 물질은?

① 지베렐린(GA3)
② 인돌젖산(IBA)
③ 테트라졸륨(TTC)
④ 아브시스산(ABA)

해설
지베렐린은 수목의 발아를 촉진하는 대표적인 물질이다. 반대로 아브시스산은 발아를 억제하는 물질이다.

**17** 다음 중 내음성이 가장 높은 수종은?

① Ginkgo biloba LINN.
② Taxus cuspidata S.et Z.
③ Juniperus rigida S. et Z.
④ Larix leptolepis GORDON

해설
대표적인 음수수종은 주목나무, 전나무, 서어나무, 개비자나무 등이 있다. 양수수종은 은행나무, 노간주나무, 낙엽송이다.

**18** 천연림가꾸기의 간벌림 보육작업에 대한 설명으로 옳지 않은 것은?

① 1차 보육은 우세목의 평균수고가 10m 이상 되는 시기이다.
② 2차보육은 우세목의 평균수고가 12~16m 사이에 실시한다.
③ 유령림 단계의 마지막 보육 후 2~4년, 혹은 5~6년이 경과된 때가 적당하다.

정답  11. ②  12. ④  13. ①  14. ③  15. ③  16. ①  17. ②  18. ④

④ 상층임관을 이루고 있는 임목의 평균 나무 키가 2m 내외인 임목을 제거한다.

**해설**
천연림가꾸기 작업 시 상층임관이 밀하여 나무의 생장이 불량할 때 간벌작업을 실시한다. 상층임관은 보통 15m 이상이 된 나무에서부터 간벌작업이 진행된다.

**19** 묘포토양의 조건으로 옳지 않은 것은?
① 토양산도가 pH5.5~6.5인 토양
② 토심이 얕고 부식질이 많은 토양
③ 사양토로 입단구조를 보이는 토양
④ 배수, 통기성 등 물리적 성질이 좋은 토양

**해설**
묘포토양은 토심이 깊고 부식질이 많으며, 양토나 식양토가 좋고, 평탄한 곳보다는 경사진 곳, 토양의 산도는 침엽수는 pH5.0~5.5, 활엽수는 pH5.5~6.0이 적당하다.

**20** 가지치기에 대한 설명으로 옳지 않은 것은?
① 수간의 무절부분이 증가한다.
② 가지치기는 Callus와 관련이 있다.
③ 산불 발생 시 수관화의 위험성을 경감시킨다.
④ 포플러류는 생가지치기를 하면 부후위험성이 커진다.

**해설**
대부분의 활엽수종인 단풍나무, 느릅나무, 벚나무, 물푸레나무 등은 가지치기 시 부후의 위험성이 커진다.

---

**제2과목 : 산림보호학**

**21** 수목을 가해하는 해충의 방제에 대한 설명으로 옳지 않은 것은?
① 성페로몬을 이용한 방법은 친환경적 방제법이다

② 방사선을 이용한 해충의 불임법은 국제적으로 금지되어 있다
③ 식물검역은 해충 방제법의 하나로서 공항, 항만, 국제 우체국 등에서 실시한다
④ 생물적 방제는 다른 생물을 이용하여 해충군의 밀도를 억제하는 방법이다.

**해설**
해충의 밀도를 억제하는 물리적 방법으로는 온도, 습도, 방사선을 이용하여 해충의 밀도를 줄이는 방법이다.

**22** 잣나무 털녹병에 대한 설명으로 옳지 않은 것은?
① 중간기주는 송이풀이다.
② 담자균에 의한 병해이다.
③ 1936년 가평에서 처음 발견되었다.
④ 여름포자가 형성되기 전인 3월까지 중간기주를 제거해야 효과적이다.

**해설**
잣나무 털녹병인 송이풀의 제거는 5월~8월 하순 이전까지 제거해야 한다.

**23** 소나무류 잎떨림병의 방제법으로 옳지 않은 것은?
① 병든 낙엽을 모아 태운다.
② 4-4식 보르도액을 살포한다.
③ 풀베기와 가지치기를 지양한다.
④ 여러 종류의 활엽수를 하목으로 심는다.

**해설**
소나무 잎떨림병은 병든 잎에서 자낭포자의 형태로 월동하며 자연개구부로 침입하는 수병이다. 병든 낙엽을 태우거나, 보르도액 살포, 조림지에 하목으로 활엽수, 낙엽수를 식재하면 피해가 경감된다. 풀베기와 가지치기는 상관없다.

**24** 종자나 열매를 가해하는 해충이 아닌 것은?
① 솔나방      ② 밤바구미
③ 솔알락명나방   ④ 복숭아명나방

---

**정답** 19.② 20.④ 21.② 22.④ 23.③ 24.①

해설
솔나방은 잎을 갉아먹는 국내 해충으로, 나무껍질이나 지피물 사이에서 유충으로 월동한다. 성충은 7~8월에 출연하며 산란수는 600개이다.

## 25 다음 중 2차 해충에 속하는 것은?

① 소나무좀  ② 흰불나방
③ 밤나무혹벌  ④ 오리나무잎벌레

해설 2차 해충
특정 해충의 방제로 곤충상이 파괴되면서 새로운 해충이 주요 해충으로 되는 경우를 말한다. 소나무좀, 응애, 진딧물, 깍지벌레류가 있다.

## 26 성충과 유충이 동시에 잎을 가해하는 것은?

① 박쥐나방  ② 솔잎혹파리
③ 복숭아명나방  ④ 오리나무잎벌레

해설
오리나무잎벌레는 성충과 유충이 동시에 잎을 갉아먹으며, 1년 1회 발생한다. 지피물 및 흙속에서 월동한다.

## 27 밤나무혹벌이 주로 산란하는곳은?

① 밤나무의 눈
② 밤나무의 뿌리
③ 밤나무의 잎 뒷면
④ 밤나무 주변 지피물

해설
밤나무 혹벌은 눈을 가해하는 충영성 해충으로, 눈에 산란을 한다. 유충 형태로 월동하며, 암컷으로만 번식한다. 천적으로는 중국긴꼬리좀벌이 있다.

## 28 전나무 잎녹병에 대한 설명으로 옳지 않은 것은?

① 중간기주는 뱀고사리이다.
② 침엽 뒷면에 흰색의 녹색자퇴가 형성된다.
③ 여름포자퇴는 살아 있는 잎에서 월동한다.
④ 중간기주의 분포가 계곡의 습지에 한정되어 있어 대면적 발생은 예상되지 않는다.

해설
전나무 잎녹병은 중간기주의 잎에서 7월 중순 이후부터 잎뒷면에 여름포자퇴가 나타나며, 죽은 잎에서 겨울포자퇴를 형성해 월동한다.

## 29 다음 중 천연기념물이 아닌것은?

① 무태장어  ② 사향노루
③ 하늘다람쥐  ④ 반달가슴곰

해설
천연기념물에는 진돗개, 삽살개, 제주마, 사향노루, 산양, 하늘다람쥐, 반달가슴곰, 수달, 물범이 있다.

## 30 다음 설명에 해당하는 것은?

> 기주식물에 능동적으로 감염할 수 있는 구조나 효소를 갖고 있지 않기 때문에 매개생물이나 상처부위를 통해서만 감염이 가능하다.

① 세균  ② 선충
③ 곰팡이  ④ 바이러스

## 31 수목병의 대발생을 억제하기 위한 임업적 방제의 방법으로 옳지 않은 것은?

① 혼효림을 조성한다.
② 이령림을 조성한다.
③ 추운 지방에서 생산된 내동성이 강한 묘목을 조림한다.
④ 종자를 조림예정지와 유사한 환경을 가진 장소에 생육하는 모수에서 채취한다.

해설
임업적 방제방법에는 내병성 품종을 육성하거나 혼효림 조성, 이령림 조성, 보호수림대 설치, 제벌 및 간벌 등이 있다.

## 32 참나무 시들음병에 대한 설명으로 옳지 않은 것은?

① 피해목의 줄기 하단부에는 톱밥가루가 있다.

정답 25.① 26.④ 27.① 28.③ 29.① 30.④ 31.③ 32.④

② 피해목은 벌채 후 밀봉하여 훈증처리 또는 소각한다.
③ 피해목은 7월 말경부터 빠르게 시들면서 빨갛게 말라죽는다.
④ 병원균은 Raffaelea sp.이고 이것을 매개하는 것은 북방수염하늘소이다.

**해설**
참나무 시들음병의 매개충은 광릉긴나무좀이다. 병원균은 진균으로 변재부가 변색이 된다.

**33** 소나무재선충에 예방 약제로 적합한 것은?
① 메탐소듐 액제
② 에바멕틴벤조에이트 유제
③ 티오파네이트메틸 수화제
④ 옥시테트라사이클린 수화제

**해설**
소나무재선충의 예방 약제에는 메프유제 및 에바멕틴벤조에이트 유제가 있다.

**34** 다음 중 산림해충의 생물학적 방제방법은?
① 식재할 때 내충성 품종을 선정한다.
② BT수화제를 이용하여 솔나방 등을 방제한다.
③ 임목밀도를 조절하여 건전한 임분을 육성한다
④ 생리활성물질인 키틴합성억제제를 이용하여 산림해충을 방제한다

**해설**
생물학적 방제법은 천적을 이용하여 해충의 밀도를 방제하는 방법이다. 미생물 농약인 BT수화제도 살충제와 마찬가지로 제제화, 상품화되어 솔나방, 미국흰불나방 등의 방제에 활용되고 있다.

**35** 다음 중 온실효과를 일으키는 가스가 아닌 것은?
① $CH_4$
② $N_2O$
③ $SO_2$
④ CFCs

**해설** 온실효과를 일으키는 6대 가스
이산화탄소($CO_2$), 메탄($CH_4$), 아산화질소($N_2O$), 수소불화탄소(HFCs), 과불화탄소(PFCs), 육불화황($SF_6$)

**36** 다음 중 내화력이 강한 수종은?
① 녹나무
② 소나무
③ 사철나무
④ 아까시나무

**해설**
내화력이 강한 수종에는 사철나무, 가문비나무, 낙엽송, 은행나무, 동백나무, 굴참나무, 상수리나무 등이 있다.

**37** 미국흰불나방이 월동하는 형태는?
① 알
② 유충
③ 성충
④ 번데기

**해설**
미국흰불나방은 식엽성으로 1년 2회 발생하며 번데기로 월동한다. 잡식성이며, 1화기보다 2화기에 피해가 더 크다.

**38** 다음 수목병 중에서 원인이 다른 것은?
① 뽕나무 오갈병
② 벚나무 빗자루병
③ 대추나무 빗자루병
④ 오동나무 빗자루병

**해설**
파이토플라즈마에 의한 수병에는 뽕나무 오갈병, 대추나무 빗자루병, 오동나무 빗자루병, 붉나무 빗자루병 등이 있다.

**39** 바이러스 감염에 의한 수목병의 대표적인 병징으로 옳지 않은 것은?
① 위축
② 그을음
③ 잎말림
④ 얼룩무늬

**해설** 병징
병원체의 감염 후 식물체의 외부에 외형 또는 생육의 이상, 빛깔 이상 등으로 나타나는 반응으로서, 상대적인 개념으로 유조직병, 점무늬병, 불마름병, 무름병이 있다.

**정답** 33. ② 34. ② 35. ③ 36. ③ 37. ④ 38. ② 39. ②

**40** 다음 설명에 해당하는 살충제는?

> 식물의 뿌리나 잎, 줄기 등으로 약제를 흡수시켜 식물체 내의 각 부분에 도달하게 하고, 해충이 식물체를 섭식함으로써 사망하는 것으로 가축의 먹이에 혼합하거나 주사하여 기생하는 해충을 방제하기도 한다.
> 식물체 내에 약제가 흡수되어 버리므로 천적이 직접적으로 피해를 받지 않고 식물의 줄기나 잎 내부에 서식하는 해충에도 효과가 있다.

① 소화중독제
② 접촉살충제
③ 화학불임제
④ 침투성살충제

**해설**
침투성 살충제는 식물의 일부분에 처리하면 전체에 퍼져 즙액을 빨아먹는 흡즙성 해충을 살해하는 약재이다. 솔잎혹파리, 솔껍질깍지벌레의 방제에 사용한다.

### 제3과목 : 임업경영학

**41** 산림 표본조사 방법으로 옳지 않은 것은?

① 층화추출법
② 부차적추출법
③ 계통적추출법
④ 복합무작위추출법

**해설**
산림표본조사 방법에는 임의추출법, 계통적추출법, 층화추출법, 부차추출법, 이중추출법이 있다.

**42** 다음 중 시범림의 종류가 아닌 것은?

① 조림성공 시범림
② 산림교육 시범림
③ 숲가꾸기 시범림
④ 복합경영 시범림

**43** 윤벌기가 30년이고 작업급의 면적이 120ha인 일본잎갈나무림의 법정축적을 벌기수확에 의한 방법으로 계산하면 얼마인가?

〈수확표〉

| 연령 | 10 | 20 | 30 |
|---|---|---|---|
| ha당 재적(m³) | 20 | 50 | 80 |

① 3000m³
② 4200m³
③ 4800m³
④ 6000m³

**해설**
벌기수확에 의한 방법 = $\frac{30}{2} \times 80 \times \frac{120}{3}$ = 4800m³

**44** 임지기망가의 기본 공식이 되는 것은?

① $\dfrac{R-C}{0.0p}$
② $\dfrac{R-C}{1.0p^n}$
③ $\dfrac{R-C}{1.0p^n-1}$
④ $\dfrac{R-C}{0.0p(1.0p^n-1)}$

**45** 임령표시 방법에서 35/20-40일 때 35가 의미하는 것은?

① 임분의 벌기령
② 임분의 최소임령
③ 임분의 평균 임령
④ 임분의 최대 임령

**해설**
임령, 수고, 경급의 표시방법은 분자는 평균이며 분모는 가장 작은 임령, 수고, 경급에서 가장 큰 것의 임령을 표시한다.

**46** 예정된 원가와 실제로 발생한 원가 사이의 차이점, 원이느 원인 제거를 위한 조치 등을 검토하는 것은?

① 원가통제
② 원가계산
③ 원가비교
④ 원가실행

정답 40.④ 41.④ 42.② 43.③ 44.③ 45.③ 46.①

**47** 손익분기점의 분석을 위한 가정으로 옳지 않은 것은?

① 제품의 판매가격은 변함이 없다.
② 원가는 고정비와 변동비로 구분할 수 있다.
③ 제품의 생산능률은 판매량의 변동에 따라서 변한다.
④ 생산량과 판매량은 항상 같으며, 생산과 판매에 동시성이 있다.

**해설**
손익분기점의 가정에서 제품의 생산능률은 판매량이 변동하여도 변하지 않는다. 추가적으로 제품의 한 단위당 변동비는 항상 일정하다. 고정비는 생산량의 증감에 관계없이 항상 일정하다.

**48** 다음 조건에서 소나무림의 임목가는?

- 평균원목시장가격 : 6만 원/m³
- 조재비용 : 1만 원/m³
- 임령 : 40년
- 집재비용 : 2만 원/m³
- 임목재적 : 100m³
- 임목 이용률 : 70%
- 월이율 : 3.7%
- 자본회수 기간 : 4개월

① 약 156만 원   ② 약 210만 원
③ 약 226만 원   ④ 약 296만 원

**해설**
시장가역산법
= 조재율 × ($\frac{원목시장가}{1+자본회수\,기간×월이율+기업이익률}$ − 총비용)

= $0.7 × 100 (\frac{60,000}{1+4×0.037} - 30,000)$ = 1,558,536원

**49** 말구직경자승법으로 통나무의 직경을 측정하는 방법으로 옳은 것은?

① 수피를 제외한 길이 검척 내의 최대 직경으로 한다.
② 수피를 포함한 길이 검척 내의 최소 직경으로 한다.
③ 수피를 포함한 길이 검척 내의 최대 직경으로 한다.
④ 수피를 제외한 길이 검척 내의 최소 직경으로 한다.

**해설**
말구직경자승법은 말구 측정 시 수피를 제외한 직경의 최소치를 측정하되 단위는 cm로 측정하며, 소수점은 버린다.

**50** 자연휴양림의 지정을 해제할 수 있는 경우가 아닌 것은?

① 자연휴양림의 지정을 받은 자가 지정 해제 또는 변경을 요청하는 경우
② 정당한 사유 없이 승인을 받은 계획의 내용대로 사업을 이행하지 않은 경우
③ 공공사업의 시행 등으로 인하여 지정목적을 달성할 수 없거나 지적구역의 변경이 필요한 경우
④ 천재지변 등으로 인한 피해로 산림의 임상면적 등이 타당성 평가 기준에 적합하지 아니하게 된 경우

**51** 다음 중 형수의 설명으로 옳지 않은 것은?

① 정형수는 흉고직경을 기준으로 한다.
② 절대형수는 수간 최하부의 직경을 기준으로 한다.
③ 지하고가 높고 수관량이 적은 나무일수록 흉고형수가 크다
④ 일반적으로 지위가 양호할수록 흉고형수는 작은 경향이 있다.

**해설**
정형수는 수고의 1/n의 위치의 직경을 기준으로 하는 형수로 수고의 위치가 정해지지 않을 시 사용한다.

정답 47.③ 48.① 49.④ 50.② 51.①

**52** 다음 중 유동자본에 해당하지 않은 것은?
① 묘목비　　② 보험료
③ 운반비　　④ 벌목기구

> **해설**
> 유동자본은 원료나 보조재 등 1회의 생산만으로 그 사용 가치가 모두 소모되고 이에 따라 그 존재 양식도 변형되는 자본을 말하며, 고정자본은 1회의 생산과정에서 그 사용적 기능이 모두 소모되는 것이 아니라 감가상각이 되면서 그 내구성에 한계가 미칠 때 비로소 그 기능을 잃게 된다.

**53** 자연휴양림의 지정을 위한 타당성평가 기준으로 국가 및 지방자치단체 이외의 자가 자연휴양림을 조성하려는 경우 최소의 산림면적은?
① 10ha　　② 20ha
③ 30ha　　④ 40ha

> **해설**
> 자연휴양림을 국가 및 지방자치에서 조성할 시에는 30ha로 면적을 정하고 있으나, 개인이 조성할 시에는 20ha로 정하고 있다.

**54** 다음 조건에서 클리노미터를 이용한 입목의 수고 측정값은?

- 측정은 평지에서 실시
- 측정자와 입목간의 수평거리가 18m
- 입목의 첨단을 시준한 결과 50%
- 입목의 근주를 시준한 결과 −20%

① 5.4m　　② 8.6m
③ 10.4m　　④ 12.6m

> **해설**
> $(50+20) \times 0.18 = 12.6$ m
> 수고측정 시 보통 20m에서 측정한다. 20m일 때는 0.2를 곱하며, 18m에서 떨어져서 측정하였기 때문에 0.18를 곱하여 준다.

**55** 육림비의 절감방법으로 옳지 않은 것은?
① 낮은 이자율의 자본을 이용한다.
② 투입한 자본의 회수기간을 짧게 한다.
③ 노임을 절약할 수 있는 방법을 찾는다.
④ 중간부수입(간벌수입 등)은 최소화한다.

> **해설**
> 육림비를 줄이기 위해서는 중간부수입을 최대한으로 늘려서 수입을 올려야 한다.

**56** "산림 교육의 활성화에 관한 법률 시행령"에 따라 숲길체험지도사를 배치하지 않아도 되는 시설은?
① 자연공원　　② 국립공원
③ 산림욕장　　④ 자연휴양림

**57** GIS 자료 관리 기능 중 공간분석에 대한 설명으로 옳은 것은?
① 버퍼는 점, 선, 면 중 2개의 객체 요소에 대해서 적용한다.
② 확산기능은 관심 대상지역을 지정한 범위만큼 도출하는 것이다.
③ 근접분석은 특정 위치를 에워싸고 있는 주변 지역의 특성을 추출하는 것이다.
④ 네트워크 분석은 일정한 지점을 중심으로 일정한 방향으로 넓혀가는 것을 뜻한다.

> **해설**
> - 버퍼기능 : 근접분석을 할 때에 관심 대상지역을 경계 짓는 것을 말한다.
> - 확산 : 일정한 지점에서 특정한 기능이나 현상이 일정한 방향으로 넓혀가는 것을 말한다.
> - 네트워크 분석 : 도로, 철도, 지하철 등과 같은 교통망이나 상하수도망, 전기·전화 등 유선선로, 가스망, 하천망 등과 같은 관망의 경로와 연결성을 분석하는 것을 말한다.

**58** 한 가지 방안의 선택 때문에 다른 방안을 선택할 수 없어서 포기한 수익은?
① 기회원가　　② 매몰원가
③ 한계원가　　④ 증분원가

**정답** 52.④　53.②　54.④　55.④　56.②　57.③　58.①

**59** 평가하려는 임목과 비슷한 조건과 성질을 가지는 임목의 실제의 거래 시세로 가격을 결정하는 임목 평가방법은?

① 임목매매가
② 임목기망가
③ 법정축적가
④ 임목비용가

**해설**
임목평가는 원가방법, 수익방법, 원가수익절충방식, 비교방식에 의하여 실시한다. 이 중에서 비슷한 조건과 성질을 가진 임목평가법은 매매가법이나 시장가역산법이다.

**60** 다음 조건에 따라 연수 합계법으로 계산된 제6년도 감가상각비는?

| 취득원가 : 5,000만 원 |
| 폐기할 때 잔존가격 : 500만 원 |
| 추정내용연수 : 12년 |

① 약 346만 원
② 약 404만 원
③ 약 449만 원
④ 약 900만 원

**해설**

연수합계법 = $\dfrac{\text{취득원가} - \text{잔존가치}}{\text{감가율}}$

감가율 = $\dfrac{\text{내용연수의 연수로 표시한 수}}{\text{내용연수의 합계}}$

감가상각비 = $(5000-500) \times \dfrac{7}{78} = 403.8$

분모는 연수합계이고 분자는 연수의 역순이다(1년차는 12, 6년차면 7).

---

**제4과목 : 임도공학**

**61** 임도에서 너비에 대한 설명으로 옳지 않은 것은?

① 곡선부에서는 곡선 반경에 따라 너비를 확대하여야 한다.
② 길어깨 및 옆도랑의 너비는 각각 1~2m의 범위로 한다.
③ 유효너비는 길어깨 및 옆도랑의 너비를 제외하여 3m를 기준으로 한다.
④ 임도의 축조한계는 유효너비에서 길어깨를 포함한 규격에 따라 설치한다.

**해설**
임도에서 길어깨 및 옆도랑의 너비는 0.5~1m이다.

**62** 옹벽의 종류 중 형식에 의한 분류가 아닌 것은?

① L자형 옹벽
② 중력식 옹벽
③ 부벽식 옹벽
④ 콘크리트 옹벽

**해설**
콘크리트 옹벽은 재료에 의한 분류이다.

**63** 임도 설계도에서 평면도상에 표기하지 않아도 되는 것은?

① 물매
② 교각점
③ 측점번호
④ 임시기표

**해설**
평면도상에는 임시기표, 교각점, 측점번호 및 사유토지의 지번별 경계, 구조물, 지형지물을 도시하며, 곡선제원을 기입한다.

**64** 흙일(토공)의 균형을 얻기 위해 작성되는 곡선은?

① 토질곡선
② 종단곡선
③ 유토곡선
④ 토압곡선

**해설**
토공작업 시 유토곡선을 통해서 흙쌓기, 흙깎기의 내용을 알 수 있다.

정답 59.① 60.② 61.② 62.④ 63.① 64.③

**65** 임도망 배치의 효율성 정도를 나타내는 개발지수에 대한 설명으로 틀린 것은?

① 균일하게 임도가 배치되었을 때 개발지수는 1.0이다.
② 노선이 중첩되면 될수록 임도배치 효율성은 높아진다.
③ 개발지수의 산출식은 (평균집재거리×임도밀도)/2500이다.
④ 개발지수가 1보다 크거나 작을수록 임도배치 효율은 불균일 상태가 된다.

**해설**
임도망 배치 시 노선이 중첩될수록 효율성이 저하된다. 따라서 임도 노선 선정 시 기설 임도를 파악해서 설치해야 한다.

**66** 고저측량 기고식 야장기입에서 기준으로 되는 기계고는?

① 그 점의 지반고 (G.H) + 그 점의 전시 (F.S)
② 그 점의 기계고(I.H) + 그 점의 전시 (F.S)
③ 그 점의 지반고(G.H) + 그 점의 후시 (B.S)
④ 그 점의 기계고(I.H) + 그 점의 후시 (B.S)

**67** 임도설계 시 흙량(토적)산출 방법으로 옳은 것은?

① 종단면도만 있으면 충분하다.
② 횡단면도만 있으면 충분하다.
③ 횡단면도와 평면도가 있어야 한다.
④ 종단면도와 횡단면도가 있어야 한다.

**해설**
종단면도를 통하여 절토고, 성토고를 알 수 있으며, 횡단면도를 통하여 절토단면적 및 성토단면적을 알 수 있다.

**68** 임도의 노면 침하를 방지하기 위하여 저습지대에 설치하는 것은?

① 토사도　② 사리도
③ 쇄석도　④ 통나무길

**해설** 통나무 및 섶길
· 통나무길 : 저습지대에 있어서 노면의 침하를 방지하기 위해 사용한다. 다량의 통나무가 사용되고 소모도 많으므로 특수한 곳에 부득이한 경우에 사용한다.
· 섶길 : 노상 위에 지름이 30cm 정도의 섶다발을 가로방향으로 깔고 그 위에 노면을 만든다.

**69** 기계경비의 직접경비 중 기계손료의 구성으로 옳은 것은?

① 감가상각비 + 정비비 + 관리비
② 연료유지비 + 운전노무비 + 조립해체비
③ 감가상각비 + 운전노무비 + 소모성 부품비
④ 운전노무비 + 연료유지비 + 소모성 부품비

**70** 다음 중 집재용 도구가 아닌 것은?

① 쐐기　② 사피
③ 피비　④ 켄트훅

**해설**
쐐기는 벌목용 도구이다.

**71** 임도시공 현장에서의 안전사고 대책으로 옳지 않은 것은?

① 작업장의 정리정돈은 작업의 편의를 위하여 작업상태 그대로 둘 것
② 노무자에게 작업목적과 시공상의 문제점에 대하여 충분히 숙지시킬 것
③ 시공기계 기종이 선정되면 사용 전·후에 여러 가지 안전대책을 강구할 것
④ 기계화 시공에는 여러 가지 재해가 발생할 위험이 있으므로 안전대책을 마련할 것

**정답** 65.② 66.③ 67.④ 68.④ 69.① 70.① 71.①

**72** 흙의 입경분포곡선에서 D10=0.04mm, D30=0.06mm, D60=0.14mm였다면 균등계수는 얼마인가?

① 0.67  ② 0.42
③ 2.3  ④ 3.5

> **해설** 균등계수
> 토양을 구성하는 굵은 입자, 가는 입자, 미립자의 입도배분을 간단하게 표시한 것으로, 체로 분류하여 60%의 통과율을 보이는 모래 입자 크기의 비로 나타낸다. 모래 입자의 크기가 고르면 1에 가깝다.
>
> 균등계수 = $\dfrac{\text{통과중량백분율 60\%에 대응하는 입경}}{\text{통과중량백분율 10\%에 대응하는 입경}}$
>
> = $\dfrac{0.14}{0.04}$ = 3.5

**73** 다음 중 트래버스의 종류가 아닌 것은?

① 결합 트래버스   ② 개방 트래버스
③ 방위 트래버스   ④ 폐합 트래버스

> **해설** 트래버스
> - 개방 트래버스 : 시작하는 측점과 끝나는 측점 간에 아무런 조건 없이 정확도를 기대할 수 없는 트래버스로서 노선 측량의 답사 등에 이용된다.
> - 폐합 트래버스 : 어떤 측점으로부터 차례로 측량을 하여 다시 출발한 점에 연결시키는 측량 방법으로, 측량 결과의 점검이 가능하며, 소규모 측량에 이용된다.
> - 결합 트래버스 : 어떤 기지점에서 출발하여 다른 기지점에 결합시키는 측량 방법으로, 높은 정확도를 요구하는 대규모 지역의 측량에 이용된다.
> - 트래버스망 : 2개 이상의 트래버스를 조합시켜 하나의 망 형태로 된 것을 말한다.

**74** 1/25000 지형도에서 임도의 종단 물매 10%의 노선을 긋고자 한다. 등고선간의 도상거리를 얼마로 해야 하는가?

① 4mm  ② 5mm
③ 6mm  ④ 7mm

> **해설**
> 물매 = $\dfrac{\text{높이}}{\text{수평거리}}$ = $\dfrac{10}{\text{수평거리}}$ × 100 = 10
> 수평거리:100m 도상거리 = 100m/25000 = 4mm

**75** 아스팔트 포장과 비교하였을 때 시멘트 콘크리트 포장의 장점으로 옳은 것은?

① 평탄성이 좋다.
② 내마모성이 크다.
③ 시공속도가 빠르다.
④ 간단 공법으로 유지수선이 가능하다.

**76** 직접 수준 측량에서 어떤 한 지점의 표고만을 알기 위하여 전시만을 취하는 점은?

① 전환점   ② 후시점
③ 중간점   ④ 수준점

> **해설**
> 수준 측량에 있어서 전시(前視)만을 취하는 점을 중간점이라고 하며, 높은 정밀도를 필요로 하지는 않는다.

**77** 흙일에 있어 자연상태의 토양을 깎으면 토량이 늘어나게 되는데, 다음 중 토량의 변화가 가장 큰 것은?

① 모래   ② 경암
③ 역질토   ④ 점성토

> **해설**
> 경암은 단단한 암석으로 다른 토량에 비해서 성질의 변화가 가장 크다.

**78** 다음과 같은 폐합다각측량 성과표를 이용하여 측점 D의 좌표를 구한 값 중 옳은 것은? (단 A점의 좌표는 0,0이고, 위경거의 오차는 없는 것으로 한다.)

| 측선 | 위거 | 경거 |
|---|---|---|
| AB | +95.66 | +113.84 |
| BC | -64.84 | +49.95 |
| CD | -95.70 | ( ) |
| DA | ( ) | -92.92 |

① (+64.88, +70.87)
② (-64.88, +70.87)
③ (+64.88, -70.87)
④ (-64.88, -70.87)

**정답** 72.④ 73.③ 74.① 75.② 76.③ 77.② 78.③

**79** 곡선편각법에 의한 곡선 설치를 하고자 한다. 반지름 50m의 원곡선에서 시단현 5m에 대한 편각은?

① 2도 43분　② 2도 52분
③ 5도 36분　④ 5도 44분

해설
편각 = $1718.87 \times \dfrac{5}{50}$ = 2도52분

**80** 식생이 사면안정에 미치는 효과가 아닌 것은?

① 표토층 침식방지
② 심층부 붕괴방지
③ 강우 및 바람에 의한 토양 유실 방지
④ 급경사지에서 수목 자체 무게로 인한 토양안정

해설
급경사지에서는 수목 자체의 무게로 인하여 토양의 허용응력을 초과하면 무너져 내릴수 있다. 따라서 급경사지에서는 교목을 심지 않는다.

### 제5과목 : 사방공학

**81** 비탈면 안정공법이 아닌 것은?

① 돌쌓기 공법
② 새심기 공법
③ 힘줄박기 공법
④ 격자틀붙이기 공법

해설
새심기 공법은 비탈면녹화 공법이다.

**82** 흙쌓기 비탈면에서 토질에 따라 적용 가능한 사방공법으로 옳지 않은 것은?

① 모래층 비탈면은 피복토를 객토하지 않고 녹화한다.
② 용출수가 있는 비탈면은 돌망태 공법 등을 적용한다.
③ 자갈이 많은 비탈면은 객토로 피복한 후에 식생공법을 적용한다.
④ 점토 비탈면은 점성이 약한 사면에서는 복토없이 식생 공법을 이용할 수 있다.

해설
흙쌓기 비탈면에서 모래층 비탈면은 피복토를 객토한 후 식생녹화공법으로 보호함.

**83** 흙사방댐의 높이가 2.5m일 때 적당한 대마루 너비는? (단, Merrimar식 이용)

① 1m　② 1.5m
③ 2m　④ 2.5m

해설
흙댐의 댐마루 너비 = $\dfrac{댐 높이}{5}$ + 15 = 2m

**84** 산복 비탈다듬기 공사 요령으로 옳은 것은?

① 속도랑 공사는 비탈 다듬기를 완료한 후에 시공한다.
② 붕괴면 주변의 상부는 최소한으로 끊어 내도록 설계한다.
③ 비탈다듬기는 산 아래부터 시작하여 산 꼭대기로 진행한다.
④ 비탈다듬기로 인한 뜬 흙을 계곡부에 쌓는 곳에 땅속 흙막이를 설계한다.

해설 비탈다듬기 시공요령
• 사면기울기가 급한 지역은 선떼붙이기나 산비탈돌쌓기로 한다.
• 수정기울기는 대체로 최대 35° 전후로 한다.
• 부토가 많은 지역은 속도랑 공사 및 땅속흙막이 공사를 먼저 시공한 후 비탈다듬기 공사를 한다.
• 토양퇴적층이 3m 이상이면 땅속흙막이를 설계한다.
• 붕괴면 주변의 상부는 충분히 끊어 내도록 설계한다.
• 비탈다듬기 공사 후에는 뜬 흙이 비탈에 안착할 때까지 일정 기간은 비바람에 노출되어야 하며, 그 후에는 다른 공종을 시공한다.

**85** 산사태 복구시 산비탈수록에 대한 설명으로 옳지 않은 것은?

정답　79.②　80.④　81.②　82.①　83.③　84.④　85.②

① 콘크리트 수로는 현장에서 콘크리트를 쳐서 시공한다.
② 떼붙임수로는 기울기가 급하고 집수량이 많은 곳에 이용된다.
③ 콘크리트 블록수로는 여러 가지 단면을 갖도록 미리 만들어진 제품에 의해 축석한다.
④ 메붙임수로는 막깬돌, 호박돌 등을 붙여 축설하는 것으로 유량이 적고 기울기가 급한 곳에 이용된다.

**해설**
떼붙이기는 기울기가 완만하고 집수량이 적은 곳에 이용된다.

**86** 황폐 산지를 복구 녹화하기 위한 산복사방 공작물의 주요 공종이 아닌 것은?

① 기슭막이   ② 비탈흙막이
③ 돌수로 내기   ④ 선떼붙이기

**해설**
기슭막이 공작물은 야계사방 공종이다.

**87** 콘크리트 양생 시 가마니 덮기와 물 뿌리기 등을 일정 기간 계속해 주어야 하는 이유는?

① 시멘트가 골재 사이로 침투되어 공극을 없애기 위해
② 콘크리트 표면이 고르게 응결되어 미적 효과를 높이기 위해
③ 물과 시멘트와의 수화작용을 높여 콘크리트 강도를 높이기 위해
④ 시멘트와 골재와의 혼합이 잘되도록 하여 콘크리트 강도를 높이기 위해

**88** Bazin의 평균유속 신공식에서 n의 값이 1.75인 수로 상태는?

① 야면석을 쌓은 수로
② 다듬돌을 쌓은 수로
③ 시멘트를 바른 수로
④ 큰 자갈 및 수초가 많은 흙수로

**해설**

| 종별 | 수로상태 | 조도계수 |
|---|---|---|
| 1 | 시멘트수로 또는 가공목재수로 | 0.06 |
| 2 | 통나무수로, 콘크리트수로 또는 벽돌수로 | 0.16 |
| 3 | 막돌수로 또는 야면석 수로 | 0.46 |
| 4 | 돌붙임수로 | 0.85 |
| 5 | 일반 흙수로 | 1.30 |
| 6 | 큰자갈이나 수초가 많은 흙수로 | 1.75 |

**89** 돌쌓기의 시공요령으로 옳지 않은 것은?

① 돌쌓기는 세로줄눈이 일직선이 되는 통줄눈이 좋다.
② 메쌓기의 기울기는 1:0.3을 기준으로 하여 돌을 쌓는다.
③ 찰쌓기를 할 때는 물빼기 구멍을 반드시 설치하여야 한다.
④ 돌의 배치는 다섯에움 이상 일곱에움 이하가 되도록 한다.

**해설**
돌쌓기는 가로줄눈이 일직선이 되도록 하고, 세로줄눈은 막힌줄눈이 되도록 쌓는다.

**90** 정사울세우기에 대한 설명으로 옳지 않은 것은?

① 정사울 울타리의 높이는 60~70cm를 표준으로 한다.
② 정사울타리는 20cm 정도를 모래속에 묻어야 한다.
③ 직사각형의 정사울타리는 긴 변을 주풍방향에 직각이 되도록 한다.
④ 시공효과를 크게 하기 위해 정사각형이나 직사각형으로 구획한다.

**해설** 정사울세우기
• 주로 전사구의 육지 쪽에 후방 모래를 고정하여 그 표면에 전면적인 모래의 안정을 도모하고 식재목이 잘 생육할 수 있도록 환경을 조성할 목적으로 모래덮기와 사초심기를 병행하여 시공한다.

정답 86.① 87.③ 88.④ 89.① 90.①

- 시공효과를 가장 크게 하기 위해서는 정사각형이나 직사각형으로 구획한다.
- 섶세우기, 짚세우기, 갈대세우기공법 등이 있다.
- 높이는 1.0~1.2m가 표준이며, 모래에 20cm 정도 묻어야 한다.
- 구획의 크기는 한 변의 길이가 7~15m인 정사각형이나 직사각형으로 하는 것이 일반적이다.
- 정사울타리설치 후 내부에 ha당 10,000본을 식재한다.

**91** 사방댐의 시공요령으로 옳지 않은 것은?
① 방수로 양옆의 기울기는 1:1이 표준이다.
② 계상의 양안에 암반이 있는 지역이 시공지이다.
③ 찰쌓기(측벽)를 할 때 $3m^2$당 1개의 물빼기구멍을 설치한다.
④ 계획 기울기는 현재 계상 기울기의 2/3~4/5를 표준으로 한다.

해설
보정기울기는 대략 3% 내외이며, 현 계천 바닥기울기의 1/2~1/3 정도로 결정한다.

**92** 사방사업의 설계 시공기준의 사방사업 기준에서 산사태가 발생한 산지의 2차 붕괴침식 또는 토석의 유출을 방지하고 새로운 식생을 정착시키기 위하여 시행하는 사업은?
① 산지복원사업   ② 산지보전사업
③ 산사태 복구사업   ④ 산사태 예방사업

해설
산사태 복구사업은 산사태가 발생한 지역을 복구하기 위하여 시행하는 사방사업이다.

**93** 유역면적 200ha, 최대시우량 100mm/h 유거계수 0.6일 때 최대홍수유량($m^3$/s)은?
① 5.5   ② 9.2
③ 33   ④ 60

해설
$0.002778 \times 0.6 \times 100 \times 200 = 33m^3/s$

**94** 황폐계류에 대한 설명으로 옳지 않은 것은?
① 유량의 변화가 적다.
② 계류의 기울기가 급하다.
③ 유로의 길이가 비교적 짧다.
④ 호우 시에 사력의 유송이 심하다.

해설 황폐계류의 특성
- 유로의 연장이 비교적 짧고 계상의 물매가 급하다.
- 유량은 강우나 융설 등에 의해 급격히 증가하거나 감소한다.
- 유수는 계안과 계상을 침식하고 사력을 생산하여 하류부에 유출한다.
- 호우가 끝나면 유량이 격감되고 사력의 이동도 중지된다.

**95** 돌쌓기 방법에 어긋나게 시공된 것으로 돌의 접촉부가 맞지 않거나 힘을 받지 못하는 불안정한 돌은?
① 선돌
② 금기돌
③ 뾰족돌
④ 괴임돌

**96** 해풍에 의한 비사를 억류하고 퇴적시켜서 모래언덕을 조성할 목적으로 시공하는 것은?
① 모래덮기
② 모래막이
③ 퇴사울세우기
④ 정사울세우기

해설 퇴사울세우기
- 퇴사울 : 바다 쪽에서 불어오는 바람에 의해 날리는 모래를 억류하고자 퇴적시켜서 사구를 조성하는 목적의 공작물을 말한다.
- 퇴사울타리공법
  - 말뚝용 재료 : 곰솔, 소나무, 낙엽송, 삼나무 또는 잡목
  - 발의 재료 : 섶, 갈대, 대나무, 억새류 등
  - 높이 : 1.0m

정답 91.④ 92.③ 93.③ 94.① 95.② 96.③

**97** 누구침식에 대한 설명으로 옳은 것은?

① 가벼운 흙입자 및 유기물이 유실된다.
② 침식의 규모가 작아 경운작업으로 쉽게 제거된다.
③ 빗방울이 땅에 떨어져 지표의 토양을 타격하고 분산시킨다.
④ 산지침식 중에서 대형은 깊이가 2m 이상, 너비가 5m 이상이 된다.

해설 ❖
누구침식
침식의 중기유형으로 토양 표면에 잔 도랑이 불규칙하게 생기면서 깎이는 현상

**98** 계상의 침식을 방지하는 계간사방 공작물로서 일반적으로 높이가 3m 이하로 시공하는 것은?

① 흙막이
② 사방댐
③ 누구막이
④ 바닥막이

해설 ❖ 바닥막이
황폐계류나 야계바닥의 종침식 방지 및 바닥에 퇴적된 불안정한 토사석력의 유실방지와 계류를 안정적으로 보전하기 위해 3m 이하로 축설한다.

**99** 산지의 침식형태 중에서 중력에 의한 침식으로 옳지 않은 것은?

① 산붕
② 포락
③ 산사태
④ 사구침식

해설 ❖
사구침식은 바람에 의한 침식이다.

**100** 계류에 반수면만을 축설하여 계상 기울기를 완화하고 산각을 고정하며, 토사유출을 방지하기 위한 횡공작물은?

① 수제
② 골막이
③ 흙막이
④ 산비탈수로

해설 ❖ 골막이
침식성 구곡의 유속을 완화하여 종·횡침식을 방지하고, 수세를 줄여 산각 고정 및 토사 유출, 기슭막이 보호, 사면붕괴를 방지하기 위해 시공하는 공작물이다.

정답  97. ②  98. ④  99. ④  100. ②

## 2015년 제3회 필기시험

### 제1과목 : 조림학

**1** 수목종자의 발아촉진 방법과 해당 수종을 연결한 것으로 옳지 않은 것은?

① 채파-향나무
② 황산처리-옻나무
③ 침수처리-삼나무
④ 노천매장-단풍나무

해설 ⊙ 취파(채파)
종자의 발아력이 상실되지 않도록 이듬해 춘기까지 저장하기 어려운 수종에 대하여 채종 즉시 파종하는 방법이다. 포플러류는 4~5월경, 느릅나무류, 사시나무류는 6월 하순경, 회양목은 7월 중순~8월 상순경, 음나무, 복자기나무는 11월에 뿌리도록 한다.

**2** 생가지치기를 할 경우 절단부위가 썩을 위험성이 큰 수종으로만 짝지어진 것은?

① 편백, 자작나무
② 소나무, 버드나무
③ 단풍나무, 물푸레나무
④ 일본잎갈나무, 벚나무

해설 ⊙ 적용대상 수종
• 침엽수
 - 소나무, 잣나무, 낙엽송, 전나무, 해송, 삼나무, 편백 등 침엽수는 일반적으로 상처유합(병이 잘 낫고, 합해지는 것)이 잘된다.
 - 가문비나무류는 상처가 썩을 위험이 있으므로 죽은 가지와 쇠약한 가지만을 잘라 준다.
• 활엽수
 - 일반적으로 상처의 유합이 잘되지 않고 썩기 쉽기 때문에 직경 5cm 이상의 가지는 원칙적으로 자르지 않는다.
 - 참나무류(신갈나무 제외), 포플러나무류는 으뜸가지 이하의 가지만을 잘라 준다.

**3** 수목의 목부 중 수액이동 조직이 아닌 것은?

① 수(Pith)
② 도관(Vessel)
③ 세포막공(Pit)
④ 가도관(Tracheid)

해설 ⊙
수는 식물 줄기의 내부에서 관다발로 둘러싸인 곳의 내부이다.

**4** 잣나무에 대한 설명으로 옳지 않은 것은?

① 암수한그루이다.
② 심근성 수종이다.
③ 잎 뒷면에 흰 기공선을 가지고 있다.
④ 어려서는 음수이고 자라면서 햇빛 요구량이 줄어든다.

**5** 종자 발아를 위해 후숙이 필요한 수종은?

① Salix koreensis AND
② Taxus cuspidata S. et Z.
③ Quercus serrata THUNB.
④ Ulmus davidiana var. japonica NAKAI

해설 ⊙ 주목 후숙이 필요한 수종
주목, 향나무, 들메나무, 은행나무

정답  1.① 2.③ 3.① 4.④ 5.②

**6** 질소 결핍증상으로 주로 나타나는 현상은?

① T/R률의 증가
② 겨울눈의 조기 형성
③ 성숙한 잎의 황화현상
④ 모잘록병 발생율의 증가

**해설** 질소(N) 결핍증상
늙은 잎에서 먼저 나타나며 생장이 불량하여 잎이 짧아지고, 식물체가 작아진다. 잎은 전체가 황백화하며 결핍이 심해지면 잎 전체 또는 잎의 한 부분이 괴사한다.

**7** 삽목 발근이 잘되는 수종으로만 짝지어진 것은?

① 밤나무, 오리나무
② 무궁화, 배롱나무
③ 호두나무, 은행나무
④ 신갈나무, 쥐똥나무

**해설** 삽목발근이 용이한 수종
포플러류, 버드나무류, 배롱나무, 은행나무, 사철나무, 플라타너스, 개나리, 진달래, 주목, 측백나무, 화백, 향나무, 히말라야시다, 동백나무, 치자나무, 닥나무, 모과나무, 삼나무, 쥐똥나무, 무궁화 등

**8** 소나무와 곰솔을 비교한 설명으로 옳지 않은 것은?

① 곰솔의 침엽은 굵고 길다.
② 소나무의 겨울눈은 굵고 회백색이다.
③ 소나무 수피는 적갈색이고 곰솔은 암흑색이다.
④ 침엽 수지도가 곰솔은 중위이고 소나무는 외위이다.

**해설**
겨울눈이 굵고 회백색인 것은 곰솔이다.

**9** C3식물에서 $CO_2$를 받아들이는 첫 번째 효소는?

① PEP 효소    ② Malic 효소
③ Pyruvic 효소 ④ Ruvisco 효소

**해설**
C3 식물은 $CO_2$를 받아들일 때 제일 처음 Rubisco 효소에 의해 2분자 3-PGA를 생성하지만, PEP 효소는 C4 식물에서 $CO_2$를 받아들여 OAA를 생성할 때 사용된다.

**10** 2-1로 표시된 묘목의 설명으로 옳은 것은?

① 2년생 실생묘
② 3년생 이식묘
③ 3년생 접목묘
④ 3년생 삽목묘

**해설**
파종상에서 2년을 지낸 후 판갈이하여 1년을 지낸 묘목을 말한다.

**11** 풀베기에 대한 설명으로 옳은 것은?

① 잡초가 다 자란 9월 이후에 실시한다.
② 소나무는 다른 수종보다 늦게 실시한다.
③ 묘목을 심은 뒤 1~2년 동안에만 실시한다.
④ 한해나 풍해가 우려되는 조림지는 둘레베기를 하는 것이 좋다.

**해설**
**풀베기의 형식**
- 모두베기 : 조림지 전면의 잡초목을 베어 내는 방법으로, 임지가 비옥하거나 식재목이 광선을 많이 요구하는 소나무, 낙엽송, 강송, 삼나무, 편백 등의 조림 또는 갱신지에 적용한다. 줄베기와 둘레베기에 비해 토양침식 등 식재목과 토양에 가장 나쁜 영향을 주기도 한다.
- 줄베기 : 가장 많이 사용하며 조림목의 식재열을 따라 약 90~100cm 폭으로 잘라내므로 모두베기에 비하여 경비와 노력이 절약된다.
- 둘레베기 : 조림목 주변을 반경 50cm 내외의 정방형 또는 원형으로 잘라내는 방법으로, 강한 음수이거나 군상식재지 등 바람과 한해에 대하여 조림목의 특별한 보호가 필요한 경우에 적용하는 방법이다.

정답 6.③ 7.② 8.② 9.④ 10.② 11.④

**12** 종자의 결실 주기가 5년 이상인 수종은?
① Abies holophylla Max
② Larix leptolepis GORDON
③ Cryptomeria Japonica D. Don
④ Pinus densiflra SIEB.et ZUCC

> 해설
> • 결실주기가 5년 이상 수종에는 너도밤나무, 낙엽송 등이 있다.
> • ① 전나무, ② 낙엽송, ③ 삼나무, ④ 소나무

**13** 왜림작업으로 갱신하기 적당하지 않은 수종은?
① 잣나무
② 오리나무
③ 신갈나무
④ 물푸레나무

> 해설
> 왜림작업은 맹아를 이용하여 갱신이 가능해야 하나 잣나무는 맹아를 이용하여 갱신할 수 없다.

**14** 양묘과정 중 해가림 시설을 해야 하는 수종으로만 짝지어진 것은?
① 아까시나무, 삼나무, 편백
② 잣나무, 소나무, 사시나무
③ 소나무, 아까시나무, 곰솔
④ 가문비나무, 잣나무, 전나무

> 해설
> 햇빛에 의하여 쉽게 고사되는 음수수종은 해가림을 해주어야 한다. 대표적인 음수수종에는 전나무, 가문비나무, 솔송나무, 너도밤나무, 서어나무류, 함박꽃나무, 칠엽수, 녹나무, 단풍나무류 등이 있다.

**15** 편백과 화백의 공통점으로 옳지 않은 것은?
① 측백속이다.
② 일가화 수종이다.
③ 일본에서 도입되었다.
④ 내음성은 중성에 가깝다.

**16** 균근에 대한 설명으로 옳지 않은 것은?
① 참나무류에 형성되는 균근은 내생균근이다.
② 소나무류에 형성되는 균근은 외생균근이다.
③ 토양 비옥도와 균근의 형성률은 반비례한다.
④ 수목의 뿌리가 토양 중에 있는 균류와 공생하는 것이다.

> 해설
> 참나무에서 형성되는 균근은 외생균근으로, 버섯류 등이 대표적이다.

**17** 소나무의 지역품종으로 줄기가 곧고 수관이 좁고 가지가 가늘고 지하고가 높은 것은?
① 동북형   ② 금강형
③ 안강형   ④ 중남부평지형

> 해설
> 금강형 소나무는 줄기가 곧게 뻗으며 지하고가 높고 재질이 우수하다.

**18** 일반적으로 봄에 종자가 성숙하는 수종은?
① 소나무   ② 향나무
③ 미루나무  ④ 동백나무

> 해설
> 미류나무는 미국에서 온 버드나무라 해서 붙여진 이름이다. 꽃은 3~4월에 피고, 열매는 5월에 익으며 털이 많다.

**19** 산벌작업의 특징으로 옳지 않은 것은?
① 임지보호 효과가 있다.
② 음수의 갱신이 가능하다.
③ 개벌작업에 비해 기술요구도가 낮다.
④ 예비벌, 하종벌, 후벌 순서로 진행한다.

> 해설 산벌작업
> • 10~20년 정도의 비교적 짧은 갱신기간 중에 몇 차례의 갱신벌채로서 모든 나무를 벌채 및 이용하는 동시

정답 12.② 13.① 14.④ 15.② 16.① 17.② 18.③ 19.③

에 새 임분을 출현시키는 방법으로 윤벌기가 완료되기 이전에 갱신이 완료되는 작업이다.
• 천연하종갱신이 가장 안전한 작업종으로 갱신된 숲은 동령림으로 취급된다.

**20** 접수와 대목의 굵기가 비슷하며 조직이 유연하고 굵지 않을 때 적합한 접목법은?

① 복접  ② 교접
③ 기접  ④ 설접

**해설** 설접
대목과 접수의 직경이 같아야 하고 0.5~1cm 정도의 작은 것이 알맞다. 설접은 형성층의 접착면이 크기 때문에 다른 접목법에 비하여 활착율이 가장 높다. 절삭면(切削面)의 중앙부를 아래와 위쪽으로 잘라 혀와 같이 서로 물리게 접하는 방법이다.

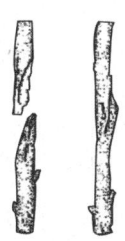

제2과목 : 산림보호학

**21** 다음 중 세균에 의한 수목 병해는?

① 청변병  ② 불마름병
③ 모잘록병  ④ 그을음병

**해설**
세균에 의한 수병에는 밤나무 뿌리혹병, 밤나무눈마름병, 불마름병 등이 있다.

**22** 다음 각 해충이 주로 가해하는 수종으로 옳지 않은 것은?

① 미국흰불나방 : 소나무류
② 광릉긴나무좀 : 참나무류
③ 복숭아심식나무 : 사과나무
④ 버즘나무방패벌레 : 물푸레나무

**해설** 미국흰불나방
• 활엽수를 가해하며 1년 2회 발생한다.
• 나무껍질 사이·판자 틈·돌 밑·지피물 밑 등에서 번데기로 월동, 1회 성충은 5월 중순~6월에 출현한다.
• 방제법은 부화 직후의 유충은 군서하므로 포살, 용화할 때가 되면 땅으로 내려오므로 식이목을 설치한다.
• 살충제로는 디프테렉스(1000배액)가 효과적이다.

**23** 수목 생장 시기인 봄에 내린 서리에 의한 피해는?

① 만상
② 춘상
③ 조상
④ 추상

**해설** 서리해
• 조상 : 가을에서 초겨울 사이에 눈이 아직 성숙하지 않은 시기에 급강하한 기온에 의해 갈색으로 변하게 되는 것을 말한다.
• 만상 : 나무가 이른 봄에 활동을 시작한 후 서리가 내려 새순이 말라죽는 것을 말한다.

**24** 모잘록병 방제 방법으로 옳지 않은 것은?

① 묘상이 과습하지 않도록 한다.
② 복토가 너무 두껍지 않도록 한다.
③ 병이 심한 묘포지는 돌려짓기를 한다.
④ 인산비료보다는 질소비료를 충분히 준다.

**해설** 모잘록병의 방제
• 묘상이 과습하지 않도록 배수와 통풍에 주의하며, 햇볕이 잘 들도록 한다.
• 채종량을 적게 하고, 너무 두껍지 않도록 복토한다.
• 질소질 비료를 과용하지 말고, 인산질비료를 충분히 주어 묘목을 튼튼히 길러야 한다

**25** 다음 중 여름포자 세대를 형성하지 않는 것은?

① 소나무 흑병
② 포플러 잎녹병
③ 오리나무 잎녹병
④ 배나무 붉은별무늬병

**26** 봄에 진딧물 알에서 부화한 애벌레를 무엇이라 하는가?
① 유충　　② 간부
③ 간모　　④ 약충

해설 ) 간모는 진딧물의 월동란이 봄에 부화하여 발육한 것이다.

**27** 잣나무 털녹병균에 대한 설명으로 옳은 것은?
① 중간기주에 기주교대를 하는 이종 기생균이다.
② 중간기주에 기주교대를 하는 동종 기생균이다.
③ 중간기주에 기주교대를 하지 않는 이종 기생균이다.
④ 중간기주에 기주교대를 하지 않는 동종 기생균이다.

해설 ) **잣나무 털녹병**
- 중간기주는 송이풀과 까치밥나무이다.
- 녹포자와 녹병포자를 형성하며, 중간기주에서 여름포자·겨울포자의 소생자를 형성한다.
- 수피조직 내에서 균사의 형태적 월동이 이루어지며, 4~5월 하순에 녹포자를 형성한다.
- 약제방제는 거의 불가능하며, 병든 나무는 제거·소각하고, 중간기주는 제거한다.

**28** 1900년경 동양에서 수입된 밤나무에 병원균이 묻어 들어가 미국 동부지방에 피해를 준 수목병으로 배수가 불량한 지역의 밤나무가 형성층에 손상을 입은 경우 잘 발생하는 것은?
① 밤나무 잉크병
② 밤나무 시들음병
③ 밤나무 흰가루병
④ 밤나무 줄기마름병

해설 ) **밤나무 줄기마름병**
- 나뭇가지와 줄기를 침해한다.
- 병환부의 수지는 처음에는 적갈색으로 변하고 약간 움푹해지며 6~7월경에 수피를 뚫고 등황색의 소립이 밀생한다.
- 자낭각과 병자각이 병환부의 자질 안에 생기고 균사, 포자형으로 월동한다.
- 베노밀의 수간주입 치료, 봄에 눈트기 전에 보르도액·석회황합제 살포, 저항성 품종 선발·육종으로 방제한다.

**29** 다음 ( ) 안에 들어갈 용어로 옳은 것은?

> 향나무 녹병의 발병특징 : 향나무의 잎이나 가지 사이에 형성되는 (　)의 색깔이나 형태는 병원균의 종류에 따라 매우 다양하게 나타난다. 4~5월 봄철 비가 와서 수분을 흡수하면 (　)는 노란색 또는 오렌지색의 한천모양으로 불어난다.

① 녹포자기　　② 겨울포자퇴
③ 녹병정자기　　④ 여름포자퇴

해설 ) **향나무의 녹병(배나무의 붉은별무늬병)**
- 4월경 향나무의 잎과 가지 사이에 갈색 혀 모양(배나무는 별모양)의 균체를 형성한다.
- 향나무에 겨울포자, 배나무에서 녹병포자와 녹포자를 형성한다.
- 향나무 근처 2km 이내에 배나무를 심지 않거나 4-4식 보르도액, 4월 중순 아이카 보르도액을 살포하여 방제한다.

**30** 다음 중 내화성 수종이 아닌 것은?
① 삼나무　　② 마가목
③ 은행나무　　④ 느티나무

해설 ) **수목의 내화력**

| 구분 | 강한 수종 | 약한 수종 |
| --- | --- | --- |
| 침엽수 | 은행나무, 낙엽송, 분비나무, 가문비나무, 개비자나무, 대왕송 | 소나무, 해송, 삼나무, 편백 |
| 상록 활엽수 | 아왜나무, 굴거리나무, 후피향나무, 붓순, 황벽나무, 동백나무, 사철나무, 회양목 | 녹나무, 구실잣밤나무 |
| 낙엽 활엽수 | 굴참나무, 상수리나무, 고로쇠나무, 피나무, 고광나무, 가중나무, 참나무, 사시나무, 음나무 | 아까시나무, 벚나무, 능수버들, 벽오동나무, 참죽나무, 조릿대 |

정답 26.③　27.①　28.④　29.②　30.①

**31** 천연기념물로 지정된 조류가 아닌 것은?

① 따오기
② 꾀꼬리
③ 크낙새
④ 두루미

**32** 다음 설명에 해당하는 해충은?

- 고사목 또는 벌채 된지 얼마 되지 않은 나무에 산란하여 유충이 수피 밑을 식해함
- 표고골목의 경우 벌채 당년에 종균을 접종한 직경 10cm 미만의 소경목에 주로 산란함
- 주로 1년에 1회 발생하고 성충으로 바위나 낙엽 밑에서 월동함

① 알락하늘소    ② 향나무하늘소
③ 포플러하늘소  ④ 털두꺼비하늘소

**33** 소나무재선충병에 대한 설명으로 옳지 않은 것은?

① 북방수염하늘소에 의해 발병하기도 한다.
② 감염 우려 지역은 아바멕틴 유제를 사용하여 나무주사를 실시한다.
③ 방제법으로 항공살포, 피해목 훈증, 위생간벌 등이 있지만 토양관주는 효과가 없다.
④ 피해 입은 소나무는 침엽이 아래로 처지고 황색과 갈색으로 변색되면서 고사된다.

**해설**
토양관주는 토양처리약제를 주사기로 토양 속에 주사하여 소독하는 방법으로, 많이 사용하지는 않지만 토양소독을 통하여 매개충의 밀도를 낮출 수가 있다.

**34** 밤나무혹벌에 대한 설명으로 옳지 않은 것은?

① 1년에 1회 발생하며 눈의 조직 내에서 유충의 형태로 원동한다.
② 천적으로는 노란꼬리좀벌, 남색긴꼬리좀벌, 상수리좀벌 등이 알려져 있다.
③ 유충기를 벌레혹에서 보낸 후에 탈출하여 번데기는 수피 틈새에 형성한다.
④ 피해목은 개화 및 결실이 잘되지 않고, 피해가 누적되면 고사하는 경우가 많다.

**해설**
밤나무혹벌은 눈을 가해하며 충영성이다. 노숙유충으로 땅속에서 월동한다.

**35** 세균이 식물 체내에 침입 가능한 통로가 아닌 것은?

① 수공
② 각피
③ 피목
④ 밀선

**36** 염풍(Salt Wind)에 의한 피해가 아닌 것은?

① 염분이 잎 뒷면의 기공으로 침입하여 생리적 작용을 저해한다.
② 염풍의 해가 심하면 나뭇잎이 갈색 또는 흑색으로 변하여 고사한다.
③ 토양에 스며든 염분으로 인하여 토양 내 유기물 분해가 너무 빨리 일어난다.
④ 나뭇잎에 부착된 NaCl이 원형질로부터 수분을 탈취하여 원형질 분리를 일으킨다.

**해설** 조풍(염풍)
소금기를 타고 바다에서 불어오는 바람으로, 잎 앞뒷면의 기공으로 침입하여 생리작용에 해를 끼치며 원형질 분리를 잘 일으킨다.

**37** 주로 종실을 가해하는 해충이 아닌 것은?

① 밤바구미
② 솔알락명나방
③ 복숭아명나방
④ 참나무재주나방

**해설**
종실을 가해하는 해충에는 밤바구미, 밤나방, 솔알락명나방, 복숭아명나방 등이 있다.

**정답** 31.② 32.④ 33.③ 34.③ 35.② 36.③ 37.④

**38** 솔잎혹파리의 기생적 천적이 아닌 것은?

① 솔잎혹파리먹좀벌
② 혹파리원뿔먹좀벌
③ 혹파리살이먹좀벌
④ 혹파리등뿔먹좀벌

**해설**
솔잎혹파리의 천적에는 솔잎혹파리먹좀벌과 혹파리살이먹좀벌, 혹파리등뿔먹좀벌, 혹파리반뿔먹좀벌 등이 있다.

**39** 흰가루병에 대한 설명으로 옳지 않은 것은?

① 자낭균으로 자낭구를 형성한다.
② 물푸레나무, 밤나무 등에 발병한다.
③ 무성으로 분생포자를 많이 만들어 내는 완전사물기생균이다.
④ 식물 잎에 밀가루를 뿌려 놓은 것처럼 흰색의 균사가 자라서 덮는 것이다.

**해설** 수목의 흰가루병
- 일정한 반점이 생기지 않고 병반이 불규칙하다. 유아나 신소가 기형을 받으면 위축 기형이 일어난다.
- 병환부에 나타난 흰가루는 병원균의 균사 분생자병 및 분생포자 등이며 이것은 분생자세대의 표징이다.
- 병든 낙엽 위에 붙어 월동하여 이듬해 봄에 자낭포자를 내어 1차전염을 일으키고 2차전염은 분생포자에 의해 가을까지 이어진다.
- 가을에 병든 낙엽과 가지를 소각하고, 봄에 새눈 나오기 전에 석회황합제를 살포하여 방제한다.

**40** 외국에서 유입된 해충이 아닌 것은?

① 솔잎혹파리
② 소나무재선충
③ 잣나무넓적잎벌
④ 버즘나무방패벌레

---

### 제3과목 : 임업경영학

**41** 산림자원의 조성 및 관리에 관한 법률에 의한 사유림경영계획구의 유형이 아닌 것은?

① 특별경영계획구
② 일반경영계획구
③ 협업경영계획구
④ 기업경영림계획구

**해설** 사유림 경영계획구

| 일반 경영계획구 | 사유림의 소유자가 자기 소유의 산림을 단독으로 경영하기 위한 경영 계획구 |
|---|---|
| 협업 경영계획구 | 서로 인접한 사유림을 2인 이상의 산림 소유자가 협업으로 경영하기 위한 경영계획구 |
| 기업 경영림계획구 | 기업경영림을 소유한 자가 기업경영림을 경영하기 위한 경영계획구 |

**42** 표준목법에 의한 임분 재적 측정 방법으로, 전 임목을 몇 개의 계급으로 나누고 각 계급의 분수를 동일하게 하여 표준목을 선정하는 것은?

① 단급법
② Urich법
③ Hartig법
④ Draudt법

**43** 매각한 임목의 실제 판매가격이 아니라 매각 임복의 육림비 누적액을 의미하는 것은?

① 매각액
② 성장액
③ 판매액
④ 성장액의 내부보유율

정답 38.② 39.③ 40.③ 41.① 42.② 43.①

**44** 산림의 생산기간에 대한 설명으로 옳지 않은 것은?

① 회귀년이 짧은 경우 단위면적에서 벌채될 재적이 많다.
② 벌기령과 벌채령이 일치할 때 벌기령을 법정벌기령이라 한다.
③ 개량기는 개벌작업을 하는 산림에 적용되는 기간이며 정리기라고도 한다.
④ 윤벌기란 보속작업에 있어서 한 작업급 내의 모든 임분을 1순벌하는 데 필요한 기간이다.

**해설**
회귀년이 짧을 경우 단위면적에서 벌채되는 재적은 적으나 남아 있는 재적은 많다.

**45** 다음 조건에서 국내산 원목의 재적검량방법에 의해 계산할 벌채목의 재적(m³)은?

- 말구직경 : 14cm
- 원구직경 : 10cm
- 중앙직경 : 12cm
- 재장 : 8.50cm

① 0.099
② 0.167
③ 0.198
④ 0.218

**해설** 말구직경 자승법

$$V = \left(d_n + \frac{L'-4}{2}\right) \times L \times \frac{1}{10000}$$

$$= \left(14 + \frac{8-4}{2}\right) \times 8.5 \times \frac{1}{10000} = 0.218 m^3$$

**46** 산림기본법에 의한 산림기본계획 및 지역산림계획에 따라 국유림종합계획은 몇 년마다 수립·시행하여야 하는가?

① 5년
② 10년
③ 15년
④ 20년

**47** 임업경영 성과 분석을 위한 각 요소에 대한 설명으로 옳지 않은 것은?

① 임가소득은 임업소득과 임업외소득으로 구성된다.
② 임업순수익은 가족임금추정액을 제외한 임업소득이다.
③ 임업소득은 임업경영비를 제외한 임업조수익이다.
④ 임업의존도는 임가소득을 임업소득으로 나눈 값을 백분율로 표현한 것이다.

**해설**
임업의존도는 임업소득을 임가소득으로 나눈 것이다.

**48** 윤벌기가 50년이고 회귀년이 10년인 산림의 법정택벌률식에 의한 택벌률은?

① 10%
② 20%
③ 30%
④ 40%

**해설**

$$택벌률 = \frac{200}{윤벌기} \times 회귀년 = \frac{200}{50} \times 10 = 40\%$$

**49** 산림평가 방법 중 비교법에 대한 설명으로 옳지 않은 것은?

① 간편하고 이해하기 쉽다.
② 감정인의 경험 의존도가 높다.
③ 시장에서 실제로 매매되는 가격을 평가 기준으로 한다.
④ 시점수정, 사정보정, 개별요인 및 지역요인의 비교가 용이하다.

**해설** 비교방식의 의한 평가
- 직접 비교법 : 거래사례와 비교하여 대상 물건의 현황에 맞게 사정 보정 및 시점 수정 등을 가하여 가격을 산정한다.
- 간접 비교법 : 임지를 개발지역으로 조성하여 매각하는 등의 가격 비교를 한다.

**정답** 44.① 45.④ 46.② 47.④ 48.④ 49.④

**50** 다음 조건에서 작업시간비례법으로 계산한 기계톱의총 감가상각비는?

- 취득원가 : 450,000원
- 잔존가치 : 50,000원
- 총 사용 가능시간 : 80,000시간
- 실제 작업시간 : 3,500시간

① 12,500원
② 17,500원
③ 22,500원
④ 35,000원

**해설**

감가상각비 = $(450{,}000 - 50{,}000) \times \dfrac{3{,}500}{80{,}000}$
= 17,500원

**51** 산림휴양림의 경관 관리 방법으로 경관 연출에 해당하지 않는 것은?

① 계절감　　② 다양성
③ 보도의 액센트　　④ 차단공간 조성

**52** 산림을 하나의 생물적 유기체로 간주하여 지속적인 경영을 중시한 산림경영 사상을 무엇이라 하는가?

① 생산성사상　　② 항속림사상
③ 보속성사상　　④ 법정림사상

**해설** 항속림사상

산림을 구성하고 있는 임지와 임목을 항상 유지해 나가면서 산림을 경영하는 방법으로 택벌작업으로 산림작업을 진행한다.

**53** 임목재적을 측정하기 위한 흉고형수에 대한 설명으로 옳지 않은 것은?

① 지위가 양호할수록 형수가 작다.
② 수고가 작을수록 형수는 작아진다.
③ 연령이 많아질수록 형수는 커진다.
④ 흉고직경이 작아질수록 형수는 커진다.

**해설** 흉고형수의 결정법

- 원주의 체적과 수간재적의 비(수간재적/원주체적)를 말한다.
- 우리나라에서는 0.45를 사용한다.
- 수고가 높아질수록, 직경이 커질수록 작아지는 경향이 있다.
- 지위가 양호할수록 형수가 작다.
- 수관밀도가 빽빽할수록 형수가 크다.

**54** 산림문화·휴양에 관한 법률에 정의된 것으로 다음 내용에 해당하는 것은?

국민의 정서함양·보건휴양 및 산림교육 등을 위하여 조성한 산림

① 숲길　　② 산림욕장
③ 자연휴양림　　④ 치유의 숲

**해설** 산림 문화·휴양에 관한 법률

- 산림문화·휴양 : 산림과 인간의 상호작용으로 형성되는 총체적 생활양식과 산림 안에서 이루어지는 심신의 휴식과 치유
- 자연 휴양림 : 국민의 정서함양·보건휴양 및 산림교육 등을 위하여 조성한 산림
- 산림욕장 : 국민의 건강 증진을 위하여 산림 안에서 맑은 공기를 호흡하고 접촉하며 산책 및 체력단련 등을 할 수 있도록 조성한 산림
- 치유의 숲 : 인체의 면역력을 높이고 건강을 증진시키기 위하여 향기, 경관 등 산림의 다양한 요소를 활용할 수 있도록 조성한 산림

**55** 벌기의 임분 재적 300m³ 윤벌기 50년, 산림면적 150ha인 경우의 법정축적은?

① 2,250m³
② 4,500m³
③ 22,500m³
④ 45,000m³

**해설**

법정축적 = $\dfrac{50}{2} \times 300 \times \dfrac{150}{50}$ = 22,500m³

정답　50. ②　51. ③　52. ②　53. ②　54. ③　55. ③

**56** 산림교육의 활성화에 관한 법률에 의한 산림교육전문가가 아닌 것은?

① 숲해설가
② 유아숲지도사
③ 자연환경해설사
④ 숲길체험지도사

**57** 치유의 숲에 설치하는 시설이 아닌 것은?

① 체육시설
② 편익시설
③ 위생시설
④ 산림치유시설

> 해설
> 체육시설은 자연휴양림에 설치하는 시설이다.

**58** 임령에 따라 적용한 임목의 평가방법으로 가장 적합한 것은?

① 유령림의 임목 : 비용가
② 중령림의 임목 : 기망가
③ 벌기 이후의 임목 : Glaser법
④ 벌기 미만 장령림의 임목 : 매매가

> 해설 임목의 평가 방법
> • 중령림의 임목 : Glaser법
> • 벌기 이후의 임목 : 매매가법
> • 벌기 미만 장령림의 임목 : 기망가법

**59** 임업경영의 형태 중 개별경영을 해체하고 모든 자본과 노동을 통합하여 공동화하는 협업경영 체계에서 발생하기 쉬운 문제점으로 옳지 않은 것은?

① 불충분한 시장조사로 인한 실패
② 가장 낮은 수준으로 노동 평준화
③ 불필요한 신기술 개발로 인한 자본 낭비
④ 필요 이상의 과잉 투자로 인한 수익성 저하

**60** 소반의 지종구분에서 제지에 대한 설명으로 옳은 것은?

① 관련 법률에 의거 지정된 법정임지
② 수관점유면적 비율이 30% 이하인 임분
③ 수관점유면적 비율이 30% 초과하는 임분
④ 암석 및 석력지로서 조림이 불가능한 임지

### 제4과목 : 임도공학

**61** 비탈면 기울기가 1:1.2로 표시된 설계도의 경사도(%)는?

① 13  ② 43
③ 83  ④ 123

> 해설
> 경사도 = $\frac{1}{1.2} \times 100 = 83\%$

**62** 지모측량이란 토지의 기복 상태를 측정하여 도시화하는 것이다. 다음 중 지모측량에 있어서 지성선에 속하지 않는 것은?

① 철선
② 합수선
③ 방향변환선
④ 경사변환선

**63** 임도의 성토사면에 있어서 붕괴가 일어날 가능성이 적은 경우는?

① 함수량이 증가할 때
② 공극수압이 감소될 때
③ 동결 및 융해가 반복될 때
④ 토양의 점착력이 약해질 때

> 해설
> 성토사면의 공급수압이 작아지면 토양의 점착력이 강해지므로 붕괴의 위험이 줄어든다.

**정답** 56. ③  57. ①  58. ①  59. ③  60. ④  61. ③  62. ③  63. ②

**64** 임도망 배치 모델의 적정성을 분석하기 위한 평가지표로 평균집재거리가 있다. 아래의 조건에서 평균집재거리가 가장 짧아 노선 배치가 가장 양호하다고 평가할 수 있는 것은?

① 임도밀도=8m/ha, 우회계수=1.0
② 임도밀도=8m/ha, 우회계수=1.2
③ 임도밀도=10m/ha, 우회계수=1.0
④ 임도밀도=10m/ha, 우회계수=1.2

**해설**
평균집재거리가 짧아 노선배치가 양호하기 위해서는 임도밀도는 높고, 우회계수는 낮아야 한다.

**65** 장마기가 지난 후 배수로의 토사를 제거하기에 가장 적합한 작업 기계는?

① 소형 백호
② 진동 롤러
③ 소형 불도저
④ 모터 그레이더

**해설**
장마가 지나고 나면 옆도랑에 토사가 고여 있으므로 소형 백호를 통하여 토사를 제거하는 것이 효과적이다.

**66** 반출할 목재의 길이가 16m, 도로의 폭이 8m일 때 최소 곡선반지름은?

① 8m
② 14m
③ 16m
④ 32m

**해설**
최소곡선반지름 = $\dfrac{16^2}{4 \times 8}$ = 8m

**67** 수로의 평균유속을 구하는 매닝(Manning) 공식에서 조도계수가 작은 것부터 큰 것의 순서로 올바르게 나열된 것은?

㉠ : 흙수로
㉡ : 메쌓기 돌수로
㉢ : 콘크리트관수로(제품)

① ㉠-㉡-㉢
② ㉠-㉢-㉡
③ ㉢-㉠-㉡
④ ㉢-㉡-㉠

**해설**
조도계수는 물이 흐를 때 흐름에 따른 표면의 거칠은 정도를 나타내는 계수로, 콘크리트관-흙수로-메쌓기 돌수로 순으로 거칠어진다.

**68** 임도의 곡선을 결정할 때 외선길이가 10.0m이고 교각이 90°인 경우 곡선반지름은?

① 약 14m
② 약 24m
③ 약 34m
④ 약 44m

**해설**
외선길이(ES) = $R \cdot \left[\sec\left(\dfrac{\theta}{2}\right) - 1\right]$

10 = 반지름 × $\left[\sec\left(\dfrac{90}{2}\right) - 1\right]$

= 반지름 × $\left[\dfrac{1}{\cos 45} - 1\right]$ = 24m

**69** 절성토사면에 있어서 소단에 대한 설명으로 옳지 않은 것은?

① 절·성토의 안정성을 높인다.
② 사면에서 흘러내리는 사면침식을 줄인다.
③ 필요에 따라 식생이나 배수구를 설치한다.
④ 붕괴 방지를 위해 유지보수 작업원의 발판으로 이용할 수 없다.

**해설**
소단은 유지보수 작업 시 발판으로 이용할 수 있다.

정답 64.③ 65.① 66.① 67.③ 68.② 69.④

**70** 임도 내 교량에 적용되는 종단기울기는? (단, 특별한 장소 제외)

① 적용하지 아니한다.　② 2% 미만
③ 4% 미만　　　　　④ 6% 미만

**71** 흙의 기본성질에 대한 설명으로 옳지 않은 것은?

① 공극비는 흙입자의 용적에 대한 공극의 용적비이다.
② 포화도는 흙입자의 중량에 대한 수분의 중량비를 백분율로 표시한 것이다.
③ 공극률은 흙덩이 전체의 용적에 대한 간극의 용적비를 백분율로 표시한 것이다.
④ 무기질의 흙덩이는 고체(흙입자), 액체(물), 기체(공기)의 세 가지 성분으로 구성된다.

> 해설
> 포화도 = $\dfrac{\text{토양의 체적 함수율}}{\text{간극률}} \times 100$

**72** 임도에서 최소 종단기울기를 유지해야 하는 이유로 가장 옳은 것은?

① 시공 시 성토면의 토량을 확보하여 시공비를 절약하기 위해
② 시공비용이 높기 때문에 벌채점까지 신속히 접근시키기 위해
③ 임도 표면에 잡초들의 발생을 예방하여 유지비를 절약하기 위해
④ 임도 표면의 배수를 용이하게 하여 임도 파손을 막고 유지비를 절약하기 위해

> 해설 ▶ 종단기울기(경사)
> • 길 중심선의 수평면에 대한 기울기를 말하며 토양침식과 통행차량에 의한 임도의 파손을 예방하기 위해 규정하고 있다.
> • 최소 2~3% 이상 되어야 한다.
> • 종단기울기가 급하여 길이가 긴 구간의 노면에는 유수를 차단할 수 있는 배수시설을 설치한다.
> • 보통 수평거리 100에 대한 수직거리로 나타낸다.

**73** 트래버스 계산 결과 다음과 같을 때 배횡거법으로 구한 다각형의 면적(m³)은?

| 측선 | 위거 | 경거 |
|---|---|---|
| AB | +25.0 | +16.3 |
| BC | −19.6 | +31.8 |
| CD | −17.9 | −25.8 |
| DA | +12.5 | −22.3 |

① 618　② 718
③ 818　④ 918

> 해설
> • 계산의 편리를 위해 배횡거를 이용하여 면적을 계산한다.
> • 횡거 : 어떤 측선의 중점으로부터 기준선(남북자오선)에 내린 수선의 길이
> • 경거 : 한 측선의 동서방향의 성분, 동서축에 정사투영된 거리
> • 배횡거 : 횡거의 2배
>
> | 측선 | 배횡거 계산 | 배횡거 | 배면적 |
> |---|---|---|---|
> | AB | +16.3 | +16.3 | +407.5 |
> | BC | +16.3+16.3+31.8 | 64.4 | −1262.24 |
> | CD | 64.4+31.8−25.8 | 70.4 | −1260.16 |
> | DA | 70.4−25.8−22.3 | 22.3 | +278.75 |
>
> • 면적 = $\dfrac{(+407.5 - 1262.24 - 1260.16 + 278.75)}{2}$
> = 918

**74** 임도측량 방법으로 영선측량과 중심선측량을 비교한 설명으로 옳지 않은 것은?

① 영선은 절토작업과 성토작업의 경계선이 되기도 한다.
② 산지경사가 완만할수록 중심선이 영선보다 안쪽에 위치하게 된다.
③ 산지경사가 45~55% 정도일 때 중심선과 영선이 거의 일치한다.
④ 중심선 측량은 지형상태에 따라 파상지형의 소능선과 소계곡을 관통하며 진행된다.

**정답** 70. ① 71. ② 72. ④ 73. ④ 74. ②

**해설**
산지경사가 완만할수록 중심선이 영선보다 바깥쪽으로 위치하게 된다.

**75** 어떤 두 측점간의 측량 결과 방위각이 127°30′일 때 역방위각은?
① 307°30′    ② 127°30
③ 37°30′     ④ 19°30′

**해설**
역방위각 = 127°30′+180° = 307°30′

**76** 임도에서 합성기울기와 관련이 있는 조합은?
① 횡단기울기와 편기울기
② 종단기울기와 역기울기
③ 편기울기와 곡선반지름
④ 종단기울기와 횡단기울기

**해설** 합성기울기
종단기울기와 횡단기울기를 합성한 기울기를 말한다. 간선 및 지선의 합성기울기는 12% 이하로 하며, 부득이한 경우 13~15%로 한다.
$S = \sqrt{i^2 + j^2}$
S : 합성기울기(%), i : 횡단기울기, j : 종단기울기

**77** 임도개설과 같이 폭이 좁고 길이가 상대적으로 긴 구간에서 발생되는 토량을 산출하기 위하여 사용되는 토적 계산식으로 가장 적합하지 않은 것은?
① 주상체공식
② 중앙단면적법
③ 양단면적평균법
④ 직사각형 기둥법

**78** 노면 또는 땅깎기 비탈면에 설치하는 배수시설로서 길어깨와 비탈 사이에 종단방향으로 설치하는 것은?
① 옆도랑     ② 겉도랑
③ 속도랑     ④ 빗물받이

**해설** 옆도랑
- 노면과 인접된 사면의 물의 배수를 위하여 임도의 종단 방향에 따라 설치하는 배수시설이다.
- 종단기울기는 최소 0.5% 이상 필요하며, 5% 이상이 되면 침식 예방을 위한 대책을 강구해야 한다.
- 옆 도랑의 깊이는 30cm 내외, 넓이는 0.5~1m 정도이다.

**79** 토목공사용 굴착기의 앞부속장치로 옳지 않은 것은?
① Crane       ② Pile Driver
③ Clam Lines  ④ Drag Shovel

**80** 다음 중 정지 및 전압 전용기계가 아닌 것은?
① Tamper
② Trencher
③ Motor Grader
④ Vibrating Compactor

**해설**
Trencher는 굴착용 기계이다.

---

**제5과목 : 사방공학**

**81** 해안사방의 사구조성공법에 해당하지 않는 것은?
① 파도막이       ② 모래덮기
③ 퇴사울세우기   ④ 정사울세우기

**해설**
정사울세우기는 사지조림공법이다.

**82** 사방댐 설치에 있어 홍수기울기와 평형기울기 사이의 퇴사량을 무엇이라 하는가?
① 토사퇴적량
② 토사조절량
③ 토사안정량
④ 토사침식량

**정답** 75.① 76.④ 77.④ 78.① 79.③ 80.② 81.④ 82.②

**83** 중력침식유형 중 발생 속도가 가장 느린 것은?

① 토석류
② 산사태
③ 땅밀림
④ 급경사지 붕괴

> **해설**
> 땅밀림은 지하수에 의해서 발생하는 것으로, 산지 전체가 서서히 이동하는 형태이다.

**84** 임도계획선에 인접된 작은 계곡에서 구곡침식이 심할 때 침식안정을 위해 가장 적합한 공작물은?

① 떼 누구막이
② 편책 기슭막이
③ 돌망태 골막이
④ 콘크리트 옹벽

> **해설** 골막이(구곡막이)
> 침식성 구곡의 유속을 완화하여 종·횡침식을 방지하고, 수세를 줄여 산각을 고정하고 토사유출 및 사면붕괴를 방지하기 위해 시공하는 공작물이다.

**85** 접수구역이 넓고 경사가 급한 산비탈에 주로 적용하는 배수로 공법은?

① 떼 수로공
② 파식 수로공
③ 막논돌 수로공
④ 돌붙임 수로공

> **해설**
> 돌붙임 수로는 경사가 급하고 유량이 많은 산복 수로나 산사태지 등에 설치하는 것으로, 경사도와 입지조건에 따라 찰쌓기와 메쌓기로 시공한다.

**86** 콘크리트의 방수성을 높일 목적으로 사용되는 혼화재료가 아닌 것은?

① 규산나트륨
② 파라핀 유제
③ 플라이애쉬
④ 아스팔트 유제

> **해설**
> 플라이애쉬의 혼합량이 증가하면 응결시간이 길어져서 조기강도는 낮으나 수화열이 감소되므로 장기강도가 커지고 수밀성이 커지며 단위수량도 줄일 수 있다.

**87** 물이 계류 바닥과 접촉하면서 흐르는 동안 발생하는 단위면적당 마찰력을 나타내며, 흐름 방향의 물의 단위 중량과 크기는 같고 방향이 반대인 것은?

① 활동력
② 접촉력
③ 유출력
④ 소류력

> **해설**
> 소류력은 계천에 흐르는 물에 의하여 토석류가 이동하는 힘을 말한다..

**88** 계획홍수량이 200~500m³/sec인 경우 둑 높이 여유고의 기준은?

① 0.8m 이상
② 1.0m 이상
③ 1.2m 이상
④ 1.4m 이상

**89** 비탈옹벽공법의 시공방법으로 옳지 않은 것은?

① 뒷채움 토양은 충분히 전압되도록 한다.
② 옹벽 몸체는 한 번에 타설하지 않고 여러 층을 나누어 콘크리트를 타설한다.
③ 뒷채움 부분에는 물이 침입하지 않도록 하며, 물이 침입할 경우에는 신속히 배수한다.
④ 직접 기초시공에는 옹벽 밑판과 지반 사이에 기초 쇄석이나 모르타르를 삽입하여 미끄러짐을 방지한다.

> **해설**
> 콘크리트를 타설 시 한번에 타설하여 층이 형성되지 않도록 해야 한다.

**정답** 83. ③  84. ③  85. ④  86. ③  87. ④  88. ①  89. ②

**90** 계단 연장이 3000m인 산복면에 선떼붙이기를 7급으로 할 때에 필요한 떼의 총 소요 매수는? (단, 떼의 크기 : 40cm×20cm)

① 15,000매
② 22,500매
③ 30,000매
④ 37,500매

해설 선떼붙이기 각 급수의 구분

| 떼 크기 | 길이 40cm, 폭 20cm | |
|---|---|---|
| 구분 | 단면상 매수 | 연장 1m당 매수 |
| 1급 | 5.0 | 12.50 |
| 2급 | 4.5 | 11.25 |
| 3급 | 4.0 | 10.00 |
| 4급 | 3.5 | 8.75 |
| 5급 | 3.0 | 7.50 |
| 6급 | 2.5 | 6.25 |
| 7급 | 2.0 | 5.00 |
| 8급 | 1.5 | 3.75 |
| 9급 | 1.0 | 2.50 |
| 1m당 떼 사용 매수 | 단면상 떼 매수×2.5매/m | |

**91** 평탄지에 주로 사용되는 줄떼다지기 공법은?

① 줄떼심기
② 평떼심기
③ 줄떼붙이기
④ 평떼붙이기

해설 평탄지에서는 줄떼심기, 절토면에서는 줄떼붙이기, 성토면에서는 줄떼다지기라고 한다.

**92** 계류의 유속과 흐름방향을 조절할 수 있도록 둑이나 계안으로부터 돌출하여 설치하는 것은?

① 수제
② 구곡막이
③ 바닥막이
④ 기슭막이

**93** 돌쌓기 배치 방법으로 잘못된 쌓기법이 아닌 것은?

① 포갠들
② 이마대기
③ 여섯에움
④ 새입붙이기

**94** 불투과형 중력식 사방댐의 형태인 흙댐의 시공요령으로 내심벽을 만들 때 사용하는 것은?

① 모래
② 자갈
③ 점토
④ 호박돌

**95** 다음 중 산지사방 기초공사에 해당하는 것은?

① 사방댐
② 누구막이
③ 기슭막이
④ 바닥막이

해설 산지사방 기초공사
• 비탈다듬기
• 단끊기
• 땅속흙막이 : 돌, 돌망태, 바자, 콘크리트, 콘크리트블록, 흙땅속흙막이
• 누구막이 : 떼, 돌, 돌망태, 콘크리트블록, 통나무
• 산비탈수로내기 : 떼, 돌, 콘크리트, 콘크리트블록
• 흙막이 : 바자, 통나무, 돌, 돌망태, 콘크리트, 페타이어
• 골막이 : 돌, 흙, 바자, 돌망태, 통나무, 콘크리트블록

**96** 산림의 물수지를 계산할 때 필요하지 않은 인자는?

① 유출량
② 포화량
③ 강수량
④ 증발량

해설
강우량(P) = RO+E+T
RO : 증발량, E : 증산량, T : 유출량

정답 90.① 91.① 92.① 93.③ 94.③ 95.② 96.②

**97** 해안사방 공사의 주요 공종에 해당하지 않는 것은?

① 둑쌓기
② 사초심기
③ 모래담쌓기
④ 구정바자얽기

> 해설
> 둑쌓기 공사는 야계사방공사에서 진행하는 공종이다.

**98** 다음에 설명하는 공법은?

> 비탈다듬기 및 단끊기 시공과정에서 발생한 토사를 사용하여 산복의 비탈면 길이를 감소시키며 선떼붙이기의 급수를 낮추고 파종공 실시구역을 안정시키는 등 여러 가지 기능이 있다.

① 골막이
② 누구막이
③ 기슭막이
④ 땅속 흙막이

> 해설 **땅속 흙막이**
> - 비탈다듬기와 단끊기 등으로 생산된 뜬 흙을 산비탈의 계곡부에 투입하여 유실을 방지하는 한편 산각의 고정을 기하고자 축설하는 공법이다.
> - 돌, 바자, 흙, 돌망태, 블록, 콘크리트 등의 재료를 사용한다.
> - 비탈다듬기 토사가 깊이 퇴적한 지역으로, 기초가 단단한 지역에 시공한다.

**99** 강우에 의한 침식의 발달과정 순서로 옳은 것은?

① 구곡침식 → 면상침식 → 누구침식
② 구곡침식 → 누구침식 → 면상침식
③ 면상침식 → 구곡침식 → 누구침식
④ 면상침식 → 누구침식 → 구곡침식

**100** 평균유속 0.5m/s로 5초 동안에 10m³의 물을 유송하는 수로의 횡단면적은?

① 2m²
② 4m²
③ 10m²
④ 20m²

> 해설
> 유량은 1초 동안에 통과하는 물의 양이므로,
> $\frac{10}{5} = 0.5 \times$ 유적, ∴ 유적 = 4m²

**정답** 97.① 98.④ 99.④ 100.②

# 국가기술자격 필기시험문제

2016년 제1회 필기시험

| 자격종목 및 등급(선택분야) | 종목코드 | 시험시간 | 형별 |
|---|---|---|---|
| 산림기사 | 1564 | 2시간 30분 | A |

### 제1과목 : 조림학

**1** 활엽수에 대한 설명으로 옳은 것은?

① 활엽수 모두 떡잎식물이다.
② 밑씨가 노출되고 씨방이 없다.
③ 잎맥이 그물모양으로 되어 있다.
④ 목부는 주로 헛물관으로 되어 있다.

**해설** 활엽수
- 씨방이 발달하여 밑씨가 보호받고 있으며 쌍떡잎식물은 그물맥의 잎맥을 보인다. 목질부에 도관이 발달하고 반세포가 있는 체관이 있다.
- 꽃잎, 꽃받침이 있는 양성화이며 중복수정을 한다.
- 상수리나무, 개나리, 매실나무, 사과나무, 단풍나무, 느티나무 등이 있다.

**2** 활엽수 가지치기 방법으로 옳지 않은 것은?

① 원칙적으로 직경 5cm 이상의 가지는 자르지 않는다.
② 참나무류와 사시나무류는 으뜸가지 이하의 가지만 잘라준다.
③ 단풍나무, 벚나무는 상처유합이 잘 안되므로 자연낙지를 유도한다.
④ 절단면이 줄기와 평행하도록 가지를 제거하여 지융부가 상하지 않게 한다.

**해설**
활엽수는 상처의 유합이 잘 안되고 썩기 쉽기 때문에 직경 5cm 이상의 가지는 원칙적으로 자르지 않으며 자르더라도 지융부를 남기고 지융부와 지각이 되도록 자른다.

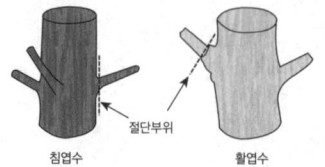
침엽수    절단부위    활엽수

**3** 순림과 비교하여 혼효림의 장점으로 옳지 않은 것은?

① 생물의 다양성이 높다.
② 환경적 기능이 우수하다.
③ 병해충에 대한 저항력이 크다.
④ 무육작업과 산림경영이 경제적이다.

**해설**
혼효림은 상층목과 하층목 또는 침엽수와 활엽수 등 여러 수종이 분포하여 있으므로 무육작업이 어려우며 순림과 비교하여 경제적이지 못하다.

**4** 토양의 수분 부족으로 인한 잎의 생리현상으로 옳지 않은 것은?

① 팽압 상승     ② 기공 폐쇄
③ 광합성 중단   ④ 단백질 합성 감소

**해설** 팽압
식물의 세포를 저장액(低張液)에 담그면 세포의 내용물인 원형질이 물을 흡수하여 팽창하고 세포벽을 넓히려는 힘이다. 따라서 토양의 수분이 부족하면 팽압이 감소하여 식물의 생활력을 유지시켜 준다.

**5** 풀베기 시행 시 전면깎기를 실시하는 수종은?

① 전나무     ② 삼나무
③ 비자나무   ④ 가문비나무

**해설** 모두베기
조림지 전면의 잡초목을 베어내는 방법이다. 임지가 비옥하거나 식재목이 광선을 많이 요구하는 소나무, 낙엽송, 강송, 삼나무, 편백 등의 조림 또는 갱신지에 적용한다. 모두베기는 줄베기와 둘레베기에 비해 토양침식 등 식재목과 토양에 가장 나쁜 영향을 주기도 한다.

**정답** 1.③ 2.④ 3.④ 4.① 5.②

## 6 참나무류 임분을 왜림작업으로 갱신하려 할 때 벌채시기로 가장 적절한 것은?

① 늦겨울~초봄    ② 늦봄~초여름
③ 늦여름~초가을  ④ 늦가을~초겨울

**해설**
왜림작업은 움이나 맹아를 통해서 갱신이 이루어지는 작업으로서 벌채는 생장 휴지기인 11월부터 다음해 2월 전까지 실시해야 한다. 벌채 시 그루터기 높이는 가능한 낮게 하여 움싹이 지하부 또는 지표 근처에서 발생하도록 유도한다.

## 7 솎아베기(간벌)에 대한 설명으로 옳은 것은?

① 도태간벌은 하층간벌에 속한다.
② Hawley가 제시한 택벌식 간벌에서는 주로 우세목을 간벌한다.
③ 일본잎갈나무의 최초 간벌 적기는 조림 후 25~30년이 경과한 이후이다.
④ 지위가 나쁜 곳에서는 지위가 좋은 지역에 비해 빨리 간벌하는 것이 좋다.

**해설**
- 도태간벌의 우리나라 고유의 간벌체계로 Hawley에 의한 택벌간벌, 기계적 간벌, 하층간벌, 상층간벌과는 다른 간벌양식이다.
- 지위는 임지의 생산능력으로 지위가 나쁜 임지는 지위가 좋은 임지에 비하여 상대적으로 임목의 생장이 느리기 때문에 간벌을 늦게 하는 것이 효율적이다.
- 일본잎갈나무의 최초 간벌시기는 10~15년이다.

## 8 중림작업에 대한 설명으로 옳은 것은?

① 산벌작업에서 중간에 벌채하는 작업종이다.
② 모수작업에서 중간목을 벌채하는 작업을 말한다.
③ 나무 높이가 크지도 작지도 않은 중경목을 생산하는 작업종이다.
④ 상층임관은 교림, 하층임관은 왜림으로 구성하는 작업을 말한다.

**해설** 중림작업의 의미
- 한 구역 안에서 용재 생산을 목적으로 하는 교림작업과 연료재 생산을 목적으로 하는 왜림작업을 동시에 실시하는 것이다.
- 임형은 상·하목의 두 층으로 이루어지며 일반적으로 상목은 실생묘로 육성하는 침엽수종으로, 하목은 맹아로 갱신하는 활엽수종으로 한다.
  - 상목 : 용재림 생산을 목적으로 하는 교림으로 택벌식으로 벌채된다.
  - 하목 : 연료재 생산을 목적으로 하는 왜림으로 윤벌기로 개벌된다.

## 9 임목생장과 식재밀도에 대한 설명으로 옳지 않은 것은?

① 밀도가 높을수록 완만재가 된다.
② 밀도는 수고생장에 큰 영향을 끼친다.
③ 밀도가 낮을수록 직경생장이 좋아진다.
④ 밀도가 높을수록 간재적의 비율이 높아진다.

**해설**
식재밀도는 일반적으로 직경생장에 영향을 많이 미친다. 따라서 우량 대경재를 생산하기 위해서는 간벌을 통한 숲가꾸기가 꼭 필요한 과정이다.

## 10 일본에서 도입하여 조림된 수종은?

① Pinus rigida
② Zelkova serrate
③ Larix kaempferi
④ Quercus acutissima

**해설**
① Pinus rigida (리기다 소나무)
② Zelkova serrate (느티나무)
③ Larix kaempferi (일본잎갈나무)
④ Quercus acutissima (상수리나무)
※ 일본잎갈나무 : 학명으로 Larix kaempferi 또는 Larix leptolepis라고 한다. 일본에서 도입한 수종으로 우리나라의 경제림으로 많이 조림되고 있다. 나무표면이 거칠하여 지붕쪽 목재공사에 많이 사용되고 있다.

**정답** 6.① 7.② 8.④ 9.② 10.③

**11** 목본식물조직에 대한 기능의 설명으로 옳지 않은 것은?

① 사부조직 : 수분의 통로 및 지탱역할을 한다.
② 분비조직 : 점액, 고무질, 수지 등을 분비한다.
③ 후막조직 : 세포벽이 두껍고 원형질이 없으며 지탱 역할을 한다.
④ 유조직 : 원형질을 가지고 살아 있으며 세포분열이 일어난다.

**해설**
목본식물은 목부와 사부의 조직을 가지고 있으며 사부조직은 체관부라고 하며 식물의 중요한 양분의 통로 조직이며 목부조직은 물관부라고 하며 토양으로부터 물과 무기질을 운반하는 관다발조직이다.

**12** 월평균 기온이 다음과 같은 지역의 한랭지수는?

| 월 | 1 | 2 | 3 | 4 | 5 | 6 | 7 | 8 | 9 | 10 | 11 | 12 |
|---|---|---|---|---|---|---|---|---|---|---|---|---|
| 평균기온(℃) | -3 | 1 | 8 | 12 | 17 | 21 | 24 | 25 | 20 | 14 | 7 | 2 |

① -15  ② -9
③ -3   ④ 0

**해설**
- 한랭지수 : 월평균 기온이 5℃ 이하인 달에 대하여 5℃를 감한 수치를 1년 동안 합한 값
- 한랭지수 = (-3) + (-4) + (-8) = -15

**13** 산림토양의 물리적 성질을 나타내는 인자가 아닌 것은?

① 토양입자  ② 토양공극
③ 토양산도  ④ 토양진비중

**해설**
물리적 성질이란 그물질의 밀도, 크기, 색깔, 비중 등을 말한다. 토양의 산도는 화학반응과 관련된 성질로 산성, 알칼리성, 가연성, 폭발성, 산화성, 환원성 등은 토양의 화학적 성질이다.

**14** 묘목을 산지에 이식할 때 단근을 실시하는 이유로 옳은 것은?

① 산지 이식 후 묘목 활착률을 높일 수 있다.
② 묘목 출하 시 운반 중량을 줄이기 위함이다.
③ 증산량과 광합성량을 높이기 위해 실시한다.
④ 직근 발달을 촉진하고 세근 발달은 억제시킨다.

**해설** 단근
- 건강한 모를 생산하기 위해 묘목의 직근과 측근을 끊어 잔뿌리의 발달을 촉진시키는 작업으로 경비절감은 물론 활착률에도 좋은 이점이 있다.
- 단근묘가 이식묘에 비하여 T/R률이 낮고 활착률이 높은 우량한 묘목이 생산되며, 묘목을 대량생산할 경우에도 경제적으로 유리하다.

**15** 1000개의 종자의 실중이 500g이고 용적중이 600g일 때 2L의 종자립 수는?

① 600립   ② 1000립
③ 12000립  ④ 24000립

**해설** 실중 = 순정종자 1000립의 무게
- 용적중 : 종자 1리터에 대한 무게를 그램(g)단위로 나타낸 것
- 용적중은 단위(리터 또는 g 등) 용적량의 중량을 말하고 실중은 1000립의 무게를 의미한다. 그러므로 1000개의 무게가 500g이고, 용적중(1리터)은 600g이라고 했으므로 이를 비례식으로 풀어보면, 1000:500g = x:600g 즉, 리터당 1200g이 된다. 따라서 2리터는 2리터 × 1200g = 2400립이다.

**16** 묘포지 선정조건으로 가장 적절할 것은?

① 평탄한 점토질 토양
② 5도 이하의 완경사지
③ 한랭한 지역에서는 북향
④ 남향에 방풍림이 있는 곳

**정답** 11.① 12.① 13.③ 14.① 15.④ 16.②

해설 🌱 **묘포의 적지**
- 지형, 지세 : 5도 이하의 완경사지
- 지리적 위치 : 교통과 관리가 편리하고 조림지와 가깝고 묘목수급이 용이한 곳
- 토양 : 토심이 깊고 부식질이 많은 비옥한 사양토로 입단구조를 보이는 토양
- 용수 이용 : 묘포주변에 저수지나 하천이 있어 필요할 경우 관수에 이용할 수 있는 곳
- 토양 산도 : 침엽수의 경우 pH 5.0~5.5, 활엽수의 경우 pH 5.5~6.0이 적당하고 칼슘(Ca)을 사용하여 토양의 산도를 조절한다.

**17** 환원법에 의한 종자 활력검사 방법에 대한 설명으로 옳지 않은 것은?

① 단기간 내에 실시할 수 있다.
② 휴면 종자에는 적용이 어렵다.
③ 테트라 졸륨 대신 테룰루산칼륨도 사용된다.
④ 침엽수의 종자는 배와 배유가 함께 염색되도록 한다.

해설 🌱
환원법은 종자의 활력검사 방법으로 휴면종자, 수확직후의 종자, 발아시험기간이 긴 종자에 효과적이다. 피나무, 주목, 향나무, 목련, 잣나무, 전나무, 느티나무 등에 쓰인다.

**18** 광색소인 파이토크롬(phytochrome)에 대한 설명으로 옳은 것은?

① 분자량이 120Dalton이다.
② 높은 광도에서만 반응한다.
③ 생장점 부근에 가장 적게 나타난다.
④ 암흑속에서 기른 식물체에서 많이 검출된다.

해설 🌱 **파이토크롬**
- 식물 내에 존재하는 색소로, 빛 수용기로 작용함으로써 빛을 감지하는 기능을 한다.
- 파이토크롬은 암흑에서 유전자 발현이 현저히 높고 밝은 곳에서는 억제된다.
- 분자량은 120000Dalton이다.

**19** 양성화를 갖는 수종으로 옳은 것은?

① 벚나무   ② 오리나무
③ 은행나무   ④ 상수리나무

해설 🌱
- 양성화 : 한꽃에 암술, 수술이 모두 들어 있는 꽃이다. 소나무, 밤나무, 자작나무, 삼나무, 벚나무 등이 있다.
- 단성화 : 암꽃이 달리는 그루와 수꽃이 달리는 그루가 각각 따로 존재하는 것으로 버드나무, 은행나무, 소철, 호랑가시나무, 주목, 꽝꽝나무 등이 있다.

**20** 알칼리성 토양에서 잘 자라는 수종은?

① Acer palmatum
② Thuja orientailis
③ Pinus koraiensis
④ Quercus variabilis

해설 🌱
① Acer palmatum(단풍나무)
② Thuja orientailis(측백나무)
③ Pinus koraiensis(잣나무)
④ Quercus variabilis(굴참나무)
※ 염기성(알칼리성)에서 잘 자라는 나무 : 호도나무류, 사시나무류, 서어나무류, 개암나무류, 백합나무, 너도밤나무류, 물푸레나무, 측백나무

### 제2과목 : 산림보호학

**21** 잣송이를 가해하여 수확을 감소시키는 해충으로 구과속 가해부위에 배설물을 채워놓고 외부로 배설물을 배출하여 구과표면에 붙여놓으며 신초에도 피해를 주는 해충은?

① 솔박각시   ② 솔알락명나방
③ 솔수염하늘소   ④ 잣나무 넓적잎벌

해설 🌱
솔알락명나방은 잣나무의 종실에 주로 피해를 주며 1년 1회 발생한다. 유충으로 땅속에서 월동하며 어린유충은 구과속에서 월동한다. 구과속 가해부위에 배설물을 채워놓는 특징이 있다.

정답  17. ②  18. ④  19. ①  20. ②  21. ②

**22** 느티나무벼물 바구미에 대한 설명으로 옳지 않은 것은?

① 1년에 1회 발생한다.
② 수피에서 성충으로 월동한다.
③ 유충은 주로 잎살을 가해한다.
④ 성충은 주로 수피를 가해한다.

해설 ✦ 느티나무 벼물바구미의 성충은 주둥이로 잎 표면에 구멍을 뚫고 흡즙하며, 유충은 잎에 터널을 뚫으며 갉아먹는다.

**23** 1년에 2~3번 발생하여, 2화기 성충은 7월 중순~8월 상순에 우화하여 주로 밤나무 종실에 1~2개씩 산란하는 해충은?

① 밤바구미
② 밤나무혹벌
③ 복숭아명나방
④ 참나무재주나방

해설 ✦ 복숭아명나방은 유충이 과실류의 열매를 가해하며 1년에 2회 이상 발생한다(6월, 7월 하순~8월 상순). 6월과 8월 상순~9월 하순에 등화유살하여 방제한다.

**24** 솔잎혹파리에 의한 피해를 줄이기 위한 방법으로 옳지 않은 것은?

① 시마진 수화제를 살포한다.
② 피압목을 제거하고 간벌을 실시한다.
③ 아세타미프리드 액제를 성충발생기 수간주사한다.
④ 솔잎혹파리 먹좀벌 등 기생성 천적을 이용한다.

해설 ✦ 선택적 제초제 시마진
시마진(CAT)은 토양 내의 이동성이 약하고 표층 근처의 잡초에만 작용하므로 뿌리가 깊이 들어간 묘목에는 해를 끼치지 않은 생태적 선택성을 이용한 제초제이다. 발아 직후의 어린잡초 제거에 효과적이며 사질토양에서는 깊게 스며들어 묘목을 해칠 우려가 있다.

**25** 소나무류의 푸사리움(Fusarium) 가지마름병에 대한 설명으로 옳지 않은 것은?

① 불완전균류에 의한 수병이다.
② 피해가지는 송진이 흐르며 고사한다.
③ 병원균은 잎의 기공을 통하여 침입한다.
④ 묘목으로부터 대경목까지 모든 크기의 나무가 피해를 받는다.

해설 ✦ 푸사리움 가지마름병
• 우리나라에서 1996년 인천지역 리기다소나무에서 발생 보고된 것이 처음이다.
• 병징은 수지가 흐르며 궤양이 큰 곳은 수지가 많이 흘러 하얗게 보이고 잎과 가지가 갈색으로 말라죽는다.
• 생장기간 동안 상처를 통해 침입하여 감염한다.
• 불완전균으로 묘포장이나 채종원은 살균제와 살충제로 방제하고, 산림에는 감염된 나무를 위생간벌하고 병든 가지는 잘라내어 잔목의 수세를 회복시킨다.

**26** 중간기주와 기주교대를 하지 않은 병원균은?

① 소나무 혹병균
② 잣나무 털녹병균
③ 오리나무 잎녹병균
④ 느티나무 흰무늬병균

해설 ✦ 중간기주
• 잣나무 털녹병균 : 송이풀과 까치밥나무
• 소나무류 잎녹병균 : 황벽나무, 참취, 잔대
• 소나무 혹병균 : 참나무
• 배나무 적성병균 : 향나무
• 전나무 잎녹병 : 뱀고사리
• 오리나무 잎녹병균 : 일본잎갈나무

**27** 대기오염물질 중 식물 체내에서 산화적 장해를 유발시키는 것이 아닌 것은?

① 오존
② 염소
③ 이산화질소
④ 아황산 가스

해설 ✦ 아황산 가스는 대기오염의 가장 대표적인 유해가스이며 배출량도 많고 독성도 강하다. 임목에 가장 큰 피해를 주며 식물체의 기공을 통해 유입된다. 그러나 식물체내에 산화적 장해를 유발시키지는 않는다.

정답 22.④ 23.③ 24.① 25.③ 26.④ 27.④

**28** 저온에 의한 수목의 피해에 대한 설명으로 옳지 않은 것은?

① 세포 내에 얼음결정이 형성되어 세포막이 파손된다.
② 빙점 이하의 온도에서 나타나는 식물의 피해를 말한다.
③ 추위로 인한 토양 중 산소가 부족하여 뿌리의 호흡장애가 일어난다.
④ 온도가 서서히 내려가서 얼음결정이 세포밖에 생기더라도 원형질이 탈수상태에서 견디지 못할 경우 발생한다.

**해설**
저온에 의한 피해는 한상, 동해, 조상, 만상, 상렬, 상주 등이 있으며 온도가 내려감에 따라 식물체내의 부피팽창에 의한 피해와 저온에 의한 식물의 피해가 생긴다. 토양 내 산소의 부족과는 관련이 없는 내용이다.

**29** 임지 내의 모닥불자리 또는 산불이 났던 곳에서 주로 발생하는 수목병은?

① 뿌리혹선충병
② 근주심재부후병
③ 자주빛날개무늬병
④ 리지나 뿌리썩음병

**해설**
리지나 뿌리썩음병은 산불이 났던 곳에서 주로 발생하며 진균인 자낭균에 의해 발생한다. 온도가 높은 곳에서 자주 발생하는 특성이 있다.

**30** 다배생식하는 해충은?

① 솔나방
② 솔충알좀벌
③ 밤나무 혹벌
④ 솔잎혹파리

**해설**
솔충알좀벌은 다배생식(한 개의 씨앗이나 알에서 두 개 이상의 배가 생겨 생식하는 방법)하는 특성이 있다.

**31** 성충이 흡즙성 해충인 것은?

① 솔껍질 깍지벌레
② 호두나무 잎벌레
③ 도토리 거위벌레
④ 오리나무 잎벌레

**해설 흡즙성 해충**
솔껍질 깍지벌레, 소나무 재선충, 소나무 좀벌레, 진딧물류, 진달래 방패벌레, 뽕나무 이

**32** 밤나무 흰가루병의 제1차 전염원이 되는 것은?

① 자낭포자    ② 겨울포자
③ 여름포자    ④ 유주포자

**해설**
- 잎에 흰가루가 불규칙하게 군상으로 분포하며 미관이 좋지 않고 심하면 순의 생장이 위축되고, 꽃과 열매가 열리지 못한다.
- 자낭균으로 자낭각을 형성하고, 무성으로 분생포자를 많이 만들어서 잎을 흰가루로 덮는다.
- 병든 낙엽위에 붙는다. 이듬해 봄에 자낭포자를 내어 1차전염을 일으키고 2차전염은 분생포자에 의해 가을까지 나타난다.

**33** 수목의 뿌리혹병 발생원인이 아닌 것은?

① 알칼리성 토양
② 고온다습한 조건
③ 진딧물에 의한 감염
④ 상처에 의한 병균 침입

**해설**
뿌리혹병은 알칼리성, 고온다습한 조건, 상처에 의한 병균 침입으로 발생이 된다. 우리나라에서는 세균에 의한 밤나무 뿌리혹병이 자주 발생되고 있다.

**34** 성비(sex ratio) 0.65인 곤충이 있다. 암, 수 전체 개체수가 100마리일 때 그 중 수컷은 몇 마리인가?

① 35마리    ② 50마리
③ 65마리    ④ 100마리

**정답** 28. ③  29. ④  30. ②  31. ①  32. ①  33. ③  34. ①

> **해설**
> 곤충의 성비 0.65는 암컷의 성비를 의미한다.
> 따라서 100×0.65 = 65는 암컷의 성비이고 수컷은 35마리이다.

**35** 해충의 약제 저항성에 관한 설명으로 옳지 않은 것은?
① 약제에 대한 도태 및 생존의 결과이다.
② 약제 저항성이 해충의 다음 세대로 유전되지 않는다.
③ 해충의 개체군 내에서는 약제 저항성이 차이가 있는 개체가 존재한다.
④ 동일 살충제에 해충을 누대 도태시킨 경우 다른 살충제에도 저항성이 발달하는 현상은 교차 저항성이라 한다.

> **해설**
> 약제 저항성은 해충의 다음 세대로 유전되므로 계속해서 독한 약제를 사용하다 보면 울트라 해충이 발생하여 어떤 약제에도 죽지 않은 경우가 발생하여 생태계에 악영향을 미치기도 한다. 따라서 약제사용을 최소화하고 생물성 방제방접을 지향해야 한다.

**36** 표징으로 나타나는 병원체의 기관 중에서 번식기관인 것은?
① 균핵  ② 바라관
③ 부착기  ④ 분생자병

> **해설** 표징의 종류
> • 병원체의 영양기관 : 균사체, 균사속, 균사막, 근상균사속, 선상균사, 균핵, 자좌 등
> • 병원체의 번식기관 : 포자, 분생자병, 분생자퇴, 분생자좌, 포자퇴, 포자낭, 병각자, 자낭각, 자낭구, 자낭반, 세균점괴, 포자각, 버섯 등

**37** 밤나무 줄기마름병에 대한 설명으로 옳은 것은?
① 중간기주는 뱀고사리이다.
② 미국에서 유입된 병해이다.
③ 질소비료를 적게 주어 방제한다.
④ 병든 부위에 흰색의 포자각이 표피를 뚫고 나온다.

> **해설** 밤나무 줄기마름병
> • 전나무 잎녹병의 중간기주가 뱀고사리이다.
> • 밤나무 줄기마름병은 아시아에서 발생하여 미국으로 전염된 병이다.
> • 발생 부위의 표피에 불규칙한 병반이 형성되며 약간 부풀어 오르고, 갈라진 수피를 벗기면 목질부에 약간 두툼한 균사가 부채꼴 모양으로 퍼져 있다.

**38** 식물에 기생하는 대부분의 세균 형태는?
① 구형(coccus)
② 간상(bacillus)
③ 나선형(spirillum)
④ 부정형(pleomorphic)

> **해설** 간상형의 세균 형태

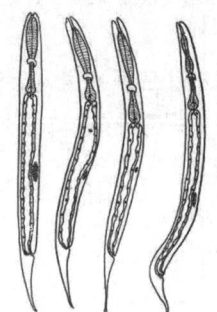

**39** 외국에서 유입된 해충이 아닌 것은?
① 흰개미
② 매미나방
③ 솔잎혹파리
④ 버즘나무 방패벌레

> **해설**
> • 흰개미 : 미국, 일본
> • 솔잎혹파리 : 일본
> • 버즘나무 방패벌레 : 북아메리카와 유럽 원산으로 주로 양버즘나무를 가해하는 해충으로 아시아 지역에는 분포하지 않았으나 1995년 국내 발생이 처음 확인된 후 전국적으로 확산되었다.

**40** 모잘록 병원균에서 불완전균류는?

① Pythium irregulare
② Rhizoctonia solani
③ Pythium debaryanum
④ Phytophthora cactorum

> **해설**
> 모잘록 병원균은 전세계적으로 15% 이상을 차지하며 주로 어린묘목에서 발생한다. 토양에 의해 전반되며 이 중 불완전균은 Rhizoctonia solani이며 온도가 높은 여름에 비교적 건조한 토양에서 피해가 큰 모잘록 병원균은 Fusarium이다.

## 제3과목 : 임업경영학

**41** 임지기망가의 최대치에 도달하는 속도를 빠르게 하기 위한 조건으로 옳지 않은 것은?

① 이율이 높을수록
② 조림비가 많을수록
③ 간벌수확이 많을수록
④ 주벌수확의 증대속도가 빠를수록

> **해설 임지기망가의 최대치**
> 임지기망가가 최대치에 도달하는 시기는 식의 구성인자의 크기에 따라 다르다.
> • 주벌수확 : 주벌수확의 증가속도가 빠를수록 최대치가 빨리 온다. 따라서 지위가 양호한 임지일수록 최대시기가 빨리 나타난다. 즉 벌기가 짧아진다.
> • 간벌수확 : 간벌수확이 많을수록 최대시기가 빠르다.
> • 간벌수확의 시기 : 간벌수확의 시기가 빠를수록 최대시기도 빠르다.
> • 조림비 : 조림비가 많으면 많을수록 최대시기가 늦어진다.
> • 관리비 : 관리비는 최대시기와는 관련 없다.
> • 채취비 : 임지기망가식에는 나타나있지 않지만 시장가격에서 채취비를 뺀 것이 주벌수확에 해당하므로 채취비가 많을수록 최대시기가 늦어진다.
> • 이율 : 이율이 높을수록 최대시기가 빨라진다.

**42** 산림문화 휴양에 관한 법률에 의한 치유의 숲 시설의 종류가 아닌 것은?

① 체육시설
② 안전시설
③ 편익시설
④ 위생시설

> **해설 치유의 숲 시설의 종류**
> 산림치유시설, 편익시설, 위생시설, 전기·통신시설, 안전시설

**43** 임업기계의 감가상각비(D)를 구하는 공식으로 옳은 것은? (단, P : 기계구입가격, S : 기계폐기시의 잔존가치, N : 기계의 수명)

① $D = (P-S) \times N$
② $D = \dfrac{N}{S-P}$
③ $D = \dfrac{P-S}{N}$
④ $D = \dfrac{N}{P-S}$

> **해설**
> 정액법 $D = \dfrac{P-S}{N}$

**44** 임업투자사업에서 감응도 분석의 대상으로 고려하여야 할 주요요인이 아닌 것은?

① 생산량
② 자본예산
③ 사업기간의 지연
④ 생산물의 가격 및 노임 등의 가격요인

> **해설 임업투자에서 감응도 분석의 고려대상**
> • 생산물의 가격 및 노임 등의 가격요인
> • 생산량
> • 원료 및 원자재의 가격변화에 따른 사업비용의 변화
> • 사업 기간의 지연

**45** 컴퓨터의 발전과 더불어 산림경영계획 분야 및 산림의 다목적 이용계획에 적용하는 분석기법으로 1차식인 수학모형을 이용하는 것은?

① 선형계획법
② 동적계획법
③ 비선형 계획법
④ 그물망 분석법

**정답** 40. ② 41. ② 42. ① 43. ③ 44. ② 45. ①

해설 ❖ 선형계획법
- 주어진 목표를 달성하기 위하여 최적화하는 방법으로 한정된 자원으로 목재생산량을 최대화시키거나, 생산비용을 최소화하여 목표에 최적화하는 방법이다.
- 선형계획법의 전제조건 중 선형성이 있다. 선형계획 모형에서는 모형을 정하는 모든 변수들의 관계가 수학적으로 선형함수, 즉 1차함수로 표시되어야 한다.

**46** 금년에 간벌수입이 100만원의 순수입이 있어 이를 연이율 10%로 하여 2년 후의 후가를 계산하면 얼마인가?

① 110만원   ② 121만원
③ 133만원   ④ 146만원

해설 ❖ 후가계산식
$N = V(1+p)^n = 1,000,000(1+0.1)^2 = 1,210,000$원

**47** 임지의 특성에 해당하지 않는 것은?

① 임업 이외의 다른 사업이 어려운 편이다.
② 임지는 넓고 험하여 집약적인 작업이 어렵다.
③ 교통의 편리성에 따라 임지의 경제적 가치는 결정된다.
④ 수직적으로 생육환경이 다르지만 비교적 수종분포가 균일하다.

해설 ❖
임지는 수직적인 분포에 따라 온도 차이로 인한 생육환경이 크게 다르므로 여러 종류의 임목이 자란다.

**48** 입목직경을 수고의 1/n 되는 곳의 직경과 같게 하여 정한 형수는?

① 정형수   ② 수고형수
③ 절대형수   ④ 흉고형수

해설 ❖ 임목의 위치에 따른 형수의 종류

| 종류 | 내용 |
| --- | --- |
| 정형수 | 수고 1/n 위치의 직경을 기준으로 하는 형수 |
| 절대형수 | 수고 최하부의 직경을 기준으로 하는 형수 |
| 흉고형수 | 가슴높이 1.2m를 기준으로 하는 형수 |

**49** 임목의 연년생장률에 대한 설명으로 옳은 것은?

① 총생장량을 면적으로 나눈 백분율
② 정기생장량을 그 기간의 연수로 나눈 백분율
③ 총생장량을 벌기까지의 총연수로 나눈 백분율
④ 1년간의 생장량을 당초의 재적으로 나눈 백분율

해설 ❖
연간생장률은 1년간의 생장률로 1년의 생장량을 현재의 재적으로 나눈 백분율이다.

즉, $\frac{1년간의 생장량}{현재재적} \times 100$

**50** 흉고직경 20cm, 수고 10m인 입목의 재적이 약 0.14㎥로 계산이 되었다. 재적계산에 적용된 형수는 약 얼마인가?

① 0.30   ② 0.35
③ 0.40   ④ 0.45

해설 ❖
$0.785 \times 0.2^2 \times 10 \times$형수 $= 0.14$, 형수 : 0.45

**51** 국유림의 소반경영계획 수립 시 임목생산에 대한 설명으로 옳지 않은 것은?

① 수확조절은 축적 위주로 임목생산량을 선정하는 것을 지양한다.
② 벌기령은 임분의 평균생산기간을 의미하고 보속성 여부를 판단한다.
③ 산림의 공간배치는 수확대상 임분을 선정하는 데 중요한 의미를 갖는다.
④ 정해진 벌기령의 범위 안에서 매 임분급 단위로 대략 영급구성 면적이 같아지도록 한다.

해설 ❖
국유림 경영 시 해당 임분이 지속가능한 이용을 위한 법정림이 되도록 경영하는 것이 효율적이다. 따라서 현실림의 축적과 법정림의 축적을 비교하여 축적위주의 수확조절이 될 수 있도록 해야 한다.

정답 46.② 47.④ 48.① 49.④ 50.④ 51.①

**52** 법정림에 있어서 윤벌기가 50년인 경우, 법정년벌률(법정수확률)은?

① 1%   ② 2%
③ 3%   ④ 4%

**해설** 법정수확률
법정상태를 유지하면서 수확할 수 있는 벌채량의 법정축적에 대한 비율로 법정수확률이라 한다.

법정수확률 = $\frac{2}{윤벌기} \times 100 = \frac{2}{50} \times 100 = 4\%$

**53** 임목의 평가방법을 짝지은 것으로 옳지 않은 것은?

① 원가방식 – 비용가법
② 수익방식 – 기망가법
③ 비교방식 – 수익환원법
④ 원가수익절충방식 – Glaser

**해설** 임목평가방법
• 원가방식에 의한 임목평가 : 원가법, 비용가법
• 수익방식에 의한 임목평가 : 기망가법, 수익환원법
• 원가 수익절충방식에 의한 임목평가 : 임지기망가 응용법, Glaser법
• 비교 방식에 의한 임목평가 : 매매가법, 시장가역산법

**54** 산림문화 휴양에 관한 법률에 정의된 사항으로 다음 설명에 해당하는 것은?

> 국민의 건강증진을 위하여 산림 안에서 맑은 공기를 호흡하고 접촉하며 산책 및 체력단련 등을 할 수 있도록 조성한 산림

① 숲길   ② 산림욕장
③ 치유의 숲   ④ 자연휴양림

**해설**
산림욕장은 건강증진이 목적이며, 자연휴양림은 국민의 정서함양과 산림교육, 치유의 숲은 면역기능의 증진, 숲길은 등산·트레킹·레저스포츠·탐방을 위한 길이다.

**55** 평균생장량과 연년생장량의 관계를 옳게 설명한 것은?

① 초기에는 평균생장량이 연년생장량보다 크다.
② 평균생장량이 연년생장량에 비해 최대점에 빨리 도달한다.
③ 평균생장량이 최대가 될 때 연년생장량과 평균생장량은 같게 된다.
④ 평균생장량이 최대점에 이르기까지는 연년생장량이 평균 생장량보다 항상 작다.

**해설** 연년생장량과 평균생장량의 관계
• 처음에는 연년생장량이 평균생장량보다 크다.
• 연년생장량은 평균생장량보다 빨리 극대점에 이른다.
• 평균생장량의 극대점에서 두 생장량의 크기는 같다.
• 평균생장량이 극대점에 이르기까지는 연년생장량이 항상 평균생장량보다 크다.
• 평균생장량이 극대점을 지난 후에는 연년생장량이 평균생장량보다 하위에 있다.
• 연년생장량이 극대점에 이르는 기간을 유령기, 이때부터 평균생장량의 극대점까지를 장령기, 그 이후를 노령기라 할 수 있다.

**56** 산림평가에 쓰이는 용어 중 의미가 다른 것은?

① 환원율   ② 할인율
③ 전가계수   ④ 현재가계수

**해설** 환원율
미래추정이익을 현재가치로 전환하기 위해 적용하는 할인율을 말한다.

**57** 임업조수익 중에서 임업소득이 차지하는 비율은?

① 임업의존율
② 임업소득률
③ 임업순수익률
④ 임업소득가계충족률

**해설**
• 임업의존도(%) = $\frac{임업소득}{임가소득} \times 100$

• 임업소득률(%) = $\frac{임업소득}{임업조수익} \times 100$

**정답** 52. ④  53. ③  54. ②  55. ③  56. ①  57. ②

- 임업소득 가계충족률(%) = $\frac{임업소득}{가계비}$ × 100

- 자본수익률 = $\frac{순수익}{자본}$ × 100

**58** 산림면적이 300ha, 벌기평균재적이 150m³, 1ha당 벌기재적이 200m³일 경우 개위면적은?

① 200ha ② 300ha
③ 400ha ④ 500ha

**해설** 개위면적

시업상 효과 위한 토지 생산력에 기초한 임지의 생산능력에 따른 계산적으로 정해진 면적으로 영계별 벌기면적이 동일하게 수정된 면적이다.

개위면적 = $\frac{1ha당 벌기재적}{벌기평균재적}$ × 산림면적

= $\frac{200}{150}$ × 300 = 400ha

**59** 재적수확이 최대가 되는 벌기령은?

① 화폐수익이 최대인 때
② 토지순수익이 최대인 때
③ 벌기평균생장량이 최대인 때
④ 벌기평균생장률이 최대인 때

**해설** 재적수확 최대의 벌기령

단위면적당 매년 평균적으로 수확되는 목재생산량이 최대가 되도록 벌기령으로 정하는 방법이다. 목재생산량이 최대가 되려면 목재의 평균생장량이 최대가 되는 시점에서 벌채해야 한다. 이 방법대로 벌채가 되면 생산량이 최대가 되므로 산림경영의 지도 원칙 중 생산성의 법칙이 달성된다.

**60** 산림교육 활성화에 관한 법률에 규정한 산림교육전문가의 배치기준 중 숲해설가를 배치하는 시설이 아닌 것은?

① 도시림 ② 국민의 숲
③ 자연휴양림 ④ 유아숲 체험원

**해설**
유아숲 체험원은 산림청 인정 자격인 유아숲 지도사가 배치되어야 하며 유아숲 체험원을 위해 산림면적을 1ha 이상 소유 및 임대하고 있어야 한다.

### 제4과목 : 임도공학

**61** 임도 횡단 측량 시 측량해야 할 지점이 아닌 것은?

① 중심선의 각 지점
② 구조물 설치지점
③ 지형이 급변하는 지점
④ 노선연장 100m마다의 지점

**해설** 임도 횡단측량 지점
- 중심선의 각 지점
- 구조물 설치지점
- 지형이 급변하는 지점
- 노선연장 20m마다의 지점

**62** 벌목제근작업에 가장 적합한 기계는?

① Cable Crane
② Rake Dozer
③ Tractor Shovel
④ Ripper Bulldozer

**해설** 레이크 도저

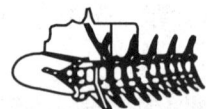

**63** 지선임도 개설단가는 2000원/ha, 수확재적은 25m³/ha, 지선임도밀도가 30m/ha일 때 지선임도가격은 얼마인가?

① 1667원/m³
② 2100원/m³
③ 2400원/m³
④ 3333원/m³

**해설**
지선임도가격 = $\frac{지선임도개설비단가 \times 지선임도밀도}{수확재적}$

= $\frac{2000 \times 30}{25}$ = 2400원

## 64 다음은 기고식에 의한 종단측량 야장이다. 괄호 안에 들어갈 수치로 옳은 것은?

| 측점 | 후시 | 기계고 | 전시 T.P | 전시 I.P | 지반고 | REMARKS |
|---|---|---|---|---|---|---|
| B.M No.8 | 2.30 | 32.30 | | | 30.0 | B.M No.8의 H = 30.0m |
| 1 | | | | 3.2 | (㉠) | |
| 2 | | | | (㉡) | 29.8 | |
| 3 | 4.25 | 35.45 | 1.1 | | 31.2 | 측점 6은 B.M No.8에 비하여 1.95m 높다. |
| 4 | | | | 2.3 | 33.15 | |
| 5 | | | | 2.1 | 33.35 | |
| 6 | | | 3.5 | | 31.95 | |
| SUM | 6.55 | | 4.6 | | | |

① ㉠ 29.1, ㉡ 0.7
② ㉠ 29.1, ㉡ 2.5
③ ㉠ 35.5, ㉡ 0.7
④ ㉠ 35.5, ㉡ 2.5

**해설**
- ㉠ 32.3 − 3.2 = 29.1
- ㉡ 32.3 − 29.8 = 2.5

## 65 다음 그림에서 측선 BC의 방위각은 몇 도인가?

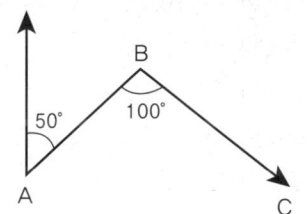

① 50도　② 100도
③ 130도　④ 150도

**해설**

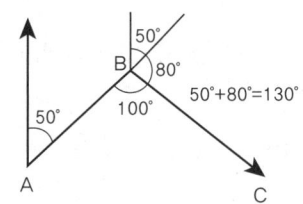

50°+80°=130°

## 66 임도설계업무 요소를 순서에 맞게 나열한 것은?

- ㉠ 예비조사
- ㉡ 실측
- ㉢ 설계도 작성
- ㉣ 답사
- ㉤ 설계서 작성
- ㉥ 예측
- ㉦ 공사수량의 산출

① ㉣ → ㉥ → ㉠ → ㉡ → ㉤ → ㉢ → ㉦
② ㉣ → ㉠ → ㉥ → ㉡ → ㉢ → ㉦ → ㉤
③ ㉠ → ㉣ → ㉥ → ㉡ → ㉤ → ㉢ → ㉦
④ ㉠ → ㉣ → ㉥ → ㉡ → ㉢ → ㉦ → ㉤

**해설** 임도의 설계순서
예비조사 → 답사 → 예측 → 실측 → 설계도 작성 → 공사량 산출 → 설계서 작성

## 67 낮은 산지의 고저차가 1m 되는 두 점 간 거리가 10m일 때의 경사 보정량(cm)은?

① −1　② −2
③ −5　④ −10

**해설** 경사 보정량을 구하는 공식
- 고저차를 잰 경우

경사 보정량 = $-\dfrac{h^2}{2 \times L}$ = 0.05m = 5cm

L : 사거리, h : 고저차

## 68 임도의 종단 기울기에 대한 설명으로 옳은 것은?

① 종단기울기를 급하게 하면 임도우회율을 낮출 수 있다.
② 종단기울기의 계획은 설계차량의 규격과 관계가 없다.
③ 종단기울기는 완만한 것이 좋기 때문에 0을 유지하는 것이 좋다.
④ 종단기울기는 시공 후 임도의 개, 보수를 통하여 손쉽게 변경할 수 있다.

**해설**
노선계획 시 종단기울기를 높게 하면 임도우회율이 적어지므로 연장이 짧아져 임도시설비 감소, 자동차 통행에 지장을 주고 강우 시 피해증가로 유지관리비도 함께 증가한다.

**69** 임도공사 시 기초작업에서 지반의 허용지지력이 가장 큰 것은?

① 연암
② 잔모래
③ 연한점토
④ 자갈과 거친 모래

해설
지반의 허용 지지력은 지반의 단단한 암반이 있을수록 커지므로 경암이 제일 크고 그 다음으로 연암이 크다.

**70** 토양을 덤프트럭으로 운반하고자 한다. 덤프트럭 적재용량이 500m³이라면 산악지의 자연상태의 토량(m³)이 얼마일 때 가득 적재할 수 있는가? (단, 토양의 변화율 L은 1.2, C는 0.9이다.)

① 420      ② 450
③ 560      ④ 600

해설
$500 \times \dfrac{1}{1.2}$ = 416.666 = 약 420

**71** 롤러의 표면에 돌기를 만들어 부착한 것으로 점질토의 다짐에 적당하고 제방, 도로, 비행장, 댐 등 대규모의 두꺼운 성토다짐에 주로 사용되는 것은?

① 진동롤러
② 탬핑롤러
③ 타이어롤러
④ 머캐덤롤러

해설 탬핑롤러

**72** 대피소의 설치기준으로 다음 ( ) 안에 들어갈 내용이 옳은 것은?

| 구분 | 기준 |
|---|---|
| 간격 | ( 가 ) 미터 이내 |
| 너비 | ( 나 ) 미터 이상 |
| 유효길이 | ( 다 ) 미터 이상 |

① 가 : 300    나 : 5     다 : 15
② 가 : 300    나 : 15    다 : 5
③ 가 : 500    나 : 5     다 : 15
④ 가 : 500    나 : 15    다 : 5

해설
대피소는 차들이 서로 피하기 위하여 만든 시설로 간격은 300미터 이내, 너비는 5미터 이상, 유효길이는 15미터 이상으로 만들어야 한다.

**73** 측선길이 100m, 위거 오차 0.1m, 경거 오차 0.5m, 전측선 총길이가 200m라 하면 경거와 위거의 조정량을 컴퍼스법칙에 의해 계산한 값은?

① 위거 조정량 : 0.01m
   경거 조정량 : 0.05m
② 위거 조정량 : 0.25m
   경거 조정량 : 0.05m
③ 위거 조정량 : 0.05m
   경거 조정량 : 0.25m
④ 위거 조정량 : 0.50m
   경거 조정량 : 0.25m

해설
· 위거 조정량 = $\dfrac{0.1}{200} \times 100 = 0.05$

· 경거 조정량 = $\dfrac{0.5}{200} \times 100 = 0.25$

**74** 임도의 구조물 시공 시 기초공사의 종류가 아닌 것은?

① 전면기초     ② 말뚝기초
③ 고정기초     ④ 깊은기초

정답 69.① 70.① 71.② 72.① 73.③ 74.③

**해설**
기초공사의 종류에는 확대기초, 전면기초, 깊은기초가 있다.

**75** 임도의 노체와 노면에 대한 설명으로 옳지 않은 것은?

① 사리도는 노면을 자갈로 깔아놓은 임도이다.
② 토사도는 배수문제가 적어 가장 많이 사용된다.
③ 임도는 노상, 노면, 기층, 표층으로 구성되는 것이 일반적이다.
④ 노상은 다른 층에 비해 작은 응력을 받으므로 특별히 부적당한 재료가 아니면 현장 재료를 사용한다.

**해설** 흙보랫길(토사도)
교통량이 적은 곳에 축조하며 시공비가 적게 드나 물로 인하여 파손되기 쉬우므로 배수에 특별히 주의하여야 한다.

**76** 사리도의 유지보수에 대한 설명으로 옳지 않은 것은?

① 방진처리를 위하여 물, 염화칼슘 등이 사용된다.
② 횡단기울기를 10~15% 정도로 하여 노면배수가 양호하도록 한다.
③ 노면의 정지작업은 가급적 비가 온 후 습윤한 상태에서 실시하는 것이 좋다.
④ 길어깨가 높아져 배수가 불량할 경우 그레이더로 정형하고 롤러로 다진다.

**해설**
일반적으로 차도에서는 중앙부를 높게 하고 양쪽 길가쪽을 낮게 하는 횡단 기울기를 만들어야 하며 포장을 하지 않은 노면은 3~5%, 포장을 한 노면은 1.5~2%로 한다.

**77** 지성선 중 동일 방향으로 경사져 있으나 기울기가 다른 두면의 교차선은?

① 경사변환선   ② 경사교차선
③ 방향교차선   ④ 방향변환선

**해설** 경사변환선
동일 방향의 경사면에 있어서 경사각이 다른 2개의 면이 만나는 선으로 지세선의 일종이다.

**78** 산림조사용 항공사진을 판독할 때 식재열이 뚜렷하며, 임분 전체의 색조가 균일하고 임분의 경계가 직선에 가까운 것은?

① 천연림   ② 혼효림
③ 복층림   ④ 인공림

**해설**
인공림은 사람에 의해 인위적으로 식재한 산림으로 식재열의 배치가 뚜렷하며, 동일한 수종을 식재하므로 임분 전체의 색조가 균일하고 임분의 경계가 직선에 가깝다.

**79** 임도의 시공 시 연한 점질토 및 연한 점토인 경우에 성토의 높이를 5m 미만으로 설치할 때, 흙쌓기 비탈면의 표준 기울기는? (단, 기초지반의 지지력이 충분한 성토에 적용한다.)

① 1:1.0~1:1.2   ② 1:1.2~1:1.5
③ 1:1.5~1:1.8   ④ 1:1.8~1:2.0

**해설** 흙쌓기 비탈면 표준 기울기
흙쌓기비탈면의 표준 물매

| 성토재료 | 성토높이(m) | 물매(%) |
|---|---|---|
| 입도분포가 균일한 모래 | 5 미만 | 1.5~1.8 |
| 입도분포가 균일한 역질토 | 5~15 | 1.8~2.0 |
| 입도분포가 불균일한 모래 | 10 미만 | 1.8~2.0 |
| 암괴·호박돌 | 10 미만 | 1.5~1.8 |
| | 10~20 | 1.8~2.0 |
| 사질토 | 5 미만 | 1.5~1.8 |
| 경점질토·경점토 | 5~10 | 1.8~2.0 |
| 부드러운 점질토·부드러운 점토 | 5 미만 | 1.8~2.0 |

**정답** 75.② 76.② 77.① 78.④ 79.④

**80** 토적계산법에서 실제의 토적보다 다소 적게 나오지만 양단면평균법 계산법보다 오차가 적은 것은?

① 등고선법
② 각주공식
③ 주상체공식
④ 중앙단면적법

**해설**
중앙단면적법은 중앙의 단면적을 구한 후 길이를 곱하여 얻은 방법으로 일반적으로 양단면 평균법보다 오차가 작다.

---

### 제5과목 : 사방공학

**81** 유출계수(C)가 0.9이고 유역면적이 10ha인 험준한 산악지역에 시간당 100mm의 강도로 비가 내리고 있다면 합리식법으로 계산한 최대홍수량(m³/s)은?

① 2.5
② 25
③ 250
④ 2500

**해설**
유량 = 0.002778×C×I×A
     = 0.002778×0.9×100×10 = 2.5m³/sec

**82** 기슭막이 시공목적에 대한 설명으로 옳지 않은 것은?

① 기슭의 유로 변경
② 계안 횡침식 방지
③ 산복 공작물의 기초보호
④ 산복붕괴의 직접적인 방지

**해설** 기슭막이 공작물의 시공목적
계안침식붕괴, 산복붕괴방지, 산각고정, 산복공작물의 기초보호

**83** 야계사방공사에서 계상기울기 결정에 이용되는 임계유속이란 무엇인가?

① 계상바닥에서 발생하는 유속
② 계상침식을 일으키는 최대유속
③ 수표면에서 발생하는 표면유속
④ 계상에 침식을 일으키지 않은 최대유속

**해설** 임계유속
층류에서 난류로 변화할 때 유속, 즉 계상에서 침식을 일으키지 않은 경우의 최대유속

**84** 사방댐의 단면에 대한 안정을 계산할 때 작용하는 외력으로 옳지 않은 것은?

① 양압력
② 퇴사압력
③ 제체의 중량
④ 기초지반의 지지력

**해설**
기초지반의 지지력에 대한 안정은 사방댐과 지반의 허용응력에 관한 내용으로 제체에 발생하는 최대압축응력이 지반의 허용압축강도보다 작으면 지반은 안전하다. 따라서 단면에 대한 안정과는 상관이 없는 내용이다.

**85** 경사가 완만하고 상수가 없으며 유량이 적고 토사의 유송이 없는 곳에 가장 적합한 산복수로는?

① 떼붙임 수로
② 메쌓기 돌수로
③ 찰쌓기 돌수로
④ 콘크리트 수로

**해설**
떼붙임 수로는 경사가 완만하며 유량이 적은 곳에 설치한다.

**86** 앵커박기 공법의 적용대상지로 가장 적합한 곳은?

① 비탈 보호나 완만한 경사로 성토를 할 곳
② 급경사의 대규모 암반비탈에 암석이 노출되어 녹화 공사가 불가능한 곳
③ 비탈의 암질이 복잡하고 마사토로 구성되어 취급이 곤란하고 지하수가 용출하는 곳

정답 80.④ 81.① 82.① 83.④ 84.④ 85.① 86.④

④ 비탈경사가 현저하게 급한 곳에서 토압이 큰 곳이나 비탈틀공법 혹은 흙막이 공사 등을 계획하는 곳

해설 **앵커박기 공법**
비탈경사가 현저하게 급한 곳에서 비탈틀공법을 계획하는 경우와 땅밀림성 붕괴지 등에서 뒷면의 토압이 큰 곳에서 비탈 흙막이 공사 등을 계획하는 경우 등에 있어서, 이와 같은 공작물을 현 위치에 확보하고 그 안정률을 높여야 할 필요가 있는 경우 계획·시공하는 비탈안정공법으로 주로 암반비탈의 낙석방지용으로 활용된다.

**87** 다음그림에 해당하는 돌쌓기 종류는?

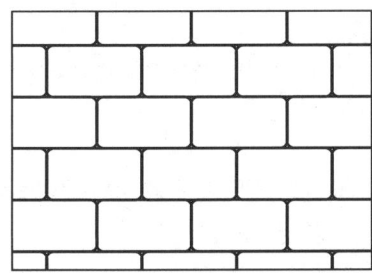

① 켜쌓기  ② 막쌓기
③ 골쌓기  ④ 육모쌓기

해설 **켜쌓기**
가로줄눈이 일직선이 되게 하고 세로줄눈은 막힌 줄눈이 되게 하여 쌓는 방법이다.

**88** 비탈옹벽 공법을 구조에 따라 분류한 것이 아닌 것은?

① T형 옹벽  ② 부벽식 옹벽
③ 돌쌓기 옹벽  ④ 중력식 옹벽

해설
옹벽을 구조에 따라 구분하면 중력식 옹벽, 부벽식 옹벽, T자형 옹벽, 캔틸레버식 옹벽이 있다. 돌쌓기 옹벽은 재료의 종류에 따른 옹벽이라 말할 수 있다.

**89** 토사퇴적 구역에 대한 설명 중 옳지 않은 것은?

① 유수의 유송력이 대부분 상실되는 지점이다.
② 침적지대 또는 사력퇴적지역 등으로 불린다.
③ 황폐계류의 최하부로 계상기울기가 급하고 계폭이 좁다.
④ 유송토사의 대부분이 퇴적되어 계상이 높아지게 된다.

해설 **황폐계류**

| 구분 | 설계속도(km/시간) | 공작물 |
|---|---|---|
| 토사생산구역 | • 최상류부<br>• 토사 생산 왕성<br>• 계상기울기 현저히 저하 | 횡공작물<br>설치 |
| 토사유과구역 | • 생산된 토사를 이동시키는 구역<br>• 침식 및 퇴적이 적음<br>• 협곡을 이룸 | 종공작물<br>중심 |
| 토사퇴적구역 | • 최하류<br>• 계상의 기울기 완만<br>• 계폭 넓음 | 모래막이,<br>수로내기 |

※ 토사퇴적구역은 기울기가 낮으며 다량의 토사가 쌓이기 때문에 계폭이 넓다.

**90** 단끊기 작업에 대한 설명으로 옳지 않은 것은?

① 일반적으로 하부에서 상부방향으로 진행한다.
② 비탈면에 너비가 일정한 소단을 만드는 공사이다.
③ 단상에는 될 수 있는대로 원래의 표토를 존치하도록 한다.
④ 주로 경사가 급한 비탈면에서 식생을 조기 도입하기 위한 곳에 실시한다.

해설 **단끊기**
• 수평으로 실시하며 단폭은 일반적으로 50~70cm이다.
• 비탈면의 기울기가 급할 때에는 계단폭을 좁게 하여 상하 계단간의 비탈면 기울기를 완만하게 한다.
• 단끊기에 의하여 생산되는 절취토사의 이동은 최소한도로 한다.
• 상부로부터 하부로 향하여 시공하며 단상에는 될 수 있는대로 원래의 표토를 존치하도록 한다.

정답 87.① 88.③ 89.③ 90.①

**91** 빗물에 대한 침식에 대한 설명으로 옳지 않은 것은?

① 구곡침식은 도랑이 커지면서 심토까지 심하게 깎이는 현상이다.
② 우격침식은 자연계천이나 하천에 의해 발생되는 현상이다.
③ 누구침식은 토양표면에 잔도랑이 불규칙하게 생기면서 깎이는 현상이다.
④ 면상침식은 침식 초기유형으로 토양의 얕은층이 유실되는 현상이다.

> 해설 ❂ **빗방울 침식(우격, 타격침식)**
> 빗방울이 땅 표면의 토양입자를 타격하여 분산 및 비산시키는 침식현상의 가장 초기단계이다.

**92** 임간나지에 대한 설명으로 옳은 것은?

① 산림이 회복되어 가는 임상이다.
② 비교적 키가 작은 울창한 숲이다.
③ 초기 황폐나 황폐이행지로 될 위험성은 없다.
④ 지표면에 지피식물 상태가 불량하고 누구 또는 구곡침식이 형성되어 있다.

> 해설 ❂ **임간나지**
> 비교적 키가 큰 임목들이 외견상 엉성한 숲을 이루고 있지만, 지표면에 지피 식물이나 유기물이 적고 때로는 면상, 누구 또는 구곡 침식까지 발생되고 있으므로 입목이 제거되거나 산림병해충의 피해로 고사하게 되면 곧 초기 황폐지나 황폐이행지 형태로 급전진되는 황폐지이다.

**93** 산림지대에서 증발산에 대한 설명으로 옳지 않은 것은?

① 증발산량 추정방법으로 존스웨이트식 등이 있다.
② 물수지법, 열수지법으로 증발산량을 파악할 수 있다.
③ 증발되거나 방산되어 공중으로 되돌아가는 현상이다.
④ 일반적으로 증발산량은 정오에 최소이고 자정에 최대이다.

> 해설 ❂
> 증발산은 뿌리에서 흡수한 물이 잎의 기공, 줄기 등의 표피를 통해 대기중으로 방출되는 물의 양이다. 따라서 햇빛의 세기가 가장 센 정오 때 최대이며 자정 때는 최소가 된다.

**94** 비탈 녹화공법에 적용하기 가장 부적합한 것은?

① 조공        ② 새심기
③ 사초심기    ④ 씨뿌리기

> 해설 ❂
> 사초심기 공법은 해안사방공법으로 다발심기, 줄심기, 망심기가 있다.

**95** 사방댐의 물빼기 구멍 설치 목적으로 옳지 않은 것은?

① 유출 토사량 조절
② 댐의 시공 중의 유수 저수
③ 사력기초의 잠류소독 감소
④ 댐의 시공 후의 대수면에 가해지는 수압 감소

> 해설 ❂
> 물빼기 구멍은 댐의 시공 중의 유수를 배출시키는 기능을 한다.

**96** 비탈면 힘줄박기 공법에 관한 설명으로 옳지 않은 것은?

① 사각형틀, 삼각형틀, 계단상 수평띠 모양 등이 있다.
② 현장에서 직접 거푸집을 설치하여 콘크리트를 친다.
③ 비탈기울기가 급하고 불안정한 사면에 시공한다.
④ 비탈 제일 아래에는 수직방향으로 콘크리트 옹벽형 기초공사를 한다.

정답 91.② 92.④ 93.④ 94.③ 95.② 96.④

**해설**
비탈힘줄박기 공법은 직접 거푸집을 설치하여 콘크리트를 쳐 비탈면의 안정을 위한 뼈대인 힘줄을 만들고, 흙이나 돌로 채워 녹화하는 공법으로 비탈 제일 아래에는 기초공사를 실시하지 않는다.

**97** 앞모래언덕 육지쪽에 후방모래를 고정하여 표면을 안정시키고 식재목이 잘 생육할 수 있는 환경조성을 위해 실시하는 공법은?

① 구정바자얽기
② 모래덮기 공법
③ 퇴사울타리 공법
④ 정사울세우기 공법

**해설** 정사울세우기
퇴사울타리가 전방의 모래를 고정할 목적이라면 정사울세우기는 후방의 모래를 고정하면서 식생의 생육에 알맞은 환경을 제공하기 위한 공법이다. 모래날림을 방지하기 위한 모래덮기 공법과 사초심기 공법을 병행하여 실시한다.

**98** Bazin 공식에 관한 설명으로 옳은 것은?

① 풍부한 경험에 의한 조도계수가 필요하다.
② 계수 산정이 복잡하고 물리적 의미도 명확하지 않다.
③ 기울기가 급하고 유속이 빠른 수로에서 평균 유속을 구하는 식이다.
④ 물의 흐름이 등류상태에 있는 경우의 단면 평균유속을 구하는 식이다.

**해설**
Bazin 공식은 물매가 급하고 유속이 빠른 수로에서 평균유속을 계산할 때 적절한 방법이다.

**99** 유역면적이 1ha, 최대시우량이 100mm/hr일 때 시우량법에 의한 계획지점에서의 최대홍수유량($m^3/s$)은? (단, 유거계수는 0.7로 한다.)

① 0.166
② 0.194
③ 1.17
④ 1.94

**해설**
유량 = 0.002778CIA
= 0.002778×0.7×100×1 = 0.194$m^3$/s

**100** 평떼붙이기 공법의 설명으로 옳지 않은 것은?

① 평떼심기란 평탄지에 평떼를 심는 것이다.
② 주로 45도 이상의 급경사의 지형에 시공한다.
③ 붙인 떼는 떼꽂이로 고정하여 활착이 잘 이뤄지게 한다.
④ 심은 후에는 잘 밟아 다져 뗏밥을 주고 깨끗이 뒷정리를 한다.

**해설**
평떼붙이기의 시공장소는 경사 45° 이하의 비교적 토양이 비옥한 산지사면이 적합하다.

**정답** 97.④ 98.③ 99.② 100.②

# 국가기술자격 필기시험문제

2016년 제2회 필기시험

| 자격종목 및 등급(선택분야) | 종목코드 | 시험시간 | 형별 |
|---|---|---|---|
| 산림기사 | 1564 | 2시간 30분 | A |

## 제1과목 : 조림학

**1** 발아율이 85%이고 발아세가 80%인 종자의 경우 발아율에서 발아세를 뺀 값인 5%의 종자에 대한 설명으로 옳은 것은?

① 발아가 빠르게 되는 종자이다.
② 불량묘가 될 가능성이 높은 종자이다.
③ 묘포에 파종할 때 발아가 되지 않은 종자이다.
④ 종자를 채취할 때 섞여 들어간 다른 수종의 종자이다.

**해설**
5%의 묘목은 종자가 가장 많이 발아한 날 이후에 발아가 된 묘목으로 일반적으로 발아는 되었지만 썩거나 잘 자라지 못하는 불량묘가 되는 경우가 많다.

**2** 산림갱신 방법 중 예비벌, 하종벌, 후벌 단계를 거치는 작업종은?

① 개벌작업  ② 택벌작업
③ 모수작업  ④ 산벌작업

**해설**
산벌작업에는 갱신준비를 위한 예비벌, 치수의 발생을 완성하는 하종벌, 치수의 발육을 촉진하는 후벌, 후벌의 마지막인 종벌 등이 있다. 산벌은 순차적으로 벌채가 진행되므로 순차벌이라고도 하며 하종벌부터 종벌까지의 기간을 갱신기간이라 한다.

**3** 침엽수의 가지치기 작업방법으로 옳은 것은?

① 으뜸가지 이상의 가지를 친다.
② 줄기와 직각이 되도록 잘라낸다.
③ 생장휴지기에 실시하는 것이 좋다.
④ 초두부까지 가지를 쳐내어 통직한 간재를 생산하도록 한다.

**해설**
가지치기는 생장휴지기인 11월~2월 말까지 실시한다. 침엽수의 가지치기 방법은 줄기와 평행이 되도록 잘라야 한다.

**4** 산림생태적인 면에서 환경친화적인 작업종과 가장 거리가 먼 것은?

① 개벌작업  ② 택벌작업
③ 모수작업  ④ 산벌작업

**해설**
개벌작업은 주로 양수에 적용되는 작업종으로, 현재의 수종을 다른 수종으로 수종갱신을 하고자 할 경우 작업이 용이하지만 임지가 일시에 노출되어 각종 위해에 직면하게 된다. 또한 지형 및 지질 등 국소적인 환경을 다른 지역에서 적용하기 어려운 부분도 있다.

**5** 회귀년을 고려하여야 할 작업종은?

① 개벌작업  ② 택벌작업
③ 모수작업  ④ 산벌작업

**해설**
순환택벌 시 처음구역으로 되돌아오는 데 소요되는 기간을 회귀년이라 한다. 회귀년은 택벌작업에서 사용되는 용어이다.

**6** 일반공기 중에는 약 78%가 질소로 구성되어 있으나 식물이 이를 직접 이용하기는 어렵다. 식물이 질소를 이용가능한 형태로 바꾸는 것을 무엇이라고 하는가?

**정답**  1.②  2.④  3.③  4.①  5.②  6.④

① 질소이동　② 질산환원
③ 질소순환　④ 질소고정

**해설**
대기 중에 있는 유리질소를 식물이 생리적 또는 화학적으로 이용할 수 있도록 질소화합물로 바꾸는 것으로 암모니아태질소나 질산태질소로 바꾸어 주는 것을 말한다.

**7** 극양수에 해당하는 수종은?
① 주목　② 단풍나무
③ 서어나무　④ 일본잎갈나무

**해설** 양수
은행나무, 소나무류, 향나무, 일본잎갈나무

**8** 인공림 침엽수의 수형목 지정기준으로 옳지 않은 것은?
① 상층임관에 속할 것
② 수관이 넓고 가지가 굵을 것
③ 밑가지들이 말라서 떨어지기 쉽고 그 상처가 잘 아물 것
④ 주위 정상목 10본의 평균보다 수고 5%, 직경 20% 이상 클 것

**해설**
수형목은 주위나무에 비해 우량한 성질을 가지는 나무를 말하며 생장이 좋고, 수간이 곧으며 가지 및 가지의 확장이 적고 자연낙지성이 크며, 병충해에 피해를 받지 않은 나무를 의미한다. 가지가 굵은 것은 수형목의 조건에 들어가지 않는다.

**9** 묘포 입지선정조건으로 가장 부적합한 것은?
① 완경사지
② 점토질 토양
③ 관개, 배수가 유리한 곳
④ 교통과 노동력 공급이 유리한 곳

**해설**
묘포지는 평탄지보다 약간 경사진 곳이 관수나 배수가 용이하므로 유리하다. 점토질 토양보다는 양토나 식양토가 유리하다.

**10** 식생조사에서 빈도에 대한 설명으로 옳지 않은 것은?
① 빈도는 방형구의 크기에 영향을 받지 않는다.
② 어느 종이 출현한 방형구 수와 총조사 방형구수의 백분비로 표시된다.
③ 어느 종이 얼마나 넓은 지역에 걸쳐 출현하는가를 알기 위한 척도이다.
④ 군락 내에 있어서 종간의 양적관계를 알기 위한 척도로는 상대빈도를 이용한다.

**해설**
빈도는 방형구의 크기에 영향을 받으므로 크기가 다른 방형구에서 조사된 군집들 간의 빈도에 의한 양적 비교는 의미가 없어 상이한 측정값을 상대값으로 상정하여 쓴다.

**11** 난대수종으로 일반적으로 온대중부 이북에서 조림하기 어려운 수종은?
① Quercus acuta
② Abies holophylla
③ Pinus koraiensis
④ Fraxinus rhynchophylla

**해설**
붉가시나무는 난대성 수종으로 연평균 기온이 14도씨 이상인 곳에서 자란다. 따라서 우리나라 남부지역이나 제주도에서만 분포하고 있다.
① Quercus acuta(붉가시나무)
② Abies holophylla(전나무)
③ Pinus koraiensis(잣나무)
④ Fraxinus rhynchophylla(물푸레나무)

**12** 숲가꾸기 품셈에서 수종별, 흉고직경별 간벌 후 입목본수 기준이 제시되어 있다. 흉고직경이 20cm인 경우 간벌후 ha당 입목본수가 가장 적은 수종은?
① 편백　② 삼나무
③ 참나무류　④ 일본잎갈나무

**정답** 7.④　8.②　9.②　10.①　11.①　12.③

**13** 식토에 대한 설명으로 옳지 않은 것은?

① 식토는 사토에 비하여 보수력이 높다.
② 식토는 사토보다 식물의 뿌리 발달에 유리하다.
③ 식토는 사토에 비하여 양이온치환용량(C.E.C)이 크다.
④ 식토는 토양수분함량이 낮아질 때 거북등처럼 갈라지나 사토는 그렇지 않다.

> **해설**
> 식토는 토성구분에서 50% 이상의 점토를 함유하고 있는 토양이다. 점토분이 많으므로 수분이나 비료의 유지력은 좋으나, 공기의 순환이나 배수가 불량하여 식생이 생육하기에는 좋지 않은 토양이다.

**14** 정상적인 생육을 위해 무기양분을 가장 많이 요구하는 수종은?

① 향나무
② 소나무
③ 오리나무
④ 느티나무

> **해설** 무기양료의 요구량이 많은 수종
> 오동나무, 물푸레나무, 미루나무, 느티나무, 전나무, 밤나무, 참나무

**15** 개화 후 다음 해 10월경에 종자가 성숙하는 수종은?

① Quercus dentata
② Quercus serrate
③ Quercus mongolica
④ Quercus acutissima

> **해설**
> ① Quercus dentata(떡갈나무) – 10월
> ② Quercus serrate(졸참나무) – 9월
> ③ Quercus mongolica(신갈나무) – 9월
> ④ Quercus acutissima(상수리나무) – 10월
> ※ 떡갈나무도 10월경에 종자가 성숙하는 나무로 나와 있다. 1번도 답이다.

**16** 잣나무 성목을 대상으로 실시한 가지치기 작업이 임목에 미치는 영향으로 옳지 않은 것은?

① 무절재의 생산
② 수고생장 촉진
③ 직경생장 촉진
④ 수간의 완만도 향상

> **해설**
> 직경생장은 솎아베기 작업을 실시했을 때 나타나는 효과이다. 가지치기 작업과는 무관하다.

**17** 잣나무에 대한 설명으로 옳지 않은 것은?

① 침엽이 5개씩 모아 난다.
② 종자에 달린 날개는 퇴화되어 있다.
③ 어려서 음수이며 커감에 따라 햇빛요구량이 줄어든다.
④ 한대수종으로 토심이 깊고 비옥하고 적윤한 곳에서 잘 자란다.

> **해설**
> 잣나무는 중용수로서 우리나라의 온대림과 한대림 전역에 분포하고 있다.

**18** 임목의 개화결실을 촉진시키는 방법으로 가장 효과가 적은 것은?

① 도태간벌
② 환상박피
③ 충분한 비료주기
④ 생장촉진 호르몬 처리

> **해설** 개화결실 촉진방법
> 환상박피, 비료주기, 생장조절물질처리, C/N율 조절 등이 있다.

**19** 노지에서 1년생으로 상체하는 것이 적합한 수종은?

① 곰솔  ② 잣나무
③ 전나무  ④ 가문비나무

**정답** 13.② 14.④ 15.④ 16.③ 17.③ 18.① 19.①

**해설 상체작업**

묘목이 커지면서 생육공간을 넓혀주기 위해서 묘목을 다른 묘상으로 옮겨주는 작업으로 흙이 녹아 수액이 유동되기 직전에 실시한다. 곰솔은 보통 노지에서 1년생으로 상체작업을 실시한다.

**20** 다음과 같은 조건에서 소나무 종자를 산파하려고 할 때 파종량은?

- 파종상의 면적 : 10m²
- 가을이 되어 세워둘 묘목수 : 500본/m²
- 종자립수 : 10000개/L
- 순량률 : 80%
- 종자발아율 : 50%
- 묘목잔존율 : 50%

① 1L  ② 2L
③ 2.5L  ④ 5L

**해설 파종량**

$$\text{파종량} = \frac{\text{파종면적} \times m^2\text{당 남길 묘목수}}{g\text{당 종자입수} \times \text{순량률} \times \text{발아율} \times \text{득묘율}}$$

$$= \frac{10 \times 500}{10 \times 0.8 \times 0.5 \times 0.5} = 2500ml = 2.5L$$

1L는 1000g, 따라서 종자립수 10000개/L는 10000/1000 = 10개

---

**제2과목 : 산림보호학**

**21** 밤나무 줄기마름병 방제법으로 옳지 않은 것은?

① 질소 비료를 적게 준다.
② 내병성 품종을 재배한다.
③ 상처부위에 도포제를 바른다.
④ 중간기주인 현호색을 제거한다.

**해설**

밤나무 줄기마름병의 병원체는 자낭균인 Cryphonectria parasitica로 상처난 밤나무 줄기로 들어가서 발아한다. 중간기주는 없다.

**22** 거미의 외부 형태를 구분한 것으로 옳은 것은?

① 머리가슴, 배 2부분
② 머리, 가슴, 배 3부분
③ 머리가슴, 꼬리 2부분
④ 머리, 가슴, 꼬리 3부분

**23** 피소(볕데기) 현상이 가장 잘 발생하는 것은?

① 늦은 가을 기온이 내려갈 때
② 추운 겨울날 기온이 급감할 때
③ 봄에 수목의 생리 작용이 시작할 때
④ 더운 여름날 강한 직사광선을 받았을 때

**해설 피소**

나무 줄기가 강렬한 태양 직사광선을 받았을 때 수피의 일부에 급격한 수분증발이 생겨 형성층이 고사하고 그 부분의 수피가 말라죽는 현상이다.

**24** 희석하여 살포하는 약제가 아닌 것은?

① 입제  ② 액제
③ 수화제  ④ 캡슐현탁제

**해설 입제**

유효성분을 고체증량제와 혼합분쇄하고 보조제를 가하여 입상으로 성형한 것이다.

**25** 파이토플라즈마를 매개하는 해충은?

① 광릉긴나무좀
② 담배장님 노린재
③ 북방수염 하늘소
④ 복숭아혹 진딧물

**해설**

| 병명 | 병원균 | 기주 | 매개충 |
|---|---|---|---|
| 대추나무 빗자루병 | 파이토플라즈마 | 대추나무 | 마름무늬 매미충 |
| 오동나무 빗자루병 | 파이토플라즈마 | 오동나무류 | 담재장님 노린재 |
| 뽕나무 오갈병 | 파이토플라즈마 | 뽕나무 | 마름무늬 매미충 |

**정답** 20.③ 21.④ 22.① 23.④ 24.① 25.②

**26** 담자균류에서 발생되지 않은 포자는?
① 녹포자기 안의 녹포자
② 녹병정자기 안의 정자
③ 분생포자각 안의 분생포자
④ 겨울포자퇴 안의 겨울포자

해설 **담자균류에 의한 수병**
유성포자인 담자포외에 무성포자가 형성되는 것이 있다. 녹병균 중에는 녹병포자, 녹포자, 여름포자, 겨울포자 등을 만들어 기주교대하는 것도 있다.

**27** 흡즙성 해충에 속하는 것은?
① 솔나방   ② 박쥐나방
③ 솔껍질깍지벌레   ④ 오리나무잎벌레

해설 **흡즙성 해충**
솔껍질깍지벌레, 소나무재선충, 소나무좀벌레, 진딧물류, 진달래방패벌레, 뽕나무이

**28** 소나무와 참나무류에 군집하여 생활하는 조류가 산성을 띤 배설물에 의해 임목을 고사시키는 것은?
① 백로, 왜가리
② 참새, 할미새
③ 박새, 산까치
④ 어치, 산비둘기

해설 **조류의 피해**
- 할미새, 참새 : 봄철 파종상에서 낙엽송, 가문비나무, 소나무 등의 소립종자를 식해하고 발아 후에도 피해를 주며 묘포지에 많다.
- 갈가마귀 : 단풍나무류의 종실이나 파종상의 종자 및 발아한 종자를 식해한다.
- 딱따구리 : 줄기에 구멍을 뚫는다.
- 백로, 왜가리 : 군집하여 임목을 고사시킨다.
- 산까치, 박새 : 어린나무의 순에 피해를 준다.
- 어치, 물까치, 동박새, 산비둘기 : 과실을 가해한다.

**29** 소나무좀에 대한 설명으로 옳지 않은 것은?
① 연 1회 발생한다.
② 수피속에서 알로 월동한다.
③ 수피를 뚫고 들어가 산란한다.
④ 쇠약한 나무, 고사한 나무에 주로 기생하여 가해한다.

해설
1년 1회 발생하며 수피 속에서 성충으로 월동한다.

**30** 암컷만으로 생식이 가능한 해충은?
① 솔나방
② 소나무좀
③ 솔잎혹파리
④ 밤나무혹벌

해설
밤나무혹벌은 암컷으로만 번식하며 천적은 중국긴꼬리좀벌이다.

**31** 곤충의 완전변태에 해당하는 것은?
① 알 → 유충 → 성충의 과정을 거치는 것
② 알 → 약충 → 성충의 과정을 거치는 것
③ 알 → 유충 → 번데기 → 성충의 과정을 거치는 것
④ 알 → 약충 → 번데기 → 성충의 과정을 거치는 것

해설 **완전변태**
알-유충-번데기-성충으로 변하며 나비목, 딱정벌레목이 이에 속한다.

**32** 약제를 식물체의 줄기, 잎 등에 살포하여 부착시켜 식엽성 해충이 먹이와 함께 약제를 섭취하여 독작용을 일으키는 살충제는?
① 기피제
② 유인제
③ 소화중독제
④ 침투성 살충제

해설 **소화중독제(독제)**
해충이 약제를 먹으면 중독을 일으켜 죽이는 약제이다. 씹어먹는 입(저작구형)을 가진 나비류 유충, 메뚜기에 적당하다.

정답  26.③  27.③  28.①  29.②  30.④  31.③  32.③

**33** 잣나무 털녹병의 침입부위와 시기가 맞는 것은?

① 3월~4월에 잎으로
② 3월~4월에 줄기로
③ 9월~10월에 잎으로
④ 9월~10월에 줄기로

해설
잣나무 털녹병은 중간기주에서 여름포자, 담자포자, 겨울포자를 형성하여 수피조직 내에서 균사적 형태의 월동이 이루어지며 4월~5월경에 녹포자를 형성하여 9월~10월에 잎으로 침입한다.

**34** 수목병의 발생원인 중 주인에 해당하는 것은 무엇인가?

① 인간의 활동성
② 기주의 감수성
③ 환경의 유도성
④ 병원체의 전염성

해설 주인
수목의 병에 직접적으로 관여하는 요인이다.

**35** 토양에 의한 전염을 하지 않은 것은?

① 그을음병
② 뿌리혹병
③ 모잘록병
④ 자주빛날개무늬병

해설
그을음병은 잎, 가지, 열매 등에 검은 그을음이 생기는 것으로 진딧물이나 깍지벌레 등의 분비물인 감로에 그을음병원균의 검은색 곰팡이가 자란 것이다. 따라서 토양에 의한 전염병이 아니다.

**36** 북미가 원산지이며 연 2회 이상 발생하고 100여종의 활엽수를 가해하며 번데기로 월동하는 해충은?

① 매미나방
② 미국흰불나방
③ 어스렝이나방
④ 천막벌레나방

해설 미국흰불나방
활엽수를 가해하며 1년 2회 발생하며 나무껍질, 판자틈, 돌밑, 지피물밑 등에서 번데기로 월동한다. 1회 성충은 5월 중순~6월에 출현한다. 1958년 우리나라에서 최초 발견되었으며 잡식성이다.

**37** 방화선 설치위치로 가장 적절한 것은?

① 급경사지
② 고사목 집적 지역
③ 관목 및 임목 밀생지
④ 능선 바로 뒤편 8~9부 능선

해설 방화선
화재의 위험이 있는 지역에 화재의 진전을 방지하기 위해 설치하는 것으로 산림구획선, 경계선, 도로, 능선, 암석지, 하천 등을 이용하되 능선뒤편 8~9부 능선에 설치한다. 보통 10~20m 폭으로 임목과 잡초, 관목을 제거하여 만들며, 방화선에 의하여 구획되는 산림면적은 적어도 5ha 이상이 되도록 한다.

**38** 다음 수목병 중에서 병원균의 유형이 다른 것은?

① 뽕나무 오갈병
② 벚나무 빗자루병
③ 오동나무 빗자루병
④ 대추나무 빗자루병

해설
벚나무 빗자루병은 자낭균이고 뽕나무 오갈병, 오동나무빗자루병, 대추나무 빗자루병은 파이토플라즈마에 의한 수병이다.

**39** 유충이 소나무나 곰솔의 엽초에 쌓인 두 침엽 접합부위에 혹을 만들어 나무 생육에 피해를 주는 해충은?

① 솔나방
② 솔잎혹파리
③ 솔수염하늘소
④ 솔껍질깍지벌레

해설 솔잎혹파리
유충이 적송, 흑송 등의 두 침엽의 접합부에 기생하여 혹을 만들어 피해를 준다. 1년 1회 발생하고 유충으로서 땅속이나 충영 속에서 월동하며 6월 상순이 성충우화 최성기이다. 성숙유충의 크기는 1.7mm~2.8mm이다.

정답 33.③ 34.④ 35.① 36.② 37.④ 38.② 39.②

**40** 병에 의해 식물체 조직변화로 외관의 이상을 나타내는 것은?

① 병징　② 표징
③ 발병　④ 감염

**해설** 병징
- 유조직병 : 병원세균이 식물의 유조직에 침해하여 발병시킨다.
- 점무늬병 : 침입한 세균이 기공하강에서 증식하여 인접유조직을 파괴하여 여러 모양의 점무늬를 이룬다.
- 불마름병 : 식물 어느 기관의 일부 또는 전부가 말라 죽는다.
- 무름병 : 식물조직 및 기관의 부패현상은 무름병으로 나타난다.

### 제3과목 : 임업경영학

**41** 작업급의 영급관계가 편중되어 노령림이 너무 많거나 유령림이 너무 많을 때 윤벌기로 구한 연벌량에서 오는 불이익을 적게 하여 수확량을 대략 균등하게 지속시키기 위해서 채택하는 생산기간은?

① 정리기　② 회귀년
③ 갱신기　④ 윤벌기

**해설** 정리기
불법정인 영급관계를 법정인 영급관계로 정리 및 개량하는 기간으로 개벌작업을 실시하려는 산림에 주로 적용한다.

**42** 임업경영은 목적에 따라 종속적, 부차적, 주업적 임업경영으로 나눌 수 있다. 이중 종속적 임업경영에 대한 설명으로 옳지 않은 것은?

① 주요 생산적 임업의 용역을 제공하는 것이다.
② 주업적 생산을 내부적으로 지탱하기 위한 것이다.
③ 주요 생산적 임업의 생산에 필요한 자재를 공급하는 것이다.
④ 생산요소의 유휴화를 막고 이용률을 높여 경영전체의 수익을 높이기 위한 것이다.

**해설**
종속적 산림경영은 다른 산업에 원자재를 공급하기 위한 산림경영의 형태로 산림경영이 다른 사업에 종속이 되므로 경영전체의 수익을 높일 수는 없다.

**43** 다음 〈보기〉의 조건을 활용한 관계식으로 가장 적합한 것은?

〈보기〉
NAC : 법정 연간 벌채량
In : 법정 생장량
MAI : 벌기 평균 생장량
R : 윤벌기
Vr : 벌기 임분의 재적

① $NAC = In = MAI \div R = Vr$
② $NAC = In = MAI \times R = Vr$
③ $NAC = 2 \times In = MAI \div R = 2 \times Vr$
④ $NAC = 2 \times In = MAI \times R = 2 \times Vr$

**해설**
생장량법은 생장한 만큼 수확하여 산림의 재적이 줄어지지 않도록 하는 방법이다. 즉 임분의 법정 연간 벌채량은 법정 생장량이며 법정 평균 생장량을 윤벌기로 곱한 값이며 벌기 임분의 재적이 된다.

**44** 산림의 생산력 발전단계 중 노동생산성이 작업노동과 관리노동으로 분리취급된 단계는?

① 자연력 통제의 단계
② 자연력 의존의 단계
③ 자연자원 보존의 단계
④ 자본장비 확충의 단계

**해설**
산림의 생산력 전개에 따른 산림경영은 ① 자연력 의존단계 ② 자연력 통제단계 ③ 자본장비 확충단계 ④ 자연자원의 보존과 환경위기단계로 나누어진다. 노동생산성이 작업노동과 관리노동으로 나누어지는 단계는 자연력 통제의 단계이다.

**정답** 40.① 41.① 42.④ 43.② 44.①

**45** 자산, 부채, 자본의 관계를 잘 나타낸 것은?

① 자산 = 자본 − 부채
② 자산 = 자본 + 부채
③ 자산 = 부채 − 자본
④ 자산 = 자본 ÷ 부채

**해설**
총재산(자산) = 타인자본(부채) + 자기자본(자본)

**46** 산림교육의 활성화에 관한 법률에서 제시된 산림교육전문가가 아닌 것은?

① 숲해설가
② 유아숲지도사
③ 산림치유지도사
④ 숲길체험지도사

**해설** 산림교육전문가
① 숲해설가, ② 유아숲지도사, ③ 숲길체험지도사 3가지로 나뉜다.

**47** 법정상태 때의 임목본수와 현재 생육하고 있는 임목본수의 비로 표시하는 것은?

① 입목도
② 소밀도
③ 울폐도
④ 폐쇄도

**해설**
$$입목도 = \frac{현재\ 생육하고\ 있는\ 임목본수비}{법정상태의\ 임목본수비}$$

**48** 연이율이 6%이고 매년 240만원씩 영구히 순수익을 얻을 수 있는 산림을 3600만원에 구입하였을 때 손익은?

① 이익 24만원
② 손해 24만원
③ 이익 400만원
④ 손해 400만원

**해설**
무한연년이자 : 매년 r씩 영구히 얻는 수입이자
$$K = \frac{2400000}{0.06} = 40000000원$$

**49** 산림경영계획의 체계에 대한 설명으로 옳은 것은?

① 국가적 또는 지역적인 관점에서의 종합적인 계획에 근간을 두고 있다.
② 산림청장은 지역산림계획을 5년 단위로 공표하거나 상황에 따라 수정한다.
③ 국유림을 경영, 관리하는 기관은 산림청 − 국유림 관리소 − 지방산림청 순서체계로 구성된다.
④ 산림기본계획은 지역산림계획에 따라 특별시장, 광역시장, 도지사 및 산림청장이 수립한다.

**해설**
① 국가적 또는 지역적인 관점에서의 종합적인 계획에 근간을 두고 있다.
② 산림청장은 기본계획을 10년 단위로 공표하거나 상황에 따라 수정한다.
③ 국유림을 경영, 관리하는 기관은 산림청 − 지방산림청 − 국유림 관리소 순서체계로 구성된다.
④ 산림기본계획은 산림청장이 장기전망을 기초로 하여 지속가능한 산림경영이 이루어지도록 전국의 산림을 대상으로 다음 각호의 사항이 포함된 산림기본계획을 수립·시행하여야 한다.

**50** 임업투자계획의 경제성을 평가하는 방법이 아닌 것은?

① 순현재가치의 방법
② 편익비용비의 방법
③ 내부수익률의 방법
④ 수확표에 의한 방법

**해설** 수확표
수종에 따라 지위별, 연령별로 평균직경, 평균수고, 본수, 재적 및 생장량이 표시되어 있는 표를 말하며 임업투자의 경제성을 평가하는 방법과는 거리가 멀다.

**51** 산림문화 휴양에 관한 법률에서 정의된 "국민의 정서함양, 보건휴양 및 산림교육 등을 위하여 조성한 산림"에 해당하는 것은?

① 숲길
② 산림욕장
③ 치유의숲
④ 자연휴양림

**정답** 45. ② 46. ③ 47. ① 48. ③ 49. ① 50. ④ 51. ④

**해설** 자연휴양림
국민의 정서함양, 보건휴양 및 산림교육 등을 위하여 조성한 산림

**52** 산림평가 방법이 올바르게 짝지어진 것은?
① 유령림 – 비용가법
② 중령림 – 기망가법
③ 장령림 – 매매가법
④ 성숙림 – Glaser

**해설**
일반적으로 유령림에는 임목 비용가법, 벌기 미만의 장령림에는 임목 기망가법과 수익환원법, 중령림에는 임목 비용가법과 임목 기망가법의 중간적인 Glaser법, 벌기 이상의 임목에는 임목매매가가 적용되는 시장가 역산법을 사용한다.

**53** 산림의 6가지 기능 중 생태, 문화 및 학술적으로 보호할 가치가 있는 산림을 보호, 보전하기 위한 기능은?
① 수원함양기능  ② 자연환경보전기능
③ 생활환경보전기능  ④ 산지재해방지기능

**해설** 자연환경 보전림 가꾸기
보호할 가치가 있는 산림자원이 보전될 수 있는 산림으로 다층혼효림 또는 지정, 결정, 관리의 목적을 달성할 수 있는 산림이 목표이다.

**54** 감가상각비에 대한 설명으로 옳지 않은 것은?
① 고정자산의 감가원인은 물리적인 원인과 기능적 원인으로 나눌 수 있다.
② 감가상각비는 시간의 경과에 따른 부패, 부식 등에 의한 가치의 감소를 포함한다.
③ 새로운 발명이나 기술진보에 따른 사용가치의 감가는 감가상각비로 처리하지 않는다.
④ 시장변화 및 제조방법 등의 변경으로 인하여 사용할 수 없게 된 경우에도 감가상각비로 처리한다.

**해설**
감가상각비는 시간이 지남에 따라 제품의 성, 서비스 등이 노후한 가치를 말하며 새로운 발명이나 기술진보에 따른 사용가치의 감가도 감가상각비로 처리한다.

**55** 면적이 120ha, 윤벌기가 40년, 1영급이 10영계인 산림의 법정영급면적과 법정영계면적은?
① 3ha, 10ha  ② 3ha, 30ha
③ 30ha, 3ha  ④ 30ha, 10ha

**해설**
- 법정영급면적 $= \dfrac{120}{40} \times 10 = 30ha$
- 법정영계면적 $= \dfrac{120}{40} = 3ha$

**56** 복합임업경영의 주목적으로 가장 적합한 것은?
① 임업조수익의 증대
② 임업조수입의 증대
③ 임업경영지의 대단지화
④ 임업수입의 조기화와 다양화

**해설**
복합산림경영은 농가의 산림수익을 높일 수 있도록 다각적으로 생산하는 것으로 임업수입의 조기화 및 다양화에 목적을 두고 있다.

**57** 매년 산림경영관리에 투입되는 비용이 20만원, 연이율이 5%인 경우에 자본가는?
① 4만원  ② 19만원
③ 1백만원  ④ 4백만원

**해설**
무한연년이자 $= \dfrac{200000}{0.05} = 4000000$원

**58** 임목 및 임분을 측정하는 경우 불완전한 기계 또는 계산에 의한 오차는?
① 과오  ② 부주의
③ 누적오차  ④ 상쇄오차

**정답** 52.① 53.② 54.③ 55.③ 56.④ 57.④ 58.③

해설 **오차의 종류**
- 정오차(누차, 누적오차) : 측량 후 오차 조정 가능, 임목 및 임분을 측정하는 경우 불완전한 기계 또는 계산에 의한 오차이다.
- 우연오차(부정오차) : 오차의 제거가 어렵고 계산으로 완전히 조정할 수 없는 오차로 최소 제곱법을 사용한다.
- 과실(착오) : 측정자의 부주의에 의하여 발생하는 오차이다.

**59** 산림평가에서 임업이율을 고율로 평정할 수 없고 오히려 보통이율이나 약간 저율로 평정해야 하는 이유에 해당하지 않는 것은?

① 산림소유의 안정성
② 산림수입의 고소득성
③ 산림관리경영의 간편성
④ 문화발전에 따른 이율의 저하

해설 **임업이율이 낮아야 하는 이유**
- 재적및 금원수확의 증가와 산림재산의 가치등귀
- 산림소유의 안정성
- 산림재산 및 임료수입의 유동성
- 산림경영관리의 간편성
- 생산기간의 장기성
- 문화의 진전에 따른 이율의 저하
- 기호 및 간접적 이익의 관점에서 나타나는 산림소유에 대한 개인적 가치 평가

**60** 측고기를 사용할 때 주의사항으로 옳지 않은 것은?

① 경사지에서 측정할 때는 오차가 생기기 쉬우므로 여러 방향에서 측정하여 평균해야 하고 가급적 등고선 방향을 이동하여 측정한다.
② 여러 방향에서 측정하면 오차값을 줄일 수 있다.
③ 측정하고자 하는 나무의 끝과 근원부가 잘 보이는 지점을 선정해야 한다.
④ 측정위치가 멀면 오차가 생기므로 나무 높이의 절반 정도 떨어진 곳에서 측정하는 것이 좋다.

해설 측정위치가 멀면 오차가 생기므로 나무 높이만큼 떨어진 곳에서 측정하는 것이 오차를 최소화 할 수 있다.

### 제4과목 : 임도공학

**61** 불도저의 작업 범위가 아닌 것은?

① 땅파기
② 노면 다짐
③ 벌도목 적재
④ 벌목 및 제근

해설 불도저는 노면정지작업과 흙 운반을 할 수 있고, 레이크 도저는 벌목 및 제근작업도 가능하다.

**62** 임도 시공 시 흙깎기 공사에 대한 설명으로 옳지 않은 것은?

① 임도에 사용된 흙은 함수비가 낮을수록 좋다.
② 현장에 적당한 간격으로 흙일 겨낭틀을 설치한다.
③ 근주지름 30cm 이상의 입목은 체인톱으로 벌채한다.
④ 암석의 굴착 시 경암은 불도저에 부착된 리퍼로 굴착하는 것이 유리하다.

해설 암석 굴착 시 연암작업은 리퍼로 작업하고 경암은 락브레이커 및 락드릴로 작업한다.

**63** 지선임도의 설계속도 기준은?

① 30~10km/시간
② 30~20km/시간
③ 40~20km/시간
④ 40~30km/시간

해설 **임도의 종류별 설계속도**
- 간선임도 : 40~20km/h
- 지선임도 : 30~20km/h
- 작업임도 : 20km/h 이하

정답 59.② 60.④ 61.③ 62.④ 63.②

**64** 사면에 설치하는 소단의 효과가 아닌 것은?
① 사면의 안정성을 높인다.
② 임도의 시공비를 절약할 수 있다.
③ 유지보수작업 시 작업원의 발판으로 이용할 수 있다.
④ 유수로 인하여 사면에서 발생하는 침식의 진행을 방지한다.

**해설** 소단
절토사면 작업 시 사면의 길이가 길어질 경우 2~3m마다 폭 50~100cm로 소단을 설치한다. 소단은 사면에서 발생하는 침식을 직접적으로 방지할 수는 없고 소단에 배수구를 두어 소단 아래쪽으로 더 이상 유수가 흐르지 않도록 방지할 수 있다.

**65** 교각법에 의해 임도 곡선을 설치하고자 한다. 교각이 60°이고 곡선반지름이 20m일 때 접선장을 구하는 계산식은?
① 20m×tan30°  ② 40m×tan30°
③ 20m×tan60°  ④ 40m×tan60°

**해설**
접선길이 = $R \times \tan(\frac{\theta}{2})$

**66** 다음 (    ) 안에 해당하는 것은?

> 곡선부의 중심선 반지름은 산림관리 기반시설의 설계 기준에 의한 규격 이상으로 설치하여야 한다. 다만 내각이 (    )도 이상이 되는 장소에 대하여는 곡선을 설치하지 아니할 수 있다.

① 125   ② 135
③ 145   ④ 155

**67** 등고선에 대한 설명으로 옳지 않은 것은?
① 등고선은 도중에 소실되지 않으며 폐합된다.
② 낭떠러지 또는 굴인 경우 등고선은 교차한다.
③ 최대경사의 방향은 등고선에 평행한 방향이다.
④ 지표면의 경사가 일정하면 등고선 간격은 같고 평행하다.

**해설**
최대경사의 방향은 등고선의 방향이 좁다.

**68** 동일사면에 배향곡선을 2개 설치하려고 한다. 다음 조건에 해당하는 배향곡선의 적정간격은?

> • 임도간격 : 200m
> • 산지사면 기울기 : 30%
> • 종단 기울기 : 6%

① 20m     ② 40m
③ 500m    ④ 1000m

**해설**
배향곡선 적정간격
$= \frac{0.5 \times 적정임도간격 \times 산지사면기울기}{종단물매}$
$= \frac{0.5 \times 200 \times 0.3}{0.06} = 500m$

**69** 임의의 등고선과 교차되는 두 점을 지나는 임도의 노선 기울기가 10%이고, 등고선 간격이 5m일 때 두 점 간의 수평거리는?
① 5m      ② 10m
③ 50m     ④ 100m

**해설**
기울기 = $\frac{수직거리}{수평거리} \times 100$, 수평거리
$= \frac{수직거리 \times 100}{기울기} = \frac{5 \times 100}{10} = 50m$

**70** 레벨을 이용한 고저측량 시 기고식 야장법에 의한 지반고를 구하는 방법은?
① 기계고 − 전시   ② 기계고 + 전시
③ 기계고 − 후시   ④ 기계고 + 후시

**정답** 64.④  65.①  66.④  67.③  68.③  69.③  70.①

> **해설**
> - 기준이 되는 기계고(I.H) = 그 점의 지반고+그 점의 후시
> - 각점의 지반고(G.H) = 기준으로 되는 기계고-구하고자 하는 각 점의 전시
> - 고저차 = 후시의 합계와 이기점 전시의 합계의 차

**71** 스타디아 측량을 실시한 결과 연직각 15°, 협장 1.64m일 때 수평거리는? (단, 스타디아 정수 k = 100, C = 0)

① 약 153m   ② 약 158m
③ 약 306m   ④ 약 317m

> **해설**
> 수평거리 = K×협장×cosα² + C×cosα
>        = 100×1.64×cos15² + 0 = 153m

**72** 암석의 굴착 시 리퍼작업이 가장 어려운 것은?

① 사암   ② 혈암
③ 점판암   ④ 안산암

> **해설**
> 안산암은 경암에 속하여 리퍼작업으로는 굴착이 잘되지 않는다.

**73** 점착성이 큰 점질토의 두꺼운 성토층 다짐에 가장 효과적인 롤러는?

① 탬핑 롤러   ② 탠덤 롤러
③ 머캐덤 롤러   ④ 타이어 롤러

> **해설** 탬핑 롤러

**74** 산록부와 산복부에 설치하는 임도이며, 임도의 하단부에 있는 임목을 가선집재 방법으로 상향집재할 필요가 있다 하더라도 임도의 노선 선정은 하단부로부터 점차적으로 선형을 계획하는 임도는?

① 사면임도
② 계곡임도
③ 능선임도
④ 산정부 임도

> **해설** 사면임도(산복임도형)
> - 계곡임도에서 시작하여 산록부와 산복부에 설치하는 임도로 하부로부터 점차적으로 계획하여 진행한다.
> - 산지개발 효과와 집재작업 효율이 높으며 상향집재 방식의 적용이 가능하다.
> - 개별적으로 계획된 임도는 임도개설비가 많이 들어 비경제적이므로 협동적으로 계획하는 것이 좋다.
> - 배향곡선은 임도 이용률 저하 및 토사유출 유발 등 임지 훼손원인이 되므로 동일한 사면에 1개 이상 설치하지 않는다.

**75** 자침편차 중 일차에 해당하는 변화량은?

① 0′~5′
② 5′~10′
③ 15′~20′
④ 20′~25′

> **해설** 자침편차
> 진북과 자북이 이루는 각을 말하며 그 편차는 북쪽으로 갈수록 커진다. 자침편차는 끊임없이 변화하며 일변화(5′~10′), 연년변화, 영년변화, 불규칙변화 등이 있다.

**76** 임도의 종단기울기가 5%이고 곡선 반지름이 30m일 때 물매곡률비는?

① 0.66   ② 1
③ 6   ④ 60

> **해설**
> 물매곡률비 = 곡선반지름/종단물매 = 30/5 = 6

**정답** 71.① 72.④ 73.① 74.① 75.② 76.③

**77** 최소곡선반지름의 크기에 영향을 끼치는 인자가 아닌 것은?

① 도로의 나비
② 임도의 밀도
③ 반출할 목재의 길이
④ 차량의 구조 및 운행속도

해설
- 최소곡선반지름 공식 = $\dfrac{(반출할\ 목재의\ 길이)^2}{4 \times 도로의\ 너비}$
- 최소곡선반지름 공식
  = $\dfrac{(속도)^2}{127(타이어\ 마찰계수 + 노면의\ 횡단물매)}$

**78** 보통골재에 해당하는 것은?

① 비중이 2.50 이하인 골재
② 비중이 2.50~2.65 정도의 골재
③ 비중이 2.65~2.80 정도의 골재
④ 비중이 2.80 이상인 골재

해설 비중에 의한 골재의 구분
- 경량골재 : 비중 2.50 이하
- 보통골재 : 비중 2.50~2.65 이하
- 중량골재 : 비중 2.70 이상

**79** AB측선의 방위가 S45°W이면 그 역방위는?

① S45°W
② S45°E
③ N45°W
④ N45°E

해설
- 역방위는 180도 이하이면 180도를 더하고 180도 이상이면 방위각에서 180도를 뺀 것이다.
- S45°W는 225도로 180도 이상이므로 225-180 = 45도이며 N45°E이다.

**80** 다음 조건에서 각주공식에 의한 체적(m³)은?

- 양단면적 : 70m², 30m²
- 중앙단면적 : 45m²
- 끝단면부에서 중앙단면적부까지의 높이 : 30m

① 1450
② 1900
③ 2350
④ 2800

해설 각주공식

= $\dfrac{길이}{6}$ (원구단면적+4×중앙단면적+말구단면적)

= $\dfrac{60}{6}$ (70+4×45+30) = 2800

### 제5과목 : 사방공학

**81** 유량이 40㎥/s이고 평균유속이 5m/s일 때 수로의 횡단면적(㎡)은?

① 0.5
② 8
③ 45
④ 200

해설

유적 = $\dfrac{유량}{유속} = \dfrac{40}{5} = 8$

**82** 산지사방에서 비탈다듬기 공사를 실시한 후 단면 A와 B의 단면적이 20m²와 30m²이고, 단면 사이의 길이가 50m일 때 평균단면적법에 의해 계산된 토사량(m³)은?

① 500
② 1250
③ 2500
④ 7500

해설

토량 = $\dfrac{20+30}{2} \times 50 = 1250$

**83** 해풍에 의해 날리는 모래를 억류하고 퇴적시켜 인공사구를 조성하기 위해 사용하는 공법은?

① 모래덮기
② 사초심기
③ 정사울세우기
④ 퇴사울세우기

해설 퇴사울

바다 쪽에서 불어오는 바람에 의해 날리는 모래를 억류하고자 퇴적시켜서 사구를 조성하는 목적의 공작물을 말한다.

정답 77.② 78.② 79.④ 80.④ 81.② 82.② 83.④

**84** Thiessen법에 의해 유역의 평균 강수량 산정법에 대한 설명으로 옳은 것은?

① 평야지역에서 강우분포가 비교적 균일한 경우에 사용하는 것이 좋다.
② 산악효과는 고려되고 있지만 우량계의 분포상태가 무시되어 부정확하다.
③ 우량계에 인접한 두 지배 면적간의 평균 강우량을 이용하여 산정한다.
④ 산악효과는 무시하지만 우량계의 분포상태가 고려되어 산술평균법보다 정확하여 가장 널리 사용한다.

**해설** Thiessen법(강우분포가 불균일할 때)

$$p_m = \frac{A_1P_1 + A_2P_2 + \cdots + A_nP_n}{A_1 + A_2 + \cdots + A_n}$$

$p_m$ : 평균강수량, $A_n$ : 관측지점의 면적 합계,
$P$ : 관측지점별 강수량 합계

**85** 사방 녹화용 재래 초본식물은?

① 겨이삭  ② 오리새
③ 김의털  ④ 지팽이풀

**해설** 재래초종
• 새류 : 새, 솔새, 개솔새, 잔디, 참억새, 기름새
• 콩과식물 : 비수리, 칡, 차풀, 매듭풀, 김의털

**86** 토양침식의 형태 중 중력침식에 해당하지 않은 것은?

① 붕괴형 침식  ② 지활형 침식
③ 지중형 침식  ④ 유동형 침식

**해설** 중력침식
붕괴형 침식, 지활형 침식, 유동형 침식, 사태형 침식

**87** 비탈면 안정을 위한 녹화공법으로만 나열된 것은?

① 새심기, 힘줄박기
② 비탈덮기, 줄떼다지기
③ 씨뿌리기, 산비탈수로내기
④ 비탈다듬기, 등고선구공법

**해설**
• 녹화공법 : 바자얽기, 선떼붙이기
• 단쌓기 : 돌, 떼, 짚망, 흙포대
• 조공 : 떼, 돌, 새, 섶, 인공떼
• 줄떼다지기 : 줄떼심기, 붙이기, 줄떼다지기, 평떼붙이기, 등고선구공법
• 비탈덮기 : 짚, 섶, 거적, 망덮기, 새심기
• 씨뿌리기 : 줄, 점, 흩어뿌리기, 항공파종

**88** 콘크리트 블록과 같은 가벼운 블록으로 비탈면을 처리하기 곤란한 지역에서 거푸집을 설치하고 콘크리트치기를 하는 비탈안정공법은?

① 비탈힘줄박기 공법
② 비탈지오웨브 공법
③ 비탈블록붙이기 공법
④ 비탈격자틀붙이기 공법

**해설** 힘줄박기 공법
직접 거푸집을 설치하여 콘크리트를 쳐 비탈면의 안정을 위한 뼈대인 힘줄을 만들고, 흙이나 돌로 채워 녹화한다.

**89** 비탈 식재녹화공법 중에서 비탈면 기울기가 1:1보다 완만한 비탈에 전면적으로 떼를 붙여서 비탈을 일시에 녹화하는 공법은?

① 떼단쌓기  ② 줄떼다지기
③ 선떼붙이기  ④ 평떼붙이기

**해설** 평떼붙이기
• 전면적에 걸쳐 흙이 털어지지 않은 평떼(흙떼)를 붙이거나 심어서 비탈을 일시에 녹화하는 방법이다.
• 평떼붙이기의 시공장소는 경사 45° 이하의 비교적 토양이 비옥한 산지사면이 적합하다.

**90** 흐르는 물에 의한 침식이 아닌 것은?

① 면상침식  ② 누구침식
③ 우격침식  ④ 구곡침식

**해설** 빗방울 침식(우격, 타격침식)
빗방울이 땅 표면의 토양입자를 타격하여 분산 및 비산시키는 침식현상의 가장 초기단계이다.

**정답** 84.④ 85.③ 86.③ 87.② 88.① 89.④ 90.③

**91** 사방댐과 비교하면 골막이의 특징으로 옳지 않은 것은?

① 규모가 작다.
② 토사퇴적 기능은 없다.
③ 계류의 상류에 설치한다.
④ 대수면만 축설하고 반수측은 채우기를 한다.

해설
골막이는 반수면만 축설하고 대수면은 채우기를 실시한다.

**92** 수류(flow)에 대한 설명으로 옳지 않은 것은?

① 홍수시의 하천은 정류에 속한다.
② 정류는 등류와 부등류로 구분할 수 있다.
③ 자연하천은 엄밀한 의미에서는 등류구간이 없다.
④ 수류는 시간과 장소를 기준으로 하여 정류와 부정류로 구분할 수 있다.

해설 수류
수면에 경사가 있을 때 중력에 의해 물의 입자가 연속적으로 움직이는 상태를 말한다.

| 종류 | 내용 |
| --- | --- |
| 정류 | 유적, 유속, 흐름의 방향이 시간에 따라 변화하지 않는다. (일반 하천) |
| 등류 | 수류의 어느 단면이나 유적, 유속, 흐름의 방향이 같은 하천을 말한다. |
| 부등류 | 수류의 단면에 따라 유적, 유속, 흐름의 방향이 변화하는 하천을 말한다. |
| 부정류 | 유적, 유속, 흐름의 방향이 시간에 따라 변화한다. (홍수 하천) |

**93** 산복사방공사에서 현지조사 시 실시해야 할 내용이 아닌 것은?

① 사방사업 면적 산출
② 사방사업 대상지 황폐화 원인
③ 공사에 필요한 자재의 현지 채취 가능성
④ 멸종위기식물, 희귀식물 등의 유무

해설
사방사업 면적 산출은 예비조사항목으로 현지조사 전에 실시하여야 한다.

**94** 투과형 버트리스 사방댐에 대한 설명으로 옳지 않은 것은?

① 측압에 강하다.
② 스크린 댐이 가장 일반적인 형식이다.
③ 주로 철강재를 이용하여 공사기간을 단축할 수 있다.
④ 구조적으로 댐 자리의 폭이 넓고 댐 높이가 낮은 곳에 시공한다.

해설
버트리스 댐은 측압에 약하다. 왜냐하면 중앙부를 비워놓고 철로 만들기 때문이다.

**95** Bazin 구공식에서 자갈이 있는 불규칙한 자연수로의 조도계수는 어느 것인가?

① α = 0.0004, β = 0.0007
② α = 0.00024, β = 0.00006
③ α = 0.00028, β = 0.00035
④ α = 0.00019, β = 0.0000133

**96** 계류 곡선부에 설치하는 사방댐의 방향은 유선섬과 어느 각도를 이루도록 계획하는 것이 가장 안정한가?

① 45도
② 60도
③ 90도
④ 180도

해설 사방댐의 방향
• 유심선에 직각으로 설정한 선을 댐의 방향으로 설정한다.
• 곡선부에 계획하는 경우에는 방수로의 중심선에서 유심선의 접선에 직각으로 설정한다.

정답 91.④ 92.① 93.① 94.① 95.① 96.③

**97** 야계사방공사의 시공목적과 가장 거리가 먼 것은?

① 계류바닥의 종횡침식을 방지한다.
② 붕괴지의 산각을 고정하는 산지사방의 기초가 된다.
③ 산각을 고정하여 황폐계류와 계간을 안정상태로 유도한다.
④ 인위적으로 발생한 사면의 안정화와 경관조성을 추구한다.

해설
야계사방공사는 인위적으로 발생한 사면의 안정이 아닌 흐르는 유수에 의하여 토사가 침식, 운반, 퇴적 및 재이동 과정에서 발생하는 토사재해를 억제하거나 조절하기 위해 실시하는 공사이다.

**98** 누구막이에 대한 설명으로 옳지 않은 것은?

① 땅속 흙막이보다 작은 규모의 대상지에 계획한다.
② 하류를 향하여 중심선에 직각방향으로 축설한다.
③ 수로개설 바닥파기 후 잉여토사의 적치가 필요한 곳에 계획한다.
④ 산복수로를 계획할 때에 횡공작물로써 수로의 기울기를 완화시키고자 하는 곳에 시공한다.

해설
누구막이 공작물은 흐르는 유수를 감안하여 계간이나 수로상에서 60cm 정도의 폭으로 수로를 횡단하여 설치한다.

**99** 떼의 규격은 40cm×25cm이고 흙두께가 5cm 정도일 때 6급 선떼 붙이기의 1m당 떼의 사용매수는?

① 3.75매  ② 6.25매
③ 7.50매  ④ 10.00매

해설 선떼붙이기 각 급수의 구분

| 떼 크기 | 길이 40cm, 폭 20cm | |
|---|---|---|
| 구분 | 단면상 매수 | 연장 1m당 매수 |
| 1급 | 5.0 | 12.50 |
| 2급 | 4.5 | 11.25 |
| 3급 | 4.0 | 10.00 |
| 4급 | 3.5 | 8.75 |
| 5급 | 3.0 | 7.50 |
| 6급 | 2.5 | 6.25 |
| 7급 | 2.0 | 5.00 |
| 8급 | 1.5 | 3.75 |
| 9급 | 1.0 | 2.50 |
| 1m당 떼 사용 매수 | 단면상 떼 매수×2.5매/m | |

**100** 돌쌓기 공사에 사용될 수 있도록 특별한 규격으로 다듬은 석재는?

① 야면석  ② 막깬돌
③ 견치돌  ④ 호박돌

해설 견치돌
견고도가 요구되는 사방공사 특히 규모가 큰 돌댐이나 옹벽공사에 사용되는 돌로 돌을 뜰 때 치수를 특별한 규격에 맞도록 지정하여 깬돌이다.

정답  97.④  98.②  99.②  100.③

## 국가기술자격 필기시험문제

2016년 제3회 필기시험

| 자격종목 및 등급(선택분야) | 종목코드 | 시험시간 | 형별 |
|---|---|---|---|
| 산림기사 | 1564 | 2시간 30분 | A |

---

### 제1과목 : 조림학

**1** 묘목의 굴취를 용이하게 하고 묘목의 생장을 조절하기 위해 실시하는 작업은?

① 단근
② 심경
③ 관수
④ 철선감기

**해설** 단근
건강한 묘를 생산하기 위해 묘목의 직근과 측근을 끊어 잔뿌리의 발달을 촉진시키는 작업으로 경비절감은 물론 활착률에도 좋은 이점이 있다.
단근묘가 이식묘에 비하여 T/R률이 낮고 활착률이 높은 우량한 묘목이 생산되며, 묘목을 대량생산할 경우에도 경제적으로 유리하다.

**2** 토양수분에 대한 설명으로 옳지 않은 것은?

① 중력수는 중력의 작용에 의하여 이동할 수 있어 토양공극으로부터 쉽게 제거된다.
② 토양 내 작은 교질 입자 주변에 존재하거나 화학적으로 결합한 결합수는 식물이 이용가능하다.
③ 모세관수는 중력에 저항하여 토양입자와 물분자 간의 부착력에 의해 모세관 사이에 남아있다.
④ 포화습도의 공기 중에 시든 식물을 둔다 하더라도 시든 식물이 회복되지 않을 때의 수분량을 영구위조점이라 한다.

**해설** 결합수
토양의 고체분자를 구성하는 물로 수목에 흡수되지 않으나 화합물의 성질에 영향을 주는 물로 식물이 이용할 수 없다.

**3** 종자 정선 시 입선법을 이용하기 가장 적당하지 않은 수종은?

① 목련
② 밤나무
③ 자작나무
④ 가래나무

**해설** 입선법
굵은 종자나 열매를 눈으로 보고 손으로 알맹이를 선별하는 방법(밤나무, 상수리나무, 칠엽수, 목련 등의 대립종자)

**4** 제초의 효과가 있는 성분은?

① IAA
② NAA
③ TTC
④ 2, 4-D

**해설** 2, 4-D
잎이 넓은 잡초를 제어하는 데 쓰이는 일반적인 제초제 농약 가운데 하나이다. 전 세계에서 가장 널리 쓰이고 있는 제초제이다.

**5** 왜림작업으로 갱신하려 할때 왕성한 맹아를 위해 가장 유리한 벌채시기는?

① 겨울~봄
② 봄~여름
③ 여름~가을
④ 가을~겨울

**해설**
왜림작업의 벌채는 생장휴지기인 11월 이후부터 이듬해 2월 이전까지 실시한다.

**정답** 1.① 2.② 3.③ 4.④ 5.①

**6** 지존작업에 대한 설명으로 옳은 것은?
① 묘목을 심기 위하여 구덩이를 파는 작업이다.
② 개간한 곳에 조림 묘목을 식재하는 작업이다.
③ 조림지에서 덩굴치기, 제벌을 행하는 것을 뜻한다.
④ 조림예정지에서 잡초, 덩굴식물, 관목 등을 제거하는 작업이다.

**해설**
지존작업은 정지(整地), 인공조림의 준비작업으로서 조림지에 있는 잡복, 잡초 및 말목(末木)과 가지 등을 제거해서 묘목의 식재에 적합하도록 정리하는 것이다.

**7** 종자를 파종하기 한 달쯤 전에 노천매장을 하여 발아를 촉진시키는 수종은?
① 삼나무
② 벚나무
③ 단풍나무
④ 들메나무

**해설 노천매장법**
종자를 하루동안 맑은 물에 담갔다가 종자의 1~3배 가량의 젖은 모래와 혼합하여 땅속에 묻어두는 방법이다. 묻는 방법은 두께 2~3cm의 판자로 깊이 30~40cm의 상자를 만들고 상자의 상하는 철망을 붙여 설치류의 피해를 예방하도록 한다.(소나무, 삼나무, 편백, 가문비나무)

**8** 처음에는 피압된 가장 낮은 수관층의 수목을 벌채하고 그 후 점차 상층의 수목을 제거하는 HAWLEY의 간벌방법은?
① A종 간벌
② 수관간벌
③ 하층간벌
④ 상층간벌

**해설 하층간벌**
• 하층간벌은 피압된 가장 낮은 수관층의 나무를 먼저 벌채하고 점차 높은 층의 나무를 벌채해 나가는 방법이다.
• 강도 높은 하층간벌이 실시되고 나면 우세목과 준우세목이 남아 있게 되는데, 이 방법은 침엽수의 단순림에 적용하는 데 알맞다.

**9** 조림지의 풀베기 작업에 대한 설명으로 옳은 것은?
① 풀베기 작업은 겨울철에 실시한다.
② 밀식조림의 경우에는 줄베기 작업을 한다.
③ 모두베기할 경우 조림목이 피압될 염려가 없다.
④ 둘레베기 작업은 노동력이 가장 많이 필요하다.

**해설 풀베기**
• 풀베기 작업은 6월과 8월에 실시한다.
• 밀식조림의 경우에는 모두베기를 실시한다.
• 둘레베기는 가장 적은 노동력이 필요하다.

**10** 삽목방법에 대한 설명으로 옳지 않은 것은?
① 삽수의 끝눈은 남쪽을 향하게 한다.
② 삽수가 건조하거나 눈이 상하지 않도록 한다.
③ 포플러류 같은 속성수는 삽수를 수직으로 세운다.
④ 비가 온 직후 상면이 습할 때 실시하면 활착률이 높다.

**해설**
비가 온 직후 실시하면 토양에 물이 너무 많으므로 삽목묘의 뿌리가 썩을 수 있다.

**11** 종자의 발아휴면성 원인과 관련없는 것은?
① 배의 미성숙
② 가스교환 촉진
③ 종피의 기계적 작용
④ 종자내의 생장억제 물질 존재

**해설**
종자의 발아휴면은 배의 미성숙, 종피의 기계적 작용, 종자 내의 생장억제물질(aba)로 인해 휴면된다.

**정답** 6.④ 7.① 8.③ 9.③ 10.④ 11.②

**12** 중림작업을 통한 갱신에 대한 설명으로 옳은 것은?

① 내음성이 약한 수종을 하층목으로 식재한다.
② 하층목은 개벌에 의한 맹아 갱신을 반복한다.
③ 상층목으로 쓰이는 것은 지하고가 낮은 것이 좋다.
④ 상층목이 하층목 생장에 방해되지 않도록 ha당 1000본 정도로 식재한다.

**해설**
하층목은 연료재 생산을 목적으로 하는 왜림으로 윤벌기로 개벌된다.

**13** 산성토양에 가장 잘 적응할 수 있는 수종은?

① Catalpa ovata
② Acer negundo
③ Alnus japonica
④ Larix kaempferi

**해설**
- 강산성(pH 3.8~5.4)에서 자라는 수종 : 소나무, 낙엽송, 리기다소나무, 곰솔, 가문비나무, 분비나무, 잣나무, 전나무, 편백, 밤나무, 상수리나무, 사방오리나무, 아까시나무, 싸리 등
- ① : 개오동나무, ② : 네군도단풍, ③ : 오리나무, ④ : 일본잎갈나무

**14** 파종 후 발아과정에서 해가림이 필요한 수종은?

① 느티나무
② 가문비나무
③ 물푸레나무
④ 아까시나무

**해설**
해가림은 음수수종의 정상적인 생장을 도와준다. 잣나무, 주목, 가문비나무, 전나무는 해가림이 필요하나 소나무류, 포플러류, 아까시나무 등의 양수에는 해가림이 필요없다.

**15** 목부조직의 횡단면이 다음 그림과 같은 형태를 보이는 수종은?

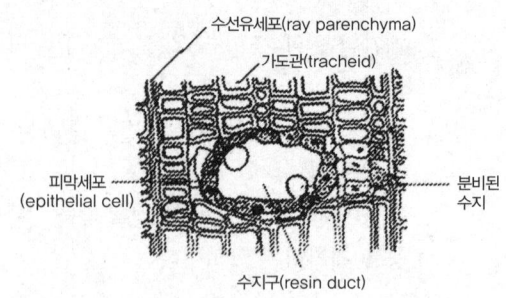

① Abies koreana
② Quercus mongolica
③ Cornus controversa
④ Robinia pseuoacacia

**해설**
- 가도관은 침엽수에 있는 특징이므로 구상나무가 이에 해당된다.
- ① 구상나무, ② 신갈나무, ③ 층층나무, ④ 아까시나무

**16** 가지치기에 대한 설명으로 옳지 않은 것은?

① 줄기의 완만도를 조절한다.
② 활엽수는 지융부를 제거한다.
③ 옹이 없는 무절재를 생산한다.
④ 산불 발생 시 수관화 확산을 감소시킨다.

**해설**
활엽수의 가지치기는 지융부를 남겨주고 지융부에 대해 직각으로 가지치기를 실시한다.

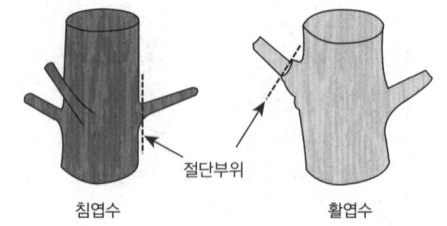

**17** 토양입자의 구분 중에서 자갈의 입경 크기 기준은?

① 0.001mm 이상
② 0.2mm 이상
③ 2.0mm 이상
④ 10.0mm 이상

해설 **토양입자의 분류**

| 입자 명칭 | 입경(알갱이의 지름, mm) |
|---|---|
| 자갈 | 2.0 이상 |
| 조사(거친 모래) | 2.0~0.2 |
| 세사(가는 모래) | 0.2~0.02 |
| 미사(고운 모래)-실트 | 0.02~0.002 |
| 점토 | 0.002 이하 |

**18** 목본식물 내 존재하는 지질(lipid)에 대한 설명으로 옳지 않은 것은?

① 보호층을 조성한다.
② 저항성을 증진한다.
③ 세포의 구성성분이다.
④ 세포액의 삼투압을 증가시킨다.

해설
지질은 생체를 구성하는 물질 중 단백질, 당질과 함께 생체를 구성하는 주요 유기물질이다. 지질은 삼투압과는 관련이 없다.

**19** 산림토양에서 부식에 대한 설명으로 옳지 않은 것은?

① 토양 미생물의 생육을 자극한다.
② 토양의 입단구조를 형성하게 한다.
③ 칼슘, 마그네슘, 칼륨 등 염기를 흡착하는 능력인 염기 치환 용량이 작다.
④ 임상 내 H층에 해당되며 유기물이 많이 함유되어 있다.

해설
산림토양은 논토양, 밭토양에 비해 낙엽이 쌓여 부식이 많고, 토양구조가 잘 발달되어 있다. 산림토양의 양이온 치환용량은 토양에 따라 큰 차이가 있다. 토양콜로이드에 흡착된 양이온 중에서 칼슘, 마그네슘, 칼륨, 나트륨 등 일반적으로 염기라 부르는 금속이온의 양은 토양의 성질 및 비옥도와 밀접한 관계가 있다. 이들은 치환성 염기라 부르지만 그 함유율은 토양마다 다르다.

**20** 암수딴그루인 수종으로만 짝지어진 것은?

① 소철, 은행나무
② 소나무, 삼나무
③ 버드나무, 자작나무
④ 단풍나무, 상수리나무

해설 **생식생장**
- 자웅동주 : 한그루에 암꽃과 수꽃이 함께 달리는 것으로 소나무, 밤나무, 자작나무, 삼나무, 굴참나무, 오리나무 등이 있다.
- 자웅이주 : 암꽃이 달리는 그루와 수꽃이 달리는 그루가 각각 따로 존재하는 것으로 버드나무, 은행나무, 소철, 호랑가시나무, 주목 등이 있다.

---

### 제2과목 : 산림보호학

**21** 솔나방에 대한 설명으로 옳지 않은 것은?

① 알로 월동한다.
② 1년 1회 발생한다.
③ 성충은 주로 밤에 활동한다.
④ 6월~7월경 번데기가 된다.

해설
솔나방은 유충으로 월동한다.

**22** 보르도액을 반복사용하면 어떤 성분이 토양에 축적되어 수목에 독성을 나타낼 수 있는가?

① 철      ② 구리
③ 붕소    ④ 망간

해설
보르도액은 병균치 식물체에 침입하기 전에 사용하는 보호 살균제로서 반복사용 시 토양에 구리성분이 축적된다.

정답 17.③ 18.④ 19.③ 20.① 21.① 22.②

### 23 수목에 나타나는 현상 중 표징에 해당하는 것은?

① 부패   ② 위조
③ 얼룩   ④ 포자형성

**해설**
- 표징 : 기생성병의 병환부에 병원체 그 자체가 나타나서 병의 발생을 직접 표시하는 것으로 곰팡이, 균핵, 점질물, 이상 돌출물 등이다.
- 표징의 종류
  - 병원체의 영양기관 : 균사체, 균사속, 균사막, 근상균사속, 선상균사, 균핵, 자좌 등
  - 병원체의 번식기관 : 포자, 분생자병, 분생자퇴, 분생자좌, 포자퇴, 포자낭, 병자각, 자낭각, 자낭구, 자낭반, 세균점괴, 포자각, 버섯 등

### 24 아황산가스 등 대기오염의 피해를 받은 나무에 심하게 나타나는 병은?

① 소나무 잎녹병
② 소나무 줄기녹병
③ 낙엽송 가지끝마름병
④ 소나무 그을음잎마름병

**해설** 아황산 가스($SO_2$)
- 대기오염의 가장 대표적인 유해가스이며 배출량도 많고 독성도 강하다.
- 피해증상은 광합성 속도가 크게 감소되고 경엽이 퇴색하며 잎의 가장자리가 황록화하거나 잎 전면이 퇴색 황화한다. 주로 잎에 피해가 잘 나타나며 활엽수는 엽맥간의 황화와 고사를 일으킨다.
- 소나무 그을음잎마름병이 발생한다.

### 25 기주를 교대하며 발생하는 병이 아닌 것은?

① 향나무 녹병
② 소나무 혹병
③ 포플러잎녹병
④ 삼나무 붉은마름병

**해설** 중간기주의 제거
- 잣나무 털녹병균 : 송이풀과 까치밥나무
- 소나무류 잎녹병균 : 황벽나무, 참취, 잔대
- 소나무 혹병균 : 참나무
- 배나무 적성병균 : 향나무(향나무 녹병)
- 포플러 잎녹병 : 낙엽송

### 26 소나무 재선충병에 대한 설명으로 옳은 것은?

① 기공을 통해 침입한다.
② 잣나무에서도 발생한다.
③ 중간기주는 참나무이다.
④ 매개충은 담배장님노린재이다.

**해설**
소나무 재선충은 주로 해송 및 육송에서 많이 발생하지만 잣나무에서도 발생한다.

### 27 잎을 가해하는 해충은?

① 박쥐나방     ② 밤바구미
③ 어스렝이나방 ④ 미끈이하늘소

**해설** 잎을 가해하는 해충
솔나방, 집시나방, 삼나무독나방, 어스렝이나방, 흰불나방, 버들재주나방, 미류재주나방, 텐트나방, 소나무거미줄잎벌, 소노랑잎벌, 넓적다리잎벌, 호두자루수염잎벌, 오리나무잎벌레, 쌍엇줄 잎벌레

### 28 솔수염하늘소에 대한 설명으로 옳지 않은 것은?

① 유충으로 월동한다.
② 남부지방에서는 1년에 2회 발생한다.
③ 성충의 우화시기는 5월~8월경이다.
④ 성충은 쇠약목이나 고사목에 산란한다.

**해설**
솔수염하늘소는 소나무 재선충을 매개하는 해충으로 1년에 1회 발생한다.

### 29 가구, 건물 및 마른 나무 등에 구멍을 뚫고 들어가 표면만 남기고 내부를 불규칙하게 식해하는 해충은?

① 가루나무좀   ② 밤나무혹벌
③ 천막벌레나방 ④ 호두나무 잎벌레

**정답** 23. ④  24. ④  25. ④  26. ②  27. ③  28. ②  29. ①

**30** 솔잎혹파리의 천적으로 생물적 방제를 위해 방사하는 것은?

① 상수리좀벌
② 노란꼬리좀벌
③ 남색긴꼬리좀벌
④ 솔잎혹파리먹좀벌

> **해설** 기생성 천적
> 맵시벌류, 기생벌, 기생파리 등이 있다. 맵시벌류는 천적으로 흔히 이용되며 송충알벌은 솔나방의 알에 기생한다. 솔잎혹파리먹좀벌과 혹파리살이먹좀벌, 혹파리등뿔먹좀벌, 혹파리반뿔먹좀벌은 솔잎혹파리의 방제에 이용된다.

**31** 오동나무 빗자루병 예방을 위해 매개충인 담배장님노린재의 방제시기로 가장 적절한 것은?

① 1월~3월
② 4월~6월
③ 7월~9월
④ 10월~12월

> **해설**
> - 방제법 : 7월 상순에 병든 나무를 소각, 9월 하순에 살충제로 매개충구제무병목, 실생묘 식재
> - 옥시테트라사이클린계의 항생물질로 구제 가능
> - 매개충 : 담재장님노린재(7월~9월)

**32** 물에 녹지 않은 유효성분을 유기용매에 녹여 유화제를 첨가한 용액으로 제조한 약재는?

① 유제
② 액제
③ 수용제
④ 수화제

> **해설** 농약
> - 유제 : 주제가 물에 녹지 않을 때 유기용매에 녹여 유화제를 첨가한 용액으로 물에 희석하여 사용한다.
> - 액제 : 주제를 물에 녹인 것
> - 수화제 : 물에 녹지 않은 주제를 점토광물과 계면활성제 등을 혼합분쇄하여 제제화한 것
> - 분제 : 휴효성분을 고체증량제와 소량의 보조제를 혼합하여 분쇄한 분말
> - 입제 : 유효성분을 고체증량제와 혼합분쇄하고 보조제를 가하여 입상으로 성형한 것

**33** 곤충의 수컷 생식기관이 아닌 것은?

① 수정낭
② 수정관
③ 부속샘
④ 저정낭

**34** 토양에 의해 전반되는 병은?

① 향나무 녹병
② 소나무 모잘록병
③ 밤나무 줄기마름병
④ 오동나무 빗자루병

> **해설** 토양 전반
> 근두암종병균, 묘목의 잘록병균

**35** 기주식물 뿌리에 기생하여 피해를 주는 것은?

① 새삼
② 환삼덩굴
③ 꼬리 겨우살이
④ 오리나무더부살이

> **해설**
> 오리나무더부살이 : 뿌리에 기생한다.

**36** 제초제로 인한 수목피해에 대한 설명으로 옳지 않은 것은?

① 피해목 주변의 토양을 비닐로 피복하면 제초제 성분의 해독이 더 어렵다.
② 피해증상은 전신적으로 나타나는 경우보다 국부적으로 나타나는 경우가 많다.
③ 동일 장소의 서로 다른 수종이나 지표의 초본 식물에도 비슷한 증상이 나타난다.
④ 병해충의 피해와 혼동되는 경우가 많으므로 정확한 진단에 따른 대책이 필요하다.

> **해설**
> 제초제의 피해증상은 전신적으로 나타난다.

**37** 수목의 뿌리를 통해서 감염되지 않는 것은?

① 혹병
② 모잘록병
③ 그을음병
④ 자주빛날개무늬병

**정답** 30.④ 31.③ 32.① 33.① 34.② 35.④ 36.② 37.③

> **해설**
> 그을음병은 줄기, 열매, 잎에 주로 나타난다.

**38** 리기다 소나무 조림지에 피해를 주는 푸사리움 가지마름병에 대한 설명으로 옳지 않은 것은?

① 병원균은 상처를 통해 침입한다.
② 감염된 잎은 빛바랜 갈색으로 말라 죽는다.
③ 바람이 약한 지역에 나무는 더 심하게 발생한다.
④ 봄부터 가을까지 특히 태풍이 지나간 다음 터부코나졸 유탁제를 살포한다.

> **해설**
> 푸사리움 가지마름병은 상처를 통해 전반되므로 바람과 연관성이 없다.

**39** 수목병 방제를 위한 예방법과 가장 거리가 먼 것은?

① 윤작
② 종묘소독
③ 항생제 주입
④ 혼효림 조성

**40** 세균이 수목에 침입하는 경로가 아닌 것은?

① 각피
② 수공
③ 기공
④ 상처

> **해설** 자연개구부 침입세균
> 기공, 피목(가죽이 나눈), 수공, 상처

### 제3과목 : 임업경영학

**41** 산림의 순수익이 최대가 되는 벌기령 결정과 가장 거리가 먼 인자는?

① 이율
② 조림비
③ 관리비
④ 주벌수입

> **해설** 산림 순수입 최대의 벌기령
> 산림 순수입 최대의 벌기령은 산림 조수입에서 생산비를 공제한 연간수입이 최대가 되도록 벌기를 정하는 것으로 이상적인 연년보속작업을 전제로 한다.

**42** Huber식을 이용하여 중앙직경이 10cm, 재장이 20m인 통나무의 재적($m^3$)은?

① 0.0785
② 0.1570
③ 0.7850
④ 1.5700

> **해설**
> $0.785 \times 0.1 \times 0.1 \times 20 = 0.157 m^3$

**43** 임업 순수익의 계산방법으로 옳은 것은?

① 임업조수익 + 임업경영비
② 임업조수익 - 감가상각액
③ 임업조수익 + 가족노임추정액
④ 임업조수익 - 임업경영비 - 가족노임추정액

> **해설**
> 임업순수입은 총수입 - 산림경영비이다. 따라서 산림조수익에서 경영비와 가족노임추정액을 뺀 금액이 임업 순수입이다.

**44** 산림청장은 산림복지의 진흥을 위하여 산림복지 진흥계획을 몇 년마다 수립 및 시행해야 하는가?

① 5년
② 10년
③ 15년
④ 20년

**45** 다음 설명에 해당하는 것은?

> 국민이 안전하고 쾌적하게 등산 또는 트레킹을 할 수 있도록 해설하거나 지도, 교육하는 사람

① 숲해설가
② 유아숲지도사
③ 숲길체험지도사
④ 산림치유지도사

**정답** 38.③ 39.③ 40.① 41.① 42.② 43.④ 44.① 45.③

해설 산림교육전문가
숲해설가, 유아숲지도사, 숲길체험지도사(국민이 안전하고 쾌적하게 등산 또는 트레킹을 할 수 있도록 해설하거나 지도, 교육하는 사람)

**46** 임지의 자연적 생산력을 가장 포괄적으로 표시하는 것은?
① 지리
② 지위
③ 토양습도
④ 임목비옥도

해설 지위의 개념
임지의 생산능력을 말하며 토양, 기후, 지형, 생물 등 환경인자의 종합적 작용의 결과로서 정해지는 것이다.

**47** 복합적 임업경영의 형태 중에서 농지의 주변이나 둑, 농지와 산지의 경계에 유실수, 특용수, 속성수 등을 식재하여 임업 수입의 조기화를 도모하는 방법은?
① 혼목임업
② 혼농임업
③ 농지임업
④ 부산물임업

해설 복합산림경영

| 종류 | 내용 |
|---|---|
| 혼농임업 | 임지의 일부 또는 수목사이에 있는 임지를 이용하여 목초, 특용작물(약초, 인삼 등), 산채 등을 재배하는 형태의 임업을 말한다. |
| 혼목임업 | 임목이 무성하기 전의 일정기간 산림 내에 가축을 방목하여 임지의 산야초를 이용하는 형태의 임업이다. |
| 양봉임업 | 산림 내의 밀원식물을 이용하여 양봉을 하는 형태의 임업이다. |
| 부산물임업 | 버섯, 산채, 수액, 수피 등 산림의 부산물 채취나 증식하여 농가소득을 증대시키는 형태의 임업이다. |
| 수예적임업 | 산림에서 간벌한 임목을 대묘로 굴취하여 도시의 환경미화목으로 이용하거나 꽃나무와 기타 관상수를 생산하여 중간수입을 올리는 형태의 임업이다. |
| 관광임업 | 산림 내에 휴양시설 등의 관광시설을 갖추어 관광객을 유치함으로써 수입을 올리는 형태의 임업이다. |
| 농지임업 | 농지의 주변이나 둑, 농지와 산지의 경계에 유실수, 특용수, 속성수 등을 식재하여 임업 수입의 조기화를 도모하는 방법이다. |

**48** 벌기에 있어서 손익을 계산하는 방법 중 완전간단 작업에 해당하는 것은?
① 임목매상대 − 조림비원가누계 + 관리비원가누계
② 임목매상대 + 조림비원가누계 + 관리비원가누계
③ 임목매상대 + 조림비원가누계 − 관리비원가누계
④ 임목매상대 − 조림비원가누계 − 관리비원가누계

**49** 농업이나 축산 또는 기타 사업을 하면서 여력을 이용하여 임업을 경영하는 형태는?
① 농가 임업
② 부업적 임업
③ 겸업적 임업
④ 주업적 임업

해설 사유림 분류

| 구분 | 내용 |
|---|---|
| 5ha 미만 (농가 임업) | 목재생산보다는 조상의 묘를 모시거나 농용재 등의 수목을 얻기 위해 보유하고 있으면 평균 0.9ha 정도로 소유주는 176만 명에 이른다. |
| 5~30ha (부업적 임업) | 농업과 더불어 부업적인 경영으로 평균 규모는 10ha 정도로 전 소유자의 9%, 면적비율은 40%에 이른다. |
| 30~100ha (겸업적 임업) | 농업, 축산업 등 1차 산업과 같은 비중으로 다룰 수 있는 산림경영으로 평균 규모는 48ha 정도로 전 소유자의 0.6%, 면적 비율은 13%에 이른다. |
| 100ha 이상 (주업적 임업) | 임업을 독립된 경영체로 100ha 이상 경영하는 것으로 소유자의 0.1%, 면적 비율은 12.5%에 이른다. |

정답 46. ② 47. ③ 48. ④ 49. ②

**50** 다음은 수확조절 방법 중의 Kameral taxe 법 공식이다. 이때 Ir의 의미는?

$$Ya = Ir + \frac{V_a - V_n}{a}$$

① 연간 생장률
② 작업급의 생장량
③ 연간 가치 생장량
④ 연간 벌채량과 생장량과의 차이

**해설** Kamerrl taxe법
- $E = Z + \dfrac{V_a - V_n}{a}$
- E : 연간 표준 벌채량
- Z : 전림, 작업급의 생장량
- $V_a$ : 현실축적
- $V_n$ : 법정축적
- a : 갱정기(벌기령)

**51** 산림평가에 대한 설명으로 옳지 않은 것은?
① 부동산 감정평가와 동일한 평가방법 적용이 용이하다.
② 공익적 기능을 포함한 다면적 이용에 대한 평가도 포함한다.
③ 산림을 구성하는 임지, 임목, 부산물 등의 경제적 가치를 평가한다.
④ 생산기간이 장기적이고 금리의 변동이 커서 정밀하게 평가하기가 쉽지 않다.

**해설** 산림의 특수성
- 평가는 생산량 및 가격변동 등의 장래예측이 어렵고 현재, 과거, 미래는 산림평가의 주요 인자가 된다.
- 일반 부동산의 평가방법과 특이한 점이 많다.
- 산림의 개발 이용에 따른 주변의 지가 상승 등은 산림평가를 불안정하게 하는 수가 많다.
- 수익예측의 어려움이 있다.

**52** 산림환경 자원으로서 야생동물의 서식밀도는 어떻게 표시하는가?
① 10ha당의 마리수(봄철)
② 10ha당의 마리수(여름철)
③ 100ha당의 마리수(봄철)
④ 100ha당의 마리수(여름철)

**해설** 야생동물 서식밀도는 여름철 100ha당 마리수로 파악한다.

**53** 산림의 이용구분에 따른 보전산지 중 공익용 산지가 아닌 것은?
① 채종림의 산지
② 사찰림의 산지
③ 자연휴양림의 산지
④ 산림보호구역의 산지

**해설** 산지는 보전산지와 준보전산지로 구분된다. 이중 보전산지는 임업용산지와 공익용산지로 구분된다. 채종림은 임업용 산지이다.

**54** 임업경영 성과분석 방법 중 임업의존도의 계산식으로 옳은 것은?
① $\dfrac{가계비}{임업소득} \times 100$
② $\dfrac{임업소득}{가계비} \times 100$
③ $\dfrac{임업소득}{임가소득} \times 100$
④ $\dfrac{임업소득}{임업조수익} \times 100$

**해설**
- 산림의존도(%) = $\dfrac{산림소득}{임가소득} \times 100$
- 산림소득 가계충족률(%) = $\dfrac{산림소득}{가계비} \times 100$
- 산림소득률(%) = $\dfrac{산림소득}{산림조수익} \times 100$
- 자본수익률 = $\dfrac{순수익}{자본} \times 100$

**정답** 50. ② 51. ① 52. ④ 53. ① 54. ③

**55** 수간석해를 위한 원판 채취방법에 대한 설명으로 옳지 않은 것은?

① 원판의 두께는 10cm가 되도록 한다.
② 원판을 채취할 때는 수간과 직교하도록 한다.
③ 측정하지 않을 단면에는 원판의 번호와 위치를 표시하여 둔다.
④ Huber식에 의한 방법에서 흉고 이상은 2m마다 원판을 채취하고 최후의 것은 1m가 되도록 한다.

**해설**
원판의 두께는 3~5cm가 적당하다.

**56** 기준 벌기령 이상에 해당하는 임지에서 수확을 위한 벌채가 아닌 것은?

① 골라베기 ② 모두베기
③ 솎아베기 ④ 모수작업

**해설**
솎아베기는 수확을 위한 벌채가 아니라 숲을 가꾸기 위한 벌채이다.

**57** 전체임목본수 200본 중에서 표준목을 10본 선정하고자 한다. 어떤 직경급의 본수가 35본이면 이 직경급에 몇 본의 표준목을 실제적으로 배정하는 것이 가장 좋은가?

① 1본 ② 2본
③ 3본 ④ 4본

**58** 시장가 역산법에 의한 임목가 결정에 필요한 인자로 가장 거리가 먼 것은?

① 원목시장가 ② 벌채운반비
③ 기업이익률 ④ 조림무육관리비

**해설** 시장가역산법
우리가 실제 목재를 이용하려고 벌채를 할 때 가장 많이 사용하는 계산방법으로 임목매매가가 적용되며 비교방식의 간접법에 해당된다.

$X = f\left(\dfrac{A}{1+mp+r} - B\right)$

X : 단위재적당 임목가, A : 단위재적당 원목 시장가, B : 단위재적당 벌목비, 운반비, 기타일체비용, f : 조재율, m : 자본회수기간, p : 월이율, r : 기업이익률

**59** 우리나라에서는 전국 산림을 대상으로 10년마다 계획을 수립하는데 임업경영의 조직별로 산림기본계획, 지역산림계획, 산림경영계획을 수립한다. 다음 중 산림경영계획에서 수립하는 사항이 아닌 것은?

① 소반별 벌채에 관한 사항
② 연차별 식재면적에 관한 사항
③ 풀베기, 간벌 및 기타 육림에 관한 사항
④ 산림의 합리적 이용과 산림자원의 배양에 관한 사항

**해설**
산림경영계획은 소유주나 지방자치단체장이 산림에 관한 조림, 숲가꾸기, 수확, 임목생산, 시설물설치, 산림소득에 관한 내용으로 경영계획을 세운다.

**60** 소나무 임분의 벌기평균 생장량이 6m³/ha이고, 윤벌기가 50년이라고 할 때 이 임분의 법정연벌량과 법정수확률은 각각 얼마인가?

① 250m³/ha, 4%
② 250m³/ha, 5%
③ 300m³/ha, 4%
④ 300m³/ha, 5%

**해설**
• 법정수확률 = $\dfrac{200}{윤벌기} = \dfrac{200}{50} = 4\%$
• 법정연벌량 = $6 \times 50 = 300m^3/ha$

제4과목 : 임도공학

**61** 지표면 및 비탈면의 상태에 따른 유출계수가 가장 작은 것은?

① 떼비탈면 ② 흙비탈면
③ 아스팔트 포장 ④ 콘크리트 포장

해설

유출계수는 유출량에 영향을 미치는 각각의 유역특성을 반영한 값으로 아래 표와 같다.

| 토지이용형태 | 유출계수(c)값 |
|---|---|
| 농지 | |
| 황무지 | 0.20~0.60 |
| 경작지(사질토) | 0.20~0.40 |
| 경작지(점질토) | 0.30~0.50 |
| 초지 | |
| 잔디, 초원 | 0.10~0.40 |
| 험준한 초원지대 | 0.50~0.70 |
| 산림 | |
| 완만한 산림지역 | 0.05~0.25 |
| 험준한 산림지역 | 0.15~0.40 |
| 황무지, 험준한 암석지 | 0.50~0.70 |
| 도로 | |
| 아스팔트포장 | 0.80~0.90 |
| 자갈, 콘크리트 포장 | 0.60~0.85 |
| 자갈 노면 | 0.40~0.80 |
| 토사 노면 | 0.30~0.80 |
| 도심지 | |
| 주택, 공동주택 | 0.40~0.55 |
| 주택, 적정경사지 | 0.50~0.65 |
| 공공시설, 상가 | 0.70~0.95 |

**62** 컴퍼스의 검사 및 조정에 대한 설명으로 옳지 않은 것은?

① 자침은 어떠한 곳에 설치하여도 운동이 활발하고 자력이 충분하여야 한다.
② 컴퍼스를 수평으로 세웠을 때 자침의 양단이 같은 도수를 가리키고 있어야 한다.
③ 수준기의 기포를 중앙에 오게 한 후 수평으로 180도 회전시켜도 기포가 중앙에 있어야 한다.
④ 컴퍼스를 세우고 정준한 다음 적당한 거리에 연직선을 만들어 시준할 때 시준종공 또는 시준사와 수평선이 일치하면 정상이다.

**63** 임도 비탈면의 녹화공법 종류에 속하지 않는 것은?

① 떼단쌓기 공법
② 분사식 파종 공법
③ 비탈 선떼붙이기 공법
④ 비탈 격자틀붙이기 공법

해설
비탈 격자틀붙이기 공법은 녹화공법이 아니고 기초공사이다.

**64** 중심선 측량과 영선 측량에 대한 설명으로 옳지 않은 것은?

① 영선은 절토작업과 성토작업의 경계선이 되지 않는다.
② 영선 측량은 시공기면의 기공선을 따라 측량하므로 굴곡부를 제외하고는 계획고 상태로 측량한다.
③ 균일한 사면일 경우에는 중심선과 영선은 일치되는 경우도 있지만 대개 완전히 일치되지 않는다.
④ 중심선 측량은 지반고 상태에서 측량하며 종단면도상에서 계획선을 설정하여 계획고를 산출한 후 종단과 횡단의 형상이 결정된다.

해설
영선은 절토작업과 성토작업의 경계선이다.

**65** 임도 노면의 시공에 대한 사항으로 다음 ( ) 안에 공통적으로 해당하는 것은?

노면의 종단기울기가 ( )%를 초과하는 사질양토 또는 점토질 토양인 구간과 종단기울기가 ( )% 이하인 구간으로써 지반이 약하고 습한 구간에는 자갈을 부설하거나 콘크리트 등을 포장한다.

① 8  ② 13
③ 15  ④ 18

정답 62.④ 63.④ 64.① 65.①

**해설**
임도의 적정종단기울기는 4~8%로서 8%를 초과하는 사질양토 또는 점토질 토양인 구간과 종단기울기가 8% 이하인 구간으로써 지반이 약하고 습한 구간에는 자갈을 부설하거나 콘크리트 등을 포장한다.

**66** 임도의 노체와 노면의 구조에 관한 설명으로 옳은 것은?

① 쇄석을 노면으로 사용한 것은 사리도이다.
② 노체는 노상, 노반, 기층, 표층 순서대로 시공한다.
③ 토사도는 교통량이 많은 곳에 적용하는 것이 가장 경제적이다.
④ 노상은 임도의 최하층에 위치하여 다른 층에 비해 내구성이 큰 재료를 필요로 한다.

**해설**
쇄석을 노면으로 사용한 도로는 쇄석도이며, 토사도는 물에 의한 피해가 있으므로 교통량이 적은 곳에 사용하며 노상은 임도의 최하층으로 단단한 지반이기에 원지반을 사용한다.

**67** 평판측량에 있어서 어느 다각형을 전진법에 의하여 측량하였다. 이때 폐합오차가 20cm 발생하였다면 측점 c의 오차 배분량은?(단, AB = 50m, BC = 20m, CD = 20m, Da = 10m이다.)

① 0.1m   ② 0.14m
③ 0.18m  ④ 0.2m

**68** 어떤 측점에서부터 차례로 측량을 하여 최후에 다시 출발한 측점으로 되돌아오는 측량방법으로 소규모의 단독적인 측량에 많이 이용되는 트래버스 방법은?

① 결합 트래버스
② 폐합 트래버스
③ 개방 트래버스
④ 다각형 트래버스

**해설**
트래버스점을 차례차례 이어가는 선분의 집합으로, 시작점과 종점이 폐합하여 다각형을 형성하는 것을 폐합 트래버스, 시작점과 종점이 모두 기지점이고 기지점에서 기지점으로 연결된 것을 결합 트래버스, 시작점과 종점이 일치하지 않고 폐합하지 않은 것을 개방 트래버스라고 한다.

**69** 다음과 같은 폐합 다각측량의 성과표를 이용하여 측선 CD의 배횡거를 구한 값으로 옳은 것은? (단, 위, 경거의 오차는 없는 것으로 한다)

| 측정 | 위거 | 경거 |
|---|---|---|
| AB | +35.84 | +41.73 |
| BC | -28.73 | ? |
| CD | ? | -39.28 |
| DA | +26.97 | -37.84 |

① 77.57   ② 90.12
③ 114.96  ④ 118.85

**70** 흙의 동결로 인한 동상을 가장 받기 쉬운 토질은?

① 모래   ② 실트
③ 자갈   ④ 점토

**해설**
점토질 토양은 물의 함량이 많아 동상을 받기 쉽다.

**71** 산림토목 시공용 기계 중 정지작업에 가장 적합한 것은?

① 클램쉘   ② 드래그라인
③ 파워서블  ④ 모터 그레이더

**해설**
정지작업은 불도저나 모터그레이더가 적당하다.

**72** 지반조사에 이용되는 것이 아닌 것은?

① 오거보링   ② 관입시험
③ 케이슨공법  ④ 파이프 때려박기

**정답** 66.② 67.② 68.② 69.③ 70.② 71.④ 72.③

**해설**
케이슨 공법은 원통형의 콘크리트 상자를 지상에 만들고 하부의 지반을 파서 건조물의 기초부분을 만드는 공법이다.

**73** 임도의 교각법에 의한 곡선 설치 시 각 기호에 대한 용어가 올바르게 나열된 것은?

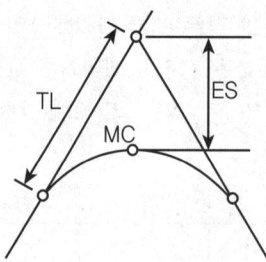

① TL : 접선길이, MC : 곡선중점
　ES : 곡선길이
② TL : 곡선길이, MC : 곡선시점
　ES : 접선길이
③ TL : 접선길이, MC : 곡선중점
　ES : 외선길이
④ TL : 곡선길이, MC : 곡선시점
　ES : 외선길이

**해설** 교각법

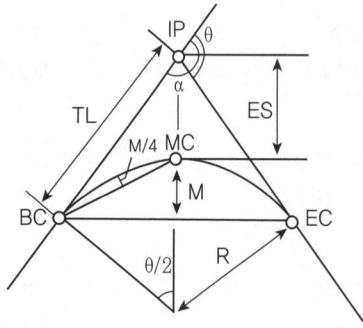

- BC(Beginning of Curve) : 곡선시점
- TL(Teanent Length) : 접선길이
- IP(Intersecting Point) : 교각점
- ES(External Secant) : 외선길이
- MC(Middle of Curve) : 곡선중점
- EC(End of Curve) : 곡선 종점

**74** 일반지형에서 임도의 설계속도가 20km/h일 때 적용하는 종단기울기는?

① 7% 이하　② 8% 이하
③ 9% 이하　④ 10% 이하

**해설** 종단기울기

| 설계속도 (km/h) | 종단기울기 | |
|---|---|---|
| | 일반지형 | 특수지형 |
| 40 | 7% 이하 | 10% 이하 |
| 30 | 8% 이하 | 12% 이하 |
| 20 | 9% 이하 | 14% 이하 |

**75** 임도교량에 미치는 활하중에 속하는 것은?
① 주보의 무게
② 교상의 시설물
③ 바닥틀의 무게
④ 통행하는 트럭의 무게

**해설** 활하중
사하중에 실리는 차량, 보행자 등에 의한 교통하중을 말한다. 그 무게산정은 사하중 위에서 실제로 움직여지고 있는 DB-18하중(총중량 32.45톤) 이상의 무게에 따른다.

**76** 설계속도가 25km/시간, 가로 미끄럼에 대한 노면과 타이어의 마찰계수가 0.15, 노면의 횡단기울기가 5%일 경우 곡선반지름은? (단, 소수점 이하는 생략)

① 약 25m　② 약 30m
③ 약 35m　④ 약 40m

**해설**

곡선반지름 $= \dfrac{25^2}{127(0.15+0.05)} = 24.6m$

**77** 수확한 임목을 임내에서 박피하는 이유로 가장 부적합한 것은?
① 신속한 건조
② 병충해 피해 방지

**정답** 73.③　74.③　75.④　76.①　77.④

③ 운재작업의 용이
④ 고성능 기계화로 생산원가의 절감

**78** 임도설계 시 설계서에 포함되지 않는 것은?

① 시방서
② 예산내역서
③ 측량성과서
④ 공정별 수량계산서

**해설**
설계서에는 일반적으로 위치도, 시방서, 예산내역서, 공종별 수량계산서, 단가산출서, 일위대가표 등이 있다.

**79** 적정임도밀도가 5m/ha일 때 임도간격은 얼마인가?

① 1000m
② 2000m
③ 3000m
④ 4000m

**해설**
- 임도간격 = $\frac{10000}{5}$ = 2000m
- 적정임도밀도에서 임도간격의 산출

  RS = $\frac{10,000}{ORD}$

  RS : 임도간격(m), ORD : 적정임도밀도(m/ha)

**80** 배수 구조물의 크기를 결정하는 데 영향을 가장 적게 미치는 요인은?

① 구조물의 재질
② 집수구역의 면적
③ 집수구역의 지형 및 식생구조
④ 확률강우에 의한 최대 시우량

**해설**
구조물의 재질은 배수 구조물의 크기와는 거리가 멀다.

### 제5과목 : 사방공학

**81** 초기 황폐지 단계에서 복구되지 않으면 점점 더 급속히 악화되어 가까운 장래에 민둥산이나 붕괴지가 될 위험성이 있는 상태는?

① 척악임지
② 임간나지
③ 황폐이행지
④ 특수황폐지

**해설** 황폐이행지
- 정의 : 초기 황폐지는 이 단계에서 복구되지 않으면 점점 더 급속히 악화되어 가까운 장래에 민둥산이나 붕괴지로 될 위험성이 있다.
- 시공법 : 집약적 파식작업, 산복선떼붙이기, 산복돌쌓기, 막논돌수로 내기, 떼수로 내기, 돌구곡막이, 떼 · 돌누구막이, 싸리 및 잡초혼합파종

**82** 낙석방지망 덮기 공법에 대한 설명으로 옳지 않은 것은?

① 철망눈의 크기는 5mm 정도이다.
② 합성 섬유망은 100kg 이내의 돌을 대상으로 한다.
③ 와이어로프의 간격은 가로와 세로 모두 4~5m로 한다.
④ 철망, 합성섬유망 등을 사용하여 비탈면에서 낙석이 발생하지 않도록 한다.

**해설**
철망눈의 크기는 50 × 50cm이다.

**83** 산지사방사업에서 1m 높이의 돌쌓기를 할 때 찰쌓기의 표준 기울기는?

① 1 : 0.2~0.25
② 1 : 0.25~0.3
③ 1 : 0.3~0.35
④ 1 : 0.35~0.4

**해설**
돌쌓기 기울기는 일반적으로 찰쌓기는 1:0.2 메쌓기는 1:0.3으로 한다.

**정답** 78.③ 79.② 80.① 81.③ 82.① 83.①

**84** Q = C×I×A로 나타내는 최대 홍수량 산정 방법은? (단, Q는 유역출구에서의 최대 홍수량, C는 유출계수, I는 강우강도, A는 유역면적)

① 시우량법　　② 유출량법
③ 합리식법　　④ 홍수위흔적법

> **해설** 합리식법
> • 유역면적의 단위가 ha일 때
> $Q = \dfrac{1}{360} CIA = 0.002778 CIA$
> C : 유거계수, I : 강우강도(mm/h), A : 유역면적(ha)
> • 유역면적의 단위가 km²일 때
> $Q = 0.2778 CIA$
> C : 유거계수, I : 강우강도(mm/h), A : 유역면적(km²)

**85** 지하수가 유출되는 절토사면에 설치하는 가장 적합한 공작물은?

① 집수정　　② 선떼붙이기
③ 산복 돌수로　　④ 돌망태 옹벽

> **해설**
> 돌망태 옹벽은 물에 의한 파손에 영향을 받지 않기 때문에 지하수가 유출되는 곳에는 돌망태 옹벽이 효과적이다.

**86** 해안사방에서 사초심기 공법에 관한 설명으로 옳지 않은 것은?

① 망구획 크기는 2m×2m 구획으로 내부에도 사이심기를 한다.
② 식재사초는 모래의 퇴적으로 잘 말라죽지 않은 수종으로 선택한다.
③ 다발심기는 사초 30~40포기를 한다발로 만들어 30~50cm 간격으로 심는다.
④ 줄심기는 1~2주를 1열로 하여 주간거리 4~5cm, 열간거리 30~40cm가 되도록 심는다.

> **해설**
> 다발심기는 4~8포기씩 모아 한 다발을 만들고 30~50cm 간격으로 심는다.

**87** 침식에 대한 설명으로 옳지 않은 것은?

① 가속침식은 자연침식 또는 지질학적 침식이라고 한다.
② 침식은 그 원인에 따라 크게 정상침식과 가속침식으로 나뉜다.
③ 정상침식은 자연적인 지표의 풍화 상태로써 토양의 형성과 분포에 기여한다.
④ 가속침식은 주로 사람의 작용에 의한 지피식생의 파괴와 물이나 바람 등의 작용에 의하여 이루어진다.

> **해설**
> 가속침식은 자연침식, 지질침식과 달리 인간의 활동인 토지이용의 결과로 비, 바람의 작용을 받아 침식이 급속히 진행되는 것을 의미한다.

**88** 산지사방의 주요 목적과 거리가 먼 것은?

① 사방조림 확대
② 붕괴 확대 방지
③ 표토 침식 방지
④ 산사태 위험 방지

> **해설**
> 산지사방사업은 그 목적에 따라 산사태예방, 복구사업, 산지보전, 복원사업으로 나뉜다. 사방조림과는 거리가 멀다.

**89** 콘크리트의 압축강도와 가장 관계가 깊은 것은?

① 물-잔골재비
② 물-시멘트비
③ 물-굵은골재비
④ 물-염화칼슘비

> **해설**
> 물-시멘트비는 콘크리트의 압축강도와 관계가 깊다.
> = (단위수량/단위시멘트량) × 100

**정답** 84.③　85.④　86.③　87.①　88.①　89.②

**90** 통나무 쌓기 흙막이 높이는 보통 얼마 이하로 하는가?

① 0.5m 이하   ② 1.5m 이하
③ 2.5m 이하   ④ 3.5m 이하

**91** 본댐의 유효고가 H(m)이고 월류수심이 t(m)일 때, 본댐과 앞댐과의 간격 L(m)을 구하는 식은? (단, 낮은 댐이 경우)

① $L \geq 1.5 \times (H - t)$
② $L \geq 2.0 \times (H - t)$
③ $L \geq 1.5 \times (H + t)$
④ $L \geq 2.0 \times (H + t)$

**92** 중력에 의한 침식에 해당하지 않는 것은?

① 지활형 침식   ② 유동형 침식
③ 지중형 침식   ④ 붕괴형 침식

> **해설** 침식 종류
> - 수식 : 우수(빗물침식), 하천침식, 지중침식, 바다침식
> - 중력침식 : 붕괴형 침식, 지활형 침식, 유동형 침식, 사태형 침식
> - 풍식 : 내륙사구 침식, 해안사구 침식

**93** 우량계가 유역에 불균등하게 분포되었을 경우 평균 강우량 산정방법은?

① 등우선법   ② 침투형법
③ 산술평균법   ④ Thiessen법

> **해설** 유역의 평균 강수량
> - 산술 평균법 (강우분포가 균일할 때)
> $$p_m = \frac{(p_1 + p_2 + p_3 \cdots\cdots + p_n)}{N}$$
> $p_m$ : 평균강수량, $p_1 + p_2 + p_3$ : 관측지점별 강수량 합계, $N$ : 관측지점수
> - Thissen법 (강우분포가 불균일할 때)
> $$p_m = \frac{A_1 P_1 + A_2 P_2 + \cdots\cdots + A_n P_n}{A_1 + A_2 + \cdots\cdots + A_n}$$
> $p_m$ : 평균강수량, $A_n$ : 관측지점의 면적 합계, $P$ : 관측지점별 강수량 합계

**94** 흙댐에 관한 설명으로 옳지 않은 것은?

① 심벽 재료는 사질토나 점질토를 사용한다.
② 일반적으로 흙댐마루의 나비는 2~5m 정도로 한다.
③ 유역면적이 비교적 좁고 유량과 유송토사가 적지만 계폭이 비교적 넓은 경우에 건설한다.
④ 포화수선은 댐 밑 외부에 있어야 댐이 안정되고, 심벽은 포화수선을 위로 올려주는 역할을 한다.

> **해설**
> 포화수선은 침윤선이라고도 하며 댐이나 제방 등에 있어서 제체안에 있는 물이 수위가 높은 쪽에서 제체를 횡단 방향으로 침투하여 반대쪽에 도달하게 될 경우 제체 내에 만들어 지는 수면선을 말한다. 심벽은 이 포화수선을 아래로 내려주는 역할을 한다.

**95** 수제에 대한 설명으로 옳지 않은 것은?

① 하향수제는 두부의 세굴작용이 가장 약하다.
② 상향수제는 길이가 가장 짧고 공사비가 저렴하다.
③ 유수의 월류 여부에 따라 월류수제와 불월류수제로 나뉜다.
④ 계류의 유심 방향을 변경하여 계안침식을 방지하기 위해 계획한다.

> **해설**
> 돌출각도에 따라 : 상향수제, 직각수제, 하향수제
>
> | 돌축각도 | 내용 |
> |---|---|
> | 상향수제 | 수제 사이의 사력토사퇴적이 하향수제나 직각수제에 비해 많고 두부의 세굴작용이 가장 강하다. |
> | 하향수제 | 수제 사이의 사력토사퇴적이 직각수제보다 적고 두부의 세굴 작용이 가장 약하다. |
> | 직각수제 | 수세 사이의 중앙에 토사의 퇴적이 생기고 두부의 세굴작용이 비교적 약하다. |

**정답** 90.② 91.④ 92.③ 93.④ 94.④ 95.②

**96** 돌쌓기 공사에서 금기돌이 아닌 것은?

① 굄돌　② 뜬돌
③ 거울돌　④ 포갠돌

**해설**
굄돌은 돌쌓기 시공할 때 석재가 좌우 또는 상하로 움직이지 못하도록 괴어주는 돌이다.

**97** 황폐계류에 대한 설명으로 옳지 않은 것은?

① 유량이 강우에 의해 급격히 증감한다.
② 유로연장이 비교적 길고 하상 기울기가 완만하다.
③ 토사생산구역, 토사유과구역, 토사퇴적 구역으로 구분된다.
④ 호우가 끝나면 유량은 격감되고 모래와 자갈의 유송은 완전히 중지된다.

**해설** 황폐계류의 특성
- 유로의 연장이 비교적 짧고 계상의 물매가 급하다.
- 유량은 강우나 융설 등에 의해 급격히 증가하거나 감소한다.
- 유수는 계안과 계상을 침식하고 사력을 생산하여 하류부에 유출한다.
- 호우가 끝나면 유량이 격감되고 사력의 이동도 중지된다.

**98** 폭 10m, 높이 5m인 직사각형 단면 야계수로에 수심 2m, 평균유속 3m/sec로 유출이 날 때의 유량(m³/sec)은?

① 15　② 30
③ 60　④ 150

**해설**
Q = A×V = (10×2)×3 = 60m³/sec

**99** 개수로에서 이용하는 평균유속공식이 아닌 것은?

① Chezy　② Basin
③ Kutter　④ Thiery

**해설**
개수로에서 이용하는 평균유속공식은 Chezy, Basin, Kutter, Manning공식이다.

**100** 산지사방 녹화공사를 위한 묘목심기의 1ha당 식재본수로 가장 적합한 것은?

① 2000~4000본
② 4000~6000본
③ 6000~8000본
④ 8000~10000본

**해설**
산지사방 녹화 공사 시 토양조건이 나쁜 곳은 밀식하여 산복시공지가 울폐되도록 계획해야 한다. 산복시공지의 식재본수는 4000~6000본/ha을 표준으로 하며, 토양조건이 나쁜 곳은 주로 비료목을 중심으로 8000~12000본/ha 정도를 식재한다.

**정답** 96.① 97.② 98.③ 99.④ 100.②

# 제8편

# 산림산업기사 기출문제

# 국가기술자격 필기시험문제

2011년 제1회 필기시험

| 자격종목 및 등급(선택분야) | 종목코드 | 시험시간 | 형별 |
|---|---|---|---|
| 산림산업기사 | 2481 | 2시간 | |

## 제1과목 : 조림학

**1** 아래 수종 가운데 파종상에서 해가림 육묘를 하여야 되는 것은?
① 리기다소나무
② 강송
③ 낙엽송
④ 대왕송

**해설**
소나무와 해송은 해가림이 필요 없고 낙엽송은 해가림을 해야 한다.

**2** 그림과 같은 구성을 보이는 동령임분에서 빗금친 부분을 간벌하였다면 어떤 간벌방식이 적용된 것인가?

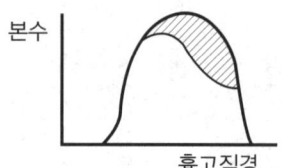

① 하층간벌   ② 수관간벌
③ 택벌식간벌 ④ 기계적간벌

**해설**
그림은 Hawley의 4가지 간벌법 중 수관간벌(상층 간벌)을 가리킨다.

**3** 테트라졸륨(2, 3, 5-triphenyltetrazolium chloride)에 의한 종자의 활력검사에 대한 설명 중 틀린 것은?

① 생활력이 있는 종자의 조직을 접촉하면 붉은 색으로 한다.
② 국제종자검사규정에 의하면 서어나무류, 물푸레나무류 등이 이 검사방법을 적용한다.
③ 이 용액은 광선에 조사(照射)되면 곧 못쓰게 되므로 어두운 곳에 보관해야 한다.
④ 테트라졸륨의 반응은 휴면종자에는 잘 나타나지 않는다.

**해설**
환원법
- 무작위로 소정의 작업시료를 추출하여 맑은 물에 24시간 담가두는 방법이다.
- 매스로 종자의 종단을 절단한 후 테룰루산소다 또는 테트라졸륨 1%의 수용액에 여과지, 흡수지 또는 탈지면을 적셔 접시에 깐다.
- 테룰루산소다를 사용한 종자는 배가 흑색이나 암갈색일 때, 테드라졸륨을 사용한 종자는 배가 적색 또는 분홍색일 때 건전립(굳세고 온전한 종자)으로 본다.
- 휴면종자, 수확 직후의 종자, 발아시험 기간이 긴 종자에 효과적인 방법으로 피나무, 주목, 향나무, 목련, 잣나무, 전나무, 느티나무 등에 쓰인다.

**4** 다음 수종 중 결실주기가 가장 짧은 수종은?
① 너도밤나무  ② 낙엽송
③ 가문비나무  ④ 해송

**해설**
자연적인 종자결실 주기

| 결실주기 | 종류 |
|---|---|
| 매해 | 버드나무류, 포플러류, 오리나무류 |
| 격년 | 소나무류, 오동나무, 자작나무, 아까시나무 |

**정답** 1.③  2.②  3.④  4.④

| 2~3년 | 참나무류, 느티나무, 들메나무, 편백, 삼나무 |
|---|---|
| 3~4년 | 전나무, 녹나무, 가문비나무 |
| 5년 이상 | 너도밤나무, 낙엽송 |

**5** 다음 수목의 종자 중 효율이 가장 높은 수종은?

① 은행나무  ② 소나무
③ 박달나무  ④ 밤나무

> **해설**
> **종자의 효율**
> • 은행나무 : 65.8%
> • 소나무 : 81.6%
> • 박달나무 : 15.7%
> • 밤나무 : 58.2%

**6** 삽목 번식이 가장 잘되는 나무의 조합은?

① 밤나무, 소나무
② 낙우송, 느티나무
③ 개나리, 회양목
④ 아까시나무, 두릅나무

> **해설**
> **삽목 발근이 용이한 수종**
> 포플러류, 버드나무류, 은행나무, 사철나무, 플라타너스, 개나리, 진달래, 주목, 측백나무, 화백, 향나무, 히말라야시다, 동백나무, 치자나무, 닥나무, 모과나무, 삼나무, 쥐똥나무, 무궁화 등이 있다.

**7** 호두나무를 묘간거리 4m, 열간거리 5m의 장방형식재를 하면 1ha당 소요묘목은?

① 400본  ② 500본
③ 600본  ④ 800본

> **해설**
> **장방형식재**
> $N = \dfrac{A}{a \times b} = \dfrac{10{,}000}{4 \times 5} = 500$본
> N : 식재할 묘목수, A : 조림지 면적,
> a : 묘목 사이의 거리, b : 줄 사이의 거리

**8** 일반적으로 온대지역에 있어서의 삼림식생의 천이 순서는?

① 이끼류 → 1, 2년생초본류 → 다년생초본류 → 관목류 → 양수교목류 → 음수교목류
② 1, 2년생초본류 → 이끼류 → 다년생초본류 → 관목류 → 음수교목류 → 양수교목류
③ 관목류 → 음수교목류 → 1, 2년생초본류 → 양수교목류 → 다년생초본류 → 관목류 → 이끼류
④ 다년생초본류 → 교목류 → 관목류 → 1, 2년생초본류 → 이끼류 → 음수교목류 → 양수교목류

**9** 묘포에서 실지로 묘목 생산에 직접 이용되는 육묘상의 면적은 전체 묘포 소요면적의 몇 %에 해당하는가?

① 20~30%
② 40~50%
③ 60~70%
④ 80~95%

> **해설**
> 일반적으로 묘포의 용도별 소요면적 비율은 육묘포지 60~70%, 관배수로, 부대시설, 방풍림 등 20%, 기타 퇴비장 등 묘포경영을 위한 소요면적 10% 등이다.

**10** 소나무류, 가문비나무류, 낙엽송류의 종자를 정선하는 방법으로 유효하며, 전나무와 삼나무에는 그 효과가 적은 종자 정선법은?

① 사선법  ② 풍선법
③ 수선법  ④ 입선법

> **해설**
> **풍선법**
> 종자 중에 섞여 있는 날개, 쭉정이, 잡물 등을 선별하는 방법으로 선풍기 등을 이용하는데, 소나무, 가문비나무, 낙엽송에 효과가 좋다.

**정답** 5. ②  6. ③  7. ②  8. ①  9. ③  10. ②

**11** 양분의 결핍증상이 먼저 신엽 또는 경엽부터 나타나는 것은?

① 칼슘  ② 인
③ 칼륨  ④ 질소

해설
질소, 인산, 칼륨, 마그네슘의 결핍은 오래된 잎에 나타나고, 붕소와 칼슘은 신엽의 선단, 철, 망간, 황 등의 결핍은 어린 잎에 나타난다.

**12** 종자를 정선한 후 곧 노천매장법으로 저장해야 하는 종자는?

① 잣나무  ② 상수리나무
③ 일본잎갈나무  ④ 오동나무

해설
노천매장법은 낙엽송, 소나무류, 삼나무, 편백 등의 저장종자에 효과가 있다.

**13** 흙을 비벼 보거나 육안으로 보아 모래가 1/3~2/3가량 포함된 것으로 느껴지면 이때의 토양은?

① 식토  ② 석력토
③ 사질양토  ④ 미사질양토

해설 토양의 종류

| 종류 | 진흙의 함량(%) |
|---|---|
| 사토 | 12.5 이하 |
| 사양토 | 12.5~25.0 |
| 양토 | 25.0~37.5 |
| 식양토 | 37.5~50.0 |
| 식토 | 50.0 이상 |

**14** 산림토양단면에서 용탈층은 어느 층을 말하는가?

① A층  ② B층
③ C층  ④ D층

해설 A층(용탈층)
토양의 표면이 되는 부분으로 많은 성분이 씻겨 내려간 토층으로 식물의 섞은 부분이모여 있어서 검은빛을 띤다.

- A1 : 짙은 암색이고 유기물과 광물질이 섞여 있다.
- A2 : 엷은 암색이고 용탈이 가장 심한 층이다.
- A3 : B층으로의 전이층이다.

**15** 잣나무의 가지치기 방법으로 가장 좋은 것은?

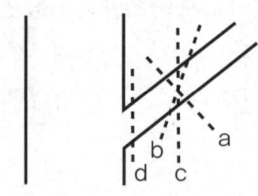

① a  ② b
③ c  ④ d

해설
침엽수의 가지치기는 수간에 직각으로 실행한다.

**16** 산벌작업에서 충분한 결실연도가 되어 실시하며 1회의 벌채로 그 목적을 달성하는 작업방법은?

① 예비벌  ② 하종벌
③ 후벌  ④ 종벌

해설
하종벌
- 예비벌 실시 3~5년 후에 종자가 충분히 결실한 해에 종자가 완전히 성숙된 후 벌채하여 지면에 종자를 다량 낙하시켜 일제히 발아시키기 위한 벌채작업으로 간벌이 잘된 곳은 바로 하종벌을 실시할 수 있다.
- 벌채량은 수종에 따른 종자의 비산거리, 치수의 햇빛 요구도 등과 임지의 입지조건을 고려하여 치수가 건전하게 생장하는 데 필요한 햇빛을 충분히 제공할 수 있도록 양수는 강하게 음수는 약간 약하게 벌채하는 것이 적당하다.

**17** 밤나무에서 병해충 이외에 생리적인 원인으로 나타나는 낙과를 효과적으로 방지하기 위해 시비를 요하는 미량원소는?

① 질소  ② 칼륨
③ 붕소  ④ 알루미늄

**해설**
붕소가 결핍하면 꽃눈이 대부분 고사하고 개화된 것도 떨어진다.

**18** 다음 산림토양 수분 중 임목이 쉽게 흡수, 이용할 수 있는 수분은?
① 흡습수
② 수증기
③ 팽윤수
④ 모관수

**해설**
산림토양에서 식물이 이용할 수 있는 토양수를 모관수라 한다.

**19** 다음 중 하층간벌에 대한 설명으로 가장 거리가 먼 것은?
① 가장 오랜 역사를 지닌 간벌방법으로 보통간벌이라고 한다.
② 우세목 중 결점이 있는 2급목만 벌채하는 방법이다.
③ 일반적으로 양수성의 수종으로 구성된 임분에 적용된다.
④ 일반적으로 음수성의 수종으로 구성된 임분에 적용된다.

**해설 하층간벌**
- 피압된 가장 낮은 수관층의 나무를 먼저 벌채하고 점차 높은 층의 나무를 벌채해 나가는 방법이다.
- 강도 높은 하층간벌이 실시되고 나면 우세목과 준우세목이 남아 있게 되는데, 침엽수의 단순림에 적용하는 데 알맞다.

**20** 다음 중 낙엽성의 나자식물인 수종은?
① 벚나무
② 무궁화
③ 은행나무
④ 은사시나무

**해설 겉씨식물(나자식물) : 침엽수**
- 암꽃의 구조에서 씨방이 없어 밑씨가 노출되어 평행한 잎맥을 보인다. 관다발은 발달하나 도관 대신 가도관이 있으며 체관에는 반세포가 없다.
- 꽃잎·꽃받침이 없고 단성화이며 중복수정을 하지 않는다.

---

제2과목 : 산림보호학

**21** 다음 산림 해충 중 11월경에 2령 약충으로 탈피하여 11월~이듬해 3월까지 수목피해를 많이 주는 것은?
① 솔나방
② 솔잎혹파리
③ 소나무좀
④ 솔껍질깍지벌레

**해설 솔껍질깍지벌레**
- 해송·적송을 가해한다.
- 한 번 정착하면 이동하지 않고, 체액을 빨아 먹을 때 유충에서 독소가 나와 고사시킨다.
- 1년 1회, 3~5월에 가장 많이 발생한다.
- 수관하부의 가지부터 고사한다.
- 열세목을 간벌하고 우세목의 수세를 넓혀 해충 저항성을 높이거나 천적(무당벌레)으로 보호한다. 7~9월에 피해목을 벌채하는 것도 방제의 한 방법이다.

**22** 파이토플라즈마에 의한 수병이 아닌 것은?
① 뽕나무 오갈병
② 포플러 모자이크병
③ 오동나무 빗자루병
④ 대추나무 빗자루병

**23** 해충 방제 시에 사용하는 물리적 방제법이 아닌 것은?
① 고온처리
② 습도처리
③ 유살처리
④ 방사선처리

**해설 물리적 방제법**
- 온도 : 가루나무좀류, 나무좀류, 하늘소류, 바구미류 등은 고온(60℃ 이상) 또는 저온(-27℃ 이하) 처리한다.
- 습도 : 나무좀류, 하늘소류, 바구미류 등은 목재를 물 속에 30일 이상 담가 둔다.
- 방사선 : 방사선의 살충력을 직접 이용하는 방법과 해충을 불임화시켜 부정란을 낳게 하는 방법 등이 있다.

---

**정답** 18. ④ 19. ② 20. ③ 21. ④ 22. ② 23. ③

**24** 솔잎혹파리에 의한 피해증상이 아닌 것은?

① 솔잎의 뒤틀림
② 솔잎 기부의 혹
③ 솔잎의 생장이 저해
④ 솔잎이 조기에 변색함

**해설**
**솔잎혹파리**
- 유충이 적송·흑송 등의 두침엽의 접합부에 기생하여 혹을 만들어 피해를 준다. 1년 1회 발생하며, 유충으로 땅속 또는 충영 속에서 월동한다. 6월 상순이 성충의 우화 최성기이며, 성숙 유충의 크기는 1.7~2.8mm이다.
- 성충 우화 시기(5~6월)에 ha당 30~50kg의 살충제를 살포하고, 다이메크론 50% 유제를 흉고직경 1cm당 0.3~0.7ml 정도로 수간주사를 실시한다. 또한 하기벌목(충영 속의 유충 제거), 간벌(고립목의 경우 피해를 덜 입음), 천적(먹좀벌·거미류·개미·박새류) 보호, 비료 주기 등의 방법으로 방제한다.

**25** 모잘록병의 환경개선에 의한 간접적인 방제법이 아닌 것은?

① 병든 묘목은 발견 즉시 뽑아 태운다.
② 파종량을 적게 하고, 복토를 두텁지 않게 한다.
③ 인산질비료의 과용을 삼가고, 질소질비료를 충분히 준다.
④ 묘상의 배수를 철저히 하여 과습을 피하고 통기성을 양호하게 해 준다.

**해설**
**모잘록병의 방제**
- 묘상이 과습하지 않도록 배수와 통풍에 주의하며, 햇볕이 잘 들도록 한다.
- 채종량을 적게 하고, 너무 두껍지 않도록 복토한다.
- 질소질 비료를 과용하지 말고, 인산질비료를 충분히 주어 묘목을 튼튼히 길러야 한다.

**26** 균류의 분류 중 불완전균류의 설명에 속하는 것은?

① 균사에 격막이 없고, 유주포자를 생성하는 특징이 있다.
② 세계적으로 22000여종이 알려져 있으며, 대부분의 버섯이 이에 속한다.
③ 무성생식으로 분생포자를 만들고, 유성생식으로 자낭포자를 만든다.
④ 유성생식 세대가 알려져 있지 않기 때문에 편의상 무성세대로만 분류된 집단이다.

**해설**
균류의 계통분류 기준이 되는 유성생식시대(완전시대)가 불명하여 무성시대(불완전시대)만 알려져 있는 균이다.

**27** 훈증제에 대한 설명이 아닌 것은?

① 묘포장에서 활용이 용이하다.
② 메틸브로마이드를 많이 사용한다.
③ 약제는 액상으로 해충에 침투한다.
④ 질식사를 시키는 방법이므로 임내에서 활용이 어렵다.

**해설**
약제는 기체로 되어 있다.

**28** 기생성 종자식물에 대하여 잘못 설명한 것은?

① 새삼은 바람에 날리는 종자에 의해 먼 거리로 전파된다.
② 겨우살이는 겨울철에도 마치 가지에 푸른 잎이 무성하게 자라고 있는 것처럼 보인다.
③ 겨우살이는 종자를 먹은 새의 배설물에 섞여 전파된다.
④ 새삼은 흡기를 이용하여 기주식물의 양분과 수분을 빼앗는다.

**해설**
새삼은 종자가 검은색으로, 바람에 날려가지 않는다.

**29** 보르도액에 대하여 설명한 것으로 틀린 것은?

① 보르도액은 황산동과 생석회로 조제한다.
② 보르도액은 전착제를 가해서 고압분무기를 식물체 표면에 골고루 묻도록 뿌린다.

**정답** 24.① 25.③ 26.④ 27.③ 28.① 29.③

③ 황산동액과 석회유를 따로따로 나무통에서 만든 후 순서대로 황산동액에다 석회유를 부어서 혼합해야 한다.
④ 보르도액은 사용할 때마다 만들며 유효기간은 약 2주간이다.

> 해설
> 보르도액은 황선동과 석회유를 혼합하는데, 석회유에 황산동액을 서서히 붓는다.

**30** 도토리거위벌레의 생태에 관하여 잘못 설명한 것은?
① 상수리나무 등 참나무류의 도토리에 산란한다.
② 도토리가 달린 가지를 잘라 땅에 떨어뜨린다.
③ 땅속에서 흙집을 짓고 노숙유충으로 월동한다.
④ 알에서 부화한 유충은 어린 가지를 식해한다.

> 해설
> 알에서 부화한 유충은 과육을 식해한다.

**31** 야생동물 분포조사 방법에 해당하지 않은 것은?
① 포획조사
② 육안조사
③ 청문·설문조사
④ 지형조사

> 해설
> 야생동물 분포조사에 지형조사는 포함되지 않는다.

**32** 빗자루병에 걸린 대추나무에 수간주입 하여 치료하는 약제는?
① 베노밀
② NCS제
③ 사이클로헥사미드
④ 옥시테트라사이클린

> 해설
> 마이코플라즈마에 의한 수병은 옥시테트라사이클린이 효과적이다.

**33** 수목 뿌리혹병(근두암종병 : Crown Gall)의 병원체는?
① 바이러스(Virus)
② 진균(Fungus)
③ 파이토플라즈마
④ 세균(Bacteria)

> 해설
> 뿌리혹병과 눈마름병은 세균에 의한 것이다.

**34** 다음 중 물에 의하여 전반되는 병균은?
① 녹병
② 흰가루병
③ 밤나무 줄기마름병
④ 낙엽송 가지끝마름병

> 해설
> 밤나무 줄기마름병의 병원균의 전반은 봄에 비, 바람, 곤충, 새무리 등에 의해 옮겨진다.

**35** 잎에 기생하며 흡즙 가해하는 것으로 노린재목(目)에 속하는 곤충은?
① 대벌레
② 배나무방패벌레
③ 솔노랑잎벌
④ 애기잎말이나방

> 해설
> 노린재목 방패벌래과의 배나무방패벌레는 잎에 기생하여 수액을 흡즙 가해하므로 잎 표면이 하얗게 변한다.

**36** 다음 중 볕데기를 입기 쉬운 수종이 아닌 것은?
① 오동나무
② 호두나무
③ 굴참나무
④ 가문비나무

> 해설
> 굴참나무는 수피가 두껍고 코르크 층이 두꺼워 피소가 쉽게 일어나지 않는다.

**37** 다음 중에서 잣나무 털녹병균의 주요 전반 방법은?
① 종자
② 토양
③ 바람
④ 곤충

> 해설
> • 잣나무 털녹병균은 겨울포자가 발생하여 소포자를 만

정답 30.④ 31.④ 32.④ 33.④ 34.③ 35.② 36.③ 37.③

드는데, 이 소생자는 바람에 의해 잣나무의 잎에 날아가 기공을 통하여 침범한다.
- 잣나무 털녹병균, 밤나무 줄기마름병균, 밤나무 흰가루병균 등은 바람에 의해 전반된다.

**38** 다음 중 소나무 재선충병의 매개충은?
① 소나무좀  ② 솔잎혹파리
③ 솔수염하늘소  ④ 솔껍질깍지벌레

**해설**
소나무재선충의 매개충에는 솔수염하늘소, 북방수염하늘소 등이 있다.

**39** 난균류의 모잘록병원균의 중요한 월동 장소는?
① 곤충체내
② 잡초
③ 병든 조직 또는 토양
④ 나무줄기

**해설**
모잘록병균은 땅속에서 월동한다.

**40** 다음 중 천공성해충에 속하지 않은 것은?
① 하늘소과  ② 긴마누좀과
③ 혹벌과  ④ 박쥐나방과

**해설**
혹벌은 충영을 형성하는 해충이다.

---

## 제3과목 : 임업경영학

**41** 공·사유림 경영계획 편성 시 임반을 표기하는 요령으로 맞는 것은?
① 아라비아 숫자로 표시
② 가, 나, 다로 표시
③ 아라비아 숫자와 가, 나, 다를 조합하여 표시
④ 가, 나, 다와 아라비아 숫자를 조합하여 표시

**해설**
임반은 산림경영계획구 유역하류에서 시계방향으로 아라비아 숫자로 표기한다.

**42** 임분의 재적을 측정하는 방법 중에서 표본점을 필요로 하지 않기 때문에 플롯레스 샘플링(Plotless Sampling)이라고 하는 방법은?
① 대상 표준지법
② 각산정 표준지법
③ 원형 표준지법
④ 표본조사법

**해설**
각산정 표준지법은 표준지를 구획하지 않고 임분의 재적을 구할 수 있다. 스피겔라 릴라스코프를 통하여 임분재적측정이 가능하다.

**43** 매년 말에 표고버섯 수익으로 200만 원이 얻어지고 있다. 이 자본가는 얼마인가? (단, 무한연년수입의 전가합계(자본가) 계산식으로 구하되 이율은 4%를 적용한다.)
① 6,000만 원  ② 5,000만 원
③ 800만 원  ④ 8,000만 원

**해설**
무한연년이자 $= \dfrac{2,000,000}{0.04} = 50,000,000$원

**44** 우리나라 임업경영의 특성을 기술적 특성과 경제적 특성으로 구분할 때 다음 중 기술적 특성을 설명한 것으로 옳은 것은?
① 원목가격의 구성요소의 대부분이 운반비이다.
② 임업노동은 계절적 제약을 크게 받지 않는다.
③ 임목의 성숙기가 일정하지 않다.
④ 임업생산은 조방적이다.

**해설**
임업은 생산기간이 길고, 성숙기가 일정하지 않으며 토지나 기후조건에 대한 요구도가 낮고, 자연조건의 영향을 많이 받는 기술적 특성이 있다.

**정답** 38.③ 39.③ 40.③ 41.① 42.② 43.② 44.③

**45** 임령이 24년인 임목을 수간석해 하였을 때 단면 번호 1번의 연륜수가 19개이다. 이 임목이 1.2m 자라는 데 소요된 기간은?

① 4년    ② 5년
③ 6년    ④ 7년

**46** 임지기망가의 크기에 대한 설명으로 옳지 못한 것은?

① 주벌수익과 간벌수익이 클수록 임지기망가는 커진다.
② 주벌수익과 간벌수익의 시기가 빠를수록 임지기망가는 작아진다.
③ 이율이 높을수록 임지기망가는 작아진다.
④ 조림비가 클수록 임지기망가는 작아진다.

해설 **임지기망가에 영향을 주는 계산 인자**
- 주벌수확과 간벌수확은 공식에서 +로 되어 있으므로 그 값이 클수록 커진다. 또 그 시기가 빠를수록 커진다.
- 조림비 및 관리비는 공식에서 −로 되어있으므로 조림비와 관리비가 클수록 작아진다.
- 이율이 높을수록 작아진다.
- 일반적으로 벌기가 커지면 처음에는 증가하다가 어느 시점에서 최대가 된 다음에 점차 작아진다.

**47** 손익분기점 분석의 가정이 아닌 것은?

① 제품의 판매가는 생산량에 따라 변한다.
② 제품 단위당 비용은 일정하다.
③ 재고는 없다.
④ 제품의 생산능률은 변함이 없다.

해설 **손익분기점 분석을 위한 가정**
- 제품의 판매가격은 판매량이 변동하여도 변하지 않는다.
- 원가는 고정비와 변동비로 구분할 수 있다.
- 제품 한 단위당 변동비는 항상 일정하다.
- 고정비는 생산량의 증감에 관계 없이 항상 일정하다.
- 생산량과 판매량은 항상 같으며, 생산과 판매에 동시성이 있다.
- 제품의 생산능률은 변함이 없다.

**48** 현 산림축적이 1,000m³, 생장률이 연 3%일 때 10년 후 산림 축적을 복리식 후가계산 공식으로 구하면 약 얼마인가?

① 1,303m³    ② 1,323m³
③ 1,343m³    ④ 1,053m³

해설
$1,000(1+0.03)^{10}=1,343m^3$

**49** 임업경영자산 중 유동자산으로 맞는 것은?

① 토지    ② 구축물(構築物)
③ 대동물    ④ 미처분 임산물

해설
유동자산에는 미처분 임산물(산림생산물로서 처분되지 않은 것), 산림용 생산자재(묘목, 비료, 약재 등) 등이 있다.

**50** 산림경영의 주요 부대시설에 관한 내용이 아닌 것은?

① 운반에 관한 시설
② 종묘에 관한 시설
③ 삼림보호에 관한 시설
④ 석산 개발에 관한 시설

해설
석산개발은 산림경영의 업무가 아니다.

**51** 시장가역산법에 의해 임목의 가치를 평가하려고 할 때 계산 항목에 포함되지 않은 것은?

① 임목 육성에 투입된 비용
② 벌출 운반에 소요될 것으로 예측되는 총 비용
③ 벌출된 원목의 매매로부터 예측되는 최단거리 시장가격
④ 벌출·운반 및 매각사업에서 얻어질 수 있을 것으로 예측되는 정상이윤

해설
시장가역산법은 육림비를 평가하지 않고 벌채비만 적용한다.

정답  45.②  46.②  47.①  48.③  49.④  50.④  51.①

**52** 산림경리의 업무 내용이 아닌 것은?
① 산림조사　　② 조림계획
③ 수확규정　　④ 임업소득율

**해설**
산림경리의 업무내용에는 전업인 산림주의 측량, 산림구획, 산림조사, 시업관계사항조사, 주업인 시업체계의 조직, 수확규정, 조림계획, 시업상 필요한 시설계획, 후업인 시업조사검토 등이 있다.

**53** 다음 중 택벌림 시업에서만 적용하는 임목생산 기간은?
① 벌채령　　② 벌기령
③ 회귀년　　④ 윤벌기

**해설**
택벌림을 몇 개의 구역으로 나누어 작업하는 벌구식 택벌 작업에서 일단 택벌된 벌구가 또 다시 택벌될 때까지의 기간을 회귀년이라 하며, 작업구역은 회귀년마다 택벌이 되풀이된다.

**54** 지황조사에서 유효토심이 몇 cm 이상이면 심(深)에 해당하는가?
① 30cm　　② 40cm
③ 50cm　　④ 60cm

**해설** 토심
- 천 : 유효토심 30cm 미만
- 중 : 유효토심 30~60cm 미만
- 심 : 유효토심 60cm 이상

**55** 다음 중 고정자산의 설명으로 옳은 것은?
① 처분을 목적으로 소유하는 자산
② 물리적으로 이동이 불가능한 자산
③ 시간에 따른 가치의 변화가 없는 자산
④ 자산이 가지고 있는 생산능력을 이용하기 위한 자산

**해설**
고정자산에는 임지, 건물, 구축물(임도·삭도, 숯가마 등), 기계(산림용인 큰 기계), 동물(산림에 사용되는 말) 등이 있다.

**56** 표준지법에 의하여 임목재적을 산출할 때 임분의 면적을 A, 표준지 면적을 a, 표준지 재적을 v라고 하면 임분재적 V는?
① $V=v \times A/a$　　② $V=v \times a/A$
③ $V=A \times 2a/v$　　④ $V=2a \times v/A$

**해설**
임분재적은 표준지 면적에 대한 임분면적의 비율을 곱한 것이다.

**57** 보속성 원칙에서 협의의 보속개념이란?
① 목재 생산의 보속성
② 목재 공급의 보속성
③ 공공경제적 보속성
④ 사경제적 보속성

**해설**
협의의 보속성은 산림에서 매년 거의 같은 양의 목재를 수확하는 것으로, 이는 목재 공급에 근거를 둔 개념(목재 공급의 보속성)이다.

**58** Moller의 항속림(恒續林)사상과 가장 관계가 깊은 것은?
① 수익성의 원칙　　② 공공성의 원칙
③ 합자연성의 원칙　　④ 환경보존의 원칙

**해설**
항속림 사상은 자연과 가장 밀접한 사상으로 합자연성이라 한다.

**59** 법정림(개벌작업)에서 작업급의 윤벌기가 50년인 경우의 법정수확률은 몇 %인가?
① 2%　　② 3%
③ 4%　　④ 5%

**해설**
법정수확률 = $\frac{200}{50}$ = 4%

**60** 임업자산 중 가치가 가장 큰 것은?
① 묘목　　② 임지
③ 임목축적　　④ 비료

정답　52. ④　53. ③　54. ④　55. ④　56. ④　57. ②　58. ③　59. ③　60. ③

### 제4과목 : 산림공학

**61** 다음 그림과 같이 밑판, 종자 및 표면덮개의 3부분으로 구성된 일반적인 인공떼제품을 무엇이라고 하는가?

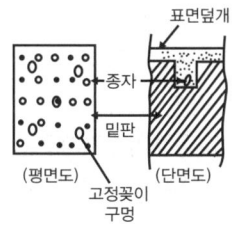

① 식생자루  ② 식생매트
③ 식생대   ④ 식생반

**해설**
넓은 판자모양으로 식생반이라 한다.

**62** 가선집재작업의 장점과 거리가 먼 것은?
① 지형조건의 영향을 적게 받는다.
② 트랙터 집재 등에 비하여 노동생산성이 높다.
③ 생태적으로 잔존임분의 피해를 최소화할 수 있다.
④ 트랙터 집재에 비해 집재작업에 필요한 에너지가 적게 소요된다.

**해설**
가선집재는 가선을 설치 및 철거하는 데 시간과 비용이 많이 소요되므로 트랙터 집재보다 생산능력이 낮다.

**63** 사방댐의 방수로에 대한 설명으로 틀린 것은?
① 방수로의 높이는 댐어깨보다 낮아야 한다.
② 방수로의 높이는 댐마루보다 낮아야 한다.
③ 방수로 양옆의 물매는 1:2를 표준으로 한다.
④ 방수로의 위치는 계류의 중심부에 설치하는 것이 원칙이다.

**해설** 방수로
• 댐의 유지면에서 매우 중요하며 크기는 집수면적, 강수량, 산림의 상태, 산복의 경사 등에 의해 결정한다.
• 일반적으로 사다리꼴을 많이 이용하며 방수로의 양옆 기울기는 1:1 즉, 45°를 표준으로 한다.

**64** 사방댐의 설계요인에서 위치 선정의 원칙 중 틀린 것은?
① 댐의 위치는 상류부가 좁고 댐자리(Dam Site)가 넓은 개소가 적당하다.
② 댐의 위치는 계상 및 양안에 암반이 존재하는 것을 원칙으로 한다.
③ 지계(支溪)의 합류점 부근에 댐을 계획할 때에는 통상 합류점의 하류부가 위치 선정의 기준이 된다.
④ 계단상 댐을 계획하는 경우에는 첫 번째 댐의 추정퇴사선(推定堆砂線)이 구계상(舊溪床)물매를 자르는 점에 상류댐의 계획위치가 오도록 한다.

**해설**
댐자리는 좁고, 상류부가 넓은 곳이어야 많은 퇴적물들을 퇴적시킬 수 있어 적정하다.

**65** 산림작업 중에서 노동재해의 발생률이 가장 높은 작업은?
① 육림작업
② 조림작업
③ 임목수확작업
④ 어린나무 가꾸기

**해설**
임목수확작업 시 기계톱을 많이 사용하므로 노동재해가 많다.

**66** 와이어로프의 꼬임 중에서 보통꼬임의 특징과 거리가 먼 것은?
① 취급이 용이하다.
② 꼬임이 안정되어 있다.
③ 킹크가 생기기 어렵다.
④ 가공본줄에 많이 사용된다.

**정답** 61.④  62.②  63.③  64.①  65.③  66.④

**해설** 보통꼬임
- 스트랜드의 꼬임방향과 스트랜드를 구성하는 와이어의 꼬임방향이 역방향으로 된 것을 말한다.
- 킹크가 생기기 어렵고 취급이 용이하다.
- 집재가선의 되돌림줄, 짐당김줄 등 일반 작업줄에 적당하나 쉽게 마모가 된다.

**67** 돌을 뜰 때 앞면·길이·뒷면·접촉부 및 허리치기의 치수를 특별히 맞도록 지정하여 깨낸 석재를 무엇이라 하는가?

① 막깬돌   ② 견치돌
③ 야면석   ④ 마름돌

**해설**
견치돌은 대체로 면의 길이를 기준으로 하며 길이는 1.5배 이상, 이맞춤 너비는 1/5 이상, 뒷면은 1/3 정도, 허리치기의 중간은 1/10 정도이며, 무게는 70~100kg이다.

**68** 임도 노면의 토사도에 대한 설명과 거리가 먼 것은?

① 교통량이 많은 도로에 많이 쓰인다.
② 임도노면은 자연적인 흙을 사용한다.
③ 대체적으로 유수에 의한 피해가 많다.
④ 점토와 모래의 혼합물로 구성되어 있다

**해설**
토사도는 교통량이 적은 곳에 설치하며, 빗물에 의한 피해가 많이 발생한다.

**69** 산악지대의 임도노선 선정방식에 있어서 산정림, 계곡림의 숲을 개발하는 데 가장 적합한 방식은?

① 돌입방식
② 지그재그방식
③ 대각선방식
④ 순환노선방식

**해설**
순환노선은 계곡에서 시작해서 산정을 돌아오는 순환로이다.

**70** 원목을 집재하기 위하여 차대틀 위에 원목을 얹어 싣고 가는 집재기를 무엇이라 하는가?

① 스키더   ② 펠러번처
③ 포워더   ④ 야더집재기

**해설**
포워드는 목재를 운반하는 차량으로, 기계톱이나 하베스터에 의해 조재된 단목을 집재하는 장비이다.

**71** 대표적인 다공정임업기계로서 벌도와 가지훑기, 통나무자르기 작업을 한 공정에 수행할 수 있는 고성능임업기계는 무엇인가?

① 프로세서   ② 타워야더
③ 하베스터   ④ 펠러번처

**해설**
하베스터는 벌목, 지타, 측정, 조재, 작업을 동시에 할 수 있는 고성능 임업기계이다.

**72** A, B 두 지점 간의 수준 측량 결과, 전시가 45m, 후시가 90m이다. A점의 지반고가 150m일 때 B점의 지반고는 얼마인가?

① 145m   ② 195m
③ 245m   ④ 295m

**해설**
기계고=지반고+후시=150+90=240
지반고=기계고-전시=240-45=195

**73** 어느 지역에 시설되는 1차선 임도의 노폭을 산출하고자 적정한 임도의 조건을 조사한 결과 설계속도가 40km/h이고 자동차폭은 2m이었다. 이때 설계속도에 의한 차도폭을 구하면 얼마인가?

① 3.3m   ② 3.6m
③ 4.3m   ④ 4.6m

**해설**
차도폭 = 자동차의 폭 + $\dfrac{설계속도}{50}$ + 0.5 = 3.3m

**정답** 67.② 68.① 69.④ 70.③ 71.③ 72.② 73.①

**74** 인간의 도움이나 관리없이 도시환경에 적응, 진화해 온 식물집단으로 식생천이 초기 단계의 자생수종이나 외래수종들이 우점하는 식물집단은?

① 도시형식물군집
② 자생식물군집
③ 귀화식물군집
④ 침입형식물군집

**75** 횡단배수구의 설치 장소와 거리가 먼 것은?

① 체류수가 없는 곳
② 구조물이 앞이나 뒤
③ 옆도량물이 역류하는 곳
④ 유하방향의 종단물매 변이점

> 해설
> 물이 머무는 장소에 횡단배수구를 설치한다.

**76** 재질이 굳고 내구성도 강하며 외관이 아름다운 석재로서 토목공사에서 마름돌, 견치돌, 판석, 콘크리트골재 등으로 이용되는 것은?

① 안산암
② 응회암
③ 화강암
④ 대리석

**77** 유역면적이 30ha이고, 최대시우량이 100mm/h인 지역에 야계수로 단면을 설계하려면 최대홍수유량은 얼마로 적용하여야 하는가? (단, 합리식법으로 산정하고, 유출계수(c)는 0.7이다.)

① $2.2354 m^3/s$
② $3.2132 m^3/s$
③ $4.2514 m^3/s$
④ $5.8338 m^3/s$

> 해설
> 최대홍수유량=0.002778×30×100×0.7
> =5.833$m^3$/s

**78** 해안사지 조림용 수종이 구비해야 할 일반적인 조건이 아닌 것은?

① 바람에 대한 저항력이 클 것
② 양분과 수분에 대한 요구가 클 것
③ 온도의 급격한 변화에도 잘 견디어 낼 것
④ 울폐력이 좋고 낙엽 낙지 등에 의하여 지력을 증진시킬 수 있을 것

> 해설 해안사지 수종의 구비 조건
> • 양분과 수분에 대한 요구가 적을 것
> • 온도의 급격한 변화에도 잘 견디어 낼 것
> • 비사, 한해, 조해 등의 피해에도 잘 견딜 것
> • 울폐력이 좋고 낙엽, 낙지 등에 의하여 지력을 증진시킬 수 있는 것

**79** 간선임도의 일반적인 특성을 작업도와 비교하여 설명한 것 중 가장 적절한 것은?

① 간선임도는 통행량이 적고 통행길이는 짧다.
② 간선임도는 통행량이 많고 주행속도가 느리다.
③ 간선임도는 주행속도가 빠르고 통행길이도 길다.
④ 간선임도는 통행길이가 길고 통행목적은 이동성보다 작업적인 성격이 강하다.

**80** 대경목의 벌채위치는 보통 지상에서 몇 cm 높이에서 벌채하는가?

① 5~10cm
② 20~30cm
③ 40~50cm
④ 60~70cm

> 해설
> 
> | 구분 | 기준 |
> | --- | --- |
> | 치수 | 흉고직경 6cm 미만의 임목이 50% 이상 생육하는 임분 |
> | 소경목 | 흉고직경 6~16cm 미만의 임목이 50% 이상 생육하는 임분 |
> | 중경목 | 흉고직경 18~28cm 미만의 임목이 50% 이상 생육하는 임분 |
> | 대경목 | 흉고직경 30cm 이상 임목이 생육하는 임분 |

정답 74.① 75.① 76.③ 77.④ 78.② 79.③ 80.②

# 국가기술자격 필기시험문제

**2011년 제2회 필기시험**

| 자격종목 및 등급(선택분야) | 종목코드 | 시험시간 | 형별 |
|---|---|---|---|
| 산림산업기사 | 2481 | 2시간 | A |

## 제1과목 : 조림학

**1** 묘목의 곤포란?
① 굴취한 묘목을 규격에 따라 나누는 일
② 묘목을 식재 시까지 운반하기 위해 알맞은 크기로 다발 묶음하여 포장하는 일
③ 포지에서 양성된 묘목을 식재될 산지까지 수송하는 일
④ 묘목을 심기 전 일시적으로 도랑을 파서 그 안에 뿌리를 묻어 건조를 방지하고 생기를 회복시키는 일

**[해설]** 곤포는 묘목을 운반하기 위하여 묶는 작업을 말한다.

**2** 보통 소나무와 낙엽송의 첫 번째 제벌을 시작하는 임령과, 나무의 고사상태를 알고 맹아력을 감소시키기 위한 제벌시기로 맞게 짝지어진 것은?
① 2~6년, 봄  ② 2~6년, 겨울
③ 7~8년, 여름  ④ 10~15년, 가을

**[해설]** 조림 후 5~10년 사이에 제벌(어린나무 가꾸기)을 시작하며, 맹아력을 감소시키기 위해서는 여름에 실시한다. 맹아력을 증대시키기 위해서는 11~2월 사이에 벌채를 시작한다.

**3** 광합성 작용을 설명한 내용 중 맞는 것은?
① 광반응은 엽록체의 스트로마 부분에서 일어난다.
② 암반응에서는 ATP가 생성된다.
③ 광반응은 햇빛이 있을 때 NADHP를 만들고 ATP를 생산한다.
④ 광반응을 켈빈사이클(Calvin Cycle)이라고도 한다.

**[해설]** 엽록체는 5~10μm의 크기를 가진 타원형의 기관인데, 엽록체 안에는 틸라코이드라고 하는 납작한 주머니들이 들어 있으며, 그 주변은 스트로마라고 액체로 채워져 있다. 광반응은 햇빛이 있을 때 NADPH를 만들고 ATP를 생산한다.

**4** 묘포장에서 일반적인 제초제의 사용방법에 해당하지 않은 것은?
① 토양처리법
② 훈증법
③ 잡초처리법
④ 잡초 및 토양처리법

**[해설]** 묘포장에서는 제초제를 토양 또는 잡초에 처리한다.

**5** 발아시험에 있어서 일정한 기간 내에 발아하는 종자입수의 %로 표현한 것은?
① 발아율  ② 발아력
③ 발아세  ④ 효율

**[해설]** 일정 기간 내의 발아입수를 공시 수에 대한 백분율로 나타낸 것을 발아력이라 한다.

**6** 다음 중 파종조림(播種造林)이 가장 곤란한 수종은?
① 소나무, 곰솔, 리기다소나무

**정답** 1.② 2.③ 3.③ 4.② 5.③ 6.④

② 밤나무, 상수리나무, 떡갈나무
③ 가래나무, 굴참나무, 졸참나무
④ 일본잎갈나무, 전나무, 단풍나무류

**해설** 파종조림이 용이한 수종
- 침엽수종 : 소나무, 해송
- 활엽수종 : 상수리나무, 굴참나무, 떡갈나무, 졸참나무, 밤나무, 가래나무, 벚나무, 옻나무, 물푸레나무 등

**7** 다음 중 토양의 화학적 풍화작용에 해당되지 않은 것은?

① 수화작용　　② 산화작용
③ 포드졸화작용　④ 탄산염화작용

**해설** 포드졸화는 토양 생성작용을 한다.

**8** 묘목간의 간격을 2m로 하고 정방형으로 조림하고자 할 때 1ha에 몇 본이 소요되는가?

① 2,000본　　② 2,500본
③ 3,000본　　④ 3,500본

**해설** 정방형식재
$N = \dfrac{A}{W^2} = \dfrac{10,000}{2^2} = 2,500$본
N : 묘목의 총본수, A : 식재지 총면적,
a : 묘목 1본의 점유면적

**9** 식재밀도 조절문제는 수종, 묘령, 입지조건, 경제사정, 경영 목표 등에 따라 다를 수 있다. 밀식의 장점이 아닌 것은?

① 표토의 침식과 건조를 방지하여 개벌에 의한 지력의 감퇴를 줄임
② 가지가 가늘게 되어 임목의 형질을 높여 가지치기의 비용을 줄임
③ 개체간의 경쟁으로 연륜폭이 균일하게 되어 고급재를 생산
④ 하예(下刈)기간을 늘려줌

**해설** 밀식을 하면 하층식생의 생장에 방해가 되므로 하예기간(하층식생을 베는 기간)을 줄여 주는 장점이 있다.

**10** 종자의 발아율 조사를 위해서 테트라졸륨 수용액에 종자를 넣으면 활력이 있는 부위의 색깔은?

① 푸른색　　② 붉은색
③ 검정색　　④ 변하지 않는다

**해설** 활력이 있으면 붉은색으로 변하고, 죽은 조직은 변화가 없다.

**11** 다음 중에서 임업묘포의 입지로 적절한 지역은?

① 산간의 계곡으로 사방이 막혀서 바람이 없는 곳
② 동남향으로 약 1~5°의 완경사지
③ 동남쪽에서 방풍림이 조성된 평탄지
④ 점토질 토양으로 이루어진 논토양 지역

**해설** 포지의 경사와 방위는 5° 이하의 완경사지가 바람직하며, 그 이상이 되면 토양유실이 우려되어 계단식 경작을 해야 한다.

**12** 종자의 품질을 나타내는 순량률은 종자의 무엇을 기준으로 한 것인가?

① 무게　　② 수량
③ 부피　　④ 크기

**해설** 순량률은 순정종자의 무게에 대한 전체 시료중량 무게 비율로 나타낸다.

**13** 다음 수종 가운데 자유생장을 하는 수종이 아닌 것은?

① 포플러　　② 은행나무
③ 낙엽송　　④ 가문비나무

**정답** 7. ③　8. ②　9. ④　10. ②　11. ②　12. ①　13. ④

해설
- 고정생장 : 줄기의 생장이 전년도 형성된 겨울눈에 이미 결정되어 있는 경우
  - 적송, 잣나무, 가문비나무, 솔송나무, 너도밤나무, 참나무
- 자유생장 : 전년도의 겨울눈 속에 봄에 자랄 새 가지의 원기가 만들어져 있다가 봄에 겨울눈이 크면서 새 가지가 나와 봄잎을 만들고 곧 이어서 여름잎을 만들면서 가을까지 계속 새 가지가 올라오는 경우
  - 은행나무, 낙엽송, 포플러, 자작나무, 플라타너스, 버드나무, 아까시나무, 사철나무, 회양목, 쥐똥나무

**14** Eberhard가 제창한 선형산벌작업의 특징은?

① 우량 대재목이 생산된다.
② 직경생장이 촉진된다.
③ 갱신이 속히 된다.
④ 풍해에 대해 안전하다.

해설
선형산벌 천연하종갱신법은 풍해에 대처하고자 제창한 것이다.

**15** 묘목의 위(새잎)에서부터 점점 아래로 황백색으로 될 때 결핍된 원소는?

① N        ② Mg
③ Fe       ④ P

해설
철(Fe)의 부족은 어린 잎에 나타나는 노엽으로 전이된다. 엽록소가 형성되지 않으며, 주로 어린 잎에 황화현상이 많이 나타난다.

**16** 유림(幼林)에 대한 무육작업으로 적합한 것은?

① 간벌과 가지치기
② 가지치기와 덩굴치기
③ 풀베기와 덩굴치기
④ 풀베기와 간벌

해설
산림의 무육
- 유령림의 무육 : 풀베기, 덩굴치기, 제벌(잡목 솎아내기)
- 성숙림의 무육 : 가지치기, 솎아베기(간벌)
- 임지의 무육 : 지피물 보존, 임지 시비, 하목식재, 수평구설치 등

**17** 제벌(除伐)작업에 대하여 가장 올바르게 설명하고 있는 것은?

① 산림보육 순서로 보면 간벌작업 후에 실시하는 작업이다.
② 중간 벌채 수입을 목적으로 하지 않는다.
③ 농한기인 겨울철에 실시하는 것이 좋다.
④ 제벌 횟수는 어느 수종이나 1회 실시하는 것으로 충분하다.

해설 제벌작업의 목적
- 목표로 하는 수종을 원하지 않은 수종으로부터 보호하고 임목상호 간의 적정 생육환경을 조기에 확립한다.
- 경영목표상 임분구성목으로 부적당한 개체를 선별 및 제거하여 목표임분의 기초를 확립한다.
- 각 임목들이 목표임분으로 입지를 빨리 지배할 수 있도록 양호한 조건을 제공한다.

**18** 일반적으로 대부분의 침엽수와 참나무류, 피나무, 느릅나무 등의 여러 가지 활엽수 생육에 양호한 조건을 제공하는 토양산도의 범위는?

① pH3~4        ② pH3.5~4.5
③ pH5.5~6.5    ④ pH7.5~8.5

해설
토양산도는 침엽수는 pH5.0~5.5, 활엽수는 pH5.5~6.0이 적당하고 칼슘(Ca)을 사용하여 산도를 조절한다.

**19** 산림작업종(갱신)에서 교림작업법의 범주에 속하지 않은 것은 다음 중 어느 것인가?

① 개벌갱신에 의한 작업종
② 산벌갱신에 의한 작업종
③ 가지치기에 의한 작업종
④ 택벌갱신에 의한 작업종

정답 14. ④  15. ③  16. ③  17. ②  18. ③  19. ③

> **해설**
> 가지치기는 작업종이 아니라 성숙림의 무육에 해당한다.

**20** 다음 중 양수(陽樹)의 침엽수는?

① 가문비나무  ② 너도밤나무
③ 주목  ④ 측백나무

> **해설**
> **양수의 종류**
> 은행나무, 소나무류, 측백나무, 향나무, 낙우송, 밤나무, 오리나무, 버즘나무, 오동나무, 사시나무, 낙엽송 등

### 제2과목 : 산림보호학

**21** 다음 중 1년에 2회 발생하는 해충은?

① 솔나방  ② 독나방
③ 미국흰불나방  ④ 어스렝이나방

> **해설**
> **미국흰불나방**
> • 활엽수를 가해하며 1년 2회 발생한다.
> • 나무껍질 사이·판자 틈·돌 밑·지피물 밑 등에서 번데기로 월동. 1회 성충은 5월 중순~6월에 출현한다.
> • 방제법은 부화 직후의 유충은 군서하므로 포살, 용화할 때가 되면 땅으로 내려오므로 식이목을 설치한다.
> • 살충제로는 디프테렉스(1000배액)가 효과적이다.

**22** 대추나무 빗자루병 방제에 가장 효과적인 약제는?

① 페니실린
② 보르도액
③ 석회황합제
④ 옥시테트라사이클린

> **해설**
> **대추나무 빗자루병**
> • 가는 가지와 황녹색의 아주 작은 잎의 밀생 및 빗자루 모양이며, 전신성병이다. 병든 나무의 분수를 통해 차례로 전염된다.
> • 땅속에서는 뿌리에 의한 전염 우려가 있어 밀식과 간작을 피한다.
> • 매개충은 마름무늬매미충이며, 분주에 의한 전반이 나타난다.
> • 옥시테트라사이클린으로 방제한다.

**23** 다음은 산림이 받는 피해를 원인별로 나눈 것이다. 이 중 연해(煙害)는 주로 어느 것에 속하는가?

① 인위적 피해
② 기상에 의한 피해
③ 병균에 의한 피해
④ 곤충에 의한 피해

> **해설**
> 대기오염은 인간의 활동에 의한 인위적인 피해가 대부분이다.

**24** 유아등(誘蛾燈)으로 잡을 수 없는 해충은?

① 솔잎혹파리  ② 미국흰불나방
③ 독나방  ④ 솔나방

> **해설**
> **솔잎혹파리**
> • 유충이 적송·흑송 등의 두침엽의 접합부에 기생하여 혹을 만들어 피해를 준다. 1년 1회 발생하며, 유충으로 땅속 또는 충영 속에서 월동한다. 6월 상순이 성충의 우화 최성기이며, 성숙 유충의 크기는 1.7~2.8mm이다.
> • 성충 우화 시기(5~6월)에 ha당 30~50kg의 살충제를 살포하고, 다이메크론 50% 유제를 흉고직경 1cm당 0.3~0.7ml 정도로 수간주사를 실시한다. 또한 하기벌목(충영 속의 유충 제거), 간벌(고립목의 경우 피해를 덜 입음), 천적(먹좀벌·거미류·개미·박새류) 보호, 비료 주기 등의 방법으로 방제한다.

**25** 오동나무 빗자루병의 매개충은 무엇인가?

① 복숭아혹진딧물  ② 마름무늬매미충
③ 담배장님노린재  ④ 솔잎혹파리

> **해설**
> **오동나무 빗자루병**
> • 병든 나무에 연약한 잔가지가 많이 발생하여 빗자루 모양을 띤다.

**정답** 20.④ 21.③ 22.④ 23.① 24.① 25.③

- 병든 나무의 분근에 의한 전염이며, 종자와 토양은 전염되지 않는다.
- 7월 상순에 병든 나무를 소각하거나 9월 하순에 살충제로 매개충구제무병목, 실생묘를 식재하여 방제한다.
- 옥시테트라사이클린계의 항생물질로 구제가 가능하다.
- 매개충 : 담배장님노린재

**26** 다음 병원의 종류 중 바이러스에 의한 수목병에 속하는 것은?

① 포플러 모자이크병
② 밤나무 눈마름병
③ 밤나무 잉크병
④ 소나무 잎녹병

**해설**
바이러스에 의한 수목병에는 포플러의 모자이크병, 아카시아의 모자이크병 등이 있다.

**27** 다음 중 밤나무혹벌의 생태적 특성 가운데 올바른 것은?

① 연 2회 발생한다.
② 성충으로 월동한다.
③ 산란수는 200~300이다.
④ 양성생식종이다.

**해설 밤나무혹벌**
- 피해 수종 : 밤나무
- 가해 양식 : 눈(충영성)
- 발생 : 1년 1회
- 월동 형태 : 유충(충영)
- 특징 : 암컷만으로 번식
- 천적 : 중국긴꼬리좀벌

**28** 녹병균은 이종기생을 한다. 다음 중 포플러 잎녹병의 기주 교대 수종은?

① 소나무
② 배나무
③ 낙엽송
④ 잣나무

**해설**
포플러 잎녹병의 중간기주인 낙엽송의 잎에는 5월 상순에서 6월 상순경에 노란 점이 생긴다.

**29** 진균의 영양기관으로서 기주식물의 세포 내에 형성하여 영양을 섭취하는 기관의 명칭은?

① 포자
② 분생자병
③ 포자각
④ 흡기

**해설**
진균은 균사라고도 하며, 균사의 끝이 특수한 모양으로 된 흡기를 세포 내에 삽입하여 영양을 섭취한다.

**30** 개간 직후의 미분해 유기물이 많은 임지에서 발병하기 쉬운 병은?

① 모잘록병
② 근두암종병
③ 줄기마름병
④ 자줏빛날개무늬병

**해설**
자줏빛날개무늬병은 잡목림을 개간할 때 많이 발생한다.

**31** 솔잎혹파리의 방제법 중 합당하지 않은 것은?

① 밀생 임분은 간벌, 불량치수 및 피압목을 제거하여 임내를 건조시킨다.
② 포스파미돈 액제(50%)를 줄기에 주입한다.
③ 나무에 볏짚을 감아 월동 유충을 구제한다.
④ 침투성 약제 나무주사가 가장 효율적인 방제법이다.

**해설 솔잎혹파리**
- 유충이 적송·흑송 등의 두침엽의 접합부에 기생하여 혹을 만들어 피해를 준다. 1년 1회 발생하며, 유충으로 땅속 또는 충영 속에서 월동한다. 6월 상순이 성충의 우화 최성기이며, 성숙 유충의 크기는 1.7~2.8mm이다.
- 성충 우화 시기(5~6월)에 ha당 30~50kg의 살충제를 살포하고, 다이메크론 50% 유제를 흉고직경 1cm당 0.3~0.7ml 정도로 수간주사를 실시한다. 또한 하기벌목(충영 속의 유충 제거), 간벌(고립목의 경우 피해를 덜 입음), 천적(먹좀벌·거미류·개미·박새류) 보호, 비료 주기 등의 방법으로 방제한다.

**32** 산림 해충의 방제방법 중 임업적방제법에 속하지 않은 것은?

**정답** 26.① 27.③ 28.③ 29.④ 30.④ 31.③ 32.③

① 간벌 및 하예
② 내충성 수종의 육종
③ 검역
④ 혼효림의 조성

**해설**
임업적방제법에는 내충성 품종 선택, 간벌, 시비, 혼효림 조성 등이 있다.

**33** 소나무 줄기에 상처를 냈을 때 송진의 유출상태로 나무의 건강 상태를 진단하였다. 다음 중 이상이 없는 상태는?

① 송진이 전혀 나오지 않는다.
② 송진이 약간 비친다.
③ 송진이 부분적으로 스며 나온다.
④ 송진이 많이 흐른다.

**해설**
소나무의 송진이 나오면 송인을 막고 있는 해충이 없으므로 건강한 소나무이다.

**34** 다음 중 솔잎혹파리의 방제를 위하여 기생성 천적을 이식할 때 활용하는 생물은?

① 솔잎벌          ② 노란꼬리좀벌
③ 혹파리살이먹좀벌 ④ 송충알벌

**해설**
솔잎혹파리의 기생성 천적에는 솔잎혹파리먹좀벌과 혹파리살이먹좀벌, 혹파리등뿔먹좀벌, 혹파리반뿔먹좀벌 등이 있다.

**35** 다음 중 솔나방 방제를 위하여 1000배액으로 희석하여 수관살포 하는 MEP(Fenitrothin) 50% 유제는 살충기작에 의한 분류 시 어디에 해당하는가?

① 접촉제 및 소화중독제
② 침투성살충제
③ 기피제
④ 불임제

**36** 야생동물군집 형성을 위한 임분 관리방법에 해당되지 않은 것은?

① 택벌
② 임간 숲 틈 조성
③ 혼효림의 복층림화
④ 순림 위주의 산림 관리

**해설**
하나의 수종으로 구성된 순림은 야생동물의 먹이, 서식처로 적절하지 않다.

**37** 솔껍질깍지벌레의 생태적 특성 가운데 틀린 것은?

① 연 1회 발생하며 후약충으로 월동한다.
② 부화약충의 발생시기는 7월이다.
③ 수컷은 완전변태를 하며 암컷은 불완전변태를 한다.
④ 암컷은 알주머니를 형성한 후 산란한다.

**해설** 솔껍질깍지벌레
- 해송·적송을 가해한다.
- 한 번 정착하면 이동하지 않고, 체액을 빨아 먹을 때 유충에서 독소가 나와 고사시킨다.
- 1년 1회, 3~5월에 가장 많이 발생한다.
- 수관하부의 가지부터 고사한다.
- 열세목을 간벌하고 우세목의 수세를 넓혀 해충 저항성을 높이거나 천적(무당벌레)으로 보호한다. 7~9월에 피해목을 벌채하는 것도 방제의 한 방법이다.

**38** 지표화로부터 연소되는 경우가 많고, 나무의 공동부가 굴뚝과 같은 작용을 하여 비화가 발생하기 쉬운 산불의 종류는?

① 수관화
② 수간화
③ 지표화
④ 지중화

**해설**
산불은 지표화 → 수간화 → 수관화 순으로 번지게 된다. 수관화는 한 번 불이 나면 끄기가 어렵고 많은 피해를 발생시킨다.

**정답** 33. ④  34. ③  35. ①  36. ④  37. ②  38. ②

**39** 다음 중 훈증제는 어느 것인가?
① 클로로피크린  ② 제충국제
③ 벤졸  ④ TEPP

　**해설**
훈증제에는 클로로피클린, 메틸브로마이드 등이 있다.

**40** 미국흰불나방이 월동하는 형태는?
① 알  ② 유충
③ 번데기  ④ 성충

　**해설** 미국흰불나방
- 활엽수를 가해하며 1년 2회 발생한다.
- 나무껍질 사이·판자 틈·돌 밑·지피물 밑 등에서 번데기로 월동. 1회 성충은 5월 중순~6월에 출현한다.
- 방제법은 부화 직후의 유충은 군서하므로 포살, 용화할 때가 되면 땅으로 내려오므로 식이목을 설치한다.
- 살충제로는 디프테렉스(1000배액)가 효과적이다.

### 제3과목 : 임업경영학

**41** 임업경영의 성과를 나타내는 가장 정확한 지표는?
① 임업조수익  ② 임업소득
③ 임업 현금수입  ④ 임업총수입

　**해설** 산림경영 성과의 계산 방법
- 산림(임업)소득=산림(임업)조수익-산림(임업)경영비
- 임가소득=산림소득+농업소득+기타소득
- 산림순수익=산림소득-가족노임추정액=산림조수익-산림경영비-가족노임추정액
- 산림조수익=산림현금수입+임산물가계소비액+미처분임산물증감액+산림생산자재고증감액+임목성장액
- 산림경영비=산림현금지출+감가상각비+미처분 임산물재고감소액+산림생산자재재고감소액+주임목감소액

**42** 매년 목재수확을 양적으로나 질적으로 균등하게 추구하는 지도원칙은?

① 보속성 원칙  ② 합자연성 원칙
③ 공공성 원칙  ④ 생산성 원칙

　**해설**
보속성의 원칙은 매년 같은 양의 목재를 생산하는 것으로 보속수확을 목표로 한다.

**43** 우리나라 전국 산림의 영급구조 중 가장 많은 면적을 차지하는 영급은? (단, 2009년 말을 기준으로 한다.)
① Ⅱ영급  ② Ⅲ영급
③ Ⅴ영급  ④ Ⅵ영급

**44** 말구직경 24cm, 중앙직경 28cm, 원구직경 34cm, 재장이 4m인 통나무의 재적을 Newton(또는 Riecke식)으로 계산하면 약 몇 m³인가? (단, π는 3.141을 적용한다.)
① 0.246m³  ② 0.255m³
③ 0.272m³  ④ 0.295m³

　**해설**
$\frac{4}{6}(0.785 \cdot 0.24^2)+4\times(0.785 \cdot 0.28^2)+(0.785 \cdot 0.34^2)$
$= 0.255m^3$

**45** 임목의 평가방법이 아닌 것은?
① 비용가법  ② 수익환원법
③ Glaser법  ④ 절충법

　**해설** 임목평가의 개요
일반적으로 유령림에는 임목비용가법, 벌기 미만의 장령림에는 임목기망가법과 수익환원법, 중령림에는 임목비용가법과 임목기망가법의 중간적인 Glaser법, 벌기 이상의 임목에는 임목매매가가 적용되는 시장가역산법을 사용한다.

**46** 일반적으로 적용하는 침엽수의 조재율은?
① 0.1~0.2  ② 0.4~0.4
③ 0.4~0.6  ④ 0.7~0.9

**정답** 39.① 40.③ 41.② 42.① 43.② 44.② 45.④ 46.④

**47** 지종구분이 아닌 것은 어느 것인가?
① 시업지
② 시업제한지
③ 제지
④ 작업종

**해설**
작업종은 산림갱신 작업방법이다.

**48** 현재 50년생인 임분의 ha당 재적은 100m³이고, 10년 전인 40년생에서는 86m³로 파악되었다. 이 임분의 지난 10년 간의 정기평균성장량(Periodic Annual Increment)은?
① 2m³
② 20m³
③ 1.4m³
④ 14m³

**해설**
정기평균생장량=(100-86)/10=1.4m³

**49** 보속작업에서 한 작업급에 속하는 모든 임분을 일순벌 하는데 요하는 기간은?
① 갱정기
② 윤벌기
③ 회귀년
④ 정리기

**50** 육림비의 구성 중에서 가장 큰 비중을 차지하는 것은?
① 지대
② 물재비
③ 이자
④ 노동비

**해설**
육림비는 임목생산에 들어간 비용의 원리합계로 이자비용이 가장 많다.

**51** 다음 중 보속 작업의 이점이 아닌 것은?
① 해마다 수확하므로 기계 운용에 좋다.
② 임산물을 판매하는데 편리하다.
③ 벌채면적이 커서 갱신, 국토보전 유진에 도움이 된다.
④ 지역주민에게 안정된 노동기회를 준다.

**해설**
보속작업을 위해서는 벌채면적이 작아야 갱신·국토보전 유지에 도움이 된다.

**52** 각자의 산림면적이 적고 산주 수가 대단히 많으므로 몇 사람씩 하나로 합쳐서 산림을 경영하도록 하는 공동 산림경영(협업경영)을 권장하는 바람직한 경영형태는?
① 겸업적임업
② 주업적임업
③ 농가임업
④ 부업적임업

**해설**
농가임업은 산주 수가 많고 면적이 적어 임업을 영위하기에 어렵기 때문에 협업경영이 유리하다.

**53** Huber식에 의해 벌채목의 재적을 계산하는 옳은 식은? (단, V=벌채목 제적(m³), go=원구단면적(m²), gm=중앙단면적(m²), gn=말구단면적(m²), L=재장(m)이다.)
① V=gn · L
② V=gm · L
③ V=[(go+gn)/2] · L
④ V=[(go+4gm+gn)/6] · L

**해설**
후버식=중앙단면적×재장

**54** 앞으로 10년 후에 300,000원의 간벌수익을 얻으리라고 예상하면 벌기 40년인 간불수입의 전가합계는 얼마인가? (단, 이율은 5%이며, $1.05^{30}$=4.32, $1.05^{10}$=1.63, $1/1.05^{30}$=0.23, $1/1.05^{10}$=0.61이다.)
① 69,000원
② 183,000원
③ 1,296,000원
④ 489,000원

**해설**
전가합계 = $300,000 \times 전가계수\left(\dfrac{1}{1.05^{10}}\right)$
=183,000원

**정답** 47.④ 48.③ 49.② 50.③ 51.③ 52.③ 53.② 54.②

**55** 임업경영과 관련된 다음 내용 중 틀린 것은?

① 자본주의 국가에서 국가나 공공단체가 직접 산림을 가지고 임업을 경영하는 주요한 이유는 국토의 보존만을 위해서이다.
② 공익의 제고를 위해서는 일정한 면적의 국·공유림의 경영, 관리가 필요하다.
③ 산림에서는 목재생산만 하는 것이 아니고 토사유출방지 등의 공공이익도 크다.
④ 산림 내 동·식물의 보존은 공공적 이익 목적이 크기 때문이라고 할 수 있다.

**해설**
자본주의 국가에서 국가나 공공단체가 직접 산림을 가지고 임업을 경영하는 주요한 이유는 목재생산과 공익기능 때문이다.

**56** 다음 중 수고 측정 기구가 아닌 것은?

① 미국 임야청측고기
② 아브네이레블
③ 빌티모아 스틱
④ 순또 측고기

**해설**
빌티모아 스틱는 직경측정 기구이다.

**57** 각 생산요소에 귀속하는 임업소득의 계산방법으로 틀린 것은?

① 임지에 귀속하는 소득=임업소득-(자본이자+가족노임추정액)
② 자본에 귀속하는 소득=임업소득-(지대+가족노임추정액)
③ 가족노동에 귀속하는 소득=임업소득-(지대+자본이자)
④ 경영관리에 귀속하는 소득(기업자의 이윤)=임업순수익-(지대+자본이다)

**해설 산림경영 성과의 계산 방법**
• 산림(임업)소득=산림(임업)조수익-산림(임업)경영비
• 임가소득=산림소득+농업소득+기타소득
• 산림순수익=산림소득-가족노임추정액=산림조수익-산림경영비-가족노임추정액
• 산림조수익=산림현금수입+임산물가계소비액+미처분임산물증감액+산림생산자재재고증감액+임목성장액
• 산림경영비=산림현금지출+감가상각비+미처분 임산물재고감소액+산림생산자재재고감소액+주임목감소액

**58** 임지기망가에 대한 다음의 설명 중 틀린 것은?

① 해당 임지에서 장래 기대되는 순순익의 현재가 합계로 정한 가격이다.
② 무한정기 이자식을 적용하여 계산한다.
③ 장기적인 관점에서 임지에 동일한 작업법을 적용하지 않아도 사용할 수 있다.
④ 임지기망가가 최대가 되는 시점은 일반적으로 토지순수익설에 의해 최적의 윤벌기로 결정되기 때문에 경영의 기준자료로 사용된다.

**해설**
임지기망가는 동일한 임지한 동일한 작업을 영구히 실시한다는 것을 가정으로 한다.

**59** 다음 중 임지기망가의 인자에 대한 설명으로 틀린 것은?

① 적용하는 이률 P의 값이 클수록 임지기망가의 최대값이 되는 시기가 빨리 온다.
② 간벌수익이 클수록 임지기망가의 최대값이 되는 시기가 빨리 온다.
③ 조림비가 클수록 임지기망가가 최대가 되는 시기와는 빨리 온다.
④ 관리비는 임지기망가가 최대로 되는 시기와는 관계가 없다.

**해설 임지기망가의 최대치**
임지기망가가 최대치에 도달하는 시기는 식의 구성인자의 크기에 따라 다르다.
• 주벌수확 : 주벌수확의 증가속도가 빠를수록 최대치가 빨리온다. 따라서 지위가 양호한 임지일수록 최대시기가 빨리 나타나서 벌기가 짧아진다.
• 간벌수확 : 간벌수확이 많을수록 최대시기가 빠르다.

**정답** 55.① 56.③ 57.③ 58.③ 59.③

- 간벌수확의 시기 : 간벌수확의 시기가 빠를수록 최대시기도 빠르다.
- 조림비 : 조림비가 많을수록 최대시기가 늦어진다.
- 관리비 : 최대시기와는 관련이 없다.
- 채취비 : 임지기망가식에는 나타나 있지 않지만 시장가격에서 채취비를 뺀 것이 주벌수확에 해당하므로 채취비가 많을수록 최대시기가 늦어진다.
- 이율 : 이율이 높을수록 최대시기가 빨라진다.

**60** 다음 중 산림경영계획 수립을 위한 산림조사의 임황조사 항목이 아닌 것은?

① 임종　　② 축적
③ 소밀도　④ 지위

**해설**
임황조사 항목에는 임종, 임상, 수종, 혼효율, 임령, 영급, 수고, 경급, 소밀도, 축적 등이 있다.

### 제4과목 : 산림공학

**61** 임도폭이 5m, 반출한 목재의 길이가 20m인 경우, 임도의 최소곡선반지름은 몇 m인가?

① 10m
② 15m
③ 20m
④ 25m

**해설** 최소곡선반지름
$$\frac{20^2}{4 \times 5} = 20m$$

**62** 지형에 따른 임도의 설계속도를 올바르게 설명한 것은?

① 평지보다 산지의 설계속도를 높게 한다.
② 장거리보다 단거리 임도의 설계속도를 높게 한다.
③ 대피소간의 왕복거리와 교통량은 산출한다.
④ 교통량이 많은 노선보다 적은 노선의 설계속도를 높게 한다.

**63** 사방공작물 중에 수제의 기능이라고 볼 수 없는 것은?

① 세굴 방지　② 수류 유도
③ 토사퇴적　　④ 물매 안정

**해설** 수제
- 계류의 유속과 흐름 방향을 변경시켜 계안의 침식과 기슭막이 공작물의 세굴을 방지하기 위해 둑이나 계안으로부터 돌출하여 설치하는 계간 사방공작물이다.
- 수제의 간격은 수제 길이의 1.5~2.0배가 적당하다.
- 수제의 길이는 가능한 짧은 것을 많이 설치하는 것이 효과적이고, 계폭의 10% 이내가 적당하다.
- 수제의 높이는 유수의 저항, 전석, 하상의 변화 및 높이, 수제 근부의 높이 등을 고려하여 결정한다.

**64** 일반적으로 흙쌓기는 시공 후 시일이 경과하면 수축하여 용적이 감소하므로 더쌓기를 실시해야 하는데 일반적인 더쌓기는 흙쌓기 높이의 몇 % 정도인가?

① 0~5%
② 5~10%
③ 10~15%
④ 15~20%

**해설** 흙쌓기와 더쌓기의 높이

| 흙쌓기의 높이(m) | 더쌓기의 높이(%) | 흙쌓기의 높이(m) | 더쌓기의 높이(%) |
|---|---|---|---|
| 3까지 | 높이의 10 | 9~12까지 | 높이의 6 |
| 3~6까지 | 높이의 8 | 12 이상 | 높이의 6 |
| 6~9까지 | 높이의 7 | | |

**65** 바닥막이 높이를 결정할 때 유의해야 할 사항 중 부적합한 항목은?

① 계상의 종침식을 방지하는 경우에는 높은 바닥막이를 계획한다.
② 붕괴지의 하부에 붕괴의 원인이 되는 산각이 침식을 방지하기 위하여 설치하는 경우에는 산각을 보호할 수 있는 높은 바닥막이를 계획한다.

**정답** 60.④　61.③　62.③　63.④　64.②　65.①

③ 계상 상의 사력이동을 방지하기 위하여 설치하는 경우에는 현재 계상의 높이를 유지할 정도의 높이로 한다.
④ 공작물 기초의 세굴을 방지하기 위하여 시공하는 경우에는 그 기초를 보호할 수 있는 정도의 높이로 한다.

## 66 사리도(砂利道)에 대한 설명으로 틀린 것은?

① 자갈을 노면에 깔고 교통에 의한 자연전압으로 노면을 만든 것이다.
② 노반의 시공방법은 크게 상치식과 상굴식으로 구분할 수 있다.
③ 하층일수록 잔자갈을, 표층에 가까울수록 굵은 자갈을 부설하는 것이 좋다.
④ 결합재료는 점토나 세점토사 등이 이용되며, 결합재의 적정량은 자갈 무게의 10~15%가 알맞다.

> **해설**
> 자갈길(사리도)은 노상 위에 자갈을 깔고 점토나 토사를 덮은 다음 롤러로 진압시킨 도로이다.
> • 상치식 : 중앙부를 상당한 두께로 만들고 양끝에 두께를 갖지 않은 구조로, 일반적으로 임도에 널리 이용된다.
> • 상굴식 : 유효 폭을 굴취하여 그 곳에 자갈을 깔고 다짐한 것으로 자갈을 두세 차례 반복하여 깔고 결합제를 섞어서 다짐한 것이다.

## 67 임도의 배수시설의 하나인 세월공작물에 관한 설명으로 옳은 것은?

① 평상시는 관거 등을 통해 배수하고 홍수시는 월류할 수 있게 한다.
② 계상물매가 완만한 계류통과부에 설치한다.
③ 유로에 해당되는 부분은 사다리꼴의 단면으로 한다
④ 하류부가 황폐계류인 경우에 설치하는 것이 효과적이다.

> **해설** 세월시설
> • 평소에는 유량이 적지만 비가 오면 유량이 급격히 증가하는 지역에 설치하는 호상의 배수로로, 상류로부터 자갈 등의 유동물질이 많고 노면이 암석으로 된 교통량이 적은 곳에 적합하다.
> • 가능한 한 호의 길이를 같게 하고 수로면에 돌붙임, 콘크리트(찰붙임) 또는 콘크리트를 타설하여 차량의 통행이 가능하도록 한다.

## 68 비탈면 녹화공법 중에서 식재녹화공법에 속하는 것은?

① 줄떼공법
② 종자분사파종공법
③ 볏짚거적덮기공법
④ 네트종자분사파종공법

> **해설**
> 줄떼공법은 비탈녹화공법의 하나로, 줄떼 간격은 20~30cm 정도로 한다.

## 69 등산로 이용자의 편의도모 및 환경훼손적인 이용형태를 규제하기 위해서 고려해야 하는 사항이 아닌 것은?

① 경사도에 따라 다양한 바닥시설을 한다.
② 통행량에 따라 등산로 폭을 다양하게 조정한다.
③ 이용규제를 위하여 다양한 경계울타리를 설치한다.
④ 자연발생적 등산로는 먼저 식생을 복원하고 지형을 복구한다.

## 70 다음 침식의 형태 중 성질이 다른 하나는?

① 빗물(우수)침식
② 하천침식
③ 지중침식
④ 유동형침식

> **해설** 침식의 종류
> • 수식 : 우수(빗물)침식, 하천침식, 지중침식, 바다침

**정답** 66. ③  67. ①  68. ①  69. ④  70. ④

- 식 등
- 중력침식 : 붕괴형 침식, 지활형 침식, 유동형 침식, 사태형 침식 등
- 풍식 : 내륙사구 침식, 해안사구 침식 등

**71** 기계력에 의한 집재방법 중 트랙터집재기와 야더집재기의 집재를 비교한 트랙터 집재의 특징에 대한 설명으로 틀린 것은?

① 기동성이 크므로 어느 정도의 도로가 있으면 실행된다.
② 면(面)으로부터 선(線)으로 확대하여 집재작업이 된다.
③ 견인력이 크므로 한 번에 다량의 목재를 반출할 수 있다.
④ 저속이므로 장거리운반에는 바람직하지 못한다.

**해설** 트랙터 집재와 가선집재의 특징
- 트랙터 집재
  - 장점 : 기동성과 작업생산성이 높은 반면 작업이 단순하며 비용이 낮다.
  - 단점 : 환경에 대한 피해가 크고 완경사지만 가능하며, 높은 임도밀도를 요구한다.
- 가선집재(야더집재)
  - 장점 : 입목 및 목재의 피해가 적고, 낮은 임도밀도 지역과 급경사지에서도 작업이 가능하다.
  - 단점 : 기동성이 떨어지고 장비 구입 비용이 높다. 숙련된 기술 및 세밀한 작업계획이 필요하고 장비의 설치 및 철거에 시간 필요이 필요하다. 작업생산성은 낮다.

**72** 사방댐의 위치 결정 시 고려할 사항에 대한 설명으로 옳은 것은?

① 댐의 위치는 계상에 사력층이 존재하는 것을 원칙으로 한다.
② 댐의 위치는 상류부가 좁고, 댐 자리가 넓은 곳이 적당하다.
③ 수계의 합류점 부근에 댐을 계획할 경우에는 합류점의 상류에 설치한다.
④ 계단상의 댐은 첫 번째 댐의 추정 퇴사선이 구계상 물매를 자르는 점에 상류댐의 계획 위치가 오도록 한다.

**해설** 사방댐의 시공장소
- 계상의 양안에 암반이 있는 지역
- 상류부가 넓고 댐자리가 좁은 곳
- 지계의 합류점 부근에서 댐을 계획할 때에는 일반적으로 합류부의 하류부에 시공
- 계단상 댐을 설치할 때 첫 번째 댐의 추정 퇴사선이 구계상 물매를 자르는 점에 상류댐이 위치하도록 시공

**73** 집재작업을 위한 플라스틱 수라의 최소물매는 몇 % 정도가 되도록 설치하는 것이 적합한가?

① 10~15%
② 15~20%
③ 30~40%
④ 40~50%

**74** 적정임도밀도가 40m/ha인 임도가 있다. 이 임도의 평균집재거리는 몇 m인가?

① 60m   ② 62.5m
③ 65m   ④ 67.5m

**해설**

평균집재 거리 = $\dfrac{2,500}{40}$ = 62.5m

**75** 작업종별 작업능률에 영향을 미치는 주요인자 중 가선집재작업에 미치는 인자가 아닌 것은?

① 집재시스템   ② 경사도
③ ha당 벌채재적   ④ 토질

**76** 산림관리기반시설의 설계 및 시설기준에서 임도실시설계의 현지 측량에 속하지 않은 것은?

① 현황 측량
② 중심선 측량
③ 횡단 측량
④ 종단 측량

**정답** 71.② 72.④ 73.② 74.② 75.④ 76.①

**해설**
임도실시설계에는 종단 측량, 횡단 측량, 평면 측량, 구조물 측량, 중심선 측량 등이 있다.

**77** 사방댐 축조의 주된 목적이 아닌 것은?
① 계상물매를 완화하고 종침식을 방지하는 작용
② 산각을 고정하여 붕괴를 방지하는 작용
③ 홍수조절을 위한 집수 작용
④ 토사의 이동을 방지하는 작용

**78** 야계사방에 있어서 유량을 결정하는 요인이 아닌 것은?
① 야계의 유역면적 및 임상
② 지형·지질 및 배수조직
③ 강수량·강수분포 및 강우 정도
④ 계상물매 및 만곡부의 처리

**해설**
계상물매의 만곡부의 처리, 분류점과 합류점의 처리, 중심선 및 곡선부의 설정 등은 야계유량을 설정하는 데 있어 고려할 사항이다.

**79** 수평거리 100에 대하여 n이 수직거리를 나타낼 때 임도의 종단물매로 표시하려고 할 때 가장 적합한 것은?
① n/1%
② n/10%
③ n/100%
④ n/1000%

**80** 다음은 산림관리기반시설의 설계 및 시설 기준에 대한 설명이다. ( )안에 들어갈 용어가 아닌 것은?

> 노면의 종단기울기가 8퍼센트를 초과하는 사질토양 또는 점토질 토양인 구간과 종단기울기가 8퍼센트 이하인 구간으로서 지반이 약하고 습한 구간에는 ( )·( )을(를) 부설하거나 ( ) 등으로 포장한다.

① 쇄석
② 자갈
③ 콘크리트
④ 원목

**해설**
원목은 저습지대에 사용하는 재료이다.

**정답** 77. ③  78. ④  79. ①  80. ④

# 국가기술자격 필기시험문제

2011년 제3회 필기시험

| 자격종목 및 등급(선택분야) | 종목코드 | 시험시간 | 형별 |
|---|---|---|---|
| 산림산업기사 | 2481 | 2시간 | A |

## 제1과목 : 조림학

**1** 다음 그림은 어떤 수종의 종자인가?

① 전나무 ② 플라타너스
③ 대추나무 ④ 가중나무

**2** 다음 중 많이 쓰면 토양이 산성으로 되는 것은?

① 요소 ② 황산암모니아
③ 석회질소 ④ 용성인비

> **해설**
> **용성인비(용성인산비료)**
> • 인광석에 염기성 암석인 사문암을 첨가하여 전기로에서 용융시킨 후 용융물을 급랭, 분쇄하여 제조한 비료이다.
> • 인산, 석회, 마그네슘, 규산의 공용체로 회색 또는 담회색 분말이다.
> • 물에 녹지 않은 염기성 비료로 pH는 8.0 전후이다.

**3** 포지에 심한 가뭄이 들어서 관수를 하려고 한다. 가장 적당한 것은?

① 상에 직접 준다.
② 보도 및 우마도에 준다.
③ 상과 상 사이에 준다.
④ 상에 작은 골을 파고 준다.

**4** 조림지에서 2m 간격의 정사각형 식재를 할 경우 1ha 당 필요한 조림 본수는?

① 2,500본 ② 3,500본
③ 5,000본 ④ 10,000본

> **해설**
> **정방형식재**
> $N = \dfrac{A}{W^2} = \dfrac{10,000}{2^2} = 2,500$본
> N : 묘목의 총본수, A : 식재지 총면적,
> a : 묘목 1본의 점유면적

**5** 무육작업의 종류로만 조합된 것이 아닌 것은?

① 풀베기, 덩굴치기
② 가지치기, 간벌
③ 개벌작업, 파종작업
④ 임지 시비, 비료목 식재

> **해설**
> 개벌작업은 임지의 수확을 위한 작업으로 무육작업이라 할 수 없다.
> • 유령림의 무육 : 풀베기, 덩굴치기, 제벌(잡목 솎아내기) 등
> • 성숙림의 무육 : 가지치기, 솎아베기(간벌) 등
> • 임지의 무육 : 지피물 보존, 임지 시비, 하목식재, 수평구설치 등

**6** 다음 수종 중 비교적 파종조림이 용이한 수종은?

① 분비나무 ② 가래나무
③ 전나무 ④ 단풍나무

---

정답 1.② 2.② 3.③ 4.① 5.③ 6.②

**7** 가지를 삽목할 때 발근이 잘 되는 수종은?

① 은행나무  ② 소나무
③ 신갈나무  ④ 단풍나무

**해설**
삽목 발근이 용이한 수종에는 포플러류, 버드나무류, 은행나무, 사철나무, 플라타너스, 개나리, 진달래, 주목, 측백나무, 화백, 향나무, 히말라야시다, 동백나무, 치자나무, 닥나무, 모과나무, 삼나무, 쥐똥나무, 무궁화 등이 있다.

**8** 산림토양의 이화학적 성질에 관한 설명으로 옳은 것은?

① 수목의 생육에는 단립구조보다 입단구조의 토양이 좋은 영향을 준다.
② 양이온치환용량은 모래가 많이 함유된 토양일수록 높아진다.
③ 토성의 판별은 토양을 구성하는 자갈, 모래, 점토의 구성비로 결정한다.
④ 토양에 퇴비를 많이 넣으면 단립구조의 토양이 잘 형성된다.

**9** 수목의 가시적 양분 진단결과 어린 잎 또는 어린가지에 결핍증상이 나타났다면, 이 수목의 생장을 제한할 가능성이 가장 큰 양분원소는?

① 질소(N)  ② 인(P)
③ 마그네슘(Mg)  ④ 칼슘(Ca)

**해설**
**칼슘(Ca)**
- 잎에 함유량이 많고 세포막의 구성 성분이며 식물 체내에서 여러 조절적 역할을 한다.
- 유독물질의 중화작용을 하며 엽록소의 생성, 탄수화물의 이전, 체내 당의 생성과 이행에 관여한다.
- 부족 증상
  - 생장점 등 분열조직의 생장이 감퇴한다.
  - 어린 잎의 경우 크기가 작아진다.
  - 잎의 고사, 백화현상, 잎 끝부분의 고사 현상이 나타난다.

**10** 우리나라 온대 중부지방의 산림에서 숲의 천이가 가장 많이 진행된 것을 알려 주는 극상 수종은?

① 소나무
② 신갈나무
③ 서어나무
④ 은행나무

**해설** 온대지역의 산림 천이
이끼류 → 1~2년생 초본류 → 다년생 초본류 → 관목류 → 양수교목류 → 음수 교목류

**11** 제벌의 시기로 맞는 것은?

① 식재 후 바로 실시한다.
② 조림목의 수관이 거의 접촉하는 시기에 한다.
③ 수시로 한다.
④ 간벌 후 한다.

**해설** 제벌
- 조림 후 3년간 풀베기를 실시하고 풀베기 실시 후 보통 5년 후에 실시한다.
- 침입종의 제거 및 초우세목 관리, 형질불량목 등을 미리 제거하여 어릴 적부터 임관을 관리해 준다.
- 각 수종별 제벌 시기
  - 소나무, 낙엽송 : 7~8년
  - 삼나무 : 10년
  - 가문비나무, 전나무 : 10~13년

**12** 파종 1개월 전에 노천매장을 하는 것이 좋은 수종들로 짝지어진 것은?

① 잣나무, 가래나무
② 삼나무, 편백
③ 은행나무, 주목
④ 벚나무, 느티나무

**해설** 노천매장법
- 종자를 하루 동안 맑은 물에 담궜다가 종자의 1~3배 가량의 젖은 모래와 혼합하여 땅속에 묻어두는 방법으로, 저장과 동시에 발아를 촉진시키는 효과가 있다.
- 낙엽송, 소나무류, 삼나무, 편백 등의 저장종자에 효과가 있다.

**정답** 7. ① 8. ① 9. ④ 10. ③ 11. ② 12. ②

- 2~3cm 두께의 판자로 깊이 30~40cm의 상자를 만들고 상자의 상하는 철망을 붙여 설치류의 피해를 예방하도록 한다.

**13** 산림 시업에서 경관 상태와 산림 미학적인 형성에 고려할 사항으로 틀린 것은?

① 등고선 방향 식재보다 경사방향 식재가 바람직하다.
② 야생 조류의 보호를 위해서 초여름에는 가급적 유령 양분의 무육 작업은 피한다.
③ 생태적, 보호적, 경제적 관점에서 군상 택벌적 취급이 무난하다.
④ 조림 시 식재간격을 넓게 하여 주림목의 초기생장을 촉진하고 현존식생을 보존하는 것이 바람직하다.

**14** 묘목을 심은 뒤 3~4년간 계속해서 해마다 6월 상순에서 8월 상순 사이에 실시하고, 가문비나무나 전나무 등 어릴 때 자람이 늦은 수종은 5~6년까지 실시해 주어야 하는 산림보육 작업은?

① 시비
② 덩굴치기
③ 풀베기
④ 가지치기

**해설**
풀베기는 잡초목을 매년 1~2회 잘라 주는 작업을 말한다. 일반적으로 6월에 실시하고 연 2회 실시할 경우 6월과 8월이 바람직하고 9월 이후에는 하지 않는다.

**15** 수목의 기본구조 중에서 영양기관만으로 짝지어진 것은?

① 종자, 열매, 줄기
② 뿌리, 줄기, 열매
③ 잎, 뿌리, 줄기
④ 꽃, 열매, 종자

**해설**
수목은 잎, 줄기, 뿌리의 영양기관과 꽃, 열매, 종자 등의 생식기관으로 이루어진 기본구조를 가지고 있다.

**16** 숲가꾸기 작업을 할 때 미래목의 선정요령 가운데 잘못된 것은?

① 간격은 최소한 4m 이상으로 한다.
② ha당 미래목의 수는 경영 목적이나 목표에 따라서 바뀌지만 대개 1000본을 넘는 것이 일반적이다.
③ 임연부의 수목은 미래목으로 선정하지 않는다.
④ 맹아보다는 실생묘를 대상으로 선정한다.

**해설 미래목의 선정 관리**
- 피압을 받지 않은 상층의 우세목으로 선정하되 폭목은 제외한다.
- 나무줄기가 곧고 갈라지지 않으며 병충해 등 물리적 피해가 없어야 한다.
- 미래목 간의 최소거리는 5m 이상으로 임지 내에 고르게 분포하도록 하며, 활엽수는 ha당 200본 내외, 침엽수는 ha당 200~400본으로 한다.
- 미래목만 가지치기를 실행하며 산가지치기일 경우 11월부터 이듬해 5월 이전까지 실행하여야 하나 작업여건, 노동력 공급 여건 등을 감안하면 작업 시기의 조정이 가능하다.
- 가지치기는 반드시 톱을 사용한다.
- 솎아베기 및 산물의 하산, 집재, 반출 등의 작업 시 미래목을 손상하지 않도록 주의한다.
- 가슴높이에서 10m의 폭으로 황색 수성페인트로 둘러서 표시한다.

**17** 밤, 도토리 등의 저장에 이용되는 저장법은?

① 밀봉저장
② 실온저장
③ 보호저장
④ 노천매장

**해설**
보호저장법은 모래와 종자를 썩어 저장하는 방법으로, 은행나무, 밤나무, 도토리나무, 굴참나무 등 함수량이 많은 전분종자를 추운 겨울 동안 동결 및 부패하지 않도록 저장하는 데 효과적이다.

**정답** 13. ① 14. ③ 15. ③ 16. ② 17. ③

**18** 산림토양이 농업토양과 다른 점은?
① 토양 내 미생물의 종류가 단순하다.
② 인공적으로 토양조건을 변화시키는 경우가 많다.
③ 임지에는 순수한 유기물층이 있다.
④ 유기물의 함량은 토심이 깊어질수록 증가한다.

**19** 침엽수류의 줄기에서 대부분의 수분이동을 담당하는 통로가 되는 주요 세포는?
① 도관
② 후막세포
③ 표피세포
④ 가도관

**해설** 겉씨식물(나자식물) : 침엽수
- 암꽃의 구조에서 씨방이 없어 밑씨가 노출되어 평행한 잎맥을 보인다. 관다발은 발달하나 도관 대신 가도관이 있으며 체관에는 반세포가 없다.
- 꽃잎·꽃받침이 없고 단성화이며 중복수정을 하지 않는다.

**20** 수종에 따라 식재 시기 순서를 가려 조림할 필요가 있다. 다음 중 식재 시기가 빠른 순서로 가장 좋은 것은?
① 낙엽수-상록침엽수-상록활엽수
② 상록침엽수-상록활엽수-낙엽수
③ 상록활엽수-낙엽수-상록침엽수
④ 상록활엽수-상록침엽수-낙엽수

### 제2과목 : 산림보호학

**21** 감수체(Suscept)란?
① 병에 걸릴 수 있는 상태의 식물
② 병에 이미 걸린 식물
③ 병에 걸렸으나 견디어 내는 식물
④ 병에 걸릴 가능성이 없는 식물

**해설** 병에 대한 식물체의 대처
- 감수성 : 식물이 어떤 병에 걸리기 쉬운 성질
- 면역성 : 식물이 전혀 어떤 병에 걸리지 않은 성질
- 회피성 : 적극적 또는 소극적으로 식물 병원체의 활동기를 피하여 병에 걸리지 않은 성질
- 내병성 : 감염되어도 기주가 실질적인 피해를 적게 받는 성질

**22** 주제(主劑)의 성질이 지용성(脂溶性)으로 물에 녹지 않을 때 유기용매에 녹여 유화제(乳化劑)를 첨가한 용액은?
① 유제(乳劑)
② 액제(液劑)
③ 수용제
④ 수화제

**해설**
유제는 주제가 물에 녹지 않을 때 유기용매에 녹여 유화제를 첨가한 용액으로, 물에 희석하여 사용한다.

**23** 식물 병원 세균에 대한 설명으로 옳지 않은 것은?
① Claribacter속 세균만 그램 음성이고 나머지는 그램 양성이다.
② 유조직병은 주로 조직의 부패, 반점, 잎마름, 궤양 등의 병징이 나타난다.
③ 물관병에 걸린 줄기를 가로로 잘라 보면 세균 덩어리가 흘러 나온다.
④ 세균은 진균처럼 각피 침입 능력이 없다.

**24** 모잘록병의 방제방법으로 가장 거리가 먼 것은?
① 배수, 통풍에 유의한다.
② 토양소독을 한다.
③ 질소질 비료의 과용을 막고 인산질 비료를 충분히 시비한다.
④ 햇볕이 잘 쪼이지 않도록 피음처리를 한다.

**해설** 모잘록병
- 묘상이 과습하지 않도록 배수와 통풍에 주의하며, 햇볕이 잘 들도록 한다.
- 채종량을 적게 하고, 너무 두껍지 않도록 복토한다.
- 질소질 비료를 과용하지 말고, 인산질비료를 충분히 주어 묘목을 튼튼히 길러야 한다.

**정답** 18.③ 19.④ 20.① 21.① 22.① 23.① 24.④

**25** 다음 중 소나무좀 방제법이 아닌 것은?

① 6월 이전에 임내의 잡초를 없앤다.
② 성충을 산란시킨 후 이목(餌木)을 박피하여 소각한다.
③ 동기 별채목과 벌근은 다음 해 5월 이전에 박피한다.
④ 수세가 쇠약한 나무, 설해목, 풍해목, 피해목은 껍질을 벗긴다.

> **해설** 소나무좀
> - 1년 1회 발생하며 수피 속에서 월동한다.
> - 신성충의 우화는 6월 상순~7월이다.
> - 유충은 형성층·가도관 부위, 신성충은 신초를 가해한다. 2회 탈피하며 20일의 기간을 가진다.
> - 간벌, 식이목 설치, 수피 제거, 뿌리에 살충제를 투입하여 방제한다.

**26** 올바른 종자소독제의 사용방법이 아닌 것은?

① 섭씨 10℃ 이하에서는 실행하지 않는다.
② 약액에서 소독이 끝난 종자는 그늘에서 말린 후 파종한다.
③ 사용 후의 약액은 하천 또는 저수지에 방류한다.
④ 소독 중 약액을 한두 번 저어 준다.

**27** 액제로 살포하여 사용하는 농약제제인 수화제에 대하여 바르게 설명된 것은?

① 물에 완전히 용해된다.
② 물에 용해되지 않고 수중에 입자를 균일하게 현탁시킨다.
③ 물속에 가는 유적으로 되어 분산된다.
④ 벤졸, 석유, 경유 등에 용해되어 있다.

> **해설** 농약
> - 유제 : 주제가 물에 녹지 않을 때 유기용매에 녹여 유화제를 첨가한 용액으로 물에 희석하여 사용한다.
> - 액제 : 주제를 물에 녹여 사용한다.
> - 수화제 : 물에 녹지 않은 주제를 점토광물과 계면활성제 등을 혼합분쇄하여 제제화한 것이다.
> - 분제 : 휴효성분을 고체증량제와 소량의 보조제를 혼합하여 분쇄한 분말이다.
> - 입제 : 유효성분을 고체증량제와 혼합분쇄하고 보조제를 가하여 입상으로 성형한 것을 말한다.

**28** 농약의 작용기작에 따른 분류상 신경기능 저해제가 아닌 것은 어느 것인가?

① 아세틸코린에스테라제 저해제
② 아세틸코린 수용 저해제
③ 시납스 전막 작용제
④ 에너지 대사 저해제

**29** 다음 중 살선충제인 것은?

① 지람제   ② PCNB제
③ PCP제   ④ D-D제

> **해설**
> 살선충제는 주로 식물의 지하부에 기생하는 선충류를 방제하는 데 사용되는 약제이다. D-D제, 다조메트, 카밤, 에토프, 타보, 프리미 등이 있다.

**30** 다음 그림은 선충(線蟲)의 식도부(食道部) 모습이다. 어느 것이 식물기생 선충인가?

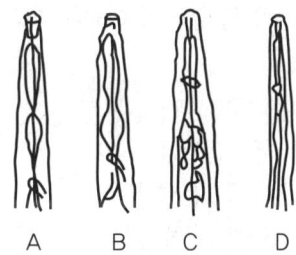

① A   ② B
③ C   ④ D

**31** 다음 중 세균성 수목병은?

① 뿌리혹병(Crown Gall)
② 모잘록병
③ 소나무 혹병
④ 오리나무 갈색무늬병

**정답** 25.① 26.③ 27.② 28.④ 29.④ 30.① 31.①

**해설**
- 모잘록병 : 진균(조균)
- 소나무 혹병 – 진균
- 오리나무 갈색무늬병 – 진균(불완전균)

**32** 성충이 산림에 피해를 주는 것은?
① 솔나방  ② 소나무바구미
③ 어스렝이나방  ④ 집시나방

**해설 소나무흰점바구미**
- 소나무류를 가해하며, 1년 1회 발생한다.
- 성충은 4~6월에 우화하며 월동한다.
- 간벌로 불량목을 제거하거나 쇠약목에 선택적으로 산란하므로 산란 후 박피하여 태워 방제한다.

**33** 농약의 종류 중 살비제는 어떠한 해충류에 살충 효과가 있는가?
① 잎벌류  ② 나방류
③ 응애류  ④ 깍지벌레류

**해설**
살비제는 주로 식물에 붙은 응애류를 죽이는 데 사용한다.

**34** 다음 수목 중 볕데기 피해를 가장 받기 쉬운 수종은?
① 오동나무, 후박나무
② 전나무, 잎갈나무
③ 졸참나무, 은행나무
④ 굴참나무, 황벽나무

**해설**
볕데기 피해는 오동나무, 호두나무, 가문비나무, 벚나무, 단풍나무, 목련, 매화나무 등과 같이 코르크층이 발달하지 않고 평활한 수피를 지닌 수종에서 자주 발생한다

**35** 다음 중 수병의 원인이 되지 않은 부류는?
① 바이러스  ② 리케챠
③ 박테리아  ④ 파이토플라즈마

**36** 다음 중 피목을 통해 침입하는 병원균은?
① 녹병균의 녹포자
② 포플러의 줄기마름병균
③ 삼나무 붉은마름병균
④ 소나무 잎떨림병균

**해설**
녹병균의 녹포자, 삼나무 붉은마름병균, 소나무 잎떨림병균은 기공을 통해 침입하는 병원균이다.

**37** 수목의 병징은 색의 변화와 외형의 이상으로 대별된다. 다음 중 병징이 아닌 것은?
① 백화  ② 비대
③ 얼룩  ④ 포자

**해설**
- 병징 : 변색, 구멍, 시들음, 비대, 빗자루, 위축, 위화, 미라화, 기관의 탈락, 괴사, 줄기마름, 가지마름, 부패, 분비 등
- 표징 : 균사, 균사속, 균사막, 근상균사속, 균핵, 자좌, 포자자실체 등

**38** 다음 중 솔노랑잎벌의 월동 형태는?
① 알  ② 유충
③ 번데기  ④ 성충

**해설 솔노랑잎벌**
- 1년 1회 발생하며, 유충은 4월 중순~5월에 출현한다.
- 9월 상순에 용화하여 10월 중·하순에 성충으로 우화한다.
- BHC 분제를 1ha당 30~50kg 뿌려 주거나 천적(맵시벌, 노린재류) 등을 이용하여 방제한다.

**39** 다음 수종 중 염풍(Salt Wind)에 강한 나무는?
① 소나무  ② 해송(곰솔)
③ 배나무  ④ 벚나무

**해설 임목의 내염성 정도**
- 조풍에 강한 나무 : 해송, 향나무, 사철나무, 자귀나무, 팽나무, 돈나무 등

**정답** 32.② 33.③ 34.① 35.② 36.② 37.④ 38.① 39.②

• 조풍에 약한 나무 : 소나무, 삼나무, 전나무, 사과나무, 벚나무, 편백, 화백 등

### 40 오리나무 갈색무늬병의 방제에 적합하지 않은 것은?

① 살충제를 살포해서 매개충을 구제한다.
② 연작을 피한다.
③ 가을에 병든 낙엽을 한 곳에 모아 불태운다.
④ 종자 소독을 한다.

**해설**
**오리나무 갈색무늬병의 방제법**
• 상습으로 발생하는 묘포는 윤작하고, 병든 낙엽은 모아서 태운다.
• 병원균이 종자에 묻어 있는 경우가 많으므로 종자소독을 철저히 한다.
• 잎이 전개되는 시기로부터 보르도액을 2주 간격으로 7~8회 살포한다.

---

## 제3과목 : 임업경영학

### 41 순현재가치를 영(0)이 되게 하는 이자율의 크기로 투자효율을 평가하는 것은?

① 회수기간법  ② 투자이익율법
③ 수익/비용률법  ④ 내부투자수익율법

**해설 내부투자수익률법(IRR)**

$$NPW = \sum_{t=1}^{n} \frac{R_n - C_n}{1.0P^n}$$

$R_n$ : 연차별현금유입
$C_n$ : 연차별현금유출
n : 사업연수
P : 할인율

• 투자에 의해 장래에 예상되는 현금유입의 현가와 현금유출의 현가를 같게 하는 할인율을 말한다.
• 투자로 인한 내부투자수익률법과 기업에서 바라는 기대수익률을 비교하여 내부투자수익률법이 클 때 투자가치가 있다고 판단하며, 국제 금융기관에서 널리 이용하고 있다.

### 42 일반적으로 장령림의 임목평가에 적용하는 것은?

① 기망가법  ② 비용가법
③ 원가법    ④ 시장가역산법

**해설 임목평가의 개요**
일반적으로 유령림에는 임목비용가법, 벌기 미만의 장령림에는 임목기망가법과 수익환원법, 중령림에는 임목비용가법과 임목기망가법의 중간적인 Glaser법, 벌기 이상의 임목에는 임목매매가가 적용되는 시장가역산법을 사용한다.

### 43 산림평가와 관계있는 임업경영요소가 아닌 것은?

① 수익    ② 비용
③ 임업이율  ④ 기술

### 44 임업경영자산 중 유동자산에 속하는 것은?

① 묘목    ② 기계톱
③ 임도    ④ 임업용 사무실

**해설 유동자본재**
• 조림비 : 종자, 묘목, 비료, 정지·식재·풀베기 등의 비용
• 관리비 : 감독자의 급료, 사업소의 사무비, 수선비, 공과잡비 등의 비용
• 사업비 : 벌목, 운반, 제재 등에 요하는 임금 및 소모품비 등의 비용

### 45 임목축적의 등귀생장에 대한 설명으로 옳은 것은?

① 예상보다 특별히 많이 생장한 것이다.
② 지름과 수고의 증가에 의한 부피 증가를 말한다.
③ 물가 상승, 운반비의 절약 등에 기인한 임목가격의 상승을 뜻한다.
④ 형질이 좋아져서 단위 재적당 가격이 상승한 경우이다.

**정답** 40.① 41.④ 42.① 43.④ 44.① 45.③

**46** 보속 작업의 장점을 잘못 설명한 것은?

① 해마다 수확하므로 재정형편이나 가계운용에 좋다.
② 사업량의 변동이 적으므로 경영관리가 번거롭지 않다.
③ 벌채면적이 많으므로 갱신, 국토보전 및 풍치의 유지에 어려움이 있다.
④ 목재 관련 산업의 안정된 발전에 이바지한다.

**47** 다음 중 경영주체와 경영목적이 일치하는 것은?

① 국가-산림의 확대
② 제지회사-재정수입확보
③ 독립가-농업소득의 향상
④ 지방자치단체-공공의 복리증진

해설 ✿ 공유림
• 모범적인 산림경영을 실시하여 사유림 경영의 시범이 되고, 공공 복지를 증진하고, 지방재정의 수입 확보를 목적으로 국유림을 무상 대여한 것이다.
• 공유림의 면적은 49만ha로서 7.6%를 차지한다.

**48** 다음 중 감가상각비를 계산하는 3가지 기본 요소가 아닌 것은?

① 취득원가   ② 잔존가치
③ 자산상태   ④ 추정내용연수

해설 ✿ 자산상태는 감가상각비를 계산하는 기본요소가 아니다.

**49** 다음 중 수간석해도 작성방법에 해당하는 것은?

① 삼각등분법
② 절충법
③ 원주등분법
④ 직선연장법

해설 ✿ 수간석해도는 직선연장법, 평행선법을 이용하여 작성한다.

**50** 입목의 간재적이 0.8m³이고 이를 벌채 조재하여 원목재적을 계산하니 0.65m³이었다. 이 나무의 조재율은?

① 약 15%   ② 약 19%
③ 약 81%   ④ 약 85%

해설 ✿

조재율 = $\dfrac{원목재적}{입목의 수간재적}$ = $\dfrac{0.65}{0.8}$ = 81%

**51** 임지를 취득하고 이를 조림 등 임목육성에 적합한 상태로 개량하는 데 소요된 순비용의 현재가 합계 즉, 후가 합계로서 임지를 평가하는 방법은?

① 임지비용가   ② 임지기망가법
③ 수익환원법   ④ 대용법

해설 ✿ 임지비용가
• 임지를 구입한 후 현재까지 들어간 일체 비용의 후가 합계에서 그동안 수입된 후가 합계를 공제한 것을 말한다.
• 임지비용가를 적용하는 경우
 - 임지에 들어간 비용을 회수하려고 할 때
 - 임지에 들어간 자본의 경제적 효과를 알고자 할 때
 - 임지의 생산력을 몰라 매매가나 기망가 방법에 의한 평가가 곤란할 때

**52** 이율의 고저를 좌우하는 요인이 아닌 것은?

① 대부기간
② 자본의 크기
③ 자본투하의 위험성
④ 투하자본의 유동성

**53** 임업경영 조직을 계획함에 있어서 고려할 사항 중 가장 옳은 것은?

① 미래의 사회 경제적 여건을 예측해야 한다.
② 현재의 사회 경제적 여건에 충실해야 한다.
③ 경영주체의 수익사업이 최고의 경영목표이다.
④ 미래의 사회는 원료재 생산이 최고이다.

정답 46.③ 47.④ 48.③ 49.④ 50.③ 51.① 52.② 53.①

**54** 소반의 경계표시 방법으로 알맞는 것은?

① 1, 2, 3, …
② 가, 나, 다, …
③ Ⅰ, Ⅱ, Ⅲ, …
④ ㄱ, ㄴ, ㄷ, …

**해설**
소반은 산림경영계획구 유역 하류부터 시계방향으로 아라비아 숫자로 표기한다.

**55** 임목 생장률 계산식이 아닌 것은?

① 단리산식
② 복리산식
③ 뉴턴(Newton)식
④ 프레슬러(Pressler)식

**해설** 생장율

- 단리산 공식
  $P = \dfrac{V-v}{n \cdot v} \times 100$
  P : 생장율(%), n : 기간, V : 현재의 재적,
  v : n년 전의 재적

- 복리산 공식
  $P = (\sqrt[n]{\dfrac{V}{v}} - 1) \times 100$
  n : 기간연수, V : 최후의 크기, v : 최초의 크기

- 프레슬러공식
  $P = \dfrac{V-v}{V+v} \times \dfrac{200}{n}$
  P : 생장율(%), n : 기간, V : 현재의 재적,
  v : n년 전의 재적

- 슈나이더 공식
  $P = \dfrac{K}{n \cdot D}$
  P : 생장율(%), n : 수피 안쪽 1cm 안에 있는 나이테 수, D : 흉고지름, K : 상수(직경 30cm 이하 – 550, 직경 30cm 초과 – 500)

**56** 흉고직경이 50cm, 수고가 18m, 수간재적이 1.59m³인 입목의 흉고형수는? (단, π=3.14이다.)

① 약 0.40
② 약 0.45
③ 약 0.50
④ 약 0.55

**해설**
1.59 = 0.5×0.5×18×흉고형수
∴ 흉고형수 = 0.45
수간재적(V) = r×L = $\dfrac{\pi}{W^2} \cdot d^2 \cdot L$ = 0.785d² · L
d : 중앙 지름, L : 길이, r : 중앙 단면적

**57** 원가 비교방법이 아닌 것은?

① 기간비교
② 상호비교
③ 표준 실제비교
④ 재료 비교

**58** 임분이 처음 성립하여 생장하는 과정에 있어서 어느 성숙기에 도달하는 연령으로 경영목적에 따라 미리 정해지는 연령은?

① 벌채령
② 벌기령
③ 윤벌령
④ 회귀령

**해설**
벌기령은 임목이 산림경영목적에 적합한 크기에 도달하는 데 걸릴 것이라고 생각되는 계획적인 연수 즉, 임목의 경제적 성숙기를 뜻한다.

**59** 경영계획에 의한 사업실행의 순서를 옳게 표시한 것은?

① 연차 계획 → 사업 예정 → 사업 실행 → 조사업무
② 조사업무 → 연차 계획 → 사업 예정 → 사업 실행
③ 조사업무 → 사업 예정 → 연차 계획 → 사업 실행
④ 연차 계획 → 조사업무 → 사업 예정 → 사업 실행

**정답** 54.① 55.③ 56.② 57.④ 58.② 59.①

**60** 임업이율에 대한 설명으로 틀린 것은?
① 대부이자에 해당한다.
② 평정이율이다.
③ 명목적 이율이다.
④ 장기이율이다.

> **해설**
> **임업이율의 특징**
> • 사물자본재 용역의 대가에 대한 현실이율이 아니라 평정이율을 적용할 수밖에 없다.
> • 장기이율이며, 실질적 이율이 아닌 명목적 이율이다.
> • 대부이자가 아니라 자본이자이다.

## 제4과목 : 산림공학

**61** 교각법에 의한 곡선설정방법에서 곡선반지름이 100m이고, 교각이 30°일 경우 접선길이는?
① 53.36m  ② 26.79m
③ 3.53m   ④ 3.41m

> **해설**
> 접선길이(TL) = $R \cdot \tan\left(\frac{\theta}{2}\right) = 100 \times \tan\left(\frac{30}{2}\right)$
> = 26.79m

**62** 임도공사 시 토공량을 되도록 적게 하기 위하여 각 구간의 절취토를 성토로 유용하여 운반거리를 최소화하도록 한다. 이를 위해서 사용하는 곡선을 무슨 곡선이라고 하는가?
① 단곡선      ② 반향곡선
③ 배향곡선    ④ 유토곡선

**63** 산복 기초공사에 포함되지 않은 것은?
① 속도랑      ② 배수로
③ 누구막이    ④ 비탈덮기

> **해설**
> 비탈덮기는 녹화공사에 속한다.

**64** 다음 중 압축강도가 가장 큰 석재는?
① 화강암   ② 안산암
③ 석회암   ④ 사암

**65** 임업 노동의 일반적인 특성이 아닌 것은?
① 자재수송이 어렵다.
② 작업 감독이 용이하다.
③ 실제 작업시간이 적다.
④ 노동분쟁이 적다.

> **해설**
> 임업노동은 대단위 작업이기 때문에 작업의 감독이 어렵다.

**66** 30ha의 임지 내에 300m의 임도가 있을 때 임도밀도는 얼마인가?
① 30m/ha   ② 15m/ha
③ 10m/ha   ④ 1m/ha

> **해설**
> 임도밀도 = $\frac{300}{30}$ = 10m/ha

**67** 기초지반 개량방법 중에서 가장 보편적으로 사용하는 방법은?
① 배수 개량법
② 응결액 주입법
③ 압축법
④ 지하수위 저하법

**68** 다음 중 평판측량의 방법이 아닌 것은?
① 방사법   ② 점고법
③ 전진법   ④ 교회법

> **해설**
> **평판 측량의 종류**
> • 방사법(사출법) : 장애물이 없고 비교적 좁은 지역에 적합하다.
> • 교차법(교회법) : 넓은 지역에서 세부 측량이나 소축척의 세부 측량에 적합하다.

**정답** 60.① 61.② 62.④ 63.④ 64.① 65.② 66.③ 67.③ 68.②

- 전진법(도선법) : 측량할 구역이 좁고 길거나 장애물이 있어서 교차법을 사용할 수 없는 경우 또는 넓은 완경사지에서 측점을 많이 설정하지 않으면 안 될 경우에 적합하다.

### 69 다음 체인톱에 의한 벌채방법 중 틀린 것은?

① 수구(受口)는 흉고직경 40cm의 압목일 때는 수구 길이를 벌채부위 직경의 1/4로 하는 것이 적당하다.
② 수구의 각도는 30~45℃가 표준이다.
③ 벌채부위의 높이는 대략 지상 20cm 내외의 높이가 적당하다.
④ 수구의 반대방향으로 나무가 넘어가도록 한다.

**해설**
벌목할 때 가장 먼저 나무의 넘어갈 위치를 잡기 위해 수구를 따며, 수구방향으로 나무가 넘어간다.

### 70 다음 중 토양장식의 형태나 규모면으로 볼 때 진행되는 순서로 옳게 나열된 것은?

① 우격침식 → 면상침식 → 구곡침식 → 누구침식
② 우격침식 → 면상침식 → 누구침식 → 구곡침식
③ 면상침식 → 우격침식 → 구곡침식 → 누구침식
④ 연상침식 → 우격침식 → 누구침식 → 구곡침식

### 71 산복비탈면에서 붕괴에 관여하는 주요 요인이 아닌 것은?

① 지형    ② 토질
③ 임상    ④ 임관

**해설 산사태의 발생 요인**
• 집중호우 : 강우에 의하여 간극수압의 급격한 상승, 표면우수에 의한 참식, 흙의 포화로 인한 단위체적당 중량 증가 등의 원인에 의하여 산지 사면이 붕괴하려는 힘이 커지는 반면 내부 마찰각 감소, 흙의 전단강도 약화로 산사태가 발생한다.
• 지형 : 사면경사도와 경사형 하천이나 계안에서 산지의 사면하부가 침식될 때에도 산사태가 잘 발생된다.
• 지질 : 지질의 암석학적 요인보다는 국소적인 구조적 요인이 산사태 발생에 더욱 영향을 준다.
• 임상 : 큰 나무의 뿌리는 사면경사에서 내려오는 토괴를 단단히 고정하여 산사태의 발생을 저지한다.
• 인위적 요인 : 임도 건설, 토석 채취 등 인간의 간섭으로 산사태가 발생한다.

### 72 사방댐의 방수로 크기를 결정하는 요인이 아닌 것은?

① 집수면적
② 강수량
③ 상류 하상의 상태
④ 댐의 크기

**해설 방수로**
• 댐의 유지면에서 매우 중요하며 크기는 집수면적, 강수량, 산림의 상태, 산복의 경사 등에 의해 결정한다.
• 일반적으로 사다리꼴을 많이 이용하며 방수로의 양옆 기울기는 1:1 즉 45°를 표준으로 한다.

### 73 윤변이 10m, 유적이 15m일 때 경심은?

① 0.5m    ② 1.0m
③ 1.5m    ④ 2.0m

**해설**
경심 = $\dfrac{유적}{윤변} = \dfrac{15}{10} = 1.5m$

### 74 집재차량 중 바퀴(고무타이어)형 차량과 궤도형 차량의 특성으로서 옳은 것은?

① 점토 또는 부식토양에서 견인력은 바퀴형이 궤도형보다 적다.
② 주행속도는 바퀴형이 궤도형보다 비교적 느리다.
③ 등판성능은 바퀴형이 궤도형보다 우수하다.
④ 평균접지압은 바퀴형이 궤도형보다 낮다.

**정답** 69. ④　70. ②　71. ④　72. ④　73. ③　74. ①

**75** 임도 개설의 직접적인 효과가 아닌 것은?
① 벌채비의 절감
② 집·운재 시간 절감
③ 벌채 사고의 경감
④ 지역산업의 발전

해설 **임도의 기능**
• 임업적 기능
 - 수송기능 : 산림과 시장, 마을 등을 연결하여 임산물과 인적자원을 수송한다.
 - 사업기능 : 산림사업을 효율적으로 실행하기 위한 기능으로, 산림경영과 작업의 능률 향상에 중요한 역할을 한다.
 - 도달기능 : 공도에서 산림을 연결하는 노선이 지니고 있는 기능을 말한다.
• 공도적 기능 : 공도에 준한 일반교통을 목적으로 하는 기능이다.

**76** 일반적으로 기계를 도입하는 것이 경제적인지 혹은 동일한 역할을 가진 2종류 이상의 기계화 작업방식의 경제성을 비교하는 경우 임업기계화 적부판정에 이용되는 것은?
① 손익분기점
② 최적투자법
③ 기계경비와 인건비
④ 감가상각비

**77** 다음 옹벽공법 중 옹벽의 형식에 속하지 않은 것은?
① 중력식 옹벽
② T자형 옹벽
③ 부벽식 옹벽
④ V자형 옹벽

해설 **옹벽**
옹벽은 사면의 기울기가 흙의 안식각보다 클 경우에 토압에 저항하여 흙의 붕괴를 방지하기 위하여 시설하는 구조물로, 콘크리트 옹벽과 철근 콘크리트 옹벽이 가장 많이 사용된다.
• 중력식 옹벽 : 콘크리트 옹벽 중에서 가장 많이 사용하며, 기초지반이 좋거나 높이가 낮은 경우에 경제적이다.
• T자형, L자형 옹벽 : 지반이 연약한 곳에서는 L자형보다는 T자형을 선택하는 것이 유리하다.

**78** 경사지에서 집재기를 이용하여 전간재 상향집재를 실시할 경우, 벌도방향으로 가장 적합한 것은?
① 하향으로 벌도
② 상향으로 벌도
③ 등고선방향으로 벌도
④ 경사방향으로 벌도

해설 나무를 하향으로 벌도해야 상향집재를 할 수 있다.

**79** 다음 중 산복 기초사방공사에 해당되지 않은 것은?
① 바자얽기
② 비탈다듬기
③ 묻히기
④ 누구막이

**80** 추운 겨울날 콘크리트 작업을 하려고 할 때 어떤 시멘트를 사용하는 것이 가장 유리한가?
① 보통 포틀랜드시멘트
② 중용열 포틀랜드시멘트
③ 조강 포틀랜드시멘트
④ 백색 포틀랜드시멘트

해설 조강 포틀랜드시멘트는 급경성을 갖고 단기에 높은 강도를 내며 수밀성이 좋아 겨울이나 수중공사에 적합하다.

정답 75.④ 76.① 77.④ 78.① 79.① 80.③

# 국가기술자격 필기시험문제

**2012년 제1회 필기시험**

| 자격종목 및 등급(선택분야) | 종목코드 | 시험시간 | 형별 |
|---|---|---|---|
| 산림산업기사 | 2481 | 2시간 | |

---

### 제1과목 : 조림학

**1. 산림용 고형 복합비료를 임목에 시비할 때 가장 좋은 방법은?**

① 측공시비　② 공중살포
③ 표면시비　④ 식혈저시비

**해설**
**측방시비**
- 묘목의 줄기를 중심으로 가장 긴 가지의 길이를 반지름으로 하는 원 둘레에 구멍을 파고 시비하는 방법이다.
- 나무를 식재한 다음 나무 주변 양쪽에 비료를 준다.
- 어린나무(5년생 미만)는 가지 끝부분부터 수직으로 내린 곳에 약 5cm 내외 깊이로 땅을 파고(수간에서 20~30cm 거리) 일정한 간격으로 여러 개의 구멍에 비료를 고루 넣은 다음 흙으로 덮는다.

**2. 식물이 필요로 하는 필수 원소 중에서 수목의 체내 이동이 상대적으로 어려운 원소는?**

① 칼륨　② 칼슘
③ 질소　④ 마그네슘

**해설**
**칼슘(Ca)**
- 잎에 함유량이 많고 세포막의 구성 성분이며 식물 체내에서 여러 조절적 역할을 한다.
- 유독물질의 중화작용을 하며 엽록소의 생성, 탄수화물의 이전, 체내 당의 생성과 이행에 관여한다.
- 부족 증상
  - 생장점 등 분열조직의 생장이 감퇴한다.
  - 어린 잎의 경우 크기가 작아진다.
  - 잎의 괴사, 백화현상, 잎 끝부분의 고사 현상이 나타난다.

**3. 일반적인 임목의 무육순서로 옳은 것은?**

① 풀베기 → 간벌 → 제벌
② 풀베기 → 제벌 → 간벌
③ 간벌 → 제벌 → 풀베기
④ 제벌 → 풀베기 → 간벌

**4. 왜림작업의 대상이 될 수 있는 수종으로만 나열된 것은?**

① 물푸레나무, 굴참나무, 리기다소나무
② 버드나무, 아까시나무, 상수리나무
③ 히말라야시다, 단풍나무, 싸리류
④ 아까시나무, 사시나무, 가중나무

**해설** **왜림작업**
활엽수림에서 연료재 생산을 목적으로 비교적 짧은 벌기령으로 개벌하고 근주(움)로부터 나오는 맹아로 갱신하는 방법이다. 주로 아까시나무, 참나무류, 버드나무 등의 수종에 적용한다.

**5. 임지 시비에 대하여 바르게 설명하고 있는 내용은?**

① 가지치기 후에는 시비를 하지 않은 것이 안전한다.
② 유령림에서의 춘기 시비는 5월말까지, 추기 시비는 11월 중에 실시하는 것이 좋다.
③ 임지 시비의 효과는 보통 1~2년간 지속되기 때문에 벌채 1~2년 전에 다량의 시비를 하는 것이 바람직하다.
④ 간벌을 실시한 직후에는 잔존목의 생육 공간이 크게 확대되기 때문에 추가적인 시비가 불필요하다.

**정답** 1. ① 2. ② 3. ② 4. ② 5. ②

**6** 직사각형 식재의 경우 식재본수 계산식은?

① 조림지면적/(묘목간의거리×2)
② 조림지면적/(묘목간의 거리)^2
③ 조림지면적/(묘간거리×열간거리)
④ 조림지면적/(묘목간거리^2×0.866)

**해설 장방형식재**

$$N = \frac{A}{a \times b}$$

N : 식재할 묘목수, A : 조림지 면적,
a : 묘목 사이의 거리, b : 줄 사이의 거리

**7** 왜림작업에 대해서 바르게 설명하고 있는 내용은?

① 갱신작업을 위한 벌채는 성장휴지기에 실시한다.
② 여러 개 발생한 맹아지의 정리는 단 1회의 작업으로 완료한다.
③ 왜림작업에서는 택벌적인 벌채작업 방법이 적용될 수 없다.
④ 맹아지 발생을 위한 근주의 절단면은 25cm 이상의 높이에서 절단면이 수평이 되도록 절단한다.

**해설 왜림작업 방법**

- 벌채점인 그루터기의 높이는 가능한 낮게 벌채하여 움싹이 지하부 또는 지표 근처에서 발생하도록 유도한다.
- 벌채면은 평활하고 약간 기울게 하여 물이 고이지 않도록 한다.
- 벌근 주위는 움싹이 잘 발생할 수 있도록 정리한다.
- 벌채는 생장휴지기인 11월 이후부터 이듬해 2월 이전까지 실시한다.
- 대상지역의 면적이 5ha 이상일 경우 하나의 벌채구역은 5ha이내로 하고, 각 벌채구역 사이에는 폭 20m 이상의 수림대를 남겨 주어야 한다.
- 맹아갱신지의 보육까지 완료하여야 한다.

**8** 석회분이 적어 낙엽의 분해가 늦지만 산화칼륨이 많은 토양을 형성하는 변성암에 속하는 것은?

① 화강암　　② 현무암
③ 혈암　　　④ 편마암

**9** 묘포구획을 할 때 동서방향으로 길게 상을 만드는 것은?

① 제초작업에 편리하므로
② 파종하기가 편리하므로
③ 관수 용이
④ 햇빛을 많이 받기 위해서

**10** 풀베기 중 모두베기에 해당하는 것은?

① 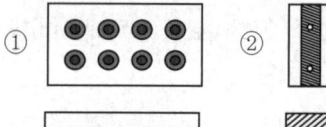 ②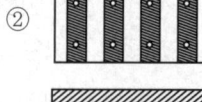

③ 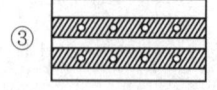 ④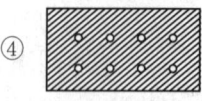

**11** 지구 북반구의 수평적 산림대 중에서 침엽수림이 비교적 우세한 곳은?

① 한대림　　② 난대림
③ 온대림　　④ 열대림

**12** 식물의 어린뿌리가 토양 중에 있는 곰팡이와 공생을 하는 균근의 역할이 아닌 것은?

① 토양 중에 있는 양료의 흡수를 돕는다.
② 고산지대와 같이 생육환경이 나쁜 곳에서는 특히 중요한 역할을 한다.
③ 질소고정작용을 한다.
④ 토양의 건조에 대한 저항성을 높여 준다.

**해설 질소고정**

- 대기 중의 유리질소를 생물체가 생리적으로 또는 화학적으로 이용할 수 있는 상태의 질소화합물로 바꾸는 일로, 생물적 질소고정과 비생물적 질소고정이 있다.
- 생물적 질소고정(질소동화) : 생물체에 의하는 것으로, 질소고정 세균을 비롯하여 일부의 조류, 뿌리혹박테리아 등에 의해서 행하여져 대기 중의 유리질소를 환원시켜 암모니아를 만들고, 글루탐산 수소이탈 효소의 작용으로 이것을 α-케토글루타르산과 반응시켜 글루탐산을 만든다. 아미노기 전이반응에 의해서 다른 아미노산을 합성하고, 최종적으로는 단백질

을 합성한다.
• 비생물적 질소고정 : 생물체에 의하지 않고 번개의 공중방전(空中放電) 등의 자연현상 또는 화학공업적인 공중질소고정에 의한 것 등이 포함된다.

**13** 다음 그림과 같은 구성을 보이는 동령임분에서 빗금친 부분을 간벌하였다면 어떠한 간벌방식이 적용된 것인가?

① 하층간벌
② 상층 간벌
③ 택벌식간벌
④ 기계적간벌

**해설** 하층간벌
• 피압된 가장 낮은 수관층의 나무를 먼저 벌채하고 점차 높은 층의 나무를 벌채해 나가는 방법이다.
• 강도 높은 하층간벌이 실시되고 나면 우세목과 준우세목이 남아 있게 되는데, 침엽수의 단순림에 적용하는 데 알맞다.

**14** 육묘 관리에서 해가림이 필요 없는 수종은?

① 소나무
② 전나무
③ 가문비나무
④ 삼나무

**해설**
해가림은 지면으로부터 증발을 조정하여 묘상의 건조와 지표온도의 상승을 방지하기 위해 인공적으로 광선을 차단하는 작업이다. 가문비나무, 전나무, 낙엽송, 삼나무, 편백, 잣나무 및 소립종자 등은 해가림이 필요하다.

**15** 종자의 결실주기가 틀린 것은?

① 포플러류, 버드나무류는 매년 결실한다.
② 삼나무, 편백, 들메나무는 2~3년 주기로 결실한다.
③ 가문비나무는 3~4년 주기로 결실한다.
④ 낙엽송, 너도밤나무는 1~2년 주기로 결실한다.

**해설** 자연적인 종자결실 주기

| 결실주기 | 종류 |
|---|---|
| 매해 | 버드나무류, 포플러류, 오리나무류 |
| 격년 | 소나무류, 오동나무, 자작나무, 아까시나무 |
| 2~3년 | 참나무류, 느티나무, 들메나무, 편백, 삼나무 |
| 3~4년 | 전나무, 녹나무, 가문비나무 |
| 5년 이상 | 너도밤나무, 낙엽송 |

**16** 임목의 종자채취 시기를 연결한 것으로 가장 적합한 것은?

① 소나무-11월
② 사시나무-6월
③ 회양목-7월
④ 물오리나무-8월

**해설** 주요 수종의 종자 성숙기
• 5월 : 버드나무류, 미루나무, 양버들, 황철나무, 사시나무
• 6월 : 비술나무, 벚나무, 시무나무, 떡느릅나무
• 7월 : 벚나무, 회양목
• 8월 : 스트로브잣나무, 향나무, 섬잣나무, 귀룽나무, 노간주나무

**17** 조림지의 풀베기 작업 시기에 관한 설명 중 옳은 것은?

① 생장이 완료된 늦가을에 실시하는 것이 좋다.
② 생장이 시작되는 4~5월이 좋다.
③ 여름철인 6~8월이 좋다.
④ 수액이 이동하기 전인 4월 이전이 좋다.

**18** 용기묘의 조림으로 생기는 장점을 잘못 설명한 것은?

① 양묘에 있어서 기후, 입지의 영향을 받지 않는다.
② 묘목 운반 시 건조의 피해가 없다.

**정답** 13.① 14.① 15.④ 16.③ 17.③ 18.③

③ 묘목의 생산에 나근묘보다 더 싼 가격으로 생산된다.
④ 식재 기간을 분산하여 노동력을 유효적절하게 사용한다.

**19** 접목을 할 때 접수와 대목이 밀착되어야 하는 부분은?

① 외피
② 내피
③ 형성층
④ 중심부

해설
형성층이 밀착되어야 나무의 생장이 왕성해진다.

**20** 세립종자 파종 전에 상면을 진압판 또는 롤러로 다지는 이유 중 가장 타당한 것은?

① 발아 촉진을 하기 위함이다.
② 제초를 용이하게 하기 위함이다.
③ 종자 발아를 일제히 되게 하며, 모관수 공급을 용이하게 하기 위함이다.
④ 토양이 팽윤해지고 공기와 수분 유통이 좋아지게 하기 위함이다.

### 제2과목 : 산림보호학

**21** 농약 사용 시의 미량살포를 바르게 설명한 것은?

① 약제에 다량의 물을 타서 조금씩 살포하는 것
② 액제살포의 한 방법으로 소량을 살포하는 것
③ 액제살포의 한 방법으로 거의 원액에 가까운 농도의 농후액을 살포하는 것
④ 소량의 물을 약제에 타서 살포하는 것

**22** 다음 중 병원체가 토양 중에서 월동하지 않은 것은 어느 것인가?

① 식물병원성 바이러스
② 자주빛 날개무늬병균
③ 근두암종병균
④ 묘목의 잘록병균

해설
토양에서 월동하는 병원체에는 뿌리썩이 선충류, 오동나무 빗자루병, 근두암종병균, 자줏빛날개무늬병균 등이 있다.

**23** 솔나방의 생태적 특성 중 옳지 않은 사항은?

① 1년 1회로 성충은 7~8월에 발생한다.
② 보통 5령충으로 월동한다.
③ 줄기에 약 400개의 알을 낳는다.
④ 유충의 가해는 1년 2회이다.

해설 **솔나방**
- 소나무류의 중요한 해충으로 유충은 잎을 톱니모양으로 갉아 먹지만 크면 잎을 모조리 먹는다.
- 1년에 1회 발생하고, 나무껍질이나 지피물 사이에서 월동한다.
- 성충은 7월 하순~8월 상순에 출현하며, 산란수 600개 정도이다.
- 유충이나 번데기에는 고치벌, 맵시벌 등의 천적을 보호하고, 식이목 설치, BHC 1~2%나 말라티온유제 1,000배액을 4~5월에 살포하여 방제한다.

**24** 다음 중 오리나무잎벌레의 월동 형태로 가장 적합한 것은?

① 알
② 유충
③ 번데기
④ 성충

해설 **오리나무잎벌레**
- 성충과 유충 모두 오리나무 잎을 가해하며 1년 1회 발생한다.
- 암컷만으로 번식하며 200~500개의 알을 낳는다.
- 천적인 무당벌레나 유충기에는 BHC분제를 살포하여 방제한다.

**25** 해충발생량의 변동을 조사할 때, 한 지역 내의 개체로 밀도를 결정하는 데 관여하지 않은 요인은?

**정답** 19.③ 20.③ 21.③ 22.① 23.③ 24.④ 25.④

① 출생률 ② 사망률
③ 이입률 ④ 변이율

**26** 다음 중 묘포에서 늦서리의 피해를 막는 방법 중 틀린 것은?

① 주풍 방향에 방풍림을 조성한다.
② 배수가 잘되도록 한다.
③ 피해를 받기 쉬운 수종은 파종을 가능한 빨리한다.
④ 묘상에 낙엽이나 짚을 덮어 묘목을 보호해 준다.

해설 **묘포지의 상해 예방**
- 묘포에서는 주풍방향에 방풍림을 만들고 저온지에는 배수가 잘 되도록 한다.
- 만상의 해를 받기 쉬운 수종은 가급적 파종을 늦게 실시한다.
- 묘상에 낙엽, 짚을 덮어 묘목의 상해를 방지한다.
- 추비는 가급적 속효성비료를 주는 동시에 늦가을까지 가지가 도장되지 않게 칼리비료를 준다.
- 지상 10m 정도의 높이에 송풍장치를 하여 인공적으로 상하공기가 섞이게 하여 온도를 높인다.

**27** 다음 중 방화선을 설치하는 데 가장 적합한 위치는?

① 산기슭 ② 산의 중복
③ 산의 능선 ③ 산의 계곡

해설 **방화선의 설치**
- 화재의 위험이 있는 지역에 화재의 진전을 방지하기 위해 설치하는 것으로 산림구획선, 경계선, 도로, 능선, 암석지, 하천 등을 이용한다.
- 보통 10~20m 폭으로 임목과 잡초, 관목을 제거하여 만들며, 방화선에 의하여 구획되는 산림면적은 적어도 5ha 이상이 되도록 한다.

**28** 포플러류로 울타리가 된 묘포장을 개설하였다. 다음 수종 중 그 묘포장에서 양묘를 하지 않은 것이 좋은 것은?

① 잣나무 ② 소나무
③ 낙엽송 ④ 전나무

**29** 최근 우리나라 산불발생에 가장 많이 차지하는 원인은?

① 입산자의 실화
② 논, 밭두렁 소각
③ 어린이 불장난
④ 성묘객의 실화

해설 **산불의 주요 원인**

| 구분 | 봄철 | 가을철 |
|---|---|---|
| 입산자 실화 | 40% | 57% |
| 논, 밭두렁 소각 | 19% | 5% |
| 담뱃불 실화 | 10% | 13% |
| 쓰레기 소각 | 9% | 5% |
| 기타 | 22% | 20% |

**30** 펜티온 유제 50%를 500배로 희석해서 10ha 당 160ℓ를 살포하여 해충을 방제하고자 할 때 약제의 소요량은?

① 576mℓ ② 77mℓ
③ 144mℓ ④ 320mℓ

해설
소요약량=단위면적당 사용량/소요희석배수
=160/500=0.32ℓ=320mℓ

**31** 수간의 인피부를 가해하는 해충 중 공동을 만드는 것은?

① 유리나방 ② 비단벌레
③ 하늘소 ④ 나무좀

**32** 다음 수목병 중 담자균류에 의한 병은?

① 오동나무 탄저병
② 낙엽송 가지끝마름병
③ 소나무 잎녹병
④ 오리나무 갈색무늬병

해설 **담자균류에 의한 수병**
유성포자인 담자포 외에 무성포자가 형성되는 것이 있다. 녹병균 중에는 녹병포자, 녹포자, 여름포자 등을 만

정답 26.③ 27.③ 28.③ 29.① 30.④ 31.① 32.③

들어 기주교대하는 것도 있다. 소나무 잎녹병, 소나무 혹병, 잣나무 털녹병 등이 대표적이다.

**33** 병원체가 종자에 붙어서 월동하는 것은?
① 밤나무 줄기마름병균
② 잣나무 털녹병균
③ 오리나무 갈색무늬병균
④ 오동나무 갈색무늬병

해설
종자 월동을 하는 병원체에는 오리나무 갈색무늬병균, 묘목의 잘록병균 등이 있다.

**34** 산림성 조류는 곤충 숫자를 적절히 제한함으로써 산림식생의 활력에 도움을 주는데 박새가 1년간 포식하는 나비목 애벌레 곤충량은 대략 얼마나 되는가?
① 약 850마리
② 약 8,500마리
③ 약 85,000마리
④ 약 850,000마리

**35** 철의 결핍증상에 대한 설명으로 옳은 것은?
① 묘포장 등에서 보르도액을 연용하면 철의 결핍증상이 초래되기 쉽다.
② 석회를 사용하여 토양을 중성화하면 산성토양에 비하여 철의 흡수가 늘어난다.
③ 철화합물을 수목의 줄기에 직접 주입하면 결핍증상을 완화시킬 수 있다.
④ 주로 잎의 가장자리부터 말라서 안쪽으로 뒤틀리고 낙엽이 초래된다.

**36** 비가 많은 환경에서는 수목에 병이 들기 쉬운데, 이와 관련하여 잘못 설명한 것은?
① 밤나무에 흰가루병의 발생이 심해진다.
② 오동나무 탄저병의 발생이 우려된다.
③ 장미검은무늬병의 피해가 심해진다.
④ 자작나무 갈색점무늬병의 발생이 우려된다.

**37** 다음 중 산림 해충의 발생 예찰 방법이 아닌 것은?
① 타생물현상과의 관계를 이용하는 방법
② 통계를 이용하는 방법
③ 약제를 이용하는 방법
④ 개체군동태를 이용하는 방법

**38** 해충의 유인제로 가장 널리 쓰이는 물질은?
① 페로몬
② 발효과즙
③ 당밀
④ 유지놀

해설
성페로몬 트랩은 같은 곤충 종간에 상대 성의 개체를 유인하기 위해 몸 외부로부터 분비하는 일종의 화학물질을 이용하는 것이다.

**39** 수목 병해 중 진균에 의한 병은?
① 감귤 궤양병
② 근두암종병
③ 뽕나무 오갈병
④ 흰가루병

**40** 다음 중 수병의 예방법이 아닌 것은?
① 중간기주의 제거
② 검역
③ 옥시테트라사이클린의 수간 주입
④ 종묘소독

해설
옥시테트라사이클린은 대추나무 빗자루병, 뽕나무 오갈병, 오동나무 빗자루병에 걸렸을 때 사용하는 방법이다.

정답 33.③ 34.③ 35.③ 36.① 37.③ 38.① 39.④ 40.③

## 제3과목 : 임업경영학

**41** 임업조수입이 1,000만 원이고, 임업경영비가 400만 원일 때 임업소득은 얼마인가?

① 500만 원    ② 600만 원
③ 700만 원    ④ 800만 원

**해설**
임업소득=임업조수입-임업경영비
임업소득=1,000-400=600만 원

**42** Glaser식은 어느 영급의 임목가를 산출하는 것인가?

① 중간영급    ② 벌기영급
③ 유령급      ④ 전영급

**해설** 임목평가의 개요
일반적으로 유령림에는 임목비용가법, 벌기 미만의 장령림에는 임목기망가법과 수익환원법, 중령림에는 임목비용가법과 임목기망가법의 중간적인 Glaser법, 벌기 이상의 임목에는 임목매매가가 적용되는 시장가역산법을 사용한다.

**43** 자본장비도의 개념을 임업경영에 도입할 때 자본효율에 해당하는 것은?

① 생장량    ② 생장률
③ 소득      ④ 축적

**해설**
자본효율은 소득/자본인데, 이를 임업경영에 도입하면 임목축적에 대한 생장량인 생장률을 말한다.

**44** 임업경영의 지도원칙 중에서 최소의 비용으로 최대의 효과를 발휘할 수 있게 하는 원칙은?

① 수익성 원칙    ② 경제성 원칙
③ 생산성 원칙    ④ 보속성 원칙

**해설** 경제성의 원칙
• 최소의 비용으로 최대의 효과를 발휘하는 원칙, 일정한 비용으로 최대의 수익을 올리는 원칙, 일정한 수익에 대하여 비용을 최소로 줄이는 원칙을 표현하고 이 원칙을 구체적으로 실현하기 위해 비용수익분석을 한다.

• 수익성의 원칙은 자본에 대한 수익인 자본효율(총소득/경영주의 자본액)을 나타내지만 경제성의 원칙은 단지 생산성과에 대하여 소비된 자본의 비율 즉, 비용 그 자체의 효과를 표시한 것으로, 수익성의 원칙 실현의 전제적·기초적 원칙이다.

**45** 감가상각비를 계산하기 위한 기본적 요소가 아닌 것은?

① 취득 원가    ② 잔존 가치
③ 자본 이율    ④ 추정 사용기간

**46** 다음 중 지황조사의 항목이 아닌 것은?

① 소밀도    ② 방위
③ 지리      ④ 지위

**해설** 지황조사
해당 산림에서 임목의 생육에 영향을 미치는 지형적, 환경적 특성을 조사하는 것으로, 지종 구분, 방위, 경사도, 표고, 토성, 토심, 건습도, 지위, 지리, 하층 식생 등이 포함된다.

**47** 다음 중 영급표시가 잘못된 것은?

① 27년생 → Ⅲ    ② 20년생 → Ⅲ
③ 11년생 → Ⅱ    ④ 9년생 → Ⅰ

**해설**
20년생은 Ⅱ급이다.

**48** 우리나라 공사유림의 경영계획 작성에서 1개의 임반 면적은 가능한 몇 ha 내외로 구획하도록 정하고 있는가? (단, 현지여건상 불가피한 경우는 제외한다.)

① 100ha    ② 200ha
③ 300ha    ④ 400ha

**49** 10년 후에 10억 원의 가치가 있는 산림의 현재가를 구하면 얼마인가? (단, 이율은 6%, 전가계수는 $1/1.06^{10}=0.5584$이다.)

① 약 5억 2천 7백만 원
② 약 5억 5천 8백만 원

정답  41. ②  42. ①  43. ②  44. ②  45. ③  46. ①  47. ②  48. ①  49. ②

③ 약 6억 2천 3백만 원
④ 약 7억 2천 백만 원

**해설**
10억×0.5584=558,400,000원

**50** 비터리히법으로 임분재적을 측정하기 위하여 계수(k)가 1인 릴라스코프로 측정한 결과 0.5로 측정된 것이 12이고, 1로 측정된 것이 28이었다. 이 임분의 측정결과를 옳게 서술한 것은?

① ha당 재적은 34m³이다.
② 총재적은 34m³이다.
③ ha당 흉고단면적 합계는 34m³이다.
④ 총 흉고단면적 합계는 34m³이다.

**해설**
흉고단면적 합계=0.5×12+1×28=34m³

**51** 다음 중 임령에 따른 연년생장량과 평균생장량의 관계에 대한 설명으로 틀린 것은?

① 처음에는 연년생장량이 평균생장량보다 크다.
② 연년생장량은 평균생장량보다 빨리 극대점을 가진다.
③ 평균생장량이 극대점에서 두 생장량의 크기는 다르다.
④ 평균생장량이 극대점에 이르기까지는 연년생장량이 항상 평균생장량보다 크다.

**해설** 연년생장량과 평균생장량의 관계
• 처음에는 연년생장량이 평균생장량보다 크다.
• 연년생장량은 평균생장량보다 빨리 극대점에 이른다.
• 평균생장량의 극대점에서 두 생장량의 크기는 같다.
• 평균생장량이 극대점에 이르기까지는 연년생장량이 항상 평균생장량보다 크다.
• 평균생장량이 극대점을 지난 후에는 연년생장량이 평균생장량보다 하위에 있다.
• 연년생장량이 극대점에 이르는 기간을 유령기, 이때부터 평균생장량의 극대점까지를 장령기, 그 이후를 노령기라 할 수 있다.

**52** 장령기 임목평가에 자주 쓰이는 임목가격결정 방법은?

① 임목매매가   ② 임목공급가
③ 임목비용가   ④ 임목기망가

**해설** 임목평가의 개요
일반적으로 유령림에는 임목비용가법, 벌기 미만의 장령림에는 임목기망가법과 수익환원법, 중령림에는 임목비용가법과 임목기망가법의 중간적인 Glaser법, 벌기 이상의 임목에는 임목매매가가 적용되는 시장가역산법을 사용한다.

**53** 어떤 임분에서 입목의 임령이 10, 20, 25, 30, 40일 때, 이 임분의 임령을 나타낸 것 중 가장 적합한 것은?

① 40/10~40   ② 25/10~40
③ 10~40/25   ④ 10/10~40

**54** 아래 〈보기〉와 같은 이령림의 본수령(평균임령)은 얼마인가?

〈보기〉

| 결실주기 | 10년 | 15년 | 20년 |
|---|---|---|---|
| 본수 | 120본 | 100본 | 80본 |

① 약 13.3년   ② 약 13.5년
③ 약 13.8년   ④ 약 14.3년

**해설**
평균령 = $\dfrac{(10×120)+(15×100)+(20×80)}{120+100+80}$ = 14.3년

**55** 임업경영분석자료 중 조수익이 4,500,000원이고 경영비가 1,500,000원이면 소득율은 얼마인가?

① 약 33%   ② 약 43%
③ 약 67%   ④ 약 200%

**해설**
소득율 = $\dfrac{4,500,000-1,500,000}{4,500,000}$ ×100 = 66.7%

**정답** 50.③  51.③  52.④  53.②  54.④  55.③

**56** 임지기망가의 계산 요소 중에서 벌기령의 장단에 영향을 미치는 요소가 아닌 것은?

① 이율  ② 주벌수확
③ 간벌수확  ④ 관리자본

**해설**
**임지기망가에 영향을 주는 계산 인자**
- 주벌수확과 간벌수확은 공식에서 +로 되어 있으므로 그 값이 클수록 커진다. 또 그 시기가 빠를수록 커진다.
- 조림비 및 관리비는 공식에서 −로 되어있으므로 조림비와 관리비가 클수록 작아진다.
- 이율이 높을수록 작아진다.
- 일반적으로 벌기가 커지면 처음에는 증가하다가 어느 시점에서 최대가 된 다음에 점차 작아진다.

**57** 임목평가방법에 대한 설명으로 적절치 못한 것은?

① 유령림의 임목평가방법으로는 원가방식을 채택하는 것이 보통이다.
② 벌기 미만 장령림의 임목평가로는 임목기망가법이 적절하다.
③ 벌기 이상 임분의 임목평가로는 시장가 역산법이 적절하다.
④ 중령림의 임목평가로는 비용가법이 적절하다.

**해설** **임목평가의 개요**
일반적으로 유령림에는 임목비용가법, 벌기 미만의 장령림에는 임목기망가법과 수익환원법, 중령림에는 임목비용가법과 임목기망가법의 중간적인 Glaser법, 벌기 이상의 임목에는 임목매매가가 적용되는 시장가역산법을 사용한다.

**58** 임업자산 중 가장 가치가 큰 것은?

① 임도  ② 가공색도
③ 집재기  ④ 임목축적

**59** 임업노동의 일반적인 특성을 바르게 설명한 것은?

① 산림이 넓고 험하기 때문에 필요한 자재의 수송은 어려우나 작업감독은 용이하다.
② 작업장소인 산림까지의 이동시간이 길어서 실제 작업시간도 길어진다.
③ 단위면적당 노동량이 많아 노동분쟁이 자주 일어난다.
④ 농업 노동력을 벌채·운반노동에 이용하려면 별도의 훈련을 시켜야 한다

**해설**
임업생산에 소요되는 단위면적당 노동은 농업에 비하여 적지만 산림이 광대한 면적을 차지하고 있음에도 불구하고 노동기회를 많이 주지 못한다. 때문에 임업은 자본집약적인 산업인 동시에 노동조방적인 산업이라고 한다.

**60** 자산, 자본, 부채의 관계를 옳게 표현한 것은?

① 자본=부채−자산  ② 부채=자본/자산
③ 자본=자산+부채  ④ 자산=자본+부채

---

### 제4과목 : 산림공학

**61** 반출하고자 하는 목재의 길이 10m, 임도의 폭 3m일 때 최소곡선반지름은 얼마 이상으로 설치하면 되는가?

① 2.5m  ② 4.2m
③ 8.3m  ④ 16.6m

**해설**

최소곡선반지름 = $\dfrac{10 \times 10}{4 \times 3}$ = 8.3m

**62** 산복부에서 노선길이를 연장하여 종단물매를 완화하게 하거나 동일사면에서 우회할 목적으로 설치하는 곡선은?

① 단곡선  ② 반향곡선
③ 복심곡선  ④ 배향곡선

**해설** **배향곡선(Hair Pin Curve)**
단곡선, 복심곡선, 반향곡선이 혼합되어 Hair Pin 모양으로 된 것으로, 산복부에서 노선 길이를 연장하여 종단물매를 완화시킨다. 동일한 사면에서 우회할 목적으로 설치되면 교각이 108° 가까이 된다.

---

**정답** 56. ④  57. ④  58. ④  59. ④  60. ④  61. ③  62. ④

**63** 모래언덕에 조림하고자 하는 수종에 대한 설명으로 틀린 것은?
① 온도의 변화와 강한 바람에 잘 견디는 수종
② 왕성한 낙엽, 낙지 등으로 지력을 증진시키는 수종
③ 양분과 수분에 대한 요구도가 높은 수종
④ 3~4년생의 해송과 아까시나무 등의 수종

해설 **해안사지 수종의 구비 조건**
- 양분과 수분에 대한 요구가 적을 것
- 온도의 급격한 변화에도 잘 견디어 낼 것
- 비사, 한해, 조해 등의 피해에도 잘 견딜 것
- 울폐력이 좋고 낙엽, 낙지 등에 의하여 지력을 증진시킬 수 있는 것

**64** 임도의 종단 측량에 가장 널리 사용되는 측량기는?
① 평판   ② 트랜싯
③ 레벨   ④ 컴퍼스

**65** 다음 저목장에 관한 설명 중 맞는 것은?
① 보통 원목 쌓기의 높이는 1~2m이다.
② 저목장에서 목재쌓기 방법으로는 직각쌓기와 평행쌓기가 있다.
③ 저목은 되도록 장기간으로 하는 것이 목재의 질을 향상시킨다.
④ 저목장의 면적은 일반적으로 1ha 당 300m³를 표준으로 한다.

**66** 산림면적이 2,000ha이고, 임도 시설거리가 40km일 때 임도밀도를 계산하면?
① 50m/ha   ② 40m/ha
③ 30m/ha   ④ 20m/ha

해설 임도밀도 = $\frac{40,000}{2,000}$ = 20m/ha

**67** 사방댐 설계 시 고려하여야 할 사항 중 올바른 것은?
① 댐의 하단부에 암석층이 없어야 한다.
② 평형물매와 홍수물매가 같아야 한다.
③ 댐 날개가 닿는 곳에 점토가 있어야 한다.
④ 구역이 긴 구간은 계단상 댐을 설치한다.

해설 **사방댐의 시공장소**
- 계상의 양안에 암반이 있는 지역
- 상류부가 넓고 댐자리가 좁은 곳
- 지계의 합류점 부근에서 댐을 계획할 때에는 일반적으로 합류부의 하류부에 시공
- 계단상 댐을 설치할 때 첫 번째 댐의 추정 퇴사선이 구계상 물매를 자르는 점에 상류댐이 위치하도록 시공

**68** 일반묘 및 포트묘 식재공법에서 식재수종이 갖추어야 할 조건과 거리가 먼 것은?
① 미관이 좋은 수종
② 토양개량효과가 기대되는 수종
③ 생장력이 왕성한 수종
④ 뿌리의 뻗음이 좋고 토양의 긴박능력이 큰 수종

**69** 대규모 공사에 주로 사용하는 콘크리트 배합 방법은?
① 용적배합   ② 중량배합
③ 복식배합   ④ 복합배합

**70** 벌도목이 지표면 위에서 편평하게 누워 있는 것을 방해하는 물건 때문에 벌도목이 받는 압력은 무엇인가?
① 바버체어   ② 인장강도
③ 바인드     ④ 톰스톤

**71** 다음의 수로 중 조도계수의 값이 가장 작은 것은?
① 흙수로         ② 메쌓기돌수로
③ 콘크리트수로   ④ 찰쌓기돌수로

정답 63.③ 64.③ 65.② 66.④ 67.④ 68.① 69.② 70.③ 71.③

**72** 다음 중 시멘트의 경화촉진제로 쓰이는 것은?
① 염화칼슘  ② 석고
③ 탄산칼슘  ④ 탄산나트륨

> **해설**
> 응결경화촉진제는 수화열 발생으로 수화반응을 촉진하여 조기에 강도를 내는 것으로, 보통 염화칼슘을 사용한다.

**73** 사방댐 중에서 흙댐의 경우 댐 높이가 10m일 때, 댐마루 너비는 얼마인가?
① 2m  ② 2.5m
③ 3m  ④ 3.5m

> **해설**
> 흙댐의 댐마루 너비 = $\dfrac{댐 높이}{5} + 1.5 = \dfrac{10}{5} + 1.5$
> = 3.5m

**74** 수피이용 등 박피가 필요할 경우의 적절한 벌채 시기는 언제가 가장 적합한가?
① 봄  ② 여름
③ 가을  ④ 겨울

**75** 절토면 길이가 길어서 침식이나 붕괴의 위험이 있는 곳에 시설하는 배수구는?
① 돌림수로  ② 세월교
③ 옆도랑  ④ 암거

> **해설**
> 비탈돌림수로는 비탈면의 보호를 위해 비탈면의 최상부에 설치한다.

**76** 다음 중 제1차 운재작업에 포함되지 않은 것은?
① 끌기 집재
② 운재
③ 재목 모으기
④ 집재장으로 나르기

**77** 작업의 능률이나 피로에 영향을 미치는 생리학적 요소가 아닌 것은?
① 성별  ② 경험
③ 연령  ④ 생체리듬

**78** 비탈면붕괴 등의 재해가 발생하였을 때에 실시할 수 있는 응급복구공사로 적절하지 못한 것은?
① 콘크리트옹벽  ② 흙마대
③ 돌망태  ④ 편책

**79** 주사구의 위치는 앞모래언덕의 위치를 결정한 다음 육지쪽 지형을 고려하여 결정하지만 완전히 발달한 사구를 조성하기 위한 사구의 간격은 양 사구 고저차의 몇 배 이상으로 하는가?
① 10배  ② 20배
③ 40배  ④ 60배

**80** 견치돌로 쌓는 돌쌓기에 대한 설명으로 틀린 것은?
① 돌쌓기는 가급적 골쌓기로 한다.
② 뒷채움돌은 견치돌을 받치고 배수를 양호하게 한다.
③ 찰쌓기는 콘크리트 구조의 것으로서 신축 줄눈이 필요 없다.
④ 밑돌은 큰 것을 먼저 골라 쓰고 십자 줄눈 등이 생기지 않도록 쌓는다.

> **해설**
> 콘크리트 및 철근 콘크리트 등의 구조물은 온도 또는 건습 변화에 의해 신축이 일어나는데, 그 이동이 제한되고 있는 경우 내부 변형이 생겨 균열 등이 일어날 수 있기 때문에 적당한 위치에 적당한 길이마다 신축 줄눈을 만든다.

**정답** 72.① 73.④ 74.② 75.① 76.② 77.② 78.① 79.③ 80.③

# 국가기술자격 필기시험문제

2012년 제2회 필기시험

| 자격종목 및 등급(선택분야) | 종목코드 | 시험시간 | 형별 |
|---|---|---|---|
| 산림산업기사 | 2481 | 2시간 | A |

## 제1과목 : 조림학

**1** 임지에서 석회의 생리작용은?
① 임목의 엽록소 생성에 중대한 관계가 있다.
② 조부식산을 중화한다.
③ 임목의 인산이동에 관계한다.
④ 임목의 단백질 생성이동에 큰 관계를 한다.

**해설**
산성토양을 개량하기 위해서는 염기성 물질을 첨가하여 중화시켜야 하는데, 흔히 석회석 분말과 백운모 분말을 사용한다. 입경이 작은 물질을 사용할 경우 산도교정작용은 신속하나 유실 및 용탈도 빠르므로 소량씩 자주 사용하는 것이 좋다.

**2** 택벌 작업의 장점이 아닌 것은?
① 토양이 항상 나무로 덮여 보호를 받게 된다.
② 결실이 잘된다.
③ 하층목 손상이 거의 없다.
④ 좁은 면적의 수풀에서 보속적 수확을 올리는 작업을 할 수 있다.

**해설**
택벌은 일정 기간 내 모든 임목을 벌채하여 갱신면을 노출시키는 일이 없고 성숙목을 부분적으로 벌채하여 항상 일정한 임상이 유지되는 것으로, 이령림형을 나타낸다.

**3** 뿌리에서 양분운반이 이루어질 때 관여하는 카스파리선(Casparian Strip)의 설명으로 맞는 것은?
① 내피에서 자유공간을 없앰으로써 무기염이 더 이상 자유롭게 뿌리 속으로 이동할 수 없도록 막아 준다.
② 양료의 자유이동이 가능하도록 해 준다.
③ 뿌리의 삼투압에 관여하여 뿌리의 수분 흡수에 결정적으로 관여하는 조직이다.
④ 무기염의 비선택적 흡수에 관여하는 조직이다.

**해설**
뿌리털로부터 흡수된 물이 세포벽을 통해 내피까지 이동하다가 카스파리선을 만나면 더 이상 이동하지 못하고 멈춘다.

**4** 산벌작업 내용에서 포함되지 않은 것은?
① 하종벌   ② 획벌
③ 예비벌   ④ 후벌

**해설**
산벌작업에는 갱신준비를 위한 예비벌, 치수의 발생을 완성하는 하종벌, 치수의 발육을 촉진하는 후벌, 후벌의 마지막인 종벌 등이 있다. 산벌은 순차적으로 벌채가 진행되므로 순차벌이라고도 하며 하종벌부터 종벌까지의 기간을 갱신기간이라 한다.

**5** 우리나라에서 덩굴식물을 제거하기 적합한 시기는?
① 2월
② 4월
③ 7월
④ 12월

**해설**
덩굴제거의 적기는 생장기인 5~9월 중 덩굴식물이 뿌리 속의 저장양분을 모두 소모한 7월경이 적당하다.

**정답** 1.② 2.③ 3.① 4.② 5.③

**6** 풀베기 작업종류 중 둘레베기에 적합한 조림지는?

① 밀식조림지
② 한풍해 예상지역
③ 토양이 비옥한 조림지
④ 소나무 등 양수를 조림한 지역

해설
둘레베기는 조림목 주변을 반경 50cm 내외의 정방형 또는 원형으로 잘라내는 방법으로, 강한 음수이거나 군상식재지 등 바람과 한해에 대하여 조림목의 특별한 보호가 필요한 경우에 적용하는 방법이다.

**7** 다음 중 임지비배 작업 중에서 바르게 실시하고 있는 것은?

① 등고선 방향에 직각으로 골을 파 주는 경운을 실시해 준다.
② 일반적으로 성숙해 가는 장령림에 대한 시비는 벌채 1~2년전에 실시한다.
③ 임지 시비는 수목의 생장이 둔화되는 늦여름에서 초가을 사이에 실시하는 것이 효과적이다.
④ 일반적으로 가지치기나 간벌 직후에 임지 시비를 실시하는 것이 효과적이다.

**8** 다음 수종 중 종자가 견과에 속하는 것은 어느 수종인가?

① 버즘나무
② 벗나무
③ 단풍나무
④ 굴참나무

**9** 다음 그림은 어떤 내용의 숲을 뜻하는가?

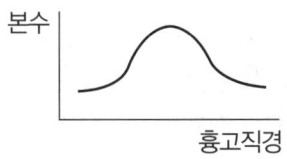

① 동령림 ② 택벌림
③ 천연림 ④ 한대림

**10** 삽수의 발근에 관한 다음 설명으로 틀린 것은?

① 발근에 영향을 미치는 호르몬은 잎과 눈에서 주로 만들어져 절구 쪽으로 하강한다.
② 캘러스를 형성하여야 발근이 시작된다.
③ 삽수를 중력방향과 역위로 두어도 초극과 기극의 방향은 유지된다.
④ 삽수에 탄수화물의 양이 많고 질소의 양이 적을 때 발근이 더 잘되는 경향이 있다.

해설
캘러스의 형성은 발근과 상관이 없다.

**11** 혼효림의 장점으로 옳은 것은?

① 간벌 등 작업이 용이하다.
② 조림이 경제적으로 될 수 있다.
③ 자연전지가 잘 된다.
④ 병해충의 저항력이 높다.

해설 혼효림의 장점
- 심근성과 천근성 수종이 혼생할 때 바람의 저항성이 증가하고 토양단면 공간 이용이 효과적이다.
- 유기물의 분해가 빨라져 무기양분의 순환이 더 잘 된다.
- 수관에 의한 공간의 이용이 효과적이다.
- 혼효림 내의 기후상태는 변화의 폭이 좁아진다.
- 각종 피해 인자에 대한 저항력이 증가한다.

**12** 다음 중에서 완전화인 것은?

① 동백나무
② 은행나무
③ 소나무
④ 주목

해설 완전화
식물의 꽃을 구성하는 네 가지 요소는 크게 꽃잎, 꽃받침, 암술, 수술로 나눌 수 있는데, 이 네 가지 요소를 모두 지니고 있는 꽃을 완전화(갖춘꽃)라고 한다.

정답 6.② 7.④ 8.④ 9.① 10.② 11.④ 12.①

**13** 임목종자의 효율을 설명한 것으로 옳은 것은?

① 발아율과 실중을 곱한 것이다.
② 발아율과 용적중을 곱한 것이다.
③ 발아율이다.
④ 순량률과 발아율을 곱한 것이다.

**14** 묘간거리를 2m로 했을 때 1ha임지에 있어서 정삼각형 식재는 정방형식재보다 묘목을 몇 본 더 식재되는가?

① 237.5본
② 287.5본
③ 337.5본
④ 387.5본

💬 **해설** 묘목본수

· 정삼각형 = $\dfrac{10,000}{2^2 \times 0.866}$ = 2,887.5본

· 정방형식재 = $\dfrac{10,000}{2^2}$ = 2,500본

∴ 2,887.5 − 2,500 = 387.5본

**15** 파종상에 해가림을 해 주어야 하는 수종은?

① 잣나무, 전나무
② 아까시나무, 낙엽송
③ 자작나무, 오리나무
④ 싸리나무, 참나무류

💬 **해설**
해가림은 지면으로부터 증발을 조정하여 묘상의 건조와 지표온도의 상승을 방지하기 위해 인공적으로 광선을 차단하는 작업이다. 가문비나무, 전나무, 낙엽송, 삼나무, 편백, 잣나무 및 소립종자 등은 해가림이 필요하다.

**16** 산림천이의 계열의 선구수종만으로 짝지어진 것은?

① 오리나무, 가문비나무
② 주목, 잣나무
③ 자작나무, 오리나무
④ 싸리나무, 참나무류

💬 **해설**
선구수종은 산림 수종 중 먼저 자리를 잡아서 다른 식물들이 자라지 못하도록 쫓아내는 수종을 말한다. 자작나무, 오리나무, 사시나무 등이 있다.

**17** 무기양료의 요구량이 많은 수종으로만 구성된 것은?

① 오동나무, 물푸레나무, 미류나무
② 느티나무, 상수리나무, 오리나무
③ 밤나무, 소나무, 왕버들
④ 호두나무, 향나무, 느릅나무.

💬 **해설**
무기양료의 요구량이 많은 수종에는 오동나무, 물푸레나무, 미루나무, 느티나무, 전나무, 밤나무, 참나무 등이 있다.

**18** 종자발아 촉진법 중 온탕침지법을 사용하는 수종은?

① 소나무, 리기다소나무, 방크스소나무
② 주엽나무, 아까시나무
③ 느티나무, 자작나무
④ 물푸레나무, 잣나무

💬 **해설**
**온탕침지법**
· 냉수침지법이 큰 효과가 없을 때 사용하는 방법으로, 경제적이며 실행하기 쉽고 수종에 따라서는 큰 효과를 볼 수 있다.
· 콩과수목의 종자는 대략 40~50℃의 온탕에 1~5일 간 침지하거나 85~90℃의 열탕에 수 분 간 담갔다가 다시 냉수에 옮겨서 12시간 침지하면 종자의 흡수 팽창이 잘 되어서 발아가 촉진된다.
· 주엽나무, 아까시나무 등에 사용한다.

**19** 숲가꾸기 작업에서 가지치기의 장점이 아닌 것은?

① 상장생장 촉진
② 하목생장 촉진
③ 수관화의 경감
④ 부정아의 발생

**정답** 13. ④  14. ④  15. ①  16. ③  17. ①  18. ②  19. ④

**해설** 가지치기의 장점
- 마디 없는 간재를 얻을 수 있다.
- 신장생장을 촉진시킨다.
- 나이테 폭의 넓이를 조절하여 수간의 완만도를 높인다.
- 밑에 있는 나무에 수광량을 증가하여 성장을 촉진시킨다.
- 임목 상호 간의 부분적 경쟁을 완화시킨다.
- 산림화재의 위험성이 줄어든다.

**20** 다음 중 목본식물의 종다양성이 가장 낮은 숲은?
① 혼효림  ② 천연림
③ 단순림  ④ 열대림

---

### 제2과목 : 산림보호학

**21** 특히 침엽수의 묘에 가자 큰 피해를 주는 모잘록병의 병원균은?
① Pythium debaryanum
② Phytophthoracatorum
③ Fusarium
④ Phthium ultimum

**22** 수목 녹병균류의 본기주와 중간기주를 짝지워 놓았다. 옳게 짝지어진 것은?
① 향나무와 버드나무
② 소나무와 졸참나무
③ 잣나무와 배나무
④ 포플러와 황벽나무

**해설** 중간기주
- 잣나무 털녹병균 : 송이풀과 까치밥나무
- 소나무류 잎녹병균 : 황벽나무, 참취, 잔대
- 소나무 혹병균 : 참나무
- 배나무 적성병균 : 향나무

**23** 완전변태를 하는 내시류에 속하는 목은?
① 메뚜기목  ② 흰개미목
③ 잠자리목  ④ 파리목

**해설** 내시류(완전변태)
밤나무순혹벌, 소나무좀, 솔잎혹파리, 너비, 솔나무, 파리 등

**24** 오리나무잎벌레의 생태에 대한 설명 중 틀린 것은?
① 양성생식을 한다.
② 1년에 1회 발생한다.
③ 유충과 성충 모두 잎을 갉아 먹는다.
④ 성충은 알을 오리나무류 줄기에 낳는다.

**해설** 오리나무잎벌레
- 성충과 유충 모두 오리나무 잎을 가해하며 1년 1회 발생한다.
- 암컷만으로 번식하며 200~500개의 알을 낳는다.
- 천적인 무당벌레나 유충기에는 BHC분제를 살포하여 방제한다.

**25** 낙엽송 끝마름병의 증상이 아닌 것은?
① 당년에 자란 신초에 발생한다.
② 피해부에는 수지가 나오는 때가 많다.
③ 가지의 환부 밑에 흑색소돌기(자낭각)가 형성된다.
④ 잎표면에 미세한 갈색의 반점이 형성된다.

**해설**
낙엽송 끝마름병
- 당년에 자란 신소에만 발생한다.
- 8~9월경 신소에서 수지가 나오고 퇴색, 수축, 가늘어진다.
- 병든 가지에서 말숙한 자낭각의 형태로 월동하며 맨끝에만 잎이 있고 모두 떨어진다.

**26** 매미나방에 대한 설명으로 틀린 것은?
① 침엽수와 활엽수의 잎을 식해한다.
② 부화유충은 4~5일간 난괴 주위에 있다가 바람에 날려 분산한다.
③ 연1회 발생하며 나무줄기에서 성충으로 월동한다.
④ 난괴당 알 수는 평균 500개이다.

**정답** 20.③ 21.③ 22.② 23.④ 24.④ 25.④ 26.③

**해설** 집시나방(매미나방)
- 세계적으로 분포하는 잡식성 해충이다.
- 침엽수와 활엽수 모두를 가해한다.
- 1년 1회, 8월 상순에 발생한다.
- 나무줄기에서 알로 월동하며 산란수는 200~400개이다.
- 천적을 보호하거나, BHC 분제를 이용하여 방제하다 독성으로 세빈이나 디프렉스 1000배 액을 이용하여 방제한다.

**27** 솔잎혹파리는 무엇으로 월동하는가?
① 알
② 유충
③ 번데기
④ 성충

**해설** 솔잎혹파리
- 유충이 적송·흑송 등의 두침엽의 접합부에 기생하여 혹을 만들어 피해를 준다. 1년 1회 발생하며, 유충으로 땅속 또는 충영 속에서 월동한다. 6월 상순이 성충의 우화 최성기이며, 성숙 유충의 크기는 1.7~2.8mm이다.
- 성충 우화 시기(5~6월)에 ha당 30~50kg의 살충제를 살포하고, 다이메크론 50% 유제를 흉고직경 1cm당 0.3~0.7ml 정도로 수간주사를 실시한다. 또한 하기벌목(충영 속의 유충 제거), 간벌(고립목의 경우 피해를 덜 입음), 천적(먹좀벌·거미류·개미·박새류) 보호, 비료 주기 등의 방법으로 방제한다.

**28** 밤나무 흰가루병의 병징이 나타나는 곳은?
① 잎          ② 줄기
③ 열매        ④ 뿌리

**29** 다음 중 천막벌레나방의 유령기와 같이 나뭇가지 위에 모여 있는 동안에 이용하는 해충구제법으로 가장 좋은 것은?
① 땅에 비닐천을 깔고 나무를 턴다.
② 등화유살을 한다.
③ 먹이로 유살한다.
④ 벌레집을 제거하거나 소살한다.

**30** 소나무 재선충병에 대하여 잘못 설명한 것은?
① 소나무류 중에서 적송과 흑송은 감수성이다.
② 병원선충은 솔수염하늘소의 배설물에 섞여 나온다.
③ 병든 나무를 소각하는 것은 좋은 방제법의 하나이다.
④ 병든 나무에서는 상처로부터 나오는 송진의 양이 감소한다.

**31** 수목에 발생하는 그을음병에 관하여 잘못 설명한 것은?
① 그을음병균은 수목의 잎에 기생하며, 병원균은 담자균이다.
② 진딧물이나 깍지벌레가 번성하면 그을음병이 발생하기 쉽다.
③ 그을음병은 잎의 뒷면보다는 앞면에 더 흔히 발생한다.
④ 물을 자주 뿌려주는 것도 그을음병 방제법 중의 하나이다.

**해설** 수목의 그을음병
- 잎, 줄기, 가지 등에 그을음이 생긴 듯한 모양을 띤다.
- 보통 진딧물·깍지벌레 등이 기생한 후 분비물 위에서 번식하며, 그을음의 물질은 균사·포자 등의 덩어리이다.
- 자낭균에 의한 수목병, 흡즙성곤충방제, 탄소동화작용을 방제하는 외부 착생균이 대부분이다.
- 살충제로 진딧물, 깍지벌레 등을 구제하여 방제한다.

**32** 우리나라에서 서식하는 조류들을 먹이 습성에 따라 분류하였다. 다음 중 가장 높은 비율을 차지하는 조류는?
① 식물질 먹이만을 섭식하는 조류
② 동물질 먹이만을 섭식하는 조류
③ 동물질 먹이가 우선이나 식물질 먹이도 섭식하는 종류
④ 식물질 먹이나 동물질 먹이 모두 섭식하는 종류

**정답** 27. ② 28. ① 29. ④ 30. ② 31. ① 32. ②

**33** 다음 중 각피관통에 의한 침입을 하지 않은 병원균은?

① 잣나무 털녹병균
② 뽕나무 자줏빛날개무늬병균
③ 아밀라리아 뿌리썩음병균
④ 묘목의 모잘록병균

**해설**
각피관통으로 침입을 하는 병균에는 뽕나무 자주빛날개무늬병균, 뽕나무 뿌리썩음병균, 묘목의 잘록병균 등이 있다.

**34** 주광성이 있는 해충을 등화 유살을 할 경우 가장 효과가 있는 기상상태는?

① 고온다습하고 흐린 날 바람이 있을 때
② 고온다습하고 흐린 날 바람이 없을때
③ 고온건조하고 맑은 날 바람이 있을 때
④ 고온건조하고 맑은 날 바람이 없을때

**35** 산불이 토양에 미치는 피해가 아닌 것은?

① 토양이 척박해진다.
② 토양의 이화학적 성질을 악화시킨다.
③ 낙엽이 탄 결과로 토양의 투수성이 감소된다.
④ 토양에 직접 물이 스며들 수 있어 지표유하수가 감소한다.

**36** 해충의 생물학적 방제법의 장점이 아닌 것은?

① 생물적 방제는 영구적으로 지속된다.
② 해충밀도가 낮을 경우에도 효과를 거둘 수 있다.
③ 해충밀도가 위험한 밀도에 달하였을 때 더욱 효과적이다.
④ 친환경적인 방법으로 생태계가 안정된다.

**해설**
해충밀도가 높으면 화학적 방제법이 효과적이다.

**37** 약해에 대한 설명으로 옳지 않은 것은?

① 일반적으로 열매의 피해는 적다.
② 줄기 · 잎이 변색된다.
③ 심할 경우는 고사한다.
④ 한발, 강풍 직후 또는 비가 온 후에 약해를 받기 쉽다.

**38** 서식처로 수관층을 선호하는 조류는?

① 참새
② 노랑턱멧새
③ 붉은머리오목눈이
④ 산솔새

**39** 식물체에 병원체가 침입하는 방법은 여러 가지가 있다. 병원체가 주로 상처를 통하여 침입이 되는 병원균으로 묶여진 것은?

① 포플러의 근두암종병균, 목재부후균
② 각종 녹병균, 소나무의 잎떨림병균
③ 뽕나무 자주빛날개무늬병, 소나무 재선충병
④ 포플러의 줄기마름병균, 오리나무 갈색무늬병

**해설**
상처를 통해 침입하는 병원균에는 모잘록병균, 밤나무 줄기마름병균, 포플러 줄기마름병균, 근두암종병균, 낙엽속끝마름병균 등이 있다.

**40** 내화력이 가장 약한 수종은?

① 회양목
② 고로쇠나무
③ 삼나무
④ 은행나무

**해설** 수목의 내화력

| 구분 | 강한 수종 | 약한 수종 |
| --- | --- | --- |
| 침엽수 | 은행나무, 낙엽송, 분비나무, 가문비나무, 개비자나무, 대왕송 | 소나무, 해송, 삼나무, 편백 |

**정답** 33.① 34.② 35.④ 36.③ 37.① 38.④ 39.① 40.③

| 상록 활엽수 | 아왜나무, 굴거리나무, 후피향나무, 붓순, 황벽나무, 동백나무, 사철나무, 회양목 | 녹나무, 구실잣 밤나무 |
|---|---|---|
| 낙엽 활엽수 | 굴참나무, 상수리나무, 고로쇠나무, 피나무, 고광나무, 가중나무, 참나무, 사시나무, 음나무 | 아까시나무, 벚나무, 능수버들, 벽오동나무, 참죽나무, 조릿대 |

## 제3과목 : 임업경영학

**41** 다음 중 임업이율의 성격을 설명한 것으로 틀린 것은?

① 임업이율은 대부이자이다.
② 임업이율은 명목적이율이다.
③ 임업이율은 장기이율이다.
④ 임업이율의 계산은 복리를 적용한다.

**해설**
임업이율의 특징
- 사물자본재 용역의 대가에 대한 현실이율이 아니라 평정이율을 적용할 수밖에 없다.
- 장기이율이며, 실질적 이율이 아닌 명목적 이율이다.
- 대부이자가 아니라 자본이자이다.

**42** 산림평가 시 임업이율은 보통이율보다 낮아야 하는 이유를 잘못 설명한 것은?

① 재적 및 금원수확의 증가와 산림재산가치의 등귀 때문
② 산림소유의 불확실성 때문
③ 산림의 관리경영이 간편하기 때문
④ 생산기간의 장기성 때문

**43** 임종의 조사에 대한 설명으로 옳은 것은?

① 임분이 성립된 원인을 규명하는 일
② 임분 내 수종을 조사하여 임목의 배열상태를 명백히 하는 일
③ 일정한 임지에서 각 수관이 투영한 상태를 파악하는 일
④ 임목의 흉고직경의 크기에 따라 나누는 일

**해설**
임종이란 천연림인지 인공림인지 임분의 성립 원인을 규명하는 일이다.

**44** 산림평가면에서 본 산림의 구성내용에 관한 설명으로 옳지 않은 것은?

① 산림의 공익적 기능은 종류별로 분류하여 계량평가를 한다.
② 임도, 저목장, 건물 등 임지 안의 시설에 대하여 평가한다.
③ 임지 안의 동물, 토석, 광물 등에 대하여는 평가하지 않는다.
④ 임지는 자연적요소, 지위 및 지리별 입목지, 벌채적지, 미입목지, 시설부지, 암석지, 지소 등으로 나누어 평가한다.

**해설** 산림평가의 구성 내용
- 임지 : 위치, 지형, 지질, 면적 등의 자연요소와 지위, 지리별로 구분하여 평가한다.
- 임목 : 수종, 용도, 임령 등으로 구분하여 평가한다.
- 부산물 : 임지 내의 토석, 광물, 동식물 등으로 구분하여 평가한다.
- 시설 : 임도, 건물, 보호시설, 휴양시설 등으로 구분하여 평가한다.
- 공익적 기능 : 보전적 기능, 환경보호 기능 등으로 구분하여 평가한다.

**45** 다음은 공유림 경영의 목적이다. 틀린 것은?

① 공공복리 증진
② 국유림 경영의 지원
③ 재정수입의 확보
④ 사유림 경영의 시범

**해설** 공유림
- 모범적인 산림경영을 실시하여 사유림 경영의 시범이 되고, 공공 복지를 증진하고, 지방재정의 수입 확보를 목적으로 국유림을 무상 대여한 것이다.
- 공유림의 면적은 49만ha로서 7.6%를 차지한다.

**정답** 41.① 42.② 43.① 44.③ 45.②

**46** 임업원가 관리에 있어 특수한 의사결정을 위한 원가유형의 분류가 아닌 것은?

① 직접원가와 간접원가
② 현금지출원가와 매몰원가
③ 기회원가
④ 하계원가와 증분원가

**47** 어떤 임목을 측정하였더니 수피 외직경이 14cm이고 수피의 두께가 5mm이었다. 이 입목의 수피 내 직경은 얼마인가?

① 13.5cm
② 13.0cm
③ 12.5cm
④ 12.1cm

**48** 미처분 임산물은 어느 자산에 속하는가?

① 고정자산
② 유동자산
③ 임목자산
④ 부채

> 해설
> 유동자산에는 미처분 임산물(산림 생산물로서 처분되지 않은 것), 산림용 생산자재(묘목, 비료, 약재 등) 등이 있다.

**49** 산림평가의 가치평가법 중 재화의 판매가격의 최저한도 결정에 활용되는 평가방법은?

① 매매가    ② 기망가
③ 자본가    ④ 비용가

**50** 농지의 주변이나 농지와 산지의 경계선 등에 유실수나 특용수 또는 속성수 등을 식재하여 임업수입의 조기화를 도모하는 형태의 임업경영은?

① 비임지임업    ② 혼농임업
③ 농지임업      ④ 혼목임업

> 해설
> 농지에 임업을 하는 형태는 농지임업이다.

**51** 산림생장 및 예측모델을 구축하는 데 있어서 제일 먼저 수행해야 할 과정은 어느 것인가?

① 자료수집
② 모델구성
③ 자료분석 및 생장 함수식 유도
④ 모델선정 및 설계

**52** 벌채목의 재적을 산출하기 위해 단면적을 구할 때 원구와 말구의 단면적을 평균하는 방법을 사용하는 식은?

① 후버식
② 스말리안식
③ 뉴톤식
④ 4분주식

> 해설
> 스말리안식
> $$V = \frac{\pi}{4} \times \frac{d_0^2 + d_n^2}{2} \times L = \frac{g_0 + g_n}{2} \times L$$
> $d_0$ : 원구 지름, $d_n$ : 말구 지름, $L$ : 길이, $g_0$ : 원구 단면적, $g_n$ : 말구 단면적

**53** 산림생산의 지도원칙 중에서 수익성의 원칙에 대한 설명으로 옳은 것은?

① 최대의 이익 또는 이윤을 얻을 수 있도록 경영하여야 한다는 원칙
② 최대의 경제성을 올리도록 경영하는 원칙
③ 토지의 생산력을 최대로 추구하는 원칙
④ 최소의 비용으로 최대의 효과를 발휘하는 원칙

> 해설
> 수익성의 원칙은 최대의 이익 또는 이윤을 얻을 수 있도록 경영하여야 한다는 원칙으로, 오늘날의 산림경영, 특히 사기업에 있어서 궁극적인 최고의 원칙이다.

정답  46.① 47.② 48.② 49.④ 50.③ 51.④ 52.② 53.①

**54** 벌채목의 실적계수 크기에 관계가 없는 인자는 무엇인가?
① 수종
② 통나무의 형상
③ 통나무의 크기
④ 통나무의 임목도

**55** 다음 중 산림평가의 개념에 대한 설명으로 맞는 것은?
① 산림평가는 정밀한 평가가 필요 없다.
② 산림은 일반적 부동산 감정평가와 동일한 평가방식을 적용한다.
③ 임지·임목의 개별적 요인이 크게 다르기 때문에 정밀하게 평가하기가 어렵다.
④ 산림평가에서는 재무회계 계산의 방법이 쓰인다.

**56** 취득원가에서 감가상각비 누계액을 뺀 후, 장부원가에 일정율의 감가율을 곱하여 감가상각비를 산출하는 방법은?
① 작업시간비례법  ② 생산량비례법
③ 연수합계법     ④ 정률법

**57** 원가의 기록을 위한 분류에서 공장장의 급료나 공장건물의 감가상각비는 원가의 유형을 분류하는 방법 중 어디에 포함되는가?
① 고정원가   ② 기회원가
③ 한계원가   ④ 증분원가

**58** 산림조사에 관한 설명 중 맞지 않은 것은?
① 지위는 임지의 생산능력의 양부를 표시한 급수이다.
② 임종은 침엽수림, 활엽수림, 침활혼효림으로 표시한다.
③ 혼효율은 주요 수종의 수관점유면적비율 또는 입목 본수 비율에 의해 백분율로 산정한다.
④ 소밀도는 조사면적에 대한 입목의 수관면적이 차지하는 비율을 백분율로 표시한다.

> **해설**
> 임종은 인공림과 천연림으로 표시한다.

**59** 다음의 설명 중 맞는 것은?
① 공예적 벌기령이 최대의 화폐수익과 일치하면 가장 이상적인 벌기령이 된다.
② 일반적으로 산림순수익 최대의 벌기령은 사유림에서 적용한다.
③ 화폐수입최대의 벌기령은 일반경제원칙과 일치하는 벌기령이다.
④ 재적수확최대의 벌기령은 사유림에서 적용하기 좋은 벌기령이다.

**60** 경영계획작성을 위한 산림조사에서 지황과 임황의 세부조사 단위는?
① 사업구   ② 작업구
③ 임반    ④ 소반

> **해설**
> 소반은 임반 내에서 그 상태 및 취급에 차이를 둔 부분을 말한다. 우리나라에서는 지종 구분, 수종 및 작업종이 상이할 때, 입목지·미입목지 및 화전, 임령 및 지위의 차이가 현저할 경우 등은 소반으로 구분한다.

---

### 제4과목 : 산림공학

**61** 작업강도의 지표로서 가장 많이 이용되고 있는 생리적 부담 측정평가방법은?
① 호흡계수
② 분당산소소비량
③ 맥박수
④ 에너지대사율

정답  54.④  55.③  56.④  57.①  58.②  59.①  60.④  61.④

**해설**
인간이 노동할 때 소비되는 에너지는 작업 종류에 따라서 다른데, 이를 작업강도라고 한다. 에너지 대사율은 작업강도를 객관적으로 표시하는 것이다.

**62** 야계사방공사에 있어서 만곡부의 처리사항으로 알맞은 것은?

① 큰 유로의 경우 최소반지름을 밑너비의 10배 이상으로 한다.
② 작은 유로의 경우 최소반지름을 밑너비의 5배 이상으로 한다.
③ 이동토사가 적은 경우 적당한 반지름은 최소반지름의 2배로 한다.
④ 이동 토사가 많은 경우 적당한 반지름은 최소 반지름의 5배로 한다.

**63** 산복비탈면에서 비탈다듬기공사를 설계, 시공할 때 유의해야 할 점이 아닌 것은?

① 경사가 급한 장소에서는 산비탈 돌쌓기로 조정한다.
② 붕괴면 주변의 상부는 충분히 끊어 내도록 한다.
③ 비옥한 표토는 가능한 한 산복면에서 긁어내어 다른 용도로 이용한다.
④ 속도랑공사 및 묻히기 공사는 비탈 다듬기 공사를 하기 전에 시공하는 것이 효과적이다.

**64** 수중굴착 및 구조물의 기초바닥 등 상당히 깊은 범위의 굴착과 호퍼(Hopper)작업에 적합한 기종은?

① 크레인   ② 백호
③ 클램셀   ④ 어드드릴

**해설**
클램셀은 수중굴착이 가능한 장비이지만 견고한 지반을 굴착할 수는 없다.

**65** 임업토목공사용 석재 중 자연적으로 개천 계곡에 있는 무게가 약 100kg 이상인 자연 전석으로서, 주로 돌쌓기 현장 부근에서 채취하여 찰쌓기와 메쌓기 등에 사용하는 돌은 무엇인가?

① 호박돌   ② 막깬돌
③ 야면석   ④ 견치돌

**66** 상단면적 120m², 하단면적 200m², 상하단의 거리가 12m인 곳의 토사량은 얼마인가? (단, 평균단면적법으로 계산한다.)

① 192m²   ② 1,920m²
③ 384m²   ④ 3,840m²

**해설**
토사량 = $\frac{120+200}{2} \times 12 = 1,920m^2$

**67** 벌목운재 계획을 위한 예비조사가 아닌 것은 무엇인가?

① 벌목구역의 개황조사
② 벌목구역의 확인 및 임황 및 지황조사
③ 반출방법에 대한 조사
④ 기존 실행결과에 의한 조사

**해설**
벌목구역의 확인 및 임황, 지황조사는 벌목의 예비조사이다.

**68** 다음의 그림은 어떤 임도밀도에 해당하는가?

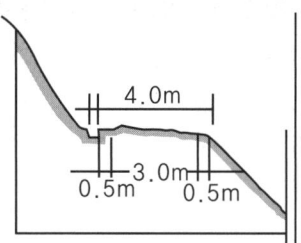

① 능선임도   ② 지선임도
③ 사리도     ④ 지방국도

**69** 4사이클기관과 비교한 2사이클기관의 특징으로 옳지 못한 것을 고르면?

① 배기음이 높다.
② 흡·배기 시간이 짧고 연료소비량이 크다.
③ 중량이 가볍고 단위 중력당 출력이 높다.
④ 판기구, 윤활유 펌프 등이 필요하므로 구조가 복잡하다.

**70** 평균유속이 2m/s, 유적이 12m²일 때 유량은?

① 6m³/s
② 12m³/s
③ 24m³/s
④ 48m³/s

해설
유량(Q)=평균유속(A)×유적(V)=2×12=24m³/s

**71** 다음 중 간선임도의 설계속도가 옳은 것은?

① 30~10km/시간
② 30~20km/시간
③ 40~20km/시간
④ 50~30km/시간

해설 임도의 설계속도

| 구분 | 설계속도(km/시간) |
| --- | --- |
| 간선임도 | 40~20 |
| 지선임도 | 30~20 |

**72** 다음 중 조재작업에 속하지 않은 것은?

① 박피
② 조재목 모으기
③ 가지 자르기
④ 통나무 자르기

**73** 도저의 기종중 벌목, 제근용 목적에 적합한 장비가 아닌 것은?

① Bulldozer
② Tree Dozer
③ Ripper Bulldozer
④ Rake Dozer

**74** 비탈면 안정을 위한 침식 방지제의 사용효과에 대한 내용으로 틀린 것은?

① 보온효과 기대
② 객토의 유출 및 침식방지
③ 토양수분의 증산 촉진 및 표면건조 유도
④ 살포되는 종자, 비료, 피복 보호제 등의 유실방지

**75** 쇄석, 자갈을 부설한 노면의 경우 횡단기울기는 몇 % 정도로 시공하도록 정하고 있는가?

① 1.5~2%
② 2~3%
③ 3~5%
④ 5~6%

해설 횡단기울기
- 일반적으로 차도에서는 중앙부를 높게 하고 양쪽 길가 쪽을 낮게 하는 횡단기울기를 만들어야 하며, 포장을 하지 않은 노면은 3~5%, 포장을 한 노면은 1.5~2%로 한다.
- 노면 배수와 교통안전의 두 가지 측면을 고려한 것이다.

**76** 사방댐의 높이가 5m, 월류수심이 1m일 때, 사방댐의 물받이의 두께는 얼마로 하는 것이 적합한가? (단, 경험치에 의한 값은 0.2이다.)

① 0.5m
② 1.0m
③ 1.25m
④ 1.5m

해설
0.2[(0.6×5)+3(1)−1]=1.0

정답 69.④ 70.③ 71.③ 72.② 73.③ 74.③ 75.③ 76.②

**77** 다음 중 사방댐의 설치 목적이 될 수 없는 것은?

① 토석류 피해 저지
② 산각고정
③ 물이용
④ 식생복구

해설 **사방댐의 기능**
- 계상의 물매를 완화하고 종횡침식을 방지한다.
- 산각의 고정과 산복 붕괴를 방지한다.
- 계상에서 퇴적한 불안정한 토사의 유출을 억제하거나 조절한다.
- 산불 진화용수 및 야생동물의 음용수를 공급한다.
- 계류생태계를 보전한다.

**78** 다음 중 임목수확 시의 작업수행규칙으로 옳지 않은 것은?

① 작업 경비의절감
② 높은 수익의 획득
③ 작업 수행의 안전
④ 환경 피해의 은폐

**79** 주로 비탈면 물매가 1:1보다 완만한 비탈에 흙이 털어지지 않은 온떼를 사용하여 전면녹화를 목적으로 시공하는 비탈녹화공법은?

① 줄떼다지기
② 평떼다지기
③ 띠떼심기
④ 선떼붙이기

해설 **평떼붙이기**
- 전 면적에 걸쳐 흙이 털어지지 않은 평떼(흙떼)를 붙이거나 심어서 비탈을 일시에 녹화하는 방법이다.
- 시공장소는 경사 45° 이하의 비교적 토양이 비옥한 산지사면이 적합하다.

**80** 다음 중 임도노면의 유지보수 사항에 대한 설명으로서 맞지 않은 것은?

① 임도노면에 생긴 바퀴자국이나 골을 없앤다.
② 노면보다 높은 길어깨를 깎아내고 다진다.
③ 노면의 정제는 건조한 상태에서 실시하는 것이 좋다.
④ 약화된 노체의 지지력을 보강한다.

정답 77.④ 78.④ 79.② 80.③

# 국가기술자격 필기시험문제

2012년 제3회 필기시험

| 자격종목 및 등급(선택분야) | 종목코드 | 시험시간 | 형별 | 수험번호 | 성명 |
|---|---|---|---|---|---|
| **산림산업기사** | 2481 | 2시간 | A | | |

### 제1과목 : 조림학

**1** 다음 중 발아율을 나타내는 식은?
① (발아한 종자의 수÷시험한 종자의 수)×100
② (시험한 종자의 수÷발아한 종자의 수)×100
③ (발아한 종자의 수−시험한 종자의 수)×100
④ (시험한 종자의 수−발아한 종자의 수)×100

**해설**
발아율(%)=(발아한 종자수/발아시험용 종자수)×100

**2** 토양층위 중에서 암색을 띤 층으로 비교적 다량의 유기물질이 광물질에 섞여져 있는 층위는?
① $A_F$    ② $A_H$
③ $A_1$    ④ $A_2$

**3** 묘포의 설계 및 조성에 대한 설명 중 틀린 것은?
① 주도로는 경운기나 손수레 등이 이동할 수 있도록 1~2m 안팎의 폭을 유지한다.
② 묘포의 구획에는 기계장비의 도입, 장풍림, 저수지 등을 고려한다.
③ 필요한 묘포 면적을 산출할 때는 수종, 묘목 규격, 생산량, 휴경지 면적 등을 고려한다.
④ 예산, 노동력 관리, 시설장비 운영, 자재 확보, 묘목 생산 등을 고려하여 관리 계획을 수립한다.

**4** 생가지치기 작업을 피하는 것이 좋은 수종은?
① 소나무    ② 전나무
③ 낙엽송    ④ 벚나무

**해설** 활엽수의 가지치기
- 참나무류(신갈나무 제외), 포플러나무류는 으뜸가지 이하의 가지만을 잘라 준다.
- 일반적으로 상처의 유합이 잘되지 않고 썩기 쉽기 때문에 직경 5cm 이상의 가지는 원칙적으로 자르지 않는다.
- 단풍나무, 느릅나무, 벚나무, 물푸레나무 등은 상처 유합이 잘되지 않고 썩기 쉬우므로, 죽은 가지만 잘라 주고, 밀식으로 자연 낙지를 유도한다.

**5** 다음 중 묘목을 밀식할 경우는?
① 음수보다는 양수
② 생장이 빠른 수종
③ 병해충 피해에 약한 수종
④ 비옥한 양지

**해설** 식재밀도에 영향을 미치는 요인

| 종류 | 내용 |
|---|---|
| 경영 목표 | 작은나무를 조기에 대량 생산하는 경우는 밀식한다. |
| 지리적 조건 | 도로망이 확충되어 있어 간벌재 등의 반출이 용이하고, 조림비가 적게 소요되는 지역은 밀식한다. |
| 토양의 비옥도 | 비옥도가 낮은 토양은 나무의 생장이 늦어지기 때문에 밀식하여 비옥도를 높인다. |
| 내음도 | 양수는 소식하고 음수는 밀식한다. |
| 나무의 종류 | 수간이 굽어져 형질이 악화되는느티나무 등의 활엽수는 소식하고 소나무 해송등의 침엽수는 밀식한다. |

**정답** 1.①  2.③  3.①  4.④  5.③

**6** 간벌작업의 목적과 거리가 먼 것은?

① 직경성장을 촉진하여 연륜폭이 넓어진다.
② 우량개체를 남겨서 임분의 유전적 형질을 향상시킨다.
③ 조기에 간벌수확을 얻을 수 있으나, 산불의 위험성은 증대된다.
④ 임목을 건전하게 발육시켜 여러 가지 해에 대한 저항력을 높인다.

해설
**간벌의 효과**
- 생육공간 조절 : 수령과 생장이 증가됨에 따라 확장되는 일정한 생육공간에 대한 조절(밀도조절)
- 생장조절 : 임분구성에 부적당한 나무 또는 해로운 나무를 제거하여 임분의 가치를 증진시킨다.
- 형질이 우수하고 생장이 왕성한 임분 구성목이 되도록 임분 생장이 집중되도록 한다.
- 혼효조절로 임분목표의 안정화 도모
- 임분의 수직적 구조개선으로 임분 안정화도모 : 하층식생 발생촉진, 하층림 유지
- 임연부(숲 가장자리선, 숲 테두리선)를 보호 및 관리한다.
- 천연경신 및 보잔목의 준비
- 자연고사에 의한 손실방지 및 이용

**7** 종자를 정선한 후 곧 노천매장을 해야 좋은 수종들은?

① 소나무, 해송, 낙엽송, 가문비나무
② 편백, 삼나무, 층층나무, 피나무
③ 벽오동, 팽나무, 물푸레나무, 신나무
④ 섬잣나무, 들메나무, 단풍나무류

해설
**노천매장법**
- 종자를 하루 동안 맑은 물에 담궜다가 종자의 1~3배 가량의 젖은 모래와 혼합하여 땅속에 묻어두는 방법으로, 저장과 동시에 발아를 촉진시키는 효과가 있다.
- 낙엽송, 소나무류, 삼나무, 편백 등의 저장종자에 효과가 있다.
- 2~3cm 두께의 판자로 깊이 30~40cm의 상자를 만들고 상자의 상하는 철망을 붙여 설치류의 피해를 예방하도록 한다.

**8** 제주특별자치도의 한라산에 자라는 구상나무는 다음 중 어느 나무와 분류학적으로 가장 가까운 나무인가?

① 잣나무
② 분비나무
③ 주목
④ 가문비나무

해설
구상나무는 소나무과 전나무속으로서 분비나무와 같은 속에 속한다.

**9** 엽분석으로 무기영양상태를 진단할 때 잎의 채취시기로 가장 적합한 때는?

① 5~6월
② 7~8월
③ 10~11월
④ 3~4월

**10** 다음 중 비콩과수목으로서 질소고정균과 공생하는 비료목(肥料木)인 수종은?

① 족제비싸리
② 오리나무
③ 아까시나무
④ 굴참나무

해설 **비료목의 종류**
- 콩과수목 : 아까시나무, 싸리나무류, 자귀나무, 칡
- 비콩과수목 : 소귀나무, 오리나무류, 보리수나무류

**11** 다음 수종 중 양수(陽樹)는?

① 주목, 비자나무
② 소나무, 사시나무류
③ 솔송나무, 편백
④ 가문비나무류, 전나무

해설
양수에는 은행나무, 소나무류, 측백나무, 향나무, 낙우송, 밤나무, 오리나무, 버즘나무, 오동나무, 사시나무, 낙엽송 등이 있다.

정답 6.③ 7.④ 8.② 9.② 10.② 11.②

**12** 법에서 정한 "산림기술자"에 포함되지 않은 것은?

① 나무병원 의사
② 산림공학 기술자
③ 산림경영 기술자
④ 목구조 기술자

**13** 연륜에 대한 설명으로 틀린 것은?

① 춘재(조재)와 추재(만재)로 구성되어 있다.
② 춘재(조재)는 세포의 지름이 크고 세포벽이 얇다.
③ 1년에 대개 1개의 테를 만들기 때문에 나이테라 부른다.
④ 열대지방의 수목도 연륜이 있는 것이 일반적이다.

**14** 왜림작업 갱신법으로 적합하지 않은 수종은?

① 참나무류    ② 아까시나무
③ 밤나무류    ④ 오리나무류

해설 ● 밤나무류는 교목으로 왜림작업에는 적합하지 않다.

**15** 다음 중 밑깎기(풀베기)의 시기로 가장 적합한 때는?

① 3월~5월
② 6월~8월
③ 9월~11월
④ 12월~익년 2월

해설 ● 풀베기는 일반적으로 6월에 실시하고 연 2회 실시할 경우 6월과 8월이 바람직하고 9월 이후에는 하지 않는다.

**16** 다음 중 접목의 방법이 아닌 것은?

① 절접    ② 복접
③ 할접    ④ 압조법

**17** 다음 중 중림작업법의 장점이 아닌 것은?

① 임지의 노출 방지
② 조림비용의 절감
③ 하목의 맹아발생 성장 억제
④ 잔존목 피해의 절감

해설 ● 중림작업의 장점
• 상목은 산재해 있으나 하목은 벌채된 뒤 쉽게 울폐하여 임지를 보호한다.
• 지력을 보호하는 힘이 왜림작업에 비해 크다.
• 임업자본이 적어도 경영할 수 있는 농가경영림에 적당하다.
• 용재와 땔감을 한 임지에서 생산할 수 있다.

**18** 동령림에 관한 설명 중 옳지 않은 것은?

① 일반적으로 크기가 비슷한 나무를 단위 면적당 더 많이 생산할 수 있다.
② 이령림보다 지력보호상 유리하다.
③ 생장률이 비슷해서 균일한 목재가 생산된다.
④ 병충해, 바람 등 재해에 대한 저항력이 이령림보다 강하다.

해설 ● 동령림
어떤 임분을 구성하고 있는 개체목의 수령 범위가 평균 임령의 20% 이내이면 동령림으로 볼 수 있다.
• 동령림의 장점
  – 조림 및 육림작업·축적조사·수확 등이 이령림에 비해 간단하다.
  – 일반적으로 단위면적당 더 많은 목재를 생산할 수 있다.
  – 생산되는 원목의 질이 우량하며 규격이 고르다.

**19** 비료목이 고정하는 양료는?

① 질소    ② 인산
③ 가리    ④ 칼륨

**20** 다음 중 종자의 발아촉진방법으로 적합하지 않은 것은?

① 건사저장법
② 냉수침적법
③ 열탕침적법
④ 노천매장법

> **해설**
> 건사저장법은 마른 모래와 씨앗을 섞어 지하실, 창고 등에 저장하는 것으로, 은행, 밤, 도토리, 침엽수 등에 적당하다.

---

## 제2과목 : 산림보호학

**21** 흡즙성해충이 아닌 것은?

① 느티나무벼룩바구미
② 버즘나무방패벌레
③ 솔껍질깍지벌레
④ 소나무좀

> **해설**
> 소나무좀은 천공성으로, 분열조직을 가해한다.

**22** 다음은 살충제의 부작용을 열거한 것이다. 이들 중 부작용과 관계가 없는 것은?

① 해충의 천적이 급격히 증가할 수 있다.
② 저항성 해충의 출현이 증가할 수 있다.
③ 약제 살포 후 경우에 따라 해충밀도가 급격히 증가할 수 있다.
④ 잔류독성에 의해 환경오염이 발생할 수 있다.

**23** 병충해 방제를 기계적·물리적 방법으로 하려고 한다. 나무좀·하늘소·바구미 등의 방제에 가장 적합한 것은?

① 식이유살법
② 등화유살법
③ 통나무유살법
④ 잠복장소유살법

**24** 온도변화에 따른 조직의 수축, 팽창 차이로 수목의 줄기가 갈라지는 현상은?

① 상해        ② 상렬
③ 사주        ④ 볕데기

> **해설**  상렬
> • 추위로 인한 수액의 동결로 나무의 줄기 또는 나무 껍질이 냉각 및 수축하여 갈라지는 현상이다.
> • 봄에 갈라진 부분이 아물고 다시 겨울에 터지고 갈라지는 현상이 반복되어 그 부분이 두드러지게 비대생장하는 것을 상종이라 한다.
> • 재질이 단단하고 수선이 발달된 활엽수의 거목에서 많이 발생한다.
> • 수목의 생육에는 지장이 없으나 목재의 공예적 가치가 떨어지고 부패균 침입의 원인이 된다.

**25** 고라니에 대한 설명으로 틀린 것은?

① 제주특별자치도를 제외한 우리나라 전역에 서식한다.
② 일부일처제이다.
③ 한 번에 2~4마리의 새끼를 낳는다.
④ 수렵기에는 수렵이 가능한 동물이다.

> **해설**  고라니
> • 멸종위기 등급 : 취약
> • 생활양식 : 보통 2~4마리씩 지내지만 드물게 무리를 이룸
> • 크기 : 몸길이 약 77.5~100cm, 어깨높이 약 50cm, 꼬리길이 6~7.5cm, 몸무게 9~11kg
> • 몸의 빛깔 : 노란빛을 띤 갈색(등), 연한 노란색(배)
> • 산란시기 : 번식기는 11~1월, 임신기간은 170~210일이며, 5~6월에 1~3마리를 낳음
> • 서식 장소 : 갈대밭이나 관목이 우거진 곳
> • 분포 지역 : 한국, 중국 중동부

**26** 응애류를 방제하기 위한 농약은?

① 살비제        ② 살서제
③ 살충제        ④ 살균제

> **해설**
> 응애류를 죽이는 데 사용하는 약제는 살비제이다.

---

**정답** 21. ④  22. ①  23. ③  24. ②  25. ②  26. ①

**27** 병원생물 중 Bacillus thuringiensis는 어느 해충을 방제하는 데 사용되는가?

① 소나무좀의 방제
② 나방류의 유충 방제
③ 솔껍질깍지벌레의 방제
④ 솔수염하늘소의 방제

**해설**
바실러스 튜린겐시스는 그람 양성 박테리아이자 살충 효과를 가진 토양 미생물로, 유충류를 방제하는 데 쓰인다.

**28** 다음은 소나무 시들음병(Pine wilt disease)에 대한 설명이다. 옳지 않은 것은?

① 매개충의 솔수염하늘소(Monochamus alternata)이다.
② 소나무, 특히 적송과 흑송이 매우 감수성인 수종이다.
③ 병에 감염되면 수령(樹齡)과 관계 없이 침엽이 변색하면서 나무가 말라 죽는다.
④ 병에 대한 방제법으로는 살균제 및 살충제를 교대로 살포하는 것이다.

**해설** 소나무재선충
- 매개충은 해송수염수레하늘소이다.
- 침해를 받은 나무는 4~5월부터 부분적으로 수지분비가 감소하며, 감염 20일을 전후로 증산작용 정지 및 침엽이 갈색으로 변한다.
- 여름부터 가을까지 피해 급증하며, 당년에 80%가 고사한다.
- 선충은 뿌리, 줄기, 가지의 모든 부위에서 침투한다.
- 표고 400m까지 심하며, 700m 이상이면 피해가 없다.
- 소각하거나 훈증제를 사용하여 방제한다.

**29** 수목 바이러스의 전염 방법이 아닌 것은?

① 즙액전염
② 풍매전염
③ 토양선충에 의한 전염
④ 종자전염

**30** 야생동물의 서식지 구성요소로 맞는 것은?

① 먹이-연료-물-공간
② 먹이-물-임연부-공간
③ 먹이-Cover-물-공간
④ 먹이-Cover-임연부-물

**해설**
포식자, 날씨, 번식 등을 위하여 유리한 지점을 제공하는 공간을 커버(Cover)라고 한다.

**31** 녹병균류는 보통 5가지의 포자형을 갖고 있다. 다음 중 녹병균의 포자형이 아닌 것은?

① 담자포자(膽子胞子)
② 분생포자(分生胞子)
③ 녹포자(綠胞子)
④ 여름포자(夏胞子)

**해설**
녹병균의 포자형에는 담자포자, 녹포자, 여름포자, 녹병포자, 겨울포자가 있다.

**32** 보통 식물기생 선충의 서식밀도가 가장 높은 곳은?

① 땅속 60~80cm
② 지표 바로 밑(땅속 10cm 이내)
③ 기주식물의 뿌리 근처(땅속 15cm 정도)
④ 식물체의 눈, 잎부위

**33** 종실을 가해하는 해충이 아닌 것은?

① 밤바구미
② 도토리거위벌레
③ 복숭아유리나방
④ 솔알락명나방

**해설**
복숭아유리나방은 가지와 줄기를 가해한다.

**34** 4~6월경 털녹병에 걸린 잣나무의 줄기에서 볼 수 있는 오렌지색의 포자는?

**정답** 27.② 28.④ 29.② 30.③ 31.② 32.③ 33.③ 34.②

① 겨울포자
② 녹포자
③ 여름포자
④ 담자포자

**해설**
**잣나무 털녹병**
- 중간기주는 송이풀과 까치밥나무이다.
- 녹포자와 녹병포자를 형성하며, 중간기주에서 여름포자·겨울포자의 소생자를 형성한다.
- 수피조직 내에서 균사의 형태적 월동이 이루어지며, 4~5월 하순에 녹포자를 형성한다.
- 약제방제는 거의 불가능하며, 병든 나무는 제거·소각하고, 중간기주는 제거한다.

**35** 다음 조류 중 번식기에 새끼의 배설물로 인하여 나무를 고사시키는 것은?
① 멧비둘기
② 가막딱다구리
③ 까치
④ 백로

**해설**
백로, 왜가리는 군집하며, 배설물로 인해 임목을 고사시킨다.

**36** 다음 중 유충기와 성충기에 같은 기주식물을 가해하는 곤충은?
① 오리나무잎벌레
② 솔나방
③ 솔잎혹파리
④ 매미나방

**해설** **오리나무잎벌레**
- 성충과 유충 모두 오리나무 잎을 가해하며 1년 1회 발생한다.
- 암컷만으로 번식하며 200~500개의 알을 낳는다.
- 천적인 무당벌레나 유충기에는 BHC분제를 살포하여 방제한다.

**37** 수병의 외과적 요법을 설명한 것이다. 옳지 않은 것은?
① 수술방법은 피해부위에 따라 다르며 어떤 경우에도 병환부는 완전히 제거해야 한다.
② 가지를 잘라내었을 경우 석회황합제 등 소독제를 바른 다음 흰페인트 등으로 방수처리한다.
③ 줄기의 일부분이 피해를 받았을 경우 피해부위를 포함한 건전부위까지를 깎아내고 크레오소오트타르 등을 바른다.
④ 외과적 처리 시기는 생장이 멈춘 늦가을에 하는 것이 좋다.

**38** 석회보르도액 조제 시 사용을 금지하여야 하는 용기는?
① 나무통
② 철제통
③ 질그릇통
④ 플라스틱통

**39** 산림 해충 방제법 중 생물적 방제법이 아닌 것은?
① 기생벌 이용
② 잠복소 설치 유살
③ 포식충 이용
④ 병원미생물 이용

**해설** **생물적 방제법**
- 기생성 천적 : 맵시벌류, 기생벌, 기생파리 등이 있다. 맵시벌류는 천적으로 흔히 이용되며 송충알벌은 솔나방의 알에 기생한다. 솔잎혹파리먹좀벌과 혹파리살이먹좀벌, 혹파리등뽈먹좀벌, 혹파리반뽈먹좀벌은 솔잎혹파리의 방제에 이용된다.
- 포식성 천적 : 조류, 양서류, 파충류 등과 풀잠자리목, 딱정벌레목, 노린재목, 벌목 등에 속하는 포식성 곤충 및 거미, 응애류 등이 있다.
- 병원 미생물 : 미생물 농약인 BT는 대량증식으로 살충제와 마찬가지로 제제화, 상품화 되어 솔나방, 미국흰불나방 등의 방제에 활용되고 있다.

**40** 다음 중 조균(藻菌)류에 의한 수병은?
① 동백나무 시들음병
② 잣나무 털녹병
③ 벚나무 빗자루병
④ 향나무녹병

**정답** 35.④ 36.① 37.④ 38.② 39.② 40.①

> **해설**
> 조균에 의한 수병에는 모잘록병, 밤나무의 잉크병, 소나무의 소엽병, 동백나무 시들음병 등이 있다.

## 제3과목 : 임업경영학

**41** 산림평가에 관계가 있는 중요한 임업경영요소에 포함되지 않은 것은?

① 임업노동  ② 임업이율
③ 수익    ④ 비용

**42** 임목평가의 방법 중에서 유령림의 평가에 이용되는 평가법은?

① 시장가역산법  ② 기망가법
③ 글리젤법    ④ 임목비용가법

> **해설**
> **임목평가**
> 일반적으로 유령림에는 임목비용가법, 벌기 미만의 장령림에는 임목기망가법과 수익환원법, 중령림에는 임목비용가법과 임목기망가법의 중간적인 Glaser법, 벌기 이상의 임목에는 임목매매가가 적용되는 시장가역산법을 사용한다.

**43** 원가관리의 목적과 재고자산의 평가 등의 용도로 시작된 원가는?

① 변동원가  ② 고정원가
③ 기회원가  ④ 표준원가

**44** 임업의 경제적 특성에 대한 설명 중 틀린 것은?

① 임업노동은 계절적 제약을 크게 받는다.
② 육성임업과 채취임업이 병존한다.
③ 임업생산은 조방적이다.
④ 공익성이 커서 제한성이 많다.

> **해설** **산림경영의 경제적 특성**
> • 임산물은 무게와 부피가 큰 재화이다.
> • 자본회수에 걸리는 시간이 길다.
> • 임업에서는 자본과 최종 생산물인 수확물이 구분되어 있지 않다.
> • 산림경영은 대규모 경영에 적합하다.
> • 임업에는 육성적 임업과 채취적 임업이 있다.
>   – 육성적 임업 : 자본을 들여 묘목을 심고 가꾸어서 벌채 수확하는 것을 말한다.
>   – 채취적 임업 : 천연적으로 자란 나무를 벌채 수확하는 것을 말한다.
> • 임업노동은 계절적 제약을 크게 받지 않는다.
> • 임업생산과정은 극히 조방적이다.
>   – 조방적(粗放的) : 넓은 경작지에 노동과 자본을 적게 투자하고 주로 자연력을 이용하는 작농하는 형태를 말하며, 반대말은 집약적(集約的)이다.
> • 임업은 공공적 이익이 크다.

**45** 다음 임업수입 중 주수입에 속하는 것은?

① 수피 생산
② 열매생산
③ 토석 채취
④ 죽재 생산

**46** 지황조사에서 토양 건습도가 '적윤'이란?

① 손으로 꽉 쥐었을 때 손바닥 전체에 습기가 묻고 물에 대한 감촉이 뚜렷할 때
② 손으로 꽉 쥐었을 때 물기가 남지 않은 정도
③ 손으로 꽉 쥐었을 때 물기가 느껴질 때
④ 손으로 꽉 쥐었을 때 물방울이 떨어질 때

> **해설** **건습도**
> 토양 중의 습기를 감촉에 의해 조사하는 것이다.
> • 습 : 손으로 꽉 쥐었을 때 손가락 사이에 물방울이 맺히는 정도이다.
> • 약습 : 손으로 꽉 쥐었을 때 손가락 사이에 약간의 물기가 비친 정도이다.
> • 적윤 : 손으로 꽉 쥐었을 때 손바닥 전체에 습기가 묻고 물에 대한 감촉이 뚜렷하다.
> • 약건 : 손으로 꽉 쥐었을 때 손바닥에 습기가 약간 묻을 정도이다.
> • 건조 : 손으로 꽉 쥐었을 때 수분에 대한 감촉이 거의 없다.

**정답** 41. ① 42. ④ 43. ④ 44. ① 45. ④ 46. ①

**47** 개별원가계산의 방법에 대한 설명으로 옳지 않은 것은?

① 공정별 원가계산방법이라고도 한다.
② 주로 주문에 의하여 제품을 생산하는 경우에 많이 사용한다.
③ 제품의 원가를 개개의 제품단위별로 직접 계산하는 방법이다.
④ 소비자에게 제품의 원가와 일정한 이익을 합계한 제품가격을 청구하는 데 도움이 된다.

**해설**
**개별원가계산**
- 기계 제작, 건축, 조선 등과 같이 규격이나 종류가 다른 여러 가지 제품을 개별적으로 생산하는 개별 생산이나 주문생산 형태에 알맞은 원가계산 방법으로, 특정제품별로 원가를 계산한다.
- 건설업, 조선업, 인쇄업, 수리업, 목재가구제조업 등에서 채용되고 있다.

**48** 산림조사 기준에서 지황조사 사항이 아닌 것은?

① 방위
② 수종
③ 경사도
④ 건습도

**해설**
**지황조사**
해당 산림에서 임목의 생육에 영향을 미치는 지형적, 환경적 특성을 조사하는 것으로, 지종 구분, 방위, 경사도, 표고, 토성, 토심, 건습도, 지위, 지리, 하층 식생 등이 포함된다.

**49** Breymann의 재적생장량을 구하는 공식에 관한 설명으로 옳지 않은 것은?

$$Z = V_a \frac{2\delta}{D}$$

① 재적생장량을 직경의 함수로 표시한 것이다.
② $V_a$는 현재의 재적이다.
③ D는 현재의 흉고직경이다.
④ $\delta$는 재적생장량이다.

**해설**
$\delta$는 현실림의 평균 임령을 나타내며, 재적생장량은 Z이다.

**50** 지위에 관한 설명으로 옳지 않은 것은?

① 지위지수는 일정 기준임령에서 우세목의 수고를 이용하여 추정한다.
② 동형법에 의하여 유도된 지위지수분류곡선은 지위에 따라 그 형태가 상이하다.
③ 산림경영계획상의 지위지수는 지위지수표에서 지수를 찾은 후 상·중·하로 구분한다.
④ 산림경영계획상의 지위지수는 침엽수와 활엽수로 구분한다.

**해설**
- 지위는 임지의 생산능력을 판단하는 지표로, 상·중·하로 구분한다.
- 동형법에 의한 곡선은 지위에 따른 형태가 동일하다.

**51** 산림생장에 대한 설명으로 옳지 않은 것은?

① 총생장량은 일반적으로 누운 S자 형태를 나타낸다.
② 평균생장량은 수학적으로 총생장량을 수령 또는 임형으로 나눈 양에 해당한다.
③ 시간의 흐름에 따른 평균생장량은 초반에 점차 증가하다가 최고점에 달한 후 감소하는 경향을 나타낸다.
④ 평균생장량과 연년생장량은 최고점에 달하는 시점이 서로 같다.

**해설 평균생장량과 연년생장량의 관계**
- 처음에는 연년생장량이 평균생장량보다 크다.
- 연년생장량은 평균생장량보다 빨리 극대점에 이른다.
- 평균생장량의 극대점에서 두 생장량의 크기는 같다.
- 평균생장량이 극대점에 이르기까지는 연년생장량이 항상 평균생장량보다 크다.

**정답** 47.① 48.② 49.④ 50.② 51.④

- 평균생장량이 극대점을 지난 후에는 연년생장량이 평균생장량보다 하위에 있다.
- 연년생장량이 극대점에 이르는 기간을 유령기, 이때부터 평균생장량이 극대점에 이르기까지를 장령기, 그 이후를 노령기라고 한다.

**52** 임분재적측정방법인 표준목법의 종류 중 전 임분을 1개의 급으로 취급하여 단 1개의 표준목을 선정하는 방법은?

① 하타히(Hartig)법
② 울리히(Urich)법
③ 드라우트(Draudt)법
④ 단급법

**해설**
단급법은 전 임분을 대상으로 표준목을 선정한다.
V=v×n
v : 표준목의 재적, n : 전림의 그루 수

**53** 다음의 임업경영자산 중 고정자산으로 볼 수 없는 것은?

① 임지
② 임업용 사무실
③ 미처분 임산물
④ 임업용 대형기계

**해설**
고정자산에는 임지, 건물, 구축물(임도 · 삭도, 숯가마 등), 기계(산림용인 큰 기계), 동물(산림에 사용되는 말) 등이 있다.

**54** 산림면적이 1000ha이고, 윤벌기가 50년일 때, 1영급에 20개의 영계가 있다면 법정 영급면적은?

① 200ha
② 400ha
③ 600ha
④ 800ha

**해설**
법정 영급면적 = $\dfrac{1,000}{50} \times 20 = 400ha$

**55** 임업투자사업에서 감응도분석 대상으로 고려해야 할 주요 요인이 아닌 것은?

① 생산물의 가격 및 노임 등의 가격요인
② 생산량
③ 사업기간의 지연
④ 감가상각비

**해설**
감응도분석
임업투자사업의 불확실성을 투자사업의 수익과 비용을 결정하는 주요 요인을 변화시켜서 여러 가지 다른 수준에 대한 NPW, B/C, IRR 등을 계산하여 이들이 얼마나 민감하게 변화하는지를 관찰하는 것을 말한다. 감가상각비와는 관계가 없다.

**56** 다음 중 20년 전의 재적이 100m³이고 현재의 재적이 150m³일 때 프레슬러공식을 적용하여 재적생장률을 구하면?

① 1%
② 2%
③ 3%
④ 4%

**해설**
프레슬러공식
$P = \dfrac{V-v}{V+v} \times \dfrac{200}{n} = \dfrac{150-100}{150+100} \times \dfrac{200}{20} = 2\%$
P : 생장율(%), n : 기간, V : 현재의 재적, v : n년 전의 재적

**57** 복리에 의한 후가(後價)계산식으로 옳은 것은? (단, N=n년 간의 복리와 원금과의 합계, V=원금, P=연이율(%), n=기간(년)이다.)

① $N = V \cdot 1.0P^n$
② $N = \dfrac{V}{(1.0P)^n}$
③ $N = V(1+nP)$
④ $N = \dfrac{V}{1+nP}$

**58** 임지기망가를 결정짓는 요인이 아닌 것은?

① 주벌수입
② 간벌수입
③ 조재율
④ 조림비와 관리비

해설 ❀ 임지기망가에 영향을 주는 계산 인자
- 주벌수확과 간벌수확은 공식에서 +로 되어 있으므로 그 값이 클수록 커진다. 또 그 시기가 빠를수록 커진다.
- 조림비 및 관리비는 공식에서 −로 되어있으므로 조림비와 관리비가 클수록 작아진다.
- 이율이 높을수록 작아진다.
- 일반적으로 벌기가 커지면 처음에는 증가하다가 어느 시점에서 최대가 된 다음에 점차 작아진다.

**59** 감가상각비의 계산방법 중에 감가상각비 총액을 각 사용연도에 할당하여 매년 균등하게 감가하는 것은?

① 정액법  ② 정률법
③ 급수법  ④ 비례상각법

해설 ❀
정액법은 직선법이라고도 하며 가장 간단하고 보편적인 감가계산법이다.
- 감가상각비(D) = $\dfrac{C-S}{N}$

C : 구입가격(고정자본재 평가액), N : 내용연수(자산존속 기간), S : 폐물가격

**60** 이상적인 임분의 경우 ha당 재적이 30m³일 때, 현실임분은 ha당 재적이 15m³이라면 이 임분의 입목도는 얼마인가?

① 2  ② 1
③ 0.5  ④ 0.1

해설 ❀
입목도 = $\dfrac{15}{30}$ = 0.5

---

### 제4과목 : 산림공학

**61** 직각 삼각웨어에 있어서 수두 80cm일 때 유량(m³/s)은 얼마인가?

① 0.54m³/s  ② 0.80m³/s
③ 0.37m³/s  ④ 1.24m³/s

해설 ❀
직각 삼각웨어의 유량 공식=1.4×0.8^{5/2}=0.80m³/s

**62** 계간사방 공작물이 아닌 것은?

① 바닥막이
② 기슭막이
③ 수제
④ 누구막이

해설 ❀
누구막이는 산복사방용 공사에 사용한다.

**63** 아래 그림은 체인톱의 체인피치를 구하기 위한 모형이다. 그림에서 a값을 어떤 수치로 나누면 1피치가 되는가?

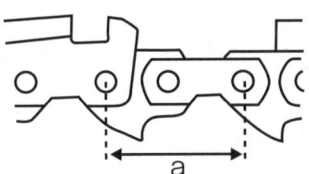

① 1  ② 2
③ 3  ④ 4

**64** 다음 중 찰쌓기를 할 때 물빼기 구멍용 PVC 파이프(직경 3cm 정도)를 몇 m²에 하나씩 설치하는가?

① 1m²
② 2~3m²
③ 4m²
④ 5m²

**65** 황폐계천유역의 구분에 속하지 않은 것은?

① 토사고정구역
② 토사생산구역
③ 토사퇴적구역
④ 토사유과구역

정답 59.① 60.③ 61.② 62.④ 63.② 64.② 65.①

해설 ❖ 황폐계류의 유역구분

| 구분 | 설계속도(km/시간) | 공작물 |
|---|---|---|
| 토사생산구역 | • 최상류부<br>• 토사 생산 왕성<br>• 계상기울기 현저히 저하 | 횡공작물 설치 |
| 토사유과구역 | • 생산된 토사를 이동시키는 구역<br>• 침식 및 퇴적이 적음<br>• 협곡을 이룸 | 종공작물 중심 |
| 토사퇴적구역 | • 최하류<br>• 계상의 기울기 완만<br>• 계폭 넓음 | 모래막이, 수로내기 |

**66** 동력경운기의 엔진에서 경운축까지의 동력전달 순서를 바르게 나열한 것은?

① 엔진-주클러치-주축-경운클러치-변속기-경운축
② 엔진-주축-주클러치-경운클러치-변속기-경운축
③ 엔진-주축-변속기-주클러치-경운클러치-경운축
④ 엔진-주클러치-주축-변속기-경운클러치-경운축

**67** 작업인원 3명을 데리고 300m의 가선을 철거하려고 한다. 이 가선에 대한 목재생산량은 400m³이고 인건비는 1인당 1일 40,000원이었다. 단위재적당 가선 철거비용은?

① 15만 원/m³  ② 12만 원/m³
③ 10만 원/m³  ④ 9만 원/m³

해설 ❖
$\frac{300}{400} \times 120{,}000 = 90{,}000$원

**68** 비탈에 직접 거푸집을 설치하고 콘크리트치기를 하여 비탈안정을 위한 틀을 만들어 그 안을 작은 돌이나 흙으로 채우고 녹화하는 비탈안정공법은?

① 비탈 격자틀붙이기공법
② 비탈 힘줄박기공법
③ 비탈 블록붙이기공법
④ 비탈 지오웨브공법

**69** 다음 중 유량 산정 시 합리식을 적용했을 때 유출계수가 틀린 것은?

① 험준한 산지 : 0.75~0.90
② 제3기층 산악 : 0.70~0.80
③ 기복이 있는 토지와 수림 : 0.50~0.75
④ 유역의 반 이상이 평탄한 대하천 : 0.75~0.90

해설 ❖
유역의 반 이상이 평탄한 대하천의 유출계수는 0.50~0.75이다.

**70** 유역면적이 15km²이고, 비유량이 20m³/s/km²일 때 최대홍수유량은 얼마인가?

① 150m³/s
② 300m³/s
③ 150m³/s
④ 600m³/s

해설 ❖
$15 \times 20 = 300$m³/s

**71** 배수로의 횡단면에서 물과 접촉하는 배수로 주변의 길이는?

① 유적  ② 경심
③ 유량  ④ 윤변

해설 ❖
경심 = $\frac{유적}{윤변}$

**72** 견치돌의 모양에 대한 설명으로 적합하지 않은 것은?

① 견고를 요하는 돌쌓기공사에 사용한다.
② 특별한 규격으로 다듬은 석재이다.

정답 66.④ 67.④ 68.② 69.④ 70.② 71.④ 72.④

③ 접촉부의 너비는 앞면 길이의 1/5 이상이다.
④ 뒷길이는 앞면 길이의 3배 이상이다.

**해설** 견치돌
견고도가 요구되는 사방공사 특히, 규모가 큰 돌댐이나 옹벽공사에 사용되는 돌로, 돌을 뜰 때 치수를 특별한 규격에 맞도록 지정하여 깬돌이다. 앞면은 25cm×25cm~40cm×40cm이고, 뒷길이는 35~60cm이다. 1개의 무게는 70~100kg이다.

**73** 침투능이 가장 낮은 지피상태는?
① 활엽수임지    ② 침엽수임지
③ 초지          ④ 보도

**74** 흙쌓기 공사 중 흙의 압축 또는 공사완료 후의 수축이나 지반의 침하에 대한 소정의 단면의 유지를 위하여 계획 단면 이상으로 높이와 물매를 더하는 것은?
① 흙일 규준    ② 토량의 증가
③ 더쌓기       ④ 흙일의 균형

**해설**
일반적으로 흙쌓기는 시공 후에 시일이 경과하면 수축하여 용적이 감소되므로 5~10% 더 높여 쌓아야 한다.

**75** 임도설계를 위한 설계서 작성에 포함되는 내용이 아닌 것은?
① 공사설명서   ② 일반시방서
③ 평면도       ④ 예정공정표

**76** 임도망을 계획할 때 고려해야 할 사항으로 알맞게 짝지어진 것은?

ㄱ. 운재비가 적게 들도록 한다.
ㄴ. 신속한 운반이 되게 한다.
ㄷ. 운재방법을 이원화되도록 한다.
ㄹ. 운반량을 제한한다.
ㅁ. 일기 및 계절에 따른 운재능력의 제한이 없도록 한다.

① ㄱ, ㄴ, ㄹ    ② ㄱ, ㄴ, ㅁ
③ ㄴ, ㄷ, ㄹ    ④ ㄴ, ㄷ, ㅁ

**77** 벌목 및 조재작업 시 측척, 원목돌리기 등과 같은 작업은 작업의 분류 시 어디에 속하는가?
① 준비작업
② 주체작업
③ 부대작업
④ 작업여유

**78** 다음 중 임목 조재작업에 사용되는 기구·기계가 아닌 것은?
① 도끼         ② 톱
③ 무육낫       ④ 팬(Pan)

**79** 비탈다듬기공사 후에 선떼붙이기를 위한 단끊기 공사를 설계할 때 계단너비는 일반적으로 얼마로 하는가?
① 30~50cm
② 50~70cm
③ 70~90cm
④ 90~110cm

**해설**
단끊기 공사는 직고 1~2m의 간격으로 단을 끊는데, 계단너비는 50~70cm, 발디딤은 10~20cm, 천단폭(마루너비)은 40cm를 기준으로 하며 떼붙이기 기울기는 1:0.2~0.3으로 한다.

**80** 보통 체인톱의 피치로 사용되지 않은 규격은?
① 1/4인치
② 0.325인치
③ 0.404인치
④ 0.505인치

**정답** 73.④  74.③  75.③  76.②  77.③  78.④  79.②  80.④

# 국가기술자격 필기시험문제

2013년 제1회 필기시험

| 자격종목 및 등급(선택분야) | 종목코드 | 시험시간 | 형별 |
|---|---|---|---|
| 산림산업기사 | 2481 | 2시간 | A |

## 제1과목 : 조림학

**1** 묘목의 식재요령에 대한 설명으로 맞는 것은?

① 교통이 불편한 곳일수록 묘목을 소식한다.
② 땅이 비옥하고 성장 속도가 빠르면 밀식한다.
③ 일반적으로 양수는 밀식한다.
④ 소나무처럼 피해를 많이 받는 수종은 소식한다.

**해설** 식재밀도에 영향을 미치는 요인

| 종류 | 내용 |
|---|---|
| 경영 목표 | 작은나무를 조기에 대량 생산하는 경우는 밀식한다. |
| 지리적 조건 | 도로망이 확충되어 있어 간벌재 등의 반출이 용이하고, 조림비가 적게 소요되는 지역은 밀식한다. |
| 토양의 비옥도 | 비옥도가 낮은 토양은 나무의 생장이 늦어지기 때문에 밀식하여 비옥도를 높인다. |
| 내음도 | 양수는 소식하고 음수는 밀식한다. |
| 나무의 종류 | 수간이 굽어져 형질이 악화되는느티나무 등의 활엽수는 소식하고 소나무 해송등의 침엽수는 밀식한다. |

**2** 산벌작업의 3단계를 바르게 묶어 놓은 것은?

① 산벌, 개벌, 택벌
② 예비벌, 하종벌, 후벌
③ 초벌, 중벌, 종벌
④ 정지벌, 무육벌, 성숙벌

**해설**
산벌작업에는 갱신준비를 위한 예비벌, 치수의 발생을 완성하는 하종벌, 치수의 발육을 촉진하는 후벌, 후벌의 마지막인 종벌 등이 있다. 산벌은 순차적으로 벌채가 진행되므로 순차벌이라고도 하며 하종벌부터 종벌까지의 기간을 갱신기간이라한다.

**3** 다음 목본식물 내 지질의 종류 가운데 수목의 2차대사물질인 Isoprenoid 화합물이 아닌 것은?

① 고무       ② 수지
③ Terpenes  ④ Lignin

**해설** 이소프레노이드(Isoprenoid)
이소프렌($CH_2=C(CH_3)CH=CH_2$)이 중합한 탄소골격을 갖는 화합물의 총칭으로, 고무, 수지, 테르펜(Terpenes), 정유 등이 있다.

**4** 가지치기의 설명으로 옳은 것은?

① 역지 이상부의 가지는 끊어도 된다.
② 활엽수 가지치기에서 가지의 직경이 5cm 이상이 되어도 반드시 가지치기를 한다.
③ 가지가 나무 줄기와 직각으로 붙어 있는 것의 가지치기는 절단면의 줄기에 평행하도록 하고, 이때 줄기의 껍질을 벗기는 일이 없도록 한다.
④ 가지의 기부가 굵은 활엽수의 가지치기를 실시할 경우 지융부는 남겨두지 않는다.

**해설** 가지치기의 장점
- 마디 없는 간재를 얻을 수 있다.
- 신장생장을 촉진시킨다.
- 나이테 폭의 넓이를 조절하여 수간의 완만도를 높인다.
- 밑에 있는 나무에 수광량을 증가하여 성장을 촉진시킨다.

**정답** 1.① 2.② 3.④ 4.③

- 임목 상호 간의 부분적 경쟁을 완화시킨다.
- 산림화재의 위험성이 줄어든다.

**5** 테트라졸륨 테스트(TTC Test)는 다음 중에서 어디에 사용되는 방법인가?

① 종자의 발아 촉진 처리방법
② 화아분화 촉진 처리방법
③ 종자의 발아력 검정방법
④ 삽수의 발근 촉진 처리방법

**해설**
종자의 발아 검사방법에는 항온발아기에 의한 방법, 환원법, X선 분석법 등이 있다.

**6** 종자의 활력 검정방법(Viability Test Method)이 아닌 것은?

① 절단법  ② X-선법
③ 효소검출법  ④ 양건법

**해설**
양건법은 종실을 햇빛에 쪼여 건조시키므로서 종자가 자연이탈되도록 하는 종자 탈곡법의 하나이다.

**7** Moller는 항속림 사상을 주장하였다. 다음에서 해당하지 않은 것은?

① 항속림은 동령순림이다.
② 지표 유기물을 잘 보존한다.
③ 천연갱신을 원칙으로 한다.
④ 단목택벌을 원칙으로 한다.

**해설**
항속림은 이령혼효림이다.

**8** 1.8m×1.8m의 정방형식재를 할 때 ha당 소요되는 묘목의 본수는?

① 3,086본  ② 3,776본
③ 5,132본  ④ 2,887본

**해설** 정방형식재
$N = \dfrac{A}{W^2} = \dfrac{10,000}{1.8^2}$ =3,086본

N : 묘목의 총본수, A : 식재지 총면적,
a : 묘목 1본의 점유면적

**9** 노천매장법과 관련된 내용 설명으로 틀린 것은?

① 봄에 파종하면 이듬해 봄에 발아하는 들메나무, 목련류의 종자에 적용한다.
② 땅속 50~100cm 깊이에 모래와 섞어 묻어 둔다.
③ 겨울에는 눈이나 빗물이 스며들지 않도록 한다.
④ 종자의 후숙을 도와 발아를 촉진시키도록 한다.

**해설** 노천매장법
종자를 하루 동안 맑은 물에 담궜다가 종자의 1~3배 가량의 젖은 모래와 혼합하여 땅속에 묻어두는 방법으로, 저장과 동시에 발아를 촉진시키는 효과가 있다. 겨울에는 눈이나 빗물이 스며들도록 놓아 둔다.

**10** 중림작업법에 대한 설명으로 틀린 것은?

① 교림과 왜림을 동일 임지에 함께 세워서 경영하는 작업법이다.
② 하목으로서의 왜림은 맹아로 갱신되며 일반적으로 연료재와 소경재를 생산한다.
③ 상목으로서의 교림은 일반용재로 생산할 수 없다.
④ 일반적으로 하층목은 개벌되고 맹아갱신을 반복한다.

**해설**
**중림작업**
- 한 구역 안에서 용재 생산을 목적으로 하는 교림작업과 연료재 생산을 목적으로하는 왜림작업을 동시에 실시하는 것을 말한다.
- 임형은 상·하목의 두 층으로 이루어지며 일반적으로 상목은 실생묘로 육성하는 침엽수종, 하목은 맹아로 갱신하는 활엽수종으로 한다.
  - 상목 : 용재림 생산을 목적으로 하는 교림으로 택벌식으로 벌채된다.
  - 하목 : 연료재 생산을 목적으로 하는 왜림으로 윤벌기로 개벌된다.

정답 5.③ 6.④ 7.① 8.① 9.③ 10.③

**11** 풀베기작업에서 모두베기 방법을 적용하는 것이 가장 바람직한 조림지는?

① 1ha에 200본이 식재된 호두나무 조림지
② 한풍해가 심한 조림지
③ 소나무 밀식 조림지
④ 전나무 소식 조림지

**해설**
**모두베기**
- 조림지 전면의 잡초목을 베어내는 방법으로 임지가 비옥하거나 식재목이 광선을 많이 요구하는 소나무, 낙엽송, 강송, 삼나무, 편백 등의 조림 또는 갱신지에 적용한다.
- 줄베기와 둘레베기에 비해 토양침식 등 식재목과 토양에 가장 나쁜 영향을 주기도 한다.

**12** 임목의 잎에 있는 엽록체가 주로 흡수하여 광합성에 이용하는 광선은?

① 적외선
② 근적외선
③ 자외선
④ 가시광선

**해설**
식물에 이용되는 광선은 가시광선이다.

**13** 소나무 종자 1kg에 대한 협잡물이 0.1kg이고, 발아율이 87%인 경우 그 효율은?

① 79.2%   ② 84.7%
③ 76.7%   ④ 81.8%

**해설**
효율 = $\dfrac{순량율 \times 발아율}{100} = \dfrac{[(0.9/1 \times 100) \times 87]}{100} = 78.3\%$

**14** 느티나무, 아까시나무에 알맞은 파종법은?

① 점파   ② 조파
③ 산파   ④ 상파

**해설**
조파는 느티나무, 싸리, 옻나무, 아까시나무 등 보통종자의 파종에 많이 이용한다.

**15** 묘포에서 늦어도 7월 이전에 비료를 주어야 하는 가장 주된 이유는?

① 생장기가 짧기 때문이다.
② 비료를 흡수할 시간적 여유가 없기 때문이다.
③ 늦게까지 자라게 되어 월동기에 동해를 받기 때문이다.
④ 장마철에 비료분의 유실이 심하기 때문이다.

**해설**
묘포에서 8월 이후에 비료를 주게 되면 나무가 가을, 겨울에도 계속 성장이 되기 때문에 7월 이전에 비료를 주어서 겨울에는 성장이 멈추게 해야 한다.

**16** 다음 중 줄기를 해부했을 때 환공재로 특징되는 수종은?

① 참나무   ② 단풍나무
③ 포플러   ④ 호두나무

**해설**
환공재는 나이테에 물관 구멍이 동심원 모양으로 있는 목재를 말한다.

**17** 다음은 Hawley의 4가지 간벌법이다. 이 중 기계적간벌을 뜻하는 그림은? (단, 모두 동령림이며, 빗금친 부분은 간벌예정이다.)

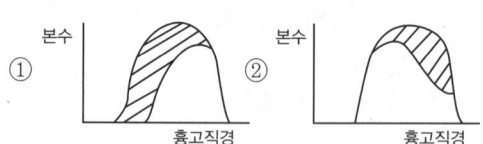

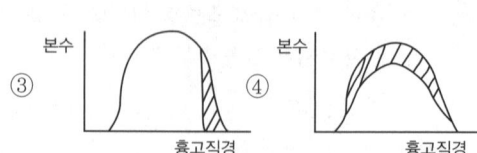

**정답** 11.③  12.④  13.①  14.②  15.③  16.①  17.④

**18** 우리나라 산림에서 적용하는 지위지수(Site Index)를 올바르게 설명한 것은?

① 일정한 수령을 기준으로 하여 그때의 흉고직경의 평균치로 결정한다.
② 일정한 수령을 기준으로 하여 그때의 흉고직경으로 결정한다.
③ 일정한 수령을 기준으로 하여 그때의 재적으로 결정한다.
④ 일정한 수령을 기준으로 하여 그때의 수고로 결정한다.

**19** 죽림을 조성하는 데 사용되는 번식재료로 가장 적당한 것은?

① 죽간          ② 종자
③ 지하경        ④ 지엽부

**20** 다음 수종 가운데 풍매화가 아닌 것은?

① 호두나무      ② 자작나무
③ 포플러류      ④ 피나무

> 해설
> 풍매화는 화분이 바람에 운반되어 수분 및 수정이 이루어지는 꽃을 말한다. 피나무는 충매화이다.

### 제2과목 : 산림보호학

**21** 소나무좀의 방제법으로 적합하지 않은 것은?

① 이목의 박피      ② 등화 유살법
③ 기생성 천적 보호 ④ 각종 피해목 제거

> 해설
> **소나무좀**
> • 1년 1회 발생하며 수피 속에서 월동한다.
> • 신성충의 우화는 6월 상순~7월이다.
> • 유충은 형성층·가도관 부위, 신성충은 신초를 가해한다. 2회 탈피하며 20일의 기간을 가진다.
> • 간벌, 식이목 설치, 이목의 박피, 뿌리에 살충제를 투입하여 방제한다.

**22** 아밀라리아 뿌리썩음병균이 수목의 뿌리를 침해하는 형태는?

① 소생자
② 담자포자
③ 녹파자
④ 근상균사속

> 해설
> 아밀라리아 뿌리썩음병균은 담자균으로 침엽수 및 활엽수에 피해를 주는 병이다.

**23** 병든 가지나 줄기에서 잎이 나오기 전에 잘라 소각하여 방제 효과를 얻을 수 있는 병은?

① 포플러 잎녹병
② 오리나무 갈색무늬병
③ 벚나무 빗자루병
④ 오동나무 탄저병

> 해설 **벚나무 빗자루병**
> • 가지의 일부가 팽대하여 혹 모양이 되며, 이 부근에서 가느다란 가지가 많이 나와 빗자루 모양이 된다.
> • 병든 가지는 봄에 일찍 잎이나고, 꽃망울은 생기지 않는다.
> • 병든 가지의 팽대 부분에서 균사 형태로 월동하며 봄에 포자를 형성한다.
> • 발생 부위만 자르거나 소각은 잎이 피기 전 봄에 하며, 보르도액을 잎이 피기 전 휴면 기간에 1~2회 살포하여 방제한다.

**24** 번데기로 월동하는 해충은?

① 미국흰불나방    ② 집시나방
③ 어스렝이나방    ④ 박쥐나방

> 해설 **해충의 월동 형태**
> • 알 : 솔노랑잎벌, 집시나방, 미류재주나방, 어스렝이나방, 박쥐나방, 텐트나방 등
> • 번데기 : 미국흰불나방, 소나무거미줄잎벌, 소나무순나방, 아까시잎혹파리 등
> • 성충 : 오리나무잎벌레, 쌍엇줄잎벌레, 소나무좀류, 버즘나무방패벌레 등

정답 18.④ 19.③ 20.④ 21.② 22.④ 23.③ 24.①

**25** 임지에 쌓여있는 낙엽과 지피물, 갱신치수 및 지상 관목 등이 타는 산림화재의 종류는?

① 지중화  ② 지표화
③ 수관화  ④ 수간화

**해설** 산불의 종류
- 수관화 : 나무의 윗부분에 불이 붙어 연속해서 수관을 태워나가는 불로, 우리나라에서 발생하는 대부분의 산불이 여기에 속한다. 산불 중에서 가장 큰 피해를 주며 한 번 발생하면 진화가 어렵다.
- 수간화 : 나무의 줄기가 연소하는 것으로 지표화에 의하거나 늙은 나무 또는 줄기의 속이 빈 곳에서 발생한다. 흔히 발생하는 불은 아니나 자작나무류와 같이 불이 붙기 쉬운 나무가 타는 경우가 있으며, 불이 강해져서 다시 지표화나 수관화를 일으킬 수 있다.
- 지표화 : 임야에 퇴적된 건초 등의 지피물이 연소하거나 등산객 등의 부주의로 발생하는 초기단계의 불로 가장 흔하게 일어난다.
- 지중화 : 한랭한 고산지대나 낙엽이 분해되지 못하고 깊게 쌓여 있는 고위도 지방 등에서 지하의 이탄질 또는 연소하기 쉬운 유기 퇴적물이 연소하는 불로 한 번 붙으면 오랫동안 연소한다.

**26** 병원체가 기주의 생체 내에서만 잠재해서 월동하는 것은?

① 잣나무 털녹병균
② 밤나무 줄기마름병균
③ 오리나무 갈색무늬병균
④ 뿌리혹병균(근두암종병균, Crown Gall)

**해설** 잣나무 털녹병
- 중간기주는 송이풀과 까치밥나무이다.
- 녹포자와 녹병포자를 형성하며, 중간기주에서 여름포자·겨울포자의 소생자를 형성한다.
- 수피조직 내에서 균사의 형태적 월동이 이루어지며, 4~5월 하순에 녹포자를 형성한다.
- 약제방제는 거의 불가능하며, 병든 나무는 제거·소각하고, 중간기주는 제거한다.

**27** 다음 중 해충의 기계적 구제방법이 아닌 것은?

① 차단법  ② 포살법
③ 등화유살법  ④ 천적이용법

**해설** 기계적 방제법
- 포살 : 해충의 알, 유충, 성충 등을 직접 손이나 기구를 이용하여 잡는 방법으로 어스렝이나방, 짚시나방, 미군흰불나방 등은 난괴(알)를 채취하여 소각하고 하늘소들은 철사를 이용하여 찔러 죽인다.
- 유살 : 곤충의 특이한 행동습성을 이용하여 유인하여 죽이는 방법이다.
  - 식이유살 : 해충이 좋아하는 먹이를 이용하는 방법으로, 왜콩풍뎅이 등에 적용한다.
  - 잠복처 유살 : 월동이나 용화를 위한 잠복처로 유인하여 유살하며, 솔나방 유충 등에 적용한다.
  - 번식처 유살 : 통나무(나무좀, 하늘소, 바구미)나 입목(좀) 등을 이용해 유살하는 방법이다.
  - 등화(등불)유살 : 녹색, 황색, 백색의 순으로 효과적이며, 단파장 광선을 이용한 유아등(나방을 꾀는 등불)을 많이 이용한다.
- 차단 : 이동성 곤충에 이용하는 방제법으로, 솔잎혹파리의 경우 피해 임지에 비닐을 피복하면 땅에서 우화하는 성충이 나무 위로 올라가는 것과 나무에서 떨어진 유충이 땅속으로 잠입하는 것을 차단할 수 있다.

**28** 다음 중 볕데기(Sun-scorch)에 비교적 저항성인 수종은?

① 오동나무
② 버즘나무
③ 굴참나무
④ 호두나무

**해설**
볕데기는 나무 줄기가 강렬한 태양 직사광선을 받았을 때 수피의 일부에 급격한 수분 증발이 생겨 형성층이 고사하고 그 부분의 수피가 말라 죽는 현상을 말한다. 굴참나무는 수피가 두껍기 때문에 볕데기에 대한 저항성이 크다.

**29** 파이토플라즈마에 의한 수병이 아닌 것은?

① 대추나무 빗자루병
② 뽕나무 오갈병
③ 오동나무 빗자루병
④ 밤나무 잉크병

**정답** 25. ② 26. ① 27. ④ 28. ③ 29. ④

**30** 토양 중에서 월동하는 병원균은?

① 잣나무 털녹병균
② 밤나무 줄기마름병균
③ 파이토플라즈마 빗자루병균
④ 묘목의 잘록병균(모잘록병균)

> **해설**
> 토양에서 월동하는 병원균에는 뿌리썩이 선충류, 오동나무 빗자루병, 근두암종병균, 자줏빛날개무늬병균 등이 있다.

**31** 나무줄기를 1~2m로 잘라 임내에 놓아두고 이에 산란을 유도한 다음, 후에 이를 제거해 소각하는 통나무유살법은 다음의 어느 곤충을 구제하기 위한 것인가?

① 솔잎혹파리
② 소나무좀
③ 미류재주나방
④ 밤바구미

> **해설**
> 통나무유살법은 나무좀, 하늘소, 바구미 등을 유인하여 구제하는 방법이다.

**32** 우리나라에 서식하고 있는 포유류 중 천연기념물이 아닌 것은?

① 하늘다람쥐
② 표범
③ 물범
④ 산양

> **해설  천연기념물(포유류)**
> 우리나라의 천연기념물 중 포유류는 59호 진도 진돗개, 308호 경산 삽살개, 367호 제주 제주마, 216호 사향노루, 217호 산양, 328호 하늘다람쥐, 329호 반달가슴곰, 330호 수달, 331호 물범이다.

**33** 병원균의 잠복기에 대한 설명으로 옳은 것은?

① 포자가 잎 위에 떨어져 병징이 나타날 때까지의 소요되는 기간
② 포자가 바람에 날릴 때부터 감염이 이루어질 때까지의 소요되는 기간
③ 병원체의 침입에서부터 초기병징이 나타나는 발병까지 소요되는 기간
④ 병징이 나타난 직후부터 고사할 때까지의 소요되는 기간

> **해설**
> 잠복기간은 병원체가 침입한 후 초기 병징이 나타날 때까지 소요되는 기간을 말한다.

**34** 침투성 살충제의 설명으로 맞는 것은?

① 입을 통하여 약제가 소화관 내에 들어가 중동을 일으켜 곤충을 죽이는 약제
② 식물체의 뿌리, 줄기, 잎 등에 흡수시켜 이를 흡즙하는 곤충을 죽이는 약제
③ 기체성의 약제가 기문을 통하여 체내에 들어가 곤충을 질식사시키는 약제
④ 곤충이 작물에 접근하는 것을 방해하는 약제

> **해설  침투성 살충제**
> 식물의 일부분에 처리하면 전체에 퍼져 즙액을 빨아 먹는 흡즙성해충을 살해하는 약제로, 솔잎혹파리, 솔껍질깍지벌레 등에 효과가 있다.

**35** 연해의 지표식물로 적합하지 않은 것은?

① 은행나무
② 소나무
③ 밤나무
④ 이끼류

**36** 해충의 개체군 동태를 알기 위해서는 충태별 사망 수, 사망요인, 사망률 등의 항목으로 구성된 표를 많이 이용하고 있다. 이 표의 이름은?

① 생명표
② 수확표
③ 생식표
④ 수명표

**정답**  30. ④   31. ②   32. ②   33. ③   34. ②   35. ①   36. ①

**37** 솔잎혹파리의 방제법으로 가장 적합한 것은?

① 주로 잎을 가해하는 유충일 때 잎에 살충제를 살포하여 구제하는 것이 효과적이다.
② 피해목은 11월 이후에 벌채하여 제거한다.
③ 천적인 마름무늬매미충을 이용한다.
④ 유충낙하기에 이들을 포식하는 박새, 쑥새 등의 포식조류를 보호한다.

**해설 ⊕ 솔잎혹파리**
- 유충이 적송·흑송 등의 두침엽의 접합부에 기생하여 혹을 만들어 피해를 준다. 1년 1회 발생하며, 유충으로 땅속 또는 충영 속에서 월동한다. 6월 상순이 성충의 우화 최성기이며, 성숙 유충의 크기는 1.7~2.8mm이다.
- 성충 우화 시기(5~6월)에 ha당 30~50kg의 살충제를 살포하고, 다이메크론 50% 유제를 흉고직경 1cm당 0.3~0.7ml 정도로 수간주사를 실시한다. 또한 하기벌목(충영 속의 유충 제거), 간벌(고립목의 경우 피해를 덜 입음), 천적(먹좀벌·거미류·개미·박새류) 보호, 비료 주기 등의 방법으로 방제한다.

**38** 소나무좀의 신성충이 가해하는 곳은?

① 수간          ② 잎
③ 새가지       ④ 솔방울

**해설 ⊕ 소나무좀**
- 1년 1회 발생하며 수피 속에서 월동한다.
- 신성충의 우화는 6월 상순~7월이다.
- 유충은 형성층·가도관 부위, 신성충은 신초를 가해한다. 2회 탈피하며 20일의 기간을 가진다.
- 간벌, 식이목 설치, 뿌리에 살충제를 투입하여 방제한다.

**39** 모잘록병을 일으키는 주요 병원균이 아닌 것은?

① Rhizoctonia solani
② Pythoum debaryanum
③ Fusarium acuminatum
④ Taphrina wiesneri

**해설 ⊕**
곰팡이균인 Taphrine wiesneri는 벚나무 빗자루병을 일으킨다.

**40** 솔껍질깍지벌레를 방제하기 위하여 포스팜액제를 수간주사하는 시기는?

① 3월          ② 6월
③ 9월          ④ 12월

**해설 ⊕ 솔껍질깍지벌레**
- 해송·적송을 가해한다.
- 한 번 정착하면 이동하지 않고, 체액을 빨아 먹을 때 유충에서 독소가 나와 고사시킨다.
- 1년 1회, 3~5월에 가장 많이 발생한다.
- 수관하부의 가지부터 고사한다.
- 열세목을 간벌하고 우세목의 수세를 넓혀 해충 저항성을 높이거나 천적(무당벌레)으로 보호한다. 7~9월에 피해목을 벌채하는 것도 방제의 한 방법이다.

### 제3과목 : 임업경영학

**41** 임목 원가라고도 하며, 간벌 이전의 유령 임목에 대한 가격산정에 한하여 적용할 수 있는 것은?

① 임지 기망가    ② 임목 기망가
③ 임목 비용가    ④ 임지 비용가

**해설 ⊕ 임목평가의 개요**
일반적으로 유령림에는 임목비용가법, 벌기 미만의 장령림에는 임목기망가법과 수익환원법, 중령림에는 임목비용가법과 임목기망가법의 중간인 Glaser법, 벌기 이상의 임목에는 임목매매가가 적용되는 시장가역산법을 사용한다.

**42** 측고기를 이용하여 수고를 측정할 때, 주의하여야 할 사항으로 틀린 것은?

① 측정위치는 측정하고자 하는 나무의 정단과 밑이 잘 보이는 지점을 선택하여야 한다.
② 측정위치는 가능하면 나무의 높이보다 가까운 거리에 정하는 것이 오차를 줄일 수 있는 방법이다.
③ 경사진 곳에서는 오차가 생기기 쉬우므

**정답** 37.④  38.③  39.④  40.④  41.③  42.②

로 가능하면 동일한 높이의 위치에서 측정한다.
④ 측고기의 종류에 따라 사용 방법이 다르기 때문에 측고기 사용법을 숙지하는 것이 하나의 오차를 줄일 수 있는 방법이다.

**해설**
측고기를 사용하여 수고(나무의 높이)를 잴 때는 나무의 높이만큼 떨어져서 측정해야 오차를 줄일 수 있다.

**43** 감가상각액의 계산법 중 직선법이라고도 하며, 가장 간단하고 보편적인 감가계산법은?

① 연수합계법
② 정액법
③ 정률법
④ 생산량비례법

**해설**
정액법은 직선법이라고도 하며 가장 간단하고 보편적인 감가계산법이다.

정액법 = $\dfrac{구입가격-폐물가격}{내용연수}$

**44** 명목적 임업이율(r)이 15%이고, 과거의 물가등귀율을 참고할 때 앞으로의 일반물가등귀율(s)을 약 10%로 예측한다면, 실질적 임업이율(P)은?

① 약 3%
② 약 4%
④ 약 6%
④ 약 6%

**해설**
실질적 임업이율=명목적 이율-일반물가 등귀율
15%-10%=5%

**45** 산림평가에 사용되는 임업이율의 성격과 거리가 먼 것은?

① 대부이자가 아니고 자본이자이다.
② 현실이율이 아니고 평정이율이다.
③ 단기이율이 아니고 장기이율이다.
④ 명목적 이율이 아니고 실질적 이율이다.

**해설 임업이율의 특징**
• 사물자본재 용역의 대가에 대한 현실이율이 아니라 평정이율을 적용할 수밖에 없다.
• 장기이율이며, 실질적 이율이 아닌 명목적 이율이다.
• 대부이자가 아니라 자본이자이다.

**46** 산림경영이 효율적이고 합리적으로 운영될 수 있도록 경영계획에서의 삼림구획 순서로 맞는 것은?

① 경영계획구 → 소반 → 임반
② 임반 → 경영계획구 → 소반
③ 소반 → 임반 → 경영계획구
④ 경영계획구 → 임반 → 소반

**47** 국유림경영계획을 위한 지황조사에 대한 설명으로 틀린 것은?

① 방위는 8방위로 구분한다.
② 경사도에서 험준지는 25~30° 미만을 말한다.
③ 지위지수는 상, 중, 하로 구분한다.
④ 임도에서 도로까지 450m인 경우 4급지로 표시한다.

**해설 급지**
임도 또는 도로까지의 거리를 100m 단위로 10등급으로 나누어 구분한다.
• 1급지 : 100m 이하
• 2급지 : 101~200m 이하
• 3급지 : 201~300m 이하
• 4급지 : 301~400m 이하
• 5급지 : 401~500m 이하
• 6급지 : 501~600m 이하
• 7급지 : 601~700m 이하
• 8급지 : 701~800m 이하
• 9급지 : 801~900m 이하
• 10급지 : 901m 이상

**48** 임반을 구획하고 임반번호를 부여하는 방법으로 맞는 것은? (단, 보조 임반을 편성할 경우는 제외)

① 경영계획구 유역 하류에서 시계방향으로 연속되게 아라비아 숫자로 표기한다.

**정답** 43. ② 44. ③ 45. ④ 46. ④ 47. ④ 48. ①

② 경영계획구 유역 하류에서 시계 반대방향으로 연속되게 아라비아 숫자로 표기한다.
③ 경영계획구 산봉부터 산록으로 연속되게 아라비아 숫자를 부여한다.
④ 임반번호의 표시방법이나 부여방향 등은 전적으로 편성자의 의사에 달렸다.

**해설 임반**
산림의 위치 표시, 시업 기록의 편의 등을 고려하기 위한 고정적 구획을 말한다.
- 구획 : 능선, 하천, 도로 등, 자연경계나 도로 등의 고정적 시설을 따라 확정한다.
- 면적 : 100ha 내외로 구획한다.
- 번호 : 산림경영계획구 유역하류에서 시계방향으로 연속되게 아라비아 숫자로 표기하고, 신규 재산 취득 등의 사유로 보조 임반을 편성할 때에는 연접된 임반의 번호에 보조 번호를 부여한다.

**49** 소나무 임분에서 윤벌기 이상의 경제성 있는 임목의 재적이 500m³/ha이고 이 임분의 총 산림생장량이 5m³/ha, 미래 임분에 적용할 윤벌기 연수가 50년이라고 할 때 이 임분의 연간 벌채량을 핸즈릭(Hanzlik)공식법에 의해 구하면 얼마인가?

① 10m³/ha   ② 15m³/ha
③ 20m³/ha   ④ 25m³/ha

**해설 핸즈릭공식**
$5 + \dfrac{500}{50} = 15\,m^3/ha$

**50** 임분의 초기 재적에 대한 순생장량 계산 공식은? (단, $V_1$는 초기의 임목재적, $V_2$는 말기의 임목재적, M은 고사량, C는 벌채량, I는 진계생장량이다.)

① $V_2 + M + C - I - V_1$
② $V_2 + C - V_1$
③ $V_2 + C - I - V_1$
④ $V_2 - V_1$

**해설**
순생장량 = 말기의 임목재적 + 벌채량 − 진계생장량 − 초기의 임목재적

**51** 하가측고기로 기계를 적절히 조정한 후 입목의 최상층부를 측정한 결과 18m, 최하단부를 측정한 결과 2m로 측정되었다. 이 입목의 수고는 얼마인가?

① 22m   ② 20m
③ 18m   ④ 14m

**해설**
상부(18m) + 하부(2m) = 20m

**52** 자료가 많은 경우나 정확도를 요구할 때 사용되는 수고곡선 유도방법은?

① 이동평균법   ② 자유곡선법
③ 드라우트법   ④ 최소자승법

**해설**
최소자승법은 수고 곡선 유도 방법 중 하나로, 자료가 많고 정확한 것을 구하고자 할 때 이용된다.

**53** 금년도 간벌 수입으로 10,000원의 순이익을 얻었다고 하고 연이율 5%로 하여 20년 후의 후가는 얼마인가? (단, $1.05^{20} = 2.6533$)

① 25,000원   ② 26,533원
③ 27,033원   ④ 3,769원

**해설**
후가 = $10,000(1 + 0.05)^{20}$ = 26,533원

**54** 임업자본 중에서 유동자본에 해당하는 것은?

① 벌목기구   ② 조림비
③ 임도        ④ 제재소 설비자본

**해설 유동자본재**
- 조림비 : 종자, 묘목, 비료, 정지 · 식재 · 풀베기 등의 비용
- 관리비 : 감독자의 급료, 사업소의 사무비, 수선비, 공과잡비 등의 비용

정답 49.② 50.③ 51.② 52.④ 53.② 54.②

- 사업비 : 벌목, 운반, 제재 등에 요하는 임금 및 소모품비 등

**55** 임목의 평가방법에 대한 분류 중 비교방식에 해당하며, 간접적 평가방법인 것은?

① 비용가법  ② 시장가역산법
③ 기망가법  ④ 순수익법

**해설**
임목평가 방식
- 원가 방식 : 원가법, 비용가법
- 수익방식 : 기망가법, 수익환원법
- 원가 수익절충방식 : 임지기망가 응용법, Glaser법
- 비교 방식 : 매매가법, 시장가역산법

**56** 감가상각비의 계산 방법 중 자산의 감가가 단순히 시간의 경과에 따라 나타나는 것이 아니라 사용 정도에 비례하여 나타난다는 것을 전제로 하여 계산하는 방법은?

① 작업시간비례법  ② 생산량 비례법
③ 연수 합계법    ④ 정액법

**57** 기계톱을 50만 원에 구입하였다. 이 톱의 내용연수는 3년, 폐기 시의 잔존가치를 5만 원이라 하면 감가상각비는 얼마인가?

① 5만 원   ② 10만 원
③ 15만 원  ④ 20만 원

**해설**
감가상각비 = $\dfrac{500,000-50,000}{3}$ = 150,000원

**58** 투자의 상대적 유이성을 판단하는 기준을 투자효율이라고 하는데, 투자효율의 결정방법이 아닌 것은?

① 회수기간법
② 투자이익율법
③ 임의가치법
④ 수익·비용률법

**해설** 투자효율의 측정
- 순현재가치법(시간가치 고려함) : 미래에 발생할 모든 현금흐름을 적절한 할인율로 할인하여 현재가치로 나타내며 장기투자를 결정하는 방법으로, 현금유입의 현재가에서 현금유출의 현재가를 뺀 것을 순현재가(NPW)라고 한다. 현재가 0보다 큰 투자안을 투자할 가치가 있는 것으로 평가한다.
- 내부투자수익률법(IRR, 시간가치 고려함) : 투자에 의해 장래에 예상되는 현금유입의 현재가와 현금유출의 현재가를 같게 하는 할인율을 말한다. 투자로 인한 내부투자수익률법과 기업에서 바라는 기대수익률을 비교하여 내부투자수익률법이 클 때 투자가치가 있다고 판단하며, 국제 금융기관에서 널리 이용하고 있다.
- 수익·비용률법(시간가치 고려함) : 순현재가치법의 단점을 보완하기 위하여 수익·비용률법(B/C)을 사용한다. 이 방법은 투자비용의 현재가에 대하여 투자의 결과로 기대되는 현금유입의 현재가 비율을 나타내며, B/C율이 1보다 크면 투자할 가치가 있는 사업으로 평가한다.
- 투자이익률법 또는 평균이익률법(시간가치 고려하지 않음) : 연평균 순수익과 연평균 투자액(감가상각비 제외)에 의해 투자이익율=연평균 순수익/연평균 투자액으로 나타내며, 투자대상의 평균 이익율이 기업에서 내정한 이익률보다 높으면 그 투자안을 채택한다.
- 회수기간법(시간가치 고려하지 않음) : 사업에 착수하여 투자에 소요된 모든 비용을 회수할 때까지의 기간을 말한다. 연단위로 표시하며 회수기간=투자액/매년 현금유입액으로 나타낸다.
  기업에서 설정한 회수기간보다 짧으면 그 사업은 투자가치가 있는 유리한 사업이라고 판단한다.

**59** 임업경영에서 조림수종 선택 시 유의사항으로 틀린 것은?

① 조림수종 선정 시 향토수종 중에서 주수종을 선택할 것
② 일시에 새로운 수종을 대량으로 변경하지 말 것
③ 조림기술에 맞는 수종을 선택할 것
④ 각 임지에 적합한 단일 수종만을 선택할 것

**해설** 조림수종 선택 시 고려사항
- 입지조건과 선택수종의 생태적 특성의 부합여부
- 선택수종의 이용적 가치

정답 55.② 56.① 57.③ 58.③ 59.④

- 적용될 작업종과 그 수종의 생태적 특성과의 관련성
- 선택된 수종이 식재될 입지에 미치는 영향
- 조림비용, 생장속도, 내 병충성
- 지하고가 높고 조림의 실패율이 적은 것

**60** 임지기망가(Bu)에 영향을 주는 인자에 대한 설명으로 틀린 것은?

① 주벌수익과 간벌수익의 값은 항상 플러스이므로 이 값이 클수록 Bu가 커진다.
② 조림비와 관리비의 값은 마이너스이므로 이 값이 클수록 Bu가 작아진다.
③ 이율이 높으면 높을수록 Bu가 커진다.
④ 벌기는 보통 높아지면 Bu는 처음에는 그 값이 증대하다가 어느 시기에 가서 최대에 도달하고, 그 후부터는 점차 감소한다.

**해설** 임지기망가에 영향을 주는 계산 인자
- 주벌수확과 간벌수확은 공식에서 +로 되어 있으므로 그 값이 클수록 커진다. 또 그 시기가 빠를수록 커진다.
- 조림비 및 관리비는 공식에서 −로 되어있으므로 조림비와 관리비가 클수록 작아진다.
- 이율이 높을수록 작아진다.
- 일반적으로 벌기가 커지면 처음에는 증가하다가 어느 시점에서 최대가 된 다음에 점차 작아진다.

### 제4과목 : 산림공학

**61** 강선에 의한 집재작업의 특징으로 부적합한 것은?

① 재료구득과 설치가 용이하다.
② 사용수명이 길다.
③ 지형의 제약을 적게 받는다.
④ 대경 장재의 집재에 적합하다.

**해설** 대경 장재는 무거워 강선 작업에는 적합하지 않다.

**62** 비탈면의 안정해석방법에 이용하는 안전율은 흙의 무엇을 현재의 전단응력으로 나눈 값인가?

① 함수율  ② 함수비
③ 전단강도  ④ 인장응력

**해설**
안전율 = $\dfrac{\text{전단강도}}{\text{전단응력}}$

**63** 소실수량에 대한 설명으로 맞는 것은?

① 소비수량이라고도 하며 강수량에서 증발산량을 뺀 수량과 같다.
② 소비수량이라고도 하며 증발산량과 유출량을 합한 것과 같다.
③ 증발산량과 같으며 강수량에서 유출량을 뺀 값과 같다.
④ 강수량과 유출량을 합한 값을 말한다.

**64** 사방댐의 시공목적이 잘못 설명된 것은?

① 계상물매의 완화
② 유출토사의 억제 및 조절
③ 물을 저장하여 수자원 증가
④ 산각 고정

**해설** 사방댐의 기능
- 계상의 물매를 완화하고 종횡침식을 방지한다.
- 산각의 고정과 산복 붕괴를 방지한다.
- 계상에서 퇴적한 불안정한 토사의 유출을 억제하거나 조절한다.
- 산불 진화용수 및 야생동물의 음용수를 공급한다.
- 계류생태계를 보전한다.

**65** 다음 중 특수비탈안정공법(보강공법)이 아닌 것은?

① 앵커박기공법
② 약액주입공법
③ 콘크리트뿜어붙이기공법
④ 말뚝공법

**정답** 60. ③  61. ④  62. ③  63. ③  64. ③  65. ③

해설 ✿ **뿜어붙이기공법**
분체상 혹은 입상의 재료를 압축공기의 압력으로 암반 비탈면에 직접 분사하는 공법이다. 비탈면의 풍화와 낙석 방지에 효과가 있으며, 시멘트 모르타르 뿜어붙이기, 특수 콘크리트 뿜어붙이기, 종자 뿜어붙이기 등이 있다.

**66** 임도 기계화 시공에서 수중굴착 및 구조물의 기초 바닥 등과 같은 상당히 깊은 범위의 굴착과 호퍼(Hopper)작업에 적당한 셔블(Shovel)계 기계는?

① 드래그 라인
② 크레인
③ 크램셀
④ 파워셔블

해설 ✿
클램셀은 수중굴착도 가능한 굴착기계이다.

**67** 일반적인 임업에 사용되는 트랙터에서 차체가 굴절되는 트랙터를 사용하는 이유는?

① 기계의 안정성을 도모하기 위하여
② 회전반경을 줄이기 위하여
③ 제작비를 절감하기 위하여
④ 기계의 구조를 간단하게 하기 위하여

**68** 집재하고자 하는 위치를 원격으로 조종하는 것은?

① URUS I 집재기
② Koller 300 집재기
③ 라디캐리 집재기
④ 모노케이블 집재기

**69** 막쌓기라고도 하며 견치돌이나 큰 들돌을 사용할 수 있으므로 산림토목공사에서 흔히 사용하는 돌쌓기공법은?

① 찰쌓기
② 메쌓기
③ 골쌓기
④ 켜쌓기

해설 ✿
골쌓기는 사방 공작물의 돌쌓기에 이용되며, 견치돌이나 막깬돌을 사용하여 마름모꼴 대각선으로 쌓는다.

**70** 수로의 횡단면적이 18m²이고, 매 초당 수로 횡단면을 통과하는 유량이 72m³/s일 때 평균 유속은?

① 0.25m/s
② 0.5m/s
③ 2.0m/s
④ 4.0m/s

해설 ✿
유량=유속×유적, 72=유속×18
∴ 유속=4m/s

**71** 임도밀도의 의미를 나타낸 것은?

① ha당 임도의 전체 넓이
② ha당 임도의 길이
③ ha당 임도의 개소수
④ ha당 임목 축적에 따른 임도 길이

**72** 작업공정표 작성 시 작업시간에 계산되지 않은 사항은?

① 준비시간, 휴식시간
② 실 작업시간
③ 출근 시간
④ 감독관의 지시를 받는 시간

**73** 임지가 결빙되었을 경우 임목수확작업 시 장점으로 틀린 것은?

① 토양의 견밀도 증가로 습한 지역에서의 작업이 용이하다.
② 토양의 표면마찰이 작아 집·운재작업이 용이하다.
③ 작업은 용이하지만 임지의 훼손은 크다.
④ 마찰저항의 저하로 작업의 부하가 경감된다.

정답 66.③ 67.② 68.③ 69.③ 70.④ 71.② 72.③ 73.③

**74** 임도를 개설함으로서 발생되는 문제점이라고 할 수 없는 것은?
① 임지붕괴 및 토사유출의 원인이 유발되어질 가능성이 높다.
② 절개지와 성토지의 노출 등으로 인한 자연경관의 파괴가 우려된다.
③ 임도개설로 인한 지역의 산림 및 인접 산림의 무분별한 개발이 초래될 수 있다.
④ 임도로 인한 임업생산과 임지면적의 감소를 초래한다.

**75** 임도의 시공에 있어서 사면의 안정을 위해서는 토사의 안식각이 매우 중요하다. 다음 중 안식각에 대한 설명으로 가장 적합한 것은?
① 경사면에서 물매(경사)가 점차 완만해져 어느 각도에 이르면 영구히 안정을 이루는데 이때 수평면과 비탈면이 이루는 각을 말한다.
② 경사면상의 임목에 의해 슬라이딩(미끄러짐)이 발생하여 그 물매(경사)가 어느 정도의 세월이 흐르고 나면 일정한 각도에 이르게 되는데 이때의 각을 말한다.
③ 임도의 시공에서 인력에 의한 절·성토 사면이 이루는 안식각은 임도의 시공 후 10년이 경과되었을 때 이루는 각을 말한다.
④ 경사면에서 내부의 힘에 의해 발생되어지는 슬라이딩(미끄러짐)이 계속 진행되고 난 후에 어느 일정기간이 지나고 난 후 측정한 각을 말한다.

> 해설
> 안식각은 수평면과 비탈면이 안정을 이루는 각을 말한다.

**76** 쇄석도(부순돌길)의 노체 표준 두께로 가장 적당한 것은?
① 20cm    ② 40cm
③ 60cm    ④ 80cm

**77** 임목의 벌목 및 조재용 장비가 아닌 것은?
① 하베스터    ② 펠러번처
③ 트리펠러    ④ 굴착기

> 해설
> 굴착기는 굴착기계에 해당한다.

**78** 산각이나 계류의 양안을 유수의 침식으로부터 보호하기 위해 설치하는 공작물은?
① 구곡막이    ② 바닥막이
③ 기슭막이    ④ 수제

> 해설
> 기슭막이는 계안의 횡침식을 방지하고 산복공작물의 기초 및 산복붕괴의 직접적인 방지 등을 목적으로 계안에 따라 설치하는 계간 사방공작물이다.

**79** 벌목과 운재작업에서 작업조직을 편성하는 경우에 유의하여야 할 사항과 거리가 먼 것은?
① 노동의 안전화
② 노동강도의 경감화
③ 노동생산의 극대화
④ 작업기간의 단축화

**80** 물이 지표면에서 토층 중으로 스며드는 현상은?
① 침투    ② 투수
③ 저류    ④ 차단

정답 74.④ 75.① 76.① 77.④ 78.③ 79.③ 80.①

# 국가기술자격 필기시험문제

2013년 제2회 필기시험

| 자격종목 및 등급(선택분야) | 종목코드 | 시험시간 | 형별 |
|---|---|---|---|
| 산림산업기사 | 2481 | 2시간 | B |

### 제1과목 : 조림학

**1** 산벌작업의 작업순서로 맞는 것은?

① 하종벌 → 후벌 → 예비벌 → 갱신완료
② 후벌 → 예비벌 → 하종벌 → 갱신완료
③ 하종벌 → 예비벌 → 후벌 → 갱신완료
④ 예비벌 → 하종벌 → 후벌 → 갱신완료

**해설**
산벌작업에는 갱신준비를 위한 예비벌, 치수의 발생을 완성하는 하종벌, 치수의 발육을 촉진하는 후벌, 후벌의 마지막인 종벌 등이 있다. 산벌은 순차적으로 벌채가 진행되므로 순차벌이라고도 하며 하종벌부터 종벌까지의 기간을 갱신기간이라한다.

**2** 다음 그림은 무슨 간벌법인가?

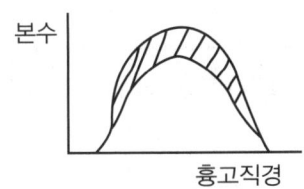

① 하층간벌  ② 수관간벌
③ 택벌식간벌  ④ 기계적간벌

**3** 다음 중 하층간벌에 대한 설명으로 가장 거리가 먼 것은?

① 가장 오랜 역사를 지닌 간벌방법으로 보통간벌이라고 한다.
② 우세목 중 결점이 있는 2급목만 벌채하는 방법이다.
③ 일반적으로 양수성의 수종으로 구성된 임분에 적용된다.
④ 처음에는 피압된 가장 낮은 수관층의 나무를 벌채하고 그 후 점차 높은 층의 나무를 벌채하는 방법이다.

**해설**
**하층간벌**
- 피압된 가장 낮은 수관층의 나무를 먼저 벌채하고 점차 높은 층의 나무를 벌채해 나가는 방법이다.
- 강도 높은 하층간벌이 실시되고 나면 우세목과 준우세목이 남아 있게 되는데, 침엽수의 단순림에 적용하는 데 알맞다.
- 1급목의 일부 및 2~5급목을 적절하게 벌채한다.

**4** 최근 목재로써 인기가 높은 편백의 조림 적지를 가장 잘 나타낸 것은?

① 한대지방
② 온대중부지방
③ 온대북부지방
④ 온대남부, 난대지방

**5** 하목 식재 수종의 구비요건에 대한 설명으로 거리가 먼 것은?

① 내음성이 클 것
② 가지가 적은 수종일 것
③ 소목이라도 약간의 이용 가치가 있을 것
④ 낙엽의 비효가 클 것

**해설**
하목 식재는 내음성과 낙엽의 비효가 커야 하고 가지가 많아야 하며, 이용 가치가 있어야 한다.

**정답** 1.④ 2.④ 3.② 4.④ 5.②

**6** 뿌리에 근류를 가지는 것만으로 나열된 것은?

① 아까시나무, 리기다소나무, 향나무
② 갈매나무, 싸리나무, 소나무
③ 오리나무, 보리수나무, 소귀나무
④ 물푸레나무, 오동나무, 자귀나무

**7** 노천매장법으로 파종하기 한 달쯤 전에 매장하는 것이 발아촉진에 도움을 주는 수종이 아닌 것은?

① 소나무  ② 낙엽송
③ 삼나무  ④ 가래나무

**해설**
노천매장법은 낙엽송, 소나무류, 삼나무, 편백 등의 저장종자에 효과가 있다.

**8** 파종하기 전에 종자의 정착 및 발아, 그리고 어린묘목의 발육이 잘되도록 하기 위하여 정지작업을 한다. 이 작업의 진행 순서는?

① 쇄토 → 밭갈이 → 작상
② 밭갈이 → 쇄토 → 작상
③ 작상 → 쇄토 → 밭갈이
④ 쇄토 → 작상 → 밭갈이

**해설** 정지
토양의 이화학적 성질을 작물의 생육에 알맞은 상태로 조성하기 위하여 파종에 앞서 토양에 가하는 각종 기계적 작업을 말하며, 경운(밭갈이) → 쇄토 → 작상의 순서로 작업한다.

**9** 삽목의 발근이 용이한 수종은?

① 소나무  ② 잣나무
③ 참나무류  ④ 은행나무

**해설**
삽목 발근이 용이한 수종에는 포플러류, 버드나무류, 은행나무, 사철나무, 플라타너스, 개나리, 진달래, 주목, 측백나무, 화백, 향나무, 히말라야시다, 동백나무, 치자나무, 닥나무, 모과나무, 삼나무, 쥐똥나무, 무궁화, 꽝꽝나무 등이 있다.

**10** 조림 수종을 선택하는 요건으로 틀린 것은?

① 성장속도가 빠르고 재적성장량이 높은 것
② 지하고가 낮고 조림의 실패율이 적은 것
③ 가지가 가늘고 짧으며, 줄기가 곧은 것
④ 입지에 대하여 적응력이 큰 것

**11** 다음 수종 중 생가지치기를 할 경우 부후의 위험성이 가장 높은 수종은?

① 단풍나무  ② 소나무
③ 일본잎갈나무  ④ 삼나무

**12** 자작나무, 오리나무의 발아시험기간은 얼마나 되는가?

① 14일간  ② 21일간
③ 28일간  ④ 42일간

**13** 1년생 묘가 상당한 크기에 이르고 공간을 차지하는 수종의 파종방법은 줄로 뿌려주는 조파로 한다. 다음 중 조파로 하지 않은 수종은?

① 밤나무  ② 느티나무
③ 아까시나무  ④ 옻나무

**해설**
밤나무, 호두나무, 상수리나무, 은행나무 등은 점파로 한다.

**14** 밤나무를 조림할 때 수분수를 혼식해야 한다. 수분수는 주품종의 몇 % 정도 식재하는 것이 가장 적합한가?

① 10~20%  ② 20~30%
③ 30~40%  ④ 40~50%

**해설**
수분수는 과수에서 화분(花粉)이 불완전하거나 전혀 없을 때, 자가불화합성(自家不和合性)인 경우에 화분을 공급하기 위하여 섞어 심는 나무를 말하며, 밤나무는 20~30%를 식재한다.

**정답** 6.③ 7.④ 8.② 9.④ 10.② 11.① 12.③ 13.① 14.②

**15** 수정이 되어서 종자가 성숙되어 가는 과정 가운데 배유 안에서 분화되서 자엽, 유아, 배축, 유근 등을 형성한다. 이때 다음 침엽수종 가운데 자엽의 수가 가장 많은 것은?

① 소나무
② 측백나무
③ 향나무
④ 주목

**해설**
자엽은 종자식물의 개체 발생에 있어 최초로 형성되는 잎을 말한다. 향나무는 2장, 은행나무는 2~3장, 소나무나 전나무 등은 6~12장이다.

**16** 한 임분을 구성하고 있는 임목 중 성숙한 임목만을 국소적으로 추출·벌채하고 그 곳의 갱신이 이루어지게 하는 갱신법으로 어떤 설정된 갱신기간이 없고 임분을 항상 각 영급의 나무가 서로 혼생하도록 하는 작업방법은?

① 택벌작업
② 산벌작업
③ 모수작업
④ 중림작업

**해설**
택벌은 일정 기간 내 모든 임목을 벌채하여 갱신면을 노출시키는 일이 없고 성숙목을 부분적으로 벌채하여 항상 일정한 임상이 유지되는 것으로, 이령림형을 나타낸다.

**17** 묘포장을 설계할 때 침엽수종의 경우 토양산도(pH)는 어느 정도가 알맞은가?

① pH 3.0~4.0
② pH 5.0~6.5
③ pH 7.0~8.5
④ pH 9.0~10

**해설**
토양산도는 침엽수는 pH5.0~6.5, 활엽수는 pH5.5~6.0이 적당하고 칼슘(Ca)을 사용하여 산도를 조절한다.

**18** 다음 그림은 잣나무의 가지치기를 나타낸 것이다. a, b, c, d 중 잣나무의 가지치기 방법으로써 가장 좋은 방법은?

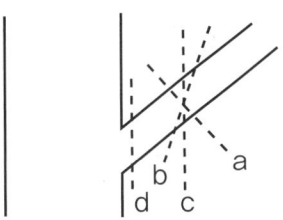

① a
② b
③ c
④ d

**19** 칼슘이온의 양이온치환용량 1M.E.(Milli Equivalenet : Meq)의 양은? (단, 칼슘의 원자량은 40이고 원자가는 2이다.)

① 2g
② 4g
③ 0.02g
④ 0.2g

**해설**
양이온치환용량은 일정량의 토양이나 교질물이 가지고 있는 치환성 양이온의 총량을 당량으로 표시한 것을 말한다. 염기치환용량(BEC : Base Exchange Capacity)이라고도 하며, 보통 100g이 보유하는 치환성 양이온의 총량을 mg당량(Milli Equivalent, M.E.)으로 표시하며, 토양이나 교질물 100g이 보유하고 있는 음전하의 수와 같다.
∴ 2/100=0.02g이다.

**20** 산림이 발휘하는 공익적 기능이 아닌 것은?

① 홍수나 산사태를 방지한다.
② 이산화탄소를 흡수하고 산소를 방출한다.
③ 파티클 보드의 원료로 이용된다.
④ 휴양의 기회를 제공한다.

**해설**
산림의 공익적 기능이란 개인의 이익이 아닌 불특정 다수에게 주어지는 기능이라 할 수 있다.

**정답** 15.① 16.① 17.② 18.④ 19.③ 20.③

## 제2과목 : 산림보호학

**21** 새집을 인공적으로 조성하려고 한다. 박새류 집의 입구구멍의 크기(지름)로 가장 적당한 것은?

① 2.8cm
② 5.8cm
③ 8.8cm
④ 11.8cm

**22** 파이토플라즈마에 의한 수병은?

① 대추나무 빗자루병
② 소나무 잎떨림병
③ 밤나무 눈마름병
④ 포플러 잎녹병

**해설**
파이토플라즈마는 대추나무 빗자루병, 오동나무 빗자루병, 뽕나무 오갈병 등의 병원이다.

**23** 살충제의 주제를 용제에 녹여 계면활성제를 유화제로 첨가하여 제재한 살충제 제형은?

① 유제(Emulsifiable Concentrate)
② 수화제(Wettable Power)
③ 분제(Dust)
④ 액제(Liquid)

**해설** 농약
• 유제 : 주제가 물에 녹지 않을 때 유기용매에 녹여 유화제를 첨가한 용액으로 물에 희석하여 사용한다.
• 액제 : 주제를 물에 녹여 사용한다.
• 수화제 : 물에 녹지 않은 주제를 점토광물과 계면활성제 등을 혼합분쇄하여 제제화한 것이다.
• 분제 : 휴효성분을 고체증량제와 소량의 보조제를 혼합하여 분쇄한 분말이다.
• 입제 : 유효성분을 고체증량제와 혼합분쇄하고 보조제를 가하여 입상으로 성형한 것을 말한다.

**24** 천적을 선택할 때 구비조건으로 적당치 않은 것은?

① 증식력이 큰 것
② 해충 출현과 그 생활사가 일치되는 것
③ 성비가 작은 것
④ 2차 기생봉이 없는 것

**해설** 천적의 구비조건
• 해충의 밀도가 낮은 상태에서도 해충을 찾을 수 있는 수색력이 높아야 한다.
• 성비가 커야 한다.
• 대상 해충에 밀접하게 적용되어 해충에 대한 밀도반응적 특성인 기주 특이성을 보여야 한다.
• 세대기간이 짧고 증식력이 높아야 한다.
• 천적의 활동기와 해충의 활동기가 시간적으로 일치되어야 한다.
• 시간적, 공간적으로 쉽고 신속하게 영향권을 확산할 수 있는 분산력이 높아야 한다.
• 다루기 쉽고 대량 사육이 용이해야 한다.
• 2차 기생봉(천적에 기생하는 곤충)이 없어야 한다.

**25** 다음 중 유충으로 월동하는 것은?

① 소나무좀
② 버즘나무방패벌레
③ 오리나무잎벌레
④ 솔수염하늘소

**해설** 해충의 월동 형태
• 알 : 솔노랑잎벌, 집시나방, 미류재주나방, 어스렝이나방, 박쥐나방, 텐트나방 등
• 번데기 : 미국흰불나방, 소나무거미줄잎벌, 소나무순나방, 아까시잎혹파리 등
• 성충 : 오리나무잎벌레, 쌍엇줄잎벌레, 소나무좀류, 버즘나무방패벌레 등

**26** 다음 중 볕데기를 입기 쉬운 수종이 아닌 것은?

① 오동나무
② 호두나무
③ 굴참나무
④ 가문비나무

**해설**
낙엽활엽수 중에는 굴참나무, 상수리나무 등 참나무류와 코르크층의 수피를 가진 수종이 볕데기(피소)에 강하다.

**정답** 21.① 22.① 23.① 24.③ 25.④ 26.③

**27** 아황산가스 피해에 영향을 끼치는 요인이 아닌 것은?

① 광도　　② 온도
③ 상대습도　　④ 식물의 내한성

> **해설** 아황산가스에 대한 식물의 감수성
> - 온도 : 식물은 5℃ 이하에서 아황산가스에 대한 저항성이 높아진다.
> - 상대습도 : 상대습도가 높아짐에 따라 아황산가스에 대한 감수성도 높아진다.
> - 광도 : 암흑에서는 아황산가스에 대한 저항성이 매우 크다.
> - 영양원 : 영양분이 결핍된 곳에서 자란 식물의 감수성은 매우 높다.

**28** 난균에 의하여 발생하는 수목병이 아닌 것은?

① 모잘록병　　② 뿌리썩음병
③ 탄저병　　④ 역병

> **해설**
> 탄저병은 탄저균 감염에 의해 발생하는 급성 전염성 감염 질환이다.

**29** 모잘록병균의 전반에 중요한 역할을 하는 것은?

① 곤충　　② 토양
③ 바람　　④ 새

> **해설**
> 모잘록병은 토양서식 병원균에 의하여 당년생 어린묘의 뿌리 또는 땅가 부분의 줄기가 침해되어 말라 죽는 병이다. 침엽수 중에서는 소나무류, 낙엽송, 전나무, 가문비나무 등에 활엽수 중에는 오동나무, 아까시나무, 자귀나무에 많이 발생한다.

**30** 해충 가운데 침엽수와 활엽수를 모두 가해하는 것은?

① 솔나방　　② 집시나방
③ 텐트나방　　④ 미국흰불나방

> **해설** 집시나방(매미나방)
> - 세계적으로 분포하는 잡식성 해충이다.
> - 침엽수와 활엽수 모두를 가해한다.
> - 1년 1회, 8월 상순에 발생한다.
> - 나무줄기에서 알로 월동하며 산란수는 200~400개이다.
> - 천적을 보호하거나, BHC 분제를 이용하여 방제하다 독성으로 세빈이나 디프렉스 1000배 액을 이용하여 방제한다.

**31** 정주성 내부기생선충 종으로 정착한 주변 세포를 비정상적으로 비대하게 만들어 하나의 영양 저장고로 이용하는 기작을 가지고 있으며 밤나무, 오동나무 등의 묘목을 재배한 묘포에서 많이 발생하는 것은?

① 소나무재선충
② 뿌리썩이 선충
③ 뿌리혹선충
④ 스턴트 선충(Stunt-nematode)

**32** 미국흰불나방의 월동 형태는?

① 유충　　② 번데기
③ 성충　　④ 알

> **해설**
> 미국흰불나방은 1년 2회 발생하며, 나무껍질 사이, 판자 틈, 돌 밑, 지피물 밑 등에서 번데기로 월동한다.

**33** 다음 중 소나무재선충의 중간 매개충은?

① 왕바구미　　② 노린재
③ 하늘소류　　④ 소나무좀

> **해설**
> 소나무재선충의 매개충에는 솔수염하늘소, 북방수염하늘소가 있다.

**34** 다음 중 한해(Drought Injury)에 가장 피해를 받기 쉬운 수종은?

① 서어나무　　② 자작나무
③ 소나무　　④ 오리나무

> **해설**
> 오리나무, 버드나무, 들메나무 같은 습지성 식물은 한해에 약하다.

**정답** 27.④　28.③　29.②　30.②　31.③　32.②　33.③　34.④

**35** 다음 중 밤을 가해하는 종실해충은?

① 미국흰불나방
② 버들재주나방
③ 매미나방
④ 복숭아명나방

해설
복숭아명나방은 유충이 과실류의 열매를 가해하며, 1년 2회 발생한다.

**36** 다음 중 내화력이 강한 수종은?

① 은행나무　② 소나무
③ 아까시나무　④ 삼나무

해설
수목의 내화력

| 구분 | 강한 수종 | 약한 수종 |
|---|---|---|
| 침엽수 | 은행나무, 낙엽송, 분비나무, 가문비나무, 개비자나무, 대왕송 | 소나무, 해송, 삼나무, 편백 |
| 상록 활엽수 | 아왜나무, 굴거리나무, 후피향나무, 붓순, 황벽나무, 동백나무, 사철나무, 회양목 | 녹나무, 구실잣밤나무 |
| 낙엽 활엽수 | 굴참나무, 상수리나무, 고로쇠나무, 피나무, 고광나무, 가중나무, 참나무, 사시나무, 음나무 | 아까시나무, 벚나무, 능수버들, 벽오동나무, 참죽나무, 조릿대 |

**37** 미국흰불나방은 1년에 몇 회 발생하는가?

① 1회　② 2회
③ 3회　④ 6회

해설
미국흰불나방
• 1년 2회 발생하며, 번데기로 월동한다.
• 식엽성해충이다.
• 잡식성이며, 주로 활엽수인 가로수나 정원수 등 160여 수종에 피해를 입힌다. 1958년에 처음으로 발생하였다.

**38** 밤바구미와 같은 종실가해 해충 방제에 효과적인 약제의 사용 방법은?

① 액제 사용
② 입제 살포
③ 분제 시용
④ 훈증 처리

해설
종실의 경우 약제가 남으면 인체에 유해할 수 있으므로 훈증 처리를 하여 방제한다.

**39** 메타 20%, 유제 100cc를 원액의 농도가 0.1%로 희석하려고 할 때 필요한 물의 양은 몇 cc인가?

① 1,000
② 10,000
③ 19,900
④ 29,900

해설
희석할 물의 양
= 원액의 용량 $\times \left(\dfrac{원액의 농도}{희석할 농도} - 1\right) \times$ 비중
$= 100 \times \left(\dfrac{20}{0.1} - 1\right) \times 1 = 19,900$cc

**40** 병원균이 수목의 기공을 통하여 침입하는 병은?

① 소나무류 잎떨림병
② 목재 썩음(부후)병
③ 밤나무 줄기마름병
④ 모잘록병

해설
자연개구부를 통한 침입
• 식물체에 분포하는 자연개구부인 기공, 피목, 수공 등으로 침입하는 것을 말하며 기공으로 침입하는 것을 기공침입이라고 한다.
• 삼나무 붉은마름병균, 소나무 잎떨림병균, 포플러 줄기마름병균, 뽕나무 줄기마름병균 등이 있다.

정답　35. ④　36. ①　37. ②　38. ④　39. ③　40. ①

### 제3과목 : 임업경영학

**41** Schneider 공식에 의한 재적 성장률 공식에서 흉고직경이 28cm인 나무는 상수 K를 얼마로 하는 것이 오차를 적게 하는 방법인가?

① 400　　② 450
③ 500　　④ 550

> **해설** 슈나이더공식
> $P = \dfrac{K}{n \cdot D}$
> P : 생장률(%), n : 수피안쪽 1cm 안에 있는 나이테 수, D : 흉고 지름, K : 상수(직경 30cm 이하인 나무는 550, 30cm 초과는 500)

**42** t년도에 발생하는 예상수익($X_t$)을 할인율(i)로 현재가치[$PV(X_t)$]화하는 계산식은?

① $PV(X_t)=X_t/(1+i)^t$
② $PV(X_t)=X_t/(1+i)$
③ $PV(X_t)=X_t \cdot (1+i)^t$
④ $PV(X_t)=X_t \cdot (1+i)$

> **해설** 전가계산식
> $V = \dfrac{N}{(1+p)^n}$

**43** 임업자산 중 가치가 가장 큰 것은?

① 묘목　　② 임지
③ 임목축적　　④ 비료

> **해설**
> 임목축적은 벌채하기 전에는 고정자산, 벌채한 후에는 유동자산으로 분류되며, 임업자산 중 가장 많은 비중을 차지한다.

**44** 우리나라 산림의 수종별 분포에서 면적이 가장 큰 산림은?

① 침엽수림　　② 활엽수림
③ 혼효림　　④ 죽림

> **해설**
> • 침엽수림 : 40.5%
> • 활엽수림 : 27%
> • 혼효림 : 29%
> • 죽림 : 0.1%

**45** 공·사유림 경영계획에서 실시하는 산림조사 시 표준지 면적은 최소 몇 ha인가?

① 0.02ha　　② 0.04ha
③ 0.06ha　　④ 0.08ha

> **해설**
> 표준지는 산림 내 평균임상인 개소에서 선정하고 1개 표준지의 면적은 최소 20m×20m(0.04ha)로 한다.

**46** 임분의 구성인자를 다음과 같이 정의할 때 초기재적에 대한 총생장량을 계산하는 식으로 적합한 것은?

| |
|---|
| $V_1$ : 측정 초기의 생존 입목재적 |
| $V_2$ : 측정 말기의 생존 입목재적 |
| M : 측정기간 동안의 고사량 |
| C : 측정기간 동안의 벌채량 |
| I : 측정기간 동안의 진계생장량 |

① $V_2+M+C-I-V_1$
② $V_2+M+C-V_1$
③ $V_2+C-I\ V_1$
④ $V_2+C-V_1$

> **해설**
> • $V_2+M+C-V_1$ : 진계생장량을 포함하는 총생장량
> • $V_2+C-I\ V_1$ : 초기재적에 대한 순생장량
> • $V_2+C-V_1$ : 진계생장량을 포함하는 순생장량

**47** 산림조사의 지황조사에 포함되지 않은 것은?

① 지리　　② 경사도
③ 지위　　④ 풍속

> **해설**
> **지황조사**
> 해당 산림에서 임목의 생육에 영향을 미치는 지형적, 환경적 특성을 조사하는 것으로, 지종 구분, 방위, 경사도, 표고, 토성, 토심, 건습도, 지위, 지리, 하층 식생 등이 포함된다.

**정답** 41.④　42.①　43.③　44.①　45.②　46.①　47.④

**48** 금년에 1,000만 원의 간벌수입이 있었다. 연이율이 6%라 할 때, 10년 후의 후가는 약 얼마인가? (단, $(1+0.06)^{10}$은 1.79080이다.)

① 17,908,000원
② 10,600,000원
③ 10,000,000원
④ 7,908,000원

**해설**
후가계산식
$N = V(1+p)^n = 10,000,000(1+0.06)^{10}$
$= 17,908,000$원

**49** 손익분기점 분석 시 필요한 가정으로 틀린 것은?

① 제품의 판매가는 생산량에 따라 변한다.
② 제품 단위당 비용은 일정하다.
③ 재고는 없다.
④ 제품의 생산능률은 변함이 없다.

**해설** 손익분기점 분석을 위한 가정
- 제품의 판매가격은 판매량이 변동하여도 변하지 않는다.
- 원가는 고정비와 변동비로 구분할 수 있다.
- 제품 한 단위당 변동비는 항상 일정하다.
- 고정비는 생산량의 증감에 관계 없이 항상 일정하다.
- 생산량과 판매량은 항상 같으며, 생산과 판매에 동시성이 있다.
- 제품의 생산능률은 변함이 없다.

**50** 단위면적에서 수확되는 목재생산량이 최대가 되는 연령을 벌기령으로 하는 방법은?

① 토지 순수익 최대의 벌기령
② 수익률 최대의 벌기령
③ 재적수확최대의 벌기령
④ 화폐수익 최대의 벌기령

**해설** 재적수확최대의 벌기령
- 단위면적당 매년 평균적으로 수확되는 목재생산량이 최대가 되는 연령을 벌기령으로 정하는 것으로, 벌기평균생장량이 최대인 때를 벌기령으로 정하는 방법이다.
- 우리나라는 목재의 절대량이 부족하므로 임지에서 평균적으로 가장 많은 목재를 생산하는 재적수확최대의 벌기령이 적용되고 있다.

**51** 수고 측정에서 삼각법을 응용한 수고 측고기는?

① 와이제 측고기
② 아소스 측고기
③ 크리스튼 측고기
④ 블루메라이스 측고기

**52** 임지생산력(지위)의 평가방법이 아닌 것은?

① 토양인자를 종합하여 판단하는 방법
② 연령에 의한 방법
③ 지표식물에 의한 방법
④ 우세목 또는 준우세목 수고에 의한 방법

**해설**
연령에 의한 방법은 지위의 평가방법이 아니다.

**53** 표준지의 면적을 정하는 방법에서 중경목은 전체 면적의 몇 %를 차지하는가?

① 5%
② 10%
③ 15%
④ 20%

**54** 일반적으로 매목조사에서는 주로 무엇을 측정하는가?

① 부피
② 수고
③ 흉고직경
④ 입목도

**55** 공·사유림 경영계획에 있어서 임목생산을 위한 기준벌기령으로 맞는 것은? (단, 산업비림은 제외한다.)

① 잣나무 60년
② 참나무류 60년
③ 낙엽송 30년
④ 리기다소나무 30년

**정답** 48.① 49.① 50.③ 51.④ 52.② 53.② 54.③ 55.①

해설 🌳
**기준 벌기령**

| 수종 | 국유림 | 공·사유림 |
|---|---|---|
| 소나무<br>(춘양목 보호림 단지) | 70년<br>(100년) | 50년(30년)<br>(100년) |
| 잣나무 | 70년 | 60년(40년) |
| 리기다소나무 | 35년 | 25년(20년) |
| 낙엽송 | 60년 | 40년(20년) |
| 삼나무 | 60년 | 40년(30년) |
| 편백 | 70년 | 50년(30년) |
| 참나무류 | 70년 | 50년(20년) |
| 포플러류 | 15년 | 15년 |

**56** 투자 비용의 현재가에 대하여 투자의 결과로 기대되는 현금유입의 현재가 비율을 나타내어 투자효율을 결정하는 방법은?

① 순현재가치법
② 투자이익률법
③ 내부투자수익률법
④ 수익·비용률법

해설 🌳
**순현재가치법(시간가치 고려함)**
미래에 발생할 모든 현금흐름을 적절한 할인율로 할인하여 현재가치로 나타내며 장기투자를 결정하는 방법으로, 현금유입의 현재가에서 현금유출의 현재가를 뺀 것을 순현재가(NPW)라고 한다. 현재가가 0보다 큰 투자안을 투자할 가치가 있는 것으로 평가한다.

**57** 임업경영의 성과를 분석하는 데 있어서 틀린 설명은?

① 나무의 생육기간은 오랜 시일이 걸리기 때문에 다른 일반적인 경영에서와 같이 짧은 기간 동안의 성과를 명확하게 계산할 수 없는 경우가 많다.
② 임업경영의 성과를 해마다 분석하는 것은 특별한 일이 없는 한 피하는 것이 좋다.
③ 임업경영의 성과는 임가소득, 임업소득 또는 임업 순수익으로 파악할 수 있다.
④ 경영성과를 분석하는 것은 앞으로의 경영개선을 위하여 매우 중요한 것이다.

**58** 수종을 조사하여 임목의 배열상태를 명백히 하고 침엽수림·활엽수림 또는 침활혼효림으로 나누는 것은?

① 임상
② 임종
③ 임지
④ 임령

해설 🌳 **임상**
• 무입목지 : 임목도가 30% 이하인 임분
• 입목지
 − 침엽수림 : 침엽수가 75% 이상 점유
 − 활엽수림 : 활엽수가 75% 이상 점유
 − 혼효림 : 침엽수 또는 활엽수가 26∼75% 미만 점유하고 있는 임분

**59** 주업적 임업경영 형태 중 벌채노동에 대한 특수훈련과 벌채·하산에 쓰이는 기계·기구의 장비가 필요한 유형의 경영형태는?

① 식재 → 육림 → 임목매각
② 식재 → 육림 → 벌채 → 원목매각
③ 식재 → 육림 → 벌채 → 표고생산·제탄·제재
④ 식재 → 육림 → 벌채 → 원료원목공급(제지)

해설 🌳
주업적 산림경영은 산림부분이 생산경영의 중심을 차지하고 있는 경우 또는 독립된 경영조직을 가지고 산림을 경영하는 것을 말하며 일반적으로 전업적 산림경영이라고도 한다.

**60** 육림비에서 육림기간 중 얻은 수입의 원리합계를 공제한 것은?

① 임업소득
② 임가소득
③ 임목원가
④ 임업조수익

정답 56. ④  57. ②  58. ①  59. ②  60. ③

## 제4과목 : 산림공학

**61** 기계화 발전수준을 비교할 수 있는 기계화지수를 구하는 방법에 해당하지 않은 것은?

① Skogarbeten법
② 단위생산당 기계비용법
③ 단위면적당 에너지 투입량에 의한 방법
④ 단위면적당 장비유지비용법

**62** 다음 중 횡단배수구를 설치하는 장소로 부적합한 것은?

① 흙이 부족하여 속도랑으로서는 부적당한 곳
② 구조물의 앞이나 뒤
③ 외쪽물매 때문에 옆도랑물이 역류하는 곳
④ 대류수가 없는 곳

**해설** 횡단배수구 설치 장소
• 물이 흐르는 아랫방향의 종단기울기 변이점
• 구조물의 앞이나 뒤
• 외쪽물매로 인해 옆도랑이 역류하는 곳
• 흙이 부족하여 속도랑으로 부적당한 곳
• 체류수가 있는 곳

**63** 평면도상에 있어서 임도곡선의 종류가 아닌 것은?

① 단곡선
② 복심곡선
③ 배향곡선
④ 종단곡선

**해설** 평면도상 곡선 종류에는 단곡선, 복심곡선, 반대곡선, 배향곡선이 있다.

**64** 다음 중 임도의 설계순서로 맞는 것은?

① 예비조사 → 답사 → 예측 → 실측 → 설계
② 예측 → 예비조사 → 답사 → 실측 → 설계
③ 답사 → 예비조사 → 예측 → 실측 → 설계
④ 답사 → 예측 → 예비조사 → 실측 → 설계

**65** 임도의 비탈면보호공법 중 주로 흙쌓기비탈면의 보호 및 녹화에 이용되는 것은?

① 선떼붙이기공법
② 떼단쌓기공법
③ 줄떼다지기공법
④ 띠떼심기공법

**해설** 줄떼다지기공법은 주로 성토면에 사용하며 수직높이 20~30cm간격으로 반떼를 수평으로 붙인다.

**66** 다음 콘크리트의 강도에 대한 설명으로 맞는 것은?

① 콘크리트의 양생기간이 짧을수록 좋은 콘크리트를 얻을 수 있다.
② 콘크리트의 압축강도는 재령 28일의 강도를 표준으로 한다.
③ 가급적 물-시멘트비를 65% 이상으로 하는 것이 강도에 좋다.
④ 콘크리트가 굳을 때까지 형태를 유지시켜 주는 구조물을 동바리라 한다.

**해설** 콘크리트
• 양생 : 콘크리트에 충분한 습도와 적당한 온도를 주어 유해한 응력을 가하지 않은 것을 말한다.
 – 양생의 효과는 7일 정도면 나타나고, 콘크리트 온도를 20℃ 정도로 28일이 지나면 충분한 강도를 나타낸다.
 – 보통 콘크리트는 7일, 조강 포틀랜드시멘트는 3일이 습윤 양생기간이다.
• 물-시멘트비=(단위수량/단위 시멘트량)×100

**67** 계간사방 계획 중 재해가 발생되었을 때 하류의 가옥과 경지 등을 복구하기 위한 계획은?

① 경상계획
② 예방계획
③ 응급계획
④ 민생계획

**정답** 61.④ 62.④ 63.④ 64.① 65.③ 66.② 67.③

**68** 사방댐의 방수로에 대한 설명으로 틀린 것은?
① 방수로의 높이는 댐어깨보다 낮아야 한다.
② 방수로의 높이는 댐마루보다 낮아야 한다.
③ 방수로 양옆의 물매는 1:2를 표준으로 한다.
④ 방수로의 위치는 계류의 중심부에 설치하는 것이 원칙이다.

> 해설 🌱 방수로
> • 댐의 유지면에서 매우 중요하며 크기는 집수면적, 강수량, 산림의 상태, 산복의 경사 등에 의해 결정한다.
> • 일반적으로 사다리꼴을 많이 이용하며 방수로 양옆의 기울기는 1:1 즉 45도를 표준으로 한다.

**69** 강선에 의한 집재방법에 대한 설명 중 틀린 것은?
① 시설비용이 적다.
② 사용수명이 길다.
③ 무겁거나 큰 나무의 집재가 곤란하다.
④ 길이 10m 정도 이상의 장재의 집재가 가능하다.

**70** 원목을 집재하기 위하여 차대 틀 위에 원목을 얹어 싣고 가는 집재기를 무엇이라 하는가?
① 스키더    ② 펠러번처
③ 포워더    ④ 야더집재기

**71** 최대 홍수 유량 산정 시 합리식을 이용한 유량 값은 몇 m³/sec인가? (단, 유출계수 0.80, 강우 강도 90mm/hr, 유역면적 10ha이다.)
① 0.5m³/sec
② 1m³/sec
③ 2m³/sec
④ 3m³/sec

> 해설 🌱
> 0.002778×0.8×90×10=2m³/sec

**72** 다음의 와이어의 꼬임 중 보통Z꼬임은?

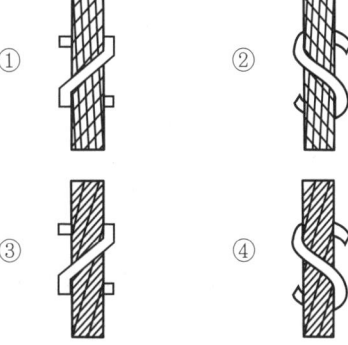

**73** 다음 중 산림작업경비에 해당하지 않은 것은?
① 인건비    ② 관리비
③ 재료비    ④ 기계비

**74** 1m 깊이의 하천 내의 유속이 수면으로부터 20cm 깊이에서는 1.10m/sec, 60cm 깊이에서는 0.92/sec, 바닥에서의 유속은 0.64m/sec이었다면, 종유속곡선이 포물선에 가까울 때 이 수로의 평균 유속은 몇 m/sec인가?
① 0.87
② 0.89
③ 0.98
④ 1.10

**75** 돌망태에 대한 설명으로 틀린 것은?
① 돌망태는 굴요성이 좋다.
② 돌망태는 작업실행이 쉽다.
③ 돌망태는 표면의 조도가 작다.
④ 돌망태는 내구성이 부족한 단점이 있다.

> 해설 🌱
> 조도는 토양입자나 역의 표면이 거칠고 매끄러운 정도를 나타내는 수치이다.

**정답** 68.③  69.④  70.③  71.③  72.①  73.②  74.③  75.③

**76** 기계톱의 안전장치라고 할 수 없는 것은?

① 스프라켓  ② 핸드가드
③ 안전드로틀  ④ 자동체인브레이크

**해설** 체인톱의 안전장치에는 핸드 가더, 체인 캐처, 체인 브레이크, 스로틀 레버 차단판, 뒷손 보호판, 정지 스위치 등이 있다.

**77** 임도공사 시 발생하는 토적을 양단면평균법에 의하여 구하면 몇 m³인가? (단, 양단의 단면적 A₁=25m², A₂=35m², 양단면 사이의 거리는 18m이다.)

① 540  ② 440
③ 340  ④ 240

**해설** 양단면평균법

$V = \dfrac{A_1+A_2}{2} \times \ell$

$V = \dfrac{25+35}{2} \times 18 = 540$

V : 토적(m³), A₁+A₂ : 양단의 단면적(m²),
ℓ : 양단 사이의 거리

**78** 물 침식을 우수침식, 하천침식, 지중침식, 바다침식으로 구분했을 때 우수침식에 속하지 않은 것은?

① 면상침식  ② 누구침식
③ 구곡침식  ④ 용출침식

**해설** 우수침식(강우침식)

- 빗방울침식(우격·타격침식) : 빗방울이 땅 표면의 토양입자를 타격하여 분산 및 비산시키는 침식현상의 가장 초기단계이다.
- 면상침식 : 침식의 초기 유형으로 토양 표면 전반이 얇게 유실되는 침식이다.
- 누구침식 : 침식의 중기 유형으로 토양 표면에 잔 도랑이 불규칙하게 생기면서 깎이는 현상이다.
- 구곡침식 : 침식이 가장 심할 때 생기는 유형으로 도랑이 커지면서 표토뿐만 아니라 심토까지도 심하게 깎이는 현상이다.

**79** 임도의 기능에 대한 설명으로 틀린 것은?

① 산림과 시장, 마을 등을 연결하며 임산물과 인적 자원을 수송하는 기능
② 산림시업을 효율적으로 실행하기 위한 기능
③ 공도에서 산림을 연결하는 노선이 지니고 있는 기능
④ 임내 작업로의 기능을 갖는 일시적 시설로의 기능

**해설** 임도의 기능

- 임업적 기능
  - 수송기능 : 산림과 시장, 마을 등을 연결하여 임산물과 인적자원을 수송한다.
  - 사업기능 : 산림사업을 효율적으로 실행하기 위한 기능으로, 산림경영과 작업의 능률 향상에 중요한 역할을 한다.
  - 도달기능 : 공도에서 산림을 연결하는 노선이 지니고 있는 기능을 말한다.
- 공도적 기능 : 공도에 준한 일반교통을 목적으로 하는 기능이다.

**80** 황폐지에 설치하는 사방댐의 축조 목적이 아닌 것은?

① 산각고정
② 종횡침식의 방지
③ 계상물매의 완화
④ 계곡물의 저장 및 저류

**해설** 사방댐의 기능

- 계상의 물매를 완화하고 종횡침식을 방지한다.
- 산각의 고정과 산복 붕괴를 방지한다.
- 계상에서 퇴적된 불안정한 토사의 유출을 억제하거나 조절한다.
- 산불 진화용수 및 야생동물의 음용수를 공급한다.
- 계류생태계를 보전한다.

**정답** 76. ①  77. ①  78. ④  79. ④  80. ④

# 국가기술자격 필기시험문제

2013년 제3회 필기시험

| 자격종목 및 등급(선택분야) | 종목코드 | 시험시간 | 형별 |
|---|---|---|---|
| 산림산업기사 | 2481 | 2시간 | B |

## 제1과목 : 조림학

**1. 묘포의 입지조건으로 적합하지 않은 것은?**

① 토양은 유기물의 함량이 많고 질소 함량이 많은 식양토일것
② 관수와 배수가 편리할 것
③ 가능한 조림지의 곳 일 것
④ 노동력의 공급 등이 편리할 것

**해설** 묘포의 적지
- 묘목 생산량에 필요한 충분한 면적을 확보할 수 있는 곳이어야 한다.
- 교통과 관리가 편리하고 조림지와 가깝고 묘목 수급이 용이한 곳이어야 한다.
- 점토가 50% 미만인 양토나 식양토로서 토심이 30cm 이상인 곳이어야 한다.
- 토양 산도는 침엽수인 경우 pH5.0~5.5, 활엽수인 경우 pH5.5~6.0이 적당하고, 칼슘(Ca)을 사용하여 토양의 산도를 조절한다.
- 질소의 함량이 적을수록 좋다.
- 평탄한 곳보다 약간 경사진 곳이 관수나 배수가 용이하므로 침엽수를 파종할 곳은 1~2°의 경사지, 기타는 3~5° 정도의 경사지를 선정하는 것이 적합하다.
- 양묘사업의 기계화 및 생력화를 위하여 생산묘목의 수급에 지장이 없도록 생산 주체별 묘포지를 집단화 해야 한다.

**2. 군상 산벌작업은 다음 중 어떤 수종에 가장 알맞은 갱신법인가?**

① 양수　② 음수
③ 극양수　④ 중용수

**해설**
군상 산벌작업은 솎아베기나 어떤 피해를 받아 상층에 숲 틈이 열려 어린나무가 다수 발생하면 그 지점을 중심으로 상층목을 벌채함으로써 어린나무의 발육을 돕고 점차 외부로 산벌에 의한 갱신을 확대시켜 나가는 방법이다. 이는 갱신을 인위적으로 하기 때문에 양수보다는 음수에 더 알맞지만 갱신면의 확대가 불규칙해서 작업의 실행과 관리가 어려운 단점이 있다.

**3. 제벌 작업에 대하여 가장 올바르게 설명하고 있는 것은?**

① 산림보육순서로 보면 간벌작업 후에 실시하는 작업이다.
② 중간 벌채 수입을 목적으로 하지 않는다.
③ 농한기인 겨울철에 실시하는 것이 좋다.
④ 제벌횟수는 어느 수종이나 1회 실시하는 것으로 충분하다.

**해설**
제벌은 조림목이 임관을 형성한 후부터 솎아베기할 시기에 이르는 동안 주로 침입종을 제거하고 아울러 조림목 중에서 자람과 형질이 매우 나쁜 것을 베어 주는 것을 말한다.

**4. 우량한 묘목을 능률적으로 양성하기 위하여 묘포입지를 선정할 때 유의해야 할 조건이 아닌 것은?**

① 평탄한 점질토양이 알맞다.
② 관개와 배수가 동시에 편리한 곳이 좋다.
③ 포지의 5° 이하의 완경사가 바람직하다.
④ 포지의 방위는 위도가 높고 한랭한 지역에서는 동남향이 좋다.

**해설**
묘포는 양토 및 사양토가 좋다.

**정답** 1.① 2.② 3.② 4.①

**5** 나무의 수체에서 수분이 올라갈 때 최저의 저항을 받는 경로의 조직은?

① 피층   ② 사부
③ 부름켜   ④ 목부

**해설**
수목의 직경생장은 주로 수간, 줄기, 뿌리 부분의 목부와 사부 사이에 위치한 형성층의 활동에 의한 비대생장으로 이루어진다. 목부는 물의 이동 통로이다.

**6** 산림토양 내의 수분에서 개벌전과 비교하여 개벌 후의 지하수위 높이는 어떻게 변하게 되는가?

① 높아진다.
② 낮아진다.
③ 낮아졌다가 높아진다.
④ 변화가 없다.

**7** 환경변화에 따른 수목의 기공개폐를 설명한 내용 중 틀린 것은?

① 온도가 높아지면(30~35℃) 기공이 닫힌다.
② 잎의 수분포텐셜이 낮으면 기공이 열린다.
③ 엽육조직의 세포간격에 있는 $CO_2$의 농도가 높으면 기공이 닫힌다.
④ 순광합성이 가능한 정도의 광도이면 기공은 충분히 열린다.

**해설** 수분의 흡수
삼투압은 세포 내로 수분이 들어가는 압력이고, 막압은 세포 외로 수분을 배출하는 압력이다. 수분의 흡수는 삼투압과 막압의 차이에 의해 이루어지는데, 이를 흡수압 또는 확산압차라고 한다.
잎의 수분포텐셜이 높으면 기공을 열어 잎에 있는 수분을 밖으로 배출하는 증산작용이 일어난다.

**8** 하종벌은 다음 중 어느 때 적용하는 것이 좋은가?

① 갱신 주기 때
② 하층식생이 많은 때
③ 유령기 때
④ 결실량이 많을 때

**해설** 하종벌
• 예비벌을 실시 3~5년 후에 종자가 충분히 결실한 해에 종자가 완전히 성숙된 후 벌채하여 지면에 종자를 다량 낙하시켜 일제히 발아시키기 위한 벌채작업으로 간벌이 잘된 곳은 바로 하종벌을 실시할 수 있다.
• 벌채량은 수종에 따른 종자의 비산거리, 치수의 햇빛 요구도 등과 임지의 입지조건을 고려하여 치수가 건전하게 생장하는 데 필요한 햇빛을 충분히 제공할 수 있도록 양수는 강하게 음수는 약간 약하게 벌채하는 것이 적당하다.

**9** 일반적으로 식재 후 13~15년에 이른 임령에서 첫 번째 제벌작업을 실시하는 수종은?

① 소나무   ② 삼나무
③ 낙엽송   ④ 전나무

**해설** 각 수종별 제벌 시기
• 소나무, 낙엽송 : 7~8년
• 삼나무 : 10년
• 가문비나무, 전나무 : 10~13년

**10** 종자발아 촉진법 중에서 종자의 발아를 돕는 화학자극제가 아닌 것은?

① 지베렐린   ② 에틸렌
③ 메틸렌   ④ 질산칼륨

**해설**
임목의 생장 조절 물질에는 옥신, 지베렐린, 시토키닌, 에틸렌, 질산칼륨 등이 있다.

**11** 다음 중 우량묘목이라 할 수 있는 것은?

① 줄기가 곧으며 도장된 것
② 묘목의 가지가 균형있게 뻗고 정아가 완전한 것
③ 근계중에 주근이 길고 곧고 세근이 적은 것
④ T/R률의 값이 큰 것

**정답** 5.④  6.①  7.②  8.④  9.④  10.③  11.②

**12** 간벌의 실행에 관한 설명 중 바른 것은?

① 지위가 나쁠수록 자주 실행한다.
② 일반적으로 겨울 또는 봄에 실시한다.
③ 낙엽송의 간벌개시 임령은 30~40년경이다.
④ 활엽수의 경우 지위가 좋을수록 개시시기가 느려진다.

> **해설** 간벌의 시기
> - 산 가지치기를 수반하지 않을 경우에는 연중 실행이 가능하다.
> - 산 가지치기를 수반하는 경우에는 11월 이후부터 이듬해 5월 이전까지 실행하여야 하나 가지치기를 솎아베기, 어린나무 가꾸기 작업과 별도의 사업으로 구분하여 추진할 경우 작업 여건, 노동력 공급 여건 등을 감안하여 연중 실행이 가능하다.

**13** 삽목번식이 가장 잘되는 나무의 조합은?

① 밤나무, 소나무
② 낙우송, 느티나무
③ 개나리, 회양목
④ 아까시나무, 두릅나무

**14** 다음 풀베기 방법 가운데 모두베기에 대한 설명으로 맞는 것은?

① 한풍해가 예상되는 곳에서 실시한다.
② 조림목이 음수 수종에 적용하면 좋다.
③ 조림목에 광선을 제대로 주지 못하는 단점이 있다.
④ 조림목을 남겨두고 그 지역의 모든 잡초목을 제거하는 방법이다.

> **해설** 모두베기
> - 조림지 전면의 잡초목을 베어내는 방법으로 임지가 비옥하거나 식재목이 광선을 많이 요구하는 소나무, 낙엽송, 강송, 삼나무, 편백 등의 조림 또는 갱신지에 적용한다.
> - 줄베기와 둘레베기에 비해 토양침식 등 식재목과 토양에 가장 나쁜 영향을 주기도 한다.

**15** 다음 중 발아 시험기간이 가장 긴 수종으로 짝지어진 것은?

① 사시나무, 느릅나무
② 아카시나무, 편백
③ 전나무, 느티나무
④ 소나무, 자작나무

> **해설**
> 환원법은 휴면종자, 수확 직후의 종자, 발아시험 기간이 긴 종자에 효과적인 방법으로 피나무, 주목, 향나무, 목련, 잣나무, 전나무, 느티나무 등에 쓰인다.

**16** 묘령의 표시 중 1-1묘와 1/1묘의 설명이 옳은 것은?

① 1-1묘는 파종상에서 1년, 그뒤 한번 상체되어 1년을 지낸 2년생묘목이고, 1/1묘는 뿌리의 나이가 1년, 줄기의 나이가 1년인 삽목묘이다.
② 1-1묘는 뿌리의 나이가 1년, 줄기의 나이가 1년인 삽목묘이고 1/1묘는 파종상에서 1년, 상체해서 2년생 묘목이다.
③ 1-1묘, 1/1묘 모두 뿌리의 나이가 1년, 줄기의 나이가 1년된 삽목묘이다.
④ 1-1묘와 1/1묘 모두 파종상에서 1년, 그 뒤 한 번 상체해서 2년생 묘목을 가리킨다.

> **해설** 실생묘의 묘령
> - 1-0묘 : 처음 1은 파종상에서 지낸 연수이고, 뒤의 0은 판갈이상에서 지낸 연수이다. 따라서 1년생의 실생묘이다.
> - 1-1묘 : 파종상에서 1년, 그 뒤 한 번 이식되어 1년을 지낸 2년생 묘목이다.
> - 2-0묘 : 이식이 된 사실이 없는 2년생묘이다.
> - 2-1묘 : 파종상에서 2년, 이식상에서 1년을 보낸 3년생 묘목이다.
> - 1/1묘 : 뿌리의 나이가 1년, 줄기의 나이가 1년인 삽목묘이다.

**정답** 12. ② 13. ③ 14. ④ 15. ③ 16. ①

**17** 종자의 품질을 나타내는 순량률은 종자의 무엇을 기준으로 한 것인가?

① 무게　　② 수량
③ 부피　　④ 크기

**해설**
순량률(%) = $\dfrac{\text{순정종자량(g)}}{\text{작업시료량(g)}} \times 100$

**18** 파종조림의 성과가 비교적 용이한 수종이 아닌 것은?

① 소나무　　② 전나무
③ 해송　　④ 상수리나무

**해설**
소나무나 전나무 등 발아 후 초기 생장이 늦은 침엽수류는 식재 후 잡초목의 관리에 많은 인력이 소요되는 등의 문제점이 있다.

**19** 식재된 묘목의 고사목을 보충해서 묘목을 심는 것을 보식이라고 한다. 고사율은 수종에 따라 다르나 일반적인 조건에 있어서 몇 %인가?

① 1~10%　　② 10~20%
③ 20~30%　　④ 30~50%

**20** 인공조림에 비해 천연갱신의 특징으로 틀린 것은?

① 실행하기 용이하다.
② 조림비용을 절감할 수 있다.
③ 임지의 퇴화를 막을 수 있다.
④ 임목의 생육환경을 그대로 잘 유지할 수 있다.

**해설**
천연갱신은 후계림을 성립시킴에 있어서 자연적으로 낙하되어 산포된 종자가 발아하는 천연하종 또는 근주, 뿌리, 지하경 등에서 나오는 맹아의 발생을 촉진시키는 등 임목의 번식력과 재생력을 최대한 이용하여 새 임분을 성립시키는 것을 말하며 보안림이나 휴양림 조성에 적합한 방법이다. 천연하종갱신에는 상방천연하종과 측방천연하종이 있다.

---

**제2과목 : 산림보호학**

**21** 다음의 산림 해충 중에서 가장 잡식성인 해충은?

① 솔나방　　② 텐트나방
③ 미국흰불나방　　④ 오리나무잎벌레

**해설** 미국흰불나방
• 1년 2회 발생하며, 번데기로 월동한다.
• 식엽성해충이다.
• 잡식성이며, 주로 활엽수인 가로수나 정원수 등 160여 수종에 피해를 입힌다. 1958년에 처음으로 발생하였다.

**22** 산불이 매우 발생하기 쉽고, 또한 소방이 가장 곤란한 대기의 관계습도는?

① 50% 이상
② 30% 이하
③ 60% 이상
④ 50~60%

**해설** 상대습도별 산불발생 위험도
• 60% 이상 : 산불이 거의 발생하지 않는다.
• 50~60% : 산불이 발생하나 연소 진행이 더디다.
• 40~50% : 산불이 발생하기 쉽고 연소 진행이 빠르다.
• 40% 이하 : 산불이 매우 발생하기 쉽고 진화가 곤란하다.

**23** 곤충의 내외부 형태에 관한 설명으로 틀린 것은?

① 입틀은 윗입술, 큰턱, 작은턱, 아랫입술로 구성된다.
② 가슴은 3개의 고리마디로 구성되고 각 고리마다 3쌍의 다리, 앞가슴과 가운데가슴에는 보통 1쌍씩의 날개가 있다.
③ 심장은 마디마다 다소 불룩하게 되어있어 이것 하나하나를 심실이라고 한다.
④ 기체의 통로는 기문으로 하며 가슴에 2쌍, 배에 8쌍, 모두 10쌍이 원칙이지만 종류에 따라 차이가 있다.

---

**정답** 17. ①　18. ②　19. ②　20. ①　21. ③　22. ②　23. ②

**24** 공장, 자동차 등의 연료연소과정에서 나오는 질소 산화물에 의해 수목이 피해를 받으면 특징적으로 나타나는 주피해 증후는?

① 황화현상
② 엽소현상
③ 괴사현상
④ 잎의 표면에 수침상의 반점현상

**25** 잣나무 털녹병 방제에 적합하지 않은 것은?

① 중간기주를 제거한다.
② 병든 나무를 제거한다.
③ 내병성 품종을 심는다.
④ 토양소독을 철저히 한다.

해설
잣나무 털녹병은 약제 방제가 거의 불가능하며, 병든 나무는 제거·소각하고, 중간기주를 제거한다.

**26** 다음 중 내화력이 약한 수종은?

① 벚나무
② 회양목
③ 은행나무
④ 가시나무

해설
수목의 내화력

| 구분 | 강한 수종 | 약한 수종 |
|---|---|---|
| 침엽수 | 은행나무, 낙엽송, 분비나무, 가문비나무, 개비자나무, 대왕송 | 소나무, 해송, 삼나무, 편백 |
| 상록 활엽수 | 아왜나무, 굴거리나무, 후피향나무, 붓순, 황벽나무, 동백나무, 사철나무, 회양목 | 녹나무, 구실잣 밤나무 |
| 낙엽 활엽수 | 굴참나무, 상수리나무, 고로쇠나무, 피나무, 고광나무, 가중나무, 참나무, 사시나무, 음나무 | 아까시나무, 벚나무, 능수버들, 벽오동나무, 참죽나무, 조릿대 |

**27** 수목 뿌리혹병의 병원체는?

① 바이러스
② 진균
③ 파이토플라즈마
④ 세균

해설
세균에 의한 병에는 뿌리혹병, 잣나무의 눈마름병, 호두나무의 갈색썩음병, 포플러의 세균성 줄기마름병, 단풍나무의 점무늬병 등이 있다.

**28** 대추나무 빗자루병은 어떻게 전반되는가?

① 종자에 의한 전반
② 토양에 의한 전반
③ 공기에 의한 전반
④ 분주에 의한 전반

해설 대추나무 빗자루병
- 가는 가지와 황녹색의 아주 작은 잎의 밀생 및 빗자루 모양이며, 전신성병이다. 병든 나무의 분수를 통해 차례로 전염된다.
- 땅속에서는 뿌리에 의한 전염 우려가 있어 밀식과 간작을 피한다.
- 매개충은 마름무늬매미충이며, 분주에 의한 전반이 나타난다.
- 옥시테트라사이클린으로 방제한다.

**29** 밤바구미 구제에 쓰이는 약제로 틀린 것은?

① 트랄로메트린 유제
② 펜토에이트분제
③ 카바릴수화제
④ 트리클로폰수화제

**30** 아까시잎혹파리의 월동생태와 월동 장소의 연결이 옳은 것은?

① 번데기-수피 틈
② 번데기-땅속
③ 알-수피 틈
④ 알-땅속

정답 24.④ 25.④ 26.① 27.④ 28.④ 29.① 30.②

**31** 야생동물군집 형성을 위한 임분 관리방법에 해당되지 않은 것은?
① 택벌
② 임간 숲 틈 조성
③ 혼효림의 복층림화
④ 순림 위주의 산림관리

**32** 나무의 수피와 목질부 표면을 환상으로 식해하며, 거미줄을 토하여 식해 부위에 철해 놓은 해충은?
① 광릉긴나무좀   ② 알락하늘소
③ 잣나무넓적잎벌 ④ 박쥐나방

> **해설** 박쥐나방
> • 버드나무, 미류나무, 단풍나무, 플라타너스나무, 밤나무, 참나무, 아카시나무, 오동나무 등을 가해하며, 1년에 1회 발생한다.
> • 알 형태로 월동한다.
> • 방제는 알락박쥐나방과 같다.
> • 수목의 지제 부위(땅의 표면 위에 올라온 부위)를 가해한다.
> • 나무의 수피와 목질부 표면을 환상으로 식해하며 거미줄을 토하여 식해 부위를 철해 놓는다.

**33** 상주에 대한 설명으로 틀린 것은?
① 서릿발 또는 동상이라고 부른다.
② 눈이 적게 오고 더운 지역의 산지에 묘목을 가을에 식재하면 그 직후에 상주피해를 입는 일이 많다.
③ 상주가 심한 곳에서 친근성 묘목이 들어올려져 뿌리가 절단되는 현상이 발생한다.
④ 상주의 피해를 방지하기 위해서는 모래 등을 섞어 토질을 개량한다.

> **해설** 서릿발(상주)
> • 지표면이 빙점 이하의 저온으로 냉각될 때 모관수가 얼고 이것이 반복되어 얼음기둥이 위로 점차 올라오게 되는 현상이다.
> • 점토질 토양에서 잘 생기며 수분이 아주 적으면 잘 생기지 않는다.

**34** 화학적 방제 중 약제의 유효성분을 가스 상태로 하여 해충의 기문을 통하여 호흡기에 침입시켜 사망시키는 것은?
① 소화중독제
② 제충제
③ 침투성 살충제
④ 훈증제

> **해설**
> 훈증제에는 클로로피클린, 메틸브로마이드 등이 있다.

**35** 염풍에 강한 수종은?
① 배나무   ② 벚나무
③ 곰솔     ④ 소나무

> **해설** 임목의 내염성 정도
> • 조풍에 강한 나무 : 해송, 향나무, 사철나무, 자귀나무, 팽나무, 돈나무 등
> • 조풍에 약한 나무 : 소나무, 삼나무, 전나무, 사과나무, 벚나무, 편백, 화백 등

**36** 병환부나 죽은 기주체 상에서 월동하는 병균이 아닌 것은?
① 밤나무 줄기마름병균
② 오동나무 탄저병균
③ 낙엽송 잎떨림 병균
④ 잣나무 털녹병균

> **해설**
> 기주수목의 죽은 조직에서 월동하는 병원체에는 낙엽송 잎떨림 병균, 느타나무 갈색무늬 병균, 포플러류 점무늬 병균, 밤나무 줄기마름병균, 오동나무 탄저병균 등이 있다.

**37** 곤충의 소화계에서 기계적 소화가 일어나는 곳은?
① 전장   ② 중장
③ 후장   ④ 후소장

> **해설**
> 곤충의 소화관은 전장, 중장 및 후장으로 나뉜다.

**정답** 31.④  32.④  33.②  34.④  35.③  36.④  37.①

- 전장 : 먹을 것을 임시 저장하며, 기계적 소화가 일어난다.
- 중장 : 소화, 흡수작용이 일어나며 위의 기능을 한다.
- 후장 : 소화관의 맨 끝부분이다.

**38** 잣나무 털녹병의 중간기주는?

① 송이풀
② 참취
③ 잔대
④ 고사리

**해설**
잣나무 털녹병의 중간기주는 송이풀, 까치밥나무이다.

**39** 벚나무 빗자루병의 설명으로 틀린 것은?

① 병원균은 가지 내 세포간극에서 수년간 살면서 가지를 굵게 하고 매년 빗자루병을 만든다.
② 포플러나 복숭아의 잎에서는 잎의 뒷면에 나출자낭을 형성하고 오갈병을 일으킨다.
③ 봄에 꽃이 피지 않는다.
④ 병든 가지를 계속 신속하게 제거해도 박멸을 할 수 없다.

**해설** 벚나무 빗자루병
- 가지의 일부가 팽대하여 혹 모양이 되며, 이 부근에서 가느다란 가지가 많이 나와 빗자루 모양이 된다.
- 병든 가지는 봄에 일찍 잎이나고, 꽃망울은 생기지 않는다.
- 병든 가지의 팽대 부분에서 균사 형태로 월동하며 봄에 포자를 형성한다.
- 발생 부위만 자르거나 소각은 잎이 피기 전 봄에 하며, 보르도액을 잎이 피기 전 휴면 기간에 1~2회 살포하여 방제한다.

**40** 대추나무 빗자루병 방제에 가장 효과적인 약제는?

① 페니실린
② 보르도액
③ 석회황합제
④ 옥시테트라사이클린

---

**제3과목 : 임업경영학**

**41** 임업경영의 목적에 따라 결정하여야 할 벌기령 중 벌기평균생장량이 최대가 되는 때를 벌기령으로 결정하는 것은?

① 토지순수익 최대의 벌기령
② 수익률 최대의 벌기령
③ 화폐수익 최대의 벌기령
④ 재적수확최대의 벌기령

**해설** 재적수확최대의 벌기령
- 단위면적당 매년 평균적으로 수확되는 목재생산량이 최대가 되는 연령을 벌기령으로 정하는 것으로, 벌기평균생장량이 최대인 때를 벌기령으로 정하는 방법이다.
- 우리나라는 목재의 절대량이 부족하므로 임지에서 평균적으로 가장 많은 목재를 생산하는 재적수확최대의 벌기령이 적용되고 있다.

**42** 흉고형수에 영향을 미치는 인자가 아닌 것은?

① 수고
② 지위
③ 벌기령
④ 수종과 품종

**해설** 흉고형수
- 원주의 체적과 수간재적의 비(수간재적/원주체적)를 말한다.
- 우리나라에서는 0.45를 사용한다.
- 수고가 높아질수록, 직경이 커질수록 작아지는 경향이 있다.
- 지위가 양호할수록 형수가 작다.
- 수관밀도가 빽빽할수록 형수가 크다.

**43** 임업소득의 계산 요소인 임업조수익에 포함되는 것은?

① 감가상각액
② 주림목감소액
③ 미처분 임산물 증감액
④ 임업현금지출

---

**정답** 38. ① 39. ④ 40. ④ 41. ④ 42. ③ 43. ③

**해설**
산림조수익=산림현금수입+임산물가계소비액+미처분
임산물증감액+산림생산자재재고증감액+임목성장액

**44** 매목조사는 측정 대상지 각 임목의 어떤 인자를 측정하는가?
① 흉고직경
② 수고
③ 흉고단면적
④ 흉고형수

**45** 임지기망가 산출공식에서 다른 인자가 변하지 않는다는 가정하에서 이율이 높을수록 임지기망가는 어떻게 변화하는가?
① 작아진다.
② 커진다.
③ 관련없다.
④ 일정하다.

**해설** 임지기망가에 영향을 주는 계산 인자
• 주벌수확과 간벌수확은 공식에서 +로 되어 있으므로 그 값이 클수록 커진다. 또 그 시기가 빠를수록 커진다.
• 조림비 및 관리비는 공식에서 −로 되어있으므로 조림비와 관리비가 클수록 작아진다.
• 이율이 높을수록 작아진다.
• 일반적으로 벌기가 커지면 처음에는 증가하다가 어느 시점에서 최대가 된 다음에 점차 작아진다.

**46** 직경을 측정할 때 수피를 포함하는 경우와 수피를 뺀 목질부만을 직경으로 나누어 생각할 수 있다. 다음에서 수피를 측정하는 기구는?
① 윤척
② 수피후 측정구
③ 빌티모아 스틱
④ 섹터포크

**47** 법정림에서 법정상태 요건으로 틀린 것은?
① 법정영급분배
② 법정수확
③ 법정축적
④ 법정생장량

**해설**
법정상태 요건에는 법정영급분배, 법정임분배치, 법정축적, 법정생장량이 있다.

**48** 임령이 24년인 임목을 수간석해 하였을때 단면 번호 1번의 연륜수가 19개이다. 이 임목이 1.2m 자라는 데 소요된 기간은?
① 4년
② 5년
③ 6년
④ 7년

**해설**
24−19=5년

**49** 임업경영의 성과를 나타내는 가장 정확한 지표는?
① 임업조수익
② 임업소득
③ 임업현금수입
④ 임업총수입

**해설**
임업소득은 임업경영의 결과에 따라 직접 얻은 소득이며 성과를 나타내는 가장 정확한 지표이다.

**50** 한 윤벌기에 대한 벌채안을 만들고 각 분기마다 벌채량을 균등하게 하여 재적수확의 보속을 도모하는 방법은?
① 생장량법
② 재적평균법
③ 임분경제접
④ 구획윤벌법

**51** 유령림의 임목평가 방법은?
① 비용가법
② 기망가법
③ 매매가법
④ 환원가법

**해설** 임목평가의 개요
일반적으로 유령림에는 임목비용가법, 벌기 미만의 장령림에는 임목기망가법과 수익환원법, 중령림에는 임목비용가법과 임목기망가법의 중간적인 Glaser법, 벌기 이상의 임목에는 임목매매가가 적용되는 시장가역산법을 사용한다.

**정답** 44.① 45.① 46.② 47.② 48.② 49.② 50.② 51.①

**52** Pressler의 지조율 계산에 사용되는 임목 인자는?

① 직경, 수관
② 수고, 지하고
③ 흉고단면적, 직경
④ 지하고, 직경

> **해설**
> 프레슬러의 지조율은 수고와 지하고 간의 함수로 표시한다.

**53** 산림의 규모가 작은 사유림의 경영에서 볼 수 있는 경영형태로서 자기자본만을 가지고 경영하며 모든 기업의 위험을 전부 부담하는 임업경영의 형태는?

① 단독사기업
② 집단사기업
③ 공기업
④ 공사협동기업

**54** 육림비의 구성 중에서 가장 큰 비중을 차지하는 것은?

① 지대
② 물재비
③ 이자
④ 노동비

> **해설**
> 육림비의 구성요소는 노동비, 직접재료비, 공통재료비, 감가상각비, 지대, 이자 등이며, 이 중에서 이자가 가장 큰 비중을 차지한다.

**55** 산림경영의 지도원칙 중 경제원칙에 해당하는 것은?

① 합자연성의 원칙
② 공공성의 원칙
③ 환경보전의 원칙
④ 보속성의 원칙

> **해설**
> 공공성의 원칙은 산림 또는 산림생산의 사회적 의의를 더욱 발휘하고 인류생활의 복리를 더욱 증진할 수 있도록 산림을 경영하자는 원칙이다.

**56** 임업경영의 형태 중 주업적 임업경영의 유형이 잘못된 것은?

① 식재-육림-벌채-원료원목공급(제지)
② 식재-육림-표고생산·제탄·제재
③ 식재-육림-임목매각
④ 식재-육림-벌채-원목매각

**57** 다음 중 임업노동의 능률을 향상시킬 수 있는 방법으로 거리가 먼 것은?

① 작업방법을 개선·개발한다.
② 작업단을 조직하고 운영한다.
③ 농촌 노동력의 유출을 막는다.
④ 기계·기구를 개발, 개량하여 보급한다.

**58** 임분밀도를 나타내는 척도 중 우세목의 수고에 대한 입목간 평균거리의 백분율을 의미하는 것은?

① 입목도
② 상대밀도
③ 임분밀도지수
④ 상대공간지수

**59** 임업투자결정 중 현금 유입을 통하여 투자금액을 회수하는 데 소요되는 기간을 가지고 투자 결정을 하는 방법은?

① 내부수익률법
② 수익·비용비법
③ 순현재가치법
④ 회수기간법

> **해설**
> **회수기간법(시간가치 고려하지 않음)**
> • 사업에 착수하여 투자에 소요된 모든 비용을 회수할 때까지의 기간을 말한다.
> • 연단위로 표시하며 회수기간=투자액/매년현금유입액으로 나타낸다.
> • 기업에서 설정한 회수기간보다 짧으면 그 사업은 투자가치가 있는 유리한 사업이라고 판단한다.

정답 52.② 53.① 54.③ 55.② 56.② 57.③ 58.④ 59.④

**60** 임지기망가에 대한 설명으로 맞는 것은?

① 임지에서 장래 기대되는 순이익의 현재가 합계로서 정한 가격이다.
② 임지에서 장래 기대되는 순이익의 후가 합계로써 정한 가격이다.
③ 임지에서 기대되는 원가합계로써 정한 가격이다.
④ 임지에서 기대되는 후가합계로써 정한 가격이다.

**해설**
임지기망가는 임지를 임목 생산에 이용하여 그 임지에서 영구히 순수입을 얻을 수 있다고 할 때 그 순수입을 현재의 가치로 환산한 것을 말한다.

## 제4과목 : 산림공학

**61** 물매가 1:1보다 완만한 비탈면이나 평탄한 나지에 안정녹화를 목적으로 뜬떼를 전면적으로 떼붙이기하는 공법은?

① 평떼붙이기공법   ② 선떼붙이기공법
③ 줄떼붙이기공법   ④ 새심기공법

**해설** 평떼붙이기
- 전 면적에 걸쳐 흙이 털어지지 않은 평떼(흙떼)를 붙이거나 심어서 비탈을 일시에 녹화하는 방법이다.
- 시공장소는 경사 45° 이하의 비교적 토양이 비옥한 산지사면이 적합하다.

**62** 일반적으로 산사태와 땅밀림의 차이에 대하여 잘못 설명되어 있는 것은?

① 산사태는 지질과의 관계가 적다.
② 땅밀림은 주로 사질토를 미끄럼면으로 활동한다.
③ 산사태는 100mm/day 이상으로 속도가 대체로 빠르다.
④ 땅밀림은 토괴의 흐트러짐이 적고, 원형을 보존하면서 이동하는 경우가 많다.

**해설** 산사태와 산붕, 땅밀림의 특징

| 구분 | 산사태 및 산붕 | 땅밀림 |
|---|---|---|
| 지질 | 관계가 적음 | 특정 지질 · 지질구조에서 많이 발생 |
| 토질 | 사질토 | 점성토가 미끄러운 면 |
| 지형 | 20도 이상의 급경사지 | 5~20도의 완경사지 |
| 활동상황 | 돌발성 | 계속성, 지속성 |
| 이동속도 | 굉장히 빠름 | 느림 (0.01~10mm/일) |
| 흙덩이 | 토괴 교란 | 원형 보전 |
| 유인 | 강우 · 강우강도 | 지하수 |
| 규모 | 작음 | 큼(1~100ha) |
| 징조 | 돌발적으로 발생 | 발생 전 균열, 함몰, 융기, 지하수의 변동 등이 발생 |

**63** 가장 간단한 방법으로서 산허리의 경사면에 따라 약간의 인공을 가한 도랑을 이용하는 중력에 의한 집재방법은?

① 토수라       ② 도수라
③ 목수라       ④ 플라스틱수라

**해설**
토수라, 목수라, 판자수라, 플라스틱수라 등은 활로에 의한 집재방법이다.

**64** 기계력에 의한 집재방법 중 야더 집재기와 비교하여 트랙터 집재기의 특징으로 틀린 것은?

① 기동성이 크므로 어느 정도의 도로가 있으면 실행된다.
② 면으로부터 선으로 확대하여 집재작업이 된다.
③ 견인력이 크므로 한 번에 다량의 목재를 반출할 수 있다.
④ 저속이므로 장거리 운반에는 바람직하지 못하다.

**정답** 60.① 61.① 62.② 63.② 64.②

해설 ⊙ 트랙터 집재
- 장점 : 기동성과 작업생산성이 높은 반면 작업이 단순하며 비용이 낮다.
- 단점 : 환경에 대한 피해가 크고 완경사지만 가능하며, 높은 임도밀도를 요구한다.

**65** 집재가선에 있어서 와이어로프에 작용하는 하중에 대해 충분한 안전을 확보하기 위해서는 각 용도별로 안전계수를 결정하여 사용해야 한다. 스카이라인(가공본줄)의 안전계수는 얼마인가?

① 1.0 이상  ② 1.5 이상
③ 2.0 이상  ④ 2.7 이상

해설 ⊙
와이어로프 용도별 안전계수
- 가공본줄 : 2.7 이상
- 예인줄, 작업줄, 띠쇠줄, 버팀줄 : 4.0
- 짐달림줄, 호이스트줄 : 6.0

**66** 지표면 유출현상이 계속적으로 일어날 때 소규모의 물줄기에 의한 흐름 때문에 생기는 것은?

① 빗방울침식  ② 면상침식
③ 구곡침식   ④ 누구침식

해설 ⊙ 우수침식(강우침식)
- 빗방울침식(우격·타격침식) : 빗방울이 땅 표면의 토양입자를 타격하여 분산 및 비산시키는 침식현상의 가장 초기단계이다.
- 면상침식 : 침식의 초기 유형으로 토양 표면 전반이 얇게 유실되는 침식이다.
- 누구침식 : 침식의 중기 유형으로 토양 표면에 잔 도랑이 불규칙하게 생기면서 깎이는 현상이다.
- 구곡침식 : 침식이 가장 심할 때 생기는 유형으로 도랑이 커지면서 표토뿐만 아니라 심토까지도 심하게 깎이는 현상이다.

**67** 산림관리기반시설의 설계 및 시설기준에 따라 임도시공을 할 때 경암지역(암석지)의 절토 경사면의 기울기는 얼마로 하는가?

① 1:0.2~0.3
② 1:0.3~0.8
③ 1:0.8~1
④ 1:0.8~1.2

해설 ⊙ 절토사면의 기울기
- 암석지 : 1:0.3~1.2
- 토사지역 : 1:0.8~1.5
- 경암 : 1:0.3~0.8
- 연암 : 1:0.5~1.2

**68** 다음 그림과 같이 밑판, 종자 및 표면덮개의 3부분으로 구성된 일반적인 인공떼제품을 무엇이라고 하는가?

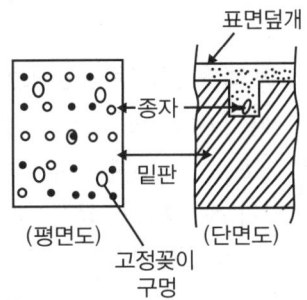

① 식생자루  ② 식생매트
③ 식생대   ④ 식생반

해설 ⊙
식생반은 유기질 토양, 비료, 토양개량제, 종자 등을 섞어 만들며 녹화가 빠르고 종자의 배합이 자유로워 자연 생떼 대용으로 많이 쓰인다.

**69** 깎아낸 보통흙의 경우 일반적인 팽창율은 얼마인가?

① 5~10%   ② 10~20%
③ 20~30%  ④ 30~40%

**70** 트랙터 집재작업 능률에 미치는 인자가 아닌 것은?

① 경사    ② 단재적
③ 임도밀도 ④ 임목의 소밀도

정답 65.④ 66.④ 67.② 68.④ 69.① 70.③

**71** 다음 중 쇄석도의 종류가 아닌 것은?

① 역청 머캐덤도
② 자갈 머캐덤도
③ 시멘트 머캐덤도
④ 수체 머캐덤도

**해설**

**쇄석도 노면포장의 종류**
- 교통체 머캐덤도 : 쇄석이 교통과 강우로 인하여 다져진 도로
- 수체 머캐덤도 : 쇄석의 틈 사이에 석분을 물로 삼투시켜 롤러로 다진 도로
- 역청 머캐덤도 : 쇄석을 타르나 아스팔트로 결합시킨 도로
- 시멘트 머캐덤도 : 쇄석을 시멘트로 결합시킨 도로

**72** 사리도에 대한 설명으로 틀린 것은?

① 자갈을 노면에 깔고 교통에 의한 자연전압으로 노면을 만든 것이다.
② 노반의 시공방법은 크게 상치식과 상굴식으로 구분할 수 있다.
③ 하층일수록 잔자갈을, 표층에 가까울수록 굵은 자갈을 부설하는 것이 좋다.
④ 결합재로는 점토나 세점토사 등이 이용되며, 결합재의 적정량은 자갈무게의 10~15%가 알맞다.

**해설**

자갈길(사리도)는 노상 위에 자갈을 깔고 점토나 토사를 덮은 다음 롤러로 진압시킨 도로이다.

**73** 산사태 발생의 내적요인(소인)이 아닌 것은?

① 지질구조  ② 지형
③ 강우    ④ 임상

**해설**

**산사태의 발생 요인**
- 집중호우 : 강우에 의하여 간극수압의 급격한 상승, 표면우수에 의한 침식, 흙의 포화로 인한 단위체적당 중량 증가 등의 원인에 의하여 산지 사면이 붕괴하려는 힘이 커지는 반면 내부 마찰각 감소, 흙의 전단강도 약화로 산사태가 발생한다.
- 지형 : 사면경사도와 경사형 하천이나 계안에서 산지의 사면하부가 침식될 때에도 산사태가 잘 발생된다.
- 지질 : 지질의 암석학적 요인보다는 국소적인 구조적 요인이 산사태 발생에 더욱 영향을 준다.
- 임상 : 큰 나무의 뿌리는 사면경사에서 내려오는 토괴를 단단히 고정하여 산사태의 발생을 저지한다.
- 인위적 요인 : 임도 건설, 토석 채취 등 인간의 간섭으로 산사태가 발생한다.

**74** 일반적으로 예불기는 정면으로부터 톱날의 회전방향으로 약 몇 도의 부분이 절단효율이 가장 좋은가?

① 30~40도   ② 40~50도
③ 50~60도   ④ 60~70도

**75** 해안사지 조림용 수종이 구비해야 할 일반적인 조건이 아닌 것은?

① 바람에 대한 저항력이 클 것
② 양분과 수분에 대한 요구가 클 것
③ 온도의 급격한 변화에도 잘 견디어낼 것
④ 울폐력이 좋고 낙엽 낙지 등에 의하여 지력을 증진시킬 수 있을 것

**해설**

**해안사지 수종의 구비 조건**
- 양분과 수분에 대한 요구가 적을 것
- 온도의 급격한 변화에도 잘 견디어 낼 것
- 비사, 한해, 조해 등의 피해에도 잘 견딜 것
- 울폐력이 좋고 낙엽, 낙지 등에 의하여 지력을 증진시킬 수 있는 것

**76** 벌도한 목재를 통째로 집재하는 것은?

① 전목집재   ② 전간집재
③ 보통집재   ④ 인력집재

**해설**

전목집재는 임분 내에서 벌도목을 스키더, 타워야더 등으로 집재한 후 임도변 또는 토장에서 가지자르기, 통나무 자르기를 하는 작업형태로 고성능 임업기계를 이용하여 소요 인력을 가장 최소화한다.

**정답** 71.② 72.③ 73.④ 74.④ 75.② 76.①

## 77 곡선부의 차량이 통과하기 위해 곡선부에 취해야 할 사항은?

① 곡선부의 노면 안쪽을 바깥쪽보다 높게 한다.
② 곡선부의 노면 안쪽을 바깥쪽보다 낮게 한다.
③ 양쪽으로 내림물매를 준다.
④ 물매를 주지 않는다.

**해설**
외쪽 기울기는 차량이 곡선부를 통과하는 경우 원심력에 의해 바깥쪽으로 나가려는 힘이 생기므로 곡선부의 노면 바깥쪽을 안쪽보다 8% 이하로 높게 준다.

## 78 평면도상의 임도곡선의 종류가 아닌 것은?

① 단곡선
② 복심곡선
③ 배향곡선
④ 종단곡선

## 79 중력댐의 안정조건이 아닌 것은?

① 기초지반 지지력에 대한 안정
② 전도에 대한 안정
③ 활동에 대한 안정
④ 물매에 대한 안정

**해설**
**중력댐의 안정조건**
- 활동에 대한 안정 : 저항력의 총합이 원칙적으로 수평 외력의 총합 이상으로 되어야 한다.
- 전도에 대한 안정 : 합력작용선이 제저의 중앙 1/3 보다 하류 측을 통과하면 댐 몸체의 상류측에 장력이 생기므로 합력작용선이 제저의 1/3을 통과하도록 한다.
- 제체의 파괴에 대한 안정 : 제체에서의 최대 압축력은 그 허용압축을 초과하지 않아야 한다.
- 기초지반의 지지력에 대한 안정 : 제저에 발생하는 최대압축응력이 지반의 허용압축강도보다 작으면 지반은 안전하다.

## 80 임목수확작업에서 필요한 안전수칙과 거리가 먼 것은?

① 과중한 작업은 기계력을 이용한다.
② 인력에 의한 작업 시 중력을 최대한 이용한다.
③ 안전을 위한 보호 장비는 반드시 착용한다.
④ 소규모 간단한 작업도 다공정 기계를 이용한다.

**정답** 77.② 78.④ 79.④ 80.④

# 국가기술자격 필기시험문제

**2014년 제1회 필기시험**

| 자격종목 및 등급(선택분야) | 종목코드 | 시험시간 | 형별 |
|---|---|---|---|
| 산림산업기사 | 2481 | 2시간 | A |

## 제1과목 : 조림학

**1** 산림 입지를 결정하는 환경 조건으로 옳지 않은 것은?

① 기상환경
② 작업환경
③ 생물환경
④ 토양환경

**2** 종자의 결실량을 증가시키기 위한 방법으로 옳지 않은 것은?

① 간벌을 실시하여 생육공간을 확장한다.
② 수피의 일부를 제거하여 C/N율을 높인다.
③ 단근을 실시하여 질소의 흡수를 조장한다.
④ 줄기에 환상박피, 철선묶기 등의 자극을 준다.

**해설**
단근을 실시하면 질소의 흡수가 촉진되지 않는다.

**3** 양수 또는 음수에 관한 설명으로 옳지 않은 것은?

① 소나무는 양수이고, 주목은 음수이다.
② 양수는 음수보다 광포화점이 높다.
③ 양수는 음수보다 낮은 광도에서 광합성 효율이 낮다.
④ 양수와 음수는 햇빛을 좋아하는 정도가 아니라 그늘에 견딜 수 있는 내음성의 정도에 따라 구분한다.

**해설** 음수
- 광보상점과 광포화점이 양수보다 낮아 낮은 광조건에서도 광합성을 효율적으로 수행한다.
- 하층식생으로서 오랫동안 자랄 수 있다.
- 주위의 경쟁목이 제거되면 즉시 수고생장과 직경생장이 촉진된다.
- 아랫부분의 가지가 잘 떨어지지 않아 지하고가 낮다.

**4** 제벌에 대한 설명으로 옳지 않은 것은?

① 소나무와 낙엽송의 첫 번째 제벌은 식재 후 7~8년이 적정하다.
② 간벌이 시작될 때까지 2~3회 제벌하는 것을 원칙으로 한다.
③ 제벌은 비용만 투입되고 벌채되는 불량목은 거의 이용대상이 되지 못한다.
④ 제벌시기는 나무의 고사 상태를 알고 맹아력을 감소시키기 위해서는 겨울철에 실행하는 것이 좋다.

**해설**
제벌(어린나무 가꾸기)작업은 6~9월 사이에 실시하는 것을 원칙으로 하되 늦어도 11월말까지 완료한다.

**5** 어린나무 가꾸기에 가장 적절한 시기는?

① 12~2월
② 3~5월
③ 6~8월
④ 10~12월

**해설**
제벌(어린나무 가꾸기)작업은 6~9월 사이에 실시하는 것을 원칙으로 하되 늦어도 11월말까지 완료한다.

**정답** 1.② 2.③ 3.③ 4.④ 5.③

**6** 산림작업종의 주요 인자로 옳지 않은 것은?

① 벌채의 종류
② 임도의 위치
③ 새로운 임분의 기원
④ 벌채 및 갱신의 작업면적 크기

> 해설
> 산림작업종은 임분에 관한 것으로, 임도와는 상관 없다.

**7** 적지적수는 종자의 산지와 조림지와의 밀접한 관계가 있다. 어떤 점에 가장 중점을 두어야 하는가?

① 채종원에서 채취한 종자에 의한 묘목을 식재한다.
② 결실되는 지조가 적은 나무에서 채취한 종자에 의한 묘목을 식재한다.
③ 병충해에 대한 저항력이 강한 나무에서 채취한 종자에 의한 묘목을 식재한다.
④ 조림지 부근에서 또는 기후풍토가 비슷한 곳에서 채취한 종자에 의한 묘목을 식재한다.

**8** 발아시험에 있어서 단기간 내 일시에 발아된 종자의 수를 전체 시료 종자의 수로 나누어 백분율로 나타낸 것은?

① 효율
② 발아세
③ 발아력
④ 발아율

> 해설
> 발아세를 통해 종자의 발아력을 판단할 수 있다.
> 발아세(%) = $\dfrac{\text{가장 많이 발아한 날까지 발아한 종자 수}}{\text{발아 시험용 종자 수}}$ ×100

**9** 일본잎갈나무의 꽃눈이 분화하는 시기는?

① 3월경
② 5월경
③ 7월경
④ 9월경

**10** 광색소에서 파이토크롬(Phytochrome)의 설명으로 옳지 않은 것은?

① 암흑 속에서 기른 식물 체내에서 적게 검출된다.
② 햇빛을 받으면 합성이 일부 금지되거나 파괴된다.
③ Pyrrole 4개가 모여서 이루어진 발색단을 가진다.
④ 분자량이 120,000Dalton가량 되는 두 개의 동일한 Polypeptide로 구성되어 있다.

**11** 파종량 산출 공식(산파)에서 득묘율(또는 잔존율)은?

① 0.7~0.9
② 0.5~0.7
③ 0.3~0.5
④ 0.1~0.3

> 해설
> 득묘율은 대체로 0.3~0.5의 범위에서 결정한다.

**12** 산벌작업법에 관한 설명으로 옳지 않은 것은?

① 갱신기간은 보통 10~20년 정도이다.
② 예비벌, 하종벌 및 후벌로 나누어진다.
③ 윤벌기에 비하여 짧은 갱신기간 중에 실시하는 벌채이다.
④ 성숙목이 많은 불규칙한 산림과 이령림 갱신에 알맞은 작업법이다.

> 해설
> 성숙목이 많고 이령림의 갱신에 알맞은 작업법은 택벌이다.

**13** 종자를 산파할 때 필요한 파종량을 산출하려고 한다. 1m²에 잔존본수 400그루, 득묘율 30%, 종자효율 70%, 1g당 종자알수 150개일 때 m²당 파종량은?

① 3.8g
② 8.8g
③ 10.5g
④ 12.7g

정답 6.② 7.④ 8.② 9.③ 10.① 11.③ 12.④ 13.④

해설
파종량 = $\dfrac{1 \times 400}{150 \times 0.7 \times 0.3}$ = 12.7g

**14** 간벌의 효과로 옳지 않은 것은?
① 산림관리 비용을 크게 줄인다.
② 임분의 수직구조 및 안정화를 도모한다.
③ 직경생장을 촉진하여 연륜폭이 넓어진다.
④ 우량한 개체를 남겨서 임분의 유전적 형질을 향상시킨다.

해설
**간벌의 효과**
- 생육공간 조절 : 수령과 생장이 증가됨에 따라 확장되는 일정한 생육공간에 대한 조절(밀도 조절)을 한다.
- 생장 조절 : 임분 구성에 부적당한 나무 또는 해로운 나무를 제거하여 임분의 가치를 증진시킨다.
- 형질이 우수하고 생장이 왕성한 임분 구성목이 되도록 임분 생장이 집중되도록 한다.
- 혼효조절로 임분목표의 안정화를 도모한다.
- 임분의 수직적 구조개선으로 임분 안정화(하층식생 발생촉진, 하층림 유지)를 도모한다.
- 임연부(숲 가장자리선, 숲 테두리선)를 보호 및 관리한다.
- 천연경신 및 보잔목을 준비한다.
- 자연고사에 의한 손실을 방지한다.

**15** 신엽 또는 정엽부터 결핍증상이 나타나는 영양소는?
① 인            ② 칼슘
③ 칼륨          ④ 질소

해설
**칼슘(Ca)**
- 잎에 함유량이 많고 세포막의 구성 성분이며 식물 체내에서 여러 조절적 역할을 한다.
- 유독물질의 중화작용을 하며 엽록소의 생성, 탄수화물의 이전, 체내 당의 생성과 이행에 관여한다.
- 부족 증상
  - 생장점 등 분열조직의 생장이 감퇴한다.
  - 어린 잎의 경우 크기가 작아진다.
  - 잎의 괴사, 백화현상, 잎 끝부분의 고사 현상이 나타난다.

**16** 종자에 수분침투와 가스 교환이 잘되지 않을 때 실시하는 발아 촉진 방법으로 옳은 것은?
① 탈납법
② 재워묻기
③ 온탕 침적법
④ 냉수 침적법

**17** 다음 중 낙엽활엽수의 접수 채취 시기로 옳은 것은?
① 12월 초순
② 10월 하순
③ 4월 중순
④ 2월 중순

**18** 다음 중 성격이 다른 숲은?
① 맹아림         ② 천연림
③ 원시림         ④ 불완전 천연림

해설 **천연림**
- 천연림 : 순전히 자연의 힘으로 이루어진 것으로 원시림과 천연림으로 구분하여 설명할 수 있으며 군락구조를 수직적으로 볼 때 특유의 계층구조를 잘 나타내고 있는 산림이다.
  - 원시림 : 과거 수백 년 동안 인공과 중대한 재해(산불, 해충, 병해 등)를 받은 바 없는 산림이며, 흔히 처녀림으로 불린다.
  - 천연림(자연림) : 사람이 적극적으로 조림한 사실이 없으나 어느 정도 인위적인 간섭을 받아온 산림으로, 원시림만큼 그 본연의 모습을 유지하고 있지 않다.
- 인공림 : 벌채, 산불 등의 원인으로 제거 또는 파괴된 전 임분의 적지에 인공조림 또는 천연갱신의 방법에 의하여 이루어진 산림이다.

**19** 파종상에서 2년, 이식상에서 1년 키운 실생묘를 바르게 표기한 것은?
① 1-2          ② 2-1
③ 1-1-1        ④ 2-1-1

정답  14. ①  15. ②  16. ①  17. ④  18. ①  19. ②

해설 🌱 **실생묘의 묘령**
- 1-0묘 : 처음 1은 파종상에서 지낸 연수이고, 뒤의 0은 판갈이상에서 지낸 연수이다. 따라서 1년생의 실생묘이다.
- 1-1묘 : 파종상에서 1년, 그 뒤 한 번 이식되어 1년을 지낸 2년생 묘목이다.
- 2-0묘 : 이식이 된 사실이 없는 2년생묘이다.
- 2-1묘 : 파종상에서 2년, 이식상에서 1년을 보낸 3년생 묘목이다.

**20** 다음 중 산성토양에서 가장 강한 수종은?
① 소나무  ② 호두나무
③ 오리나무  ④ 측백나무

해설 🌱
강산성(pH3.8~5.4)에서 자라는 수종에는 소나무, 낙엽송, 리기다소나무, 곰솔, 가문비나무, 분비나무, 잣나무, 전나무, 편백, 밤나무, 상수리나무, 사방오리나무, 아까시나무, 싸리 등이 있다.

### 제2과목 : 산림보호학

**21** 다음 수병 중 바이러스 발생 원인으로 옳은 것은?
① 불마름병  ② 뿌리혹병
③ 흰가루병  ④ 모자이크병

해설 🌱
바이러스에 의한 수병에는 포플러 모자이크병, 아카시아나무 모자이크병 등이 있으며, 모자이크라는 병명이 붙는다.

**22** 임목에 군집하여 고사시키는 조류로 옳지 않은 것은?
① 백로  ② 왜가리
③ 딱다구리  ④ 가마우지

**23** 다음 중 충영형성해충으로 옳은 것은?
① 솔나방  ② 밤나무혹벌

③ 솔알락명나방  ④ 미끈이하늘소

해설 🌱 **산림 해충**
- 분열조직 가해 해충: 소나무좀, 하늘소, 박쥐나방, 소나무순명나방
- 충영 형성 해충 : 솔잎혹파리, 밤나무순혹벌
- 천공성 해충 : 개오동명나방, 박쥐나방, 복숭아유리나방
- 종실 가해 해충 : 복숭아명나방, 밤바구미
- 뿌리 가해 해충 : 거세미나방, 나무좀, 풍뎅이류

**24** 대추나무 빗자루병 방제에 일반적으로 쓰이는 약제는?
① 보르도액
② 페니실린
③ 석회 황합제
④ 옥시테트라사이클린

해설 🌱 **대추나무 빗자루병**
- 가는 가지와 황녹색의 아주 작은 잎의 밀생 및 빗자루 모양이며, 전신성병이다. 병든 나무의 분수를 통해 차례로 전염된다.
- 땅속에서는 뿌리에 의한 전염 우려가 있어 밀식과 간작을 피한다.
- 매개충은 마름무늬매미충이며, 분주에 의한 전반이 나타난다.
- 옥시테트라사이클린으로 방제한다.

**25** 솔나방이 산란하는 일반적인 알의 수량으로 옳은 것은?
① 50개  ② 100개
③ 500개  ④ 1000개

해설 🌱 **솔나방**
- 소나무류의 중요한 해충으로 유충은 잎을 톱니모양으로 갉아 먹지만 크면 잎을 모조리 먹는다.
- 1년에 1회 발생하고, 나무껍질이나 지피물 사이에서 월동한다.
- 성충은 7월 하순~8월 상순에 출현하며, 산란수 500개 정도이다.
- 유충이나 번데기에는 고치벌, 맵시벌 등의 천적을 보호하고, 식이목 설치, BHC 1~2%나 말라티온유제 1,000배액을 4~5월에 살포하여 방제한다.

정답 20. ①  21. ④  22. ③  23. ②  24. ④  25. ③

**26** 솔잎혹파리의 방제 방법으로 옳지 않은 것은?

① 등화유살법
② 천적이용법
③ 수간주사법
④ 약제살포법

> **해설**
> 솔잎혹파리는 생물적 방제와 기계적인 방제를 사용한다. 전자는 먹좀벌을 이용하고, 후자는 피해 임지에 비닐을 피복하면 땅에서 우화하는 성충이 나무 위로 올라가는 것과 나무에서 떨어진 유충이 땅속으로 잠입하는 것을 차단할 수 있다.

**27** 전균사체(Promycelium)에 관한 설명으로 옳은 것은?

① 일종의 담자기이다.
② 일종의 자낭구이다.
③ 일종의 균사체이다.
④ 일종의 분생포자이다.

**28** 향나무녹병의 병원균이 중간기주 배나무 속에서 잎 앞면에 오렌지색의 별무늬가 나타나고, 그 위에 흑색의 미립점으로 밀생하는 것으로 옳은 것은?

① 녹포자기
② 여름포자퇴
③ 겨울포자퇴
④ 녹병정자기

**29** 밤나무혹벌의 월동 장소와 월동 충태(蟲態)로 옳은 것은?

① 눈(芽) 속에서 알로 월동
② 지피물 속에서 알로 월동
③ 눈(芽) 속에서 유충으로 월동
④ 지피물 속에서 번데기로 월동

> **해설** 밤나무혹벌
> • 피해 수종 : 밤나무
> • 가해 양식 : 눈(충영성)
> • 발생 : 1년 1회
> • 월동 형태 : 유충(충영)
> • 특징 : 암컷만으로 번식
> • 천적 : 중국긴꼬리좀벌

**30** 낙엽송 잎떨림병의 방제를 위하여 낙엽을 모아서 태우는 이유로 옳은 것은?

① 병원균이 생체에서 월동하므로
② 병원균이 토양 중에서 월동하므로
③ 병원균이 종자에 붙어서 월동하므로
④ 병원균이 병환부 또는 죽은 기주체에서 월동하므로

> **해설** 낙엽송 잎떨림병
> • 기주 수목의 죽은 조직에서 월동한다.
> • 7월 하순에 초기의 병징이 나타난다.
> • 미세한 갈색 소반점이 황녹색으로 변한다.
> • 병이 잘 발생하는 지역에서 낙엽송의 단순일제 조림을 피하고 대상 혼효하여 방제한다.

**31** 대기 중 공중습도가 30% 이하일 때 산불발생 위험도와의 관계는?

① 잘 발생하지 않는다.
② 발생하지만 진행이 더디다.
③ 발생하기 어렵지만 진화는 쉽다.
④ 대단히 발생하기 쉽고, 진화가 어렵다.

**32** 아황산가스에 대한 감수성이 가장 큰 것은?

① 편백          ② 소나무
③ 삼나무        ④ 은행나무

> **해설** 연해에 민감한 수종
> • 침엽수 : 낙엽송, 소나무, 리기다소나무, 전나무 등
> • 활엽수 : 밤나무, 느티나무, 사과나무, 배나무 등

**33** 벚나무 빗자루병의 병징으로 옳지 않은 것은?

① 잎의 변색
② 잎의 괴사
③ 잎의 총생
④ 잎의 시들음

**정답** 26. ① 27. ① 28. ④ 29. ③ 30. ④ 31. ④ 32. ② 33. ③

> **해설**
> 벚나무 빗자루병에 감염되면 잎이 흑색으로 변하고 말라서 낙엽이 된다.

**34** 베노밀 수화제를 1000배로 희석하여 ha당 1000ℓ를 살포하려 할 때 필요한 원액의 양은?

① 1,000cc  ② 100cc
③ 10cc  ④ 1cc

> **해설**
> 1:1000=원액의 양:1000000
> ∴ 원액의 양은 1,000cc가 된다.

**35** 수병과 중간기주의 연결이 옳지 않은 것은?

① 포플러 잎녹병-낙엽송
② 소나무 혹병-황벽나무
③ 잣나무 털녹병-까치밥나무
④ 배나무 붉은별무늬병-향나무

> **해설**
> 소나무 혹병의 중간기주는 참나무류이다.

**36** 다음 중 수병의 방제 방법 성격이 다른 것은?

① 약제 살포
② 임지 정리 작업
③ 건전 묘목 육성
④ 적절한 수확 및 벌채

**37** 농약의 보조제에 대한 설명으로 옳지 않은 것은?

① 협력제는 주제의 살충 효력을 증진시킨다.
② 증량제는 주약제의 농도를 높이기 위해 사용한다.
③ 유화제는 유제의 유화성을 높이기 위해 사용한다
④ 전착제는 식물이나 해충 표면에 살포액을 잘 부착시키기 위해 사용한다.

**38** 성비(性比)가 0.55인 곤충이 있다고 가정할 때 전체 개체 수가 300마리이면 곤충 수컷의 개체 수는?

① 115마리  ② 135마리
③ 165마리  ④ 185마리

> **해설**
> 300×0.45=135마리

**39** 솔껍질깍지벌레는 어느 부류에 속하는가?

① 흡즙성해충  ② 천공성해충
③ 식엽성해충  ④ 충영형성해충

> **해설**
> **솔껍질깍지벌레**
> • 해송·적송을 가해한다.
> • 한 번 정착하면 이동하지 않고, 체액을 빨아 먹을(흡즙) 때 유충에서 독소가 나와 고사시킨다.
> • 1년 1회, 3~5월에 가장 많이 발생한다.
> • 수관하부의 가지부터 고사한다.
> • 열세목을 간벌하고 우세목의 수세를 넓혀 해충 저항성을 높이거나 천적(무당벌레)으로 보호한다. 7~9월에 피해목을 벌채하는 것도 방제의 한 방법이다.

**40** 야생동물 분포조사 방법에 해당하지 않은 것은?

① 포획조사  ② 육안조사
③ 지형조사  ④ 설문조사

> **해설**
> 개체군 밀도조사에는 전수조사, 포획조사, 선조사, 정점조사, 세력권도기법, 울음소리조사, 분비물조사, 흔적조사 등을 사용하며, 지형조사는 관련이 없다.

### 제3과목 : 임업경영학

**41** 순현재가치를 영(0)이 되게 하는 이자율의 크기로 투자효율을 평가하는 것은?

① 회수기간법  ② 순현재가치법
③ 수익비용비법  ④ 내부수익율법

**정답** 34.① 35.② 36.① 37.② 38.② 39.① 40.③ 41.④

**해설**

**내부투자수익률법(IRR)**
- 투자에 의해 장래에 예상되는 현금유입의 현재가와 현금유출의 현재가를 같게 하는 할인율을 말한다.
- 투자로 인한 내부투자수익률법과 기업에서 바라는 기대수익률을 비교하여 내부투자수익률법이 클 때 투자가치가 있다고 판단하며, 국제 금융기관에서 널리 이용하고 있다.

**42** 산림경영계획상의 경사 유형에 따른 절험지를 판단하는 기준으로 옳은 것은?

① 15° 미만　　② 15°~25°
③ 20°~25°　　④ 30° 이상

**해설** 경사
- 완경사지(완) : 경사 15° 미만
- 경사지(경) : 경사 15~20° 미만
- 급경사지(급) : 경사 20~25° 미만
- 험준지(험) : 경사 25~30° 미만
- 절험지(절) : 경사 30° 이상

**43** 어느 지역의 25년생 잣나무 임분을 조사하였더니 입목축적이 45m³/ha이었으며, 재적표상의 입목재적은 50m³/ha이었다면 이 임분의 입목도는?

① 0.5　　② 0.7
③ 0.9　　④ 1.1

**해설**
입목도 = $\frac{45}{50}$ = 0.9

**44** 산림면적이 800ha이고, 윤벌기가 40년이며 1영급이 10개의 영계로 구성된 산림의 법정영급면적은?

① 100ha　　② 200ha
③ 300ha　　④ 400ha

**해설**
법정영급면적 = $\frac{800}{40}$ × 10 = 200ha

**45** 산림평가에 영향을 주는 요인이 아닌 것은?

① 임목　　② 부산물
③ 노동력　　④ 공익적 기능

**46** 단일수입의 복리산식에서 전가계산식으로 옳은 것은? (단, $V_n$ : n년 후의 후가, $V_0$ : 전가, p : 이율, n : 년수, r : 연년수입 또는 연년지출)

① $V_0 = \frac{V_n}{(1+p)^{n-1}}$

② $V_0 = \frac{V_n}{(1+p)^n}$

③ $V_n = \frac{V_0(1+p)^{n-1}}{p}$

④ $V_n = \frac{V_0(1+p)^n}{p}$

**해설**
전가($V_0$)는 후가($V_n$)를 $(1+p)^n$으로 나눈 값이다.
- 전가 계산식
$V = \frac{V_n}{(1+p)^n}$
- 후가 계산식
$V_n = V(1+p)^n$

**47** 국유림경영계획 작성을 위한 임황조사의 설명으로 옳지 않은 것은?

① 임종(林種)은 인공림과 천연림으로 구분한다.
② 수종은 혼효림의 경우 5종까지 조사할 수 있다.
③ 영급은 10년을 1영급으로 하며, 기호는 아라비아 숫자로 표기한다.
④ 혼효율은 주요수종의 수관면적 비율이나 입목본수 비율(재적비율)에 의해 100분율로 산정한다.

**해설**
영급은 로마자로 표기한다.

**정답** 42.④　43.③　44.②　45.③　46.②　47.③

**48** 다음 중 임업원가의 설명으로 옳지 않은 것은?

① 직접원가(Direct Costs) : 특정 제품이나 공정에만 발생했다는 것을 쉽게 식별할 수 있는 원가
② 변동원가(Variable Costs) : 제품의 생산수준에 따라 비례적으로 변동하는 원가
③ 현금지출원가(Out-of-pocket Costs) : 과거에 이미 현금을 지불하였거나 부채가 발생한 원가
④ 한계원가(Marginal Costs) : 어떤 생산수준에서 제품을 한 단위 더 생산할 때 추가로 발생하는 원가

**해설**
현금지출원가는 현재 보유하고 있는 자원을 사용할 때 발생하는 원가를 말한다. 과거에 이미 현금을 지불하였거나 부채가 발생한 원가는 매몰원가이다.

**49** 불완전한 기계 또는 계산에 의해 발생하는 오차는?

① 누적오차  ② 상쇄오차
③ 표본오차  ④ 과오

**50** 장래에 기대되는 순수입의 현재가 합계로써 임지를 평가하는 방법은?

① 임목비용가법  ② 임지기망가법
③ 임목기망가법  ④ 임지환원가법

**해설**
임지기망가는 임지를 임목 생산에 이용하여 그 임지에서 영구히 순수입을 얻을 수 있다고 할 때 그 순수입을 현재의 가치로 환산한 것을 말한다.

**51** 항공 사진을 병용한 표본조사에서 사용되는 방법은?

① 이중추출법
② 부차추출법
③ 층화추출법
④ 계통적추출법

**해설**
이중추출법은 항공사진을 병용하는 표본조사에서 사용되며, 항공조사와 지상조사를 병행하여 표본을 추출하는 방법이다.

**52** 임업경영이 유지 발전하려면 임업이 계속 성장해야 한다. 따라서 경영규모나 자산을 전년도와 비교하여 그 변화를 분석할 필요성이 있다. 이와 같은 분석을 무엇이라 하는가?

① 성장성 분석  ② 감가상각비 분석
③ 손익 분석   ④ 부채 분석

**53** 생장주기에 따른 생장량측정방법의 수식으로 옳지 않은 것은?

| $V_1$ : 측정 초기의 생존 임목재적 |
| $V_2$ : 측정 말기의 생존 임목재적 |
| $M$ : 측정기간 동안의 고사량 |
| $C$ : 측정기간 동안의 벌채량 |
| $I$ : 측정기간 동안의 진계생장량 |

① 초기재적에 대한 순생장량
  $= V_2 + C - I - V_1$
② 초기재적에 대한 총생장량
  $= V_2 + M + C - I - V_1$
③ 진계생장량을 포함하는 순생장량
  $= V_2 + C - V_1$
④ 진계생장량을 포함하는 총생장량
  $= V_2 + M + C - V_1$

**해설**
$V_2 + M + C - I - V_1$는 초기재적에 대한 생장량을 측정하는 수식이다.

**54** 이론적으로 동일한 지위의 임지에서 벌기에 이르기까지 각 영계(齡階)의 임분이 동일한 면적씩 존재하도록 구성하는 것은?

① 법정 벌채량    ② 법정 생장량
③ 법정 임분 배치  ④ 법정 영급 분배

정답 48.③ 49.① 50.② 51.① 52.① 53.② 54.④

**해설** 법정 영급 분배
- 매년 거의 같은 목재 수확량을 거두려면 1년생부터 벌기까지의 임분이나 수목이 빠짐 없이 동일한 면적을 차지하고 있어야 하는데, 이와 같이 각 영계가 동일한 면적을 차지하는 것을 법정 영계 분배라 한다.
- 연속하는 몇 개의 영계를 합하여 영급을 만들어서 영급별로 동일한 면적을 차지하고 있으면 법정림의 첫 조건을 만족하는 것으로 간주하며, 이때의 영급을 법정 영급 분배라고 한다.

**55** 산림의 가격 평가방법이 아닌 것은?
① 지대가법
② 기망가법
③ 비용가법
④ 매매가법

**해설** 산림의 평가방법

| 종류 | 내용 |
| --- | --- |
| 원가방식 | • 원가방법 : 가격시점에서 대상물건의 재조달원가에 감가 수정을 하여 대상물건이 가지는 현재의 가격을 산정<br>• 비용가법 : 취득원가의 복리합계액에 의함 |
| 수익방식 | • 기망가법 : 대상물건이 장래 산출할 것으로 기대되는 순수익 또는 미래의 현금 흐름을 적정한 비율로 환원 또는 할인하여 가격시점에 있어서의 평가가격을 산정<br>• 환원가법 : 연년수입의 전가 합계에 의함 |
| 비교방식 | • 직접 비교법 : 거래 사례와 비교하여 대상물건의 현황에 맞게 사정 보정 및 시점 수정 등을 가하여 가격을 산정<br>• 간접 비교법 : 임지를 개발지역으로 조성하여 매각하는 등의 가격 비교 |
| 절충방식 | • 위의 방식을 절충하여 산정 |

**56** 토지 및 기후요소 등을 포함한 입지의 좋고 나쁜 정도에 대한 생산능력의 등급과 재적 생산력을 표시하는 용어는?
① 지세
② 지위
③ 위치
④ 지리

**해설**
지위는 임지의 생산능력을 말하며, 토양, 기후, 지형, 생물 등 환경인자의 종합적 작용의 결과로서 정해진다.

**57** 총비용과 총수익이 같아져서 이익이 0(Zero)이 되는 판매액의 수준을 무엇이라 하는가?
① 고정비
② 변동비
③ 손실영역
④ 손익분기점

**해설** 손익분기점 분석을 위한 가정
- 제품의 판매가격은 판매량이 변동하여도 변하지 않는다.
- 원가는 고정비와 변동비로 구분할 수 있다.
- 제품 한 단위당 변동비는 항상 일정하다.
- 고정비는 생산량의 증감에 관계 없이 항상 일정하다.
- 생산량과 판매량은 항상 같으며, 생산과 판매에 동시성이 있다.
- 제품의 생산능률은 변함이 없다.

**58** 다음 중 공유림 경영 목적으로 옳지 않은 것은?
① 공공복지 증진
② 재정수입 확보
③ 사유림 경영 시범
④ 조림기업이나 개인에게 대부

**해설** 공유림
- 모범적인 산림경영을 실시하여 사유림 경영의 시범이 되고, 공공 복지를 증진하고, 지방재정의 수입 확보를 목적으로 국유림을 무상 대여한 것이다.
- 공유림의 면적은 49만ha로서 7.6%를 차지한다.

**59** 잣나무 임분의 현실재적이 300m³/ha 이고, 수확표에서 구한 법정축적이 400m³/ha, 그리고 수확표에서 구한 법정벌채량이 20m³/ha라고 할 때 훈데스하겐(Hundeshagen) 공식법에 의한 표준연벌채량은?
① 15m³/ha
② 25m³/ha
③ 35m³/ha
④ 45m³/ha

정답 55.① 56.② 57.④ 58.④ 59.①

> 해설
> 
> $E = V_w \times \dfrac{E_n}{V_n} = 300 \times \dfrac{20}{400} = 15 m^3/ha$
> 
> E : 벌채량, $V_w$ : 현실축적, $V_n$ : 법정축적, $E_n$ : 법정벌채량

**60** 임목재적측정을 위하여 임목수간재적표가 이용되고 있다. 우리나라에서 주로 사용되는 일반적 재적표의 측정인자로 옳은 것은?

① 형수과 수고
② 형수와 수령
③ 흉고직경과 수고
④ 흉고직경과 형수

---

### 제4과목 : 산림공학

---

**61** 목재의 충해와 균해를 방지(예방)하고, 장기간 보존하기 위하여 주로 사용되는 저목방법은?

① 수중저목
② 최종저목
③ 중계저목
④ 산지저목

**62** 노동자 1,000명에 대하여 연간 발생하는 사상자 수가 의미하는 것으로 옳은 것은?

① 강도율
② 도수율
③ 연천인률
④ 종합재해지수

**63** 와이어로프 폐기 기준으로 옳지 않은 것은?

① 킹크된 것
② 현저하게 변형된 것
③ 와이어로프 1피치 사이에 와이어의 단선수가 5% 이상인 것
④ 마모에 의한 와이어로프 지름의 감소가 공칭지름의 7%를 초과하는 것

> 해설 와이어로프 폐기 기준
> - 와이어로프의 1피치 사이에 와이어가 끊어진 비율이 10% 이상인 것
> - 지름이 7% 이상 감소된 것
> - 심하게 킹크 부식된 것

**64** 체인톱을 소형, 중형, 대형으로 구분하는 기준으로 옳은 것은?

① 가격과 무게
② 출력과 무게
③ 부피와 출고년도
④ 제작회사 및 국가

**65** 다음 설명의 ( ) 안에 들어갈 기간은?

> 산림작업에 있어 표준공정은 "표준적인 작업자가 합리적인 작업방법에 의해 보통의 노력으로 얻은 ( )의 작업량"이라고 규정된다

① 1시간
② 1일
③ 1개월
④ 1년

**66** 경사지에서 트랙터 평균집재거리가 500m일 때 지선 임도밀도(m/ha)는 약 얼마인가? (단, 임도효율계수는 중간값으로 계산한다.)

| 구분 | 임도효율계수 |
|---|---|
| 기복이 약간 있는 평지 | 4~5 |
| 구릉지 | 5~7 |
| 경사지 | 7~9 |
| 급경사지 | 10~12 |

① 4
② 6.25
③ 16
④ 62.5

> 해설
> 
> 지선 임도밀도 = $\dfrac{\text{임도효율요인}}{\text{평균집재거리(km)}} = \dfrac{8}{0.5} = 16 m/ha$

**67** 해안사방의 공종으로 옳지 않은 것은?

① 파도막이
② 목책세우기
③ 퇴사울세우기
④ 정사울세우기

정답 60.③ 61.① 62.③ 63.③ 64.② 65.② 66.③ 67.②

> **해설**
> 사구조성 공법에는 퇴사울세우기, 구정바자얽기, 인공모래쌓기, 모래덮기, 파도막이 등을 시공한다.

**68** 돌망태에 관한 설명으로 옳은 것은?
① 작업실행이 쉽다
② 표면 조도(粗度)가 크다.
③ 설공사에 주로 사용된다.
④ 가내구성이 길어 영구적이다.

**69** 산악지 임도에서 종단물매 8% 구간에 곡선부의 외쪽물매를 6%로 설치하려할 때 합성물매는 무엇인가?
① 5.7%   ② 6.8%
③ 8.2%   ④ 10.10%

> **해설**
> 합성물매 = $\sqrt{종단물매^2 + 횡단물매^2}$
> = $\sqrt{8^2 + 6^2}$ = 10%

**70** 산림관리기반시설의 설계 및 시설기준에서 직선부의 간선 및 지선임도 유효너비로 옳은 것은?
① 3m   ② 4m
③ 5m   ④ 6m

> **해설**
> 유효너비는 길어깨와 옆도랑을 뺀 거리로, 간선·지선임도의 유효너비는 3m이다. 단, 배향곡선지의 경우에는 6m이다.

**71** 체인톱에 의한 벌목 및 조재작업을 효율적으로 실행하기 위한 조건으로 옳지 않은 것은?
① 무선(리모콘)으로 조작이 가능할 것
② 소음과 진동이 적고, 내구성이 높을 것
③ 무게가 가볍고, 소형이며 취급이 간편할 것
④ 연료의 소비, 수리비, 유지비 등 경비가 적게 소요될 것

**72** 일반적인 도수라(道修羅)의 활로 너비는?
① 1~2m
② 2~3m
③ 3~4m
④ 4~5m

**73** 외래초본류를 도입하여 사용하는 녹화파종공법에 관한 설명으로 옳지 않은 것은?
① 생육이 왕성하여 뿌리의 자람이 좋은 편이다.
② 일반적으로 발아가 빠르고 조기에 식피(植被)를 형성한다.
③ 지표의 유기물질을 집적하여 토양의 성질을 개선해 준다.
④ 안전식생상을 형성하기 위해서는 재래초본은 심지 않는다

**74** 다음 삭도방식 중 운재거리가 가장 긴 것은?
① 반가선식 삭도
② 복선순환식 삭도
③ 단선순환식 삭도
④ 반송줄부착교주식 삭도

**75** 다음 중 비탈면 녹화에 적당한 사방용 초류의 구비조건으로 옳지 않은 것은?
① 재생력이 강해야 한다.
② 척박지와 건조에 잘 견디어야 한다.
③ 일년생으로 초장이 높고 널리 퍼져야 한다.
④ 뿌리, 줄기 및 지상경의 번식력이 커야 한다.

**76** 토공작업에 적합한 장비로 옳지 않은 것은?
① 굴착-파워셔블, 백호
② 운반-불도저, 덤프트럭
③ 다지기-로드롤러, 탬퍼
④ 정지-모터 그레이더, 트렌쳐

**정답** 68.①, ②, ③  69.④  70.①  71.①  72.①  73.④  74.②  75.③  76.④

> **해설**
> 트렌쳐는 농업용 골을 파는 장비이며, 정지작업에는 모터 그레이더와 불도저를 사용한다.

**77** 임도에 관한 설명으로 옳지 않은 것은?

① 농-산촌간 지역교통 개선 기능이 있다.
② 삼림의 경영 및 관리를 위하여 설치한 도로이다.
③ 일반적으로 임도의 설계속도는 60km/h로 설정하여 계획한다.
④ 산림과 시장을 연결하여 임산물과 인원을 수송하는 등 중요한 역할을 가지고 있다.

> **해설** 임도의 설계속도(시설 기준)
> • 간선임도 : 40~20km/h
> • 지선임도 : 30~20km/h

**78** 다음 중 계간사방의 목적으로 옳지 않은 것은?

① 유량의 증대
② 유송토사의 조절
③ 토석류의 발생억제
④ 계상의 종횡침식방지

> **해설**
> 유량은 계간사방의 목적과 상관이 없다.

**79** 일반적으로 무근콘크리트를 사용하는 옹벽공법은?

① T자형옹벽
② L자형옹벽
③ 부벽식옹벽
④ 중력식옹벽

**80** 평상시에는 유량이 적지만 강우 시에 유량이 급격히 증가하는 지역 등과 같은 곳에 설치하는 배수장치는?

① 도랑
② 세월시설
③ 빗물받이
④ 횡단배수관

> **해설** 세월시설
> • 평소에는 유량이 적지만 비가 오면 유량이 급격히 증가하는 지역에 설치하는 호상의 배수로로, 상류로부터 자갈 등의 유동물질이 많고 노면이 암석으로 된 교통량이 적은 곳에 적합하다.
> • 가능한 한 호의 길이를 같게 하고 수로면에 돌붙임, 콘크리트(찰붙임) 또는 콘크리트를 타설하여 차량의 통행이 가능하도록 한다.

**정답** 77. ③  78. ①  79. ④  80. ②

# 국가기술자격 필기시험문제

| 2014년 제2회 필기시험 | | | 수험번호 | 성명 |
|---|---|---|---|---|
| 자격종목 및 등급(선택분야)<br>**산림산업기사** | 종목코드<br>2481 | 시험시간<br>2시간 | 형별 | |

## 제1과목 : 조림학

**1** 다음 중 암수한그루로 나열된 것으로 옳은 것은?

① 왕버들, 소철
② 굴참나무, 오리나무
③ 은행나무, 버드나무
④ 물푸레나무, 단풍나무

**해설** 생식 생장
- 자웅동주 : 한그루에 암꽃과 수꽃이 함께 달리는 것으로 소나무, 밤나무, 자작나무, 삼나무, 굴참나무, 오리나무 등이 있다.
- 자웅이주 : 암꽃이 달리는 그루와 수꽃이 달리는 그루가 각각 따로 존재하는 것으로 버드나무, 은행나무, 소철, 호랑가시나무, 주목 등이 있다.

**2** 1.8m 간격으로 정방형식재를 할 때 1ha의 면적에 필요한 묘목 소요량은? (단, 평지일 경우이다.)

① 2,506주
② 3,086주
③ 4,186주
④ 5,016주

**해설**

소요량 $= \dfrac{10,000}{1.8 \times 1.8} = 3,086$주

**3** 동일한 수목의 양엽(陽葉, Sun Leaf)과 음엽(陰葉, Shade Leaf)을 비교한 설명으로 옳지 않은 것은?

① 양엽은 음엽보다 광포화점이 높다.
② 음엽은 양엽보다 잎의 두께가 두껍다.
③ 음엽은 양엽보다 엽록소 함량이 더 많다.
④ 양엽은 음엽보다 책상조직이 빽빽하게 배열되어 있다.

**해설** 양엽과 음엽
- 양엽
  - 음엽에 비하여 잎의 가장자리가 갈라진 형태를 한 것이 대부분이다.
  - 책상조직(柵狀組織)과 큐티클층이 잘 발달하여 두께가 두껍고 잎 넓이는 작은 편이며, 단위면적당의 기공수가 많다.
  - 광합성 능력, 호흡 능력이 좋으며 보상점 및 광합성의 광포화의 빛의 세기도 음엽에 비하여 크다.
  - 음엽에 비하여 수분량의 변화에 따른 스트레스 또한 많이 받는다.
- 음엽
  - 동일종의 양엽(陽葉)에 비해서 일반적으로 면적은 넓고 얇다.
  - 책상 조직의 발달은 나쁘지만 상대적으로 해면조직이 많으며, 큐티클층은 얇다.
  - 동일 식물체에서도 음엽과 양엽의 두 형이 나타난다.
  - 나무에서는 줄기의 남쪽에는 양엽이, 북쪽에는 음엽이 생기고, 상부에는 양엽이, 하부에는 음엽이 생긴다.

**4** 종자 크기가 대립(大粒)인 수종으로만 구성된 것은?

① 소나무, 단풍나무
② 잣나무, 자작나무
③ 전나무, 은행나무
④ 밤나무, 호두나무

**해설**
대립종자에는 밤나무, 상수리나무, 칠엽수, 목련, 호두나무 등이 있다.

**정답** 1.② 2.② 3.② 4.④

**5** 종자 발아능력 검사방법 중 생리적인 면을 다룰 수 없는 것은?

① 발아시험
② 배추출시험
③ X선사진법
④ 테트라졸리움시험

> **해설**
> X선분석법은 종자를 X선으로 촬영하여 조사하는 것으로, 생리적인 면과는 관련이 없다.

**6** 풀베기(밑깎기) 작업에 대한 설명으로 옳지 않은 것은?

① 둘러베기는 조림목의 주변에 나는 잡초목만을 제거한다.
② 줄베기는 조림목이 심어진 줄에 따라 잡초목을 제거한다.
③ 풀베기란 조림목의 생육에 지장을 주는 잡초 또는 쓸데없는 관목을 제거한다.
④ 모두베기는 지상식생의 피압으로 수형이 나빠지기 쉬운 음수에 적용한다.

> **해설** 풀베기의 형식
> • 모두베기 : 조림지 전면의 잡초목을 베어 내는 방법으로, 임지가 비옥하거나 식재목이 광선을 많이 요구하는 소나무, 낙엽송, 강송, 삼나무, 편백 등의 조림 또는 갱신지에 적용한다. 줄베기와 둘레베기에 비해 토양침식 등 식재목과 토양에 가장 나쁜 영향을 주기도 한다.
> • 줄베기 : 가장 많이 사용하며 조림목의 식재열을 따라 약 90~100cm 폭으로 잘라내므로 모두베기에 비하여 경비와 노력이 절약된다.
> • 둘레베기 : 조림목 주변을 반경 50cm 내외의 정방형 또는 원형으로 잘라내는 방법으로, 강한 음수이거나 군상식재지 등 바람과 한해에 대하여 조림목의 특별한 보호가 필요한 경우에 적용하는 방법이다.

**7** 수관급에 기초해서 행하여지는 간벌방법으로 옳지 않은 것은?

① 정량간벌   ② 하층간벌
③ 상층 간벌  ④ 택벌식간벌

> **해설**
> 정량간법은 수관급과 상관 없이 일정한 양을 미리 정해놓고 간벌하는 방법이다.

**8** 개벌작업의 장점으로 옳지 않은 것은?

① 비용이 절약된다.
② 음수성 수종에 적당하다.
③ 작업의 실행이 쉽고 빠르다.
④ 비슷한 크기의 목재를 생산할 수 있다.

> **해설**
> 개벌작업은 주로 양수에 적용되는 작업종이다.

**9** 다음 중 많이 쓰면 토양이 산성으로 되는 것은?

① 요소
② 용성인비
③ 석회질소
④ 황산암모니아

**10** 채종원의 입지조건으로 옳지 않은 것은?

① 통풍이 잘되고 냉해가 없는 곳
② 500m 이내에 동종 임분이 있는 곳
③ 기후조건이 개화, 결실에 알맞은 곳
④ 노동력 공급이 잘 되고 교통이 편리한 곳

> **해설**
> 채종원은 외부 화분에 의한 수정을 막기 위해 동종 임분으로부터 500m 이상 떨어져 있어야 한다.

**11** 교호대상개벌법을 적용할 때의 대폭(帶幅) 결정요인으로 옳지 않은 것은?

① 지형
② 내음력
③ 모수와 수형
④ 종자의 비산 능력

> **해설**
> 교호대상간벌은 2개의 개벌면에 띠를 만들어서 한 개의 벌채구역이 개벌되면 다른 쪽의 띠를 벌채하는 방법으로 약 25m의 너비를 가진 띠가 이어지게 개벌되는 것이다. 비산에 의한 갱신이므로 모수와 수형은 상관이 없다.

**정답** 5.③ 6.④ 7.① 8.② 9.④ 10.② 11.③

**12** 묘포의 구획으로 가장 적합한 것은?

① 묘상은 동서방향, 상 너비 1~2m, 보도 너비 1m
② 묘상은 동남방향, 상 너비 1.5~2.5m, 보도 너비 1m
③ 묘상은 동서방향, 상 너비 1~2m, 보도 너비 30cm~50cm
④ 묘상은 남북방향, 상 너비 1.5~2.5m, 보도 너비 30cm~50cm

**13** 산(生)가지치기의 실행시기로 적합한 것은?

① 여름철 장마 직후
② 수목의 생장이 활발할 때
③ 봄부터 가을까지 비가 온 직후
④ 수목생장 휴지기 중 수액 유동 직전

**해설**
산가지치기는 비대생장이 시작되는 5월 이전에 하는 것이 좋으며, 11월 이후부터 이듬해 3월까지가 적기이다.

**14** 다음 중 내음력이 가장 약한 수종은?

① 녹나무         ② 전나무
③ 자작나무       ④ 가문비나무

**해설** 수종별 내음성
- 극음수 : 나한백, 사철나무, 굴거리나무, 회양목, 주목, 개비자나무
- 음수 : 전나무, 가문비나무, 솔송나무, 너도밤나무, 서어나무류, 함박꽃나무, 칠엽수, 녹나무, 단풍나무류
- 중용수 : 잣나무, 편백, 느릅나무, 참나무, 은단풍, 목련, 동백나무, 물푸레나무, 산초
- 양수 : 은행나무, 소나무류, 측백나무, 향나무, 낙우송, 밤나무, 오리나무, 버즘나무, 오동나무, 사시나무, 낙엽송
- 극양수 : 방크스소나무, 왕솔나무, 잎갈나무, 연필향나무, 포플러, 버드나무, 자작나무

**15** 삽목 발근이 잘되는 수종으로 옳지 않은 것은?

① 소나무         ② 회양목
③ 향나무         ④ 삼나무

**해설**
삽목 발근이 어려운 수종에는 소나무, 해송, 잣나무, 전나무, 섬잣나무, 참나무류, 가시나무류, 비파나무, 단풍나무, 옻나무, 오리나무, 감나무, 밤나무, 호두나무, 느티나무, 벚나무, 자귀나무, 복숭아나무, 사과나무 등이 있다.

**16** 비료목(肥料木)에 대한 설명으로 옳지 않은 것은?

① 비료목을 식재한 지역에는 시비하지 않는다.
② 임지 비배효과 증대를 위해 비료목을 혼효식재한다.
③ 임목의 건전한 생산성을 위하여 심는 보조적 임목을 말한다.
④ 척박한 임지에 주임목의 생장촉진을 위해 비료목을 혼효식재한다.

**해설**
비료목을 식재하여도 현지의 지질, 토양상태, 기후, 강우량 등을 고려하여 시비를 한다.

**17** 중림작업법에 대한 설명으로 다음 빈 칸에 알맞은 것은?

중림작업법이란 ( ㉠ ) 구역 안에서 용재 생산을 목적으로 하는 ( ㉡ )과 땔감 생산을 목적으로 하는 ( ㉢ )을 함께 세워 경영하는 작업법을 말한다.

① ㉠ : 같은  ㉡ : 교림  ㉢ : 왜림
② ㉠ : 다른  ㉡ : 교림  ㉢ : 왜림
③ ㉠ : 같은  ㉡ : 왜림  ㉢ : 교림
④ ㉠ : 다른  ㉡ : 왜림  ㉢ : 교림

**해설** 중림작업
- 한 구역 안에서 용재 생산을 목적으로 하는 교림작업과 연료재 생산을 목적으로 하는 왜림작업을 동시에 실시하는 것을 말한다.
- 임형은 상·하목의 두 층으로 이루어지며 일반적으로 상목은 실생묘로 육성하는 침엽수종, 하목은 맹아로 갱신하는 활엽수종으로 한다.

**정답** 12.③  13.④  14.③  15.①  16.①  17.①

- 상목 : 용재림 생산을 목적으로 하는 교림으로 택벌식으로 벌채된다.
- 하목 : 연료재 생산을 목적으로 하는 왜림으로 윤벌기로 개벌된다.

**18** 다음 중 겉씨식물에 속하는 것은?
① 구상나무  ② 오동나무
③ 신갈나무  ④ 오리나무

**해설** 겉씨식물(나자식물)
- 일반적으로 잎이 좁고 평형맥으로 배열되어 나자식물에 속하며, 줄기가 곧고 수간이 좁아 일정 면적에 많은 나무를 심을수 있어 경제적으로 중요한 수종이다.
- 구상나무, 소나무, 향나무 등의 소나무과와 측백나무과의 식물들이 이에 속한다.

**19** 균사가 뿌리피층의 세포간극에 균사망을 형성하는 균근은?
① 의균근
② 내생균근
③ 외생균근
④ 내외생균근

**해설**
외생균근(외균근)은 내생균근(내균근)에 대응되는 말로, 균체는 식물체로부터 탄수화물의 공급을 받는 한편 토양 중의 부식질을 분해하여 유기질소 화합물을 뿌리가 흡수하여 동화할 수 있는 형태로 식물에 공급한다. 뿌리의 표면을 싸고 있는 펠트와 같은 균사의 막은 수분이 뿌리의 주위에서 없어지는 것을 방지하며, 뿌리에 의한 물 흡수를 쉽게 한다. 자작나무과, 너도밤나무과, 소나무과 등의 수목 뿌리에 송이과의 균이 붙어서 생기는 경우가 많다.

**20** 숲의 기능에 대한 설명으로 옳지 않은 것은?
① 소음 방지기능
② 토사유출 방지기능
③ 야생동물 보호기능
④ 목재 생산성 향상기능

## 제2과목 : 산림보호학

**21** 다음 중 표징(標徵)에 해당되는 것은?
① 위축
② 균사체
③ 시들음
④ 줄기마름

**해설** 표징의 종류
- 병원체의 영양기관 : 균사체, 균사속, 균사막, 근상균사속, 선상균사, 균핵, 자좌 등
- 병원체의 번식기관 : 포자, 분생자병, 분생자퇴, 분생자좌, 포자퇴, 포자낭, 병자각, 자낭각, 자낭구, 자낭반, 세균점괴, 포자각, 버섯 등

**22** 수목치료를 위한 수간주입방법 중 주입기 용량이 가장 작은 것은?
① 중력식
② 삽입식
③ 흡수식
④ 미세압력식

**23** 해충의 생물적 방제법으로 천적을 이용할 때 효과가 가장 높은 표층동물로 옳은 것은?
① 충류
② 어류
③ 조류
④ 포유류

**24** 일반적으로 1년에 2회 발생하고 월동은 번데기로 하며 주로 잎을 가해하는 해충은?
① 대벌레  ② 매미나방
③ 미국흰불나방  ④ 잣나무넓적잎벌

**해설** 미국흰불나방
- 1년 2회 발생하며, 번데기로 월동한다.
- 식엽성해충이다.
- 잡식성이며, 주로 활엽수인 가로수나 정원수 등 160여 수종에 피해를 입힌다. 1958년에 처음으로 발생하였다.

**정답** 18. ①  19. ③  20. ④  21. ②  22. ②  23. ③  24. ③

**25** 산불을 인위적으로 조절하여 산림경영상 얻는 효용으로 옳지 않은 것은?

① 적당한 불로 병해충을 방제할 수 있다.
② 우량목의 경제적 가치 향상이 기대된다.
③ 낙엽, 죽은 가지, 고사목 등을 제거할 수 있다.
④ 관목류가 밀집된 지역의 야생목초의 양과 질이 개량된다

> **해설** 산림화재의 효용
> • 조림지의 준비
>   – 임지에 조부식층이 발달되어 천연하종이 불가능할 때 적당한 불을 넣어서 조부식층을 제거하여 천연하종을 가능하게 한다.
>   – 관목과 잡초가 우거진 임지에 인공식재를 하려고 할 때 식재 직전에 불을 넣어 제거한다.
> • 임지에 약한 불을 넣어 고열에 강한 주수종(내화수종)은 살리고 잡수종을 제거하여 수목간의 영양과 수분경쟁을 완화시킨다.
> • 병해충의 확산을 방지하고 중간기주를 제거한다.
> • 폐쇄구과에 대한 천연하종을 유종한다.
> • 야생목초의 양과 질을 개량한다.

**26** 다음 포유류 가운데 천연기념물로 지정된 것이 아닌 것은?

① 삵       ② 산양
③ 수달     ④ 물범

> **해설** 천연기념물(포유류)
> 우리나라의 천연기념물 중 포유류는 59호 진도 진돗개, 308호 경산 삽살개, 367호 제주 제주마, 216호 사향노루, 217호 산양, 328호 하늘다람쥐, 329호 반달가슴곰, 330호 수달, 331호 물범이다.

**27** 단성생식으로 다음 세대를 이어가는 해충으로 옳은 것은?

① 솔노랑잎벌
② 밤나무혹벌
③ 천막벌레나방
④ 소나무노랑점바구미

> **해설** 밤나무혹벌
> • 피해 수종 : 밤나무
> • 가해 양식 : 눈(충영성)
> • 발생 : 1년 1회
> • 월동 형태 : 유충(충영)
> • 특징 : 암컷만으로 번식
> • 천적 : 중국긴꼬리좀벌

**28** 가뭄 피해에 관한 설명으로 옳지 않은 것은?

① 주로 장령림에게 피해가 집중된다.
② 임지에 비해 묘포지는 피해가 적다.
③ 남쪽 또는 서쪽 사면의 토양의 깊이가 얕은 곳에 발생이 쉽다.
④ 토양의 수분 부족으로 나무의 끝이 말라 죽거나 생장이 감소하는 현상이다

**29** 뽕나무 오갈병의 원인이 되는 병원체는?

① 세균
② 곰팡이
③ 바이러스
④ 파이토플라즈마

> **해설**
> 파이토플라즈마는 대추나무 빗자루병, 오동나무 빗자루병, 뽕나무 오갈병 등의 병원이다.

**30** 아황산가스에 의한 수목 피해가 증가하는 환경조건은?

① 낮은 온도
② 낮은 일조량
③ 낮은 대기습도
④ 낮은 토양영양

> **해설** 아황산가스에 대한 식물의 감수성
> • 온도 : 식물은 5℃ 이하에서 아황산가스에 대한 저항성이 높아진다.
> • 상대습도 : 상대습도가 높아짐에 따라 아황산가스에 대한 감수성도 높아진다.
> • 광도 : 암흑에서는 아황산가스에 대한 저항성이 매우 크다.

**정답** 25. ② 26. ① 27. ② 28. ① 29. ④ 30. ④

• 영양원 : 영양분이 결핍된 곳에서 자란 식물의 감수성은 매우 높다.

**31** 소나무에게 소나무재선충을 전파하는 매개충으로 옳은 것은?

① 딱정벌레
② 솔수염하늘소
③ 솔껍질깍지벌레
④ 소나무왕진딧물

해설
소나무재선충의 매개충은 솔수염하늘소, 북방수염하늘소이다.

**32** 농약의 부작용으로서 가장 좁은 의미의 약해(Phytotoxicity)의 설명으로 옳은 것은?

① 야생동물, 가축이 입는 피해
② 잔류농약에 의한 생태계의 피해
③ 방제대상이 아닌 식물이 입는 피해
④ 꿀벌, 누에 등 유용곤충이 입는 피해

**33** 무기영양원의 부족 및 과다로 인해 발생하는 수목 피해에 관한 설명으로 옳지 않은 것은?

① 망간은 철과 마찬가지로 엽록소의 구성성분이며 결핍되면 잎이 누렇게 된다.
② 토양산도를 낮추려고 석회를 과다하게 처리하면 염기성이 높아져 철 결핍 증상이 나타난다.
③ 구리독성은 잎맥사이의 엽육조직에 나타나는 황화와 식물체의 전반적인 위축현상의 원인이다.
④ 망간 및 철 결핍증상을 치료하기 위해서는 킬레이트화합물의 형태로 잎이 전개되기 전에 분무한다.

**34** 늦가을 줄기에 짚을 감아 두었다가 봄에 이것을 모아 태워 해충과 익충도 함께 유실되는 방법은?

① 식이유살법
② 등화유살법
③ 번식처유살법
④ 잠복장소유살법

해설
잠복처유살은 월동이나 용화를 위한 잠복처로 유인하여 유살하는 방법으로 솔나방유충 제거에 효과적이다.

**35** 잣나무 털녹병에서 잎의 기공을 통하여 침입하는 것은?

① 녹포자
② 여름포자
③ 담자포자
④ 겨울포자

해설
잣나무 털녹병은 담자균으로 중간기주는 송이풀, 까치밥나무이다.

**36** 다음 중 병원균 중 기주교대를 하는 것은?

① 녹병균
② 흰가루병균
③ 모잘록병균
④ 빗자루병균

해설
녹병균 중에는 녹병포자, 녹포자, 여름포자 등을 만들어 기주교대하는 것도 있다.

**37** 대추나무 빗자루병에 관한 설명으로 옳지 않은 것은?

① 병원체는 바이러스이다.
② 주로 체관부(Phloem)에 기생한다.
③ 마름무늬매미충에 의해 매개 전염된다.
④ 옥시테트라사이클린 수간주사로 치료가 가능하다.

해설
대추나무 빗자루병의 병원체는 파이토플라즈마이다.

정답  31. ②  32. ③  33. ④  34. ④  35. ③  36. ①  37. ①

**38** 수목의 세균성 병균에 관한 설명으로 옳지 않은 것은?

① 세균성 병균은 종합적 방제가 필요하다.
② 유관속병은 물관이 침해되어 식물이 말라 죽는다.
③ 유조직병은 조직의 부패, 반점, 잎마름 등의 병징이 나타난다.
④ 감염된 식물체에서는 표징이 나타나지 않고 병징만 관찰이 가능하여 지표식물로 많이 이용된다.

> **해설** 세균에 의한 수병
> • 단세포, 내생포자 및 포자로 고온건조, 적외선 등에 저항성이 크다.
> • 유조직, 물관부, 분열조직을 가해한다.
> • 각피 침입을 할 수 없어 기공, 상처, 자연개구부로 침입한다.
> • 병든 식물체와 토양 중에 기생적으로 생존한다.
> • 수매전염에 의해 기주식물의 표면에 옮겨진다.

**39** 오리나무잎벌레의 생활사에 대한 설명으로 옳은 것은?

① 알로 월동하고 줄기에 산란한다.
② 유충으로 월동하고 잎에 산란한다.
③ 성충으로 월동하고 잎에 산란한다.
④ 번데기로 월동하고 줄기에 산란한다.

> **해설** 오리나무잎벌레
> • 성충과 유충 모두 오리나무 잎을 가해하며 1년 1회 발생한다.
> • 암컷만으로 번식하며 200~500개의 알을 낳는다.
> • 천적인 무당벌레나 유충기에는 BHC분제를 살포하여 방제한다.
> • 성충 형태로 지피물 밑이나 흙속에서 월동한다.

**40** 삼나무 붉은마름병균의 발병원인으로 옳은 것은?

① 기공을 통한 균류 침입
② 수공을 통한 세균 침입
③ 상처를 통한 바이러스 침입
④ 표피를 뚫은 파이토플라즈마 침입

## 제3과목 : 임업경영학

**41** 임업소득의 계산방법 중 가족노동에 귀속하는 소득은?

① 임업소득-가족임금추정액
② 임업소득-(자본이자+지대)
③ 임업소득-(가족노임추정액+지대)
④ 임업소득-(가족노임추정액+자본이자)

**42** 다음 임업자산 중 고정자산으로 옳지 않은 것은?

① 묘목  ② 차량
③ 임도  ④ 집재기

> **해설** 임업경영 자산
> • 고정자산 : 임지, 건물, 구축물(임도, 삭도, 숯가마 등), 기계(산림용 큰 기계), 동물(산림에 사용되는 말) 등
> • 임목자산 : 임목 축적
> • 유동자산 : 미처분 임산물(산림생산물로서 처분되지 않은 것), 산림용 생산자재(묘목, 비료, 약재 등)

**43** 유사한 재화의 거래가격과 비교하여 간접적으로 산림을 평가하기 위하여 주로 성숙림의 가치평가에 이용하는 것은?

① 비용가  ② 기망가
③ 자본가  ④ 매매가

> **해설**
> 임지의 매매가란 산림, 임지, 임목이 현실적으로 매매되고 있는 가격으로 시가 또는 시장가격이라고 한다.

**44** 산림경영의 목적을 달성하기 위한 지도원칙으로 옳지 않은 것은?

① 수익성의 원칙
② 공공성의 원칙
③ 합자연성의 원칙
④ 비교우위의 원칙

**정답** 38.④ 39.③ 40.① 41.② 42.① 43.④ 44.④

**45** 산림경영계획 수립 시 산림개황 조사에 해당되지 않은 것은?

① 기상관계 조사
② 삼림의 실태
③ 산간 주민의 실정
④ 산주 및 정부의 의지

**46** 산림경영계획의 사업실행 순서로 옳은 것은?

① 연차계획 → 사업예정 → 사업실행 → 조사업무
② 조사업무 → 연차계획 → 사업예정 → 사업실행
③ 조사업무 → 사업예정 → 연차계획 → 사업실행
④ 연차계획 → 조사업무 → 사업예정 → 사업실행

**47** 수확조정기법 중 평분법에 대한 설명으로 옳지 않은 것은?

① 재적평분법은 일반적으로 경제변동에 대한 탄력성이 없는 것으로 평가된다.
② 절충평분법은 재적평분법과 면적평분법의 장점을 채택하여 절충한 것이다.
③ 면적평분법은 제2윤벌기에 산림이 법정상태가 되어 개벌작업에는 응용할 수 없다.
④ 평분법의 특징은 윤벌기를 일정한 분기로 나누어 분기마다 수확량을 균등하게 하는 것이다.

> **해설** 평분법(Hartig)
> 윤벌기를 일정한 분기로 나누어 분기마다 수확량을 균등하게 하는 것을 말한다.
> • 재적평분법 : 한 윤벌기에 대하여 벌채안을 만들고, 각 분기마다 벌채량을 균등하게 하는 것을 말한다.
> • 면적평분법 : 장소적인 규제를 더 중시하여 각 분기의 벌채 면적을 같게 하는 방법이다.
> • 절충평분법 : 면적평분법의 법정임분배치와 재적평분법의 재적수확의 보속을 동시에 실현하고자 하는 것을 말한다.

**48** 측고기 사용상의 주의사항으로 가장 옳은 것은?

① 수고 정도의 거리에서 측정한다.
② 수고보다 가까운 거리에서 측정한다.
③ 나무가 서 있는 등고선보다 높은 위치에서만 측정한다.
④ 나무가 서 있는 등고선보다 낮은 위치에서만 측정한다.

> **해설** 측고기 사용 시 주의사항
> • 측정할 나무의 밑동과 위끝이 잘 보이는 곳에서 측정한다.
> • 측정 위치가 가까우면 오차가 생길 수 있으니 가능한 나무 높이 정도 떨어진 곳에서 측정한다.
> • 경사지에서는 뿌리 근처보다 높은 곳에서 측정한다.
> • 경사지에서는 여러 방향에서 측정하여 그 값을 평균하고, 평탄한 곳이라도 2회 이상 측정하여 평균값을 구한다.

**49** 감가상각비를 산출하는 방법으로 취득원가에서 감가상각비 누계액을 뺀 다음 감가율을 곱하여 산출하는 방법은?

① 정액법
② 정률법
③ 연수합계법
④ 작업시간비례법

**50** 임업을 경영하는 임가에서 2020년 한 해 동안 임가 소득은 3억 원, 임업소득은 1억 2천만 원이라면 이 임가의 2020년 임업의존도는 몇 %인가?

① 30%
② 40%
③ 45%
④ 50%

> **해설**
> 임업의존도 = $\dfrac{\text{임업소득}}{\text{임가소득}} \times 100 = \dfrac{120,000,000}{300,000,000} \times 100$
> = 40%

**정답** 45. ④  46. ①  47. ③  48. ①  49. ②  50. ②

**51** 임지기망가의 크기에 대한 설명으로 옳지 못한 것은?

① 벌기가 커질수록 임지기망가는 커진다.
② 이율이 높을수록 임지기망가는 작아진다.
③ 조림비와 관리비가 클수록 임지기망가는 작아진다
④ 주벌수익과 간벌수익이 클수록 임지기망가는 커진다.

**해설**
임지기망가에 영향을 주는 계산 인자
- 주벌수확과 간벌수확은 공식에서 +로 되어 있으므로 그 값이 클수록 커진다. 또 그 시기가 빠를수록 커진다.
- 조림비 및 관리비는 공식에서 −로 되어있으므로 조림비와 관리비가 클수록 작아진다.
- 이율이 높을수록 작아진다.
- 일반적으로 벌기가 커지면 처음에는 증가하다가 어느 시점에서 최대가 된 다음에 점차 작아진다.

**52** 법정축적이 400m³/ha이고 윤벌기가 80년으로 경영되고 있는 법정림의 법정연벌량은?

① 2.5m³
② 5.0m³
③ 10.0m³
④ 15.0m³

**해설**
법정연벌량 = $\frac{400}{80} \times 2 = 10m^3$

**53** 다음은 시장가역산법으로 임목을 평가하는 수식이다. 이 식에서 f는?

$$X = f\left(\frac{a}{1+lr} - b\right)$$

① 생산비         ② 이용률
③ 임목시기     ④ 원목시가

**54** 다음 중 수고 측정 기구가 아닌 것은?

① 트랜짓(Transit)
② 덴드로미터(Dendrometer)
③ 빌티모어 스틱(Biltimore Stick)
④ 아브네이레블(Abney Hand Level)

**해설**
빌티모어 스틱은 직경측정도구이다.

**55** 자본장비도와 자본효율의 개념을 임업경영에 적용한 것으로 옳은 것은?

① 자본장비도 : 소득 자본효율 : 노동
② 자본장비도 : 노동 자본효율 : 생장률
③ 자본장비도 : 임목축적 자본효율 : 노동
④ 자본장비도 : 임목축적 자본효율 : 생장률

**해설**
자본장비도
경영의 총자본(고정자본+유동자본)을 경영에 종사하는 사람의 수로 나눈 값을 말하며, 자본액에서 유동자본을 뺀 고정자산을 종사자 수로 나눈 것을 기본장비도라고 한다.

**56** 산림경영계획을 위한 산림구획에 대한 설명 중 옳지 않은 것은?

① 공유림경영계획구는 일반적으로 행정구역(시, 군, 구 등)으로 나눈다.
② 소반은 필요에 의해 구획을 변경할 수 있으며 소반 번호는 가, 나, 다 등의 일련번호를 붙인다.
③ 임반의 면적은 불가피한 경우를 제외하고는 100ha 내외로 구획한다.
④ 동일한 임반 내에서 임종, 임상 및 작업종이 상이할 경우에는 소반으로 구획한다.

**해설**
소반은 산림경영유역구 하류에서 시계방향으로 아라비아 숫자로 표기한다.

**정답** 51.① 52.③ 53.② 54.③ 55.④ 56.②

**57** 우리나라 산림조사에서 주로 사용하는 임목 직경 측정의 괄약은?

① 2cm 괄약
② 3cm 괄약
③ 4cm 괄약
④ 5cm 괄약

**58** 임분 재적이 180m³, 임분 형수가 0.4, 임분 평균 수고가 15m일 경우, 이때의 흉고단면적은?

① 4.8m²
② 12m²
③ 30m²
④ 72m²

> **해설**
> 임분재적=형수×수고×흉고단면적
> 180=0.4×15×흉고단면적
> ∴ 흉고단면적=180/0.4×15=30m²

**59** 임목자산 경영용어로서 매각액의 설명으로 옳은 것은?

① 매각한 임목의 순이익
② 매각한 임목의 실제판매 가격
③ 매각한 임목의 육림비용 누적액
④ 매각한 임목의 가격과 비용의 차이

**60** 연료 획득 또는 조상의 묘를 모시기 위하여 5ha 미만의 사유림을 보유하고 경영하는 임업의 형태로 옳은 것은?

① 겸업임업
② 주업임업
③ 부업임업
④ 농가임업

> **해설** 농가임업
> 목재생산보다는 조상의 묘를 모시거나 농용재 등의 수목을 얻기 위해 보유하고 있으며, 평균 0.9ha 정도로 소유주는 176만 명에 이른다.

---

### 제4과목 : 산림공학

**61** 임도개설 시 m³당 임목수집비를 고려할 때 효율성과 경제성이 가장 큰 위치는?

① 능선부
② 산복부
③ 계곡부
④ 복합지역

**62** 양각기계획법으로 1:25000 지형도상에 종단물매 10%인 노선을 배치할 때 양각기 조정 폭은?

① 0.2cm
② 0.4cm
③ 0.6cm
④ 0.8cm

> **해설**
> $10 = \dfrac{10}{수평거리} \times 100$
> ∴ 수평거리=100m
> 지도상의 거리=100m/25,000=0.004m=0.4cm

**63** 산복사방에서 비탈다듬기공사의 토사량 계산법으로 옳지 않은 것은?

① 평면적법
② 삼각주체법
③ 구형주체법
④ 평균단면적법

> **해설**
> 사면의 토사량 계산 시 평면적법은 적용이 어렵다.

**64** 다음 중 작업로망 배치형태의 이용성이 가장 높은 형태는?

① 방사형
② 단선형
③ 간선어골형
④ 방사복합형

**65** 종단면도에서 지반고가 계획고보다 상부에 위치한 구간은 어떤 구간인가?

① 사토구간
② 다짐구간
③ 땅깎기구간
④ 흙쌓기구간

---

정답  57.① 58.③ 59.③ 60.④ 61.② 62.② 63.① 64.③ 65.③

**66** 임도에 있어서 단곡선을 설치할 때 교각이 90°, 외선장이 15m인 경우 곡선반지름은 얼마인가?

① 16.2m  ② 24.1m
③ 36.2m  ④ 44.1m

**해설**

외선길이 = 곡선반지름 $\times \left\{\sec\left(\dfrac{\theta}{2}\right) - 1\right\}$

곡선반지름 = $15 \times \left\{\sec\left(\dfrac{90}{2}\right) - 1\right\}$

$= 15 \times \left\{\left(\dfrac{1}{\cos 45}\right) - 1\right\}$

$= 36.2\text{m}$

**67** 사방댐에 있어 계류바닥의 계획물매는 일반적으로 현물매의 어느 정도를 표준으로 하는가?

① 1/5~1/4  ② 1/4~1/3
③ 1/3~1/2  ④ 1/2~2/3

**68** 해안사지조림용 수종이 구비해야 할 일반적인 조건으로 옳지 않은 것은?

① 바람에 대한 저항력이 클 것
② 온도의 급격한 변화에도 잘 견딜 것
③ 양분과 수분에 대한 요구가 적을 것
④ 낙엽, 낙지가 적고 증산량이 많을 것

**해설**

해안사지 수종의 구비 조건
- 양분과 수분에 대한 요구가 적을 것
- 온도의 급격한 변화에도 잘 견디어 낼 것
- 비사, 한해, 조해 등의 피해에도 잘 견딜 것
- 울폐력이 좋고 낙엽, 낙지 등에 의하여 지력을 증진시킬 수 있는 것

**69** 임도 식생사면의 유지보수에 대한 설명으로 옳지 않은 것은?

① 사면으로 직접 물이 흐르도록 배수시설을 설치한다.
② 강수량이 일시 집중적인 곳에는 붕괴에 대비하여야 한다.
③ 떼붙임을 한 사면은 1년에 1~2회 정도 풀베기를 실시하여 다른 식물의 생장을 막아주어야 한다.
④ 나무가 너무 크면 풍우에 넘어져서 비탈면 붕괴의 원인이 되기도 하기 때문에 적당한 시기에 가지치기를 한다.

**70** 황폐계천 사방공작물 중 종공작물(縱工作物)로 옳지 않은 것은?

① 수제  ② 둑쌓기
③ 바닥막이  ④ 기슭막이

**해설**

바닥막이는 횡공작물이다.

**71** 배향곡선지에서 길어깨, 옆도랑의 너비를 제외한 임도의 유효너비 시설 기준은?

① 3m  ② 4m
③ 5m  ④ 6m

**해설** 임도의 횡단면 구조
- 유효너비(차도너비) : 길어깨, 옆도랑의 너비를 제외한 임도의 유효너비는 3m이다. 다만 배향곡선지의 경우에는 6m이다.
- 길어깨 : 길어깨 및 옆도랑의 너비는 0.5~1m이다.
- 축조한계 : 자동차의 안전주행을 위해 도로의 위쪽에 건축물을 설치할 수 없는 일정한 한계를 말한다.

**72** 삭도 운재 방법에 대한 설명으로 옳지 않은 것은?

① 대량 운반이 용이하다.
② 임지를 훼손하지 않는다.
③ 험준한 지형에서도 설치가 가능하다.
④ 지정된 장소에서만 적재 및 하역이 가능하다.

**해설**

삭도운재방법은 설치 및 철거 시 많은 시간과 기술이 필요하지만 임지의 피해를 최소화 할 수 있으며, 급경사지에서도 가능한 장점이 있다.

**정답** 66.③ 67.④ 68.④ 69.① 70.③ 71.④ 72.①

**73** 산지사방 식재용 수종의 요구 조건으로 가장 부적절한 것은?

① 토양개량 효과가 기대 될 것
② 뿌리 발육이 천천히 진행될 것
③ 생장력이 왕성하여 잘 번식할 것
④ 묘목의 생산비가 적게 들고, 가급적 경제가치가 높을 것

**74** 다수의 목재를 뗏목으로 엮어서 띄워 보내는 수상 운재방법은?

① 관류   ② 벌류
③ 위류   ④ 활류

**75** 흙속에서 공기와 물이 차지하고 있는 부분을 무엇이라고 하는가?

① 비중   ② 공극
③ 밀도   ④ 포화도

**76** 예불기 작업방법으로 올바른 것은?

① 작업방향은 좌측에서 우측으로 실시한다.
② 잡초색과 유사한 작업복과 작업화를 착용한다.
③ 둥근날로 관목제거 시 날의 1/3의 위치를 사용한다.
④ 작업 시에는 둥근톱날의 1시~3시 시계 방향을 사용한다.

**77** 벌목과 운재계획을 위한 조사 항목으로 옳지 않은 것은?

① 반출노선 예측 및 검토
② 단목재적 및 작업물량 조사
③ 적정투입장비 조사 및 선정
④ 지형 및 시장과의 거리 파악

> **해설**
> 지형 및 시장과의 거리 파악은 임도설치 시 조사항목이다.

**78** 일반적으로 많이 사용하는 정지기계는?

① 백호
② 하베스터
③ 드래그 라인
④ 모터 그레이더

> **해설**
> 정지작업에는 모터 그레이더, 불도저 등을 사용한다.

**79** 사방댐의 설계요인에서 위치 선정의 원칙으로 옳지 않은 것은?

① 댐의 위치는 상류부가 좁고 댐자리가 넓은 곳이 적당하다.
② 댐의 위치는 계상 및 양안에 암반이 존재하는 것을 원칙으로 한다.
③ 굴곡부의 하류나 계폭이 넓은 장소는 난류가 발생하여 산각이 침식될 위험이 있다.
④ 본류와 지류의 합류점 부근에 댐을 계획할 때에는 통상 합류점의 하류부가 위치 선정의 기준이 된다.

> **해설** 사방댐의 시공장소
> • 계상의 양안에 암반이 있는 지역
> • 상류부가 넓고 댐자리가 좁은 곳
> • 지계의 합류점 부근에서 댐을 계획할 때에는 일반적으로 합류부의 하류부에 시공
> • 계단상 댐을 설치할 때 첫 번째 댐의 추정 퇴사선이 구 계상 물매를 자르는 점에 상류댐이 위치하도록 시공

**80** 집재가선 시 지주설치와 관련된 공사 내용으로 옳지 않은 것은?

① 현지에 삭도를 가설한다.
② 필요한 도르래류를 부설한다.
③ 지주에 안전한 사다리를 부설한다.
④ 설계도에 따라 지주를 보강하기 위한 버팀줄을 설치한다.

---

**정답** 73.② 74.② 75.② 76.③ 77.④ 78.④ 79.① 80.①

# 국가기술자격 필기시험문제

**2014년 제3회 필기시험**

| 자격종목 및 등급(선택분야) | 종목코드 | 시험시간 | 형별 |
|---|---|---|---|
| 산림산업기사 | 2481 | 2시간 | A |

### 제1과목 : 조림학

**1** 간벌 방법 중에서 임분의 밀도조절을 목적으로 하는 정량간벌의 개념이 가장 강한 것은?

① 도태간벌
② 하층간벌
③ 자유간벌
④ 기계적간벌

**해설**
정량간벌은 실행 기준을 간벌량에 두고 임목밀도를 조절해 나가는 간벌로서 수종별로 일정한 임령, 수고 또는 흉고직경에 따라 임목 본수를 미리 정해 놓고 기계적으로 간벌을 실행한다.

**2** 다음 수종 중 개화 이듬해에 종자가 성숙하는 것은?

① 떡갈나무  ② 갈참나무
③ 굴참나무  ④ 졸참나무

**해설 굴참나무**
5월에 끈 모양의 노란색 수꽃차례가 새가지 아랫부분에 달린다. 암꽃차례는 윗부분의 잎겨드랑이에 달린다. 수꽃은 3~5개의 조각으로 갈라지며, 4~5개의 수술이 있다. 암꽃은 총포로 싸이며 암술대가 3개 있다. 열매는 타원형 견과이며 다음 해 9~10월에 익는다.

**3** 파종 후 새(조류)에 의한 종자의 피해를 막는 데 사용되는 것은?

① 명반  ② 황산
③ 광명단  ④ 이황화탄소

**4** 묘포에서 단근작업을 하는 주목적은?

① 근계정리를 위해
② 생장을 억제하기 위해
③ 묘목 식재 작업을 용이하게 하기 위해
④ 측근과 세근을 발달시켜 활착률을 높이기 위해

**해설 단근**
- 건강한 묘를 생산하기 위해 묘목의 직근과 측근을 끊어 잔뿌리의 발달을 촉진시키는 작업으로, 경비절감은 물론 활착률에도 좋은 이점이 있다.
- 단근묘가 이식묘에 비하여 T/R률이 낮고 활착률이 높은 우량한 묘목이 생산되며, 묘목을 대량 생산할 경우에도 경제적으로 유리하다.

**5** 장령림에 대한 시비효과로 옳지 않은 것은?

① 엽장과 엽량이 증가한다.
② 엽색이 더 진한 녹색으로 된다.
③ 임내는 더 어두워지는 외관적 변화가 나타난다.
④ 비배 후 3~4년 경과한 임분에서는 흉고직경의 성장차이를 볼 수 없다.

**6** 혼효림의 정의로 옳은 것은?

① 두 가지 또는 그 이상의 수종으로 이루어진 숲
② 현저한 수령차이가 있는 수목들로 이루어진 숲
③ 영양번식에 의한 맹아가 기원이 되어 이루어진 숲
④ 종자에서 발생한 치수가 기원이 되어 이루어진 숲

**정답** 1.④  2.③  3.③  4.④  5.④  6.①

> **해설**
> 혼효림은 두 가지 이상의 수종으로 구성된 산림을 말하며, 전형적인 혼효림은 생태학적으로 비슷한 구성 수종의 친밀 혼효로 이루어진다.

**7** 숲을 구성하고 있는 나무 중 성숙목의 일부를 벌채하고, 동시에 어린나무도 제거해서 갱신이 이루어지도록 하는 작업방법은?

① 개별작업
② 택벌작업
③ 산벌작업
④ 왜림작업

> **해설**
> 택벌은 일정 기간 내 모든 임목을 벌채하여 갱신면을 노출시키는 일이 없고 성숙목을 부분적으로 벌채하여 항상 일정한 임상이 유지되는 것으로, 이령림형을 나타낸다.

**8** 알칼리성 토양에서 결핍현상이 가장 많이 나타나는 원소는?

① 철
② 황
③ 칼슘
④ 마그네슘

> **해설**
> 토양 중에 철(Fe)이 결핍되면 엽록소가 생성되지 않으며, 어린 잎에 황화현상이 나타난다.

**9** 접목 활착의 성패를 좌우하는 요인으로 옳지 않은 것은?

① 수종의 특성
② 대목의 생활력
③ 접목묘의 생산량
④ 대목과 접수의 친화성

> **해설**
> **접목 유합에 미치는 인자**
> - 불화합성 : 접목이 전혀 안 되거나 접목이 되더라도 접목률이 낮으면 정상개체로 성장하지 못한다.
> - 식물의 종류 : 식물의 종류에 따라서 접목률이 다르다.
> - 온도와 습도 : 접목 후에는 20~40℃의 온도가 유지되어야 캘러스조직이 잘 발달된다.
> - 대목의 활력 : 접목을 할 때 대목의 생리상태가 접목률에 큰 영향을 주는데, 접목은 대목이 왕성한 세포분열을 하고 있을 때가 좋다.

**10** 다음 중 핵과를 결실하는 수종은?

① 벚나무
② 자귀나무
③ 상수리나무
④ 이태리포플러

> **해설** 벚나무
> - 수고는 10~20m이고 짙은 갈색으로 옆으로 벗겨진다.
> - 잎은 어긋나며 길이 6~12cm의 달걀 또는 달걀형 바소 모양으로, 가장자리에 작은 거치가 있으며 잎 뒷면은 회색빛을 띤 녹색이다.
> - 꽃은 4~5월에 연분홍색 또는 흰색으로 산방 또는 산형화서로 피며 꽃자루에 포가 있고 꽃받침통과 암술대에 털이 없다.
> - 열매는 핵과로 6~7월에 익으며 둥근 모양이다.

**11** 제벌의 시기로 가장 적합한 것은?

① 식재 후 바로 실시한다.
② 주로 겨울철에 실시한다.
③ 간벌(솎아베기) 후 1년 이내에 실시한다.
④ 조림목의 수관이 거의 접촉하는 시기에 한다.

> **해설** 제벌
> - 조림 후 5~10년이 되고 풀베기 작업이 끝난 지 3~5년이 지나 조림목의 수관경쟁과 생육저해가 시작되는 곳으로 조림지 구역 내 군상(무리군, 형상상)으로 발생한 우량 천연림도 보육대상지에 포함된다.
> - 작업은 6~9월 사이에 실시하는 것을 원칙으로 하되 늦어도 11월말까지 완료한다.

**12** 일반적으로 극핵이 발달하여 다음 어떤 부분의 형성에 이바지하게 되는가?

① 배
② 배유
③ 배강
④ 배주

> **해설**
> **꽃의 구조와 종자 및 열매의 구조 관계**
> - 씨방(자방) → 열매
> - 밑씨 → 종자
> - 주피 → 씨껍질
> - 주심 → 내종피(대부분 퇴화)
> - 극핵(2개)+정핵 → 배젖(속씨식물)
> - 난핵+정핵 → 배

**정답** 7.② 8.① 9.③ 10.① 11.④ 12.②

**13** 다음은 토양공극에 대한 설명이다. 빈칸 ㉮와 ㉯에 해당하는 용어로 바른것은?

> 토양의 전체 용적에서 ( ㉮ )부분의 용적을 빼낸 값으로 ( ㉯ )이/가 차지하는 부분이다.

① ㉮ : 고체, ㉯ : 물과공기
② ㉮ : 액체, ㉯ : 토양과 물
③ ㉮ : 액체, ㉯ : 토양과 고기
④ ㉮ : 고체와 기체, ㉯ : 영하온도에서 얼음

**14** 처녀림과 가장 가까운 의미를 갖는 산림은?

① 보안림　　② 원시림
③ 열대림　　④ 동령림

해설
원시림은 인공과 중대한 재해(산불, 해충, 병해 등)를 과거 수백 년 동안 받은 바 없는 산림이며 흔히 처녀림으로 불린다.

**15** 단순동령림에서 밀도만을 다르게 할 때 나타나는 임목의 생장현상 중 옳지 않은 것은?

① 고밀도일수록 지하고는 낮아진다.
② 고밀도일수록 단목의 평균간재적은 작아진다.
③ 줄기의 평균흉고직경은 밀도가 높을수록 작게 된다.
④ 상층목의 평균수고는 임목의 밀도에 관계 없이 거의 비슷하게 나타난다.

해설
고밀도일수록 수목하부의 수광량이 감소하므로 가지가 빨리 고사하여 지하고는 높아진다.

**16** 토양수분항수 중에 영구위조점(Permanent Wilting Point)의 pF값으로 가장 적당한 것은?

① 약 2.7　　② 약 4.2
③ 약 5.7　　④ 약 7.2

해설
위조점은 토양수분의 장력이 커서 식물이 흡수하지 못하고 영구히 시들어 버리는 점이며, 이때의 수분함량을 위조계수라 한다.
• 포장용수량 : pF1.8
• 유효수분 : pF1.8~4.2
• 초기위조점 : pF3.8
• 영구위조점 : pF4.2

**17** 수목의 부위별 질소 함량을 바르게 나타낸 것은?

① 잎 > 수간 > 주지 > 측지
② 잎 > 주지 > 측지 > 수간
③ 잎 > 측지 > 주기 > 수간
④ 잎 > 주지 > 수간 > 측지

**18** 가을에 종자가 성숙되는 수종은?

① 미루나무　　② 사시나무
③ 느릅나무　　④ 비자나무

해설
비자나무
• 꽃은 단성화이며 4월에 핀다.
• 수꽃은 10개 내외의 포가 있는데 갈색이며 길이 10mm 정도로 10여 개의 꽃이 한 꽃자루에 달린다.
• 암꽃은 모양이 일정하지 않은 달걀 모양으로서 한 군데에 2~3개씩 달리고 5~6개의 녹색 포로 싸인다.
• 열매는 다음 해 9~10월에 익고 길이 25~28mm, 지름 20mm, 두께 3mm 정도로 타원형이다.

**19** 지하자엽발아형에 속하는 수종은?

① 단풍나무　　② 버드나무
③ 아까시나무　④ 물푸레나무

해설
지하자엽발아형 수종에는 호두나무, 칠엽수, 밤나무, 참나무류, 버드나무 등이 있다.

**20** 일반적인 개화생리 순서를 옳게 표시한 것은?

| 가. 화기형성 | 나. 화아분화 |
| 다. 꽃의 성숙 | 라. 개화 |

① 가-나-다-라　② 가-나-라-다
③ 나-가-다-라　④ 나-라-가-다

정답 13.① 14.② 15.① 16.② 17.③ 18.④ 19.② 20.③

### 제2과목 : 산림보호학

**21** 유충이 주로 토양 속에서 서식하면서 어린묘의 줄기와 잎을 식해하고, 특히 1년생 실생묘에 심한 피해를 주는 해충은?

① 소나무좀  ② 거세미나방
③ 미끈이하늘소  ④ 잣나무넓적잎벌

**해설** 거세미나방
- 활엽수·침엽수의 유목을 가해한다.
- 각종 묘목의 뿌리·어린줄기를 잘라 그 일부를 땅속으로 끌어들여 먹는다.
- 1년생 묘목에 피해가 심하며, 1년에 2~3회 발생한다.
  - 1화기 : 6~7월
  - 2화기 : 8~9월
- 파종 또는 식재 전에 토양살충제(Gox·세빈)를 살포한 후 경운하거나, 성충이 묘상의 잡초에 산란하므로 잡초를 제거, 이른 아침에 피해 묘목의 지하부에 숨어 있는 유충을 살포하여 방제한다.

**22** 대기오염에 의한 산림의 피해를 최소화시킬 수 있는 실제적인 방안이 아닌 것은?

① 방음벽 시설 설치
② 공해배출의 법적규제
③ 공해저항성 수종의 식재
④ 임지비배를 통한 산림관리

**해설**
방음벽 설치는 대기오염을 줄일 수 있는 일시적인 방법이다.

**23** 다음 설명에 부합되는 해충은?

- 부화유충은 번데기가 되기까지 7회 탈피한다.
- 5령유충으로 월동한다.
- 유충이 잎을 식해한다.

① 솔나방  ② 박쥐나방
③ 소나무좀  ④ 오리나무잎벌레

**해설** 솔나방
- 소나무류의 중요한 해충으로 유충은 잎을 톱니모양으로 갉아 먹지만 크면 잎을 모조리 먹는다.
- 1년에 1회 발생하고, 나무껍질이나 지피물 사이에서 월동한다.
- 성충은 7월 하순~8월 상순에 출현하며, 산란수 600개 정도이다.
- 유충이나 번데기에는 고치벌, 맵시벌 등의 천적을 보호하고, 식이목 설치, BHC 1~2%나 말라티온유제 1,000배액을 4~5월에 살포하여 방제한다.

**24** 솔껍질깍지벌레의 생활사로 옳은 것은?

① 양성 모두 완전변태
② 양성 모두 불완전변태
③ 암컷은 완전변태, 수컷은 불완전변태
④ 암컷은 불완전 변태, 수컷은 완전변태

**25** 1년에 1회 발생하는 해충으로 옳지 않은 것은?

① 독나방
② 알락하늘소
③ 미국흰불나방
④ 솔껍질깍지벌레

**해설** 미국흰불나방
- 1년 2회 발생하며, 번데기로 월동한다.
- 식엽성해충이다.
- 잡식성이며, 주로 활엽수인 가로수나 정원수 등 160여 수종에 피해를 입힌다. 1958년에 처음으로 발생하였다.

**26** 솔잎혹파리의 월동충태로 옳은 것은?

① 알  ② 성충
③ 유충  ④ 번데기

**해설** 솔잎혹파리
- 유충이 적송·흑송 등의 두침엽의 접합부에 기생하여 혹을 만들어 피해를 준다. 1년 1회 발생하며, 유충으로 땅속 또는 충영 속에서 월동한다. 6월 상순이 성충의 우화 최성기이며, 성숙 유충의 크기는 1.7~2.8mm이다.
- 성충 우화 시기(5~6월)에 ha당 30~50kg의 살충제를 살포하고, 다이메크론 50% 유제를 흉고직경 1cm당 0.3~0.7ml 정도로 수간주사를 실시한다. 또한 하기벌목(충영 속의 유충 제거), 간벌(고립목의 경우 피해를 덜 입음), 천적(먹좀벌·거미류·개미·박새류) 보호, 비료 주기 등의 방법으로 방제한다.

**정답** 21.② 22.① 23.① 24.④ 25.③ 26.③

**27** 일정한 시간에 동일한 공간 내에서 생활하는 생물집단을 뜻하는 용어는?
① 기생
② 군집
③ 군총
④ 개체군

**28** 포스파미돈 액제(50%)의 수간주입으로 방제 효과를 얻을 수 있는 해충은?
① 매미나방
② 솔노랑잎벌
③ 솔잎혹파리
④ 버들재주나방

해설
솔잎혹파리의 방제에는 수간주사가 효과적이다.

**29** 다음 중 수병의 잠복기간이 가장 짧은 것은?
① 잣나무 털녹병
② 포플러 잎녹병
③ 소나무 재선충병
④ 낙엽송 잎떨림병

해설 포플러 잎녹병
• 포플러의 잎 뒷면에 노란 가루덩이가 형성되며, 조기 낙엽, 낙엽송 잎은 5~6월경 노란점이 발생한다.
• 포플러에서 여름포자·겨울포자의 소생자를 형성하고, 소생자는 낙엽송으로 날아가 기생하여 녹포자를 형성한다.
• 포플러 묘포는 낙엽송 조림지에서 멀리 떨어뜨려 방제한다.

**30** 산불을 인위적으로 적당히 조절하여 이용하는 방법은?
① 화입
② 수간화
③ 지표화
④ 지중화

**31** 다음 약제 중 훈증제가 아닌 것은?
① 시안화수소
② 크레오소트
③ 클로로피클린
④ 메틸브로마이드

해설 크레오소트
• 목타르(특히 너도밤나무에서 얻는 목타르)를 증류하여 물보다 무거운 유분을 정제한 것으로, 구아야콜·크레오솔 등의 페놀류 혼합물이다.
• 비중은 1.076이며, 미황색인 투명한 유액이다.
• 빛에 강하게 굴절하고 연기 냄새가 나며 에테르·클로로포름·식물유에 녹고 물에는 잘 녹지 않는다.

**32** 수목병의 1차 감염원이 되는 병원체의 월동 방법으로 거리가 가장 먼 것은?
① 토양 내에서 월동하는 경우
② 동물 체내에서 월동하는 경우
③ 낙엽이나 낙지에서 월동하는 경우
④ 기주식물의 조직 내에서 월동하는 경우

**33** 다음 중 수병의 중간기주 연결이 틀린 것은?
① 소나무 혹병—황벽나무
② 잣나무 털녹병—송이풀
③ 포플러 잎녹병—일본잎갈나무
④ 배나무 붉은별 무늬병—향나무

해설 중간기주
• 잣나무 털녹병균 : 송이풀과 까치밥나무
• 소나무류 잎녹병균 : 황벽나무, 참취, 잔대
• 소나무 혹병균 : 참나무
• 배나무 적성병균 : 향나무

**34** 종묘 소독용으로 주로 사용되지 않은 약제는?
① 캡탄제
② 티람제
③ 유기수은제
④ 클로로피클린

해설
클로로피클린은 훈증제이다.

**35** 푸사리움 가지마름병균이 기주식물에 침입하는 방법으로 가장 옳은 것은?
① 각피 침입
② 뿌리를 통한 침입
③ 상처를 통한 침입
④ 기공, 피목 등 자연개구를 통한 침입

정답 27.④ 28.③ 29.② 30.① 31.② 32.② 33.① 34.④ 35.③

> 해설

상처를 통해 침입하는 병원균에는 모잘록병균, 밤나무 줄기마름병균, 포플러 줄기마름병균, 근두암종병균, 낙엽속끝마름병균, 밤나무 뿌리혹병, 푸사리움 가지마름병균 등이 있다.

## 36 수목의 흰가루병에 대한 설명으로 옳지 않은 것은?

① 2차전염원은 잎표면에 형성되는 자낭포자이다.
② 포플러류 및 참나무류 등 다양한 수종에 발병한다.
③ 가을에 병든 낙엽과 가지를 모아 소각하여 방제한다.
④ 순의 생장이 위축되고 꽃과 열매가 달리지 못하는 피해가 나타난다.

> 해설

**수목의 흰가루병**
- 일정한 반점이 생기지 않고 병반이 불규칙하다. 유아나 신소가 기형을 받으면 위축 기형이 일어난다.
- 병환부에 나타난 흰가루는 병원균의 균사 분생자병 및 분생포자 등이며 이것은 분생자세대의 표징이다.
- 병든 낙엽 위에 붙어 월동하여 이듬해 봄에 자낭포자를 내어 1차전염을 일으키고 2차전염은 분생포자에 의해 가을까지 이어진다.
- 가을에 병든 낙엽과 가지를 소각하고, 봄에 새눈 나오기 전에 석회황합제를 살포하여 방제한다.

## 37 양생동물 서식지 구성요소에 해당되지 않는 것은?

① 물            ② 먹이
③ 수목          ④ 피난처

## 38 다음 중 가장 농도가 높은 고농도의 농약은?

① 100배액
② 1,000배액
③ 1,500배액
④ 2,000배액

> 해설

숫자가 낮을수록 고농도이다.

## 39 밤나무 줄기마름병에 대한 설명으로 올지 않은 것은?

① 바이러스에 의해 발병하는 수목병이다.
② 질소비료를 적게 주고 상처가 나지 않도록 한다.
③ 발생초기에는 감염 수목의 수피가 갈색으로 변한다.
④ 동해 및 열해를 받아 형성층이 손상된 경우 쉽게 감염된다.

> 해설

**밤나무 줄기마름병**
- 나뭇가지와 줄기를 침해한다. 병환부의 수지는 처음에는 적갈색으로 변하고 약간 움푹해지며, 6~7월경에 수피를 뚫고 등황색의 소립이 밀생한다.
- 자낭각과 병자각이 병환부의 자질 안에 생기고 균사, 포자형으로 월동한다.
- 베노밀의 수간주입 치료, 봄에 눈이 트기 전에 보르도액 · 석회황합제 살포, 저항성 품종 선발 · 육종으로 방제한다.

## 40 볕데기에 대한 설명으로 옳지 않은 것은?

① 강한 직사광선이 직접 투입되는 것을 막아 예방할 수 있다.
② 코르크층이 발달된 수종에서 특히 취약하다.
③ 피해부위는 움푹하게 들어가고 갈라져 터지므로 부후균의 침입을 받기 쉽다.
④ 고립목의 줄기는 짚으로 둘러주거나 석회유 등을 발라 피해를 입지 않게 한다.

> 해설

볕데기는 나무 줄기가 강렬한 태양 직사광선을 받았을 때 수피의 일부에 급격한 수분 증발이 생겨 형성층이 고사하고 그 부분의 수피가 말라 죽는 현상을 말한다. 코르크층이 잘 발달되지 않은 수종에서 주로 발생된다.

정답  36. ①  37. ③  38. ①  39. ①  40. ②

## 제3과목 : 임업경영학

**41** 임지기망가에 관한 설명으로 옳지 않은 것은?
① 이율이 높을수록 임지기망가는 커진다.
② 무육비가 많을수록 임지기망가는 작아진다.
③ 조림비가 많을수록 임지기망가는 작아진다.
④ 주벌수확이 많을수록 임지기망가는 커진다.

> **해설**
> 임지기망가에 영향을 주는 계산 인자
> - 주벌수확과 간벌수확은 공식에서 +로 되어 있으므로 그 값이 클수록 커진다. 또 그 시기가 빠를수록 커진다.
> - 조림비 및 관리비는 공식에서 −로 되어있으므로 조림비와 관리비가 클수록 작아진다.
> - 이율이 높을수록 작아진다.
> - 일반적으로 벌기가 커지면 처음에는 증가하다가 어느 시점에서 최대가 된 다음에 점차 작아진다.

**42** 수간석해의 방법으로 총재적을 얻을 때 고려하지 않아도 되는 것은?
① 근주재적  ② 지조간재적
③ 결정간재적  ④ 초단부재적

**43** 소반의 구획요건으로 옳지 않은 것은?
① 지종이 상이할 때
② 방위가 상이할 때
③ 임종, 임상 및 작업종이 상이할 때
④ 임령, 지위, 지리 및 운반계통이 현저히 상이할 때

> **해설**
> 소반은 임반 내에서 그 상태 및 취급에 차이를 둔 부분을 말한다. 우리나라에서는 지종 구분, 수종 및 작업종이 상이할 때, 입목지·미입목지 및 화전, 임령 및 지위의 차이가 현저할 경우 등은 소반으로 구분한다.

**44** 임업노동의 특성에 대한 설명으로 옳지 않은 것은?
① 단위면적당 노동량이 많고 노동강도가 강하다.
② 작업장소인 산림까지의 이동시간이 길어서 실제 작업시간이 짧다.
③ 농업노동력을 벌채, 운반노동에 이용하려면 별도의 훈련이 필요하다.
④ 산림경영규모가 작아서 기계의 연속가동 일수가 짧다.

**45** 자산을 획득하기 위하여 제공한 경제적 가치의 측정치는?
① 원가  ② 손익
③ 수익  ④ 비용

**46** 산림평가의 대상이 아닌 것은?
① 임지
② 임목
③ 부산물
④ 임업기계

> **해설** 산림평가의 구성 내용
> - 임지 : 위치, 지형, 지질, 면적 등의 자연요소와 지위, 지리별로 구분하여 평가한다.
> - 임목 : 수종, 용도, 임령 등으로 구분하여 평가한다.
> - 부산물 : 임지 내의 토석, 광물, 동식물 등으로 구분하여 평가한다.
> - 시설 : 임도, 건물, 보호시설, 휴양시설 등으로 구분하여 평가한다.
> - 공익적 기능 : 보전적 기능, 환경보호 기능 등으로 구분하여 평가한다.

**47** 임업경영의 지도원칙 중에서 보속성의 원칙에 관한 설명으로 옳은 것은?
① 수익률을 가장 크게 하는 원칙
② 해마다 목재수확을 균등하게 할 수 있는 원칙
③ 최소의 비용으로 최대의 효과를 발휘하는 원칙
④ 생산량을 생산요소의 수량으로 나눈값이 최고가 되도록 하는 원칙

**정답** 41.① 42.② 43.② 44.① 45.① 46.④ 47.②

**해설** 보속성의 원칙

산림에서 매년 수확을 균등하고 영구히 존속할 수 있도록 경영하는 원칙으로 보속성의 개념은 크게 두 가지로 나누어 생각할 수 있다.
- 광의의 보속성 : 임지가 항상 유용한 임목으로 피복되고 이것이 건전하게 자라도록 하는 산림생산의 근거를 둔 개념(목재생산의 보속성)이다.
- 협의의 보속성 : 산림에서 매년 거의 같은 양의 목재를 수확하는 것으로 이는 목재공급에 근거를 둔 개념(목재공급의 보속성)이다.

**48** 벌기 40년의 잣나무림에서 벌기마다 1천만 원의 수입을 연이율 5%로 영구히 얻기 위한 전가합계는?

① 약 142만 원
② 약 149만 원
③ 약 166만 원
④ 약 175만 원

**해설**
전가합계 $= \dfrac{10,000,000}{(1+0.05)^{40}} =$ 142만 원

**49** 임가소득 중에서 임업소득이 차지하는 비율을 무엇이라고 하는가?

① 임업의존도
② 임업소득률
③ 임업조수익
④ 임업소득 가계충족률

**50** 어떤 산림의 벌채권 취득원가가 5천만 원이고 잔존가치는 없으며 벌채추정량이 1백만 m³이고 당기벌채량이 1천m³이라면 총감가상각비는?(단 생산량 비례법 이용)

① 500원
② 5,000원
③ 50,000원
④ 500,000원

**해설**
감가상각비 $= 50,000,000 \times \dfrac{1,000}{1,000,000} =$ 50,000원

**51** 임업투자 효율을 측정하는 방법 중에서 투자에 의하여 장래에 예상되는 현금유입의 현재가와 현금유출의 현재가를 같게 하는 할인율을 의미하는 것은?

① 투자이익률법
② 순현재가치법
③ 수익비용률법
④ 내부투자수익률법

**해설**
내부투자수익률법(IRR)
- 투자에 의해 장래에 예상되는 현금유입의 현재가와 현금유출의 현재가를 같게 하는 할인율을 말한다.
- 투자로 인한 내부투자수익률법과 기업에서 바라는 기대수익률을 비교하여 내부투자수익률법이 클 때 투자가치가 있다고 판단하며, 국제 금융기관에서 널리 이용하고 있다.

**52** 임업경영의 성과 분석에서 계산되는 다음의 항목 중에서 가장 큰 값은?

① 임가소득
② 임업소득
③ 기타소득
④ 임업순수익

**해설**
임가소득=산림소득+농업소득+기타소득

**53** 마이너스 값이 나올 수 있는 투자효율 분석법은?

① 회수기간법
② 순현재가치법
③ 투자이익률법
④ 수익비용률법

**해설**
순현재가치법(시간가치 고려함)
미래에 발생할 모든 현금흐름을 적절한 할인율로 할인하여 현재가치로 나타내며 장기투자를 결정하는 방법으로, 현금유입의 현재가에서 현금유출의 현재가를 뺀 것을 순현재가(NPW)라고 한다. 현재가가 0보다 큰 투자안을 투자할 가치가 있는 것으로 평가한다.

**54** 국유림경영계획 실행상황을 평가하는 데 해당되지 않은 것은?

① 연간평가
② 중간평가
③ 사전평가
④ 최종평가

**정답** 48. ③  49. ①  50. ③  51. ④  52. ①  53. ②  54. ③

**55** 산림경영계획을 위한 지황조사의 설명으로 옳은 것은?

① 방위는 임지의 주 사면을 보고 4방위로 구분한다.
② 지위는 생산능력에 따라 m단위로 표시한다.
③ 토양의 건습도는 일반적으로 습, 중, 건 3단계로 분류한다.
④ 경사도는 5단계로 구분하는데 가장 완만한 경사지는 15° 미만을 말한다.

**해설** 지황조사
- 방위 : 동, 서, 남, 북, 남동, 남서, 북서로 나눈다.
- 지위 : 임지의 생산능력의 판단 지표로 상, 중, 하로 구분한다.
- 건습도 : 토양 중의 습기를 감촉에 의해 조사하는 것이다.
  - 습 : 손으로 꽉 쥐었을 때 손가락 사이에 물방울이 맺히는 정도이다.
  - 약습 : 손으로 꽉 쥐었을 때 손가락 사이에 약간의 물기가 비친 정도이다.
  - 적윤 : 손으로 꽉 쥐었을때 손바닥 전체에 습기가 묻고 물에 대한 감촉이 뚜렷하다.
  - 약건 : 손으로 꽉 쥐었을 때 손바닥에 습기가 약간 묻을 정도이다.
  - 건조 : 손으로 꽉 쥐었을 때 수분에 대한 감촉이 거의 없다.

**56** 우리나라의 산림경영에 관한 설명으로 옳지 않은 것은?

① 공유림의 경영목적은 공공복지 증진 및 재정수입의 확보 등에 있다.
② 부재산주는 산림경영자보다 재산유지, 묘지확보, 투기적 동기에 목적이 있다.
③ 국유림 경영의 총체적 목표는 산림생태계의 보호 및 다양한 산림기능의 최적발휘이다.
④ 부업적임업은 영세소유주를 포함한 것으로 연료, 퇴비료 등으로 산림을 경영한다.

**해설** 부업적임업은 농업과 더불어 여력을 이용하여 임업을 경영하는 것으로 평균 규모는 10ha 정도이며 전 소유자의 9%, 면적 비율은 40%에 이른다.

**57** 산림조사 시 토양의 깊이(심도)는 천, 중, 심으로 구분하는 데 심에 해당하는 것은?

① 30cm 이상   ② 40cm 이상
③ 50cm 이상   ④ 60cm 이상

**해설** 토심
- 천 : 유효토심 30cm 미만
- 중 : 유효토심 30~60cm 미만
- 심 : 유효토심 60cm 이상

**58** 2010년의 ha당 재적이 137m³, 10년 후인 2020년의 재적이 213m³일 때 복리산 공식에 의하여 성장률을 구하면 얼마인가?

① 약 3.5%   ② 약 3.9%
③ 약 4.5%   ④ 약 4.9%

**해설** 복리산 공식

$$P = \left(\sqrt[n]{\frac{V}{v}} - 1\right) \times 100$$

$$P = \left(\sqrt[10]{\frac{213}{137}} - 1\right) \times 100 = 4.5\%$$

P : 성장률, n : 기간연수, V : 최후의 크기, v : 최초의 크기

**59** 임목수고를 측정하는 데 측고기를 이용한다. 수고를 측정할 때 일정한 길이의 폴과 함께 사용하는 측고기는 무엇인가?

① 순토 측고기    ② 와이제 측고기
③ 메이트 측고기  ④ 크리스톤 측고기

**60** 면적이 150ha이고, 윤벌기가 30년이며 1개의 영급이 10개의 영계로 구성되어 있는 산림의 법정 영급면적은?

**정답** 55.④  56.④  57.④  58.③  59.④  60.③

① 3ha  ② 30ha
③ 50ha  ④ 300ha

**해설**

법정 영급면적 = $\dfrac{\text{산림면적}}{\text{윤벌기}} \times 1\text{영급의 영계수}$

$= \dfrac{150}{30} \times 10 = 50\text{ha}$

### 제4과목 : 산림공학

**61** 최대강우량이 50mm/hr, 집수면적이 50ha, 유출계수가 0.5일 때 유량은?

① 3.21  ② 3.47
③ 4.86  ④ 5.12

**해설**

$0.002778 \times 50 \times 50 \times 0.5 = 3.47\text{m}^3/\text{sec}$

**62** 석축 시공 시 찰쌓기공법의 설명으로 가장 옳은 것은?

① 뒷채움이 없이 시공한다.
② 돌과 시멘트를 섞어서 쌓는다.
③ 돌을쌓고 돌이음 부분의 외부에만 시멘트를 바른다.
④ 돌을 쌓는 부분에 콘크리트로 뒷채움을 하고 줄눈에 모르타르를 사용한다.

**해설 찰쌓기**

- 돌을 쌓아 올릴 때 뒷채움에 콘크리트, 줄눈에 모르타르를 사용하며 뒷면의 배수 시공 면적 2m²마다 직경 3~4cm의 관을 박아 물빼기 구멍을 만든다.
- 메쌓기보다 견고하고 높게 시공할 수 있다.
- 기울기는 1:0.2, 뒷채움 콘크리트 두께는 50cm 이상으로 한다.

**63** 1/25,000 지형도에서 도면상의 거리가 6mm일 때 실제거리는 얼마인가?

① 100m  ② 150m
③ 200m  ④ 250m

**해설**

$6\text{mm} \times 25000 = 150{,}000\text{mm} = 150\text{m}$

**64** 암반 비탈면 녹화에 주로 사용하는 공법이 아닌 것은?

① 새집공법
② 피복녹화공법
③ 선떼붙이기공법
④ 덩굴받침공 설치공법

**해설 비탈 선떼붙이기**

- 토사면에 시공한다.
- 비탈면을 안정 녹화하기 위해 다듬기공사 후 등고선 방향으로 단 끊기를 하고 그 앞면에 떼를 붙인다.
- 수평계단 1m당 떼의 사용매수에 따라 1급에서 9급으로 구분하며, 선 떼붙이기 공작물은 대부분 3~5단으로 연속적으로 시공한다.

**65** 임도를 기능에 따라 분류할 때 성격이 다른 것은?

① 주임도  ② 부임도
③ 사리도  ④ 작업도

**해설**

사리도는 재료의 종류에 따른 임도를 뜻한다.

**66** 수평거리 100에 대하여 n이 수직거리를 나타낼 때 임도의 종단물매를 표시한 것으로 옳은 것은?

① n%  ② n/10%
③ n/100%  ④ n/1000%

**해설 물매**

- 각도 : 수평을 0°, 수직을 90°로 하여 그 사이를 90 등분한 것
- 1 : n 또는 1/n : 높이 1에 대하여 수평거리를 n으로 나눈 것
- n% : 수평거리 100에 대한 n의 고저차를 갖는 백분율
- n‰(per mill) : 수평거리 1000에 대한 n의 고저차를 갖는 천분율
- 비탈물매 : 수직높이 1에 대한 수평거리의 비로서 하할법 또는 할푼법이라 한다.

**정답** 61.② 62.④ 63.② 64.③ 65.③ 66.①

**67** 기초공사공법에 대한 설명으로 옳지 않은 것은?
① 전면기초는 상부구조의 전 면적을 받치는 단일 슬랩의 지지층에 실려 있는 형태이다.
② 확대기초는 직접기초의 일종으로 상부구조의 하중을 확대하여 직접 지반에 전달하는 것이다.
③ 직접기초는 견고한 지반 위에 기초 콘크리트를 직접 시공하고 이 기초 콘크리트에 하중 작용하도록 한다.
④ 공기케이슨기초는 큰 관과 같은 모양의 통 내부를 수중굴착하여 침하시킨 다음 수중 콘크리트를 쳐서 만든 기초이다.

**68** 가선집재 방식과 비교할 때 트랙터 집재의 특징으로 옳지 않은 것은?
① 기동성이 높다.
② 작업이 단순하다.
③ 작업 비용이 낮다.
④ 급경사지에서 작업이 가능하다.

**해설** 트랙터 집재와 가선집재의 특징
- 트랙터 집재
  - 장점 : 기동성과 작업생산성이 높은 반면 작업이 단순하며 비용이 낮다.
  - 단점 : 환경에 대한 피해가 크고 완경사지만 가능하며, 높은 임도밀도를 요구한다.
- 가선집재
  - 장점 : 입목 및 목재의 피해가 적고, 낮은 임도밀도 지역과 급경사지에서도 작업이 가능하다.
  - 단점 : 기동성이 떨어지고 장비 구입 비용이 높다. 숙련된 기술 및 세밀한 작업계획이 필요하고 장비의 설치 및 철거에 시간 필요이 필요하다. 작업생산성은 낮다.

**69** 톱체인의 날세우기와 점검 시 주의 사항으로 옳지 않은 것은?
① 드라이브 링크의 끝을 뾰족하게 한다.
② 깊이제한부의 어깨 부위를 뾰족하게 한다.
③ 창날각, 가슴각, 지붕각을 일정하게 한다.
④ 날의 길이와 커터의 높이를 일정하게 한다.

**70** 벌목 운재 계획을 위한 예비조사가 아닌 것은?
① 임황 및 지황조사
② 반출방법에 대한 조사
③ 벌목구역의 개황조사
④ 기존 실행결과에 대한 조사

**71** 비탈면 붕괴에 관여하는 주요 요인이 아닌 것은?
① 임상         ② 토질
③ 임령         ④ 지형

**해설** 비탈면 붕괴의 원인
- 자연적 원인 : 강우, 지형, 지질, 토질, 지하수, 지진, 임상
- 인위적 요인 : 흙깎기, 흙쌓기, 댐, 임도

**72** 다목적 공정기계인 프로세서의 기능으로 옳지 않은 것은?
① 송재
② 절단
③ 벌목
④ 조재목 마름질

**73** 설계속도가 40km/h일 때 일반 지형에서 임도의 최소곡선반지름은?
① 40m         ② 50m
③ 60m         ④ 70m

**해설** 최소곡선반지름의 기준

| 설계속도 (km/h) | 최소곡선반지름(m) | |
|---|---|---|
| | 일반 지형 | 특수 지형 |
| 40 | 60 | 40 |
| 30 | 30 | 20 |
| 20 | 15 | 12 |

정답 67.④ 68.④ 69.② 70.① 71.③ 72.③ 73.③

**74** 육상 저목장에 관한 설명으로 옳지 않은 것은?
① 수중 저목장보다 저목량이 더 적다.
② 일반적인 저목은 되도록 단기간으로 한다.
③ 목재쌓기 방법으로는 직각쌓기와 평행쌓기가 있다.
④ 산지저목장, 중계저목장, 최종 저목장으로 설치할 수 있다.

**75** 수로의 횡단면에 있어서 물과 접촉하는 수로 주변의 길이는?
① 유적         ② 윤변
③ 경심         ④ 동수반지름

**76** 사면붕괴의 전조현상으로 옳지 않은 것은?
① 용수가 맑아짐
② 용출현상이 생김
③ 사면에 균열이 생김
④ 작은돌이 사면에서 떨어짐

**77** 임도의 노선결정 시 주요 통과지에 대한 유의사항으로 옳지 않은 것은?
① 지형에 순응한 선형으로 한다.
② 붕괴지, 암석지, 습지는 가급적 피한다.
③ 너무 많은 흙깎기, 흙쌓기가 필요한 곳은 피한다.
④ 가급적 교량, 옹벽 등 구조물 시설이 많은 곳으로 한다.

**해설**
**주요 통과지의 결정**
- 교량, 석축, 옹벽 등의 구조물 시설이 적은 곳으로 한다.
- 건조하고 양지바른 곳으로 한다.
- 암석지, 연약 지반, 붕괴지역은 피한다.
- 너무 많은 흙깎기와 흙쌓기, 높고 긴 교량을 필요로 하는 곳은 되도록 우회한다.

**78** 비탈면의 녹화를 위한 사방공사에 속하지 않은 것은?
① 조공         ② 비탈덮기
③ 바자얽기     ④ 비탈다듬기

**해설**
비탈다듬기는 사방기초공사이다.

**79** 유수에 의한 계상면의 침식을 방지하고, 현 계상면을 유지하기 위하여 시설하는 횡구조물은?
① 구곡막이     ② 바닥막이
③ 기슭막이     ④ 누구막이

**해설**
바닥막이는 황폐계류나 야계의 바닥침식을 방지하고 현재의 바닥을 유지하기 위하여 계류를 횡단하여 축설하는 계간사방 공작물이다.

**80** 와이어로프에 대한 설명으로 옳은 것은?
① 작업줄은 보통꼬임을 주로 사용한다.
② 보통꼬임은 킹크가 일어나기 쉽지만 잘 마모되지 않는다.
③ 임업용 와이어로프는 스트랜드의 수가 4개인 것을 많이 사용한다.
④ 와이어의 꼬임과 스트랜드 꼬임이 동일 방향으로 된 것을 보통꼬임이라고 한다.

**해설**
**보통꼬임과 랑 꼬임**

| 보통꼬임 | 랑꼬임 |
| --- | --- |
| • 스트랜드의 꼬임방향과 스트랜드를 구성하는 와이어의 꼬임방향이 역방향으로 된 것을 말한다.<br>• 킹크가 생기기 어렵고 취급이 용이하다.<br>• 집재가선의 되돌림줄, 짐당김줄 등 일반 작업줄에 적당하나 쉽게 마모가 된다. | • 스트랜드의 꼬임방향과 스트랜드를 구성하는 와이어의 꼬임방향이 같은 방향으로 된 것을 말한다.<br>• 킹크가 생기기 쉬우나 마모와 피로에 대해 강하다.<br>• 가공본줄에 사용한다. |

**정답** 74.① 75.② 76.① 77.④ 78.④ 79.② 80.①

# 국가기술자격 필기시험문제

**2015년 제1회 필기시험**

| 자격종목 및 등급(선택분야) | 종목코드 | 시험시간 | 형별 |
|---|---|---|---|
| 산림산업기사 | 2481 | 2시간 | A |

수험번호 / 성명

### 제1과목 : 조림학

**1** 상수리나무 1년생 합격묘를 50,000본 생산하고자 한다. 생산묘의 20%는 불합격묘로서 버리고 파종상 1m²에 50본을 세우기로 한다. 상면적은 전 시업면적의 60%로 하면 이에 소요되는 전 묘포면적은 얼마인가?

① 1333m²
② 2000m²
③ 2083m²
④ 2683m²

**해설**
50,000본을 생산하고자 하는데 20%는 불합격 묘이므로 세울 본수의 값을 x로 잡고 20%를 뺀다.
x−x(20/100) = 50,000
x(1−20/100) = 50,000
∴ x = 62,500본
파종상 1m²당 50본이므로 62,500 / 50 = 1250m²
상면적은 전 시업면적의 60%이므로,
100:60 = 전 묘포면적:1250
∴ 전 묘포면적은 2083m²이다.

**2** 호두나무 및 측백나무 등의 생육에 적절한 토양 산도의 범위는?

① pH4.0~4.7
② pH4.8~5.5
③ pH5.6~6.5
④ pH6.6~7.3

**해설**
호두나무 및 측백나무는 중성 및 약알칼리성(pH6.6~7.3)에서 잘 자라는 수종이다.

**3** 제벌(잡목 솎아베기)에 관한 설명으로 옳은 것은?

① 1회 작업으로 종료되는 것이 원칙이다.
② 제초제나 살목제는 제벌작업에 이용될 수 없다.
③ 벌채목을 이용한 중간 수입을 기대하기 어렵다.
④ 조림지에 분포하는 자연발생 수목도 제거 대상목이 된다.

**해설**
제벌은 조림목이 임관을 형성한 후부터 솎아베기할 시기에 이르는 동안 주로 침입종을 제거하고 아울러 조림목 중에서 자람과 형질이 매우 나쁜 것을 베어주는 것으로 간벌사업과 달리 중간수입을 기대하기는 어렵다.

**4** 주로 입선법으로 종자를 정선하는 수종은?

① 소나무
② 가래나무
③ 가문비나무
④ 일본잎갈나무

**해설** 입선법
• 굵은 종자나 열매를 눈으로 보고 손으로 알맹이를 선별하는 방법이다.
• 밤나무, 상수리나무, 칠엽수, 목련, 가래나무 등의 대립종자에 적합하다.

**5** 다음 중 종자의 결실주기가 가장 긴 수종은?

① 전나무
② 가래나무
③ 가문비나무
④ 일본잎갈나무

**정답** 1.③ 2.④ 3.③ 4.② 5.①

**해설**

**자연적인 종자결실 주기**

| 결실주기 | 종류 |
|---|---|
| 매해 | 버드나무류, 포플러류, 오리나무류 |
| 격년 | 소나무류, 오동나무, 자작나무, 아까시나무 |
| 2~3년 | 참나무류, 느티나무, 들메나무, 편백, 삼나무 |
| 3~4년 | 전나무, 녹나무, 가문비나무 |
| 5년 이상 | 너도밤나무, 낙엽송 |

**6** 모수림작업으로 천연갱신이 어려운 수종은?

① 곰솔
② 소나무
③ 자작나무
④ 일본잎갈나무

**해설**
모수작업은 소나무, 해송, 자작나무와 같은 양수에 적용되며 종자나 열매가 작아 바람에 날려 멀리 전파될 수 있는 수종에 알맞다.

**7** 참나무류나 밤나무 같은 대립종자에 주로 사용하며 어린 새싹 대목에 접목하는 방법은?

① 유대접  ② 분얼법
③ 취목법  ④ 분근법

**해설**
유대접은 밤나무 열매을 흙에 묻어 주고 그곳에서 싹이 나오면 어린 새싹을 밤나무열매에 접목하는 방법이다.

**8** 다음 중 그늘에서 가장 잘 견디는 수종은?

① 층층나무
② 사철나무
③ 자작나무
④ 버드나무

**해설**
극음수 수종에는 나한백, 사철나무, 굴거리나무, 회양목, 주목, 개비자나무 등이 있다.

**9** 가지치기에 대한 설명으로 옳은 것은?

① 11월부터 이듬해 2월 사이에 실시하는 것이 좋다.
② 1차 가지치기는 수고의 20~30% 높이까지 실시한다.
③ 지융부에 유해 호르몬이 있기 때문에 지융부 전체를 제거해 준다.
④ 1차 간벌 실시 전에 1차 가지치기 작업은 모든 수목에 대하여 실시한다.

**해설**
수목의 생장 휴지기에는 11월부터 2월말까지 가지치기를 실시한다.

**10** 일제 동령림의 간벌작업에서 밀도만을 다르게 할 때 나타나는 현상이 아닌 것은?

① 지하고는 고밀도일수록 낮다.
② 고밀도일수록 연륜폭은 좁아진다.
③ 단목의 평균 간재적은 고밀도일수록 작아진다.
④ 상층목의 평균 수고는 임목의 밀도와 상관없이 거의 비슷하다.

**해설**
지하고는 고밀도일수록 햇빛이 지하부로 내려가지 않기 때문에 지하고는 높아진다.

**11** 다음 중 삽목을 할 경우 발근이 어려운 수종은?

① 비자나무, 주목
② 버드나무, 삼나무
③ 은행나무, 향나무
④ 오리나무, 소나무

**해설** 삽목발근이 어려운 수종
소나무, 해송, 잣나무, 전나무, 섬잣나무, 참나무류, 가시나무류, 비파나무, 단풍나무, 옻나무, 오리나무, 감나무, 밤나무, 호두나무, 느티나무, 벚나무, 자귀나무, 복숭아나무, 사과나무 등이 있다.

**정답** 6.④  7.①  8.②  9.①  10.①  11.④

**12** 100개의 종자를 가지고 발아시험 결과, 경과일에 따른 발아종자수가 다음과 같을 때 발아세는?

| 경과일수 | 1 | 2 | 3 | 4 | 5 | 6 | 7 | 8 | 9 | 10 |
|---|---|---|---|---|---|---|---|---|---|---|
| 발아종자수 | 0 | 0 | 3 | 7 | 10 | 35 | 9 | 8 | 3 | 4 |

① 35%  ② 45%
③ 55%  ④ 65%

**해설**
발아세(%) = $\dfrac{\text{가장 많이 발아한 날까지 발아한 종자 수}}{\text{발아 시험용 종자 수}} \times 100$

$\dfrac{3+7+10+35}{100} \times 100 = 55\%$

**13** 옻나무, 피나무, 주엽나무 등의 종자발아촉진 방법으로 가장 적합한 것은?

① 침수처리  ② 노천매장
③ 황산처리법  ④ 파종시기의 변경

**해설** 황산처리법
종자를 황산에 일정 시간 처리하여 종피의 표면을 부식시킨 다음 물에 씻어서 파종하는 방법으로 탈납법이라고도 한다. 주로 옻나무, 피나무, 주엽나무 등에 사용된다.

**14** 토양 입단구조의 설명으로 옳지 않은 것은?

① 토양공극과 관련이 있다.
② 토양을 단단히 밟아 주면 형성이 어렵다.
③ 유기질비료 사용이 많을수록 형성이 어렵다.
④ 입단구조가 발달하면 보수성과 통기성이 좋아진다.

**해설**
토양의 유기물은 토양의 구조 개량, 공극과 통기성 증대, 보수력 증가, 무기영양소에 대한 흡착 능력 증대 등의 효과가 있다. 분해되어 영양소와 토양미생물이 필요로 하는 에너지를 제공해준다.

**15** 종자가 성숙한 후 가장 오랫동안 모수에 붙어 있는 수종은?

① 단풍나무  ② 느티나무
③ 양버즘나무  ④ 방크스소나무

**16** 뿌리의 내피에 발달한 가스페라안대의 역할에 관한 설명으로 옳은 것은?

① 뿌리털을 통해 흡수한 물의 이동을 효율적으로 차단하는 역할을 한다.
② 뿌리털을 통해 흡수한 물이 지나치게 다량, 흡수되는 것을 방지하는 역할을 한다.
③ 뿌리털을 통해 흡수한 물에 녹아있는 무기양료를 모아서 보관하는 역할을 한다.
④ 뿌리털을 통해 흡수한 물에 녹아있는 무기양료만 통과시키는 거름종이 역할을 한다.

**17** 육묘 시 해가림을 해 주어야 하는 수종만으로 짝지어진 것은?

① Quercus acutissima, Ulmus pumila
② Picea jezoensis, Abies holophylla
③ Pinus densiflora, Juglans sinensis
④ Pinus thunbergii, Ailanthus altissima

**해설**
① 상수리, 비술나무, ② 가문비나무, 전나무,
③ 소나무, 호두나무, ④ 해송, 가죽나무
가문비나무나 전나무 같은 음수수종은 해가림을 해 주어야 한다.

**18** 개벌작업의 장점으로 옳지 않은 것은?

① 작업방법이 간단하다.
② 음수조림에 적합하다.

정답 12.③ 13.③ 14.③ 15.④ 16.① 17.② 18.②

③ 수종을 다른 수종으로 바꾸고자 할 때 가장 쉬운 방법이다.
④ 택벌작업에 비해서 높은 수준의 기술을 필요로 하지 않는다.

**해설**
개벌작업은 임지를 노출시키므로 음수보다는 양수의 수종이 적합하다.

**19** 식물이 흡수 이용할 수 있는 토양수분은?
① 팽윤수  ② 흡습수
③ 화합수  ④ 모관수

**해설 토양수분의 분류**
- 결합수 : 토양의 고체분자를 구성하는 물로 수목에 흡수되지 않으나 화합물의 성질에 영향을 준다. pF7 이상
- 흡습수 : 토양이 공기 중의 수분을 흡수하여 토양알갱이의 표면에 응축시킨 수분으로 토양알갱이와 매우 굳게 부착되어 수목의 근압으로 흡수하여 이용할 수 없다. pF4.5~7.0 이상
- 모관수 : 작은 공극(모세관)의 모관력에 의하여 유지되는 수분이다. pF2.7~4.2
- 중력수 : 토양공극을 모두 채우고 자체의 중력으로 이동되는 물을 말한다. pF2.7 이하

**20** 순림에 관한 설명으로 옳은 것은?
① 수령이 동일한 산림을 뜻한다.
② 한 가지 수종으로 구성된 산림을 뜻한다.
③ 순림은 병충해, 풍수해 등에 대하여 저항성이 비교적 강하다.
④ 음수인 수종은 양수인 수종보다, 천연림은 인공림보다 순림이 쉽게 형성된다.

**해설**
순림은 한 가지 수종으로 구성된 산림을 의미하며, 두 가지 이상의 수종으로 구성된 산림은 혼효림이라고 한다.

**제2과목 : 산림보호학**

**21** 수목의 흰가루병에 걸린 환부에 나타난 흰가루와 관련 없는 병원체의 기관은?
① 균사  ② 담자포자
③ 분생포자  ④ 분생자병

**해설**
**수목의 흰가루병**
- 일정한 반점이 생기지 않고 병반이 불규칙하다. 유아나 신소가 기형을 받으면 위축 기형이 일어난다.
- 병환부에 나타난 흰가루는 병원균의 균사 분생자병 및 분생포자 등이며 이것은 분생자세대의 표징이다.
- 병든 낙엽 위에 붙어 월동하여 이듬해 봄에 자낭포자를 내어 1차전염을 일으키고 2차전염은 분생포자에 의해 가을까지 이어진다.
- 가을에 병든 낙엽과 가지를 소각하고, 봄에 새눈 나오기 전에 석회황합제를 살포하여 방제한다.

**22** 밤나무 줄기마름병에 대한 설명으로 옳지 않은 것은?
① 질소과다 시비를 지양한다.
② 천공성 해충의 피해를 받은 경우 잘 발생한다.
③ 병원균의 중간기주인 포플러를 같이 심지 않는다.
④ 동해나 열해를 받아 수피와 형성층이 손상입은 경우 잘 발생한다.

**해설**
중간기주가 포플러인 것은 흰가루병이다.

**23** 식물선충에 관한 설명 중 옳지 않은 것은?
① 절대활물기생체이다.
② 대부분은 유충에서 성충이 되기까지 4회 탈피한다.
③ 기생하는 부위에 따라 내부, 외부, 반내부기생선충으로 나눌 수 있다.
④ 소나무재선충은 매개충의 몸속에서 나온 제2기 유충이 침입기에 해당한다.

**정답** 19. ④  20. ②  21. ②  22. ③  23. ④

**해설**
소나무 재선충은 솔수염하늘소의 매개충이 소나무의 수간을 깎아먹을 때 선충이 침입하게 된다. 이때가 침입기에 해당한다.

**24** 솔잎혹파리 및 솔껍질깍지벌레를 방제하기 위하여 사용되는 수간 주사용 약제는?

① 헥사지논 입제
② 다이아지논 유제
③ 펜토에이트 유제
④ 포스파미돈 액제

**해설**
솔잎혹파리 및 솔껍질깎지벌레는 포스팜액제(포스파미돈)를 나무주사한다. 솔잎혹파리는 5~6월에 솔껍질깍지벌레는 12월에 실시한다.

**25** 소나무좀에 대한 설명으로 옳지 않은 것은?

① 번데기로 월동한다.
② 부화유충은 모갱과 직각으로 유충갱을 만든다.
③ 노숙유충은 목질섬유로 둘러싸고 그 속에서 번데기가 된다.
④ 15도씨 이상에서 활동하며 구멍을 뚫고 갱도를 만들어 알을 낳는다.

**해설**
번데기로 월동하는 해충에는 흰불나방, 소나무거미줄잎벌, 소나무순나방, 아까시잎혹파리 등이 있다.

**26** 곤충의 입틀 구조가 찔러서 빨아 먹기에 알맞은 구조로 된 곤충으로 짝지어진 것은?

① 메뚜기, 풍뎅이
② 집파리, 너비류
③ 진딧물, 매미류
④ 등애류의 성충, 너비류

**해설**
흡즙성 해충에는 솔껍질깎지벌레, 소나무재선충, 소나무좀벌레, 진딧물류, 진다래방패벌레, 뽕나무이 등이 있다.

**27** 우리나라에 서식하는 조류들을 먹이습성에 따라 분류할 경우 가장 적은 비율을 차지하는 조류는?

① 동물질 먹이만을 섭식하는 종류
② 식물질 먹이만을 섭식하는 종류
③ 식물질이나 동물질 먹이 모두 섭식하는 종류
④ 동물질 먹이가 우선이나 식물질 먹이도 섭식하는 종류

**28** 산불에 관한 설명으로 옳지 않은 것은?

① 산불의 피해 정도는 여름이 가장 크다.
② 은행나무가 소나무보다 내화력이 강하다.
③ 수령이 낮은 임분일수록 산불의 피해를 많이 받는다.
④ 일반적으로 활엽수보다 침엽수가 산불에 의한 피해를 심하게 받는다.

**해설**
산불의 피해 정도는 건조가 심한 봄철이 가장 심하다.

**29** 농약의 살포재 조제에 대한 설명으로 옳지 않은 것은?

① 전착제를 넣을 때는 고체상태로 바로 살포액에 넣는다.
② 석회액과 황산구리액을 만들 때 같은 온도의 물을 사용하도록 한다.
③ 살포액을 만드는 물은 알칼리성인 물 또는 부패한 물을 쓰지 않도록 한다.
④ 유제의 경우 유제를 작은 용기에 넣고 잘 저어 유백색의 액으로 만든 다음 유액을 소요량의 물에 넣고 잘 저어 살포액을 만든다.

**해설**
전착제는 액체상체로 넣는다.

**정답** 24. ④  25. ①  26. ③  27. ②  28. ①  29. ①

**30** 수목병해충 예장과 구제를 위하여 살충제를 사용하여야 할 것은?

① 잎녹병  ② 그을음병
③ 잎떨림병  ④ 흰가루병

**해설** 수목의 그을음병
- 잎, 줄기, 가지 등에 그을음이 생긴 듯한 모양을 띤다.
- 보통 진딧물·깍지벌레 등이 기생한 후 분비물 위에서 번식하며, 그을음의 물질은 균사·포자 등의 덩어리이다.
- 자낭균에 의한 수목병, 흡즙성곤충방제, 탄소동화작용을 방제하는 외부 착생균이 대부분이다.
- 살충제로 진딧물, 깍지벌레 등을 구제하여 방제한다.

**31** 파이토플라스마에 의해 발생하는 병이 아닌 것은?

① 뽕나무 오갈병
② 벚나무 빗자루병
③ 대추나무 빗자루병
④ 오동나무 빗자루병

**해설**
파이토플라스마에 의한 수병에는 뽕나무 오갈병, 대추나무 빗자루병, 오동나무 빗자루병, 붉나무 빗자루병 등이 있다.

**32** 아까시나무 모자이크병의 병원체 판별기주로 가장 적당한 것은?

① 명아주  ② 참나무류
③ 황벽나무  ④ 까치밥나무

**해설**
수목 바이러스병의 진단에는 바이러스 감염 시에 특이적 병징을 나타내는 지표식물도 많이 이용된다. 대표적인 지표식물로는 담배, 명아주, 콩 등이 있다.

**33** 볕데기에 의한 수목피해를 예방하는 방법은?

① 해가림, 볏짚깔기 또는 흙갈기 등을 하여 지표의 고온화를 완화시킨다.
② 모래 등을 섞어 토질을 개량하거나 배수 처리를 하여 토양수분을 감소시킨다.
③ 토양의 온도를 낮추기 위한 관수나 해가림 또는 토양 피복처리를 하는 것이 좋다.
④ 고립목의 줄기를 짚으로 둘러주거나 석회유 등을 발라 직사광선을 막아 주는 것이 효과적이다.

**해설**
볕데기는 수목이 직사광선에 의하여 피해를 받는 것이므로 직사광선을 막아주는 것이 예방하는 방법이다.

**34** 포플러 잎녹병의 중간기주는?

① 참취  ② 향나무
③ 오리나무  ④ 일본잎갈나무

**35** 청변병의 전반에 관여하는 매개충은?

① 진딧물류  ② 매미충류
③ 나무좀류  ④ 깍지벌레류

**36** 만코지제(다이센 엠-45) 50%(비중은 1) 원액 100ml를 0.05%로 희석하려고 할 때 필요한 물의 소요량은?

① 50.9L  ② 55.5L
③ 99.9L  ④ 100.5L

**해설**

희석할 물의 양 = 원액의 용량 × $\left[\left(\dfrac{\text{원액의 농도}}{\text{희석할 농도}}\right) - 1\right]$ × 원액의 비중

$100 \times \left[\left(\dfrac{50}{0.05}\right) - 1\right] \times 1 = 99,900\text{mL} = 99.9\text{L}$

**37** 다음 중 훈증제로 사용되지 않은 것은?

① 포스핀
② 아세페이트
③ 메틸브로마이드
④ 알루미늄포스파이드

**해설** 훈증제
약제를 가스 상태로 만들어 해충을 죽이는 약제로, 클로로피클린, 메틸브로마이드, 포스핀, 포스파이드 등이 있다.

**정답** 30.② 31.② 32.① 33.④ 34.④ 35.③ 36.③ 37.②

**38** 향나무 녹병균의 생활사 중에 형성하지 않은 포자형은?

① 녹포자
② 담자포자
③ 겨울포자
④ 여름포자

> **해설** 향나무의 녹병(배나무의 붉은별무늬병)
> - 4월경 향나무의 잎과 가지 사이에 갈색 혀 모양(배나무는 별모양)의 균체를 형성한다.
> - 향나무에 겨울포자, 배나무에서 녹병포자와 녹포자를 형성한다.
> - 향나무 근처 2km 이내에 배나무를 심지 않거나 4-4식 보르도액, 4월 중순 아이카 보르도액을 살포하여 방제한다.

**39** 향나무하늘소의 주요 피해 수종이 아닌 것은?

① 편백
② 측백
③ 잣나무
④ 삼나무

**40** 해충과 가해형태가 옳지 않은 것은?

① 박쥐나방-천공성
② 밤바구미-식엽성
③ 솔잎혹파리-충영형성
④ 미국흰불나방-식엽성

> **해설** 밤바구미는 종실을 가해한다.

### 제3과목 : 임업경영학

**41** 수고측정 기구가 아닌 것은?

① 트랜짓
② 덴드로미터
③ 빌트모어스틱
④ 아브네이레블

> **해설** 빌트모어스틱은 직경측정 도구이다.

**42** 진계생장량에 대한 설명으로 옳은 것은?

① 고사량과 벌채량을 포함한 총 생장량
② 측정 초기의 생존 임목 재적이 측정 말기에 변화한 변화량
③ 측정 초기의 생존 임목 재적과 측정 말기의 생존 임목재적의 차이
④ 산림조사기간 동안 측정할 수 있는 크기로 생장한 새로운 임목들의 재적

**43** 감가상각비를 계산하기 위한 기본적 요소가 아닌 것은?

① 취득원가
② 자본이율
③ 잔존가치
④ 사용년수

> **해설**
> 정액법은 직선법이라고도 하며 가장 간단하고 보편적인 감가계산법이다.
> - 감가상각비(D) = $\dfrac{C-S}{N}$
>   C : 구입가격(고정자본재 평가액), N : 내용연수(자산존속 기간), S : 폐물가격

**44** 법정림의 법정상태 요건으로 해당하지 않는 것은?

① 법정축적
② 법정벌채량
③ 법정임분배치
④ 법정영급분배

> **해설** 법정림의 법정상태
> 법정영급분배, 법정임분배치, 법정축적, 법정생장량

**45** 임업경영의 성과분석에 대한 계산식으로 옳지 않은 것은?

① 임업소득=임업조수익-임업경영비
② 임가소득=임업소득+농업소득+기타소득
③ 임업경영비=임업현금지출+미처분임산물재고감소액+임업생산자재재고감소액+주임목감소액-감가상각비

**정답** 38.④ 39.③ 40.② 41.③ 42.④ 43.② 44.② 45.③

④ 임업조수익=임업현금수입+임산물가계소비액+미처분임산물증감액+임업생산자재재고증감액+임목성장액

**해설** 산림경영 성과의 계산 방법
- 산림(임업)소득=산림(임업)조수익-산림(임업)경영비
- 임가소득=산림소득+농업소득+기타소득
- 산림순수익=산림소득-가족노임추정액=산림조수익-산림경영비-가족노임추정액
- 산림조수익=산림현금수입+임산물가계소비액+미처분임산물증감액+산림생산자재재고증감액+임목성장액
- 산림경영비=산림현금지출+감가상각비+미처분 임산물재고감소액+산림생산자재재고감소액+주임목감소액

### 46 임업의 경제적특성으로 원목가격 구성요소에서 가장 큰 항목은?
① 지대 ② 육림비
③ 운반비 ④ 감가상각비

**해설**
임업에서는 원자재의 이동을 위한 운반비가 가장 크게 차지한다. 따라서 임업경영을 위한 기반시설인 임도설치가 필수적이다.

### 47 임업이율의 특징으로 옳은 것은?
① 대부이율 ② 명목이율
③ 현실이율 ④ 단기이율

**해설** 임업이율의 특징
- 사물자본재 용역의 대가에 대한 현실이율이 아니라 평정이율을 적용할 수밖에 없다.
- 장기이율이며, 실질적 이율이 아닌 명목적 이율이다.
- 대부이자가 아니라 자본이자이다.

### 48 유동자본재가 아닌 것은?
① 임도 ② 묘목
③ 종자 ④ 비료

**해설** 유동자본재
- 조림비 : 종자, 묘목, 비료, 정지·식재·풀베기 등의 비용

- 관리비 : 감독자의 급료, 사업소의 사무비, 수선비, 공과잡비 등의 비용
- 사업비 : 벌목, 운반, 제재 등에 요하는 임금 및 소모품비 등의 비용

### 49 어떤 산림에서 간벌수입 1천만 원을 연이율 5%로 20년 후의 벌기까지 거치하며 후가는?
① 약 2650만 원 ② 약 2950만 원
③ 약 3660만 원 ④ 약 3960만 원

**해설**
후가 = $10,000,000(1+0.5)^{20}$ = 26,532,977원

### 50 임업소득률 계산식으로 옳은 것은?
① 임업소득÷임가소득
② 임업소득÷임업조수익
③ 임업소득÷농림업 외 소득
④ (임업소득+농업소득)÷농림업 외 소득

**해설**
- 산림의존도(%) = $\dfrac{산림소득}{임가소득}$ ×100
- 산림소득 가계충족률(%) = $\dfrac{산림소득}{가계비}$ ×100
- 산림 소득율(%) = $\dfrac{산림소득}{산림조수익}$ ×100
- 자본 수익률 = $\dfrac{순수익}{자본}$ ×100

### 51 토지 순수익 최대의 벌기령 시기가 빨라지는 경우로 옳은 것은?
① 이율이 낮을수록
② 조림비가 많을수록
③ 관리비가 많을수록
④ 간벌수확의 시기가 빠를수록

**해설** 임지기망가의 최대치
임지기망가가 최대치에 도달하는 시기는 식의 구성인자의 크기에 따라 다르다.
- 주벌수확 : 주벌수확의 증가속도가 빠를수록 최대치가 빨리온다. 따라서 지위가 양호한 임지일수록 최대 시기가 빨리 나타나서 벌기가 짧아진다.
- 간벌수확 : 간벌수확이 많을수록 최대시기가 빠르다.

**정답** 46. ③ 47. ② 48. ① 49. ① 50. ② 51. ④

- 간벌수확의 시기 : 간벌수확의 시기가 빠를수록 최대시기도 빠르다.
- 조림비 : 조림비가 많을수록 최대시기가 늦어진다.
- 관리비 : 최대시기와는 관련이 없다.
- 채취비 : 임지기망가식에는 나타나 있지 않지만 시장가격에서 채취비를 뺀 것이 주벌수확에 해당하므로 채취비가 많을수록 최대시기가 늦어진다.
- 이율 : 이율이 높을수록 최대시기가 빨라진다.

**52** 지황조사에서 제지에 해당하는 것은?

① 관련 법률에 의거 지정된 임지
② 입목본수 비율이 30% 이상인 임지
③ 입목본수 비율이 30% 이하인 임지
④ 암석 및 석력지로서 조림이 불가능한 임지

**53** 임지평가기법 중 마이너스(-) 값이 나올 수 있는 것은?

① 대용법 ② 입지법
③ 임지기망가법 ④ 임지매매가법

**해설**
어떤 시가로 거래되는 임지의 지가를 임지기망가로 산정하면 마이너스 값을 나타내는 경우가 생겨 실제와 맞지 않는다.

**54** 장래에 기대되는 수익을 일정한 이율로 할인하여 현재가를 구하는 산림평가 방법은?

① 기망가법 ② 비용가법
③ 매매가법 ④ 입목가법

**해설** 기망가법
대상물건이 장래 산출할 것으로 기대되는 순수익 또는 미래의 현금 흐름을 적정한 비율로 환원 또는 할인하여 가격 시점에 있어서의 평가가격을 산정하는 방법이다.

**55** 경영계획을 수립할 때 가장 먼저 구획하는 것은?

① 소반 ② 임반
③ 작업급 ④ 경영계획구

**해설**
경영계획구 → 임반 → 소반순으로 작성한다.

**56** 산림조사 시 기재 요령의 설명으로 옳지 않은 것은?

① 수고는 입목수고의 최저를 측정하여 기재한다.
② 임종은 인공림과 천연림으로 구분하여 각각 인과 천으로 줄여 기재한다.
③ 임령은 이령림의 경우 그 수령의 범위를 분모로 하고 평균수령(대표분포수령)을 분자로 한다.
④ 임상은 침엽수림, 활엽수림, 침활혼효림, 미입목지로 구분하여 각각 침, 활, 혼, 미로 기재한다.

**해설**
수고는 임본 구성 입목의 평균수고를 분자로 하고, 최저-최고 수고를 분모로 표기한다. (예 10/6~20)

**57** 통나무의 길이가 7m, 원구의 단면적이 1.4m², 말구의 단면적이 0.6m²일 때 스말리안식에 의한 이 통나무의 재적은 얼마인가?

① 0.3m³ ② 1.2m³
③ 7.0m³ ④ 30m³

**해설**
재적 = $\frac{(1.4+0.6)}{2} \times 7 = 7m^3$

**58** 25년생 소나무의 재적이 0.25m³일 때 평균생장량은?

① 0.010m³ ② 0.025m³
③ 0.100m³ ④ 0.250m³

**해설**
평균생장량 = $\frac{0.25}{25} = 0.01m^3$

**59** 주업적 임업의 설명으로 옳지 않은 것은?

① 기업과 독립가의 임업이 해당된다.
② 주로 연료 및 농용재 생산을 위한 임업형태이다.

③ 임업을 주업으로 하는 100ha 이상의 임업형태이다.
④ 임업을 독립된 경영조직으로 운영하는 임업형태이다.

**해설**
연료 및 농용재 생산을 위한 임업은 농가임업의 형태이다.

**60** 임업경영에서 보속작업의 장점으로 옳지 않은 것은?

① 목재 관련 산업의 발전에 기여한다.
② 지역주민에게 안정된 고용기회를 제공한다.
③ 사업량의 변동이 작아 경영관리가 간편하다.
④ 평균생장량이 증가하여 경제적 경영이 가능하다.

**해설**
보속성을 유지하기 위해서는 법정림의 상태로 만들어야 한다. 그래야만 평균 생장량이 일정하여 보속작업이 가능하다. 즉, 보속작업을 계속해서 한다 해도 평균생장량은 증가하지 않는다.

### 제4과목 : 산림공학

**61** 임도의 평면곡선에 대한 설명으로 옳은 것은?

① 배향곡선은 방향이 서로 다른 곡선을 연속시킨 것
② 복심곡선은 반지름이 다른 곡선이 같은 방향으로 연속되는 것
③ 완화곡선은 반지름이 작은 원호의 앞뒤에 반대방향 곡선을 넣는 것
④ 반향곡선은 직선부에서 곡선부로 연결될 때 외쪽물매와 너비 넓힘이 원활하게 이어지는 것

**해설** 평면곡선의 종류
• 단곡선 : 중심이 1개이고, 1개의 원호로 구성된 일정한 곡선으로, 가장 많이 이용된다.
• 복합곡선(복심곡선) : 반지름이 다른 두 단곡선이 같은 방향으로 연속되는 곡선이다.
• 반대곡선(반향곡선) : 상반되는 방향의 곡선을 연속시킨 곡선으로 S-curve라고 하며, 서로 맞물린 곳에 10m 이상의 직선부를 설치해야 한다.
• 배향곡선(Hair Pin Curve) : 단곡선, 복심곡선, 반향곡선이 혼합되어 Hair Pin 모양으로 된 것을 말한다. 산복부에서 노선길이를 연장하여 종단물매를 완화시킨다. 동일한 사면에서 우회할 목적으로 설치되면 교각이 108도에 가까워진다.

**62** 비탈 돌쌓기 시공요령으로 옳지 않은 것은?

① 귀돌이나 갓돌은 규격에 맞는 것으로 한다.
② 돌쌓기의 세로줄눈은 파선줄눈을 피하여 쌓는다.
③ 높은 돌쌓기는 밑으로 내려옴에 따라 돌쌓기 뒷길이를 증대시킨다.
④ 기초를 깊이 파고 단단히 다져야 하며 큰 돌부터 먼저 놓아가면서 차례로 쌓아올린다.

**해설**
돌쌓기를 할 때는 가로줄눈은 일직선이 되도록 하고 세로줄눈은 막힌줄눈이 되도록 하여 쌓는다.

**63** 임목의 조재율에 대한 설명으로 옳지 않은 것은?

① 활엽수는 80~90% 정도이다.
② 침엽수는 60~90% 정도이다.
③ 입목재적과 원목재적과의 비율이다.
④ 수종, 경급, 수형 등에 따라 달라진다.

**해설**
활엽수의 조재율은 40~70%이다.

**64** 임도의 노면이나 노측비탈면이 물을 모아서 배수하기 위하여 설치하는 배수로는?

① 개거  ② 암거
③ 집수정  ④ 옆도랑

**정답** 60.④ 61.② 62.② 63.① 64.④

**65** 산림지대 강수 유출에 관한 설명으로 옳은 것은?

① 기저유출 = 깊은 중간유출 + 표면유출
② 직접유출 = 얕은 중간유출 + 표면유출
③ 기저유출 = 얕은 중간유출 + 지하수유출
④ 직접유출 = 깊은 중간유출 + 지하수유출

**해설**
기저유출 = 지하수 + 지연지표하유출

**66** 대경재 벌목 방법으로 옳지 않은 것은?

① 쐐기나 지렛대를 이용한다.
② 기계톱에 무리한 힘을 가하지 않는다.
③ 바버체어(Baber Chair)가 발생하도록 작업한다.
④ 목재 손실을 방지하기 위해 옆면노치자르기를 한다.

**해설**
바버체어 현상은 불충분한 수구작업으로 나무가 세로방향으로 갈라지는 것을 말하며, 발생하면 원목이 불량해진다.

**67** 임분 내에서 벌도, 가지치기, 통나무자르기 작업을 실시하여 일정 규격의 원목을 생산하는 방법은?

① 전목생산방법   ② 전간생산방법
③ 단간생산방법   ④ 단목생산방법

**해설**
단목생산방법은 임분 내에서 벌도, 가지치기, 조재작업을 하는 것으로, 하베스터와 포워더를 이용하여 작업하는 것이 효율적이다.

**68** 줄떼다지기 공법에 대한 설명으로 옳지 않은 것은?

① 주로 흙깎기 비탈 전체에 이용한다.
② 다른 파종녹화공법에 비해 시공비가 많이 소요된다.
③ 비탈을 보호 녹화하기 위해 수직높이 20~30cm 간격으로 실시한다.
④ 비탈면 녹화공법으로 자연경관 회복, 침식과 붕괴 방지효과가 있다.

**해설**
줄떼작업 시 줄떼 간격은 20~30cm로 하며, 평떼작업에 비하여 시공비가 줄어든다.

**69** 유역의 평균 강수량을 산정하기 위해 각 관측점마다 가중인자를 사용하여 계산하는 방법은?

① 등우선법        ② Thiessen법
③ 자기우량계법    ④ 보통우량계법

**해설** Thiessen법(강우분포가 불균일할 때)

$$p_m = \frac{A_1P_1 + A_2P_2 + \cdots + A_nP_n}{A_1 + A_2 + \cdots + A_n}$$

$p_m$ : 평균강수량, $A_n$ : 관측지점의 면적 합계,
$P$ : 관측지점별 강수량합계

**70** 임목수확작업의 구성요소가 아닌 것은?

① 적재   ② 운재
③ 집재   ④ 조재

**해설**
적재작업은 임목수확작업의 구성요소라고 할 수 없다. 임목수확 시에는 벌목 → 조재 → 집재 → 운재 순으로 이루어진다.

**71** 최소곡선반지름을 구하는 식 $R = L^2/4B$에서 $L$은?

① 종단기울기        ② 도로의 너비
③ 차량의 운행속도   ④ 반출할 목재의 길이

**해설**
$B$ : 도로의 너비, $L$ : 반출할 목재의 길이

**72** 노체의 구성으로 하층부터 상층으로 바르게 나열한 것은?

① 노상-노반-기층-표층
② 노반-노상-기층-표층

정답  65.②  66.③  67.④  68.②  69.②  70.①  71.④  72.①

③ 노상-노반-표층-기층
④ 노반-노상-표층-기층

**해설**
윗면으로 갈수록 더 단단한 재료를 사용해야 한다.

**73** 임도의 평면도에 표시하지 않은 것은?
① 구조물   ② 곡선제원
③ 임시기표  ④ 사면보호공

**해설**
평면도에는 임시기표·교각점·측점번호 및 사유토지의 지번별 경계·구조물·지형지물 등을 도시하며, 곡선제원 등을 기입한다.

**74** 가선집재와 비교하여 트랙터집재의 특징이 아닌 것은?
① 기동성이 높다.
② 작업생산성이 높다.
③ 급경사지 작업이 가능하다.
④ 산림환경에 대한 피해가 크다.

**해설**
트랙터집재는 완경사지에서만 작업이 가능하며, 임도밀도가 높아야 한다.

**75** 사방사업법에 의한 사방사업을 구분할 때 성격이 다른 것은?
① 계류보전사업  ② 계류복원사업
③ 산지복원사업  ④ 사방댐 설치사업

**해설**
산지 복원사업은 산지사방사업의 종류로, 훼손된 산지를 복원하기 위한 공법이다.

**76** 아스팔트 포장작업 마무리 및 성토전압에 주로 사용하는 것은?
① 타이어롤러  ② 탬핑롤러
③ 진동롤러   ④ 진동 콤팩터

**해설**
타이어롤러는 포장 후 마무리 작업 시 사용하는 전압기계이다.

**77** 해안사방 공법 중 사구조성으로 옳지 않은 것은?
① 식수공법    ② 파도막이
③ 사초심기    ④ 퇴사울세우기

**해설**
사구조성공법은 모래를 막는 방법으로, 식수공법은 이에 해당하지 않는다.

**78** 도저의 블레이드면의 방향이 진행방향의 중심선에 대하여 20~30도의 경사가 진 것은?
① 불도저    ② 틸트도저
③ 앵글도저   ④ 스트레이트도저

**79** 땅속흙막이 시공요령으로 옳지 않은 것은?
① 돌쌓기의 기울기는 1:0.3으로 한다.
② 구조물은 상류를 향하여 직각으로 축설한다.
③ 바닥파기를 충분히 하고 구조물 높이의 1/3 이상이 묻히도록 한다.
④ 현지에 산재된 석재를 충분히 활용하고 큰돌은 밑으로 놓아 축설한다.

**해설** 땅속흙막이
상부의 토압에 충분히 견딜 수 있는 구조물이 되도록 안정된 기반 위에 설치하며, 바닥파기를 충분히 하고 높이의 2/3 이상 묻히도록 한다.

**80** 비가 내리지 않을 때 계류를 흐르는 물의 대부분이 차지하는 유출은 무엇인가?
① 직접유출   ② 중간유출
③ 지표면유출  ④ 지하수유출

**해설**
비가 내리지 않을시에는 계류가 말라서 지표 아래로 흘러들어가는 지하수가 대부분을 차지한다.

**정답** 73.④  74.③  75.③  76.①  77.①  78.③  79.③  80.④

## 국가기술자격 필기시험문제

2015년 제2회 필기시험

| 자격종목 및 등급(선택분야) | 종목코드 | 시험시간 | 형별 |
|---|---|---|---|
| 산림산업기사 | 2481 | 2시간 | A |

### 제1과목 : 조림학

**1** 천연갱신의 장점으로 옳지 않은 것은?
① 임지관리에 전문적인 육림기술이 불필요하다.
② 수종 선정의 잘못으로 조림에 실패할 염려가 없다.
③ 임지가 나출되는 일이 드물고 지력유지에 적합하다.
④ 인공 단순림에 비하여 각종 위해에 대하여 저항력이 크다.

**해설 ❀ 천연갱신**
후계림을 성립시킴에 있어서 자연적으로 낙하되어 산포된(흐트러뜨리고 펴져서) 종자가 발아하는 천연하종 또는 근주, 뿌리, 지하경 등에서 나오는 맹아의 발생을 촉진시키는 등 임목의 번식력과 재생력을 최대한 이용하여 새 임분을 성립시키는 것을 말하며, 보안림이나 휴양림 조성에 적합한 방법이다. 천연갱신에도 전문적인 육림기술이 필요하다.

**2** 일반적으로 대부분의 침엽수 및 단풍나무류, 참나무류 등의 활엽수 생육에 가장 적합한 토양산도의 범위는?
① pH4.0~4.7
② pH4.8~5.4
③ pH5.5~6.5
④ pH6.6~7.3

**해설 ❀**
일반적인 수목의 토양산도는 침엽수의 경우 pH5.0~5.5, 활엽수의 경우 pH5.5~6.0이 적당하고 칼슘(Ca)을 사용하여 토양의 산도를 조절한다.

**3** 임목의 기원이 맹아이고 주로 연료생산을 위해 비교적 단벌기로 이용하는 것은?
① 교림
② 왜림
③ 중림
④ 죽림

**해설 ❀**
왜림작업이란 활엽수림에서 연료재 생산을 목적으로 비교적 짧은 벌기령으로 개벌하고 근주(움)으로부터 나오는 맹아로 갱신하는 방법이다.

**4** 묘목 가식에 대한 설명으로 옳지 않은 것은?
① 가식지 주변에는 배수로를 설치한다.
② 묘목의 끝이 남쪽을 향하게 하여 45도 경사지게 한다.
③ 가급적 비가 오거나 또는 비가 온 후 바로 가식을 실시한다.
④ 조림예정지가 원거리에 있거나 해빙이 늦은 지역은 조림예정지 부근에 가식 월동을 한다.

**해설 ❀ 운반 및 가식**
- 묘목의 끝이 가을에는 남쪽으로, 봄에는 북쪽으로 45° 경사지게 한다.
- 단기간 가식할 때는 다발째로, 장기간 가식할 때는 결속된 다발을 풀어서 뿌리 사이에 흙이 충분히 들어가도록 하고 밟아 준다.
- 비가 올 때나 비가 온 후에는 바로 가식하지 않는다.
- 동해에 약한 수종은 움가식을 하며 낙엽 및 거적으로 피복하였다가 해빙이 되면 2~3회로 나누어 걷어낸다.
- 가식지 주변에는 배수로를 설치한다.
- 조림예정지가 원거리에 있거나 해빙이 늦은 지역인 경우에는 조림예정지 부근에서 가식 및 월동시킨다.

**정답** 1.① 2.③ 3.② 4.③

**5** 임목 종자 크기를 대립 또는 소립으로 나눌 때, 소립에 해당하는 것은?

① Ginkgo biloba
② Pinus densiflora
③ Torreya nucifera
④ Camellia japonica

**해설**
소립종자는 1리터당 3,000~100,000립 되는 종자를 말하며, 소나무, 전나무, 분비나무, 느티나무, 벚나무 등이 이에 속한다.
① 은행나무, ② 소나무, ③ 비자나무, ④ 동백나무

**6** 흙을 비벼 보거나 육안으로 보아 모래가 1/3 이하를 차지하고 있다고 느껴지는 토양은?

① 양토　　　② 식양토
③ 사질양토　④ 미사질양토

**해설** 진흙의 함량에 따른 토양의 종류

| 종류 | 진흙의 함량(%) |
|---|---|
| 사토 | 12.5 이하 |
| 사양토 | 12.5~25.0 |
| 양토 | 25.0~37.5 |
| 식양토 | 37.5~50.0 |
| 식토 | 50.0 이상 |

**7** 수목에 비료를 주는 작업에 대한 설명으로 옳지 않은 것은?

① 일반적으로 봄에 비료를 주는 것이 가장 좋다.
② 수확량점감의 법칙에 따라 일정량의 비료를 주어야 한다.
③ 유기물이 적은 경사지는 비료를 준 뒤 큰 비가 와도 유실 우려가 없다.
④ 늦여름에서 초가을 사이에 비료를 주면 웃자라 겨울에 피해를 입는다.

**해설**
유기물이 적은 경사지에서는 비가 오면 비료가 씻겨 내려가므로 짚이나 거적으로 덮어서 침식을 방지해야 한다.

**8** 가지치기에 대한 설명으로 옳지 않은 것은?

① 일반적으로 가지치기 굵기의 한계는 6cm 정도이다.
② 소나무는 가지치기 상면이 유합하는 데 3~4년 정도 걸린다.
③ 가지치기 시기는 성장휴지기로서 수액유동 시작의 직전이 좋다.
④ 수목의 수고생장에 따라 마디없는 우량재 생산을 위해서 실시한다.

**해설** 가지치기의 장점
- 마디 없는 간재를 얻을 수 있다.
- 신장생장을 촉진시킨다.
- 나이테 폭의 넓이를 조절하여 수간의 완만도를 높인다.
- 밑에 있는 나무에 수광량을 증가하여 성장을 촉진시킨다.
- 임목 상호 간의 부분적 경쟁을 완화시킨다.
- 산림화재의 위험성이 줄어든다.

**9** 연중 종자 생산 시기가 가장 빠른 수종은?

① 주목　　　② 팽나무
③ 회화나무　④ 사시나무

**10** 토양 단면 중 A층에서 볼 수 있는 H층(부식층)에 대한 설명으로 옳은 것은?

① 낙엽으로 된 층이며 원형 그대로 쌓여 있다.
② 풍화가 불완전한 층으로 직접층의 아래에 있는 층이다.
③ 흑갈색의 유기물로 육안으로는 조직을 알 수 없고 대체적으로 산성이 강하다.
④ 낙엽 등의 유기물이 다소 분해되었지만 육안으로 조직을 알 수 있는 상태이다.

**해설**
A층은 용탈층이라고도 하며 부식화된 유기물과 섞여 있기 때문에 아래 층위보다 암색을 띠고 물리성이 좋다. A층에서 볼수 있는 부식층은 육안으로 확인이 불가능하다.

**정답** 5.② 6.① 7.③ 8.④ 9.④ 10.③

**11** 우량 묘목 조건으로 옳지 않은 것은?

① 측근과 세근의 발달량이 많을 것
② 가지가 사방으로 고루 뻗어 발달한 것
③ 온도 저하에 따른 고유의 변색과 광택을 가질 것
④ 침엽수종의 경우 정아보다는 측아 발달이 우세한것

해설 ❀
침엽수종은 정아가 측아보다 더 발달하여 수형이 삼각형 모양의 나타내는 것이 우량묘목이다.

**12** 1-1 묘목에 대한 설명으로 옳은 것은?

① 1년생의 침엽수 묘목
② 한 번 이식된 2년생 묘목
③ 파종상에서 2년 지낸 묘목
④ 대목이 1년생이고 접수가 1년생인 묘목

해설 ❀
1-1년은 파종상에서 1년을 지내다가 한 번 이식된 묘목이다.

**13** 임지 보호 효과가 가장 큰 작업종은?

① 개벌작업   ② 택벌작업
③ 모수작업   ④ 가래나무

해설 ❀
택벌작업은 성숙목만 국소적으로 벌채하므로 임지가 항상 피복되어 있어 임지보호 효과가 가장 크다.

**14** 다음 수종 중 완전화에 속하는 것은?

① 자귀나무
② 자작나무
③ 버드나무
④ 가래나무

해설 ❀
식물의 꽃을 구성하는 네 가지 요소는 크게 꽃잎, 꽃받침, 암술, 수술로 나눌 수 있으며, 이 네 가지 요소를 모두 지니고 있는 꽃을 완전화라고 한다. 자귀나무가 이에 속한다.

**15** 질소 결핍시 나타나는 증상으로 가장 두드러진 것은?

① 잎에 검은 반점이 나타난다.
② 성숙잎에 황화현상이 나타난다.
③ 절간생장이 억제되고 잎이 작아진다.
④ 새로 생장한 부분의 발육이 매우 불량하고 백화현상이 나타난다.

해설 ❀ 질소(N) 결핍증상
늙은 잎에서 먼저 나타나며 생장이 불량하여 잎이 짧아지고, 식물체가 작아진다. 잎은 전체가 황백화하며 결핍이 심해지면 잎 전체 또는 잎의 한 부분이 고사한다.

**16** 묘간거리가 2m인 정삼각형 식재 때의 1 ha당 묘목본수는?

① 약 1,848본   ② 약 2,283본
③ 약 2,887본   ④ 약 5,132본

해설 ❀
식재본수 = $\dfrac{10,000}{2 \times 2 \times 0.866}$ = 약 2,887본

**17** 도태간벌의 특성에 대한 설명으로 옳지 않은 것은?

① 장벌기 고급 대경재 생산에 유리하고 간벌목 선정이 유리하다.
② 우세목을 선발하는 무육벌채적 수단을 갖고 있는 간벌양식이다.
③ 미래목의 수관맹아 형성의 억제와 임분의 복층구조 유도가 용이하다.
④ 미래목 사이의 거리는 최소 2m 이상으로 임지 내에 고르게 분포하도록 한다.

해설 ❀
도태간벌 시 미래목 간 거리는 최소 5m 이상이 되도록 해야 한다.

**18** 소립종자의 실중에 대한 설명으로 옳은 것은?

① 종자 1립의 평균무게
② 종자 100립의 무게

**정답** 11. ④   12. ②   13. ②   14. ①   15. ②   16. ③   17. ④   18. ④

③ 종자 500립의 무게
④ 종자 1,000립의 무게

**해설**
실중은 종자 1,000립의 무게로 종자의 충실도를 파악하는 것으로, 단위는 그램(g)으로 표시한다.

**19** 어떤 수목이 1000cc(1kg)의 물을 증산시켜 2g의 건물질을 생산하였다. 이에 대한 설명으로 옳지 않은 것은?

① 증산능률은 1이다.
② 증산계수는 500이다.
③ 증산비는 1:500이고, 1g의 건물질을 만드는 증산량은 500cc이다.
④ 건물질의 단위량당 소비되는 물의 양을 요수량이라고 하며, 증산비 또는 증산계수로 나타낸다.

**해설**
- 요수량 : 물 1g을 생산하는 데 소요되는 수분량
- 증산계수 : 건물 1g을 생산하는 데 소비된 증산량

**20** 다음 중 종자 발아촉진제가 아닌 것은?

① 에틸렌  ② 지베렐린
③ 시토키닌  ④ 황화칼륨

**해설**
발아촉진제에는 지베렐린, 시토키닌, 에틸렌, 옥신 등이 있다.

---

### 제2과목 : 산림보호학

**21** 산불을 인위적으로 적당히 활용하는 처방화입의 효용으로 옳지 않은 것은?

① 병충해를 방제할 수 있다.
② 임지의 조부식층을 보존할 수 있다.
③ 야생 목초의 질과 양을 개량시킨다.
④ 일부 수종의 천연하종을 가능하게 한다.

**해설** 산불
- 산불로 인하여 조부식층이 모두 소실되며 이로 인해 지표의 보호물을 잃게 되어 지표유하수가 늘어난다.
- 낙엽이 탄 후 생성된 재는 불투수성 막을 형성하기 때문에 투수성이 감소되어 토양의 이화학적 성질이 악화된다.
- 저수능이 감퇴되어 호우 시에는 일시적인 지표 유하수의 증가로 말미암아 홍수의 원인이 된다.

**22** 소나무 혹병을 발병하게 하는 것으로 중간기주에서 월동하고, 이듬해 봄에 형성되어 소나무로 날아가 혹을 만드는 것은?

① 자좌  ② 녹포자
③ 담자포자  ④ 녹병포자

**해설** 소나무 혹병(담자균)
- 가지나 줄기에 혹이 생기는 병이다.
- 참나무류에 여름포자와 겨울포자가 형성되고 소생자의 침입만으로 1~2년 내에 혹이 생긴다.
- 소나무 묘포에 중간기주인 참나무를 심지 않거나 4-4식 보르도액 살포하여 방제한다.

**23** 솔잎혹파리먹좀벌의 형태 및 생태특성에 대한 설명으로 옳지 않은 것은?

① 다포식 기생자이다.
② 1령 유충으로 월동한다.
③ 2령 유충에서 번데기가 된다.
④ 부화한 유충은 기주의 뇌 또는 중장에 기생하며 생활한다.

**해설** 솔잎혹파리
- 유충이 적송·흑송 등의 두침엽의 접합부에 기생하여 혹을 만들어 피해를 준다. 1년 1회 발생하며, 유충으로 땅속 또는 충영 속에서 월동한다. 6월 상순이 성충의 우화 최성기이며, 성숙 유충의 크기는 1.7~2.8mm이다.
- 성충 우화 시기(5~6월)에 ha당 30~50kg의 살충제를 살포하고, 다이메크론 50% 유제를 흉고직경 1cm당 0.3~0.7ml 정도로 수간주사를 실시한다. 또한 하기벌목(충영 속의 유충 제거), 간벌(고립목의 경우 피해를 덜 입음), 천적(먹좀벌·거미류·개미·박새류) 보호, 비료 주기 등의 방법으로 방제한다.

**정답** 19.① 20.④ 21.② 22.③ 23.①

**24** 미국흰불나방에 대한 설명으로 옳지 않은 것은?
① 번데기로 월동한다.
② 어린 유충은 군서생활을 한다.
③ 디플루벤주론 수화제로 방제한다.
④ 2화기보다 1화기가 수목의 피해가 심하다.

해설 🌱
미국흰불나방은 1년 2회 발생하며 주로 잎을 가해하는 식엽성 해충으로 잡식성이다. 제1화기보다 제2화기에 피해가 더 크다.

**25** 병원체가 종자에 붙어서 월동하는 것은?
① 잣나무 털녹병균
② 소나무 모잘록병균
③ 밤나무 줄기마름병균
④ 오동나무 빗자루병균

해설 🌱
오리나무 갈색 무늬병균, 묘목의 잘록병균은 종자월동을 한다.

**26** 솔잎혹파리의 통상적인 우화시기는?
① 2월~4월   ② 5월~7월
③ 8월~10월  ④ 11월~1월

**27** 야생생물 보호 및 관리에 관한 법률에 지정되어 있는 멸종위기야생생물 1급에 해당되지 않은 포유류는?
① 여우   ② 수달
③ 호랑이  ④ 하늘다람쥐

해설 🌱
하늘다람쥐는 천연기념물로, 멸종위기 야생동물 1급에 해당되지 않는다.

**28** 윤작의 연한이 짧아도 방제의 효과를 올릴 수 있는 병균은?
① 낙엽송 모잘록병균
② 자주빛날개무늬병균
③ 오동나무 뿌리흑병균
④ 오리나무 갈색무늬병균

해설 🌱 윤작에 의한 방제
• 오리나무 갈색무늬병, 오동나무 탄저병 : 기주범위가 좁고 기주식물이 없으면 오래 생존할 수 없어 1~2년의 짧은 윤작연한으로 방제가 가능하다.
• 침엽수 모잘록병, 자줏빛날개무늬병, 흰비단병, 아밀라리아 뿌리썩음 병균 : 기주 범위가 넓고 기주식물이 없어도 땅속에서 오래 생존 가능하여 3~4년의 짧은 윤작연한으로 방제가 불가능하다.

**29** 천막벌레나방의 유령기와 같이 나뭇가지 위에 모여 있는 동안에 이용하는 해충방제법으로 가장 적합한 것은?
① 등화 유살한다.
② 먹이로 유살한다.
③ 벌레집을 제거하거나 소살한다.
④ 땅에 비닐 천을 깔고 나무를 턴다.

**30** 산림병해충 방제규정에 따른 나무주사에 의한 솔잎혹파리 방제효과 조사시기는?
① 방제 다음연도 5~6월
② 나무주사 후 5일 이내
③ 방제 당해연도 10월 중
④ 방제 다음연도 10월 중

해설 🌱
솔잎혹파리 나무주사는 포스팜액제를 5~6월달에 주사하므로 10월 정도에 방제효과를 조사하는 것이 적합하다.

**31** 천연기념물에 속하지 않은 조류는?
① 고니    ② 크낙새
③ 두루미  ④ 쇠딱따구리

**32** 어린 유충이 초본의 줄기 속을 식해하고 성장한 후 줄기 중심부에 갱도를 뚫으며 가해하는 해충은?
① 솔박각시

정답  24.④  25.②  26.②  27.④  28.④  29.③  30.③  31.④  32.②

② 박쥐나방
③ 오리나무잎벌레
④ 소나무가루깍지벌레

**해설 박쥐나방**
- 버드나무, 미류나무, 단풍나무, 플라타너스나무, 밤나무, 참나무, 아카시나무, 오동나무 등을 가해하며, 1년에 1회 발생한다.
- 알 형태로 월동한다.
- 방제는 알락박쥐나방과 같다.
- 수목의 지제 부위(땅의 표면 위에 올라온 부위)를 가해한다.
- 나무의 수피와 목질부 표면을 환상으로 식해하며 거미줄을 토하여 식해 부위를 철해 놓는다.

**33** 수병의 방제를 위한 예방법과 가장 거리가 먼 것은?

① 숲가꾸기
② 임지 정리
③ 환상박피 작업
④ 건전한 묘목 육성

**해설**
환상박피작업은 개화결실을 촉진하기 위한 방법이다.

**34** 흡즙성 해충으로 옳지 않은 것은?

① 도토리거위벌레
② 솔껍질깍지벌레
③ 버즘나무방패벌레
④ 느티나무벼룩바구미

**해설**
도토리 거위벌레는 종실을 가해하는 해충이다.

**35** 낙엽송 잎떨림병에 대한 설명으로 옳지 않은 것은?

① 감염된 수목은 급격하게 말라죽는다.
② 숲 내부가 그늘지고 습한 경우 발생하기 쉽다.
③ 만코제브 수화제 또는 4-4식 보르도액을 살포하여 방제한다.
④ 가을에 수목 아랫가지에서부터 잎이 갈색으로 변하여 낙엽이 된다.

**해설 낙엽송 잎떨림병**
- 기주 수목의 죽은 조직에서 월동한다.
- 7월 하순에 초기의 병징이 나타난다.
- 미세한 갈색 소반점이 황녹색으로 변한다.
- 병이 잘 발생하는 지역에서 낙엽송의 단순일제 조림을 피하고 대상 혼효하여 방제한다.

**36** 균류에 의한 수병이 아닌 것은?

① 소나무 흑병
② 뽕나무 오갈병
③ 잣나무 털녹병
④ 밤나무 줄기마름병

**해설**
뽕나무 오갈병은 파이토플라즈마에 의한 수병이다.

**37** 내화력이 약한 수종으로만 나열된 것은?

① 소나무, 삼나무
② 분비나무, 회양목
③ 사시나무, 음나무
④ 은행나무, 잎갈나무

**해설 수목의 내화력**

| 구분 | 강한 수종 | 약한 수종 |
|---|---|---|
| 침엽수 | 은행나무, 낙엽송, 분비나무, 가문비나무, 개비자나무, 대왕송 | 소나무, 해송, 삼나무, 편백 |
| 상록 활엽수 | 아왜나무, 굴거리나무, 후피향나무, 붓순, 황벽나무, 동백나무, 사철나무, 회양목 | 녹나무, 구실잣 밤나무 |
| 낙엽 활엽수 | 굴참나무, 상수리나무, 고로쇠나무, 피나무, 고광나무, 가중나무, 참나무, 사시나무, 음나무 | 아까시나무, 벚나무, 능수버들, 벽오동나무, 참죽나무, 조릿대 |

**38** 솔수염하늘소에 대한 설명으로 옳지 않은 것은?

① 유충으로 월동한다.
② 소나무재선충병 매개체이다.
③ 주로 봄과 여름 사이에 산란한다.
④ 주로 쇠약한 소나무의 가지를 후식 가해한다.

**정답** 33.③ 34.① 35.① 36.② 37.① 38.④

해설
솔수염 하늘소는 건강한 소나무의 줄기를 가해하고, 죽은 나무에만 알을 낳는다.

**39** 모자이크병을 일으키는 병원체는?
① 세균  ② 곰팡이
③ 바이러스  ④ 원생동물

**40** 훈증제에 대한 설명으로 옳지 않은 것은?
① 해충이 접근하지 못하는 기능이 있다.
② 가스 상태로 해충의 기문을 통해 침투한다.
③ 메틸브로마이드, 시안화수소가스 등이 있다.
④ 토양훈증할 경우 지표면에 구멍을 뚫고 약물을 주입한다.

해설
훈증제는 약제를 가스 상태로 만들어 해충을 죽이는 약제로, 클로로피클린, 메틸브로마이드 등이 있다.

### 제3과목 : 임업경영학

**41** 법정림의 수확량이 다음 표와 같고 산림면적은 360Ha, 윤벌기는 60년일 때 법정생장량($m^3$)은?

| 구분 | 임령 | | | | |
|---|---|---|---|---|---|
| | 20 | 30 | 40 | 50 | 60 |
| 1ha당 재적($m^3$) | 40 | 100 | 180 | 260 | 340 |

① 1930  ② 2040
③ 2150  ④ 2260

해설
법정생장이란 현실림에서 볼 수 있는 생장을 의미하는 것이 아니고 임지가 완전히 보호되어 있고 임목은 입지에 적합한 수종이며, 충분한 임목도를 유지해 가며 건전하게 생장하는 것을 의미한다.
• 각 영계의 축적 : $A_1+A_2+A_3+\cdots+A_n$

• 각 영계의 연년생장량 : $B_1+B_2+B_3+\cdots+B_n$
• 법정생장량 : $A_1+A_2+A_3+\cdots+A_n$
• 법정생장량 = 40+(100-40)+(180-100)+(260-180)+(340-260)×6 = 2040

**42** 곰솔의 벌기가 35년이고 ha당 40,000원씩의 순수입을 영구히 얻을 수 있는 임지의 자본가는? (단, 이율은 5%이며 $(1.05)^{35}$ = 5.516임)
① 약 2,000원  ② 약 7,300원
③ 약 8,900원  ④ 약 14,000원

해설
무한정기수입의 전가합계식 = $\dfrac{R}{(1+P)^n-1}$
= $\dfrac{40,000}{5.516-1}$ = 약 8,900원

**43** 산림의 관리경영에 소요되는 관리비에 포함되지 않은 것은?
① 채취비  ② 보험료
③ 감가상각비  ④ 산림보호비

해설
채취비는 주벌수확, 간벌수확 또는 부산물을 수확하고 제품화하여 운반하는 데 소요되는 일체의 경비이다.

**44** 우리나라의 경우 대경목으로 분류하는 흉고직경의 크기는?
① 18cm 이상  ② 28cm 이상
③ 30cm 이상  ④ 45cm 이상

해설

| 구분 | 기준 |
|---|---|
| 치수 | 흉고직경 6cm 미만의 임목이 50% 이상 생육하는 임분 |
| 소경목 | 흉고직경 6~16cm 미만의 임목이 50% 이상 생육하는 임분 |
| 중경목 | 흉고직경 18~28cm 미만의 임목이 50% 이상 생육하는 임분 |
| 대경목 | 흉고직경 30cm 이상 임목이 생육하는 임분 |

정답 39.③ 40.① 41.② 42.③ 43.① 44.③

**45** 일반적으로 사용하는 원가 비교 방법이 아닌 것은?

① 기간비교　② 상호비교
③ 표준실제비교　④ 부가가치비교

**46** 임목 생장률 계산식이 아닌 것은?

① 단리산식
② Pressler식
③ Brereton식
④ Schneider식

**해설**
Brereton식은 재적을 구하는 공식이다.

**47** 개별원가계산방법에 대한 설명으로 옳지 않은 것은?

① 공정별 원가계산방법이라고도 한다.
② 주로 주문에 의하여 제품을 생산하는 경우에 많이 사용한다.
③ 제품의 원가를 개개의 제품단위별로 직접 계산하는 방법이다.
④ 소비자에게 제품의 원가와 일정한 이익을 합계한 제품가격을 청구하는 데 도움이 된다.

**48** 국유림경영계획을 위한 산림조사 항목에 대한 설명으로 옳지 않은 것은?

① 영급은 10년을 한 단위로 한다.
② 임령은 분모에 평균을 표시한다.
③ 임종은 인공림·천연림의 구분이다.
④ 소밀도는 조사면적에 대한 임목의 수관면적이 차지하는 비율을 백분율로 표시한다.

**해설**
임령은 분자에 평균을 적고, 분모에는 최소임령과 최대임령을 적는다.

**49** 20m × 20m의 정방형 표준지에서 매목조사를 통하여 측정된 임목 본수는 60본인 경우, 해당 임분의 ha당 본수는 얼마로 추정되는가?

① 900
② 1200
③ 1500
④ 1800

**해설**
$1 : (400m^2)0.04 = x : 60$
∴ $x = 1500본$

**50** 다음 중 산림측량의 종류로 옳지 않은 것은?

① 주위측량
② 시설측량
③ 구획측량
④ 하해측량

**51** 다음 설명에 해당하는 임업경영의 지도원칙은?

> 국민복지 증진을 목표로 하는 원칙으로 18세기까지 임업경영의 지도원칙 중에서 지배적 위치를 차지하였으나, 자본주의 경제발전과 더불어 수익성 원칙에 밀리게 되었다.

① 공공성의 원칙
② 생산성의 원칙
③ 복지성의 원칙
④ 합자연성의 원칙

**해설** **공공성의 원칙**

• 산림 또는 산림생산의 사회적 의의를 더욱 더 발휘하고 인류생활의 복리를 더욱 증진할 수 있도록 산림을 경영하자는 원칙이다.
• 산림경영은 국민이 소비하는 목재의 최대 생산에 두며, 국민 또는 지역 주민의 경제적 복지증진을 최대로 달성하도록 운영해야 한다는 원칙이다. 이 원칙은 모든 경영이 궁극적으로 목적으로 해야 할 최고 지도원칙이다. 국민의 기대에 부응하도록 경영하지 않으면 안된다.

**정답** 45. ④　46. ③　47. ①　48. ②　49. ③　50. ④　51. ①

**52** 손익분기점 분석에 필요한 가정에 대한 설명으로 옳은 것은?

① 제품의 생산능률은 변함이 없다.
② 고정비는 생산량의 증감에 따라 변한다.
③ 생산량과 판매량은 항상 같은 것은 아니다.
④ 제품 한 단위당 변동비는 제품 생산이 늘어남에 따라 함께 증가한다.

> **해설** 손익분기점 분석을 위한 가정
> • 제품의 판매가격은 판매량이 변동하여도 변하지 않는다.
> • 원가는 고정비와 변동비로 구분할 수 있다.
> • 제품 한 단위당 변동비는 항상 일정하다.
> • 고정비는 생산량의 증감에 관계 없이 항상 일정하다.
> • 생산량과 판매량은 항상 같으며, 생산과 판매에 동시성이 있다.
> • 제품의 생산능률은 변함이 없다.

**53** 우리나라 수확표의 기준임령에서 지위지수의 결정 방법은 무엇인가?

① 토양의 환경인자에 의하여
② 임분의 우세목 평균수고에 의하여
③ 임분의 우세목, 피압목의 평균수고에 의하여
④ 임분의 우세목, 준우세목, 피압목의 평균수고에 의하여

> **해설**
> 지위지수 결정방법 중 가장 확실하고 간편한 방법은 평균수고에 의한 방법이다.

**54** 임목기망가의 설명으로 옳은 것은?

① 임목 생산 경비의 후가합계이다.
② 임목 생산 경비의 전가합계이다.
③ 장차 기대되는 순수입의 후가합계에서 그동안 투입될 비용의 후가합계를 공제한 것이다.
④ 장차 기대되는 순수입의 전가합계에서 그동안 투입될 비용의 전가합계를 공제한 것이다.

> **해설** 임목기망가
> • 현재 벌채되지 않은 임목을 앞으로 벌채연도에 벌채한다고 예정하고 그때 얻을 수 있다고 추정되는 순수확을 현재가로 환산한 것이다.
> • 벌채할 때까지 얻을 수 있는 수입의 현재가 합계에서 그동안에 들어갈 경비의 현재가 합계를 공제한다.

**55** 산림경영임지의 확보, 임업기술개발 및 학술연구를 위하여 보존할 필요가 있는 국유림은?

① 학술국유림      ② 필요국유림
③ 보존국유림      ④ 요존국유림

> **해설** 요존국유림
> • 임업기술개발 및 학술연구를 위하여 보존할 필요가 있는 국유림, 사적·성지·기념물·유형문화재 보호, 생태계 보전 및 상수원 보호 등 공익상 보존할 필요가 있는 국유림이다.
> • 대부, 매각, 교환, 양여 또는 사권의 설정이 금지되어 있다.

**56** 다음 중 민유림의 의미로 옳은 것은?

① 사유림          ② 필요국유림
③ 보존국유림      ④ 요존국유림

**57** 말구직경이 40cm, 재장이 5m인 국산재 통나무의 말구직경자승법에 의한 재적(m³)은?

① 0.628          ② 0.800
③ 0.840          ④ 1.000

> **해설**
> 재적 = $\dfrac{40 \times 40 \times 5 \times 1}{10,000}$ = 0.8m³

**58** 임지기망가의 크기에 영향을 주는 인자에 대한 설명으로 옳지 않은 것은?

① 벌기가 클수록 임지기망가는 커진다.
② 이율이 높으면 임지기망가는 작아진다.
③ 주벌 및 간벌 수확은 플러스(+)이며, 그 값이 클수록 임지기망가는 커진다.
④ 조림관리비는 마이너스(-)이며, 그 값이

**정답** 52.① 53.② 54.④ 55.④ 56.④ 57.② 58.①

클수록 임지기망가는 작아진다.

**해설** 임지기망가에 영향을 주는 계산 인자
- 주벌수확과 간벌수확은 공식에서 +로 되어 있으므로 그 값이 클수록 커진다. 또 그 시기가 빠를수록 커진다.
- 조림비 및 관리비는 공식에서 -로 되어있으므로 조림비와 관리비가 클수록 작아진다.
- 이율이 높을수록 작아진다.
- 일반적으로 벌기가 커지면 처음에는 증가하다가 어느 시점에서 최대가 된 다음에 점차 작아진다.

**59** 단목의 연령을 측정하는 방법에 관한 설명으로 옳은 것은?

① 목축으로도 나무의 크기에 관계없이 정확한 나무의 나이를 측정할 수 있다.
② 기록에 의한 방법은 과거의 조림 기록에 의해 나무의 연령을 측정하는 방법이다.
③ 지절에 의한 방법은 가지의 모양에 관계없이 가지의 수를 세어 연령을 파악할 수 있는 방법이다.
④ 성장추를 이용하여 흉고부위에서 목편을 채취하여 연륜수를 파악하면 그것이 곧 그 나무의 연령이된다.

**해설** 단목의 연령측정
- 기록에 의한 방법, 나이테 수에 의한 방법, 생장추에 의한 방법
- 기타 측정기기에 의한 방법(레지스토 그래프측정기, 디지털 연륜측정기)
- 지절에 의한 방법, 흉고 직경에 의한 방법

**60** 다음 중 임목 직경 측정에 적합하지 않은 기구는?

① 포물선윤척  ② 빌트모어스틱
③ 아브네이레블  ④ 스피겔릴라스코프

**해설** 아브네이레블은 수고측정 기구이다.

---

제4과목 : 산림공학

**61** 벌목작업 시 벌도목이 인근 나무에 걸렸을 때 해결방법으로 가장 옳은 것은?

① 걸려있는 인근 나무를 베도록 한다.
② 걸치고 있는 나무를 벌도하여 함께 넘긴다.
③ 걸린 나무에 올라가 흔들어 떨어뜨리도록 한다.
④ 지렛대를 사용하여 걸린 나무를 돌려 낙하되도록 한다.

**해설** 인근 나무에 걸리면 지렛대를 이용하여 낙하시킨다.

**62** 수상운제 방법으로 목재를 묶지 않고 단목으로 띄워보내는 것은?

① 벌류  ② 관류
③ 위류  ④ 수수라

**63** 임도 시설 중에서 대피소의 정의는?

① 벌도목 등을 쌓아두는 곳
② 산림 재해 발생 시 대피하는 곳
③ 임도시설에 필요한 기구를 보관하는 곳
④ 임도에서 자동차가 서로 비켜가기 위한 장소

**해설** 대피소는 300m 간격으로 설치하며 폭은 5m, 길이는 15m로 설치한다.

**64** 산림작업 노동재해의 원인으로 옳지 않은 것은?

① 인적 요인  ② 물적 요인
③ 경제적 요인  ④ 작업환경 요인

**65** 우리나라 산지의 토양침식 형태로 옳지 않은 것은?

① 열침식  ② 물침식
③ 중력침식  ④ 바람침식

**정답** 59.② 60.③ 61.④ 62.② 63.④ 64.③ 65.①

**66** 설계속도 30km/h 인 노면과 타이어의 마찰계수 0.16, 노면의 횡단기울기가 4%인 경우의 최소곡선반지름을 계산하면? (단, 법령상의 시설기준은 무시한다.)

① 약 15m  ② 약 25m
③ 약 35m  ④ 약 45m

**해설**
최소곡선반지름 = $\dfrac{30^2}{125(0.16+0.04)}$ = 약 36m

**67** 임도 비탈사면 돌쌓기에 대한 설명으로 옳지 않은 것은?

① 뒤채움 방법으로 허리채움, 꼬리채움, 옆채움 등이 있다.
② 찰쌓기를 할 때 석축 뒷면의 물빼기에 유의해야 한다.
③ 돌의 배치는 여섯에움 이하로 하고 금기물이 생기지 않도록 한다.
④ 돌쌓기 기울기는 1:0.2~0.3 정도로 하되 토압 및 석재 품질에 따라 조정한다.

**해설**
돌의 배치는 다섯에움 이상 일곱에움 이하가 되도록 쌓는다.

**68** 임도의 옆도랑(측구)에 대한 설명으로 옳은 것은?

① 물이 임도를 횡단하여야 할 개소에 시설한 수로
② 노면의 물을 집수정으로 유도하기 위하여 시설한 수로
③ 차량을 돌릴 수 있도록 시설한 장소의 횡단상의 수로
④ 일정한 간격으로 차량통행에 지장이 없도록 횡단상의 수로

**해설**
옆도랑의 폭은 0.5~1m로 설치하며 깊이는 30cm 정도가 적당하다.

**69** 예불기에 장착된 안전장치 혹은 예불기 사용 시 착용하는 안전장비로 옳지 않은 것은?

① 안전복
② 안전커버
③ 안면 보호망
④ 자동 체인브레이크

**해설**
체인 브레이크는 체인톱에 붙어 있는 안전장치이다.

**70** 육상 저목 방법으로 목재를 동일한 방향으로 목구를 가지런히 쌓아 올리는 방법은?

① 수평쌓기
② 가로쌓기
③ 직각쌓기
④ 평행쌓기

**71** 벌목의 계절을 선정할 때 고려 사항으로 가장 거리가 먼 것은?

① 임분의 재적
② 시장 및 자금사정
③ 생산재의 용도 및 품질
④ 반출방법 및 기후조건

**72** 유심을 향하여 적당한 길이와 방향으로 돌출한 공작물로, 주로 유심의 방향을 변경시키기 위한 것은?

① 수제   ② 돌댐
③ 구곡막이   ④ 계간수로

**해설** 수제
- 계류의 유속과 흐름방향을 변경시켜 계안의 침식과 기슭막이 공작물의 세굴을 방지하기 위해 둑이나 계안으로부터 돌출하여 설치하는 계간 사방공작물이다.
- 간격은 수제 길이의 1.5~2.0배가 적당하며, 수제의 길이는 가능한 짧은 것을 많이 설치하는 것이 효과적이고, 계폭의 10% 이내가 적당하다.
- 높이는 유수의 저항, 전석, 하상의 변화 및 높이, 수제 근부의 높이 등을 고려하여 결정한다.

**정답** 66.③ 67.③ 68.② 69.④ 70.④ 71.① 72.①

**73** 유역 내의 평균강수량 산정법이 아닌 것은?

① 증발산법
② 등우선법
③ 산술평균법
④ Thiessen법

**해설**
평균강수량의 산정방법에는 등우선법, Thiessen법, 산술평균법 등이 있다.

**74** 산지사방에서 분사식 씨뿌리기공법으로 시공 시에 초본의 발아생립본수 기준은 m²당 몇 본인가?

① 1000본
② 2000본
③ 3000본
④ 4000본

**75** 임도설계 시 평면도에 나타나지 않은 것은?

① 곡선표
② 종단 기울기
③ 구조물 위치
④ 횡단점유면적

**해설**
평면도에는 임시기표·교각점·측점번호 및 사유토지의 지번별 경계·구조물·지형지물 등을 도시하며, 곡선제원 등을 기입한다.

**76** 계류보전사업에서 고려되어야 할 사항이 아닌 것은?

① 계류의 분류점과 합류점은 예각이 되도록 한다.
② 상류부에는 산지사방의 계간사방공사와 연계한다.
③ 계안이나 제방을 보호할 곳은 기슭막이 시공을 해야한다.
④ 하류부에는 골막이 또는 사방댐을 설치하여 산각을 고정한다.

**해설**
골막이나 사방댐은 계류의 상·중류에 설치한다. 하류에는 모래막이 공작물을 설치한다.

**77** 산사태와 땅밀림의 차이점으로 옳지 않은 것은?

① 땅밀림은 강우 강도의 영향을 받는다.
② 땅밀림은 특정한 지질에서 많이 발생한다.
③ 산사태는 땅밀림보다 규모가 작은 편이다.
④ 산사태는 10mm/day 이상으로 속도가 대체로 빠르다.

**해설**
땅밀림은 지하수에 의하여 발생하므로 강우강도에 대한 영향은 없다.

**78** 산림 내 시험유역을 이용하여 유출 및 유역 물수지의 관계를 시험하는 것을 무엇이라고 하는가?

① 산림관리시험
② 산림이수시험
③ 산림유출시험
④ 유역 물수지시험

**79** 아스팔트 콘크리트 포장과 비교할 때 시멘트 콘크리트 포장의 장점으로 옳지 않은 것은?

① 내용년수가 길다.
② 신뢰성이 큰 설계가 가능하다.
③ 간단한 공법으로 유지수선이 가능하다.
④ 미끄럼 저항의 변동이 적고 일반적으로 미끄럼이 적다.

**해설**
시멘트 콘크리트 포장은 철거가 곤란하다.

**80** 양단의 단면적이 각각 50m², 100m²이고 양단면 사이의 거리는 10m일 때 양단면적 평균법에 의한 토적량으로 옳은 것은?

① 250m³
② 500m³
③ 750m³
④ 1000m³

**해설**
토적량 $= \dfrac{50+100}{2} \times 10 = 750\text{m}^3$

# 국가기술자격 필기시험문제

**2015년 제3회 필기시험**

| 자격종목 및 등급(선택분야) | 종목코드 | 시험시간 | 형별 |
|---|---|---|---|
| 산림산업기사 | 2481 | 2시간 | A |

수험번호 / 성명

---

### 제1과목 : 조림학

**1** 다음 중 길항작용을 하는 토양양분이 아닌 것은?

① 철과 망간
② 질소와 인산·규산
③ 칼륨과 칼슘·마그네슘
④ 암모니아태질소와 칼륨

**해설**
길항작용은 상반되는 2가지 요인이 동시에 작용하여 그 효과를 서로 상쇄시키는 작용이다. 질소는 칼륨과 붕소의 길항작용을 한다.

**2** 우량목이 갖추어야 할 조건 중에서 옳지 않은 것은?

① 가지가 많아야 한다.
② 상당량의 종자가 달려야 한다.
③ 활엽수는 지하고가 높아야 한다.
④ 침엽수는 수간이 좁고 가지가 가늘며 한쪽으로 치우치지 않아야 한다.

**해설**
우량목의 항목 중에 가지가 많은 것은 포함되지 않는다.

**3** 묘목을 가식하는 방법으로 옳지 않은 것은?

① 동해에 약한 유묘는 움가식을 한다.
② 묘목의 끝이 남쪽으로 향하게 하여 45도 경사지게 한다.
③ 가식할 때에는 반드시 뿌리부분을 부채살 모양으로 열가식한다.
④ 결속된 다발은 풀지 않고 뿌리 사이에 흙이 충분히 들어가도록 하고 밟아 준다.

**해설** 운반 및 가식
- 묘목의 끝이 가을에는 남쪽으로, 봄에는 북쪽으로 45° 경사지게 한다.
- 단기간 가식할 때는 다발째로, 장기간 가식할 때는 결속된 다발을 풀어서 뿌리 사이에 흙이 충분히 들어가도록 하고 밟아 준다.
- 비가 올 때나 비가 온 후에는 바로 가식하지 않는다.
- 동해에 약한 수종은 움가식을 하며 낙엽 및 거적으로 피복하였다가 해빙이 되면 2~3회로 나누어 걷어낸다.
- 가식지 주변에는 배수로를 설치한다.
- 조림예정지가 원거리에 있거나 해빙이 늦는 지역인 경우에는 조림예정지 부근에서 가식 및 월동시킨다.

**4** 수목에 필요한 무기영양 중에서 질소와 인 다음으로 결핍되기 쉬우며, 결핍증상으로 황화현상이 나타나는 원소는?

① 질소
② 붕소
③ 칼륨
④ 알루미늄

**해설** 칼륨(K)
- 질소화합물의 합성 및 세포분열을 촉진한다.
- 뿌리의 발달을 조장하고 개화결실을 촉진하며 병충해에 대한 저항력을 증대시킨다.
- 양이온($K^+$)의 형태로 이용되며 광합성량 촉진 및 여러 생화학적 기능에 중요한 역할을 한다.
- 결핍되면 노엽부터 증상이 나타나며 잎의 끝이나 둘레가 황화하고, 갈색으로 변한다.

---

**정답** 1.② 2.① 3.④ 4.③

**5** 파종하기 1개월 전 쯤에 노천매장을 함으로 발아가 촉진되는 수종은?

① Acer palmatum
② Picea jezoensis
③ Zelkova serrata
④ Juglans sinensis

**해설**
- 파종 1개월전에 노천매장해야 하는 수종에는 소나무, 삼나무, 편백, 가문비나무가 있다.
- ① 단풍나무, ② 가문비나무, ③ 느티나무, ④ 호두나무

**6** 풀베기 작업에 대한 설명으로 옳지 않은 것은?

① 풀들이 왕성히 생장하는 시기에 실시한다.
② 음수의 조림지는 모두베기보다 줄베기가 효과적이다.
③ 풀베기 작업은 수종 생장 속도에 따라 5~6년까지도 실행한다.
④ 동해에 약한 수종에 대해서는 모두베기를 하여 햇볕을 많이 받도록 한다.

**해설** 둘레베기
조림목 주변을 반경 50cm 내외의 정방형 또는 원형으로 잘라내는 방법으로, 강한 음수이거나 군상식재지 등 바람과 한해에 대하여 조림목의 특별한 보호가 필요한 경우에 적용한다.

**7** 양묘과정에서 해가림이 필요한 수종은?

① 곰솔　　　② 소나무
③ 잣나무　　④ 아까시나무

**해설**
극음수나 음수는 해가림을 해야 하며 잣나무가 이에 해당된다.

**8** 수목의 가지치기 방법으로 옳지 않은 것은?

① 늦은 겨울이나 이른 봄에 실시하는 것이 좋다.
② 가지의 지피융기선을 다치지 않게 주의해야 한다.
③ 죽은 가지도 잘라주어 유합조직의 형성을 도와준다.
④ 절단면이 마르면 줄기 쪽으로 다시 한 번 잘라 준다.

**해설** 가지의 절단방법
- 절단면이 평활하게 가지치기 톱을 사용하여 자르며 침엽수는 절단면이 줄기와 평행하도록 한다.
- 느티나무, 가시나무 등과 같은 활엽수는 굵은 가지를 절단함으로써 줄기에 상처가 날 위험이 있는 경우에는 가지 기부에 3~4cm 또는 10~12cm의 잔지를 남겨 생가지 부위를 절단하는 것이 바람직하다.

**9** 토양의 공극률을 나타내는 공식으로 옳은 것은?

① $100 \times \left(1 - \dfrac{용적비중}{진비중}\right)$

② $100 \times \left(1 - \dfrac{진비중}{용적비중}\right)$

③ $100 \times \left(1 - \dfrac{건조토양의 용적}{토양의 중량}\right)$

④ $100 \times \left(1 - \dfrac{건조토양의 중량}{토양의 용적}\right)$

**해설** 토양의 공극
- 토양 공극은 토양을 구성하는 사이 사이에 공기 또는 수분으로 채워질 수 있는 공간을 의미한다.
- 토양의 공극률(%) = [1 - 가비중/진비중] × 100
- 진비중 = 진밀도 = 알갱이밀도 = 입자밀도
- 가비중 = 부피밀도 = 가밀도 = 총밀도 = 용적중 = 용적밀도

**10** 수목 뿌리에서 외생균근이 생기는 수종은?

① 오리나무　　② 느티나무
③ 굴피나무　　④ 호두나무

**해설**
외생균근은 주로 목본식물에서 발견되는데, 곰팡이의 균사가 세포 안으로 들어가지 않고 기주 세포 밖에서만 머물기에 외생이라는 말을 쓰고 있다. 뿌리에서 외생균근이 생기는 수종에는 소나무, 자작나무, 참나무, 오리나무 등이 있다.

**정답** 5.② 6.④ 7.③ 8.④ 9.① 10.①

**11** 종자의 결실량을 증가시키는 방법이 아닌 것은?
① 간벌작업을 실시한다.
② 화아분화기 전에 시비를 한다.
③ 건조, 접목, 상처주기 등의 스트레스를 준다.
④ 수피의 일부분을 제거하여 C/N율을 조절한다.

**해설** 종자결실 증가방법
- 입지조건 : 종자가 생산된 지역보다 따뜻하고 개방적인 곳에 채종원을 조성하면 종자의 결실이 촉진된다.
- 스트레스 : 건조, 상처주기 등 어떤 스트레스를 주면 개화량이 많고 결실량이 증대된다.
- 임분의 밀도 조절 : 간벌 등으로 임분의 입목밀도가 낮아지면 수목의 수관이 확장되어 햇빛을 충분히 받아 결실향이 증대된다.
- 지베렐렌을 처리하면 화아분아가 촉진된다.

**12** 다음 수종 중 자유생장을 하는 것은?
① 잣나무   ② 은행나무
③ 신갈나무  ④ 가문비나무

**해설** 자유생장
- 전년도의 겨울눈 속에 봄에 자랄 새 가지의 원기가 만들어져 있다가 봄에 겨울눈이 크면서 새 가지가 나와 봄잎을 만들고, 곧이어 여름잎을 만들면서 가을까지 계속 새가지가 자라 올라오는 경우이다(재발성 개엽).
- 은행나무, 낙엽송, 향나무, 측백, 편백 등의 침엽수, 포플러, 자작나무, 플라타너스, 버드나무, 아까시나무 등의 활엽수, 그밖의 사철나무, 회양목, 쥐똥나무와 같은 관목이 여기에 속한다.

**13** 파종 조림이 용이한 수종은?
① 전나무, 단풍나무  ② 소나무, 분비나무
③ 잣나무, 단풍나무  ④ 소나무, 졸참나무

**해설** 파종조림의 대상지 및 수종
- 식재조림 시 활착률이 저조한 수종으로 식재조림이 어려운 급경사지 등 특수지역의 산림
- 발아가 잘되는 수종은 소나무, 해송 등 침엽수종 또는 가래나무, 밤나무, 상수리나무, 굴참나무, 졸참나무 등 활엽수종

**14** 임목의 수정에 대한 설명으로 옳은 것은?
① 활엽수종은 3배체의 세포로 배유조직을 형성한다.
② 침엽수종은 2종류의 수정형태를 가진 중복수정이 이루어진다.
③ 침엽수종은 2개의 정핵이 각각 난세포의 핵 및 극핵과 합쳐 수정한다.
④ 활엽수종은 1개의 정핵이 난세포의 핵과 합쳐서 수정이 이루어진다.

**해설**
침엽수종(겉씨식물)은 하나의 정핵과 하나의 난핵이 수정하여 n의 배유를 형성한다. 활엽수종(속씨식물)은 제1정핵과 난핵이 수정하여 2n의 배가되고, 제2정핵은 2개의 극핵과 유합하여 3n의 배유가 되는 중복수정을 한다.

**15** 개벌작업의 단점이 아닌 것은?
① 갱신된 숲이 단조로워진다.
② 잡초, 관목 등이 무성하게 된다.
③ 작업 후에는 임지가 황폐해지기 쉽다.
④ 대면적으로 벌채되어 양수의 갱신에 불리하다.

**해설**
개벌작업은 임지가 노출되므로 양수의 갱신에 유리한 반면 음수의 갱신에는 불리하다.

**16** 산벌작업에 대한 설명으로 옳은 것은?
① 양수 수종 갱신에 유리하다.
② 동령림 갱신에 알맞은 방법이다.
③ 예비벌과 후벌의 2단계 작업으로 이루어진다.
④ 천연갱신으로만 진행될 때에는 갱신기간이 짧아진다.

**해설** 산벌작업
- 10~20년 정도의 비교적 짧은 갱신기간 중에 몇 차례의 갱신벌채로서 모든 나무를 벌채 및 이용하는 동시에 새 임분을 출현시키는 방법으로 윤벌기가 완료되기 이전에 갱신이 완료되는 작업이다.

**정답** 11. ② 12. ② 13. ④ 14. ① 15. ④ 16. ②

• 천연하종갱신이 가장 안전한 작업종으로 갱신된 숲은 동령림으로 취급된다.

**17** 종자발아율 조사를 위해서 TTC 용액에 종자를 넣었을 때 생활력이 있는 경우는?
① 청색으로 변한다.
② 흑색으로 변한다.
③ 적색으로 변한다.
④ 아무런 빛깔의 변화가 없다.

**18** 다음 중 참나무과에 속하지 않은 수종은?
① 밤나무
② 가시나무
③ 신갈나무
④ 굴피나무

해설
굴피나무는 가래나무과에 속한다.

**19** 경운작업의 효과로 옳지 않은 것은?
① 토양 중의 유용세균이 증진한다.
② 공기와 수분의 유통이 좋아진다.
③ 토양의 풍화작용을 완화시켜준다.
④ 토양의 보수력, 비료의 흡수력이 증가한다.

해설
경운이란 토양을 갈아 일으켜 흙덩어리를 반전시키고 대강 부스러뜨리는 작업으로 풍화작용과는 관련이 없다.

**20** 주로 높은 수고의 수목으로 이루어진 숲은?
① 교림
② 왜림
③ 중림
④ 죽림

해설
교림은 임목이 주로 종자로 양성된 묘목으로 성립되며 소나무, 잣나무, 낙엽송과 같이 수고가 높다. 목재를 가공해서 이용하고자 만든 숲이다.

### 제2과목 : 산림보호학

**21** 윤작은 어떤 병원균의 방제에 효과가 좋은가?
① 기주범위가 좁고, 기주가 없이도 오래 생존하는 것
② 기주범위가 넓고, 기주가 없이도 오래 생존하는 것
③ 기주범위가 넓고, 기주가 없으면 오래 생존하지 못하는 것
④ 기주범위가 좁고, 기주가 없으면 오래 생존하지 못하는 것

해설
동일한 임지에서 동일한 수종을 연이어 재배하지 않고, 서로 다른 종류의 수종을 순차적으로 조합, 배열하는 방식의 작부체계를 윤작이라 하며, 기주범위가 좁고, 기주가 없으면 오래 생존하지 못할 때 방제효과가 좋다.

**22** 온도 변화에 따른 수목 조직의 수축, 팽창 차이로 줄기가 갈라지는 현상은?
① 만상
② 상렬
③ 상주
④ 한상

해설 **상렬**
• 추위로 인한 수액의 동결로 나무의 줄기 또는 나무 껍질이 냉각 및 수축하여 갈라지는 현상이다.
• 봄에 갈라진 부분이 아물고 다시 겨울에 터지고 갈라지는 현상이 반복되어 그 부분이 두드러지게 비대생장하는 것을 상종이라 한다.

**23** 파이토플라즈마에 의한 수목병이 아닌 것은?
① 뽕나무 오갈병
② 벚나무 빗자루병
③ 대추나무 빗자루병
④ 오동나무 빗자루병

해설
벚나무 빗자루병은 자낭균에 의한 수병이다.

정답 17.③ 18.④ 19.③ 20.① 21.④ 22.② 23.②

**24** 다음 중 병징이 아닌 것은?

① 총생  ② 비대
③ 분비  ④ 흰가루

**해설**
병징은 병원체의 감염 후 식물체의 외부에 외형 또는 생육 및 빛깔 이상 등으로 나타나는 반응으로서 상대적인 개념이다.

**25** 해충의 몸 표면에 직접 또는 간접적으로 닿아 체내에 들어가 독작용을 일으키는 것으로 메프제나 DDVP에 속하는 살충제는?

① 접촉제
② 유인제
③ 훈증제
④ 소화 중독제

**해설**
접촉제는 해충체에 직접 약제를 부착시켜 살해시키는 약제로, 깍지벌레, 진딧물, 멸구류 방제에 적당하다.

**26** 프로클로라즈 50% 유제 100cc를 0.05%로 희석할 때 소요되는 물의 양은? (단, 유제의 비중은 1로 가정함)

① 약 10L  ② 약 50L
③ 약 100L  ④ 약 500L

**해설**
희석할 물의 양 = 원액의 용량 × $\left[\left(\dfrac{\text{원액의 농도}}{\text{희석할 농도}}\right) - 1\right]$

$= 100 \times \left[\left(\dfrac{50}{0.05}\right) - 1\right] \times 1$

$= 99,900\text{mL} = $ 약 100L

**27** 잣나무 털녹병균의 여름포자가 형성되는 기주식물은?

① 역새  ② 송이풀
③ 노루귀  ④ 주름잎조개풀

**해설**
**잣나무 털녹병**
• 중간기주는 송이풀과 까치밥나무이다.
• 중간기주에서 여름포자, 담자포자, 겨울포자의 소생자를 형성하고 수피조직 내에서 균사의 형태적 월동이 이루어진다.
• 4~5월 하순에 녹포자를 형성한다.
• 약제방제는 거의 불가능하며, 병든 나무는 제거·소각하고, 중간기주를 제거한다.

**28** 다음 중 천연기념물이 아닌 것은?

① 표범  ② 산양
③ 하늘다람쥐  ④ 점박이물범

**해설** **천연기념물(포유류)**
우리나라의 천연기념물 중 포유류는 59호 진도 진돗개, 308호 경산 삽살개, 367호 제주 제주마, 216호 사향노루, 217호 산양, 328호 하늘다람쥐, 329호 반달가슴곰, 330호 수달, 331호 물범이다.

**29** 수병의 임업적 방제법에 대한 설명으로 옳지 않은 것은?

① 묘목은 건강하게 키워야 하며 취급에도 주의해야 한다.
② 특정한 병의 발생이 예상될 경우에는 다른 수종을 심는다.
③ 부후병 방지를 위해서 봄에서 초여름에 걸쳐 벌채하는 것이 좋다.
④ 조림지와 유사한 환경조건을 가진 임지의 우량한 모수에서 채취한 종자를 심는다.

**해설**
**임업적방제법**
• 수종의 선택 : 연해에 강하고 맹아력이 큰 수종으로 조림한다.
• 작업법의 선택 : 연해의 염려가 있는 곳에서는 숲을 교림으로 하지 말고, 중림 또는 왜림으로 가꾼다.
• 갱신방법 : 한 번에 넓은 면적을 개벌하는 것을 피하고, 침엽수와 활엽수를 혼식한다.
• 연해방비림의 조성
 – 내연성이 강하고, 여러 번 이식한 큰 묘목을 밀식한다.
 – 너비는 100m 정도로 여러 층의 밀림을 조성한다.

**정답** 24.④ 25.① 26.③ 27.② 28.① 29.③

**30** 솔잎혹파리가 월동하는 충태와 장소로 옳은 것은?

① 알 - 가지
② 성충 - 수피
③ 유충 - 땅 속
④ 번데기 - 낙엽

**해설** 솔잎혹파리
- 유충이 적송·흑송 등의 두침엽의 접합부에 기생하여 혹을 만들어 피해를 준다. 1년 1회 발생하며, 유충으로 땅속 또는 충영 속에서 월동한다. 6월 상순이 성충의 우화 최성기이며, 성숙 유충의 크기는 1.7~2.8mm이다.
- 성충 우화 시기(5~6월)에 ha당 30~50kg의 살충제를 살포하고, 다이메크론 50% 유제를 흉고직경 1cm당 0.3~0.7ml 정도로 수간주사를 실시한다. 또한 하기벌목(충영 속의 유충 제거), 간벌(고립목의 경우 피해를 덜 입음), 천적(먹좀벌·거미류·개미·박새류) 보호, 비료 주기 등의 방법으로 방제한다.

**31** 다음 중 미국흰불나방이 주로 가해하지 않은 수종은?

① 소나무      ② 벚나무
③ 버즘나무    ④ 단풍나무

**해설** 미국흰불나방
- 활엽수를 가해하며 1년 2회 발생한다.
- 나무껍질 사이·판자 틈·돌 밑·지피물 밑 등에서 번데기로 월동. 1회 성충은 5월 중순~6월에 출현한다.
- 방제법은 부화 직후의 유충은 군서하므로 포살, 용화할 때가 되면 땅으로 내려오므로 식이목을 설치한다.
- 살충제로는 디프테렉스(1000배액)가 효과적이다.

**32** 바이러스에 대한 설명으로 옳지 않은 것은?

① 광학 현미경으로 볼 수 있다.
② 살아 있는 세포 내에서만 증식된다.
③ 인공 배지에서는 배양이 되지 않는다.
④ 주로 즙액, 곤충, 씨앗 등에 의해서 전염된다.

**해설**
바이러스는 광학현미경으로 보아야 만 관찰이 가능하다.

**33** 성충과 유충이 잎을 가해하는 해충은?

① 땅강아지
② 밤바구미
③ 솔잎혹파리
④ 오리나무잎벌레

**해설** 오리나무잎벌레
- 성충과 유충 모두 오리나무 잎을 가해하며 1년 1회 발생한다.
- 암컷만으로 번식하며 200~500개의 알을 낳는다.
- 천적인 무당벌레나 유충기에는 BHC분제를 살포하여 방제한다.

**34** 눈에 의해 발생되는 산림 피해에 대한 설명으로 옳지 않은 것은?

① 평지보다 경사지 계곡에서 피해가 크다.
② 피해 유형으로 관설해와 설압해 등이 있다.
③ 습한 눈보다 건조한 눈에 의한 피해가 더 크다.
④ 심근성 수종보다 천근성 수종의 피해가 더 크다.

**해설**
설해는 눈 자체의 중량보다는 습윤한 접착력에 의한 해가 더 크다.

**35** 1년에 2회 이상 발생하며 수피 사이나 지피물 밑에 고치를 짓고 번데기로 월동하는 것은?

① 매미나방
② 미국흰불나방
③ 솔알락명나방
④ 어스렝이나방

**해설** 미국흰불나방
- 활엽수를 가해하며 1년 2회 발생한다.
- 나무껍질 사이·판자 틈·돌 밑·지피물 밑 등에서 번데기로 월동. 1회 성충은 5월 중순~6월에 출현한다.
- 방제법은 부화 직후의 유충은 군서하므로 포살, 용화할 때가 되면 땅으로 내려오므로 식이목을 설치한다.
- 살충제로는 디프테렉스(1000배액)가 효과적이다.

**정답** 30. ③  31. ①  32. ①  33. ④  34. ③  35. ②

**36** 소나무재선충병에 대한 설명으로 옳지 않은 것은?

① 잣나무도 피해를 입을 수 있다.
② 현재는 솔수염하늘소에 의해서만 전반된다.
③ 피해목은 벌채하여 메탐소듐 액제로 훈증한다.
④ 우리나라는 1988년경 부산에서 최초로 감염목이 발견되었다.

**해설**
소나무재선충병은 솔수염하늘소와 북방수염하늘소에 의하여 전염된다.

**37** 병원체 중 가장 많은 수목병을 발생시키는 것은?

① 진균
② 세균
③ 바이러스
④ 마이코플라스마

**해설**
생물성 병원에 의한 병은 진균에 의한 병이 가장 많고 그 다음이 세균 및 바이러스에 의한 것이다.

**38** 매미나방에 대한 설명으로 옳지 않은 것은?

① 집시나방이라도 한다.
② 유충은 군서생활을 한다.
③ 수컷은 몸이 비대하여 잘 날지 못한다.
④ 여러 가지 수종을 가해하는 잡식성이다.

**해설** 집시나방(매미나방)
- 세계적으로 분포하는 잡식성 해충이다.
- 침엽수와 활엽수 모두를 가해한다.
- 1년 1회, 8월 상순에 발생한다.
- 나무줄기에서 알로 월동하며 산란수는 200~400개이다.
- 천적을 보호하거나, BHC 분제를 이용하여 방제하다 독성으로 세빈이나 디프렉스 1000배 액을 이용하여 방제한다.

**39** 담배장님노린재에 의하여 전염되는 수목병은?

① 잣나무 털녹병
② 소나무 잎마름병
③ 오동나무 빗자루병
④ 포플러 줄기마름병

**40** 다음 중 종자 소독용 약제는?

① 결정석회황 합제
② 이프로벤포스 유제
③ 가스가마이신 액제
④ 베노람·티람 수화제

**해설**
종자소독제는 종자에 약제를 침지하거나 약제의 분말을 묻혀서 살균시키는 것으로, 베노람수화제 등이 있다.

---

**제3과목 : 임업경영학**

**41** 다음 중 수고를 측정할 수 있는 기구는?

① 윤척　　　　② 섹타포크
③ 덴드로미터　　④ 빌트모어스틱

**해설**
측고기에는 와이제측고기, 아브 네이 핸드레블, 하가측고기, 부루메라이스측고기, 덴드로미터 등이 있다.

**42** 감가상각비 계산방법에 해당하지 않은 것은?

① 정액법　　　　② 정률법
③ 연수합계법　　④ 작업시간급수법

**해설** 감가상각법의 종류
- 정액법 : $D = \dfrac{C-S}{N}$
- 정률법 : $r = 1 - \sqrt[n]{\dfrac{S}{C}}$
- 급수법 : $D_a = \dfrac{2W(n+a+1)}{n(n+1)}$
- 비례법 : $D = (C-S) \times \dfrac{W}{T \cdot W}$

**정답** 36.② 37.① 38.③ 39.③ 40.④ 41.③ 42.④

## 43 임분의 재적 측정법이 아닌 것은?

① 전림법
② 목측법
③ 형수법
④ 표본조사법

**해설**
임목의 재적을 측정하기 위해서는 수간의 형상과 원주와의 관계를 알아야하는데, 수간재적과 원주부피와의 비를 형수라고 한다.

## 44 임업경영의 지도원칙 중 보속성 원칙으로 옳은 것은?

① 국민의 복리 증진을 목표로 하는 원칙
② 최소의 비용으로 최대의 효과를 발휘하게 하는 원칙
③ 해마다의 목재수확을 양적 및 질적으로 계속적으로 균등하게 하는 원칙
④ 생산량을 투입한 생산요소의 수량으로 나눈 값이 최고가 되도록 하는 원칙

**해설** 보속성의 원칙
산림에서 매년 수확을 균등하고 영구히 존속할 수 있도록 경영하는 원칙으로 보속성의 개념은 크게 두 가지로 나누어 생각할 수 있다.

## 45 임지와 임목의 가치 평가 방법에 대한 설명으로 옳지 않은 것은?

① 유령림 임목은 비용가를 주로 사용한다.
② 장령림 임목은 시장가역산법을 적용한다.
③ 매년 일정하게 영구적으로 얻는 연수익을 이율로 나눈 것은 자본가이다.
④ 평가 대상 임목과 비슷한 매매사례가격으로 평가하는 것을 매매가라고 한다.

**해설** 임목평가의 개요
일반적으로 유령림에는 임목비용가법, 벌기 미만의 장령림에는 임목기망가법과 수익환원법, 중령림에는 임목비용가법과 임목기망가법의 중간인 Glaser법, 벌기 이상의 임목에는 임목매매가가 적용되는 시장가역산법을 사용한다.

## 46 다음 조건에서 Heyer 식을 이용하여 계산한 표준벌채량(m³)은?

- 산림면적 : 100ha
- 평균생장량 : 2.0m³/ha
- 현실 축적 : 30m³/ha
- 법정 축적 : 60m³/ha
- 갱정기 : 20년
- 조정계수 : 1.0

① 45      ② 50
③ 145     ④ 175

**해설**
- $E = Z_w + \dfrac{V_a - V_n}{a}$
- E = 연간 표준 벌채량
- $Z_w$ = 현실림의 실질생장량 합계
- $V_a$ = 현실축적
- $V_n$ = 법정축적
- a = 갱정기(벌기령)
- $E = 2 + \dfrac{30-60}{20} = 0.5 \times 100 = 50m^3$

## 47 1995년 재적이 150m³/ha, 2015년 재적이 300m³/ha일 때 Pressler식에 의한 성장률은?

① 약 3.3%     ② 약 3.7%
③ 약 4.3%     ④ 약 5.0%

**해설**
$\dfrac{300-150}{300+150} \times \dfrac{200}{20} = 약\ 3.3\%$

## 48 앞으로 20년 후에 200만 원의 수입이 예상되는 산림의 현재 가치는? (단, 연이율은 5%)

① 약 753,800원
② 약 791,500원
③ 약 3,306,600원
④ 약 5,306,600원

**해설**
전가공식 = $\dfrac{2,000,000}{(1+0.05)^{20}}$ = 753,778원

**정답** 43. ③  44. ③  45. ②  46. ②  47. ①  48. ①

**49** 산림경영 관리회계에서 주로 다루는 내용이 아닌 것은?

① 원가계산
② 원가통제
③ 업적평가
④ 재무제표

해설
재무재표는 현 상태의 금액 기록이나 관리를 위해서 작성하는 표로 산림경영 관리에서 주로 다루지 않는다.

**50** 산림조사 항목으로 임지에서 임도나 도로까지의 거리를 나타내는 것은?

① 지세
② 지위
③ 지력
④ 지리

해설 **지리**
임도 또는 도로까지의 거리를 100m 단위로 10등급으로 나누어 구분한다.
- 1급지 : 100m 이하
- 2급지 : 101~200m 이하
- 3급지 : 201~300m 이하
- 4급지 : 301~400m 이하
- 5급지 : 401~500m 이하
- 6급지 : 501~600m 이하
- 7급지 : 601~700m 이하
- 8급지 : 701~800m 이하
- 9급지 : 801~900m 이하
- 10급지 : 901m 이상

**51** 다음 중 소반으로 구획하는 요인이 아닌 것은?

① 지종이 상이할 때
② 면적이 상이할 때
③ 지위가 상이할 때
④ 작업종이 상이할 때

해설
소반은 임반 내에서 그 상태 및 취급에 차이를 둔 부분으로서 우리나라에서는 지종 구분이 상이할 때, 수종 및 작업종이 상이할 때, 입목지·미입목지 및 화전, 임령 및 지위의 차이가 현저할 경우 등은 소반으로 구분한다.

**52** 작업급의 면적을 100ha, 윤벌기를 25년으로 할 때 법정영계면적은?

① 0.4ha
② 4ha
③ 250ha
④ 2,500ha

해설
$\frac{100}{25} = 4ha$

**53** 국유림의 경영 및 관리에 관한 법률에 의하여 산림청장이 국유림 경영관리 권한을 위임한 자로 옳지 않은 것은?

① 산림조합장
② 국립수목원장
③ 산림항공본부장
④ 제주특별자치도지사

**54** 다음 중 지종구분 항목이 아닌 것은?

① 제지
② 임목지
③ 계획지
④ 미립목지

**55** 임황조사 항목으로 임령의 표기방법으로 옳은 것은?

① $\frac{최소임령-최대임령}{평균임령}$
② $\frac{최대임령-최소임령}{평균임령}$
③ $\frac{평균임령}{최대임령-최소임령}$
④ $\frac{평균임령}{최소임령-최대임령}$

**56** 법정상태의 요건에 해당하지 않은 것은?

① 법정생장
② 법정영급분배
③ 법정임목확보
④ 법정임분배치

정답 49.④ 50.④ 51.② 52.② 53.① 54.③ 55.④ 56.③

**해설**
법정상태는 법정영급분배, 법정임분배치, 법정생장량, 법정축적이다.

**57** 새로운 목재가공기술의 개발 등으로 인한 목재의 가격 상승을 의미하는 것은?

① 재적생장
② 가격생장
③ 형질생장
④ 등귀생장

**해설**
등귀생장은 주변의 환경의 변화 또는 새로운 기술변화로 인하여 목재 가격이 상승하는 것을 의미한다.

**58** 일반적으로 사용되고 있는 원가비교방법이 아닌 것은?

① 기간비교
② 한계비교
③ 상호비교
④ 표준실제비교

**59** 임지기망가의 크기에 대한 설명으로 옳지 않은 것은?

① 이율이 높을수록 임지기망가는 커진다.
② 주벌수익이 클수록 임지기망가가 커진다.
③ 조림비가 클수록 임지기망가는 작아진다.
④ 동일한 작업법을 영구히 계속함을 전제로 한다.

**해설** 임지기망가에 영향을 주는 계산 인자
- 주벌수확과 간벌수확은 공식에서 +로 되어 있으므로 그 값이 클수록 커진다. 또 그 시기가 빠를수록 커진다.
- 조림비 및 관리비는 공식에서 -로 되어있으므로 조림비와 관리비가 클수록 작아진다.
- 이율이 높을수록 작아진다.
- 일반적으로 벌기가 커지면 처음에는 증가하다가 어느 시점에서 최대가 된 다음에 점차 작아진다.

**60** 벌채목 재적 측정에 사용되는 것으로 벌채목의 중앙단면적과 재장을 곱하여 재적을 산출하는 방법은?

① Huver 식
② Reineke 식
③ Smalian 식
④ Brereton 식

**해설** 후버식

$V = r \times L = \dfrac{\pi}{4} \cdot d^2 \cdot L = 0.785 d^2 \cdot L$

d:중앙지름, L:길이, r:중앙단면적

---

제4과목 : 산림공학

**61** 산비탈면 비탈다듬기공사에 대한 설명으로 옳지 않은 것은?

① 수정기울기는 대체로 최대 35° 전후로 한다.
② 공사는 산 아래부터 시작하여 산꼭대기로 진행한다.
③ 붕괴면 주변의 상부는 충분히 끊어내도록 설계한다.
④ 퇴적층의 두께가 3m 이상일 때에는 땅속 흙막이 공작물을 설계한다.

**해설**
비탈다듬기 공사 시 산 정상에서 아래방향으로 작업을 한다.

**62** 아래 나열된 장비의 용도로 옳은 것은?

| 묘목이식기, 단근굴취기, 정지작업기 |

① 양묘용
② 조림용
③ 육림용
④ 산림보호용

**해설**
묘목을 기르기 위한 양묘용 장비이다.

**정답** 57.④ 58.② 59.① 60.① 61.② 62.①

**63** 흙쌓기는 시공 후 시일이 경과하면 수축하여 용적이 감소하므로 더쌓기를 실시한다. 이때 일반적인 더쌓기는 흙쌓기 높이의 몇 % 정도 실시하는가?

① 0~5      ② 5~10
③ 10~15    ④ 15~20

**해설** 흙쌓기와 더쌓기의 높이
일반적으로 흙쌓기는 시공 후에 시일이 경과하면 수축하여 용적이 감소되므로 흙쌓기의 높이는 5~10%를 더쌓기 해야 한다.

| 흙쌓기의 높이(m) | 더쌓기의 높이(%) | 흙쌓기의 높이(m) | 더쌓기의 높이(%) |
|---|---|---|---|
| 3까지 | 높이의 10 | 9~12까지 | 높이의 6 |
| 3~6까지 | 높이의 8 | 12 이상 | 높이의 6 |
| 6~9까지 | 높이의 7 | | |

**64** 사방댐의 위치선정 원칙에 해당되지 않은 것은?

① 계상 및 양안에 암반이 있는 곳
② 상류부가 좁고 댐의 자리가 넓은 곳
③ 지류가 합류하는 지점에 계획할 때는 합류점 하류부
④ 계단상으로 할 때에는 추정퇴사선과 구 계상이 만나는 지점

**해설** 사방댐은 댐자리가 좁고 댐상류부가 넓어서 퇴적량이 많아야 한다.

**65** 골막이에 대한 설명으로 옳지 않은 것은?

① 계상물매를 완화하여 종침식을 방지한다.
② 구조적으로 사방댐과 달리 대체로 대수측만 축설한다.
③ 산각을 고정하고 양안의 산복붕괴를 방지한다.
④ 방수로를 별도로 설치하지 않은 대신 중앙부를 낮게 한다.

**해설** 골막이는 사방댐과 달리 반수면만 축설하고 대수면은 잡석으로 쌓아 올린다. 또한 중앙부를 낮게 하며, 위치적으로 사방댐보다 위쪽에 설치한다.

**66** 황폐계천 하상세굴 방지 및 계상 기울기 안정 등 계류의 종횡단 형상을 유지하기 위해 계류를 횡단하여 축설하는 공작물은?

① 사방댐
② 골막이
③ 기슭막이
④ 바닥막이

**67** 해안사방에서 조기에 수림화를 유도하기 위해 밀식하는 경우 1ha당 가장 적당한 본수는 얼마인가?

① 상층 2000본, 하층 5000본
② 상층 2000본, 하층 6000본
③ 상층 2500본, 하층 3000본
④ 상층 2500본, 하층 4000본

**68** 임도 비탈면에 돌쌓기를 한 경우 지름 3cm 정도의 물빼기 구멍을 설치한다. 다음 중 가장 적합한 것은?

① 3~4m²에 1개 설치
② 2~3m²에 1개 설치
③ 1.5~2m²에 1개 설치
④ 1m²에 1개 설치

**해설** 찰쌓기 공사 시 수압에 의해 무너질 수 있으므로 2~3m² 마다 한 개 정도의 물빼기 구멍을 설치한다.

**69** 비탈면의 수직 높이가 2.5m이고 수평거리가 5m일 때의 비탈면 기울기는?

① 1 : 2       ② 1 : 2.5
③ 2 : 1       ④ 2.5 : 1

**해설** 비탈면 기울기는 수직거리 : 수평거리의 비로 나타낸다. 따라서 1 : 2이다.

**정답** 63.② 64.② 65.② 66.④ 67.① 68.② 69.①

**70** 기슭막이에 대한 설명으로 옳지 않은 것은?

① 계안의 횡침식방지를 목적으로 한다.
② 산복공작물의 기초 보호를 위해 설치한다.
③ 붕괴 위험성이 큰 지점의 전방에 시공한다.
④ 계획홍수위보다 0.5~0.7m 낮게 설치한다.

> **해설** 기슭막이
> - 황폐계류에 의한 계안 및 야계의 횡침식을 방지하고 산각의 안정을 도모하기 위하여 계류의 흐름방향에 따라 축설한다.
> - 돌, 콘크리트, 콘크리트 블록, 돌망태, 바자, 폐타이어, 통나무 기슭막이 등이 있다.
> - 높은 수위의 계류흐름에 의한 계안 침식을 막기 위한 것으로, 옹벽과 유사하다.
> - 공작물의 기초부분이 세굴되지 않도록 깊이 파묻으며, 둑마루를 수평으로 유지하여 기슭막이의 뒷부분에 침식이 발생되지 않도록 한다.
> - 축석의 기울기는 1:0.3~0.5로 하고 물 빼기 구멍을 배치하여 뒷면으로부터 수압에 의해 붕괴되지 않도록 한다.

**71** 토사의 안식각에 대한 설명으로 옳지 않은 것은?

① 토사의 크기에 따라 다르다.
② 토사의 함수상태에 따라 다르다.
③ 포화되면 젖은 흙의 안식각 크기와 같아진다.
④ 일반적으로 같은 조건에서는 마른 자갈보다 마른 모래가 안식각이 작다.

> **해설**
> 안식각은 안정된 비탈면이 수평면과 이루는 각도이다.

**72** 머캐덤롤러 장비에서 롤러는 몇 개로 구성되어 있는가?

① 1개  ② 2개
③ 3개  ④ 4개

> **해설**
> 머캐덤롤러는 3개, 탠덤롤러는 2개이다.

**73** 다음 중 치수를 특별한 규격에 맞도록 가공한 석재는?

① 호박돌  ② 야면석
③ 막깬돌  ④ 견치돌

> **해설** 견치돌
> 견고도가 요구되는 사방공사 특히, 규모가 큰 돌댐이나 옹벽공사에 사용되는 돌로, 돌을 뜰 때 치수를 특별한 규격에 맞도록 지정하여 깬돌이다. 앞면은 25cm×25cm~40cm×40cm이고, 뒷길이는 35~60cm이다. 1개의 무게는 70~100kg이다.

**74** 임도 시설규정에서 길어깨와 옆도랑의 너비를 제외한 임도의 간선임도 유효너비 기준은?

① 2.0m  ② 2.5m
③ 3.0m  ④ 6.0

> **해설**
> 길어깨, 옆도랑의 너비를 제외한 임도의 유효너비는 3m이다. 다만 배향곡선지의 경우에는 6m이다.

**75** 벌도 작업 시 유의할 사항으로 옳지 않은 것은?

① 산정방향으로 나무가 넘어지려는 순간에 작업자들은 등고선에 따라 옆으로 대피해야 한다.
② 급경사지에서 산록방향으로 벌도할 경우에는 수구의 천정이 아래쪽을 향하도록 만들어 준다.
③ 경사가 40° 이상인 지역과 표토가 얼어 있는 지역에서는 산록방향으로 벌도하는 것이 유리하다.
④ 활엽수인 경우에는 산록방향으로 벌도하는 것이 비합리적이고 위험하므로 산정방향으로 벌도하는 것이 유리하다.

> **해설**
> 일반적으로 산록방향으로 벌도하는 것이 쉽고 안정이며 합리적이다. 그러나 임도여건, 주변목, 작업로의 상황에 따라 벌도방향을 정해야 한다.

**정답** 70. ④  71. ③  72. ③  73. ④  74. ③  75. ④

**76** 보통의 임목을 벌목하려 할 때 수구 각도로 가장 적합한 것은?

① 상관 없다.
② 15°
③ 45°
④ 60°

*해설*
수구의 각도는 35~45° 정도이다.

**77** 와이어로프의 안전계수를 바르게 나타낸 식은?

① $\dfrac{\text{와이어로프에 걸리는 최대장력(kg)}}{\text{와이어로프의 자체하중(kg)}}$

② $\dfrac{\text{와이어로프에 걸리는 최대장력(kg)}}{\text{와이어로프의 절단하중(kg)}}$

③ $\dfrac{\text{와이어로프의 자체하중(kg)}}{\text{와이어로프에 걸리는 최대장력(kg)}}$

④ $\dfrac{\text{와이어로프의 절단하중(kg)}}{\text{와이어로프에 걸리는 최대장력(kg)}}$

**78** 임도의 배수시설에 대한 설명으로 옳은 것은?

① 겉도랑은 노면 위의 물을 임도를 횡단시켜 배수한다.
② 옆도랑은 노면 위의 물을 바로 비탈면에 배수한다.
③ 빗물받이는 임도 길어깨에 따라 종단방향으로 설치한다.
④ 속도랑은 노면 위의 물을 길어깨에 따라 종단 방향으로 설치한다.

*해설*
횡단배수구에는 겉도랑과 속도랑이 있으며 겉도랑은 옆도랑의 물을 임도의 노면을 통하여 횡단하여 배수한다.

**79** 벌목과 운재계획을 위한 예비조사에 해당하지 않은 것은?

① 벌목구역조사
② 반출방법조사
③ 임황 및 지황조사
④ 기존 실행결과조사

*해설*
임황 및 지황조사는 답사과정에서 조사해야 할 사항이다.

**80** 임도 시설기준에서 포장한 노면의 경우에 횡단기울기는?

① 1.5~2%
② 3~5%
③ 7% 이하
④ 8% 이하

*해설* 임도노면의 횡단기울기
• 포장 시 : 1.5~2%
• 비포장 시 : 3~5%

정답 76.③ 77.④ 78.① 79.③ 80.①

# 국가기술자격 필기시험문제

**2016년 제1회 필기시험**

| 자격종목 | 종목코드 | 시험시간 | 형별 |
|---|---|---|---|
| 산림산업기사 | 7632 | 2시간 | |

### 제1과목 : 조림학

**1** 종자 정선 후 즉시 노천매장하는 수종이 아닌 것은?

① 벚나무
② 단풍나무
③ 측백나무
④ 들메나무

**해설 ❀ 노천매장법**
종자를 하루동안 맑은 물에 담갔다가 종자의 1~3배 가량의 젖은 모래와 혼합하여 땅속에 묻어두는 방법이다. 묻는 방법은 두께 2~3cm의 판자로 깊이 30~40cm의 상자를 만들고 상자의 상하는 철망을 붙여 설치류의 피해를 예방하도록 한다. 측백나무는 파종 1개월 전에 매장해야 한다.

**2** 산성토양을 적합한 산도로 교정시키기 위한 방법으로 옳은 것은?

① 토양미생물을 감소시킨다.
② 탄산석회, 생석회 등을 사용한다.
③ 치환성 K, Na의 시비를 적게 한다.
④ 치환성 Mg, Ca의 시비를 적게 한다.

**해설 ❀ 산성토양의 개량방법**
- 석회사용에 의한 반응교정 : 산성토양을 개량하기 위해서는 염기성 물질을 첨가하여 중화시켜야 하는데 흔히 탄석회석 분말, 백운모분말, 생석회를 사용한다. 입경이 작은 물질을 사용할 경우 산도교적작용은 신속하나 유실 및 용탈도 빠르므로 소량씩 자주 사용하는 것이 좋다.

**3** 산림용 묘목규격의 측정기준이 옳지 않은 것은?

① 근장
② 간장
③ H/D율
④ 근원경

**해설 ❀ 근장**
근원에서 가장 긴 뿌리까지의 길이

**4** 밀식에 대한 설명으로 옳지 않은 것은?

① 묘목 및 식재비용이 증가한다.
② 가지치기 비용을 줄일 수 있다.
③ 임지 침식과 건조 피해가 줄어든다.
④ 연륜폭이 넓은 목재를 얻을 수 있다.

**해설 ❀**
밀식을 하게 되면 햇빛을 받는 양이 상대적으로 줄어들어 묘목이 웃자라게 되며, 직경생장이 느려지게 되므로 연륜폭은 좁아지게 된다.

**5** 자웅이주가 아닌 수종은?

① Ginkgo biloba
② Taxus xuspidata
③ Ailanthus altissima
④ Cryptomeria japonica

**해설 ❀ 생식생장**
① 은행나무, ② 주목, ③ 가죽나무, ④ 삼나무
- 자웅동주 : 한그루에 암꽃과 수꽃이 함께 달리는 것으로 소나무, 밤나무, 자작나무, 삼나무 등이 있다.
- 자웅이주 : 암꽃이 달리는 그루와 수꽃이 달리는 그루가 각각 따로 존재하는 것으로 버드나무, 은행나무, 소철, 호랑가시나무, 주목 등이 있다.

**정답** 1. ③  2. ②  3. ①  4. ④  5. ④

**6** "산림자원의 조성 및 관리에 관한 법률"에 규정된 "산림기술자"에 포함되지 않은 자는?

① 산림공학기술자
② 산림경영기술자
③ 수목보호기술자
④ 목구조관리기술자

> **해설**
> 목구조관리기술자는 산림청에서 주는 자격증으로 산림기사 자격증을 취득하고 강릉의 임업기계훈련원의 과정을 이수한 사람에 주어지는 자격증이다.

**7** 소나무와 곰솔을 구분하는 식별기준으로 가장 적당한 것은?

① 잎의 수
② 유관속의 수
③ 겨울눈의 색
④ 솔방울의 모양

> **해설**
> 겨울동아색깔이 붉은 것은 소나무, 흰색은해송(곰솔)이다. 해송은 보통 해안가에서 자생하고 있으며, 수피가 거칠고, 암갈색으로 어두운 색을 띠고 있으며 가지와 마디, 잎의 길이가 소나무와 비교하면 길고 강하며, 억센 편이다. 소나무는 우리나라 전지역에서 자생하고, 수간 상부에서부터 붉은색을 띠고 점점 하단부까지 그러한 경향이 나타나는데 지역에 따라 차이가 있을 수 있다.

**8** 택벌림의 조건으로 옳지 않은 것은?

① 수고 분포는 상하층 모두 양수 위주로 구성하여야 한다.
② 이상적인 택벌림은 소경급 : 중경급 : 대경급의 재적 비율이 2 : 3 : 5를 기준으로 한다.
③ 이상적인 택벌림은 소경급 : 중경급 : 대경급의 본수 비율이 7 : 2 : 1을 기준으로 한다.
④ 직경 분포는 지수감소형 분포를 유지해야 한다.

> **해설**
> 택벌림은 일반적으로 상층은 햇빛을 많이 받기 때문에 양수 위주로, 하층은 햇빛을 상대적으로 적게 받기 때문에 음수 위주로 분포한다.

**9** 식물 생육에 유효한 토양수분은?

① 흡습수
② 중력수
③ 결합수
④ 모세관수

> **해설**
> 식물의 유효수분은 중력수와 모관수(모세관수)이다. 그러나 실질적으로 식물이 이용하는 토양수분은 모관수(모세관수)이다. 모관수는 PF의 범위는 2.7~4.2이다.

**10** 묘목간 거리를 2m×2.5m로 식재 시 4ha에 필요한 묘목 본수는?

① 6000본
② 8000본
③ 12000본
④ 14000본

> **해설**
> 묘목본수 = $\dfrac{40,000}{2 \times 2.5}$ = 8000본

**11** 육림과정에서 풀베기 작업에 대한 설명으로 옳은 것은?

① 풀베기 작업 중에서 줄베기는 모두베기에 비하여 많은 인력이 소요된다.
② 추위로부터 조림목을 보호하기 위하여 9월 이후의 풀베기는 피하는 것이 좋다.
③ 삼나무, 편백의 조림지에서는 묘목의 보호를 위하여 풀베기 작업을 실시하지 않는다.
④ 잡초가 무성한 곳은 한 번에 실시하고 잡초가 적은 곳은 두 번에 나누어 실시한다.

> **해설**
> 풀베기 작업 중 모두베기가 가장 많은 인력이 필요로 하며, 삼나무, 편백의 조림지에서도 풀베기 작업이 필요하다. 잡초가 무성한 곳은 연 2회(6월, 8월) 등 2번에 걸쳐 실행할 수 있다.

**정답** 6. ④  7. ③  8. ①  9. ④  10. ②  11. ②

**12** 종자로 산림이 형성되고 용재 생산을 목적으로 하는 산림은?

① 죽림   ② 왜림
③ 교림   ④ 중림

> **해설** 교림과 왜림
> - 교림 : 임목이 주로 종자로 양성된 묘목으로 성립되며 소나무, 잣나무, 낙엽송과 같이 키가 높고 크게 목재를 가공해서 이용하고자 만든 숲을 말한다.
> - 왜림 : 움이나 맹아로 형성되며 아까시나무, 오리나무, 싸리와 같이 줄기를 끊어서 연료재나 펄프용재 등을 생산하기 위해 이용하는 숲을 말한다.
> - 중림 : 교림과 왜림이 동일 임지에 함께 조성되었을 때를 중림이라 하며, 중림의 상층임목은 교림작업에, 하층은 왜림작업에 의하여 각각 갱신이 진행된다.
> - 일반적으로 침엽수종은 교림을, 활엽수족은 왜림을 형성하는 경향이 있다.

**13** 종자휴면의 원인이 아닌 것은?

① 배의 성숙
② 두꺼운 종피
③ 생장촉진제 부족
④ 생장억제물질 분비

> **해설**
> 종자휴면의 배의 미성숙에 의해서도 발생한다.

**14** 세포원형질을 구성하는 주체로 발아력을 왕성하게 하며 잎, 줄기, 뿌리를 증가시키고 작물의 생장을 도모하는 비료성분은?

① 질소
② 칼륨
③ 인산
④ 석회

> **해설** 인산(P)
> - 인산은 뿌리의 신장을 촉진하고 지하부의 발달을 조장하여 내한성 및 내건성을 크게 한다.
> - 결핍증상 : 뿌리의 생육이 나빠 식물의 발육이 늦어지고, 잎이 말리고 농록색화 되며 결국 고사한다. 특히 열매와 종자의 형성이 감소한다.

**15** 발아시험기에 300립의 종자를 넣고 7일 후에 210립이 발아되었고, 그로부터 5일 후에 30립이 더 발아되었을 때 이 종자의 발아세는?

① 60%   ② 70%
③ 80%   ④ 90%

> **해설** 발아세(%)
> $= \dfrac{\text{가장 많이 발아한 날까지 발아한 종자수}}{\text{발아시험용 종자수}} \times 100$
> $= \dfrac{210}{300} \times 100 = 70\%$

**16** 조림용 묘목의 비료주기 방법으로 옳지 않은 것은?

① 속효성 비료는 상 만들기 직후에 준다.
② 지효성 비료는 상 만들기 1개월 전에 준다.
③ 파종상에서의 추비는 1, 2차 솎음 후에 주며, 늦어도 7월 중순까지 실시한다.
④ 이식상에서의 추비는 묘목이 활착하기 전에 준다.

> **해설**
> 추비는 파종상에서 종자가 발아된 이후 또는 이식상 및 거치상에서 묘근이 활착된 후 묘목의 생장을 촉진시키기 위해서 시비하는 것으로 이때 분말이나 소립상 비료는 묘상 위에 고루 뿌리고 잎줄기에 붙은 비료를 털어준다.

**17** 소나무 등의 양수를 조림할 경우 풀베기 방법으로 가장 적합한 방법은?

① 줄베기   ② 점베기
③ 모두베기   ④ 둘레베기

> **해설** 모두베기
> 조림지 전면의 잡초목을 베어내는 방법으로 임지가 비옥하거나 식재목이 광선을 많이 요구하는 소나무, 낙엽송, 강송, 삼나무, 편백 등의 조림 또는 갱신지에 적용한다. 모두베기는 줄베기와 둘레베기에 비해 토양침식 등 식재목과 토양에 가장 나쁜 영향을 주기도 한다.

**정답** 12. ③  13. ①  14. ③  15. ②  16. ④  17. ③

**18** 묘목을 수하식재할 때 생육이 가장 양호한 수종은?

① 삼나무  ② 소나무
③ 이태리포플러  ④ 일본잎갈나무

**해설**
수하식재는 성숙한 임분에 하층에 나무를 심는 것으로 내음력이 강한 음수나 반음수가 적합하다. 소나무, 이태리포플러, 일본잎갈나무는 양수로 햇빛을 많이 필요하므로 부적당하고, 삼나무는 반음수로 적합하다.

**19** 광선을 많이 받는 양엽과 광선을 적게 받는 음엽의 특징을 설명한 것으로 옳은 것은?

① 음엽은 양엽보다 책상조직의 배열이 빽빽하다.
② 음엽은 양엽보다 엽록소 함량이 상대적으로 많다.
③ 음엽은 양엽보다 광포화점과 광보상점이 높고 호흡량도 많다.
④ 양엽은 음엽보다 광선을 많이 받아서 잎이 상대적으로 넓다.

**해설**
양엽이 음엽보다 책상조직의 배열이 빽빽하고, 광포화점과 광보상점이 높다. 잎이 넓은 것으로 양수와 음수를 구별하는 방법은 부적당하다.

**20** 측방천연하종갱신을 위하여 군상개벌작업을 할 때 가장 적당한 군상지의 면적은?

① 0.1ha  ② 1.0ha
③ 3.0ha  ④ 5.0ha

**해설 군상 개벌작업**
임지의 기복이 심한 경우나 지세가 험한 임내에서는 규칙적인 대상개벌을 하기 어려우므로 산림 내에 군상으로 개벌지를 만들어 주위의 모수에서 하종시켜 갱신하고 수년 후 다시 주위의 이목을 군상으로 벌채하여 갱신지를 확장해나가는 방법이다. 군상개벌지의 면적은 0.1ha 정도가 적당하다.

---

**제2과목 : 산림보호학**

**21** 솔잎혹파리의 우화 최성기는?

① 4월 상순  ② 6월 상순
③ 8월 상순  ④ 10월 상순

**해설 솔잎혹파리**
• 유충이 적송·흑송 등의 두침엽의 접합부에 기생하여 혹을 만들어 피해를 준다. 1년 1회 발생하며, 유충으로 땅속 or 충영속에서 월동, 6월 상순이 성충우화 최성기이다. 성숙유충의 크기는 1.7mm~2.8mm이다.
• 방제는 성충우화시기(5~6월)에 ha당 30~50kg의 살충제 살포, 다이메크론 50%유제를 흉고직경 1cm당 0.3~0.7ml를 수간주사, 하기벌목(충영속의 유충제거)을 한다. 간벌·고립목의 경우 피해를 덜 입는다. 천적(먹좀벌·거미류·개미·박새류) 보호, 비료주기를 한다.

**22** 잣나무 털녹병의 병징과 표징이 나타나는 시기와 병환부는?

① 7~8월에 잎에 나타난다.
② 3~5월에 뿌리에 나타난다.
③ 4~6월에 줄기에 나타난다.
④ 9~10월에 가지에 나타난다.

**해설 잣나무 털녹병**
중간기주는 송이풀과 까치밥나무이다. 녹포자와 녹병포자 형성, 중간기주에서 여름포자·겨울포자의 소생자를 형성하고 4~6월에 줄기에 병징이 발생한다.

**23** 곤충이 음식물을 먹는 데 쓰이는 입틀을 구성하는 기관이 아닌 것은?

① 큰턱  ② 작은턱
③ 윗입술  ④ 아랫입술

**24** 벚나무 빗자루병의 병원체는 무엇인가?

① 담자균  ② 자낭균
③ 바이러스  ④ 파이토플라즈마

---

**정답** 18.① 19.② 20.① 21.② 22.③ 23.③ 24.②

해설 🌿 **벚나무 빗자루병**
자낭균에 의해 가지의 일부가 팽대하여 혹모양이 되며, 이 부근에서 가느다란 가지가 많이 나와 빗자루 모양으로 변한다.

**25** 유충기가 가장 긴 해충은?
① 솔나방  ② 매미나방
③ 어스렝이나방  ④ 미국흰불나방

해설 🌿 **솔나방**
- 소나무류의 중요한 해충으로 유충은 잎을 톱니모양으로 갉아먹지만 크면 잎을 모조리 먹는다.
- 1년에 1회 발생하고 나무껍질이나 지피물 사이에서 월동, 성충은 7월 하순~8월 상순에 출현, 산란수는 600개이다.

**26** 식엽성 해충에 해당하지 않은 것은?
① 솔나방  ② 매미나방
③ 박쥐나방  ④ 미국흰불나방

해설 🌿 **박쥐나방**
- 버드·미류·단풍·플라타너스·밤·참·아까시·오동나무 등 가해한다. 1년에 1회 발생, 알로 월동한다.
- 가해부위는 수목의 지제부위이다.(땅의 표면위에 올라온 부위)
- 나무의 수피와 목질부 표면을 환상으로 식해하며 거미줄을 토하여 식해부위를 철해놓는다.

**27** 여름포자 세대가 형성되지 않은 수목병은?
① 향나무 녹병  ② 포플러 녹병
③ 소나무 혹병  ④ 잣나무 털녹병

해설 🌿 **향나무 녹병(배나무 붉은별무늬병)**
- 4월경 향나무의 잎·가지 사이에 갈색 혀모양의 균체를 형성한다.(배나무는 별모양)
- 향나무에 겨울포자, 배나무에서 녹병포자와 녹포자를 형성한다.

**28** 진딧물류가 알에서 부화한 것으로 단위 생식형의 암컷은?
① 간모  ② 유충
③ 약충  ④ 성충

해설 🌿
진딧물의 월동란이 봄에 부화 성장하여 날개가 없이 새끼를 낳는 단위 생식형의 암컷을 일컬어 간모라 한다.

**29** 수목병에 발생하는 병징이 아닌 것은?
① 탈락  ② 총생
③ 흰가루  ④ 시들음

해설 🌿
흰가루병균의 대부분은 외부기생성의 균이며, 균사가 식물체의 내부에서 자라지 않고 표면에서 자라며 양분흡수는 표피세포 내에 삽입한 흡기에 의하므로 균체의 대부분은 식물체의 표면에 노출되어 있으므로 병징이라 할 수 없다.

**30** 볕데기(피소)에 관한 설명으로 옳지 않은 것은?
① 남서면의 임연부에서 피해를 줄일 수 있다.
② 수피 일부에서 수분이 과도하게 손실되어 초래된다.
③ 수피에 코르크층이 발달되지 않은 수종이 피해가 심하다.
④ 고립목의 줄기는 짚으로 둘러주거나 석회유 등을 발라 피해를 줄인다.

해설 🌿 **피소**
나무 줄기가 강렬한 태양 직사광선을 받았을때 수피의 일부에 급격한 수분증발이 생겨 형성층이 고사하고 그 부분의 수피가 말라죽는 현상이다.

**31** 담배장님노린재에 의하여 매개 전염되는 병은?
① 소나무 잎녹병
② 잣나무 털녹병
③ 오동나무 빗자루병
④ 대추나무 빗자루병

해설 🌿
마이코 플라즈마에 의한 수병인 오동나무 빗자루병은 담배장님 노린재에 의하여 매개 전염된다.

**32** 자낭균의 무성생식으로 생성된 포자는?
① 난포자  ② 자낭포자
③ 유주포자  ④ 분생포자

정답 25.① 26.③ 27.① 28.① 29.③ 30.① 31.③ 32.④

**해설 ❀ 자낭균류에 의한 수병**
분생포자로 이루어지는 무성생식(불완전세대)과 자낭포자로 이루어지는 유성생식(완전세대)으로 세대를 이루어간다.

**33** 목질부를 가해하는 해충이 아닌 것은?
① 소나무좀
② 선녀벌레
③ 버들바구미
④ 측백하늘소

**해설 ❀**
선녀벌레는 새로 나온 잎의 뒷면이나 앞집에 기생해 즙액을 빨아먹는다.

**34** 곤충의 특징으로 옳지 않은 것은?
① 겹눈과 홑눈이 있다.
② 다리는 보통 4쌍이고 7마디로 되어 있다
③ 배에는 마디가 있고 더듬이는 1쌍이 있다.
④ 몸은 크게 머리, 가슴, 배의 3부분으로 구분된다.

**해설 ❀**
곤충의 다리는 3쌍이고 5마디로 되어 있다.

**35** 미국과 유럽의 밤나무림을 황폐하게 만든 밤나무 줄기마름병의 병원체는?
① 세균
② 자낭균
③ 담자균
④ 바이러스

**해설 ❀ 밤나무 줄기마름병**
자낭균으로 나뭇가지와 줄기 침해, 병환부의 수지는 처음엔 적갈색으로 변하고 약간 움푹해지며 6~7월경에 수피를 뚫고 등황색의 소립이 밀생한다. 자낭각과 병자각이 병환부의 자질 안에 생기고 균사, 포자형으로 월동한다.

**36** 살충제의 보조제로서 전착제의 특징이 아닌 것은?
① 유제의 유화성을 높인다.
② 살포액이 넓게 퍼지게 한다.

③ 살포액 중의 약제입자를 약액 속으로 현수시킨다.
④ 살포면에 부착된 약제가 비바람에 의해 유실되거나 날아가지 않도록 한다.

**해설 ❀**
전착제는 보조제로서 약제가 비바람에 날아가지 않도록 하거나, 약액이 잘 흡수되도록 하거나, 살포액이 넓게 퍼지도록 도와주는 물질이다.

**37** 내화력이 강한 수종은?
① 편백
② 소나무
③ 삼나무
④ 분비나무

**해설 ❀ 수목의 내화력**

| 구분 | 강한 수종 | 약한 수종 |
| --- | --- | --- |
| 침엽수 | 은행나무, 낙엽송, 분비나무, 가문비나무, 개비자나무, 대왕송 | 소나무, 해송, 삼나무, 편백 |
| 상록 활엽수 | 아왜나무, 굴거리나무, 후피향나무, 붓순, 황벽나무, 동백나무, 사철나무, 회양목 | 녹나무, 구실잣 밤나무 |
| 낙엽 활엽수 | 굴참나무, 상수리나무, 고로쇠나무, 피나무, 고광나무, 가중나무, 참나무, 사시나무, 음나무 | 아까시나무, 벚나무, 능수버들, 벽오동나무, 참죽나무, 조릿대 |

**38** 병원균이 뿌리에 기생하면서 뿌리를 썩게 해 나무를 고사시키는 병은?
① 궤양병
② 수지동고병
③ 유관속시들음병
④ 자주빛날개무늬병

**해설 ❀ 자주빛날개무늬병**
뿌리표면에는 아주 작은 균사덩이(균핵)가 형성된다. 이 병에 걸린 나무는 병세가 진전됨에 따라서 뿌리가 부패하여 수세가 점차 쇠약해지고, 건전목보다 일찍 낙엽이 지며 심하게 침해되면 뿌리가 빨갛게 말라 죽는다.

정답 33.② 34.② 35.② 36.① 37.④ 38.④

**39** 식물 뿌리, 줄기, 잎을 통하여 식물체내로 들어가 식물의 즙액과 함께 식물 전체에 퍼져 식물을 가해하는 해충에 작용하는 살충제는?

① 제충제
② 접촉살충제
③ 소화중독제
④ 침투성 살충제

> **해설** **침투성 살충제**
> 식물의 일부분에 처리하면 전체에 퍼져 즙액을 빨아먹는 흡즙성 해충을 살해하는 약제로 수간주사한다. (솔잎혹파리, 솔껍질 깍지벌레)

**40** 유충과 성충이 모두 잎을 가해하는 것은?

① 솔박각시
② 밤바구미
③ 솔잎혹파리
④ 오리나무 잎벌레

> **해설** **오리나무 잎벌레**
> • 성충, 유충 모두 오리나무 잎을 가해하며 1년 1회 발생한다. 암컷은 200~500개의 알을 낳는다.
> • 방제는 천적인 무당벌레나 유충기에는 BHC분제를 살포한다.

---

### 제3과목 : 임업경영학

**41** Glaser법을 이용한 산불피해지역의 피해액을 추정하려 할 때 필요한 인자가 아닌 것은?

① 주벌수입
② 벌기령(주벌시의 임령)
③ 산불 발생년도 조림비
④ 평가대상 산림의 임령

> **해설** **Glaser 보정식**
> $A_m = (A_u - C_{10}) \times \dfrac{(m-10)^2}{(u-10)^2} + C_{10}$
> $A_m$ : m년 현재의 평가대상 임목가
> $A_u$ : 적정벌기령 u년에서의 주벌수익(m년 현재의 시가)
> $C_0$ : 초년도의 조림비(지존, 신식, 하예비)
> $u^2$ : 평가시점
> $m^2$ : 표준벌기령

**42** 임지기망가가 최대값이 되는 시기에 대한 설명으로 옳지 않은 것은?

① 조림비가 클수록 임지기망가가 최대값이 되는 시기가 빨리 온다.
② 관리비는 임지기망가가 최대값이 되는 시기와는 관계가 없다.
③ 간벌수익이 클수록 임지기망가가 최대값이 되는 시기가 빨리 온다.
④ 적용하는 이율이 클수록 임지기망가가 최대값이 도는 시기가 빨리 온다.

> **해설**
> 조림비가 클수록 임지기망가의 최대치는 늦어진다.

**43** 강원도에서 잣나무를 잘라 측정해 보니 재장이 10.5m, 원구직경이 25cm, 말구직경이 15cm일 때 잣나무 원목의 재적은?

① $0.225m^3$
② $0.236m^3$
③ $0.330m^3$
④ $0.340m^3$

> **해설** **산림청법(통나무 길이가 6m 이상일 때)**
> $V = \left(d_n + \dfrac{L'-4}{2}\right) \times L \times \dfrac{1}{10000}$
> $= \left(15 + \dfrac{10-4}{2}\right) \times 10.5 \times \dfrac{1}{10000} = 0.340m^3$

**44** 임업 또는 산림 생산의 사회적 의의를 더욱 발휘하고 인류 생활의 복리를 더욱 증진할 수 있도록 경영하는 지도 원칙은?

① 경제성의 원칙
② 공공성의 원칙
③ 수익성의 원칙
④ 합자연성의 원칙

> **해설** **공공성의 원칙**
> • 공공성의 원칙은 산림 또는 산림생산의 사회적 의의를 더욱 더 발휘하고 인류생활의 복리를 더욱 증진할 수 있도록 산림을 경영하자는 원칙이다.
> • 산림경영은 국민이 소비하는 목재의 최대 생산에 두며, 국민 또는 지역 주민의 경제적 복지증진을 최대

---

**정답** 39.④ 40.④ 41.③ 42.① 43.④ 44.②

로 달성하도록 운영해야 한다는 원칙이다. 이 원칙은 모든 경영이 궁극적으로 목적으로 해야 할 최고 지도 원칙이다. 국민의 기대에 부응하도록 경영하지 않으면 안 된다.

**45** 다음 도표에서 손익분기점은?

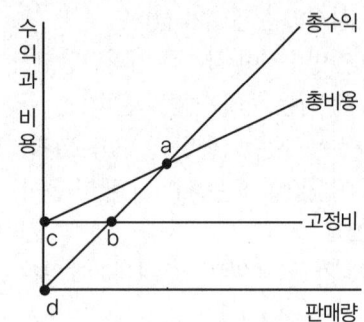

① a
② b
③ c
④ d

해설

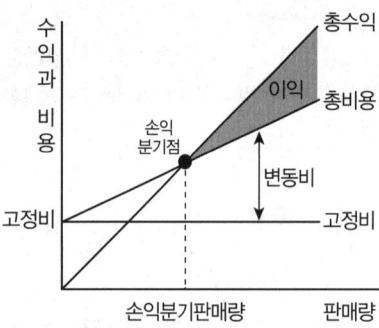

**46** 임업경영을 위한 수종을 선택할 때 유의해야 할 점으로 옳지 않은 것은?

① 가급적 단일 수종으로 선정한다.
② 조림기술에 맞는 수종을 선정한다.
③ 향토 수종들 중에서 수종을 선정한다.
④ 일시에 대량으로 수종을 변경시키지 않는다.

해설 조림수종 선택 시 고려사항
• 입지조건과 선택수종의 생태적 특성의 부합 여부
• 선택수종의 이용적 가치
• 적용될 작업종과 그 수종의 생태적 특성과의 관련성

• 선택된 수종이 식재될 입지에 미치는 영향
• 조림비용, 생장속도, 내병충성
• 지하고가 높고 조림의 실패율이 적은 것

**47** 취득원가 2천만원, 잔존가격 100만원, 사용 가능연수 10년인 기계가 있다. 정액법에 의한 매년의 감가상각비는 얼마인가?

① 160만원   ② 170만원
③ 180만원   ④ 190만원

해설 정액법
직선법이라고도 하며 가장 간단하고 보편적인 감가 계산법이다.

$$D = \frac{C-S}{N} = \frac{20,000,000-1,000,000}{10}$$

$= 19,000,000$

C : 구입가격(고정자본재 평가액)
N : 내용연수(자산존속 기간)
S : 폐물가격
D : 매년의 감가 상각비

**48** 임업경영의 성과분석으로 옳은 것은?

① 임업소득 = 임업조수익 − 임업생산비
② 임업소득 = 임업조수익 − 임업경영비
③ 임업순수익 = 임업소득 − 임업경영비
④ 임업경영비 = 임업순수익 − 임업조수익

해설 산림경영 성과의 계산 방법
• 임업소득 = 임업조수익 − 임업경영비
• 임가소득 = 임업소득 + 농업소득 + 기타소득
• 임업순수익 = 임업소득 − 가족노임추정액
  = 임업조수익 − 임업경영비 − 가족노임추정액
• 임업조수익 = 임업현금수입 + 임산물가계소비액 + 미처분 임산물 증감액 + 산림생산자재고증감액 + 임목성장액
• 임업경영비 = 임업현금지출 + 감가상각비 + 미처분 임산물재 고감소액 + 산림생산자재재고감소액 + 주임목감소액

**49** 임목자산의 성장성 분석지표로 가장 부적합한 것은?

① 임목 성장액

② 임목자산 증가율
③ 임목의 감가상각비
④ 성장액의 내부 보유율

**해설**
임목자산의 성장성은 임목이 성장하거나, 자산이 증가하거나, 성장액의 내부 보유율이 증거를 통해 알 수 있지만 임목은 기계가 아니므로 감가상각비를 적용하는 것은 부적합하다.

**50** 산림수확조절을 위해 사용되는 계혹모형의 모든 변수들의 관계가 수학적으로 1차 함수로 표현되어야 한다는 전제조건은?

① 확정성　　　　② 제한성
③ 선형성　　　　④ 비부성

**해설** 선형성
선형계획모형에서는 모형을 정하는 모든 변수들의 관계가 수학적으로 선형함수, 즉 1차 함수로 표시되어야 한다.

**51** 임목 축적의 생장 중 화폐가치의 변동, 도로 등의 개설로 인한 운반비 절약 등에 기인하는 임목가격의 상승을 의미하는 것은?

① 재적생장　　　② 형질생장
③ 지위생장　　　④ 등귀생장

**해설**
등귀생장은 목재의 수급이 변동하거나, 화폐가치의 변동에 따라 목재가격의 증가하는 것이다.

**52** 어느 소나무림의 벌기가 50년이고 벌기마다 5000만원씩의 순수익을 얻을 수 있고 이율이 8%이면 소나무림의 자본가는?

① 약 95만원　　　② 약 109만원
③ 약 121만원　　④ 약 132만원

**해설**
무한정기이자 : 현재로부터 n년 마다 r씩 영구히 얻을 수 있는 이자

$K = \dfrac{r}{(1+0.0p)^n - 1} = \dfrac{50,000,000}{(1+0.08)^{50}-1} = 1,089,286$원

**53** Breymann은 직경생장률(Pd)과 재적생장률(Pv)간에는 일정한 관계인 Pv = b×Pd가 성립한다. 이 식에서 b의 값은 Pd의 몇 배인가?

① 0.5　　　　② 1
③ 2　　　　　④ 4

**54** 임목의 육림비 구성에서 가장 높은 비율을 점유하는 항목은?

① 노동비　　　② 관리비
③ 재료비　　　④ 이자비

**해설**
• 육림비의 대부분은 평정이율을 통해서 계산된 이자를 사용한다. 따라서 육림비의 비용에 가장 큰 비율을 차지하는 것은 이자에 따라서 달라진다.
• 육림비의 구성요소 : 노동비, 직접재료비, 공통재료비, 감가상각비, 지대, 이자

**55** 허가 또는 신고 없이 입목을 벌채할 수 있는 경우로 옳지 않은 것은?

① 산불, 산사태로 피해를 입은 산림의 경우
② 수목원 조성계획의 승인을 얻은 산림의 경우
③ 자연휴양림 조성계획의 승인을 얻은 산림의 경우
④ 문화재청장이 소관 국유림에서 문화재보호를 위한 사업을 하는 경우

**56** 구분구적식으로 중앙단면적을 주로 이용하는 것은?

① Huber식　　　② Pressler식
③ Hoppus식　　　④ Newton식

**해설** 후버식

$V = r \times L = \dfrac{\pi}{4} \cdot d^2 \cdot L = 0.785 d^2 \cdot L$

d : 중앙지름, L : 길이, r : 중앙단면적

**정답** 50. ③　51. ④　52. ②　53. ③　54. ④　55. ①　56. ①

**57** Pressler의 생장률(P) 식으로 옳은 것은?

① P = (V+v)/(V−v) × 200/m
② P = (V−v)/(V+v) × 200/m
③ P = $(\sqrt{\dfrac{V}{v}}-1)\times 100$
④ P = $(\sqrt{\dfrac{v}{V}}-1)\times 100$

**해설** 프레슬러 공식
$P = \dfrac{V-v}{V+v} \times \dfrac{200}{n}$
P : 생장률(%), n : 기간, V : 현재의 재적,
v : n년 전의 재적

**58** 전체 임목을 몇 개의 계급으로 나누고 각 계급의 본수를 동일하게 한 다음 각 계급에서 같은 수의 표준목을 선정하는 방법은?

① 단급법　　② Urich법
③ Hartig법　　④ Draudt법

**해설** 우리히법
전임목을 몇 개의 계급으로 나누고 각 계급의 본수를 동일하게 한 다음 각 계급에서 표준목을 선정
$V = \dfrac{G}{g} \times \upsilon$
υ : 표준목의 재적합계
g : 표준목의 흉고단면적 합계
G : 임분의 흉고단면적 합계

**59** 천연림, 인공림으로 구분하여 조사하는 항목은?

① 임상　　② 수종
③ 지리　　④ 임종

**해설** 임종
• 천연림(천) : 산림이 천연적으로 조성된 임지
• 인공림(인) : 산림이 인공적으로 조림된 임지

**60** 정상임분의 축적이 3000본이나 현실임분의 축적이 2000본인 경우의 임목도는?

① 1.5%　　② 6.7%
③ 66.7%　　④ 150.0%

**해설** 임목도
= $\dfrac{\text{현실임분의 축적}}{\text{정상임분의 축적}} \times 100 = \dfrac{2000}{3000} \times 100$
= 66.7%

---

### 제4과목 : 산림공학

**61** 지하수 분출로 인한 비탈면의 붕괴가 우려되는 지대에 가장 적합한 것은?

① 주입공사　　② 속도랑배수공
③ 돌림수로내기　　④ 침투수방지공사

**해설**
지하수가 분출되는 곳은 해당지대에 지하수를 배출시켜야 한다. 따라서 속도랑 배수공을 통하여 지하수를 배출시키는 공법이 적용되어야 한다.

**62** 1/50000 지형도에서 도면상 1cm의 실제거리는?

① 50m　　② 500m
③ 5000m　　④ 50000m

**해설**
실제거리 = 50000×0.01m=500m

**63** 작업임도에 대한 설명으로 옳지 않은 것은?

① 산림사업을 위하여 필요한 지역에 설치한다.
② 각종 임내 작업을 능률적으로 실시하기 위하여 시설되는 간이 도로이다.
③ 기계, 자재, 작업원 등을 가급적 작업지점에 가까운 곳까지 수송하여 집재 및 운재 작업을 시작할 수 있도록 한다.
④ 산림의 다면적 기능 발휘가 기대되는 넓은 산림지역을 이용구역으로 하고 이것을 경영관리하기 위하여 필요한 골격적인 노선이다.

**정답** 57. ② 58. ② 59. ④ 60. ③ 61. ② 62. ② 63. ④

> 해설
>
> 작업임도는 일정구역의 산림사업 시행을 위하여 간선임도이다. 지선임도 또는 도로에서 연결하여 설치하는 임도 기존의 작업로, 운재로 등으로서 임도로 활용가치가 높다고 판단되는 지역 등에 설치한다.

**64** 강제틀댐에 대한 설명으로 옳지 않은 것은?

① 수질정화를 위해 축설한다.
② 틀 속에 돌, 토사 등을 채운다.
③ 설치 시 넘어짐 등의 안전사고에 유의해야 한다.
④ 유수량이 적은 계류에는 강제틀댐 하류에 바닥막이 설치를 생략한다.

> 해설
>
> 수원 저수지, 수원계류의 취수시설지로 유입되는 탁수, 산간소 계류 주변의 산업시설, 휴양시설 등지에서 배출되는 오폐수의 수질을 정화하기 위해 설치하는 사방댐으로 강제틀댐, 스크린댐, 슬릿댐 등이 있다. 강제틀댐 하류에는 바닥막이 공작물을 설치해야 한다.

**65** 측점간격이 20m이고, 측점 0의 단면적이 2m², 측점 1의 단면적이 4m²일 때 이 두 측점 간의 토적량은?

① 60m³
② 80m³
③ 100m³
④ 120m³

> 해설 양단면평균법
>
> $V = \dfrac{A_1 + A_2}{2} \times \ell$
>
> $= \dfrac{2+4}{2} \times 20 = 60m^3$
>
> V : 토적(m³), A₁+A₂ : 양단의 단면적(m²),
> ℓ : 양단 사이의 거리

**66** 생산재의 품등에 영향을 미치고 규격이 맞는 경제성이 높은 목재를 생산하기 위하여 원목의 크기를 표시하는 것은?

① 조재목 검척
② 가지치기 작업
③ 조재목 마름질
④ 통나무 자르기

> 해설
>
> 조재목이란 벌채한 원목을 다듬어서 껍질을 벗겨 이용하기 편리하도록 적당한 길이로 자른 목재로 이러한 목재의 크기를 표시하는 것을 조재목 마름질이라 한다.

**67** 임도의 횡단구조와 거리가 먼 것은?

① 노체
② 노면
③ 곡선반지름
④ 절성토 비탈면

> 해설 임도의 횡단구조

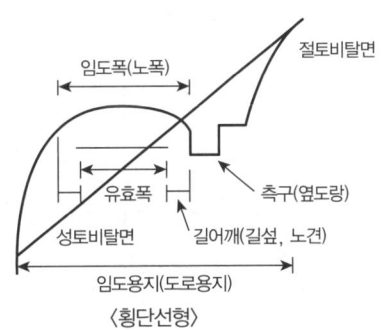

〈횡단선형〉

**68** 빗방울의 튀김과 표면 유거수의 결과로 일어나는 침식은?

① 면상침식
② 누구침식
③ 구곡침식
④ 우격침식

> 해설 면상침식
>
> 침식의 초기 유형으로 토양 표면 전반이 얇게 유실되는 침식

**69** 와이어로프 사용 금지 항목으로 옳지 않은 것은?

① 꼬임상태(킹크)인 것
② 와이어로프 소선이 10분의 1 이상 절단된 것
③ 와이어로프에 벌목된 나무의 껍질이 걸린 것
④ 마모에 의한 직경 감소가 공칭직경의 7%를 초과하는 것

정답  64. ④  65. ①  66. ③  67. ③  68. ①  69. ③

해설 ⊙ 와이어로프 폐기 기준
- 와이어로프의 1피치 사이에 와이어가 끊어진 비율이 10% 이상인 것
- 지름이 7% 이상 감소된 것
- 심하게 킹크 부식된 것

**70** 임목 벌도 작업에서 이상적인 수구의 각도는?
① 0~15도   ② 15~30도
③ 30~45도  ④ 45~60도

해설 ⊙ 수구, 추구, 벌도맥 표시

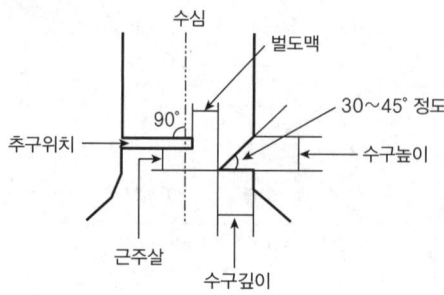

**71** 돌쌓기에 대한 설명으로 옳지 않은 것은?
① 돌을 쌓을 때 통줄눈을 피하고 파선줄눈이 되도록 쌓는다.
② 찰쌓기를 할 때에는 석축뒷면의 물빼기에 유의해야 한다.
③ 돌을 쌓을 때 뒷채움의 사용여부에 따라 찰쌓기와 메쌓기로 구분한다.
④ 돌쌓기 높이가 3m 이상이면 전부 또는 하부를 찰쌓기로 시공한다.

해설 ⊙ 돌쌓기
- 찰쌓기 : 돌을 쌓아 올릴 때 뒤채움에 콘크리트를, 줄눈에 모르타르를 사용하며 뒷면의 배수시공 면적 2제곱미터마다 직경 3~4cm의 관을 박아 물빼기 구멍을 만든다. 메쌓기보다 견고하고 높게 시공할 수 있다. (기울기 1:0.2, 뒤채움 콘크리트 두께 50cm 이상)
- 메쌓기 : 돌을 쌓아올릴 때 뒤채움이나 줄눈에 모르타르를 사용하지 않고 쌓는 것으로 돌틈으로 배수되기 때문에 견고도가 낮아 쌓는 높이에 제한을 받는다. (기울기 1:0.3)

**72** 지름 20~30cm되는 자연석재로서 시공지 부근의 산이나 개울 등지에서 채취하며 기초공사, 잡석쌓기 기초바닥용, 콘크리트 기초 바닥용 등에 많이 사용되는 석재는?
① 마름돌   ② 견치돌
③ 야면석   ④ 호박돌

해설 ⊙ 호박돌
호박모양의 둥글고 기름한 자연석재로 안정성이 낮아 강도가 요구되지 않은 비탈면의 안정을 위해 사용한다.

**73** 산지 녹화를 위한 씨뿌리기 공법의 종류로 옳지 않은 것은?
① 새심기   ② 점뿌리기
③ 줄뿌리기 ④ 항공파종공법

해설 ⊙ 파종공법의 종류
흩어뿌리기, 점뿌리기, 줄뿌리기, 항공파종공법, 분사식파종공법

**74** 임도 설치 시 토질 및 용수 등 지형여건을 종합적으로 고려하여 절토사면에 대한 안정성이 확보되도록 기울기를 설정한다. 다음 중 경암 지역에 절토 경사면의 기울기 기준은?
① 1 : 0.3~0.8
② 1 : 0.5~1.2
③ 1 : 0.8~1.5
④ 1 : 1.5~2.0

해설 ⊙ 절토사면 기울기

| 구분 | 기울기 |
| --- | --- |
| 암석지 | 1:0.3~1.2 |
| 토사지역 | 1:0.8~1.5 |
| 경암 | 1:0.3~0.8 |
| 연암 | 1:0.5~1.2 |

**75** 임도에서 대피소 설치 간격 기준은?
① 300m 이내   ② 400m 이내
③ 500m 이내   ④ 600m 이내

해설 **대피소 설치 기준**

| 구분 | 기준 |
|---|---|
| 간격 | 300m 이내 |
| 너비 | 5m 이상 |
| 유효길이 | 15m 이상 |

**76** 조재작업이 가능한 기계가 아닌 것은?

① 체인톱
② 포워더
③ 프로세서
④ 하베스터

해설 **포워더**
하베스터에 의해 벌도된 원목을 차체에 탑재된 그래플로 상차하여 집재로나 경사지의 임내에서 임도변의 토장까지 집재·운반하는 기계이다.

**77** 계류의 유속완화와 유송토사의 퇴적 촉진을 위해 구곡에 시공하는 사방공작물로 주로 반수면만 축설하는 것은?

① 사방댐
② 골막이
③ 둑쌓기
④ 누구막이

해설 **골막이(구곡막이)**
침식성 구곡의 유속을 완화하여 종·횡침식을 방지하고, 수세를 줄여 산각을 고정하고 토사유출 및 사면붕괴를 방지하기 위해 시공하는 공작물이다.

**78** 물에 의한 침식으로 옳지 않은 것은?

① 우수침식
② 지중침식
③ 하천침식
④ 유동형 침식

해설 **침식 종류**
- 수식 : 우수(빗물침식), 하천침식, 지중침식, 바다침식
- 중력침식 : 붕괴형 침식, 지활형 침식, 유동형 침식, 사태형 침식
- 풍식 : 내륙사구 침식, 해안사구 침식

**79** 기계톱의 취급 및 운전방법으로 옳지 않은 것은?

① 연료는 휘발유와 윤활유의 혼합유를 사용한다.
② 엔진을 시동한 뒤 2~3분간 저속으로 운전한다.
③ 안내판이 불량하면 쏘체인의 회전이 불안전하게 되고 진동이 생긴다.
④ 엔진을 정지할 때는 엔진회전을 고속으로 해서 이물질을 털어낸 뒤 스위치를 끈다.

해설
엔진을 정지할 때에는 회전이 멈추고 나서 정지시켜야 한다.

**80** 트랙터나 집재기 사용 제한에 가장 큰 인자는?

① 계절 및 온도
② 작업지의 경사
③ 기계의 사용경비
④ 노동력 투입 가능 정도

해설
트랙터 집재는 가선집재와 달리 완경사지에서만 집재가 가능하다. 따라서 경사도에 따라 트랙터 집재를 할지 가선집재를 할지 결정해야 한다.

정답 76.② 77.② 78.④ 79.④ 80.②

# 국가기술자격 필기시험문제

**2016년 제2회 필기시험**

| 자격종목 | 종목코드 | 시험시간 | 형별 |
|---|---|---|---|
| 산림산업기사 | 7632 | 2시간 | |

## 제1과목 : 조림학

**1** 종자를 건조 상태로 저장하는 수종으로 가장 부적합한 것은?

① 편백
② 삼나무
③ 소나무
④ 굴참나무

**해설 건조저장법**
소나무, 해송, 리기다소나무, 삼나무, 편백, 낙엽송은 건조상태로 저장한다. 굴참나무는 모래와 종자를 섞어 함께 저장하는 보호저장법을 사용하는데 함수량이 많은 전분종자를 추운 겨울 동안에 동결 및 부패하지 않고 저장하는 데 효과적이다.

**2** 겉씨식물의 특성으로 옳은 것은?

① 헛물관이 있다.
② 잎은 그물맥이다.
③ 중복수정을 한다.
④ 밑씨가 씨방속에 들어있다.

**해설 겉씨식물(나자식물) : 침엽수**
- 암꽃의 구조에서 씨방이 없어 밑씨가 노출되어 평행한 잎맥을 보이며 관다발은 발달하나 도관이 없고 가도관(헛물관)이 있으며 체관에는 반세포가 없다.
- 꽃잎·꽃받침이 없고 단성화이며 중복수정을 하지 않는다.

**3** 잎의 기공에서 이뤄지는 개폐기작과 가장 관련있는 것은?

① 인산
② 칼륨
③ 칼슘
④ 질소

**해설 칼륨(K)**
- 질소화합물의 합성 및 세포분열을 촉진한다.
- 뿌리의 발달을 조장하고 개화결실을 촉진하며 병충해에 대한 저항력을 증대한다.
- 양이온($K^+$)의 형태로 이용되며 광합성량 촉진 및 여러 생화학적 기능에 중요한 역할을 한다.
- 노엽부터 증상이 나타나며 잎의 끝이나 둘레가 황화하고, 갈색으로 변한다.

**4** 가식에 대한 설명으로 옳지 않은 것은?

① 상록수는 묘목전체를 묻는다.
② 가식장소는 배수가 잘되는 곳을 택한다.
③ 춘기에는 묘목의 끝을 북쪽으로 묻는다.
④ 오랫동안 가식할 때는 다발을 풀고 낱개로 펴서 묻는다.

**해설**
가식은 뿌리부분을 땅속에 묻어 뿌리의 수분증발을 억제하기 위하여 실시한다.

**5** 밀식조림에 대한 설명으로 옳지 않은 것은?

① 수관이 빨리 울폐되고 임지의 침식을 막는다.
② 조림 비용이 더 소요되고 작업량이 많아진다.
③ 개체목간 경쟁으로 인하여 근계발달이 촉진된다.
④ 키가 큰나무를 빨리 이용하고자 할 때 유리하다.

**해설 밀식조림 단점**
- 묘목대 및 조림비의 과다 요인이다.
- 개체목간의 경쟁으로 인해 줄기가 가늘고 연약해져서

**정답** 1.④ 2.① 3.② 4.① 5.③

고사목 등의 발생 및 병해충의 우려가 있다.
• 임목의 직경생장이 완만하여 큰나무 생산의 경우 수확기간이 늦어진다.

**6** 무성번식에 대한 설명으로 옳지 않은 것은?

① 클론 보존이 가능하다.
② 모수보다 우수한 유전형질 변화를 기대할 수 있다.
③ 종자번식이 어려운 수목의 후계목 조성이 가능하다.
④ 소나무는 다른 수종에 비하여 삽목 발근이 어려운 편이다.

**해설**
무성번식은 모체와 유전적으로 완전히 동일한 개체를 얻을 수 있으므로 유전형질의 변화를 가져올 수 없다. 종자번식은 품종의 개량이 이루어져 우량종의 개발이 가능하다.

**7** 인공조림의 장점이 아닌 것은?

① 집약적인 관리가 가능하다.
② 조림수종 선택의 폭이 넓다.
③ 동령단순 경제림 조성이 용이하다.
④ 천연갱신에 비해 활착률이 더 높다.

**해설**
인공조림은 갱신된 작업지의 기후 및 토양환경에 의해 활착률이 천연갱신에 비해 낮다.

**8** 어린나무 가꾸기나 천연림 보육작업 등의 잡목 솎아내기 작업이 끝난 후부터 최종 수확 때까지 숲을 가꾸는 작업은?

① 간벌
② 제벌
③ 덩굴제거
④ 가지치기

**해설** 간벌
소경목 단계에서 중경목 단계까지의 임분을 목적에 맞게 만들어 주기 위한 모든 벌채적 조정행위이다.

**9** 산림토양 내 유기물에 대한 설명으로 옳지 않은 것은?

① 보수력을 감소시킨다.
② 토양을 산성화시킨다.
③ 토양구조를 개량한다.
④ 무기영양소의 흡착능력을 증가시킨다.

**해설**
유기물로 인하여 수분을 유지하는 능력(보수력)이 증가된다.

**10** 수분 이후 종자성숙까지 소요되는 기간이 가장 긴 수종은?

① 회양목    ② 사시나무
③ 졸참나무  ④ 상수리나무

**해설**
• 꽃 핀 직후에 종자 성숙 : 사시나무, 은백향, 황철나무, 미루나무
• 꽃 핀 해의 가을에 종자 성숙 : 삼나무, 편백, 낙엽송, 졸참나무
• 꽃 핀 이듬해 가을에 종자 성숙 : 소나무류, 상수리나무, 굴참나무, 잣나무

**11** 잎보다 꽃이 먼저 피는 수종은?

① Juglans regia
② Prunus yedoensis
③ Aesculus turbinata
④ Ligustrum obtusifolium

**해설**
• 왕벚나무 : 4월 잎보다 먼저 흰색 또는 홍색의 꽃 3~6개가 산방화서로 달린다. 꽃잎은 5개이고 꽃자루와 꽃받침, 암술대에 털이 있다. 열매는 핵과로 6~7월에 흑자색으로 익는다.
• ① 호도나무 ② 왕벚나무 ③ 칠엽수 ④ 쥐똥나무

**12** 목재, 수피 등 물질적 생산을 위하여 경영되는 산림은?

① 원시림    ② 단순림
③ 경제림    ④ 보안림

**정답** 6.② 7.④ 8.① 9.① 10.④ 11.② 12.③

**해설** 경제림
주로 목재·수피·잎·수지(가지)등의 물질 생산을 하기 위하여 경영되는 산림을 말하며 우리가 경영하는 대부분의 산림은 경제림에 속한다.

**13** 묘포지에 가장 알맞은 토양은?
① 사토  ② 양토
③ 점토  ④ 사양토

**해설**
사양토는 진흙의 함량이 12.5~25%를 함유한 토양으로 배수가 양호하기에 묘포지에 적합하다.

**14** 근주묘(뿌리묘목)의 표시로 옳은 것은?
① $\frac{0}{0}$묘  ② $\frac{1}{2}$묘
③ $\frac{0}{2}$묘  ④ $\frac{1}{1}$묘

**15** 종자의 순량율에 대한 설명으로 옳은 것은?
① 종자 1000립의 무게
② 실중에 발아율를 곱한 값
③ 종자 100립중에서 발아한 종자의 비율
④ 전체종자의 무게중에서 순정종자 무게의 비율

**해설**
순량률(%) = $\frac{순정종자량(g)}{작업시료량(g)}$ × 100

**16** 종자의 구조에 대한 설명으로 옳은 것은?
① 배, 내피, 외피로 구성된다.
② 배, 배유, 종피로 구분된다.
③ 배유, 자엽, 배축으로 구성된다.
④ 유아, 자엽, 외곽조직으로 구성된다.

**해설**
종자는 바깥쪽부터 종피, 배유, 배로 구분이 된다.

**17** 노지양묘에서 판갈이 시작년도가 가장 늦은 수종은?
① 곰솔  ② 소나무
③ 삼나무  ④ 가문비나무

**해설** 판갈이 시작년도
· 소나무류, 낙엽송 : 2년
· 삼나무, 편백 : 2년~3년
· 전나무, 잣나무 : 3년
· 가문비나무류 : 4년

**18** 수목이 생명현상을 유지하는 데 에너지의 역할이 아닌 것은?
① 세포의분열
② 체온의 유지
③ 탄수화물의 저장
④ 무기영양소의 흡수

**해설**
수목은 뿌리로부터 물과 양분을 흡수하여 광합성 작용을 통해 탄수화물을 생성하고, 그 에너지로 세포분열이 이루어진다.

**19** 산림용 고형복합비료의 주성분이 아닌 것은?
① 인산  ② 칼륨
③ 칼슘  ④ 질소

**해설**
산림용 고형 복합비료는 완효성 비료로 비료 효과가 오래 지속되기 때문에 멀칭재배와 같이 웃거름을 줄 수 없는 경우에 특히 효과가 좋다. 주성분으로는 인산, 칼륨, 질소로 구성되며 인산 성분이 가장 많이 함유되어 있다.

**20** 다음 설명에 해당하는 작업종은?

· 벌채지에서 종자를 공급할 수 있는 나무를 단독, 또는 군상으로 남기고, 나머지는 벌채목으로 이용한다.
· 소나무, 곰솔 등이 적합하다.

① 모수작업  ② 개벌작업
③ 택벌작업  ④ 중림작업

**정답** 13.④ 14.③ 15.④ 16.② 17.④ 18.② 19.③ 20.①

**해설** 모수작업의 의미
- 성숙한 임분을 대상으로 벌채를 실시할 때 형질이 좋고 결실이 잘되는 모수(어머니나무)만을 남기고 그 외의 나무를 일시에 베어내는 방법이다.
- 남겨질 모수는 산생(한그루씩 흩어져있음)시키거나, 군생(몇그루씩 무더기로 남김)시켜 갱신에 필요한 종자를 공급하게 하고, 갱신이 끝나면 모수는 벌채된다.
- 모수작업에 의해 나타나는 산림은 동령림(일제림)이며 벌채되는 곳에 나타나는 나무의 나이차이는 대개 10년 또는 20년이나 처음 벌채 후 상당한 기간 동안 외관상 복층림으로 보인다.

## 제2과목 : 산림보호학

**21** 흡즙성 해충이 아닌 것은?
① 뽕나무이
② 버들잎벌레
③ 분홍다리노린재
④ 진달래방패벌레

**해설**
버들잎벌레는 성충과 유충이 잎을 갉아먹는 식엽성 해충으로 주로 버드나무, 포플러 나무를 식해한다.

**22** 살충제 종류별 작용기작으로 옳지 않은 것은?
① 소화중독제 : 해충의 입으로 들어가면 소화관 내에서 중독작용을 일으킨다.
② 침투성 살충제 : 약제를 해충의 체표면에 직접 살포하여 중독작용을 일으킨다.
③ 훈증제 : 약제의 유효성분을 가스상태로 해충의 호흡기에 침입하여 사망시킨다.
④ 제충제 : 해충을 즉시 죽이지 않고 발육과 생식을 억제하여 해충의 밀도를 저하시킨다.

**해설** 침투성 살충제
식물의 일부분에 처리하면 전체에 퍼져 즙액을 빨아먹는 흡즙성 해충을 살해하는 약제로 수간주사한다.(솔잎혹파리, 솔껍질깍지벌레)

**23** 해충의 개체군 동태를 알기 위해서 주로 사용하는 것으로 충태별 사망수, 사망요인, 사망률 등의 항목으로 구성된 표는?
① 생명표
② 생태표
③ 생식표
④ 수명표

**24** 항생제 계통인 살균제는?
① 만코제브 수화제
② 메탈락실 수화제
③ 보르도혼합액 입상수화제
④ 옥시테트라 사이클린 수화제

**해설**
옥시테트라 사이클린 수화제는 파이토플라즈마를 치료하는 살균제로서 대추나무 빗자루병, 오동나무 빗자루병, 뽕나무 오갈병에 효과적이다.

**25** 오동나무 빗자루병의 병원체는?
① 세균
② 곰팡이
③ 바이러스
④ 파이토플라즈마

**해설**
오동나무 빗자루병은 파이토플라즈마에 의한 수병으로 매개충은 담배장님노린재이다.

**26** 유충이 침엽수와 활엽수를 모두 가해하는 해충은?
① 녹나방
② 매미나방
③ 천막벌레나방
④ 미국흰불나방

**해설** 집시나방(매미나방)
- 세계적으로 분포하는 잡식성 해충이다.
- 1년 1회 발생, 알로 나무줄기에서 월동하며 성충은 8월 상순에 출현, 산란수는 200~400개이다.
- 방제법은 천적보호, BHC 분제를 이용하다 독성으로 세빈이나 디프렉스 1000배액을 이용한다.
- 침엽수 활엽수 모두 가해한다.

**정답** 21. ② 22. ② 23. ① 24. ④ 25. ④ 26. ②

**27** 기주식물의 수간 및 가지 등에 구멍을 뚫어 피해를 주는 천공성 해충이 아닌 것은?

① 박쥐나방
② 알락하늘소
③ 버들바구미
④ 솔껍질깍지벌레

**해설** 솔껍질깍지벌레
- 흡수성 해충으로 해송·적송을 가해한다. 한번 정착하면 이동하지 않고 체액을 빨아먹을 때 유충에서 독소가 나와 고사시킨다. 1년 1회 발생하며, 수관하부의 가지부터 고사되고, 3~5월에 가장 많이 발생한다.
- 정착한 1령 약충은 여름에 긴 휴면을 가진 후 10월경에 생장하기 시작하고, 11월경에 탈피하여 2령 약충이 된다. 2령 약충은 생장이 활발한 11월~이듬해 3월에 수목 피해를 가장 많이 주고, 수컷은 3월 상순 전후에 탈피하여 3령 약충이 된다.

**28** 다음 ( ) 안에 들어갈 용어는?

> 잣나무 털녹병균은 잣나무 ( A )을/를 통하여 침입하고, 주된 병징은 ( B )에 나타난다.

① A : 잎    B : 줄기
② A : 잎    B : 열매
③ A : 뿌리   B : 줄기
④ A : 뿌리   B : 열매

**해설** 잣나무 털녹병
중간기주는 송이풀과 까치밥나무로 잎을 침입하고 녹포자와 녹병포자를 형성한다. 줄기에 노란색의 돌출된 병징이 특징이다.

**29** 곤충의 청각기관이 아닌 것은?

① 감각털
② 고막기관
③ 알라타체
④ 존스톤기관

**해설**
알라타체는 많은 곤충의 뇌 가까이에 있는 내분비선의 하나로 애벌레에서는 애벌레 형질의 보존이나 탈피 등에 관계한다.

**30** 균류에 대한 설명으로 옳지 않은 것은?

① 자낭균류 : 균류 중 가장 많은 종이 있으며 균사에 격벽이 있다.
② 난균류 : 균사에 격벽이 없고 무성포자인 유주포자를 생성한다.
③ 담자균류 : 대부분의 버섯이 속하는 것으로 격벽을 가지고 있는 다세포이다.
④ 불완전균류 : 유성생식으로 번식하며 분생포자 형성 기관에 따라 재분류된다.

**해설**
불완전균류는 대부분 불완전세대 또는 무성생식으로 번식하며 대부분은 자낭균으로 옮겨지고 더러는 담자균으로 옮겨진다.

**31** 지표화로부터 연소되는 경우가 많고, 나무의 공동부가 굴뚝과 같은 작용을 하는 산불의 종류는?

① 수간화    ② 수관화
③ 지상화    ④ 지중화

**해설** 수간화
나무의 줄기가 연소하는 것으로 지표화에 의하거나 늙은 나무 또는 줄기의 속이 빈곳에서 발생한다. 흔히 발생하는 불은 아니나 자작나무류와 같이 불이 붙기 쉬운 나무가 타는 경우가 있으며, 불이 강해져서 다시 지표화나 수관화를 일으킬 수 있다.

**32** 모잘록병의 피해 형태가 아닌 것은?

① 직립형    ② 근부형
③ 도복형    ④ 지중부패형

**해설** 형태
- 도복형 : 어린묘의 땅가부분이 침해되기 때문에 이부분이 갈색으로 변하고 잘록해져서 자빠지며 썩어 없어진다.
- 수부형 : 땅위에 나온 묘목 윗부분이 썩어죽는다.
- 지중부패형 : 땅속에서 종자가 발아하기 전, 또는 발아하여 싹이 지표면에 나타나기 전에 병원균의 침해로 썩는 것을 말한다.
- 근부형 : 묘목이 어느 정도 자라 목화된 후 뿌리침해되어 암갈색으로 변하고 부패되는 것이다.

**정답** 27. ④  28. ①  29. ③  30. ④  31. ①  32. ①

**33** 수목병을 발생하는 세균 중 막대모양은?

① 간균  ② 구균
③ 나선균  ④ 방선균

**해설**
간균은 막대모양의 세균으로 그람염색법에 의해 양성균과 음성균으로 나뉜다.

**34** 볕데기(피소현상)가 잘 발생하지 않는 수종은?

① 단풍나무  ② 굴참나무
③ 오동나무  ④ 배롱나무

**해설**
굴참나무는 수피에 코르크층이 발달하여 햇빛에 의한 피소현상이 잘 발생하지 않는다.

**35** 수목 바이러스병 진단에 사용하는 지표식물이 아닌 것은?

① 콩  ② 담배
③ 버섯  ④ 명아주

**해설**
버섯은 균류로서 나무 아래 낙엽 밑과 같이 그늘이 지고 습한 곳에 형성하는 외향균근이다.

**36** 삼나무 붉은마름병균은 어느 균류에 속하는가?

① 조균  ② 자낭균
③ 담자균  ④ 불완전균

**해설 불완전균**
삼나무의 붉은마름병, 오동나무의 탄저병, 오리나무의 갈색무늬병, 측백나무의 잎마름병, 침엽수 및 활엽수의 미립균핵병, 침엽수 및 활엽수의 잿빛곰팡이병, 소나무의 잎마름병, 소나무의 그을음잎마름병, 자작나무의 갈색무늬병, 느티나무의 갈색무늬병

**37** 소나무좀의 월동 충태는?

① 알  ② 유충
③ 성충  ④ 번데기

**해설**
소나무좀은 1년 1회 발생하며 수피속에서 성충으로 월동한다.

**38** 수목의 잎을 가해하는 식엽성 해충이 아닌 것은?

① 낙엽송잎벌
② 전나무잎응애
③ 참나무재주나방
④ 잣나무넓적잎벌

**해설**
전나무잎응애는 성충과 약충이 주로 잎 앞면에서 수액을 빨아 먹는 흡즙성 해충으로 엽록소가 파괴되면서 잎이 노랗게 변한다.

**39** 녹병균의 생활사에서 핵융합으로 핵상이 2n으로 되는 시기는?

① 녹포자
② 녹병정자
③ 겨울포자
④ 여름포자

**40** 성충은 흡즙 가해하고 유충은 잎을 식엽 가해하는 것은?

① 솔나방
② 소나무좀
③ 오리나무 잎벌레
④ 느티나무 벼룩바구미

**해설**
느티나무 벼룩바구미는 유충이 잎 끝부분을 중심으로 잎 속에서 잎살만 먹고 표피를 남기고, 성충은 잎에 주둥이를 꽂아 잎살을 먹어 바늘로 뚫은 것 같은 자그마한 구멍이 생긴다. 피해가 심하면 잎이 갈색으로 변하면서 일찍 떨어진다.

**정답** 33.① 34.② 35.③ 36.④ 37.③ 38.② 39.③ 40.④

## 제3과목 : 임업경영학

**41** 다음 조건에서 시장가 역산법에 의한 임목의 m³당 매매가는?

- 원목의 시장평균가격 : 10만원/m³
- 벌채, 운반 기타비용 : 6만원/m³
- 조재율 : 80%
- 예상이익률 : 13%

① 약 21100원  ② 약 22800원
③ 약 25600원  ④ 약 29700원

**해설**

$X = f\left(\dfrac{A}{1+mp+r} - B\right)$

$= 0.8\left(\dfrac{100000}{1+0.13} - 60000\right) = 22796$원

X : 단위재적당 임목가, A : 단위재적당 원목 시장가, B : 단위재적당 벌목비, 운반비, 기타일체비용, f : 조재율, m : 자본회수기간, p : 월이율, r : 기업이익률

**42** 10년 후에 산림의 가치가 백만원이고 산림의 연간 생장률(총 가격생장률)이 6%이면 현재가는?

① 458400원  ② 558400원
③ 1690800원  ④ 1790800원

**해설**

현재가 = $\dfrac{1000000}{(1+0.06)^{10}}$ = 약 558400원

**43** 임황조사에서 경사도 구분으로 옳지 않은 것은?

① 험준지(험) : 경사 25도 이상
② 완경사지(완) : 경사 15도 미만
③ 경사지(경) : 경사 15~20도 미만
④ 급경사지(급) : 경사 20~25도 미만

**해설** 경사
- 완경사지(완) : 15도 미만
- 경사지(경) : 15도~20도 미만
- 급경사지(급) : 20도 ~25도 미만
- 험준지(험) : 25도~30도 미만
- 절험지(절) : 30도 이상

**44** 국유림 경영계획의 산림구획에서 소반면적에 대한 설명으로 다음 ( A )에 해당하는 것은?

면적 : 최소 ( A )ha 이상으로 구획하되 현지 여건상 부득이한 경우에는 ( B )ha 이상으로 기록할 수 있다.

① 0.1  ② 0.5
③ 1  ④ 100

**해설**
소반은 최소 1ha 이상으로 구획하되 부득이한 경우는 소수점 한자리까지 기록할 수 있다.

**45** 법정상태와 관련된 용어에 대한 설명으로 옳지 않은 것은?

① 법정생장량 : 법정축적의 평균 생장량이다.
② 법정축적 : 영급분배와 생장상태가 법정일 때 보유할 작업급으로서 전체 축적이다.
③ 법정영급분배 : 해마다 균등한 수확을 할 수 있도록 각 영급의 면적을 동일하게 하는 것이다.
④ 법정임분배치 : 임목이용, 보호 및 갱신을 위하여 각 임분이 적절한 배치상태를 유지하는 조건이다.

**해설**
법정생장량 : 법정림의 1년간 생장량

**46** 감가상각비 계산방법 중 감가율은 일정하지만 상각비는 등비급수적으로 체감하는 것은?

① 정률법  ② 정액법
③ 등비급수법  ④ 연수합계법

**해설** 정률법

$r = 1 - \sqrt[n]{\dfrac{S}{C}}$

**정답** 41. ② 42. ② 43. ① 44. ③ 45. ① 46. ①

C : 구입가격(고정자본재 평가액), N : 내용연수(자산 존속 기간), S : 폐물가격, r : 상각률

**47** 연년생장량과 평균생장량의 관계에 대한 설명으로 옳지 않은 것은?

① 성장초기에는 연년생장량이 더 크다.
② 평균생장량의 극대점에서는 연년생장량이 더 크다.
③ 연년생장량과 평균생장량보다 빨리 극대점을 가진다.
④ 평균생장량이 극대점에 이르기까지는 연년생장량이 항상 더 크다.

**해설**
평균생장량의 극대점에서 두 생장량의 크기는 같다.

**48** 임목자산의 구성 상태로서 질적지표를 나타내는 것은?

① 경영자가 보유하고 있는 전체 산림면적
② 경영자가 보유하고 있는 임목자산 장비율
③ 경영자가 보유하고 있는 임목자산 중에서 부채가 차지하는 비율
④ 경영자가 보유하고 있는 임목자산 중에서 인공림이 차지하는 비율

**49** 다음 조건에서 작업시간비례법에 의한 총감가상각비는?

- 기계톱 취득원가 : 55만원
- 잔존가치 : 5만원
- 총사용가능시간 : 10만시간
- 실제 작업시간 : 5천시간

① 20000원　② 22500원
③ 25000원　④ 30000원

**해설**
작업시간비례법
$= (550000-50000) \times \dfrac{5000}{100000} = 25000원$

**50** 임업경영의 경제적 특성에 대한 설명으로 옳지 않은 것은?

① 임업생산은 조방적이다.
② 공익성이 커서 제한성이 많다.
③ 육성임업과 채취임업은 병존한다.
④ 임업노동은 계절적 제약을 크게 받는다.

**해설**
임업노동은 계절적인 제약을 크게 받지 않는다.

**51** 어떤 재화로부터 장차 얻을 수 있을 것으로 기대되는 수익을 일정한 이율로 할인하여 구한 현재가는 무엇이라 하는가?

① 매매가　② 비용가
③ 기망가　④ 자본가

**해설** 기망가법
대상물건이 장래 산출할 것으로 기대되는 순수익 또는 미래의 현금 흐름을 적정한 율로 환원 또는 할인하여 가격시점에 있어서의 평가가격을 산정한다.

**52** 지위지수에 대한 설명으로 옳은 것은?

① 임지의 생산력 판단지표이다.
② 택벌작업을 하는 산림에 설정되는 기간 개념이다.
③ 10등급으로 임도 또는 도로까지의 거리를 100m 단위로 구분하는 것이다.
④ 작업급에 의한 산림의 생산조직화에 있어 이상적인 개념으로 제시된 산림조직이다.

**해설**
지위지수란 어떤 나무에 있어서 몇 년생일 때에는 나무의 높이가 몇 m에 달할 수 있다는 식으로 임지의 생산능력을 구체적인 숫자로 나타낸 것이다.

**53** 수간석해도 작성방법에 해당하는 것은?

① 절충법　② 평행선법
③ 원주등분법　④ 삼각등분법

**정답** 47.② 48.④ 49.③ 50.④ 51.③ 52.① 53.②

해설 ❀ **수간석해도 작성방법**
평행선법, 직선연장법, 수고곡선법

**54** 매년 말마다 산림관리비로 1000만원이 필요하고 연이율이 5%일 때 자본가는?

① 50만원
② 1050만원
③ 2억원
④ 2억1천만원

해설 ❀
무한연년이자 = $\frac{10,000,000}{0.05}$ = 200,000,000원

**55** 표준지 매목조사 중 흉고직경 측정에 대한 설명으로 옳지 않은 것은?

① 2cm 괄약을 이용한다.
② 흉고직경 6cm 이상이 측정대상이다.
③ 흉고란 땅위에서 1.2m의 높이를 말한다.
④ 흉고직경 측정기구로 아브네이레벨이 있다.

해설 ❀
아브네이레벨은 수고측정기구이다.

**56** 다음 중 소반을 구획하는 경우가 아닌 것은?

① 지종구분이 서로 다를 때
② 임종 및 작업종이 서로 다를 때
③ 임령 및 지위의 차이가 현저할 때
④ 병충해 피해나 간벌작업이 이루어질 때

해설 ❀
소반구획방법 : 지형지물 또는 유역경계를 달리하거나 시업상 취급이 다르게 할구역은 소반을 달리 구획한다.
• 기능(생활 환경보전림, 자연환경 보전림, 수원함양림, 산지재해방지림, 산림휴양림, 목재생산림)이 상이할 때
• 지종(법정제한지, 일반경영지 및 입목지 무입목지)이 상이할 때
• 임종(천, 인), 임상(침, 활, 혼), 작업종(개벌, 택벌, 모수작업 등)이 상이할 때
• 임령, 지위, 지리 또는 운반계통이 상이할 때

**57** 임업경영요소 중 유동자본에 속하는 것은?

① 임도
② 종자
③ 기계톱
④ 사무실

해설 ❀ **유동자본재**
종자, 묘목, 비료, 정지·식재·풀베기 등의 비용

**58** 물가상승과 도로, 철도 등의 개설로 인한 운반비의 절약에 기인하는 산림의 임목가격의 상승을 의미하는 것은?

① 재적생장
② 형질생장
③ 근원생장
④ 등귀생장

해설 ❀
등귀생장은 목재의 수급이나 화폐가치의 변동으로 인한 목재가격의 증가이다.

**59** 임업경영분석에 대한 설명으로 옳지 않은 것은?

① 임업소득은 임업조수익에서 임업경영비를 뺀 값이다.
② 임가소득은 임업소득, 농업소득, 기타소득을 더한 값이다.
③ 임업의존도는 임가소득을 임업소득으로 나누어 100을 곱한 값이다.
④ 임업소득율은 임업소득에서 임업조수익을 나누어 100을 곱한 값이다.

해설 ❀
임업의존도(%) = $\frac{임업소득}{임가소득}$ ×100

**60** Huber 식의 약 1.0053배 과대치가 주고 중앙단면적이 원이 아닐 때 오차가 더 커지는 구적식은?

① 5분주법
② 호퍼스법
③ 브레레튼법
④ 스크리브너 로그룰

정답  54.③  55.④  56.④  57.②  58.④  59.③  60.①

## 제4과목 : 산림공학

**61** 포장을 하지 않은 임도 노면의 경우에 횡단기울기 시설 기준은?

① 0~1%  ② 1.5~2%
③ 3~5%  ④ 6~7%

**해설** 횡단 기울기
일반적으로 차도에서는 중앙부를 높게 하고 양쪽 길가 쪽을 낮게 하는 횡단기울기를 만들어야 하며 포장을 하지 않은 노면은 3~5%, 포장을 한 노면은 1.5~2%로 한다.

**62** 임도의 사면 붕괴 원인으로 옳지 않은 것은?

① 사면 토양의 점착력 감소
② 사면 토양의 공극 수압 감소
③ 온도변화에 의한 사면 토양의 입자 신축
④ 눈 및 빗물로 인한 사면 토양의 과다한 하중

**해설**
사면붕괴의 원인은 사면 토양의 공급수압의 증가로 토양의 점착력이 감소하여 붕괴하게 된다.

**63** 스키더 또는 타워야더 등에 의해 집재된 전목재의 가지 제거, 절단, 초두부 제거, 집적 등의 조재작업을 전문적으로 실행하는 기계는?

① 포워더  ② 하베스터
③ 프로세서  ④ 펠러번쳐

**해설** 프로세서
가지훑기, 집재목의 길이를 측정하는 조재목 마름질, 통나무자르기 등 일련의 조재작업을 한 공정으로 수행한다.

**64** 사방댐의 시공적지로 옳지 않은 것은?

① 상류부의 계폭이 좁은 곳
② 계상과 양안에 암반이 존재하는 곳
③ 수생태계에 미치는 영향이 크지 않은 곳
④ 지류의 합류점 부근에서는 합류점의 하류지점

**해설**
사방댐 위치는 상류부가 넓고 댐자리가 좁은 곳이다.

**65** 벌도 작업 시 쐐기 사용의 주목적은?

① 작업 능률 향상
② 벌도 방향 결정
③ 박피 작업 유리
④ 작업 비용 절감

**해설**
쐐기는 벌목작업에서 벌도방향의 결정과 안전작업을 위하여 사용된다.

**66** 임도 설계업무의 순서로 옳은 것은?

① 예비조사 – 답사 – 예측 – 실측 – 설계도 작성
② 예비조사 – 예측 – 답사 – 실측 – 설계도 작성
③ 답사 – 예비조사 – 예측 – 실측 – 설계도 작성
④ 답사 – 예비조사 – 실측 – 예측 – 설계도 작성

**해설** 임도의 설계순서
예비조사 → 답사 → 예측 → 실측 → 설계도 작성 → 공사량 산출 → 설계서 작성

**67** 앞모래언덕의 뒤쪽으로 바람에 의한 모래날림을 방지하고 식생의 생육환경을 조성하기 위해 가장 적합한 공법은?

① 모래덮기  ② 퇴사울세우기
③ 정사울세우기  ④ 구정바자얽기

**해설** 정사울세우기
주로 전사구의 육지 쪽에 후방 모래를 고정하여 그 표면에 전면적인 모래의 안정을 도모하고 식재목이 잘 생육할 수 있도록 환경을 조성하는 목적으로 모래덮기와 사초심기를 병행하여 시공한다.

**정답** 61. ③  62. ②  63. ③  64. ①  65. ②  66. ①  67. ③

**68** 임도시공시 사용하는 용어에 대한 설명으로 옳지 않은 것은?

① 준설 : 물 속의 흙을 파내는 것
② 취토장 : 흙이 남아서 버리는 곳
③ 매립 : 물에 흙을 메워 육지로 만드는 것
④ 흙일 : 흙을 깎거나 쌓아 올리는 모든 작업

**해설**
- 취토장 : 흙을 채취하는 곳
- 사토장 : 남은 흙은 버리는 곳

**69** 유역면적의 단위가 ha일 때 유량공식으로 옳은 것은? (단, C : 유출계수, I : 강우강도(mm/hr), A : 면적)

① $Q = 2778CIA(m^3/sec)$
② $Q = 0.2778CIA(m^3/sec)$
③ $Q = 0.02778CIA(m^3/sec)$
④ $Q = 0.002778CIA(m^3/sec)$

**해설** 합리식법
유역면적의 단위가 ha일 때
$Q = \frac{1}{360} CIA = 0.002778CIA$
C : 유거계수, I : 강우강도(mm/h), A : 유역면적(ha)

**70** 횡단배수구 설치에 대한 설명으로 옳지 않은 것은?

① 옆도랑의 물을 처리하기 위해 설치
② 표면배수 또는 지하배수를 처리하기 위해 설치
③ 배수관의 연결부 또는 배수시설의 단면이 변화하는 곳에 설치
④ 작은 골짜기 유역으로부터 집수되는 유수처리를 처리하기 위해 설치

**해설**
횡단배수구는 옆도랑의 물을 배수하거나, 지하수의 물을 배수하기 위하여 임도를 횡단하여 설치하는 배수구이다.

**71** 산복수로공에 대한 설명으로 옳지 않은 것은?

① 유수가 집중되는 요지부에 설치한다.
② 떼수로공은 집수구역이 좁은 곳에 설치한다.
③ 수로의 시작과 끝에는 반드시 수평대 공작물을 적용한다.
④ 가급적 수로의 기울기는 상부에서 하부로 내려가면서 감소하게 계획한다.

**해설**
가급적 수로의 기울기는 일정하게 설치해야 한다.

**72** 트랙터의 구입가격이 5000만원이고 수명이 5000시간이며 잔존가치는 구입가격의 20%일 때 이 기계의 시간당 감가상각비는?

① 1250원
② 8000원
③ 12500원
④ 80000원

**해설**
감가상각비 $= \frac{50000000 - 10000000}{5000} = 8000$원

**73** 벌도 시 벌목방향을 확정하고 벌도목이 쪼개지는 것을 방지하기 위하여 근원 부근에 만드는 것은?

① 추구
② 수구
③ 벌도구
④ 수평구

**74** 가선집재작업이 수행 가능한 장비로 가장 효율적인 것은?

① 하베스터
② 펠러번처
③ 프로세서
④ 타워야더

**해설** 타워야더
- 인공 철기둥과 가선집재장치를 트럭, 트랙터, 임내차 등에 탑재하여 주로 급경사지의 집재작업에 적용하는 이동식 차량형 집재기계로 가선의 설치, 철수, 이동이 용이한 가선집재전용 고성능 임업기계이다.

**정답** 68.② 69.④ 70.③ 71.④ 72.② 73.② 74.④

• 러닝 스카이라인 삭장방식과 전자식 인터로크를 채택하여 가설 및 철거가 용이하며, 최대집재거리 300m까지 가선을 설치하여 상·하양 집재가 가능하다.

**75** 중력침식에 속하지 않은 것은?

① 산붕  ② 산사태
③ 땅밀림  ④ 해안사구

**해설**
해안사구침식은 풍식에 의한 침식이다.

**76** 지선임도 밀도가 10m/ha이며, 임도효율요인이 4인 경우 트랙터를 이용한 평균집재거리는?

① 2.5m  ② 40m
③ 400m  ④ 2500m

**해설**
- 지선임도밀도 = $\frac{임도효율계수}{평균집재거리}$
- 평균집재거리 = $\frac{임도효율계수}{지선임도밀도} = \frac{4}{10} = 0.4km$
  = 400m

**77** 단면 A의 면적은 180m², 단면 B의 면적은 600m²이고 양단면 사이의 거리가 20m이면 양단면적 평균법을 이용한 토량(m³)은?

① 7800  ② 8600
③ 9400  ④ 12600

**해설** 양단면 평균법
$V = \frac{A_1+A_2}{2} \times L = \frac{180+600}{2} \times 20 = 7800m^3$

**78** 시멘트 저장 중에 공기 중의 수분을 흡수하여 경미한 수화작용을 일으키고, 그 결과 생긴 수산화 칼슘이 공기 중의 이산화탄소와 결합하여 탄산칼슘이 만들어져 시멘트 강도가 약해지는 작용은?

① 풍화  ② 응결
③ 경화  ④ 분말도

**79** 방위각 275를 방위로 표기하면 다음 중 어느 것인가?

① N85W  ② S85W
③ N95W  ④ S95W

**해설**
275 = N(360−275) = N85W

| 방위각 | 방위 |
|---|---|
| 0~90° | N (방위각) E |
| 90~180° | S (180° 방위각) E |
| 180~270° | S (방위각−180°) W |
| 270~360° | N (360° 방위각) W |

**80** 임도의 너비 설치 기준으로 옳지 않은 것은?

① 배향곡선지의 경우 유효너비는 6m 이상으로 한다.
② 길어깨 및 옆도랑의 너비는 각각 50cm~1m 범위로 한다.
③ 임도의 곡선 반경이 10m 이상일 경우 곡선부 너비를 확대한다.
④ 길어깨 및 옆도랑을 포함한 임도의 너비는 3m를 기준으로 한다.

**해설**
임도의 유효너비가 3m이고 옆도랑과 길어깨를 합하면 4m 이상이 된다.

**정답** 75.④ 76.③ 77.① 78.① 79.① 80.④

# 국가기술자격 필기시험문제

**2016년 제3회 필기시험**

| 자격종목 | 종목코드 | 시험시간 | 형별 | 수험번호 | 성명 |
|---|---|---|---|---|---|
| 산림산업기사 | 7632 | 2시간 | | | |

### 제1과목 : 조림학

**1** 모수작업을 위한 모수로 가장 불리한 수종은?
① 천근성 수종
② 암수 한그루 수종
③ 수피가 두꺼운 수종
④ 생육입지 요구도가 낮은 수종

**해설**
모수작업은 성숙한 임분을 대상으로 벌채를 실시할 때 형질이 좋고 결실이 잘되는 모수(어미나무)만을 남기고 그 외의 나무를 일시에 베어내는 방법이다. 모수는 양수 및 바람에 종자가 멀리 날아갈 수 있는 수종이 적당하다.

**2** 임지에서 적정한 석회질 비료를 주었을 때 나타나는 효과로 옳지 않은 것은?
① 산성토양을 중화시킨다.
② 토양의 풍화를 촉진한다.
③ 미생물의 번식을 촉진한다.
④ 토양의 이화학적 성질을 개량한다.

**해설** 석회사용에 의한 반응교정
산성토양을 개량하기 위해서는 염기성 물질을 첨가하여 중화시켜야 하는데 흔히 석회석 분말과 백운모분말을 사용한다. 풍화는 바람에 의한 침식으로 석회질 비료와 관련이 없다.

**3** 천연갱신에 대한 설명으로 옳지 않은 것은?
① 천연하종, 맹아갱신 등에 의해 이루어진다.
② 인공조림에 비하여 실행하기 어렵고 오래 걸린다.
③ 울창한 숲 상태에서는 양수보다 음수가 더 유리하다.
④ 인공조림에 비하여 각종 피해에 대한 저항력이 약하다.

**해설**
천연갱신은 그 임지의 기후와 토질에 가장 적합한 수종이 생육하게 되므로 인공 단순림에 비하여 각종 위해에 대한 저항력이 크다.

**4** 비료목으로 활용 가능한 수종으로 가장 거리가 먼 것은?
① 단풍나무
② 자귀나무
③ 오리나무
④ 족제비싸리

**해설** 비료목의 종류
아까시나무, 싸리나무류, 자귀나무, 칡, 소귀나무, 오리나무류, 보리수나무류, 족제비싸리 등

**5** 5~6월에 종자가 성숙하여 종자 채종이 가능한 수종으로만 올바르게 나열된 것은?
① 회양목, 미루나무, 회화나무
② 양버들, 사시나무, 졸참나무
③ 버드나무, 사시나무, 느릅나무
④ 밤나무, 느릅나무, 아까시나무

**해설** 주요 수종의 종자 성숙기
• 5월 : 버드나무류, 미루나무, 양버들, 황철나무, 사시나무
• 6월 : 비술나무, 벚나무, 시무나무, 떡느릅나무
• 7월 : 벚나무, 회양목
• 8월 : 스트로브 잣나무, 향나무, 섬잣나무, 귀룽나무, 노간주나무

**정답** 1.① 2.② 3.④ 4.① 5.③

**6** 임지에 존재하는 무기성분 중 가장 풍부하지만 임목생장에 있어 가장 결핍되기 쉬운 것은?

① 인산
② 칼륨
③ 질소
④ 구리

해설 **질소(N)의 결핍 증상**
늙은 잎에서 먼저 나타나며 생장이 불량하여 잎이 짧아지고, 식물체가 작아진다. 잎은 전체가 황백화하며 결핍이 심해지면 잎 전체 또는 잎의 한부분이 괴사한다. 질산태, 암모니아태 형태로 식물 흡수된다.

**7** 묘목식재에 방해가 되는 잡목을 제거하는 작업이 아닌 것은?

① 화입법
② 쳐내기법
③ 수구치기법
④ 약제처리법

해설
수구치기는 대경목을 절단할 때 벌목방향으로 나무의 직경의 1/3 정도를 베는 작업을 말한다.

**8** 가지치기에 대한 설명으로 옳지 않은 것은?

① 포플러류는 역지 이상의 가지를 제거한다.
② 가지의 지름이 5cm 이상인 것은 자르지 않는다.
③ 자연낙지가 잘 되는 수종은 생략해도 무방하다.
④ 일반 소경재인 경우에는 가지치기를 실시하지 않는다.

해설 **활엽수**
- 일반적으로 상처의 유합이 잘 안되고 썩기 쉽기 때문에 지경 5cm 이상의 가지는 원칙적으로 자르지 않는다.
- 참나무류(신갈나무제외), 포플러 나무류는 으뜸가지 이하의 가지만을 잘라준다.

**9** 어린나무 가꾸기에 대한 설명으로 옳지 않은 것은?

① 풀베기 작업이 끝난 후 실시한다.
② 11월 전후에 실시하는 것을 원칙으로 한다.
③ 조림목과 경쟁하는 목적 이외의 수종을 제거한다.
④ 보육 대상목의 생장에 지장을 주는 나무는 가급적 지표면에서 가깝게 잘라낸다.

해설
어린나무 가꾸기의 작업은 6~9월 사이에 실시하는 것을 원칙으로 하되 늦어도 11월 말까지 완료한다.

**10** 숲가꾸기 작업 중 덩굴 제거에서 사용되는 디캄바 액제 사용법으로 옳지 않은 것은?

① 칡 등 콩과 잡초에 적용한다.
② 작업시기는 덩굴류 생장기인 5~9월에 사용한다.
③ 고온에서는 증발에 의해 주변 식물에 약해를 일으킬 수 있다.
④ 약제 처리 후 24시간 이내에 강우가 예상될 경우 작업을 중지한다.

해설
덩굴제거의 적기는 생장기인 5~9월 중 덩굴식물이 뿌리속의 저장양분을 모두 소모한 7월경이 적당하다.

**11** 탈종 방법에 대한 설명으로 옳지 않은 것은?

① 벚나무 종자는 침수하여 부식시킨 후 세척한다.
② 두꺼운 육질의 종자는 침수하여 물에 불리고 세척한다.
③ 소나무나 콩과 수종의 종자는 건조 후 흔들거나 굴린다.
④ 부드러운 섬유상 과육의 종자는 침수하고 연화하여 세척한다.

해설
두꺼운 육질의 종자는 구도법을 사용한다.

**12** 노천매장에 대한 설명으로 옳지 않은 것은?

① 종자와 모래를 섞어 묻는다.
② 배수가 양호한 곳을 택하여야 한다.
③ 종자의 발아촉진을 겸한 저장법이다.
④ 종자를 묻고 비가 들어가지 않도록 한다.

정답 6.③ 7.③ 8.① 9.② 10.② 11.② 12.④

**해설** 노천매장법
종자를 하루동안 맑은 물에 담궜다가 종자의 1~3배 가량의 젖은 모래와 혼합하여 땅속에 묻어두는 방법이다. 묻는 방법은 두께 2~3cm의 판자로 깊이 30~40cm의 상자를 만들고 상자의 상하는 철망을 붙여 설치류의 피해를 예방하도록 한다.

**13** 교림에 대한 설명으로 옳은 것은?

① 맹아에 의하여 갱신된 산림
② 순수한 원시림으로 유지된 산림
③ 숲가꾸기가 적기에 실시된 산림
④ 주로 실생묘로 성립된 키 큰 산림

**해설** 교림
임목이 주로 종자로 양성된 묘목으로 성립되며 소나무, 잣나무, 낙엽송과 같이 키가 높게 크고, 목재를 가공해서 이용하고자 만든 숲을 말한다.

**14** 척박한 산지에 사방 조림용 수종으로 가장 적합한 것은?

① Zelkova serrata
② Pinus densiflora
③ Castanea crenata
④ Robinia pseudoacacia

**해설**
- 리기다소나무, 아까시나무는 대표적인 사방수종으로 척박한 곳에서도 잘 자란다.
- ① 느티나무, ② 소나무, ③ 밤나무, ④ 아까시나무

**15** 밀식에 대한 설명으로 옳지 않은 것은?

① 풀베기 작업 비용이 절감된다.
② 초살도가 높은 용재가 생산된다.
③ 수목의 근계 발달이 약해질 수 있다.
④ 조기에 울폐되어 임지보호 효과가 높다.

**해설**
초살도는 일반적으로 수고가 높아짐에 따라 수간 지름이 감소하는 것으로 가지치기 작업을 통하여 수간의 완만도를 높일 수 있다.

**16** 중력이 작용하는 방향으로 수목이 자라는 것을 의미하는 것은?

① 굴지성　② 주지성
③ 주광성　④ 굴광성

**해설**
굴지성은 식물이 중력에 반응해 줄기는 광합성을 위해 위로, 뿌리는 영양분 흡수를 위해 밑으로 자라는 현상을 말한다.

**17** 묘목의 가식을 위한 토양으로 가장 좋은 것은?

① 점질토　② 석력토
③ 사질양토　④ 부식질토

**해설**
가식은 배수가 양호한 진흙이 비교적 적게 섞인 부드러운 흙이 이상적이다. 따라서 사질양토가 적합하다.

**18** 수목의 뿌리가 이용 가능한 토양수분은?

① 결합수　② 중력수
③ 범람수　④ 모세관수

**해설**
모세관수는 작은 공극(모세관)의 모관력에 의하여 유지되는 수분으로 식물의 뿌리가 이용할 수 있는 유효수분이다.

**19** 발아촉진 방법에 해당하지 않는 것은?

① 수선법　② 침수법
③ 열탕 처리법　④ 황산 처리법

**해설** 수선법
깨끗한 물에 24시간 침수시켜 가라앉은 종자를 취하는 방법이다. 잣나무, 향나무, 주목, 도토리 등의 대립종자에 적용하는 종자의 정선 방법이다.

**20** 5Ha 임지에 묘간거리 4m, 열간거리 5m의 장방형 식재를 위한 필요 묘목수는?

① 250본　② 500본
③ 2500본　④ 5000본

정답　13.④　14.④　15.②　16.①　17.③　18.④　19.①　20.③

> **해설**
>
> 묘목본수 = $\frac{50000}{4 \times 5}$ = 2500본

## 제2과목 : 산림보호학

**21** 농약의 약제를 제형에 따라 분류한 용어가 아닌 것은?

① 유제
② 액제
③ 용제
④ 수화제

> **해설**
> 용제는 하나의 용액에서 그 용액을 만들기 위한 물리적 조작(용해, 추출, 흡수, 세정 등)의 대상이 되는 성분, 즉 녹인 성분을 용질이라 하고 이것에 대해 용질을 녹이는 데 사용한 성분을 용제라고 한다.

**22** 솔나방의 월동 충태는?

① 알
② 성충
③ 유충
④ 번데기

> **해설** 솔나방
> • 소나무류의 중요한 해충으로 유충은 잎을 톱니모양으로 갉아먹지만 크면 잎을 모조리 먹는다.
> • 1년에 1회 발생하고 나무껍질이나 지피물 사이에서 유충으로 월동한다.

**23** 해충이 생물적 방제를 위한 천적 선택 조건으로 옳지 않은 것은?

① 단식성이어야 한다.
② 소량으로 증식해야 한다.
③ 천적에 기생하는 곤충이 없어야 한다.
④ 해충의 출현과 천적의 생활사가 잘 일치하여야 한다.

> **해설** 천적의 구비조건
> • 해충의 밀도가 낮은 상태에서도 해충을 찾을 수 있는 수색력이 높아야 한다.
> • 성비가 작아야 한다.
> • 대상해충에 밀접하게 적용되어 해충에 대한 밀도반응적 특성인 기주특이성을 보여야 한다.
> • 세대기간이 짧고 증식력이 높아야 한다.
> • 천적의 활동기와 해충의 활동기가 시간적으로 일치되어야 한다.
> • 시간적, 공간적으로 쉽고 신속하게 영향권을 확산할 수 있는 분산력이 높아야 한다.
> • 다루기 쉽고 대량사육이 용이해야 한다.
> • 2차 기생봉(천적에 기생하는 곤충)이 없어야 한다.

**24** 잎을 가해하는 해충이 아닌 것은?

① 솔나방
② 매미나방
③ 박쥐나방
④ 미국흰불나방

> **해설** 박쥐나방
> • 버드・미류・단풍・플라타너스・밤・참・아까시・오동나무 등을 가해한다. 1년에 1회 발생, 알로 월동한다.
> • 방제는 알락박쥐나방과 같다.
> • 가해부위는 수목의 지제부위이다.(땅의 표면위에 올라온 부위)

**25** 균사에 격벽이 없는 균류는?

① 난균류
② 담자균류
③ 자낭균류
④ 불완전균류

> **해설** 난균류
> 균사에 격벽이 없고, 무성포자인 유주포자를 생성한다.

**26** 수목병원성 세균은 대부분 어떤 형태인가?

① 공모양
② 실모양
③ 나선모양
④ 막대모양

**27** 딱정벌레목에 속하는 해충이 아닌 것은?

① 밤바구미
② 알락하늘소
③ 솔껍질깍지벌레
④ 오리나무잎벌레

> **해설**
> 솔껍질깍지벌레는 이세리아 깍지벌레과이다.

**정답** 21. ③  22. ③  23. ②  24. ③  25. ①  26. ④  27. ③

**28** 수목병과 매개충의 연결로 옳지 않은 것은?

① 아까시나무 모자이크병 – 진딧물
② 밤나무 흰가루병 – 밤나무순혹벌
③ 오동나무 빗자루병 – 담배장님노린재
④ 대추나무 빗자루병 – 마름무늬매미충

**해설**
밤나무 흰가루병은 진균인 자낭균에 의한 수병으로 병환부에 나타난 흰가루는 병원균의 균사 분생자병 및 분생포자 등이며 이것은 분생자세대의 표징이다.

**29** 잣나무 털녹병에 대한 설명으로 옳지 않은 것은?

① 중간기주로는 우리나라에서 송이풀이 있다.
② 여름포자는 여름 동안 소생자를 만들고 소생자는 겨울포자를 만든다.
③ 잣나무에 녹병정자와 녹포자를 형성하고 중간기주에 여름포자, 겨울포자, 담자포자 등을 형성한다.
④ 병원균은 잣나무의 수피조직 내에서 균사 형태로 월동하고 4월 중순~5월 하순경 가지와 줄기에 녹포자를 형성한다.

**해설**
잣나무 털녹병의 겨울포자가 발아하여 소생자가 되고 바람에 의해 잣나무 잎의 기공으로 침입한다.

**30** 모잘록병 예방법으로 가장 효과적인 것은?

① 햇볕을 막아 그늘지게 한다.
② 질소질 비료를 충분하게 준다.
③ 파종량을 적게 하고 복토를 두껍게 한다.
④ 배수와 통풍이 잘 되고 과습하지 않도록 한다.

**해설**
모잘록병은 묘포병해로 주원인이 묘상이 과습하여 나타나는 병이므로 묘상이 과습하지 않도록 배수와 통풍에 주의하며, 햇볕이 잘 들도록 한다.

**31** 대기오염 물질에 의한 활엽수의 병징으로 옳지 않은 것은?

① PAN : 엽맥 사이 조직의 황화현상 및 잎의 왜성화
② 아황산가스 : 잎의 끝 부분과 엽맥 사이 조직의 괴사
③ 오존 : 잎 표면에 주근깨 같은 반점이 형성되고, 반 점이 합쳐져 표면의 백색화
④ 질소산화물 : 초기에 흩어진 회녹색 반점이 생기다 가 잎의 가장자리 조직 괴사

**해설** PAN
· 질소산화물과 탄화수소류 등이 햇빛과 반응하여 생성된 2차 대기오염물질로 잎 아랫면에 은빛 반점이 나타나고 괴사현상이 일어나 말라죽는다.
· 세포막과 소기관의 막기능을 마비시키며, 황화물질을 가진 효소와 반응하여 기능을 정지시키고, 지방산의 합성을 방해하며 황을 함유한 화합물을 산화시킨다. 이로 인하여 탄수화물 과 호르몬대사를 비정상적으로 만들고 광합성을 교란한다.

**32** 방화선 설치에 대한 설명으로 옳지 않은 것은?

① 나비는 보통의 경우 1~2m로 한다.
② 방화선 설치 시 가연물은 제거해야 한다.
③ 산의 능선, 산림 구획선, 임도 등을 이용한다.
④ 삽, 괭이, 기계톱 등을 이용하여 방화선을 구축한다.

**해설** 방화선의 설치
화재의 위험이 있는 지역에 화재의 진전을 방지하기 위해 설치하는 것으로 산림구획선, 경계선, 도로, 능선, 암석지, 하천 등을 이용한다. 보통 10~20m 폭으로 임목과 잡초, 관목을 제거하여 만들며, 방화선에 의하여 구획되는 산림면적은 적어도 5ha 이상이 되도록 한다.

**33** 토양을 소독하면 방제 효과가 가장 높은 병은?

① 잎떨림병　② 모잘록병
③ 빗자루병　④ 줄기마름병

**정답** 28. ② 29. ② 30. ④ 31. ① 32. ① 33. ②

> **해설**
> 모잘록병은 토양서식병원균에 의하여 당년생 어린묘의 뿌리 또는 땅가부분의 줄기가 침해되어 말라 죽는 병으로 약제(티람제, 캡탄제, pcnb, ncs, 클로로피클린) 및 증기, 소토 등의 방제법으로 토양을 소독한다.

**34** 산림해충의 임업적 방제법으로 옳지 않은 것은?

① 복층림과 혼효림을 조성하여 임상을 다양하게 한다.
② 토양의 경운, 토성의 개량을 통한 임지환경을 조정한다.
③ 농약 사용을 지양하고 포살법이나 유살법을 이용하여 해충을 방제한다.
④ 간벌 및 가지치기 등을 실시하여 해충의 잠복장소를 제거하고 수목의 활력을 증대시킨다.

> **해설** **임업적 방제법**
> • 수종의 선택 : 연해에 강하고 맹아력이 큰 수종으로 조림한다.
> • 작업법의 선택 : 연해의 염려가 있는 곳에서는 숲을 교림으로 하지 말고, 중림 또는 왜림으로 가꾼다.
> • 갱신방법 : 한번에 넓은 면적을 개벌하는 것을 피하고, 침엽수와 활엽수를 혼식한다.
> • 연해방비림의 조성
>   – 내연성이 강하고, 여러 번 이식한 큰 묘목을 밀식한다.
>   – 나비는 100m 정도로 여러 층의 밀림을 조성한다.

**35** 오동나무 빗자루병을 일으키는 병원체는?

① 세균
② 조균
③ 바이러스
④ 파이토플라즈마

> **해설** **파이토플라즈마**
> 오동나무 빗자루병, 뽕나무 오갈병, 대추나무 빗자루병, 붉나무 빗자루병

**36** 옥시테트라사이클린을 주입하여 치료하는 병은?

① 잣나무 털녹병
② 포플러 모자이크병
③ 밤나무 근두암종병
④ 오동나무 빗자루병

> **해설**
> 옥시테트라 사이클린은 파이토플라즈마에 의한 수병에 효과적이다. 따라서 오동나무 빗자루병, 뽕나무 오갈병, 대추나무 빗자루병, 붉나무 빗자루병에 효과적이다.

**37** 포플러 잎녹병균의 유성포자 형성을 나타낸 그림에서 A에 해당하는 명칭은?

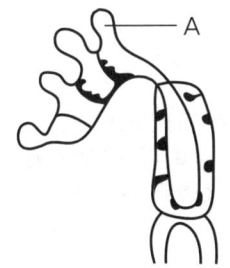

① 녹포자
② 여름포자
③ 겨울포자
④ 담자포자

**38** 소나무좀에 대한 설명으로 옳지 않은 것은?

① 성충으로 월동한다.
② 1년에 2회 발생한다.
③ 봄과 여름 두 번 가해한다.
④ 주로 소나무와 잣나무를 가해한다.

> **해설** **소나무좀**
> • 1년 1회 발생하며 수피속에서 월동한다.
> • 신성충의 우화는 6월 상순~7월, 유충은 형성층 · 가도관 부위를 가해하고, 신성충은 신초를 가해한다. 유충은 2회 탈피하며 20일의 기간을 가진다.
> • 방제는 간벌, 식이목 설치, 뿌리에 살충제를 투입한다.

**정답** 34. ③  35. ④  36. ④  37. ④  38. ②

**39** 외국에서 유입된 해충이 아닌 것은?

① 솔나방
② 솔잎혹파리
③ 아까시잎혹파리
④ 솔껍질깍지벌레

**해설**
- 솔잎혹파리 : 일본, 동남아시아
- 아까시잎혹파리 : 북미대륙
- 솔껍질깍지벌레 : 북미, 중국

**40** 매미나방의 월동 충태는?

① 알
② 성충
③ 유충
④ 번데기

**해설** 매미나방
- 세계적으로 분포하는 잡식성 해충이다.
- 1년 1회 발생하고, 알로 나무줄기에서 월동하며 성충은 8월 상순에 출현한다. 산란수는 200~400개이다.

### 제3과목 : 임업경영학

**41** 경영계획구 면적이 500Ha이고 윤벌기가 50년이며 1영급이 20영계일 경우 법정영급면적은?

① 200ha
② 400ha
③ 600ha
④ 800ha

**해설**
$A = \dfrac{F}{U} \times n = \dfrac{500}{50} \times 20 = 200ha$
F : 산림면적, U : 윤벌기, A : 법정영급면적

**42** 수확조정 기법과 관계가 없는 것으로 연결된 것은?

① 생장량법 – 연년생장량
② 조사법 – 택벌림에서 실행
③ 재적평분법 – 개위면적 산출
④ 임분경제법 – 법정상태 실현추구

**해설** 비례구획 윤벌법
토지의 생산능력에 차이가 있을때 개위면적을 산출하여 벌구의 크기를 조절하는 방법이다.

**43** 손익분기점 분석에 설정하는 가정으로 옳지 않은 것은?

① 재고는 없다.
② 제품단위당 비용은 일정하다.
③ 제품의 생산능률은 변함이 없다.
④ 제품의 판매가는 생산량에 따라 변한다.

**해설** 손익분기점 분석을 위한 몇 가지의 가정
- 제품의 판매가격은 판매량이 변동하여도 변화되지 않는다.
- 원가는 고정비와 변동비로 구분할 수 있다.
- 제품 한 단위당 변동비는 항상 일정하다.
- 고정비는 생산량의 증감에 관계없이 항상 일정하다.
- 생산량과 판매량은 항상 같으며, 생산과 판매에 동시성이 있다.
- 제품의 생산능률은 변함이 없다.

**44** 지황조사 항목에 포함되지 않는 것은?

① 지리
② 지위
③ 소밀도
④ 경사도

**해설**
소밀도는 임황조사항목이다.

정답 39.① 40.① 41.① 42.③ 43.④ 44.③

**45** 임지 생산력을 판단하는 기준 중 가장 정확한 지위사정 방법은?

① 환경인자에 의한 방법
② 지위지수에 의한 방법
③ 지표식물에 의한 방법
④ 종자 생산량에 의한 방법

해설 **지위사정의 방법**
지위지수란 어떤 나무에 있어서 몇 년생일 때에는 나무의 높이가 몇 m에 달할 수 있다는 식으로 임지의 생산능력을 구체적인 숫자로 나타낸 것으로 가장 정확한 지위사정방법이다.

**46** 공유림 경영의 목적으로 옳지 않은 것은?

① 공공복지 증진
② 재정 수입의 확보
③ 국유림 경영의 지원
④ 사유림 경영의 시범

**47** 일반적으로 적용하는 침엽수의 조재율은?

① 0.4~0.7
② 0.4~0.9
③ 0.6~0.7
④ 0.6~0.9

해설
조재율은 입목재적(立木材積)과 생산된 임목(林木)재적과의 비율을 말하며, 보통 조재율(造材率)이라고 한다.

**48** 직경과 수고측정이 모두 가능한 기구는?

① 섹타포크
② 덴드로미터
③ 아브네이레블
④ 스피겔릴라스코프

해설
스피겔릴라스코프는 각산정 표준지법에 의하여 임분의 재적을 측정하는 도구로서 도구 안에 있는 일정한 띠로 나무의 직경을 측정가능하고, 또한 도구의 안에 있는 눈금을 통해 수고측정이 가능하다.

**49** 임목 평가 방법이 아닌 것은?

① 임목상각가
② 임목매매가
③ 임목비용가
④ 임목기망가

해설 **임목 평가**
• 원가방식에 의한 임목 평가 : 원가법, 비용가법
• 수익방식에 의한 임목 평가 : 기망가법, 수익환원법
• 원가 수익절충방식에 의한 임목평가 : 임지기망가 응용법, Glaser법
• 비교방식에 의한 임목평가 : 매매가법, 시장가 역산법

**50** 주벌수익에 해당하지 않는 것은?

① 제벌 과정에서 벌채 작업으로 수확한 것
② 갱신과정에서 병충해 피해로 인한 벌채 작업으로 수확한 것
③ 적합한 벌채시기에 완전한 생산물로 된 임목을 벌채작업으로 수확한 것
④ 임지를 임목육성 이외의 용도로 사용하기 위하여 벌채작업으로 수확한 것

해설
성숙기에 도달한 임목을 갱신하기 위해 벌채할 때, 피해목을 정리한다. 영급배치의 정리를 위한 벌채, 임지를 타용도로 제공하기 위해 벌채할 때 얻어지는 수익이다. 제벌과정에서 나타나는 벌채수익은 간벌수익이다.

**51** 육림비 항목 중 가장 큰 비중을 차지하는 것은?

① 이자
② 지대
③ 재료비
④ 감가상각비

해설 **육림비 분석**
육림비는 임목생산에 들어간 경비의 원리합계를 말하며, 육림비에서 육림기간 중 얻은 수입의 원리합계(후가)를 공제한 것이 임목원가이다. 육림비 중 가장 큰 비중을 차지하는 것은 이자이다.

정답 45. ② 46. ③ 47. ④ 48. ④ 49. ① 50. ① 51. ①

**52** 임업이율이 다른 이율에 비해 고율인 이유로 옳지 않은 것은?

① 목재 생산기간이 길기 때문에
② 자본을 장기간 고정시키기 때문에
③ 자본이자가 아닌 대부이자이기 때문에
④ 임업투자에 대한 예측하지 못한 위험성과 불확실성이 크기 때문에

**해설**
임업이율은 대부이자가 아닌 자본이자이다.

**53** 유동자본재에 해당하지 않는 것은?

① 묘목
② 입목
③ 종자
④ 벌채 후 목재

**해설**
입목은 고정자본재, 벌채 후에는 유동자본재가 된다.

**54** 다음 조건에서 말구직경자승법에 의한 통나무 재적($m^3$)은?

- 원구직경 : 40cm   · 중앙직경 : 30cm
- 말구직경 : 20cm   · 재장 : 5m

① 0.20
② 0.45
③ 0.80
④ 2.00

**해설**
말구직경 자승법 = $20 \times 20 \times 5 \times \dfrac{1}{10000} = 0.2m^3$

**55** 다음 조건에서 임업평가자본은?

- 토지평가액 : 100,000원
- 건물평가액 : 600,000원
- 임업용 기계 평가액 : 400,000원
- 임목 축적 평가약 : 700,000원
- 벌도목 재고 평가약 : 300,000원
- 차입금 : 600,000원
- 미불금 : 70,000원

① 830,000원
② 1,430,000원
③ 2,100,000원
④ 2,630,000원

**해설** 임업평가자본
= (100,000+600,000+400,000+700,000+300,000)−(600,000−70,000)
= 1,430,000원

**56** 취득원가가 20만원인 기계톱의 내용년수가 5년이고 폐기 시 잔존가치가 5만원일 때, 정액법에 의한 연간 감가상각비는?

① 2만원
② 3만원
③ 4만원
④ 5만원

**해설**
정액법 = $\dfrac{200,000-50,000}{5} = 30,000원$

**57** 임업경영의 지도원칙에서 협의의 보속개념이란?

① 사경제적 보속성
② 공경제적 보속성
③ 목재 생산의 보속성
④ 목재 공급의 보속성

**해설** 보속성의 원칙
산림에서 매년 수확을 균등하고 영구히 존속할 수 있도록 경영하는 원칙으로 보속성의 개념은 크게 두 가지로 나누어 생각할 수 있다.
- 광의의 보속성 : 임지가 항상 유용한 임목으로 피복되고 이것이 건전하게 자라도록 하는 산림생산의 근거를 둔 개념(목재생산의 보속성)
- 협의의 보속성 : 산림에서 매년 거의 같은 양의 목재를 수확하는 것으로 이는 목재공급에 근거를 둔 개념(목재공급의 보속성)

**정답** 52.③  53.②  54.①  55.②  56.②  57.④

**58** 숲가꾸기 표준지의 면적은 대상지 전체면적의 몇 % 이상으로 선정하는가?

① 0.1
② 1
③ 5
④ 10

> **해설**
> 숲가꾸기의 표준지 면적은 전체면적의 1%를 조사한다.

**59** 어떤 임분의 면적이 10ha이고 표준지 면적이 0.1ha이며 표준지 재적이 10m³이라면 임분재적(m³)은?

① 1
② 10
③ 100
④ 1000

> **해설**
> 0.1ha:10m³ = 10ha:임분재적, 임분재적 = 1000m³

**60** 조림비가 500만원이 소요된 산림에서 30년 뒤의 후가는? (단, 이율은 5%임)

① 524만원
② 1500만원
③ 2160만원
④ 15000만원

> **해설**
> 후가 = $5,000,000(1+0.05)^{30}$ = 21,609,711원

---

### 제4과목 : 산림공학

**61** 산지에서 발생하는 침식의 형태 중 중력침식에 해당하지 않는 것은?

① 붕괴형 침식
② 지활형 침식
③ 유동형 침식
④ 곡상형 침식

> **해설** 중력침식
> 붕괴형 침식, 지활형 침식, 유동형 침식, 사태형 침식

**62** 황폐계류의 유역면적이 1~10km²에 해당하는 비유량(m³/s)은?

① 10
② 15
③ 20
④ 25

> **해설**
> • 비유량은 어떤 지점의 최대 유량이 그 지역의 단위 면적당 어느 정도인가를 보여주는 수치로서 그 수치가 크면 홍수의 위험도가 크다는 것을 의미한다.
> • 황폐계류의 비유량
>
> | km² | 1~10 | 11~20 | 21~40 | 41~60 | 61~80 | 81~100 |
> |---|---|---|---|---|---|---|
> | m³/s | 25 | 20 | 15 | 12 | 10 | 8 |

**63** 임도 설계에 필요한 도면이 아닌 것은?

① 투시도
② 평면도
③ 종단면도
④ 횡단면도

> **해설**
> 임도 설계에 필요한 도면은 평면도, 종단면도, 횡단면도, 구조물도이다.

**64** 황폐지의 녹화를 위해 분사식 씨뿌리기 공법을 사용할 경우 초본의 발아 생립 본수 기준(본/㎡)은?

① 1500
② 2000
③ 2500
④ 3000

> **해설**
> 초본종자의 발생 대기본수는 2000본/㎡, 총 발생 대기본수의 5% 이하가 되지 않도록 파종량을 산출한다.

**정답** 58.② 59.④ 60.③ 61.④ 62.④ 63.① 64.②

**65** 임도의 횡단면도에 나타나지 않는 것은?

① 누가거리
② 절성토 높이
③ 절성토 면적
④ 지장목 제거 물량

**해설** 횡단면도
단면적, 측구터파기 단면적, 사면보호공의 물량, 각 측점의 지반고, 계획고, 절토단면적, 성토단면적 기입

**66** 사방댐의 안정조건 중 지반지지력 안정을 위한 설명으로 옳지 않은 것은?

① 허용항압강도 대신 지반의 지지력 강도를 이용하면 된다.
② 지반이 받는 최대압력이 지반의 허용지지력보다 커야 한다.
③ 제저에 발생되는 최대압력강도는 지반의 지지력 강도를 초과해서는 안 된다.
④ 기초지반이 사력인 경우에는 침투에 의한 파괴에 대해서도 안정되도록 설계해야 한다.

**해설**
지반이 받는 최대압력은 지반의 허용지지력보다 작아야 지반이 침하되지 않는다.

**67** 1차로의 임도에서 설계속도가 40km/시간이고 자동차폭이 2.5m라면 적정 차도폭은?

① 3.5m
② 3.6m
③ 3.7m
④ 3.8m

**해설**
차도폭 = 자동차의 폭 + $\dfrac{속도}{50}$ + 0.5
= 2.5 + $\dfrac{40}{50}$ + 0.5 = 3.8m

**68** 와이어로프의 폐기기준으로 옳지 않은 것은?

① 꼬임상태(킹크)가 발생한 것
② 현저하게 변형 또는 부식된 것
③ 와이어로프 소선이 1/100 이상 절단된 것
④ 마모에 의한 직경 감소가 공칭직경의 7%를 초과하는 것

**해설**
폐기기준은 와이어로프의 1피치 사이에 와이어가 끊어진 비율이 10% 이상인 것이다.

**69** 1/25000 지형도에서 지도상 거리가 10cm이면 실제거리는?

① 250m
② 1000m
③ 2500m
④ 10000m

**해설**
실제거리 = 0.1m × 25000 = 2500m

**70** 벌채 작업장의 안전을 위해 작업조간의 최소 안전거리로 적합한 것은?

① 수고의 0.5배 간격
② 수고의 1.5배 간격
③ 수고의 2.5배 간격
④ 수고의 3.5배 간격

**71** 집재용 도구가 아닌 것은?

① 피비
② 펄프훅
③ 마세티
④ 파이크폴

**해설**
마세티는 벌목용 도구이다.

**정답** 65. ① 66. ② 67. ④ 68. ③ 69. ③ 70. ② 71. ③

**72** 석재를 쌓고 모르타르를 사용하지 않아 침투수의 배수가 용이한 돌쌓기 방법은?

① 메쌓기
② 찰쌓기
③ 골쌓기
④ 켜쌓기

해설 **메쌓기**
돌을 쌓아올릴 때 뒤채움이나 줄눈에 모르타르를 사용하지 않고 쌓는 것으로 돌틈으로 배수되기 때문에 견고도가 낮아 쌓는 높이에 제한을 받는다. (기울기 1 : 0.3)

**73** 가선 집재와 비교한 트랙터 집재에 대한 설명으로 옳은 것은?

① 기동성이 떨어진다.
② 환경에 대한 피해가 적다.
③ 급경사지에서 실행하기 어렵다.
④ 장비설치 및 철거시간이 필요하다.

해설 **트랙터 집재**
- 장점 : 기동성과 작업생산성이 높다. 작업이 단순하며 비용이 낮다.
- 단점 : 환경에 대한 피해가 크고 완경사지만 가능하다. 높은 임도밀도를 요구한다.

**74** 돌망태 골막이에 대한 설명으로 옳지 않은 것은?

① 구곡에 호박돌 크기의 자연석이 많은 장소에서 이를 이용하여 축조하는 철선돌망태이다.
② 암석지대나 산사태, 토석류가 발생하는 지대의 활동성이 있는 구곡의 발달을 저지하고 산각을 고정하기 위해 이용한다.
③ 콘크리트 공작물보다 자연친화적이고 상수가 흐르는 곳에서는 수서생물 서식에 효과적이다.
④ 공작물 자체가 안정적이지만 철선은 쉽게 부식되므로 일시적인 소모품으로 취급되기도 한다.

해설
돌망태 골막이는 구곡침식이 발생하는 지점에 설치하는 공작물로 아연도금 철망상자 속에 돌채움을 하는 방법으로 철선은 소모품이 아니다.

**75** 배향곡선지가 아닌 경우 임도의 유효너비 기준은?

① 2.5m   ② 3m
③ 5m    ④ 6m

해설
임도의 유효너비는 3m이다. 배향곡선지에서는 6m이다.

**76** 설계속도가 40km/시간이고 일반지형에서 설치하는 임도의 종단기울기 기준은?

① 7% 이하
② 8% 이하
③ 9% 이하
④ 10% 이하

해설 **종단기울기**

| 설계속도 (km/h) | 종단기울기 | |
|---|---|---|
| | 일반지형 | 특수지형 |
| 40 | 7% 이하 | 10% 이하 |
| 30 | 8% 이하 | 12% 이하 |
| 20 | 9% 이하 | 14% 이하 |

**77** 임도의 대피소 유효길이 기준은?

① 10m 이상
② 15m 이상
③ 20m 이상
④ 25m 이상

해설 **대피소 설치 기준**

| 구분 | 기준 |
|---|---|
| 간격 | 300m 이내 |
| 너비 | 5m 이상 |
| 유효길이 | 15m 이상 |

정답 72.① 73.③ 74.④ 75.② 76.① 77.②

**78** 정사울타리 공작물의 통풍비는?

① 1:1  ② 1:2
③ 1:3  ④ 1:4

**해설**
정사울 세우기는 주로 전사구의 육지 쪽에 후방 모래를 고정하여 그 표면에 전면적인 모래의 안정을 도모하고 식재목이 잘 생육할 수 있도록 환경을 조성한다. 모래덮기와 사초심기를 병행하여 시공하는 공작물로 통풍비는 1:1이다.

**79** 철도 및 삭도운재와 비교하여 트럭을 이용한 도로운재에 대한 설명으로 옳지 않은 것은?

① 기동성이 높다.
② 시설비 및 유지보수비가 적게 든다.
③ 대규모 장거리 운재작업에는 비용이 높다.
④ 운반시간 지체 등의 운반사고 발생이 적다.

**80** 산림작업 기계화의 주목적으로 가장 거리가 먼 것은?

① 생산비용의 절감
② 노동생산성의 향상
③ 환경피해의 최소화
④ 중노동으로부터의 해방

**해설**
임업기계화가 진행되면 인력작업에 비해 환경피해가 더 커진다.

정답 78.① 79.④ 80.③

# 부록

# 산림기사·산림산업기사
# 최근문제

# 국가기술자격 필기시험문제

2017년 제1회 필기시험

| 자격종목 및 등급(선택분야) | 종목코드 | 시험시간 | 형별 |
|---|---|---|---|
| 산림기사 | 1564 | 2시간 30분 | A |

수험번호    성명

### 제1과목 : 조림학

**1** 묘포지 선정 조건으로 가장 적합한 것은?

① 평탄한 점토토양
② 10° 정도의 경사지
③ 남쪽지방에서 남향
④ 배수가 좋은 사양토

**해설**
묘포지는 약간 경사 진 곳으로 양토나 식양토로서 토심이 30cm이상인 곳이 좋다. 묘포는 5° 이하의 완경사지가 적합하며 남쪽지방에서는 북향이 유리하고, 위도가 높고 한랭한 지역에서는 동남향이 적합하다.

**2** 대면적의 임분을 한꺼번에 벌채하여 측방천연하종으로 갱신하는 방법은?

① 택벌작업          ② 개벌작업
③ 산벌작업          ④ 보잔목작업

**해설**
개벌은 모든 나무가 일시에 벌채되고 새로운 임분이 대를 이을 때를 말한다.

**3** 염기성 토양에 가장 잘 견디는 수종은?

① 곰솔              ② 오리나무
③ 떡갈나무          ④ 가문비나무

**해설** 염기성(알칼리성)에서 잘 자라는 나무
호두나무류, 사시나무류, 서어나무류, 개암나무류, 백합나무, 너도밤나무류, 물푸레나무, 오리나무 등

**4** 결실주기가 5년 이상인 수종은?

① Salix Koreensis
② Larix Kaempferi
③ Betula Platyphylla
④ Chamaecyparis Obtusa

**해설** 자연적인 종자결실

| 결실주기 | 종류 |
|---|---|
| 매해 | 버드나무류, 포플러류, 오리나무류 |
| 격년 | 소나무류, 오동나무, 자작나무, 아까시나무 |
| 2~3년 | 참나무류, 느티나무, 들메나무, 편백, 삼나무 |
| 3~4년 | 전나무, 녹나무, 가문비나무 |
| 5년 이상 | 너도밤나무, 낙엽송 |

① Salix Koreensis : 버드나무
② Larix Kaempferi : 일본잎갈나무
③ Betula Platyphylla : 자작나무
④ Chamaecyparis Obtusa : 편백

**5** 식재 밀도에 따른 수목 생장에 대한 설명으로 옳은 것은?

① 식재 밀도가 높으면 초살형으로 자란다.
② 식재 밀도가 높을수록 단목재적이 빨리 증가한다.
③ 식재 밀도는 수고생장보다 직경생장에 더 큰 영향을 끼친다.
④ 식재 밀도가 낮으면 경쟁이 완화되어 단목의 생활력이 약해진다.

**해설**
밀식되어있던 나무를 간벌하는 이유는 우량대경재를 생산하기 위함이다. 밀식되어있던 나무를 벌채함으로 직경생장이 촉진되어 우량목이 된다.

**정답** 1.④  2.②  3.②  4.②  5.③

**6** 제벌 작업에 대한 설명으로 옳은 것은?

① 6~9월에 실시하는 것이 좋다.
② 숲가꾸기 과정에서 한번만 실시한다.
③ 간벌 이후에 불량목을 제거하기 위해 실시한다.
④ 산림경영 과정에서 중간 수입을 위해서 실시한다.

> **해설**
> 제벌은 어린나무 가꾸기란 조림목이 임관을 형성한 후부터 솎아베기할 시기에 이르는 동안 주로 침입종을 제거하고 아울러 조림목 중에서 자람과 형질이 매우 나쁜 것을 베어주는 것을 말한다. 6~9월 사이에 실시하는 것을 원칙으로 하되 늦어도 11월 말까지 완료한다.

**7** 난대 수종에 해당하지 않는 것은?

① Abies Nephrolepis
② Pittosporun Tobira
③ Machilus Thunbergii
④ Cinnamomun Camphora

> **해설** 학명
> ① Abies Nephrolepis : 분비나무
> ② Pittosporum Tobira : 돈나무
> ③ Machilus Thunbergii : 후박나무
> ④ Cinnamomum Camphora : 녹나무
> • 난대수종 : 아왜나무, 후박나무, 구실잣밤나무, 해송, 붉가시나무, 녹나무, 돈나무, 편백, 생달나무, 감탕나무, 사철나무, 삼나무, 가시나무, 식나무, 동백나무
> • 분비나무는 한 대림수종이다.

**8** 종자가 5월경에 성숙되는 수종은?

① 회화나무
② 사시나무
③ 자작나무
④ 구상나무

> **해설**
> 5월에 성숙되는 수종 : 버드나무류, 미루나무, 양버들, 황철나무, 사시나무

**9** 수목이 나타나는 미량요소 결핍증에 대한 설명으로 옳지 않은 것은?

① 아연이 결핍되면 잎이 작아진다.
② 철 결핍은 주로 알카리성 토양에서 일어난다.
③ 구리가 결핍되면 잎 끝부분부터 괴사현상이 일어난다.
④ 칼륨 결핍 중상은 잎에 검은 반점이 생기거나 주변에 황화현상이 나타나는 것이다.

> **해설**
> 구리가 결핍 시 소나무의 어린 줄기와 잎이 꼬이는 증세가 나타난다.

**10** 수목 체내의 질소화합물에 해당하지 않는 것은?

① 핵산 관련 그룹
② 대사의 2차 산물 그룹
③ 아미노산과 단백질 그룹
④ 지방산과 지방산 유도체 그룹

> **해설** 주요 질소화합물
> 아미노산과 단백질 그룹, 핵산 관련 그룹, 대사의 2차 산물 그룹, 대사 중개물질그룹

**11** 소나무의 구과 발달에 대한 설명으로 옳은 것은?

① 개화한 후 빨라 자라서 3~4개월 만에 성숙한다.
② 개화한 그 해 5~6월 경에 빨리 자라서 수정하고 가을에 성숙한다.
③ 개화한 해에 수정해서 크게 되고 다음 해에는 크게 자라지 않으며 2년째 가을에 성숙한다.
④ 개화한 해에는 거의 자라지 않고 다음 해 5~6월경에 빨리 자라서 수정하며 2년째 가을에 성숙한다.

> **해설**
> 소나무는 5월~6월경 암, 수구과가 달리며 수구과는 노란색으로 새 가지의 밑 부분에 달리며, 암구과는 자주색으로 새 가지의 끝에 달린다. 보통 개화 후 2년째 성숙된다.

**정답** 6.① 7.① 8.② 9.③ 10.④ 11.④

**12** 간벌방법 중 피압목부터 제거하는 방법은?

① 택벌작업
② 상층간벌
③ 하층간벌
④ 기계적간벌

> 해설 **하층간벌**
> • 하층간벌은 피압된 가장 낮은 수관층의 나무를 먼저 벌채하고 점차 높은 층의 나무를 벌채해 나가는 방법이다.
> • 강도 높은 하층간벌이 실시되고 나면 우세목과 준우세목이 남아 있게 되는데, 이 방법은 침엽수의 단순림에 적용하는데 알맞다.

**13** 광합성 색소인 카로테노이드(Carote-noids)에 관한 설명으로 옳지 않은 것은?

① 식물에서 노란색, 오렌지색, 빨간색 등을 나타내는 색소이다.
② 광도가 높을 경우 광산화작용에 의한 엽록소의 파괴를 방지한다.
③ 식물체 내의 있는 색소 중에서 광질에 반응을 나타내며 광주기 현상과 관련된다.
④ 엽록소를 보조하여 햇빛을 흡수함으로써 광합성 시 보조색소 역할을 담당한다.

> 해설
> 카르테노이드는 엽록소를 보조하여 햇빛을 흡수하는 색소로서 광주기 현상과는 관련이 없다.

**14** 가지치기의 목적과 효과에 대한 설명으로 옳지 않은 것은?

① 무절재를 생산한다.
② 역지 이하의 가지를 제거한다.
③ 산불 발생 시 수간화를 줄여준다.
④ 연륜폭을 조절하여 수간의 완만도를 높인다.

> 해설
> 가지치기를 통하여 수관화로의 확산을 막을 수 있다.

**15** 잣나무 묘목을 가로 2.5m, 세로 2.0m 간격으로 2ha에 식재할 경우 필요한 묘목 본수는?

① 100주
② 400주
③ 1,000주
④ 4,000주

> 해설
> $N = \dfrac{A}{a \times b} = \dfrac{10,000}{2.5 \times 2} = 4,000$본

**16** 택벌작업을 통한 갱신방법에 대한 설명으로 옳은 것은?

① 양수 수종 갱신이 어렵다.
② 병충해에 대한 저항력이 낮다.
③ 임목벌채가 용이하여 치수 보존에 적당하다.
④ 일시적인 벌채량이 많아 경제적으로 효율적이다.

> 해설
> 택벌작업은 음수수종 갱신에 유리하며, 병충해에 대한 저항력은 높고, 임목벌채가 어려우며 치수보존에 유리하다. 일시적인 벌채량이 적어 경제적으로 불리하다.

**17** 모수작업에 의한 갱신이 가장 유리한 수종은?

① 소나무
② 잣나무
③ 호두나무
④ 상수리나무

> 해설
> 모수작업은 소나무, 해송과 같은 양수에 적용되며 종자나 열매가 작아 바람에 날려 멀리 전파될 수 있는 수종에 알맞다.

**18** 비교적 작은 입자(2~5mm)로 구성되어 모서리가 둥글고 딱딱하고 치밀하며 주로 건조한 곳에서 발달하는 토양구조는?

① 벽상구조
② 입상 구조
③ 단립상 구조
④ 세립상구조

> 해설 **입단구조(떼알구조)**
> 토양의 여러 입자가 모여 단체를 만들고 이단체가 다시 모여 입단을 만든 구조로서 공기가 잘 통하고 물을 알맞게 지닌다. 입단구조는 입체적인 배열상태를 이루고 있어 토양수의 이동, 보유 및 공기유통에 필요한 공극을 가지게 된다.

**19** 음이온의 형태로 수목의 뿌리로부터 흡수되는 것은?

① K
② Ca
③ $NH_4$
④ $SO_4$

**해설**
식물을 구성하는 원소는 화합물이나 이온의 형태로 양분 속에 포함되어 외계로부터 흡수된다. 이중 황은 황산이온($SO_4$)의 음이온 형태로 뿌리로부터 흡수된다.

**20** 순림의 장점이 아닌 것은?

① 병충해가 강하다.
② 간벌 등 작업이 용이하다.
③ 조림이 경제적으로 될 수 있다.
④ 경관상으로 더 아름다울 수 있다.

**해설** 순림의 장점
- 가장 유리한 수종만으로 임분을 형성할 수가 있다.
- 산림작업과 경영이 간편하고 경제적으로 수행될 수 있다.
- 임목의 벌채비용과 시장성이 유리하게 될 수 있다.
- 바라는 수종으로 쉽게 임분을 조성할 수가 있다.
- 경관상으로 더 아름다울 수 있다.

## 제2과목 : 산림보호학

**21** 대추나무 빗자루병 방제 약제로 가장 적합한 것은?

① 베노밀 수화제
② 아진포스메틸 수화제
③ 스트렙토마이신 수화제
④ 옥시테트라사이클린 수화제

**해설**
마이코 플라즈마에 의해 발생한 대추나무와 오동나무 빗자루병은 옥시테트라사이클린 수간주사가 효과가 있다.

**22** 완전변태과정을 거치지 않는 것은?

① 벌목
② 나비목
③ 노린재목
④ 딱정벌레목

**해설**
노린재목은 완전변태에서 볼 수있는 번데기 시기가 존재하지 않는 불완전 변태류 또는 외시류라고 한다. 이들의 유충은 약충이라 부르며 보통의 유충과 구별한다.

**23** 도토리거위벌레에 대한 설명으로 옳지 않은 것은?

① 유충으로 월동한다.
② 산란하는 곳은 어린 가지의 수피이다.
③ 우화한 성충은 도토리에 주둥이를 꽂고 흡즙 가해한다.
④ 도토리가 달린 가지를 주둥이로 잘라 땅에 떨어뜨린다.

**해설**
도토리 거위벌레는 도토리에 구멍을 뚫은 후 산란관을 꽂고 1~2개씩 알을 낳는다.

**24** 나무주사 방법에 대한 설명으로 옳지 않은 것은?

① 소나무류에는 주로 중력식 주사를 사용한다.
② 형성층 안쪽에 목부까지 구멍을 뚫어야 한다.
③ 모젯(Mauget) 수간주사기는 압력식 주사이다.
④ 중력식 주사는 약액의 농도가 낮거나 부피가 클 때 사용한다.

**해설**
소나무류의 나무주사는 중력식으로 방제하는 경우 2시간에서 하루 이상의 시간이 소요되므로 가압식 약제를 선택하여 주사한다.

**25** 세균의 의한 수병은?

① 뽕나무 오갈병
② 소나무 줄기녹병
③ 포플러 모자이크병
④ 호두나무 뿌리혹병

**정답** 19.④ 20.① 21.④ 22.③ 23.② 24.① 25.④

해설 세균에 의한 수병
뿌리혹병, 잣나무의 눈마름병, 호두나무의 갈색썩음병, 포플러의 세균성 줄기마름병, 단풍나무의 점무늬병

**26** 밤바구미에 대한 설명으로 옳지 않은 것은?

① 참나무류의 도토리에도 피해가 발생한다.
② 산란기간은 8월에서 10월까지이며 최성기는 9월이다.
③ 유충이 똥을 밖으로 배출하므로 피해식별이 용이하다.
④ 9월 하순 이후부터 피해종실에서 탈출한 노숙유충이 흙집을 짓고 월동한다.

해설
밤바구미는 배설물을 종실 밖으로 배출하지 않아 피해식별이 어렵다.

**27** 밤나무 종실을 가해하는 해충은?

① 솔알락명나방
② 복숭아명나방
③ 복숭아심식나방
④ 백송애기잎말이나방

해설
복숭아명나방은 밤나무(2회)와 복숭아나무(1회)의 종실을 가해하며 1년 2회 발생하며 유충으로 월동한다.

**28** 오리나무 갈색무늬병의 방제법으로 옳지 않은 것은?

① 윤작을 피한다.
② 종자소독을 한다.
③ 솎아주기를 한다.
④ 병든 낙엽은 모아 태운다.

해설
오리나무갈색무늬병은 기주범위가 좁고 기주식물이 없으면 오래 생존할 수 없어 1~2년의 짧은 윤작연한으로 방제가 가능하다.

**29** 태풍 피해가 예상되는 지역에서의 적절한 육림방법은?

① 갱신 시에 임분밀도는 높이는 것이 유리하다.
② 이령림은 유리하나 혼효림 조성은 효과가 크지 않다.
③ 간벌은 충분히 하여 수간의 직경생장을 증가시킨다.
④ 개벌이 불가피한 지역에서는 가급적 대면적으로 실시한다.

해설
태풍 시 바람에 의하여 나무가 넘어질 수 있으므로 복층림으로 유도하거나 간벌을 통하여 뿌리의 발달을 촉진하는 방법으로 육림을 실시하여야 한다.

**30** 모잘록병 방제방법으로 옳지 않은 것은?

① 질소질 비료를 많이 준다.
② 병든 묘목은 발견 즉시 뽑아 태운다.
③ 병이 심한 묘포지는 돌려짓기를 한다.
④ 묘상이 과습하지 않도록 배수와 통풍에 주의한다.

해설
모잘록병의 방제는 질소질비료를 과용하지 말고, 인산질 비료를 충분히 주어 묘목을 튼튼하게 길러야한다.

**31** 식엽성 해충이 아닌 것은?

① 솔나방
② 솔수염하늘소
③ 미국흰불나방
④ 오리나무잎벌레

해설
솔수염 하늘소는 소나무류의 수피 밑의 형성층 부위를 갈아 먹는 해충이므로 식엽성 해충이 아니다.

정답 26.③ 27.② 28.① 29.③ 30.① 31.②

**32** 소나무 재선충병에 대한 설명으로 옳지 않은 것은?

① 토양관주는 방제 효과가 없어 실시하지 않는다.
② 아바멕틴 유제로 나무주사를 설치하여 방제한다.
③ 피해목 내 매개충을 구제하기 위해 벌목한 피해목을 훈증한다.
④ 나무주사를 수지 분비량이 적은 12월~2월 사이에 실시하는 것이 좋다.

**해설**
토양관주법은 예방나무주사나 대상목 중 천공으로 인한 외관손상이나 수간 약제주입으로 인한 약해피해가 우려되는 보존가치가 큰 소나무류를 대상으로 대상목의 수관 폭 만큼 떨어진 곳에 땅속 10~20cm 깊이로 정해진 약량을 골고루 주입한다.

**33** 바다 바람에 대한 저항력이 큰 수종으로만 올바르게 짝지어진 것은?

① 화백, 편백
② 소나무, 삼나무
③ 벚나무, 전나무
④ 향나무, 후박나무

**해설** 해풍에 강한나무
해송, 향나무, 사철나무, 자귀나무, 팽나무, 돈나무, 후박나무 등

**34** 솔껍질깍지벌레가 바람에 의해 피해지역이 확대되는 것과 관련이 있는 충태는?

① 알
② 약충
③ 성충
④ 번데기

**해설**
솔껍질 깍지벌레는 부화한 0.3mm의 작은 충이 바람에 날려 이동해 확산하지만 가까운 거리에서는 간혹 알주머니가 바람에 날려 확산되기도 한다.

**35** 산림해충의 임업적 방제법에 속하지 않는 것은?

① 내충성 품종으로 조림하여 피해 최소화
② 혼효림 조성하여 생태계의 안정성 증가
③ 천적을 이용하여 유용식물 피해 규모 경감
④ 임목밀도를 조절하여 건전한 임목으로 육성

**해설**
임업적 방제법은 육림작업을 통한 방제를 실시하는 방법이므로 천적을 이용한 방제는 임업적 방제방법이 아니다.

**36** 볕데기(Sun Scorch)가 잘 일어나지 않는 경우는?

① 남서방향 임연부의 성목
② 울폐된 숲이 갑자기 개방된 경우
③ 수간 하부까지 지엽이 번성한 수종
④ 수피가 평활하고 코르크층이 발달되지 않은 수종

**해설**
볕데기는 강렬한 태양 직사광선을 받았을 때 수피의 일부에 급격한 수분증발이 생겨 형성층이 고사하는 병으로 수간하부까지 지엽이 번성할 경우 직사광선을 가려주므로 볕데기가 잘 일어나지 않는다.

**37** 곤충의 더듬이를 구성하는 요소가 아닌 것은?

① 자루마디    ② 채찍마디
③ 팔굽마디    ④ 도래마디

**38** 대추나무 빗자루병에 대한 설명으로 옳은 것은?

① 균류의 의해 전반된다.
② 토양에 의해 전반된다.
③ 공기에 의해 전반된다.
④ 분주에 의해 전반된다

**해설**
대추나무 빗자루병의 매개충은 마름무늬 매개충이며 분주에 의한 전반이 발생한다.

**39** 잣나무 털녹병균의 중간기주는?
① 현호색   ② 송이풀
③ 뱀고사리   ④ 참나무류

**해설**
잣나무 털녹병균의 중간기주는 송이풀과 까치밥나무로 중간기주에서 여름포자, 겨울포자, 담자포자를 형성한다.

**40** 수목병에 대한 설명으로 옳지 않는 것은?
① 밤나무 줄기마름병은 1900년경 미국으로부터 침입한 병이다.
② 흰가루병균은 분생포자를 많이 만들어서 잎을 흰가루로 덮는다.
③ 그을음병은 진딧물이나 깍지벌레 등이 가해한 나무에 흔히 볼 수 있는 병이다.
④ 철쭉 떡병균은 잎눈과 꽃눈에서 옥신의 양을 증가시켜 흰색의 둥근 덩어리를 만든다.

**해설**
밤나무 줄기마름병은 1904년 뉴욕의 브롱크스에 있는 뉴욕동물원에서 처음 발견된 후 급속히 확산되어 1940년까지 캐나다 남쪽으로부터 멕시코만에 이르는 미국동부지역의 미국밤나무숲을 황폐화 시켰으며 우리나라에서는 1925년에 최초 보고되었으나 병원균의 분포, 생리, 생태에 관한 연구는 미비한 실정이다.

### 제3과목 : 임업경영학

**41** 재적조사에 대한 설명으로 옳지 않은 것은?
① 유용 수종은 수종별로 나누어 실시한다.
② 원칙적으로 모든 소반을 답사하여 표준지가 될 수 있는 지역을 정한다.
③ 산림의 실태조사 중에서 제일 중요한 작업으로서 수확을 조절하는데 절대 필요한 작업이다.
④ 법정축적법·재적평분법·조사법 등과 같이 축적과 생장량에 중점을 두고 있는 방법에서는 정확하게 할 필요가 없이 약식으로 한다.

**해설**
법정축적법, 재적평분법, 조사법 등은 재적을 정확히 조사하여 법정림을 만들거나 또는 수확량을 조절하는 방법이므로 재적조사를 정확하게 실시해야 한다.

**42** 원가 계산을 위한 원가비교 방법으로 옳지 않은 것은?
① 기간비교
② 상호비교
③ 수익비용비교
④ 표준실제비교

**43** 현재 축적이 1,000$m^3$이고 생장률이 연 3% 일 때 단리법에 의한 9년 후 축적은?
① 1,270$m^3$   ② 1,300$m^3$
③ 1,344$m^3$   ④ 1,453$m^3$

**해설**
단리법 = 1,000(1+9×0.03) = 1,270$m^3$

**44** 입업이율의 성격으로 옳은 것은?
① 명목이율   ② 실질이율
③ 대부이율   ④ 현실이율

**해설**
임업이율은 명목이율, 자본이자, 장기이율, 평정이율이다.

**45** 임목의 연년생장량과 평균 생장량간의 관계에 대한 설명으로 옳은 것은?
① 초기에는 연년생장량이 평균 생장량보다 작다.
② 연년생장량이 평균 생장량보다 최대점에 늦게 도달한다.
③ 평균 생장량이 최대가 될 때 연년생장량과 평균 생장량이 같게 된다.
④ 평균 생장량이 최대점에 이르기까지는 연년생장량이 평균 생장량보다 항상 작다.

**정답** 39.② 40.① 41.④ 42.③ 43.① 44.① 45.③

**해설** 평균 생장량과 연년생장량의 관계
1. 처음에는 연년 생장량이 평균 생장량보다 크다.
2. 연년 생장량은 평균 생장량보다 빨리 극대점에 이른다.
3. 평균 생장량의 극대점에서 두 생장량의 크기는 같다.
4. 평균 생장량이 극대점에 이르기까지는 연년 생장량이 항상 평균 생장량보다 크다.
5. 평균 생장량이 극대점을 지난 후에는 연년생장량이 평균 생장량보다 하위에 있다.
6. 연년생장량이 극대점에 이르는 기간을 유령기, 이때부터 평균 생장량이 극대점에 이르기까지를 장령기, 그 이후를 노령기라고 한다.

〈연년생장량과 평균생장량의 관계〉

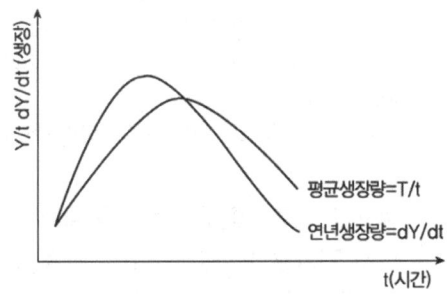

**46** 형수를 사용해서 임목의 재적을 구하는 방법을 형수법이라고 하는데, 비교 원주의 직경 위치를 최하단부에 정해서 구한 형수는?
① 정형수  ② 단목형수
③ 절대형수  ④ 흉고형수

**해설** 임목의 위치에 따른 형수의 종류

| 종류 | 내용 |
|---|---|
| 정형수 | 수고 1/n 위치의 직경을 기준으로 하는 형수 |
| 절대형수 | 수고 최하부의 직경을 기준으로 하는 형수 |
| 흉고형수 | 가슴높이 1.2m를 기준으로 하는 형수 |

**47** 투자비용의 현재가에 대하여 투자의 결과로 기대되는 현금 유입의 현재가 비율을 나타내는 것으로 투자효율을 결정하는 방법은?
① 회수기간법  ② 수익비용율법
③ 순현재가치법  ④ 투자이익률법

**해설**
수익비용율법은 순현재가치법의 단점을 보완하기 위해 만든 방법으로 투자비용의 현재가에 대하여 투자의 결과로 기대되는 현금유입의 현재가 비율을 나타내는 할인율로 B/C율이 1보다 크면 투자할 가치가 있는 사업으로 평가한다.

**48** 수확표의 내용과 관련이 없는 것은?
① 재적  ② 평균수고
③ 지위등급  ④ 지리등급

**해설**
지리등급은 10등급으로 임도 또는 도로까지의 거리를 100m 단위로 구분한 것으로 수확표의 내용과는 거리가 멀다.

**49** 다음 조건에서 5년간 발생한 순수익은?

- 35년생 소나무림 임목축적 : 90m³
- 40년생 소나무림 임목축적 : 100m³
- 5년 동안의 이용 재적량 : 30m³
- 소나무의 임목 1m³ 당 가격 : 10,000원

① 350,000  ② 400,000
③ 450,000  ④ 500,000

**해설**
(이용량 30 + 축적량 10)×10,000 = 400,000

**50** 자연휴양림시설의 종류에 따른 규모의 기준으로 옳지 않은 것은?
① 건축물의 층수는 3층 이하일 것
② 건축물이 차지하는 총 바닥면적은 1만제곱미터 이하일 것
③ 음식점을 제외한 개별 건축물의 연면적은 900제곱미터 이하일 것
④ 시설 설치에 따른 산림의 형질변경 면적은 20만제곱미터 이하일 것

**해설**
자연휴양림의 형질변경은 10만제곱미터 이하가 되도록 해야 한다.

**정답** 46.③  47.②  48.④  49.②  50.④

**51** 임업경영의 생산성 원칙을 달성하기 위하여 어떤 종류의 생장량이 최대인 시기를 벌기로 결정해야 하는가?

① 총생장량  ② 연년생장량
③ 평균생장량  ④ 한계생장량

**해설**
단위면적당 평균적으로 가장 많은 목재를 생산하는 생산성의 원칙을 달성하기 위해서는 임목의 평균 생산량이 최대인 시기 즉 재적수확 최대의 벌기령의 선택하여 벌채한다.

**52** 자본장비도와 자본효율의 개념을 임업에 도입할 때 자본장비도에 해당하는 것은?

① 노동  ② 소득
③ 생장률  ④ 임목축적

**해설**
- 자본을 K, 종사자의 수를 N이라고 하면 K/N이 자본장비도이다.
- 소득을 Y라 하고 이것을 종사자의 수 N으로 나누면 1인당 국민소득이 된다.
- Y/N은 1인당 생산성을 나타내며, Y/K는 자본의 가동상태, 즉 자본의 효율을 나타낸다.
- 1인당 소득(노동생산성)은 자본장비도(임목축적)와 자본효율(생장율)에 의해 정해진다.

**53** 임분밀도를 나타내는 척도로 옳지 않은 것은?

① 재적  ② 입목도
③ 지위지수  ④ 상대공간지수

**해설**
지위지수란 어떤 나무에 있어서 몇 년생일 때에는 나무의 높이가 몇 m에 달할 수 있다는 식으로 임지의 생산능력을 구체적인 숫자로 나타낸 것으로 임분의 밀도는 나타내는 것과는 거리가 멀다.

**54** 자연휴양림으로 지정된 산림에 휴양시설의 설치 및 숲가꾸기 등의 조성계획을 승인하는 자는?

① 산림청장
② 시·도지사
③ 농림축산식품부장관
④ 자연휴양림 관리소장

**55** 다음과 같은 조건에서 시장가역산식을 이용한 임목가는?

- 원목시장가격 : 100,000원
- 총비용 : 30,000원
- 정상이윤 : 20,000원

① 50,000원  ② 70,000원
③ 80,000원  ④ 150,000

**해설**
시장가 역산법은 현재시장에서 거래하고 있는 목재의 가격을 파악하여 벌목비, 조재비, 운반비 등 기타 일체비용을 빼주어야 한다.
따라서 100,000−(30,000+20,000) = 50,000원

**56** 벌구식 택벌작업에서 맨 처음 벌채된 벌구가 다시 택벌될 때까지의 소요기간을 무엇이라고 하는가?

① 회귀년  ② 벌기령
③ 윤벌기  ④ 벌채령

**해설**
회귀년은 이령림의 임분에서 사용되는 개념이다. 이령림은 택벌로 작업이 이루어지므로 처음에 택벌된 벌구가 다시 택벌될 때까지의 기간을 회귀년이라고 한다.

**57** 입목재적표는 입목의 재적을 구하기 위해 만들어진 재적표를 말하는데, 방안지에 곡선을 그리고 자유곡선법에 의해 평활한 곡선으로 수정하여 완성하게 된다. 이 곡선에서 수치를 읽어 재적표를 만드는 방법은?

① 형수법  ② 직접법
③ 도표법  ④ 곡선도법

**해설** 곡선도법
방안지의 가로축에 평균직경을 세로축에 재적을 표시하여 이를 연결한 후 자유곡선법으로 수정하여 그린 곡선으로 평균직경에 상응하는 수치를 얻어 재적표를 만드는 방법이다.

**정답** 51.③  52.④  53.③  54.②  55.①  56.①  57.④

**58** 임업경영자산 중 유동자산으로 볼 수 없는 것은?

① 임업 종자
② 임업용 기계
③ 미처분 임산물
④ 임업생산 자재

**해설** 고정자산
임지, 건물, 구축물(임도. 삭도. 숯가마 등), 기계(산림용인 큰 기계), 동물(산림에 사용되는 말)

**59** 임목 재적측정 시 가장 먼저 할 일은?

① 조사목 선정
② 조사구역 설정
③ 조사목의 중량측정
④ 임분의 현존량 추정

**해설**
임목의 재적측정 시 먼저 표준지를 설정해야한다. 즉, 조사 구역을 200m², 혹은 400m²로 할지 선정한 후 임목의 직경과 수고를 측정하여 재적을 측정한다.

**60** 어떤 임지는 육림용으로 사용할 수도 있고 목축용으로 사용할 수도 있다. 이 때 임지를 육림용으로 사용할 경우 목축용으로 사용할 때 얻을 수 있는 수익을 포기하는 것을 의미하는 원가는?

① 기회원가
② 변동원가
③ 한계원가
④ 증분원가

**해설** 기회원가
생산활동에 여러가지 대체방안이 있을 때, 그중에서 어떠한 한 가지 방안을 선택하게 되면 다른 방안을 선택할 수 없게 되어 그 방안에서 얻을 수 있는 수익을 포기하여야 한다.

---

제4과목 : 임도공학

**61** 임도 노체의 기본구조를 순서대로 나열한 것은?

① 노상 – 노반 – 기층 – 표층
② 노상 – 기층 – 노반 – 표층
③ 노상 – 기층 – 표층 – 노반
④ 노상 – 표층 – 기층 – 노반

**해설** 노체의 구성

| 구성 |
|---|
| 표층(表層) |
| 기층(基層) |
| 노면(路面) |
| 노상(路床) |

**62** 실제 지상의 두 점간 거리가 100m인 지점이 지도상에서 4mm로 나타났다면 이 지도의 축척은?

① 1/1000
② 1/2500
③ 1/25000
④ 1/50000

**해설**
실제거리 = 지도상의 거리 × 축척

축척 = $\frac{실제거리}{지도상의 거리} = \frac{100,000}{4} = 25,000$

**63** 40ha 면적의 산림의 간선임도 500m, 지선임도 300m, 작업임도 200m가 시설되어 있다면 임도밀도는?

① 12.5m/ha
② 20m/ha
③ 25m/ha
④ 40m/ha

**해설**
임도밀도 = $\frac{500+300+200}{40}$ = 20m/ha

---

정답  58. ②  59. ②  60. ①  61. ①  62. ③  63. ③

**64** 임도 배수구 설계 시 배수구의 통수단면은 최대홍수 유출량의 몇 배 이상으로 설계·설치하는가?

① 1.0배  ② 1.2배
③ 1.5배  ④ 2.0배

**해설**
배수구의 통수 단면은 100년 빈도 확률강우량과 홍수도달시간을 이용한 합리식으로 계산된 최대 홍수유출량의 1.2배 이상으로 설계하며 기본적으로 100m 내외의 간격으로 설치, 그 지름은 1,000mm 이상으로 한다.

**65** 임도의 적정 종단기울기를 결정하는 요인으로 거리가 먼 것은?

① 노면 배수를 고려한다.
② 적정한 임도우회율을 설정한다.
③ 주행 차량의 회전을 원활하게 한다.
④ 주행 차량의 등판력과 속도를 고려한다.

**해설**
임도에서 적정 종단기울기 4~8%이며 노면의 배수관계(침식관계), 임도우회율(비용관계), 주행차량의 등판력 및 속도(차량주행관계) 등을 고려하여 결정하여야한다.

**66** 임도 설계서 작성에 필요한 내용으로 옳지 않은 것은?

① 목차        ② 토적표
③ 특별시방서  ④ 타당성 평가표

**해설**
타당성 평가표는 임도설계서 작성 전 필요성, 적합성, 환경성을 산림청장이 위촉하는 3인의 평가자가 합동으로 실시한다.

**67** 임도 선형설계를 제약하는 요소로 적합하지 않은 것은?

① 시공상에서의 제약
② 대상지 주요 수종에 의한 제약
③ 사업비·유지관리비 등에 의한 제약
④ 자연환경의 보존·국토보전 상에서의 제약

**해설**
임도의 선형설계는 산속에서 이루어지므로 시공상, 사업비, 유지관리비상, 자연환경의 보존상에서의 제약을 받고 있다.

**68** 시장 또는 국유림관리소장은 임도 노선별로 노면 및 시설물의 상태를 연간 몇 회 이상 점검하도록 되어 있는가?

① 1회 이상  ② 2회 이상
③ 3회 이상  ④ 4회 이상

**해설**
임도보수관리 책임자는 임도 노면 및 시설물을 연간 2회 이상 점검하도록 규정되어 있다.

**69** 임도 각 측점 단면마다 지반고, 계획고, 절·성토고 및 지장목 제거 등의 물량을 기입하는 도면은?

① 평면도    ② 표준도
③ 종단면도  ④ 횡단면도

**해설 횡단면도**
단면적, 측구터파기단면적, 사면보호공의물량, 각 측점의 단면마다 지반고, 계획고, 절토단면적, 성토단면적 등을 기입한다.

**70** 다음 그림과 조건을 이용하여 계산한 측선 CA의 방위각은?

- 내각 ∠A=62°15′27″
- 내각 ∠B=54°37′49″
- 내각 ∠C=63°06′53″
- 측선 AB의 방위각 = 27°35′15″

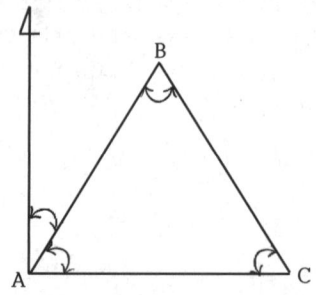

정답 64.② 65.③ 66.④ 67.② 68.② 69.④ 70.③

① 89°50′39″  ② 89°50′42″
③ 269°50′39″  ④ 269°50′42″

**해설**
- 내각∠A+∠B+∠C = 179°58′129″ = 180°00′9″와 같다. 삼각형 세 각의 합이 180°보다 작아야 하므로 세 개의 내각(∠A, ∠B, ∠C)을 각각 03″씩 줄인다.
- AC의 방위각 = 측선 AB의 방위각(27°35′15″)+내각(∠A=62°15′24″)+180°
- AC의 방위각 = 89°50′39″+180° = 269°50′39″

**71** 다음 설명에 해당하는 임도 노선 배치방법은?

> 지형도 상에서 임도노선의 시점과 종점을 결정하여 경험을 바탕으로 노선을 작성한 다음 허용 기울기 이내인가를 검토하는 방법이다.

① 자유배치법
② 자동배치법
③ 선택적배치법
④ 양각기 분할법

**해설**
자유배치법은 적정 종단기울기를 바탕으로 시점과 종점을 결정하여 경험을 바탕으로 노선을 작성하는 방법이다.

**72** 지형지수 산출 인자로 옳지 않은 것은?

① 식생
② 곡밀도
③ 기복량
④ 산복경사

**해설 지형지수**
산림의 지형조건(험준함·복잡함)을 개괄적으로 표시하는 지수로서 임지경사, 기복량, 곡밀도의 가지 지형요소로 부터 구할 수 있다.

**73** 가장 일반적으로 이용되는 다각측량의 각 관측방법으로 임도곡선 설정 시 현지에서 측점을 설치하는 곡선설정 방법은?

① 교각법
② 편각법
③ 진출법
④ 방위각법

**해설 교각법**
- 가장 기본적인 방법이며, 곡선말뚝을 현장에 설정할 때 사용한다.
- 임도와 같이 비교적 반지름이 작은 곡선을 설정할 때 사용한다.

**74** 임도 개설에 따른 절·성토 시 부족한 토사공급을 위한 장소는?

① 객토장
② 사토장
③ 집재장
④ 토취장

**해설**
토취장은 임도개설 시 부족한 토사를 채취하는 장소이며, 사토장은 남은 흙은 버리는 장소이다.

**75** 임도의 횡단배수구 설치장소로 적당하지 않은 것은?

① 구조물 위치의 전·후
② 노면이 암석으로 되어있는 곳
③ 물 흐름 방향의 종단기울기 변이점
④ 외쪽기울기로 인한 옆도랑 물이 역류하는 곳

**해설 횡단배수구 설치장소**
- 물이 흐르는 아랫방향의 종단기울기 변이점
- 구조물의 앞이나 뒤
- 외쪽물매로 인해 옆도랑이 역류하는 곳
- 흙이 부족하여 속도랑으로 부적당한곳
- 체류수가 있는 곳

**76** 토사지역에 절토 경사면을 설치하려 할 때 기울기의 기준은?

① 1 : 0.3~0.8
② 1 : 0.5~1.2
③ 1 : 0.8~1.5
④ 1 : 1.2~1.5

**해설 절토사면 기울기**
- 암석지 : 1:0.3~1.2
- 토사지역 : 1:0.8~1.5
- 경암 : 1:0.3~0.8
- 연암 : 1:0.5~1.2

**정답** 71.① 72.① 73.① 74.④ 75.② 76.③

**77** 와이프로프의 안전계수식을 올바르게 나타낸 것은?

① 와이어로프의 최소장력 ÷ 와이어로프에 걸리는 절단하중
② 와이어로프의 최대장력 ÷ 와이어로프에 걸리는 절단하중
③ 와이어로프에 절단하중 ÷ 와이어로프에 걸리는 절단하중
④ 와이어로프의 절단하중 ÷ 와이어로프에 걸리는 최대장력

> **해설**
> 와이어로프의 안전계수
> $= \dfrac{\text{와이어로프의 절단하중(kg)}}{\text{와이어로프에 걸리는 최대 장력(kg)}}$

**78** 임도의 합성기울기를 11%로 설정할 경우 외 적기울기가 5%일 때 종단기울기로 가장 적당한 것은?

① 약 8%
② 약 10%
③ 약 12%
④ 약 14%

> **해설** 합성 기울기
> 종단기울기와 횡단기울기를 합성한 기울기
> $S = \sqrt{i^2 + j^2} = \sqrt{5^2 + j^2} = 11$
> $\therefore j = \sqrt{11^2 + 5^2} = 9.79\%$이므로 약 10%

**79** 임도의 횡단선형을 구성하는 요소가 아닌 것은?

① 길어깨
② 옆도랑
③ 차도나비
④ 곡선반지름

> **해설** 횡단선형 구성요소
> 옆도랑, 길어깨, 유효너비, 절토비탈면, 성토비탈면

**80** 집재가선을 설치할 때 본줄을 설치하기 위한 집재기 쪽의 지주를 무엇이라 하는가?

① 머리기둥
② 꼬리기둥
③ 안내기둥
④ 받침기둥

─── 제5과목 : 사방공학 ───

**81** 빗물에 의한 침식의 발생 순서로 옳은 것은?

① 우격침식 – 면상침식 – 구곡침식 – 누구침식
② 우격침식 – 구곡침식 – 면상침식 – 누구침식
③ 우격침식 – 누구침식 – 면상침식 – 구곡침식
④ 우격침식 – 면상침식 – 누구침식 – 구곡침식

> **해설**
> 빗물에 의한 침식은 우격침식 – 면상침식 – 누구침식 – 구곡침식의 순으로 발달된다.

**82** 다음 시우량법 공식에서 K가 의미하는 것은?

$$Q = K \times \dfrac{A \times \dfrac{m}{1000}}{60 \times 60}$$

① 유역면적
② 총강우량
③ 총유출량
④ 유거계수

> **해설** 유역 면적에 의한 최대 시우량(Q)
> $Q = K \times \dfrac{A \times \dfrac{m}{1000}}{60 \times 60}$
> Q : 1초동안의 유량, (m³/s), a : 유역면적(m²)
> m : 최대 시우량(mm/h), K : 유거계수

**정답** 77. ④  78. ②  79. ④  80. ①  81. ④  82. ④

### 83 산지사방 공사에 해당하지 않는 것은?
① 기슭막이  ② 비탈다듬기
③ 땅속흙막이  ④ 선떼붙이기

**해설** 산지사방공사
① 비탈다듬기
② 단끊기
③ 땅속흙막이: 돌, 돌망태, 바자, 콘크리트, 콘크리트블록, 흙땅속흙막이
④ 누구막이: 떼, 돌, 돌망태, 콘크리트블록, 통나무
⑤ 산비탈수로내기: 떼, 돌, 콘크리트, 콘크리트블록
⑥ 흙막이: 바자, 통나무, 돌, 돌망태, 콘크리트, 폐타이어
⑦ 골막이: 돌, 흙, 바자, 돌망태, 통나무, 콘크리트블록

### 84 선떼붙이기 공법에 대한 설명으로 옳지 않은 것은?
① 발디딤은 작업의 편의를 도모한다.
② 1~2급을 적용하는 것이 경제적이다.
③ 1급 선떼붙이기에 가까울수록 고급 공법이다.
④ 1m 당 떼의 사용 매수의 따라 1~9급으로 구분한다.

**해설** 선떼붙이기의 높이는 경사와 입지조건에 따라 다르지만 일반적으로 6~7급이 많이 시공한다. 또한 9급에서 1급으로 올라갈수록 비용이 많이 발생한다.

### 85 사력의 교대는 일어나지만 하상 종단면의 형상에는 변화가 없는 하상의 기울기는?
① 임계기울기  ② 안정기울기
③ 홍수기울기  ④ 평형기울기

**해설** 안정기울기
황폐계천의 기울기는 불규칙하고 급하므로 계천바닥을 침식하지 않는 최대 기울기인 보정(안정)기울기로 조정해야 한다. 보정(안정)기울기는 안정 구배라고도 하며 자갈의 모양, 크기, 유수의 밀도, 지형적 기복상태에 따라 달라진다. 보정(안정)기울기는 대략 3%내외이며 현 계천 바닥기울기의 1/2~1/3 정도로 결정한다.

### 86 사방댐에서 안전시공을 위해 고려해야 할 외력이 아닌 것은?
① 수압  ② 풍력
③ 양압력  ④ 퇴사압

**해설** 사방댐의 외력은 수압, 퇴사압, 양압력, 본댐의 수직압력, 지초지반의 허용압력 등이 있다.

### 87 산사태의 발생 원인에서 지질적 요인이 아닌 것은?
① 절리의 존재  ② 단층대의 존재
③ 붕적토의 분포  ④ 지표수의 집중

**해설** 지표수에 의한 산사태는 지질적 요인이 아닌 수계에 의한 요인이다.

### 88 수로 경사가 30도, 경심이 1.0m, 유속계수가 0.36일 때 Chezy 평균유속공식에 의한 유속은?
① 약 0.10m/s  ② 약 0.21m/s
③ 약 0.27m/s  ④ 약 0.38m/s

**해설** Chezy 공식
$c\sqrt{RI} = 0.36\sqrt{1 \times 0.58} = 0.27$m/s
※ 경사도를 기울기로 변환하는 방법
$\tan 30 = \dfrac{높이}{밑변}$, 기울기 = $\dfrac{수직높이}{수평거리}$,
높이에 대한 수평거리를 구한다.
$\tan 30 = \dfrac{1}{수평거리}$이므로, 수평거리 = 1.73
∴ 기울기 = $\dfrac{1}{1.73}$ = 0.58(58%)

### 89 사방댐 중에서 가장 많이 시공된 댐은?
① 흙댐  ② 돌망태댐
③ 강철틀댐  ④ 콘크리트댐

**해설** 사방댐은 재료의 종류에 따라 여러 가지가 있지만 현재까지 콘크리트댐이 가장 많다. 최근에는 친환경 사방댐을 위해서 돌, 목재 등 친환경 소재를 이용하여 사방댐을 지으려고 한다.

---

**정답** 83.① 84.② 85.② 86.② 87.④ 88.③ 89.④

**90** 사방댐의 설치 목적이 아닌 것은?

① 산각을 고정하여 사면 붕괴 방지
② 계상 기울기를 완화하고 종침식 방지
③ 유수의 흐름 방향을 변경하여 계안 보호
④ 계상에 퇴적된 불안정한 토사의 유동 방지

> **해설** 사방댐의 설치목적
> · 계상의 물매를 완화하고 종횡침식을 방지하는 작용
> · 산각의 고정과 산복붕괴 방지
> · 계상에서 퇴적한 불안정한 토사의 유출억제와 조절
> · 산불 진화용수 및 야생동물의 음용수를 공급
> · 계류생태계보전

**91** 비탈면에 직접 거푸집을 설치하고 콘크리트 치기를 하여 틀을 만드는 비탈안정공법은?

① 비탈힘줄박이공법
② 비탈블록붙이기공법
③ 비탈지오웨이브공법
④ 콘크리트뿜어붙이기공법

> **해설** 힘줄박이 공법
> 직접 거푸집을 설치하여 콘크리트를 쳐 비탈면의 안정을 위한 뼈대인 힘줄을 만들고, 흙이나 돌로 채워 녹화한다.

**92** 채광지 복구 과정에서 사용되는 공법으로 가장 부적합한 것은?

① 돌단쌓기
② 모래덮기
③ 씨뿜어붙이기
④ 기초옹벽식 돌쌓기

> **해설** 모래덮기
> 초류의 종자를 파종하고 거적으로 덮어주는 공법으로 퇴사 울타리 공법과 인공모래 쌓기 공법으로 조성된 사구를 그대로 방치하면 바람에 의하여 침식되어 이미 조성된 사구가 파괴되므로 이것을 방지하기 위하여 설치한다.

**93** 산지사방에서 비탈다듬기 공사를 하기 전에 시공하는 것이 효과적인 공사는?

① 단끊기
② 떼단쌓기
③ 땅속흙막이
④ 퇴사울세우기

> **해설**
> 비탈다듬기 공사를 하기 전에 뜬흙이나 단끊기를 통하여 생산된 흙의 유실을 막기 위하여 땅속흙막이 공법을 먼저 실행한 후에 비탈다듬기 공사를 실행하여야 한다.

**94** 배수로 단면의 윤변이 10m이고 유적이 15m²일 때 경심은?

① 0.7m
② 1.0m
③ 1.5m
④ 2.0m

> **해설**
> 경심 = $\frac{유적}{윤변}$ = $\frac{15}{10}$ = 1.5m

**95** 땅밀림과 비교한 산사태에 대한 설명으로 옳지 않은 것은?

① 점성토를 미끄럼면으로 하여 속도가 느리게 이동한다.
② 주로 호우에 의하여 산정에서 가까운 산복부에서 많이 발생한다.
③ 흙덩어리가 일시에 계곡, 계류를 향하여 연속적으로 길게 붕괴하는 것이다.
④ 비교적 산지 경사가 급하고 토층 바닥에 암반이 깔린 곳에서 많이 발생한다.

> **해설**
> 산사태는 사질토에서 많이 발생한다.

**96** 콘크리트 혼화제 중 응결경화촉진제에 해당하는 것은?

① AE제
② 포졸란
③ 염화칼슘
④ 파라핀 유제

> **해설**
> 응결경화 촉진제는 수화열 발생으로 수화 반응을 촉진하여 조기에 강도를 내는 혼화제로 염화칼슘을 많이 사용한다.

**정답** 90.③ 91.① 92.② 93.③ 94.③ 95.① 96.③

**97** 비탈면에 나무를 심을 때 고려할 사항으로 옳지 않은 것은?

① 비탈면에는 관목을 식재하지 않는 것이 좋다.
② 수목이 넘어져도 위험성이 없도록 해야 한다.
③ 흙쌓기 비탈면에서는 비탈면의 하단부에 식재하는 것이 좋다.
④ 인공재료에 의한 시공에 비해 비탈면 기울기를 완화시켜야 한다.

**해설**
비탈면에는 대목을 식재하지 않는 것이 좋다.

**98** 견치돌의 길이는 앞면의 크기의 몇 배 이상인가?

① 0.8　　② 1.0
③ 1.2　　④ 1.5

**해설 견치돌**
견고도가 요구되는 사방공사 특히 규모가 큰 돌댐이나 옹벽공사에 사용되는 돌로 돌을 뜰 때 치수를 특별한 규격에 맞도록 지정하여 깬돌이다. 앞면은 25cm×25cm~40cm×40cm이고, 뒷 길이는 35~60cm이다.

**99** 사방사업 대상지 분류에서 황폐지의 초기단계에 속하는 것은?

① 척악임지
② 땅밀림지
③ 임간나지
④ 민둥산지

**해설 황폐지 단계**
척악임지-임간나지-초기황폐지-황폐이행지-민둥산-특수황폐지

**100** 비탈면 끝을 흐르는 계천의 가로침식에 의하여 무너지는 침식현상은?

① 산붕
② 포락
③ 붕락
④ 산사태

**해설 포락**
비탈면 끝을 흐르는 계천의 가로침식에 의해 무너지는 침식

**정답** 97.① 98.④ 99.① 100.②

## 국가기술자격 필기시험문제

**2017년 제2회 필기시험**

| 자격종목 및 등급(선택분야) | 종목코드 | 시험시간 | 형별 |
|---|---|---|---|
| 산림기사 | 1564 | 2시간 30분 | A |

### 제1과목 : 조림학

**1. 테트라 졸륨의 사용 목적으로 옳은 것은?**

① 바이러스 검출
② 종자활력 검사
③ 발아 촉진 유도
④ 대기오염의 영향 검사

**해설** 종자의 활력 검사 방법으로 환원법이 있다. 환원법은 테트라졸륨을 사용하여 배가 적색 또는 분홍색일 때 건전립으로 본다. 레룰루산소다는 배가 흑색이나 암갈색일 때 건전립으로 본다.

**2. 식재 후 첫 번째 제벌작업이 실시되는 임종별 임령으로 옳은 것은?**

① 소나무림 : 15년
② 삼나무림 : 20년
③ 상수리나무림 : 15년
④ 일본잎갈나무림 : 8년

**해설** 각수종별 제벌시기
• 소나무, 낙엽송 : 7~8년
• 삼나무 : 10년
• 가문비나무, 전나무 : 10~13년

**3. 단순림과 비교한 혼효림의 장점으로 옳은 것은?**

① 산림병해충 등 각종 재해에 대한 저항력이 높다.
② 가장 유리한 수종으로만 임분을 형성할 수 있다.
③ 산림작업과 경영이 간편하고 경제적으로 수행할 수 있다.
④ 숲을 구성하는 임목의 나이차이가 거의 없어 관리하기 용이하다.

**해설** 혼효림의 장점
• 심근성과 천근성 수종이 혼생할 때 바람의 저항성이 증가하고 토양단면 공간이용이 효과적이다.
• 유기물의 분해가 빨라져 무기양분의 순환이 더 잘된다.
• 수관에 의한 공간의 이용이 효과적이다.
• 혼효림 내의 기후상태는 변화의 폭이 좁아진다.
• 각종 피해 인자에 대한 저항력이 증가한다.

**4. 소립종자 1,000개의 무게로 나타내는 종자검사기준은?**

① 실중
② 효율
③ 용적률
④ 발아력

**해설** 실중은 순정종자 1,000립의 무게로서 그램(g) 단위로 표시한다.

**5. Möller의 항속림 사상의 강조 내용으로 옳은 것은?**

① 인공갱신을 원칙으로 한다.
② 정해진 윤벌기에 군상목택벌의 선정기준에 준해서 한다.
③ 벌채목 선정은 산벌작업의 선정기준에 준해서 한다.
④ 개벌을 금하고 해마다 간별 형식의 벌채를 반복한다.

**해설** 항속림 사상
① 항속림은 이령 혼효림이다.
② 개벌을 금하고 해마다 간벌형식의 벌채를 반복한다.
③ 지력을 유지하기 위해서 지표유기물을 보존한다.

**정답** 1. ② 2. ④ 3. ① 4. ① 5. ④

⑤ 항속림 시업에 있어서 인공색재를 단념한것은 아니며 갱신은 천연갱신을 원칙으로 한다.
⑥ 벌채목의 선정은 택벌작업의 선정기준에 준한다.

## 6 천연림 보육에 대한 설명으로 옳지 않은 것은?

① 하층임분은 특별한 이유가 없는 한 그대로 둔다.
② 미래목은 실생목보다 맹아목을 우선적으로 고려하여 선정하는 것이 좋다.
③ 세력이 너무 왕성한 보호목은 가지를 제거하여 미래목의 생장에 영향이 없도록 한다.
④ 상층목의 생육공간을 확보해주기 위하여 수관경쟁을 하고 있는 불량형질목과 가치가 낮은 임목은 제거한다.

**해설**
미래목은 수목의 사회적 위치, 건전성, 형질 등이 우수한 나무로 실생목으로 선정한다.

## 7 소나무류에서 주로 실시하는 접목 방법은?

① 절접
② 박접
③ 아접
④ 할접

**해설**
할접은 대목을 절단면의 직경 방향을 쪼개고 쐐기모양으로 깎은 접수를 삽입하는 방법으로 소나무류나 낙엽활엽수의 고접에 주로 사용된다.

## 8 잎의 유관속이 1개인 수종은?

① Pinus Rigida
② Pinus Densiflora
③ Pinus Koraiensis
④ Pinus Thunbergii

**해설**
① 리기다소나무
② 소나무
③ 잣나무
④ 해송

유관속은 물과 양분의 이동통로로서 물관은 물의이동통로 체관은 영양분의 이동통로이다. 잣나무의 유관속은 1개이고 소나무류의 유관속은 2개이다. 따라서 서로 교배가 되지 않는다.

## 9 수목의 개화촉진 방법이 아닌 것은?

① 환상박피 실시
② 단근, 이식 실시
③ 봄철에 질소 시비
④ 간벌, 가지치기 실기

**해설**
비료의 3요소를 알맞게 주거나 시비시기를 조절하여 화아분화기에 시비하면 결실이 촉진된다. 질소보다는 인산과 칼륨을 더 많이 사용하는 것이 효과적이다.

## 10 나자식물의 엽육조직에서 책상조직과 해면조직이 분화되지 않은 수종은?

① 주목
② 전나무
③ 소나무
④ 은행나무

**해설** 소나무 엽육조직
소나무는 다른 수종들과 달리 엽육조직 내 책상조직과 해면조직이 따로 구분되어 있지 않는다.

## 11 산림 내에서 나무가 죽어 공간이 생기면 주변의 나무들이 빈 공간 쪽으로 자라오고, 숲의 가장자리에 위치한 나무는 햇빛이 많이 있는 바깥쪽으로 빨리 자란다. 이는 어떤 현상과 가장 밀접한 관련이 있는가?

① 굴지성
② 주광성
③ 휴면성
④ 삼투성

**해설**
나무는 햇빛을 통해 광합성을 하여 영양분을 생산하므로 햇빛 쪽으로 잎이 더 발달하게 되는 현상으로 주광성이라고도 한다.

**정답** 6. ② 7. ④ 8. ③ 9. ③ 10. ③ 11. ②

**12** 파종량을 산정할 때 필요한 인자가 아닌 것은?

① 발아세  ② 종자수
③ 발아율  ④ 순량률

**해설**

파종량(W) = $\dfrac{A \times S}{D \times P \times G \times L}$

W : 파종량(g), A : 파종면적, S : m²당 남길 묘목수, D : g당 종자입수, P : 순량률, G : 발아율, L : 득묘율(묘목잔존율, 득묘율의 범위는 0.3~0.5)
※ E(종자효율)=P×G

**13** 인공조림에 의하여 새로운 수종의 숲을 조성하는데 가장 효율적인 갱신방법은?

① 모수작업  ② 산벌작업
③ 택벌작업  ④ 개벌작업

**해설**

개벌은 모든 나무가 일시에 벌채되고 새로운 임분이 형성되는 것으로 가장 경제적이고 효율적이다.

**14** 묘목의 자람이 늦어 묘상에 가장 오랫동안 거치하는 수종은?

① Picea Jezoensis
② Larix Kaempferi
③ Pinus Densiflora
④ Quercus Acutissima

**해설**

① 가문비나무
② 일본잎갈나무
③ 소나무
④ 상수리나무

가문비나무 및 전나무는 소목의 생장이 다른 수종보다 늦으므로 묘상에서 오랫동안 거치하게 된다.

**15** 토양 수분에서 수목이 이용 가능한 것은?

① 결합수  ② 흡습수
③ 팽윤수  ④ 모세관수

**해설** 식물이 이용할 수 있는 유효수분으로는 중력수(pF2.5 이하)와 모관수(모세관수 pF 2.7~4.2)이다.

**16** 관다발 형성층의 시원세포가 목부방향으로 분열하여 형성하는 조직은?

① 부정아
② 체관부
③ 물관부
④ 수피층

**해설**

목부는 물관으로 물의 이동통로이며 사부는 체관으로 영양분의 이동통로이다.

**17** 잎의 기공을 열게 하여 증산작용을 촉진시키는 방법은?

① 암흑 조건을 제공한다.
② 잎의 수분포텐셜을 높여 준다.
③ 휴면 유도 물질인 ABA를 주입한다.
④ 잎의 엽육조직 세포간극에 존재하는 탄산가스 농도를 높여 준다.

**해설**

잎은 공기습도 및 잎 안에 있는 수분의 양에 따라서 기공을 열어 증산작용을 조절한다. 잎의 기공을 열어 증산작용을 활발히 하기 위해서는 외부의 공기습도가 일정할 때 잎 안의 수분의 양을 높이면 증산작용을 촉진할 수 있다.

**18** 산벌작업 방법에 속하는 것은?

① 단벌  ② 윤벌
③ 후벌  ④ 전벌

**해설** 산벌작업

예비벌-하종벌-후벌

**19** 침엽수의 적절한 가지치기의 방법은?

① 역지 이상의 가지를 자른다.
② 역지 이하의 가지를 자른다.
③ 수고의 1/2 이상의 가지를 자른다.
④ 수고의 1/2 이하의 가지를 자른다.

**해설**

가지치기의 높이는 역지(가장 굵은 가지) 이하로 자른다.

**정답** 12. ①  13. ④  14. ①  15. ④  16. ③  17. ②  18. ③  19. ②

**20** 광합성 작용의 의해서 생성된 탄수화물이 이동·운반되는 통로는?

① 체관  ② 물관
③ 헛물관  ④ 수지관

**해설**
식물의 탄수화물의 이동은 사부조직인 체관부에서 이루어진다.

### 제2과목 : 산림보호학

**21** 모잘록병 방제법으로 옳지 않은 것은?

① 밀식하여 관리한다.
② 토양 소독을 실시한다.
③ 배수와 통풍을 잘하여 준다.
④ 복토를 두껍게 하지 않는다.

**해설**
모잘록병은 토양서식병원균에 의하여 당년생 어린묘의 뿌리 또는 땅가부분의 줄기가 침해되어 말라 죽는 병으로 묘사이 과습하지 않도록 배수와 통풍에 주의하며 햇빛이 잘 들도록 해야 한다. 따라서 밀식을 피해야 한다.

**22** 벚나무 빗자루병원균에 해당하는 것은?

① 세균  ② 자낭균
③ 담자균  ④ 파이토플라즈마

**해설**
자낭균에 의한 수병 중 벚나무 빗자루병이 대표적이다.

**23** 소나무 재선충병 방제방법으로 거리가 먼 것은?

① 매개충 구제  ② 예방 나무주사
③ 중간기주 제거  ④ 병든 나무 제거

**해설**
산림청 소나무 재선충병의 방제지침에 있는 방제법은 예방나무주사, 토양약제주입, 약제살포, 매개충유인트랩설치, 피해고사목 방제 등이 있다.
오답으로 사료됨. 답은 3번 중간기주제거로 사료됨.

**24** 솔나방에 대한 설명으로 옳지 않은 것은?

① 8령충 때 월동한다.
② 1년에 1~2회 발생한다.
③ 500여 개의 알을 산란한다.
④ 부화유충은 번데기가 되기까지 7회 탈피한다.

**해설**
솔나방은 3-4령충 때 낙엽 및 소나무 껍질의 틈에서 월동한다.

**25** 주로 목재를 가해하는 해충은?

① 밤바구미  ② 솔노랑잎벌
③ 가루나무 좀  ④ 솔알락명나방

**해설**
가루나무좀의 유충은 주로 활엽수의 건조된 변재부분을 가해한다.

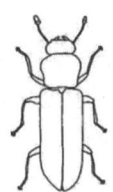

**26** 대추나무 빗자루병 방제에 가장 적합한 약제는?

① 보르드액
② 페니트로치온
③ 스트렙토마이신
④ 옥시테트라사이클린

**해설**
대추나무 빗자루병, 뽕나무오갈병, 붉나무빗자루병, 오동나무 빗자루병은 파이코 플라즈마에 의한 수병으로 옥세테트라 사이클린 약제로 방제한다.

**27** 산불 발생 시 직접 소화법이 아닌 것은?

① 맞불 놓기
② 토사 끼얹기
③ 불털이개 사용
④ 소화약제 항공살포

**정답** 20.① 21.① 22.② .23.② 24.① 25.③ 26.④ 27.①

**28** 종실을 가해하는 해충이 아닌 것은?
① 밤바구미
② 버들바구미
③ 솔알락명나방
④ 복숭아명나방

> 해설 **종실가해해충**
> 밤바구미, 복숭아명나방, 도토리거위벌레, 솔알락명나방 등

**29** 가해하는 기주범위가 가장 넓은 해충은?
① 솔나방
② 솔알락명나방
③ 미국흰불나방
④ 참나무재주나방

> 해설
> 미국흰불나방은 1958년에 우리나라에 최초 발생했으며 1년 2회 발생하며 번데기로 월동한다. 잡식성으로 가해하는 기주범위가 넓다.

**30** 산림해충 방제에 대한 설명으로 옳지 않은 것은?
① 방제약제 선정 시 천적류에 대한 영향을 고려해야 한다.
② 약제 저항성 해충의 출현은 동일한 살충제를 연용한 탓이다.
③ 생물적 방제는 대체로 환경친화적 방법이므로 널리 권장할 수 있다.
④ 불임법을 이용한 방제는 생물윤리법에 위배되므로 규제를 받는다.

> 해설
> 살충제로 사용하는 불임제는 정자나 난자의 생식력을 잃게 하는 약제이다.

**31** 수목병을 예방하기 위한 숲가꾸기 작업에 해당되지 않은 것은?
① 제벌
② 개벌
③ 풀베기
④ 가지치기

> 해설
> 개벌은 산림갱신을 위하여 대상지를 모두 벌채하는 방법이다.

**32** 솔잎혹파리 및 솔껍질깍지벌레 방제를 위하여 수간주사에 사용되는 약제는?
① 테부코나졸 유제
② 디플루벤주론 수화제
③ 페니트로티온 수화제
④ 이미다클로프리드 분산성액제

> 해설
> 솔잎혹파리 및 솔껍질 깍지벌레를 방제하기위한 약제는 포스팜액제 및 이미다 클로프리드 약제를 이용한다.

**33** 볕데기(Sun Scorch)에 대한 설명으로 옳지 않은 것은?
① 수피가 평활하고 매끄러운 수종에서 주로 발생한다.
② 수피의 상처가 발생하지만 부후균 침투로 인한 2차 피해는 발생하지 않는다.
③ 피소현상이라고 하며 고온으로 수피부분에 수피증발이 발생되어 수피조직이 고사한다.
④ 임연목이나 가로수, 정원수 등의 고립목의 수간이 태양의 직사광선을 받았을 때 나타난다.

> 해설
> 볕데기는 나무 줄기가 강렬한 태양 직사광선을 받았을 때 수피의 일부에 급격한 수분증발이 생겨 형성층이 고사하고 그 부분의 수피가 말라죽는 현상으로 수피의 상처를 통해 세균감염으로 2차 피해가 발생할 수 있다.

**34** 약제 살포시 천적에 대한 피해가 가장 적은 살충제는?
① 훈증제
② 접촉살충제
③ 소독중독제
④ 침투성 살충제

> 해설 **침투성 살충제**
> 식물의 일부분에 처리하면 전체에 퍼져 즙액을 빨아먹는 흡즙성 해충을 살해하는 약제로 수간주사(솔잎혹파리, 솔껍질 깍지벌레)로 투여하는 약제로 천적에 대한 피해가 적다.

정답 28. ② 29. ③ 30. ④ 31. ② 32. ④ 33. ② 34. ④

**35** 리지나뿌리썩음병에 대한 설명으로 옳은 것은?

① 침엽수와 활엽수 모두 잘 발생한다.
② 불이 발생한 지역에서 잘 발생한다.
③ 병원균의 포자는 저온에서도 잘 발아한다.
④ 산성토양보다는 중성토양에서 병원균의 활력이 높다.

**해설**
리지나뿌리썩음병은 고온에서 발생하는 병으로 산불이 발생한 지역에서 자주 발생한다.

**36** 성충으로 월동하는 것으로만 올바르게 나열한 것은?

① 독나방, 솔나방
② 박쥐나방, 가루나무좀
③ 소나무좀, 루비깍지벌레
④ 밤바구미, 어스렝이나방

**해설** 성충월동
오리나무잎벌레, 쌍엇줄잎벌레, 소나무좀, 버즘나무방패벌레, 루비깍지벌레

**37** 겨울철 제설 작업에 사용된 해빙염으로 인한 수목 피해로 옳지 않은 것은?

① 앞에는 괴사성 반점이 나타난다.
② 장기적으로는 수목의 쇠락으로 이어진다.
③ 염화칼슘이나 염화나트륨 성분이 피해를 준다.
④ 일반적으로 상록수가 낙엽수보다 더 피해를 입는다.

**해설**
해빙염에 의한 수목의 피해는 생장이 감소하고, 잎이 작아지고 황화현상, 잎의 조기변색 및 낙엽이 진다.

**38** 세균에 의한 수목병에 대한 설명으로 옳지 않은 것은?

① 주로 각피 침입으로 기주를 감염시킨다.
② 병징으로는 무름, 위조, 궤양, 부패 등이 있다.
③ 국내에서 그램음성세균이 수목에 피해를 준다.
④ 월동 장소는 토양, 병든 잎, 병든 가지 등 다양하다.

**해설**
세균은 각피로 침입할 수 없어 기공, 상처, 자연개구부로 침입한다.

**39** 어린 유충은 초본의 줄기 속을 식해하지만 성장한 후 나무로 이동하여 수피와 목질부를 가해하는 해충은?

① 솔나방
② 매미나방
③ 박쥐나방
④ 미국흰불나방

**해설**
박쥐나방은 주로 오동나무의 지제부위를 식해하며 나무의 수피와 목질부를 환상으로 식해하며, 거미줄을 토하여 식해부위에 칠해 놓는다. 어린유충은 초본의 줄기속을 식해하며, 성장 후 수피와 목질부를 가해한다.

**40** 식물병을 유발하는 바이러스의 구조적 특성은?

① 고등생물의 일종이다.
② 단백질로만 구성되어 있다.
③ 동물 세포와 같은 구조를 지니고 있다.
④ 핵단백질로 이루어져 있고 입자상 구조를 띤 비세포성 생물이다.

# 제3과목 : 임업경영학

**41** 흉고형수의 대한 설명으로 옳은 것은?
① 지위가 양호할수록 형수가 크다.
② 흉고직경이 작아질수록 형수가 작다.
③ 수고가 작은 나무일수록 형수가 크다.
④ 지하고가 낮고 수관의 양이 적은 나무가 형수가 크다.

**해설** 흉고형수의 결정법
- 원주의 체적과 수간재적의 비(수간재적/원주체적)를 흉고형수라 한다.
- 흉고형수는 우리나라에서는 0.45을 사용한다.
- 흉고형수는 수고가 높아질수록, 직경이 커질수록 작아지는 경향이 있다.
- 지위가 양호할수록 형수가 작다.
- 수관밀도가 빽빽할수록 형수가 크다.

**42** 수간석해에 대한 설명으로 옳지 않은 것은?
① 표준목을 대상으로 실시한다.
② 수간과 직교하도록 원판을 채취한다.
③ 흉고를 1.2m로 했을 경우 지상 1.2m를 벌채점으로 한다.
④ 수목의 성장과정을 정밀히 사정할 목적으로 측정하는 것이다.

**해설** 흉고를 1.2m로 했을 때 벌채점은 0.2m이다.

**43** 임지의 가격 형성에 영향을 미치는 요인을 개별적 요인과 지역적 요인으로 구분할 경우 개별적 요인이 아닌 것은?
① 임지의 위치
② 임지의 면적
③ 임지의 지세
④ 임지의 토양상태

**44** 다음 조건에서 Huber식에 의한 통나무 재적은?

- 재장 : 5m
- 원구직경 : 25m
- 중앙직경 : 23m
- 말구직경 : 18m

① 약 $0.127m^3$
② 약 $0.157m^3$
③ 약 $0.208m^3$
④ 약 $0.245m^3$

**해설** Huber식
$V = \dfrac{\pi}{4} \cdot 0.23^2 \cdot 5 = 0.2078m^3$

**45** 어떤 임목의 흉고단면적이 $0.1m^2$, 수고가 14m, 형수는 0.4일 때 형수법에 의한 재적은($m^3$)?
① 0.14
② 0.56
③ 1.4
④ 5.6

**해설**
형수법 = $0.1 \times 14 \times 0.4 = 0.56m^3$

**46** 다음 그림에서 총수익선과 총비용선이 만나는 점(A)을 무엇이라 하는가?

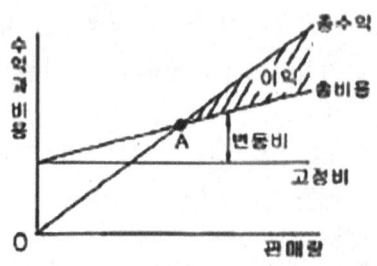

① 수익최대점
② 비용최대점
③ 비용최소점
④ 손익분기점

**해설** 손익분기점은 손해도 이익도 아닌 지점이다.

**47** 임업경영비를 올바르게 표현한 것은?

① 임업소득 – 가족임금추정액
② 임업소득 – (자본이자+가족노임추정액)
③ 임업현금수입+임산물가계소비액+임목성장액+미처분임산물증감액+임업생산자재 재고감소액
④ 임업현금지출+감가상각액+주임목감소액+미처분임산물재고감소액+임업생산자재 재고감소액

해설 ❀ 산림경영 성과의 계산 방법
• 임업소득 = 임업조수익 – 임업경영비
• 임가소득 = 임업소득+농업소득+기타소득
• 임업순수익 = 임업소득 – 가족노임추정액 = 임업조수익 – 임업경영비 – 가족노임추정액
• 임업조수익 = 임업현금수입+임산물가계소비액 + 미처분 임산물 증감액+ 산림생산자재재고증감액 + 임목성장액
• 임업경영비 = 임업현금지출 + 감가상각비 + 미처분 임산물재 고감소액 + 산림생산자재재고감소액 + 주임목감소액

**48** 임업 조건의 잣나무 임분에서 하이어(Heyer) 공식법에 의한 표준벌채량(m³/ha)은?

• 평균생장량 : 7m³/ha
• 현실축적 : 350m³/ha
• 법정축적 : 400m³/ha
• 갱정기 : 20년
• 조정계수 : 0.9

① 3.8  ② 4.8
③ 5.3  ④ 6.3

해설 ❀

$E = Z_w + \dfrac{V_a - V_n}{a}$

$= (0.9 \times 7) + \dfrac{350-400}{20} = 3.8 \text{m}^3/\text{ha}$

**49** 임분 수확표에 필요한 인자로 옳지 않은 것은?

① 임지표고  ② 지위지수
③ 평균직경  ④ 흉고단면적

해설 ❀
수확표는 수목의 재적을 직경과 수고를 통해 알 수 있는 것으로 지위지수, 평균직경, 수고를 통해서 그 수종의 흉고단면적을 알 수 있다.

**50** 배치 시설별 숲해설가 배치 기준으로 옳지 않은 것은?

① 수목원은 2명 이상
② 국립공원은 1명 이상
③ 삼림욕장은 1명 이상
④ 자연휴양림은 2명 이상

해설 ❀
국립공원은 숲해설가 배치기준이 정해져 있지 않다. 국립공원은 자연환경해설사들을 통해서 자연환경 해설이 이루어지고 있다.

**51** 임업이율의 성격으로 옳지 않은 것은?

① 현실이율이 아니고 평정이율이다.
② 단기이율이 아니고 장기이율이다.
③ 대부이자가 아니고 자본이자이다.
④ 명목적 이율이 아니고 실질적 이율이다.

해설 ❀
임업이율은 실질적 이율이 아니고 명목적 이율이다.

**52** 지황조사 항목으로 토양의 점토 함유량이 30%인 경우 토양형은?

① 사토(사)  ② 양토(양)
③ 사양토(사양)  ④ 식양토(식양)

해설 ❀ 토성
• 사토 : 점토함량 12.5% 이하
• 사양토 : 점토함량 12.5~25 %
• 양토 : 점토함량 25~37.5%
• 식양토 : 점토함량 37.5~50%
• 점토 : 점토함량 50% 이상

정답 47. ④  48. ①  49. ①  50. ②  51. ④  52. ②

**53** 산림 관련회계에서 주로 다루는 내용으로 옳지 않은 것은?

① 원가평가
② 원가계산
③ 업적평가
④ 계획수립과 특수한 의사결정에 도움이 되는 정보제공

**54** 임목의 가격을 평가하기 위해 조사해야 할 항목으로 가장 거리가 먼 것은? (단, 주벌수확의 경우임)

① 재종별 시장가격
② 부산물 소득 정도
③ 조재율 또는 이용률
④ 총재적의 재종별 재적

해설 ❀ 임목가격평가지 부산물인 가지, 톱밥 등의 소득정도는 임목평가에서 제외된다.

**55** 치유의 숲 안에 설치할 수 있는 시설에 해당하지 않는 것은?

① 편익시설
② 위생시설
③ 안정시설
④ 전기·통신시설

해설 ❀ 치유의 숲 시설의 종류
산림치유시설, 편익시설, 위생시설, 전기·통신시설, 안전시설

**56** 임목평가 방법에 대한 설명으로 옳지 않은 것은?

① 장령림의 임목평가는 임목기망가법을 적용한다.
② 벌기 이상의 임목평가는 시장가역산법을 적용한다.
③ 중령림의 임목평가에는 원가수익절충방법인 Glaser법을 적용한다.
④ 유령림의 임목평가는 비용가법을 적용하며 이자를 포함하지 않는다.

해설 ❀ 유령림의 임목평가방법은 임목비용가법을 적용하며 이자를 포함한다.

**57** 임업투자결정방법에 있어 수익비용율법에 의해 투자효율을 분석하는 식은?

① 수익 ÷ 비용
② 비용 ÷ 수익
③ 수익 - 비용
④ 비용 - 수익

**58** 산림수확조절을 위해 면적-재적검증방법 이용 시 필요한 사항으로 옳지 않은 것은?

① 미래 임분을 위한 윤벌기
② 임분 수확 우선순위의 결정
③ 소반으로 구분된 모든 산림 면적
④ 수확시기까지 각 연령의 생장량을 계산할 수 있는 능력

해설 ❀ 면적-재적검증방법을 이용하기 위해서는 연령(영급)으로 구분된 모든 산림면적이 필요하다.

**59** 임업의 경제적 특성으로 옳지 않은 것은?

① 임업생산은 조방적이다.
② 자연조건의 영향을 많이 받는다.
③ 육성임업과 채취임업이 병존한다.
④ 원목가격의 구성요소 대부분이 운반비이다.

해설 ❀ 자연조건에 영향을 많이 받는 것은 임업의 기술적 특성이다.

정답 53.① 54.② 55.③ 56.④ 57.③ 58.③ 59.②

**60** 임목의 평균 생장량이 최대가 될 때를 벌기령으로 정한 것은?

① 재적수확 최대의 벌기령
② 화폐수익 최대의 벌기령
③ 토지순수익 최대의 벌기령
④ 산림순수익 최대의 벌기령

> 해설
> 재적수확최대의 벌기령은 단위면적당 가장 많은 목재생산이 가능하다.

## 제4과목 : 임도공학

**61** 개발지수에 대한 설명으로 옳지 않은 것은?

① 노망의 배치상태에 따라서 이용효율성은 크게 달라진다.
② 개발지수 산출식은 평균집재거리와 임도밀도를 곱한 값이다.
③ 임도가 이상적으로 배치되었을 때는 개발지수가 10에 근접한다.
④ 임도망이 어느 정도 이상적인 배치를 하고 있는가를 평가하는 지수이다.

> 해설
> 개발지수는 임도의 질적 기준을 나타내는 지표로서 임도배치 효율성의 정도를 표현하며 균일하게 배치된 임도의 개발지수는 1이 된다.

**62** 지반고가 시점 10m, 종점 50m이고 수평거리가 1000m일 때 종단기울기는?

① 4%
② 5%
③ 6%
④ 7%

> 해설
> 종단기울기 = $\frac{50-10}{1000} \times 100 = 4\%$

**63** 산림관리 기반시설의 설계 및 시설기준에서 암거, 배수관 등 유수가 통과하는 배수 구조물 등의 통수단면은 최대 홍수유량 단면적에 비해 어느 정도 되어야 한다고 규정하고 있는가?

① 1.0배 이상
② 1.2배 이상
③ 1.5배 이상
④ 1.7배 이상

> 해설
> 배수구의 통수단면은 100년 빈도 확률강우량과 홍수 도달시간을 이용한 합리식으로 계산된 최대 홍수유출량의 1.2배 이상으로 설계해야한다.

**64** 임도의 유지 및 보수에 대한 설명으로 옳지 않은 것은?

① 노체의 지지력이 약화되었을 경우 기층 및 표층의 재료를 교체하지 않는다.
② 노면 고르기는 노면이 건조한 상태보다 어느 정도 습윤한 상태에서 실시한다.
③ 결빙된 노면은 마찰저항이 증대되는 모래, 부순돌, 석탄재, 염화칼슘 등을 뿌린다.
④ 유토, 지조와 낙엽 등에 의하여 배수구의 유수단면적이 적어지므로 수시로 제거한다.

> 해설
> 임도는 빗물과 자동차에 의해 지지력이 약화되므로 기층 및 표층의 재료를 교체하거나 추가해야 한다.

**65** 다각형의 좌표가 다음과 같을 때 면적은?

| 측점 | X | Y |
| --- | --- | --- |
| A | 3 | 2 |
| B | 6 | 3 |
| C | 9 | 7 |
| D | 4 | 10 |
| E | 1 | 7 |

① 33.5m²
② 34.5m²
③ 35.5m²
④ 36.5m²

해설

| 측선 | AB | BC | CD | DE | EA |
|---|---|---|---|---|---|
| 위거 (X좌표차) | 3 | 3 | −5 | −3 | 2 |
| 경거 (Y좌표차) | 1 | 4 | 3 | −3 | −5 |
| 횡거 | 0.5 | 3 | 6.5 | 6.5 | 2.5 |
| 배횡거 (횡거 2배) | 1 | 6 | 13 | 13 | 5 |
| 위거×배횡거 | 3 | 18 | −65 | −39 | 10 |
| 배면적 (면적×2) | 73.0 ||||| 
| 면적 | 배면적/2 = 36.5 |||||

- 각 측선의 횡거 = 앞 측선의 횡거+(앞 측선 경거/2)+(해당 측선 경거/2)
- 각 측선의 배횡거 = 앞 측선 배횡거+앞 측선 경거+해당 측선 경거
- 면적 = [(각 측선의 위거×각 측선의 배횡거)의 합]/2
- 배면적 = (각 측선의 위거)×(각 측선의 배횡거)

**66** 중심선 측량과 영선측량에 대한 설명으로 옳지 않은 것은?

① 영선측량은 평탄지에서 주로 적용된다.
② 영선측량은 시공기면의 시공선을 따라 측량한다.
③ 중심선측량은 파상지형의 소능선과 소계곡을 관통하며 진행된다.
④ 균일한 사면일 경우에는 중심선과 영선은 일치되는 경우도 있지만 대개 완전히 일치되지 않는다.

해설
영선측량은 주로 산악지에서 적용된다.

**67** 임도노선의 곡선설정 시 사용되는 식에서 곡선 반지름과 tan(교각/2) 값을 곱하여 알 수 있는 것은?

① 곡선길이
② 곡선반경
③ 외선길이
④ 접선길이

해설
접선길이(TL) = $R \times \tan(\frac{\theta}{2})$

**68** 노면의 쇄석·자갈로 부설한 임도의 경우 횡단 기울기의 설치 기준은?

① 1.5~2%
② 3~5%
③ 6~10%
④ 11~14%

해설 횡단 기울기
일반적으로 차도에서는 중앙부를 높게 하고 양쪽 길가쪽을 낮게 하는 횡단기울기를 만들어야하며 포장을 하지 않는 노면은 3-5%, 포장을 한 노면은 1.5-2%로 한다.

**69** 임도망 계획 시 고려사항으로 옳지 않은 것은?

① 운재비가 적게 들도록 한다.
② 신속한 운반이 되도록 한다.
③ 운재 방법이 다양화되도록 한다.
④ 산림풍치의 보전과 등산, 관광 등의 편의도 고려한다.

해설
운재방법이 단일화되도록 해야 한다.

**70** 일반적으로 지주를 콘크리트 흙막이나 옹벽 위에 설치하는 비탈면 안정공법은?

① 바자얽기공법
② 낙석저지책공법
③ 돌망태흙막이공법
④ 낙석방지망덮기공법

해설
낙석 저지책 공법은 암석으로 이루어진 비탈면에 옹벽을 설치하고 낙석이 도로로 유입되는 것을 차단하는 울타리를 설치하는 공법

정답 66.① 67.④ 68.② 69.③ 70.②

**71** 어떤 산림에 임도를 설계하고자 할 때 가장 먼저 해야 할 사항은?

① 실측
② 답사
③ 예비조사
④ 설계서 작성

해설 ❀ 설계순서
예비조사 → 답사 → 예측 → 실측 → 설계도작성 → 공사량산출 → 설계서작성

**72** 임도의 횡단면도를 설계할 때 사용하는 축척으로 옳은 것은?

① 1/100
② 1/200
③ 1/1000
④ 1/1200

**73** 임목수확작업에서 일반적으로 노동재해의 발생빈도가 가장 높은 신체부위는?

① 손
② 머리
③ 몸통
④ 다리

해설 ❀
임목수확작업 시 기계톱을 사용하므로 손을 다치는 경우가 제일 많다.

**74** 임도시공 시 불도저 리퍼에 의한 굴착작업이 어려운 곳은?

① 사암
② 혈암
③ 점판암
④ 화강암

해설 ❀
리퍼는 연암을 굴착하는 기계이므로 화강암은 경암으로 굴착이 어렵다.

**75** 산림토목 공사용 기계 중 토사 굴착에 가장 적합하지 않은 것은?

① 백호우(Backhoe)
② 불도저(Bulldozer)
③ 트리 도저(Tree Dozer)
④ 트랙터 셔블(Tractor Shovel)

해설 ❀
트리도저는 벌목용 기계이다.

**76** 종단 기울기가 0인 임도의 중앙점에서 양측 길섶(길어깨)으로 3%의 횡단경사를 주고자 한다. 임도폭이 4m일 경우 양측 길섶은 임도 중앙점보다 얼마나 낮아져야 하는가?

① 1cm
② 2cm
③ 3cm
④ 4cm

**77** 임도에 설치하는 대피소의 유효길이 기준은?

① 5m 이상
② 10m 이상
③ 15m 이상
④ 20m 이상

해설 ❀ 대피소 설치기준

| 구분 | 기준 |
|---|---|
| 간격 | 300m 이내 |
| 너비 | 5m 이상 |
| 유효길이 | 15m 이상 |

**78** 평판을 한 측점에 고정하고 많은 측점을 시준하여 방향선을 그리고, 거리는 직접 측량하는 방법은?

① 전진법
② 방사법
③ 도선법
④ 전방교회법

해설 ❀ 방사법(사출법)
컴퍼스를 각 점이 모두 보일 수 있는 위치에 설치하여 각 측점의 방위와 거리를 측정한다.

**79** 급경사지에서 노선거리를 연장하여 기울기를 완화할 목적으로 설치하는 평면선형에서의 곡선은?

① 완화곡선
② 배향곡선
③ 복심곡선
④ 반향곡선

해설 ❀ 배향곡선(Hair Pin Curve)
단곡선, 복심곡선, 반향곡선이 혼합되어 Hair Pin 모양으로 된 것. 산복부에서 노선길이를 연장하여 종단물매를 완화시킨다.

정답 71.③ 72.① 73.① 74.④ 75.③ 76.④ 77.③ 78.② 79.②

**80** 임도개설 시 흙을 다지는 목적으로 옳지 않은 것은?

① 압축성의 감소
② 지지력의 증대
③ 흡수력의 감소
④ 투수성의 증대

해설
흙을 다짐으로 투수성이 감소하여 빗물에 의한 노체의 파괴를 줄인다.

## 제5과목 : 사방공학

**81** 선떼붙이기 공법에서 급수별 떼 사용 매수로 옳은 것은? (단, 떼 크기는 40cm×25cm)

① 1급 : 3.75매/m
② 3급 : 10매/m
③ 5급 : 6.25매/m
④ 8급 : 12.5매/m

해설 선떼붙이기 각 급수의 구분

| 떼 크기 | 길이 40cm, 폭 20cm | |
|---|---|---|
| 구분 | 단면상 매수 | 연장 1m당 매수 |
| 1급 | 5.0 | 12.50 |
| 2급 | 4.5 | 11.25 |
| 3급 | 4.0 | 10.00 |
| 4급 | 3.5 | 8.75 |
| 5급 | 3.0 | 7.50 |
| 6급 | 2.5 | 6.25 |
| 7급 | 2.0 | 5.00 |
| 8급 | 1.5 | 3.75 |
| 9급 | 1.0 | 2.50 |
| 1m당 떼 사용 매수 | 단면상 떼 매수×2.5매/m | |

**82** 사방댐 설계를 위한 안정조건이 아닌 것은?

① 전도에 대한 안정
② 풍력에 대한 안정
③ 지반 지지력에 대한 안정
④ 제체의 파괴에 대한 안정

해설 사방댐의 안정조건
전도에 대한 안정, 활동에 대한 안정, 기초 지반지지력에 대한 안정, 제체의 파괴에 대한 안정

**83** 파종한 종자의 유실을 방지하기 위하여 급경사 비탈면에 시공하는 것으로 가장 적합한 공법은?

① 떼단쌓기  ② 비탈덮기
③ 선떼붙이기  ④ 줄떼다지기

해설 비탈 덮기
• 비탈덮기는 계단사이와 급경사 사면을 피복하여 강수에 의한 표토의 유출방지 및 식생을 조성 및 녹화하기 위해 시공하며 재료에 따라서 짚, 거적, 섶, 망, 합성 재덮기 등이 있다.
• 시공장소는 물과 서릿발 등에 의하여 사면 침식이 우려되는 급경사면 또는 하부가 노출된 급경사면으로 종자유실이 우려되는 사면이 적합하다.

**84** 비탈면에서 분사식씨뿌리기에 사용되는 혼합 재료가 아닌 것은?

① 비료
② 종자
③ 전착제
④ 천연섬유 네트

해설
네트는 비탈면 안정재료로서 빗물이나 바람에 의한 종자의 보호, 한발과 냉해로부터 식물의 발아 및 생장을 보호할 목적으로 한다.

**85** 붕괴지 현황조사 항목에서 붕괴 3요소에 해당되지 않는 것은?

① 붕괴 형태
② 붕괴 면적
③ 붕괴 평균깊이
④ 붕괴 평균경사각

해설 붕괴의 3요소
붕괴평균 경사각, 붕괴면적, 붕괴 평균깊이

정답 80.④ 81.② 82.② 83.② 84.④ 85.①

**86** 경사가 완만하고 수량이 적으며 토사의 유송이 적은 곳에 가장 적합한 산복수로는?

① 떼(붙임)수로
② 콘크리트수로
③ 돌(찰붙임)수로
④ 돌(메붙임)수로

**해설**
떼수로는 경사가 완만하며, 물의 양이 적은 곳에 설치한다.

**87** 산지사방의 기초공사에 해당하는 것은?

① 바자얽기
② 수평구공법
③ 선떼붙이기
④ 땅속흙막이

**해설** 기초공사
① 비탈다듬기
② 단끊기
③ 땅속흙막이 : 돌, 돌망태, 바자, 콘크리트, 콘크리트블록, 흙땅속흙막이
④ 누구막이 : 떼, 돌, 돌망태, 콘크리트블록, 통나무
⑤ 산비탈수로내기 : 떼, 돌, 콘크리트, 콘크리트블록
⑥ 흙막이 : 바자, 통나무, 돌, 돌망태, 콘크리트, 폐타이어
⑦ 골막이 : 돌, 흙, 바자, 돌망태, 통나무, 콘크리트블록

**88** 조도계수가 가장 큰 수로는?

① 흙수로
② 야면석수로
③ 콘크리트수로
④ 큰 자갈과 수초가 많은 수로

**해설**
조도계수는 물의 흐름에 있는 경계면의 거친 정도를 나타낸다.

**89** 사방댐에 설치하는 물받침에 대한 설명으로 옳지 않은 것은?

① 앞댐, 막돌놓기 등의 공사를 함께 한다.
② 사방댐 본체나 측벽과 분리되도록 설치한다.
③ 방수로를 월류하여 낙하하는 유수에 의해 대수면 하단이 세굴되는 것을 방지한다.
④ 토석류의 충돌로 인해 발생하는 충격이 사방댐 본체와 측벽에 바로 전달되지 않도록 한다.

**해설**
물받침은 방수로에서 떨어지는 유수에 의해 반수면 하단이 세굴되는 것을 방지한다.

**90** 유역면적이 100ha이고 최대 시우량이 150mm/hr일 때 임상이 좋은 산림지역의 홍수유량은? (단, 유거계수는 0.35)

① 약 $0.14 m^3/sec$
② 약 $1.46 m^3/sec$
③ 약 $14.58 m^3/sec$
④ 약 $145.83 m^3/sec$

**해설**
$0.002778 \times 0.35 \times 150 \times 100 = 14.58 m^3/sec$

**91** 사다리꼴 횡단면의 계간수로에서 가장 적합한 단면 산정식은? (단, 수로의 밑너비 b, 깊이 t, 측사각 ø)

① $b = t \tan \dfrac{ø}{2}$
② $b = 2t \tan \dfrac{ø}{2}$
③ $b = t \tan ø$
④ $b = 2t \tan ø$

**정답** 86.① 87.④ 88.④ 89.③ 90.③ 91.②

**92** 사방댐에 대한 설명으로 옳지 않는 것은?
① 계상 기울기를 완화하여 계류의 침식을 방지한다.
② 가장 많이 이용되는 것은 중력식 콘크리트 사방댐이다.
③ 황폐한 계류에서 돌, 흙, 모래, 유목 등 각종 침식유송물을 저지한다.
④ 한 개의 높은 사방댐의 대용으로 낮은 사방댐을 연속적으로 만들 수 없다.
**해설**
낮은 사방댐을 연속적으로 만들 수 있다.

**93** 사방사업 대상지로 가장 거리가 먼 것은?
① 황폐계류
② 황폐산지
③ 벌채대상지
④ 생활권 훼손지

**94** 답압으로 인한 임지 피해에 대한 설명으로 옳지 않은 것은?
① 휴양활동이 많은 곳에서 많이 발생한다.
② 답압이 지속되면 지표면에 쌓인 낙엽층이 손실된다.
③ 답압에 의해 토양입자가 서로 완화되어 토양유실이 감소한다.
④ 답압된 토양 속으로 물이 침투되기 어려워 지표유출이 증가한다.
**해설**
답압에 의해 토양입자가 압축되어 토양유실은 감소한다.

**95** 산지 붕괴 현상에 대한 설명으로 옳지 않은 것은?
① 토양 속의 간극수압이 낮을수록 많이 발생한다.
② 풍화토층과 하부기반의 경계가 명확할수록 많이 발생한다.
③ 화강암계통에서 풍화된 사질토와 역질토에서 많이 발생한다.
④ 풍화토층에 점토가 결핍되면 응집력이 약화되어 많이 발생한다.
**해설**
산지붕괴는 토양 속 간극수압이 높을수록 많이 발생한다.

**96** 물에 의한 침식의 종류가 아닌 것은?
① 지중침식
② 사구침식
③ 하천침식
④ 우수침식
**해설 물침식**
우수(빗물침식), 하천침식, 지중침식, 바다침식

**97** 비탈면 안정공법에 대한 설명으로 옳지 않은 것은?
① 사초심기, 사지식수공법 등이 있다.
② 수목 식재 시에는 비탈면 기울기를 완화시킨다.
③ 규모가 큰 비탈의 경우에는 소단을 분할하여 설치한다.
④ 콘크리트 블록이나 옹벽에는 덩굴식물을 심어 은폐한다.
**해설**
사초심기, 사지식수공법은 해안사방공법이다.

**98** 새집공법 적용에 가장 적당한 곳은?
① 절개 암반지
② 산불 피해지
③ 사질 성토사면
④ 사질 절토사면
**해설**
새집공법은 암반으로 된 곳에 새집모양으로 돌을 쌓아 녹화를 하기 위한 공법이다.

**정답** 92. ④  93. ③  94. ③  95. ①  96. ②  97. ①  98. ①

**99** 땅밀림 침식에 대한 설명으로 옳지 않은 것은?

① 침식의 규모는 1~100ha이다.
② 5~20°의 경사지에서 발생한다.
③ 사질토로 된 곳에서 많이 발생한다.
④ 침식의 이동속도가 10mm/day 이하로 느리다.

해설
땅밀림은 점성토에서 많이 발생한다.

**100** 경사지에서 침식이 계속되어 비탈면을 따라 작은 물길에 의해 일어나는 빗물침식은?

① 구곡침식
② 면상침식
③ 우적침식
④ 누구침식

해설 **누구침식**
침식의 중기유형으로 토양 표면에 잔 도랑이 불규칙하게 생기면서 깎이는 현상

정답 99. ③  100. ④

# 국가기술자격 필기시험문제

**2017년 제3회 필기시험**

| 자격종목 및 등급(선택분야) | 종목코드 | 시험시간 | 형별 |
|---|---|---|---|
| 산림기사 | 1564 | 2시간 30분 | A |

수험번호: 　　　성명: 

---

### 제1과목 : 조림학

**1. 종자의 실중(A), 용적중(B), 1L 당 종자수(C)의 관계식으로 옳은 것은?**

① C=B×(A×1000)
② C=B÷(A×1000)
③ C=B×(A÷1000)
④ C=B÷(A÷1000)

**해설**
실중은 순정종자 1,000립의 무게이다.
따라서 1ℓ당 종자수 = $\dfrac{\text{용적중}}{\text{실중}/1{,}000}$ 이다.

**2. 중림작업의 장점으로 옳지 않은 것은?**

① 임지의 노출이 방지된다.
② 교림작업보다 조림비용이 낮다.
③ 높은 작업기술을 필요로 하지 않는다.
④ 상목은 수광량이 많아서 좋은 성장을 하게 된다.

**해설**
중림작업은 한 구역 안에서 용재 생산을 목적으로 하는 교림작업과 연료재 생산을 목적으로 하는 왜림작업을 동시에 실시하는 것으로 높은 작업기술이 필요하다.

**3. 묘목의 T/R율에 대한 설명으로 옳지 않은 것은?**

① 지상부와 지하부의 중량비이다.
② 수치가 클수록 묘목이 충실하다.
③ 묘목의 근계발달과 충실도를 설명하는 개념이다.
④ 수종과 묘목의 연령에 따라서 다르지만 일반적으로 3.0 정도가 좋다.

**해설**
T/R율은 지상부의 무게를 지하부의 무게로 나눈 값으로 토양 내에 수분이 많거나 일조부족, 석회시용 부족 등의 경우에는 지상부에 비해 지하부의 생육이 나빠져 T/R율이 커진다.
질소를 다량시비하면 지상부의 질소집적이 많아지고 단백질의 합성이 왕성해지며 탄수화물이 적어져서 지하부로의 전류가 상대적으로 감소하여 뿌리의 생장이 억제되므로 T/R율이 커진다.
어린묘목의 T/R율은 3.0정도가 우량한 묘목이며 값이 높을수록 불량묘이다.

**4. 잎의 수분포텐셜에 대한 설명으로 옳은 것은?**

① 뿌리보다 높은 값을 가진다.
② 삼투포텐셜은 대부분 +값이다.
③ 시든 잎의 압력포텐셜은 대부분 +값이다.
④ 일반적으로 한낮보다 한밤중에 높아진다.

**해설**
수분포텐셜은 단위량의 수분이 갖는 잠재에너지이다. 수본포텐셜은 그 절대값을 측정할 수가 없다. 따라서 1기압 등의 등온조건에서 순수한 물의 수분포텐션을 0으로 정한다. 일반적으로 낮에는 햇빛에 의해 잎을 통한 증산작용을 일으키므로 수분증발이 일어나므로 수목 내 압력이 생겨 자연스럽게 뿌리로부터 물을 흡수하게 되므로 수분포텐셜은 밤보다 낮아진다.

**5. 삽목의 장점으로 옳지 않은 것은?**

① 모수의 특성을 계승한다.
② 묘목의 양성 기간이 단축된다.
③ 천근성이 되어 수명이 길어진다.
④ 종자번식이 어려운 수종의 묘목을 얻을 수 있다.

---

**정답** 1.④  2.③  3.②  4.④  5.③

**해설** 삽목의 장점
- 모수의 특성을 그대로 이어 받는다.
- 결실이 불량한 수목의 번식에 적합하다.
- 묘목의 양성기간이 단축된다.
- 개화결실이 빠르고 병충해에 대한 저항력이 크다.

**6** 가지치기 작업에 따른 효과가 아닌 것은?

① 무절제를 생산한다.
② 부정아 발생을 억제한다.
③ 수간의 완만도를 높인다.
④ 하층목의 생장을 촉진한다.

**해설** 가지치기의 장점
- 마디 없는 간재를 얻을 수 있다.
- 신장생장을 촉진시킨다.
- 나이테 폭의 넓이를 조절하여 수간의 완만도를 높인다.
- 밑에 있는 나무에 수광량을 증가하여 성장을 촉진시킨다.
- 임목상호간의 부분적 경쟁을 완화 시킨다.
- 산림화재의 위험성이 줄어든다.

**7** 개벌작업 이후 밀식을 하는 경우의 장점으로 옳지 않은 것은?

① 줄기는 가늘지만 근계발달이 좋아 풍해 및 설해 등을 입지 않는다.
② 개체 간의 경쟁으로 연륜 폭이 균일하게 되어 고급재를 생산할 수 있다.
③ 제벌 및 간벌작업을 할 때 선목의 여유가 생겨 우량 임분으로 유도 할 수 있다.
④ 수관의 울폐가 빨리 와서 표토의 침식과 건조를 방지하여 개벌에 의한 지력의 감퇴를 줄일 수 있다.

**해설** 밀식의 장점
- 표토침식과 지표면의 건조방지로 개벌에 의한 지력감퇴 경감
- 풀베기 작업회수 감소로 비용 절약
- 가기가 굵어지는 것을 방지하고 자연낙지의 유도로 가지치기 비용절감 및 마디가 적은 용재생산
- 제벌, 간벌 시 제거 대상목이 많으므로 최우량목을 잔존시켜 우량임분 조성
- 밀식으로 인해 줄기가 가늘어지며 그로인해 뿌리의 생잘이 불량해지며 풍해 및 설해를 입게 된다.

**8** 목본식물의 조직 중 사부의 기능으로 옳은 것은?

① 수분 이동
② 탄소 동화작용
③ 탄수화물 이동
④ 수분 증발 억제

**해설**
광합성 작용에 의해 만들어진 탄수화물은 식물체에 필요에 따라 체관(사부)을 통하여 각 부분으로 이동되며 이동된 탄수화물은 식물의 생장, 호흡, 저장물질로 이용된다.

**9** 어린나무 가꾸기 작업에 대한 설명으로 옳은 것은?

① 여름철에 실시하는 것이 좋다.
② 제초제 또는 살목제를 사용하지 않는다.
③ 윤벌기 내에 1회로 작업을 끝내는 것이 원칙이다.
④ 일반적으로 벌채목을 이용한 중간 수입을 기대할 수 있다.

**해설**
어린나무 가꾸기 작업은 작업은 6~9월 사이에 실시하는 것을 원칙으로 하되 늦어도 11월말까지 완료한다.

**10** 정아우세현상을 억제시키는 호르몬은?

① 옥신
② 지베렐린
③ 아브시스산
④ 사이토키닌

**해설** 사이토키닌
세포분열을 촉진하며, 식물체 내에서 충분히 생성된다. 작물의 내한성촉진, 발아촉진, 잎의생장 촉진, 정아우세현상을 억제시킨다.

**11** 낙엽성 침엽수에 해당하는 수종은?

① Pinus Thubergii
② Juniperus Chinensis
③ Taxodium Distichum
④ Cryptomeria Japonica

**정답** 6. ② 7. ① 8. ③ 9. ① 10. ④ 11. ③

해설
① Pinus Thubergii-곰솔
② Juniperus Chinensis-향나무
③ Taxodium Distichum-낙우송
④ Cryptomeria Japonica-삼나무
낙우송은 낙우송과로 낙엽이 지는 낙엽성 침엽수이다.

**12** 간벌에 효과로 거리가 먼 것은?
① 산불위험도 감소
② 직경의 생장 촉진
③ 임목 형질의 향상
④ 개체목간 생육공간 확보 경쟁 촉진

해설 간벌의 효과
• 임목의 생육을 촉진하고 재적생장과 형질생장을 증가 시킨다.
• 각종 위해를 감소시키고 산림의 보호관리가 편리하다.
• 지력을 증진시킨다.
• 간벌재를 이용할 수 있다.
• 결실이 촉진되고 천연갱신이 용이해진다.

**13** 혼효림과 비교한 단순림에 대한 장점으로 옳은 것은?
① 식재 후 관리가 용이하다.
② 양료 순환이 빠르게 진행한다.
③ 생물 다양성이 비교적 높은 편이다.
④ 토양 양분이 효율적으로 이용될 수 있다.

해설 순림(단순림)의 장점
• 가장 유리한 수종만으로 임분을 형성할 수가 있다.
• 산림작업과 경영이 간편하고 경제적으로 수행될 수 있다.
• 임목의 벌채비용과 시장성이 유리하게 될 수 있다.
• 바라는 수종으로 쉽게 임분을 조성할 수가 있다.
• 경관상으로 더 아름다울 수 있다.

**14** 종자의 순량률을 구하는 산식에 필요한 사항으로만 올바르게 나열한 것은?
① 순정 종자의 수, 전체 종자의 수
② 순정 종자의 무게, 전체 종자의 무게
③ 발아 된 종자의 수, 발아되지 않은 종자의 수
④ 발아 된 종자의 무게, 발아 되지 않은 종자의 무게

해설 순량률
• 순량률(%) = [순정종자량(g) / 작업시료량(g)]×100

**15** 점성이 있는 식토가 대부분인 토양은?
① 식토
② 사토
③ 석력토
④ 사양토

해설 진흙의 함량에 따른 분류

| 토양의 종류 | 진흙의 함량(%) |
|---|---|
| 사토 | 12.5% 이하 |
| 사양토 | 12.5~25.0% |
| 양토 | 25.0~37.5% |
| 식양토 | 37.5~50.0% |
| 식토 | 50.0% 이상 |

**16** 개벌작업에 대한 설명으로 옳지 않은 것은?
① 음수 수종 갱신에 유리하다.
② 벌목, 조재, 집재가 편리하고 비용이 적게 든다.
③ 작업의 실행이 빠르고 높은 수준의 기술이 필요하지 않다.
④ 현재의 수종은 다른 수종으로 바꾸고자 할 때 가장 쉬운 방법이다.

해설
개벌작업으로 인해 임지가 노출되므로 양수수종의 갱신에 유리하다.

**17** 산벌작업 중 결실량이 많은 해에 1회 벌채하여 종자가 땅에 떨어지도록 하는 것은?
① 종벌
② 후벌
③ 예비벌
④ 하종벌

해설 하종벌
• 예비벌을 실시 3~5년 후에 종자가 충분히 결실한 해에 종자가 완전히 성숙된후 벌채하여 지면에 종자를 다량 낙하시켜 일제히 발아시키기 위한 벌채작업으로 간벌이 잘된 곳은 바로 하종벌을 실시할 수 있다.

정답 12.④ 13.① 14.② 15.① 16.① 17.④

• 벌채량은 수종에 따른 종자의 비산거리, 치수의 햇빛 요구도 등과 임지의 입지조건을 고려하여 치수가 건전하게 생장하는데 필요한 햇빛을 충분히 제공할 수 있도록 양수는 강하게 음수는 약간 약한 벌채가 적당하다.

**18** 열매의 형태가 삭과에 해당하는 수종은?

① Acer Palmatum
② Ulmus Davidiana
③ Camellia Japonica
④ Quercus Acutissima

**해설**
① Acer Palmatum – 단풍나무
② Ulmus Davidiana – 느릅나무
③ Camellia Japonica – 동백나무
④ Quercus Acutissima – 상수리나무
삭과란 열매속이 여러 칸으로 나뉘어져서 각 칸 속에 많은 종자가 들어있는 열매의 구조를 말하는 것으로 동백나무가 이에 속한다.

**19** 일본잎갈나무, 소나무, 삼나무, 편백 등의 종자 저장 및 발아 촉진에 가장 효과가 있는 종자 처리방법은?

① 고온 처리법  ② 냉수 처리법
③ 황산 처리법  ④ 기계적 처리법

**해설** 냉수침지법
1~4일간 온도가 낮은 신선한 물에 침지해서 충분히 흡수시킨 다음 파종하는 방법으로 비교적 발아가 잘되는 종자에 해당한다. 너무 오래 담가두면 오히려 해로우며 정체된 물은 수시로 신선한 물로 교환해 주어야 한다. 낙엽송, 소나무류, 삼나무, 편백 등의 종자에 적용한다.

**20** 온량지수 계산 시 기준이 되는 온도는?

① 0°C  ② 5°C
③ 10°C  ④ 15°C

**해설**
온량지수는 월평균 기온이 5°C 이상인 달에 대하여 월평균 기온과 5°C와의 차를 1년 동안 합한 값을 말한다.

### 제2과목 : 산림보호학

**21** 소나무좀의 연간 우화 횟수는?

① 1회  ② 2회
③ 3회  ④ 4회

**해설** 소나무좀
• 1년 1회 발생하며 수피 속에서 월동
• 신성충의 우화는 6월 상순~7월, 유충은 형성층 · 가도관 부위가해, 신성충은 신초 가해, 유충은 2회 탈피하며 20일의 기간을 가짐
• 방제는 간벌, 식이목 설치, 뿌리에 살충제를 투입

**22** 산불 예방 및 산불 피해 최소화를 위한 방법으로 효과적이지 않은 것은?

① 방화선 설치
② 일제 동령림 조성
③ 가연성 물질 사전 제거
④ 간벌 및 가지치기 실시

**해설**
산불피해를 방지하기 위한 임업적 방법으로는 혼효림을 조성하고, 가지치기를 실시하며, 임내 지피물을 제거한다.

**23** 약해에 대한 설명을 옳지 않은 것은?

① 농약에 저항성인 개체가 출현한다.
② 가뭄, 강풍 직후 또는 비가 온 후에 일어나기 쉽다.
③ 줄기, 잎, 열매 등의 변색, 낙엽, 낙과 등이 유발되고 심하면 고사한다.
④ 넓은 의미로는 농약 사용 후에 수목이나 인축에 생기는 생리적 장해현상을 말한다.

**해설**
약해란 농약을 살포한 후 발생하는 동 · 식물의 피해를 뜻하는 것으로 식물의 생리상태가 악화되는 현상을 말한다.

**정답** 18. ③  19. ②  20. ②  21. ①  22. ②  23. ①

**24** 천공성 해충을 방제하는데 가장 적합한 것은?

① 경운법　　② 소살법
③ 온도처리법　④ 번식장소 유살법

**해설** **번식처유살**
통나무(나무좀, 하늘소, 바구미)나 입목(좀)을 방제하는 방법으로 주로 천공성 해충을 방제하는데 유용하다.

**25** 수목의 그을음병을 방제하는데 가장 적합한 것은?

① 중간기주를 제거한다.
② 방풍시설을 설치한다.
③ 해가림시설을 설치한다.
④ 흡즙성 곤충을 방제한다.

**해설**
그을음병의 방제법은 살충제로 진딧물, 깍지벌레등 흡즙성 해충을 방제한다.

**26** 수목의 줄기를 주로 가해하는 해충은?

① 솔나방　　② 박쥐나방
③ 어스렝이나방　④ 삼나무독나방

**해설** **박쥐나방**
- 버드 · 미류 · 단풍 · 플라타너스 · 밤 · 참 · 아카시 · 오동나무 등 가해. 1년에 1회 발생, 알로 월동
- 방제는 알락박쥐나방과 같음
- 가해부위는 수목의 지제부위를 가해(땅의 표면위에 올라온 부위)
- 나무의 수피와 목질부 표면을 환상으로 식해하며 거미줄을 토하여 식해부위를 철해놓음

**27** 균류의 영양기관이 아닌 것은?

① 균사　　② 포자
③ 균핵　　④ 자좌

**해설** **표징의 종류**
- 병원체의 영양기관 : 균사체, 균사속, 균사막, 근상균사속, 선상균사, 균핵, 자좌 등
- 병원체의 번식기관 : 포자, 분생자병, 분생자퇴, 분생자좌, 포자퇴, 포자낭, 병자각, 자낭각, 자낭구, 자낭반, 세균점괴, 포자각, 버섯 등

**28** 솔잎혹파리가 겨울을 나는 형태는?

① 알　　② 성충
③ 유충　④ 번데기

**해설** **솔잎혹파리**
유충이 적송 · 흑송 등의 두침엽의 접합부에 기생하여 혹을 만들어 피해 줌. 1년 1회 발생, 유충으로 땅속 or 충영 속에서 월동, 6월상순이 성충우화 최성기. 성숙유충의 크기는 1.7mm~2.8mm

**29** 잣나무 털녹병 방제방법으로 옳지 않은 것은?

① 중간기주 제거
② 보르드액 살포
③ 병든 나무 소각
④ 주론 수화제 살포

**해설** **잣나무 털녹병**
- 중간기주는 송이풀과 까치밥나무. 녹포자와 녹병포자 형성, 중간기주에서 여름포자 · 겨울포자의 소생자를 형성하고 수피조직 내에서 균사의 형태적 월동이 이루어지며 4~5월 하순에 녹포자 형성
- 약제방제는 거의 불가능, 병든나무는 제거 · 소각하고, 중간기주 제거

**30** 가해하는 수목의 종류가 가장 많은 해충은?

① 솔나방　　② 솔잎혹파리
③ 천막벌레나방　④ 미국흰불나방

**해설** **흰불나방**
- 활엽수를 가해하며 1년 2회 발생
- 나무껍질사이 · 판자틈 · 돌밑 · 지피물밑 등에서 번데기로 월동. 1회 성충은 5월중순~6월에 출현
- 방제법은 부화 직후의 유충은 군서하므로 포살, 용화할 때가 되면 땅으로 내려오므로 식이목 설치
- 살충제로는 디프테렉스(1000배액)가 효과적

**31** 주로 토양에 의하여 전반되는 수목병은?

① 묘목의 모잘록병
② 밤나무 줄기마름병
③ 오동나무 빗자루병
④ 오리나무 갈색무늬병

정답　24. ④　25. ④　26. ②　27. ②　28. ③　29. ④　30. ④　31. ①

해설 ✿ **모잘록병**
토양서식병원균에 의하여 당년생 어린묘의 뿌리 또는 땅 가부분의 줄기가 침해되어 말라 죽는 병. 침엽수 중에서는 소나무류, 낙엽송, 전나무, 가문비나무 등에 활엽수 중에는 오동나무, 아까시나무, 자귀나무에 많이 발생한다.

**32** 밤나무 줄기마름병 방제방법으로 옳지 않은 것은?
① 내병성 품종을 식재한다.
② 동해 및 볕데기를 막고 상처가 나지 않게 한다.
③ 질소질 비료를 많이 주어 수목을 건강하게 한다.
④ 천공성 해충류의 피해가 없도록 살충제를 살포한다.

해설 ✿
밤나무 줄기 마름병의 방제는 질소질 비료를 많이 과용하지 말고, 인산질비료를 충분히 주어 묘목을 튼튼히 길러야 한다.

**33** 솔수염하늘소에 대한 설명으로 옳지 않은 것은?
① 1년에 1회 발생한다.
② 성충의 우화시기는 5~8월이다.
③ 목질부 속에서 번데기 상태로 월동한다.
④ 유충이 소나무의 형성층과 목질부를 가해한다.

해설 ✿
솔수염 하늘소는 소나무류의 목질수 속에서 애벌레 상태로 월동한뒤 4월 무렵 수피 가까운곳에서 번데기가 된다. 성충은 5월 하순~7월하순에 발생한다.

**34** 내동성이 가장 강한 수종은?
① 차나무        ② 밤나무
③ 전나무        ④ 버드나무

해설 ✿ **내동성이 강한나무**
누운잣나무, 가문비나무, 주목, 전나무, 잣나무, 잎갈나무, 종비나무, 분비나무

**35** 아황산가스에 대한 저항성이 가장 큰 수종은?
① 전나무        ② 삼나무
③ 은행나무      ④ 느티나무

**36** 밤나무혹벌 방제법으로 가장 효과가 적은 것은?
① 천적을 이용한다.
② 등화유살법을 사용한다.
③ 내충성 품종을 선택하여 식재한다.
④ 성충 탈출 전의 충영을 채취하여 소각한다.

해설 ✿
등화유살법은 나방류에 적합하다.

**37** 경제적 피해수준에 대한 설명으로 옳은 것은?
① 해충에 의한 피해액과 방제비가 같은 수준의 밀도
② 해충에 의한 피해액의 방제비보다 큰 수준의 밀도
③ 해충에 의한 피해액이 방제비보다 작은 수준의 밀도
④ 해충에 의해 경제적으로 큰 피해를 주는 수준의 밀도

해설 ✿ **해충밀도의 분류**
• 경제적 피해수준 : 경제적 피해가 나타나는 최저밀도로 해충에 의한 피해액과 방제비가 같은 수준의밀도를 말한다.
• 경제적 피해허용수준 : 경제적 가해수준에 달하는 것을 억제하기 위하여 직접 방제수단을 써야 하는 밀도수준

**38** 오동나무 탄저병에 대한 설명으로 옳은 것은?
① 주로 열매에 많이 발생한다.
② 주로 묘목의 줄기와 잎에 발생한다.
③ 주로 뿌리에 발생하여 뿌리를 썩게 한다.
④ 담자균이 균사상태로 줄기에서 월동한다.

해설 ✿ **오동나무 탄저병**
성목 · 묘목 모두 피해, 실생묘에 큰 피해. 장마철에 특히 심함. 잎에 1mm 이하의 둥근 담갈색 반점, 묘목과 성목의 병든 가지 · 줄기 · 잎에서 균사 형태로 월동

정답 32. ③  33. ③  34. ③  35. ③  36. ②  37. ①  38. ②

**39** 과수 및 수목의 뿌리혹병을 발생시키는 병원의 종류는?

① 세균
② 균류
③ 바이러스
④ 파이토플라즈마

**해설** 세균에 의한 대표적인 피해는 뿌리혹병 및 눈마른병이다.

**40** 대추나무 빗자루병 방제에 대한 적합한 약제는?

① 페니실린
② 석회유황합제
③ 석회보르도액
④ 옥시테트라사이클린

**해설** 파이코 플라즈마에 의해 발생한 대추나무와 오동나무 빗자루병은 옥시테트라사이클린 수간주사가 효과가 있다.

### 제3과목 : 임업경영학

**41** 유동자산에 해당되지 않은 것은?

① 현금
② 묘목
③ 산림축적
④ 미처분 임산물

**해설** 산림자산

| 생산자산 | 내용 |
|---|---|
| 고정자산 | 임지, 건물, 구축물(임도, 삭도, 숯가마등), 기계(산림용인 큰 기계), 동물(산림에 사용되는 말) |
| 임목자산 | 임목축적 |
| 유동자산 | 미처분 임산물(산림생산물로서 처분되지 않은 것), 산림용생산자재(묘목, 비료, 약재 등) |

**42** 산림청장은 관계 중앙행정기관의 장과 협의하여 전국의 산림을 대상으로 산림문화·휴양기본계획을 몇 년마다 수립·시행하는가?

① 1년 마다
② 5년 마다
③ 10년 마다
④ 20년 마다

**해설** 산림문화·휴양기본계획은 10년마다 산림청장이 수립한다.

**43** 산림의 수자원 함양기능을 증진시키기 위한 바람직한 관리방법이 아닌 것은?

① 벌기령을 길게 한다.
② 2단림 작업을 실시한다.
③ 소면적 벌채를 실시한다.
④ 대면적 개벌을 실시한다.

**해설** 대면적 개벌작업은 임지를 노출시켜 표면유하수가 많아지며 수목으로 인해 물의 저장기능이 없어진다.

**44** Huber식에 의한 수간석해 방법으로 옳지 않은 것은?

① 구분의 길이를 2m로 원판을 채취한다.
② 반경은 일반적으로 5년 간격으로 측정한다.
③ 단면의 반경은 4방향으로 측정하여 평균한다.
④ 벌채점의 위치는 흉고 높이인 지상 1.2m로 한다.

**해설** 벌채점의 위치는 근원부로부터 0.2m인 곳으로 한다.

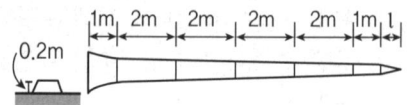

**45** 종합원가 계산 방법에 대한 설명으로 옳지 않은 것은?

① 공정별 원가계산방법이라고 한다.
② 제품의 원가를 개개의 제품단위별로 직접 계산하는 방법이다.
③ 같은 종류와 규격의 제품이 연속적으로 생산되는 경우에 사용한다.
④ 생산된 제품의 전체원가를 총생산량으로 나누어서 단위원가를 산출한다.

**정답** 39.① 40.④ 41.③ 42.③ 43.④ 44.④ 45.②

**해설**
종합원가 계산은 제품별 원가계산에서 한 원가계산 기간의 제조원가를 당해 기간의 생산량으로 나누어서 제품의 단위원가를 산정하는 방법이다.

**46** 투자에 의해 장래에 예상되는 현금 유입과 유출의 현재가를 동일하게 하는 할인율로서 투자효율을 결정하는 방법은?

① 회수기간법   ② 순현재가치법
③ 내부수익률법   ④ 수익·비용률법

**해설** 내부투자수익률법(시간가치 고려함)
• 투자에 의해 장래에 예상되는 현금유입의 현재가와 현금유출의 현재가를 같게 하는 할인율을 말하는데, 다음 식에서 P가 바로 IRR(내부투자수익율)이다.

$$NPW = \sum_{i=1}^{n} \frac{R_n}{1.0P^n} = \sum_{i=1}^{n} \frac{C_n}{1.0P^n}$$

$R_n$ : 연차별 현금유입
$C_n$ : 연차별 현금유출
$n$ : 사업연수
$P$ : 할인율(내부투자수익율)

• 투자로 인한 IRR과 기업에서 바라는 기대수익률을 비교하여 IRR이 클 때 투자가치가 있는데, 국제 금융기관에서 널리 이용함

**47** 임지기망가 계산식에서 필요한 인자가 아닌 것은?

① 조림비   ② 산림면적
③ 주벌수익   ④ 간벌수익

**해설** 토지 기망가

$$= \frac{(Au+Da1.0P^{u-a}+Da1.0P^{u-b}+\cdots -C1.0Pu)}{1.0P^u-1} - V$$

Bu = U년일 때의 토지기망가, Au : 주벌수입, U : 윤벌기, P : 이율, Da1.0P$^{u-a}$ : a년도 간벌수입의 U년 때의 후가, C : 조림비, V : 관리비

**48** 법정상태의 요건이 아닌 것은?

① 법정벌채량   ② 법정생장량
③ 법정영급분배   ④ 법정임분배치

**해설** 법정상태요건
법정영급분배, 법정임분배치, 법정생장량, 법정축적

**49** 법정림의 산림면적이 60ha, 윤벌기 60년, 1영급을 편성한 영계가 10개로 구성한 경우 법정영급면적은?

① 10ha   ② 20ha
③ 30ha   ④ 50ha

**해설**
법정영급면적 = $\frac{60}{60} \times 10 = 10ha$

**50** 다음 그림과 같은 4가지 형태의 산림의 구조 중 속성수 도입 및 복합임업경영(혼농임업 등) 도입이 필요한 산림구조는?

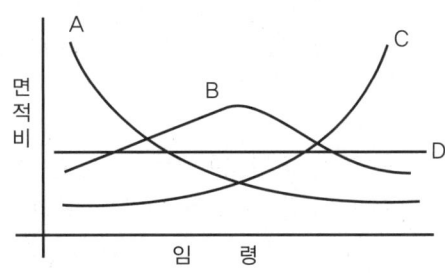

① A   ② B
③ C   ④ D

**해설**
A형 산림은 유령림이 많으므로 앞으로 수익이 발생되려면 많은 기간이 필요하므로 속성수를 도입하거나, 복합임업경영을 통해서 단기간의 소득을 낼 수 있는 구조로 만들어야 한다.

**51** 노령림과 미숙림이 함께 존재하는 임분을 벌채할 때 어느 쪽이든지 경제적 불이익을 감소시키기 위하여 설정하는 기간은?

① 갱신기   ② 윤벌기
③ 회기년   ④ 정리기

**해설** 정리기
불법정인 영급관계를 법정인 영급관계로 정리 및 개량하는 기간으로 개벌작업을 실시하려는 산림에 주로 적용한다.

**정답** 46. ③   47. ②   48. ①   49. ①   50. ①   51. ④

**52** 소생림 중심의 자연휴양림 관리방법으로 옳은 것은?

① 여름철 산책공간 조성을 위해 교목림으로 육성한다.
② 출입제한 등의 이용규제가 없어도 높은 자연성을 유지할 수 있다.
③ 이용밀도가 가장 높은 공간이므로 답압에 의한 영향을 고려해야 한다.
④ 인위적 관리를 통해 수목은 적게 하고 잔디 및 초지가 잘 자라도록 관리한다.

**해설** 소생림 중심의 자연휴양림
수관울폐도를 기준으로 할 때 산개림과 밀생림의 중간 형태이고, 산개림과 같이 인공적 관리를 기초로 하여 성립된 형태로서 간벌들의 인위적인 관리가 이루어져야 하는 임분 형태의 자연휴양림

**53** 임목의 흉고직경은 20cm, 수고는 15m, 형수는 0.4를 적용하였을 경우 임목의 재적은?

① 0.018m³  ② 0.188m³
③ 1.884m³  ④ 18.840m³

**해설**
재적 = $\frac{3.14}{4} \times 0.2^2 \times 15 \times 0.4 = 0.188m^3$

**54** 생장량을 구분할 때 수목의 생장의 따른 분류와 임목의 부분에 따른 분류가 있다. 다음 중 수목의 생장의 따른 분류에 해당되지 않는 것은?

① 등귀생장  ② 직경생장
③ 재적생장  ④ 형질생장

**해설** 수목의 생장에 따른 분류
- 등귀생장 : 목재의 수급이나 화폐가치의 변동으로 인한 목재 가격의 증가
- 재적생장 : 재적이 증가함에 따른 가격의 증가
- 형질생장 : 목재의 질이 좋아짐에 따른 가격의 증가

**55** 임도를 신설하기 위해 필요한 비용을 전액 대출받고 10년 간 상환하는 경우에 임도 시설 비용에 대하여 매년 마다 균등한 액수의 상환 비용을 의미하는 것은?

① 유한연년이자 전가식
② 유한연년이자 후가식
③ 무한정기이자 전가식
④ 무한정기이자 후가식

**해설** 10년이라는 기간이 있으므로 유한이며, 매년 상환하기 때문에 연년이자에 속하며 원가를 구하는 것이 아니므로 후가식을 사용한다.

**56** 임목의 흉고직경을 계산하는 방법으로 산술평균직경법(a)과 흉고단면적(b)의 관계에 대한 설명으로 옳은 것은?

① a와 b는 같은 값이 된다.
② a가 b보다 큰 값이 된다.
③ b가 a보다 큰 값이 된다.
④ a와 b사이에는 일정한 관계가 없다.

**해설** 표준목의 흉고직경 결정
- 흉고단면적법

$g = \frac{\sum G}{n}$, $g = \frac{\pi}{4} \times d^2$, $d = 1.1284\sqrt{g}$

∑G : 전임목의 흉고단면적 합계, n : 임목본수
- 산술평균 지름법

$g = \frac{\sum D}{n}$

∑D : 전임목의 흉고직경 합계, n : 임목본수

**57** 다음 시장역산가식에서 b가 의미하는 것은?

임목단가 = 이용율($\frac{생산원목의 판매예정단가}{1+자본회수기간 \times 이율}$)

① 조재율  ② 임목매매가
③ 임목가격  ④ 단위생산비용

**해설** 시장가 역산법
우리가 실제 목재를 이용하려고 벌채를 할때 가장 많이 사용하는 계산방법으로 임목매매가가 적용되며 비교방식의 간접법에 해당된다.

$X = f\left(\frac{A}{1+mp+r} - B\right)$

X : 단위재적당 임목가, A : 단위재적당 원목 시장가,
B : 단위재적당 벌목비, 운반비, 기타잡비용, f : 조재율, m : 자본회수기간, p : 월이율, r : 기업이익률

**정답** 52.① 53.② 54.② 55.① 56.③ 57.④

**58** 조림 후 5년이 경과한 산지에 산불로 인하여 임목이 소실되었을 경우 피해액을 조사하기 위해 가장 적합한 임목가 계산방법은?

① Glasr법  ② 임목매매가
③ 임목기망가  ④ 임목비용가

**해설** 산림화재
- 유령림 : 임목비용가
- 장령림 : 임목기망가 – 피해목의 매매가
- 벌기전후 : 매매가

**59** 임업소득의 계산방법으로 옳은 것은?

① 자본에 귀속하는 소득 = 임업순수익 – (지대+ 자본이자)
② 임지에 귀속하는 소득 = 임업소득 –(지대 + 가족노임추정액)
③ 가족노동에 귀속하는 소득 = 임업소득 – (지대 + 자본이자)
④ 경영관리에 귀속하는 소득 = 임업소득 – (지대 + 가족노임추정액)

**해설** 산림경영 성과의 계산 방법
- 임업소득 = 임업조수익 – 임업경영비
- 임가소득 = 임업소득+농업소득+기타소득
- 임업순수익 = 임업소득 – 가족노임추정액 = 임업조수익 – 임업경영비 – 가족노임추정액
- 임업조수익 = 임업현금수입+임산물가계소비액 + 미처분 임산물 증감액+ 산림생산자재재고증감액 + 임목성장액
- 임업경영비 = 임업현금지출 + 감가상각비 + 미처분 임산물재 고감소액 + 산림생산자재재고감소액 + 주임목감소액

**60** 벌채목의 길이가 20m, 원구단면적이 0.6m², 중앙단면적이 0.55m², 말구단면적이 0.4m²일 경우에 스말리언(Smalian)식에 의한 재적은?

① 8.0m³  ② 10.0m³
③ 10.3m³  ④ 11.0m³

**해설** 스말리안식

$V = \dfrac{g_0+g_n}{2} \times L = \dfrac{0.6+0.4}{2} \times 20 = 10\text{m}^3$

---

### 제4과목 : 임도공학

**61** 점착성이 큰 점질토의 두꺼운 성토층 다짐에 가장 효과적인 롤러는?

① 탬핑 롤러  ② 탠덤 롤러
③ 머캐덤 롤러  ④ 타이어 롤러

**해설** 탬핑롤러

**62** 임도의 설계에서 종단면도를 작성할 때 횡, 종의 축적은 얼마로 해야 하는가?

① 횡 : 1/100, 종 : 1/1200
② 횡 : 1/200, 종 : 1/1000
③ 횡 : 1/1000, 종 : 1/200
④ 횡 : 1/1200, 종 : 1/100

**63** 임도 시공 시 벌개제근 작업에 대한 설명으로 옳지 않은 것은?

① 절취부에 벌개제근 작업을 할 경우에는 시공 효율을 높일 수 있다.
② 성토량이 부족할 경우 벌개제근된 임목을 묻어 부족한 토양을 보충하기도 한다.
③ 벌개제근 작업을 완전히 하지 않으면 나무 사이의 공극에 토사가 잘 들어가지 않는다.
④ 벌개제근 작업을 제대로 하지 않으면 부식으로 인한 공극이 발생하여 성토부가 침하하는 원인이 되기도 한다.

**해설**
벌개제근된 임목을 땅에 묻으면 썩으면서 공극이 발생하고 호우 시 침식이 발생하므로 벌개제근된 임목은 모두 현장에서 제거한다.

**64** 임도 노면 시공방법에 따른 분류로 머캐덤(Macadam)도 라고도 불리는 것은?
① 쇄석도　② 사리도
③ 토사도　④ 통나무길

**해설** **쇄석도(부순돌길, 머캐덤도)**
부순 돌끼리 서로 물려 죄는 힘과 결합력에 의하여 단단한 노면을 만드는 것으로 임도에서 가장 많이 쓰인다.

| 종류 | 내용 |
|---|---|
| 텔퍼드식 | 노반의 하층에 큰 깬돌을 깔고 쇄석 재료를 입히는 방법으로 지반이 연약한 곳에 효과적이다. |
| 머캐덤식 | 쇄석재료만을 깔고 다진 도로로서 자동차 도로에 적용된다. |

**65** 임도의 노체를 구성하는 기본적인 구조가 아닌 것은?
① 노상　② 기층
③ 표층　④ 노층

**해설** **노체의 구성**
각 층은 노면에 가까울수록 큰 응력에 견디어야 하므로 노면, 기층, 표층의 순으로 더 좋은 재료를 사용하여 피복해야 한다.
- 노체 : 원지반과 운반된 재료에 의하여 피복된 층으로 구분
- 노상 : 노체의 최하층인 도로의 본체
- 노면 : 도로의 표면

**66** 영선측량과 중심선측량에 대한 설명으로 옳지 않은 것은?
① 영선은 절토작업과 성토작업이 경계점이 된다.
② 산지경사가 완만할수록 중심선이 영선보다 안쪽에 위치한다.
③ 중심선측량은 지형상태에 따라 파형지형의 소능선과 소계곡선을 관통하며 진행된다.
④ 산지 경사가 45~55% 정도일 때 두 측량 방법으로 각각 측량한 측점이 대략 일치한다.

**해설** 지반 기울기가 급할수록 영선보다 중심선이 경사지의 안쪽에 위치하고 45~55% 지형에서는 영선과 중심선이 거의 일치하다가, 지반기울기가 완만할수록 중심선이 영선보다 바깥쪽에 위치함

**67** 적정임도밀도에 대한 설명으로 옳지 않은 것은?
① 임도밀도가 증가하면 조재비, 집재비는 낮아진다.
② 임도간격이 크면 단위면적당 임도개설비용은 감소한다.
③ 집재비와 임도개설비의 합계비용을 최대화하여 산정한다.
④ 집재비와 임도개설비의 합계는 임도간격이 좁거나 넓어도 모두 증가한다.

**해설** 적정임도밀도는 임도개설비와 집재비의 합계인 총 비용을 최소화하는 임도밀도를 구하는 것이다.

**68** 임도 곡선 설정법에 해당하지 않는 것은?
① 우회법　② 편각법
③ 교각법　④ 진출법

**해설** **임도곡선 설정방법**
교각법, 편각법, 진출법

**69** 콘크리트 포장 시공에서 보조기층의 기능으로 옳지 않은 것은?
① 동상의 영향을 최소화한다.
② 노상의 지지력을 증대시킨다.
③ 노상이나 차단층의 손상을 방지한다.
④ 줄눈, 균열, 슬래브 단부에서 펌핑현상을 증대시킨다.

**해설** 보조기층은 노면 포장 시 가장하단 부위를 말한다. 보조기층의 기능은 표층인 콘크리트 슬래브로부터 전달되는 교통하중을 분산시켜 노상에 균일하게 전달하는 기능을 한다. 또한 노상의 세립토가 기층 속으로 침투하는 것을 방지하고, 포장층 내 또는 하부층의 물고임과 동결을 방지한다.

**정답** 64.① 65.④ 66.② 67.③ 68.① 69.④

**70** 비탈면의 위치와 기울기, 노체와 노상의 끝손질 높이 표시하여 흙깎기와 흙쌓기 공사를 정확히 실시하기 위해 설치하는 것은?

① 수평틀  ② 토공틀
③ 흙일겨냥틀  ④ 비탈물매 지시판

해설 흙일 겨냥틀

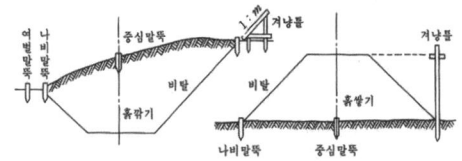

**71** 흙의 입도분포의 좋고 나쁨을 나타내는 균등계수의 산출식으로 옳은 것은? (단, 통과중량 백분율 x에 대응하는 입경은 Dx)

① $D_{10} \div D_{60}$  ② $D_{20} \div D_{60}$
③ $D_{60} \div D_{20}$  ④ $D_{60} \div D_{10}$

해설
균등계수 = $\dfrac{\text{통과중량 백분율 60\%에 대응하는 입경}}{\text{통과중량 백분율 10\%에 대응하는 입경}}$

**72** A지점의 지반고가 19.5m, B지점의 지반고가 23.5m이고 두 지점 간의 수평거리가 40m일 때 A로부터 몇 m 지점에서 지반고 20m 등고선이 지나가는가?

① 3m  ② 5m
③ 7m  ④ 10m

해설
a와 b점의 표고차는 23.5−19.5 = 4m이다.
2지점간의 높이를 20m라고 했으므로 이 지점의 높이는 a지점의 19.5m보다 0.5m높은 지점이다.
4:40 = 0.5:x = 4x = 20 , x = 5m

**73** 사리도(자갈길, Gravel Road)의 유지관리에 대한 설명으로 옳지 않은 것은?

① 방진처리에 염화칼슘은 사용하지 않는다.
② 노면에 제초나 예불은 1년에 한 번 이상 실시한다.
③ 비가 온 후 습윤한 상태에서 노면 정지작업을 실시한다.
④ 횡단배수구의 기울기는 5~6% 정도를 유지하도록 한다.

해설
염화칼슘은 도로의 동결방지, 융빙설, 비포장 도로의 방진에 효과적이다.

**74** 임도의 종단기울기에 대한 설명으로 옳지 않은 것은?

① 최소 기울기는 3% 이상으로 설치한다.
② 종단기울기를 높게 하면 임도우회율이 적어진다.
③ 보통 자동차가 설계속도의 90% 이상 정도로 오를 수 있도록 설정한다.
④ 임도 설계 시 종단기울기 변경은 전 노선을 조정하여 재시공하는 의미를 갖는다.

해설
종단기울기의 일반치는 자동차가 설계속도의 50~80% 정도로 오를 수 있는 상태를 조건으로 설정한다.

**75** 임도 종단면도에 기록하는 사항이 아닌 것은?

① 측점  ② 단면적
③ 성토고  ④ 누가거리

해설 종단면도
· 횡 1:1,000, 종 1:200 축척으로 작성한다.
· 시공 계획고는 절토량과 성토량이 균형을 이루게 하되, 피해방지·경관 유지를 감안하여 결정한다.
· 지반높이, 계획높이, 절토고, 성토고, 기울기, 누가거리, 구간거리 등이 기록된다.

**76** 임도측선의 거리가 99.16m이고 방위가 S 39°15′25″W일 때 위거와 경거의 값으로 옳은 것은?

① 위거=+75.78m 경거=+62.75m
② 위거=+76.78m 경거=−62.75m
③ 위거=−76.78m 경거=+62.75m
④ 위거=−76.78m 경거=−62.75m

정답 70.③ 71.④ 72.② 73.① 74.③ 75.② 76.④

해설
- 경거 : S 39°15′25″ = 62.75
- 위거 : 39°15′25″ = 76.78
※ 방위가 SW이므로 -값을 취한다.

**77** 법령상 임도 설치가 가능한 지역은?

① 산지관리법에서 정한 산지전용 제한지역
② 임도 타당성 평가점수가 60점 이상인 지역
③ 임도거리의 10% 이상의 지역이 경사 35° 미만인 지역
④ 농어촌 도로정비법에 따른 농로로 확정·고시된 노선과 중복되는 지역

해설 임도를 설치할 수 없는 지역
- 산지전용이 제한되는 지역
- 임도거리 10% 이상이 경사 35도 이상의 급경사지를 지나는 경우
- 임도거리 10% 이상이 [도로법]에 의한 도로로부터 300m 이내인 지역을 지나게 되는 경우
- 임도거리의 20% 이상이 화강암질 풍화토로 구성된 지역을 지나게 되는 경우
- 임도거리의 30% 이상이 암반으로 구성된 지역
- 도로법에 의한 도로 또는 농어촌도로 정비법에 의한 농도로 확정, 고시된 노선과 중복되는 경우

**78** 가선집재와 비교한 트랙터에 의한 집재작업의 장점으로 옳지 않은 것은?

① 기동성이 높다.
② 작업이 단순하다.
③ 작업생산성이 높다.
④ 잔존임분에 대한 피해가 적다.

해설 트랙터 집재와 가선집재의 특징
① 트랙터 집재
- 장점 : 기동성과 작업생산성이 높음, 작업이 단순하며 비용이 낮음
- 단점 : 환경에 대한 피해가 크고 완경사지만 가능, 높은 임도밀도 요구
② 가선집재
- 장점 : 입목 및 목재의 피해 적고, 낮은 임도밀도 지역과 급경사지에서도 작업가능

- 단점 : 기동성이 떨어지고 장비 구입비가 고가, 숙련된 기술 및 세밀한 작업계획 필요, 장비의 설치 및 철거시간 필요, 작업생산성 낮음

**79** 절토·성토사면에 붕괴의 우려가 있는 지역에 사면길이 2~3m 마다 설치하는 소단의 폭 기준은?

① 0.1~0.5m
② 0.5~1.0m
③ 1.5~2.5m
④ 2.5~3.5m

해설 소단설치
절토, 성토한 경사면의 붕괴 또는 밀려 내려갈 우려가 있는 지역에는 사면길이 2-3m마다 폭 50-100cm로 소단 설치

**80** 다음 조건에서 양단면적평균법으로 계산한 토량은?

- 단면적 : 4m²
- 단면적 : 6m²
- 양단면적간의 거리 : 5m

① 25m³        ② 50m³
③ 75m³        ④ 100m³

해설
$V = \dfrac{A_1+A_2}{2} \times L = \dfrac{4+6}{2} \times 5 = 25m^3$

---

제5과목 : 사방공학

**81** 3ha 유역에 최대 시우량이 60mm/h이면 시우량법에 의한 최대 홍수유량은? (단, 유거계수는 0.8)

① 0.04m³/s        ② 0.4m³/s
③ 4.0m³           ④ 40.0m³/s

해설
$Q = \dfrac{CIA}{360} = \dfrac{0.8 \times 60 \times 3}{360} = 0.4 m^3/s$

정답  77.③  78.④  79.②  80.①  81.②

**82** 땅깎기 비탈면의 안정과 녹화를 위한 시공 방법으로 옳지 않은 것은?

① 경암 비탈면은 풍화·낙석 우려가 많으므로 새심기공법이 적절하다.
② 점질성 비탈면은 표면침식에 약하고 동상·붕락이 많으므로 떼붙이기 공법이 적절하다.
③ 모래층 비탈면은 절토공사 직후에는 단단한 편이나 건조해지면 붕락되기 쉬우므로 전면적 객토가 좋다.
④ 자갈이 많은 비탈면은 모래가 유실 후, 요철면이 생기기 쉬우므로 떼붙이기보다 분사파종 공법이 좋다.

**해설**
경암비탈면은 낙석방지망, 낙석방지책, 낙석방지옹벽공법이 적당하다.

**83** 벌도목, 간벌채를 이용하여 강우로 인한 토사유출을 방지할 목적으로 시공하는 공법은?

① 식책공     ② 식수공
③ 편책공     ④ 돌망태공

**해설**
편책공은 간벌채를 이용한 나무를 이용하여 비탈면에 나무말뚝을 박고 초두목이나 가지로 바자를 얽어매는 울타리 공작물이다.

**84** 시멘트 콘크리트의 응결경화 촉진제로 많이 사용되는 혼화제는?

① 석회
② 규조토
③ 규산백토
④ 염화칼슘

**해설** 응결경화촉진제
수화열 발생으로 수화반응을 촉진하여 조기에 강도를 냄-염화칼슘

**85** 산사태의 발생요인에서 내적요인에 해당하는 것은?

① 강우     ② 지진
③ 벌목     ④ 토질

**해설** 우리나라 토질은 토양의 대부분이 풍화가 용이한 화강암과 화강편마암으로 구성되고 있고 경사가 급하다.

**86** 전수직 응력이 100gf/cm², tan ø(ø는 내부마찰각) 값이 0.8, 점착력이 20gf/cm²일 때, 토양의 전단강도는? (단, 간극수압은 무시함)

① 80gf/cm²     ② 100gf/cm²
③ 120gf/cm²    ④ 145gf/cm²

**87** 메쌓기 사방댐의 시공 높이 한계는?

① 1.0m     ② 2.0m
③ 3.0m     ④ 4.0m

**해설**
메쌓기 사방댐의 시공높이는 4.0m 이하로 한다.

**88** 돌쌓기 기슭막이 공법의 표준 기울기는?

① 1 : 0.3~0.5     ② 1 : 0.3~1.5
③ 1 : 0.5~1.3     ④ 1 : 1.3~1.5

**해설**
돌쌓기 기슭막이의 표준기울기는 1:0.3~0.50이며, 찰쌓기인 경우에는 1:0.3, 메쌓기인 경우에는 1:0.5를 표준으로 한다.

**89** 비탈다듬기가 단끊기 공사로 생긴 토사로 계곡부에 넣어서 토사 활동을 방지하기 위해 설치하는 산지사방 공사는?

① 골막이     ② 누구막이
③ 기슭막이   ④ 땅속흙막이

**해설**
땅속흙막이는 비탈다듬기와 단끊기 등으로 생산된 뜬 흙을 산비탈의 계곡부에 투입하여 유실을 방지하는 한편 산각의 고정을 기하고자 축설하는 공법이다.

**정답** 82.① 83.③ 84.④ 85.④ 86.② 87.④ 88.① 89.④

**90** 땅깎이 비탈면에 흙이 붙어있는 반떼를 수평 방향으로 줄로 붙여 활착 녹화시키는 공법은?

① 줄떼심기공법  ② 줄떼다지기공법
③ 줄떼붙이기공법 ④ 평떼붙이기공법

해설 줄떼
- 절토사면 : 줄떼붙이기
- 성토사면 : 줄떼다지기
- 평탄지 : 줄떼심기

**91** 계류의 유심을 변경하여 계안의 붕괴와 침식을 방지하는 사방공작물은?

① 수제
② 둑막이
③ 바닥막이
④ 기슭막이

해설 수제
한쪽 또는 양쪽 계안으로부터 유심을 향하여 적당한 길이와 방향으로 돌출한 공작물로서 주로 유심의 방향을 변경시키기 위하여 시공하는 계간사방공작물

**92** 비탈면 하단부에 흐르는 계천의 가로침식에 의해 일어나며, 침식 및 붕괴된 물질은 퇴적되지 않고 대부분 유수와 함께 유실되는 붕괴형 침식은?

① 산붕   ② 포락
③ 붕락   ④ 산사태

해설
붕괴형 침식은 급경사지 또는 흙비탈면에 깊은 토층이 강우 때문에 물로포화되어응집력을잃어무너져내리는붕괴형 침식이다.
- 산사태 : 호우로 산정의 가까운 부분에서 어느 정도의 부피를 가진 흙층이 물로 포화 팽창되어 사면계곡으로 연속적으로 길게 붕괴되는 지층의 현상
- 산붕 : 산사태와 같은 원인으로 발생하나 그 규모가 작고 산허리 이하인 산록부에서 많이 발생
- 붕락 : 허물어 내려온 지리가 비탈면 끝이나 산각부에 남아있고, 붕락된 지표층에 주름이 잡힘
- 포락 : 비탈면 끝을 흐르는 계천의 가로침식에 의해 무너지는 침식

**93** 2매의 선떼와 1매의 갓떼 또는 바닥떼를 사용하는 선떼붙이기는?

① 2급   ② 4급
③ 6급   ④ 8급

해설 6급 선떼붙이기

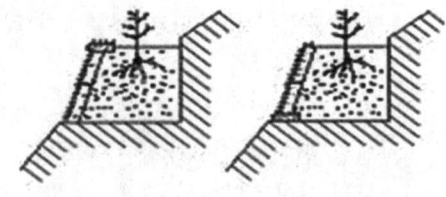

**94** 폐탄광지의 복구녹화에 대한 설명으로 옳지 않은 것은?

① 경제림을 단기적으로 조성한다.
② 차폐식재하여 좋은 경관을 만든다.
③ 폐석탄 등을 제거하고 복토하여 식재한다.
④ 사면붕괴 방지를 위해 사면 안정각을 유지한다.

**95** 임내강우량의 구성요소가 아닌 것은?

① 수간유하우량
② 수간통과우량
③ 수관적하우량
④ 수관차단우량

해설 임내강우량
수간유하우량, 수간통과우량, 수관적하우량

**96** 중력식 사방댐 설계에서 고려하는 안정조건이 아닌 것은?

① 전도   ② 퇴적
③ 제채파괴 ④ 기초지반 지지력

해설 중력댐의 안정조건
- 활동에 대한 안정 : 저항력의 총합이 원칙적으로 수평 외력의 총합이상으로 되어야 한다.
- 전도에 대한 안정 : 합력작용선이 제저의 중앙 1/3보다 하류 측을 통과하면 댐 몸체의 상류 측에 장력이 생기므로 합력작용선이 제저의 1/3을 통과하도록 한다.

정답 90.③ 91.① 92.② 93.③ 94.① 95.④ 96.②

- 제체의 파괴에 대한 안정 : 제체에서의 최대 압축력은 그 허용압축을 초과하지 않아야 한다.
- 기초지반의 지지력에 대한안정 : 제저에 발생하는 최대압축응력이 지반의 허용압축강도보다 작으면 지반은 안전하다.

**97** 사방사업 대상지 유형 중 황폐지에 속하는 것은?

① 밀린땅　② 붕괴지
③ 민둥산　④ 절토사면

**해설** 황폐지유형
척악임지, 임간나지, 초기황폐지, 황폐이행지, 민둥산, 특수황폐지

**98** 사방댐의 설계요인에 대한 설명으로 옳지 않은 것은?

① 댐의 위치는 계상에 암반이 존재해야만 설치할 수 있다.
② 계획 계상기울기는 현 계상기울기의 1/2~1/3 정도가 가장 실용적이다.
③ 종·횡침식이 일어나는 구간이 긴 구간에서는 원칙적으로 계단상 댐을 계획한다.
④ 단독의 높은 댐과 연속된 낮은 댐군의 선택은 그 지역의 토사생산의 특성과 시공 및 유지의 난이도를 충분히 검토하여 결정한다.

**해설**
댐의 위치는 되도록 암반에 설치하도록 하되 반드시 암반이 있어야하는 것은 아니다.

**99** 침식의 원인이 다른 것은?

① 자연침식　② 가속침식
③ 정상침식　④ 지질학적 침식

**해설**
가속침식은 자연침식, 지질침식, 정상침식과 달리 인간의 활동인 토지 이용의 결과로 비, 바람의 작용을 직접 받게 되어 침식이 급속히 진행되는 것을 말한다.

**100** 비탈면 돌쌓기에 대한 설명으로 옳지 않은 것은?

① 돌을 쌓는 방법에 따라 골쌓기와 켜쌓기가 있다.
② 찰쌓기는 2·3m²마다 물빼기 구멍을 설치한다.
③ 돌쌓기는 일곱에움 이상 아홉에움 이하가 되도록 한다.
④ 비탈 기울기가 1:1보다 완만한 경우는 돌붙이기 공사라고 한다.

**해설** 금기돌
접촉부가 맞지 않아서 힘을 받지 못하는 불안정한 돌

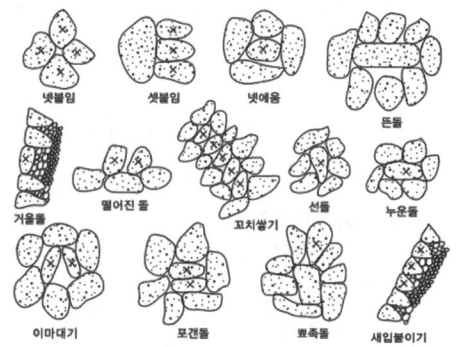

돌쌓기 시에는 다섯에움 이상 일곱에움 이하가 되도록 한다.

# 국가기술자격 필기시험문제

2017년 제1회 필기시험

| 자격종목 | 종목코드 | 시험시간 | 형별 |
|---|---|---|---|
| 산림산업기사 | 2481 | 2시간 | |

## 제1과목 : 조림학

**1** 묘포지 구비조건에 대한 설명으로 옳지 않은 것은?

① pH 7.5 이상의 알카리성 토양이 좋다.
② 평탄지보다는 5° 이하의 완경사지가 좋다.
③ 토심이 깊고 부식질이 많은 비옥한 사양토가 좋다.
④ 사방이 높은 산으로 막힌 산간 지역의 좁은 계곡 지역은 피해야 한다.

**해설** 묘포의 적지
- 묘목생산량에 필요한 충분한 면적을 확보할 수 있는 곳
- 교통과 관리가 편리하고 조림지와 가깝고 묘목수급이 용이한 곳
- 가급적 점토가 50% 미만인 양토나 식양토로서 토심이 30cm 이상
- 토양산도는 침엽수의 경우 Ph5.0~5.5, 활엽수의 경우 Ph 5.5~6.0이 적당하고 칼슘(ca)을 사용하여 토양의 산도를 조절한다.
- 평탄한 곳보다 약간 경사진 곳이 관수나 배수가 용이하므로 침엽수를 파종할 곳은 1~2°의 경사지, 기타는 3~5° 정도의 경사지를 선정하는 것이 적합하다.
- 묘포지의 집단화 : 양묘사업의 기계화 및 생력화를 위하여 생산묘목의 수급에 지장이 없도록 생산 주체별 묘포지를 집단화해야 한다.

**2** 생가지치기를 할 경우 부후의 위험성이 가장 높은 수종은?

① 소나무　　② 삼나무
③ 단풍나무　④ 일본잎갈나무

**해설** 활엽수의 가지치기
- 일반적으로 상처의 유합이 잘 안되고 잘 썩기 때문에 직경 5cm 이상의 가지는 원칙적으로 자르지 않는다.
- 참나무류(신갈나무제외), 포플러 나무류는 으뜸가지 이하의 가지만 잘라준다.

**3** 묘목 식재를 위하여 뿌리를 잘라주는 주요 목적은?

① 인건비를 절감한다.
② 양분 소모를 막는다.
③ 수분의 소모를 막는다.
④ 가는 뿌리 발달이 좋아진다.

**해설** 단근
- 건강한 모를 생산하기 위해 묘목의 직근과 측근을 끊어 잔뿌리의 발달을 촉진시키는 작업으로 경비절감은 물론 활착률에도 좋은 이점이 있다.
- 단근묘가 이식묘에 비하여 T/R율이 낮고 활착률이 높은 우량한 묘목이 생산되며, 묘목을 대량생산할 경우에도 경제적으로 유리하다.

**4** 동령임분의 흉고직경 분포를 나타낸 그림에서 빗금 친 부분을 간벌하였다면 어떠한 간벌방식이 적용된 것인가?

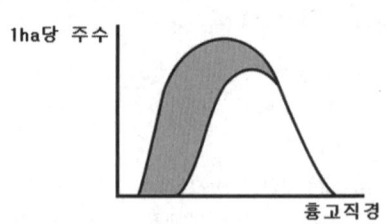

① 하층간벌　② 상층간벌
③ 택벌식간벌　④ 기계식간벌

**정답** 1. ①　2. ③　3. ④　4. ①

**해설** **하층간벌**
- 하층간벌은 피압된 가장 낮은 수관층의 나무를 먼저 벌채하고 점차 높은 층의 나무를 벌채해 나가는 방법이다.
- 강도 높은 하층간벌이 실시되고 나면 우세목과 준우세목이 남아 있게 되는데, 이 방법은 침엽수의 단순림에 적용하는데 알맞다.

**5** 무성번식 장점으로 옳지 않은 것은?
① 초기생장이 빠르다.
② 개화 및 결실이 빠르다.
③ 실생묘에 비해 대량생산이 쉽다.
④ 모수의 유전형질을 이어받을 수 있다.

**해설** 영양(무성) 번식의 단점
- 바이러스에 감염되면 제거가 불가능하다.
- 종자번식의 식물에 비해 저장과 운반이 어렵다.
- 종자번식에 비하여 증식률이 낮다.

**6** 글라신 액제를 사용한 덩굴제거 작업에 대한 설명으로 옳지 않은 것은?
① 모든 임지에 적용 가능하다.
② 광엽잡초나 콩과식물을 선택적으로 제거한다.
③ 신진대사를 교란시켜 뿌리까지 고사시킬 수 있다.
④ 덩굴류 생장기인 5~9월 중에 작업하는 것이 효과적이다.

**해설** 글라신액제
- 대상지 : 비선택성 경엽살포제 이므로 헥사지논입제에 대하여 내약성을 갖지 않는 수종의 조림지에 적용한다. 약제살포 시 약액이 조림목에 닿지 않도록 보호조치하면 모든 수종의 조림지에 적용할 수 있다.

**7** 왜림작업에 관한 설명으로 옳은 것은?
① 소나무림의 갱신에 쉽게 적용할 수 있다.
② 신탄재나 연료재 생산림을 경영할 때 적용하기 쉽다.
③ 왜림작업 지역은 산불 발생의 위험성이 교림지역보다 낮다.
④ 왜림 조성을 위한 갱신 벌채는 맹아 발생이 왕성한 여름철이 좋다.

**해설**
왜림작업의 장점
- 연료재나 소형재를 생산하고자 할때에 알맞은 방법으로 작업이 간편하고 갱신에 확실성이 있다.
- 벌기가 짧고 단위면적당 물질생산량이 많다.
- 환경에 대한 저항력이 크다.

왜림작업의 단점
- 벌기를 길게 한 용재 생산의 목적이 아니다.
- 지력의 많은 소비로 경제적으로 보아 교림작업을 하는 것만 못하다.
- 발생 직후의 맹아는 연약해서 병충해의 침입을 받기 쉽다.

**8** 꽃이 핀 그 해 가을 종자가 성숙하는 수종은?
① Larix Kaempferi
② Pinus Densiflora
③ Torreya Nucifera
④ Quercus Variabilis

**해설**
① Larix Kaempferi – 일본잎갈나무
② Pinus Densiflora – 소나무
③ Torreya Nucifera – 비자나무
④ Quercus Variabilis – 굴참나무

**9** 산림토양의 수직적 단면 순서를 표면에서부터 바르게 나열한 것은?
① 유기물층 → 집적층 → 용탈층 → 모재층
② 유기물층 → 집적층 → 모재층 → 용탈층
③ 유기물층 → 용탈층 → 모재층 → 집적층
④ 유기물층 → 용탈층 → 집적층 → 모재층

**해설** 토양의 수직적 단면순서
1) O층은 A층 위의 유기물 집적층
2) A층(용탈층) : 토양의 표면이 되는 부분으로 많은 성분이 씻겨 내려간 토층으로 식물의 섞은 부분이 모여 있어서 검은빛을 띤다.
3) B층 (집적층) : A층으로부터 용탈된 물질이 쌓인 층이다.
4) C층(모재층) : A층과 B층을 이루는 암석이 풍화된 그대로이거나 풍화 도중에 있는 모재층
5) R층(모암층)

**정답** 5. ③ 6. ② 7. ② 8. ① 9. ④

**10** 숲의 교란과 복원에 대한 설명으로 옳지 않은 것은?

① 교란의 종류에는 산불, 산사태, 병충해가 해당된다.
② 교란은 생태계의 구조와 기능에 심각한 영향을 끼친다.
③ 훼손은 발생빈도, 공간규모, 훼손강도가 일정한 패턴을 띤다.
④ 훼손된 생태계가 복원되기란 매우 어렵고 시간이 많이 걸린다.

**11** 풍매화에 해당하지 않는 수종은?

① 호두나무
② 자작나무
③ 버드나무
④ 이태리포플러

**해설** 풍매화
바람에 의해 꽃가루가 운반되는 꽃으로 호두나무, 자작나무, 이태리포플러, 소나무 등이 있다.

**12** 산벌작업 순서로 옳은 것은?

① 후벌 → 하종벌 → 예비벌
② 하종벌 → 예비벌 → 후벌
③ 예비벌 → 후벌 → 하종벌
④ 예비벌 → 하종벌 → 후벌

**해설** 산벌작업순서
(1) 예비벌
 • 병충해목, 피압목, 수형불량목, 상해목, 폭목 등 모수로서 부적합한 것을 선정하여 벌채한다.
(2) 하종벌
 • 예비벌을 실시 3~5년 후에 종자가 충분히 결실한 해에 종자가 완전히 성숙된 후 벌채하여 지면에 종자를 다량 낙하시켜 일제히 발아시키기 위한 벌채작업으로 간벌이 잘된 곳은 바로 하종벌을 실시할 수 있다.
(3) 후벌
 • 치수를 보호하기 위해 하종벌 때 남겨둔 모수를 치수의 생육 촉진을 위해 벌채하는 것

**13** 이령림과 비교한 동령림에 대한 특징으로 옳지 않은 것은?

① 대부분 사람에 의해 조성된 숲이다.
② 숲을 구성하고 있는 나무의 나이가 같거나 거의 비슷하다.
③ 숲의 공간적 구조가 복잡하고 생태적 측면에서 안정적이다.
④ 일반적으로 크기가 비슷한 나무를 단위면적당 많이 생산할 수 있다.

**해설** 동령림의 장점
 • 조림 및 육림작업·축적조사·수확 등이 이령림에 비해 간단하다.
 • 일반적으로 단위면적당 더 많은 목재를 생산할 수 있다.
 • 생산되는 원목의 질이 우량하며 규격이 고르다.
 • 숲의 공간적 구조가 단순하고 생태적 측면에서 불안정하다.

**14** 택벌작업의 장점이 아닌 것은?

① 토양이 보호된다.
② 하층목 손상이 거의 없다.
③ 잔존 수목의 결실이 잘된다.
④ 좁은 면적의 경우 보속적 수확을 올리는 작업을 할 수 있다.

**해설** 택벌작업의 장점
 • 임지가 항상 나무로 덮여 있어 지력유지와 국토보전적 가치가 크다.
 • 상층목이 햇빛을 충분히 받아서 결실이 잘된다.
 • 모수가 많아 치수의 보호효과가 크며, 특히 음수수종의 무거운 종자수종에 유리하다.
 • 면적이 좁은 산림에서 보속적 수확을 올리는 작업을 할 수 있다.
 • 공간 및 토양이 입체적으로 이용되어 생산력이 높으며 미적으로 가장 훌륭한 임형을 나타낸다.
 • 산림생태계의 안정을 유지하여 각종 위해를 줄여주고 임목생육에 적절한 환경을 제공한다.

**정답** 10. ③　11. ③　12. ④　13. ③　14. ②

**15** 동일한 수목의 양엽과 음엽을 비교한 설명으로 옳지 않은 것은?

① 양엽은 음엽보다 광포화점이 높다.
② 음엽은 양엽보다 잎의 두께가 두껍다.
③ 음엽은 양엽보다 엽록소 함량이 더 많다
④ 양엽은 음엽보다 책상조직이 빽빽하게 배열되어 있다

**해설** 양엽 : 햇빛 잘 드는 수관의 바깥부분에서 만들어진 잎
- 햇빛 강하게 비출 때 광합성을 음엽보다 3배 이상 더 많이 하도록 적응한 잎.
- 잎이 작고 두꺼우며, 앞면에 왁스층이 두껍게 발달, 엽록소 함량이 높다.

**16** 종자의 품질을 나타내는 순량률은 종자의 무엇을 기준으로 한 것인가?

① 수량
② 부피
③ 크기
④ 무게

**해설** 순량률 = [순정종자량(g) / 작업시료량(g)]×100

**17** 수목의 기본구조 중에서 영양구조에 해당하는 기관만으로 올바르게 짝지어진 것은?

① 잎, 뿌리, 줄기
② 꽃, 열매, 종자
③ 종자, 열매, 줄기
④ 뿌리, 줄기, 열매

**해설** 수목의 구조
잎, 줄기, 뿌리의 영양기관과 꽃, 열매, 종자 등의 생식기관으로 이루어진 기본구조를 가지고 있다.

**18** 광색소에서 파이토크롬에 대한 설명으로 옳지 않은 것은?

① 햇빛을 받으면 합성이 일부 금지되거나 파괴된다.
② 높은 광조건하에서 기른 식물체 내에서 많이 검출된다.
③ 피롤(pyrrole) 4개가 모여서 이루어진 발색단을 가진다.
④ 분자량이 120000Da(dalton)가량 되는 두 개의 동일한 폴리펩타이드로 구성되어 있다.

**19** 소나무 종자 시료를 1kg 채취하여 협잡물 100g을 골라내어 정선하였고, 정선된 종자의 발아율 시험 결과 87%인 경우 소나무 종자의 효율은?

① 78.3%
② 79.2%
③ 84.7%
④ 85.8%

**해설**
효율(%) = $\left(\frac{순량률 \times 발아율}{100}\right) = \left(\frac{90 \times 87}{100}\right)$ = 78.3%

**20** 수목의 개화생리 순서로 옳은 것은?

| 가 : 화아형성 | 나 : 화아분화 |
| 다 : 수정 | 라 : 수분 |

① 나 - 가 - 다 - 라
② 나 - 라 - 가 - 다
③ 가 - 나 - 다 - 라
④ 가 - 나 - 라 - 다

---

제2과목 : 산림보호학

**21** 수목치료를 위한 수간주입방법 중 주입기 용량이 가장 적은 것은?

① 중력식
② 삽입식
③ 흡수식
④ 미세압력식

---

정답 15. ② 16. ④ 17. ① 18. ② 19. ① 20. ④ 21. ②

**22** 소나무좀 신성충이 가해하는 부위는?
① 잎  ② 수간
③ 새 가지  ④ 오래된 가지

> **해설** 소나무좀
> • 1년 1회 발생하며 수피 속에서 월동
> • 신성충의 우화는 6월 상순~7월, 유충은 형성층·가도관 부위가해, 신성충은 신초 가해, 유충은 2회 탈피하며 20일의 기간을 가짐

**23** 수목병을 일으키는 바이러스의 전염 수단이나 방법으로 가장 거리가 먼 것은?
① 바람  ② 접목
③ 종자  ④ 토양선충

**24** 모잘록병 방제방법으로 옳지 않은 것은?
① 파종상에서는 토양소독을 한다
② 토양산도가 염기성이 되도록 한다.
③ 묘상이 과습하지 않도록 주의한다.
④ 질소질 비료보다 인산, 칼륨질 비료를 더 많이 준다.

> **해설** 모잘록병 방제
> • 묘상이 과습하지 않도록 배수와 통풍에 주의하며, 햇볕이 잘들도록 한다.
> • 채종량을 적게 하고, 복토가 너무 두껍지 않도록 한다.
> • 질소질 비료를 많이 과용하지 말고, 인산질 비료를 충분히 주어 묘목을 튼튼히 길러야 한다.

**25** 식물기생선충에 대한 설명으로 옳지 않은 것은?
① 고착성 선충과 이동성 선충으로 구분한다.
② 선충에 의해 병이 발생하면 병징은 지상부에서만 나타난다.
③ 생활사의 일부 또는 전부가 토양을 경유하는 토양선충이 대부분이다.
④ 선충이 분비하는 침과 분비물에 의해 식물의 생리적 변화가 발생한다.

> **해설** 식물기생선충에 의한 피해는 잔뿌리의 피해, 줄기에 의한 피해 등 수목 전반에 피해를 준다.

**26** 우리나라 산불의 원인으로 가장 빈도수가 낮은 것은?
① 담뱃불
② 입산자 실화
③ 벼락의 의한 경우
④ 논과 밭두렁의 소각

**27** 나무의 수피와 목질부 표면을 환상으로 식해하며 거미줄을 토하여 벌레똥과 먹이 잔재물을 식해부위에 철하여 놓는 해충은?
① 박쥐나방
② 알락하늘소
③ 광릉긴나무좀
④ 잣나무넓적잎벌

> **해설** 박쥐나방
> • 버드·미류·단풍·플라타너스·밤·참·아카시·오동나무 등 가해. 1년에 1회 발생, 알로 월동
> • 방제는 알락박쥐나방과 같음
> • 가해부위는 수목의 지제부위를 가해(땅의 표면위에 올라온 부위)
> • 나무의 수피와 목질부 표면을 환상으로 식해하며 거미줄을 토하여 식해부위를 철해놓음

**28** 소나무 재선충병 방제방법으로 옳지 않은 것은?
① 매개충의 방제
② 감염된 수목은 벌채 후 소각
③ 매개충 우화 최성기에 나무주사 처리
④ 포스티아제이트 액제를 이용한 토양관주

> **해설**
> 나무주사는 가격이 고가 이므로 문화재 및 특별한 보존 가치가 있는 수목을 대상으로 재선충병에 걸리지 않는 수목을 대상으로 매개충 우화 이전에 실시한다.

**29** 일반적으로 연간 발생횟수가 가장 많은 해충은?
① 매미나방  ② 솔잎혹파리
③ 밤나무혹벌  ④ 미국흰불나방

**정답** 22. ③ 23. ① 24. ② 25. ② 26. ③ 27. ① 28. ③ 29. ④

해설 ◉ **흰불나방**
- 활엽수를 가해하며 1년 2회 발생
- 나무껍질사이 · 판자틈 · 돌밑 · 지피물밑 등에서 번데기로 월동. 1회 성충은 5월 중순~6월에 출현
- 방제법은 부화 직후의 유충은 군서하므로 포살, 용화할 때가 되면 땅으로 내려오므로 식이목 설치

**30** 솔껍질깍지벌레에 대한 설명으로 옳지 않은 것은?

① 전성충은 수컷에서만 볼 수 있다.
② 암컷은 수컷보다 2령 약충 기간이 길다.
③ 암컷은 불완전변태를 수컷은 완전변태를 한다.
④ 주로 소나무에 피해를 주며 곰솔에는 피해를 주지 않는다.

해설 ◉ **솔껍질 깍지벌레**
해송 · 적송 가해, 한번 정착하면 이동하지 않고 체액을 빨아먹을 때 유충에서 독소가 나와 고사시킨다. 1년 1회 발생, 수관하부의 가지부터 고사, 3~5월에 가장 많이 발생한다.

**31** 잣나무 털녹병 방제방법으로 적합하지 않은 것은?

① 중간기주를 제거한다.
② 내병성 품종을 심는다.
③ 토양소독을 철저히 한다.
④ 병든 나무는 지속적으로 제거한다.

해설 ◉ **잣나무 털녹병**
- 중간기주는 송이풀과 까치밥나무. 녹포자와 녹병포자 형성, 중간기주에서 여름포자 · 겨울포자의 소생자를 형성하고 수피조직 내에서 균사의 형태적 월동이 이루어지며 4~5월 하순에 녹포자 형성
- 약제방제는 거의 불가능, 병든나무는 제거 · 소각하고, 중간기주 제거

**32** 완전변태를 하는 해충은?

① 대벌레   ② 노린재
③ 가루깍지벌레   ④ 도토리거위벌레

해설 ◉
완전변태 = 알→유충→번데기→성충
- 밤나무순혹벌, 소나무좀, 솔잎혹파리, 나비, 솔나무파리, 도토리 거위벌레

**33** 조류의 의한 수목의 피해로 옳지 않은 것은?

① 딱따구리 - 줄기 가해
② 지박구리 - 과실 가해
③ 올빼미 - 어린 순 가해
④ 백로류 - 배설물로 인한 나무의 고사

해설 ◉ **조류에 의한 피해**
- 밤할미새, 참새 : 봄철 파종상에서 낙엽송, 가문비나무, 소나무 등의 소립종자를 식해하고 발아 후에도 씨껍질이 벗겨지지 않는 동안 피해를 주며 묘포지에 많다.
- 밤갈가마귀 : 수풀 내에서 단풍나무류의 종실이나 파종상의 종자 및 발아한 종자를 식해한다.
- 밤딱따구리 : 줄기에 구멍을 뚫는다.
- 밤백로, 왜가리 : 군집하여 임목을 고사시킨다.
- 밤산까치, 박새 : 어린나무의 순에 피해를 준다.
- 밤어치, 물까치, 동박새, 산비둘기 : 과실을 가해한다.

**34** 병원체임을 입증하는 방법으로 파이토플라즈마와 같은 절대기생체에 적용되지 않는 조건은?

① 병원균은 반드시 환부에 존재한다.
② 분리된 병원균은 인공 배지상에서 배양될 수 있다.
③ 배양한 병원균을 접종하여 동일한 병이 발생되어야 한다.
④ 발병한 환부에서 접종균과 동일한 병원균이 재분리되어야 한다.

해설 ◉ **병원체의 동정에 관한 코흐(Koch)의 4원칙**
- 병원체는 반드시 병환부에 존재한다.
- 병원체는 배지 상에서 순수 배양되어야 한다.
- 병원체를 순수 배양하여 접종하면 같은 병을 일으킨다.
- 접종한 식물로 부터 같은 병원체를 다시 분리할 수 있다.

정답 30. ④  31. ③  32. ④  33. ③  34. ②

**35** 대기오염에 의한 산림의 피해를 최소화시킬 수 있는 방안으로 거리가 먼 것은?

① 방음벽 시설 설치
② 공해배출의 법적 규제
③ 공해저항성 수종의 식재
④ 임지비배를 통한 산림관리

**36** 해충 방제에 사용되는 천적 곤충이 아닌 것은?

① 기생벌
② 무당벌레
③ 풀잠자리
④ 투리사이드

> **해설** 생물적 방제법
> • 밤기생성 천적 : 맵시벌류, 기생벌, 기생파리등이 있다. 맵시벌류는 천적으로 흔히 이용되며 송충알벌은 솔나방의 알에 기생한다. 솔잎혹파리먹좀벌과 혹파리살이먹좀벌, 혹파리등뿔먹좀벌, 혹파리반뿔먹좀벌은 솔잎혹파리의 방제에 이용된다.
> • 밤포식성 천적 : 조류, 양서류, 파충류, 등과풀잠자리목, 딱정벌레목, 노린재목, 벌목 등에 속하는 포식성 곤충및 거미, 응애류 등이 있다.

**37** 낙엽송 잎떨림병의 방제방법으로 가장 효과적인 것은?

① 10월경 낙엽을 모아 태운다.
② 중간기주인 참나무류를 제거한다.
③ 매개충인 끝동매미충을 방제한다.
④ 일본잎갈나무의 단순림을 조성한다.

> **해설** 낙엽송 잎떨림병
> • 밤 7월하순에 초기의 병징
> • 밤 미세한 갈색 소반점→황녹색
> • 밤 방제법은 병이 잘 발생하는 지역에서 낙엽송 단순일제 조림을 피하고 대상 혼효하며 병든 낙엽을 모아 태운다.

**38** 밤나무 줄기마름병에 대한 설명으로 옳지 않은 것은?

① 병원체는 담자균이다.
② 질소비료를 적게주고 싱차가 나지 않도록 한다.
③ 동해 및 열해를 받아 형성층이 손상된 경우 쉽게 감염된다.
④ 발생 초기에는 감염 수목의 수피가 황갈색 또는 적갈색으로 변한다.

> **해설** 밤나무 줄기마름병은 자낭균이다.

**39** 해충 방제를 위한 물리적 방제방법이 아닌 것은?

① 고온처리
② 습도처리
③ 방사선처리
④ 토양소독처리

> **해설** 물리적 방제법
> • 온도 : 가루나무좀류, 나무좀류, 하늘소류, 바구미류 등은 고온(60℃이상) 또는 저온(-27℃ 이하)처리한다.
> • 습도 : 나무좀류, 하늘소류, 바구미류 등은 목재를 물속에 담가 둔다.(30일 이상)
> • 방사선 : 방사선의 살충력을 직접 이용하는 방법과 해충을 불임화 시켜 부정란을 낳게 하는 방법 등이 있다.

**40** 잠복기간이 가장 긴 수목병은?

① 소나무 혹병
② 잣나무 털녹병
③ 포플러 잎녹병
④ 낙엽송 잎떨림병

> **해설**
> • 포플러잎녹병 : 4~6일
> • 낙엽송잎떨림병 : 1~2개월
> • 소나무혹병 : 1~2년
> • 잣나무털녹병 : 3~4년

**정답** 35. ① 36. ④ 37. ① 38. ① 39. ④ 40. ②

## 제3과목 : 임업경영학

**41** 국유림경영계획을 위한 지황 조사항목에 대한 설명으로 옳지 않은 것은?

① 방위는 8방위로 구분한다.
② 무립목지는 미립목지와 제지로 구분한다.
③ 경사도에서 험준지는 25°이상 30°미만을 말한다.
④ 임도에서 도로까지 450m 인 경우 지리는 4급지로 표시한다.

**해설**
지리는 10등급으로 임도 또는 도로까지의 거리를 100m 단위로 구분한다.
- 1급지 : 100m 이하
- 2급지 : 101~200m 이하
- 3급지 : 201~300m 이하
- 4급지 : 301~400m 이하
- 5급지 : 401~500m 이하
- 6급지 : 501~600m 이하
- 7급지 : 601~700m 이하
- 8급지 : 701~800m 이하
- 9급지 : 801~900m 이하
- 10급지 : 901m 이상

**42** 산림 경리의 업무 내용이 아닌 것은?

① 산림 조사
② 조림계획
③ 수확 규정
④ 임업소득률 결정

**해설** 산림경리 업무내용
산림측량, 산림구획, 산림조사, 시업관계 사항조사, 시업체계의 조직, 수확규정, 조림계획, 시설계획, 시업조사 검정

**43** 총비용과 총수익이 같아져서 이익이 0(zero)이 되는 판매액의 수준을 무엇이라 하는가?

① 고정비   ② 변동비
③ 손실영역 ④ 손익분기점

**해설** 손익분기점 분석을 위한 몇 가지의 가정
- 제품의 판매가격은 판매량이 변동하여도 변화되지 않는다.
- 원가는 고정비와 변동비로 구분할 수 있다.
- 제품 한 단위당 변동비는 항상 일정하다.
- 고정비는 생산량의 증감에 관계없이 항상 일정하다.
- 고정비는 생산량의 증감에 관계없이 항상 일정하다.
- 생산량과 판매량은 항상 같으며, 생산과 판매에 동시성이 있다.
- 제품의 생산능률은 변함이 없다.

**44** 수확조정 방법에 대한 설명으로 옳지 않은 것은?

① 면적조정법은 주로 택벌작업에 응용된다.
② 임분경제법과 등면적법은 영급법에 속한다.
③ 재적배분법, 재적평분법 등은 재적수확의 보속을 추구한다.
④ 면적평분법, 순수영급법 등은 법정상태의 실현을 추구한다.

**해설** 면적조절법
장소적인 규제를 더 중시하여 각 분기의 벌채면적을 같게 하는 방법으로 재적수확의 보속보다는 동일한 면적을 같게 하는 방법이므로 택벌작업과는 거리가 멀다.

**45** 유령림의 임목 평가에 가장 적합한 방법은?

① 환원가법
② 기망가법
③ 비용가법
④ 매매가법

**해설** 임목평가의 개요
- 일반적으로 유령림에는 임목비용가법, 벌기미만의 장령림에는 임목기망가법과 수익환원법, 중령림에는 임목비용가법과 임목기망가 법의 중간적인 Glaser법, 벌기이상의 임목에는 임목매매가가 적용되는 시장가역산법을 사용한다.

**정답** 41. ④  42. ④  43. ④  44. ①  45. ③

**46** 임업경영을 경제적 특성과 기술적 특성으로 구분할 때 기술적 특성에 해당하는 것은?

① 생산기간이 대단히 길다.
② 육성임업과 채취임업이 병존한다.
③ 원목가격의 구성요소 대부분이 운반비이다.
④ 임업노동은 계절적 제약을 크게 받지 않는다.

**해설** 산림경영의 기술적 특성
- 생산기간이 장기간이다.
- 산림은 재생산 가능 자원이다.
- 자연조건에 지배되는 정도가 크다.
- 수확결정시기가 확실하지 않다.
- 수목은 가 구도가 낮다.
- 수목은 생리기관이 튼튼하여 이를 보호 무육하는데 노력이 적게든다.
- 임업에서는 이론적 또는 생장에 의한 생산량과 현실적 또는 벌채에 의한 생산량의 구별이 있다.

※ 산림경영을 기술적으로 개발, 발전시키기 위하여 수목의 특징을 설명

**47** 임분의 재적을 추정할 때 전 임목을 몇 개의 계급으로 나누어 각 계급의 본수를 동일하게 한 다음 각 계급에서 같은 수의 표준목을 선정하는 방법은?

① 단급법
② Urich법
③ Hartig법
④ Draudt법

**해설** 표준목법
- 단급법 전임분을 대상으로 표준목을 선정한다.
  $V = v \times n$
  v : 표준목의 재적, n : 전림의 그루수
- 드라우드법 : 직경급을 대상으로 표준목을 선정한다.
  $V = \dfrac{N}{n} \times v$
  n : 표준목의 수, v : 표준목의 재적합계, V : 표준목의 재적합계
- 우리히법 : 전임목을 몇 개의 계급으로 나누고 각 계급의 본수를 동일하게 한다음 각 계급에서 표준목을 선정
  $V = \dfrac{G}{g} \times v$

v : 표준목의 재적합계, g : 표준목의 흉고단면적합계, G : 임분의 흉고단면적합계

- 하르티히법 : 전임목을 몇 개의 계급으로 나누고 각 계급의 흉고단면적을 동일하게 하여 임분의 재적을 추정하는 방법

$V = v \times \dfrac{K}{k}$

v : 표준목의 재적합계 : 표준목의 흉고단면적 합계, K : 전 임분의 흉고단면적 합계)

**48** 중령림 평가방법으로 원가수익절충 방식을 적용하는 대표적인 평가 방법은?

① Glaser법
② 매매가법
③ 수익환원법
④ 임목기망가법

**해설** Glaser식

$A_m = (A_u - C_0) \times \dfrac{m^2}{u^2} + C_0$

$A_m$ : m년 현재의 평가 대상 임목가
$A_u$ : 적정 벌기령 u년에서의 주벌 수익(m년 현재의 시가)
$C_0$ : 초년도의 조림비(지존, 신식, 하예비)
$u^2$ : 평가 시점
$m^2$ : 표준 벌기령

**49** 흉고직경이 50cm, 수고가 18cm, 수간재적이 1.59m³인 입목의 흉고 형수는? (단, $\pi = 3.14$)

① 약 0.40
② 약 0.45
③ 약 0.50
④ 약 0.55

**해설**
수간재적 = 0.785 × d² × 수고 × 흉고형수
= 0.785 × 0.5² × 18 × 흉고형수
∴ 흉고형수 = 약 0.45

**50** 벌채목의 중앙단면적과 재장의 길이로 재적을 측정하는 방법은?

① 후버식
② 뉴턴식
③ 스말리안식
④ 브레레튼식

**정답** 46. ① 47. ② 48. ① 49. ② 50. ①

**해설** 후버식
$$V = r \times L = \frac{\pi}{4} \cdot d^2 \cdot L = 0.785 d^2 \cdot L$$

**51** 산림평가에 영향을 끼칠 수 있는 주요 산림 구성내용이 아닌 것은?

① 임지  ② 임목
③ 관리비  ④ 부산물

**해설** 산림평가의 구성내용
- 임지 : 위치. 지형. 지질. 면적 등의 자연요소와 지위, 지리별로 구분하여 평가한다.
- 임목 : 수종. 용도. 임령 등으로 구분하여 평가한다.
- 부산물 : 임지내의 토석. 광물. 동식물 등으로 구분하여 평가한다.
- 시설 : 임도. 건물. 보호시설. 휴양시설 등으로 구분하여 평가한다.
- 공익적 기능 : 보전적 기능. 환경보호 기능 등으로 구분하여 평가한다.

**52** 10년 후에 100만 원의 가치가 있는 산림의 전가(현재가)는? (단, 이율은 5%)

① 약 853,000원
② 약 613,900원
③ 약 653,000원
④ 약 813,900원

**해설** 전가 계산식
$$V = \frac{N}{(1+P)^n} = \frac{1,000,000}{(1+0.05)^{10}} = 613,913$$
∴ 약 613,900원

**53** 순 현재가치를 영(0)이 되게 하는 할인율의 크기로 투자효율을 평가하는 방법은?

① 회수기간법  ② 순현재가치법
③ 내부수익률법  ④ 수익비용률법

**해설** 내부투자수익률법(시간가치 고려함)
투자에 의해 장래에 예상되는 현금유입의 현재가와 현금유출의 현재가를 같게 하는 할인율을 말하는데, 다음 식에서 P가 바로 IRR(내부투자수익율)이다.

**54** 이상적인 임분의 재적 또는 흉고단면적에 대한 실제 임분의 재적 또는 흉고단면적의 비율로 나타내는 임분밀도의 척도는?

① 임목도  ② 상대밀도
③ 임분밀도지수  ④ 상대공간지수

**해설**
임목도 = $\dfrac{\text{이상적인(정상적인) 임분의 재적}}{\text{현실임분의 재적}}$

**55** 주벌수확의 임목가격을 사정하기 위해 일반적으로 고려하지 않는 것은?

① 조재율
② 단위재적당 채취비
③ 총재적의 재종별 재적
④ 화폐가치 하락에 의한 임목가격의 상대적 등귀

**해설**
화폐가치의 하락에 따른 임목가격의 상승은 주벌수확의 임목가격 산정에는 영향을 주지 않는다.

**56** 감가상각비 계산을 위한 요소가 아닌 것은?

① 취득원가  ② 잔존가치
③ 자산상태  ④ 추정내용연수

**해설** 정액법
정액법 $D = \dfrac{C-S}{N}$

C : 구입가격(고정자본재 평가액)
N : 내용연수(자산존속 기간)
S : 폐물가격
D : 매년의 감가 상각비

**57** 산림자원의 조성 및 관리에 관한 법률 규정에 의한 산림기술자 중 산림경영기술자의 업무 범위가 아닌 것은?

① 산림경영계획의 수립
② 임도사업과 사방사업의 설계 및 시공
③ 도시림 등의 조성 사업 설계 및 시공
④ 산림병해충 방제 관련 사업 설계 및 시공

**정답** 51. ③  52. ②  53. ③  54. ①  55. ④  56. ③  57. ②

해설
임도사업과 사방사업은 산림공학기술자들의 업무범위이다.

**58** 다음 (　) 안에 들어갈 용어로 가장 적합한 것은?

> 임업경영은 일정한 목적을 가지고 (　　)을 하는 조직과 활동을 말한다.

① 경제활동
② 임업생산
③ 경제적 기능
④ 공익적 기능

**59** 면적이 150ha 이고 윤벌기가 30년이며 1개의 영급이 10개의 영계로 구성되어 있는 산림의 법정영급면적은?

① 3ha
② 30ha
③ 50ha
④ 300ha

해설 법정영급면적
$A = \dfrac{F}{U} \times n = \dfrac{150}{30} \times 10 = 50ha$
F : 산림면적, U : 윤벌기, A : 법정영급면적

**60** 삼각법을 응용한 수고 측고기는?

① 와이제 측고기
② 아소스 측고기
③ 크리스튼 측고기
④ 블루메라이스 측고기

해설 측고기의 종류
- 상사삼각형을 응용한 측고기
  와이제측고기, 아소스 측고기, 크리스튼 측고기, 메리트 측고기, 크라마덴드로미터
- 삼각법을 응용한 측고기
  트랜싯, 아브네이레블, 미국 임야청 측고기, 카드보드 측고기, 하가 측고기, 블루메라이스측고기, 순토하이트미터, 순토크리노미터

## 제4과목 : 산림공학

**61** 임도 설계에서 교각법에 의하여 단곡선 설정 시 내각이 90°, 곡선반경이 500m이면 접선 길이는?

① 100m
② 250m
③ 500m
④ 1000m

해설
접선길이(TL) = $R \times \tan(\dfrac{\theta}{2})$ = $500 \times \tan(\dfrac{90}{2})$ = 500m

**62** 적정 임도밀도가 25m/ha인 산림에서 도로 양쪽에서 임목을 집재한다면 이 지역의 평균 집재거리는?

① 25m
② 50m
③ 100m
④ 200m

해설 적정임도밀도에서 평균집재거리
$\dfrac{2500}{ORD} = \dfrac{2500}{25} = 100m$

**63** 사방댐 중에서 흙댐의 경우 댐 높이가 10m일 때 댐 마루 나비는?

① 2m
② 2.5m
③ 3m
④ 3.5m

해설
흙댐댐마루나비 = $\dfrac{댐높이}{5} + 1.5 = \dfrac{10}{5} + 1.5 = 3.5m$

**64** 임도를 설계할 때 필요하지 않은 도면은?

① 평면도
② 측면도
③ 종단면도
④ 횡단면도

**65** 벌목작업 시 수구를 만드는 방향은?

① 계곡 쪽
② 임도가 있는 쪽
③ 작업자가 있는 쪽
④ 벌도목이 넘어지는 쪽

정답  58. ②  59. ③  60. ④  61. ③  62. ③  63. ④  64. ②  65. ④

> **해설**
> 수구방향은 나무가 넘어가는 방향이다.

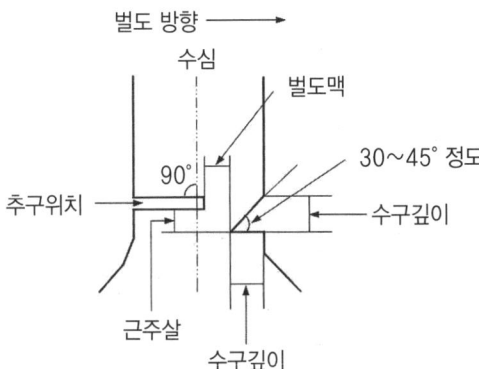

**66** 임도의 선형 설계에서의 제약요소로 가장 거리가 먼 것은?

① 기상 조건의 제약
② 시공상에서의 제약
③ 지질, 지형에서의 제약
④ 사업비, 유지관리비 등에서의 제약

> **해설** 선형설계를 제약하는 요소
> ① 자연환경의 보존 · 국토보존상에서의 제약
> ② 지형 · 지질 · 지물 등에 의한 제약
> ③ 시공상에서의 제약
> ④ 사업비 · 유지 관리비등에 의한 제약

**67** 트렉터 주행장치의 유형에서 타이어방식과 비교한 크롤러 바퀴방식의 특징으로 옳지 않은 것은?

① 기동력이 높다.
② 회전 반지름이 작다.
③ 가격이 고가이고 수리 유지비가 많이 소요된다.
④ 견인력과 접지 면적이 커서 험준한 지형에서도 주행성이 양호하다.

> **해설**
> 크롤러바퀴는 타이어 바퀴에 비하여 기동력이 낮다.

**68** 비탈면 녹화에 사용하는 사방용 초본류 중 재래종이 아닌 것은?

① 김의털     ② 오리새
③ 제비쑥     ④ 까치수영

> **해설** 재래초종
> • 새류 : 새, 솔새, 개솔새, 잔디, 참억새, 기름새
> • 콩과식물 : 비수리, 칡, 차풀, 매듭풀

**69** 비탈안정공법에 해당되지 않는 것은?

① 자연석쌓기
② 격자틀붙이기
③ 비탈힘줄박기
④ 종비토뿜어붙이기

> **해설**
> 종비토 뿜어붙이기 공법은 비탈녹화공법이다.

**70** 반송기를 사용하는 장비는?

① 체인톱     ② 예불기
③ 펠레번처   ④ 타워야더

> **해설** 타워야더
> 인공 철기둥과 가선집재장치를 트럭, 트랙터, 임내차 등에 탑재하여 주로 급경사지의 집재작업에 적용하는 이동식 차량형 집재기계로 가선의 설치, 철수, 이동이 용이한 가선집재전용 고성능 임업기계

**71** 산지사방 기초공사에 해당되지 않는 것은?

① 비탈얽기   ② 누구막이
③ 비탈다듬기 ④ 땅속흙막이

> **해설** 기초공사
> • 비탈다듬기
> • 단끊기
> • 땅속흙막이: 돌, 돌망태, 바자, 콘크리트, 콘크리트블록, 흙땅속흙막이
> • 누구막이: 떼, 돌, 돌망태, 콘크리트블록, 통나무
> • 산비탈수로내기: 떼, 돌, 콘크리트, 콘크리트블록
> • 흙막이: 바자, 통나무, 돌, 돌망태, 콘크리트, 폐타이어
> • 골막이: 돌, 흙, 바자, 돌망태, 통나무, 콘크리트블록

**정답** 66. ① 67. ① 68. ② 69. ④ 70. ④ 71. ①

**72** 외래 초본류를 도입하여 사용하는 파종공법에 대한 설명으로 옳지 않은 것은?

① 재래 초본류를 혼합하여 사용하지 않는다.
② 일반적으로 발아가 빠르고 조기에 피복한다.
③ 생육이 왕성하여 뿌리의 자람이 좋은 편이다.
④ 지표의 유기물질을 집적하여 토양의 성질을 개선해 준다.

**해설** 일반적으로 재래 초본류를 혼합하여 사용함으로써 식생교란을 막고 그 지역에서 자생하는 수종이므로 실패의 위험성이 적다.

**73** 임도의 유지·보수에 대한 설명으로 옳지 않은 것은?

① 작업임도에 대해서도 관리를 해야 한다.
② 지선임도는 유지·보수 관리 대상이 아니다.
③ 결함이 있을 때에는 보수공사를 하여야 한다.
④ 수시점검, 일상점검, 정기점검, 긴급점검 등이 있다.

**74** 다음 (   ) 안에 들어갈 용어가 아닌 것은?

> 노면의 종단기울기가 8퍼센트를 초과하는 사질토양 또는 점토질 토양인 구간과 종단기울기가 8퍼센트 이하인 구간으로서 지반이 약하고 습한 구간에는 (   )·(   )을(를) 부설하거나 (   ) 등으로 포장한다.

① 섶
② 쇄석
③ 자갈
④ 콘크리트

**75** 임도망 편성에 있어 설치 위치별 분류에 해당되지 않는 것은?

① 계곡임도    ② 사면임도
③ 임연임도    ④ 능선임도

**해설** 설치 위치에 따른 구분
계곡임도, 산복임도, 능선임도, 산정부개발형, 계곡분지임도

**76** 임도설치 관련 규정에 의한 임도의 종류에 포함되지 않은 것은?

① 사설임도    ② 공설임도
③ 단체임도    ④ 테마임도

**77** 해안사지 조림용 수종의 구비조건으로 거리가 먼 것은?

① 바람에 대한 저항력이 클 것
② 양분과 수분에 대한 요구가 클 것
③ 온도의 급격한 변화에도 잘 견디어 낼 것
④ 울폐력이 좋고 낙엽, 낙지 등에 의하여 지력을 증진시킬 수 있을 것

**해설** 사지식수공법
• 수종구비조건
  - 양분과 수분에 대한 요구가 적을 것
  - 온도의 급격한 변화에도 잘 견디어 낼 것
  - 비사, 한해, 조해 등의 피해에도 잘 견딜 것
  - 울폐력이 좋고 낙엽, 낙지 등에 의하여 지력을 증진시킬 수 있는 것

**78** 밑판, 종자, 표면덮개 3부분으로 구성된 녹화용 피복자재는?

① 식생대
② 식생반
③ 식생자루
④ 식생매트

**해설** 식생반은 비탈녹화용 인공떼 특성을 가진 자재로 유지질이 풍부한 흙, 종자, 비료 등을 넣은 식생반을 만들어 비탈면에 덮어 녹화하는 공법이다.

**정답** 72. ①  73. ②  74. ①  75. ③  76. ③  77. ②  78. ②

**79** 와이어로프의 폐기기준으로 옳지 않은 것은?

① 킹크 상태인 것
② 현저하게 변형된 것
③ 와이어로프 소선이 10% 이상 절단된 것
④ 마모에 의한 직경 감소가 공칭직경의 10%를 초과하는 것

**해설** 와이어로프 폐기 기준
- 와이어로프의 1피치 사이에 와이어가 끊어진 비율이 10% 이상인 것
- 지름이 7%이상 감소된 것
- 심하게 킹크 부식된 것

**80** 사방댐에서 일반적으로 가장 많이 사용되는 댐마루의 현상은? (단, 그림에서 빗금 부분이 사방댐임)

**해설**
댐마루는 수평으로 만들고 그 위쪽으로는 약간의 경사를 준다.

정답 79. ④  80. ③

# 국가기술자격 필기시험문제

2017년 제2회 필기시험

| 자격종목 | 종목코드 | 시험시간 | 형별 |
|---|---|---|---|
| 산림산업기사 | 2481 | 2시간 | |

**1** 겉씨식물에 속하는 수종은?
① 비자나무
② 오동나무
③ 신갈나무
④ 오리나무

**해설** 침엽수
- 일반적으로 잎이 좁고 평형맥으로 배열되어 나자식물(겉씨식물)에 속하며, 줄기가 곧고 수간이 좁아 일정 면적에 많은 나무를 심을 수 있어 경제적으로 중요한 수종이다.
- 비자나무는 침엽수이다.

**2** 종자의 품질 평가 기준으로 발아율과 순량률을 곱하여 알 수 있는 것은?
① 효율
② 순도
③ 발아력
④ 발아세

**해설**
효율(%) = $\dfrac{순량률 \times 발아율}{100}$

**3** 인공조림과 천연갱신을 비교한 설명으로 옳지 않은 것은?
① 인공조림은 조림할 수종의 선택의 폭이 넓다.
② 인공조림은 천연갱신의 비해 조림지의 기후와 토양에 적합하지 못할 경우 조림 실패율이 높다.
③ 천연갱신은 그곳의 임목이 이미 긴 세월을 통해서 그 곳 환경에 적응된 것이므로 성림의 실패가 적다.
④ 인공조림은 일반적으로 동령단순림을 조성하는데 이러한 인공조림법의 반복은 임지생산력과 조림 성과를 점차적으로 향상시킨다.

**해설** 인공림의 지속적인 동령 단순림은 임지를 노출시키므로 지위가 약해서 임지생산력이 약해지며 산불 및 병해충의 각종위해에 약한 산림이 될 수 있다.

**4** 내음력이 가장 약한 수종은?
① 녹나무
② 전나무
③ 자작나무
④ 가문비나무

**해설** 내음수종(5개)
주목, 서어나무, 음나무, 녹나무, 전나무

**5** 온대지역에 있어서 인위적인 요인으로 산림이 파괴되지 않는다면 최종적으로 산림이 형성되는 수종은?
① 양성 수종
② 음수 수종
③ 중용 수종
④ 조림 수종

**해설** 최종 극상림은 음수수종이 되며 대표적인 수종으로는 서어나무이다.

**6** 내음성이 약한 양수를 갱신하는데 적용하기 힘든 작업종은?
① 택벌작업
② 개벌작업
③ 모수작업
④ 왜림작업

**해설** 택벌은 일정기간 내 모든 임목을 벌채하여 갱신면을 노출시키는 일이 없고 성숙목을 부분적으로 벌채하여 항상 일정한 임상이 계속 유지되므로 양수를 갱신하는데는 불리하다.

**정답** 1. ① 2. ① 3. ④ 4. ③ 5. ② 6. ①

**7** 아래의 종자 단면도에서 내종피는?

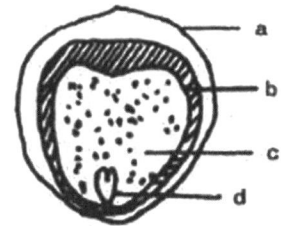

① a  ② b
③ c  ④ d

**해설** a-외종피 b-내종피 c-배젖 d-배

**8** 수목 체내에서 이동이 비교적 잘 안되고 부족하면 분열조직에 심한 피해를 주는 양분원수는?

① 인  ② 칼슘
③ 질소  ④ 마그네슘

**해설** 칼슘(Ca)
- 잎에 함유량이 많고 세포막의 구성성분이며 식물체 내에서 여러 조절적 역할을 한다.
- 유독물질의 중화작용을 하며 엽록소의 생성, 탄수화물의 이전, 체내 당의 생성과 이행에 관여한다.
- 생장점등 분열조직의 생장이 감퇴한다.
- 어린잎의 경우 크기가 작아진다. 잎의 괴사, 백화현상, 잎의 끝부분 고사

**9** 생가지치기를 하면 상처 부위가 부패될 수 있는 가능성이 가장 높은 수종은?

① Larix Kaempferi
② Pinus Densifloea
③ Prunus Serrulata
④ Populus Davidiana

**해설**
① Larix Kaempferi – 일본잎갈나무
② Pinus Densifloea – 소나무
③ Prunus Serrulata – 벚나무
④ Populus Davidiana – 사시나무

**10** 묘포지를 선정할 때 고려해야 할 사항으로 거리가 먼 것은?

① 기후
② 경사
③ 토양
④ 인접 산지의 식생형태

**해설** 묘포의 적지
- 묘목생산량에 필요한 충분한 면적을 확보할 수 있는 곳
- 교통과 관리가 편리하고 조림지와 가깝고 묘목수급이 용이한 곳
- 가급적 점토가 50% 미만인 양토나 식양토로서 토심이 30cm 이상
- 토양산도는 침엽수의 경우 Ph5.0~5.5, 활엽수의 경우 Ph 5.5~6.0이 적당하고 칼슘(ca)을 사용하여 토양의 산도를 조절한다.
- 평탄한 곳보다 약간 경사진 곳이 관수나 배수가 용이하므로 침엽수를 파종할 곳은 1~2°의 경사지, 기타는 3~5°정도의 경사지를 선정하는 것이 적합하다.
- 묘포지의 집단화 : 양묘사업의 기계화 및 생력화를 위하여 생산묘목의 수급에 지장이없도록 생산 주체별 묘포지를 집단화 해야 한다.

**11** 묘목 곤포 작업의 정의로 옳은 것은?

① 굴취한 묘목을 규격에 따라 나누는 일
② 포지에서 양성된 묘목을 식재될 산지까지 수송하는 일
③ 묘목을 식재지까지 운반하기 위해 알맞은 크기로 다발 묶음하여 포장하는 일
④ 묘목을 심기 전 일시적으로 도랑을 파서 그 안에 뿌리를 묻어 건조를 방지하고 생기를 회복시키는 일

**해설** 곤포당 및 속당 묘목보수표

| 수종 | 곤포당 | | 속수 | 속당 본수 |
|---|---|---|---|---|
| | 묘령 | 본수 | | |
| 낙엽송 | 2 | 500 | 25 | 20 |
| 느티나무 | 1 | 1,500 | 75 | 20 |
| 상수리, 굴참, 신갈나무 | 1 | 1,000 | 50 | 20 |
| 잣나무 | 2 | 2,000 | 100 | 20 |
| | 3 | 1,000 | 50 | 20 |
| | 4 | 500 | 25 | 20 |

**정답** 7. ② 8. ② 9. ③ 10. ④ 11. ③

**12** 수관급에 기초해서 행하여지는 간벌방법으로 옳지 않은 것은?

① 정량간벌
② 하층간벌
③ 상층간벌
④ 택벌식간벌

해설 정량적 간벌은 간벌의 실행기준을 간벌량에 두고 임목밀도를 조절해 나가는 간벌로서 수종별로 일정한 임령, 수고 또는 흉고직경에 따라 임목본수를 미리 정해 놓고 기계적으로 간벌을 실행하는 방법이다.

**13** 산벌작업에서 충분한 결실연도가 되어 실시하며 1회의 벌채로 그 목적을 달성하는 작업 방법은?

① 후벌
② 하종벌
③ 결실벌
④ 예비벌

해설 하종벌
갱신치수가 없는 하종상에 모수로부터 종자를 공급하는데 필요한 벌채로서 이때 벌채는 종자결실과 벌채목의 형질, 하종상의 상태 등이 고려되어야 한다.

**14** 덩굴치기 작업에 대한 설명으로 옳지 않은 것은?

① 덩굴식물이 뿌리 속의 저장 양분을 소모한 7월경에 실시하는 것이 좋다.
② 조림목을 감고 올라가서 피해를 주는 각종 덩굴식물을 제거하는 작업이다.
③ 약제 처리할 때 방제 효과를 높이기 위하여 비오는 날은 실시하지 않는다.
④ 칡과 같은 덩굴은 줄기의 지표면 부근을 절단하는 것이 가장 효과적이다.

해설 칡은 생명력이 강하므로 줄기의 지표면 부근을 절단하더라고 살아나므로 칡채취기를 사용하거나, 절단하여 약제를 바르거나, 주사기를 사용하여 제거한다.

**15** 종자 발아에 후숙을 필요로 하지 않는 수종으로만 짝지어진 것은?

① 잣나무, 버드나무
② 잣나무, 물푸레나무
③ 버드나무, 이태리포플러
④ 물푸레나무, 이태리포플러

**16** 교림의 정의로 옳은 것은?

① 두 가지 이상의 수종으로 이루어진 숲
② 현저한 수령 차이가 있는 수목들로 구성된 숲
③ 영양번식에 의한 맹아가 기원이 되어 이루어진 숲
④ 종자에서 발생한 치수가 기원이 되어 이루어진 숲

해설 교림
임목이 주로 종자로 양성된 묘목으로 성립되며 소나무, 잣나무, 낙엽송과 같이 키가 높게 크고 목재를 가공해서 이용하고자 만든 숲을 말한다.

**17** 식재본수 및 식재밀도 결정에 영향을 미치는 인자가 아닌 것은?

① 경영목표
② 지리적 조건
③ 수종의 특성
④ 식재인력의 숙련도

**18** 일본잎갈나무의 꽃눈이 분화하는 시기는?

① 3월경
② 5월경
③ 7월경
④ 9월경

해설 일본 잎갈나무는 5월경에 꽃이 피고 7월경에 꽃눈이 분화한다.

**19** 산림 천이에 대한 설명으로 옳지 않은 것은?

① 산림 천이 초기에는 종다양성이 증가한다.

정답 12. ① 13. ② 14. ④ 15. ③ 16. ④ 17. ④ 18. ③ 19. ③

② 1차 천이는 2차 천이보다 생산력이 놓은 단계에서 시작된다.
③ 산림 벌채 후 산불, 기상재해 등은 산림의 2차 천이를 유발하는 주요 요인이다.
④ 1차 천이는 기존 식물상 자체에 의하여 유도되는 자발천이의 과정으로 볼 수 있다.

**해설** 2차 천이
원래의 식생이 화재, 태풍, 병충해, 벌채 등과 같은 자연적, 인위적 피해를 받은 다음 성숙된 식생으로 회복되는 과정

**20** 산림 토양의 지력을 증진하기 위한 작업에 해당하지 않는 것은?

① 개벌 실시
② 적당한 비음유지
③ 토양의 산도조정
④ 낙엽 및 낙지보호

**해설**
개벌작업은 임지가 노출되므로 지력이 약화된다.

---

### 제2과목 : 산림보호학

**21** 병징이 있으나 표징이 없는 수목은?

① 뽕나무 오갈병
② 낙엽송 잎떨림병
③ 삼나무 붉은마름병
④ 소나무 리지나뿌리썩음병

**해설**
뽕나무 오갈병은 파이토플라즈마에 의한 수병으로 잎이 작아지고 쭈글쭈글 황녹색 · 암황색, 잎맥의 분포도 작아지며 가지발육이 약해지고 나무모양도 왜소해 진다.

**22** 솔잎혹파리에 대한 설명으로 옳지 않은 것은?

① 우화 최성기가 5~6월이다.
② 10~11월에 흙속에서 월동한다.
③ 낙엽 밑이나 흙속에서 월동한다.
④ 유충이 솔잎 기부에 벌레혹을 형성한다.

**해설** 솔잎혹파리
유충이 적송 · 흑송 등의 두침엽의 접합부에 기생하여 혹을 만들어 피해 줌. 1년 1회 발생, 유충으로 땅속 or 충영 속에서 월동, 6월상순이 성충우화 최성기. 성숙유충의 크기는 1.7mm-2.8mm

**23** 잣나무 털녹병의 침입 부위와 발병 부위가 옳게 짝지어진 것은?

① 잎의 기공 - 잎
② 줄기의피목 - 잎
③ 잎의 기공 - 줄기
④ 줄기의 피목 - 줄기

**해설** 잣나무 털녹병
중간기주는 송이풀과 까치밥나무. 녹포자와 녹병포자 형성, 중간기주에서 여름포자 · 겨울포자의 소생자를 형성하고 수피조직 내에서 균사의 형태적 월동이 이루어지며 4~5월 하순에 녹포자 형성

**24** 뿌리혹병의 방제법으로 옳지 않은 것은?

① 병이 없는 건전한 묘목을 식재한다.
② 접목할 때 쓰이는 도구는 소독하여 사용한다.
③ 재식할 묘목은 스트렙토마이신 용액에 침지하는 것이 좋다
④ 심하게 발생한 지역에서는 내병성 수종인 포플러류를 식재한다.

**해설**
뿌리혹병의 기주식물은 밤나무, 포플러류, 버드나무, 참나무 등이므로 포플러류 식재하면 안 된다.

**25** 곤충이 부적합한 환경에서 발육을 일시 정지하는 것은?

① 이주
② 탈피
③ 변태
④ 휴면

**정답** 20. ① 21. ① 22. ② 23. ③ 24. ④ 25. ④

**26** 동물에 의한 수목 피해로 옳지 않은 것은?

① 두더지는 묘목의 뿌리를 가해한다.
② 고라니는 새순과 나무 열매를 가해한다.
③ 다람쥐는 겨울철에 나무뿌리를 가해한다.
④ 멧돼지는 겨울에 어린 나무의 수피를 가해한다.

**해설** 야생동물의 피해
- 농작물 피해 : 멧돼지, 청설모 등
- 과수피해 : 까치, 참새
- 조림목등 어린나무피해 : 고라니, 멧돼지, 대륙밭쥐

**27** 방화선의 설치 위치로 적절하지 않는 것은?

① 나지 또는 미립목지에 위치
② 급경사지, 관목 및 고사목 집적지역에 위치
③ 인공적 또는 천연적인 도로, 하천 등이 있는 위치
④ 산정 또는 능선 바로 뒤편 8~9부 능선에 위치

**해설** 방화선의 설치
화재의 위험이 있는 지역에 화재의 진전을 방지하기 위해 설치하는 것으로 산림구획선, 경계선, 도로, 능선, 암석지, 하천 등을 이용한다. 보통 10~20M 폭으로 임목과 잡초, 관목을 제거하여 만들며, 방화선에 의하여 구획되는 산림면적은 적어도 5ha 이상이 되도록 한다.

**28** 파이토플라즈마에 의한 수목병 방제에 사용되는 약제는?

① 아바멕틴
② 테부코나졸
③ 에마멕틴벤조에이트
④ 옥시테트라사이클린

**해설** 파이토플라즈마
옥시테트라사이클린 계의 항생물질로 치료가 가능하다.

**29** 세균에 의하여 발병하는 수목병은?

① 철쭉 떡병
② 포플러 잎마름병
③ 호두나무 뿌리혹병
④ 낙엽송 가지끝마름병

**해설** 세균
뿌리혹병, 잠나무의 눈마름병, 호두나무의 갈색썩음병, 포플러의 세균성 줄기마름병, 단풍나무의 점무늬병

**30** 침엽수 묘목의 모잘록병을 방제하는데 가장 알맞은 방법은?

① 중간 기주를 제거한다.
② 살균제로 토양소독과 종자소독을 한다.
③ 살충제를 뿌려서 매개 곤충을 구제한다.
④ 질소질비료를 충분히 주어 묘목을 튼튼하게 한다.

**해설** 모잘록병 방제법
- 묘상이 과습하지 않도록 배수와 통풍에 주의하며, 햇볕이 잘 들도록 한다.
- 채종량을 적게 하고, 복토가 너무 두껍지 않도록 한다.
- 질소질 비료를 많이 과용하지 말고, 인산질비료를 충분히 주어 묘목을 튼튼히 길러야 한다.

**31** 곤충과 비교한 거미의 특징으로 옳지 않은 것은?

① 홑눈만 있다.
② 날개가 없다.
③ 더듬이가 2쌍이다.
④ 탈바꿈(변태)을 하지 않는다.

**해설**
거미의 더듬이는 1쌍이다.

**32** 1년에 2회 이상 발생하는 해충은?

① 솔잎혹파리
② 솔알락명나방
③ 미국흰불나방
④ 호두나무잎벌레

**해설** 1년 2회 발생하는 해충
미국흰불나방, 버즘나무방패벌레

정답 26. ③ 27. ② 28. ④ 29. ③ 30. ② 31. ③ 32. ③

**33** 잣나무의 구과를 가해하는 해충은?

① 소나무좀  ② 솔알락명나방
③ 잣나무넓적잎벌  ④ 북방수염하늘소

**해설**
솔알락명 나방은 잣나무의 종실을 가해하며 1년 1회 발생하며 노숙유충은 땅속에서 월동하며, 어린유충은구과 속에서 월동한다.

**34** 곤충의 기관에서 체외로 방출되어 같은 종끼리 통신을 하는 데 이용되는 물질은?

① 페로몬  ② 호르몬
③ 알로몬  ④ 카이로몬

**35** 봄철 수목 생장이 시작된 후 내리는 서리에 의해 수목이 입는 피해는?

① 상렬  ② 상주
③ 조상  ④ 만상

**해설**
나무가 이른 봄에 활동을 시작한 후 서리가 내려 새순이 말라죽는 것을 늦서리(만상)의 피해라한다.

**36** 소나무 혹병의 중간기주로 방제를 위하여 제거해야 할 수종은?

① 오리나무  ② 단풍나무
③ 자작나무  ④ 신갈나무

**해설 중간기주의 제거**
- 잣나무털녹병균 : 송이풀과 까치밥나무
- 소나무류잎녹병균 : 황벽나무, 참취, 잔대
- 소나무혹병균 : 참나무
- 배나무적성병균 : 향나무

**37** 해충 방제를 위한 임업적 방제방법으로 옳지 않은 것은?

① 단순림 조성의 확대
② 내충성 수종의 식재
③ 적당한 간벌로 임분밀도 조절
④ 토양 및 기후에 적합 수종의 조림

**해설 임업적방제법**
- 수종의 선택 : 연해에 강하고 맹아력이 큰 수종으로 조림한다.
- 작업법의 선택 : 연해의 염려가 있는 곳에서는 숲을 교림으로 하지 말고, 중림 또는 왜림으로 가꾼다.
- 갱신방법 : 한번에 넓은 면적을 개별하는 것을 피하고, 침엽수와 활엽수를 혼식한다.
- 연해방비림의 조성
  - 내연성이 강하고, 여러 번 이식한 큰 묘목을 밀식한다.
  - 나비는 100m정도로 여러 층의 밀림을 조성한다.

**38** 밤나무 흰가루병균으로 잎의 잎뒷면에 밀가루를 뿌려 놓은 것 같이 보이는 것은?

① 분생포자
② 자낭포자
③ 후벽포자
④ 담자포자

**해설 수목의 흰가루병**
- 일정한 반점이 생기지 않고 병반이 불규칙하다. 유아나 신소가 기형을 받으면 위축되어 기형이 일어난다.
- 병환부에 나타난 흰가루는 병원균의 균사 분생자병 및 분생포자 등이며 이것은 분생자세대의 표징이다.
- 방제법은 가을에 병든 낙엽과 가지를 소각하고, 봄에 새눈 나오기 전에 석회황합제를 살포한다.

**39** 토양훈증제의 설명으로 옳지 않은 것은?

① 메탐소듐, 메틸브로마이드 등이 있다.
② 인화성이 있고 구석까지 침투하는 확산 능력이 있어야 한다.
③ 비등점이 낮은 원제를 액체, 고체 또는 압축가스의 형태로 용기에 충전한 것이다.
④ 일정한 시간 내에 기화하여 훈증효과를 나타내야 하므로 휘발성이 큰 약제를 써야 한다.

**해설 훈증제**
약제를 가스 상태로 만들어 해충을 죽이는 약제. 클로로피클린, 메틸브로마이드

**정답** 33. ②  34. ①  35. ④  36. ④  37. ①  38. ①  39. ②

**40** 살아있는 나무와 죽은 나무의 목질부를 모두 가해하는 해충은?

① 소나무좀
② 밤나무혹벌
③ 미국흰불나방
④ 느티나무벼룩바구미

**해설** 소나무좀
- 1년 1회 발생하며 수피 속에서 월동
- 신성충의 우화는 6월상순~7월, 유충은 형성층·가도관 부위가해, 신성충은 신초 가해, 유충은 2회 탈피하며 20일의 기간을 가짐

---

### 제3과목 : 임업경영학

**41** 산림경영계획에 대한 설명으로 옳은 것은?

① 우리나라의 국유림종합계획 기간은 5년이다.
② 사유림 소유자의 산림경영계획 수립은 의무가 아니라 권장사항이다.
③ 한번 작성된 산림경영계획은 그 계획 기간 동안에는 변경이 불가능하다.
④ 국유림경영계획 작성의 의무는 국유림이 존재하는 해당 지방자치단체장에게 있다.

**해설**
- 국유림 경영계획을 10년 마다 수립. 시행하고 있다.
- 산림경영 계획은 변경이 가능하다.
- 국유림경영계획의 작성의무는 지방산림청장에게 있다.

**42** 임업경영 지도원칙 중에서 보속성 원칙에 대한 설명으로 옳은 것은?

① 수익률을 가장 크게 하는 원칙
② 해마다 목재수확을 균등하게 할 수 있는 원칙
③ 최소의 비용으로 최대의 효과를 발휘하는 원칙
④ 생산량을 생산요소의 수량으로 나눈 값이 최고가 되도록 하는 원칙

**해설** 보속성의 원칙
산림에서 매년 수확을 균등하고 영구히 존속할 수 있도록 경영하는 원칙으로 보속성의 개념은 크게 두 가지로 나누어 생각할 수 있다.
- 광의의 보속성 : 임지가 항상 유용한 임목으로 피복되고 이것이 건전하게 자라도록 하는 산림생산의 근거를 둔 개념(목재생산의 보속성)
- 협의의 보속성 : 산림에서 매년 거의 같은 양의 목재를 수확하는 것으로 이는 목재공급에 근거를 둔 개념(목재공급의 보속성)

**43** 흉고형수에 영향을 미치는 인자가 아닌 것은?

① 수고
② 지위
③ 수종
④ 근원직경

**해설** 흉고형수의 결정법
- 원주의 체적과 수간재적의 비(수간재적/원주체적)를 흉고형수라 한다.
- 흉고형수는 우리나라에서는 0.45을 사용
- 흉고형수는 수고가 높아질수록, 직경이 커질수록 작아지는 경향이 있다.
- 지위가 양호할수록 형수가 작다.
- 수관밀도가 빽빽할수록 형수가 크다.

**44** 임업경영의 성과를 나타내는 가장 정확한 지표로 임업경영의 결과에 의하여 직접적으로 얻은 소득에 해당하는 것은?

① 임업소득
② 임업조수익
③ 임업총수익
④ 임업현금수입

**해설** 산림경영 성과의 계산 방법
- 산림(임업)소득 = 산림(임업)조수익 – 산림(임업)경영비
- 임가소득 = 산림소득+농업소득+기타소득
- 산림순수익 = 산림소득 – 가족노임추정액 = 산림조수익 – 산림경영비 – 가족노임추정액
- 산림조수익 = 산림현금수입+임산물가계소비액 + 미처분 임산물 증감액+ 산림생산자재재고증감액 + 임목성장액
- 산림경영비 = 산림현금지출 + 감가상각비 + 미처분 임산물재 고감소액 + 산림생산자재재고감소액 + 주임목감소액

**정답** 40. ① 41. ② 42. ② 43. ④ 44. ①

**45** 보속작업에서 한 작업급에 속하는 모든 임분을 일순벌하는데 필요한 기간을 나타내는 임업 생산기간은?

① 윤벌기　② 갱정기
③ 회귀년　④ 정리기

**해설** 윤벌기
한 작업급 내의 모든 임분을 일 순벌하는데 필요한 기간, 즉 최초에 벌채된 임분을 또 다시 벌채하기까지의 기간

**46** 수확조정기법 중 평분법에 대한 설명으로 옳지 않은 것은?

① 재적평분법은 일반적으로 경제변동에 대한 탄력성이 없는 것으로 평가된다.
② 절충평분법은 재적평분법과 면적평분법의 장점을 채택하여 절충한 것이다.
③ 면적평분법은 제2윤벌기에 산림이 법정상태가 되어 개벌작업에는 응용할 수 없다.
④ 평분법의 특징은 윤벌기를 일정한 분기로 나누어 분기마다 수확량을 균등하게 하는 것이다.

**해설**
면접평분법은 윤벌기가 끝나면 바로 법정림으로 전환이 가능하며 개벌작업에 응용할 수 있다.

**47** 수고 곡선 유도방법으로 자료가 많은 경우 또는 정확도를 요구할 때 사용하는 것은?

① 이동평균법　② 자유곡선법
③ 최소자승법　④ 드라우트법

**해설** 최소자승법
어떤 두 개의 경제변량 x와 y 사이에 함수 관계가 존재한다고 할 때, 그 인과 관계를 수량적으로 파악하는데 일반적으로 사용하는 방법이다.

**48** 우리나라 산림 소유 구분에 따른 분류로 옳지 않은 것은?

① 법정림　② 공유림
③ 국유림　④ 사유림

**해설** 우리나라 산림 소유 구분
· 국유림 : 국가가 소유하는 산림
· 공유림 : 지방자치 단체 그밖의 공공단체가 소유하는 산림
· 사유림 : 국,공유림 외의 산림

**49** 음(-)의 값이 나올 수 있는 투자효율 분석법은?

① 회수기간법　② 순현재가치법
③ 투자이익률법　④ 수익비용률법

**해설** 순현재가치법(시간가치 고려함)
미래에 발생할 모든 현금흐름을 적절한 할인율로 할인하여 현재가치로 나타내며 장기투자를 결정하는 방법으로 현금유입의 현재가에서 현금유출의 현재가를 뺀 것을 순현재가(NPW)라고 한다.

**50** 산림자원의 효율적 조성과 육성을 위해 산림의 기능구분에 해당하지 않는 것은?

① 목재생산림　② 산림휴양림
③ 수원함양림　④ 기업경영림

**해설**
기업경영림은 사유림 경영방법의 종류중 하나이다.

**51** 유령림의 임목평가 방법으로 가장 적합한 것은?

① 비용가법　② 기망가법
③ 매매가법　④ 환원가법

**해설** 임목평가의 개요
일반적으로 유령림에는 임목비용가법, 벌기미만의 장령림에는 임목기망가법과 수익환원법, 중령림에는 임목비용가법과 임목기망가 법의 중간적인 Glaser법, 벌기이상의 임목에는 임목매매가가 적용되는 시장가 역산법을 사용한다.

**52** 임업의 경제적 특성에 해당하는 것은?

① 자연조건의 영향을 많이 받는다.
② 임목의 성숙기가 일정하지 않다.
③ 토지나 기후조건에 대한 요구도가 낮다.
④ 임업노동은 계절적 제약을 크게 받지 않는다.

**정답** 45. ① 46. ③ 47. ③ 48. ① 49. ② 50. ④ 51. ① 52. ④

해설 ❓ 산림경영의 경제적 특성
- 임산물은 무게와 부피가 큰 재화이다.
- 자본회수가 장기성이다.
- 임업에서는 자본과 최종 생산물인 수확물이 구분되어 있지 않다.
- 산림경영은 대규모 경영에 적합하다.
- 임업에는 육성적 임업과 채취적 임업이 있다.
- 임업노동은 계절적 제약을 크게 받지 않는다.
- 임업생산과정은 극히 조방적이다.
- 임업은 공공적 이익이 크다.

**53** 어떤 소나무림에서 간벌을 하면 500만원씩의 수입을 얻을 것으로 예상된다 연중에는 3회 간벌을 하고 5년간 연 이율을 5%로 적용할 경우 후가 계산에 적합한 식은?

① $\dfrac{500만\,원 \times (1.05^5 - 5)}{1.05^{15}}$

② $\dfrac{500만\,원 \times (1.05^{15} - 1)}{1.05^5}$

③ $\dfrac{500만\,원 \times (1.05^5 - 1)}{1.05^{15} - 1}$

④ $\dfrac{500만\,원 \times (1.15^{15} - 1)}{1.05^5 - 1}$

**54** 고정자본재에 해당하는 것은?
① 농약  ② 묘목
③ 임도  ④ 산림용 비료

해설 ❓ 고정자본
임지, 건물, 벌목기구, 기계, 임도, 차도, 차량, 삭도, 운하

**55** 임지 취득 후 조림 등 임목육성에 적합한 상태로 개량하는데 소요된 모든 비용의 후가에서 그동안의 수입의 후가를 공제한 값으로 평가하는 방법은?
① 대용법  ② 수익환원법
③ 임지비용가  ④ 임지기망가법

해설 ❓ 임지 비용가
임지를 구입한 후 현재까지 들어간 총비용에서 그동안 발생된 총수입을 빼는 것이다.

**56** 각 산정 표준지법에서 스피겔릴라스코프를 사용하여 1개의 표준점에서 측정된 나무의 평균 본수가 10본이었으며 사용된 흉고단면적 정수는 2m²이었다면 이 임분의 ha 당 흉고단면적은?
① 5m²  ② 8m²
③ 12m²  ④ 20m²

**57** 법정축적은 일반적으로 어느 계절의 축적으로 계산하는가?
① 춘계  ② 하계
③ 추계  ④ 동계

해설 ❓
법정축적은 일반적으로 여름을 기준으로 한다.

**58** 25년생 잣나무 임분의 입목재적이 45m³/ha이고 수확표의 입목재적은 50m³/ha이라면 입목도는?
① 0.5  ② 0.7
③ 0.9  ④ 1.1

해설 ❓
입목도 $= \dfrac{현실축적}{수확표상의\,축적} = \dfrac{45}{50} = 0.9$

**59** 임목 측정에서 불완전한 기계 또는 계산에 의해 발생하는 오차는?
① 과오  ② 누적오차
③ 상쇄오차  ④ 표본오차

해설 ❓ 오차의 종류
- 정오차(누차, 누적오차) : 측량 후 오차조정가능
- 우연오차(부정오차) : 오차의 제거가 어렵고 계산으로 완전히 조정하수 없는 오차로 최소 제곱법을 사용
- 과실(착오) : 측정자의 부주의에 의해 발생하는 오차

**60** 감가상각비의 계산방법 중에 감가상각비 총액을 각 사용연도에 할당하여 매년 균등하게 감가하는 방법은?

정답 53. ④  54. ③  55. ③  56. ④  57. ②  58. ③  59. ②  60. ①

① 정액법　　② 정률법
③ 연수합계법　　④ 작업시간비례법

**해설** **정액법**
정액법은 직선법이라고도 하며 가장 간단하고 보편적인 감가 계산법이다.

$$D = \frac{C-S}{N}$$

C : 구입가격(고정자본재 평가액), N : 내용연수(자산 존속 기간), S : 폐물가격, D : 매년의 감가 상각비

---

### 제4과목 : 산림공학

**61** 방위가 S49°10W일 때 방위각은?

① 130°50　　② 229°10
③ 310°50　　④ 49°10

**해설**

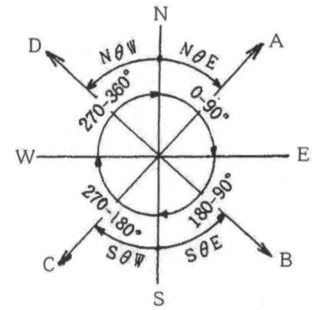

**62** 벌목 운재 계획에 위한 예비조사가 아닌 것은?

① 임황 및 지황 조사
② 반출방법에 대한 조사
③ 벌목구역의 개황 조사
④ 기존 실행결과에 의한 조사

**63** 겨울에 산림수확작업을 수행하는 경우 장점으로 옳지 않은 것은?

① 잔존 임분에 대한 영향이 적다.
② 해충과 균류에 의한 피해가 적다.
③ 작업원 안전사고가 적게 발생한다.
④ 수액정지기간에 작업하므로 양질의 목재를 수확할 수 있다.

**해설**
겨울철 산림수확작업은 눈, 빙판 등으로 안전사고가 다른 계절에 비해 많이 발생한다.

**64** 임도 식생사면의 유지보수에 대한 설명으로 옳지 않은 것은?

① 사면으로 직접 물이 흐르도록 배수시설을 설치한다.
② 강수량이 일시 집중적인 곳에는 붕괴에 대비하여야 한다.
③ 나무가 너무 커서 넘어질 경우 비탈면 붕괴가 되지 않도록 관리한다.
④ 떼붙임을 한 사면은 주기적으로 풀베기를 실시하여 다른 식물의 생장을 막아주어야 한다.

**해설**
사면으로 물이 직접 흐르지 않도록 산마루 측구를 설치해야 한다.

**65** 수중굴착 및 구조물의 기초바닥 등 상당히 깊은 범위의 굴착과 호퍼(hopper)작업에 적합한 기종은?

① 크레인(crane)
② 백호우(backhoe)
③ 클램셸(clamshell)
④ 어드드릴(earth drill)

**66** 임도 설계시 곡선설치를 생략하는 기준은?

① 내각이 140도 이상
② 내각이 145도 이상
③ 내각이 150도 이상
④ 내각이 155도 이상

**해설**
내각이 155도 이상일시에는 곡선을 생략할 수 있다.

---

**정답** 61. ② 62. ① 63. ③ 64. ① 65. ③ 66. ④

**67** 암반 비탈면 녹화에 주로 사용하는 공법이 아닌 것은?

① 새집 공법
② 피복녹화 공법
③ 선떼붙이기 공법
④ 덩굴받침망 설치 공법

> 해설
> 선떼붙이기 공법은 암반비탈면에는 부적절하며 토사가 많은 지역이나 뜬흙이 많은 지역에 토사가 흘러가지 않도록 하기 위한 공법이다.

**68** 사방댐의 방수로 크기를 결정하는 주요 요인이 아닌 것은?

① 강수량
② 집수면적
③ 댐의 종류
④ 상류 하상의 상태

> 해설 **방수로**
> • 댐의 유지면에서 매우 중요하며 크기는 집수면적, 강수량, 산림의 상태, 산복의 경사 등에 의해 결정한다.
> • 일반적으로 사다리꼴을 많이 이용하며 방수로 의 양옆의 기울기는 1:1 즉 45도를 표준으로 한다.

**69** 다음 석재 중 압축강도가 가장 큰 것은?

① 사암  ② 화강암
③ 안산암  ④ 석회암

**70** 습한 지대에서 임도의 노면이 가라앉는 것을 막기 위하여 만드는 것은?

① 자갈길  ② 흙모랫길
③ 부순돌길  ④ 통나무길

> 해설 **통나무 및 섶길**
> 통나무길은 저습지대에 있어서 노면의 침하를 방지하기 위해 사용하는 것이다. 다량의 통나무가 사용되고 손모도 많으므로 특수한곳에 부득이한 경우에 사용. 섶길은 노상위에 지름이 30cm정도의 섶다발을 가로방향으로 깔고, 그 위에 그 위에 노면을 만드는 것이다

**71** 산지사방 식재용 수종의 요구 조건으로 가장 부적절한 것은?

① 토양개량 효과가 기대될 것
② 뿌리 발육이 천천히 진행될 것
③ 생장력이 왕성하여 잘 번성할 것
④ 묘목의 생산비가 적게 들고 대량생산이 가능할 것

> 해설
> 산지사방 식재용 수종은 뿌리의 발육이 왕성하여 토사를 잡아줄 수 있어야 한다.

**72** 주로 사면 기울기가 1:1보다 완만한 것에 흙이 털어지지 않은 온떼를 사용하여 전면녹화를 목적으로 시공하는 산지사방 녹화법은?

① 띠떼심기
② 줄떼다지기
③ 선떼붙이기
④ 평떼붙이기

> 해설 **평떼 붙이기**
> • 전면적에 걸쳐 흙이 털어지지 않은 평떼(흙떼)를 붙이거나 심어서 비탈을 일시에 녹화하는 방법이다.
> • 평떼 붙이기의 시공장소는 경사 45° 이하의 비교적 토양이 비옥한 산지사면이 적합하다.

**73** 평판을 설치할 때 만족되어야 하는 필수 조건이 아닌 것은?

① 표정  ② 치심
③ 정준  ④ 방위

> 해설 **평판측량의 3요소**
> 정준(수평맞추기), 구심·치심(중심맞추기), 표정(평판을 일정한 방향으로 고정

**74** 비탈면 녹화용 피복자재에 해당하지 않는 것은?

① 그라우트  ② 볏집거적
③ 쥬트네트  ④ 코이어네트

> 해설 **비탈면 녹화용 피복자재**
> 쥬트넷, 코어넷, 론생볏집, 다기능필터

**정답** 67. ③  68. ③  69. ②  70. ④  71. ②  72. ④  73. ④  74. ①

**75** 다음 조건에서 임도 설계 시 적용하는 곡선반지름으로 가장 적합한 것은?

- 설계속도 : 40km/h
- 노면의 외쪽기울기 : 6%
- 일반지형에서 가로미끄럼에 대한 노면과 타이어의 마찰계수 : 0.15

① 50m  ② 60m
③ 70m  ④ 80m

**해설**
$R = \dfrac{V^2}{127(f+i)} = \dfrac{40^2}{127(0.06+0.15)} = 60m$

**76** 임도의 합성기울기를 10%로 설정하려 할 때 외쪽기울기가 6%라면 종단기울기는?

① 8%  ② 10%
③ 12%  ④ 14%

**해설** 합성기울기
$S = \sqrt{i^2 + j^2} = \sqrt{6^2 + j^2}$, $100 = 6^2 + x^2$, $x = 8$
S : 합성기울기 (%), i : 횡단기울기, j : 종단기울기

**77** 옆도랑과 길어깨를 제외한 임도의 구조는?

① 대피소
② 유효너비
③ 도로너비
④ 합성기울기

**해설** 임도의 횡단면 구조
유효너비(차도너비) : 길어깨, 옆도랑의 너비를 제외한 임도의 유효너비는 3m이다. 다만 배향곡선지의 경우에는 6m이다.

**78** 체인톱의 쏘체인 규격은 무엇으로 구분하는가?

① 피치
② 중량
③ 배기량
④ 엔진출력

**79** 기슭막이에 대한 설명으로 옳지 않은 것은?

① 황폐계천에서 유수에 의한 계안의 횡침식을 방지하기 위해 설치한다.
② 유로의 만곡에 의하여 물의 충격을 받거나 붕괴 위험성이 있는 계천변에 설치한다.
③ 계류의 둑쌓기 구간 내에 시공할 경우 둑쌓기 계획비탈기울기와 동일한 기울기로 계획한다.
④ 침식이 심하고 유수의 충돌이 심한 곳에서는 통나무기슭막이나 바자기슭막이를 적용한다.

**해설** 침식이 심하고 유수의 충돌이 심한 곳에서는 콘크리트 기슭막이나 찰쌓기 돌기슭막이를 사용한다.

**80** 우리 그림에서 수제의 설치 위치로 가장 적당한 것은?

① 가,다  ② 나,다
③ 나,라  ④ 다,라

## 국가기술자격 필기시험문제

2017년 제3회 필기시험

| 자격종목 | 종목코드 | 시험시간 | 형별 |
|---|---|---|---|
| 산림산업기사 | 2481 | 2시간 | |

### 제1과목 : 조림학

**1** 소나무림을 갱신하는데 가장 적합한 작업종은?
① 택벌작업
② 산벌작업
③ 모수작업
④ 왜림작업

해설 **모수작업의 의미**
성숙한 임분을 대상으로 벌채를 실시할때 형질이 좋고 결실이 잘되는 모수(어미나무)만을 남기고 그 외의 나무를 일시에 베어내는 방법이다.

**2** 산림군집을 수직적으로 볼 때 산림 식생의 층상 구조가 잘 나타나는 산림은?
① 인공림
② 동령림
③ 천연림
④ 경제림

해설
천연림은 인공림, 동령림, 경제림과 달리 하층, 중층, 상층으로 임분이 형성되므로 산림식생의 층상구조가 잘 나타난다.

**3** 다음 중 성격이 다른 숲은?
① 천연림
② 맹아림
③ 원시림
④ 불완전 천연림

해설
맹아림은 줄기를 자른 그루에서 맹아가 생겨나서 만들어진 숲을 말하며 작업종의 구분이다.

**4** 수목의 어린뿌리가 토양 중에 있는 곰팡이와 공생을 하는 균근의 역할이 아닌 것은?
① 수목에게 탄수화물을 공급한다.
② 토양 중에 있는 양료의 흡수를 돕는다.
③ 토양의 건조에 대한 저항성을 높여 준다.
④ 생육환경이 나쁜 곳에서는 생장에 중요한 역할을 한다.

해설 **균근**
- 식물에 의한 양분의 흡수는 식물의 작은 뿌리와 특정의 균류와의 공생 관계에 의해서 상당히 향상된다고 알려져 있는데 이러한 집합체를 균근이라고 한다.
- 균근은 식물에게 탄수화물의 공급은 이루어지지 않는다.

**5** 묘목의 가식에 대한 설명으로 옳은 것은?
① 가식 장소는 배수가 양호한 사질양토가 좋다.
② 묘포에서 캐낸 묘목의 뿌리를 충분히 말린 후 묻는다.
③ 2~3일 정도 단기간 가식할 경우 묘목 다발을 풀어서 묻는다.
④ 봄에는 노출된 줄기의 끝이 남쪽으로 향하도록 비스듬히 눕혀 묻는다.

해설 **운반 및 가식**
- 묘목의 끝이 가을에는 남쪽으로, 봄에는 북쪽으로 45° 경사지게 한다.
- 단기간 가식할 때는 다발 째로, 장기간 가식할 때는 결속된 다발을 풀어서 뿌리 사이에 흙이 충분히 들어가도록 하고 밟아준다.
- 비가 올 때나 비가 온 후에는 바로 가식하지 않는다.
- 동해에 약한 수종은 움가식을 하며 낙엽 및 거적으로 피복하였다가 해빙이 되면 2~3회로 나누어 걷어낸다.

정답 1.③ 2.③ 3.② 4.① 5.①

- 가식지 주변에는 배수로를 설치한다.
- 조림예정지가 원거리에 있거나 해빙이 늦은 지역인 경우에는 조림예정지 부근에서 가식 및 월동시킨다.

## 6  우량한 묘목의 조건으로 옳지 않은 것은?

① 측아가 정아보다 우세할 것
② 발육이 완전하고 조직이 충실할 것
③ 주지의 세력이 강하고 곧게 자란 것
④ 양호한 발달 상태와 왕성한 수세를 지닌 것

**해설** 우량묘목의 조건
- 발육이 완전하고 조직이 충실할 것
- 줄기가 곧고 굳으며 도장이 되지 않고 갈라지지 않으며 근원경이 큰 것
- 묘목의 가지가 균형 있게 뻗고 정아가 완전한 것
- 뿌리가 비교적 짧고 세근이 발달하여 근계가 충실한 것
- 묘목의 지상부와 지하부가 균형이 있고 다른 조건이 같다면 T/R율의 값이 적은 것
- 가을눈이 신장하거나 끝이 도장하지 않은 것
- 묘목의수세가 왕성하고 조직이 충실하며 수종 고유의 색체를 띠고 병충해 기타 피해를 받지 않은 것
- 조림지의 입지조건과 같은 환경에서 양묘된 것

## 7  수형급 구분에 의하지 않고 임목간 거리를 대상으로 하는 간벌방법은?

① 도태간벌          ② 하층간벌
③ 자유간벌          ④ 기계적 간벌

**해설** 기계적 간벌
- 수형급에 관계없이 미리 정해진 임의의 간격에 따라 남겨 둘 임목을 제외하고 모두 벌채하는 방법이다.
- 기계적 간벌은 아직 수형급이 구분되지 않은 균일한 임목, 벌기 까지 남겨둘 우세목이 필요이상으로 많은 밀도가 높은 어린 임분에 적용된다.

## 8  양수 수종에 해당하는 것은?

① Larix kaemferi
② Abies holophylla
③ Taxus cuspidata
④ Euonymus japonicus

**해설**
① Larix kaemferi – 일본잎갈나무
② Abies holophylla – 전나무
③ Taxus cuspidata – 주목
④ Euonymus japonicus – 사철나무

각 수종별 내음성
- 극음수 : 나한백, 사철나무, 굴거리나무, 회양목, 주목, 개비자나무
- 음수 : 전나무, 가문비나무, 솔송나무, 너도밤나무, 서어나무류, 함박꽃나무, 칠엽수, 녹나무, 단풍나무류
- 양수 : 은행나무, 소나무류, 측백나무, 향나무, 낙우송, 밤나무, 오리나무, 버즘나무, 오동나무, 사시나무, 낙엽송(일본잎갈나무)
- 극양수 : 방크스 소나무, 왕솔나무, 잎갈나무, 연필향나무, 포플러, 버드나무, 자작나무

## 9  내음성에 대한 설명으로 옳은 것은?

① 양수는 음수보다 광포화점이 낮다.
② 과수류는 대부분 음수에 해당한다.
③ 수목이 햇빛을 좋아하는 정도에 따라 구분한다.
④ 수목이 그늘에서 견딜 수 있는 정도에 따라 구분한다.

**해설** 내음성
- 다른 나무의 그늘과 같은 낮은 광조건과 심한 경쟁에서 발육 및 생장할 수 있는 상대적인 능력
- 내음성의 관계되는 요인
  - 수령 : 수령이 많아짐에 따라 내음성이 감소한다.
  - 토양수분과 양분 : 건조하거나 척박한 입지보다는 양분과 수분이 적당한 토양에서 내음성이 증가된다.
  - 위도(온도) : 온도가 높을수록 수목이 요구하는 광량은 감소한다. 고위도 지방에 자라는 수목은 광합성을 위하여 더 높은 광도를 요구하므로 일반적으로 내음성이 약하다.
  - 종자의 크기 : 크고 무거운 종자를 가진 수종은 종자내의 저장양분으로 1년 이상의 내음성을 지탱할 수 있다.

**정답**  6. ①  7. ④  8. ①  9. ④

**10** 설형(쐐기형) 산벌작업에 대한 설명으로 옳지 않은 것은?

① 풍해에 대비하기 위한 방법이다.
② 벌기가 짧은 소경재 생산에 용이하다.
③ 음수와 양수를 혼합하여 조성할 수 있다.
④ 모수의 보호효과가 크고 갱신과정이 안정적이다.

**11** 주로 5월 전후에 채종하는 수종은?

① 주목  ② 미루나무
③ 단풍나무  ④ 측백나무

**해설**
5월 전후 채종하는 수종에는 버드나무류, 미루나무, 양버들, 황철나무, 사시나무 등이 있다.

**12** 꽃이 완전화에 속하는 수종은?

① 자작나무  ② 자귀나무
③ 버드나무  ④ 가래나무

**해설**
완전화란 암술과 수술이 한꽃에 다 있는 것이다.

**13** 산림용 묘목규격을 결정하는데 사용되지 않는 것은?

① 간장  ② 묘령
③ 근원경  ④ 흉고직경

**해설** 묘목의 규격종류

| 종류 | 내용 |
|---|---|
| 간장 | 뿌리와 줄기의 경계인 근원에서 부터 원줄기의 꼭지눈까지의 길이 |
| 근장 | 근원에서 가장 긴 뿌리까지의 길이 |
| 근원경 | 근원의 지름 |
| T/R율 | • 지상부의 무게를 지하부의 무게로 나눈 값<br>• 일반적으로 3.0정도가 우량한 묘목으로 평가받고 있다. |

흉고직경은 대경목에서만 사용된다.

**14** 고립목에서는 양엽과 음엽의 특징 중 양엽에 대한 설명으로 옳은 것은?

① 잎이 넓다.
② 광포화점이 낮다.
③ 잎의 두께가 두껍다.
④ 엽록소 함량이 더 많다.

**해설**
양엽은 햇빛 잘 드는 수관의 바깥부분에서 만들어진 잎이다.
• 햇빛 강하게 비출 때 광합성을 음엽보다 3배 이상 더 많이 하도록 적응한 잎.
• 잎이 작고 두꺼우며, 앞면에 왁스층이 두껍게 발달, 엽록소 함량이 높다.

**15** 종자의 보관 방법으로 보습저장법이 아닌 것은?

① 냉습적법  ② 보호저장법
③ 상온저장법  ④ 노천매장법

**해설**
보습 저장법은 참나무류, 가시나무류, 가래나무, 목련 등은 건조에 의해 발아력을 쉽게 상실하므로 습도를 높게 유지시켜 저장해야 한다.
• 노천매장법 : 종자를 하루 동안 맑은 물에 담궜다가 종자의 1-3배 가량의 젖은 모래와 혼합하여 땅속에 묻어두는 방법이다. 묻는 방법은 두께 2-3cm의 판자로 깊이 30-40cm의 상자를 만들고 상자의 상하는 철망을 붙여 설치류의 피해를 예방하도록 한다.
• 보호저장법 : 모래와 종자를 썩어 저장하는 방법으로 은행나무, 밤나무, 도토리나무, 굴참나무 등 함수량이 많은 전분종자를 추운겨울동안 동결 및 부패하지 않도록 저장하는데 효과적이다.
• 냉습적법 : 종자의 발아촉진을 위한 후숙(무르익다)에 중점을 둔 저장방법으로 용기 안에 보습재료인 이끼, 토탄, 모래 등과 종자를 섞어서 3~5°C의 냉장고에 저장한다.

**16** 택벌작업에 대한 설명으로 옳지 않은 것은?

① 양수 수종의 갱신에 적합하다.
② 작업한 임분의 심미적 가치가 높다.
③ 병해충에 대한 저항력을 높일 수 있다.
④ 보속 생산을 하는데 적절한 방법이다.

정답 10.② 11.② 12.② 13.④ 14.③ 15.③ 16.①

해설 ❀ **택벌작업의 의미**
택벌작업은 벌기, 벌채량, 벌채방법 및 벌채구역의 제한이 없고 성숙한 일부 임목만을 국소적으로 골라 벌채하는 방법으로 음수수종의 갱신에 적합하다.

**17** 경제적 수입을 기대하면서 실시하는 작업종은?

① 제벌　　② 간벌
③ 밑깎기　④ 덩굴치기

**18** 종자가 성숙한 후 가장 오랫동안 모수에 붙어 있는 수종은?

① 단풍나무　　② 느티나무
③ 양버즘나무　④ 방크스소나무

해설 ❀
방크스 소나무는 북아메리카 원산으로 열매가 구과로서 오랫동안 벌어지지 않으며 추위와 관상용으로 좋으나 목재가 빨리 썩어 건축재, 펄프재로는 쓰이지 않는다.

**19** 종자의 개화 결실을 촉진시키기 위한 방법으로 옳지 않은 것은?

① 줄기에 철선묶기 등의 자극을 준다.
② 간벌을 실시하여 생육공간을 확장한다.
③ 수피의 일부를 제거하여 C/N율을 높인다.
④ 단근을 실시하여 질소의 흡수를 증가시킨다.

해설 ❀ **개화결실의 촉진**
1) 생리적 방법
- C/N율의 조절 : 환상박피나 단근, 접목 등의 방법으로 수목 지상부의 탄수화물 축적을 많게하여 개화결실을 조장할수 있다.
- 시비 : 비료의 3요소를 알맞게 주거나 시비시기를 조절하여 화아분화기에 시비하면 결실이 촉진된다. 질소보다는 인산과 칼륨을 더 많이 사용하는 것이 효과적이다.
- 환상박피 : 환상박피는 수목이 가지고 있는 영양물질 및 수분, 무기양분 등의 이동경로를 제한함으로써 잎에서 생산된 동화물질이 뿌리로 이동하는 것을 박피한 상층부에 축적시켜 수목의 개화결실을 도모한다.

2) 화학적 방법
- 식물생장 호르몬 : 낙우송, 삼나무, 편백 등에 지베렐린을 처리하면 화아분아가 촉진된다.
3) 물리적 방법
- 입지조건 : 종자가 생산된 지역보다 따뜻하고 개방적인 곳에 채종원을 조성하면 종자의 결실이 촉진된다.
- 스트레스 : 결실을 촉진하기 위해 건조, 상처주기 등 어떤 스트레스를 주면 개화량이 많고 결실량이 증대된다.
- 임분의 밀도 조절 : 간벌 등으로 임분의 입목밀도가 낮아지면 수목의 수관이 확장되어 햇빛을 충분히 받아 결실향이 증대된다.

**20** 소나무와 일본잎갈나무의 첫 번째 제벌을 시작하는 임령으로 옳은 것은?

① 1~2년　　② 4~5년
③ 7~8년　　④ 10~15년

해설 ❀ **각 수종별 제벌시기**
- 소나무, 낙엽송 : 7~8년
- 삼나무 : 10년
- 가문비나무, 전나무 : 10~13년

---

**제2과목 : 산림보호학**

**21** 솔잎혹파리에 대한 설명으로 옳지 않은 것은?

① 벌레혹을 만든다.
② 1년에 2회 발생한다.
③ 5~7월경에 우화한다.
④ 유충은 땅 속에서 월동한다.

해설 ❀ **솔잎혹파리**
유충이 적송·흑송 등의 두침엽의 접합부에 기생하여 혹을 만들어 피해 줌. 1년 1회 발생, 유충으로 땅속 or 충영 속에서 월동, 6월 상순이 성충우화 최성기. 성숙유충의 크기는 1.7mm-2.8mm

**22** 해안 방풍림 조성에 가장 적당한 수종은?

① 곰솔　　② 포플러류
③ 사시나무　④ 일본잎갈나무

정답　17. ②　18. ④　19. ④　20. ③　21. ②　22. ①

**23** 공동충전제로 사용되는 발포성 수지 중 폴리우레탄 폼의 배합 비율로 가장 적합한 것은?

① 주제(P.P.G):발포경화제(M.D.I) = 2:1
② 주제(P.P.G):발포경화제(M.D.I) = 1:3
③ 주제(P.P.G):발포경화제(M.D.I) = 1:2
④ 주제(P.P.G):발포경화제(M.D.I) = 1:1

**24** 종실을 가해하는 해충으로는 올바르게 나열한 것은?

① 밤나무혹벌, 굼벵이류
② 가루나무좀, 버들바구미
③ 밤바구미, 복숭아명나방
④ 미끈이하늘소, 미국흰불나방

해설 ▶ 종실가해 해충
밤바구미, 밤나방, 솔알락명 나방, 복숭아명나방

**25** 윤작의 연한이 짧아도 방제 효과가 가장 큰 수목병은?

① 흰비단병
② 자주빛날개무늬병
③ 침엽수의 모잘록병
④ 오리나무 갈색무늬병

해설 ▶ 윤작에 의한 방제
오리나무 갈색무늬병, 오동나무 탄저병 : 기주범위가 좁고 기주식물이 없으면 오래 생존할 수 없어 1~2년의 짧은 윤작연한으로 방제가능

**26** 밤나무 줄기마름병에 대한 설명으로 옳지 않은 것은?

① 과다한 질소 시비를 지양한다.
② 천공성 해충의 피해를 받을 경우 잘 발생한다.
③ 병원균의 중간기주인 포플러를 같이 심지 않는다.
④ 동해나 열해를 받아 수피와 형성층이 손상 입은 경우 잘 발생한다.

해설 ▶ 밤나무 줄기마름병
- 나뭇가지와 줄기 침해, 병환부의 수지는 처음엔 적갈색으로 변하고 약간 움푹해지며 6~7 월경에 수피를 뚫고 등황색의 소립이 밀생한다. 자낭각과 병자각이 병환부의 자질 안에 생기고 균사, 포자형으로 월동한다.
- 방제법은 베노밀의 수간주입 치료, 봄에 눈트기 전에 보르도액 · 석회황합제 살포, 저항성 품종 선발 · 육종

**27** 잎에 기생하며 흡즙 가해하는 것으로 노린재목에 속하는 해충은?

① 대벌레
② 솔노랑잎벌
③ 배나무방패벌레
④ 백송애기잎말이나방

**28** 어스랭이 나방이 월동하는 형태는?

① 알            ② 유충
③ 성충          ④ 번데기

해설 ▶ 어스렝이 나방
- 유충은 커서 잎을 먹는 양이 많고, 어린것은 흑색이지만 자라면 황록색이 됨
- 1년 1회 발생하며 알로 나무껍질 사이에서 월동

**29** 전염성 수목병이 있어서 주인(主因)에 해당하는 것은?

① 수종          ② 병원체
③ 재배법        ④ 토양조건

해설 ▶
주인은 수목의 병에 직접적으로 관여하는 요인을 말한다.

**30** 어린 조림목에 가장 큰 피해를 주는 동물은?

① 어치          ② 다람쥐
③ 왜가리        ④ 멧토끼

해설 ▶ 야생동물의 피해
- 농작물 피해 : 멧돼지, 청설모 등
- 과수피해 : 까치, 참새
- 조림목등 어린나무피해 : 고라니, 멧돼지, 대륙밭쥐

정답  23. ④  24. ③  25. ④  26. ③  27. ③  28. ①  29. ②  30. ④

**31** 수세가 쇠약한 수목의 줄기를 가해하는 것은?

① 독나방   ② 소나무좀
③ 미국흰불나방   ④ 오리나무잎벌레

**해설** **소나무좀**
- 1년 1회 발생하며 수피 속에서 월동
- 신성충의 우화는 6월 상순~7월, 유충은 성충·가도관 부위가해, 신성충은 신초 가해, 유충은 2회 탈피하며 20일의 기간을 가짐

**32** 솔나방에 대한 설명으로 옳지 않은 것은?

① 보통 5령충으로 월동한다.
② 성충은 4월 전후에 발생한다.
③ 1년에 1회, 일부 남부지방에서는 2회 발생한다.
④ 부화 유충기인 8월에 비가 많이 오면 사망률이 높아진다.

**해설** **솔나방**
- 소나무류의 중요한 해충으로 유충은 잎을 톱니모양으로 갉아먹지만 크면 잎을 모조리 먹는다.
- 1년에 1회 발생하고 나무껍질이나 지피물 사이에서 월동, 성충은 7월 하순~8월 상순에 출현, 산란수 600개

**33** 대추나무 빗자루병에 대한 설명으로 옳지 않은 것은?

① 바이러스에 의한 수목병이다.
② 매개충은 마름무늬매미충이다.
③ 병든 나무의 분주를 통해 전염될 수 있다.
④ 꽃봉오리가 잎으로 변하는 엽화현상이 발생한다.

**해설** **대추나무 빗자루병**
- 가는 가지와 황녹색의 아주 작은 잎의 밀생 및 빗자루 모양, 전신성병 병든 나무의 분수를 통해 차례로 전염
- 땅속에선 뿌리에 의한 전염 우려가 있어 밀식과 간작을 피한다.
- 매개충 : 마름무늬 매미충, 분주에 의한 전반
- 옥시 테트라사이클린계의 항생물질로 구제가능
- 파이토플라즈마에 의한 수병이다.

**34** 주로 가지나 줄기에서 발생하는 수목병은?

① 벚나무 빗자루병
② 느티나무 흰색무늬병
③ 벚나무 갈색무늬구멍병
④ 오동나무 자줏빛날개무늬병

**해설** **벚나무 빗자루병**
- 가지의 일부가 팽대하여 혹 모양이 되며, 이 부근에서 가느다란 가지가 많이 나와 빗자루 모양으로 자란다.
- 병든 가지는 봄에 일찍 잎이 나고, 꽃망울은 안 생김
- 병든 가지의 팽대부분에서 균사 형태로 월동하며 봄에 포자를 형성
- 방제법은 발생부위만 자르거나 소각은 잎이 피기 전 봄에 하며 보르도액을 잎이 피기 전 휴면기간에 1~2회 하는 것이 좋다.

**35** 소나무류 잎녹병의 중간기주가 아닌 것은?

① 참취
② 쑥부쟁이
③ 황벽나무
④ 참나무류

**해설** **소나무 잎녹병**
중간기주는 황벽나무, 참취, 잔대 → 여름포자

**36** 수목의 뿌리혹병을 방제하는 방법으로 가장 거리가 먼 것은?

① 건전한 묘목 식재
② 석회 시용량 증가
③ 4~5년간 휴경 실시
④ 병든 묘목 즉시 제거

**해설** **뿌리혹병**
보통 뿌리 부분에 혹이 생기며, 병든 부위가 비대하고 우윳빛을 띠며 주로 접목묘의 접목 부분에 많이 발생한다. 밤나무와 감나무에 잘 걸리며 방제법으로, 건전묘만 식재하고 병든 나무는 제거하고 그 자리에 객토 후 생석회로 토양소독을 한다. 클로로 피크린과 메틸브로마이드로 토양소독.

정답 31.② 32.② 33.① 34.① 35.④ 36.②

**37** 산불 피해에 대한 설명으로 옳지 않은 것은?

① 산불의 피해는 여름이 가장 크다.
② 은행나무가 소나무보다 산불의 피해가 작다.
③ 활엽수보다 침엽수가 산불에 피해를 심하게 받는다.
④ 수령이 낮은 임분일수록 산불의 피해를 많이 받는다.

**38** 잣나무 넓적잎벌에 대한 설명으로 옳지 않은 것은?

① 유충으로 월동한다.
② 우화 최성기는 7월경이다.
③ 나뭇잎 뒷면에서 월동한다.
④ 1년에 1회 또는 2년에 1회 발생한다.

**해설**
잣나무넓적잎벌은 식엽성으로 1년 1회 발생하며 노숙유충으로 땅속에서 월동한다.

**39** 솔껍질깍지벌레가 수목에 피해를 입히는 형태는?

① 천공 가해   ② 식엽 가해
③ 충영 형성   ④ 흡즙 가해

**해설** 흡수성 해충
• 솔껍질 깍지벌레
해송·적송 가해, 한번 정착 하면 이동하지 않고 체액을 빨아먹을 때 유충에서 독소가 나와 고사시킨다. 1년 1회 발생, 수관하부의 가지부터 고사, 3~5월에 가장 많이 발생.

**40** 수목병의 방제를 위한 예방법과 가장 거리가 먼 것은?

① 숲가꾸기
② 임지 정리
③ 환상박피 작업
④ 건전한 묘목 육성

### 제3과목 : 임업경영학

**41** 임업조수익을 계산하기 위해 사용되는 인자는?

① 감가상각액
② 현금지출액
③ 임업외 현금수입액
④ 미처분 임산물 증감액

**해설** 산림경영 성과의 계산 방법
• 산림(임업)소득 = 산림(임업)조수익 – 산림(임업)경영비
• 임가소득 = 산림소득+농업소득+기타소득
• 산림순수익 = 산림소득 – 가족노임추정액 = 산림조수익 – 산림경영비 – 가족노임추정액
• 산림조수익 = 산림현금수입+임산물가계소비액 + 미처분 임산물 증감액+ 산림생산자재재고증감액 + 임목성장액
• 산림경영비 = 산림현금지출 + 감가상각비 + 미처분 임산물재 고감소액 + 산림생산자재재고감소액 + 주임목감소액

**42** 임지기망가에 대한 설명으로 옳은 것은?

① 관리비는 임지기망가가 최대로 되는 시기와 관계없다.
② 이율이 높을수록 임지기망가가 최대로 되는 시기가 늦게 온다.
③ 간벌수익이 클수록 임지기망가가 최대로 되는 시기가 늦게 온다.
④ 임지기망가가 최대로 되는 때를 벌기로 한 것을 시장가격 최대의 벌기령이라 한다.

**해설** 임지기망가의 최대치
임지기망가가 최대치에 도달하는 시기는 식의 구성인자의 크기에 따라 다르다.
• 주벌수확 : 주벌수확의 증가속도가 빠를수록 최대치가 빨리 온다. 따라서 지위가 양호한 임지일수록 최대시기가 빨리 나타난다. 즉 벌기가 짧아진다.
• 간벌수확 : 간벌수확이 많을수록 최대시기가 빠르다.
• 간벌수확의 시기 : 간벌수확의 시기가 빠를수록 최대시기도 빠르다.
• 조림비 : 조림비가 많으면 많을수록 최대시기가 늦어진다.
• 관리비 : 관리비는 최대시기와는 관련 없다.

**정답** 37. ① 38. ③ 39. ④ 40. ③ 41. ④ 42. ①

• 채취비 : 임지기망가식에는 나타나있지 않지만 시장가격에서 채취비를 뺀 것이 주벌수확에 해당하므로 채취비가 많을수록 최대시기가 늦어진다.

**43** 산림평가가 임지와 임목의 평가 이외에도 여러 분야에서 응용되고 있다. 다음 중 응용분야로 거리가 먼 것은?

① 산림의존도의 사정
② 산림과세의 기준설정
③ 산림피해의 손해액 결정
④ 산림의 매매, 교환의 가격사정

**44** 벌기령에 대한 설명으로 옳은 것은?

① 임목이 실제로 벌채되는 연령
② 모든 임분을 일순벌하는데 필요한 기간
③ 맨 처음 택벌한 일정구역을 또 다시 택벌하는데 필요한 기간
④ 임분이 생장하는 과정에 있어서 어느 성숙기에

**해설**
• 벌채령
임목이 실제로 벌채될 때의 연령으로 계획상 인위적 성숙기인 벌기령과 구별된다.
• 윤벌기
한 작업급내의 모든 임분을 일 순벌하는데 필요한 기간, 즉 최초에 벌채된 임분을 또 다시 벌채하기까지의 요하는 기간
• 회귀년
택벌림을 몇 개의 구역으로 나누어 작업하는 벌구식 택벌 작업에서 일단 택벌 된 벌구가 또다시 택벌될 때까지의 기간을 회귀년이라 하며 작업구역은 회귀년마다 택벌이 되풀이된다.

**45** 임분의 재적을 측정하는 방법 중에서 표본점을 필요로 하지 않기 때문에 플롯레스 샘플링(Plotles Sampling)이라고 하는 방법은?

① 표본조사법
② 원형 표준지법
③ 대상 표준지법
④ 각산정 표준지법

**46** 말구직경 26cm, 중앙직경 30cm, 원구직경 36cm, 재장이 4m인 통나무를 Huber식에 의하여 계산한 재적은?

① 약 $0.212m^3$
② 약 $0.283m^3$
③ 약 $0.302m^3$
④ 약 $0.407m^3$

**해설** 후버식
$V = 0.785 \times 0.3^2 \times 4 = 0.283m^3$

**47** 산림경리의 업무내용 중 본업에 속하지 않은 것은?

① 수확규정
② 조림계획
③ 시설계획
④ 산림구획

**48** 평가방법에 따른 대상으로 올바르게 짝지어진 것은?

① 기망가 – 성숙림
② 매매가 – 장령림
③ 비용가 – 유령림
④ 자본가 – 중령림

**해설** 임목평가의 개요
일반적으로 유령림에는 임목비용가법, 벌기미만의 장령림에는 임목기망가법과 수익환원법, 중령림에는 임목비용가법과 임목기망가 법의 중간인 Glaser법, 벌기이상의 임목에는 임목매매가가 적용되는 시장가 역산법을 사용한다.

**49** 임업의 경제적 특성으로 원목가격 구성요소에서 가장 큰 항목은?

① 지대
② 육림비
③ 운반비
④ 감가상각비

**정답** 43. ① 44. ④ 45. ④ 46. ② 47. ④ 48. ③ 49. ③

**50** 다음 조건에서 단일수입의 복리산식 중 전가 계산식으로 옳은 것은?

- $V_n$ : n년 후의 후가
- $V_0$ : 전가
- p : 이율
- n : 이율

① $V_0 = \dfrac{V_n}{(1+p)^n}$

② $V_0 = \dfrac{V_n}{(1+p)^{n-1}}$

③ $V_n = \dfrac{V_0(1+p)^n}{p}$

④ $V_n = \dfrac{V_0(1+p)^{n-1}}{p}$

**51** 우리나라 산림의 소유별 구조에서 가장 많은 비율을 차지하고 있는 것은?

① 국유림　② 사유림
③ 도유림　④ 군유림

**해설**
- 사유림 : 68%
- 국유림 : 24%
- 공유림 : 8%

**52** 임분밀도를 나타내는 척도 중 우세목의 수고에 대한 입목간 평균거리의 백분율을 의미하는 것은?

① 입목도　② 상대밀도
③ 상대공간지수　④ 임분밀도지수

**53** 산림경영계획을 위한 지황조사 항목에 대한 설명으로 옳은 것은?

① 방위는 임지의 주 사면을 보고 4방위로 구분한다.
② 지리는 임지의 생산능력에 따라 m 단위로 표시한다.
③ 토양의 건습도는 일반적으로 습, 중, 건 3단계로 분류한다.
④ 경사도는 5단계로 구분하는데 가장 완만한 완경사지는 15° 미만을 말한다.

**해설** 경사
- 완경사지(완) : 경사 15° 미만
- 경사지(경) : 경사 15도~20° 미만
- 급경사지(급) : 경사 20도~25° 미만
- 험준지(험) : 경사 25도~30° 미만
- 절험지(절) : 경사 30° 이상

**54** 임분 재적이 ha당 180m³, 임분 형수가 0.4, 임분 평균 수고가 15m인 경우 ha당 흉고단면적은?

① 4.8m²　② 12m²
③ 30m²　④ 72m²

**해설**
임분재적 = 임분형수×평균수고×흉고단면적
$\dfrac{180}{0.4 \times 15} = 30m^2$

**55** 임업자산 중 고정자산이 아닌 것은?

① 임도　② 묘목
③ 집재도구　④ 벌목기계

**해설** 고정자산
임지, 건물, 벌목기구, 기계, 임도, 차도, 차량, 삭도, 운하

**56** 1,000만m²의 산림의 대한 숲가꾸기 실시설계의 책임기술자를 배치하고자 할 때 필요한 인력에 해당하는 것은?

① 기능특급 산림경영기술자 1인
② 기술특급 산림경영기술자 1인
③ 해당 업무분야 실무경력 4년 이상 기술1급 산림경영기술자 1인
④ 해당 업무분야 실무경력 6년 이상 기능2급 산림경영기술자 1인

**해설** 숲가꾸기 실시설계 책임기술자 배치
900만제곱미터 이상~1,200만제곱미터 이하

**정답** 50.① 51.② 52.③ 53.④ 54.③ 55.② 56.③

- 다음 각 호의 어느 하나에 해당하는 사람 1명
  1) 해당 업무분야 실무경력 2년 이상인 기술특급 산림경영기술자
  2) 해당 업무분야 실무경력 4년 이상인 기술1급 산림경영기술자

**57** 취득원가에서 감가상각비 누계액을 뺀 후 장부원가에 일정율의 감가율을 곱하여 감가상각비를 산출하는 방법은?

① 정률법
② 연수합계법
③ 생산량비례법
④ 작업시간비례법

**58** 어느 임분의 ha당 20년 전 재적이 $200m^3$이고 현재 재적이 $300m^3$일 때, 이 임분의 재적을 Pressler 공식으로 계산한 생장률은?

① 2%
② 3%
③ 4%
④ 5%

**해설** 프레슬러공식

$$P = \frac{V-v}{V+v} \times \frac{200}{n} = \frac{300-200}{300+200} \times \frac{200}{20} = 2\%$$

P : 생장률(%), n : 기간, V : 현재의 재적,
v : n년 전의 재적

**59** 법정림에서 법정상태 요건이 아닌 것은?

① 법정축적
② 법정수확
③ 법정생장량
④ 법정영급분배

**해설** 법정림의 법정상태
- 법정 영급 분배
- 법정 임분 배치
- 법정 생장량
- 법정 축적

**60** 경영규모의 확장으로 인하여 물리적으로는 고정자산의 사용이 가능하지만 경제적 이유로 이를 사용할 수 없기 때문에 폐기시키는 경우에 해당하는 것은?

① 물리적 감가
② 부적응 감가
③ 진부화 감가
④ 부패·부식 감가

## 제4과목 : 산림공학

**61** 돌쌓기에서 모르타르나 콘크리트를 사용하는 것은?

① 메쌓기
② 찰쌓기
③ 골쌓기
④ 켜쌓기

**해설** 찰쌓기
돌을 쌓아 올릴 때 뒤채움에 콘트리트를, 줄눈에 모르타르를 사용하며 뒷면의 배수시공 면적2제곱미터 마다직경3-4cm의 관을 박아 물빼기 구멍을 만든다. 메쌓기보다 견고하고 높게 시공할 수 있다. 기울기 1:0.2, 뒷채움 콘크리트두께50cm 이상 처리한다.

**62** 삭도 운재 방법에 대한 설명으로 옳지 않은 것은?

① 대량 운반이 용이하다
② 임지 훼손을 최소화 할 수 있다.
③ 험준한 지형에서도 설치가 가능하다.
④ 지정된 장소에서만 적재 및 하역이 가능하다.

**해설** 일반적으로 트랙터 운재 방식이 삭도 운반 방법에 비해 대량운반이 용이하다.

**63** 목재의 충해와 균해를 방지(예방)하고, 장기간 보존하기 위하여 주로 사용되는 저목방법은?

① 수중저목
② 최종저목
③ 중계저목
④ 산지저목

**해설** 수중저목법
목재를 수중에 넣어 공기를 차단하여 부후균의 번식을 방지하는 방법이다.

**64** 시멘트에 탄산나트륨이나 탄산칼슘을 넣으면 어떻게 되는가?

① 빨리 굳는다.
② 동해에 강하다.
③ 느리게 굳는다.
④ 방수효과가 있다.

**정답** 57. ① 58. ① 59. ② 60. ② 61. ② 62. ① 63. ① 64. ①

**65** 앞면 · 길이 · 뒷면 · 접촉부 및 허리치기의 치수를 특별히 맞도록 지정하여 제작한 식재는?

① 막깬돌　　② 견치돌
③ 야면석　　④ 호박돌

**해설** 견치돌
견고도가 요구되는 사방공사 특히 규모가 큰 돌댐이나 옹벽동사에 사용되는 돌로 돌을 뜰 때 치수를 특별한 규격에 맞도록 지정하여 깬 돌이다. 앞면은 25cm×25cm~40cm×40cm이고, 뒷 길이는 35~60cm이다.

**66** 기초공사에 대한 설명으로 옳지 않은 것은?

① 전면기초는 상부구조의 전면적을 받치는 단일 슬랩의 지지층에 실려 있는 형태이다.
② 확대기초는 직접기초의 일종으로 상부구조의 하중을 확대하여 직접 지반에 전달한다.
③ 직접기초는 견고한 지반 위에 기초콘크리트를 직접 시공하고 하중이 작용하도록 한다.
④ 공기케이슨기초는 큰 관과 같은 모양의 통 내부를 수중굴착하여 침하시킨 다음 수중 콘크리트를 쳐서 만든 기초이다.

**67** 계류보전사업에서 고려되어야 할 사항이 아닌 것은?

① 계류의 분류점과 합류점은 예각이 되도록 한다.
② 상류부에서 산지사방의 계간사방공사와 연계한다.
③ 계안이나 제방으로 보호할 곳은 기슭막이 시공을 해야 한다.
④ 하류부에는 골막이 또는 사방댐을 설치하여 산각을 고정한다.

**해설**
골막이와 사방댐은 계류 상류부에 설치한다.

**68** 작업로망 배치형태의 이용성이 가장 높은 형태는?

① 방사형
② 단선형
③ 간선수지형
④ 방사복합형

**69** 임도시공에서 흙쌓기는 시공 후에 시일이 경과 하면 수축되어 용적이 감소되어 공사면이 어느 정도 침하된다. 이를 보완하기 위해 시공하는 것은?

① 더쌓기　　② 다지기
③ 단끊기　　④ 물빼기

**해설** 더쌓기
일반적으로 흙쌓기는 시공 후에 시일이 경과하면 수축하여 용적이 감소되므로 흙쌓기의 높이는 5-10%를 더 쌓기 해야 한다.

**70** 와이어로프의 폐기기준으로 옳지 않은 것은?

① 꼬임상태인 것
② 현저하게 변형 또는 부식된 것
③ 와이어로프 소선이 10분의 1 이상 절단된 것
④ 마모의 의한 직경 감소가 공칭직경의 10%를 초과하는 것

**해설** 와이어로프 폐기 기준
• 와이어로프의 1피치 사이에 와이어가 끊어진 비율이 10%이상인 것
• 지름이 7%이상 감소된 것
• 심하게 킹크 부식된 것

**71** 아스팔트 포장작업 마무리 및 성토전압에 주로 사용하는 것은?

① 탬핑 롤러
② 진동 롤러
③ 타이어 롤러
④ 진동 콤팩터

**정답** 65. ② 66. ④ 67. ④ 68. ③ 69. ① 70. ④ 71. ③

**72** 임도의 종단기울기가 8%인 구간에 곡선부의 외쪽기울기를 6%로 설치할 때 합성기울기는?

① 2.0%  ② 6.9%
③ 10.0%  ④ 14.0%

**해설** 합성기울기
$S = \sqrt{i^2 + j^2} = \sqrt{8^2 + 6^2} = 10\%$
S : 합성기울기 (%), i : 횡단기울기, j : 종단기울기

**73** 임도의 폭이 5m, 반출할 목재의 길이가 20m인 경우에 임도의 최소곡선 반지름은?

① 10m  ② 15m
③ 20m  ④ 25m

**해설** 최소곡선 반지름
$R = \dfrac{L^2}{4 \times B} = \dfrac{20^2}{4 \times 5} = 20m$

**74** 비탈면의 녹화를 위한 사방공사에 속하지 않는 것은?

① 조공
② 비탈덮기
③ 바자얽기
④ 비탈다듬기

**해설** 녹화공사
- 선떼붙이기
- 단쌓기 : 돌, 떼, 짚망, 흙포대
- 조공 : 떼, 돌, 새, 섶, 인공떼
- 줄떼다지기 : 줄떼심기, 붙이기, 줄떼다지기
- 평떼붙이기
- 등고선구공법
- 비탈덮기 : 짚, 섶, 거적, 망덮기
- 새심기
- 씨뿌리기 : 줄. 점. 흩어뿌리기, 항공파종
- 바자얽기

**75** 설계속도가 30km/h인 일반지형 임도의 경우에 종단기울기 설치 기준은?

① 7% 이하  ② 8% 이하
③ 10% 이하  ④ 12% 이하

**해설** 최소곡선반지름의 기준

| 설계속도 (km/h) | 종단기울기 | |
|---|---|---|
| | 일반 지형 | 특수 지형 |
| 40 | 7% 이하 | 10% 이하 |
| 30 | 8% 이하 | 12% 이하 |
| 20 | 9% 이하 | 14% 이하 |

**76** 방호책이나 가드레일 등을 노측에 설치하는 방법에 대한 설명으로 옳지 않은 것은?

① 임도의 축조한계 밖에 시설해야 한다.
② 표지와 같은 부속물은 절취 또는 성토비탈면에 설치한다.
③ 옹벽 등에 설치하는 경우에는 기둥부분까지 마루 나비를 넓힌다.
④ 축조한계와 접하여 설치하는 경우에는 기둥을 얕게 묻어 차량통행에 방해되지 않도록 한다.

**77** 비탈면에 자주 일어나는 침식형태로 산사태, 붕락, 포락 등에 해당하는 것은?

① 붕괴형 침식
② 지중형 침식
③ 유동형 침식
④ 땅밀림 침식

**해설**
붕괴형 침식은 급경사지 또는 흙비탈면에 깊은 토층이 강우 때문에 물로 포화되어 응집력을 잃어 무너져 내리는 것이다.
- 산사태 : 호우로 산정의 가까운 부분에서 어느 정도의 부피를 가진 흙층이 물로 포화팽창되어 사면계곡으로 연속적으로 길게 붕괴되는 지층의 현상
- 산붕 : 산사태와 같은 원인으로 발생하나 그 규모가 작고 산허리 이하인 산록부에서 많이 발생한다.
- 붕락 : 허물어 내려온 지리가 비탈끝이나 산각부에 남아있고, 붕락된 지표층에 주름이 잡힘
- 포락 : 비탈면 끝을 흐르는 계천의 가로침식에 의해 무너지는 침식

**정답** 72. ③  73. ③  74. ④  75. ②  76. ④  77. ①

**78** 녹화용 피복자재가 아닌 것은?

① 식생반  ② 그라우트
③ 볏집거적  ④ 쥬트네트

**해설** 그라우트
누수방지 공사나 토질 안정 등을 위하여 지반의 갈라진 틈·공동 등에 충전재를 주입하는 작업이다.

**79** 산림토양 10,000m³을 4m³ 용량의 덤프트럭으로 운반한다면 필요한 덤프트럭의 수는? (단, L = 1.25)

① 2,000대  ② 2,500대
③ 3,125대  ④ 3,425대

**해설**
산림토양은 다져진 상태의 토양이므로 덤프트럭으로 운반하기 위해서는 흐트러진 토량으로 운반이 된다. 따라서 총운반토양은 10,000×1.25 = 1,250m³
덤프트럭의 수는 1,250/4 = 3,125대

**80** 사방댐 설계시 고려하여야 할 사항으로 옳은 것은?

① 댐의 하단부에 암석층이 없어야 한다.
② 구역이 긴 구간은 계단상 댐을 설치한다.
③ 평형기울기와 홍수기울기가 같아야 한다.
④ 댐 어깨가 접하는 곳에는 점토가 있어야 한다.

**정답** 78. ② 79. ③ 80. ②

# 산림기사산업기사
## 필기시험문제

발 행 일  2018년 3월 15일 개정2판 1쇄 발행
　　　　　2020년 1월 10일 개정2판 3쇄 발행

저　　자  배세진

발 행 처   크라운출판사
　　　　　http://www.crownbook.com

발 행 인  이상원
신고번호  제 300-2007-143호
주　　소  서울시 종로구 율곡로13길 21
대표전화  02)745-0311~3
팩　　스  02)743-2688
홈페이지  www.crownbook.com
ISBN  978-89-406-2809-6 / 13520

## 특별판매정가  39,000원

이 도서의 판권은 크라운출판사에 있으며, 수록된 내용은
무단으로 복제, 변형하여 사용할 수 없습니다.
　　　　　Copyright CROWN, ⓒ 2020 Printed in Korea

이 도서의 문의를 편집부(02-6430-7020)로 연락주시면
친절하게 응답해 드립니다.